U0364861

CHINESISCH-DEUTSCHES
WÖRTERBUCH FÜR
WISSENSCHAFT UND
TECHNOLOGIE

汉德科技词典

主编　翟永庚

参加编写人员　翟永庚　平增荣　周敏倩

上海译文出版社

目　录

前　言

　　为了适应我国对外关系的发展和我国与德语国家科学技术交流日益扩大的需要,帮助日益增多的德语学习者以及科技工作者、翻译工作者、赴德工作者和留学人员查阅、翻译和使用德语科技词汇,我们编写了这本《汉德科技词典》。

　　本词典除可供读者作为工具书使用外,也可供读者和德语学习者作为学习和掌握德语科技词汇的学习参考书使用。

　　本词典共收词 3 万余条,以科技基本和常用词汇为主,同时收入了计算机、无线电、机械和汽车等多领域的科技专业词汇和业已通用的新词新意,并酌情少量收入了一些科技辅助词汇。书后附录有常用科技词汇缩略语表等。

　　本词典力求内容实用、体例简明、编排醒目、使用方便,并采用德语新正字法。

　　平增荣参加了本词典部分词条(4000 条)的编写,周敏倩负责本词典汉语拼音的编写工作。为使本词典所选词条更具科学性、时代性和实用性,特请工学博士肖忠党等审阅了本词典的汉语词条。蔡飔飔等参加了本词典补充词条的排序和一校稿单词移行的修改等工作,谨此致以谢意。

　　书中疏漏和不妥之处敬请读者批评指正。

编者

2014 年 12 月

体例及用法说明

一、本词典所列汉语条目均以词条开头字的汉语拼音字母顺序排列。

二、以同一汉字开头的词条按词条中第二个汉字的拼音字母次序排列;如第二个汉字也相同,再按第三个汉字的拼音字母次序排列,以下类推。

三、汉语拼音相同而声调不同的汉字按汉语拼音的四声的先后次序排列。

四、汉语拼音相同、声调也相同的汉字按其笔划多少排列,笔画少的汉字在前,笔画多的汉字在后。

五、汉语的同形异音字均分别单列条目。

六、汉语拼音中的轻音不加声调号;音节不易分辨的拼音加隔音号","。

七、德语略语表

etw.	etwas	某物,某事
f	Femininum	阴性名词
jm	jemandem	某人(第三格)
jn	jemanden	某人(第四格)
js	jemandes	某人(第二格)
m	Maskulinum	阳性名词
n	Neutrum	中性名词
pl	Plural	复数

A

阿尔法射线 ā'ěrfǎ shèxiàn Alpha-strahlen *pl*

阿基米德原理 ājīmǐdé yuánlǐ Archimedesprinzip *n*; Archimedisches Prinzip

阿拉伯数字 ālābó shùzì arabische Ziffer

阿司匹林 āsīpǐlín Aspirin *n*

癌扩散 áikuòsàn Verbreitung des Krebs; Karzinose *f*

癌细胞 áixìbāo Krebszelle *f*

癌症 áizhèng Krebs *m*; Karzinom *n*

癌肿 áizhǒng Krebs *m*; Krebsgeschwulst *f*; Karzinom *n*

癌转移 áizhuǎnyí Metastase *f*; Krebsmetastase *f*

X 波段 àikèsī bōduàn X-Band *n*

X 光射线 àikèsīguāng shèxiàn Röntgenstrahlen *pl*

X 光室 àikèsīguāngshì Röntgenraum *m*

X 线透视 àikèsīxiàn tòushì Röntgendurchleuchtung *f*

X 线诊断 àikèsīxiàn zhěnduàn Röntgendiagnose *f*

爱滋病 àizībìng Aids *f*

安定 āndìng 〈药〉Diazepam *n*

安乐死 ānlèsǐ Gnadentod *m*; Tod durch Sterbehilfe

安眠药 ānmiányào Schlafmittel *n*; Hypnotikum *n*

安宁片 ānníngpiàn Meprobamatum *n*; Milton *n*

安排 ānpái einrichten; arrangieren; anordnen; unterbringen; herrich-ten; anorden; Einrichtung *f*; Anordnung *f*

安培 ānpéi Ampere *n*

安培表 ānpéibiǎo Amperemeter *n*

安培定律 ānpéi dìnglǜ Amperesches Gesetz

安培计 ānpéijì Amperemeter *n*; Strommesser *m*

安培数 ānpéishù Amperezahl *f*

安培小时 ānpéi xiǎoshí Amperestunde *f*

安全玻璃 ānquán bōli Sicherheitsglas

安全措施 ānquán cuòshī Sicherheitsmaßnahme *f*; Vorsichtsmaßnahme *f*

安全带 ānquándài Anschnallgurt *m*; Sicherheitsgurt *m*

安全岛 ānquándǎo Verkehrsinsel *f*

安全的 ānquánde sicher

安全灯 ānquándēng Sicherheitslampe *f*; Grubenlampe *f*; Dunkelkammerlampe *f*

安全度 ānquándù Sicherheitsgrad *m*

安全阀 ānquánfá Sicherheitsklappe *f*; Notventil *n*; Überdruckventil *n*; Stoßventil *n*

安全港 ānquángǎng Sicherheitshafen *m*

安全格栅 ānquán géshān Schutzgitter *n*

安全规程 ānquán guīchéng Sicherheitsvorschrift *f*; Unfallschutzvorschrift *f*

安全环 ānquánhuán Sicherungsring *m*

A

安全极限 ānquán jíxiàn Sicherheitsgrenze f

安全率 ānqúanlǜ Sicherheitsfaktor m

安全帽 ānquánmào Sicherungskappe f; Schutzhelm m

安全模式 ānquán móshì der abgesicherte Modus

安全瓶 ānquánpíng Sicherheitsflasche f

安全气囊 ānquán qìnáng Airbag m; Luftsack m

安全色 ānquánsè Sicherheitsfarbe f

安全设备 ānquán shèbèi Sicherheitsvorrichtung f

安全系数 ānquán xìshù Sicherheitskoeffizient m; Sicherheitsbeiwert m

安全性 ānquánxìng Sicherheit f

安全因素 ānquán yīnsù Sicherheitsfaktor m

安全装置 ānquán zhuāngzhì Sicherheitsvorrichtung f; Sicherung f

安置 ānzhì einstellen; unterbringen; anbringen; installieren

安装 ānzhuāng montieren; installieren; zusammenbauen; aufstellen; aufrüsten; einbauen; einlegen; Zusammenstellung f; Zusammenbau m; Montage f; Anstellung f; Einbau m; Installation f; Aufstellung f

安装板 ānzhuāngbǎn Einbauplatte f

安装尺寸 ānzhuāng chǐcùn Einbaumaß n; Einstellmaß n; Einbauabmessung f

安装打印机 ānzhuāng dǎyìnjī Druckerinstallation f

安装工 ānzhuānggōng Installateur m

安装模式 ānzhuāng móshì Setup-Modus m

安装盘 ānzhuāngpán Installationsdiskette f

安装图 ānzhuāngtú Einbauzeichnung f

安装向导 ānzhuāng xiàngdǎo Setup-Assistent m

安装选项 ānzhuāng xuǎnxiàng Installationsoption f

氨 ān Ammoniak n

氨茶碱 ānchájiǎn Aminophyllin n

氨的 ānde ammoniakalisch

氨化 ānhuà Aminierung f

氨化物 ānhuàwù Amid n

氨基 ānjī Aminogruppe f; Ammoniakrest m

氨基酸 ānjīsuān Aminosäure f

氨水 ānshuǐ Ammoniakwasser n; Ammoniakflüssigkeit f

铵盐 ǎnyán Ammoniumsalz n; Ammoniaksalz n

岸 àn Ufer n; Küste f

岸标 ànbiāo landfestes Seezeichen

岸堤 àndī Uferdamm m; Kaideich m

岸坡 ànpō Uferböschung f; Uferneigung f; Uferhang m

按 àn drücken; andrücken; pressen

按程序的 ànchéngxùde programmgemäß

按键 ànjiàn Drucktaste f; Griff m; Taster m; Druckknopf m; Drücker m; Taste drücken

按喇叭 àn lǎba hupen

按脉 ānmài Puls fühlen

按摩 ānmó massieren; Massage f

按摩疗法 ànmó liáofǎ Massagetherapie f

按年的 ànniánde jährlich

按钮 ànniǔ Druckknopf m; Knopf m; Taste f; Drücker m

按下按键 ànxià ànjiàn die Taste drücken

按照 ànzhào nach; gemäß; laut; zufolge

按照屏幕提示操作 ànzhào píngmù tíshì cāozuò den Anweisungen auf dem Bildschirm folgen

按住鼠标键 ànzhù shǔbiāojiàn die Maustaste drücken

按住鼠标键不动 ànzhù shǔbiāojiàn búdòng die Maustaste gedrückt halten

按住鼠标键拖曳文件 ànzhù shǔbiāojiàn tuōyè wénjiàn Dateien bei gedrückter Maustaste ziehen

胺 àn Amin *n*

胺化 ànhuà Aminierung *f*

胺碱 ànjiǎn Aminobase *f*

胺酸 ànsuān Aminosäure *f*

暗淡的 àndànde trübe

暗电流 àndiànliú Dunkelstrom *m*

暗盒 ànhé Kleinbildpatrone *f*

暗礁 ànjiāo Riff *n*; verborgene Klippe; Unterwasserklippe *f*

暗井 ànjǐng Blindschacht *m*

暗流 ànliú Unterströmung *f*; geheime Tendenz; geheime Strömung

暗室 ànshì Dunkelkammer *f*; dunkle Kammer

暗线 ànxiàn verdeckte Leitung

案卷 ànjuàn Aktenstück *n*; Dokumentensammlung *f*; Urkundensammlung *f*

凹槽 āocáo Falz *m*; Rille *f*; Nische *f*; Riefe *f*

凹槽刨 āocáobào Falzhobel *m*

凹的 āode konkav

凹痕 āohén Pitting *n*

凹镜 āojìng Hohlspiegel *m*; Konkavspiegel *m*

凹坑 āokēng Aussparung *f*; Delle *f*

凹口 āokǒu Scharte *f*

凹面 āomiàn Hohlfläche *f*; Höhlung *f*

凹面的 āomiànde konkav

凹面镜 āomiànjìng Konkavspiegel *m*; Hohlspiegel *m*

凹模 āomú Matrize *f*

凹透镜 āotòujìng Hohllinse *f*; Konkavslinse *f*; Zerstreuungslinse *f*; konkave Linsen

凹凸的 āotūde konkavkonvex

凹凸透镜 āotū tòujìng Konkavkonvexlinse *f*

奥迪特质量评审 àodítè zhìliàng píngshěn Audit *n*; Auditieren *n*

奥氏体等温退火 àoshìtǐ děngwēn tuìhuǒ Austenitanlassen *n*

奥氏体化 àoshìtǐhuà Austenitisierung *f*

奥氏体晶粒度 àoshìtǐ jīnglìdù Austenitkorngröße *f*

A

B

八边形 bābiānxíng Oktagon *n*；Oktogon *n*

八缸发动机 bāgāng fādòngjī Achtzylindermotor *m*

八角形 bājiǎoxíng Achteck *n*；Oktogon *n*

八进制 bājìnzhì Oktalsystem *n*

八面体 bāmiàntǐ Oktaeder *n*

八位操作数 bāwèi cāozuòshù Achtbitoperand *m*

八位寄存器 bāwèi jìcúnqì Achtbitregister *n*

巴比合金 bābǐ héjīn Babbitmetall *n*；Weißmetall *n*；Babbit *n*

巴氏合金 bāshì héjīn Babbitmetall *n*；Weißmetall *n*；Lagermetall *n*

拔出 báchū herausbekommen；herausziehen

拔钉器 bádīngqì Nagelwinde *f*；Nagelzieher *m*

拔荒 báhuāng Schruppen *n*；Schruppdrehen *n*

拔荒车刀 báhuāng chēdāo Schruppmesser *n*

拔荒车床 báhuāng chēchuáng Schruppdrehmaschine *f*

拔模斜度 bámú xiédù Aushebeschräge *f*；Gussschräge *f*

拔模装置 bámú zhuāngzhì Aushebevorrichtung *f*

拔牙 báyá Zahnextraktion *f*

把 bǎ Halter *m*；Griff *m*；Kurbel *f*

把柄 bǎbǐng Griff *m*；Henkel *m*；Handhabe *f*

把光盘插入光(盘)驱(动器) bǎ guāngpán chārù guāng(pán) qū(dòngqì) die CD in das CD-ROM-Laufwerk einlegen

把计算机与因特网集成到一起 bǎ jìsuànjī yǔ yīntèwǎng jíchéngdào yìqǐ Computer mit dem Internet integrieren

把手 bǎshǒu Handgriff *m*；Griff *m*；Henkel *m*；Bügel *m*

把鼠标箭头放到某一对象上 bǎ shǔbiāojiàntóu fàngdào mǒuyī duìxiàngshàng den Mauszeiger auf ein Objekt ablegen

把文件从网上下载到硬盘 bǎ wénjiàn cóng wǎngshàng xiàzǎidào yìngpán Dateien vom Web auf die Festplatte downloaden

把文件存储在连续块中 bǎ wénjiàn cúnchǔzài liánxùkuàizhōng die Datei auf benachbarten Blöcken speichern

把握 bǎwò halten；ergreifen；erfassen

坝 bà Talsperre *f*；Staumauer *f*；Damm *m*；Deich *m*；Stauwerk *n*

坝的体积 bàde tǐjī Sperreninhalt *m*

坝的壅水 bàde yōngshuǐ Hinterstauung *f*

坝顶 bàdǐng Dammkrone *f*；Deichkrone *f*；Wehrkrone *f*；Sperren-Oberkante *f*

坝垛 bàduò Querwand *f*；Strompfeiler *m*

坝墩 bàdūn Strompfeiler *m*

坝基 bàjī Deichbasis *f*；Wehrfundament *n*

坝体 bàtǐ Dammkörper *m*; Sperrenkörper *m*; Sperrmauerkörper *m*; Staumauerkörper *m*

坝体沉降 bàtǐ chénjiàng Setzung der Talsperre

坝体结构 bàtǐ jiégòu Wehrbauwerk *n*; Staumauerbauten *pl*

坝址 bàzhǐ Sperrstelle *f*; Sperrenstelle *f*; Standort der Talsperre

白矮星 báiǎixīng weißer Zwerg

白斑病 báibānbìng Vitiligo *f*

白炽 báichì Weißglut *f*

白炽的 báichìde glühend; weißglühend

白炽灯 báichìdēng Glühlampe *f*

白蛋白 báidànbái Albumin *n*

白的 báide weiß

白发 báifà Weißhaar *n*

白发病 báifàbìng Leukotrichose *f*

白矾 báifán Alaun *m*; Kalialaum *m*

白合金 báihéjīn Weißmetall *n*; Weißguss *m*

白喉 báihóu 〈医〉 Diphtherie *f*

白桦 báihuà Weißbirke *f*; Birke *f*

白金 báijīn Platin *n*

白口铁 báikǒutiě Weißeisen *n*; weißes Roheisen

白蜡 báilà weißes Wachs; Insektenwachs

白榴石 báiliúshí Amphigen *m*; Leuzit *m*

白内障 báinèizhàng grauer Star; Augenstar *m*; Katarakt *m*

白铅矿 báiqiānkuàng Weißbleierz *n*; Bleikarbonat *m*; Bleierde *f*; Karbonbleispat *m*; Zerussit *m*

白热 báirè Weißglut *f*; Weißglühen *n*

白热的 báirède weißwarm; weißglühend

白铁 báitiě Weißblech *n*; verzinktes Eisenblech; Weißerzkies *m*; Speerkies *m*; Kammkies *m*; Hydropyrit *m*; Weißeisenerz *n*

白铁皮 báitiěpí verzinntes Blech; Weißblech *n*

白铜 báitóng Kupfer-Nickel-Legierung *f*; Weißkupfer *n*

白钨矿 báiwūkuàng Scheelit *m*; Scheelerz *n*; Tungstein *m*

白细胞 báixìbāo Leukozyt *m*; weißes Blutkörperchen

白心可锻铸铁 báixīn kěduàn zhùtiě GTW (= Guss-Temper-Weiß); weißer Temperguss

白锌矿 báixīnkuàng Weißzinkerz *n*

白血病 báixuèbìng Weißblütigkeit *f*; Leukämie *f*

白血病的 báixuèbìngde leukämisch

白血球 báixuèqiú Leukozyt *m*; weißes Blutkörperchen

白血球急减 báixuèqiú jíjiǎn Leukozytensturz *m*

白血球急增 báixuèqiú jízēng Hyperleukozytose *f*

白血球减少 báixuèqiú jiǎnshǎo Leukopenie *f*

白血球增多 báixuèqiú zēngduō Leukozytose *f*

白银 báiyín Silber *n*

白云母 báiyúnmǔ Chacaltait *m*; Kaliglimmer *m*; Muskovit *m*; Amphilogit *m*

白云石 báiyúnshí Magnesiokalzit *m*; Dolomit *m*; Bittersalzerde *f*; Braunkalk *m*; Bitterkalk *m*; Rautenspat *m*

白云岩 báiyúnyán Quacker *m*

百分比 bǎifēnbǐ Prozentsatz *m*; Hundertsatz *m*; Prozent *n*

百分比的 bǎifēnbǐde prozentual

百分比含量 bǎifēnbǐ hánliàng Pro-

百分度 bǎifēndù Zentigrad n; Neugrad n

百分法 bǎifēnfǎ Prozentrechnung f

百分号 bǎifēnhào Prozentzeichen n

百分刻度 bǎifēn kèdù Prozentteilung f

百分率 bǎifēnlǜ Prozentsatz m; Prozent n; Anteilziffer f

百分数 bǎifēnshù Prozent n; Prozentsatz m; Anteilziffer f

百分数的 bǎifēnshùde perzentig; prozentual

百分制 bǎifēnzhì Hundertpunktesystem n

百科辞典 bǎikē cídiǎn Enzyklopädie f; Lexikon n

百科全书 bǎikē quánshū Konversationslexikon n; Enzyklopädie f

百年的 bǎiniánde hundertjährig

百日咳 bǎirìké Keuchhusten m; Pertussis f

百万 bǎiwàn Million f

百万像素 bǎiwàn xiàngsù Megapixel n

百叶窗 bǎiyèchuāng Fensterladen m; Lattenfensterladen m; Rolladen m; Jalousie f

百叶窗通风器 bǎiyèchuāng tōngfēngqì Jalousiefächer m

百叶箱 bǎiyèxiāng Wetterhäuschen n; Thermometerhütte f

柏油 bǎiyóu Pech n; Asphalt m; Bitumen n; Teerpech n

摆 bǎi Pendel n

摆锤 bǎichuí Pendel n; Pendelhammer m

摆动 bǎidòng pendeln; schwingen; schwenken; schwanken; wobbeln; vibrieren; Pendelung f; Schwingung f; Schwung m; Oszillation f

摆动的 bǎidòngde schwingend; pendelnd

摆动杆 bǎidònggǎn Schwunghebel m; Pendelstange f

摆动角 bǎidòngjiǎo Schwingswinkel m

摆动器 bǎidòngqì Schwinger m

摆动区域 bǎidòng qūyù Wobbelbereich m; Schwingungsfeld n

摆动筛 bǎidòngshāi Schüttelsieb n; Schwungsieb n

摆幅 bǎifú Spannweite f; Pendelamplitude f

摆锯 bǎijù Pendelsäge f

摆轮 bǎilún Steigrad n; Hemmrad n; Unruh f

摆频 bǎipín Wobbelfrequenz f; Taumelfrequenz f

摆式冲击试验 bǎishì chōngjī shìyàn Pendelschlagversuch m

摆式冲击试验机 bǎishì chōngjī shìyànjī Pendelschlagwerk n

摆线 bǎixiàn Zykloide f; Radkurve f; Rollkurve f; Radlinie f

摆线齿轮 bǎixiàn chǐlún Zahnrad mit Zykloidenverzahnung; Zykloidenzahnrad n

摆线的 bǎixiànde zykloidisch

摆线啮合 bǎixiàn nièhé Kreisbogenverzahnung f

摆心 bǎixīn Schwingungsmittelpunkt m

摆针 bǎizhēn Pendel n

败血症 bàixuèzhèng Blutvergiftung f; Septhämie f; Septikämie f; Sepsis f

败血症的 bàixuèzhèngde septisch

扳手 bānshǒu Schraubenschlüssel m; Mutterschlüssel m; Schlüssel m

扳手开口度 bānshǒu kāikǒudù Schlüsselweite f

扳直 bānzhí geradebiegen

扳子 bānzi Schraubenschlüssel *m*; Mutterschlüssel *m*; Schlüssel *m*

斑点病 bāndiǎnbìng Schorf *m*

斑鸠 bānjiū Turteltaube *f*

斑马 bānmǎ Zebra *n*

斑岩 bānyán Porphyrfels *m*; Porphyr *m*

斑疹伤寒 bānzhěn shānghán Fleckfieber *n*; Flecktyphus *m*

搬运工 bānyùngōng Förderer *m*; Dockarbeiter *m*; Docker *m*; Gepäckträger *m*

板 bǎn Brett *n*; Platte *f*; Blech *n*; Tafel *f*

板材 bǎncái Blechstoff *m*; Blechplatte *f*; Blech *n*; Blechmaterial *n*; Blechtafel *f*; Tafelblech *n*

板盖 bǎngài Klappe *f*

板规 bǎnguī Blechlehre *f*

板簧 bǎnhuáng Flachfeder *f*; Blattfeder *f*; Scheibenfeder *f*

板极调制 bǎnjí tiáozhì Anodenmodulation *f*

板结 bǎnjié 〈农〉 Verkrustung *f*; Verkrusten *n*

板条 bǎntiáo Latte *f*

板牙架 bǎnyájià Schneidkluppe *f*; Kluppe *f*

版 bǎn Druckplatte *f*; Klischee *n*; Auflage *f*; Ausgabe *f*; Zeitungsseite *f*

版本 bǎnběn Auflage *f*; Ausgabe *f*; Edition *f*

版次 bǎncì Reihenfolge von Auflagen; Auflage *f*

版面 bǎnmiàn Layout *n*; Bild- und Textgestaltung *f*; Buch- oder Zeitungsseite *f*

版权 bǎnquán Urheberrecht *n*; Copyright *n*

版式 bǎnshì Satzbild *n*; Satzgestaltung *f*

版图 bǎntú Territorium *n*

半 bàn halb

半波整流器 bànbō zhěngliúqì Einweggleichrichter *m*

半潮港 bàncháogǎng Halbtidehafen *m*

半潮汐区 bàncháoxīqū Halbtidebecken *n*

半成品 bànchéngpǐn Halbfabrikat *n*; halbfertiges Industrieprodukt; Halberzeugnis *n*; Halbzeug *n*

半单元 bàndānyuán Halbzelle *f*

半导体 bàndǎotǐ Halbleiter *m*; Zwischenleiter *m*

半导体部件 bàndǎotǐ bùjiàn Halbleiterblock *m*

半导体材料 bàndǎotǐ cáiliào Halbleiterstoff *m*; Halbleitermaterial *n*

半导体存储器 bàndǎotǐ cúnchǔqì Halbleiterspeicher *m*

半导体电路 bàndǎotǐ diànlù Halbleiterschaltung *f*

半导体二极管 bàndǎotǐ èrjíguǎn Halbleiterdiode *f*

半导体二极管门电路 bàndǎotǐ èrjíguǎnmén diànlù Halbleiterdiodentor *n*

半导体光电管 bàndǎotǐ guāngdiànguǎn Halbleiterphotozelle *f*

半导体合金 bàndǎotǐ héjīn Halbleiterlegierung *f*

半导体激光器 bàndǎotǐ jīguāngqì Halbleiterlaser *m*

半导体技术 bàndǎotǐ jìshù Halbleitertechnik *f*

半导体检波器 bàndǎotǐ jiǎnbōqì Halbleiterdetektor *m*

半导体晶体 bàndǎotǐ jīngtǐ Halbleiterkristall *m*

B

B

半导体片 bàndǎotǐpiàn Halbleiterchip *m*

半导体热电偶 bàndǎotǐ rèdiàn'ǒu Halbleiterthermoelement *n*

半导体收音机 bàndǎotǐ shōuyīnjī Transistor-Empfänger *m*; Transistorradio *n*; Transistorgerät *n*

半导体物理及器件 bàndǎotǐ wùlǐ jí qìjiàn Halbleiterphysik und Einrichtung

半导体物理学 bàndǎotǐ wùlǐxué Halbleiterphysik *f*

半导体仪器 bàndǎotǐ yíqì Halbleitergerät *n*

半导体元件 bàndǎotǐ yuánjiàn Halbleiterelement *n*; Halbleiterbauelement *n*

半导体整流器 bàndǎotǐ zhěngliúqì Halbleitergleichrichter *m*

半导体只读存储器 bàndǎotǐ zhǐdú cúnchǔqì Nur-Lese-Halbleiterspeicher *m*

半导体致冷元件 bàndǎotǐ zhìlěng yuánjiàn Halbleiter-Kühlelement *n*

半导体阻挡层 bàndǎotǐ zǔdǎngcéng Halbeitersperrschicht *f*

半导体组件 bàndǎotǐ zǔjiàn Halbleiterbauelement *n*

半岛 bàndǎo Halbinsel *f*

半固体 bàngùtǐ Halbkörper *m*

半固体的 bàngùtǐde halbfest

半机械化 bàn jīxièhuà Teilmechanisierung *f*

半焦 bànjiāo Schwelen *n*

半金属 bànjīnshǔ Halbmetall *n*

半径 bànjìng Halbmesser *m*; Radius *m*

半径的 bànjìngde radial

半晶体 bànjīngtǐ Halbkristall *m*

半料浆 bànliàojiāng Halbzeug *n*; Halbstoff *m*

半球 bànqiú Halbkugel *f*; Hemisphäre *f*; Erdhälfte *f*

半球形的 bànqiúxíngde halbkugelförmig

半身瘫痪 bànshēn tānhuàn Halbseitenlähmung *f*; Hemiplegie *f*

半数 bànshù Hälfte einer Anzahl

半衰减层 bànshuāijiǎncéng Halbwertsschicht *f*

半衰期 bànshuāiqī Halbwertszeit *f*; Halbleben *n*

半双工操作 bànshuānggōng cāozuò Halbduplex-Betrieb *m*

半酸半碱的 bànsuānbànjiǎnde amphoter

半瘫 bàntān Parese *f*

半透明 bàntòumíng durchscheinend; lichtdurchlässig; transparent

半透明的 bàntòumíngde halbdurchlässig

半消光的 bànxiāoguāngde halbmatt

半液体状的 bànyètǐzhuàngde breiartig; breiig

半圆 bànyuán Halbkreis *m*

半圆的 bànyuánde halbrund

半圆锉 bànyuáncuò Halbrundfeile *f*; Bogenfeile *f*

半圆刮刀 bànyuán guādāo Hohlschaber *m*

半圆键 bànyuánjiàn Scheibenkeil *m*; Scheibenfeder *f*

半圆埋头螺钉 bànyuán máitóu luódīng Linsenschraube *f*

半圆头 bànyuántóu Halbrundkopf *m*

半圆形的 bànyuánxíngde halbkreisförmig; hemizyklisch

半圆周 bànyuánzhōu halber Umfang

半月 bànyuè Halbmond *m*; halber Monat

半月瓣 bànyuèbàn Semilunarklappe *f*

半轴 bànzhóu Achshälfte f; Wellenhälfte f; Halbachse f

半轴伞齿轮 bànzhóu sǎnchǐlún Triebwellenkegelrad n

半轴套 bànzhóutào Triebwellenrohr n; Triebachs m; Achsgehäuserohr n

半自动的 bànzìdòngde halbautomatisch

半自动车床 bànzìdòng chēchuáng Halbautomat m; halbautomatische Drehbank; halbselbsttätige Drehmaschine

半自动化 bànzìdònghuà Halbautomatisierung f

半自动继电器 bànzìdòng jìdiànqì halbautomatisches Relais

半自动计算机 bànzìdòng jìsuànjī halbautomatische Rechenmaschine

半自动气割机 bànzìdòng qìgējī halbselbsttätige Schneidmaschine

半自动装置 bànzìdòng zhuāngzhì halbselbsttätige Anlage

拌合 bànhé vermengen; mischen

伴生物 bànshēngwù Begleitstoff m

帮助 bāngzhù Hilfe f; helfen; unterstützen

绑扎线 bǎngzāxiàn Bindfaden m

棒 bàng Zain m; Stock m; Stange f; Knüppel m; Keule f

棒材 bàngcái Stange f; Stabmaterial n

棒钢 bànggāng Stabstahl m

棒形磁铁 bàngxíng cítiě Stabmagnet m

棒形 U 盘 bàngxíng yōupán USB-Stick m

磅 bàng Pfund n

磅秤 bàngchèng Brückenwaage f

磅房 bàngfáng Wägeraum m

包封 bāofēng Umhüllung f

包含 bāohán enthalten; umfassen; einbegreifen; einbeziehen

包金的 bāojīnde goldplattiert; vergoldet

包括 bāokuò umfassen; einschließen; Einbeziehung f

包络面 bāoluòmiàn Hüllfläche f

包络图形 bāoluò túxíng Hüllfigur f

包络线 bāoluòxiàn Hüllkurve f

包锡线 bāoxīxiàn verzinnter Draht

包装 bāozhuāng verpacken; einpacken; Verpackung f; Emballage f

包装机 bāozhuāngjī Verpackungsmaschine f

包装清单 bāozhuāng qīngdān Verpackungsschein m; Versandliste f

包装说明 bāozhuāng shuōmíng Verpackungsanweisung f

包装箱 bāozhuāngxiāng Verpackungskiste f; Karton m

包装纸 bāozhuāngzhǐ Packpapier n; Verpackungspapier n; Hüllpapier n; Entwickelpapier n

雹 báo Hagel m

雹灾 báozāi Hagelschlag m

薄板 báobǎn Brett n; Holzplatte f; Planke f; dünnes Blech

薄壁的 báobìde dünnwandig

薄层 báocéng Dünnschicht f; Film m; Beschlag m

薄带材 báodàicái schwaches Blech

薄刀 báodāo Spatel m/f

薄的 báode dünn

薄钢板 báogāngbǎn Stahlblech n; Eisenblech n

薄铝板 báolǚbǎn Blattaluminium n

薄片 báopiàn Membran f; dünne Scheibe; Microsektion f; Lamelle f; Flocke f; dünnes Blech; Belag m

薄纱 báoshā Grenadie f

薄透镜 báotòujìng Konkaulinse f

B

薄油层 báoyóucéng dünne Ölschicht; unergiebige Erdöllagerstätte

保安器 bǎoānqì Fingerabweiser *m*

保藏 bǎocáng konservieren; aufbewahren

保持 bǎochí bewahren; halten; aufrechthalten; wahren; Erhaltung *f*; Wahrung *f*

保持电流 bǎochí diànliú Haltestrom *m*

保持电路 bǎochí diànlù Haltkreis *m*

保持平衡 bǎochí pínghéng Gleichgewicht behalten; Gleichgewichtszustand behalten; im Gleichgewicht bleiben

保持时间 bǎochí shíjiān Haltezeit *f*

保持线圈 bǎochí xiànquān Haltewicklung *f*

保存 bǎocún verwahren; konservieren; aufbewahren; erhalten

保存被删除的文件 bǎocún bèishānchúde wénjiàn gelöschte Dateien ablegen

保存常用文件 bǎocún chángyòng wénjiàn häufig verwendete Dateien speichern

保管 bǎoguǎn aufbewahren; verwahren

保护 bǎohù schützen; hüten; behüten; schonen; beschützen; Schutz *m*; Hüten *n*

保护层 bǎohùcéng Abdeckung *f*; Schutzschicht *f*; Schutzüberzug *m*

保护盖 bǎohùgài Schutzhaube *f*

保护剂 bǎohùjì Schutzmittel *n*

保护继电器 bǎohù jìdiànqì Schutzrelais *n*

保护膜 bǎohùmó Schutzfilm *m*

保护套 bǎohùtào Schutzhülle *f*; Schutzhülse *f*; Schutzgehäuse *n*

保护通道 bǎohù tōngdào Schutzka-

保护外壳 bǎohù wàiké Schutzhülle *f*; Schutzgehäuse *n*

保护线路馈电用电流互感器 bǎohù xiànlù kuìdiànyòng diànliúhùgǎnqì Auslösewandler *m*

保护罩 bǎohùzhào Schutzhaube *f*; Schutzgehäuse *n*; Schutzglocke *f*

保护装置 bǎohù zhuāngzhì Sichervorrichtung *f*; Schutzanlage *f*; Schutz *m*; Schutzvorrichtung *f*; Schutzorgan *n*; Wehren *n*

保健 bǎojiàn Gesundheitsschutz *m*; Gesundheitspflege *f*; Gesundheitsdienst *m*

保健机构 bǎojiàn jīgòu Institutionen für Gesundheitsschutz

保健箱 bǎojiànxiāng Sanitätskoffer *m*

保洁箱 bǎojiéxiāng Müllkasten *m*

保留系统设置 bǎoliú xìtǒngshèzhì Systemeinstellungen beibehalten

保苗 bǎomiáo Wachstum der Saaten gewährleisten; richtige Keimlingsdichte sicherstellen

保热 bǎorè Wärmeschutz *m*

保温 bǎowēn Wärmehaltung *f*

保温材料 bǎowēn cáiliào Wärmeisolierstoff *m*

保温层 bǎowēncéng Wärmeisolierschicht *f*

保温炉 bǎowēnlú Warmhalteofen *m*

保温帽 bǎowēnmào Warmhaube *f*

保温瓶 bǎowēnpíng Thermosflasche *f*

保温器 bǎowēnqì Wärmer *m*; Warmhalter *m*

保险 bǎoxiǎn versichern; Sicherheit *f*; Versicherung *f*; sicher; sicherheitshalber; sich einer Sache gewiss sein

保险插头 bǎoxiǎn chātóu berührungssicherer Stecker

保险带 bǎoxiǎndài Sicherheitsgurt *m*

保险灯 bǎoxiǎndēng Warnleuchte *f*

保险垫片 bǎoxiǎn diànpiàn Sicherungsscheibe *f*; Sicherungsblech *n*

保险阀 bǎoxiǎnfá Sicherheitsventil *n*; Stoßventil *n*

保险杠 bǎoxiǎngàng Stoßstange *f*; Buffer *m*; Stoßfänger *m*

保险杠横梁 bǎoxiǎngàng héngliáng Stoßfänger-Querträger *m*

保险杠架 bǎoxiǎngàngjià Stoßstangenhalter *m*

保险杠系统 bǎoxiǎngàng xìtǒng Stoßfängersystem *n*

保险环 bǎoxiǎnhuán Sicherungsring *m*

保险开关 bǎoxiǎn kāiguān Sicherheitsschalter *m*

保险丝 bǎoxiǎnsī Schmelzdraht *m*; Schmelzleiter *m*; Abschmelzdraht *m*; Sicherung *f*; Schmelzsicherung *f*; Abschmelzstreifen *m*; Sicherungsdraht *m*

保险丝底板 bǎoxiǎnsī dǐbǎn Sicherungsplatte *f*

保险丝熔断器 bǎoxiǎnsī róngduànqì Kurzschlusspatrone *f*

保险锁 bǎoxiǎnsuǒ Sicherheitsschloss *n*

保险弹簧 bǎoxiǎn tánhuáng Sicherungsfeder *f*

保险箱 bǎoxiǎnxiāng Safe *m/n*; Stahlkassette *f*

保险装置 bǎoxiǎn zhuāngzhì Absicherung *f*; Sicherungsanlage *f*; Sicherheitsapparat *m*; Sicherung *f*

保修 bǎoxiū Garantie *f* (für/auf Reparatur)

保养 bǎoyǎng sich bei Kräften halten; um seine Gesundheit besorgt sein; instandhalten; Gesundheit pflegen; warten; sich erholen; ernähren; bewahren; instandsetzen; Wartung *f*; Instandhaltung *f*

保用期限 bǎoyòng qīxiàn Garantiefrist *f*

保育 bǎoyù Kinder pflegen

保障 bǎozhàng sichern; gewährleisten

保真度 bǎozhēndù Reinheit der Wiedergabe

保证 bǎozhèng garantieren; versichern; bürgen; gewährleisten

保证金 bǎozhèngjīn Anzahlung *f*; Sicherheitsleistung *f*; Kaution *f*

保证人 bǎozhèngrén Garant *m*; Bürge *m*; Gewährsmann *m*

饱和 bǎohé sättigen; Sättigung *f*; Absättigung *f*

饱和的 bǎohéde gesättigt

饱和点 bǎohédiǎn Sättigungspunkt *m*

饱和电流 bǎohé diànliú Sättigungsstrom *m*

饱和电压 bǎohé diànyā Sättigungsspannung *f*

饱和量 bǎohéliàng Sättigungsmenge *f*

饱和密度 bǎohé mìdù Sättigungsdichte *f*

饱和溶液 bǎohé róngyè gesättigte Lösung

饱和限度 bǎohé xiàndù Sättigungsbegrenzung *f*; Sättigungsgrenze *f*

饱和效应 bǎohé xiàoyìng Sättigungseffekt *m*

饱和液体 bǎohé yètǐ gesättigte Flüssigkeit

饱和值 bǎohézhí Sättigungswert *m*

宝石 bǎoshí Edelstein *m*; Korund

B

m; Juwel *m/n*
宝藏 bǎozàng Schatz *m*; kostbare Erzvorkommen
刨 bào hobeln; Hobel *m*
刨程 bàochéng Hobellänge *f*
刨齿机 bàochǐjī Zahnradhobel- und Stoßmaschine
刨床 bàochuáng Hobelbank *f*; Hobelkasten *m*; Hobelmaschine *f*; Hobler *m*; Planbank *f*
刨刀 bàodāo Hobelstahl *m*; Hobeleisen *m*; Hobelmesser *n*; Hobel *m*
刨光 bàoguāng abhobeln
刨花 bàohuā Hobelspan *m*; Holzspan *m*
刨平 bàopíng glatthobeln; schlichten
刨削 bàoxuē hobeln; abhobeln
刨叶 bàoyè Hobeleisen *n*; Hobelmesser *n*
刨子 bàozi Hobel *m*
报导 bàodǎo berichten; Pressebericht *m*; aktuelle Meldung
报废 bàofèi sich abnutzen; unbrauchbar werden; verschrotten; etw. als Ausschuss melden; etw. für wertlos erklären; Ausschuss *m*
报告 bàogào berichten; melden; Bericht *m*; Vortrag *m*; Referat *n*
报话机 bàohuàjī Feldfunksprechgerät *n*
报警 bàojǐng benachrichtigen; Vorwarnung *f*
报警灯 bàojǐngdēng Alarmlampe *f*; Meldelampe *f*
报警灯开关 bàojǐngdēng kāiguān Warnlichtschalter *m*
报警开关 bàojǐng kāiguān Warnschalter *m*; Alarmschalter *m*
报警器 bàojǐngqì Alarmgeber *m*; Alarmgerät *m*

报警设备 bàojǐng shèbèi Alarmgerät *n*; Alarmanlage *f*
报警信号 bàojǐng xìnhào Alarmzeichen *n*; Alarmsignal *n*; Warnungssignal *n*
报警信号灯 bàojǐng xìnhàodēng Warnlampe *f*; Warnleuchte *f*; Warnlicht *n*; Alarmlampe *f*
报警装置 bàojǐng zhuāngzhì Warnanlage *f*; Alarmeinrichtung *f*; Warneinrichtung *f*
报刊 bàokān Zeitungen und Zeitschriften; Presse *f*
报时信号 bàoshí xìnhào Zeitsignal *n*
报数 bàoshù abzählen
暴风警报 bàofēng jǐngbào Sturmwarnung *f*
暴风雪 bàofēngxuě Schneesturm *m*; Schneegestöber *n*
暴风雨 bàofēngyǔ Gewitter *n*
暴燃器 bàoránqì Abbrenner *m*
暴雨 bàoyǔ heftiger Regenguss; Gewitterregen *m*
曝光 bàoguāng belichten; exponieren; Belichtung *f*; Anstrahlung *f*
曝光表 bàoguāngbiǎo Aktinometer *n*; Belichtungsmesser *m*
曝光计 bàoguāngjì Strahlenmesser *m*; Belichtungsmesser *m*
曝光时间 bàoguāng shíjiān Belichtungszeit *f*; Aufnahmezeit *f*
爆发行程 bàofā xíngchéng Explosionshub *m*; Explosionstakt *m*
爆发压力 bàofā yālì Explosionsdruck *m*
爆击声 bàojīshēng Klopfgeräusch *n*
爆裂 bàoliè bersten; platzen; Absprengen *n*
爆破 bàopò sprengen; zersprengen; abschießen; Abschießen *n*; Spren-

gung f; Sprengschuss m; Gesprenge n

爆破法 bàopòfǎ Sprengmethode f

爆破技术 bàopò jìshù Sprengtechnik f

爆破器材 bàopò qìcái Sprengausrüstung f

爆破学 bàopòxué Sprengwesen n

爆破作业 bàopò zuòyè Sprengarbeit f; Sprengen n

爆破作用 bàopò zuòyòng Sprengwirkung f

爆燃 bàorán detonieren; Detonation f

爆炸 bàozhà explodieren; sprengen; Explosion f; Detonation f; Sprengschlag m

爆炸的 bàozhàde explodierbar; explosiv

爆炸物 bàozhàwù Explosivstoff m

爆炸性气体 bàozhàxìng qìtǐ explosibles Gas

爆炸压力 bàozhà yālì Explosionsdruck m

爆炸云 bàozhàyún Sprengwolke f

爆震测量仪 bàozhèn cèliángyí Klopfmesser m

爆震强度 bàozhèn qiángdù Klopfstärke f

爆竹 bàozhú Feuerwerk n; Feuerwerkskörper m; Schwärmer m

北 běi Nord m; Norden m

北半球 běibànqiú nördliche Halbkugel; nördliche Hemisphäre

北方 běifāng Norden m

北寒带 běihándài nördliche kalte Zone

北回归线 běihuíguīxiàn nördlicher Wendekreis; Wendekreis des Krebses

北极 běijí Nordpol m; magnetischer Nordpol

北极光 běijíguāng Nordlicht n; Nordpolarlicht n

北极区 běijíqū Arktis f; Nordpolargebiet n

北极圈 běijíquān nördlicher Polarkreis

北极星 běijíxīng Polarstern m; Nordstern m

北美洲 běiměizhōu Nordamerika

北纬 běiwěi nördliche Breite

北温带 běiwēndài nördliche gemäßigte Zone

贝壳 bèiké Muschelschale f

贝氏钢 bèishìgāng Bessemerstahl m

贝氏体 bèishìtǐ Bainit n

贝氏体处理 bèishìtǐ chǔlǐ Bainitbehandlung f

贝氏体淬火 bèishìtǐ cuìhuǒ Bainithärtung f

贝氏体等温淬火 bèishìtǐ děngwēn cuìhuǒ Bainitisieren n

备份文件 bèifèn wénjiàn Sicherungskopie f

备件 bèijiàn Ausrüstungsteil m; Ersatzteil n/m; Reserveteil m/n; Ersatz m

备件明细表 bèijiàn míngxìbiǎo Ersatzteilliste f; Ersatzteil-Stückliste f

备件清单 bèijiàn qīngdān Ersatzteilliste f; Ersatzteilverzeichnis n

备用 bèiyòng Ersatz m; Reserve f

备用泵 bèiyòngbèng Beistandpumpe f; Notpumpe f; Reservepumpe f

备用材料 bèiyòng cáiliào Ersatzmittel n

备用车轮 bèiyòng chēlún Reserverad n; Reserveradreifen m

备用充电器 bèiyòng chōngdiànqì Bereitschaftslader m

B

备用电路 bèiyòng diànlù Reserve-stromkreis *m*; Vorratskreis *m*; Vorratsleitung *f*

备用电源 bèiyòng diànyuán Reser-vestromquelle *f*; Stromreserve *f*; Notstrom *m*

备用电子管 bèiyòng diànziguǎn Re-serveröhre *f*

备用电站 bèiyòng diànzhàn Zusatz-kraftanlage *f*

备用刀具 bèiyòng dāojù Reserve-messer *n*

备用动力 bèiyòng dònglì Notstrom-versorgung *f*

备用发动机 bèiyòng fādòngjī Bei-standmotor *m*; Ersatzmotor *m*; Hilfsmotor *m*

备用锅炉 bèiyòng guōlú Bereit-schaftskessel *m*; Reservekessel *m*

备用件 bèiyòngjiàn Ersatzstück *n*; Resrveteil *m/n*; Ersatzteil *m/n*

备用零件 bèiyòng língjiàn Ersatzteil *m/n*; Reserveteil *m/n*

备用轮胎 bèiyòng lúntāi Reservereifen *m*; Ersatzreifen *m*

备用内胎 bèiyòng nèitāi Reserve-luftschlauch *m*

备用熔断器 bèiyòng róngduànqì Vorsicherung *f*

备用设备 bèiyòng shèbèi Reserve-anlage *f*; Bereitschaftsanlage *f*; Hilfsapparat *m*

备用天线 bèiyòng tiānxiàn Behelfs-antenne *f*; Ersatzantenne *f*

备用外胎 bèiyòng wàitāi Reserve-mantel *m*

备用装置 bèiyòng zhuāngzhì Reserve-einheit *f*

背 bèi Rücken *m*

背景 bèijǐng Hintergrund *m*

背景画面 bèijǐng huàmiàn Hinter-grundbild *n*

背面 bèimiàn Hintergrund *m*; Rück-seite *f*; Kehrseite *f*

背视 bèishì Rückansicht *f*

背视图 bèishìtú Hinteransicht *f*; Rück-sicht *f*; Ansicht von hinten

背压 bèiyā Widerdruck *m*

背压阀 bèiyāfá Gegendruckventil *n*

背压式涡轮机 bèiyāshì wōlúnjī Ge-gendruckturbine *f*

背压调节 bèiyā tiáojié Gegendruck-regelung *f*

钡 bèi Barium *n*

钡餐 bèicān 〈医〉 Bariumbrei schlu-cken; Bariumbrei *m*

钡硝石 bèixiāoshí Barytsalpeter *m*

被乘数 bèichéngshù Multiplikand *m*

被除数 bèichúshù Dividend *m*; Tei-lungszahl *f*; Zähler *m*

被动的 bèidòngde passiv

被加数 bèijiāshù Summand *m*

被减数 bèijiǎnshù Minuend *m*

被子植物 bèizi zhíwù bedeckts-amige Pflanzen; Bedecktsamer *m*; Angiospermen *pl*

倍频滤波器 bèipín lùbōqì Oktavfil-ter *m/n*

倍频器 bèipínqì Verdoppler *m*; Fre-quenzmultiplikator *m*; Frequenz-vielfacher *m*

倍数 bèishù Multiplikativzahl *f*; Vielfache *n*; Multiplum *n*

倍增 bèizēng vervielfachen; Verviel-fachung *f*

倍增器 bèizēngqì Verdoppler *m*; Multiplier *m*; Vervielfacher *m*

倍增系数 bèizēng xìshù Vervielfa-chungsfaktor *m*

焙 bèi abdörren; rösten

焙烧 bèishāo abschwelen; rösten; backen

蓓蕾 bèilěi Blütenknospe *f*; Knospe *f*

贲门 bēnmén Magenmund *m*; Kardia *f*

本初子午线 běnchū zǐwǔxiàn Nullmeridian *m*

本地打印机 běndì dǎyìnjī der lokale Drucker

本机振荡 běnjī zhèndàng örtliche Schwingung

本机振荡器 běnjī zhèndàngqì örtlicher Oszillator; innerer Oszillator

本届 běnjiè diesjährig; jetzig

本来的 běnláide ursprünglich; anfänglich; eigentlich; eigenartig

本能 běnnéng Instinkt *m*

本生灯 běnshēngdēng Bunsenbrenner *m*

本征矢量 běnzhēng shǐliàng Eigenvektor *m*

本质 běnzhì Wesen *n*; Natur *f*; Essenz *f*

本质的 běnzhìde wesentlich; grundsätzlich; konstitutiv

苯 běn Benzol *n*; Benzoe *f*

苯胺 běn'àn Anilin *n*

苯酚 běnfēn Karbolsäure *f*; Phenol *n*

苯基 běnjī Phenyl *n*

苯乙烯 běnyǐxī Styrol *n*; Phenyläthylen *n*

崩裂 bēngliè bersten; springen; zerbersten; zersplittern

崩塌 bēngtā abrollen; zerfallen; einstürzen; umstürzen; Zerfall *m*; Absturz *n*; Abrutsch *m*; Abrutschung *f*

绷带 bēngdài Verband *m*; Binde *f*; Bandage *f*; Faszie *f*

泵 bèng Pumpe *f*

泵房 bèngfáng Pumpenhaus *n*; Pumpwerk *n*

泵活塞 bènghuósāi Pumpenkolben *m*

泵汲 bèngjí abpumpen

泵体 bèngtǐ Pumpenkörper *m*

泵调节器 bèng tiáojiéqì Pumpenregler *m*

泵叶轮 bèngyèlún Pumpenschaufelrad *n*; Pumpenrad *n*

泵油元件 bèngyóu yuánjiàn Pumpenelement *n*

泵柱塞 bèngzhùsāi Pumpenkolben *m*

泵转子 bèngzhuànzǐ Pumpenrotor *m*

鼻 bí Nase *f*

鼻癌 bí'ái Nasenkrebs *m*

鼻出血 bíchūxiě Nasenblutung *f*

鼻道 bídào Nasengang *m*

鼻窦炎 bídòuyán Sinuitis *f*; Sinusitis *f*; Nasennebenhöhlenentzündung *f*

鼻骨 bígǔ Nasenbein *n*

鼻尖 bíjiān Nasenspitze *f*

鼻镜 bíjìng Nasenspiegel *m*; Rhinoskop *n*

鼻科医生 bíkē yīshēng Rhinologe *m*

鼻孔 bíkǒng Nasenloch *n*

鼻梁 bíliáng Nasenrücken *m*

鼻腔 bíqiāng Nasenhöhle *f*

鼻塞 bísāi Nasenverstopfung *f*; eine verstopfte Nase halten

鼻饲 bísì Nasenfütterung *f*

鼻炎 bíyán Nasenentzündung *f*; Rhinitis *f*; Nasenkatarrh *m*

比测计 bǐcèjì Komparator *m*; Vergleichsmessgerät *n*

比长仪 bǐchángyí Komparator *m*

比较 bǐjiào vergleichen; komparieren; Vergleich *m*

比较表达式 bǐjiào biǎodáshì Vergleichsausdruck *m*

B

比较的 bǐjiàode verhältnismäßig; relativ

比较电流 bǐjiào diànliú Vergleichsstrom *m*

比较电路 bǐjiào diànlù Vergleichsschaltung *f*

比较寄存器 bǐjiào jìcúnqì Vergleichsregister *n*

比较器 bǐjiàoqì Vergleicher *m*

比较信号 bǐjiào xìnhào Vergleichssignal *n*

比例 bǐlì Proportion *f*; Maßstab *m*; Verhältnismaßstab *m*; Verhältnis *n*

比例尺 bǐlìchǐ Maßstab *m*; Verhältnismaßstab *m*; Proportionalitätsstab *m*; Proportionalstab *m*; Maßstablineal *n*; Skalalineal *n*

比例的 bǐlìde proportional

比例方程 bǐlì fāngchéng Proportionsgleichung *f*

比例放大器 bǐlì fàngdàqì Proportionalverstärker *m*

比例极限 bǐlì jíxiàn Proportionalitätsgrenze *f*

比例失调 bǐlì shītiáo Disproportion *f*

比例数 bǐlìshù Verhältniszahl *f*

比例调节器 bǐlì tiáojiéqì Proportionalregler *m*; Verhältnisregler *m*

比例图 bǐlìtú Maßskizze *f*

比例系数 bǐlì xìshù Proportionalitätsfaktor *m*; Proportionalfaktor *m*; Verhältniszahl *f*

比例项 bǐlìxiàng Proportionale *f*

比例中项 bǐlì zhōngxiàng mittelere Proportionale; geometrisches Mittel

比率 bǐlǜ Verhältnis *n*; Rate *f*; Proportion *f*; Quotient *m*

比面 bǐmiàn spezifische Oberfläche

比目鱼 bǐmùyú Butt *m*; Plattfisch *m*; Scholle *f*; Flunder *f*

比热 bǐrè spezifische Wärme; Wärmegröße *f*

比容 bǐróng spezifisches Volumen; Räumigkeit *f*

比色法 bǐsèfǎ Kolorimetrie *f*; Farbmessung *f*

比色分析 bǐsè fēnxī kolorimetrische Analyse

比色计 bǐsèjì Kolorimeter *n*; Colorimeter *n/m*; Chromometer *n*; Farbenmesser *m*; Farbmessgerät *n*

比色温度计 bǐsè wēndùjì Farbenpyrometer *m*; Farbtemperaturmesser *m*

比数 bǐshù Verhältniswert *m*

比特 bǐtè 〈计〉Bit *m*

比值 bǐzhí Verhältniswert *m*; Verhältnis *n*; Bezugswert *m*; Proportionalität *f*; spezifischer Wert

比重 bǐzhòng Einheitsgewicht *n*; spezifisches Gewicht; Dichte *f*; Wichte *f*

比重差 bǐzhòngchā Wichteunterschied *m*

比重计 bǐzhòngjì Hydrometer *n*; Densitometer *n/m*; Dichtigkeitsmesser *m*; Gewichtsaräometer *n*; Aräometer *n*; Senkspindel *m*; Pyknometer *n/m*; Waage *f*

比重瓶 bǐzhòngpíng Pyknometer *n*

比浊计 bǐzhuójì Nephelometer *n*

笔名 bǐmíng Pseudonym *m*

笔石 bǐshí Graptolith *m*

币 bì Geld *n*; Währung *f*

币制 bìzhì Währungssystem *n*

必需的 bìxūde erforderlich; notwendig; unentbehrlich

闭合 bìhé schließen; abschließen; zuschließen

闭合的 bìhéde abgeschlossen

闭合电路 bìhé diànlù geschlossener Kreis; geschlossener Stromkreis; Schließungskreis *m*

闭合脉冲 bìhé màichōng Schließungsimpuls *m*

闭合式制动器 bìhéshì zhìdòngqì geschlossene Bremse

闭合铁心 bìhé tiěxīn geschlossener Eisenkern

闭环 bìhuán geschlossene Schleife

闭环操作 bìhuán cāozuò Closed-Loop-Betrieb *m*

闭环电路 bìhuán diànlù Schaltung mit geschlossener Schleife

闭经 bìjīng Menostase *f*; Amenorrhö *f*

闭口槽 bìkǒucáo geschlossene Nut

闭路电视 bìlù diànshì Kabelfernsehen *n*; Betriebsfernsehen *n*

闭路器 bìlùqì Einschalter *m*

闭路天线 bìlù tiānxiàn geschlossene Antenne

闭塞 bìsè aussperren; verschließen; verstopfen; okkludieren; Blocken *n*

闭塞电流 bìsè diànliú Blockstrom *m*

闭塞电路 bìsè diànlù Verriegelungsschaltung *f*; Blockkreis *m*; Absperrkreis *m*

闭塞栓 bìsèshuān Absperrhahn *m*

闭塞系统 bìsè xìtǒng Blocksystem *n*

闭式喷油嘴 bìshì pēnyóuzuǐ geschlossene Düse

闭锁 bìsuǒ Sperre *f*

闭锁条件 bìsuǒ tiáojiàn Verriegelungsbedingung *f*

闭型程序 bìxíng chéngxù geschlossenes Programm

闭型子程序 bìxíng zǐchéngxù geschlossenes Unterprogramm

铋 bì 〈化〉Wismut *n*; Bismut *n*

蓖麻 bìmá Rizinus *m*; Wunderbaum *m*

避磁性的 bìcíxìngde antimagnetisch

避光板 bìguāngbǎn Blendschutz *m*

避雷器 bìléiqì Biltzschutzanlage *f*; Blitzableiter *m*

避雷针 bìléizhēn Blitzableiter *m*; Ableiter *m*

避孕 bìyùn Kontrazeption *f*; Schwangerschaftsverhütung *f*

避孕药丸 bìyùn yàowán Antibabypille *f*; Ovulationshemmer *m*

壁炉 bìlú Kamin *m*

臂 bì Arm *m*

边 biān Seite *f*; Rand *m*; Kante *f*; Bord *m*

边侧 biāncè Seite *f*

边长 biāncháng Seitenlänge *f*

边窗 biānchuāng Seitenfenster *n*

边堤 biāndī Seitendamm *m*

边角料 biānjiǎoliào industrielle Abfallstücke; industrielle Reststücke

边界层 biānjiècéng Grenzschicht *f*

边料切刀 biānliào qiēdāo Abfalltrenner *m*; Abfallschneider *m*

边缘 biānyuán Rand *m*; Grenze *f*; Kante *f*; Zarge *f*

边缘的 biānyuánde peripher

边缘断层 biānyuán duàncéng Randbruch *m*

边缘科学 biānyuán kēxué Grenzwissenschaft *f*; Randgebiet *n*

边缘科学的 biānyuán kēxuéde grenzwissenschaftlich

编程 biānchéng programmieren; Programmierung *f*; Programmherstellung *f*

编程序辅助设备 biānchéngxù fǔzhù shèbèi Programmierhilfe *f*

编号 biānhào nach Nummern einordnen; nummerieren

B

编辑 biānjí herausgeben; redaktionell bearbeiten; redigieren; Bearbeiten *n*; Redakteur *m*

编辑符号 biānjí fúhào 〈计〉 Druckaufbereitungszeichen *n*

编辑器 biānjíqì Editor *m*

编辑语句 biānjí yǔjù 〈计〉 Druckaufbereitungsklausel *f*

编辑指令 biānjí zhǐlìng 〈计〉 Druckaufbereitungsbefehl *m*

编码 biānmǎ chiffrieren; codieren; kodieren; enkodieren; verschlüsseln; Chiffrierung *f*; Kodierung *f*; Codierung *f*; Verschlüsselung *f*; Code *m*

编码程序 biānmǎ chéngxù verschlüsseltes Programm; kodiertes Programm

编码存储器 biānmǎ cúnchǔqì Kodierungsspeicher *m*

编码机 biānmǎjī Chiffriermaschine *f*

编码矩阵 biānmǎ jǔzhèn 〈计〉 Verschlüsselungsmatrix *f*

编码器 biānmǎqì Verschlüsseler *m*; Verschlüssler *m*; Codierer *m*; Codierung *f*

编码语言 biānmǎ yǔyán Codiersprache *f*

编码纸 biānmǎzhǐ Ablochbeleg *m*

编码字符 biānmǎ zìfú 〈计〉 verschlüsseltes Zeichen

编密码 biānmìmǎ chiffrieren

编目 biānmù Katalog aufstellen; katalogisieren

编排 biānpái einordnen; etw. ordnen und aufstellen; der Reihe nach anordnen; gruppieren

编写 biānxiě zusammenstellen; schreiben; verfassen; entwerfen

编译 biānyì etw. übersetzen und redigieren; Compilieren *n*; Compilierung *f*

编译程序 biānyì chéngxù kompilierendes Programm; Compilerprogramm *n*; Compiler *m*; Compilerroutine *f*; zuordnendes Programm

编译程序语言 biānyì chéngxù yǔyán 〈计〉 Compilersprache *f*

编译程序指令 biānyì chéngxù zhǐlìng Compilerbefehl *m*

编译过程 biānyì guòchéng 〈计〉 Compilervorgang *m*

编译计算机 biānyì jìsuànjī Compilercomputer *m*

编者 biānzhě Redakteur *m*; Herausgeber *m*; Verfasser *m*

编者按 biānzhě'àn redaktionelle Anmerkung; Anmerkung des Herausgebers

编织 biānzhī flechten; weben; stricken; Flechtarbeit *f*

编址 biānzhǐ adressieren

编制 biānzhì zusammenstellen; ausarbeiten; entwerfen; Etatstärke *f*; Sollstärke *f*; Stellenplan *m*

编著 biānzhù verfassen; zusammenstellen

编组 biānzǔ gruppieren

扁插头 biǎnchātóu Flachstecker *m*

扁电极火花塞 biǎndiànjí huǒhuāsāi Zündkerze mit Entenfußelektrode

扁钢 biǎngāng Bandstahl *m*; Flachstahl *m*; Plattstahl *m*; Flacheisen *n*

扁骨 biǎngǔ Flachbein *n*

扁管 biǎnguǎn Plattrohr *n*

扁率 biǎnlǜ Abplattung *f*

扁坯 biǎnpī Bramme *f*; Brammenblock *m*; Platine *f*

扁平 biǎnpíng Flachheit *f*

扁钳 biǎnqián Flachzange *f*

扁桃体 biǎntáotǐ Mandel *f*; Mandeldrüse f; Tonsille f

扁桃体炎 biǎntáotǐyán Mandelentzündung f; Tonsillitis f

扁桃腺 biǎntáoxiàn Mandel f; Mandeldrüse f

扁条 biǎntiáo Platine f

扁线 biǎnxiàn bandförmiger Leiter

扁圆头铆钉 biǎnyuántóu mǎodīng Flachrundniet m

扁圆头螺钉 biǎnyuántóu luódīng Linsenschraube f; Flachrundkopfschraube f

扁圆头螺栓 biǎnyuántóu luóshuān Flachrundschraube f

变地址 biàndìzhǐ Indexadresse f

变电所 biàndiànsuǒ Umspannerwerk n; Transformatorenstation f

变电站 biàndiànzhàn Transformatorenstation f; Transformatorenanlage f; Umspannwerk n; Umformerwerk n; Umspannanlage f; Umspannstation f

变调 biàndiào transponieren

变动的 biàndòngde schwankend; variabel

变分 biànfēn 〈数〉 Variaton f

变分法 biànfēnfǎ Variationsrechnung f

变感元件 biàngǎn yuánjiàn Parametron n

变更 biàngēng ändern; abändern; verändern; umändern; Veränderung f; Abänderung f; Modulation f

变光杆 biànguānggān Abblendhebel m

变化 biànhuà ändern; wechseln; verändern; umwandeln; Wandel m; Veränderung f; Umwandlung f; Variation f; Variante f; Translation f

变换 biànhuàn umwandeln; wechseln; tauschen; transformieren; Wechsel m; Umwandlung f; Transformation f; Transformierung f; Translation f

变换比 biànhuànbǐ Umwandlungsverhältnis n; Transformationsverhältnis n

变换程序 biànhuàn chéngxù Wandelprogramm n

变换齿轮 biànhuàn chǐlún Wechselrad n

变换器 biànhuànqì Translator m; Umsetzer m; Inverter m; Übertrager m; Messwandler m

变换系数 biànhuàn xìshù Übersetzungsverhältnis n; Transformationsverhältnis n

变换因数 biànhuàn yīnshù Umwandlungsfaktor m

变极 biànjí Wechselpol m

变极电机 biànjí diànjī Wechselpolmaschine f; Wechselpolgenerator m

变焦距镜头 biànjiāojù jìngtóu Gummilinse f; Variobjektiv n; Zoomobjektiv n

变量 biànliàng Variable f; veränderliche f; veränderliche Größe

变量标识符 biànliàng biāozhìfú Variablenbezeichnung f

变量存储器 biànliàng cúnchǔqì Variablenspeicher m

变量链 biànliàngliàn Variablenstring m

变量名称 biànliàng míngchēng Variablenname m

变量器 biànliàngqì Wandler m; Umwandler m; Trafo m; Transformator m

变流器 biànliúqì Stromrichter m; Umformer m; Stromumformer m;

B

Konverter *m*

变码器 biànmǎqì Transcoder *m*

变扭器 biànniǔqì Drehmomentwandler *m*

变频 biànpín transponieren; Frequenzwandlung *f*

变频器 biànpínqì Umwandler *m*; Frequenzwandler *m*; Vorsatzgerät *n*; Frequenzumsetzer *m*

变容二极管 biànróng èrjíguǎn Varaktordiode *f*

变色 biànsè Farbe verändern; Farbe wechseln

变数 biànshù Variable *f*; Veränderliche *f*

变速 biànsù Geschwindigkeitsänderung *f*; Geschwindigkeitswechsel *m*; Gangschaltung *f*

变速操纵杆 biànsù cāozònggān Getriebeschalthebel *m*; Gangschalthebel *m*

变速叉 biànsùchā Schaltgabel *f*

变速齿轮 biànsù chǐlún Übersetzungsrad *n*; Wechselgetriebe *n*

变速传动 biànsù chuándòng Wechselgetriebe *n*

变速杆 biànsùgǎn Schalthebel *m*; Schaltgestänge *n*; Schaltknüppel *m*

变速机构 biànsù jīgòu Schaltung *f*; Gangschalteinrichtung *f*

变速器 biànsùqì Gangschaltung *f*; Schalthebel *m*; Getriebe *n*; Schaltung *f*; Geländegetriebe *n*; Geschwindigkeitsregulator

变速器从动轴 biànsùqì cóngdòngzhóu Getriebeabtriebswelle *f*

变速器油 biànsùqìyóu Getriebeöl *n*

变速箱 biànsùxiāng Schaltgetriebe *n*; Wechselgetriebe *n*; Getriebekasten *m*; Räderkasten *m*; Wechselrädergetriebe *n*; Wechselräderkasten *m*; Antriebskasten *m*

变速运动 biànsù yùndòng veränderliche Bewegung

变态 biàntài deformieren; Metamorphose *f*; Umbildung *f*; Modifikation *f*; Anomalie *f*

变态的 biàntàide abartig; anormal; abnormal; regelwidrig; unregelmäßig

变体 biàntǐ Abart *f*; Variante *f*; Modifikation *f*

变向离合器 biànxiàng líhéqì Reversierkupplung *f*

变项 biànxiàng Variable *f*; Veränderliche *f*

变星 biànxīng 〈天〉 veränderlicher Stern; variabler Stern

变形 biànxíng deformieren; verformen; entstellen; Verformung *f*; Umformung *f*; Deformation *f*; Verzerrung *f*; Formänderung *f*; Metamorphose *f*; Umbildung *f*; Entstellung *f*

变形测量仪 biànxíng cèliángyí Formänderungsmesser *m*

变形的 biànxíngde verformt; deformiert; anamorphotisch; verformtbleibend

变形度 biànxíngdù Verformungsgrad *n*

变形过程 biànxíng guòchéng Verformungsvorgang *m*

变形极限 biànxíng jíxiàn Verformungsgrenze *f*

变形结构 biànxíng jiégòu Deformationsstruktur *f*

变形力 biànxínglì Verformungsdruck *m*; Verformungskraft *f*

变形量 biànxíngliàng Verformungsgrad *n*

变形面 biànxíngmiàn Deformationsebene *f*; Verformungsebene *f*

变形模量 biànxíng móliàng Formänderungsmodul *m*

变形能力 biànxíng nénglì Verformungsgradvermögen *n*; Verformungsfähigkeit *f*

变形系数 biànxíng xìshù Formänderungsfaktor *m*

变形性 biànxíngxìng Verformbarkeit *f*

变形值 biànxíngzhí Deformationswert *m*; Deformationsbetrag *m*

变形状态 biànxíng zhuàngtài Formänderungszustand *m*

变压 biànyā umspannen; Transformation *f*

变压比 biànyābǐ Übersetzungsverhältnis *n*; Umwandlungsverhältnis *n*

变压器 biànyāqì Transformator *m*; Spannungwandler *m*; Umspanner *m*; Übertrager *m*; Umformer *m*; Wandler *m*; Spannungstransformator *m*; Stromtransformator *m*; Trafo *m*

变压器功率 biànyāqì gōnglǜ Umspannerleistung *f*

变异 biànyì degenerieren; Variabilität *f*; Variation *f*

变异的 biànyìde variabel; degenerativ

变硬 biànyìng erstarren

变元 biànyuán Variable *f*

变址磁道 biànzhǐ cídào Indexspur *f*

变址地址 biànzhǐ dìzhǐ 〈计〉 Indexadresse *f*

变址寄存器 biànzhǐ jìcúnqì 〈计〉 Indexregister *n*; Adressregister *n*

变址指令 biànzhǐ zhǐlìng B-Instruktion *f*

变质 biànzhì entarten; missarten; ausarten; degenerieren; Entartung *f*; Metamorphose *f*

变质的 biànzhìde degenerativ; gammelig; gestockt; verdorben

变质岩 biànzhìyán metamorphes Gestein

变种 biànzhǒng Mutation *f*; Vatietät *f*; Variante *f*; Abart *f*

变阻器 biànzǔqì Rheostat *m*; Widerstandsregler *m*; Regelwiderstand *m*

变阻器级 biànzǔqìjí Widerstandsstufe *f*

便秘 biànmì Stuhlverstopfung *f*; Verstopfung *f*; Darmträgheit *f*; Obstipation *f*

便携式计算机 biànxiéshì jìsuànjī tragbarer Computer

便携设备 biànxié shèbèi tragbares Gerät

便携式天线 biànxiéshì tiānxiàn transportable Antenne

便血 biànxiě Stuhlgang mit Blut; Blutstuhl *m*

辨别 biànbié unterscheiden; differenzieren

辨别力 biànbiélì Unterscheidungsvermögen *n*

辨认 biànrèn erkennen; identifizieren; Identifizierung *f*; Identifikation *f*

辨识码 biànshímǎ Erkennungskode *m*

辨析 biànxī unterscheiden und analysieren

辩证的 biànzhèngde dialektisch

辩证法 biànzhèngfǎ Dialektik *f*

辩证法的 biànzhèngfǎde dialektisch

标本 biāoběn Präparat *n*; Musterstück *n*; präparierter Gegenstand; Patrone *f*; Probeobjekt *n*; Vorbild

B

n

标称马力 biāochēng mǎlì Nennkraft *f*

标尺 biāochǐ Messstab *m*; Absteckpfahl *m*; Latte *f*; Wasserstandsanzeiger *m*; Visierkimme *f*; Messer *m*; Visier *n*; Pegel *m*

标尺读数 biāochǐ dúshù Skalenablesung *f*

标灯 biāodēng Leuchtboje *f*; Leuchtbake *f*; Leuchtfeuer *n*

标点符号 biāodiǎn fúhào Interpunktionszeichen *n*

标定 biāodìng abgrenzen

标定尺寸 biāodìng chǐcùn Sollmaß *n*

标定含量 biāodìng hánliàng Sollgehalt *m*

标定重量 biāodìng zhòngliàng Sollgewicht *n*

标度 biāodù Skala *f*; Skaleneinteilung *f*

标杆 biāogān Messlatte *f*; Nivellierlatte *f*; Nivellierstab *m*; Absteckstab *m*; Absteckstange *f*; Absteckpfahl *m*

标高 biāogāo Höhenlage *f*; Elevation *f*; Höhenmarke *f*; Kote *f*

标高点 biāogāodiǎn Höhenzahl *f*; Höhenlage *f*

标号 biāohào Güteklasse *f*; Gütefaktor *m*; Qualitätszahl *f*

标记 biāojì Abzeichen *n*; Marke *f*; Zeichen *n*; Mal *n*; Merkmal *n*; Bezeichnung *f*; Aufzeichnung *f*; Indiz *n*

标记栏 biāojìlán Markierungsleiste *f*

标记位 biāojìwèi Kennbit *n*

标价 biāojià Preis angeben; angegebener Preis

标量 biāoliàng Skalar *m*; skalare Größe; gerichtete Größe

标量的 biāoliàngde skalar

标明 biāomíng markieren; kennzeichnen; indizieren

标签 biāoqiān Etikett *n*; Aufkleber *m*; Schild *n*; Gepäckzettel *m*; Zettel *m*; Label *n*; Auszeichnung *f*

标识符 biāoshífú Kennsatz *m*; Kennungszeichen *n*; Kennzeichnungsname *m*

标题 biāotí Titel *m*; Überschrift *f*; Schlagzeile *f*

标题栏 biāotílán Titelleiste *f*

标志 biāozhì Zeichen *n*; Kennzeichen *n*; Merkmal *n*; Marke *f*; Abzeichen *n*; Kennung *f*

标志色 biāozhìsè Kennfarbe *f*

标志说明 biāozhì shuōmíng Markierungsanweisungen *pl*

标准 biāozhǔn Norm *f*; Standard *m*; Kriterium *n*; Normung *f*; Normale *f*; Normal *n*; Normativ *n*

标准按钮 biāozhǔn ànniǔ Standard-Schaltfläche *f*

标准泵 biāozhǔnbèng Standardpumpe *f*

标准尺 biāozhǔnchǐ Originalmaß *n*; Probemaß *n*

标准尺寸 biāozhǔn chǐcùn Normalmaß *n*; Urmaß *n*; Normalformat *n*; Normalgröße *f*; Einheitsgröße *f*

标准齿轮 biāozhǔn chǐlún Lehrzahnrad *n*

标准大气压 biāozhǔn dàqìyā Normalatmosphäre *f*; Bezugsluftdruck *m*

标准单位 biāozhǔn dānwèi Normaleinheit *f*

标准的 biāozhǔnde normiert; normgerecht; normal; messgebend

标准电动势 biāozhǔn diàndòngshì Normalelektrodenpotential *n*

标准电极 biāozhǔn diànjí Normalelektrode *f*

标准电路 biāozhǔn diànlù Standardschaltung *f*; Eichschaltung *f*

标准电容 biāozhǔn diànróng normierte Kapazität

标准电压 biāozhǔn diànyā Normalspannung *f*; genormte Spannung

标准电阻 biāozhǔn diànzǔ Vergleichswiderstand *m*; Normalwiderstand *m*

标准杆 biāozhǔngān Normalstab *m*

标准钢 biāozhǔngāng Normalstahl *m*

标准高点 biāozhǔn gāodiǎn Normalhöhepunkt *m*

标准格式 biāozhǔn géshì Programmierformat *n*

标准规 biāozhǔnguī Urlehre *f*; Normallehre *f*

标准规格 biāozhǔn guīgé Normal *n*; Normalmaß *n*

标准化 biāozhǔnhuà normen; vereinheitlichen; Normalisierung *f*; Standardisierung *f*; Normung *f*; Normierung *f*; Normenaufstellung *f*; Typisierung *f*

标准化的 biāozhǔnhuàde genormt; normalisiert

标准件 biāozhǔnjiàn Musterstück *n*; Urstück *n*

标准键盘 biāozhǔn jiànpán Standard-Tastatur *f*

标准角度规 biāozhǔn jiǎodùguī Winkelmaß *m*

标准结构 biāozhǔn jiégòu Einheitsbauart *f*; Typenkonstruktion *f*

标准量规 biāozhǔn liángguī Normallehre *f*

标准量器 biāozhǔn liángqì Urmaß *n*

标准轮 biāozhǔnlún Typenrad *n*

标准轮轴 biāozhǔn lúnzhóu Typenradwelle *f*

标准码 biāozhǔnmǎ Standardcode *m*

标准模型 biāozhǔn móxíng Vergleichmuster *n*

标准频率 biāozhǔn pínlǜ Normalfrequenz *f*; normierte Frequenz; Einheitsfrequenz *f*

标准气压 biāozhǔn qìyā Normalluftdruck *m*

标准气压计 biāozhǔn qìyājì Normalmanometer *n*

标准器 biāozhǔnqì Abgleicher *m*

标准燃料 biāozhǔn ránliào Bezugskraftstoff *m*

标准容积 biāozhǔn róngjī Normalvolumen *n*

标准溶液 biāozhǔn róngyè Bezugslösung *f*; Normallösung *f*

标准软件 biāozhǔn ruǎnjiàn Standardsoftware *f*

标准设计 biāozhǔn shèjì Musterbauplan *m*

标准时 biāozhǔnshí Normalzeit *f*

标准温度 biāozhǔn wēndù Normaltemperatur *f*; normale Temperatur

标准线 biāozhǔnxiàn Vergleicherlinie *f*; Vergleichslinie *f*

标准线圈 biāozhǔn xiànquān Normalspule *f*

标准压力 biāozhǔn yālì Normaldruck *m*

标准样品 biāozhǔn yàngpǐn Typenmuster *n*; Vergleichmuster *n*; Qualitätsmuster *n*

标准仪器 biāozhǔn yíqì Normgerät *n*; Normalgerät *n*

标准元件 biāozhǔn yuánjiàn Normalelement *n*

B

标准直径 biāozhǔn zhíjìng Normaldurchmesser m

标准值 biāozhǔnzhí Normalwert m; Richtwert m; Vergleichswert m

标准重力 biāozhǔn zhònglì Normalschwere f

标准重量 biāozhǔn zhòngliàng Normalgewicht n; Sollgewicht n; übliches Gewicht

标准状态 biāozhǔn zhuàngtài Normalzustand m

表 biǎo Tableau n; Formular n; Liste f; Messgerät n; uhr f

表层 biǎocéng Oberflächenschicht f; Außenschicht f; Oberfläche f; Haut f; Oberschicht f

表层水 biǎocéngshuǐ Wasserdecke f

表达式 biǎodáshì Ausdruck m

表格 biǎogé Formular n; Tafel f; Tabelle f; Liste f; Schema n

表观 biǎoguān scheinbar

表观密度 biǎoguān mìdù scheinbare Dichtigkeit

表面 biǎomiàn Oberfläche f; Außenseite f

表面层 biǎomiàncéng Oberflächenschicht f; Abraumdecke f; Randschicht f

表面冲刷 biǎomiàn chōngshuā Flächenspülung f

表面处理 biǎomiàn chǔlǐ Oberflächenbehandlung f

表面粗糙度 biǎomiàn cūcāodù Oberflächenrauheit f; Oberflächenrauigkeit f

表面淬火 biǎomiàn cuìhuǒ Oberflächenhärtung f

表面电阻率 biǎomiàn diànzǔlǜ spizifischer Oberflächenwiderstand

表面放电 biǎomiàn fàngdiàn Oberflächenentladung f

表面辐照 biǎomiàn fúzhào Oberflächenbestrahlung f

表面腐蚀 biǎomiàn fǔshí Oberflächenkorrosion f

表面光洁度 biǎomiàn guāngjiédù Oberflächengüte f

表面活性剂 biǎomiàn huóxìngjì Tenside pl

表面活性剂结构 biǎomiàn huóxìngjì jiégòu Tensidstruktur f

表面漏电 biǎomiàn lòudiàn Hautableitung f

表面磨损 biǎomiàn mósǔn Oberflächenverschleiß m

表面积 biǎomiànjī Mantelfläche f

表面加工 biǎomiàn jiāgōng Oberflächenbearbeitung f

表面绝缘 biǎomiàn juéyuán Oberisolation f; Oberflächenisolation f

表面扩散 biǎomiàn kuòsàn Oberflächendiffusion f; Oberflächenwanderung f

表面冷却 biǎomiàn lěngquè Oberflächenkühlung f; Flächenabkühlung f; äußerliche Abkühlung

表面麻醉 biǎomiàn mázuì Oberflächenanästhesie f

表面摩擦 biǎomiàn mócā Oberflächenreibung f

表面粘度 biǎomiàn niándù Oberflächenviskosität f

表面缩孔 biǎomiàn suōkǒng Außenlunker m

表面脱碳 biǎomiàn tuōtàn Oberflächenentkohlung f; Randentkohlung f

表面温度 biǎomiàn wēndù Oberflächentemperatur f

表面吸收 biǎomiàn xīshōu Oberflächenabsorption f

表面压力 biǎomiàn yālì Oberflächendruck m; Flächendruck m

B

表面硬度 biǎomiàn yìngdù Oberflächenhärte *f*

表面硬化 biǎomiàn yìnghuà Oberflächenhärtung *f*

表面硬化处理 biǎomiàn yìnghuà chǔlǐ Einsatzhärtung *f*

表面张力 biǎomiàn zhānglì Oberflächenspannung *f*

表面阻力 biǎomiàn zǔlì Oberflächenwiderstand *m*

表明 biǎomíng deuten; demonstrieren; Deutung *f*; Formulierung *f*; Demonstration *f*

表盘 biǎopán Zifferblatt *n*

表皮 biǎopí Oberhaut *f*; Epidermis *f*

表示 biǎoshì zeigen; ausdrücken; darstellen; Darstellung *f*

表述 biǎoshù formulieren; ausdrücken; Formulierung *f*

表土 biǎotǔ Bodendecke *f*; Ackerkrume *f*; Erdkrume *f*; Oberboden *m*

表土层 biǎotǔcéng Abdecke *f*; Deckgebirge *n*

表土层地下水 biǎotǔcéng dìxiàshuǐ Deckgebirgsgrundwasser *n*

表现型 biǎoxiànxíng Phänotyp *m*; Phänotypus *m*; Erscheinungsbild *n*

别名 biémíng Alias *n*

冰 bīng Eis *n*

冰雹 bīngbáo Hagel *m*; Hagelkorn *n*

冰层 bīngcéng Packeis *n*; Eisschicht *f*

冰层厚度 bīngcéng hòudù Eistiefe *f*

冰川 bīngchuān Gletscher *m*; Eisberg *m*; Kees *n*

冰川地形 bīngchuān dìxíng Glazialrelief *n*

冰川谷 bīngchuāngǔ Gletschertal *n*

冰川期 bīngchuānqī Eiszeit *f*; Eiszeitalter *n*; Diluvium *n*

冰川消融 bīngchuān xiāoróng Absterben des Gletschers

冰川学 bīngchuānxué Glaziologie *f*; Gletscherkunde *f*

冰川作用 bīngchuān zuòyòng Gletscherwirkung *f*; Vereisung *f*; Vergletscherung *f*

冰醋酸 bīngcùsuān Eisessigsäure *f*

冰点 bīngdiǎn Gefrierpunkt *m*; Frierpunkt *m*; Eispunkt *m*; Erstarrungspunkt *m*; Kältepunkt *m*

冰冻 bīngdòng frieren

冰冻的 bīngdòngde vereist

冰河 bīnghé Gletscher *m*

冰河口 bīnghékǒu Gletschertor *n*

冰河学 bīnghéxué Gletscherlehre *f*

冰晶石 bīngjīngshí Kryolith *m*; Eisstein *m*

冰库 bīngkù Eisraum *m*

冰块 bīngkuài Blockeis *n*; Packeis *n*

冰凌 bīnglíng Eisscholle *f*; schwimmende Eiskristalle

冰面 bīngmiàn Eisspiegel *m*

冰期 bīngqī Vereisungsphase *f*; Eiszeit *f*; Eiszeitalter *n*

冰山 bīngshān Eisberg *m*; Driftscholle *f*

冰山崩裂 bīngshān bēngliè Abstoßen von Eisberg

冰蚀 bīngshí Glazialerosion *f*

冰洲石 bīngzhōushí isländischer Doppelspat

冰箱 bīngxiāng Kühlschrank *m*; Kühlapparat *m*

冰压力 bīngyālì Eisdruck *m*

丙醇 bǐngchún Propanol *n*

丙酮 bǐngtóng Aceton *n*

丙烷 bǐngwán Propan *n*

丙烯 bǐngxī Propylen *n*; Propen *n*

丙烯酸 bǐngxīsuān Akrylsäure *f*; Acrylsäure *f*

柄 bǐng Griff *m*; Halter *m*; Holm *m*; Schaft *m*; Schwengel *m*

柄式铣刀 bǐngshì xǐdāo Zapfenfräser *m*

并串行转换器 bìngchuànháng zhuǎnhuànqì 〈计〉 Parallel-Serien-Umsetzer *m*

并发症 bìngfāzhèng Komplikation *f*

并激天线 bìngjī tiānxiàn Antenne mit Ableitung

并联 bìnglián parallelschalten; nebeneinanderschalten; Parallelschaltung *f*; Nebeneinanderschaltung *f*; Nebenschluss *m*

并联的 bìngliánde parallel

并联电路 bìnglián diànlù Parallelschaltung *f*; Nebeneinanderschaltung *f*

并联电阻 bìnglián diànzǔ Parallelwiderstand *m*; paralleler Widerstand; Abzweigungswiderstand *m*

并列 bìngliè Seite an Seite stehen; nebeneinanderstellen

并行操作 bìngxíng cāozuò Parallelbetrieb *m*

并行程序设计 bìngxíng chéngxù shèjì Parallelprogrammierung *f*

并行处理 bìngxíng chǔlǐ Parallelbearbeitung *f*

并行传输 bìngxíng chuánshū Parallelübertragung *f*

并行存储器 bìngxíng cúnchǔqì 〈计〉 Parallelspeicher *m*

并行打印机 bìngxíng dǎyìnjī Paralleldrucker *m*

并行电缆 bìngxíng diànlǎn Parallelkabel *n*

并行端口 bìngxíng duānkǒu das parallele Anschluss

并行计算机 bìngxíng jìsuànjī Parallelcomputer *m*; Parallelmaschine *f*

并行接口 bìngxíng jiēkǒu parallele Schnittstelle

并行算法 bìngxíng suànfǎ Parallelalgorithmus *m*

病变 bìngbiàn pathologische Veränderung; krankhafte Veränderung

病虫害 bìngchónghài Pflanzenkrankheiten und Insektenbefall

病床 bìngchuáng Krankenbett *n*; Krankenlager *n*; Krankenhausbett *n*

病毒 bìngdú Virus *n*

病毒特征 bìngdú tèzhēng Virensignatur *f*

病毒袭击 bìngdú xíjī Virusattacke *f*

病毒性 bìngdúxìng Virulenz *f*

病毒性肝炎 bìngdúxìng gānyán Virushepatitis *f*

病房 bìngfáng Krankenzimmer *n*; Krankensaal *m*; Krankenstube *f*

病房护士 bìngfáng hùshì Stationsschwester *f*

病菌 bìngjūn Krankheitserreger *m*; Bakterien *pl*

病理 bìnglǐ Pathologie *f*; Lehre von den Krankheiten

病理科 bìnglǐkē Abteilung für Pathologie; pathologische Abteilung

病理学 bìnglǐxué Pathologie *f*

病理学的 bìnglǐxuéde pathologisch

病理学家 bìnglǐxuéjiā Pathologe *m*

病理学系 bìnglǐxuéxì Abteilung für Pathologie

病情 bìngqíng Befinden eines Patienten; Zustand eines Patienten

病人 bìngrén Patient *m*; Kranke(r) *f* (*m*)

病史 bìngshǐ Krankengeschichte *f*; Anammnese *f*

病态 bìngtài krankhafter Zustand

病危 bìngwēi kritischer Krankheits-
zustand; auf den Tod krank sein

病因 bìngyīn Krankheitsursache f;
Pathogenese f

病原体 bìngyuántǐ Krankheitserre-
ger m; pathogener Keim; Virus n

病灶 bìngzào Krankheitsherd m; In-
fektionsherd m

病征 bìngzhēng Symptom n; Krank-
heitszeichen n

波 bō Welle f; Affäre f; Skandal m

波凹 bōāo Wellental n

波参数滤波器 bōcānshù lǜbōqì
Wellenparameter-Filter m

波长 bōcháng Wellenlänge f

波长表 bōchángbiǎo Wellenanzeiger
m

波长计 bōchángjì Wellenmesser m;
Wellenlängemesser m; Cymometer
n; Kymographion n; Ondograph
m; Ondometer n

波带 bōdài Streifen m; Wellenband
n

波导 bōdǎo Wellenleiter m; Hohl-
leiter m

波导管 bōdǎoguǎn Hohlrohr n; Hohl-
leiter m; Wellenleiter m; Kanalrohr
n

波道 bōdào Wellenkanal m; Kanal
m

波的传播 bōdēchuánbō Wellenaus-
breitung f; Wellenübertragung f

波动 bōdòng schwanken; fluktuie-
ren; Schwankung f; Fluktuation f;
Undulation f; Wellenbewegung f

波动的 bōdòngde schwankend; la-
bil; undulatorisch

波动电流 bōdòng diànliú Undula-
tionsstrom m

波动方程 bōdòng fāngchéng Wel-
lengleichung f

波动理论 bōdòng lǐlùn Undulations-
theorie f; Wellentheorie f

波动力学 bōdòng lìxué Wellenme-
chanik f

波动说 bōdòngshuō Wellentheorie
f; Wellenlehre f

波段 bōduàn Wellenband n; Fre-
quenzband n; Wellenbereich m;
Band n

波段开关 bōduàn kāiguān Frequenz-
(band) schalter m; Wellenschalter
m; Wellenwähler m; Wellenselektor
m; Wellenbereichschalter m

波峰 bōfēng Wellenscheitel m; Wel-
lenberg m; Wellenkamm m

波辐 bōfú Wellenamplitude f;
Schwingungsweite f; Amplitude f

波谷 bōgǔ Wellental n

波浪形的 bōlàngxíngde undulato-
risch; wellig

波浪云 bōlàngyún wogige Wolke

波浪状的 bōlàngzhuàngde wellen-
förmig; wellig

波罗的海 bōluódìhǎi Ostsee f; Bal-
tisches Meer n

波美比重计 bōměi bǐzhòngjì
Baumespindel f; Baume-Hydro-
meter n

波面 bōmiàn Wellenfläche f

波谱 bōpǔ Spektrum n

波衰耗器 bōshuāihàoqì Wellendämp-
fer m

波纹测量器 bōwén cèliángqì Wellig-
keitsmesser m

波纹的 bōwénde wellig

波纹电压 bōwén diànyā Brumm-
spannung f

波纹管 bōwénguǎn Faltenrohr n;
Faltenbalg m

波纹曲线 bōwén qūxiàn Welligkeitsverlauf *m*

波纹软管 bōwén ruǎnguǎn Falten-
schlauch *m*

波形分析器 bōxíng fēnxīqì Wellen-
analysator *m*

波形管 bōxíngguǎn Wellrohr *n*

波形绕组 bōxíng ràozǔ Wellenwick-
lung *f*

波形图 bōxíngtú Wellenbild *n*; Os-
zillogramm *n*; Schirmbild *n*

波折射 bōzhéshè Wellenrefraktion *f*

波周期 bōzhōuqī Wellenperiode *f*

波状的 bōzhuàngde wellig; wellen-
artig

波状地震 bōzhuàng dìzhèn undula-
torisches Erdbeben

波阻 bōzǔ Wellenwiderstand *m*

波阻抗 bōzǔkàng Wellenwiderstand
m

拨动 bōdòng auslösen; bewegen;
rücken; rühren

拨杆 bōgǎn Ablaufnase *f*

拨号 bōhào wählen; Wahl *f*

拨号盘 bōhàopán Wählscheibe *f*;
Telefonwählscheibe *f*; Wähler *m*

拨号器 bōhàoqì Dialer *m*

玻璃 bōli Glas *n*

玻璃杯 bōlibēi Wasserglas *n*; Trink-
glas *n*

玻璃的 bōlide gläsern

玻璃电极 bōli diànjí Glaselektrode *f*

玻璃防冻器 bōli fángdòngqì Klar-
sichtheizung *f*

玻璃钢 bōligāng Fiberglas *n*; glas-
faserverstärkter Kunststoff

玻璃容器 bōli róngqì Aquarium *n*

玻璃刷 bōlishuā Scheibenwischer-
belag *m*

玻璃体 bōlitǐ Glaskörper *m*

玻璃纤维 bōli xiānwéi Glasfiber *f*;
Glasfaser *f*; Fadenglas *n*

玻璃纤维绝缘 bōli xiānwéi juéyuán
Glasfaserisolation *f*

玻璃纤维增强塑料 bōli xiānwéi
zēngqiáng sùliào glasfaserverstärkter
Kunststoff; GFK (= Glasfaserarmier-
te Kunststoffe)

玻璃纸 bōlizhǐ Zellophan *n*; Zellglas
n

玻璃砖 bōlizhuān Glasblock *m*

玻璃状的 bōlizhuàngde glasartig;
gläsern

剥离 bōlí abgehen; ablösen; ab-
blättern; abtrennen; Absplitterung
f; Auslösung *f*; Abdeckung *f*;
Aufschließen *n*

剥离物 bōlíwù Abdeckung *f*

剥离岩层 bōlí yáncéng Obergebirge
n

剥离岩石 bōlí yánshí Abraumge-
stein *n*; Abraumgut *n*

剥落 bōluò abblättern; abbröckeln;
abschilfern; klicken; abspringen

剥蚀 bōshí verwittern; verrotten;
abspalten; Verwitterung *f*; Abtra-
gung *f*; Erosion *f*

剥蚀面 bōshímiàn Erosionsfläche *f*;
Abtragungsfläche *f*

剥蚀区 bōshíqū Abbruchgebiet *n*;
Abtragungsgebiet *n*

剥土 bōtǔ Abraum *m*

剥土机 bōtǔjī Abraumgerät *n*

剥土作业 bōtǔ zuòyè Abraumbe-
trieb *m*; Abraumarbeit *f*

菠菜 bōcài Spinat *m*

菠萝 bōluó Ananas *f*

播客 bōkè Podcast *m*

播送 bōsòng senden; übertragen;
verbreiten; Sendung *f*; Übertra-
gung *f*

播种 bōzhǒng säen; Einsaat *f*

播种机 bōzhǒngjī Drillmaschine *f*;

Sämaschine *f*

泊（黏度单位） bó Poise *n*

铂 bó Platin *n*

铂矿 bókuàng Platinerz *n*

箔 bó Folie *f*

薄的 bóde dünn

薄壳的 bókéde dünnschalig

薄膜 bómó Membran *f*；Film *m*；Häutchen *n*；Folie *f*；Dünnschicht *f*；Beschlag *m*；Abschaum *m*

薄膜存储 bómó cúnchǔ Dünnschicht-speicherung *f*

薄膜电容器 bómó diànróngqì Dünn-schichtkondensator *m*

薄膜电阻 bómó diànzǔ Schichtwi-derstand *m*

薄膜型键盘 bómóxíng jiànpán Fo-lientastatur *f*

薄壳结构 bóqiào jiégòu 〈建〉 Scha-lenbau *m*；Schalenbauwerk *n*

薄壳理论 bóqiào lǐlùn Schalentheorie *f*

薄雾 bówù dünner Nebel；leichter Nebel；Dunst *m*；Dunstschleier *m*

博客 bókè Weblog *n/m*

博览会 bólǎnhuì Messe *f*

博士 bóshì Doktor *m*

博士后 bóshìhòu wissenschaftlicher Assistent

博士论文 bóshì lùnwén Doktorarbeit *f*

博士学位 bóshì xuéwèi Doktorgrad *m*；Doktorwürde *f*；Doktorat *n*

博物馆 bówùguǎn Museum *n*

薄荷脑 bòhénǎo Menthol *n*

补偿 bǔcháng kompensieren；aus-gleichen；ersetzen；Kompensation *f*；Ausgleich *m*；Abgleich *m*；Er-satz *m*；Indemnität *f*；Abfindung *f*；Wiedergutmachung *f*

补偿半导体 bǔcháng bàndǎotǐ

Kompensationshalbleiter *m*

补偿的 bǔchángde kompensatorisch

补偿电路 bǔcháng diànlù Ausgleichs-kreis *m*；Ausgleichsschaltung *f*；Kompensationskreis *m*

补偿垫片 bǔcháng diànpiàn Aus-gleichscheibe *f*

补偿电容器 bǔcháng diànróngqì Trimmer *m*；Kompensationskon-densator *m*

补偿电位器 bǔcháng diànwèiqì Ausgleichspotentiometer *n*

补偿范围 bǔchángfànwéi Abgleich-bereich *m*

补偿费 bǔchángfèi Abfindungssum-me *f*

补偿空气 bǔcháng kōngqì Aus-gleichsluft *f*

补偿孔 bǔchángkǒng Ausgleichboh-rung *f*

补偿量油嘴 bǔchángliàng yóuzuǐ Gemischausgleichdüse *f*

补偿流 bǔchángliú Kompensations-strom *m*；Ausgleichstrom *m*

补偿喷油嘴 bǔcháng pēnyóuzuǐ Kompensationsdüse *f*

补偿喷嘴 bǔcháng pēnzuǐ Ausgleich-düse *f*

补偿片 bǔchángpiàn Ausgleichplat-te *f*

补充 bǔchōng ergänzen；hinzufü-gen；Ergänzung *f*；Komplement *n*

补充的 bǔchōngde ergänzend；nach-träglich

补充色 bǔchōngsè Ergänzungsfarbe *f*；Komplementärfarbe *f*

补充设备 bǔchōng shèbèi Zusatz-gerät *n*

补角 bǔjiǎo Ergänzungswinkel；Sup-plementwinkel *m*；Nebenwinkel *m*；Komplementwinkel *m*；Hilfswinkel

m

补炉料 bǔlúliào Anstrichmasse *f*

补码 bǔmǎ Zahlenkomplement *n*

补码地址 bǔmǎ dìzhǐ 〈计〉 Komplementäradresse *f*

补数 bǔshù Komplement *n*; Ergänzung *f*

补数器 bǔshùqì Komplementor *m*

补牙 bǔyá einen Zahn plombieren; einen Zahn füllen; Zahnfüllung *f*

补足 bǔzú füllen; ergänzen; vervollständigen; komplettieren

捕尘器 bǔchénqì Staubfäger *m*

捕集 bǔjí einfangen; auffangen; Einfang *m*

捕鱼 bǔyú fischen; Fische fangen; Fischfang *m*

哺育 bǔyù nähren; pflegen; aufziehen; erziehen; Brutpflege *f*

哺乳动物 bǔrǔ dòngwù Säugetier *n*; Mammalia *pl*

哺乳动物学 bǔrǔ dòngwùxué Säugetierkunde *f*; Mammalogie *f*

哺乳期 bǔrǔqī Stillperiode *f*

不饱和的 bùbǎohéde ungesättigt

不变量 bùbiànliàng Invariante *f*

不变的 bùbiànde konstant; fest; invariabel; invariant unveränderlich

不成粒的 bùchénglìde ungekörnt

不穿透的 bùchuāntòude undurchdringlich; undurchlässig

不带电的 bùdàidiànde unelektrisch

不等 bùděng nicht gleich; verschieden; unterschiedlich

不等边三角形 bùděngbiān sānjiǎoxíng ungleichseitiges Dreieck; schiefwinkliges Dreieck

不等号 bùděnghào Ungleichheitszeichen *n*

不等式 bùděngshì Ungleichung *f*

不定积分 bùdìng jīfēn unbestimmtes Integral

不动产 búdòngchǎn Immobilien *pl*; Liegenschaften *pl*; unbeweglicher Besitz; unbewegliche Güter

不动衔铁 bùdòng xiántiě feststehender Anker

不冻港 bùdònggǎng eisfreier Hafen

不断的 bùduànde kontinuierlich; ununterbrochen

不对称 bùduìchèn Antisymmetrie *f*; Asymmetrie *f*; Unsymmetrie *f*

不对称的 bùduìchènde nichtsymmetrisch; unsymmetrisch; asymmetrisch

不对称辐射 bùduìchèn fúshè asymmetrische Ausstrahlung; unsymmetrische Bestrahlung

不对称性 bùduìchènxìng Asymmetrie *f*; Unsymmetrie *f*

不归零法 bùguīlíngfǎ 〈计〉 Ohne-Rückkehr-zu-Null-Verfahren *n*

不归零制 bùguīlíngzhì 〈计〉 Ohne-Rückkehr-zu-Null *f*

不规则的 bùguīzéde abnormal; unregelmäßig; irregulär

不规则三角形 bùguīzé sānjiǎoxíng ungleichseitiges Dreieck

不含水的 bùhánshuǐde wasserfrei; wasserleer

不滑的 bùhuáde rutschfest

不坚固的 bùjiāngùde instabil

不精确的 bùjīngquède ungenau

不均匀性 bùjūnyúnxìng Ungleichförmigkeit *f*

不可擦存储器 bùkěcā cúnchǔqì unlöschbarer Speicher

不可分解的 bùkěfēnjiěde unzerlegbar; untrennbar

不可逆的 bùkěnìde unumkehrbar

不可逆性 bùkěnìxìng Irreversibilität *f*

不可通约的 bùkě tōngyuēde inkommensurabel

不利的 bùlìde nachteilig

不良导体 bùliáng dǎotǐ Schlechtleiter *m*; schlechter Leiter

不灵敏的 bùlíngmǐnde unempfindlich

不漏气的 búlòuqìde gasdicht

不耐久的 bùnàijiǔde unbeständig

不平衡 bùpínghéng Unausgeglichenheit *f*; Unbalance *f*; Ungleichgewicht *n*; Labilität *f*

不平衡试验 bùpínghéng shìyàn Unwuchtprüfung *f*

不燃的 bùránde unverbrennlich; unentflammbar; unbrennbar

不燃性 bùránxìng Unverbrennbarkeit *f*

不溶解的 bùróngjiěde unauflöslich; unlöslich

不渗透性 búshèntòuxing Undurchdringlichkeit *f*; Undurchlässigkeit *f*; Impermeabilität *f*

不生锈的 bùshēngxiùde nichtrostend

不生氧化皮的 bùshēng yǎnghuàpíde zunderfrei; zunderfest

不同的 bùtóngde verschieden; ungleich; unterschiedlich

不透明的 bútòumíngde undurchsichtig; trüb

不透明性 bútòumíngxìng Undurchsichtigkeit *f*

不透水层 bùtòushuǐcéng undurchlässige Schicht; wasserundurchdringliche Schicht; wasserundurchlässige Bodenschicht

不透水性 bùtòushuǐxìng Wasserdichtigkeit *f*; Wasserundurchlässigkeit *f*

不稳定的 bùwěndìngde labil; unbeständig; unstabil; instabil;

instationär; inkonstant; unberuhigt

不稳定电路 bùwěndìng diànlù astabile Schaltung

不稳定水道 bùwěndìng shuǐdào bewegliches Fahrwasser

不稳定性 bùwěndìngxìng Instabilität *f*; Labilität *f*; Unbeständigkeit *f*; Veränderlichkeit *f*; Beständlosigkeit *f*; Astasie *f*

不萎缩的 bùwěisuōde schrumpffrei

不吸水的 bùxīshuǐde wasserabstoßend

不相关原理 bùxiāngguān yuánlǐ Unabhängigkeitssatz *m*

不锈的 bùxiùde unverrostbar; rostfrei; nichtrostend

不锈钢 bùxiùgāng nichtrostender Stahl; rostfreier Stahl; korrosionsbeständiger Stahl; rostsicherer Stahl

不易感受的 bùyì gǎnshòude refraktär

不载人飞行 bùzàirén fēixíng unbemannter Flug

不正确的 bùzhèngquède unrichtig; irrig; falsch

布朗运动 bùlǎng yùndòng Brownsche Bewegung

布氏硬度 bùshì yìngdù Brinellhärte *f*

布氏硬度计 bùshì yìngdùjì Brinellhärteprüfgerät *n*

布氏硬度试验 bùshì yìngdùshìyàn Brinellprüfung *f*

布氏硬度值 bùshì yìngdùzhí Brinellhärtezahl *f*; Brinellzahl *f*

布线图 bùxiàntú Beschaltungsplan *m*

布置 bùzhì einrichten; Einrichtung *f*

步程计 bùchéngjì Pedometer *n*

步话机 bùhuàjī tragbarer Sender;

tragbares Funksprechgerät; Feldsprechfunkgerät *n*; Sprechfunkgerät *n*

步进电动机 bùjìn diàndòngjī Schrittmotor *m*

步进电压 bùjìn diànyā Schrittspannung *f*

步进继电器 bùjìn jìdiànqì Fortschaltrelais *n*

步进控制 bùjìn kòngzhì Schritt-für-Schritt-Kontrolle *f*

步进式开关 bùjìnshì kāiguān Schrittschalter *m*

步进式调节器 bùjìnshì tiáojiéqì Schrittregler *m*

步进速度 bùjìn sùdù Schrittgeschwindigkeit *f*

步进制 bùjìnzhì Schrittschaltersystem *n*

步距 bùjù Schrittweite *f*

步数计 bùshùjì Schrittmesser *m*

步骤 bùzhòu Schritt *m*; Maßnahme *f*

钚 bù Plutonium *n*

钚裂变 bùlièbiàn Plutoniumspaltung *f*

部分 bùfen Teil *m*/ *n*; Anteil *m*; Fraktion *f*; Abschnitt *m*

部分波 bùfēnbō Teilwelle *f*

部分误差 bùfēn wùchā Teilfehler *m*

部分压力 bùfēn yālì Teildruck *m*

部分真空 bùfēn zhēnkōng Teilvakuum *n*

部件 bùjiàn Maschinenteil *m*/*n*; Einzelteil *m*; Teilstück *n*; Bauelement *n*; Teil *m*/*n*; Komponente *f*; Unterbaugruppe *f*; Stück *n*; Maschineneinheit *f*

部门 bùmén Abteilung *f*; Zweig *m*; Branche *f*

部位 bùwèi Gegend *f*; Stelle *f*; Position *f*; Lage *f*

C

擦 cā abwischen; auftragen; Streichen; radieren

擦除符 cāchúfú 〈计〉 Löschzeichen n

擦净油 cājìngyóu Putzöl n

擦伤 cāshāng Schramme f; wundreiben; abschürfen

才干 cáigàn Befähigung f; Leistungsfähigkeit f

才智 cáizhì Intelligenz f; Weisheit f

材料 cáiliào Werkstoff m; Material n; Substanz f; Stoff m

材料标准 cáiliào biāozhǔn Werkstoffnorm f

材料标准化 cáiliào biāozhǔnhuà Werkstoffnormung f

材料的 cáiliàode material; materiell; stofflich

材料工程 cáiliào gōngchéng Werkstofftechnik f

材料规格 cáiliào guīgé Werkstoffvorschrift f

材料检验 cáiliào jiǎnyàn Materialkontrolle f; Werkstoffprüfung f

材料力学 cáiliào lìxué Werkstoffmechanik f; Festigkeitslehre f

材料强度 cáiliào qiángdù Materialfestigkeit f; Werkstofffestigkeit f

材料试验 cáiliào shìyàn Materialprüfung f; Werkstoffprüfung f

材料试样 cáiliào shìyàng Werkstoffprobe f; Materialprobe f

材料特性 cáiliào tèxìng Werkstoffkennziffer f; Werkstoffkenngröße f

材料消耗比 cáiliào xiāohàobǐ

Materialaufwandverhältnis n

材料性能 cáiliào xìngnéng Werkstoffeigenschaft f

材料学 cáiliàoxué Materialkunde f; Werkstollkunde f

材料应力 cáiliào yìnglì Materialspannung f

材料证书 cáiliào zhèngshū Materialzertifikat n

财产 cáichǎn Eigentum n; Besitztum n; Hab und Gut n; Vermögen n; Habe f

财经 cáijīng Finanzen und Ökonomie

财经学院 cáijīng xuéyuàn Institut für Finanzwirtschaft

财贸 cáimào Finanzen und Handel

财团 cáituán Finanzgruppe f

财务 cáiwù Finanzen pl; Finanzangelegenheiten pl

财政 cáizhèng Finanzwesen n; Finanz f

财政的 cáizhèngde finanziell

采茶机 cǎichájī Teepflückmaschine f; Teepflücker m; Teeblatt-Ernter m

采伐 cǎifá Bäume fällen; Holzeinschlag m

采光 cǎiguāng 〈建〉 Tagesbelichtung f; Tageslichtbeleuchtung f

采集 cǎijí sammeln; einheimsen; ablesen; einlesen

采掘 cǎijué 〈矿〉 abbauen; fördern; gewinnen

采矿 cǎikuàng Bergbau m; Grubenbetrieb m; Bergwerksbetrieb m;

Erzbau *m*; Erzbergbau *m*

采矿方法 cǎikuàng fāngfǎ Abbauverfahren *n*; Abbaumethode *f*

采矿工业 cǎikuàng gōngyè Bergbauindustrie *f*; Grubenwesen *n*

采矿工作面 cǎikuàng gōngzuòmiàn Abbaustoß *m*

采矿机械 cǎikuàng jīxiè Bergwerkzeug *n*; Bergwerkmaschine *f*

采矿学 cǎikuàngxué Bergbaukunde *f*

采煤机 cǎiméijī Kohlengewinnungsgerät *n*; Kohlengewinnungsmaschine *f*

采棉机 cǎimiánjī Baumwollpflückmaschine *f*

采暖 cǎinuǎn Heizung *f*

采暖设备 cǎinuǎn shèbèi Heizungsanlage *f*

采区 cǎiqū Schachtteil *m*; Abbaufeld *n*

采石场 cǎishíchǎng Steinbruch *m*

采样 cǎiyàng Probenahme *f*; Probeentnahme *f*; Musterziehung *f*

采用 cǎiyòng verwenden; gebrachen; einführen; anwenden; Anwendung *f*; Verwendung *f*

采油 cǎiyóu Erdölgewinnung *f*; Erdölförderung *f*

彩电 cǎidiàn Farbfernseher *m*; Farbfernsehen *n*

彩卷 cǎijuǎn Farbfilm *m*

彩色的 cǎisède bunt; farbig

彩色电视 cǎisè diànshì Farbfernsehen *n*

彩色电视传送 cǎisè diànshì chuánsòng Farbbildübertragung *f*

彩色电视机 cǎisè diànshìjī Farbfernseher *m*

彩色电视摄像机 cǎisè diànshì shèxiàngjī Farbfernsehkamera *f*

彩色复制 cǎisè fùzhì Farbwiedergabe *f*; Farbenwiedergabe *f*

彩色胶卷 cǎisè jiāojuǎn Farbfilm *m*; Colorfilm *m*

彩色视频信号 cǎisè shìpín xìnhào Farbbildsignal *n*

彩色图像 cǎisè túxiàng Farbbild *n*; Buntbild *n*; farbiges Bild

彩色显示器 cǎisè xiǎnshìqì Farbmonitor *m*

彩色显像管 cǎisè xiǎnxiàngguǎn Chromoskop *n*; Chromatron *n*; Farbbildröhre *f*

彩色印刷 cǎisè yìnshuā Farbdruck *m*

菜单 càidān Menü *n*

菜单栏 càidānlán Menüleiste *f*

菜花 càihuā Karfiol *m*; Blumenkohl *m*; Rapsblüte *f*; Rapsblume *f*

菜籽 càizǐ Gemüsesaat *f*; Gemüsesaatgut *n*; Rapssamen *m*

参变量 cānbiànliàng Parameter *m*

参考电源 cānkǎo diànyuán Referenzspannungsquelle *f*

参考频率 cānkǎo pínlǜ Referenzfrequenz *f*

参考书 cānkǎoshū Nachschlagewerk *n*; Nachschlagebuch *n*

参考书目 cānkǎo shūmù Bibliografie von Nachschlagewerken; Verzeichnis der Nachschlagewerke

参考文献 cānkǎo wénxiàn Literatur *f*; Literaturnachweis *m*

参考资料 cānkǎo zīliào Informationsmaterial *n*

参量 cānliàng Parameter *m*

参数 cānshù Parameter *m*; Kenngröße *f*; Kenndaten *pl*

参数的 cānshùde parametrisch

参数方程式 cānshù fāngchéngshì Parametergleichung *f*

参数器计算机 cānshùqì jìsuànjī Parametronrechner *m*

参数器逻辑电路 cānshùqì luójí diànlù Parametronlogikschaltung *f*

参数字 cānshùzì Parameter-Wort *n*

参照号码 cānzhào hàomǎ Indexziffer *f*

餐车 cānchē Speisewagen *m*; Zugrestaurant *n*

残磁性 cáncíxìng remanenter Magnetismus

残积层 cánjīcéng Eluvium *n*; Eluvialboden *m*

残留物 cánliúwù Residuum *n*; Rückstand *m*

残余奥氏体 cányú àoshìtǐ Restaustenit *m*

残余渗碳体 cányú shèntàntǐ Restzementit *m*

残余珠光体 cányú zhūguāngtǐ Restperlit *m*

残渣 cánzhā Auflöserückstand *m*; Abfall *m*; Rest *m*; Seihe *f*

蚕茧 cánjiǎn Seidenkokon *m*; Kokon *m*

蚕丝 cánsī Seidenfaden *m*; Naturseide *f*

仓库 cāngkù Lagerhaus *n*; Speicher *m*; Schuppen *m*; Lager *n*; Magazin *n*

舱壁 cāngbì Schott *n*

舱单 cāngdān Schiffsladungsmanifest *n*

舱口 cāngkǒu Luke *f*

舱面 cāngmiàn Deck *n*

舱内货 cāngnèihuò Unterdecksladung *f*

舱室 cāngshì Kabine *f*

舱位 cāngwèi Kojenplatz *m*

操纵 cāozòng steuern; lenken; regulieren; Steuerung *f*; Lenkung *f*

操纵板 cāozòngbǎn Betätigungstafel *f*; Bedienungsplatte *f*

操纵电路 cāozòng diànlù Betätigungskreis *m*

操纵舵 cāozòngduò Steuerruder *n*; Ruder *n*; Steuer *n*

操纵阀 cāozòngfá gesteuertes Ventil

操纵杆 cāozònggǎn Bedienungsstab *m*; Steuerstab *m*; Lenkstange *f*; Steuerstock *m*; Bedienungshebel *m*; Betätigungshebel *m*; Schalthebel *m*; Regelstange *f*; Regelstab *m*; Steuergestänge *n*; Hebel *m*

操纵开关 cāozòng kāiguān Betätigungsschalter *m*

操纵轮 cāozònglún Lenkrad *n*; Bedienungshandrad *n*; Handrad *n*

操纵盘 cāozòngpán Bedienungskurbel *f*; Steuertafel *f*; Kontrollstreifen *m*

操纵器 cāozòngqì Manipulator *m*

操纵手柄 cāozòng shǒubǐng Bedienungshandgriff *m*

操纵台 cāozòngtái Steuerpult *n*; Bedienungspult *n*; Schaltpult *n*; Regiepult *n*; Führerstand *m*; Kanzel *f*

操纵信号 cāozòng xìnhào Ansteuersignal *n*

操纵仪器 cāozòng yíqì Regulator *m*; Lenkgerät *n* (Richtung)

操纵轴 cāozòngzhóu Steuerwelle *f*

操作 cāozuò bedienen; betätigen; handhaben; Betätigung *f*; Handhabung *f*; Operation *f*; Behandlung *f*; Ablauf *m*; Bedienung *f*; Abarbeitung *f*

操作程序 cāozuò chéngxù Arbeitsgang *m*; Arbeitsfolge *f*

操作地址 cāozuò dìzhǐ Betriebadresse *f*

操作电路 cāozuò diànlù Betätigungskreis *m*

操作电压 cāozuò diànyā Steuerspannung *f*; Arbeitsspannung *f*

操作规程 cāozuò guīchéng Arbeitsinstruktion *f*; Bedienungsanweisung *f*; Bedienungsvorschrift *f*; Betriebsvorschrift *f*; Arbeitsordnung *f*; Operationsvorschrift *f*

操作寄存器 cāozuò jìcúnqì Operationsregister *n*

操作结束 cāozuò jiéshù Ablaufende *n*

操作开关 cāozuò kāiguān Bedienungsschalter *m*

操作控制参数 cāozuò kòngzhì cānshù Ablaufparameter *m*

操作码 cāozuòmǎ 〈计〉 Operand *m*; Operationscode *m*; Funktionskode *m*

操作码变换器 cāozuòmǎ biànhuànqì Operationscode-Umsetzer *m*

操作盘 cāozuòpán Bedienungsplatte *f*; Steuertafel *f*

操作人员 cāozuò rényuán Operator *m*; Bediener *m*

操作时间 cāozuò shíjiān Operationszeit *f*

操作数 cāozuòshù 〈计〉 Operand *m*

操作数地址 cāozuòshù dìzhǐ 〈计〉 Operandenadresse *f*

操作数寄存器 cāozuòshù jìcúnqì Operandenregister *n*

操作说明 cāozuò shuōmíng Bedienungsanleitung *f*; Bedienungsanweisung *f*; Betriebsanleitung *f*; Betriebsmanual *n*

操作系统 cāozuò xìtǒng Bedienungssystem *n*; Betriebssystem *n*

操作系统软件 cāozuò xìtǒng ruǎn-jiàn Betriebssoftware *f*

操作旋钮 cāozuò xuánniǔ Betätigungsknopf *m*

操作元件 cāozuò yuánjiàn Betätigungsglied *n*

操作指令 cāozuò zhǐlìng Betriebsanweisung *f*

操作装置 cāozuò zhuāngzhì Bedienungseinrichtung *f*

槽 cáo Krippe *f*; Trog *m*; Behälter *m*; Gerinne *n*; Rinne *f*; Bad *n*; Furche *f*; Mulde *f*; Einschnitt *m*; Kerbe *f*; Nut *f*; Rille *f*; Schram *m*

槽壁 cáobì Nutenflanke *f*

槽车 cáochē Tankerwagen *m*; Tankfahrzeug *n*; Tank *m*

槽底 cáodǐ Nutengrund *m*; Nutgrund *m*

槽钢 cáogāng U-Profil *n*; U-Eisen *n*; U-Stahl *m*

槽口 cáokǒu Zahneinschnitt *m*; Einschnitt *m*; Kerbe *f*; Raste *f*

槽铁 cáotiě U-Eisen *n*

槽楔 cáoxiē Nutenkeil *m*; Nutkeil *m*

槽形 cáoxíng Nutenform *f*; Nutform *f*

草案 cǎo'àn Entwurf *m*

草地 cǎodì Wiese *f*; Rasen *m*; Steppe *f*; Grasland *n*; Weideland *n*

草稿 cǎogǎo Konzept *n*; Rohentwurf *m*; Kroki *n*

草茎 cǎojīng Halm *m*

草履虫 cǎolǚchóng Pantoffeltierchen *n*; Paramaecium *n*

草莓 cǎoméi Erdbeerstaude *f*; Erdbeere *f*; Knackelbeere *f*

草拟 cǎonǐ konzipieren; entwerfen; formulieren

草酸 cǎosuān Oxalsäure *f*; Kleesäure *f*

草酸盐 cǎosuānyán Oxalat *n*

草图 cǎotú Entwurf *m*; Skizze *f*; Faustskizze *f*; Kroki *n*; Kontur *f*; Umriss *m*

草图 cǎotú Abriss *m*

草药 cǎoyào Heilkräuter *pl*; Kräutermedizin *f*

草原 cǎoyuán Steppe *f*; Steppenland *n*; Grasland *n*; weite Grasebene

册 cè Heft *n*; Band *m*; Exemplar *n*; Volumen *n*

侧边轴 cèbiānzhóu Seitenachse *f*

侧窗 cèchuāng Seitenfenster *n*

侧沟 cègōu Seitengraben *m*

侧力 cèlì Seitenkraft *f*

侧流 cèliú Seitenströmung *f*

侧面 cèmiàn Seite *f*; Seitenansicht *f*; Profil *n*; Flanke *f*

侧面的 cèmiànde seitlich; lateral

侧面灯 cèmiàndēng Seitenlicht *n*; Seitenlampe *f*; Seitenleuchte *f*

侧面光 cèmiànguāng Seitenlicht *n*

侧面图 cèmiàntú Seitenriss *m*; Seitenaufriss *m*; Seitenansicht *f*

侧渠 cèqú Seitenkanal *m*; Umführungskaral *m*

侧视图 cèshìtú Seitenansicht *f*; Seitenaufriss *m*

侧向排水 cèxiàngpáishuǐ Seitendrän *m*

侧向取水 cèxiàngqǔshuǐ Seitenentnahme *f*

侧应力 cèyìnglì Randspannung *f*

测长计 cèchángjì Längenmesser *m*

测尘器 cèchénqì Staubmessgerät *n*

测程仪 cèchéngyí Log *n*; Logge *f*

测尺 cèchǐ Messstab *m*

测锤 cèchuí Lot *n*; Senkblei *n*; Sonde *f*

测磁仪 cècíyí Magnetprüfer *m*

测地卫星 cèdì wèixīng geodätischer Satellit

测电笔 cèdiànbǐ Spannungsprüfer *m*

测定 cèdìng messen; vermessen; bemessen; bestimmen; Abmessung *f*; Vermessung *f*; Bemessung *f*; Ausmessung *f*; Aufmaß *n*

测定方位 cèdìng fāngwèi peilen; einpeilen; orientieren; Peilung *f*; Orientierung *f*

测方位 cèfāngwèi peilen; orientieren; Peilung *f*; Orientierung *f*

测高计 cègāojì Höhenmesser *m*; Höhenzeiger *m*; Kathetometer *n/m*

测高雷达 cègāo léidá Höhensucher *m*; Höhenfinderradar *n/m*

测高仪 cègāoyí Höheninstrument *n*; Höhenfinder *m*; Höhenschreiber *m*; Sonde *f*

测杆 cègān Messlatte *f*; Messstab *m*; Messstange *f*

测光体 cèguāngtǐ Lichtverteilungskörper *m*

测厚规 cèhòuguī Blechlehre *f*; Tastlehre *f*; Dickenlehre *f*

测厚仪 cèhòuyí Dickenmesser *m*; Dickenmessgerät *n*; Schichtdickenmesser *m*

测绘 cèhuì kartieren; Topographie und Kartographie; Kartenzeichnung und Planaufnahme; Kartierung *f*

测绘仪器 cèhuì yíqì topographische und kartographische Instrumente

测角法 cèjiǎofǎ Goniometrie *f*

测角计 cèjiǎojì Goniometer *n*; Winkelmesser *m*; Schmiege *f*

测角仪 cèjiǎoyí Winkelmesser *m*; Goniometer *n*

测径规 cèjìngguī Tasterzirkel *m*; Taster *m*; Tasterlehre *f*

测径器 cèjìngqì Kluppe *f*; Greifzirkel *m*; Taster *m*

测距 cèjù Abstandsmessung *f*; Entfernungsmessung *f*; Abstandsbestimmung *f*

测距器 cèjùqì Abstandsmessgerät *n*; Entfernungsmesser *m*; E-Messer *m*

测距仪 cèjùyí Entfernungsmesser *m*; Abstandsmesser *m*; Distanzmesser *n*; Abstandsbestimmungsgerät *n*; Fernmesser *m*; Telemeter *n*; Längenmesser *m*; Tachymeter *m/n*

测力的 cèlìde dynamometrisch

测力计 cèlìjì Dynamometer *n*; Leistungsmesser *m*; Kraftmesser *m*; Dynamo *n*; Dynameter *n/m*; Messdose *f*; Ergometer *n*

测量 cèliáng messen; bemessen; abmessen; vermessen; Messung *f*; Abmessung *f*; Vermessung *f*; Bemessung *f*; Ausmessung *f*; Aufmaß *n*

测量棒 cèliángbàng Peilstab *m*

测量标杆 cèliáng biāogān Absteckstab *m*; Messstange *f*; Absteckstange *f*

测量表 cèliángbiǎo Messuhr *f*

测量刀具 cèliáng dāojù Messschneide *f*

测量点 cèliángdiǎn Messstelle *f*; Messpunkt *m*

测量电桥 cèliáng diànqiáo Messbrücke *f*

测量方法 cèliáng fāngfǎ Messverfahren *n*; Messmethode *f*

测量杆 cèliánggān Messlatte *f*; Messstange *f*; Absteckstange *f*

测量工具 cèliáng gōngjù Messer *m*; Messapparat *m*; Messzeug *n*

测量功率 cèliáng gōnglǜ Messleistung *f*

测量接点 cèliáng jiēdiǎn Messkontakt *m*

测量结果 cèliáng jiéguǒ Messergebnis *n*

测量精度 cèliáng jīngdù Messgenauigkeit *f*

测量卡钳 cèliáng kǎqián Tasterzirkel *m*; Tastzirkel *m*

测量绳 cèliángshéng Messschnur *f*

测量示波器 cèliáng shìbōqì Messoszillograf *m*

测量数值 cèliáng shùzhí Messungswert *m*; Messwert *m*

测量台 cèliángtái Messstand *m*; Messpult *n*

测量探针 cèliáng tànzhēn Messzunge *f*; Messtaster *m*; Messsonde *f*

测量头 cèliángtóu Messkopf *m*; Messtaster *m*

测量误差 cèliáng wùchā Messungsfehler *m*; Messunsicherheit *f*; Messfehler *m*

测量学 cèliángxué Messkunde *f*; Vermessungskunde *f*; Geodäsie *f*

测量仪表 cèliáng yíbiǎo Messinstrument *n*; Messgerät *n*; Messapparat *m*

测量仪表盘 cèliáng yíbiǎopán Messtafel *f*

测量仪器 cèliáng yíqì Messinstrument *n*; Messgerät *n*; Messapparat *m*; Vermessungsgerät *n*; Vermessungsinstrument *n*

测量元件 cèliáng yuánjiàn Messglied *n*

测量员 cèliángyuán Abmesser *m*

测量值 cèliángzhí Messgröße *f*; Messwert *m*

测量值曲线 cèliángzhí qūxiàn Messgrößenkurve *f*

测流计 cèliújì Abflussmengen-Registriergerät n

测流站 cèliúzhàn Abflussmessstelle f; Abflussmessstation f

测面积学 cèmiànjīxué Planimetrie f

测面仪 cèmiànyí Flächenmesser m

测平仪 cèpíngyí Abwägungsinstrument n

测区 cèqū Aufnahmegebiet n

测热法 cèrèfǎ Wärmemessung f

测日计 cèrìjì Heliometer n

测深 cèshēn Lotung f; Tiefenmessung f

测深锤 cèshēnchuí Senkel m

测深仪 cèshēnyí Lotgerät n; Bathymeter n; Bathometer n; Tiefenmesser n; Lotapparat m;

测声器 cèshēngqì Klangmesser m; Schallmesser m

测声仪 cèshēngyí Schallmessgerät n; Schallmesser m

测湿计 cèshījì Hygorometer n; Feuchtemeter n; Feuchtemesser m

测试 cèshì Prüfung f; Test m; Messung f

测试点 cèshìdiǎn Untersuchungsstelle f

测试机 cèshìjī Prüfmaschine f

测试频率 cèshì pínlǜ Frequenz prüfen

测试器 cèshìqì Prüfer m; Tester m

测试台 cèshìtái Prüftisch m; Messtisch m

测试图 cèshìtú Testbild n

测试者 cèshìzhě Prüfer m

测试值 cèshìzhí Messwert m

测视 cèshì Anzielen n

测速发电机 cèsù fādiànjī Tachodynamo m; Tachogenerator m; Drehzahlmessgenerator m; Messdynamo m

测探器 cètànqì Sonde f

测图面 cètúmiàn Auswertefläche f

测图仪 cètúyí Auswertungsgerät n; Auswertegerät n; Auswertemaschine f

测微螺栓 cèwēi luóshuān Messschraube f

测位 cèwèi Ortung f

测位器 cèwèiqì Ortungsgerät n

测温的 cèwēnde wärmemessend

测温计 cèwēnjì Temperaturmesser m; Thermodetektor m

测温器 cèwēnqì Thermodetektor m; Temperaturmesser m

测温学 cèwēnxué Thermometrie f

测隙规 cèxìguī Fühllehre f

测向 cèxiàng peilen; anpeilen; Peilung f

测向计 cèxiàngjì Peilgerät n; Peiler m

测向器 cèxiàngqì Peiler m; Peilgerät n; Richtungsfinder m; Richtungsanzeiger m; Goniometer n

测向天线 cèxiàng tiānxiàn Peilantenne f

测向仪 cèxiàngyí Peiler m; Peilgerät n

测向员 cèxiàngyuán Peiler m

测斜计 cèxiéjì Neigungsmesser m; Inklinationsmesser m; Klinimeter n; Klinometer n

测斜仪 cèxiéyí Abweichungsanzeiger m; Neigungsmesser m; Klinimeter n

测压计 cèyājì Messdose f; Druckmessdose f; Druckdose f

测氧计 cèyǎngjì Oximeter n

测音计 cèyīnjì Schallmesser m

测云器 cèyúnqì Nephoskop n; Wolkenmesser m

测云仪 cèyúnyí Nephoskop n; Wolkenmesser m

测站 cèzhàn Standpunkt *m*; Messstation *f*

测针 cèzhēn Tasterstift *m*

测震计 cèzhènjì Seismometer *n*

测震学 cèzhènxué Seismologie *f*; Seismik *f*; Erdbebenkunde *f*

层 céng Schicht *f*; Lage *f*

层次 céngcì Abstufung *f*

层次结构 céngcì jiégòu die hierarchische Struktur

层电阻 céngdiànzǔ Schichtwiderstand *m*

层叠 céngdié übereinander

层厚度 cénghòudù Schichtdicke *f*

层云 céngyún Strätus *m*; Schichtwolke *f*; Stratuswolke *f*; Hochnebel *m*

层状的 céngzhuàngde laminar; lamellar; lamellenförmig; blattartig; geschichtet

层状结构 céngzhuàng jiégòu Blättchengefüge *n*; Schichtgefüge *n*

层状水 céngzhuàngshuǐ Schichtwasser *n*

叉 chā Gabel *f*

叉形管 chāxíngguǎn Gabelrohr *n*

叉形连杆 chāxíng liángān Gabelpleuel *n*; Gabelpleuelstange *f*

叉形弹簧 chāxíng tánhuáng Gabelfeder *f*

差 chā Rest *m*; Differenz *f*

差别 chābié Unterschied *m*; Differenz *f*; Verschiedenheit *f*

差别的 chābiéde differential

差动齿轮 chādòng chǐlún Differentialzahnrad *n*; Differentialgetriebe *n*

差动电流 chādòng diànliú Differenzstrom *m*

差动电流计 chādòng diànliújì Differenzstromamperemeter *n/m*; Dif-

ferentialgalvanometer *n*

差动电路 chādòng diànlù Differenzialschaltung *f*; Differenzschaltung *f*

差动电桥 chādòng diànqiáo Differenzialmessbrücke *f*

差动阀 chādòngfá Differentialventil *n*

差动放大器 chādòng fàngdàqì Differeñtialverstärker *m*; differenzierender Verstärker

差动滑车 chādòng huáchē Differenzialflaschenzug *m*

差动滑轮 chādòng huálún Differentialrolle *f*

差动活塞 chādòng huósāi Differentialkolben *m*

差动继电器 chādòng jìdiànqì Differenzialschütz *n*; Differentialrelais *n*

差动式制动器 chādòngshì zhìdòngqì Ausgleichbremse *f*; Differentialbremse *f*

差动信号 chādòng xìnhào Differenzsignal *n*

差动星轮十字轴 chādòng xīnglún shízizhóu Ausgleichstern *m*

差额 chā'é Differenz *f*

差分方程 chāfēn fāngchéng Differenzengleichung *f*

差接滤波器 chājiē lǜbōqì Differentialfilter *n/m*

差距 chājù Unterschied *m*; Abstand *m*; Differenz *f*; Abweichung *f*

差离 chālí Aberration *f*

差频 chāpín Differenzfrequenz *f*

差频放大级 chāpín fàngdàjí Differenzverstärkerstufe *f*

差频振荡器 chāpín zhèndàngqì Überlagerer *m*

差数 chāshù Differenz *f*

差速器 chāsùqì Ausgleichgetriebe

n; Differential *n*; Kompensator *m*

差速器的正齿轮 chāsùqìde zhèng-
chǐlún Ausgleichstirnrad *n*

差速器轴 chāsùqìzhóu Differential-
achse *f*

差异 chāyì Abweichung *f*

差值调制 chāzhí tiáozhì Differenz-
modulation *f*

插齿刀 chāchǐdāo Schneidrad *n*

插床 chāchuáng Stoßmaschine *f*

插刀 chādāo Stoßmeißel *m*; Stoß-
werkzeug *n*

插件 chājiàn Einschub *m*; Plug-in
m/n; Steckanschluss *m*

插脚 chājiǎo Taste *f*

插孔 chākǒng Klinke *f*

插片 chāpiàn Zwischenstück *n*

插入 chārù einstecken; einsetzen;
einschieben; einrücken; einsto-
ßen; einfügen; Einfügen *n*; Einsatz
m; Einsetzung *f*; Einführung *f*;
Insert *n*

插入法 chārùfǎ Interpolation *f*

插入键 chārùjiàn Einfügen-Taste *f*

插入式天线 chārùshì tiānxiàn Auf-
steckantenne *f*

插入套 chārùtào Einsatzhülse *f*

插入物 chārùwù Einsatz *m*

插塞 chāsāi Stecker *m*

插塞开关 chāsāi kāiguān Stecker-
schalter *m*

插栓 chāshuān Steckbolzen *m*

插套 chātào Steckhülse *f*

插头 chātóu Stecker *m*

插头开关 chātóu kāiguān Geräte-
schalter *m*

插图 chātú Abbild *n*; Abbildung *f*;
Illustration *f*

插销 chāxiāo Tür- oder Fensterriegel
m; Stecker *m*

插销座 chāxiāozuò Ansteckdose *f*

插座 chāzuò Steckerdose *f*; Steck-
fassung *f*; Ansteckdose *f*; An-
schluss *m*; Steckdose *m*; An-
schlussdose *f*; Schaltdose *f*

查勘 chákān untersuchen; kontrol-
lieren

查明 chámíng Feststellung *f*

查阅 cháyuè nachsuchen; nachschla-
gen; nachsehen

查找功能 cházhǎo gōngnéng Such-
funktion *f*

查找结果 cházhǎo jiéguǒ Suchergeb-
nisse *pl*

茶 chá Tee *m*

叉开 chàkāi Gabelung *f*

岔道 chàdào Abzweigung *f*

拆除 chāichú ausbauen; demontie-
ren; abrüsten; Abrüstung *f*; Demon-
tage *f*; Demontierung *f*; Abriss *m*;
Abbau *m*

拆毁 chāihuǐ niederreißen

拆开 chāikāi trennen

拆洗 chāixǐ etw. auseinandernehmen
und reinigen

拆下 chāixià abtrennen; auseinan-
dernehmen; Abbau *m*; Auseinan-
dernehmen *n*; Zerlegung *f*

拆卸 chāixiè abbauen; abmontieren;
auseinandernehmen

拆卸工具 chāixiè gōngjù Abbauin-
strument *n*

拆卸零部件 chāixiè língbùjiàn aus-
schlachten

柴油 cháiyóu Dieselöl *n*; Diesel-
kraftstoff *m*; Rohöl *n*

柴油发动机 cháiyóu fādòngjī Die-
selmotor *m*; Dieselmaschine *f*;
Dieselgenerator *m*

柴油机 cháiyóujī Diesel *m*; Diesel-
motor *m*; Rohölmotor *m*

柴油机爆震 cháiyóujī bàozhèn Dieselklopfen *n*

柴油机车 cháiyóu jīchē Diesellok *f*; Diesellokomotive *f*

柴油机电力传动 cháiyóujī diànlì chuándòng dieselelektrischer Antrieb

柴油机公共汽车 cháiyóujī gōnggòng qìchē Dieselbus *m*

柴油机客车 cháiyóujī kèchē Dieselomnibus *m*; Dieselbus *m*

柴油机汽车 cháiyóujī qìchē Dieselautomobil *n*; Dieselfahrzeug *n*

柴油机敲缸 cháiyóujī qiāogāng Dieselschlag *m*

柴油机驱动 cháiyóujī qūdòng dieselmechanischer Antrieb

柴油机驱动车 cháiyóujī qūdòngchē Dieseltriebfahrzeug *n*; Dieseltriebwagen *m*

柴油滤清器 cháiyóu lǜqīngqì Dieselölfilter *m/n*

柴油喷射 cháiyóu pēnshè Dieseleinspritzung *f*

柴油喷射器 cháiyóu pēnshèqì Dieselinjektor *m*

柴油喷射装置 cháiyóu pēnshè zhuāngzhì Diesel-Einspritzanlage *f*; Dieseleinspritzgerät *n*

柴油喷油泵 cháiyóu pēnyóubèng Dieseleinspritzpumpe *f*

柴油喷油嘴 cháiyóu pēnyóuzuǐ Dieseleinspritzdüse *f*

柴油输油泵 cháiyóu shūyóubèng Dieselölförderpumpe *f*

柴油拖拉机 cháiyóu tuōlājī Dieseltraktor *m*; Dieselschlepper *m*

柴油直列式喷射泵 cháiyóu zhílièshì pēnshèbèng Diesel-Reiheneinspritzpumpe *f*

柴油指数 cháiyóu zhǐshù Dieselindex *m*; Dieselkennziffer *f*

掺合 chānhé vermengen *n*; vermischen

掺和 chānhé mischen; vermischen; abflauen; beimischen; beimengen; Gemisch *n*; Mischung *f*; Beimengung *f*; Vermischung *f*

掺和的 chānhéde gemischt

掺和剂 chānhuójì Zusatz *m*; Zusatzmittel *n*

掺杂 chānzá mischen; vermischen; vermengen; verfälschen; Vermischung *f*; Verfälschung *f*

掺杂物 chānzáwù Vermischung *f*

缠绕 chánrào winden

产出能力 chǎnchū nénglì Abgabefähigkeit *f*

产地 chǎndì Herstellungsort *m*; Herkunft *f*

产房 chǎnfáng Kreißsaal *m*; Entbindungsraum *m*

产妇 chǎnfù Gebärende *f*

产科 chǎnkē Abteilung für Geburtshilfe; Obstetrik *f*

产科学 chǎnkēxué Obstetrik *f*

产科医生 chǎnkē yīshēng Hebarzt *m*; Arzt für Obstetrik *m*

产量 chǎnliàng Produktion *f*; Ertrag *m*; Produktionsmenge *f*; Erzeugungsmenge *f*

产卵 chǎnluǎn Eier legen

产品 chǎnpǐn Erzeugnis *n*; Produkt *n*; Ware *f*; Fabrikat *n*

产品标志 chǎnpǐn biāozhì Produktkennzeichnung *f*; Fabrikatbezeichnung *f*

产品结构 chǎnpǐn jiégòu Erzeugnisstruktur *f*; Produktstruktur *f*

产品试验 chǎnpǐn shìyàn Erzeugnisprüfung *f*

产品系列 chǎnpǐn xìliè Produktfamilie *f*; Produktgruppe *f*

产前检查 chǎnqián jiǎnchá Untersuchung vor der Entbindung

产权 chǎnquán Eigentumsrecht *n*

产褥期 chǎnrùqī Periode des Wochenbettes

产生 chǎnshēng produzieren; erzeugen; auftreten; ergeben; hervorbringen; erfolgen

产物 chǎnwù Produkt *n*; Ergebnis *n*

产业 chǎnyè unbewegliche Habe; Anwesen *n*; Immobilien *pl*

产值 chǎnzhí Produktionswert *m*

铲 chǎn Schaufel *f*

铲车 chǎnchē Hubstapler *m*; Grabelstapler *m*; Stapler *m*

铲齿滚刀 chǎnchǐ gǔndāo hinterdrehter Wälzfräser

铲掘 chǎnjué Aushub *m*

铲子 chǎnzi Schaufel *f*; Schippe *f*

阐明 chǎnmíng erläutern; Explikation *f*

阐述 chǎnshù ausführen; darlegen; formulieren; Formulierung *f*; Darlegung *f*; Ausführung *f*

长波 chángbō lange Welle; Langwellen *pl*

长波波段 chángbō bōduàn langwelliger Bereich

长度 chángdù Länge *f*

长度单位 chángdù dānwèi Längeneinheit *f*

长度公差 chángdù gōngchā Längentoleranz *f*

长方形 chángfāngxíng Rechteck *n*

长方形的 chángfāngxíngde rechteckig

长焦距物镜 chángjiāojù wùjìng langbrennweitiges Objektiv

长期 chángqī lange Zeit

长期的 chángqīde langfristig

长条 chángtiáo Streifen *m*

长途电话 chángtú diànhuà Ferngespräch *n*

长途客车 chángtú kèchē Reisebus *m*; Reiseomnibus *m*

长途旅行车 chángtú lǚxíngchē Reisewagen *m*

长途汽车 chángtú qìchē Autobus für Fernverkehr (Überlandverkehr)

长线产品 chángxiàn chǎnpǐn schwer verkäufliche Produkte

长形的 chángxíngde länglich

长圆形的 chángyuánxíngde langrund

长轴 chángzhóu Hauptachse *f*

肠 cháng Darm *m*

肠癌 cháng´ái Darmkrebs *m*

肠梗塞 chánggěngsè Darmeinklemmung *f*

肠梗阻 chánggěngzǔ Darmverschluss *m*; Ileus *m*

肠结核 chángjiéhé Darmtuberkulose *f*; Darmschwindsucht *f*

肠镜 chángjìng Enteroskop *n*

肠溃疡 chángkuìyáng Darmgeschwür *n*

肠膜炎 chángmóyán Darmschleimhautentzündung *f*

肠胃 chángwèi Magen und Darm

肠炎 chángyán Darmkatarrh *m*; Enteritis *f*;

尝试 chángshì versuchen; probieren

偿付能力 chángfù nénglì Solvenz *f*

偿还 chánghuán zurückzahlen

常闭触点 chángbì chùdiǎn Ruhekontakt *m*; Öffnungskontakt *m*

常规 chángguī herkömmliche Regeln; allgemeiner Brauch; Routine *f*

常规武器 chángguī wǔqì konventionelle Waffen

常开触点 chángkāi chùdiǎn Arbeitskontakt *m*; Schließkontakt *m*

C

常量 chángliàng Konstante *f*; konstante Menge

常数 chángshù Konstante *f*; Konstante Größe; Koeffizient *m*

常数存储器 chángshù cúnchǔqì Konstantenspeicher *m*

常数链 chángshùliàn String von Konstanten; Konstanten-String *m*

常数项 chángshùxiàng Beiwert *m*; absolutes Glied

常数值 chángshùzhí konstanter Wert

常温 chángwēn gewöhnliche Temperatur; normale atmosphärische Temperatur

常压 chángyā Normaldruck *m*

常用的 chángyòngde gebräuchlich

常用对数 chángyòng duìshù dekadischer Logarithmus; gewöhnlicher Logarithmus

厂房 chǎngfáng Fabrikgebäude *n*

厂矿 chǎngkuàng Fabriken und Bergwerke

厂棚 chǎngpéng Schuppen *m*

厂长 chǎngzhǎng Fabrikdirektor *m*

厂址 chǎngzhǐ Fabrikadresse *f*

厂主 chǎngzhǔ Fabrikbesitzer *m*; Fabrikant *m*; Fabrikinhaber *m*; Fabrikherr *m*

厂子 chǎngzi Fabrik *f*

场 chǎng Feld *n*; Zahlenfeld *n*

场标题 chǎngbiāotí Feld-Kopfzeile *f*

场磁铁 chǎngcítiě Feldmagnet *n*

场量子 chǎngliàngzǐ Feldquantum *n*

场论 chǎnglùn Feldtheorie *f*

场频控制 chǎngpín kòngzhì Feldfrequenzsteuerung *f*

场频率 chǎngpínlǜ Feldfrequenz *f*

场强度 chǎngqiángdù Feldstärke *f*

场所 chǎngsuǒ Ort *m*

场效应晶体管 chǎngxiàoyìng jīngtǐguǎn Feldeffekttransistor *m*

敞车 chǎngchē Lastwagen ohne Verdeck; Plattformwagen *m*

敞篷车 chǎngpéngchē Wagen ohne Kappe; offener Wagen

敞篷豪华轿车 chǎngpéng háohuá jiàochē Kabrio-Limousine *f*; Cabriolimousine *f*

敞篷轿车 chǎngpéng jiàochē Kabriolett *n*; Cabriolet *n*

唱机 chàngjī Plattenspieler *m*; Grammofon *m*

唱片 chàngpiàn Grammofonplatte *f*

唱头 chàngtóu Schalldose *f*

唱针 chàngzhēn Grammofonnadel *f*

抄本 chāoběn Abschrift *f*; handschriftliche Kopie; Zweitschrift *f*

抄件 chāojiàn Abschrift *f*; Zweitschrift *f*

抄写 chāoxiě abschreiben

超倍显微镜 chāobèi xiǎnwēijìng Ultramikroskop *n*; Übermikroskop *n*

超差 chāochā Toleranzüberschreitung *f*

超长波 chāochángbō Ultralangwelle *f*

超车 chāochē einen Wagen überholen

超车车道 chāochē chēdào Überholspur *f*

超大气压 chāodà qìyā Atmosphärenüberdruck *m*

超导 chāodǎo Überleitung *f*; Supraleitung *f*

超导的 chāodǎode supraleitend

超导电性 chāodǎo diànxìng Überleitfähigkeit *f*; Supraleitfähigkeit *f*

超导电子 chāodǎo diànzǐ Supraleitelektron *n*; Supraelektron *n*

超导金属 chāodǎo jīnshǔ supraleitendes Metall

超导体 chāodǎotǐ Supraleiter *m*

超导性 chāodǎoxìng Überleitfähigkeit *f*; Supraleitfähigkeit *f*

超导性的 chāodǎo xìngde supraleitfähig; überleitfähig

超导性磁铁 chāodǎoxìng cítiě supraleitender Magnet

超导状态 chāodǎo zhuàngtài supraleitender Zustand

超低温 chāodīwēn Ultratieftemperatur *f*; ultratiefe Temperatur *f*

超电势 chāodiànshì Überpotential *n*

超电压 chāodiànyā Überspannung *f*; überspannen

超短波 chāoduǎnbō Ultrakurzwelle *f*

超短波波段 chāoduǎnbō bōduàn Ultrakurzwellenbereich *m*; Ultrakurzwellengebiet *n*

超短波的 chāoduǎnbōde ultrakurz

超短波技术 chāoduǎnbō jìshù Ultrakurzwellentechnik *f*

超短波接收机 chāoduǎnbō jiēshōujī Ultrakurzwellenempfänger *m*

超负荷 chāofùhè Überladung *f*; Überbelastung *f*; Überbeanspruchung *f*

超负荷保护装置 chāofùhè bǎohù zhuāngzhì Überlastungsschutz *m*

超负荷试验 chāofùhè shìyàn Überlastprüfung *f*

超负荷运转 chāofùhè yùnzhuàn Überlastbetrieb *m*

超负荷转速 chāofùhè zhuànsù Überlastdrehzahl *f*

超高频 chāogāopín Superfrequenz *f*; Höchstfrequenz *f*; Ultrahochfrequenz *f*; ultrahohe Frequenz

超高频技术 chāogāopín jìshù Höchstfrequenztechnik *f*

超高速缓冲存储器 chāogāosù huǎnchōng cúnchǔqì Cache *m*; Cache-Speicher *m*

超高压 chāogāoyā Hyperdruck *m*; Höchstspannung *f*; Ultrahochdruck *m*; Ultrahochspannung *f*

超高压电缆 chāogāoyā diànlǎn Höchstspannungskabel *n*

超高压锅炉 chāogāoyā guōlú Höchstdruckkessel *m*

超高压输电线 chāogāoyā shūdiànxiàn Höchstspannungsleitung *f*; Ultrahochspannungsleitung *f*

超高压蒸汽 chāogāoyā zhēngqì Höchstdruckdampf *m*

超高压装置 chāogāoyā zhuāngzhì Höchstdruckanlage *f*

超光速 chāoguāngsù Überlichtgeschwindigkeit *f*

超精密车床 chāojīngmì chēchuáng Ultrapräzisionsdrehbank *f*

超静态的 chāojìngtàide statisch unbestimmt

超链接 chāoliànjiē Hyperlink *m*

超临界的 chāolínjiède überkritisch

超媒体的 chāoméitǐde hypermedial

超前角 chāoqiánjiǎo Voreilswinkel *m*

超声 chāoshēng Überschall *m*; Ultraschall *m*

超声波 chāoshēngbō Ultraschallwelle *f*; Hyperschallwelle *f*

超声波传播 chāoshēngbō chuánbō Ultraschallausbreitung *f*

超声波电解液池 chāoshēngbō diànjiěyèchí Ultraschallbad *n*

超声波电子仪器 chāoshēngbō diànzǐ yíqì Ultraschall-Elektronengerät *n*

超声波电镀 chāoshēngbō diàndù Ultraschallgalvanisierung *f*

超声波发送器 chāoshēngbō fāsòngqì Ultraschallsender *m*; Ultraschall-

C

geber *m*

超声波焊接 chāoshēngbō hànjiē Ultraschallschweißung *f*

超声波加工 chāoshēngbō jiāgōng Ultraschallbearbeitung *f*

超声波检查 chāoshēngbō jiǎnchá Ultraschalluntersuchung *f*; Untersuchung mit Ultraschall; Überschallprüfung *f*

超声波检验仪 chāoshēngbō jiǎnyànyí Ultraschallprüfgerät *n*

超声波切割 chāoshēngbō qiēgē Ultraschallschneiden *n*

超声波射束 chāoshēngbō shèshù Ultraschallstrahl *m*

超声波探伤 chāoshēngbō tànshāng Ultraschallanrisssuchung *f*

超声波探伤器 chāoshēngbō tànshāngqì Ultraschallanrisssucher *m*

超声波探伤仪 chāoshēngbō tànshāngyí Ultraschallreflektoskop *n*

超声波诊断仪 chāoshēngbō zhěnduànyí Ultraschall-Messgerät für medizinische Diagnostik

超声的 chāoshēngde ultraakustisch

超声频 chāoshēngpín Ultraschallfrequenz *f*

超声探测器 chāoshēng tàncèqì Ultraschalldetektor *m*

超声学 chāoshēngxué Ultraschallehre *f*

超速 chāosù zu schnell laufen/ fahren; das Tempolimit überschreiten; überhöhte Geschwindigkeit; Geschwindigkeitsüberschreitung *f*

超速传动 chāosù chuándòng Schongang *m*; Schnellgang *m*

超速传动装置 chāosù chuándòng zhuāngzhì Schonganggetriebe *n*; Schnellganggetriebe *n*

超速档 chāosùdǎng Autobahnfern-

超速离心机 chāosù líxīnjī Ultrazentrifuge *f*

超速行驶 chāosù xíngshǐ Geschwindigkeitsübertretung *f*

超外差接收机 chāowàichā jiēshōujī Superhet *m*; Super *m*; Überlagerungsempfänger *m*

超微粒 chāowēilì Ultramikron *n*

超文本 chāowénběn Hypertext *m*

超行距走纸 chāoxíngjù zǒuzhǐ 〈计〉 Papiersprung *m*

超压 chāoyā Überdruck *m*

超音 chāoyīn Überschall *m*

超音频 chāoyīnpín Überschallfrequenz *f*; Frequenz über dem Hörbereich

超音速 chāoyīnsù Überschall *m*; Überschallgeschwindigkeit *f*

超音速的 chāoyīnsùde supersonisch

超音速度 chāoyīn sùdù Übergeschwindigkeit *f*

超音速飞机 chāoyīnsù fēijī Überschallflugzeug *n*; Hyperschallflug *m*; Flug mit Überschallgeschwindigheit

超音速流 chāoyīn sùliú Überschallstromung *f*

超越方程 chāoyuè fāngchéng transfinite Gleichung

超载 chāozài überladen; überlasten; Überbelastung *f*; Überlast *f*

超载的 chāozàide überbelastet

超真空 chāozhēnkōng Ultrahochvakuum *n*

超重 chāozhòng Übergewicht *n*; Überlastung *f*

超重货物 chāozhòng huòwù Überfracht *f*

超子 chāozǐ Hyperon *n*

潮洪水波 cháohóng shuǐbō Hochflutwelle *f*

潮解 cháojiě deliquescieren

潮流 cháoliú Flutstrom *m*; Flutströmung *f*; Gezeitenstrom *m*

潮湿 cháoshī Feuchtigkeit *f*

潮湿的 cháoshīde nass; feucht

潮汐 cháoxī Ebbe und Flut; Gezeiten *pl*; Morgen- und Abendflut *f*; Tiden *pl*

潮汐发电站 cháoxī fādiànzhàn Tidekraftwerk *n*; Gezeitenkraftwerk *n*; Flutanlage *f*; Gezeitenkraftanlage *f*; Ebbe- und Flutwerk *n*; Meereskraftwerk *n*

潮汐计 cháoxījì Thalassometer *n*

潮汐水电站 cháoxī shuǐdiànzhàn Flutwerk *n*

潮汛 cháoxùn Springflut *f*; Springtide *f*; Hochflut *f*; Flut *f*

车 chē ① Wagen *m*; Karre *f*; Kutsche *f*; Fahrzeug *n*; Droschke *f* ② Maschine *f*; Drehbank *f* ③ schleifen; drechseln

车把 chēbǎ Griff beim Handkarren; Lenkstange *f*

车场 chēchǎng Parkplatz *m*; Wagendepot *n*

车床 chēchuáng Drehbank *f*; Drehmaschine *f*

车床头 chēchuángtóu Spindelstock *m*

车次 chēcì Reihenfolge der Abfahrt der Eisenbahnzüge

车刀 chēdāo Maschinenmesser *n*; Drehstahl *m*; Drehmeißel *m*; Schneidewerkzeug *n*; Schneidestahl *m*; Abdrehstahl *m*; Abdrehzeug *n*; Schnitzer *m*; Drehling *m*

车刀刀夹 chēdāo dāojiā Drehstahlhalter *m*

车道 chēdào Fahrbahn *f*

车底架 chēdǐjià Fahrgestell *n*

车顶 chēdǐng Verdeck *n*; Wagendach *n*

车顶弓梁 chēdǐng gōngliáng Dachspriegel *m*

车顶桁梁 chēdǐng héngliáng Dachlatte *f*

车顶框架 chēdǐng kuàngjià Dachrahmen *m*

车顶天线 chēdǐng tiānxiàn Verdeckantenne *f*

车顶主梁 chēdǐng zhǔliáng Dachträger *m*

车顶纵梁 chēdǐng zòngliáng Dachträger *m*

车斗 chēdǒu Seitenwagen *m*; Beiwagen *m*

车端面 chēduānmiàn Plandrehen *n*

车房 chēfáng Garage *f*; Wagenschuppen *m*; Wagenremise *f*

车夫 chēfū Wagenführer *m*

车杠 chēgàng Deichsel *f*

车工 chēgōng Dreher *m*; Arbeit an der Drehbank

车钩 chēgōu Kupplung *f*

车轨 chēguǐ Wagengeleise *n*; Bahn *f*; Geleise *n*; Spur *f*

车行 chēháng Wagengeschäft *n*; Fuhrgeschäft *n*; Garage *f*

车祸 chēhuò Verkehrsunfall *m*; Autounfall *m*

车加工 chējiāgōng Drehbearbeitung *f*

车架 chējià Wagengestell *n*; Gestell *n*; Karosseriegerippe *n*; Fahrgestell *n*; Rahmen *m*

车间 chējiān Abteilung *f*; Werkstatt *f*; Werkhalle *f*

车库 chēkù Garage *f*; Autogarage *f*

车梁 chēliáng Wagenbalken *m*

车辆 chēliàng Wagen *m*; Fahrzeug

n; Fuhrwerk *n*

车辆产权证 chēliàng chǎnquánzhèng Fahrzeugbrief *m*

车辆大修 chēliàng dàxiū Generalüberholung *f*

车辆底盘 chēliàng dǐpán Fahrgestell *n*

车辆排气 chēliàng páiqì Autoauspuffgase *pl*

车辆容积 chēliàng róngjī Wageninhalt *m*

车辆性能 chēliàng xìngnéng Fahrverhalten *n*

车辆证件 chēliàng zhèngjiàn Fahrzeugpapiere *pl*

车辆制造 chēliàng zhìzào Wagenbau *m*

车辆自重 chēliàng zìzhòng Leergewicht *n*

车轮 chēlún Rad *n*; Wagenrad *n*

车轮的负外倾角 chēlúnde fùwài qīngjiǎo negativer Sturzwinkel

车轮的正外倾角 chēlúndē zhèngwài qīngjiǎo positiver Sturzwinkel

车轮负荷 chēlún fùhè Radlast *f*

车轮倾角 chēlún qīngjiǎo Achssturz *m*

车轮外倾角 chēlún wàiqīngjiǎo Sturzwinkel *m*

车轮外胎 chēlún wàitāi Radmantel *m*

车轮制动缸 chēlún zhìdònggāng Radzylinder *m*

车门 chēmén Wagentür *f*; Wagenschlag *m*

车门把手 chēmén bǎshǒu Türgriff *m*

车门锁 chēménsuǒ Türschloss *n*; Türschließanlage *f*

车内电话 chēnèi diànhuà Autotelefon *n*

车内后视镜 chēnèi hòushìjìng Innenrückblickspiegel *m*; Innen (rück)-spiegel *m*

车棚 chēpéng Wagenschuppen *m*; Wagenremise *f*

车皮 chēpí Waggon *m*

车票 chēpiào Fahrkarte *f*; Zugfahrkarte *f*; Busfahrschein *m*

车钱 chēqián Fahrgeld *n*; Fahrpreis *m*

车前宽度标杆 chēqián kuāndù biāogān Begrenzungsstange *f*

车圈 chēquān Radfelgenkranz *m*

车身 chēshēn Wagengestell *n*; (Auto-) Karosserie *f*; Wagenaufbau *m*; Wagenkasten *m*; der Wagen an sich

车身安装件 chēshēn ānzhuāngjiàn Karosserieanbauteil *m*

车身骨架 chēshēn gǔjià Aufbaugerippe *n*; Karosseriegerippe *n*; Karosserietragwerk *n*

车身骨架横梁 chēshēn gǔjià héngliáng Gestellbalken *m*

车身前部 chēshēn qiánbù Karosserievorbau *m*

车身尾部 chēshēn wěibù Karosserieheck *n*

车身型式 chēshēn xíngshì Karosserieform *f*

车身装饰条 chēshēn zhuāngshìtiáo Karosserieverzierung *f*

车税 chēshuì Wagensteuer *f* Kfz-Steuer *f*

车速 chēsù Fahrgeschwindigkeit *f*

车速表 chēsùbiāo Tachometer *n*; Fahrgeschwindigkeitsanzeiger *m*

车速表驱动机构 chēsùbiāo qūdòng jīgòu Tachometerantrieb *m*

车胎 chētāi Radreifen *m*; Wagenreifen *m*; Wagenreifen aus Gummi; Wagenradkranz *m*

车胎花纹 chētāi huāwén Reifenprofil *n*

车台支架 chētái zhījià Gestellrahmen *m*

车体 chētǐ Karosserie *f*

车头 chētóu Frontpartie *f*; Lokomotive *f*; Lok *f*; vorderer Teil eines Fahrzeugs

车头灯 chētóudēng Scheinwerfer *pl*

车外后视镜 chēwài hòushìjìng Außenrückspiegel *m*; Außenspiegel *m*

车尾 chēwěi Heck *n*

车尾闪光灯 chēwěi shǎnguāngdēng Blinkschlussleuchte *f*

车厢 chēxiāng ① (Eisenbahn-) Wagen *m*; Waggon *m*; ② Fahrgastraum *m*; Abteil *n*; Reisezugwagen *m*; Wagenabteil *n*

车厢灯 chēxiāngdēng (Wagen-) Innenbeleuchtung *f*

车箱加热器 chēxiāng jiārèqì Wagenheizkörper *m*

车削 chēxuē drehen; Drehen *n*

车用润滑油 chēyòng rùnhuáyóu Motoröl *n*

车用弹簧 chēyòng tánhuáng Wagenfeder *f*

车载变压器 chēzài biànyāqì Wagentransformator *m*

车载斗量 chēzài dǒuliáng wie Sand am Meer; in großer Menge vorhanden

车站 chēzhàn Station *f*; Bahnhof *m*; Haltestelle *f*

车长 chēzhǎng Zugführer(in) *m*(*f*)

车照 chēzhào Fahrerlaubnis *f*

车辙 chēzhé Fahrspur *f*; Wagenspur *f*

车轴 chēzhóu Achse *f*; Wagenachse *f*; Achsenbruch *m*; Fahrzeugachse *f*

车轴润滑油 chēzhóu rùnhuáyóu Wagenschmiere *f*

车主 chēzhǔ Fahrzeughalter *m*

车子 chēzi Wagen *m*

车座 chēzuò Sitz *m*; Sattel *m*; Autositze *pl*

车座安全带 chēzuò ānquándài (Auto-) Sicherheitsgurte *pl*

扯裂点 chělièdiǎn Einreißpunkt *m*

扯裂强度 chěliè qiángdù Einreißfestigkeit *f*

彻底的 chèdǐde gründlich

彻底性 chèdǐxìng Gründlichkeit *f*

掣爪 chèzhuǎ Fallsperre *f*

尘埃 chén'āi Müll *m*; Staub *m*

尘肺 chénfèi Staublunge *f*; Pneumokolon *n*

尘化 chénhuà bestäuben

尘土 chéntǔ Staub *m*

尘雾 chénwù Nebel *m*

尘状的 chénzhuàngde staubartig

陈化 chénhuà Ermüdung *f*

陈列 chénliè ausstellen; Schau *f*

陈述 chénshù angeben; Angabe *f*

沉淀 chéndiàn absetzen; ausscheiden; anlagern; sedimentieren; niederschlagen; Anlagerung *f*; Absatz *m*; Sediment *n*; Sedimentierung *f*; Sedimentieren *n*; Niederschlag *m*; Niederschlagung *f*; Ausscheiden *n*; Sedimentation *f*; Ausfällung *f*

沉淀池 chéndiànchí Absetzbecken *n*; Ablagerbecken *n*; Abscheidebehälter *m*

沉淀的 chéndiànde abgelagert

沉淀剂 chéndiànjì Abscheidungsmittel *n*; Ausfällungsmittel *n*; Fällmittel *n*

沉淀器 chéndiànqì Abscheider *m*

沉淀素 chéndiànsù Präzipitin *n*

C

沉淀物 chéndiànwù Ansatz *m*; Ausfall *m*; Niederschlag *m*; Präzipitat *n*; Sediment *n*

沉淀液 chéndiànyè Fallflüssigkeit *f*

沉淀装置 chéndiàn zhuāngzhì Kläranlage *f*

沉淀作用 chéndiàn zuòyòng Präzipitation *f*; Niederschlagung *f*

沉积 chénjī ablagern; absetzen; auflagern; sedimentieren; anhägern; Ablagerung *f*; Absetzung *f*; Sedimentierung *f*;

沉积层 chénjīcéng Ablagerung *f*

沉积的 chénjīde abgesetzt; aufgelagert

沉积电势 chénjī diànshì Abscheidungspotential *n*

沉积构造 chénjī gòuzào Absatzstruktur *f*

沉积矿层 chénjī kuàngcéng sedimentäre Lagerstätte

沉积量 chénjīliàng Ablagerungsmenge *f*

沉积面 chénjīmiàn Ablagerungsfläche *f*

沉积盆地 chénjī péndì Ablagerbecken *n*

沉积物 chénjīwù Ablagerung *f*; Schlick *m*; Absatz *m*; Präzipitat *n*; Niederschlag *m*; Sediment *n*; abgelagertes Material; Sedimentmassen *pl*

沉积系数 chénjī xìshù Ablagerungsfaktor *m*

沉积岩 chénjīyán Sediment-Gestein *n*; Sedimentgestein *n*; Sedimentit *m*; Absetzgestein *n*; Ablagerungs gestein *n*

沉积淤泥 chénjī yūnì Überschlammung *f*

沉降 chénjiàng absacken; absin-

ken; sinken; senken; einsenken; Absackung *f*; Absinken *n*; Einsenkung *f*

沉降的 chénjiàngde abgesetzt; abgesenkt; abgesackt

沉降面 chénjiàngmiàn Abgleitfläche *f*

沉降曲线 chénjiàng qūxiàn Senkungskurve *f*; Absetzkurve *f*

沉降时间 chénjiàng shíjiān Absitzdauer *f*

沉降箱 chénjiàngxiāng Absitzkasten *m*

沉砂池 chénshāchí Sandfang *m*; Entsandungsbecken *n*

沉沙器 chénshāqì Entsandungsanlage *f*

沉头螺钉 chéntóu luódīng Linsensenkschraub *f*

沉陷地槽 chénxiàn dìcáo Durchbiegungsmulde *f*

沉箱 chénxiāng Senkkasten *m*

沉渣 chénzhā Abschaum *m*; Sediment *n*

晨星 chénxīng 〈天〉 Morgenstern *m*

衬板 chènbǎn Verschalung *f*

衬垫 chèndiàn Futter *n*

衬圈 chènquān Futterrohr *n*; Abstandsring *m*

衬套 chèntào Buchse *f*; Muffe *f*; Abstandsbuchse *f*

称 chēng abwiegen

称量 chēngliáng wiegen; auswiegen; Einwaage *f*; Einwägung *f*

撑条 chēngtiáo Stempel *m*

成本核算 chéngběn hésuàn Kostenrechnung *f*; Kostenberechnung *f*

成比例的 chéngbǐlìde proportioniert

成对的 chéngduìde paar

成分 chéngfèn Gehalt *m*; Bestandteil *m*; Komponente *f*

成功 chénggōng gelingen; Erfolg *m*

成果 chéngguǒ Effekt *m*; Frucht *f*; Ergebnis *n*; Errungenschaft *f*; Erfolg *m*

成绩 chéngjì Leistung *f*; Resultat *n*; Erfolg *m*

成就 chéngjiù Errungenschaft *f*; Erfolg *m*

成卷 chéngjuǎn auftrommeln

成矿作用 chéngkuàng zuòyòng Erzbildung *f*; Minerogenie *f*; Mineralisation *f*

成粒器 chénglìqì Granulator *m*

成煤作用 chéngméi zuòyòng Kohlenwerdung *f*; Kohlenbildung *f*

成品 chéngpǐn Fertigware *f*; Enderzeugnis *n*

成品部件 chéngpǐn bùjiàn Fertigteil *m*

成品钢 chéngpǐngāng Fertigeisen *n*

成熟的 chéngshúde reif

成酸的 chéngsuānde säurebildend

成套 chéngtào Einsatz *m*

成套泵设备 chéngtàobèng shèbèi Pumpanlage *f*

成套设备 chéngtào shèbèi Maschinensatz *m*; komplette Anlage; vollständige Ausrüstungsserie; Apparatesatz *m*; Aggregat *n*; komplette Ausrüstung

成套仪器 chéngtào yíqì Apparatesatz *m*

成团的 chéngtuánde flockig

成像 chéngxiàng Entstehung eines Bildes; Bilderzeugung *f*

成像的 chéngxiàngde abbildend

成像定理 chéngxiàng dìnglǐ Abbildungsgesetz *n*

成效 chéngxiào Erfolg *m*; Effekt *m*

成形 chéngxíng verformen; figurieren

成形车床 chéngxíng chēchuáng Formdrehbank *f*

成形车刀 chéngxíng chēdāo Formdrehmeißel *m*

成形法 chéngxíngfǎ Formverfahren *n*

成形加工方法 chéngxíng jiāgōng fāngfǎ Umformverfahren *n*

成形铣刀 chéngxíng xǐdāo Profilfräser *m*

成形自动车床 chéngxíng zìdòng chēchuáng Formdrehautomat *m*

成型 chéngxíng gestalten; formen; Gestaltung *f*; Formung *f*

成型绕组 chéngxíng ràozǔ Formwicklung *f*

成型线圈 chéngxíng xiànquān Formspule *f*

成药 chéngyào fertiges medizinisches Präparat; pharmazeutisch hergestellte Arznei

成圆形 chéngyuánxíng abrunden

成正比 chéngzhèngbǐ in Proportion

呈现 chéngxiàn aufweisen; sich anzeigen

承担 chéngdān tragen; übernehmen

承受 chéngshòu standhalten

承压面 chéngyāmiàn Tragsfläche *f*

承载 chéngzài Belastungskapazität *f*

承载能力 chéngzài nénglì Ladefähigkeit *f*; Belastungfähigkeit *f*; Belastbarkeit *f*; Tragfähigkeit *f*

承载式车身 chéngzàishì chēshēn selbsttragende Karosserie

承重 chéngzhòng ein Gewicht tragen

承重弹簧 chéngzhòng tánhuáng Tragsfeder *f*

承轴 chéngzhóu Fahrzeugachse; Wagenachse *f*; Achse *f*

城市规划 chéngshì guīhuà Stadtplanung *f*

城市给水管道 chéngshì jǐshuǐ guǎndào Stadtwasserleitung *f*

城市建筑 chéngshì jiànzhù Städtebau *m*

城市排水工程 chéngshì páishuǐ gōngchéng Stadtentwässerung *f*

乘 chéng mal; malnehmen; multiplizieren; vervielfachen; Malnehmen *n*; Multiplizieren *n*; Multiplikation *f*

乘车(船) chéngchē(chuán) fahren

乘法 chéngfǎ Multiplikation *f*; Malnehmen *n*

乘法电路 chéngfǎ diànlù Multiplikationsschaltung *f*

乘法器 chéngfǎqì Multiplikator *m*; Mutiplizierer *m*

乘方 chéngfāng potenzieren; quadrieren; Potenz *f*; hoch

乘号 chénghào Malzeichen *n*; Multiplikationszeichen *n*

乘积溢出 chéngjī yìchū Produktüberlauf *m*

乘客 chéngkè Fahrgast *m*

乘客座位 chèngkè zuòwèi Fahrgastsitz *m*

乘幂 chéngmì Potenzieren *n*; potenzieren

乘数 chéngshù Faktor *m*; Multiplikator *m*; Mehrer *m*

程度 chéngdù Niveau *n*; Stand *m*; Grad *m*

程式 chéngshì Formel *f*; Muster *n*; Formular *n*; Schema *n*

程式化 chéngshìhuà stilisieren

程控 chéngkòng Programmsteuerung *f*

程序 chéngxù Programm *n*; Prozess *m*; Folge *f*; Routine *f*; Vorgang *m*; Verfahren *n*; Prozedur *f*; Ord-

nung *f*; Reihenfolge *f*

程序包 chéngxùbāo 〈计〉 Programm-Paket *m*; Komprimierungsprogramm *n*

程序编制 chéngxù biānzhì Programmfertigung *f*

程序编制器 chéngxù biānzhìqì Comlier *m*

程序参数 chéngxù cānshù 〈计〉 Parameter *m*

程序传输 chéngxù chuánshū Programmfortschaltung *f*

程序存储器 chéngxù cúnchǔqì Programmspeicher *m*

程序带 chéngxùdài 〈计〉 Programmband *n*; Programmstreifen *m*

程序调用管理 chéngxù diàoyòng guǎnlǐ Aufrufverwaltung *f*

程序段 chéngxùduàn 〈计〉 Programmabschnitt *m*

程序格式 chéngxù géshì Programmformular *n*

程序化 chéngxùhuà Programmierung *f*

程序机 chéngxùjī Ablaufplaner *m*

程序计数器 chéngxù jìshùqì Programmzähler *m*

程序控制 chéngxù kòngzhì programmsteuern; Programmsteuerung *f*; Programmfolge *f*; Zeitplansteuerung *f*; Zeitplanregelung *f*

程序控制的 chéngxù kòngzhìde programmgesteuert

程序控制柜 chéngxù kòngzhìguì Programmsteuerungskasten *m*

程序控制器 chéngxù kòngzhìqì Programmsteuergerät *n*

程序库 chéngxùkù 〈计〉 Programmbibliothek *f*; Programmierbibliothek *f*; Programmsammlung *f*; Programmothek *f*

程序块地址 chéngxùkuài dìzhǐ 〈计〉 Blockadresse *f*; Programmblockadresse *f*

程序块起始信号 chéngxùkuài qǐshǐ xìnhào Blockanfangssignal *n*

程序逻辑 chéngxù luójí Folgelogik *f*

程序模块 chéngxù mókuài 〈计〉 Programmodul *m*

程序设计 chéngxù shèjì programmieren; Programmgestaltung *f*; Programmierung *f*

程序设计的开关装置 chéngxù shèjìde kāiguānzhuāngzhì Programmschaltgerät *n*

程序设计系统 chéngxù shèjì xìtǒng Programmiersystem *n*

程序设计语言 chéngxù shèjì yǔyán Programmiersprache *f*

程序输入 chéngxù shūrù Programmeinführung *f*

程序调节 chéngxù tiáojié Programmregelung *f*

程序调节器 chéngxù tiáojiéqì Programmregler *m*

程序停止 chéngxù tíngzhǐ Programmhalt *m*

程序图 chéngxùtú Laufkarte *f*

程序信息 chéngxù xìnxī 〈计〉 Routinenachricht *f*

程序语言 chéngxù yǔyán Computersprache *f*

程序元件 chéngxù yuánjiàn Reihenansatzglied *n*

程序运行速度 chéngxù yùnxíng sùdù Ausführungsgeschwindigkeit der Programme

程序纸 chéngxùzhǐ Ablochbeleg *m*

程序指令 chéngxù zhǐlìng Programmbefehl *m*; Folgebefehl *m*

程序制导 chéngxù zhìdǎo Programmlenkung *f*

程序自动装置 chéngxù zìdòng zhuāngzhì Programmautomat *m*

澄清锅 chéngqīngguō Läuterbottich *m*

澄清器 chéngqīngqì Klärer *m*; Klärapparat *m*; Reiniger *m*

秤 chèng Waage *f*

秤锤 chèngchuí Laufgewicht *n*

秤杆 chènggǎn Waagebalken *m*

秤钩 chènggōu Lasthaken *m*

秤盘 chèngpán Waagschale *f*

秤砣 chèngtuó Laufgewicht *n*

吃刀 chīdāo Eindringen *n*

吃水深度 chīshuǐ shēndù Tiefgang *m*

持久的 chíjiǔde langdauernd; dauernd

持久负荷 chíjiǔ fùhè Dauerlast *f*

持久强度 chíjiǔ qiángdù Zeitfestigkeit *f*

持久性 chíjiǔxìng Haltbarkeit *f*; Dauerhaftigkeit *f*

持续 chíxù andauern

持续的 chíxùde fortdauernd; fortwährend

持续电流 chíxù diànliú Dauerstrom *m*

持续电压 chíxù diànyā Dauerspannung *f*

持续短路 chíxù duǎnlù Dauerkurzschluss *m*

持续放电 chíxù fàngdiàn Dauerentladung *f*

持续温度 chíxù wēndù Dauertemperatur *f*

持续性 chíxùxìng Permanenz *f*

持续应力 chíxù yìnglì Dauerbeanspruchung *f*; langfristige Beanspruchung

持续振荡 chíxù zhèndàng Dauerschwingung *f*

迟滞 chízhì zähflieẞend

尺 chǐ Lineal *n*

尺寸 chǐcùn Gröẞe *f*; Maẞ *n*; Abmessung *f*; Ausmaẞ *n*; Dimension *f*; Format *n*

尺寸精度 chǐcùn jīngdù Maẞgenauigkeit *f*

尺寸精确的 chǐcùn jīngquède maẞhaltig

尺寸精确性 chǐcùn jīngquèxìng Maẞhaltigkeit *f*

尺寸图 chǐcùntú Maẞblatt *n*

尺寸稳定的 chǐcùn wěndìngde maẞhaltig

尺寸稳定性 chǐcùn wěndìngxìng Maẞhaltigkeit *f*

尺寸准确的 chǐcùn zhǔnquède maẞgerecht

尺度 chǐdù Dimension *f*; Maẞstab *m*

齿 chǐ Zahn *m*; Kamm *m*

齿槽 chǐcáo Alveole *f*; Zackenschnitt *m*

齿锉 chǐcuò Zahnfeile *f*

齿顶高 chǐdǐnggāo Kopfhöhe *f*

齿顶高系数 chǐdǐnggāo xìshù Kopfhöhenfaktor *m*

齿顶高修正 chǐdǐnggāo xiūzhèng Profilverschiebung *f*

齿顶高修正系数 chǐdǐnggāo xiūzhèng xìshù Profilverschiebungsfaktor *m*

齿顶间隙 chǐdǐng jiànxī Spitzenspiel *n*

齿顶线 chǐdǐngxiàn Zahnkopflinie *f*

齿顶圆角 chǐdǐng yuánjiǎo Zahnkopfabrundung *f*

齿杆 chǐgǎn Zahnstange *f*

齿高 chǐgāo Zahnhöhe *f*

齿根 chǐgēn Zahnfuẞ *m*

齿根高 chǐgēngāo Zahnfuẞhöhe *f*

齿根角 chǐgēnjiǎo Zahnfuẞwinkel *m*

齿根线 chǐgēnxiàn Zahnfuẞlinie *f*

齿根圆 chǐgēnyuán Zahngrundkreis *m*

齿冠 chǐguàn Zahnkopf *m*; Krone *f*

齿厚 chǐhòu Zahnstärke *f*; Zahndicke *f*

齿尖 chǐjiān Zahnspitze *f*

齿距 chǐjù Zahnteilung *f*; Nutteilung *f*

齿录 chǐlù anstellen

齿轮 chǐlún Rad *n*; Zahnrad *n*; Kammrad *n*; Getrieberad *n*; Stirnrad *n*

齿轮泵 chǐlúnbèng Zahnräderpumpe *f*; Zahnradpumpe *f*; Räderpumpe *f*

齿轮侧面间隙 chǐlún cèmiàn jiānxì Flankenspiel *n*

齿轮传动 chǐlún chuándòng Zahnrädergetriebe *n*; Zahntrieb *m*; Rädergetriebe *n*; Zahnradantrieb *m*; Zahnradgetriebe *n*

齿轮副 chǐlúnfù Zahnradpaar *n*

齿轮辊 chǐlúngǔn Kammwalze *f*

齿轮滚铣床 chǐlún gǔnxǐchuáng Zahnradwälzfräsmaschine *f*

齿轮加工 chǐlún jiāgōng Zahnradbearbeitung *f*

齿轮减速 chǐlún jiǎnsù Getriebeuntersetzung *f*

齿轮拉床 chǐlún lāchuáng Zahnradräummaschine *f*

齿轮联轴节 chǐlún liánzhóujié Zahnradkupplung *f*

齿轮磨床 chǐlún móchuáng Abwäleschleifmaschine *f*

齿轮啮合 chǐlún nièhé Zahnradeingriff *m*; Radeingriff *m*

齿轮铣床 chǐlún xǐchuáng Zahnradfräsmaschine *f*

齿轮铣刀 chǐlún xǐdāo Zahnfräser *m*

齿轮箱 chǐlúnxiāng Zahnradkasten *m*; Räderkasten *m*; Getriebekasten *m*; Getriebegehäuse *n*; Antriebsgehäuse *n*

齿轮轴 chǐlúnzhóu Zahnradachse *f*; Stachelradwalze *f*

齿轮轴传动比 chǐlúnzhóu chuándòngbǐ Achsenverhältnis *n*

齿轮组 chǐlúnzǔ Zahnradblock *m*

齿面检验仪 chǐmiàn jiǎnyànyí Flankenprüfgerät *n*

齿面啮合 chǐmiàn nièhé Zahnflankeneingriff *m*

齿啮合 chǐnièhé Räderwerk *n*

齿腔 chǐqiāng Zahnhöhle *f*

齿数 chǐshù Zahnzahl *f*

齿髓 chǐsuǐ Zahnpulpa *f*

齿条 chǐtiáo Zahnstange *f*

齿条传动 chǐtiáo chuándòng Zahnstangentrieb *m*

齿条啮合 chǐtiáo nièhé Zahnstangeneingriff *m*

齿隙 chǐxì Zahnflankenspiel *n*

齿形 chǐxíng Zahnform *f*; Zahnprofil *n*

齿形角 chǐxíngjiǎo Profilswinkel *m*

齿形系数 chǐxíng xìshù Zahnformfaktor *m*

齿龈 chǐyín Zahnfleisch *n*

齿状 chǐzhuàng Zahnung *f*

耻骨 chǐgǔ Schambein *n*

斥力 chìlì Abstoßung *f*; Repulsion *f*; abstoßende Kraft

赤道 chìdào Äquator *m*

赤道的 chìdàode äquatorial

赤道地带 chìdào dìdài Äquatorialgürtel *m*

赤道暖流 chìdào nuǎnliú Äquatorialstrommung *f*

赤道区 chìdàoqū Äquatorgebiet *n*

赤道纬度 chìdào wěidù Äquator-grad *m*

赤金 chìjīn Feingold *n*; reines Gold

赤经 chìjīng 〈天〉 Rektaszension *f*

赤经圈 chìjīngquān 〈天〉 Rektaszensionskreis *m*

赤铁矿 chìtiěkuàng Roteisenerz *n*; Roteisenstein *m*; Bluteisenstein *m*; Blutstein *m*; Hematit *m*; Hämatit *m*; Hämatiterz *n*

赤铜矿 chìtóngkuàng Braunkupfererz *n*; Rotkupfererz *n*; Cuprit *n*

赤纬 chìwěi 〈天〉 Deklination *f*

赤纬圈 chìwěiquān 〈天〉 Deklinationskreis *m*

炽热 chìrè Glut *f*; Glühhitze *f*

炽热的 chìrède glühend

翅 chì Flügel *m*

充磁 chōngcí aufmagnetisieren

充电 chōngdiàn aufladen; beladen; speisen; (eine Batterie) laden; Ladung *f*; Aufladung *f*; Beladung *f*; Batterieladung *f*; Laden *n*; Charge *f*

充电的 chōngdiànde geladen

充电电流 chōngdiàn diànliú Ladungsstrom *m*; Ladestrom *m*

充电电流指示灯 chōngdiàn diànliú zhǐshìdēng Ladestrom-Kontrolleuchte *f*

充电电路 chōngdiàn diànlù Ladekreis *m*

充电电容器 chōngdiàn diànróngqì Ladungskondensator *m*

充电电压 chōngdiàn diànyā Ladespannung *f*

充电电源 chōngdiàn diànyuán Ladestromquelle *f*

充电电阻 chōngdiàn diànzǔ Ladewiderstand *m*; Aufladewiderstand *m*

充电功率 chōngdiàn gōnglǜ Ladeleistung *f*

充电过程 chōngdiàn guòchéng

C

Chargenprozess *m*

充电极限 chōngdiàn jíxiàn Ladungsgrenze *f*

充电继电器 chōngdiàn jìdiànqì Batterieladerelais *n*

充电能力 chōngdiàn nénglì Ladefähigkeit *f*; Ladungskapazität *f*

充电器 chōngdiànqì Lader *m*; Ladeeinrichtung *f*; Ladegerät *n*

充电容量 chōngdiàn róngliàng Ladekapazität *f*

充电设备 chōngdiàn shèbèi Ladegerät *n*; Aufladegerät *n*; Ladevorrichtung *f*

充电时间 chōngdiàn shíjiān Ladezeit *f*; Beladezeit *f*; Aufladezeit *f*

充电室 chōngdiànshì Laderaum *m*

充电线路 chōngdiàn xiànlù Ladungslinie *f*

充电整流器 chōngdiàn zhěngliúqì Ladegleichrichter *m*

充电指示器 chōngdiàn zhǐshìqì Ladeanzeiger *m*

充电装置 chōngdiàn zhuāngzhì Batterieladevorrichtung *f*

充分的 chōngfènde genug; hinlänglich; hinreichend

充分利用 chōngfèn lìyòng ausnutzen; Auswertung *f*

充满 chōngmǎn anfüllen; vollfüllen; Vollfüllen *n*; Anfüllen *n*

充气 chōngqì aufpumpen

充气的 chōngqìde gasgefüllt

充气管 chōngqìguǎn Luftröhre *f*

充气光电管 chōngqì guāngdiànguǎn Gaszelle *f*

充水层 chōngshuǐcéng Aquifer *m*

充水装置 chōngshuǐ zhuāngzhì Wasserfülleinrichtung *f*

充填 chōngtián Füllung *f*; Versatz *m*

充填剂 chōngtiánjì Füller *m*; Füllmittel *n*

充填料 chōngtiánliào Versatz *m*

充血 chōngxuè vermehrte Blutfülle; Blutandrang *m*; Hyperämie *f*; Kongestion *f*

冲程 chōngchéng Kolbenhub *m*; Takt *m*; Hub *m*

冲程时间 chōngchéng shíjiān Taktzeit *f*

冲淡 chōngdàn verdünnen

冲击 chōngjī anstoßen; anprallen; Anstoß *m*; Stoß *m*; Anprall *m*

冲击波 chōngjībō Schockwelle *f*; Stoßwelle *f*

冲击电阻 chōngjī diànzǔ Stoßwiderstand *m*

冲击短路电流 chōngjī duǎnlù diànliú Stoßkurzschlussstrom *m*

冲击阀 chōngjīfá Stoßventil *n*

冲击放电 chōngjī fàngdiàn Stoßentladung *f*

冲击负荷 chōngjī fùhè stoßartige Beanspruchung

冲击负载 chōngjī fùzài stoßende Belastung; Stoßbelastung *f*

冲击机 chōngjījī Schlagwerk *n*

冲击角 chōngjījiǎo Stoßwinkel *m*

冲击力 chōngjīlì Stoßkraft *f*; Anschlagkraft *f*; Schlagkraft *f*; Durchschlagskraft *f*

冲击面 chōngjīmiàn Stoßfläche *f*

冲击扭曲试验 chōngjī niǔqū shìyàn Schlag-Verdreh-Versuch *m*

冲击扭转试验 chōngjī niǔzhuǎn shìyàn Schlag-Torsion-Versuch *m*

冲击强度 chōngjī qiángdù Schlagstärke *f*; Anschlagstärke *f*

冲击深拉试验 chōngjī shēnlā shìyàn Schlag-Tiefungsversuch *m*

冲击式钻头 chōngjīshì zuàntóu

Schlagbohrer *m*

冲击式钻杆 chōngjīshì zuàngān Stoßstange *f*

冲击试验 chōngjī shìyàn Beschussprobe *f*; Schlagversuch *m*

冲击水头 chōngjīshuǐtóu Stoßgefälle *n*

冲击系数 chōngjī xìshù Stoßzahl *f*

冲积 chōngjī anschlämmen; anschwemmen; anlagern; anhägern; einschlämmen; einspülen; aufspülen; einschwemmen; Anschwemmung *f*; Ansandung *f*; Aufspülung *f*; Einspülen *n*; Einschwemmen *n*; Einspülung *f*

冲积层 chōngjīcéng Anschwemmschicht *f*; Landanwachs *m*; Oberberge *pl*; Alluvium *n*

冲积岛 chōngjīdǎo Aufschüttungsinsel *f*

冲积的 chōngjīde eingespült; alluvial; angeschlämmt

冲积地 chōngjīdì Alluvion *f*; Schwemmland *n*; Alluvialland *n*

冲积平原 chōngjī píngyuán Stromflachland *n*; Schwemmebene *f*

冲积沙 chōngjīshā Schwemmsand *m*

冲积土 chōngjītǔ Schwemmlandboden *m*; Alluvialboden *m*; Abraummaterial *n*; Wellengrund *m*

冲积物 chōngjīwù Absatz *m*

冲力 chōnglì Stoßkraft *f*; Schwungkraft *f*

冲量 chōngliàng Impuls *m*; Anstoß *m*

冲蚀 chōngshí Abrasion *f*

冲蚀海湾 chōngshí hǎiwān Abrasionsbucht *f*

冲蚀平原 chōngshí píngyuán Abrasionsfläche *f*

冲刷 chōngshuā spülen; abscheu-ern; ausnagen; erodieren; ausspülen; auswaschen; Ausnagung *f*; Abspülung *f*; Einspülung *f*; Einspülen *n*

冲刷的 chōngshuāde aufgeschwemmt

冲天炉 chōngtiānlú Kupolofen *m*

冲填式沙坝 chōngtiánshì shābà Schwimmsanddamm *m*

冲洗 chōngxǐ spülen; ausspülen; nachspülen; 〈摄〉 entwickeln; Spülung *f*; Ausspülung *f*; Durchspülung; 〈摄〉Entwicklung *f*

冲洗装置 chōngxǐ zhuāngzhì Spülungsanlage *f*

冲撞 chōngzhuàng kollidieren

重叠 chóngdié Überlappung *f*; überlappen

重叠定理 chóngdié dìnglǐ Überlagerungssatz *m*

重复 chóngfù wiederholen

重复读数 chóngfù dúshù Abfühlwiederholung *f*

重复故障 chóngfù gùzhàng Wiederholungsstörung *f*

重复频率 chóngfù pínlǜ Wiederholungszahl *f*

重复扫描 chóngfù sǎomiáo Abfühlwiederholung *f*

重复试验 chóngfù shìyàn Wiederholungsversuch *m*

重复信号 chóngfù xìnhào Wiederholungszeichen *n*

重复指令 chóngfù zhǐlìng 〈计〉Wiederholbefehl *m*

重合电路 chónghé diànlù Koinzidenzschaltung *f*

重结晶 chóngjiéjīng umkristallisieren; Umkristallisation *f*

重命名 chóngmìngmíng umbenennen; Umbenennung *f*

重写位 chóngxiěwèi 〈计〉Über-

C

C

schreibungsbit *m*

重新安装 chóngxīn ānzhuāng neuinstallieren *f*; Neuinstallation

重新的 chóngxīnde erneut

重新启动 chóngxīn qǐdòng neu starten; Neustart *m*

重修 chóngxiū wiederherstellen

重整汽油 chóngzhěng qìyóu reformiertes Benzin

冲裁模 chòngcáimó Schnittstanze *f*

冲床 chòngchuáng Stanze *f*; Stanzmaschine *f*; Stanzpresse *f*

冲孔 chòngkǒng Stanzen

冲孔机 chòngkǒngjī Stanze *f*; Stanzer *m*

冲孔模 chòngkǒngmú Lochschnitt *m*

冲块 chòngkuài Stanzklotz *m*

冲模 chòngmú Ausstecher *m*; Prägeisen *n*; Gesenk *n*; Oberstanze *f*; Stanze *f*; Mönch *m*

冲模铣床 chòngmú xǐchuáng Gesenkfräsmaschine *f*

冲头 chòngtóu Stanze *f*

冲心錾 chòngxīnzàn Körner *m*

冲型模 chòngxíngmó Formstanze *f*

冲压 chòngyā pressen; einprägen; stanzen; Prägung *f*; Stanzen *n*

冲压板 chòngyābǎn Pressblech *n*

冲压材料 chòngyā cáiliào Anstauchstoff *m*

冲压机 chòngyājī Stanzmaschine *f*; Stanze *f*; Prägemaschine *f*

冲压件 chòngyājiàn Pressteil *n*; Pressstück *n*

冲压模 chòngyāmó Pressgesenk *n*

冲压制品 chòngyā zhìpǐn geschlagenes Werkstück

冲子 chòngzǐ Körner *m*; Stanze *f*; Durchschlag *m*

抽出 chōuchū fortpumpen; Abzug *m*

抽出式通风 chōuchūshì tōngfēng Absaugelüftung *f*

抽风管 chōufēngguǎn Absaugeleitung *f*

抽风机 chōufēngjī Exhaustor *m*; Sauggebläse *n*; Abluftsauger *m*; Absaugegebläse *n*; Absaugentlüfter *m*; Absauglüfter *m*; Abluftventilator *m*; Absauger *m*

抽件 chōujiàn Gerätebaugruppe *f*

抽空 chōukōng entleeren; evakuieren

抽空泵 chōukōngbèng Saugpumpe *f*

抽气 chōuqì absaugen; Auspumpen *n*

抽气泵 chōuqìbèng Saugluftpumpe *f*; Vakuumluftpumpe *f*

抽气管 chōuqìguǎn Saugzugschlot *m*; Abluftröhre *f*

抽气机 chōuqìjī Saugzuggebläse *n*; Luftsauger *m*; Absauger *m*; Saugapparat *m*

抽取指令 chōuqǔ zhǐlìng Ausblendbefehl *m*

抽水 chōushuǐ lenzen; abpumpen

抽水机 chōushuǐjī Wasserpumpe *f*

抽水机站 chōushuǐ jīzhàn Pumpstation *f*; Wasserhebewerk *n*

抽水设备 chōushuǐ shèbèi Lenzanlage *f*; Lenzeinrichtung *f*

抽水试验 chōushuǐ shìyàn Pumpprobe *f*

抽水蓄能 chōushuǐ xùnéng Pumpspeicherung *f*; hydraulische Energiespeicherung

抽水装置 chōushuǐ zhuāngzhì Wasserziehvorrichtung *f*

抽吸 chōuxī saugen; ansaugen

抽象 chōuxiàng Abstraktum *n*; Abstraktion *f*

抽象的 chōuxiàngde abstrakt

抽象符号 chōuxiàng fúhào Abstra-

hierungssymbol n
抽血 chōuxiě Blutentnahme f
抽引力 chōuyǐnlì Sogkraft f
抽油泵 chōuyóubèng Ölpumpe f
抽真空 chōuzhēnkōng evakuieren
稠度 chóudù Konsistenz f
稠度极限 chóudù jíxiàn Konsistenzgrenze f
稠度试验 chóudù shìyàn Konsistenzprüfung f
臭氧 chòuyǎng Ozon m/n
臭氧层 chòuyǎngcéng Ozonosphäre f
臭氧发生器 chòuyǎng fāshēngqì Ozongerät n; Ozonisator m
臭氧计 chòuyǎngjì Ozonmesser m
出版 chūbǎn publizieren; veröffentlichen; erscheinen; Edition f; Veröffentlichung f;
出版社 chūbǎnshè Verlag m
出版物 chūbǎnwù Veröffentlichung f
出口 chūkǒu ausführen; exportieren; Export m; Ausgang m; Ausweg m; Ausfuhr f; Ausfahrt f
出矿井 chūkuàngjǐng Förderschacht m
出蕾 chūlěi aufknospen
出料口 chūliàokǒu Abstichöffnung f; Austrittspalt m
出料漏斗 chūliào lòudǒu Auslauftrichter m
出流角 chūliújiǎo Ausströmwinkel m
出流渠 chūliúqú Austrittskanal m
出流速度 chūliú sùdù Austrittgeschwindigkeit f
出流损失 chūliú sǔnshī Ausströmverlust m; Auslassverlust m
出流系数 chūliú xìshù Austrittskoeffizient m
出流压力 chūliú yālì Austrittspres-

sung f
出流阻力 chūliú zǔlì Ausströmwiderstand m
出炉温度 chūlú wēndù Auslauftemperatur f
出路 chūlù Ausweg m
出模 chūmú entformen
出气口 chūqìkǒu Gasaustrittsöffnung f
出水管 chūshuǐguǎn Auslaufrohr n
出水管道 chūshuǐ guǎndào Auslaufrohrleitung f
出水口 chūshuǐkǒu Austrittsöffnung des Wassers
出水量 chūshuǐliàng Ergiebigkeit des Wassers
出水率 chūshuǐlǜ spezifische Ergiebigkeit des Wassers
出铁口 chūtiěkǒu Eisenabstich m; Abstich m; Abstichloch n; Stichauge n
出现 chūxiàn geschehen; auftreten; auftauchen; vorkommen; Entstehung f
出血 chūxuè bluten
出油阀 chūyóufá Druckventil n
出油阀接头 chūyóufá jiētóu Druckventilhalter m
出油阀芯 chūyóufáxīn Ventilkegel m
出油阀座 chūyóufázuò Ventilträger m
出油井 chūyóujǐng Erdölförderloch n
出油口 chūyóukǒu Kraftstoffaustritt m
出渣孔 chūzhākǒng Schlackenloch n; Schlackenöffnung f; Abstich m
初步的 chūbùde primär
初潮 chūcháo Vorflut f
初次结晶 chūcì jiéjīng primäre Kri-

stallisation

初次样件检验 chūcì yàngjiàn jiǎnyàn Erstmusterprüfung *f*

初等几何 chūděng jǐhé Elementargeometrie *f*

初等数学 chūděng shùxué Elementarmathematik *f*; elementare Mathematik

初级产品 chūjí chǎnpǐn Primärprodukte *pl*

初级电流 chūjí diànliú Primärstrom *m*

初级电压 chūjí diànyā Primärspannung *f*

初级回路 chūjí huílù Primärkreis *m*

初级回路电阻 chūjí huílù diànzǔ Primärwiderstand *m*

初级继电器 chūjí jìdiànqì Hauptstromrelais *n*

初级绕组 chūjí ràozǔ Primärwicklung *f*

初级线圈 chūjí xiànquān Primärwicklung *f*; Primärspule *f*

初滤器 chūlǜqì Vorfilter *m/n*

初始化 chūshǐhuà Initialisierung *f*

初始值 chūshǐzhí Anfangswert *m*

初速 chūsù Anfangsgeschwindigkeit *f*

初诊 chūzhěn erste Behandlung

除 chú teilen; dividieren; Division *f*

除草 chúcǎo Unkraut jäten

除草机 chúcǎojī Ackerbürste *f*

除草剂 chúcǎojì Unkrautmittel *n*; Herbizid *n*

除尘器 chúchénqì Filter *m*; Entstauber *m*; Staubabscheider *m*; Staubfänger *m*; Staubsauger *m*; Entstaubungsapparat *m*

除法 chúfǎ Teilung *f*; Teilrechnung *f*; Division *f*

除法电路 chúfǎ diànlù Divisions-

schaltung *f*

除法语句 chúfǎ yǔjù Divisionsanweisung *f*

除号 chúhào Divisionszeichen *n*

除灰 chúhuī entaschen; Entaschung *f*

除菌滤器 chújūn lǜqì Bakterienfilter *m/n*

除硫 chúliú Entschwefelung *f*

除硫装置 chúliú zhuāngzhì Entschwefelungsanlage *f*

除毛剂 chúmáojì Haarentfernungsmittel *n*

除沫剂 chúmòjì Antischaummittel *n*

除漆剂 chúqījì Lackabbeizmittel *n*

除气水 chúqìshuǐ entgastes Wasser

除去 chúqù entzundern; entfernen

除去氧化皮 chúqù yǎnghuàpí abzundern

除数 chúshù Teiler *m*; Divisor *m*

除霜器 chúshuāngqì Entfroster *m*

除霜器热风吹出缝 chúshuāngqì rèfēng chuīchūfèng Defrosterschlitz *m*

除霜器通风孔 chúshuāngqì tōngfēngkǒng Defrosterdüse *f*

除锈 chúxiù entrosten; Entrosten *n*; Entrostung *f*; Rostentfernung *f*

除锈剂 chúxiùjì Entrostungsmittel *n*; Rostentferner *m*; Rostentfernungsmittel *n*

除锈器 chúxiùqì Entroster *m*

除牙锈 chúyáxiù Zahnstein entfernen

除渣 chúzhā Ausschlacken *n*; Entschlackung *f*

除渣装置 chúzhā zhuāngzhì Entschlackungseinrichtung *f*; Entschlackungsanlage *f*

锄 chú Hacke *f*

锥形 chúxíng Rohentwurf *m*; Vorlage im kleinen Modell

处方 chǔfāng behandeln; handeln; verarbeiten; Rezept n; Behandlung f; Verarbeitung f

处理 chǔlǐ behandeln; Behandlung f; Abarbeitung f

储备 chǔbèi aufbewahren; aufspeichern; Reserve f; Vorrat m

储藏量 chǔcángliàng Reserven pl; Vorräte pl

储存 chǔcún einlegen; speichern; abspeichern; Vorrat m

储存信息 chǔcún xìnxī Informationen speichern

储量 chǔliàng Vorrat m; Reserven pl

储能 chǔnéng Energiereserve f

储能元件 chǔnéng yuánjiàn Speicherelement n

储气罐 chǔqìguàn Gastank m; Gasbehälter m

储热器 chǔrèqì Wärmespeicher m

储水池 chǔshuǐchí Wasserreservoir n

储水量 chǔshuǐliàng Wasservorrat m; Wasserreserve f

储蓄器 chǔxùqì Sammelbehälter m; Druckbehälter m

储氧瓶 chǔyǎngpíng Sauerstoffflasche f

储油罐 chǔyóuguàn Öltank m

储油量 chǔyóuliàng Erdölreserven pl

触点 chùdiǎn Kontakt m; Berührung f

触点闭合 chùdiǎn bìhé Kontaktschluss m

触点火花 chùdiǎn huǒhuā Kontaktfunken m

触点间隙 chùdiǎn jiànxì Kontaktabstand m

触点侵蚀 chùdiǎn qīnshí Kontakterosion f

触电 chùdiàn elektrischen Schlag bekommen; elektrischer Schlag

触发 chùfā auslösen; triggern; auslösen

触发电极 chùfā diànjí Zündelektrode f

触发电流 chùfā diànliú Treiberstrom m; Zündstrom m

触发电路 chùfā diànlù Flip-Flop-Schaltung f; Triggerschaltung f; Kippschaltung f; Zündschaltung f

触发电压 chùfā diànyā Ansprechspannung f

触发二极管 chùfā èrjíguǎn Auslösediode f; Triggerdiode f

触发继电器 chùfā jìdiànqì Kipprelais n

触发脉冲 chùfā màichōng Auslöseimpuls m; Zündimpuls m

触发脉动 chùfā màidòng Ausblendimpuls m

触发器 chùfāqì Trigger m; Kippschalter m

触发器存储器 chùfāqì cúnchǔqì Flip-Flop-Speicher m

触发式寄存器 chùfāshì jìcúnqì Flipflop-Register n

触发系统 chùfā xìtǒng Triggersystem n

触发信号 chùfā xìnhào Auslösevorgang m

触发元件 chùfā yuánjiàn Flip-Flop-Element n; Zündglied n

触及 chùjí anfassen; berühren

触角 chùjiǎo 〈动〉 Fühler m; Fühlhorn n

触媒 chùméi Kontaktstoff m

触摸屏 chùmōpíng Touchscreen-Monitor m

氚核 chuānhé Triton n

C

穿刺术 chuāncìshù Abzapfung *f*; Punktur *f*

穿过 chuānguō durchziehen; Durchschlag *m*

穿甲弹 chuānjiǎdàn Panzergranate *f*

穿孔的 chuānkǒngde gelocht

穿孔机 chuānkǒngjī Lochmaschine *f*

穿孔卡片 chuānkǒng kǎpiàn Lochkarte *f*

穿孔卡片阅读器 chuānkǒng kǎpiàn yuèdúqì Lochkartenleser *m*

穿透 chuāntòu hindurchdringen

穿透力 chuāntòulì Durchschlagskraft *f*

穿凿 chuānzáo aufbohren

传播 chuánbō sich ausbreiten; Ausbreitung *f*; Umlauf *m*; Verbreitung *f*

传播方式 chuánbō fāngshì Ausbreitungsmodus *m*

传播方向 chuánbō fāngxiàng Ausbreitungsrichtung *f*

传播条件 chuánbō tiáojiàn Ausbreitungsbedingung *f*

传导 chuándǎo leiten; fortleiten; Leitung *f*; Zuleitung *f*

传导的 chuándǎode leitend

传导电流 chuándǎo diànliú Leitstrom *m*

传导性 chuándǎoxìng Leitfähigkeit *f*; Durchleitung *f*; Konduktanz *f*

传递 chuándì weitergeben; übergeben; übermitteln; liefern

传递波 chuándìbō Fortpflanzungswelle *f*

传动 chuándòng treiben; antreiben; Treiben *n*; Betrieb *m*; Übertragung *f*; Antrieb *m*; Getrieb *n*; Transport *m*

传动比 chuándòngbǐ Verhältniszahl *f*; Eingriffsverhältnis *n*; Übersetzungsverhältnis *n*; Untersetzungsverhältnis *n*

传动叉 chuándòngchā Antriebsgabel *f*

传动齿轮 chuándòng chǐlún Treiber *m*; Antriebsgetriebe *n*; Antriebszahnrad *n*; Getrieberad *n*; Übersetzungsrad *n*

传动带 chuándòngdài Laufriemen *m*; Fließband *n*; Antriebsriemen *m*; Treibriemen *m*; Fließband *n*; Riemen *m*

传动方式 chuándòng fāngshì Antriebsart *f*

传动杆 chuándònggān Antriebshebel *m*; Schubstange *f*; Betätigungshebel *m*; Antriebshebel *m*

传动功率 chuándòng gōnglǜ Antriebsleistung *f*

传动机构 chuándòng jīgòu Antriebsgetriebe *n*; Bewegungsgetriebe *n*; Übersetzungsgetrieb *n*; Antriebsgerät *n*; Getriebe *n*

传动级 chuándòngjí Untersetzungsstufe *f*

传动件 chuándòngjiàn Treiber *m*

传动连杆 chuándòng liángān Antriebsgestänge *n*; Antriebsschwinge *f*

传动链 chuándòngliàn kinematische Gliederreihe; Antriebskette *f*; Getriebezug *m*

传动链轮 chuándòngliànlún Antriebskettenrad *n*

传动轮 chuándònglún Antriebsrad *n*; Getrieberad *n*; Antriebsscheibe *f*

传动皮带 chuándòng pídài Antriebsriemen *m*; Transmissionsriemen *m*; Antriebsgurt *m*; Treibriemen *m*

传动特性曲线 chuándòng tèxìng qū

xiàn Antriebskennlinie *f*

传动凸轮 chuándòng tūlún Antriebsklaue *f*

传动系数 chuándòng xìshù Untersetzungsverhältnis *n*

传动系统 chuándòng xìtǒng Übertragungssystem *n*; Antriebssystem *n*

传动箱 chuándòngxiāng Getriebekasten *m*; Antriebsgehäuse *n*

传动小齿轮 chuándòng xiǎochǐlún Antriebsritzel *m*

传动元件 chuándòng yuánjiàn Antriebselement *n*

传动轴 chuándòngzhóu Treibachse *f*; Getriebewelle *f*; Antriebswelle *f*; Laufwelle *f*; Transmissionswelle *f*; Übertragungswelle *f*; Ausgangswelle *f*; Antriebsspindel *f*; Antriebsachse *f*; Hauptwelle *f*

传动装置 chuándòng zhuāngzhì Triebwerk *n*; Antriebsvorrichtung *f*; Vorgelege *n*; Laufwerk *n*; Getriebe *n*; Trieb *m*; Antrieb *m*; Getriebblock *m*; Getriebebezug *m*

传动装置箱 chuándòng zhuāngzhìxiāng Antriebsgehäuse *n*

传粉 chuánfěn Bestäubung *f*

传感器 chuángǎnqì Sensor *m*; Messfühler *m*; Messweitgeber *m*; Weggeber *m*

传感器信号 chuángǎnqì xìnhào Sensorsignal *n*; Gebersignal *n*

传感元件 chuángǎn yuánjiàn Sensorelement *n*; Geberelement *n*

传染 chuánrǎn anstecken; infizieren; verseuchen; Infekt *m*

传染病 chuánrǎnbìng Epidemie *f*; Infektionskrankheit *f*; ansteckende Krankheit

传热 chuánrè Wärmeübergang *m*; Wärmeleitung *f*

传热的 chuánrède wärmedurchlässig; wärmeleitend

传声器 chuánshēngqì Schallüberträger *m*; Mikrofon *n*

传授 chuánshòu beibringen; lehren

传输 chuánshū transportieren; übertragen; transferieren; Übertragung *f*; Transmisson *f*; Transfer *m*

传输电路 chuánshū diànlù Übertragungsschaltung *f*

传输方向 chuánshū fāngxiàng Übertragungsrichtung *f*

传输功率 chuánshū gōnglù Übertragungsleistung *f*

传输滤波器 chuánshū lùbōqì Übertragungsfilter *n*

传输能力 chuánshū nénglì Übertragungsfähigkeit *f*

传输频带 chuánshū píndài Übertragungsband *n*

传输频率 chuánshū pínlù Übertragungsfrequenz *f*

传输设备 chuánshū shèbèi Übertragungsanlage *f*; Übertragungsapparat *m*

传输损耗 chuánshū sǔnhào Übertragungsverlust *m*

传输特性 chuánshū tèxìng Übertragungsverhalten *n*

传输通路 chuánshū tōnglù Übertragungskanal *m*

传输系数 chuánshū xìshù Übergangszahl *f*

传输线 chuánshūxiàn Übertragungsleitung *f*

传送 chuánsòng befördern; transportieren; überliefern

传送带 chuánsòngdài Förderband *n*; Fließband *n*; Gurt *m*; Laufband *n*; Treiberriemen *m*

C

传送机 chuánsòngjī Förderer *m*

传送器 chuánsòngqì Translator *m*;
Vermittler *m*; Transmitter *m*

传送设备 chuánsòng shèbèi Förderanlage *f*

传真 chuánzhēn Bildübertragung *f*;
Fax *n*; Abbildungsstrahlung *f*

传真电报 chuánzhēn diànbào Telefotografie *f*; Bildtelegramm *n*;
Bildtelegrafie *f*; Fototelegrafie *f*

传真电报机 chuánzhēn diànbàojī
Fax-Gerät *n*; Bildübertrager *m*

传真发送 chuánzhēn fāsòng
Bildschirmübertragung *f*

传真发报机 chuánzhēn fābàojī Bildübertrager *m*; Fax-Gerät *n*

传真机 chuánzhēnjī Fototelegraf *m*;
Fax(gerät) *n*

传真收报机 chuánzhēn shōubàojī
fotografischer Empfänger

传真相片 chuánzhēn xiàngpiān
Fernbild *n*

传真照片 chuánzhēn zhàopiān
Funkbild *n*; Telefoto *n*

船舶 chuánbó Schiffe *pl*

船舱 chuáncāng Schiffsraum *m*; Kajüte *f*; Laderaum *m*; Kabine *f*

船队 chuánduì Flotte *f*; Flottille *f*

船体 chuántǐ Schiffsrumpf *m*; Schiffskörper *m*

船位 chuánwèi Schiffanlegestelle *f*;
Schiffanlegeplatz *m*

船坞 chuánwū Dock *n*; Schiffswerft
f

船弦 chuánxián Schiffsseite *f*

船用泵 chuányòngbèng Schiffspumpe *f*

船用柴油机 chuányòng cháiyóujī
Schiffsdieselmotor *m*

船用发动机 chuányòng fādòngjī
Schiffsmotor *m*

船用主机 chuányòng zhǔjī Schiffshauptmotor *m*

船闸 chuánzhá Schiffsschleuse *f*;
Schleuse *f*; Schiffshebewerk *n*

串并行计算机 chuànbìngháng jìsuànjī Serien-Parallelrechner *m*

串并行转换器 chuànbìngháng zhuǎnhuànqì 〈计〉 Serien-Parallel-Umsetzer *m*

串并寄存器 chuànbìng jìcúnqì 〈计〉
Reihen-Parallelregister *n*

串并联 chuànbìnglián etw. gemischt
schalten

串行半加器 chuànháng bànjiāqì 〈计〉
Serien-Halbadder *m*

串行半减器 chuànháng bànjiǎnqì
〈计〉 Serien-Halbsubtrahierer *m*

串行操作 chuànháng cāozuò Serienbetrieb *m*

串行传送 chuànháng chuánsòng
〈计〉 Serienübertragung *f*

串行存储器 chuànháng cúnchǔqì
〈计〉 Serienspeicher *m*

串行端口 chuànháng duānkǒu der
serielle Anschluss

串行计算机 chuànháng jìsuànjī Serienrechner *m*; Serienmaschine *f*

串行加法器 chuànháng jiāfǎqì Serienaddierer *m*

串行扫描 chuànháng sǎomiáo Serienabtastung *f*

串行运算器 chuànháng yùnsuànqì
Serienrechenwerk *n*

串激电动机 chuànjī diàndòngjī Serienmotor *m*; Reihenschlussmotor
m; Reihenschlussgenerator *m*

串激继电器 chuànjī jìdiànqì Hauptstromrelais *n*

串励电动机 chuànlì diàndòngjī Reihenmotor *m*

串联 chuànlián vorschalten; hintereinanderschalten; in Reihe schalten; Serie *f*; Folgeschaltung *f*; Hintereinanderschaltung *f*; Reihenschaltung *f*; Serienschaltung *f*

串联的 chuànliánde vorgeschaltet

串联电路 chuànlián diànlù Serienschaltung *f*; Serienstromkreis *m*; Reihenschaltung *f*

串联电压 chuànlián diànyā Reihenspannung *f*

串联电阻 chuànlián diànzǔ Vorwiderstand *m*; Serienwiderstand *m*; Reihenwiderstand *m*; Vorschaltwiderstand *m*

串联放大器 chuànlián fàngdàqì Reihenverstärker *m*

串联线路 chuànlián xiànlù Hintereinanderschaltung *f*

串联线圈 chuànlián xiànquān Reihenschlussspule *f*; Reihenwicklung *f*; Hauptschlussspule *f*

串联谐振 chuànlián xiézhèn Serienresonanz *f*; Reihenresonanz *f*

串联运行 chuànlián yùnxíng Serienbetrieb *m*

串联阻抗 chuànlián zǔkàng Reihenansatzimpedanz *f*

串扰 chuànrǎo Übersprechstörung *f*

窗玻璃 chuāngbōli Fenterscheibe *f*

窗口 chuāngkǒu Fenster *n*; Bildschirmfenster *n* (计算机)

窗子 chuāngzi Fenster *n*

创建 chuàngjiàn erstellen

创立 chuànglì gründen

创造 chuàngzào schaffen; erzeugen; erfinden; hervorbringen

创造性 chuàngzàoxìng Kreativität *f*; Schöpfergeist *m*

吹风机 chuīfēngjī Einbläser *m*; Bläser *m*

吹炼 chuīliàn Durchblasen *n*; Bla-

sen *n*; Ausblasen *n*

吹炼法 chuīliànfǎ Verblaseofenverfahren *n*

吹炼转炉 chuīliàn zhuǎnlú Windfrischkonverter *m*

吹蚀 chuīshí Abblasung *f*

垂体 chuítǐ Hirnanhang *m*

垂线 chuíxiàn Lot *n*; Senkrechte *f*; Senkel *m*; Lötlinie *f*; Senkellinie *f*

垂直的 chuízhíde senkrecht; perpendikulär; lotrecht; vertikal

垂直度 chuízhídù Rechtwinkligkeit *f*

垂直滚动条 chuízhí gǔndòngtiáo vertikale Bildlaufleiste

垂直厚度 chuízhí hòudù vertikale Mächtigkeit

垂直距离 chuízhí jùlí senkrechter Abstand; seigerer Abstand

垂直面 chuízhímiàn Vertikalebene *f*; vertikale Ebene; Scheitelfläche *f*

垂直偶极子 chuízhí ǒujízǐ vertikaler Dipol *m*

垂直平分线 chuízhí píngfēnxiàn Mittellot *n*

垂直剖面 chuízhí pōumiàn Aufriss *m*

垂直起降飞机 chuízhí qǐjiàng fēijī Senkrechtstarter *m*

垂直扫描 chuízhí sǎomiáo vertikale Abtastung

垂直视差 chuízhí shìchā Vertikalparallaxe *f*

垂直提升机 chuízhí tíshēngjī Senkrechtaufzug *m*

垂直天线 chuízhí tiānxiàn senkrechte Antenne

垂直线 chuízhíxiàn Lot *n*; Senkrechte *f*; Verdikale *f*; Senkrechte Linie; Scheitellinie *f*

垂直线的 chuízhíxiànde perpendi-

C

kulär

垂直轴 chuízhízhóu senkrechte Achse

垂直钻孔 chuízhí zuànkǒng hochbohren; Hochbohrung *f*

锤 chuí Hammer *m*

锤打 chuídǎ hämmern

锤击 chuíjī hämmern

锤式磨碎机 chuíshì mósuìjī Hammermühle *f*

锤头 chuítou Hammer *m*

春 chūn Frühling *m*; Frühjahr *n*

春分点 chūnfēndiǎn Frühlingspunkt *m*; Widderpunkt *m*

春耕 chūngēng Frühjahrsbestellung *f*

春汛 chūnxùn Frühjahrshochflut *f*; Frühlingshochwasser *n*

纯半导体 chún bàndǎotǐ Eigenhalbleiter *m*

纯粹的 chúncuìde gediegen

纯的 chúnde rein; echt; gediegen

纯度 chúndù Reinheit *f*; Echtheitsgrad *f*; Feinheit *f*; Reinheitsgehalt *m*; Reinheitsgrad *m*

纯二进制的 chún èrjìnzhìde direktbinär

纯化 chúnhuà Sublimierung *f*; Reinigung *f*

纯碱 chúnjiǎn Natron *n*

纯金 chúnjīn Feingold *n*

纯量 chúnliàng Skalar *m*

纯气田 chúnqìtián reines Gasfeld

纯铅 chúnqiān Reinblei *n*

纯元素 chúnyuánsù Reinelement *n*

纯正性 chúnzhèngxìng Echtkeit *f*

纯种 chúnzhǒng sortenechtes Saatgut

纯重 chúnzhòng Eigengewicht *n*

唇裂 chúnliè Hasenscharte *f*

唇形阀 chúnxíngfá Lippenventil *n*

醇化 chúnhuà alkoholisieren

戳穿 chuōchuān durchstoßen

词典 cídiǎn Wörterbuch *n*

瓷 cí Porzellan *n*

瓷绝缘子 cí juéyuánzǐ Porzellanisolator *m*

瓷器 cíqì Porzellan *n*; Porzellanwaren *pl*

瓷釉 cíyòu Porzellanglasur *f*; Email *n*

瓷砖 cízhuān Porzellanziegel *m*; Kachel *f*

磁摆 cíbǎi magnetisches Pendel

磁棒 cíbàng Magnetstab *m*

磁饱和稳压器 cíbǎohé wěnyāqì magnetischer Spannungsgleichhalter

磁北极 cíběijí magnetischer Nordpol

磁波 cíbō Magnetwelle *f*

磁场 cíchǎng Magnetfeld *n*; magnetisches Feld

磁场常数 cíchǎng chángshù magnetische Feldkonstante

磁场电流 cíchǎng diànliú Feldstrom *m*

磁场强度 cíchǎng qiángdù Feldstärke *f*; Magnetfeldstärke *f*; magnetische Intensität; magnetische Feldstärke

磁场退火 cíchǎng tuìhuǒ Magnetfeldglühung *f*

磁场线圈 cíchǎng xiànquān Polspule *f*; Feldspule *f*

磁穿孔机 cíchuānkǒngjī Magnetlocher *m*

磁吹灭弧器 cíchuīmièhúqì Bläser *m*

磁带 cídài Magnettonband *n*; Band *n*

磁带机 cídàijī Bandanlage *f*; Bandgerät *n*

磁带录音 cídài lùyīn Bandaufnahme *f*

磁带录声机 cídài lùshēngjī Bandgerät *n*; Tonbandgerät *n*

磁带录音机 cídài lùyīnjī Magnetton-bandgerät *n*；Magnetbandgerät *n*；Tonbandgerät *n*；Magnettongerät *n*；Rekorder *m*；Tonaufnahme-bandgerät *n*；Magnetköpfer *n*；Magnettonanlage *f*

磁带码 cídàimǎ Magnetbandcode *m*

磁带指令 cídài zhǐlìng Magnetband-befehl *m*

磁导 cídǎo magnetischer Leitwert；Permeanz *f*

磁导率 cídǎolù magnetische Suszep-tibilität

磁导体 cídǎotǐ Magnetkörper *m*；Magnetleiter *m*

磁道 cídào Magnetspur *f*；Magne-titspur *f*

磁道地址 cídào dìzhǐ〈计〉Spurad-resse *f*

磁等离子体发电机 cíděnglízǐtǐ fā-diànjī MPD-Generator *m*

磁电 cídiàn Magnetelektrizität *f*

磁电的 cídiànde magnetoelektrisch

磁电继电器 cídiàn jìdiànqì Drehspul-relais *n*

磁动势 cídòngshì magnetomotori-sche Kraft

磁轭 cí'è Magnetjoch *n*

磁方位角 cífāngwèijiǎo magneti-scher Azimut

磁放大器 cífàngdàqì magnetischer Verstärker

磁粉 cífěn Magnetpulver *n*

磁阀 cífá Magnetventil *n*

磁感应 cígǎnyìng Magnetinduktion *f*；magnetische Induktion

磁感应器 cígǎnyìngqì Magnetinduk-tor *m*

磁鼓 cígǔ Magnettrommel *f*

磁鼓存储器 cígǔ cúnchǔqì Magnet-trommelspeicher *m*

磁鼓轴 cígǔzhóu Welle der Trom-mel

磁化 cíhuà magnetisieren；aufmag-netisieren；Magnetisierung *f*

磁化率 cíhuàlù magnetische Suszep-tibilität；Magnetisierbarkeit *f*；Sus-zeptibilität *f*

磁化强度 cíhuà qiángdù Magneti-sierungsintensität *f*；Intensität der Magnetisierung

磁化作用 cíhuà zuòyòng Magneti-sierung *f*

磁环路 cíhuánlù Magnetkreis *m*

磁极 cíjí Magnetpol *m*；magneischer Pol

磁极强度 cíjí qiángdù Polstärke *f*；Magnetpolstärke *f*

磁继电器 cíjìdiànqì magnetisches Re-lais

磁矩 cíjǔ magnetisches Moment

磁卡片存储器 cíkǎpiàn cúnchǔqì Magnetkartenspeicher *m*

磁控 cíkòng Magnetsteuerung *f*

磁控管 cíkòngguǎn Permatron *n*

磁力 cílì magnetische Kraft；magne-tische Anziehungskraft；Magnetis-mus *m*

磁力测量 cílì cèliáng Magnetometrie *f*；magnetische Messung

磁力的 cílìde magnetisch；magneto-metrisch

磁力分离器 cílì fēnlíqì Magnetschei-der *m*

磁力计 cílìjì Magnetometer *n*

磁力继电器 cílì jìdiànqì magnetisches Relais

磁力勘探 cílì kāntàn magnetisches Schürfen；magnetometrisches Pro-spektieren；Schürfen durch magne-tische Messungen

磁力离合器 cílì líhéqì magnetische

C

Kupplung

磁力平衡 cílì pínghéng magnetisches Gleichgewicht

磁力起动器 cílì qǐdòngqì Magnetanlasser m; Magnetstarter m; magnetischer Starter

磁力探伤 cílì tànshāng Magnetprüfung f

磁力探伤器 cílì tànshāngqì Magnetdetektor m; magnetisches Fehleranzeigegerät

磁力探伤仪 cílì tànshāngyí Magnetfluxgerät n; Magnetdetektor m

磁力调节器 cílì tiáojiéqì Magnetregler m

磁力线 cílìxiàn Magnetkraftlinie f; magnetische Kraftlinie; Magnetfeldlinie f; Kraftlinienbild n; magnetische Feldlinie

磁力选矿 cílì xuǎnkuàng Magnetaufbereitung f; magnetische Aufbereitung

磁力仪 cílìyí Magnetograf m; Magnetometer n

磁力制动器 cílì zhìdòngqì Magnetbremse f

磁疗 cíliáo Magnettherapie f

磁流体 cíliútǐ magnetische Flüssigkeit

磁流体动力学 cíliútǐ dònglìxué Magnetohydrodynamik f

磁路 cílù magnetischer Kreis; Magnetkreis m

磁轮 cílún Magnetrolle f

磁膜存储器 címó cúnchǔqì Filmspeicher m

磁墨水 címòshuǐ magnetische Tinte

磁墨水字符识别 címòshuǐ zìfú shíbié Magnetschriftzeichenerkennung f

磁墨水字符阅读器 címòshuǐ zìfú yuèdúqì Magnetschriftleser m

磁偶极子 cí'ǒujízǐ magnetischer Dipol

磁盘 cípán Magnetplatte f; Datenträger m

磁盘操作系统 cípán cāozuò xìtǒng Disketten-Betriebssystem n (Disk Operating System)

磁盘存储器 cípán cúnchǔqì Magnetplattenspeicher m

磁盘存储器容量 cípán cúnchǔqì róngliàng Kapazität des Magnetschreibenspeichers

磁盘的格式化 cípánde géshìhuà Formatierung der Magnetplatte

磁盘清理 cípán qīnglǐ Datenträgerbereinigung f

磁盘驱动器 cípán qūdòngqì Laufwerk n; Datenträgerlaufwerk n

磁盘容量 cípán róngliàng Datenträgerkapazität f

磁盘文件 cípán wénjiàn Festspeicherdatei f

磁盘优化程序 cípán yōuhuà chéngxù Defragmentierprogramm n

磁泡存储器 cípào cúnchǔqì Magnetblasenspeicher m

磁偏计 cípiānjì Deklinometer n

磁偏角 cípiānjiǎo magnetische Deklination; magnetische Inklination; magnetische Missweisung; Missweisung f; Abweichungswinkel m

磁偏针 cípiānzhēn Abweichungsnadel f

磁屏蔽 cípíngbì magnetische Abschirmung; magnetischer Schutz

磁强计 cíqiángjì Gaussmeter n

磁倾计 cíqīngjì Abweichungsanzeiger m

磁倾仪 cíqīngyí Abweichungsanzeiger m

磁热效应 cí rèxiàoyìng magnetoka-lorischer Effekt

磁石 císhí Magnetit *m*; Magnet *m*

磁时效 císhíxiào magnetische Alte-rung

磁损 císǔn magnetischer Verlust

磁体 cítǐ Magnet *m*; magnetischer Körper; Magnetikum *n*

磁条 cítiáo Magnetstreifen *m*

磁调谐 cítiáoxié magnetische Ab-stimmung

磁铁 cítiě Magnet *m*; Magneteisen *n*; Metallmagnet *m*

磁铁矿 cítiěkuàng Magneteisenerz *n*; Ferroferrit *m*; Magnetit *m*; Aimantin *m*

磁铁芯 cítiěxīn Magnetkern *m*

磁铁岩 cítiěyán Magnetitit *m*

磁通 cítōng Magnetfluss *m*; Induk-tionsfluss *m*; Magnetstrom *m*

磁通计 cítōngjì Fluxmeter *m/n*; Flussmesser *m*

磁通量 cítōngliàng Magnetfluss *m*; Magnetstrom *m*; magnetischer Kraftfluss; Kraftfluss *m*; magneti-scher Fluss; Kraftlinienfluss *m*; Magnetströmung *f*; magnetische Flussdichte; magnetischer Fluss

磁通密度 cítōng mìdù magnetische Kraftflussdichte

磁头 cítóu Magnetkopf *m*; Tonkopf *m*; Magnettonkopf *m*

磁头与磁鼓间隙 cítóu yǔ cígǔ jiànxì Luftspalt zwischen Magnetkopf und Trommel

磁头组 cítóuzǔ Magnetkopfgruppe *f*

磁位差 cíwèichā magnetisches Po-tential

磁吸引 cíxīyǐn magnetische Anzie-hung

磁效应 cíxiàoyìng magnetische Wir-

kung; magnetischer Effekt

磁芯 cíxīn Magnetkern *m*

磁心存储器 cíxīn cúnchǔqì Kern-speicher *m*; Magnetkernspeicher *m*

磁心储存器 cíxīn chǔcúnqì Magnet-kernspeicher *m*

磁心矩阵 cíxīn jǔzhèn Kernmatrix *f*

磁性 cíxìng Magnetismus *m*; magne-tische Eigenschaft

磁性材料 cíxìng cáiliào Magnetma-terial *n*; magnetisches Material; magnetischer Stoff; magnetische Masse

磁性的 cíxìngde magnetisch; mag-netometrisch

磁性合金 cíxìng héjīn magnetische Legierung

磁性卡片 cíxìng kǎpiàn Magnetkarte *f*

磁性矿层 cíxìng kuàngcéng magne-tische Lagerstätte

磁性水雷 cíxìng shuǐléi magnetische Seemine

磁性天线 cíxìng tiānxiàn magneti-sche Antenne

磁性压缩机 cíxìng yāsuōjī Magnet-verdichter *m*

磁悬浮列车 cíxuánfú lièchē Mag-netschwebebahn *f*; Transrapid *m* (商标名)

磁学 cíxué Magnetik *f*; Magne-tismus *m*

磁引力 cíyǐnlì magnetische Anzie-hungskraft

磁应力 cíyìnglì magnetische Bean-spruchung

磁账目存储器 cízhàngmù cúnchǔqì Magnetkontenspeicher *m*

磁账目卡 cízhàngmùkǎ 〈计〉 Mag-netkontenkarte *f*

C

磁账目卡分类器 cízhàngmùkǎ fēnlèiqì Magnetkontenlistgerät *n*

磁账目卡计算机 cízhàngmùkǎ jìsuànjī Magnetkontencomputer *m*

磁针 cízhēn Magnetnadel *f*; Kompassnadel *f*

磁滞 cízhì Magnetisierungsverzug *m*; hysteresische Nacheilung; magnetische Hysterese

磁滞回线 cízhì huíxiàn Magnetisierungsschleife *f*; Hysteresisschleife *f*

磁滞曲线 cízhì qūxiàn statische Hysteresekurve

磁滞失真 cízhì shīzhēn Hysteresisverzerrung *f*

磁滞损耗 cízhì sǔnhào Hystereseverlust *m*

磁滞系数 cízhì xìshù Hysteresefaktor *m*

磁滞现象 cízhì xiànxiàng Hysteresis *f*

磁轴 cízhóu magnetische Achse; Polachse *f*

磁子 cízǐ Magneton *n*; Magnetofon *n*

磁子午圈 cízǐwǔquān magnetischer Meridian

磁子午线 cízǐwǔxiàn magnetischer Meridian

磁阻 cízǔ magnetischer Widerstand; Reluktanz *f*

磁阻率 cízǔlǜ Reluktivität *f*

雌花 cíhuā weibliche Blume; weibliche Blüte

雌蕊 círuǐ Fruchtblatt *n*; Karpell *n*; Pistill *n*; Stempel *m*

次存储器容量 cìcúnchǔqì róngliàng Kapazität des Sekundärspeichers

次大陆 cìdàlù Subkontinent *m*

次级电流 cìjí diànliú Sekundärstrom *m*

次级电压 cìjí diànyā Zweitspannung *f*

次级线圈 cìjí xiànquān sekundäre Wicklung (od. Spule); Sekundärspule *f*

次品 cìpǐn mangelhafte Ware; Produkte zweiter Wahl

次声 cìshēng Infraschall *m*

次声的 cìshēngde infraakustisch

次生屈氏体 cìshēng qūshìtǐ sekundärer Troostit

次数 cìshù Mal *n*; Häufigkeit *f*

次序 cìxù Folge *f*; Reihe *f*; Reihenfolge *f*; Rangordnung *f*

伺服电动机 cìfú diàndòngjī Servomotor *m*; Anstellmotor *m*

刺槐 cìhuái Robinie *f*; Scheinakazie *f*

刺疼 cìténg stechende Schmerzen

从动齿轮 cóngdòng chǐlún getriebenes Zahnrad; angetriebenes Zahnrad

从事 cóngshì obliegen; sich mit etw. beschäftigen

粗刨 cūbào Schrothobel *m*

粗糙的 cūcàode grob; rau

粗糙度 cūcàodù Rauheit *f*; Rauigkeit *f*

粗糙度测量仪 cūcāodù cèliángyí Rauigkeitsmessgerät *n*; Rautiefenmessgerät *n*

粗锉 cūcuò vorfeilen

粗锉刀 cūcuòdāo Packfeile *f*; Schrotfeile *f*

粗的 cūde dick

粗加工 cūjiāgōng grobbearbeiten; rohbearbeiten; Rohbearbeitung *f*; Schruppen *n*; Schrupparbeit *f*

粗磨 cūmó vorschleifen; schroten

粗加工车床 cūjiāgōng chēchuáng Schruppdrehmaschine *f*

C

粗加工进给量 cūjiāgōng jìnjǐliàng Schruppvorschub *m*

粗加工面 cū jiāgōngmiàn Schruppfläche *f*

粗滤 cūlù Grobfilterung *f*

粗滤器 cūlùqì Vorfilter *m/n*

粗磨机 cūmójī Einstufenmahlwerk *n*

粗磨砂轮 cūmóshālún Schruppscheibe *f*

粗扫描 cūsǎomiáo grobe Abtastung

粗调 cūtiáo Grobabstimmung *f*

粗铣 cūxǐ vorfräsen

粗铣刀 cūxǐdāo Vorfräser *m*

粗制 cūzhì schruppen

促动器 cùdòngqì elektromechanischer Geber

促进 cùjìn fördern; vorantreiben; befördern; betreiben; anspornen

促进剂 cùjìnjì Förderer *m*; Promotor *m*; Aktivator *m*; Beschleuniger *m*

醋酸 cùsuān Essigsäure *f*

醋酯纤维 cùzhǐ xiānwéi Azetylzellulose *f*; Azetatfaser *f*

簇 cù Bündel *n*; Haufen *m*; Traube *f*; Zuordnungseinheit *f*

催干剂 cuīgānjì Sikkativ *n*

催化 cuīhuà katalysieren; Katalyse *f*

催化的 cuīhuàde katalytisch

催化反应 cuīhuà fǎnyìng katalytische Reaktion

催化剂 cuīhuàjì Katalysator *m*; Beschleuniger *m*; Katalisator *m*; Kontakt *m*

催化裂化装置 cuīhuà lièhuà zhuāngzhì Anlage für katalytisches Kracken

催化器 cuīhuàqì Katalysator *m*

催化作用 cuīhuà zuòyòng Katalyse *f*; Kontaktwirkung *f*

催泪弹 cuīlèidàn Tränengasbombe *f*; Tränengasgranate *f*

催眠术 cuīmiánshù Hypnose *f*; Hypnotismus *m*; Hypnotik *f*

催芽 cuīyá Jarowisation *f*; Vernalisation *f*

脆的 cuìde spröde; zerbrechlich; gebrechlich

脆度 cuìdù Sprödigkeitsgrad *m*

脆断试验 cuìduàn shìyàn Sprödbruchprüfung *f*; Sprödbruchversuch *m*

脆化 cuìhuà Versprödung *f*

脆化现象 cuìhuà xiànxiàng Versprödung *f*

脆金属 cuìjīnshǔ Sprödemetall *n*

脆弱的 cuìruòde hinfällig; schwach; gebrechlich

脆性 cuìxìng Sprödigkeit *f*; Brüchigkeit *f*; Zerbrechlichkeit *f*; Brechbarkeit *f*

脆性断裂 cuìxìng duànliè Sprödbruch *m*; Sprödebruch *m*

萃取 cuìqǔ extrahieren; Extraktion *f*

淬火 cuìhuǒ härten; vergüten; abschrecken; Härtung *f*; Abschrecken *n*; Ablöschen *n*

淬火机 cuìhuǒjī Härtemaschine *f*

淬火奥氏体 cuìhuǒ àoshìtǐ Abschreckaustenit *m*

淬火槽 cuìhuǒcáo Abschreckbad *n*; Tauchbad *n*

淬火池 cuìhuǒchí Abschreckbad *n*

淬火炉 cuìhuǒlú Härteofen *m*

淬火屈氏体 cuìhuǒ qūshìtǐ gehärteter Troostit

淬火深度 cuìhuǒ shēndù Einhärtungstiefe *f*

淬火时间 cuìhuǒ shíjiān Abschreckdauer *f*

淬火时效 cuìhuǒ shíxiào Abschreckalterung *f*

淬火索氏体 cuìhuǒ suǒshìtǐ Abschrecksorbit *m*

淬火液 cuìhuǒyè Abschreckflüssigkeit f

淬火硬度 cuìhuǒ yìngdù Abschreckhärte f

淬透性曲线 cuìtòuxìng qūxiàn Härtbarkeitskurve f

淬硬机 cuìyìngjī Härtemaschine f

淬硬深度 cuìyìng shēndù Abschreckhärtetiefe f

存储 cúnchǔ speichern; abspeichern; einspeichern; aufspeichern; Abspeicherung f; Speicherung f

存储单位 cúnchǔ dānwèi Speicherstelle f

存储单元 cúnchǔ dānyuán Speichereinheit f; Speicherzelle f

存储单元位 cúnchǔ dānyuánwèi Modulbit n

存储地址 cúnchǔ dìzhǐ Speicheradresse f

存储量 cúnchǔliàng Speicherkapazität f

存储器 cúnchǔqì Register n; Speicher m; Informationsspeicher m

存储器处理 cúnchǔqì chǔlǐ Karteibearbeitung f

存储容量 cúnchǔ róngliàng Speicherkapazität f

存储元件 cúnchǔ yuánjiàn Speicherelement n

存储装置 cúnchǔ zhuāngzhì Speicherwerk n

存储总线 cúnchǔ zǒngxiàn Speicherbus m

存档 cúndàng etw. zu den Akten nehmen; Akten ins Archiv geben

存货 cúnhuò Warenvorrat m; Warenbestand m; Bestand m

存取 cúnqǔ Zugriff m

存取方式 cúnqǔ fāngshì Zugriffsart f; Zugriffsmodus m

存取权 cúnqǔquán Zugriffsrecht n

存取时间 cúnqǔ shíjiān Zugriffszeit f

存取信号 cúnqǔ xìnhào Zugriffssignal n

存取周期 cúnqǔ zhōuqī Zugriffsperiode f

存在 cúnzài vorhanden sein; existieren; Bestand m; Existenz f

存贮 cúnzhù speichern

存贮单元 cúnzhù dānyuán Speicherzelle f

存贮管 cúnzhùguǎn Speicherröhre f

吋 cùn Inch m; Zoll m

挫伤 cuòshāng Quetschung f; Kontusion f

措施 cuòshī Maßnahme f

锉 cuò feilen; Feile f

锉床 cuòchuáng Feilmaschine f

锉刀 cuòdāo Feile f; Raspel f

锉刀钢 cuòdāogāng Feilenstahl m

锉断 cuòduàn durchfeilen

锉骨刀 cuògǔdāo Knochenfeile f

锉光 cuòguāng schlichten

锉纹 cuòwén Feilenhieb m

锉纹号 cuòwénhào Hiebnummer f; Hiebzahl f

锉纹斜角 cuòwén xiéjiǎo Hiebwinkel

锉屑 cuòxiè Feilspäne pl

错角 cuòjiǎo Wechselwinkel m

错位 cuòwèi Versetzung f

错误 cuòwù Fehler m; Irre f; Irrtum m

错误的 cuòwùde falsch; irrig; verfehlt; irrtümlich

错误校正码 cuòwù jiàozhèngmǎ Fehlerkorrekturcode m

错误识别码 cuòwù shíbiémǎ Fehlererkennungscode m

错误信息 cuòwù xìnxī Fehlernachricht *f*

错语症 cuòyǔzhèng Palilalie *f*; Heterophasie *f*

D

搭车 dāchē per Anhalter fahren; jn mitfahren lassen; jn mitnehmen; trampen

搭车人 dāchērén Anhalter *m*; Tramper *m*

搭接缝焊 dājiē fénghàn Überlappnahtschweißen *n*

搭接焊 dājiēhàn Überlappschweißung *f*

达到 dádào erreichen; erlangen

达因 dáyīn Dyn *n*

答案 dá´àn Lösung *f*; Schlüssel *m*

答辩 dábiàn sich verteidigen; Verteidigung *f*

答复 dáfù Antwort *f*

打包机 dǎbāojī Packpresse *f*; Bündelpresse *f*; Verpakungsmaschine *f*

打标志机 dǎbiāozhìjī Markiermaschine *f*

打穿 dǎchuān durchschlagen

打滑 dǎhuá gleiten

打火 dǎhuǒ mit Feuersteineneiner einen Funken schlagen; Feuerschlagen *n*

打火机 dǎhuǒjī Feuerzeug *n*

打击力 dǎjīlì Schlagkraft *f*

打进 dǎjìn hineintreiben

打开 dǎkāi aufmachen; auslösen; Auslösung *f*

打孔 dǎkǒng auslochen

打孔机 dǎkǒngjī Perforiermaschine *f*; Lochungsmaschine *f*

打雷 dǎléi donnern

打毛刺机 dǎmáocìjī Abgratmaschine *f*

打算 dǎsuàn beabsichtigen; vorhaben; planen; Absicht *f*; Plan *m*

打通 dǎtōng durchschlagen

打网络电话 dǎ wǎngluòdiànhuà viopen; übers Internet telefonieren

打信号 dǎxìnhào signalisieren

打眼机 dǎyǎnjī Perforiermaschine *f*; Lochungsmaschine *f*

打样机 dǎyàngjī Andruckmaschine *f*

打印 dǎyìn ausdrucken; drucken; Prägung *f*

打印(机)驱动器 dǎyìn(jī) qūdòngqì Druckertreiber *m*

打印法 dǎyìnfǎ Abdrucktechnik *f*

打印过程 dǎyìn guòchéng Druckgang *m*

打印机端口 dǎyìnjī duānkǒu Druckeranschluss *m*

打印机型号 dǎyìnjī xínghào Druckermodell *n*

打印强度 dǎyìn qiángdù Abdruckstärke *f*

打针 dǎzhēn injizieren; Injektion *f*

打桩机 dǎzhuāngjī Schlagwerk *n*; Ramme *f*

打字复印机 dǎzì fùyìnjī Schreibprinter *m*

打字机 dǎzìjī Schreibmaschine *f*

打字机色带 dǎzìjī sèdài Schreibmaschinenband *n*

打字纸 dǎzìzhǐ Schreibmaschinenpapier *n*; Durchschlagpapier *n*

打钻 dǎzuàn Abbohren *n*

大肠 dàcháng Dickdarm *m*

大肠炎 dàchángyán Dickdarment-
zündung *f*; Kolitis *f*

大齿轮 dàchǐlún Förderrad *n*

大地测量学 dàdì cèliángxué Geodä-
sie *f*

大动脉 dàdòngmài Aorta *f*

大动脉瓣 dàdòngmàibàn Aorton-
klappe *f*

大动脉狭窄症 dàdòngmài xiázhǎi-
zhèng Aortenstenose *f*

大端螺旋角 dàduān luóxuánjiǎo
Außenschrägungswinkel *m*

大腹瓶 dàfùpíng Karaffe *f*

大功率电阻 dàgōnglǜ diànzǔ Leis-
tungswiderstand *m*

大功率涡轮机 dàgōnglǜ wōlúnjī
Hochleistungsturbine *f*

大规模集成电路 dàguīmó jíchéng
diànlù Großintegration *f*; LSI-
Schaltung *f*

大卡 dàkǎ große Kalorie

大理石 dàlǐshí Marmor *m*; salini-
scher Kalkstein

大量 dàliàng Haufen *m*; große Menge

大陆 dàlù Kontinent *m*; Festland *n*;
Erdteil *m*

大陆带 dàlùdài Kontinentalzone *f*

大陆架 dàlùjià Kontinentalschelf *m*;
Kontinentalsockel *m*; Festland-
sockel *m*; Schelf *m*; Festland(s)-
schelf *m*

大陆漂移 dàlù piāoyí Kontinental-
verschiebung *f*; Kontinentaldrift *f*

大陆性气候 dàlùxìng qìhòu konti-
nentales Klima

大脑 dànǎo Großhirn *n*

大脑皮质 dànǎo pízhì Großhirnrin-
de *f*

大炮 dàpào Kanone *f*; Geschütz *n*

大气 dàqì Luft *f*; Außenluft *f*;
Atmosphäre *f*

大气波导 dàqì bōdǎo Troposphären-
kanal *m*

大气层 dàqìcéng Luftschicht *f*;
Atmosphäre *f*; Luftraum *m*; Luft-
hülle *f*; atmosphärische Schicht

大气辐射 dàqì fúshè Luftstrahlung *f*

大气环流 dàqì huánliú atmosphäri-
sche Zirkulation

大气离子 dàqì lízǐ Luftion *n*

大气力学 dàqì lìxué Mechanik der
Atmosphäre

大气圈 dàqìquān Aerosphäre *f*

大气湿度 dàqì shīdù atmosphärische
Feuchtigkeit

大气湍流 dàqì tuānliú atmosphäri-
sche Turbulanzen; starke Luft-
strömung in der Atmosphäre

大气温度 dàqì wēndù klimatische
Temperatur

大气现象 dàqì xiànxiàng atmosphä-
rische Erscheinungen

大气学 dàqìxué Aerologie *f*

大气压 dàqìyā atmosphärischer Druck;
Atmosphärendruck *m*; Luftdruck *m*;
Atmosphäre *f*; Barometerdruck *m*

大气压力 dàqì yālì Atmosphären-
druck *m*; Luftdruck *m*

大气折射 dàqì zhéshè Luftspiege-
lung *f*

大容量存储器 dàróngliàng cúnchǔ-
qì Großraumspeicher *m*

大生物区 dà shēngwùqū Biom *n*

大小 dàxiǎo Größe *f*; Dimension *f*;
Abmessung *f*; Ausmaß *n*

大写定位键 dàxiě dìngwèijiàn Fest-
stelltaste *f* (Caps Lock)

大写键 dàxiějiàn Umschalttaste *f*
(Shift); Umschalter *m*

大型 dàxíng großer Typ

大型客机 dàxíng kèjī Großraumflug-
zeug *n*

大型煤车 dàxíng méichē Großraumkohlenwagen *m*

大型喷气式客机 dàxíng pēnqìshì kèjī Jumbo-Jet *m*

大型平板车 dàxíng píngbǎnchē Großraumpritsche *f*

大型运输机 dàxíng yùnshūjī Lufttransporter *m*

大型载重汽车 dàxíng zàizhòng qìchē Großraumlastwagen *m*

大型轧机 dàxíng zhájī schweres Walzwerk

大修 dàxiū Generalreparatur *f*; Generalüberholung *f*

大学 dàxué Universität *f*; Hochschule *f*

大洋潮汐 dàyáng cháoxī Hochseetide *f*

大洋洲 dàyángzhōu Ozeanien

大于 dàyú größer als

大约 dàyuē ungefähr; etwa; annähernd

大轴 dàzhóu große Achse

大自然 dàzìrán Natur *f*

代理 dàilǐ Vertreter *m*; Abgeordnete *m*

代码 dàimǎ Code *m*; Kode *m*

代码转换器 dàimǎ zhuǎnhuànqì Kode-Umsetzer *m*

代数 dàishù Algebra *f*

代数函数 dàishù hánshù algebraische Funktion

代数和 dàishùhé algebraische Summe

代数式 dàishùshì Buchstabengleichung *f*

代数数论 dàishù shùlùn algebraische Zahlentheorie

代数学 dàishùxué Algebra *f*

代替 dàitì Ersatz *m*; ersetzen

代谢 dàixiè Metabolie *f*; Metabolismus *m*

代用材料 dàiyòngcáiliào Austauschwerkstoff *m*; Ersatzstoff *m*; Ersatzmaterial *n*

代用品 dàiyòngpǐn Ersatz *m*

带 dài Band *n*; Streifen *m*

带材 dàicái Bandwerkstoff *m*; Streifenblech *n*

带尺 dàichǐ Bandmaß *n*

带电 dàidiàn Elektrifizierung *f*

带电导体 dàidiàn dǎotǐ stromführender Leiter

带电荷的 dàidiànhède geladen

带电粒子 dàidiàn lìzǐ geladene Teilchen

带动 dàidòng anspornen; anreiben; voranbringen ; mitreißen

带分数 dàifēnshù gemischte Zahl

带钢 dàigāng Bandstahl *m*; Bandeisen *n*; Streifenblech *n*

带钢测厚仪 dàigāng cèhòuyí Banddicken-Messgerät *n*

带钢头 dàigāngtóu Bandende *n*

带肩衬套 dàijiān chèntào Bundbuchse *f*;

带肩螺母 dàijiānluómǔ Bundmutter *f*

带锯 dàijù Bandsäge *f*

带宽 dàikuān Bandbreite *f*; Bandweite *f*

带连杆机构压缩机 dàiliángān jīgòu yāsuōjī Kurbelschleifverdichter *m*

带模淬火 dàimú cuìhuǒ Formhärtung *f*

带驱动 dàiqūdòng Bandantrieb *m*

带绕包 dàiràobāo Bandumwicklung *m*

带式分选机 dàishì fēnxuǎnjī Bandscheider *m*

带式记录仪 dàishì jìlùyí Bandschreiber *m*

带式抛光机 dàishì pāoguāngjī

Bandschleifmaschine *f*

带式输送机 dàishì shūsòngjī Bandtransporter *m*

带式运输机 dàishì yùnshūjī Bandförderer *m*

带通滤波器 dàitōng lǜbōqì Bandfilter *m/n*; Bandpassfilter *m/n*

带外壳的 dàiwàikéde gekapselt

带状光谱 dàizhuàng guāngpǔ Bandenspektrum *n*

带状光束 dàizhuàng guāngsù Bandstrahl *m*

带状结构 dàizhuàng jiégòu strahliges Gefüge

带状天线 dàizhuàng tiānxiàn Bandantenne *f*

贷款 dàikuǎn Kredit gewähren; Kredit *m*

怠速范围 dàisù fànwéi Leerlaufbereich *n/m*

怠速空气调整螺钉 dàisù kōngqì tiáozhěng luódīng Leerlaufluftschraube *f*

怠速孔 dàisùkǒng Leerlaufbohrung *f*

怠速孔调整 dàisùkǒng tiáozhěng Leerlaufdüsenverstellung *f*

怠速量孔 dàisù liángkǒng Leerlaufbrennstoffdüse *f*; Leerlaufdüse *f*

怠速曲线图 dàisù qūxiàntú Leerlaufdiagramm *n*

怠速特性曲线 dàisù tèxìng qūxiàn Leerlaufkennlinie *f*

怠速调节器 dàisù tiáojiéqì Leerlaufregler *m*

怠速调整 dàisù tiáozhěng Leerlaufeinstellung *f*; Leerlaufanpassung *f*; Leerlaufregelung *f*

怠速调整螺钉 dàisù tiáozhěng luódīng Leerlaufregelschraube *f*

怠速油路 dàisù yóulù Leerlaufkanal *m*

怠速运行 dàisù yùnxíng Leerlaufbetrieb *m*

怠速运转 dàisù yùnzhuǎn Leerlauf *m*; Leerlaufarbeit *f*

怠速转速 dàisù zhuǎnsù Leerlaufgeschwindigkeit *f*; Leerlaufdrehzahl *f*

担保 dānbǎo garantieren; bürgen; gewährleisten; sich verbürgen

担架 dānjià Krankenbahre *f*

单摆 dānbǎi einfaches Pendel

单板计算机 dānbǎn jìsuànjī Einplatinencomputer *m*; Einzelsteckeinheit-Rechner *m*

单倍体植物 dānbèitǐ zhíwù haploide Pflanzen

单臂的 dānbìde einarmig

单波的 dānbōde einwellig

单层的 dāncéngde einzellagig

单层结构 dāncéng jiégòu einzellagiger Aufbau

单层线圈 dāncéng xiànquān einlagige Spule

单程 dānchéng einfache Fahrt

单触点 dānchùdiǎn Einfachkontakt *m*

单刀开关 dāndāo kāiguān einpoliger Schalter

单电池 dāndiànchí Monozelle *f*

单电压管 dāndiànyāguǎn selbstfokussierende Röhre

单电子 dāndiànzǐ Einzelelektron *n*

单调的 dāndiàode einförmig

单斗铲 dāndǒuchǎn Löffelbagger *m*

单方向馈电 dānfāngxiàng kuìdiàn einseitige Speisung

单分子层 dānfēnzǐcéng einmolekulare Schicht

单分子的 dānfēnzǐde einfachmolekular

单缸 dāngāng 〈机〉 Einzylinder *m*

D

单缸泵 dāngāngbèng Einzylinderpumpe *f*; Eingehäusepumpe *f*

单缸的 dāngāngde einzylindrig; eingehäusig

单缸汽轮机 dāngāng qìlúnjī eingehäusige Dampfturbine *f*

单个分子 dāngèfēnzǐ Einzelmolekül *n*

单管的 dānguǎnde einröhrig

单管放大器 dānguǎn fàngdàqì Einröhrenverstärker *m*

单轨道磁头 dānguǐdào cítóu einspuriger Magnetkopf

单轨的 dānguǐde eingleisig

单核细胞 dānhé xìbāo Monozyt *m*

单击 dānjī Einzelklick *m*; einfaches Klicken

单基因 dānjīyīn Monogen *n*

单极 dānjí Einzelpol *m*

单级泵 dānjíbèng Einstufenpumpe *f*; einstufige Pumpe; einfache Pumpe

单极的 dānjíde einpolig; unipolar; einstufig

单级放大器 dānjí fàngdàqì Einstufenverstärker *m*

单极发电机 dānjí fādiànjī Schenkelpolgenerator *m*

单级火箭 dānjí huǒjiàn einstufige Rakete

单极开关 dānjí kāiguān einpoliger Ausschalter

单价的 dānjiàde einwertig

单晶 dānjīng Einzelkristall *m*

单晶硅 dānjīngguī Einkristall-Silizium *n*

单晶片 dānjīngpiàn Einkristallplättchen *n*

单晶体 dānjīngtǐ Einkristall *m*; einfacher Kristall; Einzelkristallit *m*

单粒 dānlì Einzelkorn *n*

单粒子 dānlìzǐ Einteilchen *n*

单链 dānliàn Einzelkette *f*

单链刮板 dānliàn guābǎn Einkettenkratzförderer

单列的 dānliède einreihig

单列向心球轴承 dānliè xiàngxīnqiú zhóuchéng einreihiges Rillenkugellager

单卵的 dānluǎnde eineiig

单螺线的 dānluóxiànde eingängig

单脉冲 dānmàichōng Einzelimpuls *m*; Einfachimpuls *m*

单面的 dānmiànde einseitig

单面焊 dānmiànhàn einseitiges Schweißen

单面软磁盘 dānmiàn ruǎncípán einseitige Diskette

单目的 dānmùde einäugig

单片电路 dānpiàn diànlù Monolith-Schaltkreis *m*

单片机 dānpiànjī One-Chip-Mikrocomputer *m*

单片计算机 dānpiàn jìsuànjī Chip-Computer *m*

单刃钻头 dānrèn zuàntóu einschneidiger Bohrer

单色的 dānsède einfarbig; homochrom; monochromatisch

单色光 dānsèguāng einfarbiges Licht; monochromatisches Licht

单色显示 dānsè xiǎnshì einfarbige Darstellung

单色显示器 dānsè xiǎnshìqì Monochrommonitor *m*

单数 dānshù ungerade Zahl; Singular *m*

单体 dāntǐ einfacher Körper

单体泵 dāntǐbèng Eingehäusepumpe *f*

单通道系统 dāntōngdào xìtǒng Einkanalsystem *n*

单头滚刀 dāntóu gǔndāo eingängiger Wälzfräser

单透镜 dāntòujìng Einzellupe *f*

单位 dānwèi Einheit *f*

单位电荷 dānwèi diànhè Einzelladung *f*; Einheitsladung *f*

单位电阻 dānwèi diànzǔ Einheitswiderstand *m*

单位负载 dānwèi fùzài Einheitslast *f*

单位函数 dānwèi hánshù Einheitsfunktion *f*

单位面积 dānwèi miànjī Einheitsfläche *f*

单位时间 dānwèi shíjiān Einheitszeit *f*

单位矢量 dānwèi shǐliàng Einheitsvektor *m*

单位体积 dānwèi tǐjī Einheitsvolumen *n*

单位压力 dānwèi yālì Einheitsdruck *m*

单位制 dānwèizhì Unitätssystem *n*

单位重量 dānwèi zhòngliàng Einheitsgewicht *n*

单稳态触发器 dānwěntài chùfāqì monostabiles Flipflop

单细胞的 dānxìbāode einzellig

单细胞生物 dānxìbāo shēngwù Einzeller *m*; einzelliger Organismus; Protist *m*

单线的 dānxiànde eindrähtig

单线电路 dānxiàn diànlù Eindrahtschaltung *f*

单线路段 dānxiàn lùduàn eingleisige Strecke

单线螺纹 dānxiàn luówén eingängiges Gewinde; einfaches Gewinde

单线输电线 dānxiàn shūdiànxiàn Eindrahtleitung *f*

单线天线 dānxiàn tiānxiàn Eindrahtantenne *f*

单向导电性 dānxiàng dǎodiànxìng einseitige Leitfähigkeit; richtungsabhängige Leitfähigkeit

单向的 dānxiàngde einachsig

单向电路 dānxiàng diànlù Einwegschaltung *f*; Einrichtungskanal *m*

单向阀 dānxiàngfá Rückventil *n*; Absperrventil *n*

单向放大器 dānxiàng fàngdàqì Einrichtungsverstärker *m*

单向开关 dānxiàng kāiguān Einwegschalter *m*

单向控制 dānxiàng kòngzhì Führerstandsteuerung *f*

单向离合器 dānxiàng líhéqì Klinkenkupplung *f*

单向天线 dānxiàng tiānxiàn einseitig gerichtete Antenne; einseitig arbeitende Richtantenne

单向通道 dānxiàng tōngdào Einwegkanal *m*; Simplexkanal *m*

单向信息流 dānxiàng xìnxīliú Informationsfluss in einer Richtung

单向蒸汽机 dānxiàng zhēngqìjī einfachwirkende Dampfmaschine

单相变压器 dānxiàng biànyāqì Einphasentransformator *m*; einphasiger Transformator

单相传感器 dānxiàng chuángǎnqì Einphasengeber *m*

单相的 dānxiàngde einphasig

单相电动机 dānxiàng diàndòngjī Einphasenmotor *m*

单相电缆 dānxiàng diànlǎn Einphasenkabel *n*

单相电流 dānxiàng diànliú Einphasenstrom *m*; Einphasewechselstrom *m*

单相电流回路 dānxiàng diànliú huílù Einphasenstromkreis *m*

单相电网 dānxiàng diànwǎng Einphasennetz *n*

单相短路 dānxiàng duǎnlù einphasiger Kurzschluss

单相发电机 dānxiàng fādiànjī Einphasengenerator *m*

单相功率 dānxiàng gōnglǜ Einphasenleistung *f*

单相回路 dānxiàng huílù Einphasenkreis *m*

单相交流电 dānxiàng jiāoliúdiàn Einphasenwechselstrom *m*

单相平衡 dānxiàng pínghéng einphasiges Gleichgewicht

单相起动器 dānxiàng qǐdòngqì Einphasenanlasser *m*

单相输电线 dānxiàng shūdiànxiàn Einphasenfernleitung *f*

单相线路 dānxiàng xiànlù Einphasenleitung *f*

单相仪表 dānxiàng yíbiǎo Einphaseninstrument *n*

单相运行 dānxiàng yùnxíng Einphasenlauf *m*

单项的 dānxiàngde einteilig

单项式 dānxiàngshì Monom *n*

单项式的 dānxiàngshìde eingliedrig

单像管 dānxiàngguǎn Monoskop *n*

单芯电缆 dānxīn diànlǎn Einfachkabel *n*; einadriges Kabel; einleites Kabel; Einleiterkabel *n*

单芯线 dānxīnxiàn eindrähtiger Leiter

单性的 dānxìngde eingeschlechtig

单一 dānyī Einfachheit *f*

单一的 dānyīde einfach

单一性 dānyīxìng Singularität *f*

单义的 dānyìde eindeutig

单翼飞机 dānyì fēijī Eindecker *m*

单原子的 dānyuánzǐde einatomig; monoatomar

单值的 dānzhíde eindeutig

单值函数 dānzhí hánshù einstellige Funktion

单值性 dānzhíxìng 〈数〉 Eindeutigkeit *f*

单质 dānzhì einfacher Körper

单轴的 dānzhóude einachsig; einwellig

单轴车床 dānzhóu chēchuáng Einspindeldrehbank *f*

单轴汽轮机 dānzhóu qìlúnjī einwellige Dampfturbine *f*

单轴钻床 dānzhóu zuànchuáng Einspindelbohrmaschine *f*

单子叶类 dānzǐyèlèi Monokotyledonen *pl*

胆固醇 dǎngùchún Cholesterin *n*; Gallenfett *n*; Cholesterol *n*

胆管 dǎnguǎn Gallenweg *m*; Gallengang *m*

胆结石 dǎnjiéshí Gallenstein *m*; Gallenblasenstein *m*; Cholelith *m*

胆囊 dǎnnáng Gallenblase *f*

胆囊炎 dǎnnángyán Gallenblasenentzündung *f*; Cholezystitis *f*

胆酸 dǎnsuān Gallensäure *f*

胆汁 dǎnzhī Galle *f*

弹道 dàndào Geschossbahn *f*; Schussbahn *f*; Flugbahn *f*; Fluglinie *f*; Wurfbahn *f*

弹道导弹 dàndào dǎodàn ballistisches Geschoss

弹道高度 dàndào gāodù Flughöhe der Geschossbahn

弹道轨道 dàndào guǐdào Trajektorie der Geschossbahn

弹道试验 dàndào shìyàn ballistischer Versuch

弹道学 dàndàoxué Ballistik *f*; Wurflehre *f*

弹片 dànpiàn Bombensplitter *m*

弹腔 dànqiāng Laderaum *m*

弹丸 dànwán Kugel *f*

弹药 dànyào Munition *f*

弹药车 dànyàochē Munitionsfahr-zeug *n*

淡出 dànchū ausblenden；Abblen-dung *f*；Ausblendung *f*

淡度 dàndù Verdünnung *f*

淡积云 dànjīyún Kumulus *m*；Hau-fenwolke *f*；Schönwetterwolke *f*

淡水 dànshuǐ Süßwasser *n*；Frisch-wasser *n*

蛋氨酸 dàn´ānsuān Methionin *n*

蛋白 dànbái Eiweiß *n*；Albumen *n*

蛋白酶 dànbáiméi Protease *f*；Pro-teinase *f*

蛋白尿 dànbáiniào Albuminurie *f*

蛋白石 dànbáishí Opal *m*

蛋白质 dànbáizhì Protein *n*；Eiweiß-stoff *m*

氮 dàn Stickstoff *m*；Nitrogen *n*；Azot *n*

氮定量计 dàn dìngliàngjì Stickstoff-messer *m*

氮肥 dànféi Stickstoffdünger *m*

氮化 dànhuà Nitrierung *f*

氮化处理 dànhuà chǔlǐ Nitrierung *f*；Nitrierbehandlung *f*

氮化钢 dànhuàgāng Nitrierstahl *m*

氮化器 dànhuàqì Nitrierer *m*

氮化物 dànhuàwù Nitrid *n*；Stick-stoffverbindung *f*

氮化作用 dànhuà zuòyòng Nitrie-rung *f*

氮气 dànqì Azot *n*

氮素计 dànsùjì Stickstoffmesser *m*

氮碳共渗 dàntàn gòngshèn Nitro-carburieren *n*

氮碳共渗剂 dàntàn gòngshènjì Ni-trocarburiermedium *n*

氮氧化合物 dànyǎng huàhéwù

Stick- und Sauerstoff-Verbindung *f*

氮氧化物 dànyǎnghuàwù Stick-oxide *pl*

当代 dāngdài Gegenwart *f*

当量 dāngliàng Äquivalenz *f*；Äqui-valent *n*；Gegenwert *m*；Verbin-dungsgewicht *n*

当量单位 dāngliàng dānwèi Äqui-valenteinheit *f*

当量的 dāngliàngde äquivalent

当前的 dāngqiánde vorliegend；ge-genwärtig

当前网页 dāngqián wǎngyè aktu-elle Webseite

当然 dāngrán natürlich；selbstver-ständlich；allerdings

挡 dǎng〈汽〉Gang *n*

挡板 dǎngbǎn Anschlag *m*；Trenn-wand *f*

挡风玻璃 dǎngfēng bōlí Windschutz-scheibe *f*；Windschutzglas *n*

挡风玻璃刮水器 dǎngfēng bōlí guā-shuǐqì Windschutzscheibenwischer *m*

挡风玻璃框 dǎngfēng bōlíkuāng Windschutzrahmen *m*

挡风玻璃密封条 dǎngfēng bōlí mì-fēngtiáo Windschutzscheibenab-dichtung *f*

挡风玻璃雨刷 dǎngfēng bōlí yǔshuā Windschutzscheibenwischer *m*

挡环 dǎnghuán Bengrenzungsring *m*

挡驾 dǎngjià höflich ablehnen，Gäs-te zu empfangen

挡块 dǎngkuài Anschlagstück *n*

挡泥板 dǎngníbǎn Kotflügel *m*；Kot-blech *n*；Schürze *f*

挡泥板固定架 dǎngníbǎn gùdìngjià Kotflügelhalter *m*

挡泥板前灯 dǎngníbǎn qiándēng Kotflügelleuchte *f*

挡圈 dǎngquān Sicherungsring *m*

挡油(器) dǎngyóu(qì) Ölfänger *m*

挡套 dǎngtào Anschlagbüchse *f*

挡油板 dǎngyóubǎn Ölleitblech *n*

挡位指示器 dàngwèi zhǐshìqì Ganganzeiger *m*

档案 dàng´àn Archiv *n*; Datei *f*; Akte *f*

刀架 dāojià Stahlhalter *m*; Support *m*

刀架滑板 dāojià huábǎn Schlittenschieber *m*

刀架溜板 dāojià liūbǎn Supportschlitten *m*

刀具 dāojù Schneidewerkzeug *n*; Schnittwerkzeug *n*; Schneidestahl *m*; Schneide *f*; Werkzeug *n*

刀具定位 dāojù dìngwèi Werkzeugpositionierung *f*

刀具钢 dāojùgāng Messerstahl *m*

刀具夹紧 dāojù jiājǐn Werkzeugspannung *f*

刀具夹头 dāojù jiātóu Werkzeugspanner *m*

刀具检验 dāojù jiǎnyàn Werkzeugprüfung *f*

刀具溜板 dāojù liūbǎn Werkzeugschlitten *m*

刀具磨削 dāojù móxiāo Werkzeugschleifen *n*

刀具寿命 dāojù shòumìng Werkzeuglebensdauer *f*; Werkzeugstandzeit *f*

刀具铣床 dāojù xǐchuáng Werkzeugfräsmaschine *f*

刀具研磨 dāojù yánmó Werkzeugläppen *n*

刀口 dāokǒu Schneide *f*

刀片钢 dāopiàngāng Klingenstahl *m*

刀刃 dāorèn Schneide *f*; Grat *m*

刀伤 dāoshāng Schnittwunde *f*

氘 dāo Deuterium *n*

氘灯 dāodēng Deuteriumlampe *f*

氘核 dāohé Deuteron *n*

氘核辐射 dāohé fúshè Deuteronenstrahlung *f*

氘核加速器 dāohé jiāsùqì Deuteronenbeschleunigungsanlage *f*

氘核射线 dāohé shèxiàn Deuteronenstrahlen *pl*

氘原子 dāoyuánzǐ Deuterium-Atom *n*

导板 dǎobǎn Führungsblech *n*

导标 dǎobiāo Bake *f*

导磁的 dǎocíde permeabel

导磁率 dǎocílǜ Permeabilität *f*; magnetische Leitfähigkeit

导磁体 dǎocítǐ Magnetleiter *m*; Magneteisen *n*

导磁系数 dǎocí xìshù magnetische Permeabilität

导出 dǎochū ableiten; Derivation *f*; Ableitung *f*

导出单位 dǎochū dānwèi abgeleitete Einheit

导出的 dǎochūde abgeleitet

导出管 dǎochūguǎn Abgangsleitung *f*

导弹 dǎodàn gesteuerte Rakete; Lenkrakete *f*; Lenkflugkörper *m*; Raketenbombe *f*

导弹弹头 dǎodàn dàntóu Raketengefechtskopf *m*

导弹防御系统 dǎodàn fángyù xìtǒng Safeguard-System der Raketenverteidigung; Raketenabwehrsystem *n*

导弹核武器 dǎodàn héwǔqì Raketenkernwaffe *f*

导弹基地 dǎodàn jīdì Raketenbasis *f*; Raketenstützpunkt *m*

导弹坦克 dǎodàn tǎnkè Lenkraketenpanzer *m*

导弹学 dǎodànxué Raketenforschung *f*

导弹巡洋舰 dǎodàn xúnyángjiàn Raketenkreuzer *m*

导电 dǎodiàn elekrische Stromleitung; Stromleitung *f*

导电材料 dǎodiàn cáiliào Leitwerkstoff *m*; elektrisch leitendes Material

导电层 dǎodiàncéng leitende Schicht

导电的 dǎodiànde stromleitend; leitfähig; stromführend; stromdurchflossen

导电接头 dǎodiàn jiētóu stromleitender Stoß

导电性 dǎodiànxìng Stromleitung *f*; Konduktanz *f*; Leitfähigkeit *f*

导电性能 dǎodiàn xìngnéng elektrische Leitfähigkeit

导管 dǎoguǎn Leitungsrohr *n*; Röhrenführung *f*; Führungsrohr *n*; Gang *m*; Kanal *m*; Ableiter *m*

导轨 dǎoguǐ Leitbahn *f*; Laufbahn *f*

导函数 dǎohánshù Derivat *n*; Ableitung *f*; Abkömmling *m*

导航 dǎoháng navigieren; Navigation *f*; Einweisung *f*

导航设备 dǎoháng shèbèi Navigationsanlage *f*

导航仪 dǎohángyí Navigationsgerät *n*

导航仪表 dǎoháng yíbiǎo Navigationsinstrument *n*

导火线 dǎohuǒxiàn Zündschnur *f*; Sprengschnur *f*

导流坝 dǎoliúbà Umleitungssperre *f*

导流板 dǎoliúbǎn Ablenkblech *n*; Ablenkplatte *f*; Umlenkblech *n*

导流槽 dǎoliúcáo Leitgerinne *n*

导流渠 dǎoliúqú Ableitungskanal *m*

导轮 dǎolún Leitrad *n*; Lenkrad *n*; Führungsrolle *f*; Lenkrolle *f*; Ablenkrolle *f*

导论 dǎolùn Ableitung *f*; Einleitung *f*; Einführung *f*

导纳 dǎonà Admittanz *f*; (Schein-)Leitwert *m*

导纳矩阵 dǎonà jǔzhèn Admittanzmatrix *f*; Leitwertmatrix *f*

导纳矢量 dǎonà shǐliàng Leitwertvektor *m*

导纳图 dǎonàtú Leitwertdiagramm *n*; Admittanzdiagramm *n*

导频 dǎopín Pilotfrequenz *f*

导频电平 dǎopín diànpíng Pilotpegel *m*

导频接收 dǎopín jiēshōu Pilotfrequenzempfang *m*

导频载波 dǎopín zàibō Pilotträger *m*

导热 dǎorè Wärmeleitung *f*; Wärmeableitung *f*; Wärmedurchgang *m*

导热的 dǎorède wärmeleitend; wärmedurchlässig

导热体 dǎorètǐ Wärmeleiter *m*

导热系数 dǎorè xìshù Wärmeleitungskoeffizient *m*; Wärmeleitzahl *f*

导热性 dǎorèxìng Wärmeleitfähigkeit *f*; Wärmedurchlässigkeit

导入 dǎorù einführen; Admission *f*

导入槽 dǎorùcáo Einlaufrinne *f*

导入管 dǎorùguǎn Einlaufrohr *n*

导入装置 dǎorù zhuāngzhì Einlassführung *f*

导师 dǎoshī Lehrer *m*; wissenschaftlicher Betreuer

导数 dǎoshù Ableitung *f*

导水渠 dǎoshuǐqú Leitkanal *m*; Leitgraben *m*

导套 dǎotào Führungsbuchse *f*; Führungshülse *f*

导体 dǎotǐ Leiter *m*; Leitungsstück

n; Konduktor m; Ableiter m; Stromleiter m

导通 dǎotōng aufschalten; durchsteuern; Aufschaltung f

导通带 dǎotōngdài Durchlassband n

导通电流 dǎotōng diànliú Durchlassstrom m

导通电压 dǎotōng diànyā Durchlassspannung f

导线 dǎoxiàn Leitungsdraht m; Leitung f; Leitfaden m; Leiter m

导线管 dǎoxiànguǎn Leitungsrohr n

导向 dǎoxiàng dirigieren

导向板 dǎoxiàngbǎn Führungsplatte f; Führungsleiste f; Leitblech n

导向槽 dǎoxiàngcáo Führungsnut f

导向杆 dǎoxiànggān Führungsdorn m; Führungsstange f

导向滑轮 dǎoxiàng huálún Leitrolle f

导向轮 dǎoxiànglún Leitrad n; Umlenkrolle f

导向器 dǎoxiàngqì Leitapparat m

导向销 dǎoxiàngxiāo Führungsstift m; Führungsbolzen m

导向叶片 dǎoxiàng yèpiàn Leitschaufel f

导向轴 dǎoxiàngzhóu Leitachse f

导向轴套 dǎoxiàng zhóutào Führungsbüchse f; Führungshülse f

导向装置 dǎoxiàng zhuāngzhì Leitungsvorrichtung f

导言 dǎoyán Einleitung f

导液管 dǎoyèguǎn 〈医〉 Drain n

导引销子 dǎoyǐn xiāozi Führungsbolzen m

导轴 dǎozhóu Lenkachse f

岛屿 dǎoyǔ Insel f

岛状的 dǎozhuàngde inselartig

捣矿机 dǎokuàngjī Pochwerk n; Brechmühle f

捣磨机 dǎomójī Pochwerk n

捣碎 dǎosuì pochen

捣碎机 dǎosuìjī Brecher m

倒角 dǎojiǎo Kantenbrechen n; gebrochene Kante

倒角车床 dǎojiǎo chēchuáng Abfasbank f

倒角车刀 dǎojiǎo chēdāo Abfasstahl m

倒角尺寸 dǎojiǎo chǐcùn Kantenabstand m

倒角工具 dǎojiǎo gōngjù Abrundstahl m

倒角机 dǎojiǎojī Abfasmaschine f

倒睫 dǎojié Trichiasis f

倒棱 dǎoléng abkanten; Abkantung f

倒棱的 dǎoléngde abgekantet

倒像 dǎoxiàng umgekehrtes Bild

倒相放大器 dǎoxiàng fàngdàqì Verstärker mit Phasenumkehrung

倒车 dàochē (unterwegs) umsteigen (müssen); zurückfahren; rückwärtsfahren; Rückwärtsfahrt f; Rückwärtsfahren n

倒挡 dàodǎng Rückwärtsgang m

倒挡齿轮 dàodǎng chǐlún Rückwärtsgetriebe n

倒挡齿轮止动板 dàodǎng chǐlún zhǐdòngbǎn Rückwärtsgangsperrplatte f

倒挡挡块 dàodǎng dǎngkuài Rückwärtsgangschlag m

倒计数 dàojìshù Herunterzählen n

倒空 dàokōng entleeren

倒流 dàoliú zurückströmen

倒数 dàoshù Kehrwert m; Reziproke f

倒影 dàoyǐng umgekehrtes Bild; Widespiegelung f; Spiegelbild n

倒圆 dàoyuán abrunden; Abrundung f

倒圆半径 dàoyuán bànjìng Abrundungsradius *n*

倒转 dàozhuǎn Inversion *f*

倒转的 dàozhuǎnde invers

到行首 dàohángshǒu Position 1 (Home)

到行尾 dàohángwěi Ende *n* (End)

道岔 dàochà Weiche *f*; Schienengabelung *f*

道路 dàolù Weg *m*; Straße *f*; Bahn *f*

道路标记线 dàolù biāojìxiàn Straßenbegrenzungslinie *f*

道路图 dàolùtú Verkehrskarte *f*

道路网 dàolùwǎng Verkehrsnetz *n*

道路行驶舒适性 dàolù xíngshǐ shūshìxìng Straßenfahrkomfort *m*

道路修整机 dàolù xiūzhěngjī Straßenfertiger *m*

稻谷分选机 dàogǔ fēnxuǎnjī Reissortierer *m*

稻谷脱壳机 dàogǔ tuōkéjī Reisschäler *m*

稻螟虫 dàomíngchóng Reisbohrer *m*

得出 déchū ergeben

得知 dézhī erfahren

锝 dé Technetium *n* (Te); Masurium *n* (Ma)

灯 dēng Lampe *f*; Leuchte *f*

灯标 dēngbiāo Leuchtfeuer *n*

灯浮标 dēngfúbiāo Leuchtboje *f*; Leuchttonne *f*

灯光 dēngguāng Beleuchtung *f*; Lampenlicht *n*;

灯光信号 dēngguāng xìnhào Leuchtsignal *n*

灯光信号灯 dēngguāng xìnhàodēng Blinkleuchte *f*

灯光信号多路转换开关 dēngguāng xìnhào duōlù zhuǎnhuàn kāiguān Lampensignalvielfachumschalter *m*

灯光字幕 dēngguāng zìmù Laufschrift *f*

灯泡 dēngpào Glühbirne *f*; Birne *f*

灯丝 dēngsī Glühdraht *m*; Glühfaden *m*; Heizfaden *m*; Faden *m*

灯丝电路 dēngsī diànlù Heizkreis *m*

灯塔 dēngtǎ Leuchtturm *m*

灯头 dēngtóu Lampe *f*

登革热 dēnggérè Denguefieber *n*

登记 dēngjì registrieren; eintragen; Eintragung *f*

登机口 dēngjīkǒu Flugsteig *m*; Gate *n*

登机牌 dēngjīpái Bordkarte *f*

登陆艇 dēnglùtǐng Landungsboot *n*

登录 dēnglù sich anmelden; sich einloggen

登录到网络 dēnglùdào wǎngluò sich am Netzwerk anmelden

登月舱 dēngyuècāng Mondfahrzeug *n*; Mondboot *n*; Mondfähre *f*; Mondlandeeinheit *f*; das Lunar Module; LM *n*

登月飞船 dēngyuè fēichuán Mondschiff *n*

等比级数 děngbǐ jíshù geometrische Reihe; geometrische Folge; geometrische Progression

等边的 děngbiānde gleichseitig; äquilateral

等边三角形 děngbiān sānjiǎoxíng gleichseitiges Dreieck

等差数列 děngchā shùliè arithmetische Reihe

等差的 děngchāde äquidifferent

等差级数 děngchā jíshù arithmetische Progression

等磁偏线 děngcí piānxiàn Isogone *f*

等次 děngcì Klassifikation *f*; Grad *m*

等待循环 děngdài xúnhuán Warteschleife *f*

等电位线 děngdiànwèixiàn Äquipotentiallinie *f*

等分角线 děngfēnjiǎoxiàn Winkelhalbierende *f*

等分线 děngfēnxiàn Mittellinie *f*; Halbierungslinie *f*; Bisektrix *f*

等高层 děnggāocéng Höhenschicht *f*

等高线 děnggāoxiàn Isohypse *f*; Kontur *f*; Äquidistante *f*

等号 děnghào Gleichheitszeichen *n*

等级 děngjí Grad *m*; Rang *m*; Stufe *f*; Stand *m*; Klasse *f*; Gradation *f*

等加速度 děngjiāsùdù konstante Beschleunigung

等价 děngjià Äquivalenz *f*

等价的 děngjiàde äquivalent; gleichwertig

等价语句 děngjià yǔjù 〈计〉 Äquivalenzanweisung *f*

等角的 děngjiǎode gleichwinklig

等距 děngjù Äquidistanz *f*

等距的 děngjùde äquidistant

等距离 děngjùlí Äquidistanz *f*; gleicher Abstand

等距线 děngjùxiàn Äquidistante *f*

等离子 děnglízǐ Plasma *n*

等离子电视 děnglízǐ diànshì Plasmafernseher *m*

等离子管 děnglízǐguǎn Plasmatron *n*

等离子加速器 děnglízǐ jiāsùqì Plasmabeschleuniger *m*

等离子流发生器 děnglízǐliú fāshēngqì Plasmatron *n*

等离子切割 děnglízǐ qiēgē Plasmaschneiden *n*

等离子燃烧器 děnglízǐ ránshāoqì Plasmabrenner *m*

等离子束辐射 děnglízǐshù fúshè Plasmastrahl *m*

等离子体 děnglízǐtǐ Plasma *n*

等离子体的 děnglízǐtǐde plasmatisch

等离子体化学 děnglízǐtǐ huàxué Plasmachemie *f*

等离子体加速器 děnglízǐtǐ jiāsùqì Plasmabeschleuniger *m*

等离子体物理 děnglízǐtǐ wùlǐ Plasmaphysik *f*

等离子体显示器 děnglízǐtǐ xiǎnshìqì Plasmabildschirm *m*; Plasmadisplay *n*

等离子体谐振 děnglízǐtǐ xiézhèn Plasmaresonanz *f*

等量 děngliàng gleiche Mengen; gleichgestellte Mengen

等量负荷 děngliàng fùhè Äquivalentladung *f*

等密度的 děngmìdùde isoster

等日照线 děngrìzhàoxiàn Isohelie *f*

等色的 děngsède isochromatisch

等深线 děngshēnxiàn Isobathe *f*

等时振动 děngshí zhèndòng isochrone Vibration

等式 děngshì 〈数〉 identische Gleichung; Identität *f*; Aqualität *f*; Gleichung *f*

等势线 děngshìxiàn Äquipotentiallinie *f*; Niveaulinie *f*

等速运动 děngsù yùndòng gleichmäßige Bewegung

等速调节器 děngsù tiáojiéqì Konstantregler *m*

等同性 děngtóngxìng Gleichmäßigkeit *f*

等位的 děngwèide äquipotentiell

等位线 děngwèixiàn Isopose *f*

等温 děngwēn Gleichheitstemperatur *f*

等温淬火 děngwēn cuìhuǒ Isothermhärtung *f*; Isothermhärten *n*

等温的 děngwēnde isotherm; isothermisch

等温膨胀 děngwēn péngzhàng isotherme Expansion

等温退火 děngwēn tuìhuǒ Isothermglühen n

等温线 děngwēnxiàn Kurve gleicher Temperatur; Isotherme f

等效长度 děngxiào chángdù Ersatzlänge

等效电感 děngxiào diàngǎn Äquivalentinduktivität f

等效电路 děngxiào diànlù Äquivalentkreis m; Äquivalentschaltung f; Ersatzstromkreis m

等效电容 děngxiào diànróng Ersatzkapazität f; Äquivalentkapazität f

等效电压 děngxiào diànyā Äquivalentspannung f

等效电源 děngxiào diànyuán Ersatzstromquelle f

等效电阻 děngxiào diànzǔ Äquivalentwiderstand m; äquivalenter Widerstand; Ersatzwiderstand m

等效定理 děngxiào dìnglǐ Äquivalenzsatz m; Aquivalentgesetz n

等效回路 děngxiào huílù Ersatzkreis m

等效漂移电压 děngxiào piāoyí diànyā äquivalente Driftspannung

等效曲线 děngxiào qūxiàn Ersatzkurve f

等效原理 děngxiào yuánlǐ Äquivalenzprinzip n

等效值 děngxiàozhí Äquivalentwert m

等压的 děngyāde isobar

等压面 děngyāmiàn Gleichdruckfläche f

等压线 děngyāxiàn Gleichdrucklinie f; Isobare f; Kurve gleiches Luft-

druckes

等腰三角形 děngyāo sānjiǎoxíng gleichschenkiges Dreieck; gleichschenkliges Dreieck

等于 děngyú äqual; gleich

等雨量线 děngyǔliàngxiàn Isohyete f

等值 děngzhí Äquivalent n; Gegenwert m

等值的 děngzhíde gleichwertig

等值线 děngzhíxiàn Isolinie f

等轴的 děngzhóude äquiaxial; tesseral

低倍放大的 dībèi fàngdàde makroskopisch

低倍物镜 dībèi wùjìng schwaches Objektiv

低潮 dīcháo Ebbe f; Niedrigwasser n; Kleingewässer n

低胆固醇饮食 dīdǎngùchún yǐnshí gallenfettarme Nahrung

低导性材料 dīdǎoxìng cáiliào schlechtleitendes Material

低地 dīdì Tiefebene f; Tiefland n; Flanchland n

低电流 dīdiànliú Schwachstrom m

低电平信号 dīdiànpíng xìnhào Kleinsignal n

低电容 dīdiànróng kapazitätsarm

低电压 dīdiànyā Niedervoltspannung f; Unterspannung f; Niederspannung f

低沸点的 dīfèidiǎnde tiefsiedend; leichtsiedend

低负荷 dīfùhè Schwachlast f

低负载 dīfùzài Schwachlast f

低功率 dīgōnglǜ Niederwatt n

低共熔混合物 dīgòngróng hùnhéwù eutektisches Gemenge

低硅的 dīguīde niedrigsiliziert

低合金的 dīhéjīnde niedriglegiert;

schwachlegiert; leichtlegiert

低合金钢 dīhéjīngāng niedriglegierter Stahl

低空飞行 dīkōng fēixíng Tiefflug *m*

低廉的 dīliánde billig; preiswert

低硫的 dīliúde schwefelarm

低黏度的 dīniándùde niedrigviskos

低频 dīpín Tieffrequenz *f*; niedrige Frequenz

低频变压器 dīpín biànyāqì Niederfrequenztransformator *m*

低频的 dīpínde niederfrequent

低频扼流圈 dīpín èliúquān Niederfrequenzdrosselspule *f*

低频放大 dīpín fàngdà Niederfrequenzverstärkung *f*

低频放大器 dīpín fàngdàqì Niederfrequenzverstärker *m*

低频率 dīpínlǜ Niederfrequenz *f*

低气压 dīqìyā Unterdruck *m*; Barometerminima *pl*

低热值 dīrèzhí unterer Heizwert

低熔的 dīróngde niedrigschmelzend; tiefschmelzend

低烧 dīshāo subfebrile Temperatur; leichtes Fieber

低声波 dīshēngbō Infraschall *m*

低水位 dīshuǐwèi Niedrigwasserstand *m*; Niederwasser *n*; Unterwasserspiegel *m*

低速 dīsù Langsamläufigkeit *f*

低速柴油机 dīsù cháiyóujī langsamlaufender Dieselmotor

低速存储器 dīsù cúnchǔqì langsamer Speicher

低速档 dīsùdàng Langsamstufe *f*

低碳的 dītànde niedriggekohlt

低碳钢 dītàngāng Weicheisen *n*; niedriggekohlter Stahl

低碳燃料 dītàn ránliào aschearmer Brennstoff

低通网络 dītōng wǎngluò Tiefschaltung *f*

低纬度 dīwěidù niedrige Breiten

低位地址 dīwèi dìzhǐ 〈计〉 rechtsbündige Adresse

低温 dīwēn Tieftemperatur *f*; tiefe Temperatur; Hypothermie *f*

低温泵 dīwēnbèng Kryopumpe *f*

低温处理 dīwēnchǔlǐ Tieftemperaturbehandlung *f*

低温触发器 dīwēn chùfāqì kryogenischer Trigger

低温的 dīwēnde niedertemperiert; kryogenisch; kryogen

低温电容器 dīwēn diànróngqì Tieftemperaturkondensator *m*

低温干馏 dīwēn gānliú schwelen

低温管 dīwēnguǎn Kryotron *n*

低温恒温器 dīwēn héngwēnqì Kälteregler *m*

低温化学 dīwēn huàxué Kältechemie *f*

低温换热器 dīwēn huànrèqì Kälteaustauscher *m*

低温计 dīwēnjì Gefrierpunktmesser *m*; Kältemesser *m*; Kryometer *n*/*m*; Frigorimeter *n*

低温浇注 dīwēn jiāozhù kaltvergießen

低温冷藏 dīwēn lěngcáng Tiefkühlung *f*

低温冷冻的 dīwēn lěngdòngde tiefgefrieren

低温冷冻机 dīwēn lěngdòngjī Tiefkältemaschine *f*

低温冷冻装置 dīwēn lěngdòng zhuāngzhì Tiefkühlanlage *f*

低温冷却 dīwēn lěngquè Tiefkühlung *f*

低温炼焦 dīwēn liànjiāo Schwelerei *f*

低温生物学 dīwēn shēngwùxué Kryobiologie f

低温试验 dīwēn shìyàn Tieftemperaturversuch m

低温物理学 dīwēn wùlǐxué Tieftemperaturphysik f; Physik der niedrigen Temperatur

低温性能 dīwēn xìngnéng Kälteverhalten n

低温装置 dīwēn zhuāngzhì Apparat für tiefe Temperaturen

低辛烷值汽油 dīxīnwánzhí qìyóu klopfendes Benzin

低血糖 dīxuètáng Hypoglykämie f; Zuckermangel im Blut

低血糖症 dīxuètángzhèng Hypoglykämie f

低压 dīyā Tiefdruck m; Niederspannung f; Niederdruck m; Taldruck m

低压泵 dīyābèng Niederdruckpumpe f

低压槽 dīyācáo Trog m; Tiefdrucktrog m

低压的 dīyāde niedriggespannt; hypobarisch

低压电缆 dīyā diànlǎn Niederspannungskabel n

低压电流 dīyā diànliú Niederspannungsstrom m; Schwachstrom m; niedrig gespannter Strom

低压电路 dīyā diànlù Unterspannungskreis m

低压电桥 dīyā diànqiáo Unterspannungsbrücke f

低压端 dīyāduān Niederspannungsseite f

低压计 dīyājì Unterdruckmesser m

低压区 dīyāqū Iyklone f; Tiefdruckgebiet n; Depressionsgebiet n

低压线圈 dīyā xiànquān Unterspannungsspule f; Unterspannungswicklung f; Niederspannungsspule f

低压油管 dīyā yóuguǎn Niederdruck-Kraftstoffleitung f

低压蒸汽 dīyā zhēngqì niedriggespannter Dampf

低音速 dīyīnsù Unterschallgeschwindigkeit f

低音调节器 dīyīn tiáojiéqì Tieftonregler m

低音系统 dīyīn xìtǒng Tieftonsystem n

低噪声的 dīzàoshēngde geräuscharm

低噪音运转 dīzàoyīn yùnzhuǎn geräuscharmer Lauf

低质燃料 dīzhì ránliào minderwertiger Brennstoff

低主车架 dīzhǔchējià Tiefbettrahmen m

滴定 dīdìng Titrieren n; Titration f; Titrierung f

滴定度 dīdìngdù Titer m

滴定法 dīdìngfǎ Titrationsverfahren n; Titration f

滴定分析 dīdìng fēnxī Titrieranalyse f

滴定分析的 dīdìng fēnxīde titrimetrisch

滴定管 dīdìngguǎn Bürette f; Titrierröhre f

滴定器具 dīdìng qìjù Titriergeräte pl

滴定仪 dīdìngyí Titrierapparat m

滴定值 dīdìngzhí Titrationswert m

滴管 dīguǎn Tropfer m; Pipette f

滴量管 dīliángguǎn Messpipette f; Tropfpipette f

滴量计 dīliángjì Tropfenzähler m

滴瓶 dīpíng Tropfflasche f

滴油器 dīyóuqì Tropföler m

D

滴重法 dīzhòngfǎ Tropfmethode *f*

滴重计 dīzhòngjì Tropfenzähler *m*

滴嘴 dīzuǐ Tropfdüse *f*

堤 dī Damm *m*；Deich *m*

堤岸 dī'àn Deich *m*；Damm *m*；Abdämmung *f*；Aufwurf *m*；Deichufer *n*

堤坝 dībà Deich *m*；Damm *m*；Aufwurf *m*；Leitdeich *m*

堤坝工程 dībà gōngchéng Sperrenbauwerk *n*；Dammbau *m*

堤坝建筑 dībà jiànzhù Deichbau *m*；Deicharbeit *f*

堤顶 dīdǐng Deichkamm *m*；Deichkrone *f*

堤防 dīfáng Bewallung *f*；Wuhr *n*；Wall *m*；Wasserwehr *n*；Damm *m*；Deich *m*；Buhne *f*

堤基 dījī Deichsohle *f*

堤基区 dījīqū Maifeld *n*

堤宽 dīkuān Deichbreite *f*

堤坡 dīpō Auftragsböschung *f*；Deichböschung *f*；Dammböschung *f*

涤纶 dílún〈纺〉Polyesterfasern *pl*；Terylen *n*

底板 dǐbǎn Grundplatte *f*；Fußboden *m*；Unterlage *f*；Sohle *f*；Rückwand *f*

底板架 dǐbǎnjià Fachboden *m*

底边 dǐbiān Grundlinie *f*；Basis *f*

底部 dǐbù Boden *m*；Unterteil *n/m*

底层 dǐcéng Erdgeschoss *n*；unterste Schicht；Grundschicht *f*

底架 dǐjià Fußgestell *n*；Untergestell *n*；Fahrwerk *n*；Chassis *n*

底梁 dǐliáng Fußholz *n*

底面 dǐmiàn Grundfläche *f*

底模 dǐmú Untergesenk *n*

底盘 dǐpán Untergestell *n*；Fahrwerk *n*；Fahrgestell *n*；Chassis *n*；Grundgehäuse *n*

底盘承重能力 dǐpán chéngzhòng nénglì Fahrgestelltragfähigkeit *f*

底盘负荷能力 dǐpán fùhè nénglì Fahrgestelltragfähigkeit *f*

底盘重量 dǐpán zhòngliàng Fahrgestellgewicht *n*；Chassisgewicht *n*

底片 dǐpiàn〈摄〉Negativ *n*；Negativbild *n*

底漆 dǐqī Grundlack *m*；Grundieranstrich *m*

底色 dǐsè Grundfarbe *f*

底数 dǐshù〈数〉Basis *f*

底眼 dǐyǎn Fußloch *n*

底座 dǐzuò Sitz *m*；Fuß *m*；Unterlage *f*；Grundplatte *f*；Gründung *f*；Bett *n*；Rahmen *m*

底座石 dǐzuòshí Auflagerstein *m*

抵偿 dǐcháng büßen；Schadenersatz leisten

抵抗能力 dǐkàng nénglì Widerstandsfähigkeit *f*

抵消 dǐxiāo ausgleichen；aufheben；aufwiegen；Begleichung *f*；Ausgleich *m*；Kompensation *f*

抵押 dǐyā verpfänden

骶骨 dǐgǔ Kreuzbein *n*

骶骨的 dǐgǔde sakral

骶骨神经 dǐgǔ shénjīng Sakralnerven *pl*

骶骨痛 dǐgǔtòng Sakralgie *f*；Sakrodynie *f*

骶椎 dǐzhuī Sakralwirbel *m*

地板 dìbǎn Fußboden *m*；Holzboden *m*

地表 dìbiǎo Bodenoberkante *f*；Erdoberfläche *f*

地表层 dìbiǎocéng Erdoberfläche *f*；Abraum *m*

地表矿床 dìbiǎo kuàngchuáng Oberflächenlagerstätte *f*

地表水 dìbiǎoshuǐ Oberflächengewässer *n*; Oberirdisches Wasser; Bodenwasser *n*

地波 dìbō Bodenwelle *f*

地层 dìcéng Stratifikation *f*; geologische Schicht; Erdgeschicht *f*; Gesteinsschicht *f*; Formation *f*; Flöz *n*; Auflagerung *f*; Lager *n*

地层学 dìcéngxué Stratigrafie *f*; Formationskunde *f*

地磁 dìcí Erdmagnetismus *m*; Magnetismus der Erde

地磁场 dìcíchǎng magnetisches Erdfeld; Erdmagnetfeld *n*; Geomagnetfeld *n*; erdmagnetisches Feld

地磁的 dìcíde erdmagnetisch

地磁极线 dìcí jíxiàn geomagnetischer Äquator

地磁勘探 dìcí kāntàn Geomagnetik *f*; magnetotellurisches Sondieren; geomagnetische Sondierung

地磁圈 dìcíquān Magnetosphäre *f*

地磁效应 dìcí xiàoyìng geomagnetischer Effekt

地磁学 dìcíxué Geomagnetik *f*

地磁仪 dìcíyí Magnetometer *n*

地带 dìdài Gebiet *n*; Gegend *f*; Zone *f*; Gelände *n*

地点 dìdiǎn Stelle *f*; Ort *m*; Platz *m*

地电学 dìdiànxué Geoelektrik *f*

地洞 dìdòng unterirdische Höhle

地对地导弹 dìduìdì dǎodàn Boden-Boden-Rakete *f*

地方 dìfāng Ort *m*

地方病 dìfāngbìng Endemie *f*; endemische Krankheit

地方的 dìfāngde örtlich; lokal

地方网络 dìfāng wǎngluò örtliches Netz

地光 dìguāng Erdbebenblitz *m*; Erdbebenleuchten *n*

地核 dìhé Erdkern *m*; Siderosphäre

f; Kern der Erde

地基 dìjī Baugrundstück *n*; Fundament *n*; Gründung *f*

地基排水 dìjī páishuǐ Sohlenentwässerung *f*; Sohlendränage *f*

地极 dìjí Erdpol *m*

地脚螺钉 dìjiǎo luódīng Anker *m*; Steineisen *n*

地脚螺栓 dìjiǎo luóshuān Fußschraube *f*; Fundamentschraube *f*; Verankerungsbolzen *m*

地窖 dìjiào Keller *m*

地界 dìjiè Grundstücksgrenze *f*; Gemarkung *f*

地块 dìkuài Erdklumpen *m*

地雷 dìléi Mine *f*; Landmine *f*

地理 dìlǐ Geografie *f*; örtliche Verhältnisse; geografische Verhältnisse; Erdkunde *f*

地理生物学 dìlǐ shēngwùxué Geobiologie *f*

地理学 dìlǐxué Geografie *f*; Erdkunde *f*

地理学家 dìlǐxuéjiā Geograf *m*

地幔 dìmàn Erdmantel *m*

地貌 dìmào Geomorphologie *f*; Beschaffenheit der Erdoberfläche

地貌图 dìmàotú Höhenkarte *f*

地貌学 dìmàoxué Geomorphographie *f*

地面 dìmiàn Erdboden *m*; Boden *m*; Erdoberfläche *f*; Fußboden *m*; Bodenbelag *m*

地面测量 dìmiàncèliàng Bodenvermessung *f*

地面沉降 dìmiàn chénjiàng Bodensenkung *f*

地面导航 dìmiàn dǎoháng Bodennavigation *f*

地面反射 dìmiàn fǎnshè Erdreflexion *f*; Bodenreflexion *f*

D

地面卫星站 dìmiàn wèixīngzhàn Satellitenbodenstation f

地面灌溉 dìmiàn guàngài Oberflächenberieselung f; Bodenbewässerung f

地面雾 dìmiànwù Bodennebel m

地面吸收 dìmiàn xīshōu Erdbodenabsorption f

地盘 dìpán Einflusssphäre f; Machtbereich m

地平经度 dìpíng jīngdù Azimut m

地平经纬仪 dìpíng jīngwěiyí Altazimut m

地平纬度 dìpíng wěidù absolute Höhe; Höhenlage f

地平线 dìpíngxiàn Horizont m; Horizontlinie f; Kimm f

地平线的 dìpíngxiànde horizontal

地堑 dìqiàn Grabenbruch m; Grabensenke f

地壳 dìqiào Erdkruste f; Erdrinde f

地壳构造学 dìqiào gòuzàoxué Geotektonik f

地壳结构 dìqiào jiégòu Tektonik f

地壳扩张 dìqiào kuòzhāng Krustenausweitung f

地壳运动 dìqiào yùndòng Erdkrustenbewegung f

地球 dìqiú Erde f; Erdkugel f; Globus m; Erdball m

地球表层 dìqiú biǎocéng Erdschale f

地球表面 dìqiú biǎomiàn Erdoberfläche f

地球场 dìqiúchǎng Erdfeld n

地球磁场 dìqiú cíchǎng magnetisches Erdfeld

地球磁极 dìqiú cíjí magnetischer Erdpol

地球的 dìqiúde terrestrisch

地球动力学 dìqiú dònglìxué Geodynamik f

地球轨道 dìqiú guǐdào Erdbahn f

地球化学 dìqiú huàxué Geochemie f

地球科学 dìqiú kēxué Geowissenschaften pl

地球力学 dìqiú lìxué Geomechanik f

地球曲率 dìqiú qūlǜ Erdkrümmung f

地球卫星 dìqiú wèixīng Erdsatellit m

地球物理勘探 dìqiú wùlǐ kāntàn geophysikalische Untersuchung; geophysikalische Schürfung

地球物理学 dìqiú wùlǐxué Geophysik f

地球学 dìqiúxué Geogonie f; Geogenie f

地球仪 dìqiúyí Globus m

地球重力场 dìqiú zhònglìchǎng Erdfeld der Schwerkraft

地球自转 dìqiú zìzhuǎn Erdrotation f

地球轴线 dìqiú zhóuxiàn Erdachse f

地区 dìqū Gegend f; Bezirk m; Gebiet n; Zone f; Gelände n

地区排水网 dìqū páishuǐwǎng Bezirksentwässerungsnetz n

地热 dìrè Erdwärme f

地热能 dìrènéng geothermische Energie

地热学 dìrèxué Geothermik f

地声 dìshēng Erdbebendonner m

地势 dìshì bodenphysikalische Eigenschaften; Relief n; Bodenrelief n; Topografie f

地图 dìtú Landkarte f

地温的 dìwēnde geothermisch

地文学 dìwénxué Physiografie f

地文学的 dìwénxuéde physiografisch

地峡 dìxiá Landenge f; Isthmus m

地下 dìxià Untergrund m

地下采煤 dìxià cǎiméi Kohleabbau unter Tage; unterirdische Kohlenförderung

地下测量 dìxià cèliáng Untergrundaufnahme *f*

地下车库 dìxiàchēkù Unterflurgarage *f*; Tiefgarage *f*

地下道 dìxiàdào Bahnsteigtunnel *m*; unterirdischer Gang; Unterführung *f*

地下的 dìxiàde unterirdisch; untergründig

地下电缆 dìxià diànlǎn Untergrundkabel *n*; Erdkabel *n*; Landkabel *n*

地下电站 dìxià diànzhàn Untergrundkraftwerk *n*

地下工程 dìxià gōngchéng Tiefbau *m*

地下管 dìxiàguǎn Erdrohr *n*

地下管道 dìxià guǎndào unterirdische Leitung

地下灌溉 dìxià guàngài Untergrundbewässerung *f*; Sickerberieselung *f*; Grundanfeuchtung *f*; Untergrundrieselung *f*

地下河床 dìxià héchuáng Grundwassergerinne *n*

地下核试验 dìxià héshìyàn unterirdischer Atomversuch

地下径流 dìxià jìngliú Grundwasserabfluss *m*

地下开采 dìxià kāicǎi Tiefbau *m*; Untertagebau *m*; Tiefbaugewinnung *f*; unterirdischer Abbau; Grubenbetrieb *m*; Tiefbauförderung *f*; Abbau im Tiefbau

地下溶洞 dìxià róngdòng unterirdische Hohlräume

地下室 dìxiàshì Kellergeschoss *n*

地下室水泵 dìxiàshì shuǐbèng Kellerpumpe *f*

地下水 dìxiàshuǐ Grundwasser *n*; Bodenwasser *n*; Unterwasser *n*; Untergrundwasser *n*

地下水工程 dìxiàshuǐ gōngchéng Grundwasserwerk *n*

地下水库 dìxià shuǐkù Grundwasserspeicher *m*

地下水流 dìxià shuǐliú Grundwasserlauf *m*; Grundwasserstrom *m*; unterirdischer Wasserlauf; unterirdischer Abfluss

地下水流量 dìxiàshuǐ liúliàng Grundwassermenge *f*

地下水区 dìxiàshuǐqū Grundwasserregion *f*

地下水位 dìxià shuǐwèi Grundwasserspiegel *m*; Grundwasserstand *m*; Grundwasserhöhe *f*; Bodenwasserniveau *n*

地下水位测量站 dìxià shuǐwèi cèliángzhàn Grundwassermessdienst *m*

地下水污染 dìxiàshuǐ wūrǎn Grundwasserverschmutzung *f*

地下水质图 dìxià shuǐzhìtú Grundwassergütekarte *f*

地下天线 dìxià tiānxiàn Untergrundantenne *f*

地下铁道 dìxià tiědào U-Bahn *f*; Untergrundbahn *f*; Metro *f*

地下蓄水库 dìxià xùshuǐkù Tiefbehälter *m*

地下贮水池 dìxià zhùshuǐchí Tiefbehälter *m*

地下资源 dìxià zīyuán Bodenschätze *pl*

地线 dìxiàn Erdleitung *f*; Erdungsdraht *m*; Erdung *f*; Erder *m*; Erdleiter *m*; Erddraht *n*

地心的 dìxīnde geozentrisch

地心吸力 dìxīn xīlì Massenanziehung

D

D

f

地形 dìxíng Geländeverhältnisse *pl*;
Topografie *f*; Gelände *n*

地形测量学 dìxíng cèliángxué Topografie *f*

地形图 dìxíngtú topografische Karte;
Reliefkarte *f*; Geländekarte *f*;
Höhenplan *m*

地形学 dìxíngxué Geomorphologie
f; Topografie *f*; Morphologie *f*

地应力 dìyìnglì Spannung der Erdkruste

地应力场 dìyìnglìchǎng Spannungsfeld der Erdkruste

地域 dìyù Gebiet *n*; Region *f*;
Gelände *n*

地原学 dìyuánxué Geogonie *f*

地震 dìzhèn Erdbeben *n*; Beben *n*;
Erdstoß *m*; seismische Erschütterung

地震波 dìzhènbō Erdbebenwelle *f*;
Erschütterungswelle *f*

地震测量仪 dìzhèn cèliángyí Seismograf *m*; Seismometer *n*

地震带 dìzhèndài Erschütterungszone *f*; Erdbebengürtel *m*; Bebenzone *f*; seismische Zone

地震的 dìzhènde seismisch

地震观测仪器 dìzhèn guāncè yíqì
seismologische Beobachtungs- und
Messinstrumente

地震观测网 dìzhèn guāncèwǎng
Netz von seismologischen Registrierstationen

地震观测站 dìzhèn guāncèzhàn Erdbebenwarte *f*; seismologisches Observatorium; seismologische Registrierstation

地震计 dìzhènjì Seismograf *m*

地震记录图 dìzhèn jìlùtú Seismogramm *n*

地震检波器 dìzhèn jiǎnbōqì Geofon

n; Abzeitgeofon *n*

地震警报 dìzhèn jǐngbào Erdbebenwarnung *f*

地震勘探 dìzhèn kāntàn Seismik *f*;
seismische Prospektion; seismografischer Aufschluss

地震脉冲 dìzhèn màichōng Erdbebenstoß *m*

地震强度 dìzhèn qiángdù Erdbebenstärke *f*; Stärke des Erdbebens;
seismische Spannung

地震探测法 dìzhèn tàncèfǎ seismisches Verfahren

地震图 dìzhèntú seismische Karte

地震线 dìzhènxiàn seismische Linie

地震学 dìzhènxué Erdbebenkunde
f; Seismik *f*; Seismologie *f*

地震学的 dìzhènxuéde seismisch

地震仪 dìzhènyí Tromometer *n*;
Seismograf *m*; Erdbebenmesser
m; Erdbebenanzeiger *m*

地震仪勘探 dìzhènyí kāntàn seismografische Untersuchung

地震预兆 dìzhèn yùzhào seismischer Schatten

地址 dìzhǐ Adresse *f*

地址比较器 dìzhǐ bǐjiàoqì Adressenvergleicher *m*

地址变更 dìzhǐ biàngēng Adressenänderung *f*

地址操作 dìzhǐ cāozuò Adressenoperation *f*

地址差 dìzhǐchā Adressdifferenz *f*

地址插头 dìzhǐ chātóu 〈计〉 Adressenstecker *m*

地址常数 dìzhǐ chángshù Adressenkonstante *f*

地址磁道 dìzhǐ cídào Adressenspur
f

地址存储器 dìzhǐ cúnchǔqì Adressspeicher *m*

地址代码 dìzhǐ dàimǎ Adresscode *m*

地址带 dìzhǐdài Adressband *n*

地址导线 dìzhǐ dǎoxiàn Adressleitung *f*

地址范围 dìzhǐ fànwéi Adressbereich *m*

地址方式 dìzhǐ fāngshì Adressierungsart *f*

地址分配器 dìzhǐ fēnpèiqì Adressenverteiler *m*

地址寄存器 dìzhǐ jìcúnqì Adressenregister *n*

地址计数器 dìzhǐ jìshùqì Adressenzähler *m*; Befehlszähler *m*

地址计数器寄存 dìzhǐ jìshùqì jìcún Adressenzähler laden

地址计算 dìzhǐ jìsuàn Adressenrechnung *f*; Adressenberechnung *f*

地址校验 dìzhǐ jiàoyàn Adressenprüfung *f*

地址栏 dìzhǐlán Adressleiste *f*

地址链 dìzhǐliàn Adressenkette *f*

地址码 dìzhǐmǎ Adresswort *n*

地址排 dìzhǐpái Adressenschiene *f*

地址入口 dìzhǐ rùkǒu Adresseingang *m*

地址说明 dìzhǐ shuōmíng Adressangabe *f*

地址替换 dìzhǐ tìhuàn Adressensubstitution *f*

地址位 dìzhǐwèi Adressbit *n*

地址系统 dìzhǐ xìtǒng Adresssystem *n*

地址信息组 dìzhǐ xìnxīzǔ Adressbyte *f*

地址修改 dìzhǐ xiūgǎi Adressenrung *f*

地址选择道 dìzhǐ xuǎnzédào 〈计〉 Adressenwahlspur *f*

地址选择开关 dìzhǐ xuǎnzé kāiguān 〈计〉 Adressenwahlschalter *m*

地址运算指令 dìzhǐ yùnsuàn zhǐlìng Adressenrechnungsbefehl *m*

地址转换 dìzhǐ zhuǎnhuàn 〈计〉 Adressenumschaltung *f*

地址字节 dìzhǐ zìjié Adressbyte *f*

地址总线 dìzhǐ zǒngxiàn Adressbus *m*

地址组 dìzhǐzǔ Adressensatz *m*

地质 dìzhì Geologie *f*; geologische Beschaffenheit

地质测量 dìzhì cèliáng Schichtenaufnahme *f*

地质调查 dìzhì diàochá geologische Untersuchung

地质构造 dìzhì gòuzào geologische Struktur; Tektonik *f*

地质构造的 dìzhìgòuzàode tektonisch

地质结构 dìzhì jiégòu geologische Struktur; geologischer Aufbau

地质勘探 dìzhì kāntàn geologische Untersuchung; geologische Erkundung; geologische Schürfung

地质力学 dìzhì lìxué Geomechanik *f*

地质年代 dìzhì niándài geologisches Zeitalter

地质年代学 dìzhì niándàixué Geochronologie *f*

地质剖面 dìzhì pōumiàn geologischer Schnitt; Bergprofil *n*

地质图 dìzhìtú geologische Karte

地质系 dìzhìxì Abteilung für Geologie

地质学 dìzhìxué Geologie *f*; Gebirgslehre *f*

地质学的 dìzhìxuéde geologisch

地质学家 dìzhìxuéjiā Geologe *m*

地质学院 dìzhì xuéyuàn Institut für Geologie; geologisches Institut

地中海 dìzhōnghǎi Mittelmeer *n*

地轴 dìzhóu Erdachse *f*

递归 dìguī Rekursion *f*

递归的 dìguīde periodisch wiederkehrend; rekursiv

递归过程 dìguī guòchéng〈计〉rekursive Prozedur

递加的 dìjiāde progressiv; ansteigend

递减的 dìjiǎnde degressiv; stetig abnehmend

递减折旧 dìjiǎn zhéjiù〈经〉degressive Abschreibung

递降 dìjiàng stetige Abnahme; Degradation *f*

递增 dìzēng ständig zunehmend; ständige Zunahme; graduelle Steigerung

递增电压 dìzēng diànyā anwachsende Spannung

递增级数 dìzēng jíshù zunehmende Reihe

第 x 次的 dì´àikèsīcìde x-te

第二宇宙速度 dì´èr yǔzhòu sùdù zweite kosmische Geschwindigkeit

第一宇宙速度 dìyī yǔzhòu sùdù erste kosmische Geschwindigkeit

缔结 dìjié abschließen; Abschluss *m*

巅值 diānzhí Scheitelwert *m*; Spitzenwert *m*

巅值功率 diānzhí gōnglǜ Spitzenleistung *f*

点 diǎn Punkt *m*

点滴 diǎndī Tropfen *m*

点滴法 diǎndīfǎ Tüpfelmethode *f*; Tropfmethode *f*

点滴分析 diǎndī fēnxī Tüpfelanalyse *f*

点滴试验 diǎndī shìyàn Tüpfelprobe *f*

点电荷 diǎndiànhè Punktladung *f*

点电位 diǎndiànwèi Punktpotential *n*

点光源 diǎnguāngyuán punktförmige Lichtquelle

点焊 diǎnhàn einpunkten; Punktschweißen *n*

点焊机 diǎnhànjī Punktschweißmaschine *f*

点划线 diǎnhuáxiàn Strichpunktlinie *f*

点火 diǎnhuǒ anzünden; entflammen; zünden; entzünden; feuern; anfeuern; anmachen; Inbrandsetzung *f*; Zündung *f*; Ignition *f*

点火导线 diǎnhuǒ dǎoxiàn Zündleitung *f*

点火点 diǎnhuǒdiǎn Abrisspunkt *m*

点火电流 diǎnhuǒ diànliú Zündstrom *m*

点火电路 diǎnhuǒ diànlù Zündstromkreis *m*

点火阀 diǎnhuǒfá Zündventil *n*

点火方式 diǎnhuǒ fāngshì Zündart *f*

点火功率 diǎnhuǒ gōnglǜ Zündleistung *f*

点火管 diǎnhuǒguǎn Ignitron *n*

点火极 diǎnhuǒjí Zündelektrode *f*

点火开关 diǎnhuǒ kāiguān Zündschalter *m*

点火孔 diǎnhuǒkǒng Zündloch *n*

点火脉冲 diǎnhuǒ màichōng Zündimpuls *m*

点火脉冲输入墙 diǎnhuǒ màichōng shūrùqiáng Zündimpuls-Eingang *m*

点火器 diǎnhuǒqì Feueranzünder *m*; Anzünder *m*; Zündgerät *n*; Zündapparat *m*; Tipper *m*; Zünder *m*; Feuerzeug *n*; Zündkerze *f*; Verbrennungspartner *m*; Zündglied *n*

点火实验 diǎnhuǒ shíyàn Entflammprüfung *f*

点火试验 diǎnhuǒ shìyàn Zündversuch *m*

点火提前角 diǎnhuǒ tíqiánjiǎo Früh-

D

zündwinkel *m*; Vorzündwinkel *m*

点火线圈 diǎnhuǒ xiànquān Zünd-spule *f*

点火延迟角 diǎnhuǒ yánchíjiǎo Zündverzögerungswinkel *m*

点火延迟时间 diǎnhuǒ yánchí shíjiān Zündverzugszeit *f*

点火药 diǎnhuǒyào Zündstoff *m*

点火装置 diǎnhuǒ zhuāngzhì Zündung *f*; Zündeinrichtung *f*; Zünder *m*; Startvorrichtung *f*

点击 diǎnjī klicken; anklicken

点清 diǎnqīng abzählen

点燃 diǎnrán entzünden; anzünden

点燃时间 diǎnrán shíjiān Brennzeit *f*

点蚀法 diǎnshífǎ Tropfmethode *f*

点数 diǎnshù Zählung *f*

点烟器 diǎnyānqì Zigarrenanzünder *m*

点状放电 diǎnzhuàng fàngdiàn Spitzenentladung *f*

点阵 diǎnzhèn Strichgitter *n*; Teil-gitter *n*

点阵参数 diǎnzhèn cānshù Gitter-parameter *m*

点阵打印机 diǎnzhèn dǎyìnjī Ma-trixdrucker *m*

点阵结构 diǎnzhèn jiégòu Gitter-struktur *f*

点阵能 diǎnzhènnéng Gitterenergie *f*

点阵缺陷 diǎnzhèn quēxiàn Gitter-fehler *m*

典型 diǎnxíng Vorbild *n*; Typ *m*; Ideal *n*

典型的 diǎnxíngde typisch

典型化 diǎnxínghuà typisieren; Typi-sierung *f*; Typisieren *n*

碘 diǎn Jod *n*

碘酊 diǎndīng 〈医〉 Jodtinktur *f*; Jod *n*

碘仿 diǎnfǎng 〈化〉 Jodoform *n*

碘含量 diǎnhánliàng Jodgehalt *m*

碘化钙 diǎnhuàgài Jodkalzium *n*

碘化钾 diǎnhuàjiǎ Jodkalium *n*

碘化钠 diǎnhuànà Jodnatrium *m*

碘化氢 diǎnhuàqīng 〈化〉 Jodwas-serstoff *m*

碘化物 diǎnhuàwù Jodid *n*

碘化银 diǎnhuàyín Jodsilber *n*

碘剂 diǎnjì 〈医〉 Jodpräparat *n*

碘酒 diǎnjiǔ Jodtinktur *f*

碘离子 diǎnlízǐ Jodion *n*

碘量滴定法 diǎnliàng dīdìngfǎ 〈化〉 Jodometrie *f*; Jodmetrie *f*

碘试验 diǎnshìyàn Jodprobe *f*

碘水 diǎnshuǐ 〈化〉 Jodwasser *n*

碘酸 diǎnsuān 〈化〉 Jodsäure *f*

碘酸盐 diǎnsuānyán Jodate *n*; Jod-salz *n*

碘钨灯 diǎnwūdēng Jodlampe *f*

碘蒸气 diǎnzhēngqì 〈化〉 Joddampf *m*

碘值 diǎnzhí 〈化〉 Jodzahl *f*

碘中毒 diǎnzhòngdú 〈医〉 Jodver-giftung *f*

电 diàn Elektrizität *f*; Strom *m*

电报 diànbào Telegramm *n*; Tele-grafie *f*

电报的 diànbàode telegrafisch

电报机 diànbàojī Telegraf *m*

电报学 diànbàoxué Telegrafie *f*

电刨 diànbào Elektrohobel *m*

电表 diànbiǎo Elektromessgerät *n*; Wattstundenzähler *m*; Kilowattstun-denzähler *m*; Elektrizitätszähler *m*

电泵 diànbèng Elektropumpe *f*

电冰箱 diànbīngxiāng Kühlschrank *m*

电波 diànbō elektrische Welle; Elek-trowelle *f*

电波传播 diànbō chuánbō Wellenausbreitung *f*

电测技术 diàncè jìshù Elektromesstechnik *f*

电厂 diànchǎng Elektrizitätswerk *n*

电场 diànchǎng elektrisches Feld

电场偏转 diànchǎng piānzhuǎn elektrische Ablenkung

电场强度 diànchǎng qiángdù elektrische Feldstärke; Elektrofeldstärke *f*

电唱机 diànchàngjī Plattenspieler *m*; elektrisches Grammofon

电车 diànchē（有轨） Straßenbahn *f*; Trambahn *f*；（无轨）Trolleybus *m*; Obus *m*; Tram *f*; elektrische Bahn

电秤 diànchèng Elektromesswagen *m*

电池 diànchí Batterie *f*; Zelle *f*; Akkumulator *m*

电池插头 diànchí chātóu Batteriestecker *m*

电池充电 diànchí chōngdiàn Batterieladung *f*

电池电压 diànchí diànyā Elementspannung *f*; Batteriespannung *f*

电池更换 diànchí gēnghuàn Batteriewechsel *m*

电池功率 diànchí gōnglù Batterieleistung *f*

电池接线 diànchí jiēxiàn Batterieverbinder *m*

电池容量 diànchí róngliàng Batteriekapazität *f*

电池容器 diànchí róngqì Zellengefäß *n*

电池线路 diànchí xiànlù Elementschaltung *f*

电池引线 diànchí yǐnxiàn Batterieleitung *f*

电池组 diànchízǔ Zellenreihe *f*; Batterie *f*; Elementgruppe *f*

电储热器 diànchǔrèqì elektrischer Wärmespeicher

电传 diànchuán telexen; Telex *n*

电传打字机 diànchuán dǎzìjī Fernschreiber *m*; Ticker *m*

电传动 diànchuándòng Elektrogetriebe *n*

电传声器 diànchuánshēngqì elektrischer Schallempfänger

电锤 diànchuí Elektrohammer *m*

电瓷 diàncí Elektroporzellan *n*

电磁泵 diàncíbèng elektromagnetische Pumpe; Elektromagnetpumpe *f*; Magnetpumpe *f*

电磁波 diàncíbō elektromagnetische Welle

电磁场 diàncíchǎng elektromagnetisches Feld; magnetisches Feld

电磁传动 diàncí chuándòng elektromagnetischer Antrieb

电磁单位 diàncí dānwèi elektromagnetische Einheit *f*

电磁的 diàncíde elektromagnetisch

电磁阀 diàncífá elektromagnetisch betätigtes Ventil; elektromagnetisch gesteuertes Ventil; Magnetventil *n*

电磁放大器 diàncí fàngdàqì galvanomagnetischer Verstärker

电磁分离器 diàncí fēnlíqì elektromagnetischer Abscheider

电磁感应 diàncí gǎnyìng elektromagnetische Induktion

电磁继电器 diàncí jìdiànqì elektromagnetisches Relais

电磁搅拌器 diàncí jiǎobànqì elektrisches Rührwerk

电磁开关 diàncí kāiguān elektromagnetischer Schalter; Transportmagnet *m*

电磁勘探 diàncí kāntàn elektromagnetisches Prospektieren

电磁控制器 diàncí kòngzhìqì elektromagnetische Steuerung

电磁离合器 diàncí líhéqì Elektromagnetkupplung *f*

电磁力 diàncílì elektromagnetische Kraft

电磁能 diàncínéng elektromagnetische Energie

电磁偏转 diàncí piānzhuǎn elektromagnetische Ablenkung

电磁体 diàncítǐ Elektromagnet *m*

电磁铁 diàncítiě Elektromagnet *m*

电磁线圈 diàncí xiànquān Elektrospule *f*; Magnetspule *f*

电磁学 diàncíxué Elektromagnetismus *m*

电磁振荡 diàncí zhèndàng elektromagnetische Schwingung

电导 diàndǎo Konduktanz *f*; Wirkleitwert *m*

电导率 diàndǎolǜ Einheitsleitwert *m*; spezifischer Leitwert; Leitfähigkeit *f*; Leitzahl *f*

电导体 diàndǎotǐ elektrischer Leiter

电导值 diàndǎozhí Leitungswert *m*; Leitwert *m*

电的 diànde elektrisch; galvanisch

电灯 diàndēng (elektrisches) Licht; elektrische Lampe

电灯泡 diàndēngpào Glühbirne *f*

电点火装置 diàndiǎnhuǒ zhuāngzhì elektrischer Zünder

电动 diàndòng Elektroantrieb *m*

电动扳手 diàndòng bānshǒu elektrischer Schlüssel

电动刨 diàndòngbào Hobelmaschine *f*; Hobelmaschine *f*

电动泵 diàndòngbèng Motorpumpe *f*

电动打字机 diàndòng dǎzìjī elektrische Schreibmaschine

电动的 diàndòngde dynamoelektrisch

电动车 diàndòngchē Elektrowagen *m*; elektrischer Wagen

电动滑阀 diàndòng huáfá Motorschieber *m*

电动给水泵 diàndòng jǐshuǐbèng Motorspeisepumpe *f*

电动工具 diàndòng gōngjù Elektrowerkzeug *n*

电动机 diàndòngjī Elektromotor *m*; Kraftmaschine *f*; elektrischer Motor

电动机的 diàndòngjīde elektromotorisch

电动机功率 diàndòngjī gōnglǜ Motorleistung *f*

电动机主轴 diàndòngjī zhǔzhóu Motorwelle *f*

电动机转换开关 diàndòngjī zhuǎnhuàn kāiguān Motorwähler *m*

电动继电器 diàndòng jìdiànqì elektrodynamisches Relais

电动卷绕机 diàndòng juànràojī elektrische Haspel

电动减速器 diàndòng jiǎnsùqì Motorgetriebe *n*

电动力 diàndònglì elektrodynamische Kraft

电动力学 diàndònglìxué Elektrodynamik *f*

电动汽车 diàndòng qìchē Elektromobil *n*; Elektrokraftwagen *m*; Elektroauto *n*

电动燃油泵 diàndòng rányóubèng Elektrokraftstoffpumpe *f*

电动湿度计 diàndòng shīdùjì elektrischer Luftfeuchtigkeitsmesser

电动势 diàndòngshì elektrokinetisches Potential; elektromotorische Kraft

D

D

电动调节器 diàndòng tiáojiéqì Motorsteller *m*

电动调整器 diàndòng tiáozhěngqì elektrischer Regler

电动效应 diàndòng xiàoyìng elektrokinetischer Effekt

电动转数表 diàndòng zhuànshùbiǎo das elektrische Drehzahlmesser

电度表 diàndùbiǎo Amperestundenzähler *m*; Elektrizitätszähler *m*; Abzählgerät *n*; Wattstundenzähler *m*

电镀 diàndù elektroplattieren; galvanisieren; Galvanisation *f*; Galvanisierung *f*; galvanische Abscheidung; galvanischer Niederschlag; elektrischer Niederschlag; Elektroplattierung *f*

电镀槽 diàndùcáo galvanisches Bad; Galvanisierbad *n*

电镀层 diàndùcéng galvanischer Niederschlag; galvanischer Überzug

电镀厂 diàndùchǎng Galvanisieranstalt *f*

电镀的 diàndùde galvanisch

电镀法 diàndùfǎ Plattierverfahren *n*; Galvanisierverfahren *n*

电镀滚筒 diàndù gǔntǒng Galvanisierungstrommel *f*

电镀炉 diàndùlú Galvanisierofen *m*

电镀学 diàndùxué Galvanik *f*

电费 diànfèi Strompreis *m*

电分析 diànfēnxī Elektroanalyse *f*

电负荷 diànfùhè elektrische Beanspruchung

电负载 diànfùzài elektrische Last

电感 diàngǎn Induktanz *f*; Reaktanz *f*

电感表 diàngǎnbiǎo Induktivitätsmesser *m*

电感测量仪 diàngǎn cèliángyí Induktivitätsmessgerät *n*

电感负载 diàngǎn fùzài induktive Belastung

电感回线 diàngǎn huíxiàn induktive Schleife

电感控制 diàngǎn kòngzhì induktive Steuerung

电感强度 diàngǎn qiángdù Induktionsstärke *f*

电感线圈 diàngǎn xiànquān Induktanzspule *f*

电工绝缘材料 diàngōng juéyuán cáiliào elektrotechnischer Isolierstoff

电工学 diàngōngxué Elektrotechnik *f*

电工学的 diàngōngxuéde elektrotechnisch

电工 diàngōng Elektrotechnik *f*; Elektrotechniker *m*; Elektriker *m*

电工产品 diàngōng chǎnpǐn Elektrowaren *pl*

电功率 diàngōnglù elektrische Leistung; Stromleistung *f*

电灌站 diànguànzhàn elektrisch betriebene Pumpstation

电光 diànguāng elektrisches Licht

电光性眼炎 diànguāngxìng yǎnyán Augenentzündung durch Blitzlicht

电焊 diànhàn elektrisches Schweißen; Elektroschweißung *f*; Elektroschweißen *n*; Elektrolötung *f*; Widerstandsschweißung *f*

电焊弧 diànhànhú Schweißlichtbogen *m*

电焊机 diànhànjī Elektroschweißmaschine *f*; elektrisches Lötgerät; elektrische Lötmaschine; Schweißmaschine *f*

电焊条 diànhàntiáo Elektrode *f*; Schweißelektrode *f*; Drahtelektrode *f*

D

电荷 diànhè elektrische Ladung

电荷存储管 diànhè cúnchǔguǎn Ladungsspeicherröhre *f*

电荷分布 diànhè fēnbù Ladungsverteilung *f*

电荷密度 diànhè mìdù Elektrizitätsdichte *f*; Ladungsdichte *f*; Beladungsdichte *f*

电烘箱 diànhōngxiāng elektrischer Wärmeschrank

电弧 diànhú Flammenbogen *m*

电弧电压 diànhú diànyā Bogenspannung *f*; Zündspannung *f*

电弧放电 diànhú fàngdiàn Bogenentladung *f*

电弧焊 diànhúhàn Bogenschweißung *f*

电弧炉 diànhúlú Lichtbogenofen *m*

电弧切割 diànhú qiēgē elektrisches Schneiden

电弧温度 diànhú wēndù Lichtbogentemperatur *f*

电化 diànhuà Elektrifizierung *f*

电化教育 diànhuà jiàoyù audiovisueller Unterricht; audiovisuelles Unterrichtsprogramm

电化学 diànhuàxué Elektrochemie *f*

电化学的 diànhuàxuéde elektrochemisch

电化学反应 diànhuàxué fǎnyìng elektrochemische Reaktion

电化学防腐 diànhuàxué fángfǔ elektrochemischer Schutz

电化学能 diànhuàxuénéng elektrochemische Energie

电化学试验 diànhuàxué shìyàn elektrochemische Prüfung

电话 diànhuà Telefon *n*; Fernsprecher *m*

电话的 diànhuàde fernmündlich

电话电缆 diànhuà diànlǎn Fernsprechkabel *n*

电话机 diànhuàjī Telefonapparat *m*; Fernsprecher *m*

电话机听筒 diànhuàjī tīngtǒng Hörer *m*

电话间 diànhuàjiān Zelle *n*

电话局 diànhuàjú Telefonamt *n*

电话装置 diànhuà zhuāngzhì Telefonanlage *f*

电汇 diànhuì telegrafische Überweisung; telegrafische Banküberweisung

电火花 diànhuǒhuā Funke *m*; elektrischer Funke; Elektrofunke *m*

电击 diànjī Blitzschlag *m*; Schock *m*

电机 diànjī Elektromaschine *f*; Motor *m*; elektrischer Motor; Dynamo *m*; Generator *m*; elektrische Maschine

电机的 diànjīde elektromaschinell

电机学 diànjīxué Elektromechanik *f*

电极 diànjí Elektrode *f*; elektrischer Pol

电极材料 diànjí cáiliào Elektrodenwerkstoff *m*

电极的 diànjíde elektrodisch

电极电位 diànjí diànwèi Elektrodenpotential *n*

电极化 diànjíhuà Polarisation *f*

电极阻抗 diànjí zǔkàng Elektrodenimpedanz *f*

电键 diànjiàn Telegrafentaste *f*; Morsetaste *f*; Drucktaste *f*; Schlüssel *m*; Taste *f*; Taster *m*; Tastgerät *n*; Zahlengeber *m*

电键按钮 diànjiàn ànniǔ Tastenknopf *m*

电键电路 diànjiàn diànlù Torschaltung *f*

电键盘 diànjiànpán Schlüsselbrett *n*

电解 diànjiě elektrolysieren; Elektrolyse *f*; elektrochemische Dissoziation

电解槽 diànjiěcáo Elektrolysenbad *n*; Elektrolysenbehälter *m*

电解池 diànjiěchí Zersetzungszelle *f*

电解的 diànjiěde elektrolytisch

电解电容器 diànjiě diànróngqì elektrolytischer Kondensator

电解法 diànjiěfǎ Elektrolyseverfahren *n*

电解粉 diànjiěfěn Elektrolytpulver *n*

电解焊 diànjiěhàn elektrolytisches Schweißen

电解还原 diànjiě huányuán elektrolytische Reduktion

电解抛光 diànjiě pāoguāng elektropolieren; Elektropolieren *n*

电解溶液 diànjiě róngyè Elektrolyt *m*

电解铜 diànjiětóng Elektrolytkupfer *n*; Kathodenkupfer *n*

电解析出 diànjiě xīchū herauselektrolysieren

电解效应 diànjiě xiàoyìng elektrolytischer Effekt

电解锌 diànjiěxīn Elektrolytzink *n*

电解液 diànjiěyè Elektrolyt *m*

电解银 diànjiěyín Elektrolytsilber *n*

电解整流器 diànjiě zhěngliúqì elektrolytischer Gleichrichter

电解质 diànjiězhì Elektrolyt *m*

电解装置 diànjiě zhuāngzhì elektrolytischer Apparat

电介质 diànjièzhì Dielektrikum *n*; Lauge *f*

电矩 diànjǔ elektrisches Moment

电锯 diànjù Elektrosäge *f*; elektrische Säge; Motorsäge *f*

电抗 diànkàng Reaktanz *f*; Reaktivität *f*; Blindwiderstand *m*

电抗的 diànkàngde reaktiv

电抗电路 diànkàng diànlù Reaktanzschaltung *f*; Reaktanzkreis *m*

电抗调制器 diànkàng tiáozhìqì Reaktanzmodulator *m*; Blindmodulator *m*

电抗二极管 diànkàng èrjíguǎn Reaktanzdiode *f*

电抗管 diànkàngguǎn Reaktanzröhre *f*; Blindröhre *f*; Kapazitanzröhre *f*

电抗滤波器 diànkàng lǜbōqì Reaktanzfilter *n/m*

电抗器 diànkàngqì Drossel *f*

电抗器电压 diànkàngqì diànyā Drosselspannung *f*

电抗器滤波器 diànkàngqì lǜbōqì Drosselkette *f*

电抗调制器 diànkàng tiáozhìqì Reaktanzmodulator *m*; Blindmodulator *m*

电抗线圈 diànkàng xiànquān Drosselspule *f*

电烤炉 diànkǎolú Elektrobackgerät *n*

电刻器 diànkèqì Elektrograf *m*

电控制 diànkòngzhì elektrische Steuerung

电喇叭 diànlǎba Hupe *f*

电缆 diànlǎn Kabel *n*

电缆槽 diànlǎncáo Kabelwanne *f*

电缆分线盒 diànlǎn fēnxiànhé Kabelabzweigdose *f*

电缆敷设 diànlǎn fūshè Kabelverlegung *f*

电缆护管 diànlǎn hùguǎn Kabelschutzrohr *n*

电缆护套 diànlǎn hùtào Kabelschutzhülle *f*

电缆架 diànlǎnjià Kabelgestell *n*

电缆设备 diànlǎn shèbèi Kabelgeschirr *n*

电缆隧道 diànlǎn suìdào Kabeltunnel *m*

电缆套管 diànlǎn tàoguǎn Kabelkupplung *f*

电缆通频带 diànlǎn tōngpíndài Kabeldurchlass *m*

电缆线路 diànlǎn xiànlù Kabelschaltung *f*; Spurlager des Kabels

电缆芯线 diànlǎn xīnxiàn Kabelleiter *m*; Kabelader *f*; Ader *f*

电缆终端 diànlǎn zhōngduān Kabelende *n*

电烙铁 diànlàotiě elektrisches Bügeleisen; elektrischer Lötkolben

电离 diànlí ionisieren; Ionisation *f*; Ionisierung *f*; elektrolytische Dissoziation

电离层 diànlícéng Isonenschicht *f*; Jonosphäre *f*

电离电流 diànlí diànliú Ionisationsstrom *m*

电离器 diànlíqì Ionisator *m*

电离势 diànlíshì Ionisationspotential *n*

电力 diànlì elektrische Kraft

电力传动 diànlì chuándòng elektrischer Antrieb; Kraftantrieb *m*

电力电缆 diànlì diànlǎn Kraftkabel *n*; Leistungskabel *n*

电力电容器 diànlì diànróngqì Leistungskondensator *m*

电力工程系 diànlì gōngchéngxì Abteilung für Elektrotechnik

电力供应 diànlì gōngyìng Stromabgabe *f*; Stromversorgung *f*; Elektrizitätsversorgung *f*

电力机车 diànlì jīchē elektrische Lokomotive *f*; Elektrolok *f*; E-Lok *f*

电力控制 diànlì kòngzhì elektrische Steuerung

电力起爆 diànlì qǐbào elektrische Zündung

电力起动 diànlì qǐdòng elektrisches Anlassen

电力输送 diànlì shūsòng elektrische Beförderung

电力网 diànlìwǎng Kraftnetz *n*; elektrisches Versorgungsentz; Energieversorgungsnetz *n*; Stromnetz *n*

电力线 diànlìxiàn elektrische Kraftlinie

电力蓄能 diànlì xùnéng elektrische Speicherung

电力学 diànlìxué Elektrodynamik *f*

电力装置 diànlì zhuāngzhì Kraftinstallation *f*

电量 diànliàng Elektrizitätsmenge *f*

电量计 diànliàngjì Voltameter *n*; Elektrizitätsmesser *m*

电疗 diànliáo Elektrotherapie *f*

电流 diànliú Strom *m*; elektrischer Strom

电流变换器 diànliú biànhuànqì Stromwechseler *m*

电流表 diànliúbiǎo Amperemeter *n*; Galvanometer *n*

电流测量 diànliú cèliáng Strommessung *f*

电流场 diànliúchǎng Stromfeld *n*

电流的 diànliúde galvanisch

电流分支 diànliú fēnzhī Stromabgabeableitung *f*

电流功率 diànliú gōnglǜ Stromleistung *f*

电流互感器 diànliú hùgǎnqì Stromwandler *m*

电流计 diànliújì Amperemeter *n*; Ammeter *n*; Strommesser *m*; Galvanometer *m/n*; Bussole *f*; Rheometer *n*

电流降 diànliújiàng Stromabnahme *f*

电流漏泄 diànliú lòuxiè Stromablei-

L

tung *f*

电流脉冲 diànliú màichōng Stromstoß *m*; Stromimpuls *m*

电流密度 diànliú mìdù Stromdichte *f*

电流面 diànliúmiàn Stromfläche *f*

电流能量 diànliú néngliàng Stromenergie *f*

电流强度 diànliú qiángdù Stromstärke *f*; Amperestärke *f*

电流输出 diànliú shūchū Stromabgabe *f*

电流输送 diànliú shūsòng Stromtransport *m*

电流束 diànliúshù Stromfaden *m*

电流损失 diànliú sǔnshī Stromverlust *m*

电流通路 diànliú tōnglù Strombahn *f*

电流图 diànliútú Strombild *n*

电流下降 diànliú xiàjiàng Sinken des Stroms

电流消耗 diànliú xiāohào Stromverbrauch *m*; Stromaufnahme *f*

电炉 diànlú elektrischer Ofen; elektrische Kochplatte; Elektrokocher *m*; Elektroofen *m*

电炉钢 diànlúgāng Elektrostahl *m*

电炉钢熔炼 diànlúgāng róngliàn Elektrostahlschmelzen *n*

电炉钢熔渣 diànlúgāng róngzhā Elektrostahlschlacke *f*

电路 diànlù Kreis *m*; Stromkreis *m*; Schaltung *f*; Kanal *m*; Leitung *f*

电路布线 diànlù bùxiàn Schaltungsanordnung *f*

电路断路器 diànlù duànlùqì Unterbrecher *m*

电路分析 diànlù fēnxī Schaltungsanalyse *f*

电路故障 diànlù gùzhàng Schaltungsfehler *m*

电路简图 diànlù jiǎntú Übersichtsschaltbild *n*

电路图 diànlùtú Schaltbild *n*; Schaltungsschema *n*; Schaltungszeichnung *f*; Schaltzeichnung *f*; Elektrodiagramm *n*; Schaltungen *f*

电路元件 diànlù yuánjiàn Stromkreiselement *n*

电码 diànmǎ Code/Kode *m*; Ziffernschrift *f*; Chiffreschrift *f*

电码组 diànmǎzǔ Kodegruppe *f*

电木 diànmù Bakelit *n*

电木漆 diànmùqī Bekelitlack *n*

电纳 diànnà 〈电〉 Blindleitwert *m*; Leitwert *m*

电脑 diànnǎo elektronisches Gehirn; Computer *m*; Elektrongehirn *n*

电脑版面 diànnǎo bǎnmiàn Computersatz *m*

电脑咖啡屋 diànnǎo kāfēiwū Internet-Café *n*; Cybercafé *n*

电脑搜寻(案犯) diànnǎo sōuxún (ànfàn) Computerfahndung *f*

电脑游戏 diànnǎo yóuxì Computerspiel *n*

电能 diànnéng Elektroenergie *f*; elektrische Energie

电能计算 diànnéng jìsuàn Stromabrechnung *f*

电凝(法) diànníng(fǎ) 〈医〉 Elektrokoagulation *f*

电钮 diànniǔ Knopf *m*; Taste *f*; Druckknopf *m*; Drucktaste *f*

电耦合 diàn'ǒuhé elektrische Kopplung

电偶极子 diàn'ǒujízǐ elektrischer Dipol

电耙 diànbà Schrapper *m*; elektrischer Kratzer; Kratzer *m*

电抛光 diànpāoguāng Elektroglänzen *n*; Elektrowischpolieren *n*

电平 diànpíng Pegel *m*

电平表 diànpíngbiǎo Pegelinstrument *n*

电平记录器 diànpíng jìlùqì Pegelschreiber *m*

电平调节器 diànpíng tiáojiéqì Pegelregler *m*

电平图 diànpíngtú Pegeldiagramm *n*

电瓶 diànpíng Batterie *f*

电瓶铲车 diànpíng chǎnchē Elektrohubkarren *m*

电瓶车 diànpíngchē Elektrokarre *f*

电起动 diànqǐdòng elektrisches Anlassen

电气 diànqì Elektrizität *f*

电气测波仪 diànqì cèbōyí elektrisches Wellenhöhemessgerät

电气的 diànqìde elektrisch

电气锻造 diànqì duànzào elektrisches Schmieden

电气化 diànqìhuà Elektrisierung *f*; Elektrifikation *f*; Elektrifizierung *f*

电气火车 diànqì huǒchē elektrische Lokomotive; Elektro-Lok mit Batterieantrieb

电气结构 diànqì jiégòu elektrischer Aufbau

电气设备 diànqì shèbèi Elektrik *f*; elektrische Anlage; elektrisches Betriebsmittel; elektrische Einrichtung; Elektrizitätseinrichtung *f*

电气石 diànqìshí Turmalin *m*

电气实验 diànqì shíyàn elektrische Prüfung

电气铁道 diànqì tiědào elektrische Bahn

电气液压传动 diànqì yèyā chuándòng elektrohydraulischer Antrieb

电器 diànqì Elektrogeräte *pl*

电桥 diànqiáo Brücke *f*

电桥臂 diànqiáobì Brückenarm *m*; Brückenzweig *m*

电桥电流 diànqiáo diànliú Brückenstrom *m*

电桥电路 diànqiáo diànlù Brückenschaltung *f*

电桥电压 diànqiáo diànyā Brückenspannung *f*

电桥平衡 diànqiáo pínghéng Brückenausgleich *m*; Brückenabgleich *m*; Brückengleichgewicht *n*

电桥限幅器 diànqiáo xiànfúqì Brücken-Begrenzerstufe *f*

电桥最大值 diànqiáo zuìdàzhí Brückenmaximum *n*; Brückenscheitel *m*

电切术 diànqiēshù 〈医〉 Elektrotomie *f*

电亲合力 diànqīnhélì Elektroaffinität *f*

电驱动 diànqūdòng elektrischer Antrieb

电热 diànrè Elektrowärme *f*; Elektrothermie *f*

电热当量 diànrè dāngliàng elektrisches Wärmeäquivalent

电热的 diànrède elektrokalorisch; elektrothermisch

电热锅炉 diànrè guōlú elektrischer Dampfkessel *m*

电热器 diànrèqì Elektroheizer *m*; Elektroerhitzer *m*

电热器具 diànrè qìjù Elektrowärmegerät *n*

电热丝 diànrèsī Heißdraht *m*

电热水装置 diànrèshuǐ zhuāngzhì elektrische Warmwasseranlage

电热毯 diànrètǎn Heizdecke *f*

电热学 diànrèxué Elektrothermik *f*; Elektrowärmetechnik *f*

电热元件 diànrè yuánjiàn Heizleiter

D

m

电容 diànróng Kapazitanz *f*; elektrische Kapazität; Kondensanz *f*; Ladungsvermögen *n*

电容分压器 diànróng fēnyāqì kapazitiver Spannungsteiler

电容话筒 diànróng huàtǒng Kondensatormikrofon *n*; Kondens-Mic *n*

电容计 diànróngjì Kapazitätsmesser *m*

电容量 diànróngliàng Ladefähigkeit *f*; Kondensatorkapazität *f*

电容量的 diànróngliàngde kapazitiv

电容器 diànróngqì Kondensator *m*; Elektrizitätssammler *m*

电容器点火 diànróngqì diǎnhuǒ Kondensatorzündung *f*

电容器功率 diànróngqì gōnglǜ Kondensatorleistung *f*

电容起动电动机 diànróng qǐdòng diàndòngjī Kondensatormotor *m*

电容试验 diànróng shìyàn Kapazitätsprobe *f*

电容值 diànróngzhí Kapazitätswert *m*

电栅栏 diànshānlán Elektrozaun *m*

电扇 diànshàn Ventilator *m*

电渗透 diànshèntòu Elektroosmose *f*

电渗析 diànshènxī Elektrodialyse *f*

电渗析器 diànshènxīqì Elektrodialysator *m*

电声的 diànshēngde elektroakustisch

电声学 diànshēngxué Elektroakustik *f*

电剩磁 diànshèngcí elektrische Remanenz

电石 diànshí Karbid *n*; Calciumcarbid/Kalziumkarbid *n*; Acetylen/Azetylen *n*

电石气 diànshíqì Azetylen *n*

电视 diànshì Fernsehen *n*; Television

f

电视波道 diànshì bōdào Fernsehkanal *m*

电视波段 diànshì bōduàn Fernsehband *n*

电视传送 diànshì chuánsòng Fernsehübertragung *f*; Fernsehübermittlung *f*

电视电话 diànshì diànhuà Bildtelefon *n*; Videogespräch *n*; Videofon *n*; Fernsehfernsprechen *n*

电视电话机 diànshì diànhuàjī Fernsehfernsprecher *m*

电视发射管 diànshì fāshèguǎn Fernsehsenderöhre *f*

电视发射机 diànshì fāshèjī Fernsehsender *m*

电视干扰 diànshì gānrǎo Fernsehstörung *f*

电视广播 diànshì guǎngbō Fernsehfunk *m*; Fernsehsendfunk *m*

电视机 diànshìjī Fernsehgerät *n*; Fernsehapparat *m*; Fernseher *m*

电视接收 diànshì jiēshōu Fernsehempfang *m*

电视接收机 diànshì jiēshōujī Fernsehempfänger *m*

电视聚焦显示器 diànshì jùjiāo xiǎnshìqì Fernsehfokusanzeiger *m*

电视广播卫星 diànshì guǎngbō wèixīng Fernsehenrundfunksatellit *m*

电视录像 diànshì lùxiàng Fernsehbildaufzeichnung *f*; Aufzeichnung von Fernsehsendungen

电视屏幕 diànshì píngmù Bildschirm *m*

电视扫描 diànshì sǎomiáo Fernsehabtastung *f*

电视设备 diànshì shèbèi Fernsehanlage *f*

电视摄像管 diànshì shèxiàngguǎn

Fernsehaufnahmeröhre *f*

电视摄像机 diànshì shèxiàngjī Fernsehaufnahmekamera *f*

电视实况转播 diànshì shíkuàng zhuǎnbō Fernsehübertragung *f*

电视摄影车 diànshì shèyǐngchē Fernsehaufnahmewagen *m*

电视摄像机 diànshì shèxiàngjī Fernsehkamera *f*; Elektronenkamera *f*

电视摄影机 diànshì shèyǐngjī Bildaufnahmeanlage *f*

电视塔 diànshìtǎ Fernsehturm *m*

电视天线 diànshì tiānxiàn Fernsehantenne *f*; Bildantenne *f*

电视图像 diànshì túxiàng Fernsehbild *n*

电视卫星 diànshì wèixīng Fernsehsatellit *m*

电视信号 diànshì xìnhào Fernsehsignal *n*

电视显像管 diànshì xiǎnxiàngguǎn Fernsehaufnahmeröhre *f*; Fernsehbildröhre *f*

电势 diànshì elektrisches Potential

电势差 diànshìchā Potenzialdifferenz *f*

电势的 diànshìde potentiell

电势计 diànshìjì Potentiometer *n*

电势降 diànshìjiàng Potenzialabfall *m*

电枢 diànshū Armatur *f*; Anker *m*

电枢冲压片 diànshū chōngyāpiàn Ankerblech *n*

电枢电流 diànshū diànliú Ankerstrom *m*

电枢绕组 diànshū ràozǔ Ankerwicklung *f*; Armaturenwicklung *f*

电枢绕组装置 diànshū ràozǔ zhuāngzhì Wickeleinrichtung *f*

电枢铁心 diànshū tiěxīn Ankerkern *n*

电枢线路电感 diànshū xiànlù diàngǎn Ankerkreisinduktivität *f*

电枢线圈 diànshū xiànquān Ankerspule *f*

电刷 diànshuā Bürste *f*; Abgreifer *m*; Kontrollbürste *f*; Schleiffeder *f*

电刷电流 diànshuā diànliú Bürstenstrom *m*

电刷电位 diànshuā diànwèi Bürstenpotential *n*

电刷火花 diànshuā huǒhuā Bürstenfunke *m*; Bürstenfeuer *n*

电刷架 diànshuājià Bürstenhalter *m*; Bürstenträger *m*

电刷控制 diànshuā kòngzhì Bürstensteuerung *f*

电刷整流格 diànshuā zhěngliúgé Bürstengatter *n*

电损耗 diànsǔnhào elektrischer Verlust

电台 diàntái Rundfunkstation *f*; Radiostation *f*; Sender *m*; Sendeempfangsgerät *n*; Sender-Empfänger *m*; Funktelefon *n*; Funksenderempfänger *m*

电梯 diàntī Lift *m*; Fahrstuhl *m*; Aufzug *m*

电调谐 diàntiáoxié elektrische Abstimmung

电通量 diàntōngliàng elektrischer Fluss

电透析 diàntòuxī Elektrodialyse *f*

电透析器 diàntòuxīqì Elektrodialysator *m*

电顽磁 diànwáncí elektrische Remanenz

电网 diànwǎng Stromnetz *n*; elektrischer Zaun

电网负载 diànwǎng fùzài Netzbelastung *f*

电位 diànwèi Potential *n*; elektrisches Potential

电位差 diànwèichā Potentialdifferenz *f*; Potentialunterschied *m*

电位的 diànwèide potentiell

电位分布 diànwèi fēnbù Potentialverteilung *f*

电位计 diànwèijì Potentialmeter *m*/*n*; Potentiometer *m*/*n*

电位降 diànwèijiàng Potentialabfall *m*; Potentialgefälle *n*

电位能 diànwèinéng Potentialenergie *f*

电位升高 diànwèi shēnggāo Potentialanhebung *f*

电位梯度 diànwèi tīdù Potentialgradient *m*; Potentialgefälle *n*; Gradient des Potentials

电位调节器 diànwèi tiáojiéqì Potentialregler *m*

电位图 diànwèitú Potentialbild *n*

电位位移 diànwèi wèiyí Potentialverschiebung *f*

电位移 diànwèiyí elektrische Verschiebung

电位值 diànwèizhí Potentialwert *m*

电温度计 diànwēndùjì Elektrowärmemesser *f*

电文 diànwén Wortlaut (Text) eines Telegramms

电吸尘器 diàn xīchénqì elektrischer Entstauber

电线 diànxiàn Leitung *f*; Draht *m*; Leitungsdraht *m*; elektrische Leitung

电线杆 diànxiàngān Mast *m*; Kabelmast *m*

电谐振 diànxiézhèn elektrische Resonanz

电信 diànxìn Fernmeldewesen *n*; Fernmeldeverkehr *m*; Fernverbin-

dung *f*; Telekommunikation *f*

电信号 diànxìnhào elektrisches Signal

电性钝性 diànxìng dùnxìng elektrochemische Passivität

电休克(疗法) diànxiūkè (liáofǎ) 〈医〉Elektroschock *m*

电休克器 diànxiūkèqì 〈医〉Elektroschockgerät *n*

电学 diànxué Elektrik *f*; Elektrizität *f*; Elektrizitätslehre *f*

电讯 diànxùn elektrischer Nachrichtendienst

电讯工程 diànxùn gōngchéng Nachrichtentechnik *f*

电讯网络 diànxùn wǎngluò PTT-Netz *n*

电影录像 diànyǐng lùxiàng Videofilm *m*

电压 diànyā elektrische Spannung; Spannung *f*

电压表 diànyābiǎo Spannungsmesser *m*; Voltmeter *n*

电压波动 diànyā bōdòng Spannungsschwankung *f*

电压差 diànyāchā Differenzspannung *f*; Spannungsdifferenz *f*

电压互感器 diànyā hùgǎnqì Spannungswandler *m*

电压回授 diànyā huíshòu Spannungsrückgang *m*

电压击穿 diànyā jīchuān Spannungsdurchschlag *m*

电压继电器 diànyā jìdiànqì Spannungsrelais *m*

电压降 diànyājiàng Spannungsabfall *m*; Sinken der Spannung

电压脉冲 diànyā màichōng Spannungsimpuls *m*; Spannungsstoß *m*

电压衰减 diànyā shuāijiǎn Spannungsschwächung *f*

电压谐振 diànyā xiézhèn Spannungsresonanz f

电压值 diànyāzhí Spannungshöhe f

电泳 diànyǒng Elektrophorese f; Kataphorese f

电泳现象 diànyǒng xiànxiàng 〈电〉 Elektrophorese f

电源 diànyuán Stromquelle f; Elektrizitätsquelle f; Netzanschluss m; Stromversorgung f; Netzanschlussgerät n

电源电压 diànyuán diànyā Netzspannung f; Anschlussspannung f; Batteriespannung f

电源管理 diànyuán guǎnlǐ Energieverwaltung f

电源缓冲的 diànyuán huǎnchōngde batteriegepuffert

电源开关 diànyuán kāiguān Netzschalter m; Netzumschalter m

电源内阻 diànyuán nèizǔ Innenwiderstand der Stromquelle

电源设备 diànyuán shèbèi Elektrizitätswerk n

电源调压器 diànyuán tiáoyāqì Netzspannungsregler m

电源线 diànyuánxiàn Netzleitung f

电源装置 diànyuán zhuāngzhì Batterie-Einheit f

电源组 diànyuánzǔ Batterie f

电影摄影机 diànyǐng shèyǐngjī Filmkamera f

电晕 diànyùn 〈电〉 Karona f

电晕防护 diànyùn fánghù Sprühschutz m

电晕放电 diànyùn fàngdiàn Sprühentladung f; Korona f

电晕场 diànyùnchǎng Sprühfeld n

电晕电压 diànyùn diànyā Glimmspannung f

电晕效应 diànyùn xiàoyìng Karona-effekt m

电熨斗 diànyùndòu elektrisches Bügeleisen

电灶 diànzào Elektroherd m

电渣焊 diànzhāhàn Elektro-Schlacke-Schweißung f

电渣焊机 diànzhāhànjī Elektro-Schlacke-Schweißgerät n

电闸 diànzhá Schalter m

电站 diànzhàn Stromwerk n; Kraftwerk n; Kraftstation f

电站设备 diànzhàn shèbèi Kraftwerksausrüstung f

电站引水渠道 diànzhàn yǐnshuǐ qúdào Zuleitungskananl zum Kraftwerk

电照明 diànzhàomíng elektrische Beleuchtung

电振荡 diànzhèndàng Oszillation f; elektrische Schwingung

电铸板 diànzhùbǎn Galvano n

电铸术 diànzhùshù Galvanotypie f

电子 diànzǐ Elektron n

电子报纸 diànzǐ bàozhǐ die elektronische Zeitung; die digitale Zeitung

电子表 diànzibiǎo Quarzuhr f

电子半径 diànzǐ bànjìng Elektronenradius m

电子倍增器 diànzǐ bèizēngqì Elektronenvervielfacher m

电子波 diànzǐbō Elektronenwelle f

电子出版物 diànzǐ chūbǎnwù E-Journal n

电子的 diànzǐde elektronisch

电子操纵 diànzǐ cāozòng elektronische Steuerorgane

电子发射 diànzǐ fāshè Elektronenabgabe f

电子放大器 diànzǐ fàngdàqì Elektronenverstärker m

D

电子工业 diànzǐ gōngyè Elektronenindustrie f

电子管 diànzǐguǎn Röhre f; Elektronenrohr n; Elektronenröhre f; Vakuumröhre f

电子管放大器 diànzǐguǎn fàngdàqì Röhrenverstärker m

电子光学 diànzǐ guāngxué Elektronenoptik f

电子轨道 diànzǐ guǐdào Elektronenbahn f

电子轨迹 diànzǐ guǐjī Elektronenbahn f; Flugbahn des Elektrons

电子轰击 diànzǐ hōngjī Elektronenbeschießung f; Beschuss mit Elektronen; Elektronenaufschlag m

电子回旋加速器 diànzǐ huíxuán jiāsùqì Mikrotron n; Betatron n; Elektronenschleuder f

电子计算穿孔机 diànzǐ jìsuàn chuānkǒngjī elektronischer Rechenlocher

电子计算机 diànzǐ jìsuànjī Computer m; Elektronenrechenmaschine f

电子计算机技术 diànzǐ jìsuànjī jìshù Computertechnik f

电子计算机模拟 diànzǐ jìsuànjī mónǐ Computersimulation f

电子计算机设备 diànzǐ jìsuànjī shèbèi Computeranlage f

电子计算机语言 diànzǐ jìsuànjī yǔyán Computersprache f

电子计算机诊断 diànzǐ jìsuànjī zhěnduàn Computerdiagnostik f

电子激励 diànzǐ jīlì elektronische Erregung

电子继电器 diànzǐ jìdiànqì Elektronenrelais n; elektronisches Relais

电子加速器 diànzǐ jiāsùqì Elektronenschleuder f; Elektronenbeschleuniger m; Elektronensynchrotron n

电子壳层 diànzǐ kécéng Elektronenhülle f

电子控制 diànzǐ kòngzhì elektronische Steuerung; elektronische Regelung

电子流 diànzǐliú Elektronenfluss m

电子流密度 diànzǐliú mìdù Elektronenstromdichte f

电子密度 diànzǐ mìdù Elektronendichte f

电子模拟计算机 diànzǐ mònǐ jìsuànjī elektrischer Analogrechner

电子能量 diànzǐ néngliàng Elektronenenergie f

电子漂移 diànzǐ piāoyí Elektronendrift f

电子碰撞 diànzǐ pèngzhuàng Elektronenaufprall m

电子钱包 diànzǐ qiánbāo der elektronische Geldbeutel

电子枪 diànzǐqiāng Strahlerzeuger m

电子扫描 diànzǐ sǎomiáo elektronische Abtastung

电子闪光 diànzǐ shǎnguāng Computerblitz m

电子闪光灯 diànzǐ shǎnguāngdēng Computerblitzleuchte f

电子商务 diànzǐ shāngwù E-Business n

电子射线 diànzǐ shèxiàn Elektronenstrahl m

电子射线管 diànzǐ shèxiànguǎn Bildröhre f

电子摄像管 diànzǐ shèxiàngguǎn Emitron n

电子示波器 diànzǐ shìbōqì Elektronenoszillograf m

电子束 diànzǐshù Strahl m; Elektronenstrahl m; Elektronenbündel n/m

电子束存储器 diànzǐshù cúnchǔqì

Elektronenstrahlbildspeicher *m*

电子数据处理 diànzǐ shùjù chǔlǐ elektronische Datenverarbeitung *f*

电子数据处理设备 diànzǐ shùjù chǔlǐ shèbèi elektronische Datenverarbeitungsanlage

电子数字计算机控制 diànzǐ shùzì jìsuànjī kòngzhì Kontrolle elektronischer Digitalrechner

电子调节器 diànzǐ tiáojiéqì elektronischer Regler

电子调谐 diànzǐ tiáoxié elektronische Abstimmung

电子透镜 diànzǐ tòujìng elektronenoptische Linse

电子微分分析机 diànzǐ wēifēn fēnxījī elektronischer Differentialanalysator

电子稳定器 diànzǐ wěndìngqì elektronischer Gleichhalter

电子稳压器 diànzǐ wěnyāqì elektronischer Spannungsgleichhalter

电子物理学 diànzǐ wùlǐxué Elektronenphysik *f*

电子显微镜 diànzǐ xiǎnwēijìng Elektronmikroskop *n*

电子显微镜图像 diànzǐ xiǎnwēijìng túxiàng elektronenmikroskopische Abbildung

电子显微术 diànzǐ xiǎnwēishù Elektronenmikroskopie *f*

电子学 diànzǐxué Elektronik *f*

电子学的 diànzǐxuéde elektronisch

电子衍射 diànzǐ yǎnshè Beugung der Elektronenstrahlen; Elektronenbeugung *f*

电子仪器 diànzǐ yíqì Elektronengerät *n*; elektronisches Messgerät; elektronisches Gerät

电子邮件 diànzǐ yóujiàn E-Mail *f*

电子邮件附件 diànzǐ yóujiàn fùjiàn

die Anlage zu E-Mail

电子邮件软件 diànzǐ yóujiàn ruǎnjiàn E-Mail-Programm *n*

电子邮箱地址 diànzǐ yóuxiāng dìzhǐ E-Mail-Adresse *f*

电子源 diànzǐyuán Elektronenquelle *f*

电子云 diànzǐyún Elektronenwolke *f*

电子账户 diànzǐ zhànghù das elektronische Konto

电子振荡 diànzǐ zhèndàng Elektronenschwingung *f*; Elektronenpendelung *f*

电子振荡器 diànzǐ zhèndàngqì Elektronenoszillator *m*

电子整流器 diànzǐ zhěngliúqì elektronischer Gleichrichter; Elektronengleichrichter *m*

电子支付手段 diànzǐ zhīfù shǒuduàn das elektronische Zahlungsmittel

电子转换器 diànzǐ zhuǎnhuànqì elektronischer Kommutator

电阻 diànzǔ Widerstand *m*; elektrischer Widerstand; Resistenz *f*

电阻比 diànzǔbǐ Widerstandsverhältnis *n*

电阻表 diànzǔbiǎo Widerstandsmesser *m*

电阻材料 diànzǔ cáiliào Widerstandswerkstoff *m*

电阻测温计 diànzǔ cèwēnjì Widerstandsthermometer *n*

电阻测量 diànzǔ cèliáng Widerstandsmessung *f*

电阻发送器 diànzǔ fāsòngqì Widerstandsgeber *m*

电阻分压器 diànzǔ fēnyāqì ohmscher Spannungsteiler

电阻负载 diànzǔ fùzài ohmsche Belastung

电阻级 diànzǔjí Widerstandsstufe *f*

电阻节 diànzǔjié Widerstandsstufe *f*

电阻－晶体管逻辑 diànzǔ-jīngtǐguǎn luójí Widerstand-Transistor-Logik *f*

电阻率 diànzǔlǜ Widerstandsfähigkeit *f*; spezifischer Widerstand; Leitungswiderstand *m*

电阻耦合 diànzǔ ǒuhé Widerstandskopplung *f*; ohmische Kopplung

电阻耦合放大器 diànzǔ ǒuhé fàngdàqì widerstandsgekoppelter Verstärker; Widerstandsverstärker *m*

电阻器 diànzǔqì Widerstand *m*; Widerstandsapparat *m*; Rheostat *m*

电阻热 diànzǔrè Widerstandswärme *f*

电阻升高 diànzǔ shēnggāo Widerstandserhöhung *f*

电阻衰减 diànzǔ shuāijiǎn Widerstandsdämpfung *f*

电阻丝 diànzǔsī Heißdraht *m*; Heizleiter *m*; Widerstandsdraht *m*

电阻损耗 diànzǔ sǔnhào Widerstandsverlust *m*

电阻网络 diànzǔ wǎngluò Widerstandsnetzwerk *n*

电阻温度计 diànzǔ wēndùjì Widerstandsthermometer *n/m*

电阻系数 diànzǔ xìshù Widerstandsfaktor *m*; Widerstandszahl *f*; Widerstandsbeiwert *m*

电阻线圈 diànzǔ xiànquān Widerstandsrolle *f*; Widerstandswicklung *f*

电阻箱 diànzǔxiāng Rheostat *m*

电阻值 diànzǔzhí Widerstandswert *m*

电钻 diànzuàn Elektrobohrer *m*; elektrischer Bohrer

淀粉 diànfěn Stärke *f*; Amylum *n*

淀粉酶 diànfěnméi Amylase *f*

垫板 diànbǎn Dichtung *f*; Unterscheibe *f*; Blattstück *n*

垫块 diànkuài Abstandsstück *n*

垫片 diànpiàn Blechauflage *f*; Zwischenstück *n*; Abstandscheibe *f*; Distanzscheibe *f*

垫圈 diànquān Scheibe *f*; Dichtung *f*; Abdichtung *f*; Einsatzdichtung *f*; Einlage *f*; Zwischenring *n*; Unterscheibe *f*; Ausfüllblock *m*; Futterscheibe *f*

凋谢 diāoxiè verwelken und abfallen; sterben

貂皮 diāopí Zobelpelz *m*

雕刻 diāokè gravieren; meißeln; schnitzen; Schnitzerei *f*

雕刻刀 diāokèdāo Stichel *m*

雕刻机 diāokèjī Graviermaschine *f*

雕刻铣床 diāokè xǐchuáng Gravierfräsmaschine *f*

雕刻铣刀 diāokè xǐdāo Gravierfräser *m*

雕塑的 diāosùde plastisch

吊车 diàochē Kran *m*; Haken *m*; Aufzug *m*

吊车架 diàochējià Krangerüst *n*

吊斗 diàodǒu Schöpflöffel *m*

吊耳 diàoěr Aufzug *m*; Aufhängeöse *f*

吊杆 diàogān Ladebaum *m*; Gehänge *n*

吊环 diàohuán Aufzug *m*; Öse *f*

吊架 diàojià Hänger *m*; Hängegerüst *n*

吊桥 diàoqiáo Hängebrücke *f*; Zugbrücke *f*; Aufziehbrücke *f*; Kettenbrücke *f*

吊索 diàosuǒ Tragkraftseil *n*

吊闸 diàozhá Fallgatter *n*

调查 diàochá erforschen; untersuchen; nachforschen; Untersuchungen anstellen

调车轨道 diàochē guǐdào Rangiergleis m

调车机车 diàochē jīchē Rangierlokomotive f

调出 diàochū aufrufen

调出指令 diàochū zhǐlìng Aufruf m

调度 diàodù abfertigen; verwalten; Fahrdienstleiter m

调度程序 diáodù chéngxù Ablaufplaner m

调度计算机 diàodù jìsuànjī Dispositionsrechner m

调轨 diàoguǐ Rangierdienst m

调换 diàohuàn wechseln; tauschen; austauschen; auswechseln

调配 diàopèi etw. herbeischaffen und verteilen

调入 diàorù Abruf m

调入子程序 diàorù zǐchéngxù Anruf des Unterprogramms

调入位 diàorùwèi 〈计〉 Rufbit n

调用程序 diàoyòng chéngxù Aufrufprogramm n

调用寄存器 diàoyòng jìcúnqì Abrufregister n

调用位置 diàoyòng wèizhì Aufrufstelle f

调用信息 diàoyòng xìnxī Informationen abrufen

调用指令 diàoyòng zhǐlìng 〈计〉 Rufbefehl m; Rufbeauftragung f

迭代参数 diédài cānshù 〈计〉 Iterationsparameter m

迭代地址 diédài dìzhǐ iterierte Adresse

迭代法 diédàifǎ 〈计〉 Iteration f

迭代循环 diédài xúnhuán Iterationszyklus m

迭代指数 diédài zhǐshù 〈计〉 Iterationsindex m

迭接的 diéjiēde iterativ

迭片 diépiàn Lamelle f

叠板 diébǎn gedoppeltes Blech

叠氮化物 diédànhuàwù 〈化〉 Azid n

叠氮基 diédànjī 〈化〉 Azidgruppe f

叠合 diéhé Deckung f

叠加电流 diéjiā diànliú überlagerter Strom

叠加定理 diéjiā dìnglǐ Überlagerungssatz m

叠加频率 diéjiā pínlǜ Überlagerungsfrequenz f

叠片铁心 diépiàn tiěxīn Blechkern m; geblätterter Eisenkern

碟形的 diéxíngde tellerförmig

碟形砂轮 diéxíng shālún Tellerschleifscheibe f

碟形弹簧 diéxíng tánhuáng Tellerfeder f

蝶形阀 diéxíngfá Schmetterlingsventil n

蝶形回路 diéxíng huílù Schmetterlingskreis m

丁坝 dīngbà Querbauwerk n; Schlenge f; Schlechte f; Wuhre f; Benne f; Buhne f

丁醇 dīngchún 〈化〉 Butylalkohol m

丁二烯 dīngèrxī 〈化〉 Butadien n

丁二烯橡胶 dīngèrxī xiàngjiāo Butadienkautschuk m; BR（英，= butadiene rubber）

丁基 dīngjī 〈化〉 Butyl n

丁基橡胶 dīngjī xiàngjiāo Butylkautschuk m

丁间醇醛 dīngjiānchúnquán 〈化〉 Aldol m

丁烷 dīngwán Butan n

丁烯 dīngxī Buten n

D

丁酸 dīngsuān Buttersäure *f*

丁香 dīngxiāng Flieder *m*

丁字尺 dīngzìchǐ Reißschiene *f*; Kreuzwinkel *m*

丁字铁 dīngzìtiě T-Eisen *n*

钉 dīng Stift *m*; Nagel *m*

钉锤 dīngchuí Tischlerhammer *m*; Klauenhammer *m*; Nagelhammer *m*; Hammer *m*

钉子 dīngzi Nagel *m*; unerwartete Behinderung; Sabotage *f*

顶板 dǐngbǎn Bedachung *f*; Hangende *n*; Dach *n*

顶部 dǐngbù Oberteil *n*

顶吹 dǐngchuī〈冶〉Aufblasen *n*

顶吹法 dǐngchuīfǎ〈冶〉Aufblasverfahren *n*

顶点 dǐngdiǎn Spitze *f*; Gipfel *m*; Zenit *m*; Scheitelpunkt *m*; Höhepunkt *m*; Pol *m*

顶杆 dǐnggǎn Stab *m*; Drückstift *m*

顶骨 dǐnggǔ Scheitelbein *n*

顶角 dǐngjiǎo Zenitwinkel *m*

顶尖夹具 dǐngjiān jiājù Spitzenspannvorrichtung *f*

顶梁 dǐngliáng Kappe *f*; Hahnenbalken *m*

顶梁柱 dǐngliángzhù Hauptpfeiler *m*; Hauptstütze *f*

顶料器 dǐngliàoqì Auswerfer *m*

顶针 dǐngzhēn Fingerhut *m*

顶柱 dǐngzhù Verdrängerskolben *m*

顶锥 dǐngzhuī Kopfkegel *m*

订立 dìnglì schließen; abschließen

定标 dìngbiāo Abmarkung *f*

定标杆 dìngbiāogān Abgebepfahl *m*

定波 dìngbō stehende Welle

定次序 dìngcìxù Gradation *f*

定点 dìngdiǎn Festkomma *n*; Festpunkt *m*

定点数 dìngdiǎnshù Festkommagrö-ße *f*

定点运算 dìngdiǎn yùnsuàn Festkommarechnung *f*

定额 dìng'é Quote *f*

定方位 dìngfāngwèi navigieren; anpeilen

定购 dìnggòu bestellen; einen Lieferauftrag erteilen; System der festgelegten Einkaufsquoten

定滑轮 dìnghuálún fester Flaschenzug; feste Rolle; Festrolle *f*

定积分 dìngjīfēn bestimmtes Integral

定价 dìngjià Preis festsetzen; festgesetzter Preis; Katalogpreis *m*

定界符 dìngjièfú Begrenzungssymbol *n*

定理 dìnglǐ Satz *m*; Theorem *n*; Lehrsatz *m*; Axiom *n*

定量的 dìngliàngde quantitativ

定量分析 dìngliàng fēnxī quantitative Analyse

定量供给泵 dìngliàng gōngjǐbèng Dosierpumpe *f*

定论 dìnglùn endgültige Beurteilung

定律 dìnglǜ Gesetz *n*; Regel *f*

定模装置 dìngmó zhuāngzhì Formaufnahme *f*

定片 dìngpiàn〈电〉Ständer *m*; Stator *m*

定期的 dìngqīde periodisch; regelmäßig

定期航道 dìngqī hángdào periodischer Wasserlauf

定期检修 dìngqī jiǎnxiū präventive Instandhaltung

定时断路器 dìngshí duànlùqì Schaltuhr *f*

定时机构 dìngshí jīgòu Zeitwerk *n*

定时开关 dìngshí kāiguān Zeitschalter *m*; Schaltuhr *f*

定时雷管 dìngshí léiguǎn Zeitzünder *m*

定时器 dìngshíqì Zeitgeber *m*; Zeitwerk *n*; Zeitwächter *m*; Intervallschalter *m*

定时系统 dìngshí xìtǒng Zeitsystem *n*

定时炸弹 dìngshí zhàdàn Zeitbombe *f*

定位 dìngwèi orientieren; positionieren; Ortsbestimmung *f*; Orientierung *f*; Ortung *f*; Positionieren *n*; Lagebestimmung *f*; Lokalisierung *f*; Positionierung *f*

定位尺寸 dìngwèi chǐcùn Einstellmaß *n*

定位点 dìngwèidiǎn Ortungspunkt *m*

定位杆 dìngwèigān Einstellhebel *m*

定位规 dìngwèiguī Einstelllehre *f*

定位环 dìngwèihuán Stellring *m*; Feststellring *m*

定位键 dìngwèijiàn Positionstaste *f*

定位角 dìngwèijiǎo Anstellungwinkel *m*

定位精度 dìngwèi jīngdù Einstellgenauigkeit *f*; Positionsgenauigkeit *f*

定位螺钉 dìngwèi luódīng Stellschranbe *f*; Verstellschraube *f*

定位螺栓 dìngwèi luóshuān Feststellschraube *f*

定位脉冲 dìngwèi màichōng Ortungsimpuls *m*

定位器 dìngwèiqì Standanzeiger *m*; Ortungsgerät *n*; Peilanlage *f*

定位天线 dìngwèi tiānxiàn Ortungsantenne *f*

定位调节器 dìngwèi tiáojiéqì Positionsregler *m*

定位系统 dìngwèi xìtǒng Positioniersystem *n*; Positionierungssystem *n*

定位线 dìngwèixiàn Ortungslinie *f*; Standlinie *f*; Positionslinie *f*

定位销 dìngwèixiāo Fixierstift *m*; Sperrklinke *f*; Haltestück *n*; Haltestift *m*; Raststift *m*; Anlagestift *m*; Einlegestift *m*

定位仪 dìngwèiyí Ortungsgerät *n*; Ortungsinstrument *n*

定位指令 dìngwèi zhǐlìng Positionierungsbefehl *m*

定向 dìngxiàng orientieren; Peilung *f*; Orientierung *f*

定向点 dìngxiàngdiǎn Orientierungspunkt *m*

定向辐射 dìngxiàng fúshè Richtstrahlung *f*

定向反射 dìngxiàng fǎnshè gerichtete Reflexion

定向火箭 dìngxiàng huǒjiàn Lenkrakete *f*

定向接收 dìngxiàng jiēshōu gerichteter Empfang

定向脉冲 dìngxiàng màichōng Richtimpuls *m*

定向脉冲元件 dìngxiàng màichōng yuánjiàn Richtimpulseinheit *f*

定向耦合器 dìngxiàng ǒuhéqì Richtungskoppler *m*

定向天线 dìngxiàng tiānxiàn Richtantenne *f*; gerichtete Antenne

定销 dìngxiāo das System festgelegter Absatzquoten

定心顶尖 dìngxīn dǐngjiān Zentrierspitze *f*

定心环 dìngxīnhuán Zentrierring *m*; Zentrierungsring *m*

定心孔 dìngxīnkǒng Zentrierloch *n*

定心锥 dìngxīnzhuī Zentrierkegel *m*

定型冲模 dìngxíng chòngmú Formstanze *f*

定性的 dìngxìngde qualitativ

定性反应 dìngxìng fǎnyìng qualitative Reaktion

定性分析 dìngxìng fēnxī qualitative Analyse

定义 dìngyì Definition *f*

定影剂 dìngyǐngjì Fixiermittel

定影液 dìngyǐngyè Fixierlösung *f*

定址 dìngzhǐ Adressierung *f*

定中心 dìngzhōngxīn Zentrierung *f*

定中心器 dìngzhōngxīnqì Zentrierapparat *m*

定子 dìngzǐ Stator *m*; Ständer *m*

定子绕组 dìngzǐ ràozǔ Ständerwicklung *f*; Statorwicklung *f*

锭 dìng Zain *m*

锭模 dìngmú Zainform *f*; Kokille *f*

锭子 dìngzǐ 〈纺〉 Spindel *f*

东经 dōngjīng östliche Länge

冬季灌溉 dōngjì guàngài Winterbewässerung *f*

冬眠 dōngmián Winterschlaf *m*; Hibernation *f*

冬汛 dōngxùn Winterhochwasser *n*

冬至 dōngzhì Wintersonnenwende *f*

氡 dōng Radon *n*

动产 dòngchǎn Mobilien *pl*; bewegliche Güter

动触点 dòngchùdiǎn beweglicher Kontakt

动电学 dòngdiànxué Elektrokinetik *f*

动态电容 dòngtài diànróng dynamische Kapazität

动滑轮 dònghuálún Losscheibe *f*; lose Rolle

动画媒体 dònghuà méitǐ animiertes Media

动力 dònglì Antriebskraft *f*; Energie *f*; Triebkraft *f*; Antrieb *m*

动力参数 dònglì cānshù dynamischer Parameter

动力传动 dònglì chuándòng Kraftantrieb *m*

动力传感器 dònglì chuángǎnqì Kraftmessdose *f*

动力单位 dònglì dānwèi Krafteinheit *f*

动力的 dònglìde dynamisch

动力锅炉 dònglì guōlú Kraftwerkskessel *m*

动力机 dònglìjī Kraftmaschine *f*

动力开关 dònglì kāiguān Kraftschalter *m*

动力黏度 dònglì niándù dynamische Viskosität

动力气象学 dònglì qìxiàngxué dynamische Meteorologie

动力燃料 dònglì ránliào Triebstoff *m*; Treibsatz *m*

动力试验 dònglì shìyàn dynamischer Versuch; dynamische Prüfung

动力水流量 dònglì shuǐliúliàng Triebwasserabfluss *m*; Triebwassermenge *f*

动力水水位 dònglìshuǐ shuǐwèi Triebwasserspiegel *m*

动力(学)系统 dònglì(xué) xìtǒng dynamisches System

动力相似 dònglì xiāngsì dynamische Ähnlichkeit

动力效应 dònglì xiàoyìng dynamische Wirkung

动力学 dònglìxué Dynamik *f*; Kinetik *f*; Bewegungslehre *f*

动力学的 dònglìxuéde dynamisch; kinetisch

动力油 dònglìyóu Treiböl *n*

动力站 dònglìzhàn Kraftwerk *n*

动力装置 dònglì zhuāngzhì Kraftanlage *f*

动量 dòngliàng Bewegungsgröße *f*; Momentum *n*; Wucht *f*

动量定理 dòngliàng dìnglǐ Momentensatz *m*

动脉 dòngmài Pulsader *f*; Schlagader *f*; Arterie *f*

动脉炎 dòngmàiyán Arteriitis *f*

动脉瘤 dòngmàiliú Aneurysma *n*

动脉硬化 dòngmài yìnghuà Arterienverkalkung *f*

动脉硬化症 dòngmài yìnghuàzhèng Arterienverkalkung *f*; Arteriosklerose *f*

动能 dòngnéng Bewegungsenergie *f*; kinetische Energie; Wucht *f*

动配合 dòngpèihé Spielpassung *f*; Bewegungssitz *m*

动平衡 dòngpínghéng dynamische Auswuchtung; dynamisches Gleichgewicht

动平衡比 dòngpínghéngbǐ dynamisches Gleichgewichtsverhältnis

动平衡机 dòngpínghéngjī dynamische Auswuchtmaschine

动平衡试验 dòngpínghéng shìyàn Auswuchtprüfung *f*

动圈 dòngquān Drehspule *f*

动圈式电表 dòngquānshì diànbiǎo Drehspulelektrometer *n*

动圈式检流计 dòngquānshì jiǎnliújì Drehspulgalvanometer *n*

动圈式仪表 dòngquānshì yíbiǎo Drehspulgerät *n*

动水压力 dòngshuǐ yālì Druck der strömenden Flüssigkeit

动态参数 dòngtài cānshù dynamischer Parameter

动态存储 dòngtài cúnchǔ dynamische Speicherung

动态存储器 dòngtài cúnchǔqì dynamischer Speicher

动态电感 dòngtài diàngǎn dynamische Induktivität

动态缓冲存储 dòngtài huǎnchōng cúnchǔ dynamische Pufferung

动态回复 dòngtài huífù dynamische Erholung

动态平衡 dòngtài pínghéng bewegliches Gleichgewicht; dynamisches Gleichgewicht

动态曲线 dòngtài qūxiàn dynamische Kurve

动态调谐 dòngtài tiáoxié dynamische Abstimmung

动态误差 dòngtài wùchā dynamischer Fehler

动态子程序 dòngtài zǐchéngxù dynamisches Teilprogramm; dynamisches Unterprogramm

动态阻抗 dòngtài zǔkàng dynamische lmpedanz

动物 dòngwù Tier *n*

动物地理学 dòngwù dìlǐxué Tiergeografie *f*

动物化石 dòngwù huàshí Tierversteinerung *f*; Tierfossil *n*

动物学 dòngwùxué Tierkunde *f*; Zoologie *f*

动物学家 dòngwùxuéjiā Zoologe *m*

动物脂肪 dòngwù zhīfáng tierisches Fett; Tierfett *n*

动作 dòngzuò Bewegung *f*

动作时间 dòngzuò shíjiān Ansprechzeit *f*

冻疮 dòngchuāng Frostbeule *f*

冻点 dòngdiǎn Frierpunkt *m*; Erstarrungspunkt *m*

冻胶 dòngjiāo Gallert *n*

冻结 dòngjié frieren; gefrieren; erstarren; einfrieren; erfrieren

斗式升降机 dòushì shēngjiàngjī Becherelevator *m*

斗式输送机 dòushì shūsòngjī Becherförderer *m*; Becherwerk *n*

L

D

斗式提升机 dòushì tíshēngjī Becher-schöpfwerk *n*; Becherelevator *m*

陡坡 dǒupō jäher Abhang; steiler Abhang

陡崖 dǒuyá Palisaden *f*

痘苗 dòumiáo Pocken-Vakzine *f*; Blatternvakzine *f*; Pockenlymphe *f*

独立车轮悬挂 dúlì chēlún xuánguà Einzelradaufhängung *f*; achslose Radaufhängung

独立的 dúlìde selbständig; unabhängig

独立配电盘 dúlì pèidiànpán frei-stehende Tafel

独立性 dúlìxìng Unabhängigkeit *f*

独立悬挂 dúlì xuánguà unabhängige Aufhängung

独特的 dútède eigentümlich

毒理学 dúlǐxué Toxikologie *f*

毒品 dúpǐn Rauschmittel *pl*; Drogen *pl*

毒气 dúqì Giftgas *n*

毒气弹 dúqìdàn Gasbombe *f*

毒物 dúwù Gift *n*

毒物含量 dúwù hánliàng Giftgehalt *m*

毒物学 dúwùxué Toxikologie *f*

毒效应 dúxiàoyìng 〈医〉 Giftwirkung *f*

毒性的 dúxìngde toxisch

毒血症 dúxiězhèng Blutvergiftung *f*; Toxikämie *f*

读出 dúchū ablesen; ausgeben; Ab-lesen *n*

读出存储器 dúchū cúnchǔqì Aus-lesespeicher *m*

读出放大器 dúchū fàngdàqì Lese-verstärker *m*; Abfühlverstärker *m*

读出速度 dúchū sùdù Leserate *f*; Lesegeschwindigkeit *f*

读出信息的容量 dúchū xìnxīde róngliàng Abtastkapazität *f*

读卡机 dúkǎjī Kartenabtaster *m*

读取 dúqǔ ablesen

读入 dúrù einlesen

读入程序 dúrù chéngxù Einlesepro-gramm *n*

读数 dúshù ablesen; Anzeige *f*; Ablesung *f*

读数磁道 dúshù cídào Abfühlbahn *f*

读数精度 dúshù jīngdù Ablesungs-genauigkeit *f*

读数刻线 dúshù kèxiàn Ablese-strich *m*

读数盘 dúshùpán Ablesescheibe *f*

读数器 dúshùqì Leser *m*

读数误差 dúshù wùchā Ablesungs-fehler *m*

读数线 dúshùxiàn Ablesestrich *m*

读数值 dúshùzhí Ablesewert *m*

读头 dútóu 〈计〉 Lesekopf *m*

读写磁头 dúxiě cítóu Leseschreib-kopf *m*

读语句 dúyǔjù 〈计〉 Leseanweisung *f*; READ-Anweisung *f*

堵塞 dǔsè verstopfen; stopfen; an-stauen; zustopfen; versperren; Anstauung *f*; Verstopfung *f*

堵头 dǔtóu Verschlussstopfen *m*

堵住 dǔzhù abdämmen

杜冷丁 dùlěngdīng Dolantin *n*

肚脐 dùqí Nabel *m*

度 dù Grad *m*

度量 dùliáng messen; ausmessen; Großmut *m*; Toleranz *f*

度量衡 dùliànghéng Größe; Menge und Gewicht; Gewichts- und Men-genmaße

度数 dùshù Grad *m*; Skalenwert *m*; Gradigkeit *f*

镀 dù plattieren; Plattierung *f*

镀层 dùcéng Plattierungsschicht *f*; Auftrag *m*; Haut *f*; Auflage *f*

镀铬 dùgè verchromen; Verchromung *f*

镀铬槽 dùgècáo Chrombad *n*

镀铬层 dùgècéng Chromatschicht *f*; Chromüberzug *m*

镀铬缸套 dùgè gāngtào verchromte Zylinderbüchse

镀金 dùjīn vergolden; Vergoldung *f*; Vergolden *n*; Goldauflage *f*

镀铝 dùlǚ veraluminieren

镀镍 dùniè vernickeln; mit Nickel belegen; Vernickeln *n*

镀青铜 dùqīngtóng Bronzeplattieren *n*

镀铜 dùtóng Aufkupferung *f*

镀铜线 dùtóngxiàn verkupferter Draht *m*

镀锡 dùxī verzinnen; Verzinnen *n*; Zinnüberzug *m*

镀锡铁皮 dùxī tiěpí verzinntes Blech

镀锌 dùxīn verzinken; Verzinken *n*; Galvanisieren *n*

镀锌导线 dùxīn dǎoxiàn verzinkter Draht

镀锌铁皮 dùxīn tiěpí verzinkter Blech

镀锌线 dùxīnxiàn galvanisierter Draht *m*

镀银 dùyín versilbern; Versilbern *n*

端盖 duāngài Klemmendeckel *m*

端面 duānmiàn Stirnseite *f*; Stirnfläche *f*

端面车床 duānmiàn chēchuáng Plandrehbank *f*

端面车刀 duānmiàn chēdāo Plandrehstahl *m*; Abflächstahl *m*

端面径节 duānmiàn jìngjié Diametralpitch im Stirnschnitt

端面模数 duānmiàn móshù Stirnmodul *m*

端面磨削 duānmiàn móxiāo Stirnschleifen *n*

端面跳动 duānmiàn tiàodòng Planlauffehler *m*

端面跳动检验 duānmiàn tiàodòng jiǎnyàn Planlaufprüfung *f*

端跳 duāntiào Planlauf *m*; Planlauffehler *m*

端跳公差 duāntiào gōngchā Planlauftoleranz *f*

端轴承 duānzhóuchéng Zapfenlager *n*; Stützlager *n*

端子 duānzǐ Terminal *n*; Klemme *f*

端子板 duānzǐbǎn Klemmenbrett *n*; Klemmbrett *n*; Klemmbacke *f*

短波 duǎnbō Kurzwelle *f*; kurze Welle

短波波段 duǎnbō bōduàn Kurzwellenband *n*; kurzwelliger Bereich

短波发射机 duǎnbō fāshèjī Kurzwellensender *m*

短程 duǎnchéng kurze Entfernung; kurze Reichweite; Kurzstrecke *f*

短冲程发动机 duǎnchōngchéng fādòngjī Kurzhubmotor *m*

短路 duǎnlù kurzschließen; verkürzen; Kurzschluss *m*; Kurzschaltung *f*; Kurzschließen *n*

短路保护 duǎnlù bǎohù Kurzschlussschutz *m*

短路保险丝 duǎnlù bǎoxiǎnsī Kurzschlusssicheung *f*

短路冲击电流 duǎnlù chōngjī diànliú Stoßkurzschlussstrom *m*

短路的 duǎnlùde kurzgeschlossen

短路电流 duǎnlù diànliú Kurzschlussstrom *m*

短路电路 duǎnlù diànlù Kurzschlussstromkreis *m*

短路电刷 duǎnlù diànshuā Kurzschlussbürste *f*

D

短路电压 duǎnlù diànyā Kurzspannung *f*; Kurzschlussspannung *f*

短路开关 duǎnlù kāiguān Kurzschlussschaltung *f*

短路熔断器 duǎnlù róngduànqì Kurzschlusssicherung *f*

短螺纹铣床 duǎnluówén xǐchuáng Kurzgewindefräsmaschine *f*

短焦距物镜 duǎnjiāojù wùjìng kurzbrennweitiges Objektiv

短期的 duǎnqīde kurzfristig

短纤维 duǎnxiānwéi kurze Faser

(手机)短信息 (shǒujī) duǎnxìnxī SMS *f*; MMS *f*; Kurzmitteilung *f*

短信息语言 duǎnxìnxī yǔyán SMS-Sprache *f*

短轴 duǎnzhóu Nebenachse *f*; kleine Achse

断层 duàncéng Absprung *m*; Bruch *m*; Verwerfung *f*; Abschiebung *f*; Ablagerungsstörung *f*

断层带 duàncéngdài Bruchzone *f*; Bruchfeld *n*

断层地带 duàncéng dìdài Abbruchzone *f*

断层地震 duàncéng dìzhèn Bruchbeben *n*

断层谷 duàncénggǔ Bruchtal *n*

断层面 duàncéngmiàn Bruchfläche *f*; Bruchquerschnitt *m*; Verwerfungsebene *f*

断层线 duàncéngxiàn Verwerfungslinie *f*; Bruchlinie *f*

断电 duàndiàn Stromausfall *m*; Netzausfall *m*; Stromabschaltung *f*

断电器触点 duàndiànqì chùdiǎn Unterbrecherkontakt *m*

断开 duànkāi abdrehen; aberregen; trennen; ausschalten; abschalten; Abreißen *n*; Ausschaltung *f*;

断开的 duànkāide abgeschaltet

断开继电器 duànkāi jìdiànqì Trennrelais *n*

断开式火花塞 duànkāishì huǒhuāsāi Abreißkerze *f*

断口 duànkǒu Bruchfläche *f*

断块构造 duànkuài gòuzào Blocktektonik *f*

断裂 duànliè springen; abbersten; abstoßen; Brechung *f*; Bruch *m*; Durchbruch *m*; Abriss *m*

断裂带 duànlièdài Bruchzone *f*

断裂负荷 duànliè fùhè Reißlast *f*

断裂谷 duànlièqǔ Spalttal *n*

断裂极限 duànliè jíxiàn Zerreißgrenze *f*

断裂面 duànlièmiàn Abreißfläche *f*; Bruchfläche *f*

断裂挠度 duànliè náodù Bruchdurchbiegung *f*

断裂强度 duànliè qiángdù Bruchfestigkeit *f*; Zerreißfestigkeit *f*; Zerbrechungsfestigkeit *f*

断裂伸长率 duànliè shēnchánglǜ Bruchdehnung *f*

断裂试验 duànliè shìyàn Bruchprüfung *f*; Bruchversuch *m*; Zerreißprobe *f*; Reißprobe *f*

断裂应力 duànliè yīnglì Bruchspannung *f*

断流阀 duànliúfá Absperrventil *n*; Absperrhahn *n*

断流器 duànliúqì Ausschalter *m*; Stromunterbrecher *m*; Sicherung *f*

断路 duànlù abschalten; ausschalten; elektrischen Strom unterbrechen; offener Stromkreis; Ausschaltung *f*; Abschaltung *f*

断路按钮 duànlù ànniǔ Ausschaltknopf *m*

断路电磁铁 duànlù diàncítiě Abschaltmagnet *m*

D

断路电弧 duànlù diànhú Abschalt-lichtbogen *m*

断路电键 duànlù diànjiàn Unterbre-chungstaste *f*

断路电流 duànlù diànliú Abschalt-strom *m*; Unterbrechungsstrom *m*

断路电压 duànlù diànyā Unterbre-chungsspannung *f*

断路继电器 duànlù jìdiànqì Abtrenn-relais *n*; Unterbrechungsrelais *n*

断路开关 duànlù kāiguān Abtrenn-schalter *m*; Schalter *m*; Trenner *m*; Trennerschalter *m*; Ausschal-ter *m*

断路器 duànlùqì Stromunterbrecher *m*; Unterbrechungsschalter *m*; Ausrücker *m*; Ausschalter *m*; Un-terbrecher *m*; Trenner *m*

断路设备 duànlù shèbèi Schaltglied *n*

断路时间 duànlù shíjiān Ausschalt-zeit *f*

断路瞬间 duànlù shùnjiān Ausschalt-zeitmoment *m*

断路指令 duànlù zhǐlìng Abschalt-befehl *m*

断面 duànmiàn Schnitt *m*; Profil *n*; Ausschnitt *m*; Bruchfläche *f*; Bruchquerschnitt *m*

断面结构 duànmiàn jiégòu Bruch-gefüge *n*

断面收缩率 duànmiàn shōusuōlǜ Brucheinschnürung *f*; Einschnü-rung *f*

断面图 duànmiàntú Schnittfigur *f*

断面线 duànmiànxiàn Schraffierung *f*; Schraffur *f*

断屑 duànxiè Spanbrechung *f*; Span-bruch *m*

断屑器 duànxièqì Spanbrecher *m*

断崖 duànyá Palisaden *f*

断肢刀 duànzhīdāo Amputations-messer *n*

断肢锯 duànzhījù Amputationssäge *f*

煅烧 duànshāo einbrennen; Kalzi-nieren/Calcinieren *n*; Antempern *n*

煅石灰 duànshíhuī ätzender Kalk; Branntkalk *m*

锻锤 duànchuí Schmiedehammer *m*

锻钢 duàngāng Schmiedestahl *m*; geschlagener Stahl; gehämmerter Stahl

锻工 duàngōng Schmied *m*

锻工场 duàngōngchǎng Schmiede *f*

锻工间 duàngōngjiān Hammerwerk *n*

锻件 duànjiàn Schmiedeteil *m*; Schmiedeblock *m*; Schmiedestück *n*; geschlagenes Werkstück

锻接 duànjiē anschmieden

锻模 duànmó Gesenk *n*

锻模淬火 duànmó cuìhuǒ Gesenk-härtung *f*

锻烧 duànshāo ausglühen; durch-glühen; abrösten; Brand *m*; Kalzi-nation *f*

锻压 duànyā Schmiede und Presse

锻压机 duànyājī Schmiedepresse *f*; Schmiedemaschine *f*; Schlagpresse *f*

锻造 duànzào ausschmieden; Schmie-den *n*; Schmiedearbeit *f*

锻造车间 duànzào chējiān Schmied-werkstatt *f*

锻造技术 duànzào jìshù Schmiede-technik *f*

锻轧机 duànzhájī Schmiedewalzma-schine *f*

锻制 duànzhì ausschmieden

堆 duī Haufen *m*

堆积 duījī abhäufen; anhäufen; Ansammlung f; Ablagerung f; Auflagerung f; Akkumulation f

堆积层 duījīcéng Aufschüttboden m; Aufschüttung f

堆积平原 duījī píngyuán Aufschüttungsebene f

堆积岩 duījīyán Kumulat n

对比 duìbǐ parallelisieren; vergleichen; kontrastieren; gegenüberstellen; Parallelismus m; Vergleich m; Kontrast m

对比度 duìbǐdù Kontrast m

对比度调节器 duìbǐdù tiáojiéqì Kontrastregler m

对比效应 duìbǐ xiàoyīng Kontrastwirkung f

对称 duìchèn Symmetrie f; Spiegelgleichheit f

对称变压器 duìchèn biànyāqì Symmetriertransformator m

对称的 duìchènde symmetrisch

对称电路 duìchèn diànlù Symmetrieschaltung f

对称度 duìchèndù Symmetrie f

对称放大器 duìchèn fàngdàqì Symmetrieverstärker m

对称负荷 duìchèn fùhè symmetrische Belastung

对称光源 duìchèn guāngyuán symmetrische Leuchte

对称律 duìchènlǜ Symmetriegesetz n

对称面 duìchènmiàn Symmetrieebene f

对称偶极子 duìchèn ǒujízǐ symmetrischer Dipol

对称曲线 duìchèn qūxiàn symmetrische Kurve

对称天线 duìchèn tiānxiàn symmetrische Antenne

对称元件 duìchèn yuánjiàn Symmetrieelement n

对称运算 duìchèn yùnsuàn Symmetrieoperation f

对称轴 duìchènzhóu Symmetrieachse f

对点器 duìdiǎnqì Zentrierapparat m

对顶角 duìdǐngjiǎo Scheitelwinkel m; Gegenwinkel m

对分 duìfēn halbieren

对合 duìhé Involution f

对话框 duìhuàkuāng Dialogfeld n

对换 duìhuàn Gegentausch m

对角 duìjiǎo Scheitelwinkel m; entgegengesetzter Winkel

对角线 duìjiǎoxiàn Winkellinie f; Diagonale f; Seitenachse f

对角线的 duìjiǎoxiànde diagonal

对接 duìjiē Ankopplung f

对接焊 duìjiēhàn Stumpfschweißung f

对接角度 duìjiē jiǎodù Stoßwinkel m

对开轴承 duìkāi zhóuchéng geteiltes Lager; zweiteiliges Lager

对抗 duìkàng Abstoßung f

对立 duìlì gegenüberstehen; Opposition f; Gegensatz m

对立物 duìlìwù Gegenteil n

对流 duìliú Konvektion f; Gegenstrom m; Gegenlauf m; konvektive Luftströmung

对流层 duìliúcéng Wetterzone f; Troposphäre f

对流的 duìliúde konvektiv

对流电流 duìliú diànliú Konvektionsstrom m

对流加热 duìliú jiārè Konvektionsheizung f

对流冷凝器 duìliú lěngníngqì Gegenstromkondensator m

对流冷却 duìliú lěngquè Konvektionskühlung f

对流器 duìliúqì Konvektor m

对流热 duìliúrè Konvektionswärme *f*

对流式换热器 duìliúshì huànrèqì Gegenstromrekuperator *m*

对流雨 duìliúyǔ Strichregen *m*

对偶 duì'ǒu 〈数〉 Dualsystem *n*

对偶的 duì'ǒude dual

对数 duìshù Logarithmus *m*

对数表 duìshùbiǎo Logarithmentafel *f*

对数的 duìshùde logarithmisch

对数放大器 duìshù fàngdàqì logarithmischer Verstärker

对头焊接 duìtóu hànjiē Stoßverschweißung *f*

对象 duìxiàng Objekt *n*; Gegenstand *m*

对应 duìyìng gegenüberstehen

对照 duìzhào parallelisieren; gegenüberstellen; Parallelismus *m*; Kontrast *m*; Vergleich *m*

对置气缸 duìzhì qìgāng Boxerzylinder *m/pl*

对中器 duìzhōngqì Zentrierapparat *m*

对中心 duìzhōngxīn zentrieren

对准 duìzhǔn richten; zielen; ausrichten; berichtigen; einregeln; Anzielen *n*; Ausrichtung *f*

吨 dūn Tonne *f*

吨数 dūnshù Tonnage *f*

吨位 dūnwèi Tonnage *f*; Tonne *f*

墩 dūn Pfeiler *m*

钝的 dùnde stumpf

钝化 dùnhuà passivieren; Passivierung *f*; Inaktivierung *f*

钝化定律 dùnhuà dìnglǜ Passivierungsgesetz *n*

钝化现象 dùnhuà xiànxiàng Passivierungserscheinung *f*

钝角 dùnjiǎo stumpfer Winkel; stumpfe Ecke

钝角的 dùnjiǎode stumpfwinklig

钝角三角形 dùnjiǎo sānjiǎoxíng stumpfwinkliges Dreieck

钝性 dùnxìng Stumpfheit *f*; Passivität *f*; Trägheit *f*

多倍 duōbèi Vielfache *n*

D

多边形 duōbiānxíng Vieleck *n*; Polygon *n*

多边形的 duōbiānxíngde polygonal

多变的 duōbiànde polytropisch; polytrop; wechselhaft; unbeständig; variabel

多层二极管 duōcéng èrjíguǎn Vielschichtdiode *f*

多层线圈 duōcéng xiànquān Mehrschichtspule *f*; mehrlagige Spule

多产的 duōchǎnde ergiebig

多重处理 duōchóng chǔlǐ Multiprocessing *n*

多重电解质 duōchóng diànjiězhì mehrfacher Elektrolyt

多弹头 duōdàntóu Mehrfachsprengkopf *m*

多档变速器 duōdàng biànsùqì Mehrstufengetriebe *n*

多刀车床 duōdāo chēchuáng Mehrschneiddrehbank *f*; Vielstahldrehbank *f*; Vielschnittbank *f*; Vielstahlbank *f*

多刀开关 duōdāo kāiguān mehrpoliger Schalter

多道程序操作系统 duōdào chéngxù cāozuò xìtǒng Multiprogramm-Betriebssystem *n*

多道程序计算机 duōdào chéngxù jìsuànjī Multiprogrammrechner *m*

多地址 duōdìzhǐ Mehrfachadressierung *f*; Multi-Adresse *f*

多地址码 duōdìzhǐmǎ Mehradress-Code *m*; Multiadressecode *m*

多地址指令 duōdìzhǐ zhǐlìng Mehr-

D

adressbefehl *m*

多斗式电铲 duōdòushì diànchǎn Eimerbagger *m*

多段的 duōduànde mehrstufig

多发病 duōfābìng häufig auftretende Krankheit

多方面的 duōfāngmiànde vielseitig

多方曲线 duōfāng qūxiàn Polytrope *f*

多缸泵 duōgāngbèng Mehrzylinderpumpe *f*

多缸发动机 duōgāng fādòngjī Mehrzylindermotor *m*

多缸汽轮机 duōgāng qìlúnjī mehrgehäusige Dampfturbine *f*

多工位机床 duōgōngwèi jīchuáng Maschine mit mehreren Arbeitsstellen

多功能传感器 duōgōngnéng chuángǎnqì Multifunktionssensor *m*

多功能的 duōgōngnéngde multifunktional

多股的 duōgǔde vieladrig; hochpaarig

多股电缆 duōgǔ diànlǎn hochpaariges Kabel

多核弹头导弹 duōhé dàntóu dǎodàn Lenkrakete mit Mehrfach-Gefechtsköpfen

多核的 duōhéde vielkernig; mehrkernig; polynuklear

多环的 duōhuánde polyzyklisch

多环化合物 duōhuán huàhéwù polyzyklische Verbindung

多基因 duōjīyīn Polygen *n*

多级泵 duōjíbèng mehrstufige Pumpe

多极的 duōjíde mehrpolig

多级放大器 duōjí fàngdàqì mehrstufiger (vielstufiger) Verstärker

多极辐射 duōjí fúshè Multipolstrahlung *f*

多极管 duōjíguǎn Multielektrodenröhre *f*

多极开关 duōjí kāiguān vielpoliger Ausschalter

多极理论 duōjí lǐlùn Mehrpoltheorie *f*

多级滤清器 duōjí lǜqīngqì Mehrstufenfilter *n*

多级调速器 duōjí tiáosùqì Mehrstufenregler *m*

多级火箭 duōjí huǒjiàn mehrstufige Rakete; Mehrstufenrakete *f*

多级冷凝器 duōjí lěngníngqì mehrstufiger Kondensator

多价的 duōjiàde mehrwertig

多角的 duōjiǎode vieleckig; vielwinklig

多角天线 duōjiǎo tiānxiàn Polygonantenne *f*

多角形 duōjiǎoxíng Polygon *n*

多晶 duōjīng Polykristall *m*

多晶的 duōjīngde heteromorph

多晶硅 duōjīngguī Polykristallsilizium *n*; polykristallines Silizium

多晶体 duōjīngtǐ Mehrkristall *m*; Polykristall *m*

多聚物 duōjùwù Polymer *n*

多腔模具 duōqiāng mújù Mehrfachform *f*

多棱镜 duōléngjìng Polygonspiegel *m*

多路传送 duōlù chuánsòng Mehrwegeübertragung *f*

多路开关 duōlù kāiguān Vielfachschalter *m*; Multiplex-Schalter *m*

多路通道 duōlù tōngdào Multiplexkanal *m*

多路转换器 duōlù zhuǎnhuànqì Multiplexer *m*

多路转接器 duōlù zhuǎnjiēqì Datenübertragungssteuereinheit *f*

多媒体 duōméitǐ Multimedia *n*

多媒体的 duōméitǐde multimedial

多媒体短信服务 duōméitǐ duǎnxìn fúwù MMS（英，= Multimedia Messaging Service）

多媒体系统 duōméitǐ xìtǒng Multimedia-System *n*

多媒体应用 duōméitǐ yìngyòng Multimedia-Applikation *f*

多面体 duōmiàntǐ Vielflächner *m*; Polyeder *m*; Flächner *m*

多年生植物 duōniánshēng zhíwù perennierende Pflanze

多频道的 duōpíndàode mehrwegig

多普勒效应 duōpǔlè xiàoyìng Doppler-Effekt *m*

多腔模具 duōqiāngmújù Mehrfachform *f*

多色的 duōsède heterochromatisch; polychrom; vielfarbig

多色染料 duōsè rǎnliào polygenetischer Farbstoff

多色印刷 duōsè yìnshuā Mehrfarbendruck *m*

多山的 duōshānde gebirgig

多数 duōshù Pluralität *f*

多胎分娩 duōtāi fēnmiǎn Mehrlingsgeburt *f*

多头插销 duōtóu chāxiāo Mehrfachstecker *m*

多头插座 duōtóu chāzuò Vielfachsteckdose *f*

多头滚刀 duōtóu gǔndāo mehrgängiger Wälzfräser

多维的 duōwéide mehrdimensional

多位调节 duōwèi tiáojié Mehrstellungsregelung *f*

多细胞的 duōxìbāode vielzellig

多细胞生物 duōxìbāo shēngwù mehrzelliger Organismus

多纤维的 duōxiānwéide faserig

多线天线 duōxiàn tiānxiàn mehrdrähtige Antenne

多项的 duōxiàngde mehrgliedrig

多项式 duōxiàngshì Polynom *n*

多相电表 duōxiàng diànbiǎo Mehrphasenzähler *m*

多相电动机 duōxiàng diàndòngjī Mehrphasenmotor *m*

多相电流 duōxiàng diànliú Mehrphasenstrom *m*

多相电路 duōxiàng diànlù Mehrphasenschaltung *f*; Mehrphasenkreis *m*

多相发电机 duōxiàng fādiànjī Mehrphasengenerator *m*

多相交流电 duōxiàng jiāoliúdiàn Mehrphasenwechselstrom *m*

多相平衡 duōxiàng pínghéng heterogenes Gleichgewicht; mehrphasiges Gleichgewicht

多相性 duōxiàngxìng Heterogenität *f*

多芯电缆 duōxīn diànlǎn Mehrfachkabel *m*; Mehrleiterkabel *n*; mehradriges Kabel; vieladriges Kabel

多学科的 duōxuékēde interdisziplinär

多义的 duōyìde vieldeutig

多因次的 duōyīncìde mehrdimensional

多用户设置 duōyònghù shèzhì Mehrbenutzereinstellung *f*

多用钳 duōyòngqián Kombinationszange *f*

多用途飞机 duōyòngtú fēijī Mehrzweckflugzeug *n*

多用途计算机 duōyòngtú jìsuànjī Allzweckrechner *m*

多用途实验室 duōyòngtú shíyànshì Allzwecklabor *n*

多元的 duōyuánde inhomogen;

mehrbasisch

多元方程式 duōyuán fāngchéngshì Gleichung mit mehreren Unbekannten

多元素钢 duōyuánsùgāng Komplexstahl *m*

多脂的 duōzhīde fettig

多值的 duōzhíde mehrwertig

多值函数 duōzhí hánshù vielwertige Funktion; mehrstellige Funktion

多种多样 duōzhǒng duōyàng mannigfaltig; vielfältig

多种技术 duōzhǒng jìshù Polytechnik *f*

多种燃料柴油机 duōzhǒng ránliào cháiyóujī Vielstoff-Dieselmotor *m*

多轴传动 duōzhóu chuándòng mehrachsiger Antrieb

多轴的 duōzhóude mehrspindelig

多轴驱动 duōzhóu qūdòng Mehrachsantrieb *m*

多轴钻床 duōzhóu zuànchuáng Mehrspindelbohrmaschine *f*

惰轮 duòlún Tragrolle *f*

惰性 duòxìng Inaktivität *f*; Trägheit *f*

惰性的 duòxìngde inaktiv; träge; inert; edel

惰性气体 duòxìng qìtǐ Edelgas *n*; Inertgas *n*; inertes Gas

惰性状态 duòxìng zhuàngtài Beharrungszustand *m*

惰性保护气体 duòxìng bǎohù qìtǐ Inertschutzgas *n*

E

额 é Stirn *f*; Vorderseite *f*

额定电流 édìng diànliú Sollstrom *m*; Nennstrom *m*

额定电压 édìng diànyā Normalspannung *f*; Nennspannung *f*

额定负载 édìng fùzài Nennlast *f*

额定功率 édìng gōnglǜ Nennleistung *f*; Vollleistung *f*

额定频率 édìng pínlǜ Sollfrequenz *f*; Nennfrequenz *f*

额定容量 édìng róngliàng Nennkapazität *f*

额定值 édìngzhí Sollwert *m*; Nennwert *m*

额定转数 édìng zhuǎnshù Solldrehzahl *f*; Nenndrehzahl *f*

A-显示器 ēi-xiǎnshìqì A-Sichtgerät *n*

扼流 èliú Verdrosselung *f*

扼流圈 èliúquān Drossel *f*; Selbstinduktionsspule *f*; Drosselinduktionsspule *f*; Impedanzspule *f*; Drosselspule *f*; Reaktor *m*

扼流圈电压 èliúquān diànyā Drosselspannung *f*

扼流作用 èliú zuòyòng Drosselwirkung *f*

恶性的 èxìngde bösartig

恶性贫血 èxìng pínxiě perniziöse Anämie; bösartige Blutarmut

恶性肿瘤 èxìng zhǒngliú Krebs *m*; bösartige Geschwulst

恩氏粘度 ēnshì niándù Engler Viskosität *f*

恩氏粘度计 ēnshì niándùjì Engler-Viskosimeter *n*

儿科疾病 érkē jíbìng Kinderkrankheit *f*

儿科学 érkēxué Pädiatrie *f*

儿科医生 érkē yīshēng Kinderarzt *m*; Pädiater *m*

尔格(能量单位) ěrgé Erg *m*

耳 ěr Ohr *n*

耳鼻喉科 ěrbíhóukē Abteilung für Hals-Nasen-Ohrenkrankheiten; HNO-Abteilung *f*

耳鼻喉科医生 ěrbíhóukē yīshēng Hals-Nasen-Ohren-Arzt *m*; Otorhinolaryngologe *m*

耳柄 ěrbǐng Öse *f*

耳垂 ěrchuí Ohrläppchen *n*

耳朵 ěrduo Ohr *n*

耳鼓 ěrgǔ Trommelfell *n*

耳机 ěrjī Kopfhörer *m*; Hörmuschel *f*; Hörer *m*; Fernhörer *m*

耳镜 ěrjìng Ohrenspiegel *m*; Ohrtrichter *m*; Otoskop *n*

耳科 ěrkē Abteilung für Ohrenkrankheiten; Otologie *f*

耳科学 ěrkēxué Otiatrie *f*; Ohrenheilkunde *f*

耳科医生 ěrkē yīshēng Ohrenarzt *m*; Otologe *m*

耳廓 ěrkuò Ohrmuschel *f*

耳聋 ěrlóng Taubheit *f*

耳漏 ěrlòu Ohrenfluss *m*; Otorrhöe *f*

耳鸣 ěrmíng Ohrenklingen *n*; Ohrensausen *n*; Ohrenbrausen *n*

耳屏 ěrpíng Tragus *m*

耳塞 ěrsāi Ohrhörer *m*; Minihörer *m*; Ohrstöpsel *m*

E

耳炎 ěryán Ohrenentzündung *f*; Otitis *f*

耳针 ěrzhēn Ohr-Akupunktur *f*

耳针疗法 ěrzhēn liáofǎ Nadelbehandlung am Ohr; Ohr-Akupunkturtherapie *f*

二倍体 èrbèitǐ Diploidie *f*; diploide Zelle

二倍体的 èrbèitǐde diploid

二倍频失真 èrbèipín shīzhēn quadratische Verzerrung

二乘法 èrchéngfǎ Quadratmethode *f*

二冲程 èrchōngchéng Zweitakt *m*

二冲程发动机 èrchōngchéng fādòngjī Zweitaktmaschine *f*

二次的 èrcìde sekundär

二次电池 èrcì diànchí Sekundärelement *n*

二次电流 èrcì diànliú Sekundärstrom *m*

二次方程 èrcì fāngchéng quadratische Gleichung; Gleichung zweiten Grades

二次方程式 èrcì fāngchéngshì Quadratgleichung *f*; Gleichung zweiten Grades

二次放射 èrcì fàngshè Sekundäremission *f*

二次辐射 èrcì fúshè Sekundärstrahlung *f*

二次根 èrcìgēn Quadratwurzel *f*

二次结晶 èrcì jiéjīng sekundäre Kristallisation

二次幂 èrcìmì Quadratzahl *f*; Quadrat *n*

二次幂的 èrcìmìde quadratisch

二次绕组 èrcì ràozǔ Sekundärwicklung *f*

二次失真 èrcì shīzhēn quadratische Verzerrung

二次式定律 èrcìshì dìnglǜ quadratisches Gesetz

二次索氏体 èrcì suǒshìtǐ sekundärer Sorbit

二次调质处理 èrcìtiáozhì chǔlǐ Doppelvergütung *f*

二次折射 èrcì zhéshè Doppelbrechung *f*

二地址操作 èrdìzhǐ cāozuò 〈计〉Zwei-Adressen-Betrieb *m*

二地址码 èrdìzhǐmǎ 〈计〉Zweiadresscode *m*

二地址指令 èrdìzhǐ zhǐlìng Zweiadressbefehl *m*

二极管 èrjíguǎn Diode *f*; Doppelpolröhre *f*

二级管电流 èrjíguǎn diànliú Diodenstrom *m*

二极管电阻 èrjíguǎn diànzǔ Diodenwiderstand *m*

二极管方程 èrjíguǎn fāngchéng Diodengleichung *f*

二极管放大器 èrjíguǎn fàngdàqì Diodenverstärker *m*

二极管负载电阻 èrjíguǎn fùzài diànzǔ Diodenbelastungswiderstand *m*

二极管函数发生器 èrjíguǎn hánshù fāshēngqì Diodenfunktionsgeber *m*

二极管"或"门 èrjíguǎn huòmén Dioden-ODER-Gatter *n*

二极管矩阵 èrjíguǎn jǔzhèn Diodenmatrix *f*

二极管门 èrjíguǎnmén Diodengatter *n*

二极管特性曲线 èrjíguǎn tèxìng qūxiàn Diodenkennlinie *f*

二极管微分电阻 èrjíguǎn wēifēn diànzǔ differentieller Diodewiderstand

二极管整流 èrjíguǎn zhěngliú Diodengleichrichtung *f*

二极管整流电流 èrjíguǎn zhěngliú diànliú Diodenrichtstrom *m*

二极管整流器 èrjíguǎn zhěngliúqì Diodengleichrichter *m*

二极整流管 èrjí zhěngliúguǎn Diodengleichrichter *m*

二甲苯 èrjiǎběn Xylol *n*

二价 èrjià Divalenz *f*

二价的 èrjiàde bivalent; divalent; zweiwertig

二尖瓣 èrjiānbàn Mitralklappe *f*

二尖瓣狭窄 èrjiānbàn xiázhǎi Mitralstenose *f*

二进（位）数制 èrjìn(wèi) shùzhì binäres Zahlensystem

二进位制 èrjìnwèizhì Binärsystem *n*; Zweizahlensystem *n*

二进制 èrjìnzhì〈数〉Dualsystem *n*; binäres System

二进制编码 èrjìnzhì biānmǎ Binärcode *m*; Binärkode *m*; binärer Kode

二进制存储器 èrjìnzhì cúnchǔqì Binärspeicher *m*

二进制存储元件 èrjìnzhì cúnchǔ yuánjiàn Binärspeicherelement *n*

二进制单元 èrjìnzhì dānyuán binäre Speicherzelle

二进制的 èrjìnzhìde binär

二进制符号系统 èrjìnzhì fúhào xìtǒng binäres Zeichensystem

二进制计数器 èrjìnzhì jìshùqì Binärzähler *m*

二进制数 èrjìnzhìshù Binärzahl *f*

二进制数字 èrjìnzhì shùzì Binärziffer *f*

二进制位 èrjìnzhìwèi Bit *n*

二进制形式 èrjìnzhì xíngshì binäre Form

二进制原理 èrjìnzhì yuánlǐ Binärprinzip *n*

二进制运算 èrjìnzhì yùnsuàn binäre Operation

二硫化钼润滑材料 èrliúhuàmù rùnhuá cáiliào Molykotestoffe *pl*

二硫化钼润滑膏 èrliúhuàmù rùnhuágāo Molykotepaste *f*

二硫化钼润滑剂 èrliúhuàmù rùnhuájì（英）Molykote

二硫化碳 èrliúhuàtàn Schwefelkohlenstoff *m*

二相电动机 èrxiàng diàndòngjī Zweiphasenmotor *m*

二相电流 èrxiàng diànliú Zweiphasenstrom *m*

二相交流电 èrxiàng jiāoliúdiàn Zweiphasenwechselstrom *m*

二项式 èrxiàngshì Binom *n*

二项式的 èrxiàngshìde zweigliedrig

二项式定律 èrxiàngshì dìnglǜ binomisches Gesetz

二相制 èrxiàngzhì Zweiphasensystem *n*

二氧化氮 èryǎnghuàdàn Stickstofftetroxid *n*

二氧化锆 èryǎnghuàgào Zirkondioxid *n*; Zirkonerde *f*

二氧化硫 èryǎnghuàliú Schwefeldioxid *n*

二氧化钛 èryǎnghuàtài Titandioxid *n*

二氧化碳 èryǎnghuàtàn Kohlendioxid *n*; Kohlensäure *f*

二氧化物 èryǎnghuàwù Dioxid *n*

二元的 èryuánde dual; binär; zweibasisch; bibasisch

二元合金 èryuán héjīn Zweistofflegierung *f*

二元化合物 èryuán huàhéwù binäre Verbindungen

二元论 èryuánlùn Dualismus *m*

二元性 èryuánxìng Dualismus *m*

二元指示 èryuán zhǐshì binäre Indikation

E

F

发报 fābào telegrafieren; morsen; Nachricht funken

发报分配盘 fābào fēnpèipán Übersetzerscheibe f

发报机 fābàojī Übertrager m; Geber m; Transmitter m; Funkgerät n; Sendegerät n

发表 fābiǎo veröffentlichen; publizieren; Veröffentlichung f

(重新)发布 (chóngxīn) fābù Release n

发电 fādiàn Strom erzeugen; elektrischen Strom erzeugen; Stromerzeugung f; Elektrizitätserzeugung f; Stromerzeugung f; Erzeugung von Elektrizität

发电厂 fādiànchǎng Kraftwerk n; Elektrizitätswerk n

发电的 fādiànde elektrisch

发电机 fādiànjī Generator m; Dynamomaschine f; Stromerzeuger m; Dynamo m; Stromerzeugungsanlage f

发电机组 fādiànjīzǔ Stromaggregat n; Generatorsatz m; Generatorengruppe f; Generatorenaggregat n

发电站 fādiànzhàn Kraftstation f; Kraftanlage f; Kraftwerk n; Elektrizitätswerk n

发动 fādòng ankurbeln; treiben; starten; etw. in Gang setzen; mobilisieren; anfangen; beginnen; entfesseln; in Bewegung setzen

发动机 fādòngjī Motor m; Starter m; Beweger m; Antriebsmaschine f

发动机电枢 fādòngjī diànshū Dynamoanker m

发动机废气 fādòngjī fèiqì Motorabgase pl

发动机盖 fādòngjīgài Motorhaube f

发动机固定架 fādòngjī gùdìngjià Motorträger m

发动机惯性运动噪音 fādòngjī guànxìngyùndòng zàoyīn Nachschubgeräusch n

发动机减震 fādòngjī jiǎnzhèn Dämpfung des Motors f

发动机起动 fādòngjī qǐdōng Motorandrehen n

发动机燃料 fādòngjī ránliào Treibstoff m; Kraftstoff m

发动机停车 fādòngjī tíngchē Motorabstellung f

发动机罩 fādòngjīzhào Motorhaube f

发动机支架 fādòngjī zhījià Motorträger m

发动力 fādònglì Triebkraft f

发抖 fādǒu zittern

发光 fāguāng glänzen; blinken; flittern; scheinen; leuchten; Lumineszenz f; Glanz m

发光的 fāguāngde glänzend

发光点 fāguāngdiǎn Lichtpunkt m

发光度 fāguāngdù Helligkeit f; Lichtstärke f

发光二极管 fāguāng èrjíguǎn Leuchtdiode f; Lumineszenzdiode f; LED f

发光阀 fāguāngfá Lumineszenzschwelle *f*

发光体 fāguāngtǐ Leuchte *f*; Beleuchtungskörper *m*; Illuminator *m*; Lumineszenzstrahler *m*

发光信号 fāguāng xìnhào Leuchtzeichen *n*; leuchtsignal *n*

发光指示器 fāguāng zhǐshìqì Leuchtanzeige *f*

发黑处理 fāhēi chǔlǐ Schwärzen *n*

发火 fāhuǒ zünden ; Zündung *f*

发火电路 fāhuǒ diànlù Zündstromkreis *m*

发货单 fāhuòdān Lieferschein *m*; Versandschein *m*

发货期限 fāhuò qīxiàn Abfertigungsfrist *f*

发酵 fājiào gären; säuern; einsäuern; vergären; Fermentation *f*; Gärung *f*

发酵的 fājiàode zymotisch; fermentiert; Gärungs-

发酵粉 fājiàofěn Backpulver *n*; Hefe *f*

发酵剂 fājiàojì Treibmittel *n*

发酵酶 fājiàoméi Gärstoff *m*

发酵室 fājiàoshì Gärkeller *m*

发掘 fājué ausgraben; ausheben; erschließen

发垃圾邮件 fā lājīyóujiàn spammen

发垃圾邮件者 fā lājīyóujiànzhě Spammer *m*

发蓝处理 fālán chǔlǐ Brünieren *n*; Bläuen *n*

发亮 fāliàng scheinen; glänzen; strahlen

发霉 fāméi schimmeln

发明 fāmíng erfinden; Erfindung *f*

发明家 fāmíngjiā Erfinder *m*

发明者 fāmíngzhě Erfinder *m*

发热 fārè heizen; Wärmeerzeugung *f*

发热导体 fārè dǎotǐ Heizleiter *m*

发热剂 fārèjì Thermit *n*

发热量 fārèliàng Kalorienwert *m*; Heizwert *m*

发热面 fārèmiàn Heizfläche *f*; Heizform *f*

发热器 fārèqì Wärmebildner *m*; Wärmeerzeuger *m*

发热体 fārètǐ Heizelement *n*

发热元件 fārè yuánjiàn Heizelement *n*

发散 fāsàn Emanation *f*

发散的 fāsànde divergent

发散透镜 fāsàn tòujìng Zerstreungslinse *f*

发烧 fāshāo Fieber *n*; Fieber haben

发烧的 fāshāode fieberhaft

发射 fāshè starten; senden; abschießen; ausstrahlen; aussenden; emittieren; übermitteln; schießen; transmitteren; Emission *f*; Ausstrahlung *f*; Start *m*; Sendung *f*; Abschuss *m*; Transmission *f*; Emission *f*; Abflug *m*; Ausstrahl *m*; Übermittlung *f*; Übertragung *f*

发射波 fāshèbō Senderwelle *f*

发射场 fāshèchǎng Startplatz *m*; Abschussstelle *f*; Raketenabschussstelle *f*

发射功率 fāshè gōnglǜ Emissionsleistung *f*

发射管 fāshèguǎn Senderöhre *f*

发射光谱 fāshè guāngpǔ Emissionsspektrum *n*

发射机 fāshèjī Sender *m*; Geber *m*; Sendeanlage *f*; Vermittler *m*; Transmitter *m*; Sendeanlage *f*; Sendeapparat *m*

发射基地 fāshè jīdì Abschussbasis *f*

发射极 fāshèjí Emitter *m*

发射极电流 fāshèjí diànliú Emitter-

F

strom *m*

发射极电路 fāshèjí diànlù Emitter-schaltung *f*

发射极电压 fāshèjí diànyā Emitter-spannung *f*

发射极功率 fāshèjí gōnglǜ Emitter-leistung *f*

发射角 fāshèjiǎo Abgangswinkel *m*

发射脉冲 fāshè màichōng Sendeimpuls *m*

发射面 fāshèmiàn Abgangsebene *f*; Ausstrahlungsfläche *f*

发射能力 fāshè nénglì Emissions-vermögen *n*

发射频率 fāshè pínlǜ Sendefrequenz *f*

发射强度 fāshè qiángdù Sendestärke *f*

发射设备 fāshè shèbèi Sendeanlage *f*; Übertragungsanlage *f*

发射射线 fāshè shèxiàn Radiation *f*

发射速度 fāshè sùdù Sendege-schwindigkeit *f*

发射台 fāshètái Abschussrampe *f*; Startrampe *f*; Sendestation *f*; Sender *m*; Startrampe *f*; Abschuss-rampe *f*

发射体 fāshètǐ Emitter *m*

发射天线 fāshè tiānxiàn Sendeantenne *f*

发射条件 fāshè tiáojiàn Ausstrah-lungsbedingung *f*

发射误差 fāshè wùchā Abgangsfehler *m*

发射系统 fāshè xìtǒng Übertragungs-system *n*

发射阻抗 fāshè zǔkàng Strahlungs-widerstand *m*

发生 fāshēng erfolgen; entstehen; geschehen; vorkommen; Entste-hung *f*; Vorkommen *n*

发生炉 fāshēnglú Generator *m*; Erzeuger *m*

发生炉煤气 fāshēnglú méiqì Gene-ratorgas *n*

发生炉煤气装置 fāshēnglú méiqì zhuāngzhì Generatorgasanlage *f*

发生器 fāshēngqì Geber *m*; Erzeu-ger *m*; Generator *m*; Entwick-lungsgefäß *n*

发声 fāshēng Schallerzeugung *f*

发声的 fāshēngde schallend

发水 fāshuǐ Anstauung *f*

发送机 fāsòngjī Transmitter *m*; Ge-ber *m*

发送器 fāsòngqì Sender *m*

发送指令 fāsòng zhǐlìng Ausliefe-rungsbefehl *m*

发条 fātiáo Feder *f*; Treiberfeder *f*; Triebfeder *f*; Springfeder *f*; Spi-ralfeder *f*

发现 fāxiàn entdecken; finden; Ent-deckung *f*; Finden *n*

发信号 fā xìnhào signalisieren

发芽 fāyá aufkeimen; sprossen; ausschlagen; Keimung *f*; Aus-treiben des Keimlings; Aufkeimen *n*

发炎 fāyán entzünden; Entzündung *f*

发音学 fāyīnxué Phonetik *f*

发荧光 fāyíngguāng fluoreszieren

发育 fāyù sich entwickeln; Wachs-tum *n*; körperliche Entwicklung

发育期 fāyùqī Entwicklungsperiode *f*; Zeit mit dem kräftigsten Pflan-zenwuchs; Wachstumperiode *f*

发源 fāyuán entspringen; herstam-men

发展 fāzhǎn Evolution *f*; Entwick-lung *f*; entwickeln

发胀 fāzhàng schwellen

伐木 fámù holzen；Holzfällen n；Holzschlagen m

伐木场 fámùchǎng Abholzplatz m；Hiebsort m

阀 fá Ventil n

阀动装置 fádòng zhuāngzhì Ventilsteuerung(sorgan) f(n)

阀杆 fágān Ventilspindel f

阀门 fámén Ventil n；Schieber m

阀门电压 fámén diànyā Ventilspannung f

阀门升程 fámén shēngchéng Hub des Ventils；Ventilhub m

阀门调节 fámén tiáojié Einstellung der Ventile

阀盘 fápán Ventilteller m；Ventilscheibe f

阀套 fátào Ventilgehäuse n；Ventilkappe f

阀座 fázuò Ventilträger m；Ventilsitz m

筏运 fáyùn Flößerei f；Baumstämme flößen f

法拉第定律 fǎlādì dìnglǜ Faradaygesetz n；faradaysches Gesetz

法拉第效应 fǎlādì xiàoyìng faradayscher Effekt

法兰连接 fǎlán liánjiē Flanschverbindung f

法兰配合 fǎlán pèihé Flanschsitz m

法律 fǎlǜ Gesetz n；Recht n；Jura pl

法线 fǎxiàn Normale f

法向径节 fǎxiàng jìngjié Diametralpitch im Normalschnitt

法向力 fǎxiànglì Normalkraft f

法向应力 fǎxiàng yìnglì Normalspannung f

法医 fǎyī Gerichtsarzt m；Gerichtsmediziner m

法则 fǎzé Gesetz n；Regel f

砝码 fǎmǎ Gewichtsstein m；Gewichtsstück n

帆缆 fānlǎn Takelwerk n

翻车 fānchē der Wagen(Nom.) überschlägt sich

翻车保护 fānchē bǎohù Überrollschutz m；Überschlagschutz m

翻车保护弓架 fānchē bǎohù gōngjià Überroll(schutz)bügel m

翻车保护系统 fānchē bǎohù xìtǒng Überrollschutzsystem n；Überschlagsschutzsystem n

翻车机 fāchējī Kippwagen m；Wagenkipper m；Kipper m；Kipplore f

翻车试验 fānchē shìyàn Kipptest m；Überschlagtest m；Überschlagversuch m；Überrolltest m

翻斗 fāndǒu Kippkübel m；Kippgefäß n

翻斗车 fāndǒuchē Kippfahrzeug n；Kippwagen m；Kastenkipper m

翻斗车辆 fāndǒu chēliàng Kipper m

翻斗卡车 fāndǒu kǎchē Kipplastwagen m；Kipplastkraftwagen m

翻盖 fāngài (ein Haus) umbauen/renovieren

翻钢机 fāngāngjī Kanter m；Kantapparat m

翻砂 fānshā gießen；Sandformerei f；Sandgießen n

翻新 fānxīn ausbessern；umarbeiten

翻修 fānxiū sanieren；renovieren；umbauen；erneuern；ausbessern

翻译 fānyì interpretieren；übersetzen；dolmetschen；Übersetzer m；Dolmetscher m

翻译程序 fānyì chéngxù Zuordnungsprogramm n

翻译机 fānyìjī Interpreter m；Übersetzungsmaschine f；Übersetzer m；Zuordner m

翻印 fānyìn nachdrucken; abdrucken; Nachdruck *m*

翻印权 fānyìnquán Abdrucksrecht *n*

翻转装置 fānzhuǎn zhuāngzhì Kippvorrichtung *f*

凡士林 fánshìlín Vaselin *n*

矾 fán Vitriol *n/m*; Alaun *m*

矾石 fánshí Alleyston *m*; Aluminit *m*

矾土 fántǔ Alaunerde *f*; Tonerde *f*

钒 fán Vanadin *n*

钒铋矿 fánbìkuàng Pucherit *m*

钒酸 fánsuān Vanadinsäure *f*

钒酸盐 fánsuānyán Vanadat *n*

钒铁合金 fántiě héjīn Eisenvanadium *n*

繁分数 fánfēnshù Doppelbruch *m*

繁华的 fánhuáde gedeihend; blühend

繁育 fányù züchten

繁殖 fánzhí sich fortpflanzen; sich vermehren; Propagation *f*; Fortpflanzung *f*; Pflanzenvermehrung *f*

繁殖期 fánzhíqī Vermehrungsperiode *f*; Fortpflanzungsperiode *f*

反比 fǎnbǐ umgekehrtes Verhältnis; umgekehrte Proportion

反变换 fǎnbiànhuàn inverse Transformation

反变形 fǎnbiànxíng umgekehrte Deformation *f*

反差 fǎnchā Kontrast *m*

反常的 fǎnchángde anormal

反常性 fǎnchángxìng Abnormität *f*

反超子 fǎnchāozǐ Antihyperon *n*

反冲 fǎnchōng Rückstoß *m*; Rücklauf *m*; Rückgang *m*

反冲力 fǎnchōnglì Rückstoßwucht *f*; Rückstoßkraft *f*

反刍动物 fǎnchú dòngwù Wiederkäuer *pl*

反导弹导弹 fǎndǎodàn dǎodàn Raketenabwehrrakete *f*; Antiraketenrakete *f*

反导弹系统 fǎndǎodàn xìtǒng Raketenabwehrsystem *n*; Anti-Fernraketensystem *n*; System von Antiraketen *n*

反电子 fǎndiànzǐ Antielektron *n*

反光 fǎnguāng zurückstrahlen; reflektieren; spiegeln; Strahlen zurückwerfen; reflektiertes Licht; Widerschein *m*; Gegenlicht *n*; Reflexion *f*; Abglanz *m*; Rückstrahlung *f*; Widerschein *m*

反光镜 fǎnguāngjìng Reflektor *m*; Rückstrabler *m*

反光物质 fǎnguāng wùzhì Reflektormaterial *n*

反函数 fǎnhánshù inverse Funktion; Umkehrfunktion *f*

反火箭炮 fǎn huǒjiànpào Raketenabwehrgeschütz *n*

反极作用 fǎnjí zuòyòng Solarisation *f*

反科学 fǎnkēxué im Gegensatz zur Wissenschaft

反馈 fǎnkuì zurückkoppeln; Rückkopplung *f*

反馈电路 fǎnkuì diànlù Rückführungsschaltung *f*; Rückkopplungsschaltung *f*

反馈放大器 fǎnkuì fàngdàqì rückgekoppelter Verstärker

反馈回路 fǎnkuì huílù Rückkopplungsschleife *f*

反馈信号 fǎnkuì xìnhào Rückführungssignal *n*

反拉力 fǎnlālì Gegenzug *m*

反粒子 fǎnlìzǐ Antiteilchen *n*

反气旋 fǎnqìxuán Antizyklon *m*

反射 fǎnshè spiegeln; widerspiegeln; reflektieren; widerstrahlen zurückwerfen; zurückfallen; Reflektierung f; Rückstrahlung f; Reflex m; Reflexion f; Zurückstrahlung f; Widerstrahl m; Gegenstrahlung f

反射波 fǎnshèbō Reflexionswelle f; Echo n

反射层 fǎnshècéng Reflektor m; Reflexionshorizont m; reflektierende Schicht

反射点 fǎnshèdiǎn Reflexionspunkt m

反射定律 fǎnshè dìnglǜ Reflexionsgesetz n

反射光 fǎnshèguāng Auflicht n; zurückgeworfenes Licht

反射光谱 fǎnshè guāngpǔ Reflexionsspektrum n

反射光线 fǎnshè guāngxiàn zurückgeworfener Strahl

反射光学 fǎnshè guāngxué Auflichtoptik f

反射计 fǎnshèjì Reflexionsmesser m

反射角 fǎnshèjiǎo Prallwinkel m; Abstrahlwinkel m; Abprallungswinkel m; Reflexionswinkel m; Ausfallswinkel m

反射镜 fǎnshèjìng Spiegel m; Tamper m; Reflektor m; Reflektorspiegel m

反射炉 fǎnshèlú Flammenofen m; Radiatorofen m; Windofen m; Flammofen m; Reverberierofen m

反射器 fǎnshèqì Spiegel m; Reflekton m; Tamper m; Scheinwerfer m

反射体 fǎnshètǐ Reflektor m; Strahler m

反射望远镜 fǎnshè wàngyuǎnjìng Reflektor m; Spiegelteleskop n

反射系数 fǎnshè xìshù Reflektionsfaktor m; Reflexionskoeffizient f

反射线 fǎnshèxiàn Rückstrahl m; reflektierter Strahl; rücklaufende Welle

反时钟方向 fǎnshízhōng fāngxiàng Gegensinn des Uhrzeigers

反数 fǎnshù Reziproke f

反弹 fǎntán abprallen

反弹压力 fǎntán yālì Abprallungsdruck m

反坦克火箭 fǎntǎnkè huǒjiàn Panzerabwehrrakete f

反坦克武器 fǎntǎnkè wǔqì Antipanzerwaffe f

反跳 fǎntiào Aufprall m; Abprallung f

反推力 fǎntuīlì Rückschub m

反物质 fǎnwùzhì Antimaterie f

反响 fǎnxiǎng zurückschallen; Nachhall m; Nachklang m; Echo n; Widerhall m

反向 fǎnxiàng Reversion f; umgekehrte Richtung

反向变流器 fǎnxiàng biànliúqì Umkehrstromrichter m

反向波 fǎnxiàngbō Umkehrwelle f; Gegenwelle f

反向场 fǎnxiàngchǎng Umkehrfeld n

反向的 fǎnxiàngde umgekehrt; entgegengesetzt; antithetisch; gegenläufig

反向电流 fǎnxiàng diànliú entgegengerichteter Strom; inverser Strom; Gegenstrom m

反向电压 fǎnxiàng diànyā Gegenspannung f; Rückspannung f; Gegensinnspannung f

反向电子 fǎnxiàng diànzǐ Umkehrelektron n

反向二极管 fǎnxiàng èrjíguǎn Backward-Diode *f*; Rückwärtsdiode *f*

反向开关 fǎnxiàng kāiguān Inversschalter *m*; Wendeschalter *m*

反向空气流 fǎnxiàng kōngqìliú Gegenluft *f*

反向扭转 fǎnxiàng niǔzhuǎn Gegendrall *m*

反向水流 fǎnxiàng shuǐliú Wasserrücklauf *m*

反向运动 fǎnxiàng yùndòng rückläufige Bewegung

反相电流 fǎnxiàng diànliú Gegenstrom *m*; gegenphasiger Strom

反相放大器 fǎnxiàng fàngdàqì invertierender Verstärker

反相门 fǎnxiàngmén Inverter *m*

反相信号 fǎnxiàng xìnhào antivalentes Signal

反斜杠 fǎnxiégàng der umgekehrte Schrägstrich

反压 fǎnyā Widerdruck *m*

反应 fǎnyìng reagieren; Reaktion *f*; Echo *n*; Widerhall *m*

反应的 fǎnyìngde reaktiv

反应堆 fǎnyìngduī Reaktor *m*; Meiler *m*

反应堆辐射 fǎnyìngduī fúshè Reaktorstrahlung *f*

反应堆功率 fǎnyìngduī gōnglù Reaktorleistung *f*

反应式 fǎnyìngshì Gleichung *f*

反应性 fǎnyìngxìng Reaktivität *f*

反映 fǎnyìng widerspiegeln

反张力 fǎnzhānglì Gegenzug *m*

反照 fǎnzhào widerstrahlen; widerspiegeln

反照镜 fǎnzhàojìng Rückspiegel *m*

反质点 fǎnzhìdiǎn Antiteilchen *n*

反质子 fǎnzhìzǐ Antiproton *n*

反中子 fǎnzhōngzǐ Antineutron *n*

反转 fǎnzhuǎn Inversion *f*; Solari-

sation *f*; rückläufiges Drehen

反转的 fǎnzhuǎnde gegenläufig; invers

反转控制器 fǎnzhuǎn kòngzhìqì Umkehrschalter *m*

反转离合器 fǎnzhuǎn líhéqì Wendekupplung *f*

反撞 fǎnzhuàng Rückstoß *m*

反作用 fǎnzuòyòng Gegenwirkung *f*; Reaktion *f*; Rückwirkung *f*

反作用力 fǎnzuòyònglì Gegendruck *m*; Gegenkraft *f*; Rückstoßkraft *f*

反作用推进 fǎnzuòyòng tuījìn Rückstoßantrieb *m*

反作用原理 fǎnzuòyòng yuánlǐ Rückstoßprinzip *n*

返航 fǎnháng zurückfahren; zurückfliegen

返回 fǎnhuí zurückkommen; zurückkehren; zurückgehen

返回地面 fǎnhuí dìmiàn zur Erde zurückkehren

返回地址 fǎnhuí dìzhǐ Rückkehradresse *f*

返回码 fǎnhuímǎ Rückkehrcode *m*

返回延迟 fǎnhuí yánchí Rückfallverzögerung *f*

返馈回路 fǎnkuì huílù Rückkopplungsschleife *f*; Rückkopplungsschalter *m*

返销 fǎnxiāo Rückverkauf *m*

返修 fǎnxiū Nacharbeit *f*

返修率 fǎnxiūlù Nacharbeitsquote *f*

泛光灯 fànguāngdēng Flutlicht *n*

泛函分析 fànhán fēnxī Funktionalanalysis *f*

泛函数 fànhánshù Erzeugende *f*; Funktional *n*

泛滥 fànlàn befluten; Anstauung *f*; Überschwemmung *f*

范畴 fànchóu Kategorie *f*

范例 fànlì Beispiel *n*; Vorbild *n*

范围 fànwéi Bereich *m/n*; Umfang *m*; Rahmen *m*; Sphäre *f*; Dimension *f*; Gebiet *n*

方差 fāngchā〈数〉Varianz *f*

方差分析 fāngchā fēnxī Varianzanalyse *f*

方程 fāngchéng Gleichung *f*

方程式 fāngchéngshì Aquation *f*; Gleichung *f*

方程式赛车 fāngchéngshì sàichē Rennwagen *m*; Formelsport *m*

方程组 fāngchéngzǔ Gleichungssystem *n*

方锉刀 fāngcuòdāo Vierkantfeile *f*

方法 fāngfǎ Mittel *n*; Methode *f*; Weg *m*; Weise *f*; Verfahren *n*

方法论 fāngfǎlùn Methodologie *f*; Methodenlehre *f*

方钢 fānggāng Quadratstahl *m*

方根 fānggēn Wurzel *f*

方框图 fāngkuàngtú Funktionsdiagramm *n*; Blockdarstellung *f*; Blockbild *n*

方面 fāngmiàn Hinsicht *f*; Aspekt *m*; Seite *f*

方式 fāngshì Weise *f*; Art und Weise; Art *f*

方头螺帽 fāngtóu luómào Vierkantmutter *f*

方位 fāngwèi Himmelsrichtung *f*; Azimut *m/n*; Lage *f*; Azimutstellung *f*

方位测定 fāngwèi cèdìng Azimutbestimmung *f*

方位的 fāngwèide azimutal

方位灯 fāngwèidēng Positionslicht *n*

方位点 fāngwèidiǎn Orientierungspunkt *m*

方位角 fāngwèijiǎo Peilwinkel *m*;

Polarwinkel *m*; Richtungswinkel *m*; Azimutwinkel *m*; Azimut *m/n*

方位角的 fāngwèijiǎode azimutal

方位图 fāngwèitú Azimutaldiagramm *n*; Richtungsdiagramm *m*; Ortungskarte *f*

方位线 fāngwèixiàn Peillinie *f*; Positionslinie *f*

方向 fāngxiàng Richtung *f*; Orientierung *f*; Direktion *f*

方向舵 fāngxiàngduò Seitenruder *n*; Seitenleitwerk *n*

方向盘 fāngxiàngpán Lenkrad *n*; Steuer *n*

方向仪 fāngxiàngyí Richtfinder *m*

方型材 fāngxíngcái Quadratprofil *n*

方形管 fāngxíngguǎn Vierkantrohr *n*

芳香族化合物 fāngxiāngzú huàhéwù aromatische Verbindung

防抱死防滑调节器 fángbàosǐ fánghuá tiáojiéqì ABS- / ASP-Regler *m*

防抱死防滑控制总成 fángbàosǐ fánghuá kòngzhì zǒngchéng ABS- / ASP-Steuereinheit *f*

防抱死制动系统 fángbàosǐ zhìdòng xìtǒng ABS *n*（英，= anti-lock braking system）; Antiblockiersystem *n*

防抱死制动系统结构 fángbàosǐ zhìdòng xìtǒng jiégòu ABS-Ausführung *f*

防抱死装置 fángbàosǐ zhuāngzhì ABS-Betrieb *m*

防爆 fángbào Schlagwettersschutz *m*; Explosionsschutz *m*

防爆开关 fángbào kāiguān druckfest gekapselter Schalter

防爆汽油 fángbào qìyóu klopffestes Benzin

防爆型电动机 fángbàoxíng diàn-

F

dòngjī explosionssicherer Motor;
schlagwettergeschüterter Motor

防爆装置 fángbào zhuāngzhì explosionsgeschützte Ausführung

防波堤 fángbōdī Mole *f*; Strombrecher *m*; Wehrdamm *m*; Schutzmole *f*; Wellerbrecher *m*

防潮 fángcháo vor Flut schützen; vor Nass schützen

防潮的 fángcháode feuchtigkeitsbeständig; feuchtigkeitsfest; feuchtigkeitsabweisend

防潮器 fángcháoqì Nasslöscher *m*

防潮电缆 fángcháo diànlǎn Feuchtraumkabel *n*

防潮闸 fángcháozhá Flutschleuse *f*

防尘的 fángchénde staubdicht; staubgeschützt

防尘盖 fángchéngài Staubdeckel *m*; Klarsichtdeckel *m*

防尘罩 fángchénzhào Staubschutzhaube *f*

防磁的 fángcíde antimagnetisch

防弹背心 fángdàn bèixīn kugelsichere Weste

防弹玻璃 fángdàn bōlí kugelsicheres Glas

防弹的 fángdànde schusssicher; kugelsicher; kugelfest; schussfest

防盗 fángdào sich vor Dieben und Räubern schützen ; Vorkehrungen gegen Diebstahl und Raub treffen

防冻 fángdòng Frostschutz *m*

防冻剂 fángdòngjì Antifries *m*; Antifrostmittel *n*; Frostschutzmittel *n*; Gefrierschutzmittel *n*

防冻液 fángdòngyè Frostschutzmittel *n*; Gefrierschutzlösung *f*

防冻装置 fángdòng zhuāngzhì Frostschutzer *m*

防毒 fángdú Gasschutz *m*; Gasabwehr *f*

防毒面具 fángdú miànjù Gasmaske *f*; Schutzmaske *f*

防毒器材 fángdú qìcái Gasschutzausrüstung *f*; Gasschutzgerät *n*

防毒衣 fángdúyī Gasschutzkleidung *f*

防风林 fángfēnglín Windschutzwald *m*

防风林带 fángfēnglíndài Windschutzstreifen *m*; Windschutzgürtel *m*

防辐射 fángfúshè Strahlungsschutz *m*

防辐射的 fángfúshède strahlensicher

防腐 fángfǔ Asepsis *f*; Korrosionsverhütung *f*; Fäulnisverhütung *f*

防腐的 fángfǔde fäulnisverhindernd; antiseptisch; fäulnishemmend

防腐材料 fángfǔ cáiliào fäulnisverhinderndes Material

防腐剂 fángfǔjì antiseptisches Mittel; Erhaltungsmittel *n*; Bewahrungsmittel *n*; Korrosionsschutzmittel *n*; Antiseptikum *n*; Fäulnisschutzmittel *n*; Antisepsis *f*

防腐蚀 fángfǔshí Korrosionsschutz *m*

防腐添加剂 fángfǔ tiānjiājì Antikorrosionszusatz *m*

防改写 fánggǎixiě Schreibschutz *m*

防改写的 fánggǎixiěde schreibgeschützt

防干扰电阻 fánggānrǎo diànzǔ Entstörungswiderstand *m*

防干燥 fánggānzào Schutz gegen Trockenheit

防寒 fánghán Schutz gegen Kälte

防洪 fánghóng Überschwemmungsschutz *m*; Hochwasserschutz *m*;

Schutz gegen Hochwasser; Vorkehrungen gegen Hochflut

防洪堤 fánghóngdī Hochwasserdamm *m*; Hochwasserdeich *m*; Schutzwall *m*

防洪工程 fánghóng gōngchéng Schutzprojekte gegen Hochwasser; Schutzprojekte gegen Überschwemmung

防洪闸 fánghóngzhá Hochwasserverschluss *m*; Hochwasserschild *n*

防护 fánghù bewahren; schützen; beschützen; Schutz *m*; Bewahrung *f*

防护材料 fánghù cáiliào Schutzstoff *m*

防护层 fánghùcéng Schutzschicht *f*; Mantelschicht *f*

防护等级 fánghù děngjí Schutzart *f*

防护堤 fánghùdī Schutzdamm *m*; Schutzwehr *n*; Schutzwand *f*

防护隔墙 fánghù géqiáng Schutzwand *f*

防护剂 fánghùjì Schutzmittel *n*

防护林 fánghùlín Schutzwald *m*

防护设备 fánghù shèbèi Schutzvorrichtung *f*

防护外套 fánghù wàitào Schutzmantel *m*

防护系统 fánghù xìtǒng Schutzsystem *n*

防护衣 fánghùyī Schutzanzug *m*

防护罩 fánghùzhào Schutzhaube *f*; Abdeckklappe *f*

防护装置 fánghù zhuāngzhì Schutzanlage *f*

防滑的 fánghuáde rutschfest; gleitsicher

防滑轮胎 fánghuá lúntāi Antigleitreifen *m*

防滑装置 fánghuá zhuāngzhì Gleit-

schutz *m*

防火 fánghuǒ Feuerschutz *m*

防火的 fánghuǒde brandfest; feuerfest; feuersicher

防火剂 fánghuǒjì Feuerschutzmittel *n*

防火墙 fánghuǒqiáng Feuerschutzwand *f*; Brandmauer *f*

防火纸 fánghuǒzhǐ feuersicheres Papier

防空 fángkōng Luftabwehr *f*; Luftverteidigung *f*; Flugabwehr *f*

防空导弹 fángkōng dǎodàn Luftabwehrrakete *f*; Luftabwehrlenkgeschoss *n*

防空洞 fángkōngdòng Luftschutzkeller *m*; Luftschutzbunker *m*; Unterschlupf *m*

防空火箭 fángkōng huǒjiàn Luftabwehrrakete *f*; Fliegerabwehrrakete *f*

防空警报 fángkōng jǐngbào Luftwarnung *f*; Luftschutzalarm *m*

防浪堤 fánglàngdī Mole *f*

防老化的 fánglǎohuàde alterungsbeständig

防老化剂 fánglǎohuàjì Alterungsverzöger *m*

防涝 fánglào Wasseranstauungsschutz *m*; Vorbeugung gegen Überschwemmung; Überschwemmungen verhüten

防漏 fánglòu Abdichtung *f*

防碰撞 fángpèngzhuàng Aufprallschutz *m*

防热 fángrè vor Hitze schützen; Schutz gegen Hitze

防沙林 fángshālín grüner Sandschutzgürtel; Waldgürtel gegen Versandung

防渗 fángshèn Abdichtung von Wassereinbrüchen

F

防渗层 fángshèncéng Abdichtung *f*

防渗设施 fángshèn shèshī Abdichtungsvorrichturg *f*

防湿的 fángshīde feuchtigkeitssicher; feuchtigkeitsbeständig; feuchtigkeitsfest

防湿绝缘 fángshī juéyuán Feuchtraumisolation *f*

防暑 fángshǔ Hitzschlagvorbeugung *f*

防水 fángshuǐ Wasserschutz *m*; Abdichten *n*; Abdichtung *f*; Abdichtung von Wassereinbrüchen

防水布 fángshuǐbù Wachstuch *n*

防水材料 fángshuǐ cáiliào Abdichtungsmaterial *n*

防水层 fángshuǐcéng Wasserdichte *f*; Isolierschicht *f*; Abdichtung *f*; Dichtungsschicht *f*; Abdichtungslage *f*; Abdichtungsbelag *m*

防水的 fángshuǐde wasserdicht; wasserfest; wasserabstoßend

防水电池 fángshuǐ diànchí Tauchbatterie *f*

防水电缆 fángshuǐ diànlǎn Anthygronleitung *f*

防水剂 fángshuǐjì Abdichtungsanstrichmittel *n*

防水建筑物 fángshuǐ jiànzhùwù Wasserschutzbau *m*

防水设施 fángshuǐ shèshī Abdichtungsvorrichtung *f*

防水涂料 fángshuǐ túliào Abdichtungsanstrichmittel *n*; Abdichtungsanstrichstoff *m*

防水性 fángshuǐxìng Feuchtbeständigkeit *f*; Wasserdichtigkeit *f*

防水仪表 fángshuǐ yíbiǎo wassersicheres Instrument

防水仪器 fángshuǐ yíqì wasserdichter Apparat

防水闸门 fángshuǐ zhámén wasserdichter Abschluss

防水毡 fángshuǐzhān Abdichtungspappe *f*; Abdichtungsfilz *m*

防松螺母 fángsōng luómǔ Kontermutter *f*

防松螺栓 fángsōng luóshuān Schlossschraube *f*; Absperrbolzen *m*

防锈 fángxiù Rostschutz *m*; Rostverhüten *n*; Eisenschutz *m*

防锈剂 fángxiùjì Rostschutzmittel *n*

防锈介质 fángxiù jièzhì Rostschutzmittel *n*

防锈漆 fángxiùqī Rostschutzlack *m*

防锈涂料 fángxiù túliào Rostschutzanstrich *m*

防锈物 fángxiùwù Rostschutzmasse *f*

防锈油 fángxiùyóu Rostschutzöl *n*

防汛 fángxùn Hochwasserschutz *m*; Überschwemmungsschutz *m*; Kampf gegen Überschwemmungen

防汛站 fángxùnzhàn Hochwasserwarn(e)dienst *m*

防压 fángyā Schutz gegen Druck

防氧化 fángyǎnghuà Antioxidation *f*

防氧化剂 fángyǎnghuàjì Antioxidans *n*; Antioxydator *m*; Antioxidationsmittel *n*

防疫 fángyì Epidemieschutz *m*

防疫站 fángyìzhàn Prophylaxestation *f*; Epidemieschutzstation *f*; Impfstelle *f*

防疫针 fángyìzhēn präventive Impfung *f*; Schutzimpfungen gegen Epidemien

防油的 fángyóude öldicht

防雨的 fángyǔde regenabweisend

防御 fángyù verteidigen; sich wehren; Gegenwehr *f*; Defensive *f*;

Abwehr *f*

防御导弹 fángyù dǎodàn Abwehrrakete *f*; Defensivrakete *f*

防灾 fángzāi Vorbeugung gegen Naturkatastrophen

防噪音 fángzàoyīn Lärmschutz *m*

防噪音墙 fángzàoyīnqiáng Lärmschutzwand *f*

防震 fángzhèn Vorsorge gegen Erdbebenkatastrophen treffen

防震的 fángzhènde schüttelsicher; stoßfest; erschütterungssicher; stoßgesichert; klopffest

防震器 fángzhènqì Vibrationsdämpfer *m*

防止 fángzhǐ bewahren; Bewahrung *f*

防止潮湿 fángzhǐ cháoshī vor Feuchtigkeit bewahren

防治 fángzhì Verhütung und Bekämpfung; Vorsorge und Heilung; Bekämpfung von etw.

防撞 fángzhuàng Schutz gegen Stoß

防撞雷达 fángzhuàng léidá Antikollisionsradargerät *n*

防撞器 fángzhuàngqì Stoßstange *f*

妨碍 fáng'ài hemmen; hindern; behindern

仿生学 fǎngshēngxué Bionik *f*

仿形板 fǎngxíngbǎn Kopierschablone *f*

仿形尺 fǎngxíngchǐ Kopierlineal *n*; Kopierschiene *f*

仿形阀 fǎngxíngfá Kopierventil *n*; Kopierschieber *m*

仿型插床 fǎngxíng chāchuáng Kopierstoßmaschine *f*

仿型车床 fǎngxíng chēchuáng Kopierdrehmaschine *f*

仿型铣 fǎngxíngxǐ kopierfräsen; Nachformfräsen *n*

仿造 fǎngzào nachformen; nachmachen

仿造的 fǎngzàode imitatorisch

仿真 fǎngzhēn Simulation *f*

仿真监督系统 fǎngzhēn jiāndū xìtǒng Emulator-Monitorsystem *n*

仿真器 fǎngzhēnqì Simulator *m*

仿制 fǎngzhì nachbilden; imitieren; Imitation *f*

仿作 fǎngzuò nacharbeiten

访问 fǎngwèn besuchen; Zugriff *m*

访问控制 fǎngwèn kòngzhì Zugriffssteuerung

访问网页 fǎngwèn wǎngyè Webseite besuchen

纺锤 fǎngchuí Spindel *f*

纺纱机 fǎngshājī Spinnmaschine *f*

纺织 fǎngzhī spinnen und weben

纺织品 fǎngzhīpǐn Textilien *pl*; Textilwaren *pl*; Gewebe *n*

放出 fàngchū auslassen; ausströmen; ausstrahlen; herausstellen; Abgabe *f*; Ausstrahlung *f*; Ausströmung *f*

放大 fàngdà vergrößern; verstärken; Verstärkung *f*; Vergrößung *f*

放大倍数 fàngdà bèishù Vergrößerungszahl *f*

放大电子管 fàngdà diànzǐguǎn Verstärkerröhre *f*

放大管 fàngdàguǎn Verstärkerröhre *f*

放大机 fàngdàjī Vergrößerungsapparat *m*

放大级 fàngdàjí Verstärkerstufe *f*

放大镜 fàngdàjìng Lupe *f*; Vergrößerungsglas *n*; Vergrößerungsspiegel *m*

放大率 fàngdàlù Vergrößerungskoeffizient *m*; Verstärkungskoeffizient *m*; Verstärkungsgrad *n*

F

放大频道 fàngdà píndào Verstärkungswege pl

放大器 fàngdàqì Verstärker m

放大设备 fàngdà shèbèi Verstärkersatz m

放大系数 fàngdà xìshù Vervielfachungsfakter m; Verstärkungsfaktor; Verstärkungskoeffizient m

放大线路 fàngdà xiànlù Verstärkerschaltung f

放大像 fàngdàxiàng vergrößertes Bild

放大仪 fàngdàyí Auswertegerät n; Verstärker m

放大因数 fàngdà yīnshù Verstärkungsfaktor m

放大装置 fàngdà zhuāngzhì Vergrößerungsapparat m

放电 fàngdiàn entladen; Entladung f; Abladung f

放电电流 fàngdiàn diànliú Entladungsstrom m

放电电路 fàngdiàn diànlù Entladeschaltung f

放电电压 fàngdiàn diànyā Entladespannung f

放电管 fàngdiànguǎn Entladungsröhre f

放电火花 fàngdiàn huǒhuā Entladungsfunke m

放电开关 fàngdiàn kāiguān Entladeschalter m

放电脉冲 fàngdiàn màichōng Entladungsstoß m; Entladungsimpuls m

放电频率 fàngdiàn pínlǜ Entladungsfrequenz f

放电特性 fàngdiàn tèxìng Entladungscharakteristik f

放电线圈 fàngdiàn xiànquān Entladespule f

放脚空间 fàngjiǎo kōngjiān Fußraum m

放脚空间通风 fàngjiǎo kōngjiān tōngfēng Fußraumbelüftung f

放牧 fàngmù Herde auf die Wiese treiben

放炮 fàngpào Abschuss m

放气 fàngqì abblasen; entgasen

放气门 fàngqìmén Abblasehahn m

放气旋塞 fàngqì xuánsāi Luftablasshahn m

放弃 fàngqì entäußern; abgeben; Abtretung f; Entäußerung f

放热 fàngrè Außenwärme f; Wärmeabgabe f; Wärmebildung f

放热的 fàngrède exotherm; wärmeabgebend; wärmeliefernd

放热反应 fàngrè fǎnyìng exotherme Reaktion; exothermische Reaktion

放热系数 fàngrè xìshù Wärmeabgabeziffer f; Wärmeabgabezahl f

放入 fàngrù einsetzen; einstecken; Einstellung f; Einsetzung f

放射 fàngshè strahlen; ausstrahlen; abstrahlen; Ausstrahl m; Strahlung f; Bestrahlung f; Emission f; Emanation f; Radiation f; Radioaktivität f

放射病 fàngshèbìng Röntgenkater m

放射防护 fàngshè fánghù Strahlenschutz m

放射化学 fàngshè huàxué Radiochemie f; Strahlenchemie f

放射科 fàngshèkē Röntgenabteilung f

放射科医生 fàngshèkē yīshēng Radiologist m

放射生物学 fàngshè shēngwùxué Radiobiologie f; Strahlenbiologie f

放射室 fàngshèshì Bestrahlungsraum m

放射线 fàngshèxiàn radioaktive Strahlen

放射现象 fàngshè xiànxiàng Radioaktivität f

放射性 fàngshèxìng Ausstrahltätigkeit f; Radioaktivität f; Aktivität f

放射性材料 fàngshèxìng cáiliào Aktivmaterial n; aktives Material

放射性测定 fàngshèxìng cèdìng Aktivitätsbestimmung f

放射性尘埃 fàngshèxìng chén´āi radioaktiver Staub

放射性沉降物 fàngshèxìng chénjiàngwù radioaktiver Niederschlag

放射性的 fàngshèxìngde radioaktiv

放射性分析 fàngshèxìng fēnxī Aktivitätsanalyse f

放射性辐射 fàngshèxìng fúshè radioaktive Strahlung

放射性核素 fàngshèxìng hésù Radionuklid n

放射性化学 fàngshèxìng huàxué Bestrahlungschemie f

放射性金属 fàngshèxìng jīnshǔ radioaktives Metall

放射性气体 fàngshèxìng qìtǐ radioaktives Gas

放射性强度 fàngshèxìng qiángdù Intensität der Radioaktivität

放射性溶液 fàngshèxìng róngyè radioaktive Lösung

放射性碳测定法 fàngshèxìng tàncèdìngfǎ Radiokarbonmethode f

放射性碳测验 fàngshèxìng tàncèyàn Radiokarbontest m

放射性同位素 fàngshèxìng tóngwèisù Radioisotop n; radioaktives Isotop

放射性污染 fàngshèxìng wūrǎn radioaktive Verseuchung

放射性物质 fàngshèxìng wùzhì radioaktiver Stoff

放射性元素 fàngshèxìng yuánsù Radioelement n; radioaktives Element

放射性族 fàngshèxìngzú radioaktive Familie

放射学 fàngshèxué Strahlenkunde f; Radiologie f

放射铀 fàngshèyóu Aktinouran n

放射元素 fàngshè yuánsù Strahlelement n

放射状的 fàngshèzhuàngde radiär; radialstrahlig

放水 fàngshuǐ Dränage f; Wasserschwung m

放水道 fàngshuǐdào Wasserabzug m

放水螺塞 fàngshuǐ luósāi Wasserablassschraube f

放像机 fàngxiàngjī Videoplayer m; Audiorision n

放音 fàngyīn Tonwiedergabe f

放音机 fàngyīnjī Tonwiedergabegerät n

放音头 fàngyīntóu Hörkopf m

放映 fàngyìng zeigen; projezieren; vorführen

放映机 fàngyìngjī Projektor m; Filmprojektor m; Filmvorführgerät n

放置 fàngzhì anlegen

飞 fēi fliegen; Flug m

飞船 fēichuán Luftschiff n; Zeppelin m; Luftfahrzeug n

飞弹 fēidàn ferngelenkete Rakete; verirrte Kugel

飞蝶 fēidié fliegende Untertassen; UFO n

飞航 fēiháng Luftnavigation f

飞弧 fēihú 〈电〉 Funkenüberschlag m; Überschlag m; Überschlagen n

飞机 fēijī Luftfahrzeug n; Flugzeug

F

n

飞机场 fēijīchǎng Flughafen *m*

飞机螺旋桨 fēijī luóxuánjiǎng Luftschraube *f*

飞机起落架 fēijī qǐluòjià Fahrwerk *m*; Fahrgestell *n*

飞溅 fēijiàn spritzen

飞块 fēikuài Fliehgewicht *n*

飞轮 fēilún Schwungrad *n*; Kurbelrad *n*; Zahnrad *n*

飞轮力 fēilúnlì Schwungkraft *f*

飞轮凸缘 fēilún tūyuán Schwungradflansch *m*

飞轮制动器 fēilún zhìdòngqì Schwungradbremse *f*

飞艇 fēitǐng Luftschiff *n*; Zeppelin *m*; Flugboot *n*

飞行 fēixíng fliegen; Flug *m*; Luftfahrt *f*

飞行高度 fēixíng gāodù Flughöhe *f*

飞行轨道 fēixíng guǐdào Flugbahn *f*; Flugweg *m*

飞行器 fēixíngqì Luftfahrzeug *n*

飞行速度 fēixíng sùdù Fluggeschwindigkeit *f*

飞行体 fēixíngtǐ Flugkörper *m*

非传动的 fēichuándòngde getriebelos

非磁性材料 fēicíxìng cáiliào unmagnetischer Stoff

非磁性金属 fēicíxìng jīnshǔ unmagnetisches Metall

非导体 fēidǎotǐ Nichtleiter *m*

非电解质 fēidiànjiězhì Nichtelektrolyt *m*

非电离的 fēidiànlíde nichtionisiert

"非"电路 fēidiànlù NEIN-Schaltung *f*

非对称的 fēiduìchènde antisymmetrisch

非对称性 fēiduìchènxìng Asymme-trie *f*

非法操作 fēifǎ cāozuò unzulässige Operation

非法指令 fēifǎ zhǐlìng unzulässige Befehle

非刚性的 fēigāngxìngde unstarr

非合金的 fēihéjīnde unlegiert

非恒流 fēihéngliú instationärer Abfluss

非活泼性的 fēihuópōxìngde inaktive Doppelbindung

非机动车 fēijīdòngchē Nichtmotorfahrzeug *n*

非机动车道 fēijīdòng chēdào Fahrbahn für Nichtmotorfahrzeuge

非极性的 fēijíxìngde unpolar

非结晶的 fēijiéjīngde amorph; nichtkristallisch

非结晶体 fēijiéjīngtǐ nichtkristalliner Körper

非金属 fēijīnshǔ Metalloid *n*; Nichtmetall *n*

非金属的 fēijīnshǔde unmetallisch

非金属矿石 fēijīnshǔ kuàngshí Nichterz *pl*

非金属氧化物 fēijīnshǔ yǎnghuàwù Nichtmetalloxid *n*

非晶态 fēijīngtài amorpher Zustand

非晶体 fēijīngtǐ amorpher Körper; nichtkristalliner Körper

非晶体的 fēijīngtǐde nichtkristallisch; unkristallinisch

非晶形的 fēijīngxíngde amorph; nichtkristallisch

非晶质的 fēijīngzhìde unkristallin; unkristallisch

非晶状的 fēijīngzhuàngde amorph; nichtkristallisch

非矿物 fēikuàngwù Nichterze *n*

"非"门 fēimén NICHT-Gatter *n*

非生物的 fēishēngwùde unorganisch; abiotisch

非稳定运动 fēiwěndìng yùndòng nichtstationäre Bewegung

非线性的 fēixiànxìngde nichtlinear

非线性关系 fēixiànxìng guānxì nichtlineare Abhängigkeit

非线性元件 fēixiànxìng yuánjiàn nichtlineares Glied

非现实的 fēixiànshíde Irreal

非循环的 fēixúnhuánde antizyklisch

非岩浆的 fēiyánjiāngde amagmatisch

非直线的 fēizhíxiànde ungerade

非直线性 fēizhíxiànxìng Unlinerität f

非周期的 fēizhōuqīde nichtperiodisch

非周期放电 fēizhōuqī fàngdiàn aperiodische Entladung

非周期性 fēizhōuqīxìng Aperiodizität f

非周期性的 fēizhōuqīxìngde unperiodisch; antizyklisch

非周期运动 fēizhōuqī yùndòng unperiodische Bewegung

非洲 fēizhōu Afrika

非轴的 fēizhóude unaxial

非轴向的 fēizhóuxiàngde anaxial

扉页 fēiyè Titelblatt n

肥料 féiliào Düngemittel n; Dung m; Dünger m

肥煤 féiméi Fettkohle f

肥沃的 féiwòde fruchtbar

沸点 fèidiǎn Siedepunkt m; Dampfpunkt m; Kochpunkt m; Verdampfungspunkt m

沸点测定器 fèidiǎn cèdìngqì Hypsometer n

沸点曲线 fèidiǎn qūxiàn Siedelinie f

沸腾 fèiténg kochen; sieden; aufwallen; Aufwallung f

沸腾热 fèiténgrè Siedehitze f

沸腾温度 fèiténg wēndù Siedehitze f

废除 fèichú abschaffen; aufheben; annullieren; absetzen; Aufhebung f; Abrogation f

废件 fèijiàn Abfallstück n

废金属 fèijīnshǔ Metallabfall m

废料 fèiliào Abfall m; unbrauchbare Reste; Abfälle pl; Abfallstoffe pl; Abfallmaterial n; Abgang m

废料处理 fèiliào chǔlǐ Abfallbehandlung f; Entsorgung f

废品 fèipǐn Ausschuss m; Abfall m; Altmaterial n; Abfallprodukt n

废品回收 fèipǐn huíshōu Recycling n

废品率 fèipǐnlǜ Ausschussfaktor m; Ausschussquote f

废气 fèiqì Abgas n; Abflussgas n; Auspuffgase pl

废气分析 fèiqì fēnxī Abgasanalyse f

废气活门 fèiqì huómén Auspuffklappe f

废气净化 fèiqì jìnghuà Abgasentstaubung f

废气净化器 fèiqì jìnghuàqì Abgasreiniger m

废气涡轮增压 fèiqì wōlún zēngyā Freiauspufflader m

废气涡轮增压器 fèiqì wōlún zēngyāqì Freiauspufflladung f; Freiauspuffturbolader m

废汽 fèiqì Abdampf m; Abfalldampf m

废汽加热 fèiqì jiārè Abdampfheizung f

废弃 fèiqì abschaffen; ablegen; aufgeben; verwerfen; Abschaffung f; Verwerfung f

废热 fèirè Abfallwärme f; Abhitze

废热供暖 fèirè gòngnuǎn Abwärme-heizung f

废热锅炉 fèirè guōlú Abhitzekessel m

废热加热炉 fèirè jiārèlú Abwärme-ofen m

废热利用 fèirè lìyòng Abwärmeaus-nutzung f

废热量 fèirèliàng Abwärmemenge f

废石 fèishí Ausschacht m

废石场 fèishíchǎng Abraumkippe f

废水 fèishuǐ Abfallwasser n; Abwasser n; Austragswasser n

废水槽 fèishuǐcáo Abwasserbehälter m

废水净化 fèishuǐ jìnghuà Abwasser-reinigung f

废酸 fèisuān Absäure f

废铁 fèitiě Abfalleisen n

废物 fèiwù Auswurf m; Altmaterial n; Ausschuss m; Abgang m; Un-rat m; Abfallstoff m; Abfallmate-rial n; Abfall m; wertloses Zeug

废物利用 fèiwù lìyòng Abfallver-wertung f; Müllverwertung f; Re-cycling n

废物治理 fèiwù zhìlǐ Abfallwirtschaft f

废液 fèiyè Abfallflüssigkeit f

废油 fèiyóu Ablauföl n

废渣 fèizhā Abgang m; Schlacke f; Rückstand m; Bodensatz m

废止 fèizhǐ aufheben; abschaffen

废纸 fèizhǐ Papierabfall m; Altpa-pier n; Makulatur f

废置 fèizhì ausrangieren; verwerfen

肺 fèi Lunge f

肺癌 fèi'ái Lungenkrebs m; Lungen-karzinom n

肺病 fèibìng Lungenkrankheit f; Lungentuberkulose f

肺活量 fèihuóliàng Lungenkapazität f

肺结核 fèijiéhé Lungentuberkulose f; Schwindsucht f; Lungen-schwindsucht f

肺脓肿 fèinóngzhǒng Lungenabszess m; abscessus pulmonum

肺泡 fèipào Lungenbläschen n; Al-veole f

肺气肿 fèiqìzhǒng Lungenblähung f; Lungenemphysem n

肺水肿 fèishuǐzhǒng Lungenwasser-sucht f; Lungenödem n

肺炎 fèiyán Lungenentzündung f; Pneumonie f

肺炎球菌 fèiyán qiújūn Pneumokok-kus m

肺叶 fèiyè Lungenflügel m; Lungen-lappen m

费用 fèiyòng Gebühr f; Aufwand m; Kosten pl; Ausgaben pl

分贝 fēnbèi Dezibel n

分贝计 fēnbèijì Dezibelmeter n/m; Dezibelmessgerät n

分辨 fēnbiàn unterscheiden; Auflö-sung f

分辨率 fēnbiànlǜ Auflösungsvermö-gen n; Kontrastempfindlichkeit f

分辨能力 fēnbiàn nénglì Trennschär-fe f

分波段 fēnbōduàn Teilbereich m

分布率 fēnbùlǜ Verteilungsgrad m

分布密度 fēnbù mìdù Verteilungs-dichte f

分布图 fēnbùtú Lageplan m; Vertei-lungskarte f

分采 fēncǎi aushalten; Aushalten n

分层 fēncéng in Schichten anord-nen; Abstufung f

分层的 fēncéngde laminar

分叉 fēnchà Abgang m; Verzweigung f; Verästelung f

分度 fēndù graduieren; Gradeinteilung f; Skala f; Skaleneinteilung f

分度板 fēndùbǎn Teilplatte f

分度标 fēndùbiāo Teilstrich m

分度尺 fēndùchǐ Strichskala f

分度规 fēndùguī Transporteur m

分度机 fēndùjī Teilvorrichtung f

分度盘 fēndùpán Teilscheibe f; Ablesescheibe f; Indexscheibe f

分度器 fēndùqì Graduator m; Teilapparat m; Gradmesser m

分度头 fēndùtóu Teilkopf m; Teilapparat m

分度圆 fēndùyuán Nullteilkreis m

分度圆直径 fēndùyuán zhíjìng Teilkreisdurchmesser m

分度锥 fēndùzhuī Teilkegel m

分段表 fēnduànbiǎo Partitionstabelle f

分段淬火 fēnduàn cuìhuǒ gestuftes Härten

分段的 fēnduànde gestuft

分段电阻 fēnduàn diànzǔ abgestufter Widerstand

分发 fēnfā ausgeben

分割 fēngē abtrennen; etw. voneinander scheiden; spalten; aufteilen

分割比 fēngēbǐ Aufteilungsverhältnis n

分割面 fēngēmiàn Teilungsebene f

分格 fēngé Teilstrich m

分隔 fēngé abteilen; trennen; absondern

分隔条 fēngétiáo Trennleiste f

分隔线符号 fēngéxiàn fúhào Schrägstrich m

分工 fēngōng Arbeitsteilung f

分光的 fēnguāngde spektroskopisch

分光光度计 fēnguāng guāngdùjì Spektralfotometer n/m

分光光度学 fēnguāng guāngdùxué Spektralfotometrie f

分光计 fēnguāngjì Spektrometer n

分光镜 fēnguāngjìng Spektroskop n; Spektroapparat m

分光学 fēnguāngxué Spektroskopie f

分规器 fēnguīqì Teiler m

分行 fēnháng Filiale f; Zweigstelle f

分洪 fēnhóng Hochwasser / Wassermenge eines Flusses teilen

分洪闸 fēnhóngzhá Ableitungskanal m

分化 fēnhuà sich spalten; sich teilen; zersetzen; 〈生〉 Differenzierung f

分级 fēnjí klassieren; abfachen; klassifizieren; sortieren; Graduierung f; Abstufung f; Gradation f; Klassifikation f

分级筛 fēnjíshāi Sortiersieb n

分接点 fēnjiēdiǎn Abgrenzung f; Abgreifpunkt m

分节 fēnjié Gliederung f

分节的 fēnjiéde gliederig

分解 fēnjiě abbauen; zersetzen; zerfallen; zerlegen; auflösen; aufschließen; abspalten; entmischen; zerlegen; Zerfall m; Auflösung f; Zersetzung f; Scheidung f; Dissoziation f

分解槽 fēnjiěcáo Zersetzungszelle f

分解产物 fēnjiě chǎnwù Zersetzungsprodukt n

分解程度 fēnjiě chéngdù Abbaustufe f

分解代谢 fēnjiě dàixiè Katabolismus

m

分解电位 fēnjiě diànwèi Zersetzungspotential *n*

分解电压 fēnjiě diànyā Zersetzungsspannung *f*

分解反应 fēnjiě fǎnyìng Zersetzungsreaktion *f*

分解过程 fēnjiě guòchéng Zersetzungsprozess *m*; Zersetzungsvorgang *m*

分解剂 fēnjiějì Zersetzungsmittel *n*

分解器 fēnjiěqì Resolver *m*

分解曲线 fēnjiě qūxiàn Zersetzungskurve *f*

分解热 fēnjiěrè Zerfallswärme *f*

分解设备 fēnjiě shèbèi Abbauvorrichtung *f*

分解式 fēnjiěshì Resolvente *f*

分解速度 fēnjiě sùdù Zersetzungsgeschwindigkeit *f*

分解蒸溜 fēnjiě zhēngliú Zersetzungsdestillation *f*

分解作用 fēnjiě zuòyòng Aufspaltung *f*; Dekomposition *f*

分界层 fēnjiècéng Trennschicht *f*

分界缝 fēnjièfèng Trennfuge *f*

分界面 fēnjièmiàn Trennfläche *f*; Trennebene *f*

分掘 fēnjué aushalten; Aushalten *n*

分开 fēnkāi trennen; auseinanderhalten; Abteilung *f*

分开的 fēnkāide getrennt; geteilt; separat

分类 fēnlèi Klassifizieren; einordnen; aufteilen; klassieren; sortieren; gruppieren; Einteilung *f*; Klassierung *f*; Klassifikation *f*; Sortierung *f*; Auslese *f*; Einordnung *f*; Sortiment *n*

分类程序 fēnlèi chéngxù Sortierprogramm *n*

分类号 fēnlèihào Klassifizierungsnummer *f*; Klass. -Nr. *f*

分类机 fēnlèijī Sortiermaschine *f*

分离 fēnlí separieren; scheiden; spalten; ausscheiden; abschleudern; abspalten; abscheiden; lostrennen; Abstoßen *n*; Separation *f*; Segregation *f*; Absonderung *f*; Ausscheidung *f*; Dissoziation *f*

分离点 fēnlídiǎn Abtrennungspunkt *m*

分离度 fēnlídù Abscheidegrad *m*

分离杆 fēnlígān Ausrückhebel *m*; Abschalthebel *m*

分离过程 fēnlí guòchéng Scheidevorgang *m*

分离剂 fēnlíjì Ausscheidungsmittel *n*

分离量 fēnlíliàng Abscheidemenge *f*

分离盘 fēnlípán Ausrückplatte *f*

分离器 fēnlíqì Teiler *m*; Trenner *m*; Separator *m*; Scheider *m*; Abscheider *m*; Abscheidebehälter *m*; Ausscheider *m*; Sichter *m*

分离容器 fēnlí róngqì Abscheidebehälter *m*

分离塔 fēnlítǎ Scheidungssäule *f*

分离涡流 fēnlí wōliú Ablösungswirbel *m*; Ablösungswalze *f*

分离线 fēnlíxiàn Teilfuge *f*

分离型外圈 fēnlíxíng wàiquān zerlegbarer Außenring

分离液 fēnlíyè Trennflüssigkeit *f*

分离装置 fēnlí zhuāngzhì Trennvorrichtung *f*; Abscheideeinrichtung *f*; Ausrücker *m*

分理处 fēnlǐchù örtliche Zweigstelle; Bankfiliale *f*

分力 fēnlì Teilkraft *f*; Seitenkraft *f*

分粒器 fēnlìqì Klassifikator *m*

分量 fēnliàng Komponente *f*

分裂 fēnliè spalten; abspalten; zerspalten; zersplittern; aufspalten; zerfallen; Abstoßen n; Spaltung f; Aufspaltung f; Abspaltung f; Zerteilung f; Zersetzung f; Fission f

分裂过程 fēnliè guòchéng Spaltprozess m

分裂剂 fēnlièjì Sprengmittel n

分裂生殖 fēnliè shēngzhí Fortpflanzung durch Teilung

分流 fēnliú abzweigen; Partialstrom m; Stromspaltung f; Teilstrom m; Nebenschluss m

分流点 fēnliúdiǎn Abgreifpunkt m

分流电阻 fēnliú diànzǔ Abzweigungswiderstand m

分流器 fēnliúqì Verteiler m

分流元件 fēnliú yuánjiàn Querglied n

分馏 fēnliú fraktionieren; Fraktionierung f; Fraktionieren n; fraktionierte Destillation; Fraktion f; Dephlegmation f

分馏器 fēnliúqì Fraktionierapparat m; Dephlegmator m

分馏烧瓶 fēnliú shāopíng Fraktionskolben m

分馏塔 fēnliútǎ Fraktionierkolonne f; Fraktionierturm m

分路电流 fēnlù diànliú verzweigte Ströme

分路电容器 fēnlù diànróngqì Hall-Effekt m

分路继电器 fēnlù jìdiànqì Nebenschlussrelais n

分米 fēnmǐ Dezimeter n

分泌 fēnmì absondern; Absonderung f; Sekretion f

分泌物 fēnmìwù Ausscheidung f; Sekret n

分蜜机 fēnmìjī Honigschleuder f

分娩 fēnmiǎn Gebären n; Kreißen n; Entbindung f; Niederkunft f

分母 fēnmǔ Nenner m; Divisor m

分蘖 fēnniè sich bestocken; Bestockung f

分配 fēnpèi einteilen; verteilen; aufteilen; zuteilen; Distribution f; Verteilung f; Einteilung f

分配齿轮 fēnpèi chǐlún Steuerrad n

分配定律 fēnpèi dìnglǜ Teilungsgesetz n; Verteilungssatz m

分配器 fēnpèiqì Teiler m; Verteiler m; Stromwender m

分配原则 fēnpèi yuánzé Verteilungsprinzip n

分配装置 fēnpèi zhuāngzhì Schaltanlage f; Verteileranlage f

分频 fēnpín Teilfrequenz f; Untersetzung f

分频电路 fēnpín diànlù Untersetzerschaltung f

分频器 fēnpínqì Frequenzteiler m

分区 fēnqū Partition f

分区表 fēnqūbiǎo Partitionstabelle f

分散 fēnsàn verstreuen; zerstreuen; dezentralisieren; Zerteilung f; Zerstreuung f

分散的 fēnsànde gestreut

分散范围 fēnsàn fànwéi Streubereich m/n

分散宽度 fēnsàn kuāndù Streubreite f

分散相 fēnsànxiàng 〈机〉 Dispersionsphase f

分散剂 fēnsànjì Dispersionsmittel n

分散染料 fēnsàn rǎnliào Dispersionsfarbe f

分时多路转换器 fēnshí duōlù zhuǎnhuànqì Zeitmultiplex m

分数 fēnshù Bruch m; Zahlenbruch m; Bruchzahl f; Fraktion f; Partitivzahl *f*; gebrochene Zahl

分数的 fēnshùde fraktionär

分数计算 fēnshù jìsuàn Bruchrechnung *f*

分数指数 fēnshù zhǐshù gebrochener Exponent

分水坝 fēnshuǐbà Ableitungssperre *f*

分水道 fēnshuǐdào Abfluss *m*

分水岭 fēnshuǐlǐng Wasserscheide *f*; Scheitelung (slinie) *f*; Scheidelinie *f*

分水渠 fēnshuǐqú Verteilungsgraben *m*

分析 fēnxī analysieren; Analytik *f*; Analyse *f*

分析程序 fēnxī chéngxù Analyseprogramm *n*

分析的 fēnxīde analytisch

分析化学 fēnxī huàxué analytische Chemie

分析结果 fēnxī jiéguǒ Analysenbefund *m*

分析器 fēnxīqì Zerleger *m*; Analysator *m*; Analyser *m*

分析试剂 fēnxī shìjì Analysenreagens *n*

分析天平 fēnxī tiānpíng analytische Waage

分析误差 fēnxī wùchā Analysenfehler *m*; Analysenabweichung *f*

分析学 fēnxīxué Analytik *f*

分析样品 fēnxī yàngpǐn Analysenprobe *f*

分析仪器 fēnxī yíqì Analysenapparat *m*

分析员 fēnxīyuán Analytiker *m*

分系统 fēnxìtǒng Untersystem *n*

分线端子 fēnxiàn duānzǐ Abzweigklemme *f*

分线盒 fēnxiànhé Abzweigkasten *m*; Abzweigdose *f*

分谐波 fēnxiébō Subharmonische *f*

分泄渠 fēnxièqú Umflutkanal *m*

分型面 fēnxíngmiàn 〈铸〉Teilfläche *f*; Teilungsebene *f*

分选 fēnxuǎn sichten; abtrennen; Absonderung *f*; Auslese *f*; Separation *f*

分选法 fēnxuǎnfǎ Sortierverfahren *n*

分选室 fēnxuǎnshì Sortierraum *m*

分选机 fēnxuǎnjī Ausscheider *n*; Abtrenner *m*; Separator *m*; Trenner *m*; Sortiermaschine *f*

分压 fēnyā partieller Druck

分压力 fēnyālì Teilspannung *f*; Teildruck *m*

分压器 fēnyāqì Potentiometer *n*; Spannungsteiler *m*; Verteiler *m*; Teiler *m*

分液漏斗 fēnyè lòudǒu Scheidetrichter *m*

分支 fēnzhī abzweigen; Zweig *m*; Zweigstelle *f*; Abgang *m*

分枝 fēnzhī sich verzweigen; Verzweigung *f*; Zweig *m*; Abzweig *m*; Gabelung *f*

分钟 fēnzhōng Minute *f*

分株 fēnzhū Vermehrung durch Wurzelschosse

分子 fēnzǐ Element *n*; Molekül *n*; 〈数〉Dividend *m*; Zähler *m*

分子半径 fēnzǐ bànjìng Molekülradius *m*

分子磁体 fēnzǐ cítǐ Molekularmagnet *m*

分子磁性 fēnzǐ cíxìng Molekularmagnetismus *m*

分子电子学 fēnzǐ diànzǐxué Moletronik *f*; Molekularelektronik *f*

分子仿生学 fēnzǐ fǎngshēngxué Molekularbionik *f*

分子放大器 fēnzǐ fàngdàqì Molekularverstärker *m*

分子结构 fēnzǐ jiégòu Molekülbau *m*; Molekülaufbau *m*; Molekularstruktur *f*; molekularer Aufbau

分子扩散 fēnzǐ kuòsàn Molekulardiffusion *f*

分子力 fēnzǐlì Molekularkraft *f*

分子量 fēnzǐliàng Molekulargewicht *n*

分子流 fēnzǐliú Molekularstrom *m*

分子排列 fēnzǐ páiliè Molekularanordnung *f*

分子射线 fēnzǐ shèxiàn Molekularstrahl *m*

分子生物学 fēnzǐ shēngwùxué Molekularbiologie *f*

分子式 fēnzǐshì Molekularformel *f*; Formel *f*

分子体积 fēnzǐ tǐjī Molekularvolumen *n*

分子物理学 fēnzǐ wùlǐxué Molekularphysik *f*; molekulare Physik

分子遗传工程学 fēnzǐ yíchuán gōngchéngxué Molekulargentechnik *f*

分子遗传学 fēnzǐ yíchuánxué Molekulargenetik *f*

分子运动 fēnzǐ yùndòng Molekularbewegung *f*

分子杂交 fēnzǐ zájiāo Molekür-Hybridisierung *f*

酚 fēn Karbolsäure *f*; Phonol *n*

酚醛树脂 fēnquán shùzhǐ Phenolharz *n*

酚酞 fēntài Phenolpht(h)alein *n*

焚烧炉 féngshāolú Verbrennungsanlage *f*

粉 fěn Puder *m*

粉尘 fěnchén Staub *m*

粉化 fěnhuà pulverisieren; efflereszieren; Pulverisieren *n*; Pulveri-

sierung *f*; Ausblühung *f*; Effloreszenz *f*

粉剂 fěnjì Pülverchen *n*; Pulver *n*

粉矿 fěnkuàng Mehlerz *n*

粉煤 fěnméi Gruskohle *f*

粉磨机 fěnmòjī Pulverisator *m*

粉末 fěnmò Puder *m*; Pulver *n*

粉末分离器 fěnmò fēnlíqì Staubabscheider *m*

粉末粒化 fěnmò lìhuà Pulvergranulation *f*

粉末冶金 fěnmò yějīn Pulvermetallurgie *f*; Metallkeramik *f*; Sintermetallurgie *f*

粉末状的 fěnmòzhuàngde puderig

粉碎 fěnsuì zerbrechen; pulverisieren; Zersplitterung *f*

粉碎机 fěnsuìjī Pulverisiermühle *f*; Zerkleinerungsmaschine *f*

粉碎器 fěnsuìqì Pulverisator *m*

粉土岩 fěntǔyán Alphitolit *m*; Alphitot *m*

粉状的 fěnzhuàngde pulverig

粉状矿石 fěnzhuàng kuàngshí Pulvererz *n*

份额 fèn'é Anteil *m*

风暴 fēngbào Sturm *m*

风泵 fēngbèng Luftpumpe *f*; Luftsauger *m*; (Luft-) Kompressor *m*; Luftverdichter *m*

风车 fēngchē Windmühle *f*; Windrad *n*

风窗除霜器 fēngchuāng chúshuāngqì Defroster *m*

风挡 fēngdǎng Windschutzscheibe *f*

风道 fēngdào Luftkanal *m*; Windkanal *m*

风动传动 fēngdòng chuándòng pneumatischer Antrieb

风动锤 fēngdòngchuí Presslufthammer *m*

F

风动的 fēngdòngde pneumatisch

风洞 fēngdòng 〈航空〉 Windkanal *m*

风洞试验 fēngdòng shìyàn Windkanalversuch *m*

风洞涡流 fēngdòng wōliú Windkanalturbulenz *f*

风镐 fēnggǎo Lufthammer *m*; Abbauhammer *m*; Presslufthammer *m*; Abschlageeisen *n*; Klebschlaghammer *m*

（网页）风格 （wǎngyè）fēnggé （Web-）Stil *m*

风化 fēnghuà verwittern; auswettern; effloreszieren; Schwund *m*; Einwitterung *f*; Ausblühung *f*; Verwitterung *f*

风化层 fēnghuàcéng Verwitterungsschicht *f*

风化矿床 fēnghuà kuàngchuáng Verwitterungslagerstätte *f*

风化岩 fēnghuàyán Verwitterungsgestein *n*

风化作用 fēnghuà zuòyòng Abwittern *n*; Witterung *f*; Abwitterung *f*; Anwitterung *f*; Verwitterung *f*; Ausblühung *f*; Aussinterung *f*; Efforeszenz *f*

风火墙 fēnghuǒqiáng Feuermauer *f*

风解 fēngjiě effloreszieren

风井 fēngjǐng Wetterschacht *m*; Luftschacht *m*

风口支管 fēngkǒu zhīguǎn Windstock *m*

风力 fēnglì Windstärke *f*

风力表 fēnglìbiǎo Aerometer *n*

风力发电 fēnglì fādiàn Stromerzeugung mit Windkraft

风力发电机 fēnglì fādiànjī windbetriebener Dynamo

风力分选机 fēnglì fēnxuǎnjī Windsichter *m*; Windsortierer *m*; Windseparator *m*

风力负荷 fēnglì fùhè Beanspruchung durch Windlast

风力计 fēnglìjì Windstärkemesser *m*; Anemometer *n*; Windmesser *m*

风力记录器 fēnglì jìlùqì Windschreiber *m*; Anemograf *m*

风力选矿机 fēnglì xuǎnkuàngjī Windsichter *m*; Windsortierer *m*

风量计 fēngliàngjì Windmesser *m*

风量调节 fēngliàng tiáojié Lufteinstellung *f*

风轮机 fēnglúnjī Windrad *n*

风沙 fēngshā Staubsturm *m*

风扇 fēngshàn Lüfter *m*; Ventilator *m*

风扇外罩 fēngshàn wàizhào Lüfterhaube *f*

风扇叶片 fēngshàn yèpiàn Lüfterflügel *m*

风湿病 fēngshībìng Rheumatismus *m*

风湿病患者 fēngshībìng huànzhě Rheumatiker *m*

风湿病药剂 fēngshībìng yàojì Rheumamittel *n*

风湿热 fēngshīrè fieberhafter akuter Rheumatismus

风湿性的 fēngshīxìngde rheumatisch

风湿性心脏病 fēngshīxìng xīnzàngbìng rheumatische Herzkrankheit

风蚀 fēngshí ausblasen; auswettern; Abwehung *f*; Ausblasung *f*; Winderosion *f*; Deflation *f*

风蚀的 fēngshíde äolisch; winderodiert

风蚀作用 fēngshí zuòyòng Abhebung *f*; Winderosion *f*; Abblasung *f*; Deflation *f*

风速 fēngsù Windgeschwindigkeit *f*

风速表 fēngsùbiǎo Windmesser *n*

风速计 fēngsùjì Windwaage f; Anemograf m; Bösenschreiber m; Registrieranemometer m; Anemomesser n; Windmesser m; Anemometer n

风险评估 fēngxiǎn pínggū Risikoabschätzung f

风箱 fēngxiāng Blasebalg m

风向 fēngxiàng Windrichtung f

风向标 fēngxiàngbiāo Windfahne f; Wetterfahne f

风向仪 fēngxiàngyí Anemoskop n

风压试验 fēngyā shìyàn Luftdrucktest m

风雨 fēngyǔ Wind und Regen

风灾 fēngzāi Sturmkatastrophe f; Windschaden m

风疹 fēngzhěn Röteln pl; Rubeola pl

风钻 fēngzuàn pneumatischer Bohrer; Abbohrer m; Pressluftbohrer m

丰产 fēngchǎn reiche Ernte

丰产的 fēngchǎnde ertragreich

丰收 fēngshōu reiche Ernte; gute Ernte

封闭 fēngbì blockieren; absperren; verschließen; Blockierung f; Absperrung f

封闭回路 fēngbì huílù geschlossene Schleife

封闭冷却 fēngbì lěngquè Überdruckkühlsystem n

封闭疗法 fēngbì liáofǎ Beschränkungstherapie f; Lokalisierungstherapie f

封口圈 fēngkǒuquān Simmerring m

封皮 fēngpí Hülle f

封面 fēngmiàn Außenseite des Einbandes; Titelseite f

封铅 fēngqiān Plombe f

封锁 fēngsuǒ blockieren; Blockierung f

峰压 fēngyā Spitzenspannung f

峰载荷 fēngzàihè Spitzenbelastung f

峰值 fēngzhí Spitze f; Gipfelwert m; Extremwert m; Spitzenwert m; Maximalwert m; Höchstwert m; Scheitelwert m

峰值电流 fēngzhí diànliú Spitzenstrom m; Maximalstrom m; Scheitelstrom m

峰值电压 fēngzhí diànyā Höchstspannung f; Gipfelspannung f

峰值负荷 fēngzhí fùhè Belastungsspitze f

峰值耗量 fēngzhí hàoliàng Spitzenverbrauch m

峰值容量 fēngzhí róngliàng Spitzenleistung f

蜂巢 fēngcháo Wabe f

蜂房 fēngfáng Bienenzelle f

蜂蜜 fēngmì Honig m

蜂鸣器 fēngmíngqì Summer m

蜂群 fēngqún Bienenschwarm m

蜂王 fēngwáng Bienenkönigin f; Weisel m

蜂窝式滤清器 fēngwōshì lǜqīngqì Wabenfilter m/n; Zellenfilter m/n

蜂窝式散热器 fēngwōshì sànrèqì Wabenkühler m; Zellenkühler m

蜂音器 fēngyīnqì Summer m; Ticker m

缝焊机 fénghànjī Nahtschweißmaschine f

缝合 fénghé zunähen; heften

缝 fèng Fuge f

缝隙 fèngxì Öffnung f; Riss m; Spalt m

否定 fǒudìng verneinen

肤色素 fūsèsù Hautfarbstoff m; Hautpigment n

F

孵化 fūhuà brüten; ausbrüten

孵化器 fūhuàqì Brutschrank *m*; Küken-Schlüpfapparat *m*

敷 fū belegen

敷设 fūshè auslegen; Auslegung *f*

伏安 fúān Voltampere *n*

伏特 fútè Volt *n*

伏特表 fútèbiǎo Voltmeter *n*

伏特计 fútèjì Voltmeter *n*; Spannungsmesser *m*

扶助 fúzhù Hilfe *f*

服务程序 fúwù chéngxù Server *m*; Serviceprogramm *n*

服务机 fúwùjī Servercomputer *m*

服务器 fúwùqì Server *m*

服务器类型 fúwùqì lèixíng Servertyp *m*

服务软件 fúwù ruǎnjiàn Servicesoftware *f*

服务页 fúwùyè Serviceseite *f*

服药 fúyào Arznei einnehmen

氟 fú Fluor *n*

氟化物 fúhuàwù Fluorid *n*

氟利昂 fúlì´áng Freon *n*; Frigen *n*

浮标 fúbiāo Tonne *f*; Betonnung *f*; Schwimmer *m*; Boje *f*; Seezeichen *n*

浮冰 fúbīng schwimmende Eiskristalle *pl*; Treibeis *n*; Eisscholle *f*; Drifteis *n*

浮秤 fúchèng Hydrometer *n*.

浮船坞 fúchuánwù Schwimmdock *n*

浮点 fúdiǎn Gleitkomma *n*; Gleitpunkt *m*

浮点计算机 fúdiǎn jìsuànjī Gleitkommarechner *m*

浮点数 fúdiǎnshù Gleitkommazahl *f*

浮点运算 fúdiǎn yùnsuàn Gleitkommarechnung *f*

浮吊 fúdiào Schwimmkran *m*

浮动地址 fúdòng dìzhǐ wiedeauf-findbare Adresse

浮动轴承 fúdòng zhóuchéng Schwimmlager *n*

浮力 fúlì Hubkraft *f*; Tragkraft *f*; Auftriebskraft *f*; Schwimmkraft *f*; Hebekraft *f*; Schwimmfähigkeit *f*; Auftrieb *m*; Schwimmkraft *f*

浮力测定 fúlì cèdìng Auftriebmessung *f*

浮力系数 fúlì xìshù Auftriebsbeiwert *m*

浮起能力 fúqǐ nénglì Schwimmvermögen *n*; Tragvermögen *n*

浮桥 fúqiáo Schwimmbrücke *f*

浮体 fútǐ schwimmender Körper

浮筒 fútǒng Schwimmer *m*

浮现 fúxiàn auftauchen

浮选 fúxuǎn flotieren; Flotieren *n*; Flotation *f*; Schwimmaufbereitung *f*

浮选池 fúxuǎnchí Flotationsbecken *m*

浮选法 fúxuǎnfǎ Aufschlämmverfahren *n*

浮选机 fúxuǎnjī Flotator *m*

浮游 fúyóu Schwimmen *n*

浮游动物 fúyóu dòngwù Zooplankton *n*

浮游生物 fúyóu shēngwù Plankton *n*

浮渣 fúzhā Abschaum *m*; Schlacke *f*

浮肿的 fúzhǒngde ödematös

浮轴 fúzhóu Schwingachse *f*

浮子 fúzi Schwimmer *m*; Taucher *m*

浮子室 fúzishì Schwimmerkammer *f*

符号 fúhào Abzeichen *n*; Symbol *n*; Zeichen *n*; Signatur *f*; Kennzeichnung *f*; Bezeichnung *f*

符号编码 fúhào biānmǎ 〈计〉 symbolische Codierung

符号编址 fúhào biānzhǐ 〈计〉 symbolische Adressierung

符号变换 fúhào biànhuàn Zeichenwechsel *m*

符号变换器 fúhào biànhuànqì Vorzeicheninverter *m*

符号串 fúhàochuàn 〈计〉 Symbolkette *f*

符号地址 fúhào dìzhǐ symbolische Adresse

符号计数器 fúhào jìshùqì Zeichenzähler *m*

符号寄存器 fúhào jìcúnqì Vorzeichenregister *n*

符号检验 fúhào jiǎnyàn Vorzeichenprüfung *f*

符号逻辑 fúhào luójí 〈计〉 symbolische Logik

符号脉冲 fúhào màichōng Vorzeichenimpuls *m*

符号位 fúhàowèi 〈计〉 Vorzeichenbit *n*; Vorzeichenstelle *f*

符号语言 fúhào yǔyán 〈计〉 Symbolsprache *f*

符合 fúhé entsprechen

幅度 fúdù Scheitel *m*; Breite *f*; Ausmaß *n*; Amplitude *f*; Schwingungsweite *f*

幅度调制 fúdù tiáozhì Amplitudenmodulation *f*

幅值 fúzhí Scheitel *m*

辐射 fúshè strahlen; abstrahlen; bestrahlen; emittieren; Strahl *m*; Strahlung *f*; Radiation *f*; Abstrahl *m*; Abstrahlung *f*; Irradiation *f*; Ausstrahlung *f*

辐射保护 fúshè bǎohù Atomschutz *m*

辐射带 fúshèdài Strahlungsgürtel *m*; Strahlungszone *f*

辐射的 fúshède strahlenförmig

辐射电子 fúshè diànzǐ Strahlelektron *n*

辐射范围 fúshè fànwéi Ausstrahlungsbereich *m*; Strahlenbereich *m*

辐射光谱 fúshè guāngpǔ Radiospektrum *n*

辐射光线 fúshè guāngxiàn Abstrahl *m*

辐射光学 fúshè guāngxué Strahlenoptik *f*

辐射化学 fúshè huàxué Radiationschemie *f*

辐射计 fúshèjì Strahlenmesser *m*; Radiometer *n*

辐射计数器 fúshè jìshùqì Hodoskop *n*

辐射角 fúshèjiǎo Ausstrahlungswinkel *m*

辐射面 fúshèmiàn Abstrahloberfläche *f*; Ausstrahlungsfläche *f*

辐射能 fúshènéng Strahlungsenergie *f*; strahlende Energie

辐射能力 fúshè nénglì Abstrahlungsvermögen *n*; Ausstrahlungsvermögen *n*

辐射破坏 fúshè pòhuài Atomschaden *m*

辐射器 fúshèqì Strahler *m*; Radiator *m*

辐射强度 fúshè qiángdù Strahlstärke *f*; Strahlungsstärke *f*; Strahlungsintensität *f*; Strahlungsleistung *f*

辐射区 fúshèqū Strahlenzone *f*

辐射热 fúshèrè Strahlungswärme *f*; leuchtende Wärme; strahlende Wärme

辐射热测量计 fúshèrè cèliángjì Bolometer *n*

F

F

辐射射线 fúshè shèxiàn Radiation *f*

辐射矢量 fúshè shǐliàng Strahlungs-vektor *m*

辐射衰减 fúshè shuāijiǎn Dämpfung durch Strahlung

辐射损失 fúshè sǔnshī Ausstrah-lungsverlust *m*

辐射体 fúshètǐ Strahler *m*; Kühl-rippen *pl*

辐射条件 fúshè tiáojiàn Ausstrah-lungsbedingung *f*

辐射线 fúshèxiàn Strahlung *f*

辐射仪 fúshèyí Radialapparat *m*

辐射源 fúshèyuán Strahlsender *m*; Strahlenquelle *f*

辐射状的 fúshèzhuàngde strahlen-förmig；radial；radiär

辐射作用 fúshè zuòyòng Strahlen-wirkung *f*

辐条 fútiáo Speiche *f*

斧 fǔ Axt *f*；Beil *n*

俯视图 fǔshìtú Aufriss *m*；Ver-tikalaufriss *m*；Aufsicht *f*；Ansicht von oben；Ansicht im Grundriss；Draufsicht *f*

辅设 fǔshè anlegen

辅助泵 fǔzhùbèng Nebenpumpe *f*；Vorpumpe *f*

辅助材料 fǔzhù cáiliào Hilfsmaterial *n*；Hilfsstoff *m*

辅助程序 fǔzhù chéngxù Nebenpro-gramm *n*；zusätzliche Routine

辅助存储器附件 fǔzhù cúnchǔqì fù-jiàn Haftspeicherzusatz *m*

辅助措施 fǔzhù cuòshī Hilfsmaß-nahme *f*

辅助导线 fǔzhù dǎoxiàn Hilfsleiter *m*

辅助的 fǔzhùde behilfsmäßig

辅助电极 fǔzhù diànjí Hilfselektrode *f*

辅助电缆 fǔzhù diànlǎn Hilfskabel *n*

辅助电流 fǔzhù diànliú Hilfsstrom *m*

辅助电路 fǔzhù diànlù Hilfskreis *m*

辅助电桥 fǔzhù diànqiáo Hilfsbrü-cke *f*

辅助电压 fǔzhù diànyā Hilfsspan-nung *f*

辅助电源 fǔzhù diànyuán Hilfsver-sorgung *f*

辅助发电厂 fǔzhù fādiànchǎng Hilfskraftwerk *n*

辅助发射机 fǔzhù fāshèjī Hilfssen-der *m*

辅助放大器 fǔzhù fàngdàqì Hilfs-verstärker *m*

辅助工具 fǔzhù gōngjù Hilfsmittel *n*

辅助公式 fǔzhù gōngshì Hilfsformel *f*

辅助管道 fǔzhù guǎndào Hilfslei-tung *f*

辅助锅炉 fǔzhù guōlú Hilfskessel *m*

辅助继电器 fǔzhù jìdiànqì Hilfsre-lais *n*

辅助结构 fǔzhù jiégòu Behelfskon-strucktion *f*

辅助控制器 fǔzhù kòngzhìqì Attach-ment-Steuerung *f*

辅助离心机 fǔzhù líxīnjī Hilfsschleu-der *f*

辅助梁 fǔzhùliáng Hilfsträger *m*

辅助轮 fǔzhùlún Hilfsrad *n*

辅助平面 fǔzhù píngmiàn Hilfsebe-ne *f*

辅助频率 fǔzhù pínlǜ Hilfsfrequenz *f*

辅助燃料 fǔzhù ránliào Hilfsbrenn-stoff *m*

辅助容器 fǔzhù róngqì Hilfsbehälter *m*

辅助设备 fǔzhù shèbèi Hilfseinrichtung f; Hilfsgerät n; Hilfsapparat m; Behelfsanlage f; Hilfsvorrichtung f; Zusatzeinrichtung f

辅助时间 fǔzhù shíjiān Hilfszeit f

辅助水泵 fǔzhù shuǐbèng Zubringerpumpe f

辅助天线 fǔzhù tiānxiàn Hilfsantenne f

辅助调节器 fǔzhù tiáojiéqì Hilfsregler m

辅助图 fǔzhùtú Hilfskarte f

辅助系统 fǔzhù xìtǒng Hilfssystem n

辅助线 fǔzhùxiàn Hilfslinie f; Stützlinie f

辅助线路 fǔzhù xiànlù Hilfsleitung f

辅助线圈 fǔzhù xiànquān Hilfsspule f

辅助信号 fǔzhù xìnhào Hilfssignal n

辅助选择器 fǔzhù xuǎnzéqì Hilfsselektor m

辅助仪器 fǔzhù yíqì Hilfsinstrument n

辅助油泵 fǔzhù yóubèng Hilfsölpumpe f

辅助语言 fǔzhù yǔyán Hilfssprache f

辅助整流器 fǔzhù zhěngliúqì Hilfsgleichrichter m

辅助值 fǔzhùzhí Hilfswert m

辅助轴 fǔzhùzhóu Hilfswelle f

辅助装置 fǔzhù zhuāngzhì Nebenapparat m

腐化 fǔhuà korrumpieren; bestechen

腐化的 fǔhuàde korrupt

腐烂 fǔlàn modern; verfaulen; verwesen; verrotten; Fäulnis f; Fäule f

腐烂的 fǔlànde verfault; faul

腐烂剂 fǔlànjì Fäulniserreger m

腐蚀 fǔshí zerfressen; korrumpieren; verderben; korrodieren; angreifen; einbeizen; verätzen; Abrosten n; Korrosion f; Erosion f; Ausfressen n; Einfressung f

腐蚀的 fǔshíde erosiv; korrosiv

腐蚀剂 fǔshíjì Korrosionsmittel n; Ätzmittel n; Ätzer m; Abbeizmittel n; Angriffsmittel n; Korrosionsbildner m; Kaustikum n

腐蚀力 fǔshílì Ätzkraft f

腐蚀性 fǔshíxìng Aggressivität f; ätzende Schärfe; Beizkraft f

腐蚀性的 fǔshíxìngde korrosiv

腐蚀液 fǔshíyè Ätzflüssigkeit f

腐朽 fǔxiǔde faul; morsch

腐殖质 fǔzhízhì Humus m; Huminstoff m

腐殖质土 fǔzhízhìtǔ Humusboden m

付清 fùqīng abzahlen

付印 fùyìn in Druck geben

付印样 fùyìnyàng Revisionsbogen m; Revision f

负 fù minus

负的 fùde negativ

负电 fùdiàn Elektrizität f

负电的 fùdiànde elektrisch negativ

负电荷 fùdiànhè negative Ladung

负电刷 fùdiànshuā negative Bürste f

负电子 fùdiànzǐ Negatron n; negatives Elektoon

负反馈 fùfǎnkuì Gegenkopplung f; negative Rückkopplung

负反馈电路 fùfǎnkuì diànlù Gegenkopplungsschaltung f

负反馈放大器 fùfǎnkuì fàngdàqì Gegenkopplungsverstärker m; gegengekoppelter Verstärker

负号 fùhào Minus n; Minuszeichen

n

负荷 fùhè bürden ; Last *f*; Ladung *f*; Beanspruchung *f*; Belastung *f*; Inanspruchnahme *f*

负荷的 fùhède geladen

负荷电路 fùhè diànlù Lastkreis *m*; Belastungskreis *m*

负荷电阻 fùhè diànzǔ Belastungswiderstand *m*

负荷分布 fùhè fēnbù Belastungsverteilung *f*

负荷极限 fùhè jíxiàn Belastungsgrenze *f*

负荷力 fùhèlì Tragkraft *f*

负荷能力 fùhè nénglì Lastaufnahme *f*

负荷曲线 fùhè qūxiàn Lastkurve *f*

负荷试验 fùhè shìyàn Belastungsprobe *f*

负荷损耗 fùhè sǔnhào Belastungsverlust *m*

负荷损失 fùhè sǔnshī Belastungsverlust *m*

负荷系数 fùhè xìshù Belastungsziffer *f*

负荷重心 fùhè zhòngxīn Belastungsschwerpunkt *m*

负极 fùjí Minuspol *m*; Minuselektrode *m*; negativer Pol; Kathode *f*

负离子 fùlízǐ Anion *n*; negatives Ion

负逻辑 fùluójí negative Logik

负数 fùshù Negativ *n*; Minus *n*; negative Zahl

负温度系数电阻器 fùwēndù xìshù diànzǔqì NTC-Widerstand *m*; NTK-Widerstand *m*

负系数 fùxìshù negativer Koeffizient

负压 fùyā Unterdruck *m*

负压峰值 fùyā fēngzhí Unterdruckspitze *f*

负压调节器 fùyā tiáojiéqì Unter-

druckregler *m*

负载 fùzài Laden *n*; Last *f*; Belastung *f*; Leistung *f*; Bürde *f*

负载电流 fùzài diànliú Laststrom *m*

负载电路 fùzài diànlù Verbraucherkreis *m*

负载电压 fùzài diànyā Lastspannung *f*

负载电阻 fùzài diànzǔ Nutzwiderstand *m*

负载电阻(器) fùzài diànzǔ(qì) Belastungswiderstand *m*

负载反应 fùzài fǎnyìng Beladungsreaktion *f*

负载量 fùzàiliàng Lastaufnahme *f*

负载能力 fùzài nénglì Ladungskapazität *f*

负载容量 fùzài róngliàng Belastbarkeit *f*

负载图 fùzàitú Belastungsdiagramm *n*; Leistungsschaubild *n*

负载状态 fùzài zhuàngtài Belastungszustand *m*

负阻管 fùzǔguǎn Dynatron *n*

妇产科 fùchǎnkē Abteilung für Gynäkologie und Obstetrik

妇产科疾病 fùchǎnkē jíbìng Frauenkrankheiten

妇产医院 fùchǎn yīyuàn Frauenklinik *f*

妇科 fùkē Abteilung für Gynäkologie

妇科医生 fùkē yīshēng Frauenarzt *m*; Gynäkologe *m*

附加 fùjiā beilegen; hinzufügen; hinzukommen; beifügen; Zusatz *m*; Addition *f*

附加磁场 fùjiā cíchǎng Zusatzfeld *n*

附加的 fùjiāde planmäßig; zusätzlich

附加电池 fùjiā diànchí Zusatzzelle *f*

附加电池组 fùjiā diànchízǔ Zusatzbatterie f

附加电荷 fùjiā diànhè Beanspruchung durch Zusatzkräfte

附加电流 fùjiā diànliú Zusatzstrom m

附加电路 fùjiā diànlù Zusatzstromkreis m

附加电路元件 fùjiā diànlù yuánjiàn Zusatzbauelement n

附加电容 fùjiā diànróng Zusatzkapazität f

附加电阻 fùjiā diànzǔ Vorwiderstand m

附加负荷 fùjiā fùhè zusätzliche Belastung

附加功率 fùjiā gōnglǜ Zusatzleistung f

附加功能 fùjiā gōngnéng Zusatzfunktion f

附加机组 fùjiā jīzǔ Zusatzaggregat n

附加器 fùjiāqì Zusatzgerät n

附加设备 fùjiā shèbèi Hilfsvorrichtung f

附加说明 fùjiā shuōmíng Zusatzangabe f

附加损耗 fùjiā sǔnhào Zusatzverlust m

附加条件 fùjiā tiáojiàn Zusatzbedingung f

附加物 fùjiāwù Zusatz m; Ansatz m; Beisatz m; Addition f; Zuschlag m; Beilage f; Beigabe f

附加线圈 fùjiā xiànquān Zusatzspule f

附加箱 fùjiāxiāng Zusatzmagazin n

附加元件 fùjiā yuánjiàn Beielement n

附加装置 fùjiā zhuāngzhì Zusatzapparat m

附件 fùjiàn Nachtrag m; Beilage f;
Zubehör n; Ansatzstück n; Ansatz m; Zusatzgerät n; Passstück n; Beiwerk n; Armatur f; Anhang m

附录 fùlù Anhang m

附属的 fùshǔde zugehörig

附属物 fùshǔwù Anhängsel n

附属性 fùshǔxìng Abhängigkeit f

附图 fùtú Abbildung f; beigelegte Abbildung

附注 fùzhù Bemerkung f

附着 fùzhuó heften; anhaften

附着的 fùzhuóde festhaftend

附着力 fùzhuólì Haft m; Adhäsionskraft f; Anhangskraft f

附着能力 fùzhuó nénglì Adhäsionsfähigkeit f; Haftvermögen n

附着强度 fùzhuó qiángdù Haftfestigkeit f

附着物 fùzhuówù Ansatz m

附着性 fùzhuóxìng Adhäsionseigenschaft f; Haftfähigkeit f

复摆 fùbǎi zusammengesetztes Pendel

复本 fùběn Doppel n; Zweitschrift f; Abschrift f; Duplikat n

复变函数 fùbiàn hánshù variable Funktion

复分解 fùfēnjiě Tauschzersetzung f; Doppelzersetzung f; Umsetzung f

复合 fùhé rekombinieren; zusammensetzen; Kompoundierung f; Zusammensetzung f; Wiedervereinigung f; Rekombination f

复合材料 fùhé cáiliào Verbundstoff m

复合的 fùhéde komplex; zusammengesetzt

复合电路 fùhé diànlù zusammengesetzte Leitung

复合读写头 fùhé dúxiětóu kombinierter Lese-Schreibkopf

F

复合合金钢 fùhé héjīngāng Komplexstahl m

复合模 fùhémú Mehrfachform f

复合喷嘴 fùhé pēnzuǐ Kombinationsspritzdüse f

复合式制动器 fùhéshì zhìdòngqì kombinierte Bremse

复合陶瓷材料 fùhé táocí cáiliào mischkeramischer Werkstoff

复合语句 fùhé yǔjù Compound-Statement n; Verbundanweisung f

复滑车 fùhuáchē Takelwerk n

复激电动机 fùjī diàndòngjī Kompoundmotor m; Verbundmotor m; Verbunddynamo m; Doppelschlussmotor m

复激发电机 fùjī fādiànjī Doppelschlussstromerzeuger m; Doppelschlusserzeuger m; Doppelschlussmaschine f

复激励 fùjīlì Verbunderregung f

复式的 fùshìde duplex

复式电桥 fùshì diànqiáo Doppelbrücke f

复式发电机 fùshì fādiànjī Doppeldynamo m

复式滑车 fùshì huáchē Talje f

复式离合器 fùshì líhéqì Doppelkupplung f

复视 fùshì Diplopie f

复数 fùshù komplexe Zahl; komplexe Größe

复数平面 fùshù píngmiàn komplexe Zahlenebene

复苏 fùsū Belebung f; Wiederbelebung f

复位 fùwèi zurückstellen; Rückstellung f

复位存储器 fùwèi cúnchǔqì ⟨计⟩ RESET-Speicher m

复位脉冲 fùwèi màichōng Löschimpuls m; Rückstellimpuls m

复位弹簧 fùwèi tánhuáng Rückholfeder f

复位语句 fùwèi yǔjù ⟨计⟩ Rücksetzanweisung f

复线 fùxiàn Doppelgleis n; Doppelgeleise n

复写 fùxiě durchschreiben; kopieren; Doppel n

复写器 fùxiěqì Polygraf m

复写纸 fùxiězhǐ Durchschlagpapier n

复印 fùyìn kopieren; Abdruck m; Kohledurchschlag m

复印机 fùyìnjī Kopiermaschine f; Fotokopierer m

复印技术 fùyìn jìshù Abdrucktechnik f

复原 fùyuán Erholung f

复原电压 fùyuán diànyā Wiederkehrspannung f

复杂的 fùzáde komplex; kompliziert

复杂劳动 fùzá láodòng komplizierte Arbeit

复诊 fùzhěn weitere Behandlung

复制 fùzhì abdrucken; nachmalen; reproduzieren; kopieren; nachahmen; imitieren; bedrucken; Verdopplung f; Wiedergabe f; Vervielfältigung f

复制的 fùzhìde reproduktiv

复制机 fùzhìjī Doppler m; Vervielfältigungsapparat m

复制件 fùzhìjiàn ausgedruckte Kopie

复制品 fùzhìpǐn Kopie f; Nachbildung f; Imitation f; Reproduktion f

复制图 fùzhìtú Abbildung f

副本 fùběn Abschrift f; Kopie f; Duplikat n; Zweitschrift f; Doppel n; Copy f

副产品 fùchǎnpǐn Beiprodukt n

副驾驶 fùjiàshǐ Beifahrer m

副驾驶员座位 fùjiàshǐyuán zuòwèi Beifahrersitz m

副交感神经 fùjiāogǎn shénjīng Parasympathikus m

副教授 fùjiàoshòu außerordentlicher Professor

副井 fùjǐng Hilfsschacht m

副连杆 fùliángǎn Nebenkolbenstange f; Nebenpleuel m

副线圈 fùxiànquān Sekundärspule f; Sekundärwicklung f

副效应 fùxiàoyīng Folgeerscheinung f

副业 fùyè Nebengewerbe n; Nebenproduktion f

副翼 fùyì Querruder n; Quersteuer n

副油箱 fùyóuxiāng Reservetank m; Abwurfbehälter m; abwerfbarer Außentank

副轴 fùzhóu Gegenwelle f; Nebenwelle f; Vorlegewelle f; Mittelwelle f; Vorgelege n

副作用 fùzuòyòng Nebenwirkung f

富精矿 fùjīngkuàng hochwertiges Konzentrat

富矿 fùkuàng reiches Erz; edles Erz; Edelerz n; reichhaltiges Erz; hochhaltiges Erz

富矿的 fùkuàngde erzreich

富矿石 fùkuàngshí Reicherz n

赋值语句 fùzhí yǔjù ⟨计⟩ Anweisungssatz m; Zuordnungsanweisung f

傅里叶分析器 fùlǐyè fēnxīqì Fourier-Analysator m

傅里叶级数 fùlǐyè jíshù Fouriersche Reihe

腹 fù Bauch m

腹膜 fùmó Bauchfell n

腹膜炎 fùmóyán Bauchfellentzündung f; Peritonitis f

腹腔 fùqiāng Bauchhöhle f

腹水 fùshuǐ Bauchwassersucht f; Aszites m

腹水肿 fùshuǐzhǒng Bauchwassersucht f; Aszites m

腹痛 fùtòng Bauchschmerz m

腹泻 fùxiè Durchfall m; Diarrhö f

腹胀 fùzhàng Darmblähung f

覆盖 fùgài bedecken

覆盖层 fùgàicéng Abdecken n

覆盖膜 fùgàimó Abdeckfolie f

覆盖物 fùgàiwù Decke f

F

G

伽玛射线 gāmǎ shèxiàn Gammastrahlung *f*; Gammastrahlen *pl*

改变 gǎibiàn ändern; verändern; konvertieren; Modulation *f*; Veränderung *f*

改道 gǎidào Änderung des Flusslaufes; Laufverlegung *f*

改良 gǎiliáng verbessern; reformieren; veredeln; Reform *f*

改良种子 gǎiliáng zhǒngzi Saatgutveredelung *f*

改名 gǎimíng umbenennen; Umbenennung *f*

改善 gǎishàn verbessern; Verbesserung *f*

改写文件 gǎixiě wénjiàn die Datei überschreiben

改正 gǎizhèng berichtigen; korrigieren; Berichtigung *f*

改正值 gǎizhèngzhí Verbesserungswert *m*

改装 gǎizhuāng umpacken; umbauen; Umpackung *f*

钙 gài Kalzium *n*; Calcium *n*

钙化 gàihuà verkalken; Verkalkung *f*; Einkalkung *f*

钙盐 gàiyán Kalksalz *n*

盖 gài Deckel *m*; Kappe *f*; decken

盖板 gàibǎn Abschlussdeckel *m*; Abdeckplatte *f*

盖层 gàicéng Deckschicht *f*; Auswurfdecke *f*

盖圈 gàiquān Abdeckring *m*

盖形螺母 gàixíng luómǔ Hutmutter *f*

盖罩 gàizhào Aufsatz *m*; Hut *m*

盖子 gàizi Deckel *m*; Klappe *f*; Decke *f*; Verschluss *m*; Schild *m*

概括 gàikuò zusammenfassen; resümieren

概率 gàilǜ Wahrscheinlichkeit *f*

概率的 gàilǜde wahrscheinlich

概率定律 gàilǜ dìnglǜ Wahrscheinlichkeitsgesetz *n*

概率论 gàilǜlùn Wahrscheinlichkeitstheorie *f*; Wahrscheinlichkeitsrechnung *f*

概率曲线 gàilǜ qūxiàn Wahrscheinlichkeitskurve *f*

概率误差 gǎilǜ wùchā wahrscheinlicher Fehler

概略计算 gàilüè jìsuàn angenäherte Berechnung

概论 gàilùn Grundriss *m*; Einführung *f*

概念 gàiniàn Begriff *m*; Abstraktum *m*; Idee *f*; Konzept *n*

概念化 gàiniànhuà Abstraktion *f*

概念化的 gàiniànhuàde abstrakt

概示图 gàishìtú allgemeine Ansicht

概述 gàishù Überblick *m*

概数 gàishù runde Zahl

概算 gàisuàn veranschlagter Etat; Haushaltsvoranschlag *m*

概要 gàiyào Umriss *m*; Abriss *m*; Grundriss *m*

干 gān trocken

干草 gāncǎo Heu *n*

干的 gānde trocken

干电池 gāndiànchí Trockenbatterie *f*

干含量 gānhánliàng Trockengehalt *m*

干旱 gānhàn Trockenheit *f*

干枯 gānkū welken；verwelken；Dürre *f*

干枯的 gānkūde dürr；welk

干馏 gānliú trockene Destillation

干馏煤气 gānliú méiqì Destillationsgas *n*

干扰 gānrǎo interferieren；stören；Störung *f*；Interferenz *f*；Überlagerung *f*

干扰波 gānrǎobō Störwelle *f*

干扰参数 gānrǎo cānshù Störgröße *f*

干扰场 gānrǎochǎng Störfeld *n*

干扰的 gānrǎode gestört

干扰电流 gānrǎo diànliú Störstrom *m*

干扰电台 gānrǎo diàntái Störsender *m*

干扰发射机 gānrǎo fāshèjī Störsender *m*

干扰辐射 gānrǎo fúshè Störstrahlung *f*

干扰脉冲抑制 gānrǎo màichōng yìzhì Störimpulsunterdrückung *f*

干扰频率 gānrǎo pínlǜ Störfrequenz *f*

干扰素 gānrǎosù Interferon *n*

干扰效应 gānrǎo xiàoyìng Störeffekt *m*

干扰信号 gānrǎo xìnhào Störsignal *n*；Störungsmeldung *f*

干涉 gānshè Interferenz *f*

干涉现象 gānshè xiànxiàng Interferenzerscheinung *f*

干涉仪 gānshèyí Interferenzapparat *m*；Interferometer *n*

干性油 gānxìngyóu trockendes Öl；Trockenöl *n*

干蓄电池 gān xùdiànchí Trockenakkumulator *m*

干血浆 gānxuèjiāng Trockenplasma *n*

干血痨 gānxuèláo Amenorrhöe *f*；Ausbleiben der Menstruation

干印术 gānyìnshù Xerografie *f*

干燥 gānzào abtrocknen；auftrocknen；abdörren；trocknen；Austrocknung *f*；Trockenheit *f*；Abtrocknen *n*

干燥的 gānzàode trocken；arid

干燥病 gānzàobìng Xerosis *f*

干燥过程 gānzào guòchéng Trockenvorgang *m*

干燥剂 gānzàojì Trockner *m*；Trockenmittel *n*

干燥空气泵 gānzào kōngqìbèng Trockenluftpumpe *f*

干燥炉 gānzàolú Trockenkammer *f*

干燥器 gānzàoqì Trockner *m*；Entfeuchter *m*；Trockengerät *n*；Trockenanlage *f*；Trockenkorb *m*

干燥塔 gānzàotǎ Trockenkolonne *f*；Trockenturm *m*

干燥窑 gānzàoyáo Trockenofen *m*

干燥装置 gānzào zhuāngzhì Trockenanlage *f*；Trockenvorrichtung *f*

干蒸汽 gānzhēngqì trockner Dampf

甘油 gānyóu Glyzerin *n*；Glycerin *n*

甘油炸药 gānyóu zhàyào Dynamit *n*

杆 gān Halm *m*；Pfahl *m*；Stange *f*；Mast *m*

杆子 gānzi Mast *m*；Stange *f*；Hebel *m*

肝癌 gān´ái Leberkrebs *m*；Leberkarzinom *n*

肝结石 gānjiéshí Leberstein *m*；Hepatolithiasis *f*

G

肝囊肿 gānnángzhǒng Leberzyste *f*

肝脓肿 gānnóngzhǒng Leberabszess *m*

肝炎 gānyán Leberentzündung *f*; Hepatitis *f*

肝脏 gānzàng Leber *f*

肝肿大 gānzhǒngdà Lebervergrößerung *f*; Hepatomegalie *f*; Leberschwellung *f*

坩锅 gānguō Tiegel *m*; Abschmelzkessel *m*; Topf *m*; Schmelztiegel *m*

坩锅铸钢 gānguō zhùgāng Tiegelgussstahl *m*

酐化 gānhuà Anhydrisierung *f*

杆臂 gǎnbì Arm *m*

杆菌 gǎnjūn〈医〉Stäbchenbakterien *pl*; Bazillus *m*

感官 gǎnguān Sinnesorgan *n*; Sinn *m*; sensorisches Organ

感光 gǎnguāng〈摄〉sensibilisieren; Empfindlichmachen *n*

感光表面 gǎnguāng biǎomiàn lichtempfindliche Oberfläche

感光材料 gǎnguāng cáiliào lichtempfindliches Material

感光层 gǎnguāngcéng Fotoschicht *f*; Fotoschicht *f*

感光度 gǎnguāngdù Empfindlichkeit *f*; Sensibilität *f*

感光过度 gǎnguāng guòdù Überbelichtung *f*

感光计 gǎnguāngjì Sensitometer *n*; Empfindlichkeitsmesser *m*; Aktinometer *n*

感光图 gǎnguāngtú Aktinogramm *n*

感光性 gǎnguāngxìng Empfindlichkeit *f*

感光性能 gǎnguāng xìngnéng Sensibilität *f*

感光纸 gǎnguāngzhǐ Kopierpapier *n*; lichtempfindliches Papier

感觉 gǎnjué Gefühl *n*; Gespür *n*

感觉器官 gǎnjué qìguān Sinnesorgane *pl*

感觉阈限 gǎnjué yùxiàn Sinnesschwelle *f*

感抗 gǎnkàng Induktanz *f*; induktive Reaktanz

感冒 gǎnmào sich erkälten; Erkältung *f*

感染 gǎnrǎn Infektion *f*; Ansteckung *f*

感生电流 gǎnshēng diànliú Influenzstrom *m*

感受器 gǎnshòuqì Rezeptor *m*; Fühler *m*

感应 gǎnyìng induzieren; influenzieren; Reaktion *f*; Reizbarkeit *f*; Induktion *f*; Induktanz *f*

感应磁通量 gǎnyìng cítōngliàng Induktionsfluss *m*

感应磁性 gǎnyìng cíxìng induzierter Magnetismus

感应磁阻 gǎnyìng cízǔ induktive Reluktanz

感应淬火 gǎnyìng cuìhuǒ Induktionshärtung *f*

感应的 gǎnyìngde induziert; induktiv

感应电动机 gǎnyìng diàndòngjī Induktionsmotor *m*; Asynchronmotor *m*

感应电荷 gǎnyìng diànhè induzierte Ladung; Influenzladung *f*

感应电流 gǎnyìng diànliú Induktionsstrom *m*; induzierter Strom; Sekundärstrom *m*

感应电路 gǎnyìng diànlù induktiver Stromkreis

感应电压 gǎnyìng diànyā induzierte Spannung; Induktionsspannung *f*

感应发电机 gǎnyìng fādiànjī Induktionsgenerator *m*

感应火花 gǎnyìng huǒhuā Induktionsfunke *m*

感应继电器 gǎnyìng jìdiànqì induktives Relais; Induktionsrelais *n*

感应加速器 gǎnyìng jiāsùqì Induktionsbeschleuniger *m*

感应器 gǎnyìngqì Induktor *m*; Induktionsapparat *m*

感应圈 gǎnyìngquān Induktorium *n*; Induktionsspule *f*

感应热 gǎnyìngrè Induktionswärme *f*

感应调压器 gǎnyìng tiáoyāqì Induktionsregler *m*

感应系数 gǎnyìng xìshù Induktanz *f*; Induktionskoeffizient *m*

感应线圈 gǎnyìng xiànquān Induktionsspule *f*; Induktionsrolle *f*

感应现象 gǎnyìng xiànxiàng Induktionserscheinung *f*

感应作用 gǎnyìng zuòyòng Induktionswirkung *f*; Influenzwirkung *f*

橄榄树 gǎnlǎnshù Ölbaum *m*; Olivenbaum *m*

橄榄油 gǎnlǎnyóu Baumöl *n*

干堤 gàndī Hauptdeich *m*

干沟 gàngōu Hauptgraben *m*

干河 gànhé Hauptfluss *m*

干流 gànliú Hauptfluss *m*; Hauptstrom *m*; Mutterstrom *m*; Mutterfluss *m*

干渠 gànqú Hauptkanal *m*; Hauptgraben *m*; Stammkanal *m*; Hauptgerinne *n*

干线 gànxiàn Hauptlinie *f*; Hauptleitung *f*; Stammlinie *f*; Hauptbahnlinie *f*; Hauptbahnstrecke *f*

干线电缆 gànxiàn diànlǎn Stammkabel *n*

干线线路 gànxiàn xiànlù Hauptleitungsweg *m*

刚度 gāngdù Steifigkeit *f*; Härte *f*

刚砂 gāngshā Schmirgel *m*

刚石 gāngshí 〈矿〉 Korund *m*

刚性 gāngxìng Steifigkeit *f*; Steifheit *f*

刚性的 gāngxìngde steif; starr; hart

刚性模数 gāngxìng móshù Steifigkeitsmodul *n*

刚性系数 gāngxìng xìshù Steifigkeitszahl *f*

刚性纤维 gāngxìng xiānwéi steife Faser

刚性悬挂 gāngxìng xuánguà ungefederte Aufhängung

刚性制动蹄 gāngxìng zhìdòngtí biegungsfreie Bremsbacke

刚玉 gāngyù Korund *m*

缸径 gāngjìng Zylinderdurchmesser *m*; Zylinderbohrung *f*; Bohrung *f*

缸心距 gāngxīnjù Zylinderabstand *m*

肛门 gāngmén After *m*; Anus *m*

肛门镜 gāngménjìng Mastdarmspiegel *m*

纲领 gānglǐng Programm *n*; leitendes Prinzip

纲要 gāngyào Abriss *m*; Grundriss *m*; Disposition *f*; Skizze *f*; Gliederung *f*

钢 gāng Stahl *m*

钢板 gāngbǎn Stahlplatte *f*; Stahlblech *n*; Blechstahl *m*; Blechtafel *f*

钢板焊接 gāngbǎn hànjiē Blechschweißung *f*

钢板品种 gāngbǎn pǐnzhǒng Blechsorte *f*

钢部件 gāngbùjiàn Stahlglied *n*

钢材 gāngcái Stahlprodukte *pl*; Walzstahl *m*; Walzeisen *n*

钢厂 gāngchǎng Stahlwerk *n*

钢尺 gāngchǐ Stahllineal *n*

钢淬火 gāngcuìhuǒ Stahlhärtung *f*

钢的硬度 gāngde yìngdù Stahlhärte *f*

钢锭 gāngdìng Stahlblock *m*; Ingotstahl *m*; Ingot *m*; Stahlbarre *m*

钢管 gāngguǎn Stahlrohr *n*

钢轨 gāngguǐ Stahlschiene *f*; Schiene *f*

钢号 gānghào Stahlmarke *f*

钢化玻璃 gānghuà bōli Hartglas *n*

钢簧 gānghuáng Stahlfeder *f*

钢结构 gāngjiégòu Stahlbau *m*; Stahlkonstruktion *f*

钢筋 gāngjīn Bewehrungsstahl *m*; Stahlstab *m*; Armierung *f*; Stahleisen *n*; Betonstahl *m*; Betoneisen *n*; Eiseneinlage *f*; Eisenbewehrung *f*

钢筋混凝土 gāngjīn hǔnníngtǔ Stahlbeton *m*; Eisenbeton *m*

钢筋混凝土构件 gāngjīn hǔnníngtǔ gòujiàn vorgefertigter Stahlbetonteil; Stahlbetonfertigteil *n/m*

钢壳 gāngké Stahlmantel *m*; Eisenmantel *m*

钢框窗 gāngkuàngchuāng Stahlrahmenfenster *n*

钢梁 gāngliáng Stahlträger *m*; Eisenträger *m*

钢模 gāngmú Stahlform *f*

钢坯 gāngpī Knüppeleisen *n*; Knüppel *m*

钢皮尺 gāngpíchǐ Stahlmaßstab *m*

钢瓶 gāngpíng Stahlflasche *f*

钢球 gāngqiú Stahlkugel *f*; Lagerkugel *f*

钢绳检验机 gāngshéng jiǎnyànjī Seilprüfmaschine *f*

钢刷 gāngshuā Stahlkratzbürste *f*

钢水 gāngshuǐ geschmolzener Stahl

钢丝 gāngsī Draht *m*; Stahldraht *m*

钢丝缆 gāngsīlǎn gebündelter Draht

钢丝钳 gāngsīqián Drahtzange *f*; Drahtschere *f*; Kombinationszange *f*

钢丝绳 gāngsīshéng Drahtseil *n*; Kabelseil *n*

钢丝刷 gāngsīshuā Drahtbürste *f*

钢丝弯曲机 gāngsī wānqūjī Drahtbiegemaschine *f*

钢索道 gāngsuǒdào Seilbahn *f*

钢套 gāngtào Stahlmantel *m*

钢铁 gāngtiě Eisen und Stahl

钢铁厂 gāngtiěchǎng Eisenhüttenwerk *n*; Stahlwerk *n*

钢支柱 gāngzhīzhù Stahlstempel *m*

钢珠 gāngzhū Stahlluppe *f*; Lagerkugel *f*; Stahlkugel *f*

港 gǎng Hafen *m*

港口 gǎngkǒu Hafen *m*

港湾 gǎngwān Bucht *f*; Meerbusen *m*; Golf *m*

港湾运河 gǎngwān yùnhé Hafenkanal *m*

杠杆 gànggǎn Hebel *m*; Hebebaum *m*; Heber *m*; Gestänge *n*

杠杆比 gànggǎnbǐ Hebelverhältnis *n*

杠杆臂 gànggǎnbì Hebelarm *m*; Lastarm *m*; Arm *m*

杠杆传动 gànggǎn chuándòng Hebelantrieb *m*

杠杆传动比 gànggǎn chuándòngbǐ Hebelübersetzung *f*; Hebelverhältnis *n*

杠杆定理 gànggǎn dìnglǐ Hebelgesetz *n*

杠杆式转换开关 gànggǎnshì zhuǎnhuàn kāiguān Hebelumschalter *m*

杠杆系统 gànggǎn xìtǒng Hebelsystem *n*

杠杆原理 gànggǎn yuánlǐ Hebelgesetz *n*

杠杆作用 gànggǎn zuòyòng Hebelwirkung *f*

高保真传输 gāobǎozhēn chuánshū formgetreue Übertragung

高保真度 gāobǎozhēndù〈电〉Hi-Fi *n*

高保真度技术 gāobǎozhēndù jìshù Hi-Fi-Technik *f*

高保真度设备 gāobǎozhēndù shèbèi High-Fidelity-Anlage *f*; Hi-Fi-Anlage *f*

高倍物镜 gāobèi wùjìng starkes Objektiv

高层云 gāocéngyún Altostratus *m*

高差 gāochā Höhenunterschied *m*; Höhendifferenz *f*

高产良种 gāochǎn liángzhǒng Saat für hohe Erträge; Saatgut für Höchsterträge

高产作物 gāochǎn zuòwù Hochertrag-Pflanzen *pl*; Pflanzen mit hohen Erträgen

高超音速 gāo chāoyīnsù hohe Überschallgeschwindigkeit

高潮 gāocháo Höhepunkt *m*; Aufschwung *m*; Hochwasser *n*; Springflut *f*

高程差 gāochéngchā Höhenunterschied *m*

高次方程 gāocì fāngchéng Gleichung höheren Grades

高导磁率的 gāo dǎocílǜde hochpermeabel

高导磁材料 gāo dǎocí cáiliào hochpermealler Werkstoff

高导电性的 gāo dǎodiànxìngde

hochleitfähig

高蛋白的 gāodànbáide mit hohem Eiweißgehalt; eiweißreich

高等数学 gāoděng shùxué höhere Mathematik

高地 gāodì Anhöhe *f*; Hochebene *f*; Hochland *n*; Plateau *n*; Höhe *f*

高电压 gāodiànyā Hochvoltspannung *f*; Hochspannung *f*

高度 gāodù Höhe *f*; Höhenlage *f*

高度表 gāodùbiǎo Höhenmesser *m*

高度差 gāodùchā Höhenunterschied *m*; Höhendifferenz *f*

高度发展 gāodù fāzhǎn hochentwickeln

高度发展的 gāodù fāzhǎnde hochentwickelt

高度计 gāodùjì Höhenmesser *m*; Altimeter *n*; Altigraf *m*; Höhenschreiber *m*

高额 gāo´é hohe Summe; große Summe

高沸点的 gāofèidiǎnde hochsiedend

高分子 gāofēnzǐ Makromolekül *n*; Hochpolymer *n*; Hochmolekül *n*

高分子的 gāofēnzǐde hochmolekular

高分子化合物 gāofēnzǐ huàhéwù hochmolekulare Verbindung

高分子聚合物 gāofēnzǐ jùhéwù Hochpolymer *n*

高分子物理 gāofēnzǐ wùlǐ Makromolekülphysik *f*

高分子物理学 gāofēnzǐ wùlǐxué hochmolekulare Physik

高分子物质 gāofēnzǐ wùzhì hochmolekulare Stoffe

高峰负荷 gāofēng fùhè Belastungsspitze *f*

高功率 gāogōnglǜ Hochleistung *f*

高功率电弧 gāogōnglǜ diànhú

G

Hochleistungsbogen *m*

高功率天线 gāogōnglǜ tiānxiàn Hochleistungsantenne *f*

高含量的 gāohánliàngde hochprozentig

高合金的 gāohéjīnde hochlegiert

高合金钢 gāohéjīngāng hochlegierter Stahl

高挥发的 gāohuīfāde hochflüchtig

高挥发性的 gāohuīfāxìngde hochflüchtig

高活性的 gāohuóxìngde hochwirksam

高积云 gāojīyún Altokumulus *m*

高级的 gāojíde hoch; hochrangig; hochgradig; qualitativ gut; erstklassig; hochwertig

高级神经活动 gāojí shénjīng huódòng höhere Nerventätigkeit

高架车 gāojiàchē Hochbahn *f*

高架道路 gāojià dàolù Hochstraße *f*

高架桥 gāojiàqiáo Viadukt *m*; Überführung *f*

高架索道 gāojià suǒdào Hängebahn *f*

高架铁道 gāojià tiědào Hochbahn *f*

高精度的 gāojīngdùde hochpräzis

高聚合物 gāojùhéwù Hochpolymer *n*

高空飞行 gāokōng fēixíng Höhenflug *m*

高空火箭 gāokōng huǒjiàn Höhenrakete *f*

高空气球 gāokōng qìqiú Aerostat *m*

高空气象学 gāokōng qìxiàngxué Aerologie *f*

高空气象仪 gāokōng qìxiàngyí Aerograf *m*

高空探测气球 gāokōng tàncè qìqiú Sondierballon *m*

高空雾 gāokōngwù Hochnebel *m*

高亮度 gāoliàngdù Hochglanz *m*

高灵敏的 gāolíngmǐnde hochempfindlich

高炉 gāolú Hochofen *m*

高锰酸钾 gāoměngsuānjiǎ Kaliumpermanganat *n*; Permanganat *n*; übermangansaueres Kali

高能的 gāonéngde hochenergetisch

高能粒子 gāonéng lìzǐ hochenergetische Teilchen

高能物理 gāonéng wùlǐ Hochenergiephysik *f*

高能物理学 gāonéng wùlǐxué Hochenergiephysik *f*

高能燃料 gāonéng ránliào Hochenergiebrennstoff *m*

高黏度的 gāoniándùde hochviskos

高浓缩的 gāonóngsuōde hochkonzentriert

高欧姆的 gāo'ōumǔde hochohmig

高频 gāopín Hochfrequenz *f*; hohe Frequenz

高频变压器 gāopín biànyāqì Hochfrequenztransformator *m*; Hochfrequenztrafo *m*

高频波导管 gāopín bōdǎoguǎn Hochfrequenzhohlleiter *m*

高频插头 gāopín chātóu Hochfrequenzstecker *m*

高频场 gāopínchǎng Hochfrequenzfeld *n*

高频场强 gāopín chǎngqiáng Hochfrequenzfeldstärke *f*

高频淬火 gāopín cuìhuǒ Hochfrequenzhärten *n*

高频的 gāopínde hochfrequent

高频点火 gāopín diǎnhuǒ Hochfrequenzzündung *f*

高频点火器 gāopín diǎnhuǒqì Hochfrequenzzündgerät *n*

高频电磁场 gāopín diàncíchǎng

Hochfrequenz-Elektromagnetfeld *n*

高频电缆 gāopín diànlǎn Hochfrequenzkabel *n*

高频电流 gāopín diànliú Hochfrequenzstrom *m*

高频电桥 gāopín diànqiáo Hochfrequenzbrücke *f*

高频电位 gāopín diànwèi Hochfrequenzpotential *n*

高频电压 gāopín diànyā Hochfrequenzspannung *f*; hochfrequente Spannung

高频电阻 gāopín diànzǔ Hochfrequenzwiderstand *m*; hochfrequenter Widerstand

高频扼流圈 gāopín èliúquān Hochfrequenzdrosselspule *f*; HF-Drossel *f*

高频发电机 gāopín fādiànjī Hochfrequenzmaschine *f*

高频发射机 gāopín fāshèjī Hochfrequenzsender *m*

高频发生器 gāopín fāshēngqì Hochfrequenzerzeuger *m*; Hochfrequenzgenerator *m*; HF-Generator *m*

高频范围 gāopín fànwéi HF-Gebiet *n*

高频放大 gāopín fàngdà Hochfrequenzverstärkung *f*; HF-Verstärkung *f*

高频放大级 gāopín fàngdàjí Hochfrequenzstufe *f*

高频放大器 gāopín fàngdàqì Hochfrequenzverstärker *m*; HF-Verstärker *m*

高频辐射 gāopín fúshè Hochfrequenzstrahlung *f*

高频干扰 gāopín gānrǎo Hochfrequenzstörung *f*

高频感应电炉 gāopín gǎnyìng diàn-

lú Hochfrequenzinduktionsofen *m*

高频技术 gāopín jìshù Hochfrequenztechnik *f*

高频加热 gāopín jiārè Hochfrequenzheizung *f*; HF-Erhitzung *f*

高频检波 gāopín jiǎnbō HF-Frittung *f*

高频检波器 gāopín jiǎnbōqì Hochfrequenzdemodulator *m*; Hochfrequenzgleichrichter *m*

高频晶体管 gāopín jīngtǐguǎn HF-Transistor *m*; Hochfrequenztransistor *m*

高频绝缘 gāopín juéyuán Hochfrequenzisolation *f*

高频绝缘子 gāopín juéyuánzǐ Hochfrequenzisolator *m*

高频率 gāopínlǜ Hochfrequenz *f*

高频率的 gāopínlǜde hochfrequent

高频滤波 gāopín lǜbō Hochfrequenzsiebung *f*

高频脉冲 gāopín màichōng Hochfrequenzimpuls *m*

高频能量 gāopín néngliàng Hochfrequenzenergie *f*

高频设备 gāopín shèbèi Hochfrequenzanlage *f*

高频示波器 gāopín shìbōqì Ondograph *m*

高频损耗 gāopín sǔnhào Hochfrequenzverlust *m*

高频铁心 gāopín tiěxīn HF-Eisenkern *m*

高频头 gāopíntóu HF-Tuner *m*

高频线圈 gāopín xiànquān Hochfrequenzspule *f*; Hochfrequenzwicklung *f*

高频信号 gāopín xìnhào Hochfrequenz-Signal *n*

高频信号发生器 gāopín xìnhào fāshēngqì Hochfrequenz-Signalgeber

m

高频硬化 gāopín yìnghuà Hochfrequenzhärtung *f*

高频载波电缆 gāopín zàibō diànlǎn Breitbandkabel *n*

高频振荡器 gāopín zhèndàngqì Hochfrequenzoszillator *m*

高频振动 gāopín zhèndòng Hochfrequenzschwingung *f*

高频振动器 gāopín zhèndòngqì Hochfrequenzpulsator *m*

高气压 gāoqìyā hoher atmosphärischer Druck; hoher barometrischer Druck; Hochdruck *m*; Barometermaxima *n*

高强度的 gāoqiángdùde hochfest

高强度合金 gāoqiángdù héjīn hochfeste Legierung

高清晰电视 gāoqīngxī diànshì HDTV *n* (英, = high definition television)

高热 gāorè Siedehitze *f*

高热值 gāorèzhí Oberer Heizwert

高熔点的 gāoróngdiǎnde hochschmelzend

高熔度的 gāoróngdùde hochschmelzbar

高山冰川 gāoshān bīngchuān Ferner *m*; Hochgebirgsgletscher *m*

高山病 gāoshānbìng Bergkrankheit *f*; Höhenkrankheit *f*

高山草原 gāoshān cǎoyuán Hochgebirgssteppe *f*

高山带 gāoshāndài Hochgebirgszone *f*

高山气候 gāoshān qìhòu Hochgebirgsklima *n*

高山植物 gāoshān zhíwù Hochgebirgspflanze *f*

高烧 gāoshāo hohes Fieber; Fieberhitze *f*

高射炮 gāoshèpào Flugabwehrkanone *f*; Flak *f*; Flakgeschütz *n*

高水位 gāoshuǐwèi hoher Wasserstand; Hochwasser *n*

高水位线 gāoshuǐwèixiàn Hochwassermarke *f*

高斯 gāosī 〈物〉 Gauß *n*

高斯计 gāosījì 〈物〉 Gaussmeter *n*

高速 gāosù große Geschwindigkeit; schnelles Tempo

高速的 gāosùde sehr schnell; rapide; rasch

高速泵 gāosùbèng Eilpumpe *f*; Expresspumpe *f*; Schnellauferpumpe *f*; hochtourige Pumpe

高速柴油机 gāosù cháiyóujī schnelllaufender Dieselmotor

高速柴油机载货车 gāosù cháiyóujī zàihuòchē Dieselschnelllastwagen *m*

高速车床 gāosù chēchuáng Schnelllaufbank *f*; Schnelllaufdrehmaschine *f*; Rapidstahldrehbank *f*; Schnelldrehbank *f*; Schnelldrehmaschine *f*

高速粗车削 gāosù cūchēxiāo Schnellgrobdrehen *n*

高速挡 gāosùdǎng Schnellgang *m*

高速的 gāosùde schnelllaufend

高速电动机 gāosù diàndòngjī Schnellläufermotor *m*

高速发动机 gāosù fādòngjī schnelllaufender Motor

高速钢 gāosùgāng Rapidstahl *m*; Schnellstahl *m*

高速钢车刀 gāosùgāng chēdāo Drehmeißel aus Schnellstahl; Schnelldrehstahl *m*

高速公路 gāosù gōnglù Autobahn *f*

高速轨道 gāosù guǐdào Schnellbahn *f*

高速离心泵 gāosù líxīnbèng Schnellzentrifuge f; schnelllaufende Kreiselpumpe

高速球磨机 gāosù qiúmójī Schnellkugelmühle f

高速铣床 gāosù xǐchuáng Schnellfräsmaschine f

高速铣刀 gāosù xǐdāo Schnellfräser m

高速压缩机 gāosù yāsuōjī hochtouriger Verdichter

高速印刷机 gāosù yìnshuājī Schnellpresse f

高速运行的 gāosù yùnxíngde schnelllaufend

高速轧机 gāosù zhájī Schnellwalzwerk n; schnelllaufendes Walzwerk

高速钻床 gāosù zuànchuáng Schnellaufbohrmaschine f; Schnellbohrmaschine f

高速钻头 gāosù zuàntóu Schnellbohrer m

高速钻削 gāosù zuànxiāo Schnellbohren n

高弹性的 gāotánxìngde hochelastisch

高碳的 gāotànde hochgekohlt

高碳钢 gāotàngāng Stahl mit hohem Kohlenstoffgehalt; hochgekohlter Stahl; kohlenstoffreicher Stahl

高炭燃料 gāotàn ránliào aschereicher Brennstoff

高纬度 gāowěidù hohe Breite; höhere Breiten

高位水箱 gāowèi shuǐxiāng Wasserhochbehälter m

高温 gāowēn hohe Temperatur; Hochtemperatur f; Siedehitze f

高温变形过程 gāowēn biànxíng guòchéng Warmfließvorgang m

高温材料 gāowēn cáiliào Hochtemperaturwerkstoff m

高温分解 gāowēn fēnjiě Pyrolyse f

高温化学 gāowēn huàxué Pyrochemie f; Hochtemperaturchemie f

高温化学的 gāowēn huàxuéde pyrochemisch

高温计 gāowēnjì Pyrometer n; Hitzemesser m; Hitzgradmesser m; Brandmesser m; Feuermesser m; Glutmesser m

高温加热 gāowēn jiārè hochheizen; Hochheizen n

高温加热的 gāowēn jiārède hocherhitzt

高温炉 gāowēnlú Hochtemperaturofen m

高温时效 gāowēn shíxiào Warmaushärtung f

高温试验 gāowēn shìyàn Hochtemperaturversuch m; Hitzeprobe f

高温调节器 gāowēn tiáojiéqì Pyrostat m

高温退火 gāowēn tuìhuǒ Hochtemperaturglühung f

高温冶金学 gāowēn yějīnxué Pyrometallurgie f

高温中暑 gāowēn zhòngshǔ Hitzschlag durch hohe Temperatur

高限自动开关 gāoxiàn zìdòng kāiguān Stotz-Automat m

高效率 gāoxiàolǜ Hochleistung f

高效率的 gāoxiàolǜde hochwirksam

高效散热器 gāoxiào sànrèqì Hochleistungskühler m

高辛烷值汽油 gāoxīnwánzhí qìyóu 〈化〉hochoktaniges Benzin

高血压 gāoxuèyā Bluthochdruck m; Hypertonie f; erhöhter Blutdruck; Hypertension f

高压 gāoyā Hochdruck m; Hochspannung *f*; hoher Luftdruck; 〈医〉 maximaler (systolischer) Druck

高压泵 gāoyābèng Hochdruckpumpe *f*

高压操作 gāoyā cāozuò Hochdruckbetrieb *m*

高压磁电机 gāoyā cídiànjī Hochspannungsmagnetzünder *m*

高压存储器 gāoyā cúnchǔqì Hochdruckspeicher *m*

高压的 gāoyāde hochgespannt

高压电厂 gāoyā diànchǎng Hochdruckkraftwerk *n*

高压电池 gāoyā diànchí Hochspannungsbatterie *f*

高压电杆 gāoyā diàngān Hochspannungsgestänge *n*

高压电弧 gāoyā diànhú Hochdruckbogen *m*; Hochspannugsbogen *m*; Hochdrucklichtbogen *m*

高压电缆 gāoyā diànlǎn Hochspannungskabel *n*

高压电力网 gāoyā diànlìwǎng Hochvoltnetz *n*

高压电流 gāoyā diànliú Hochspannungsstrom *m*; Starkstrom *m*

高压电路 gāoyā diànlù Hochspannungskreis *m*

高压电容点火 gāoyā diànróng diǎnhuǒ Hochspannungskondensatorzündung *f*

高压电线 gāoyā diànxiàn Starkstromleitung *f*

高压电子管 gāoyā diànzǐguǎn Hochspannungsröhre *f*

高压端 gāoyāduān Hochdruckende *n*

高压发生器 gāoyā fāshēngqì Hochdruckaustreiber *m*

高压阀 gāoyāfá Überdruckventil *n*;

Hochdruckventil *n*

高压放电 gāoyā fàngdiàn Hochdruckentladung *f*

高压功率 gāoyā gōnglǜ Hochspannungsleistung *f*

高压鼓风 gāoyā gǔfēng Wind mit starker Pressung

高压管 gāoyāguǎn Hochdruckrohr *n*

高压管道 gāoyā guǎndào Hochdruckleitung *f*

高压锅炉 gāoyā guōlú Hochdruckkessel *m*

高压活塞 gāoyā huósāi Hochdruckkolben *m*

高压脊 gāoyājí Hochkeil *m*

高压给水泵 gāoyā jǐshuǐbèng Hochdruckspeisepumpe *f*

高压架空线 gāoyā jiàkōngxiàn Hochspannungsfreileitung *f*

高压绝缘 gāoyā juéyuán Hochspannungsisolation *f*; Hochspannungsisolierung *f*

高压开关 gāoyā kāiguān Hochspannungsschalter *m*

高压空气罐 gāoyā kōngqìguàn Druckluftgefäß *n*

高压控制器 gāoyā kòngzhìqì Hochdruckwächter *m*

高压离心泵 gāoyā líxīnbèng Hochdruckschleuderpumpe *f*

高压炉 gāoyālú Hochdruckofen *m*

高压轮胎 gāoyā lúntāi Hochdruckreifen *m*

高压喷雾器 gāoyā pēnwùqì Hochdruckzerstäuber *m*

高压瓶 gāoyāpíng Hochdruckflasche *f*

高压汽缸 gāoyā qìgāng Hochdruckzylinder *m*

高压汽轮机 gāoyā qìlúnjī Überdruckturbine *f*

高压气体 gāoyā qìtǐ Hochdruckgas *n*

高压区 gāoyāqū Hochdruckgebiet *n*

高压燃油泵 gāoyā rányóubèng Hochdruck-Kraftstoffpumpe *f*

高压容器 gāoyā róngqì Hochdruck-behälter *m*; Druckgefäß *n*

高压设备 gāoyā shèbèi Hochspannungsanlage *f*; Hochspannungsapparatur *f*; Hochspannungsbetriebsmittel *n*; Hochspannungseinrichtung *f*; Hochspannungsgerät *n*

高压试验 gāoyā shìyàn Hochspannungsprüfung *f*

高压室 gāoyāshì Hochdruckraum *m*

高压输电 gāoyā shūdiàn Hochspannungsübertragung *f*

高压输电网 gāoyā shūdiànwǎng Hochspannungsnetz *n*; Starkstromnetz *n*

高压输电线 gāoyā shūdiànxiàn Hochspannungsfernleitung *f*

高压输送 gāoyā shūsòng Hochdruckförderung *f*

高压水泵 gāoyā shuǐbèng Hochdruckpumpe *f*

高压水管道 gāoyāshuǐ guǎndào Druckwasserleitung *f*

高压水射流 gāoyāshuǐ shèliú Druckwasserstrahl *m*

高压调节阀 gāoyā tiáojiéfá Hochdrucksteuerventil *n*

高压涡轮泵 gāoyā wōlúnbèng Hochdruckturbopumpe *f*

高压线 gāoyāxiàn Hochspannungsleitung *f*

高压线圈 gāoyā xiànquān Hochspannungsspule *f*

高压循环泵 gāoyā xúnhuánbèng Hochdruckkreispumpe *f*

高压压缩机 gāoyā yāsuōjī Hochdruckkompressor *m*; Hochdruckverdichter *m*

高压叶片 gāoyā yèpiàn Hochdruckschaufel *f*

高压油泵 gāoyā yóubèng Hochdruckölpumpe *f*

高压油管 gāoyā yóuguǎn Hochdruck-Kraftstoffleitung *f*

高压油枪 gāoyā yóuqiāng Druckschmierbüchse *f*

高压预热器 gāoyā yùrèqì Hochdruckvorwärmer *m*

高压远程输送 gāoyā yuǎnchéng shūsòng Hockdruckfernleitung *f*

高压蒸汽 gāoyā zhēngqì Hochdruckdampf *m*; hochgespannter Dampf

高压蒸汽锅炉 gāoyā zhēngqì guōlú Dampfkessel mit Hochdruck

高压蒸汽机 gāoyā zhēngqìjī Hochdruckdampfmaschine *f*

高压钻井 gāoyā zuànjǐng Hochdruckbohrung *f*

高音喇叭 gāoyīn lǎba Hochtonlautsprecher *m*

高应力的 gāoyìnglìde hochgespannt

高原 gāoyuán Hochebene *f*; Plateau *n*; Hochland *n*; Tafelland *n*

高原草原 gāoyuán cǎoyuán Hochplateausteppe *f*

高原气候 gāoyuán qìhòu Hochebene-Klima *n*

高增益放大器 gāozēngyì fàngdàqì Verstärker mit großem Verstärkungsfaktor

高增益三极管 gāozēngyì sānjíguǎn Triode hoher Verstärkung

高真空 gāozhēnkōng Hochvakuum *n*

高真空泵 gāozhēnkōngbèng Hoch-

高真空的 gāozhēnkōngde hochentlüftet; hochevakuiert

高真空电子管 gāozhēnkōng diànzǐguǎn Hochvakuumröhre f

高真空放电 gāozhēnkōng fàngdiàn Hochvakuumentladung f

高真空管 gāozhēnkōngguǎn Hochvakuumrohr n

高真空光电管 gāozhēnkōng guāngdiànguǎn Hochvakuumzelle f

高真空技术 gāozhēnkōng jìshù Hochvakuumtechnik f

高真空压力计 gāozhēnkōng yālìjì Hochvakuummanometer n

高值 gāozhí Gipfelwert m

高值的 gāozhíde hochwertig

高转速的 gāozhuànsùde hochtourig

膏药 gāoyào Heilpflaster n; Pflaster n

睾丸 gāowán Hoden m; Orchis m

镐 gǎo Hacke f; Haue f; Pickel m

割断 gēduàn Aufschneidung f

割捆机 gēkǔnjī Bindemäher m; Mähbinder m

割线 gēxiàn Sekante f

搁脚踏板 gējiǎo tàbǎn Fußrast f

革新 géxīn reformieren; Neuerung f

格筛 géshāi Rechen n

格式 géshì Form f; Muster n; Format n; Schablone f

格式标识符 géshì biāoshífú Formatierer m

格式错误 géshì cuòwù Formatfehler m

格式的 géshìde formatgebunden

格式读语句 géshì dúyǔjù ⟨计⟩ formatgebundenes READ-Statement

格式化 géshìhuà Formatierung f

格式化标记 géshìhuà biāojì Formatierungsanzeige f

格式化程序 géshìhuà chéngxù Formatierer m

格式化工具栏 géshìhuà gōngjùlán Formatierungssymbolleiste f

格式回线 géshì huíxiàn Formatschleife f

格式控制 géshì kòngzhì Formatkontrolle f

格式控制符 géshì kòngzhìfú Formatsteuerzeichen n

格式循环程序 géshì xúnhuán chéngxù Formatschleife f

格式掩模 géshì yǎnmó Format-Maske f

格式字段 géshì zìduàn Formatfeld m

格子 gézi Gitter n; Karo n

格子纸 gézizhǐ Raster m/n

隔板 gébǎn Trennwand f; Membran f; Dämmstück n

隔板垫圈 gébǎn diànquān Ausfüllblock m

隔层 gécéng Barriere f; Trennschicht f

隔电棒 gédiànbàng Stange f

隔断 géduàn absperren; abtrennen; abspalten; abschneiden

隔行扫描 géháng sǎomiáo verflechten

隔火墙 géhuǒqiáng Brandwand f; Brandmauer f

隔绝 géjué isolieren; abtrennen; absondern; ausscheiden; abkapseln

隔开 gékāi auftrennen

隔离 gélí isolieren; separieren; absondern; Absonderung f

隔离病房 gélí bìngfáng Isolierbaracke f; Isolierstation f; Isolierzimmer n; Isoliertrakt m

隔离环 gélíhuán Distanzring m

隔离开关 gélí kāiguān Ausrücker m;

Trennschalter *m*

隔流电容器 géliú diànróngqì Abschlusskondensator *m*

隔片 gépiàn Zwischenscheibe *f*; Zwischenstück *n*

隔墙 géqiáng Trennwand *f*

隔热 gérè Wärmeisolierung *f*

隔热板 gérèbǎn Wärmeschutzschild *m*

隔热层 gérècéng Isolierschicht *f*

隔热屏 gérèpíng Wärmschutzschild *m*

隔水层 géshuǐcéng wasserstauende Schicht; Wasserisolierschicht *f*; Aquifuge *f*

隔套 gétào Distanzhülse *f*; Distanzbüchse *f*

隔音 géyīn Schallisolation *f*; Silbentrennung *f*

隔音材料 géyīn cáiliào Schallschluckmaterial *n*; Lärmschlucker *m*

隔音的 géyīnde schalldicht

隔音墙 géyīnqiáng Lärmschutzwand *f*

镉 gé Kadmium *n*

镉硒矿 géxīkuàng Kadmoselit *m*

个别的 gèbiéde einzeln; besonder; individuell; ganz selten; ganz wenig

个人消费 gèrén xiāofèi individuelle Konsumtion

个体生产 gètǐ shēngchǎn individuelle Produktion *f*

个位 gèwèi 〈数〉 Einerstelle *f*

个位数 gèwèishù Einer *m*

个性化桌面 gèxìnghuà zhuōmiàn der individuelle Desktop

各方面的 gèfāngmiànde allseitig

各向同性 gèxiàng tóngxìng Isotropie *f*

各向异性 gèxiàng yìxìng Anisotropie *f*

各向异性磁铁 gèxiàng yìxìng cítiě Anisotropmagnet *m*

各种各样的 gèzhǒnggèyàngde allerlei; verschieden

铬 gè Chrom *n*

铬矿 gèkuàng Chromerz *n*

铬酸 gèsuān Chromsäure *f*

铬酸钝化 gèsuān dùnhuà Chromatieren *n*

铬酸盐 gèsuānyán Chromat *n*

铬铁 gètiě Chromeisen *n*

铬铁矿 gètiěkuàng Chromeisenerz *n*

根 gēn Wurzel *f*

根癌病 gēn´áibìng 〈植〉 Gallapfel *m*; Wucherung *f*; Missbildung *f*

根本的 gēnběnde grundlegend; grundsätzlich; hauptsächlich; gründlich

根本原因 gēnběn yuányīn Grundursache *f*

根腐病 gēnfǔbìng 〈植〉 Wurzelfäule *f*

根号 gēnhào Wurzelzeichen *n*; Radikal *n*

根基 gēnjī Basis *f*; Fundament *n*; Grund *m*; Grundfeste *f*

根据 gēnjù Beweis *m*; Begründung *f*; auf Grund; gemäß; laut; aufgrund; nach

根量 gēnliàng 〈数〉 Wurzelgröße *f*

根瘤菌 gēnliújūn 〈植〉 Knöllchenbakterien *pl*

根式 gēnshì Radikal *n*; Wurzelausdruck *m*

根数 gēnshù Radikal *n*

根系 gēnxì Bewurzelung *f*

根源 gēnyuán Wurzel *f*; Ursprung *m*; Ursache *f*; Grund *m*

根指数 gēnzhǐshù Wurzelexponent

m

跟踪 gēnzōng verfolgen; Verfolgung *f*; Zielführung *f*

跟踪雷达 gēnzōng léidá Folgeradargerät *n*; Verfolgungsradar *m*

跟踪调节器 gēnzōng tiáojiéqì Folgeregler *m*

跟踪系统 gēnzōng xìtǒng Verfolgungssystem *n*; Verfolgungsradarsystem *n*; Folgesystem *n*

跟踪站 gēnzōngzhàn Zielverfolgungsstation *f*; Zielwegverfolgungsstation *f*

跟踪装置 gēnzōng zhuāngzhì Nachlaufeinrichtung *f*

更代 gēngdài Generationswechsel *m*

更换 gēnghuàn wechseln; abwechseln; auswechseln; ersetzen; austauschen; ablösen; Wechsel *m*; Auswechselung *f*

更年期 gēngniánqī Wechseljahre *pl*; Klimakterium *n*

更年期综合征 gēngniánqī zōnghézhēng klimakterisches Syndrom

更新 gēngxīn erneuern; etw. durch Neues ersetzen ; Innovation *f*

更新版 gēngxīnbǎn Update *n*

更正 gēngzhèng berichtigen; korrigieren; Korrektur *f*

耕地 gēngdì Ackerboden *f*; Ackerland *n*

耕种 gēngzhòng pflügen und säen; kultivieren; Ackerland bebauen

庚烷 gēngwán 〈化〉Heptan *n*

庚烯 gēngxī 〈化〉Hepten *n*

梗概 gěnggài Umriss *m*; Resümee *n*; Hauptinhalt *m*; Wesentliche *n*; Abriss *m*; Übersicht *f*

梗塞 gěngsè versperren; 〈医〉Infarkt *m*

梗阻 gěngzǔ versperren; 〈医〉Verstopfung *f*

工厂 gōngchǎng Fabrik *f*; Werk *n*; Betrieb *m*

工场 gōngchǎng Fabrik *f*; Werkstatt *f*; Werkstätte *f*

工程 gōngchéng Bau *m*; Bauprojekt *n*; Bauwerk *n*; Technik *f*; Ingenieurwesen *n*

工程兵 gōngchéngbīng Pionier *m*

工程地质 gōngchéng dìzhì Baugeologie *f*; Ingenieurgeologie *f*; technische Geologie

工程地质的 gōngchéng dìzhìde ingenieurgeologisch

工程地质学 gōngchéng dìzhìxué Ingenieurgeologie *f*; Geotechnik *f*; technische Geologie; Baugeologie *f*

工程力学 gōngchénglìxué technische Mechanik

工程热力学 gōngchéng rèlìxué technische Thermodynamik

工程热物理 gōngchéng rèwùlǐ Industriewärmephysik *f*

工程师 gōngchéngshī Ingenieur *m*

工程水力学 gōngchéng shuǐlìxué technische Hydraulik

工程水文学 gōngchéng shuǐwénxué Ingenieurbau-Gewässerkunde *f*

工程学 gōngchéngxué Ingenieurkunst *f*

工程造价 gōngchéng zàojià Baukosten *pl*

工地 gōngdì Baustelle *f*; Bauplatz *m*

工蜂 gōngfēng Arbeiterin *f*; Arbeitsbiene *f*

工件 gōngjiàn Werkstück *n*

工具 gōngjù Instrument *n*; Gerät *n*; Werkzeug *n*; Zeug *n*

工具钢 gōngjùgāng Werkzeugstahl *m*; Schnittstahl *m*

工具栏 gōngjùlán Symbolleiste *f*

工具栏按钮 gōngjùlán ànniǔ Symbolleistenschaltfläche *f*

工具箱 gōngjùxiāng Werkzeugkasten *m*

工科 gōngkē technische Fachgebiete; Ingenieurwesen *n*

工况 gōngkuàng Betriebszustand *m*

工频 gōngpín technische Frequenz; normale Frequenz; Netzfrequenz *f*

工伤 gōngshāng Arbeitsunfall *m*

工伤事故 gōngshāng shìgù Arbeitsunfall *m*

工序 gōngxù Arbeitsvorgang *m*; Arbeitsgang *m*; Arbeitsprozess *m*; Arbeitsablauf *m*; Prozess *m*; Prozedur *f*; Werkgang *m*

工学博士 gōngxué bóshì Doktor der Ingenieurwissenschaften; Doktoringenieur *m*

工业 gōngyè Industrie *f*

工业部门 gōngyè bùmén Industriezweig *m*

工业大气压力 gōngyè dàqìyālì technische Atmosphäre

工业大学 gōngyè dàxué technische Hochschule

工业的 gōngyède industriell; technisch

工业电视 gōngyè diànshì industrielles Fernsehen; Industriefernsehen *n*

工业废气 gōngyè fèiqì industrielles Abgas

工业废物 gōngyè fèiwù Industrierückstand *m*

工业国 gōngyèguó Industriestaat *m*

工业化 gōngyèhuà Industrialisierung *f*

工业化学 gōngyè huàxué Industriechemie *f*

工业建筑 gōngyè jiànzhù Industriebau *m*

工业品 gōngyèpǐn Industriewaren *pl*

工业设备 gōngyè shèbèi Industrieanlage *f*

工业学院 gōngyè xuéyuàn technologisches Institut

工业用水 gōngyèyòngshuǐ Nutzwasser *n*; Industriewasser *n*

工艺 gōngyì Technologie *f*; Handwerk *n*; Gewerbe *n*; Technik *f*; Verfahrenstechnik *f*

工艺程序 gōngyì chéngxù Fertigungsablauf *m*

工艺的 gōngyìde technologisch

工艺规程 gōngyì guīchéng Fertigungsanweisung *f*; technologische Vorschriften; Technologie *f*

工艺过程 gōngyì guòchéng Arbeitsablauf *m*; Bearbeitungsfolge *f*; Verfahrengang *m*

工艺流程 gōngyì liúchéng Fertigungsablauf *m*

工艺流程图 gōngyì liúchéngtú Fertigungsablaufplan *m*

工艺设备 gōngyì shèbèi Ausrüstung *f*

工艺试验 gōngyì shìyàn technologische Prüfung

工艺学 gōngyìxué Technologie *f*; Kunstlehre *f*

工质 gōngzhì Arbeitsmedium *n*; Arbeitsstoff *m*

工种 gōngzhǒng Tätigkeitsfeld in der Industrie

工装裤 gōngzhuāngkù Overall *m*; Blaumann *m*

工字钢 gōngzìgāng I-Stahl *m*; I-Träger *m*; I-Eisen *n*; Doppel-T-Stahl *m*; Doppel-T-Eisen *n*; Doppel-T-Profil *n*

工作 gōngzuò arbeiten；Arbeit *f*；Werk *n*

工作程序 gōngzuò chéngxù ausführendes Programm

工作冲程 gōngzuò chōngchéng Verbrennungshub *m*

工作带 gōngzuòdài Arbeitsband *n*

工作电池(组) gōngzuò diànchí(zǔ) Arbeitsstrombatterie *f*

工作电流 gōngzuò diànliú Arbeitsstrom *m*；Betriebsstrom *m*

工作电流值 gōngzuò diànliúzhí Betriebsstromwert *m*

工作电压 gōngzuò diànyā Arbeitsspannung *f*；Betriebsspannung *m*

工作电源 gōngzuò diànyuán Arbeitsstromquelle *f*

工作定额 gōngzuò dìng'é Arbeitsnorm *f*

工作阀 gōngzuòfá Arbeitsventil *n*

工作缸 gōngzuògāng Arbeitszylinder *m*

工作轮 gōngzuòlún Laufrad *n*

工作介质 gōngzuò jièzhì Arbeitsmedium *n*；Arbeitsmittel *n*

工作开关 gōngzuò kāiguān Betriebsschalter *m*

工作量规 gōngzuò liángguī Arbeitslehre *f*

工作平台 gōngzuò píngtái Schaffplatte *f*；Arbeitsbühne *f*

工作区 gōngzuòqū Arbeitsfläche *f*

工作时间 gōngzuò shíjiān Arbeitszeit *f*；Laufzeit *f*

工作台 gōngzuòtái Werktisch *m*；Bank *f*

工作特性曲线 gōngzuò tèxìng qūxiàn Betriebscharakteristik *f*；Betriebskennlinie *f*

工作特性值 gōngzuò tèxìngzhí Betriebskennwert *m*

工作图纸 gōngzuò túzhǐ Arbeitszeichnung *f*

工作详图 gōngzuò xiángtú Werkzeichnung *f*

工作行程 gōngzuò xíngchéng Nutzhub *m*

工作压力传感器 gōngzuò yālì chuángǎnqì Wirkdruckgeber *m*

工作周期 gōngzuò zhōuqī Arbeitsperiode *f*；Arbeitsablauf *m*

工作组 gōngzuòzǔ Arbeitsgruppe *f*

弓形 gōngxíng Segment *n*；Kreisabschnitt *m*；Bogen *m*；Krümme *f*

弓形的 gōngxíngde bogenförmig；bogig

公倍数 gōngbèishù gemeinsames Multiplum；gemeinsames Vielfaches

公布 gōngbù veröffentlichen；bekanntmachen；Veröffentlichung *f*

公差 gōngchā Toleranz *f*；Spielraum *m*；gemeinsame Differenz

公差单位 gōngchā dānwèi Toleranzeinheit *f*

公差范围 gōngchā fànwéi Toleranzbereich *m*

公差限 gōngchāxiàn Toleranzgrenze *f*

公称尺寸 gōngchēng chǐcùn Nennmaß *n*

公称直径 gōngchēng zhíjìng Nenndurchmesser *m*

公尺 gōngchǐ Meter *m*／*n*

公分母 gōngfēnmǔ Generalnenner *m*；Hauptnenner *m*

公共汽车 gōnggòng qìchē Autobus *m*；Autoomnibus *m*；Omnibus *m*

公共汽车变速箱 gōnggòng qìchē biànsùxiāng Omnibusgetriebe *n*

公共汽车轮胎 gōnggòng qìchē lúntāi Autobusreifen *m*

公海 gōnghǎi offenes Meer; internationale Gewässer; freies Meer

公斤 gōngjīn Kilogramm n; Kilo n

公斤力 gōngjīnlì Kilopond n

公斤米 gōngjīnmǐ Kilopondmeter m

公里 gōnglǐ Kilometer n/m

公里路标 gōnglǐ lùbiāo Kilometerstein m

公理 gōnglǐ Ursatz m; Axiom n

公路 gōnglù Landstraße f; Autostraße f

公路工程 gōnglù gōngchéng Straßenbau m; Autobahnbau m

公路路面 gōnglù lùmiàn Autobahndecke f

公路桥 gōnglùqiáo Autobahnbrücke f; Autostraßenbrücke f

公顷 gōngqǐng Hektar n

公式 gōngshì Formel f; Gleichung f

公式的 gōngshìde formelhaft

公式化 gōngshìhuà Formalismus m; schablonenhaft; formelhaft

公司 gōngsī Firma f

公因子 gōngyīnzǐ gemeinsamer Faktor

公用天线 gōngyòng tiānxiàn Gemeinschaftsantenne f

公约数 gōngyuēshù gemeinsamer Teiler

公债 gōngzhài Staatsanleihe f; Staatsschuld f

公证 gōngzhèng notarielle Beglaubigung; notarielle Urkunde

公制的 gōngzhìde metrisch

公制螺纹 gōngzhì luówén metrisches Gewinde

功 gōng Arbeit f

功当量 gōngdāngliàng Arbeitsäquivalent n

功率 gōnglǜ Leistung f; Arbeitsleistung f

功率表 gōnglǜbiǎo Leistungsmesser m; Dynamometer n; Wattmeter n/m

功率测定 gōnglǜ cèdìng Leistungsbemessung f

功率大小 gōnglǜ dàxiǎo Leistungsgröße f

功率二极管 gōnglǜ èrjíguǎn Leistungsdiode f

功率范围 gōnglǜ fànwéi Leistungsbereich m

功率放大管 gōnglǜ fàngdàguǎn Leistungsverstärkerröhre f

功率放大器 gōnglǜ fàngdàqì Leistungsverstärker m

功率极限 gōnglǜ jíxiàn Leistungsgrenze f

功率级 gōnglǜjí Leistungsklasse f

功率计 gōnglǜjì Leistungsmesser m; Dynamometer n

功率检验器 gōnglǜ jiǎnyànqì Leistungsprüfer m

功率检验仪 gōnglǜ jiǎnyànyí Leistungsprüfer m

功率晶体管 gōnglǜ jīngtǐguǎn Leistungstransistor m

功率匹配 gōnglǜ pǐpèi Leistungsanpassung f

功率平衡 gōnglǜ pínghéng Leis n; Leistungsgleichung f

功率曲线 gōnglǜ qūxiàn Leistungskurve f

功率消耗 gōnglǜ xiāohào Leistungsverbrauch m

功率因数 gōnglǜ yīnshù Leistungsfaktor m; Wirkfaktor m

功率因数测定器 gōnglǜ yīnshù cèdìngqì Leistungsfaktormesser m

功能 gōngnéng Funktion f

功能的 gōngnéngde funktionell

功能键 gōngnéngjiàn Funktionstaste

G

f

功能块 gōngnéngkuài Funktionsblock *m*

功效 gōngxiào Wirkung *f*

攻角 gōngjiǎo Angriffswinkel *m*

攻丝 gōngsī Gewindebohren *n*; Gewindeschneiden *n*

攻丝工序 gōngsī gōngxù Gewindeschneidgang *m*

供带盘 gōngdàipán Abspulhaspel *m*

供电 gōngdiàn einspeisen; Stromversorgung *f*; Elektrizitätsversorgung *f*; Stromzuleitung *f*; Stromzufuhr *f*; Strombelieferung *f*; Stromzuführung *f*; Einspeisung *f*

供电电压 gōngdiàn diànyā Speisespannung *f*; Einspeisungsspannung *f*

供电区 gòngdiànqū Stromversorgungsgebiet *n*

供电设备 gōngdiàn shèbèi Netzanschlussgerät *n*; Stromversorgungsgerät *n*

供电网 gōngdiànwǎng Stromversorgungsnetz *n*

供电系统 gōngdiàn xìtǒng Stromsystem *n*

供风 gōngfēng Windzuführung *f*

供货商 gōnghuòshāng Lieferant *m*

供给 gōngjǐ Angebot *n*; liefern; anbieten; versorgen

供给量 gōngjǐliàng Lieferungsmenge *f*

供暖 gōngnuǎn heizen; Heizen *n*; Heizung *f*

供暖面 gōngnuǎnmiàn Heizfläche *f*

供暖设备 gòngnuǎn shèbèi Heizanlage *f*

供气 gōngqì Windzuführung *f*

供汽管道 gōngqì guǎndào Dampfzuführungsrohr *n*

供求 gōngqiú Angebot und Nachfrage

供热 gōngrè Wärmezufuhr *f*; Beheizung *f*; Beheizen *n*; zugeführte Wärme

供热方式 gōngrè fāngshì Beheizungsart *f*

供水 gōngshuǐ Wasserversorgung *f*; Wasserspeisung *f*; Wasserlieferung *f*; Wasserzuleitung *f*

供水泵 gōngshuǐbèng Speisepumpe *f*

供水槽 gōngshuǐcáo Wasserversorgungstank *m*

供水阀 gōngshuǐfá Wasserspeiseventil *n*

供水管 gōngshuǐguǎn Wasserspeiserohr *n*

供水量 gōngshuǐliàng Wasserspende *f*

供水器 gōngshuǐqì Wasserspeiser *m*

供水设备 gōngshuǐ shèbèi Wasserförderungsanlage *f*

供水水源 gōngshuǐ shuǐyuán Wasserversorgungsquelle *f*

供水作业 gōngshuǐ zuòyè Wasserversorgungspraxis *f*

供应 gōngyìng versorgen; liefern; beliefern; Versorgung *f*; Lieferung *f*

供油 gōngyóu Ölversorgung *f*

供油泵 gōngyóubèng Kraftstoffförderpumpe *f*; Ölpumpe *f*

供油角 gōngyóujiǎo Förderwinkel *m*

宫颈癌 gōngjǐng'ái Gebärmutterhalskrebs *m*

巩固 gǒnggù festigen; befestigen; konsolidieren; Festigung *f*; Sicherung *f*; Konsolidation *f*; Konsolidierung *f*

汞 gǒng Quecksilber *n*; Merkur *m*

汞存储器 gǒngcúnchǔqì Quecksilberspeicher *m*

汞矿 gǒngkuàng Quecksilbererz *n*

汞溶液 gǒngróngyè Quecksilberlösung *f*

汞延迟线 gǒngyánchíxiàn Quecksilbervorzögerungsstrecke *f*

汞冶金学 gǒngyějīnxué Quecksilberhüttenwesen *n*

汞银矿 gǒngyínkuàng Kongsbergit *m*

汞制剂 gǒngzhìjì Quecksilberpräparat *n*

拱坝 gǒngbà Gewölbesperre *f*; Bogenmauer *f*; Bogenstaumauer *f*; Gewölbesperrmauer *f*

拱顶 gǒngdǐng Gewölbedach *n*; Bogendach *n*; Gewölbe *n*; Bogenscheitel *m*; Helm *m*

拱桥 gǒngqiáo Bogenbrücke *f*

拱门 gǒngmén Bogentür *f*

拱形 gǒngxíng Wölbung *f*; Bogen *m*

拱形的 gǒngxíngde gewölbt

拱状的 gǒngzhuàngde gewölbt

拱座 gǒngzuò Widerlager *n*

共轭函数 gòng'è hánshù abjungierte Funktion

共轭角 gòng'èjiǎo Nebenwinkel *m*

共轨技术 gòngguǐ jìshù Common-Rail-Technik *f*

共轨喷射装置 gòngguǐ pēnshè zhuāngzhì Common-Rail-Einspritzung *f*

共轨喷油嘴 gòngguǐ pēnyóuzuǐ Common-Rail-Injektor *m*

共轨式喷油系统 gòngguǐshì pēnyóu xìtǒng Speicherspritzsystem *n*; Common-Rail-Einspritzsystem *n*

共轨压力 gòngguǐ yālì Raildruck *m*

共轨压力传感器 gòngguǐ yālì chuángǎnqì Raildrucksensor *m*

共基极的 gòngjījíde basisgeerdet

共基极电路 gòngjījí diànlù Basisschaltung *f*

共价 gòngjià Kovalenz *f*

共价键 gòngjiàjiàn Kovalentbindung *f*; kovalente Bindung; Valenzbindung *f*;

共价晶体 gòngjià jīngtǐ homopolarer Kristall

共晶 gòngjīng Eutektikum *n*

共晶焊接 gòngjīng hànjiē Eutektikumsschweißung *f*

共晶体 gòngjīngtǐ Eutektikum *n*; eutektischer Kristall

共晶状态 gòngjīng zhuàngtài eutektischer Zustand

共晶组织 gòngjīng zǔzhī eutektische Textur

共面矢量 gòngmiàn shǐliàng Vektoren in einer Ebene

共面向量 gòngmiàn xiàngliàng Vektoren in einer Ebene

共鸣 gòngmíng Resonanz *f*; Widerhall *m*

共鸣板 gòngmíngbǎn Schallbrett *n*

共鸣的 gòngmíngde konsonant

共鸣器 gòngmíngqì Resonator *m*

共鸣箱 gòngmíngxiāng Resonanzkasten *m*; Schallkasten *m*

共栖 gòngqī Symbiose *f*; Kommensalismus *m*

共熔点 gòngróngdiǎn einheitlicher Schmelzgang

共生矿物 gòngshēng kuàngwù koexistierende Minerale

共同的 gòngtóngde gemeinsam; zusammen; vereint

共同性 gòngtóngxìng Allgemeinheit *f*; Gemeinsame *n*; Allgemeine *n*

共析 gòngxī Eutektoid *n*

共析钢 gòngxīgāng Eutektoidstahl

G

m

共析状态 gòngxī zhuàngtài eutektoider Zustand

共线的 gòngxiànde kollinear

共线性 gòngxiànxìng Kollinearität f; Kollineation f

共享级 gòngxiǎngjí Freigabeebene f

共享权限 gòngxiǎng quánxiàn Zugriffsrecht n

共享资源 gòngxiǎng zīyuán Ressourcen gemeinsam nutzen

共用天线 gòngyòng tiānxiàn Gemeinschaftsantenne f

共振 gòngzhèn Resonanz f; Mitschwingung f; resonieren

共振的 gòngzhènde konsonant

共振加速器 gòngzhèn jiāsùqì Resonanzbeschleuniger m

共振频率 gòngzhèn pínlǜ Resonanzfrequenz f

共轴的 gòngzhóude koaxial; kollinear

共轴性 gòngzhóuxìng Kollinearität f

勾 gōu 〈数〉Kathete f

勾股定理 gōugǔ dìnglǐ pythagoreischer Lehrsatz

佝偻病 gōulóubìng englische Krankheit; Rachitis f

沟 gōu Graben m; Furche f; Gerinne n

沟槽 gōucáo Nute f; Hohlkehle f; Hohlleiste f

沟渠 gōuqú Ablauf m; Bewässerungskanäle und Bewässerungsgräben; Gerinne n; Ablass m; Rinne f; Kanalisation f

沟渠抽水 gōuqú chōushuǐ Grubenentleerung f

钩 gōu Haken m; Haft m

钩环 gōuhuán Schäkel m; Ohr n

钩住 gōuzhù haken

钩子 gōuzi Haken m

构成 gòuchéng bilden; zusammensetzen; formen; konstruieren; Formung f; Formierung f; Gebilde n; Nachfüllung f

构架 gòujià Karkasse f; Traggerüst n; Gerippe n

构件 gòujiàn Konstruktionsglied n; Bestandteil m; Einzelelement n; Bauteil n; Bauelement n; Konstruktionsteil m; Element n

构图 gòutú zeichnen; entwerfen; konstruieren; Komposition f; Anlage f

构造 gòuzào bilden; bauen; konstruieren; Konstruktion f; Konstitution f; Struktur f; Bau m; Gefüge n; Aufbau m

构造部件 gòuzào bùjiàn Konstruktionsglied n

构造的 gòuzàode konstruktiv; strukturell

构造地质 gòuzào dìzhì Tektonik f

构造地震 gòuzào dìzhèn tektonisches Erdbeben; tektonisches Beben

构造地质学 gòuzào dìzhìxué Tektonik f; Geotektonik f

构造海震 gòuzào hǎizhèn tektonisches Seebeben

构造平原 gòuzào píngyuán Aufbauebene f

构造图 gòuzàotú tektonische Karte

构造型式 gòuzào xíngshì konstruktive Ausführung

构造学 gòuzàoxué Strukturologie f

构造原理 gòuzàoyuánlǐ Konstruktionsprinzip n

构筑 gòuzhù Schanzarbeiten ausführen; aufbauen

估计 gūjì schätzen; abschätzen; berechnen; Schätzung f; Einschätzung *f*

估计误差 gūjì wùchā　geschätzte Abweichung

估价 gūjià abschätzen; einschätzen; bewerten; würdigen; Schätzpreis *m*

估量 gūliàng schätzen; ermessen

古典的 gǔdiǎnde klassisch

古动物学 gǔdòngwùxué Paläozoologie *f*

古化石学 gǔhuàshíxué Paläontologie *f*

古火山的 gǔhuǒshānde altvulkanisch

古脊椎动物 gǔjǐzhuī dòngwù antike Wirbeltiere; Paläovertebraten *pl*

古迹 gǔjì Altertum *n*; Überreste alter Zeit; antike Ruine; historische Sehenswürdigkeiten

古人 gǔrén Altmenschen *pl*; Paläanthropinen *pl*; unsere Vorfahren; Vorväter *pl*

古人类 gǔrénlèi Paläoanthropus *m*

古人类学 gǔrénlèixué Paläoanthropologie *f*

古生代 gǔshēngdài Paläozoikum *n*; Altertum *n*; paläozoische Ära; primäres Zeitalter

古生的 gǔshēngde fossil

古生态学 gǔshēngtàixué Paläoökologie *f*

古生物学 gǔshēngwùxué Paläontologie *f*; Paläobiologie *f*; Petrefaktologie *f*

古猿 gǔyuán Paläopithekus *m*

古植物学 gǔzhíwùxué Paläobotanik *f*

毂 gǔ (Rad-)Nabe *f*

谷氨酸 gǔ'ānsuān 〈化〉 Glutaminsäure *f*

谷氨酸盐 gǔ'ānsuānyán 〈化〉 Glu-

tamat *n*

谷底 gǔdǐ Talsohle *f*

谷地 gǔdì Senke *f*; Tal *n*; Schlucht *f*

谷粒 gǔlì Korn *n*

谷朊 gǔruǎn 〈化〉 Gluten *n*

谷物 gǔwù Getreide *n*; Korn *n*; Getreidepflanze *f*; Halmfrüchte *pl*

谷酰胺 gǔxiān'ān 〈化〉 Glutamin *n*

股 gǔ 〈数〉 Kathete *f*

股本 gǔběn Aktienkapital *n*; Stammkapital *n*

股东 gǔdōng Aktieninhaber *m*; Aktionär *m*

股份 gǔfèn Aktie *f*

股份公司 gǔfèn gōngsī Aktiengesellschaft *f*; Kapigesellschaft *f*

股份有限公司 gǔfèn yǒuxiàn gōngsī Gesellschaft mit beschränkter Haftung

股金 gǔjīn Aktienanteil *m*

股票 gǔpiào Aktie *f*; Anteilschein *m*

股票交易所 gǔpiào jiāoyìsuǒ Aktienbörse *f*

骨 gǔ Knochen *m*

骨刺 gǔcì Osteophyt *m*; Sporn *m*

骨胳 gǔgé Skelett *n*; Knochengerüst *n*; Gerippe *n*; Gebein *n*

骨架 gǔjià Skelett *n*; Gerippe *n*; Knochengerüst *n*; Gestell *n*

骨结核 gǔjiéhé Knochentuberkulose *f*

骨科 gǔkē Abteilung für Osteologie (Knochenkrankheiten)

骨科医生 gǔkē yīshēng Osteologe *m*

骨瘤 gǔliú Osteom *n*

骨膜 gǔmó Knochenhaut *f*

骨膜炎 gǔmóyán Knochenhautentzündung *f*; Periostitis *f*

G

骨盆 gǔpén Becken *n*; Pelvis *f*

骨钳 gǔqián Knochenzange *f*

骨髓 gǔsuǐ Knochenmark *n*

骨痛 gǔtòng Knochenschmerz *m*; Ostealgie *f*

骨折 gǔzhé Knochenbruch *m*; Fraktur *f*

骨质的 gǔzhìde knöchern

骨组织 gǔzǔzhī Knochengewebe *n*

钴 gǔ Kobalt *m*

钴玻璃 gǔbōlí Kobaltglas *n*

钴华 gǔhuá〈化〉Erythrin *n*; Kobaltblüte *f*

钴蓝色的 gǔlánsède kobaltblau

钴炮 gǔpào〈医〉Kobaltkanone *f*（用于放射治疗）

钴氢弹 gǔqīngdàn Kobaltbombe *f*

鼓 gǔ Trommel *f*

鼓风机 gǔfēngjī Gebläse *n*; Gebläsemaschine *f*; Bläser *m*; Windbläser *m*; Blaseapparat *m*; Blasemaschine *f*; Druckgebläse *n*; Einbläser *m*; Ventilator *m*

鼓风炉 gǔfēnglú Gebläseofen *m*; Verblaseofen *m*; Schachtofen *m*

鼓轮 gǔlún Trommel *f*

鼓膜 gǔmó Trommelfell *n*

固氮菌 gùdànjūn Stickstoffbindung *f*; Stickstofffixierung *f*

固定 gùdìng befestigen; feststellen; festsetzen; festlegen; Halterung *f*

固定板 gùdìngbǎn Befestigungsplatte *f*

固定磁场 gùdìng cíchǎng festes Magnetfeld

固定存储器 gùdìng cúnchǔqì Festspeicher *m*

固定的 gùdìngde fest; fix; feststehend; immobil; ortsfest; stationär; invariabel

固定点 gùdìngdiǎn Festpunkt *m*; Fixpunkt *m*; Standpunkt *m*; Haltepunkt *m*

固定电压 gùdìng diànyā ständige Spannung

固定电阻 gùdìng diànzǔ fester Widerstand

固定工资 gùdìng gōngzī fixer Lohn

固定光源 gùdìng guāngyuán ortsfeste Leuchte

固定滑轮 gùdìng huálún Festscheibe *f*

固定回波 gùdìng huíbō fixes Echo

固定剂 gùdìngjì Fixateur *m*

固定流速 gùdìng liúsù konstante Fließgeschwindigkeit; stationäre Fließgeschwindigkeit

固定螺栓 gùdìng luóshuān Prisonstift *m*

固定螺丝 gùdìng luósī Passschraube *f*

固定式蓄电池 gùdìngshì xùdiànchí ortsfester Akkumulator

固定销 gùdìngxiāo Passstift *m*; Haltestift *m*; Schloss *n*; Schnäpper *m*

固定销钉 gùdìng xiāodīng Haltestift *m*; Passstift *m*

固定载荷 gùdìng zàihè bleibende Belastung; ständige Last; bleibende Last

固定整流器 gùdìng zhěngliúqì ruhender Gleichrichter

固定支架 gùdìng zhījià Befestigungsstütze *f*; Setzstock *m*

固定值 gùdìngzhí Fixwert *m*

固定值存储器 gùdìngzhí cúnchǔqì Fädelfestwertspeicher *m*

固定钻井台 gùdìng zuànjǐngtái stationäre Bohrplattform

固定轴 gùdìngzhóu feste Achse; starre Achse

固定装置 gùdìng zhuāngzhì Haltevorrichtung *f*

固定资金 gùdìng zījīn Grundfonds *m*

固化 gùhuà erhärten；Erhärtung *f*

固化剂 gùhuàjì Härter *m*；Härtungsmittel *n*

固紧 gùjǐn Verbolzung *f*

固溶体 gùróngtǐ 〈化〉 Mischkristall *m*

固色剂 gùsèjì Fixativ *n*

固态 gùtài fester Aggregatzustand；fester Zustand；starrer Zustand

固态氢 gùtàiqīng fester Wasserstoff

固体 gùtǐ Festkörper *m*；fester Körper；fester Stoff

固体的 gùtǐde fest

固体电路 gùtǐ diànlù Festkörperschaltung *f*

固体火箭 gùtǐ huǒjiàn Feststoffrakete *f*

固体静力学 gùtǐ jìnglìxué Geostatik *f*

固体酒精 gùtǐ jiǔjīng Hartspiritus *m*

固体扩散 gùtǐ kuòsǎn Festkörperdiffusion *f*

固体力学 gùtǐ lìxué Mechanik des festen Körpers

固体燃料 gùtǐ ránliào Festbrennstoff *m*；fester Brennstoff

固体推进剂 gùtǐ tuījìnjì Festtreibstoff *m*

固体物理学 gùtǐ wùlǐxué Festkörperphysik *f*；Physik fester Körper

固体物质 gùtǐ wùzhì fester Stoff

固有波 gùyǒubō Eigenwelle *f*

固有波长 gùyǒu bōcháng Eigenwellenlänge *f*

固有电抗 gùyǒu diànkàng Eigenreaktanz *f*

固有电容 gùyǒu diànróng Eigenkapazität *f*

固有电位 gùyǒu diànwèi Eigenpotential *n*

固有电压 gùyǒu diànyā Eigenspannung *f*

固有负荷 gùyǒu fùhè Eigenbelastung *f*；Eigenlast *f*

固有干扰 gùyǒu gānrǎo Eigenstörung *f*

固有功率 gùyǒu gōnglǜ Eigenleistung *f*

固有频率 gùyǒu pínlǜ Eigenfrequenz *f*

固有弹力 gùyǒu tánlì Eigenelastizität *f*

固有振动 gùyǒu zhèndòng Eigenschwingung *f*；Grundschwingung *f*

固有周期 gùyǒu zhōuqī Eigenperiode *f*

固着剂 gùzhuójì Fixateur *m*

故障 gùzhàng Störung *f*；Defekt *m*；Fehler *m*；Funktionsstörung *f*；Versagen *n*

故障的 gùzhàngde gestört

故障分析 gùzhàng fēnxī Fehleranalyse *f*；Fehleruntersuchung *f*；Ausfallanalyse *f*

故障检查 gùzhàng jiǎnchá Fehlerortung *f*

故障检修 gùzhàng jiǎnxiū Störung suchen

故障排除 gùzhàng páichú Fehlerbeseitigung *f*

故障器显示器 gùzhàngqì xiǎnshìqì Ausfallanzeigegerät *n*

故障时间 gùzhàng shíjiān Störzeit *f*

故障树分析 gùzhàng shùfēnxī Fehlerbaumanalyse *f*

故障信号 gùzhàng xìnhào Störungsmeldung *f*

故障信号盘 gùzhàng xìnhàopán Fehlermeldetafel *f*

故障信号器 gùzhàng xìnhàoqì Einbruchsmelder *m*; Einbruchssicherung *f*

故障原因 gùzhàng yuányīn Fehlerursache *f*

故障诊断 gùzhàng zhěnduàn Fehlersiagnose *f*; Ausfalldiagnose *f*

故障自动定位程序 gùzhàng zìdòng dìngwèi chéngxù automatisches Fehlerortungsprogramm

刮板 guābǎn Schabemesser *n*; Schabeisen *n*; Schabe *f*; Schablone *f*

刮刀 guādāo Schabemesser *m*; Schabeisen *n*; Schabe *f*; Kratzer *m*; Scharrer *m*; Putzmesser *n*; Radiermesser *n*; Kürette *f*; Dolch *m*

刮到 guādào anfahren

刮痕硬度 guāhéng yìngdù Ritzhärte *f*

刮痕硬度计 guāhéng yìngdùjì Ritzhärteprüfer *m*

刮痕硬度试验 guāhéng yìngdù shìyàn Ritzhärteprobe *f*

刮水臂 guāshuǐbì Wischerarm *m*; Wischerhebel *m*; Wischerstange *f*

刮水器 guāshuǐqì Wischer *m*; Scheibenwischer *m*

刮水器电动机 guāshuǐqì diàndòngjī Wischermotor *m*

刮水器橡胶条 guāshuǐqì xiàngjiāotiáo Wischergummi *n/m*

刮水器总成 guāshuǐqì zǒngchéng Wischeranlage *f*; Wischwerk *n*

刮水洗窗装置 guāshuǐ xǐchuāng zhuāngzhì Wisch-Wasch-Anlage *f*

刮削器 guāxuēqì Schaber *m*

刮油环 guāyóuhuán Abstreifring *m*

刮油装置 guāyóu zhuāngzhì Abstreifvorrichtung *f*

挂车 guàchē Anhänger(wagen) *m*

挂车接合器 guàchē jiēhéqì Anhängerkupplung *f*

挂车制动器 guàchē zhìdòngqì Anhängerbremse *f*

挂车轴 guàchēzhóu Anhängerachse *f*

挂档 guàdǎng das Getriebe einschalten; den Gang einlegen

挂钩 guàgōu Haken *m*; Hänger *m*; Kupplung *f*; Ankuppeln *n*

挂牌 guàpái eine Praxis aufmachen (als Arzt oder Rechtsanwalt)

挂绳 guàshéng Tragseil *n*

挂图 guàtú Wandkarte *f*; Hängebild *n*

拐点 guǎidiǎn 〈数〉 Wendepunkt *m*

拐弯 guǎiwān um die Ecke biegen (od. gehen)

怪胎 guàitāi Missgeburt *f*

关 guān ausschalten

关闭 guānbì schließen; zumachen; abschließen; verschließen; sperren; absperren; abschalten; einstellen; stilllegen; einschleifen; Abschaltung *f*; Schluss *m*

关闭按扭 guānbì ànniǔ Zutaste *f*

关闭的 guānbìde geschlossen; ausgeschaltet

关闭阀 guānbìfá Schließventil *n*

关闭语句 guānbì yǔjù 〈计〉 Abschlussanweisung *f*

关灯 guāndēng abblenden

关电源 guāndiànyuán den Strom ausschalten

关掉 guāndiào ausdrehen; ausschalten; ausmachen

关断匣阀 guānduàn xiáfá Absperrschieber *m*

关键词 guānjiàncí Schlagwort *n*; Schlüsselwort *n*

关节 guānjié Gelenk *n*; Fuge *f*

关节病 guānjiébìng Arthropathie *f*

关节炎 guānjiéyán Gelenkentzündung *f*; Gliedergicht *f*; Arthritis *f*

关联 guānlián Zusammenhang *m*; Korrelation *f*

关税 guānshuì Zoll *m*; Zolltarif *m*; Zollgebühren *pl*

关系 guānxì Beziehung *f*; Verhältnis *n*; Zusammenhang *m*

观测所 guāncèsuǒ Warte *f*

观测台 guāncètái Warte *f*

观测仪表 guāncè yíbiǎo Überwachungsinstrument *n*

观测站 guāncèzhàn Beobachtungsstelle *f*

观察 guānchá beobachten; betrachten; schauen; Betrachtung *f*; Hinblick *m*; Beobachtung *f*

观察孔 guānchákǒng Schauloch *n*

观察室 guāncháshì Beobachtungszimmer *n*

观察卫星 guānchá wèixīng Beobachtungssatellit *m*

观点 guāndiǎn Anschauung *f*; Gesichtspunkt *m*; Auffassung *f*

观后镜 guānhòujìng Rückspiegel *m*; Rückschauspiegel *m*

观念 guānniàn Idee *f*; Sinn *m*; Vorstellung *f*

观象台 guānxiàngtái Warte *f*; Sternwarte *f*; Observatorium *n*

冠心病 guānxīnbìng Verkalkung der Kranzarterien; Verkalkung der Herzkranzadern; Koronarsklerose *f*

冠形齿轮 guānxíng chǐlún Kronenrad *n*

冠状动脉 guānzhuàng dòngmài Kranzgefäße *pl*; Kranzarterie *f*; Koronararterie *f*

冠状动脉血栓 guānzhuàng dòng-

mài xuèshuān die Blutgerinnung in den Kranzgefäßen; Koronarthrombose *f*

管 guǎn Rohr *n*; Röhre *f*; Leitung *f*; Zelle *f*

管材 guǎncái Rohrmaterial *n*

管道 guǎndào Rohrleitung *f*; Leitungsrohr *n*; Leitung *f*; Rohr *n*; Kanal *m*; Röhrenfahrt *f*

管道工程 guǎndào gōngchéng Rohrleitungen *pl*; Rohrleitungsbau *m*

管道炉 guǎndàolú Durchlaufofen *m*

管道系统 guǎndào xìtǒng Röhrensystem *n*; Leitungssystem *n*; Sielwerk *n*

管道装置 guǎndào zhuāngzhì Röhrenanlage *f*

管端 guǎnduān Rohrkopf *m*

管脚接点 guǎnjiǎo jiēdiǎn Sockelfußkontakt *m*

管接头 guǎnjiētóu Rohrverbinder *m*; Rohrstutzen *m*; Rohrmuffe *f*

管理 guǎnlǐ verwalten; führen; leiten; Aufsicht über etw. haben; Verwaltung *f*

管理程序 guǎnlǐ chéngxù Organisationsprogramm *n*; Administrator *m*

管理机构 guǎnlǐ jīgòu Verwaltung *f*

管路 guǎnlù Röhrensystem *n*

管钳 guǎnqián Rohrzange *f*

管身 guǎnshēn Rohrkörper *m*

管式换热器 guǎnshì huànrèqì Wärmeaustauscher in Rohrkonstruktion

管式冷凝器 guǎnshì lěngníngqì Röhrenkondensator *m*

管凸缘 guǎntūyuán Rohrflansch *m*

管弯头 guǎnwāntóu Rohrknie *n*

管线 guǎnxiàn Rohrleitung *f*

管状电阻 guǎnzhuàng diànzǔ Zylinderwiderstand *m*

管子 guǎnzi Rohr *n*; Röhre *f*

管子接头 guǎnzi jiētóu Verbundstück *n*

贯穿 guànchuān hindurchdringen

贯穿辐射 guànchuān fúshè durchdringende Strahlung

贯穿螺栓 guànchuān luóshuān durchgehender Bolzen

惯量 guànliàng Trägheit *f*

惯性 guànxìng Beharrung *f*; Trägheit *f*; Beharrungsvermögen *n*; Massenträgheit *f*; Beharrlichkeit *f*; Inaktivität *f*

惯性的 guànxìngde inert

惯性定律 guànxìng dìnglǜ Trägheitsgesetz *n*; Beharrungsgesetz *n*

惯性飞轮 guànxìng fēilún Massenschwungrad *n*

惯性矩 guànxìngjǔ Beharrungsmoment *n*; Trägheitsmoment *n*; Zentrifugalmoment *n*

惯性力矩 guànxìng lìjǔ Trägheitsmoment *n*

惯性力平衡 guànxìnglì pínghéng Ausgleich der Massenkräfte

惯性轮 guànxìnglún Schwungrad *n*

惯性压力 guànxìng yālì Trägheitsdruck *m*

惯性坐标系 guànxìng zuòbiāoxì Inertialsystem *n*

惯性作用 guànxìng zuòyòng Beharrungswirkung *f*

灌肠 guàncháng Einlauf *m*; Darmspülung *f*

灌溉 guàngài bewässern; berieseln; durchwässern; Bewässerung *f*; Irrigation *f*; Rieselung *f*

灌溉地 guàngàidì Rieselfeld *n*

灌溉方法 guàngài fāngfǎ Bewässerungsart *f*

灌溉沟 guàngàigōu Bewässerungsgraben *m*

灌溉管道 guàngài guǎndào Bewässerungsleitung *f*

灌溉流量 guàngài liúliàng Bewässerungswassermenge *f*; Rieselwassermenge *f*

灌溉面积 guàngài miànjī Bewässerungsfläche *f*

灌溉期 guàngàiqī Bewässerungsperiode *f*; Wasserperiode *f*

灌溉区 guàngàiqū Bewässerungsbezirk *m*

灌溉区域 guàngài qūyù Bewässerungsgebiet *n*

灌溉渠 guàngàiqú Bewässerungskanal *m*; Bewässerungsgraben *m*; Wasserkanal *m*; Speisegraben *m*

灌溉设施 guàngài shèshī Bewässerungsanlage *f*; Bewässerungseinrichtung *f*

灌溉水 guàngàishuǐ Bewässerungswasser *n*; Rieselwasser *n*

灌溉水管 guàngài shuǐguǎn Bewässerungsrohr *n*

灌溉蓄水 guàngài xùshuǐ Bewässerungsspeicherung *f*

灌溉网 guàngàiwǎng Bewässerungsnetz *n*

灌溉闸 guàngàizhá Bewässerungsschleuse *f*

灌溉站 guàngàizhàn Bewässerungswerk *n*; Bewässerungsanlage *f*

灌浆 guànjiāng zementieren; Zementieren *n*; Zementation *f*; Aufschlickung *f*; Milchreife *f*

灌满 guànmǎn zufüllen; vollfüllen

灌木 guànmù Busch *m*; Gebüsch *n*; Strauch *m*; Strauchgewächs *n*

灌入 guànrù eingießen; Eingießung

f

灌水 guànshuǐ bewässern; anspritzen; Vergießung *f*

灌水沟 guànshuǐgōu Bewässerungsrinne *f*; Bewässerungsfurche *f*; Tränktrog *m*

灌水器 guànshuǐqì Riesler *m*

灌水站 guànshuǐzhàn Rieselwerk *n*

灌水装置 guànshuǐ zhuāngzhì Rieselvorrichtung *f*

灌注 guànzhù eingießen; einfüllen; einschütten; angießen; gießen; berieseln; durchgießen; Eingießung *f*; Einspritzung *f*

灌注料 guànzhùliào Ausgussmasse *f*

光 guāng Licht *n*

光笔 guāngbǐ Lichtstift *m*

光标 guāngbiāo Leuchtboje *f*; Lichtziel *n*; Cursor *m*

光标键 guāngbiāojiàn Cursortasten *pl*

光标键区 guāngbiāojiànqū Cursortastenfeld *n*

光标块 guāngbiāokuài Cursorblock *m*

光波 guāngbō Lichtwelle *f*

光带 guāngdài Lichtband *n*; Band *n*; Spurengruppe *f*

光导管 guāngdǎoguǎn Lichtleiter *m*

光导摄像管 guāngdǎo shèxiàngguǎn Vidikon *n*

光导体 guāngdǎotǐ Lichtleiten *m*

光导线 guāngdǎoxiàn Lichtleiter *m*

光的反射 guāngde fǎnshè Lichtreflex *m*

光的散射 guāngde sǎnshè Lichtzerstreuung *f*

光的衍射 guāngde yǎnshè Lichtbeugung *f*

光的折射 guāngde zhéshè Brechung des Lichtes

光点 guāngdiǎn Leuchtpunkt *m*; Leuchtfleck *m*

光电倍增管 guāngdiàn bèizēngguǎn Fotovielfacher *m*; Vervielfachröhre *f*

光电池 guāngdiànchí Fotozelle *f*; Fotoelement *n*

光电的 guāngdiànde fotoelektrisch; elektrooptisch

光电电阻 guāngdiàn diànzǔ Fotowiderstand *m*

光电二极管 guāngdiàn èrjíguǎn Fotodiode *f*

光电发射 guāngdiàn fāshè fotoelektrische Emission

光电放射 guāngdiàn fàngshè Leuchtemission *f*

光电分类器 guāngdiàn fēnlèiqì fotoelektrisch arbeitende Sortiermaschine

光电管 guāngdiànguǎn Fotozelle *f*; Fotoröhre *f*; Lichtzelle *f*; Lichtelement *n*; Fototube *f*; Fotolampe *f*; Blitzröhre *f*

光电晶体管 guāngdiàn jīngtǐguǎn Optotransistor *m*; Fototransistor *m*

光电警报器 guāngdiàn jǐngbàoqì Lichtsirene *f*

光电控制 guāngdiàn kòngzhì fotoelektrische Steuerung

光电灵敏度 guāngdiàn língmǐndù fotoelektrische Empfindlichkeit

光电耦合器 guāngdiàn ǒuhéqì Optokoppler *m*

光电扫描 guāngdiàn sǎomiáo fotoelektrische Abtastung

光电扫描器 guāngdiàn sǎomiáoqì fotoelektrischer Abtaster; Fotoabtaster *m*

光电摄像管 guāngdiàn shèxiàngguǎn Ikonoskop *n*

G

光电调节器 guāngdiàn tiáojiéqì
lichtelektrischer Regler

光电效应 guāngdiàn xiàoyìng foto-
elektrischer Effekt; Fotoeffekt
m; fotoelektrische Erscheinung;
elektrooptischer Effekt; lichtelek-
trischer Effekt; lichtelektrische
Wirkung; fotoelektrische Wirkung

光电学 guāngdiànxué Fotoelektri-
zität f

光电元件 guāngdiàn yuánjiàn Zelle
n

光电阅读器 guāngdiàn yuèdúqì op-
tischer Leser

光电子 guāngdiànzǐ Lichtelektron
n; Fotoelektron n; Leuchtelektron
n

光电子管 guāngdiànzǐguǎn Foto-
elektronenröhre f

光电子能 guāngdiànzǐnéng Foto-
elektronenenerige f

光电子学 guāngdiànzǐxué Fotoelek-
tronik f; Optoelektronik f

光电子学的 guāngdiànzǐxuéde op-
tronisch; fotoelektronisch

光度 guāngdù Lichtstärke f;
Leuchtdichte f; Helligkeit f

光度测量 guāngdù cèliáng Fotome-
trie f

光度计 guāngdùjì Lichtmesser m;
Fotometer n

光度学 guāngdùxué Fotometrie f

光反射 guāngfǎnshè Lichtreflex m

光符识别 guāngfú shíbié optische
Zeichenerkennung

光符阅读器 guāngfú yuèdúqì Klar-
schriftleser m

光辐射 guāngfúshè Lichtstrahlung f

光合作用 guānghé zuòyòng Foto-
synthese f

光弧 guānghú Lichtbogen m

光滑 guānghuá Glättung f

光滑的 guānghuáde glatt

光滑度 guānghuádù Ebenheit f

光化学 guānghuàxué Fotochemie f;
Aktinochemie f

光化学的 guānghuàxuéde fotoche-
misch

光环 guānghuán Aureole f

光辉 guānghuī Schein m

光继电器 guāngjìdiànqì Lichtrelais
n

光洁度 guāngjiédù Glätte f; Glanz
m; Reinheit f

光介子 guāngjièzǐ 〈物〉 Fotomeson
n

光控继电器 guāngkòng jìdiànqì
lichtgesteuertes Relais

光控开关 guāngkòng kāiguān Licht-
schalter m

光阑 guānglán Diaphragma n;
Scheidewand f

光亮 guāngliàng Glanz m; Schein
m; Schimmer m

光亮淬火 guāngliàng cuìhuǒ Blank-
härtung f

光亮的 guāngliàngde glänzend; hell;
leuchtend

光量子 guāngliàngzǐ Lichtquantum
n; Lichtquant n

光疗 guāngliáo Lichtheilverfahren
n; Fototherapie f

光路 guānglù Strahlengang m

光漫射 guāngmànshè Lichtstreuung
f

光敏电阻 guāngmǐn diànzǔ Foto-
leiter m; Fotovaristor m; Licht-
widerstand m

光敏二极管 guāngmǐn èrjíguǎn
Fotodiode f; Leuchtdiode f

光年 guāngnián Lichtjahr n

光盘 guāngpán CD f; Compact Disk

f; Compact Disc f; CD-Platte f

光盘刻录机 guāngpán kèlùjī CD-Brenner m

光盘驱动程序 guāngpán qūdòng chéngxù CD-ROM-Treiber m

光盘驱动器 guāngpán qūdòngqì CD-Laufwerk n

光盘只读存储器 guāngpán zhǐdú cúnchǔqì CD-ROM f

光偏振 guāngpiānzhèn Lichtpolarisation f

光频率 guāngpínlǜ Lichtfrequenz f

光谱 guāngpǔ Lichtspektrum n; Spektrum n; Farbenbild n

光谱的 guāngpǔde spektral

光谱分布 guāngpǔ fēnbù spektrale Verteilung

光谱分析 guāngpǔ fēnxī Spektralanalyse f

光谱化学分析 guāngpǔ huàxué fēnxī spektrochemische Analyse

光谱计 guāngpǔjì Spektrometer n/m

光谱色 guāngpǔsè Spektralfarbe f

光谱图 guāngpǔtú Spektrogramm n

光谱学 guāngpǔxué Spektroskopie f

光谱仪 guāngpǔyí Spektroskop n; Spektralapparat m; Spektralgerät n

光球 guāngqiú Fotosphäre f; Lichtkreis der Sonne

光驱 guāngqū CD-Laufwerk n

光圈 guāngquān Blende f; Objektivblende f; Scheidewand f

光绕射 guāngràoshè Lichtbeugung f; Diffraktion f

光散射 guāngsǎnshè Lichtzerstreuung f

光栅 guāngshān Gitter n; Strichgitter n; Raster m/n; optisches Gitter

光栅线 guāngshānxiàn Rasterzeile f

光栅图像 guāngshān túxiàng gerastertes Bild

光生物学 guāngshēngwùxué Fotobiologie f

光束 guāngshù Lichtbündel n; Lichtstrahl m; Strahlenbündel n

光速 guāngsù Lichtgeschwindigkeit f

光弹性 guāngtánxìng Spannungsoptik f; Fotoelastizität f

光调制器 guāngtiáozhìqì Lichtmodulator m

光通 guāngtōng Lichtstrom m

光通量 guāngtōngliàng Lichtfluss m; Lichtleistung f; Lichtstrom m; Leuchtstrom m; Helligkeitsstrom m

光通量密度 guāngtōngliàng mìdù Lichtstromdichte f

光透镜 guāngtòujìng lichtoptische Linse

光线 guāngxiàn Lichtstrahl m; Leuchtstrahl m; Strahl m; Licht n; Beleuchtung f; blanker Draht

光线的折射 guāngxiànde zhéshè Strahlenbrechung f

光线散射 guāngxiàn sǎnshè Strahlstreuung f

光线束 guāngxiànshù Strahlenbündel n

光效应 guāngxiàoyìng Lichteffekt m; Fotoeffekt m; Lichtwirkung f; Belichtung f

光信号 guāngxìnhào Lichtsignal n; optisches Signal; Lichtsignalisation f

光行差 guāngxíngchā Aberration f; Abirrung f; Abbildung f

光学 guāngxué Optik f; Lichtlehre f

光学玻璃 guāngxué bōli optisches Glas

G

G

光学测量 guāngxué cèliáng Fotometrie *f*

光学的 guāngxuéde optisch

光学计 guāngxuéjì Optimeter *m/n*

光学探向 guāngxué tànxiàng Sichtpeilung *f*

光学投影 guāngxué tóuyǐng optische Projektion

光学像差 guāngxué xiàngchā optische Aberration

光学页式阅读器 guāngxué yèshì yuèdúqì optischer Seitenleser

光学仪器 guāngxué yíqì optische Instrumente; optische Geräte

光学影像 guāngxué yǐngxiàng optische Abbildung

光影 guāngyǐng optischer Schatten

光域 guāngyù Lichtbreite *f*

光源 guāngyuán Lichtquelle *f*; Radiant *m*

光源强度 guāngyuán qiángdù Intensität der Lichtquelle

光泽 guāngzé Schein *m*; Schimmer *m*; Glanz *m*; Glätte *f*

光照 guāngzhào Durchstrahlung *f*; Sonnenstrahlung *f*; Sonnenbestrahlung *f*; Illumination *f*

光照频率 guāngzhào pínlǜ Verschmelzungsfrequenz *f*

光照强度 guāngzhào qiángdù Beleuchtungsstärke *f*

光折射 guāngzhéshè Lichtbrechung *f*

光轴 guāngzhóu optische Achse

光轴面 guāngzhóumiàn Ebene der optischen Axen

光子 guāngzǐ Lichtkorpuskel *n*; Photon *n*; Lichtteilchen *n*; Lichtquant *n*; Lichtquantum *n*

光子场 guāngzǐchǎng Lichtquantenfeld *n*

广播 guǎngbō senden; ausstrahlen; Sendung *f*

广播电台 guǎngbō diàntái Rundfunksender *m*; Radiostation *f*

广告 guǎnggào Anzeige *f*; Inserat *n*; Annonce *f*; Reklame *f*; Prospekt *m*

广告心理学 guǎnggào xīnlǐxué Werbepsychologie *f*

归类 guīlèi sortieren; klassifizieren

归谬法 guīmiùfǎ Beweis durch reductio ad absurdum; Ad-absurdum-Führen *n*

归纳法 guīnàfǎ Induktion *f*

龟 guī Schildkröte *f*

规程 guīchéng Vorschrift *f*

规定 guīdìng Bestimmung *f*; Anordnung *f*; Anweisung *f*; Gebot *n*; bestimmen; festsetzen

规定频率 guīdìng pínlǜ zugeteilte Frequenz

规定形状 guīdìng xíngzhuàng Sollform *f*

规定值 guīdìngzhí Sollwert *m*

规范 guīfàn Norm; Normativ *n*; Standard *m*; Regel *f*; Vorschrift *f*

规范的 guīfànde genormt; normgerecht

规格 guīgé Spezifikation *f*; Abmessung *f*; Norm *f*; Ausführung *f*; Instruktion *f*

规划 guīhuà projektieren; planen; Planung *f*; Entwurf *m*; Plan *m*; Projekt *n*

规律 guīlǜ Gesetz *n*

规律性 guīlǜxìng Gesetzmäßigkeit *f*; Regelmäßigkeit *f*

规模 guīmó Umfang *m*; Ausmaß *n*; Dimension *f*

规则 guīzé Regel *f*; Vorschrift *f*; Verordnung *f*

规则的 guīzéde regelrecht

硅 guī Silizium n

硅二极管 guī´èrjíguǎn Siliziumdiode f

硅肺 guīfèi Silikose f; Quarzstaublunge f

硅钢 guīgāng Si-Stahl m; Siliziumstahl m

硅光电池 guīguāngdiànchí Siliziumzelle f

硅化 guīhuà silizieren; silifizieren; verkieseln; Silizierung f; Verkieselung f

硅化处理 guīhuà chǔlǐ Aufsilizierung f

硅化的 guīhuàde silifiziert; siliziert; verkieselt; verquarzt

硅化物 guīhuàwù Silizid n

硅基体 guījītǐ Siliziumbasis f

硅晶体管 guījīngtǐguǎn Silikontransistor m

硅锰钢 guīměnggāng Silmanganstahl m

硅树脂 guīshùzhī Silikonöl n

硅酸 guīsuān Kieselsäure f

硅酸钠 guīsuānnà Natriumsilikat n; Wasserglas n

硅酸盐 guīsuānyán Silikat n

硅酸酯 guīsuānzhǐ Silikat n

硅铁矿 guītiěkuàng Kieseleisenerz n; Kieseleisenstein m

硅橡胶 guīxiàngjiāo Silikongummi m/n; Silikonkautschuk m

硅整流器 guīzhěngliúqì Siliziumgleichrichter m

硅质矿物 guīzhì kuàngwù Silicoide pl

轨 guī Gleis n; Schiene f; Bahn f

轨道 guīdào Gleis n; Schiene f; Bahn f; Bahnkurve f; Umlaufbahn f; Orbit m; Bahnspur f; Wurfbahn f

轨道半径 guīdào bànjìng Bahnradius m

轨道的 guīdàode orbital

轨道电子 guīdào diànzǐ Bahnelektron n

轨道交点 guīdào jiāodiǎn Bahnknoten m

轨道交角 guīdào jiāojiǎo Inklination

轨道角 guīdàojiǎo Bahnwinkel m

轨道面 guīdàomiàn Bahnebene f

轨道平面 guīdào píngmiàn Bahnebene f

轨道速度 guīdào sùdù Bahngeschwindigkeit f

轨道运动 guīdào yùndòng Bahnbewegung f

轨道直径 guīdào zhíjìng Bahndurchmesser m

轨迹 guījì geometrischer Ort; Umlaufbahn f; Bahn f; Bahnspur f; Spur f; Ortbahn f; Bahnkurve f; Flugbahn f

轨距 guījù Spurweite f; Spurbreite f

轨条 guītiáo Schiene f

轨线 guīxiàn Trajektorie f; Wurfbahn f

轨枕 guīzhěn Eisenbahnschwelle f; Bahnschwelle f; Schienenschwelle f

贵金属 guìjīnshǔ Edelmetall n

贵金属层 guìjīnshǔcéng Edelmetallbelag m

贵金属热电偶 guìjīnshǔ rèdiàn´ǒu Edelmetallthermoelement n

贵重的 guìzhòngde edel

贵重金属 guìzhòng jīnshǔ Edelmetall n

滚齿刀 gǔnchǐdāo Abwälzfräser m

滚齿机 gǔnchǐjī Abwälzfräsmaschine

G

f; Zahnradfräser *m*; Zahnradfräsmaschine *f*; Wälzfräsmaschine *f*; Wälzmachine *f*

滚刀 gǔndāo Schneckenfräser *m*; Gewindebohrer *m*; Strehlbohrer *m*; Walzenmesser *n*; Abwälzfräser *m*

滚动 gǔndòng rollen; walzen; abwälzen

滚动半径 gǔndòng bànjìng Rollradius *m*

滚动面 gǔndòngmiàn Wälzfläche *f*; Lauffläche *f*; Scheitelgebiet *f*

滚动摩擦 gǔndòng mócā Wälzreibung *f*; Rollreibung *f*; rollende Reibung

滚动曲线 gǔndòng qūxiàn Abwälzkurze *f*; Rollkurve *f*

滚动体 gǔndòngtǐ Rollkörper *m*

滚动条 gǔndòngtiáo Bildlaufleiste *f*

滚动轴 gǔndòngzhóu Rollachse *f*

滚动轴承 gǔndòng zhóuchéng Wälzlager *n*

滚动阻力 gǔndòng zǔlì Rollwiderstand *m*

滚焊 gǔnhàn Walzschweißen *n*

滚焊机 gǔnhànjī Nahtschweißmaschine *f*

滚花 gǔnhuā Prägung *f*

滚花机床 gǔnhuā jīchuáng Rändelmaschine *f*

滚花螺钉 gǔnhuā luódīng Rändelschraube *f*

滚花螺母 gǔnhuā luómǔ Kordelmutter *f*; Rändelmutter *f*

滚花头 gǔnhuātóu Kordelkopf *m*

滚轮钻头 gǔnlún zuàntóu Rollenmeißel *m*

滚切法插齿 gǔnqiēfǎ chāchǐ Wälzstoßen *n*

滚筒 gǔntǒng Trommel *f*; Walze *f*

滚筒磨床 gǔntǒng móchuáng Walzenabschleifmaschine *f*

滚筒形的 gǔntǒngxíngde walzenförmig

滚筒压力 gǔntǒng yālì Walzendruck *m*

滚筒印刷 gǔntǒng yìnshuā Walzendruck *m*

滚筒轴承 gǔntǒng zhóuchéng Walzenlager *n*

滚铣刀 gǔnxǐdāo Abwälzfräser *m*; Wälzfräser *m*

滚压 gǔnyā abwalzen; walzen

滚压螺纹 gǔnyā luówén gerolltes Gewinde

滚压装置 gǔnyā zhuāngzhì Rollapparat *m*

滚针轴承 gǔnzhēn zhóuchéng Nadellager *n*

滚珠 gǔnzhū Lagerkugel *f*; Kugel *f*

滚珠轴承 gǔnzhū zhóuchéng Kugellager *n*; Kugelgleitlager *n*

滚柱 gǔnzhù Rolle *f*

滚柱轴承 gǔnzhù zhóuchéng Zylinderrollenlager *n*

滚锥轴承 gǔnzhuī zhóuchéng Konusrollenlager *n*

滚子 gǔnzi Rolle *f*; Wickelrolle *f*

辊道 gǔndào Rollenbahn *f*

辊距 gǔnjù Walzenabstand *m*

辊压 gǔnyā Walzendruck *m*

辊延 gǔnyán walzen

辊轧钢 gǔnzhágāng Walzeisen *n*

锅炉 guōlú Kessel *m*; Dampfkessel *m*

国际单位 guójì dānwèi internationale Einheit

国际的 guójìde international

国际互联网服务 guójì hùliánwǎng fúwù Internet-Dienst *m*

国际市场价格 guójì shìchǎng jiàgé

Weltmarktpreis *m*

国际收支顺差 guójì shōuzhī shùnchā aktive internationale Zahlungsbilanz

国际收支逆差 guójì shōuzhī nìchā passive internationale Zahlungsbilanz

国际协定 guójì xiédìng internationales Abkommen

国库 guókù Staatsschatz *m*; Staatskasse *f*; Fiskus *m*; Schatzamt *n*

国库券 guókùquàn Staatsobligation *f*

国民收入 guómín shōurù Volkseinkommen *n*; Nationaleinkommen *n*

国内贸易 guónèi màoyì Binnenhandel *m*

国内市场 guónèi shìchǎng Binnenmarkt *m*; Inlandsmarkt *m*; einheimischer Markt

国外市场 guówài shìchǎng Auslandsmarkt *m*; fremder Markt

国外投资 guówài tóuzī Investitionen im Ausland

国债 guózhài Staatsanleihe *f*; Staatsschulden *pl*

果核 guǒhé Butzen *m*

果胶 guǒjiāo Pektin *n*

果树 guǒshù Obstbaum *m*

果树整枝 guǒshù zhěngzhī Obstbaumschnitt *m*; Obstbaum beschneiden

果园 guǒyuán Obstgarten *m*

过饱和 guòbǎohé übersättigen; Übersättigung *f*

过补偿 guòbǔcháng Überkompensation *f*

过程 guòchéng Vorgang *m*; Prozess *m*; Verlauf *m*; Ablauf *m*; Gang *m*; Kursus *m*; Ablaufen *n*

过程参数 guòchéng cānshù 〈计〉

Prozedurparameter *m*; Prozessgröße *f*

过程感受器 guòchéng gǎnshòuqì Prozessfühler *m*

过程计算机 guòchéng jìsuànjī Prozessrechner *m*

过程控制 guòchéng kòngzhì Prozesssteuerung *f*

过程语句 guòchéng yǔjù 〈计〉 Prozeduranweisung *f*

过程模拟 guòchéng mónǐ Prozessabbildung *f*

过程外围设备 guòchéng wàiwéi shèbèi 〈计〉 Prozessperipherie *f*

过程主体 guòchéng zhǔtǐ 〈计〉 Prozedurhauptteil *m*

过电流保护器 guòdiànliú bǎohùqì Überstromschutzgerät *n*

过电流继电器 guòdiànliú jìdiànqì Maximumwächter *m*

过电流欠压断路开关 guòdiànliú qiànyā duànlù kāiguān Überstrom-Unterspannungs-Schalter *m*

过电压 guòdiànyā überspannen; Überspannung *f*

过电压保险装置 guòdiànyā bǎoxiǎn zhuāngzhì Überspannungssicherung *f*

过度曝光 guòdù bàoguāng überbelichten

过渡 guòdù Übergang *m*

过渡配合 guòdù pèihé Übergangssitz *m*; Übergangspassung *f*

过渡区 guòdùqū Übergangszone *f*

过渡值 guòdùzhí Ausgleichsgröße *f*

过负荷 guòfùhè überlasten; Überladung *f*

过共析钢 guògòngxīgāng Übereutektoidstahl *m*

过荷 guòhè Überanstrengung *f*

过激励的 guòjīlìde übererregt

过激限度 guòjī xiàndù Übersteuerungsgrenze f

过激指示器 guòjī zhǐshìqì Übersteuerungszeiger m

过境物资 guòjìng wùzī Transitgüter pl; Durchgangsgüter pl

过量的 guòliàngde übermäßig

过磷酸钙 guòlínsuāngài Superphosphat n

过流继电器 guòliú jìdiànqì Maximalstromrelais n

过滤 guòlǜ filtern; abfiltern; filtrieren; abseihen; kolieren; sieben; seihen; Filterung f; Filtrierung f; Filtration f; Abklärung f; Absiebung f

过滤袋 guòlǜdài Seihesack m

过滤漏斗 guòlǜ lòudǒu Seihetrichter m

过滤面 guòlǜmiàn filtrierende Oberfläche

过滤能力 guòlǜ nénglì Siebfähigkeit f

过滤器 guòlǜqì Filter m; Filtergerät n; Filtrierapparat m; Seiher m; Abklärmaschine f

过滤装置 guòlǜ zhuāngzhì Filteranlage f

过敏 guòmǐn 〈医〉 Allergie f; Überempfindlichkeit f

过敏的 guòmǐnde erethisch; allergisch; hyperergisch

过敏反应 guòmǐn fǎnyìng allergische Reaktion

过敏试验 guòmǐn shìyàn Allergieprobe f; Allergometrie f

过敏症 guòmǐnzhèng Anaphylaxie f

过耦合 guò'ǒuhé überkritisch koppeln

过热 guòrè Überhitzung f

过热试验 guòrè shìyàn Übertemperaturprüfung f

过热温度 guòrè wēndù Übertemperatur f

过热蒸汽 guòrè zhēngqì überhitzer Dampf

过剩 guòshèng Überschuss m

过稀混合气 guòxī hùnhéqì übermagertes Gemisch

过压 guòyā Überdruck m

过压峰值 guòyā fēngzhí Überspannungsspitz f

过压继电器 guòyā jìdiànqì Überspannungsrelais n

过压试验 guòyā shìyàn Überspannungsprüfung f

过氧化 guòyǎnghuà übersäuern; Überoxidierung f

过氧化氢 guòyǎnghuàqīng Wasserstoffsuperoxid n; Wasserstoffhyperoxid n

过氧化物 guòyǎnghuàwù Peroxid n

过盈配合 guòyíng pèihé Presspassung f

过应力 guòyìnglì Überanstrengung f

过载 guòzài überlasten; überspannen; Überlastung f; Überbelastung f; Überanstrengung f; Überlast f; Überladen n

过载继电器 guòzài jìdiànqì Maximumwächter m

H

哈雷彗星 hāléi huìxīng der Komet Halley; der Halleysche Komet

海岸 hǎi'àn Küste *f*; Meeresufer *n*; Gestade *n*; Seeküste *f*

海岸下沉 hǎi'àn xiàchén Senkung der Küste

海岸线 hǎi'ànxiàn Küstenlinie *f*

海拔 hǎibá Meereshöhe *f*; Höhenlage über dem Meeresspiegel; Höhe *f*

海拔标高 hǎibá biāogāo Höhenzahl *f*

海拔高度 hǎibá gāodù Höhe über dem Meeresniveau

海滨 hǎibīn Strand *m*; Küste *f*; Meeresufer *n*; Meeresstrand *m*; Küstenstrich *m*

海船 hǎichuán seetüchtiges Schiff; Ozeandampfer *m*

海岛 hǎidǎo Insel *f*

海堤 hǎidī Küstendamm *m*; Meeresdeich *m*; Seedeich *m*; Seeschutzbauten *pl*

海堤工程 hǎidī gōngchéng Seedammbau *m*; Seedeichbau *m*

海底 hǎidǐ Meeresboden *m*; Meeresgrund *m*

海底采矿 hǎidǐ cǎikuàng Tiefsee-Erzgewinnung *f*; unterseeische Erzgewinnung

海底地貌 hǎidǐ dìmào unterseeische Bodengestaltung

海底电缆 hǎidǐ diànlǎn Unterseekabel *n*; Seekabel *n*

海底火山 hǎidǐ huǒshān Ozeanvulkan *m*

海底开采 hǎidǐ kāicǎi untermeericher Abbau

海底缆线 hǎidǐ lǎnxiàn Tiefseekabel *n*

海底山脉 hǎidǐ shānmài Tiefseeschwelle *f*

海底生物 hǎidǐ shēngwù Benthos *n*

海底钻探 hǎidǐ zuāntàn Meeresbohrung *f*; Meeresbohren *n*

海风 hǎifēng Seewind *m*; Meeresbrise *f*; Seebrise *f*

海港 hǎigǎng Seehafen *m*; Küstenhafen *m*

海港运河 hǎigǎng yùnhé Seehafenkanal *m*

海货 hǎihuò Meeresprodukte *pl*

海角 hǎijiǎo Kap *n*

海里 hǎilǐ Seemeile *f*

海流 hǎiliú Meeresströmung *f*

海轮 hǎilún hochseetüchtiges Schiff; Ozeandampfer *m*

海洛因 hǎiluòyīn Heroin *n*

海马 hǎimǎ Seepferdchen *n*

海绵 hǎimián Schwamm *m*

海绵动物 hǎimián dòngwù Schwämme *pl*

海面 hǎimiàn Meeresspiegel *m*; Meeresfläche *f*

海难 hǎinàn Seenot *f*; Havarie *f*

海平面 hǎipíngmiàn Meeresniveau *n*

海上灯塔 hǎishàng dēngtǎ Seeleuchte *f*

海上防护工程 hǎishàng fánghù gōngchéng Seeschutzbauten *pl*

海上航标 hǎishàng hángbiāo Seezeichen n; Seezeichenwesen n

海上航道 hǎishàng hángdào Seeweg m

海上救护 hǎishàng jiùhù Seerettungswesen n

海上水利工程 hǎishàng shuǐlì gōngchéng Seebau m

海上钻探 hǎishàng zuāntàn Seebohrung f

海参 hǎishēn Seegurke f; Seewalze f; Trepang m

海生的 hǎishēngde benthogen

海生爬行动物 hǎishēng páxíng dòngwù Meerreptilien pl

海水 hǎishuǐ Seewasser n; Meerwasser n

海滩 hǎitān Strand m; Meeresstrand m

海图 hǎitú Seekarte f

海豚 hǎitún Delphin m

海湾 hǎiwān Bucht f; Golf m; Meeresbucht f; Meeresarm m; Meerbusen m

海湾流 hǎiwānliú Golfstrom m

海王星 hǎiwángxīng 〈天〉 Neptun m

海峡 hǎixiá Meeresstraße f; Meerenge f; Sund m; Straße f

海鲜 hǎixiān frische Meeresprodukte

海相 hǎixiàng marine Fazies

海相沉积 hǎixiàng chénjī Marinablagerung f; Marine-Sedimente pl

海啸 hǎixiào Flutwelle f; seismische Meereswogen; seismische Meereswellen

海洋 hǎiyáng Meer n; See f; Seen und Meere; Ozean m; Weltmeer n

海洋大气 hǎiyáng dàqì marine Atmosphäre

海洋的 hǎiyángde pelagial; maritim

海洋地质学 hǎiyáng dìzhìxué maritime Geologie; Meeresgeologie f

海洋生物学 hǎiyáng shēngwùxué maritime Biologie

海洋水文学 hǎiyáng shuǐwénxué Seewissenschaft f

海洋水文站 hǎiyáng shuǐwénzhàn Seewasserdienst m

海洋图 hǎiyángtú Ozeankarte f

海洋性气候 hǎiyángxìng qìhòu ozeanisches Klima; Meeresklima n; Seeklima n

海洋学 hǎiyángxué Meereskunde f; Ozeanografie f; Ozeanologie f

海洋学院 hǎiyáng xuéyuàn Institut für Ozeanologie; Institut für Meereskunde

海域 hǎiyù Territorialgewässer pl

海运 hǎiyùn Seetransport m; Seeverkehr m

海运学院 hǎiyùn xuéyuàn Institut für Seefahrt

海蜇 hǎizhé Qualle f

海震 hǎizhèn Seebeben n

害虫 hàichóng Schädling m; Schadinsekt n; schädliches Insekt

氦 hài Helium n

含氨的 hán´ānde ammoniakalisch; ammoniakhaltig

含氮的 hándànde stickstoffhaltig

含钙的 hángàide kalkhaltig

含硅的 hánguīde siliziumhaltig

含碱的 hánjiǎnde alkalihaltig; sodahaltig

含金的 hánjīnde goldhaltig

含金量 hánjīnliàng Goldgehalt m

含矿层 hánkuàngcéng erzführende Schicht

含矿带 hánkuàngdài Erzgürtel m

含矿的 hánkuàngde erzträchtig; erzhaltig

含量 hánliàng Gehalt *m*

含硫的 hánliúde schwefelhaltig

含硫量 hánliúliàng Schwefelgehalt *m*

含硫塑料 hánliú sùliào Thioplaste *pl*

含黏土的 hánniántǔde tonhaltig

含气层 hánqìcéng Gasschicht *f*; gasführende Schicht

含铅的 hánqiānde bleiern; bleihaltig

含铅汽油 hánqiān qìyóu bleihaltiges Benzin

含氢的 hánqīngde wasserstoffhaltig

含沙流 hánshāliú Dichteströmung durch Schwebstoffsuspension

含树脂的 hánshùzhīde harzig

含水层 hánshuǐcéng wasserspeichernde Schicht; wasserhaltende Schicht; Grundwasserleiter *m*; Aquifer *m*; wassertragende Schicht; wasserführende Schicht

含水的 hánshuǐde wasserhaltig; wässerig

含水量 hánshuǐliàng Wasserinhalt *m*; Wassergehalt *m*

含水率 hánshuǐlǜ Nässegrad *m*

含苏打的 hánsūdǎde sodahaltig

含酸的 hánsuānde säurehaltig

含酸量 hánsuānliàng Säuregehalt *m*

含钛的 hántàide titanhaltig

含碳的 hántànde kohlenhaltig; karbonisch

含碳量 hántànliàng Kohlenstoffgehalt *m*

含糖量 hántángliàng Zuckerhaltigkeit *f*

含铁的 hántiěde eisenartig; eisenhaltig

含盐的 hányánde salzig

含义 hányì Bedeutungsgehalt *m*; Gehalt *m*

含银的 hányínde silberhaltig

含油层 hányóucéng Erdölschicht *f*; erdölführende Schicht; ölführender Horizont; ölhaltige Schicht

含油带 hányóudài Erdölzone *f*

含油的 hányóude ölhaltig; ölig

含油量 hányóuliàng Ölhaltigkeit *f*

含铀的 hányóude uranhaltig

函授 hánshòu Fernstudium *n*

函数 hánshù Funktion *f*

函数变换 hánshù biànhuàn Funktionaltransformation *f*

函数表 hánshùbiǎo Funktionentafel *f*

函数的 hánshùde funktional *n*; funktionell

函数发生器 hánshù fāshēngqì Funktionsgenerator *m*

函数方程式 hánshù fāngchéngshì Funktionsgleichung *f*

函数论 hánshùlùn Funktionentheorie *f*

函数曲线 hánshù qūxiàn Kurve der Funktion

函数语句 hánshù yǔjù Funktionsanweisung *f*

函数子程序 hánshù zǐchéngxù Funktionsunterprogramm *n*

涵洞 hándòng Durchlass *m*; Durchflusskanal *m*; Ablaufanlage *f*; Abzugskanal *m*

焓增量 hánzēngliàng Enthalpiezunahme *f*

焓值 hánzhí Enthalpiewert *m*

寒潮 háncháo 〈气〉 kalter Luftstrom; Kältewelle *f*

寒带 hándài 〈地〉 kalte Zone

寒冷 hánlěng Kälte *f*

寒流 hánliú kalte Strömung

寒暑表 hánshǔbiǎo Thermometer *n*

寒武纪 hánwǔjì Kambrium *n*; kambrische Periode

寒武系 hánwǔxì kambrische Formation

汉字输入笔 hànzì shūrùbǐ Anzeigenadel *f*

焊 hàn Schweißen *n*

焊道 hàndào Raupe *f*

焊缝 hànfèng Raupe *f*; Schweißnaht *f*; Lötnaht *f*; Schweiße *f*; Fuge *f*; Fließnaht *f*

焊缝强度 hànfèng qiángdù Schweißnahtfestigkeit *f*

焊工 hàngōng Schweißer *m*; Schweißarbeit *f*; Schweißung *f*

焊合 hànhé zulöten; sicken

焊弧 hànhú Schweißbogen *m*

焊剂 hànjì Flussmittel *n*; Schweißmittel *n*; Lötmittel *n*; Flux *m*

焊接 hànjiē löten; schweißen; anschweißen; auflöten; anlöten; zusammenlöten; Lötung *f*; Schweißung *f*; Schweißen *n*

焊接标准 hànjiē biāozhǔn Schweißnorm *f*

焊接材料 hànjiē cáiliào Schweißmittel *n*

焊接车间 hànjiē chējiān Schweißerei *f*

焊接处 hànjiēchù Nahtstelle *f*

焊接的 hànjiēde geschweißt

焊接点 hànjiēdiǎn Schweißpunkt *m*

焊接电源 hànjiē diànyuán Schweißstromquelle *f*

焊接法 hànjiēfǎ Schweißverfahren *n*

焊接钢 hànjiēgāng Schweißstahl *m*

焊接工 hànjiēgōng Schweißer *m*

焊接机 hànjiējī Schweißmaschine *f*; Schweißanlage *f*; Schweißapparat *m*; Lötgerät *n*

焊接技术 hànjiē jìshù Schweißtechnik *f*

焊接件 hànjiējiàn Schweißstück *n*

焊接结构 hànjiē jiégòu geschweißte Ausführung

焊接炬 hànjiējù Schweißbrenner *m*

焊接器 hànjiēqì Schweißer *m*

焊接器具 hànjiē qìjù Schweißgerät *n*

焊接强度 hànjiē qiángdù Schweißfestigkeit *f*

焊接缺陷 hànjiē quēxiàn Schweißfehler *m*

焊接熔剂 hànjiē róngjì Lötflussmittel *n*; Schweißmetall *n*

焊接设备 hànjiē shèbèi Schweißvorrichtung *f*

焊接头 hànjiētóu Spleiß *m*

焊接温度 hànjiē wēndù Schweißtemperatur *f*

焊烙铁 hànlàotiě Kolben *m*

焊料 hànliào Löte *f*; Lot *n*; Lötmetall *n*

焊盘 hànpán Stempelkissen *n*

焊片 hànpiàn Lötfahne *f*

焊枪 hànqiāng Schweißbrenner *m*; Lotschweißpistole *f*

焊条 hàntiáo Schweißdraht *m*; Elektrode *f*; Lötdraht *m*

焊条芯 hàntiáoxīn Kerndraht *m*

焊铁 hàntiě Schweißeisen *n*

焊嘴 hànzuǐ Schweißmundstück *n*

夯实混凝土 hāngshí hùnníngtǔ gestampfter Beton

行 háng Reihe *f*; Zeile *f*

行变量 hángbiànliàng 〈计〉 Stringvariable *f*

行表达 hángbiǎodá Stringausdruck *m*

行波 hángbō Wanderwelle *f*

行波场 hángbōchǎng Wanderfeld *n*

行波管 hángbōguǎn Wanderfeldröhre *f*

行波天线 hángbō tiānxiàn Wellenantenne *f*

行长度 hángchángdù Zeilenlänge f

行计数器 hángjìshùqì Zeilenzähler m

行寄存器 hángjìcúnqì Zeilenregister n

行家 hángjiā Fachmann m; Sachverständige(r) f(m); Fachkundige(r) f(m); Kenner m

行间距离 hángjiān jùlí Zeilenabstand m

行距 hángjù Zeilenbreite f; Zeilenzahl f

行列 hángliè Reihe f

行列式 hánglièshì Determinate f

行扫描间距 hángsǎomiáo jiānjù Zeilenabstand m

行位置寄存器 hángwèizhì jìcúnqì Zeilenstellungsregister n

行业 hángyè Beruf m; Gewerbe n; Branche f

行运算子 hángyùnsuànzǐ〈计〉Stringoperator m

行终端 hángzhōngduān〈计〉Zeilenende n

行字符 hángzìfú〈计〉String-Zeichen n

珩磨机 hángmójī Honmaschine f

珩磨头 hángmótóu Honahle f

航班 hángbān planmäßiger Flug; Flugnummer f

航标 hángbiāo Bake f; Boje f; Seezeichen n; Navigationszeichen n; Schifffahrtszeichen n

航测 hángcè Luftbildvermessung f

航差 hángchā Abtrift f

航差角 hángchājiǎo Abtriftwinkel m

航程 hángchéng Fahrstrecke f; Luftstrecke f; Schiffskurs m

航磁测量 hángcí cèliáng Aeromagnetik f

航道 hángdào Schifffahrtsweg m;

Fahrwasser n; Schifffahrtslinie f; Schifffahrtsrinne f; Wasserweg m; Wasserweglinie f; Wasserverkehrsstraße f; Fahrrinne f

航道标志 hángdào biāozhì Kenntlichmachung des Fahrwassers

航道深度 hángdào shēndù Schifffahrtstiefe f

航道维护 hángdào wéihù Flussunterhaltung f

航高 hánggāo Flughöhe f

航海 hánghǎi Seeschifffahrt f; Nautik f

航海标 hánghǎibiāo Seezeichen n

航海的 hánghǎide nautisch

航海图 hánghǎitú Navigationskarte f; nautische Karte

航海学 hánghǎixué Nautik f

航海仪器 hánghǎi yíqì Navigationsinstrumente pl

航空 hángkōng Flugwesen n; Aviatik f; Luftfahrt f

航空测力仪 hángkōng cèlìyí Aeromagnetometer n

航空磁力仪 hángkōng cílìyí Aeromagnetometer n

航空弹道学 hángkōng dàndàoxué Aeroballistik f

航空发动机 hángkōng fādòngjī Flugmotor m

航空港 hángkōnggǎng Lufthafen m

航空工程 hángkōng gōngchéng Luftingenieurwesen n

航空工业 hángkōng gōngyè Luftfahrtindustrie f; Flugzeugindustrie f

航空护林 hángkōng hùlín Waldschutz vom Flugzeug

航空技术 hángkōng jìshù Flugtechnik f

航空路线 hángkōng lùxiàn Fluglinie

f

航空母舰 hángkōng mǔjiàn Flugzeugträger *m*; Flugzeugmutterschiff *n*

航空汽油 hángkōng qìyóu Flugmotorenbenzin *n*; Flugbenzin *n*

航空摄影学 hángkōng shèyǐngxué Aerofotografie *f*

航空物探 hángkōng wùtàn Airborne-Prospektion *f*

航空线 hángkōngxiàn Luftweg *m*

航空学 hángkōngxué Aeronautik *f*

航空学院 hángkōng xuéyuàn Institut für Flugzeugbau

航空业 hángkōngyè Aviatik *m*; Flugwesen *n*

航空医学 hángkōng yīxué Luftfahrtmedizin *f*

航空仪器 hángkōng yíqì Flugzeuginstrument *n*

航空站 hángkōngzhàn Flughafen *m*

航路 hánglù Schiffslauf *m*; Schiffskurs *m*

航速 hángsù Fluggeschwindigkeit *f*; Fahrgeschwindigkeit *f*

航天 hángtiān Weltraumfahrt *f*; Raumflug *m*; Weltraumflug *m*; Raumfahrt *f*

航天舱 hángtiāncāng Raumfahrtkapsel *f*

航天飞机 hángtiān fēijī Raumtransporter *m*

航天工业 hángtiān gōngyè Aerospace-Industrie *f*; Raumfahrtindustrie *f*; Weltraumindustrie *f*

航天活动 hángtiān huódòng Raumfahrtunternehmen *n*

航天技术 hángtiān jìshù Raumfahrttechnik *f*

航天局 hángtiānjú Raumfahrtbehörde *f*

航天学 hángtiānxué Kosmonautik *f*; Astronautik *f*

航天站 hángtiānzhàn Raumstation *f*; Raumlaboratorium *n*

航务 hángwù Navigationsangelegenheiten *pl*; Schifffahrtsangelegenheiten *pl*; Luftfahrtsangelegenheiten *pl*

航线 hángxiàn Linie *f*; Schifffahrtsweg *m*; Schifffahrtsstraße *f*; Schiffsweg *m*; Schifffahrtslinie *f*; Flugslinie *f*; Route *f*; Luftstraße *f*; Kurs *m*; Flugweg *m*; Luftlinie *f*

航向 hángxiàng Kurs *m*; Fahrtrichtung *f*; Kurs eines Schiffes oder Flugzeugs

航行 hángxíng schiffen; navigieren; fahren; fliegen; Schifffahrt *f*

航运 hángyùn Schiffstransport *m*; Schiffsversand *m*; Schiffsverkehr *m*; Schifffahrt *f*; Schifferei *f*; Wasserschifffahrt *f*

航运期 hángyùnqī Schifffahrtssaison *f*

巷道 hàngdào Stollen *m*

巷道底面 hàngdào dǐmiàn Abbausohle *f*

豪华轿车 háohuá jiàochē Limousine *f*

毫安 háo'ān Milliampere *n*

毫巴 háobā Millibar *n*

毫米 háomǐ Millimeter *m/n*

毫米波振荡管 háomǐbō zhèndàngguǎn Undulationsröhre *f*; Undulatorröhre *f*

毫秒 háomiǎo Millisekunde *f*

毫升 háoshēng Milliliter *m/n*

毫微秒 háowēimiǎo Nanosekunde *f*

壕沟 háogōu Abgrabung *f*

号码 hàomǎ Nummer *f*

号码显示器 hàomǎ xiǎnshìqì Nummeranzeiger *m*

号数 hàoshù Nummer *f*

耗电 hàodiàn Stromverbrauch *m*

耗电量 hàodiànliàng Stromverbrauch *m*; Stromentnahme *f*

耗电器 hàodiànqì Abnehmer *m*

耗竭 hàojié erschöpfen

耗量计 hàoliàngjì Verbrauchszähler *m*

耗热量 hàorèliàng Wärmeaufwand *m*

耗损 hàosǔn abätzen; Zermürbung *f*

耗用 hàoyòng aufwenden; verbrauchen

耗油量 hàoyóuliàng Benzinverbrauch *m*; Ölbedarf *m*

合并 hébìng Fusion *f*

合成 héchéng zusammensetzen; synthetisieren; Zusammensetzung *f*; Komposition *f*; Synthese *f*

合成氨 héchéng'ān synthetisches Ammoniak

合成材料 héchéng cáiliào synthetischer Stoff

合成的 héchéngde synthetisch; komplex

合成反应 héchéng fǎnyìng synthetische Reaktion

合成化学 héchéng huàxué synthetische Chemie

合成汽油 héchéng qìyóu synthetisches Benzin

合成润滑油装置 héchéng rùnhuáyóu zhuāngzhì Aggregat für die Schmieröl-Synthese

合成树脂 héchéng shùzhī Kunstharz *n*

合成物 héchéngwù Komposition *f*

合成洗涤剂 héchéng xǐdíjì synthetische Waschmittel

合成纤维 héchéng xiānwéi Synthe-

tics *pl*; Kunstfaden *m*; Kunstfaser *f*; synthetische Faser

合成橡胶 héchéng xiàngjiāo künstlicher Gummi; synthetischer Kautschuk

合法的 héfǎde gesetzlich; gesetzmäßig

合股 hégǔ Kapital zusammenlegen; Teilhaberschaft eingehen

合乎规律的 héhū guīlǜde gesetzmäßig

合计 héjì Addition *f*; insgesamt

合剂 héjì Mixtur *f*; Arzneimischung *f*

合金 héjīn Legierung *f*; Überlegierung *f*

合金材料 héjīn cáiliào Legierungsstoff *m*

合金粉末 héjīn fěnmò Legierungspulver *n*

合金钢 héjīngāng Stahllegierung *f*; Legierungsstahl *m*; legierter Stahl

合金钢车刀 héjīngāng chēdāo Drehmeißel aus Legierungsstahl

合金钢片 héjīn gāngpiàn legiertes Blech

合金元素 héjīn yuánsù Legierungselement *n*

合理的 hélǐde gerecht; rational

合力 hélì Mittelkraft *f*; Resultierende *f*; resultierende Kraft; Resultante *f*

合模错位 hémú cuòwèi Formstellungswechsel *m*

合拍 hépāi Takt halten

合适 héshì eignen; Eignung *f*

合适的 héshìde geeignet

合同 hétóng Vertrag *m*; Kontrakt *m*; Abkommen *n*

合同工 hétónggōng Vertragsarbeiter *m*

H

合同价格 hétóng jiàgé Vertragspreis *m*

合同制 hétóngzhì Vertragssystem *n*

合闸开关 hézhá kāiguān Einschalter *m*

合资经营 hézī jīngyíng Jointventure *n*

合作 hézuò zusammenarbeiten; Kooperation *f*

和 hé Summe *f*; Gesamtzahl *f*

和声 héshēng Harmonie *f*

和弦 héxián Akkord *m*

和谐的 héxiéde harmonisch

河槽 hécáo Strombett *n*; Flussbett *n*; Gewässersohle *f*

河汊 héchà Spaltungsarm *m*; Flussgabelung *f*

河汊截流 héchà jiéliú Sperrung eines Flussarmes

河川 héchuān Ströme und Flüsse

河川径流 héchuān jìngliú Flussabfluss *m*

河床 héchuáng Strombett *n*; Flussrinne *f*; Gewässersohle *f*; Flussbett *n*; Wasserlaufsohle *f*

河床加固 héchuáng jiāgù Sohlenbefestigung *f*

河床式水电站 héchuángshì shuǐdiànzhàn Stromkraftwerk *n*; Flusskraftwerk *n*

河床特性 héchuáng tèxìng Bettbeschaffenheit *f*

河床整治 héchuáng zhěngzhì Bettausbau *m*

河道 hédào Flusslauf *m*; Wasserlauf *m*

河道分流 hédào fēnliú Stromspaltung *f*

河道工程 hédào gōngchéng Strombau *m*

河道网 hédàowǎng Flussnetz *n*

河道整治 hédào zhěngzhì Stromregulierung *f*; Flusskorrektion *f*; Flussregelung *f*; Flussverbesserung *f*

河堤 hédī Flusssperre *f*; Stromdeich *m*; Flussdamm *m*; Flusssohle *f*; Gerinnesohle *f*

河段 héduàn Flussbereich *m*; Haltung *f*; Flussstrecke *f*

河港 hégǎng Flusshafen *m*

河谷 hégǔ Flusstal *n*

河口 hékǒu Astuarium *n*; Mündung *f*; Ausflussmündung *f*

河流 héliú Flüsse *pl*; Wasserfluss *m*; Wasserlauf *m*; Fluss *m*; Strom *m*

河流冲积层 héliú chōngjīcéng Flussalluvion *f*

河流落差 héliú luòchā Flussfall *m*; Flussgefälle *n*

河流水力学 héliú shuǐlìxué Flusshydraulik *f*

河流水文学 héliú shuǐwénxué Flusshydrologie *f*; Flusskunde *f*

河流形态学 héliú xíngtàixué Strommorphologie *f*

河流学 héliúxué Flusskunde *f*

河马 hémǎ großes Nilpferd; großes Flusspferd

河泥 héní Flussschlamm *m*

河渠 héqú Flüsse und Kanäle

河沙 héshā fluvia(ti)le Sedimente

河山 héshān Flüsse und Berge; Territorium *n*; Land *n*

河身 héshēn Flusslauf *m*

河套 hétào Flussbiegung *f*; Flusskrümmung *f*

河外星系 héwàixīngxì außergalaktische Systeme; Galaxien *pl*

河网 héwǎng Gewässernetz *n*

河网密度 héwǎng mìdù Flussnetzdichte *f*; Dichte des Flussnetzes

河系 héxì Flusssystem *n*

河源 héyuán Flussursprung *m*; Flussquelle *f*

河运 héyùn Flusstransport *m*

荷尔蒙 hé´ěrméng Hormon *n*

核 hé Nukleus *m*; Kern *m*

核爆炸 hébàozhà nukleare Explosion; Atomexplosion *f*

核弹头 hédàntóu nuklearer Sprengkopf

核导弹 hédǎodàn Nuklearrakete *f*; Atomrakete *f*

核电荷 hédiànhè Kernladung *f*

核电荷数 hédiànhèshù Kernladungszahl *f*

核电站 hédiànzhàn Atomkraftwerk *n*; Kernkraftwerk *n*

核定 hédìng begutachten

核动力 hédònglì Kernkraft *f*; Atomantrieb *m*

核动力的 hédònglìde nuklear

核动力潜艇 hédònglì qiántǐng atomgetriebenes U-Boot; U-Boot mit Atomantrieb; atomare U-Boot

核动力装置 hédònglì zhuāngzhì Kernenergieanlage *f*

核对 héduì nachprüfen; Revision *f*

核反应 héfǎnyìng Kernreaktion *f*; Kernprozess *m*

核反应堆 héfǎnyìngduī Kernreaktor *m*; Pile *m/n*

核反应堆工程 héfǎnyìngduī gōngchéng Kernreaktortechnik *f*

核放射 héfàngshè Kernstrahlung *f*

核分裂 héfēnliè Kernspaltung *f*; Kernteilung *f*; Atomzerlegung *f*; Kernzerplatzen *n*

核辐射 héfúshè nukleare Strahlung; Kernstrahlung *f*; nukleare Bestrahlung

核化学 héhuàxué Kernchemie *f*

核火箭 héhuǒjiàn Nuklearrakete *f*

核激发 héjīfā Kernanregung *f*

核技术 héjìshù Atomtechnik *f*; Kerntechnik *f*

核经济 héjīngjì Atomwirtschaft *f*

核聚变 héjùbiàn Kernfusion *f*; Kernverschmelzung *f*

核军备 héjūnbèi Atomrüstung *f*

核科学 hékēxué Atomwissenschaft *f*

核垃圾 hélājī Atommüll *m*

核裂变 hélièbiàn Kernspaltung *f*; Fission *f*

核密度 hémìdù Kerndichte *f*

核能 hénéng Kernkraft *f*; Kernenergie *f*; Atomenergie *f*

核能发电站 hénéng fādiànzhàn Kernkraftwerk *n*

核潜艇 héqiántǐng Kern-Untersee-Boot *n*; Atom-U-Boot *n*; Nuklearraketen-U-Boot *n*; atomraketentragendes U-Boot

核燃料 héránliào Atomtreibstoff *m*; Kernbrennstoff *m*; Spaltmaterial *n*

核射线 héshèxiàn Kernstrahl *m*

核时代 héshídài Atomzeitalter *n*

核试验 héshìyàn Kernwaffenversuch *m*; Kerntest *m*; Atomtest *m*

核素 hésù Nuklein *n*

核酸 hésuān Nukleinsäure *f*

核算 hésuàn kalkulieren; berechnen; Kalkulation *f*

核外电子 héwài diànzǐ kernfernes Elektron

核武器 héwǔqì Nuklearwaffe *f*; Kernwaffe *f*; nukleare Waffen

核武器试验 héwǔqì shìyàn Kernwaffenversuch *m*; Kernwaffentest *m*

核武装部队 héwǔzhuāng bùduì Atomstreitmacht *f*

H

H

核物理学 héwùlǐxué Kernphysik *f*

核心 héxīn Herz *n*; Kern *m*

核医学 héyīxué Atommedizin *f*

核战略 hézhànlüè Atomstrategie *f*

核战争 hézhànzhēng Atomkrieg *m*; Kernwaffenkrieg *m*

核质子 hézhìzǐ Kernproton *n*

核装置 hézhuāngzhì Kernladung *f*

核子 hézǐ Nukleon *n*; Kern *m*

盒 hé Futteral *n*; Kasten *m*; Büchse *f*

盒式磁带 héshì cídài Kassette *f*

盒式录像带 héshì lùxiàngdài Videokassette *f*; Magnetbandkassette *f*

颌骨 hégǔ Kiefer *m*

荷载 hèzài Ladung *f*

褐煤 hèméi Braunkohle *f*; braune Kohle

褐煤层 hèméicéng Braunkohlenlager *n*

褐煤田 hèméitián Braunkohlenfeld *n*

褐铁矿 hètiěkuàng Bacherz *n*; Brauneisenmulm *m*; Brauneisenstein *m*; Brauneisenerz *n*; Limonit *m*; Hydrosiderit *m*

赫氏硬度值 hèshì yìngdùzhí Zeithärtezahl *f*

赫兹 hèzī Hertz *n*

黑暗的 hēi'àndə dunkel

黑斑病 hēibānbìng schwarze Fäulnis

黑洞 hēidòng schwarzes Loch

黑客 hēikè Hacker *m*; Cracker *m*

黑穗病 hēisuìbìng Kornbrand *m*

黑土 hēitǔ schwarze Erde

黑钨矿 hēiwūkuàng Wolframit *n*

黑猩猩 hēixīngxīng Schimpanse *m*

黑曜岩 hēiyàoyán Ohsidian *m*

黑云母 hēiyúnmǔ Biotit *m*; Schwarzer Glimmer

黑子 hēizǐ Sonnenfleck *m*

痕迹 hénjì Spur *f*

亨利 hēnglì Henry *n*

恒齿 héngchǐ bleibender Zahn; Dauerzahn *m*

恒磁 héngcí Dauermagnet *m*

恒磁场 héngcíchǎng Gleichfeld *n*

恒等的 héngděngdə identisch; gleich

恒等式 héngděngshì identische Gleichung

恒定 héngdìng Konstanz *f*; konstant; gleichbleibend; gleichartig

恒定电流 héngdìng diànliú Dauerstrom *m*; Konstantstrom *m*

恒定电压 héngdìng diànyā Konstantspannung *f*

恒定频率 héngdìng pínlǜ konstante Frequenz

恒定压力 héngdìng yālì Konstantdruck *m*

恒定载荷 héngdìng zàihè stetige Last

恒定状态 héngdìng zhuàngtài Dauerzustand *m*

恒量 héngliàng Konstante *f*

恒流调节器 héngliú tiáojiéqì Regler für Konstantstrom

恒湿箱 héngshīxiāng Feuchtigkeitsschrank *m*

恒速 héngsù konstante Geschwindigkeit

恒温 héngwēn gleichbleibende Temperatur

恒温浸种 héngwēn jìnzhǒng Saat in der konstanten Temperatur befeuchten

恒温器 héngwēnqì Wärmeschrank *m*; Warmhalter *m*; Thermostat *m*

恒温容器 héngwēn róngqì Wärmehalter *m*

恒星 héngxīng Fixstern *m*

恒星天文学 héngxīng tiānwénxué Stellarastronomie f

恒压 héngyā konstanter Druck; Festdruck m; gleichbleibender Druck; gleichbleibende Spannung

恒载 héngzài statische Belastung

桁架 héngjià Hängewerk n

桁架下弦 héngjià xiàxián Untergurt m

桁条 héngtiáo Stringer m

横臂 héngbì Kragarm m

横波 héngbō Quarwelle f

横穿 héngchuān durchqueren

横的 héngde horizontal; querlaufend

横断层 héngduàncéng Transversalverwerfung f; Querbruch m

横断面 héngduànmiàn Querschnitt m; Querschnittesfläche f; Flachschnitt m

横隔膜 hénggémó Zwerchfell n

横截面 héngjiémiàn Transversalschnitt m; Querbalken m

横梁 héngliáng Querbalken m; Kreuzquerbalken m; Holm m; Traverse f; Waagebalken m; Brückenquerträger m; Querträger m

横平面 héngpíngmiàn Transversalebene f

横剖面 héngpōumiàn Querschnitt m

横向地 héngxiàngde quer

横向进给 héngxiàng jìnjǐ Quarbewegung f

横向拉伸 héngxiàng lāshēn Transversalzug m

横向联杆 héngxiàng liángān Querverband m

横向收缩 héngxiàng shōusuō Querkontraktion f

横向推力杆 héngxiàng tuīlìgān Panhardstab m

横向弯距 héngxiàng wānjù Querbiegemoment n

横向线 héngxiàngxiàn Transversale f

横向应力 héngxiàng yìnglì Querspannung f

横向轧制 héngxiàng zházhì quer zur Walzrichtung

横栅栏 héngzhàlán Traverse f

横振动 héngzhèndòng Transversalschwingung f

横轴 héngzhóu horizontale Achse; Querwelle f; Querachse f

横座标 héngzuòbiāo Horizontalachse f; Abszisse f

横坐标轴 héngzuòbiāozhóu Abszissenachse f; X-Achse f

衡量 héngliáng wägen

烘 hōng abdörren

烘焙 hōngbèi rösten; backen

烘焙设备 hōngbèi shèbèi Röste f

烘布机 hōngbùjī Gewebetrockenmaschine f

烘房 hōngfáng Trockenraum m

烘干 hōnggān heißtrocknen; darren; Heißtrocknen n

烘烤 hōngkǎo rösten; backen; toasten

烘烤机 hōngkǎojī Röster m

烘烤器 hōngkǎoqì Röster m

烘暖 hōngnuǎn Heizen n

烘漆 hōngqī Einbrennlack m

轰击 hōngjī Beschuss m

轰击电子 hōngjī diànzǐ einfallendes Elektron

轰击粒子 hōngjī lìzǐ Beschussteilchen n

轰炸机 hōngzhàjī Bombenflugzeug n

红斑 hóngbān Erythem n

红宝石 hóngbǎoshí Rubin m

红脆的 hóngcuìde warmbrüchig

红脆性 hóngcuìxìng Warmbrüchigkeit f; Rotbrüchigkeit f

红海 hónghǎi Rotes Meer

红霉素 hóngméisù Erythromycin n

红视症 hóngshìzhèng Rotsehen n

红土 hóngtǔ rote Erde

红外的 hóngwàide ultrarot

红外光谱 hóngwài guāngpǔ Infrarotspektrum n; infrarotes Spektrum

红外光谱分析 hóngwài guāngpǔ fēnxī Ultrarotspektrografie f

红外区 hóngwàiqū Infraror n

红外线 hóngwàixiàn Ultrarotstrahl m; Infrarotstrahl m; Infrarot n; infraroter Strahl; ultraroter Strahl

红外线的 hóngwàixiànde ultrarot; infrarot

红外线灯 hóngwàixiàndēng Infrarotlampe f

红外线定位 hóngwàixiàn dìngwèi Ultrarotortung f

红外线分析仪 hóngwàixiàn fēnxīyí Infrarot-Analysator m

红外线辐射 hóngwàixiàn fúshè Infrarotstrahlung f; Ultrarotstrahlung f

红外线辐射器 hóngwàixiàn fúshèqì Infrarotstrahler m; Ultrarotstrahler m

红外线干燥器 hóngwàixiàn gānzàoqì Infrarottrockner m

红外线观察器 hóngwàixiàn guāncháqì Ultrarotbeobachtungsgerät n

红外线光谱 hóngwàixiàn guāngpǔ Infrarotspekrum n

红外线光谱仪 hóngwàixiàn guāngpǔyí Infrarotspektroskopie f

红外线技术 hóngwàixiàn jìshù Ultrarottechnik f

红外线加热 hóngwàixiàn jiārè Ultraroterwärmung f

红外线接收器 hóngwàixiàn jiēshōuqì Infrarotempfänger m

红外线滤光镜 hóngwàixiàn lǜguāngjìng Ultrarotfilter n/m

红外线摄影 hóngwàixiàn shèyǐng Infrarotfotografie f; Infrarotaufnahme f; Ultrarotfotografie f

红外线照相术 hóngwàixiàn zhàoxiàngshù Infrarotfotografie f

红外线装置 hóngwàixiàn zhuāngzhì Infrarotanlage f

红细胞 hóngxìbāo rote Blutkörperchen; Erythrozyten pl

红眼病 hóngyǎnbìng Augenbindehautentzündung f

红药水 hóngyàoshuǐ Merkurochromum n

宏观结构 hóngguān jiégòu Makrostruktur f

宏观经济 hóngguān jīngjì Makroökonomie f; Makrowirtschaft f

宏观控制 hóngguān kòngzhì makrowirtschaftliche Steuerung

宏观世界 hóngguān shìjiè Makrokosmos n

宏汇编程序 hónghuìbiān chéngxù 〈计〉 Makro-Assembler m

宏语言 hóngyǔyán 〈计〉 Makrosprache f

宏指令 hóngzhǐlìng 〈计〉 Makro n; Makrobefehl m

洪泛区 hóngfànqū Überschwemmungsgebiet n; Hochwassergebiet n

洪峰 hóngfēng Hochwasserspitze f; Höchststand der Flut; kritischer Hochwasserstand

洪峰流量 hóngfēng liúliàng Scheitelabfluss m; Scheiteldurchfluss m

洪峰水位 hóngfēng shuǐwèi Scheitelwasserstand *m*

洪流 hóngliú Strömung *f*; Hochflut *f*; Hochwasser *n*

洪水 hóngshuǐ Hochflut *f*; Hochwasser *n*; Überschwemmung *f*

洪水河槽 hóngshuǐ hécáo Inundationsbett *n*

洪水流量 hóngshuǐ liúliàng Hochwasserabflussmenge *f*; Hochwasserdurchfluss *m*; Hochwassermenge *f*

洪水位 hóngshuǐwèi Hochwasserstand *m*; Flutwasserstand *m*; Ausuferungswasserstand *m*; Hochwasserspiegel *m*

虹 hóng Regenbogen *m*; Iris *f*

虹膜 hóngmó Iris *f*; Regenbogenhaut *f*

虹吸 hóngxī Siphon *m*

虹吸泵 hóngxībèng Heberpumpe *f*

虹吸管 hóngxīguǎn Sauger *m*; Ansaugheber *m*; Siphonrohr *n*; Steigerohr *n*; Hosenrohr *n*; Siphon *m*; Saugheber *m*

虹吸润滑 hóngxī rùnhuá Siphonschmierung *f*

虹吸现象 hóngxī xiànxiàng Heberwirkung *f*

虹吸装置 hóngxī zhuāngzhì Heberanlage *f*

肱骨 hónggǔ Oberarmbein *n*

喉 hóu Kehle *f*; Schlund *m*; Hals *m*

喉科 hóukē Abteilung für Halskrankheiten; Laryngologie *f*

喉科学 hóukēxué Laryngologie *f*

喉科医生 hóukē yīshēng Laryngologe *m*

喉痛 hóutòng Halsweh *n*; Halsschmerzen *pl*

喉头 hóutóu Kehlkopf *m*

喉炎 hóuyán Kehlkopfentzündung *f*; Laryngitis *f*

后备存储器 hòubèi cúnchǔqì Hilfsspeicher *m*

后备箱 hòubèixiāng Kofferraum *m*

后备箱盖 hòubèixiānggài Kofferraumdeckel *m*; Kofferraumklappe *f*; Heckklappe *f*

后备箱盖支架 hòubèixiānggài zhījià Kofferraumdeckelstütze *f*

后车门 hòuchēmén Hecktür *f*; Fondtür *f*; Hintertür *f*

后处理 hòuchǔlǐ Nachbehandlung *f*

后挡泥板 hòudǎngníbǎn Heckschürze *f*

后灯 hòudēng Rücklampe *f*; Schlusslichtlampe *f*; Rücklicht *n*; Schlusslicht *n*

后盖 hòugài Hinterklappe *f*

后果 hòuguǒ Folge *f*

后横梁 hòuhéngliáng Abschlusstraverse *f*

后轮 hòulún Hinterrad *n*

后轮驱动 hòulún qūdòng Hinterantrieb *m*

后脑 hòunǎo 〈生〉 Hinterhirn *n*

后桥 hòuqiáo Hinterachse *f*; Hinterachsaggregat *n*

后桥构合梁 hòuqiáo gòuhéliáng Trichterachse *f*

后桥梁 hòuqiáoliáng Hinterachsbrücke *f*

后桥外壳 hòuqiáo wàiké Hinterachsgehäuse *n*; Achsgehäuse *n*

后刹车块 hòushāchēkuài Ablaufbremsbacke *f*

后生代 hòushēngdài Proterozoikum *n*; proterozoische Ära; Algonkium *n*

后视镜 hòushìjìng Rückspiegel *m*

后视图 hòushìtú Rücksicht *f*; Hinteransicht *f*

后台程序 hòutái chéngxù〈计〉Hintergrundprogramm *n*

后台处理 hòutái chǔlǐ〈计〉Hintergrundverarbeitung *f*

后台系统 hòutái xìtǒng Hintergrundsystem *n*

后台字符 hòutái zìfú〈计〉Hintergrundzeichen *n*

后退 hòutuì zurück

后雾灯 hòuwùdēng Nebelschlussleuchte *f*; Nebelschlusslicht *n*

后效应 hòuxiàoyìng Spätwirkung *f*

后遗症 hòuyízhèng Nachkrankheit *f*

后置发动机 hòuzhì fādòngjī Heckmotor *m*

后置发动机汽车 hòuzhì fādòngjī qìchē Heckmotorwagen *m*

后置下标 hòuzhì xiàbiāo〈计〉Postindex *m*

后轴 hòuzhóu Hinterachse *f*

厚板 hòubǎn dickes Blech

厚的 hòude dick

厚度 hòudù Dicke *f*; Stärke *f*

厚度规 hòudùguī Fühllehre *f*

候诊室 hòuzhěnshì Wartezimmer *n*; Wartesaal *m*

呼气 hūqì ausatmen; Exspiration *f*

呼吸 hūxī atmen; Atmung *f*; Geist *m*; Respiration *f*

呼吸道 hūxīdào Atemweg *m*

呼吸困难 hūxī kùnnán schwer Atem holen; Dyspnoe *f*; Atemnot *f*

呼吸器 hūxīqì Beatmungsgerät *n*; Respirator *m*

呼吸系统 hūxī xìtǒng Atmungssystem *n*

呼吸系统疾病 hūxī xìtǒng jíbìng Krankheiten vom Atmungssystem

弧 hú Bogen *m*; Kreisbogen *m*

弧长 húcháng Bogenlänge *f*

弧度 húdù Bogenmaß *n*; Kreisgrad *m*; Radiant *m*; Bogengrad *m*; Bogenskala *f*

弧光 húguāng Bogenlicht *n*

弧光灯 húguāngdēng Bogenlampe *f*; Jupiterlampe *f*

弧线 húxiàn Krümme *f*; Bogenlinie *f*

弧形 húxíng Wölbung *f*; Kurve *f*; Bogen *m*

弧形的 húxíngde kurvenförmig; bogenartig; bogenförmig

弧形齿 húxíngchǐ Kreisbogenzahn *m*

胡萝卜 húluóbo Mohrrübe *f*; Möhre *f*; Karotte *f*

胡萝卜素 húluóbosù Karotin *n*

胡须 húxū Bart *m*

湖泊 húpō Seen *pl*

蝴蝶 húdié Schmetterling *m*

虎克定律 hǔkè dìnglǜ Elastizitätsgesetz *n*; Hookesches Gesetz

虎克铰链 hǔkè jiǎoliàn Hookesches Gelenk

虎钳 hǔqián Spannstock *m*; Schraubstock *m*

琥珀 hǔpò Amber *m*; Bernstein *m*; gelber Amber

互变性的 hùbiànxìngde enantiotrop

互补的 hùbǔde komplementär

互补性 hùbǔxìng Komplementarität *f*

互感 hùgǎn gegenseitige Induktion; Gegeninduktion *f*

互感电桥 hùgǎn diànqiáo Gegeninduktionsbrücke *f*

互换 hùhuàn austauschen; vertauschen; tauschen; Austausch *m*; Gegentausch *m*

互换零件 hùhuàn língjiàn Austauschteil *m*

互换性 hùhuànxìng Vertauschbarkeit *f*; Austauschbarkeit *f*; Auswechselbarkeit *f*

互连 hùlián Zusammenschaltung *f*

互联网 hùliánwǎng Internet *n*

互联网地址 hùliánwǎng dìzhǐ Internetadresse *f*; Webadresse *f*

互联网供应商 hùliánwǎng gōngyìngshāng Internetdienstanbieter *m*

互联网接口 hùliánwǎng jiēkǒu Internetanschluss *m*

互联网用户 hùliánwǎng yònghù Internetnutzer *m*; Internetuser *m*

互相溶解 hùxiāng róngjiě ineinanderlösen

互易定理 hùyì dìnglǐ Umkehrungssatz *m*

互余性 hùyúxìng Komplementarität *f*

护岸 hù´àn Uferschutz *m*; Ufereinfassung *f*; Ufersicherung *f*

护岸堤 hù´àndī Abschlussdamm *m*

护岸林 hù´ànlín Uferschutzstreifen *m*; Strandschutzstreifen *m*

护堤 hùdī Schutzdeich *m*; Absperrdamm *m*

护航舰 hùhángjiàn Begleitschiff *n*; Geleitschiff *n*

护理 hùlǐ hüten und pflegen; Krankenpflege *f*

护目镜 hùmùjìng Schutzbrille *f*

护坡道 hùpōdào Randstreifen *m*; Bankette *f*

护圈 hùquān Käfig *m*; Sicherungsring *m*

护士 hùshì Krankenschwester *f*; Krankenpflegerin *f*

护士长 hùshìzhǎng Oberschwester *f*

护套 hùtào Hülle *f*

花 huā Blüte *f*; Blume *f*

花瓣 huābàn Blumenblätter *pl*

花粉 huāfěn Blütenstaub *m*; Pollen *m*

花粉过敏 huāfěn guòmǐn Pollenallergie *f*

花粉热 huāfěnrè Heufieber *n*; Heuschnupfen *m*

花岗石 huāgāngshí Granit *m*

花岗岩 huāgāngyán Granit *m*

花岗岩类 huāgāngyánlèi Granitgruppe *f*

花梗 huāgěng Blütenstiel *m*

花冠 huāguān Blumenkrone *f*

花键插齿刀 huājiàn chāchǐdāo Schneidrad für Keilwellen

花键连接 huājiàn liánjiē Keilwellenverbindung *f*

花键铣刀 huājiàn xǐdāo Fräser für Keilwellen

花键轴 huājiànzhóu Keilnutenwelle *f*

花木 huāmù Blumen und Bäume; Grünanlage *f*

花圃 huāpǔ Blumenbeet *n*; Pflanzschule *f*

花托 huātuō Blütenboden *m*; Rezeptakulum *n*

花序 huāxù Blütenstand *m*; Infloreszenz *f*

华氏 huáshì Fahrenheit *f*

滑车 huáchē Flaschenzug *m*; Kloben *m*; Rolle *f*; Zugrolle *f*

滑车组 huáchēzǔ Takel *n*

滑尺 huáchǐ Schieber *m*

滑齿轮 huáchǐlún Schieberad *n*

滑动 huádòng schieben; schlüppen; gleiten; rutschen; Schlupf *m*; Abrutschen *n*; Schlüpfung *f*;

滑动边门 huádòng biānmén die seitliche Schiebetür

滑动齿轮 huádòng chǐlún Verschieberad *n*

滑动触点 huádòng chùdiǎn Schleifkontakt *m*

滑动的 huádòngde gleitend

滑动轮 huádònglún Verschieberad n

滑动面 huádòngmiàn Lauffläche f; Abgleitungsfläche f

滑动摩擦 huádòng mócā Gleitreibung f; gleitende Reibung

滑动配合 huádòng pèihé Gleitsitz m

滑动平面 huádòng píngmiàn Abgleitungsebene f

滑动式车顶 huádòngshì chēdǐng Schiebedach n

滑动弹簧 huádòng tánhuáng Schleiffeder f

滑动套筒 huádòng tàotǒng Gleitbüchse f; Schiebemuffe f

滑动挺杆 huádòng tǐnggǎn Gleitstößel m

滑动压力 huádòng yālì Gleitdruck m

滑动止推轴承 huádòng zhǐtuī zhóuchéng Gleitdrucklager n

滑动轴 huádòngzhóu Schiebewelle f

滑动轴承 huádòng zhóuchéng Gleitlager n; Gleitlagerung f

滑阀 huáfá Schieber m

滑阀弹簧 huáfá tánhuáng Schieberfeder f

滑阀体 huáfátǐ Schieberkörper m

滑轨 huáguǐ Schlitten m; Schiebbahn f

滑环 huáhuán Schleifer m

滑架 huájià Schlitten m; Wagen m

滑键 huájiàn Springkeil m

滑块 huákuài Schieber m; Schlitten m; Schleifklotz m; Gleitblock m

滑轮 huálún Rolle f; Seilscheibe f; Zugrolle f; Pendelrolle f; Laufrolle f

滑轮组 huálúnzǔ Flaschenzug m

滑面 huámiàn Abgleitfläche f

滑坡 huápō abrutschen; Abrutsch m; Abrutschung f; Bergrutsch m; Erdrutsch m

滑润器 huárùnqì Schmierapparat m

滑石 huáshí Speckstein m

滑脱 huátuō abrutschen

滑下 huáxià Abrutschen n

滑线 huáxiàn Schleifdraht m

滑线电桥 huáxiàn diànqiáo Messdrahtbrücke f; Gleitdrahtbrücke f

滑线电阻 huáxiàn diànzǔ Gleitwiderstand m

滑翔 huáxiáng Gleiten n; Gleitflug m; Segelflug m

滑翔飞行 huáxiáng fēixíng Segelflug m

滑翔机 huáxiángjī Gleiter m; Segelflugzeug n; Gleitflugzeug n

滑移 huáyí Schub m; Gleiten n

滑移面 huáyímiàn Gleitebene f; Schubfläche f

滑移线 huáyíxiàn Verformungslinie f; Verformungsgradlinie f

滑枕 huázhěn Pinole f

滑脂枪 huázhīqiāng Abschmierpistole f

划痕 huáhén（皮肤）Ritz m; Kratzer m

划艇 huátǐng Ruderboot n; Paddelboot n

化肥 huàféi chemisches Düngemittel

化肥厂 huàféichǎng Kunstdüngerfabrik f

化工 huàgōng chemische Industrie

化工厂 huàgōngchǎng chemisches Werk; Chemiewerk n

化工机械 huàgōng jīxiè chemische Maschinen

化工机械系 huàgōng jīxièxì Abteilung für chemische Maschinen

化工设备 huàgōng shèbèi chemischer Apparat

化工学院 huàgōng xuéyuàn Institut für chemische Industrie

化合 huàhé verbinden; kombinieren; Vereinigung f; Kombination f; chemische Verbindung f

化合的 huàhéde gebunden

化合价 huàhéjià Affinivalenz f; Valenz f; Verbindungswert m

化合力 huàhélì Bindekraft f; Bindungskraft f

化合量 huàhéliàng Verbindungsgewicht n

化合热 huàhérè Bindungswärme f; Verbindungswärme f

化合物 huàhéwù chemische Verbindung; Verbindung f; Zusammensetzung f

化合作用 huàhé zuòyòng Verbindungswirkung f

化简 huàjiǎn reduzieren

化疗 huàliáo Chemotherapie f

化脓 huànóng eitern

化脓的 huànóngde geschwürig

化石 huàshí Fossil n; Petrefakt n; Versteinerung f

化石层 huàshícéng Fossillager n

化石的 huàshíde fossil

化铁炉 huàtiělú Kupolofen m

化纤 huàxiān Kunstfaser f; Chemiefaser f

化学 huàxué Chemie f

化学变化 huàxué biànhuà chemische Veränderung

化学材料 huàxué cáiliào Chemikalien pl; chemisches Material

化学当量 huàxué dāngliàng chemisches Äquivalent

化学的 huàxuéde chemisch

化学镀镍 huàxué dùniè chemisches Vernickeln

化学法水处理 huàxuéfǎ shuǐchǔlǐ chemische Wasseraufbereitung

化学反应 huàxué fǎnyìng chemische Umsetzung; chemische Reaktion

化学方程式 huàxué fāngchéngshì Formelgleichung f; chemische Gleichung

化学肥料 huàxué féiliào chemische Düngemittel

化学分解 huàxué fēnjiě chemische Zersetzung

化学分析 huàxué fēnxī chemische Analyse

化学符号 huàxué fúhào chemisches Symbol; chemisches Zeichen

化学工程 huàxué gōngchéng technische Chemie

化学工程师 huàxué gōngchéngshī Chemieingenieur m

化学工业 huàxué gōngyè chemische Industrie

化学焊 huàxuéhàn chemische Schweißung

化学家 huàxuéjiā Chemiker m

化学胶结剂 huàxué jiāojiéjì Abdichtungschemikalien pl

化学结构 huàxué jiégòu chemischer Aufbau

化学力 huàxuélì chemische Kraft

化学能 huàxuénéng chemische Energie

化学平衡 huàxué pínghéng chemisches Gleichgewicht

化学亲合力 huàxué qīnhélì chemische Affinität

化学热力学 huàxué rèlìxué chemische Thermodynamik

化学溶液 huàxué róngyè chemische Lösung

化学式 huàxuéshì Formel f; chemische Formel

化学势 huàxuéshì chemisches Potential

化学试剂 huàxué shìjì Chemikalien *pl*; chemisches Reagens

化学试验 huàxué shìyàn chemische Prüfung; chemischer Versuch

化学试制 huàxué shìzhì chemische Vorproduktion

化学提纯 huàxué tíchún chemische Reinigung

化学武器 huàxué wǔqì chemische Waffen

化学物质 huàxué wùzhì Chemikalien *pl*

化学吸咐 huàxué xīfù Chemisorption *f*

化学系 huàxuéxì Fachbereich für Chemie; Abteilung für Chemie

化学纤维 huàxué xiānwéi Chemiefaser *f*; Kunstfaser *f*

化学纤维厂 huàxué xiānwéichǎng Chemiefaserfabrik *f*

化学性能 huàxué xìngnéng chemische Eigenschaft *f*

化学选矿 huàxué xuǎnkuàng chemische Aufbereitung

化学仪器 huàxué yíqì chemischer Apparat

化学原料 huàxué yuánliào chemischer Rohstoff

化学元素 huàxué yuánsù chemisches Element

化学制品 huàxué zhìpǐn Chemikalien *pl*

化学作用 huàxué zuòyòng chemische Wirkung

化验 huàyàn chemisch untersuchen; Laboruntersuchung *f*

化验报告 huàyàn bàogào Prüfbericht *m*

化验室 huàyànshì Labor *n*; Laboratorium *n*

化验员 huàyànyuán Laborant *m*

化油器 huàyóuqì 〈机〉Vergaser *m*

化油器喉管 huàyóuqì hóuguǎn Vergaserlufttrichter *m*; Lufttrichter *m*

化油器喉口直径 huàyóuqì hóukǒu zhíjìng Vergaserbohrung *f*

化油器节流 huàyóuqì jiéliú Vergaserdrosselung *f*

化油器节流门 huàyóuqì jiéliúmén Vergaserdrossel *f*

化油器进气道 huàyóuqì jìnqìdào Vergasersaugkanal *m*

化油器壳体 huàyóuqì kétǐ Vergasergehäuse *n*; Vergaserkörper *m*

化油器吸气管 huàyóuqì xīqìguǎn Vergasersaugrohr *n*

化油器系统 huàyóuqì xìtǒng Vergasersystem *n*; Vergaseranlage *f*

化瘀 huàyū Blutstauung ableiten

化妆品 huàzhuāngpǐn Parfümerie *f*

划掉 huàdiào herausstreichen

划分 huàfēn einteilen; Einteilung *f*

划去 huàqù ausstreichen

划线 huàxiàn linieren

划线笔 huàxiànbǐ Reißer *m*

划线机 huàxiànjī Anreißmaschine *f*

话筒 huàtǒng Mikrofon *n*; Megafon *n*; Transmitter *m*

画图程序 huàtú chéngxù Paint-Programm *n*

槐 huái Akazie *f*

坏疽 huàijū Wundbrand *m*; Gangrän *f/n*

坏血病 huàixuèbìng Skorbut *m*

还原 huányuán reduzieren; desoxidieren wiederherstellen; Reduktion *f*; Reduzierung *f*; Wiedergewinnung *f*; Desoxidation *f*; Reduktion *f*

还原被删除的文件 huányuán bèishānchúde wénjiàn die gelöschte Datei wiederherstellen

还原出 huányuánchū herausreduzieren

还原催化 huányuán cuīhuà Reduktionskatalyse f

还原催化剂 huányuán cuīhuàjì Reduktionskatalysator m

还原电流 huányuán diànliú Reduktionsstrom m

还原分解 huányuán fēnjiě reduktive Aufspaltung

还原剂 huányuánjì Reduktionsmittel n

还原炉 huányuánlú Reduktionsofen m

还原系数 huányuán xìshù Reduktionskoeffizient m

还原性气体 huányuánxìng qìtǐ reduzierendes Gas

环 huán Ring m; Reif m; Schelle f; Tellerscheibe f

环保 huánbǎo Umweltschutz m

环保汽车 huánbǎo qìchē Umweltauto n

环城地铁 huánchéng dìtiě U-Bahn-Ring m

环规 huánguī Lehrring m

环节 huánjié Glied n

环境 huánjìng Umstand m; Umwelt f; Umgebung f; Milieu n

环境保护 huánjìng bǎohù Umweltschutz m

环境规划 huánjìng guīhuà Umweltplanung f

环境监测系统 huánjìng jiāncè xìtǒng System der Umweltbeobachtung

环境科学 huánjìng kēxué Umweltforschung f

环境污染 huánjìng wūrǎn Umweltverschmutzung f; Umweltverpestung f; Umweltverseuchung f

环境噪音 huánjìng zàoyīn Umweltlärm m

环流 huánliú umströmen; zirkulieren; Ringstrom m; Zirkulation f; Zirkulationsströmung f; Kreislauf m; Luftzirkulation f; Anströmung f

环路放大器 huánlù fàngdàqì Schleifenverstärker m

环路增益 huánlù zēngyì Schleifenverstärkung f

环面 huánmiàn ringförmige Oberfläche; 〈数〉 Torus m

环球 huánqiú rund um die Welt

环球网 huánqiúwǎng WWW n（英，= World Wide Web）

环绕 huánrào umkreisen

环首螺钉 huánshǒu luódīng Augenschraube f

环首螺栓 huánshǒu luóshuān Augenbolzen m; Augenschraube f

环线 huánxiàn Schleife f

环行的 huánxíngde kreisläufig

环形槽 huánxíngcáo Ringnut f

环形磁铁 huánxíng cítiě magnetischer Ring; ringförmiger Magnet

环形的 huánxíngde toroidal; ringförmig; kreisrund; ringartig

环形电极 huánxíng diànjí Ringelektrode f

环形管 huánxíngguǎn Ringwellenleitung f

环形管道 huánxíng guǎndào Ringleitung f

环形火山口 huánxíng huǒshānkǒu Ringkrater m

环形礁 huánxíngjiāo ringförmiges Riff

环形喷嘴 huánxíng pēnzuǐ ringför-

H

mige Düse *f*

环形珊瑚岛 huánxíng shānhúdǎo Atoll *n*

环形烧瓶 huánxíng shāopíng Ballon *m*

环形弹簧 huánxíng tánhuáng Ringfeder *f*

环形天线 huánxíng tiānxiàn Rahmenantenne *f*; Schleifenantenne *f*; ringförmige Antenne

环形铁芯 huánxíng tiěxīn Ringkern *m*

环形线圈 huánxíng xiànquān Kreisringspule *f*; Ringwicklung *f*

环氧树脂 huányǎng shùzhī Epoxidharz *n*

环状电枢 huánzhuàng diànshū Ringanker *m*

环状活塞 huánzhuàng huósāi Ringzylinder *m*

环状软骨 huánzhuàng ruǎngǔ Ringknorpel *m*

环状凸缘 huánzhuàng tūyuán Überwurfflansch *m*

缓冲 huǎnchōng abpuffern; puffen; Dämpfung *f* ; Buffer *m*

缓冲存储器 huǎnchōng cúnchǔqì Pufferspeicher *m*

缓冲垫 huǎnchōngdiàn Prellbock *m*

缓冲器 huǎnchōngqì Prellbock *m*; Dämpfungspuffer *m*; Vibrationsdämpfer *m*; Puffervorrichtung *f*; Puffer *m*; Stoßdämpfer *m*; Prellvorrichtung *f*; Stoßpolster *n*; Dämpfer *m*; Pufferschaltung *f*

缓冲器溢出 huǎnchōngqì yìchū Pufferüberlauf *m*

缓冲装置 huǎnchōng zhuāngzhì Verzögerer *m*

缓和剂 huǎnhéjì Moderator *m*

缓解 huǎnjiě Remission *f*

缓流 huǎnliú ruhiges Fließen

缓慢的 huǎnmànde langsam

缓坡 huǎnpō sanfter Abhang

缓水层 huǎnshuǐcéng Aquitarde *f*

幻灯 huàndēng Diaskop *n*

幻灯机 huàndēngjī Diaprojektor *m*; Projektor *m*; Projektionsgerät *n*; Bildwerfer *m*

幻灯片 huàndēngpiàn Dia *n*

幻觉 huànjué Halluzination *f*; Afterimage *n*; Blendwerk *n*. Einbildung *f*

幻象电路 huànxiàng diànlù Phantomkreis *m*

换车 huànchē umsteigen

换档 huàndǎng Gangschaltung *f*; Gang wechseln; einen anderen Gang einlegen

换挡叉 huàndǎngchā Schaltgabel *f*; Ausrückgabel *f*

换档杆 huàndǎnggān Schaltgestänge *n*; Schalthebel *m*

换挡杆手柄 huàndǎnggān shǒubǐng Schalthebelgriff *m*

换挡键 huàndǎngjiàn Umschaltetaste *f*

换档开关 huàndǎng kāiguān Gangwechselschalter *m*

换档设备 huàndǎng shèbèi Schaltung *f*

换电池 huàndiànchí Batteriewechsel *m*

换行符号 huànháng fúhào 〈计〉 Zeilenvorschubzeichen *n*

换行键 huànhángjiàn Zeilenschaltklinke *f*

换极开关 huànjí kāiguān Wender *m*

换接开关 huànjiē kāiguān Wechselschalter *m*

换流器 huànliúqì Umformer *m*; Vorsatzgerät *n*; Wandler *m*; Umwandler *m*

换能器 huànnéngqì Wandler *m*; Energieumformer *m*

换气 huànqì durchlüften; Belüftung *f*; Durchlüftung *f*

换气阀 huànqìfá Durchblaseventil *n*

换强弱光踏钮 huàn qiángruòguāng tàniǔ Fußabblendschalter *m*

换热器 huànrèqì Wärmewechselgefäß *n*; Wärmeaustauscher *m*; Rekuperator *m*

换热体 huànrètǐ Wärmeaustauschkörper *m*

换入 huànrù einwechseln

换算 huànsuàn Konversion *f*; Umrechnung *f*

换算表 huànsuànbiǎo Konversionstabelle *f*; Umrechnungstabelle *f*

换算公式 huànsuàn gōngshì Umrechnungsformel *f*

换算曲线 huànsuàn qūxiàn Umrechnungskurve *f*

换算系数 huànsuàn xìshù Umrechnungskoeffizient *m*

换算因数 huànsuàn yīnshù Umrechnungsfaktor *m*

换算值 huànsuànzhí Umrechnungsgröße *f*; Umrechnungswert *m*; Umrechnungszahl *f*

换向 huànxiàng reversieren; kommutieren; Reversion *f*; Kommutierung *f*; Kommutation *f*

换向阀 huànxiàngfá Wechselventil *n*; Umstellventil *n*

换向开关 huànxiàng kāiguān Umkehrschalter *m*

换向器 huànxiàngqì Umschalter *m*; Kommutator *m*

换向线圈 huànxiàng xiànquān Wendespule *f*

换向装置 huànxiàng zhuāngzhì Um-

stellvorrichtung *f*

换药室 huànyàoshì Zimmer für Verbandwechsel

荒溪 huāngxī Wildbach *m*

黄疸 huángdǎn Gelbsucht *f*; Ikterus *m*

黄道 huángdào 〈天〉 Ekliptik *f*; Tierkreis *m*; Zodiakus *m*

黄道交点 huángdào jiāodiǎn Knoten *m*; Drachenpunkt *m*

黄金 huángjīn Gold *n*

黄金储备 huángjīn chǔbèi Goldreserve *f*

黄金分割 huángjīn fēngē goldener Schnitt

黄铁矿 huángtiěkuàng Pyriterz *n*; Pyrit *m*; Eisenkies *m*; Xanthopyrit *m*; Inkaspiegel *m*; Büchsenstein *m*; Kies *m*

黄铜 huángtóng Messing *n*

黄铜板 huángtóngbǎn Blechmessing *n*

黄铜矿 huángtóngkuàng Brüherz *n*; Gelbkupfererz *n*; Chalkopyrit *m*; Kupferkies *m*; Kupfergelberz *n*

黄土 huángtǔ Löß *m*

黄萎病 huángwěibìng Pilzringfäule *f*

黄锡矿 huángxīkuàng Stannin *m*; Zinnkies *m*; Cassiterolamprit *m*

黄油 huángyóu Butter *f*; 〈化〉 Schmierfett *n*

黄油枪 huángyóuqiāng Abschmierpistole *f*

磺胺 huáng´àn Sulfanilamid *n*; Sulfonamid *n*

簧片 huángpiàn Zunge *f*; Plattenfeder *f*

簧片阀 huángpiànfá Federplattenventil *n*

簧座 huángzuò Federauflage *f*

灰分 huīfèn Aschengehalt *m*

H

灰浆 huījiāng Mörtel *m*

灰口铸铁 huīkǒu zhùtiě Grauguss *m*

挥发 huīfā abdampfen；verdunsten；verflüchtigen；Verflüchtigung *f*；Abdampfung *f*

挥发成分 huīfā chéngfèn verflüchtige Bestandteile

挥发的 huīfāde flüchtig

挥发度 huīfādù Flüchtigkeit *f*；Verflüchtigungsfähigkeit *f*

挥发能力 huīfā nénglì Verflüchtigungsfähigkeit *f*

挥发器 huīfāqì Verflüchtiger *m*

挥发性 huīfāxìng Verdampfbarkeit *f*；Volatilität *f*；Flüchtigkeit *f*；Verdampfungsfähigkeit *f*；Verflüchtigungsfähigkeit *f*

挥发油 huīfāyóu ätherisches Öl；flüchtiges Öl

恢复程序 huīfù chéngxù Wiederholprogramm *n*

恢复电压 huīfù diànyā Wiederkehrspannung *f*

辉光灯 huīguāngdēng Glimmlampe *f*

辉光放电 huīguāng fàngdiàn Glimmentladung *f*；Dunkelentladung *f*

辉光管 huīguāngguǎn Glimmröhre *f*

辉铜矿 huītóngkuàng Chalkosin *n*；Redruthit *m*；Kupferglanz *m*；Chalkozit *m*

回波 huíbō Echo *n*

回波测量计 huíbō cèliángjì Echomesser *m*

回波功率 huíbō gōnglǜ Echoleistung *f*

回波回收 huíbō huíshōu Echorückkehr *f*

回波距离 huíbō jùlí Echoabstand *m*

回波效应 huíbō xiàoyìng Echowirkung *f*

回波信号 huíbō xìnhào Echosignal *n*

回采 huícǎi abbauen；ausräumen；abräumen；Abräumen *n*；Abbaubetrieb *m*；Abbau *m*；Wiedergewinnung *f*

回肠 huícháng 〈医〉Krummdarm *m*

回车键 huíchējiàn Eingabetaste *f*（Enter/Return）

回程 huíchéng Rückhub *m*；Rückgang *m*；Rücklauf *m*

回程齿轮 huíchéng chǐlún Umkehrrad *n*

回答信号 huídá xìnhào 〈计〉Rückmeldesignal *n*

回答信号编码器 huídá xìnhào biānmǎqì 〈计〉Rückmeldungsverschlüssler *m*

回答信号发生器 huídá xìnhào fāshēngqì 〈计〉Rückmeldungsgeber *m*

回复 huífù Erholung *f*

回归 huíguī Regression *f*

回归面 huíguīmiàn Regressionsfläche *f*

回归线 huíguīxiàn Wendekreis *m*；Regressionslinie *f*

回归线的 huíguīxiànde tropisch

回火 huíhuǒ tempern；anlassen

回火时间 huíhuǒ shíjiān Anlassdauer *f*

回火硬化 huíhuǒ yìnghuà Ablasshärtung *f*

回火组织 huíhuǒ zǔzhī Anlassgefüge *n*

回流 huíliú zurückströmen；zurückfließen；zurücklaufen；Zurückströmen *n*；Rückströmen *n*；Rückströmung *f*；Rückfluss *m*；Rücklauf *m*

回流冷凝器 huíliú lěngníngqì Rücklaufkühler *m*

回路 huílù Stromkreis *m*; Zyklus *m*; Rücklaufschaltung *f*

回声 huíshēng zurückschallen; Nachhall *m*; Hall *m*; Nachklang *m*; Echo *n*; Klangecho *n*

回声室 huíshēngshì Hallraum *m*

回声探测 huíshēng tàncè Echolotung *f*

回声探测器 huíshēng tàncèqì Fallot *n*; Behmlot *n*; Echolot *n*

回收 huíshōu Rückgewinn *m*; Wiedergewinnung *f*

回收设备 huíshōu shèbèi Rückgewinnungsanlage *f*

回收站 huíshōuzhàn Papierkorb *m*

回授回路 huíshòu huílù Rückkopplungsschleife *f*

回水 huíshuǐ Aufstau *m*

回水灌溉 huíshuǐ guàngài Staubewässerung *f*

回水库容 huíshuǐ kùróng Volumen des Rückstaues

回弹角 huítánjiǎo Abprallwinkel *m*

回弹能力 huítán nénglì Federungsvermögen *n*

回弹试验 huítán shìyàn Abprallungsprobe *f*

回弹性 huítánxìng Prallelastizität *f*

回弹压力 huítán yālì Abprallungsdruck *m*

回跳硬度 huítiào yìngdù Rückprallhärte *f*; Skleroskophärte *f*

回跳硬度计 huítiào yìngdùjì Skleroskop *n*

回退语句 huítuì yǔjù 〈计〉 Rücksetzanweisung *f*

回位弹簧 huíwèi tánhuáng Rückholfeder *f*

回线 huíxiàn Leitungsschleife *f*; Schleife *f*

回响 huíxiǎng Nachklang *m*; Widerhall *m*

回旋 huíxuán Rotation *f*

回旋加速器 huíxuán jiāsùqì Ringbeschleuniger *m*; zyklischer Beschleuniger; Zirkularbeschleuniger *m*; Zyklotron *n*; Betatron *n*

回音 huíyīn Echo *n*

回音壁 huíyīnbì Echomauer *f*

回音测深仪 huíyīn cèshēnyí Echolot *n*; Behmlot *n*

回音仪 huíyīnyí Echometer *n*

回油泵 huíyóubèng Abölpumpe *f*; Ölrückförderpumpe *f*; Ölrücklaufpumpe *f*

回油管 huíyóuguǎn Ölrücklaufrohr *n*

回油孔 huíyóukǒng Ölrücklaufloch *n*

回转 huízhuǎn kreiseln; Umschwung *m*; Wirbel *m*; Gyration *f*

回转半径 huízhuǎn bànjìng Wendekreis *m*; Drehradius *m*

回转泵 huízhuǎnbèng Kreiselpumpe *f*; rotierende Pumpe

回转磁效应 huízhuǎn cíxiàoyìng gyromagnetischer Effekt

回转刀架 huízhuǎn dāojià Revolverkopfschlitten *m*

回转反射炉 huízhuǎn fǎnshèlú Drehflammofen *m*

回转冷却器 huízhuǎn lěngquèqì Drehkühler *m*

回转炉 huízhuǎnlú Revolverofen *m*; Trommelofen *m*

回转频率 huízhuǎn pínlǜ Gyrofrequenz *f*

回转器 huízhuǎnqì Gyroskop *n*; Kreisel *m*

回转仪 huízhuǎnyí Gyroskop *n*

回转直径 huízhuǎn zhíjìng Schwing-

H

durchmesser *m*

汇编 huìbiān zusammenstellen; assemblieren

汇编程序 huìbiān chéngxù Assemblierer *m*; Assemblerprogramm *n*; Assemblen *n*; Assembler *m*

汇编程序录制 huìbiān chéngxù lùzhì Assembler-Ausschrieb *m*

汇编程序语句 huìbiān chéngxù yǔjù Assemblerinstruktion *f*

汇编过程 huìbiān guòchéng Assembler-Lauf *m*

汇编码 huìbiānmǎ Assembler-Code *m*; Assemblerkode *m*

汇编语句 huìbiān yǔjù Assembleranweisung *f*

汇编语言 huìbiān yǔyán 〈计〉 Assemblersprache *f*; Sammler-Sprache *f*

汇编指令 huìbiān zhǐlìng Assemblerbefehl *m*

汇流 huìliú zusammenströmen; zusammenfließen; Zusammenfluss *m*

会聚 huìjù konvergieren

会聚透镜 huìjù tòujìng Konvexlinse *f*; Sammellinse *f*

会诊 huìzhěn gemeinsame Konsultation; Konsultion durch ein Ärztekollektiv

绘画 huìhuà Zeichnung *f*

绘画笔 huìhuàbǐ Reißfeder *f*

绘图 huìtú zeichnen; aufzeichnen; Zeichnung *f*; Aufzeichnung *f*; Zeichnen *n*; Kartierung *f*

绘图板 huìtúbǎn Reißbrett *n*; Reißfläche *f*

绘图笔 huìtúbǐ Reißfeder *f*

绘图比例尺 huìtú bǐlìchǐ Zeichenmaßstab *m*

绘图尺 huìtúchǐ Zeichenlineal *n*

绘图的 huìtúde zeichnerisch; bildlich

绘图铅笔 huìtú qiānbǐ Reißblei *n*

绘图三角板 huìtú sānjiǎobǎn Reißdreieck *n*

绘图仪器 huìtú yíqì Zeichengerät *n*

绘图纸 huìtúzhǐ Zeichenpapier *n*

绘制图形 huìzhì túxíng abbilden

慧星 huìxīng Komet *m*

昏厥 hūnjué ohnmächtig werden; in Ohnmacht fallen

昏迷 hūnmí Koma *n*; tiefe Bewusstlosigkeit

浑天仪 húntiānyí Armillassphäre *f*

浑浊的 húnzhuóde trübe

浑浊液 húnzhuóyè Trübe *f*

混成矿物 hùnchéng kuàngwù synantetische Bildungen

混合 hùnhé mischen; vermischen; vermengen; zusammenmischen; einmischen; beimengen; durchsetzen; durchmengen; Gemisch *n*; Vermengung *f*; Vermischung *f*; Beimengung *f*

混合的 hùnhéde gemischt

混合电路 hùnhé diànlù Hybridschaltung *f*; Hybirdschaltkreis *m*

混合肥料 hùnhé féiliào Mischdünger *m*

混合管 hùnhéguǎn Mischrohr *n*

混合林 hùnhélín Mischwald *m*

混合模拟计算机 hùnhé mónǐ jìsuànjī hybrider Analogrechner

混合气 hùnhéqì Gasgemisch *n*

混合气体 hùnhé qìtǐ Gasgemisch *n*

混合器 hùnhéqì Mixer *m*; Mischer *m*

混合色 hùnhésè Mischfarbe *f*

混合室 hùnhéshì Mischkammer *f*; Gemischkammer *f*

混合物 hùnhéwù Gemenge *n*; Gemisch n; Mischung f; Mixtur f; Vermengung f; Allerlei n

混合型计算机 hùnhéxíng jìsuànjī Hybridrechner m

混和 hùnhé einmengen; mischen; durchsetzen; Gemisch n; Vermischung f; Beimengung f

混和液体 hùnhé yètǐ mischbare Flüssigkeit

混联 hùnlián Gruppenschaltung f

混凝土 hùnníngtǔ Beton m; Gussmörtel m

混凝土坝 hùnníngtǔbà Gussbetonmauer m; Beton-Talsperrendamm m

混凝土板 hùnníngtǔbǎn Betondiele f

混凝土泵 hùnníngtǔbèng Betonpumpe f

混凝土厂 hùnníngtǔchǎng Betonfabrik f

混凝土防护 hùnníngtǔ fánghù Betonschutz m

混凝土高速公路 hùnníngtǔ gāosù gōnglù Betonautobahn f

混凝土基础 hùnníngtǔ jīchǔ Betonfundament n

混凝土搅拌机 hùnníngtǔ jiǎobànjī Betonmischmachine f

混凝土块 hùnníngtǔkuài Betonblock m

混凝土梁 hùnníngtǔliáng Betonbalken m

混凝土桥 hùnníngtǔqiáo Betonbrücke f

混凝土破碎机 hùnníngtǔ pòsuìjī Betonbrecher m

混凝土应力 hùnníngtǔ yìnglì Betonspannung f

混频管 hùnpínguǎn Mischröhre f

混响 hùnxiǎng 〈物〉 Reverberation f

混响室 hùnxiǎngshì Echoraum m

混杂 hùnzá Mengsel n

混杂物 hùnzáwù Konglomerat n

混浊 hùnzhuó aufschlämmen

混浊的 hùnzhuóde trübe; verschmutzt

混浊度测定 hùnzhuódù cèdìng Trübungsmessung f

活动 huódòng sich bewegen; Aktion f; Aktivität f

活动车顶 huódòng chēdǐng Schiebedach n

活动窗口 huódòng chuāngkǒu aktives Fenster

活动带 huódòngdài Bewegungszone f

活动的 huódòngde aktiv; bewegbar; locker; unfest; unbefestigt

活动机翼 huódòng jīyì Schwenkflügel m

活动间隙 huódòng jiànxì Bewegungsspiel n

活动键 huódòngjiàn Springkeil m

活动联轴节 huódòng liánzhóujié bewegliche Kupplung

活动零件 huódòng língjiàn Laufteil m

活动图 huódòngtú bewegtes Bild

活动线圈 huódòng xiànquān lose Spule

活动轴 huódòngzhóu bewegliche Achse

活动装置 huódòng zhuāngzhì beweglicher Einbau

活动桌面 huódòng zhuōmiàn der aktive Desktop

活盖 huógài Klappdeckel m

活化 huóhuà aktivieren; reaktivieren; beleben

活化剂 huóhuàjì Aktivator m; Beleber m

H

H

活化石 huóhuàshí lebendes Fossil

活化作用 huóhuà zuòyòng Aktivierung *f*; Belebung *f*

活火山 huóhuǒshān tätiger Vulkan; aktiver Vulkan

活节 huójié Wellengelenk *n*

活节杆 huójiégān Gelenkarm *m*

活节联接器 huójié liánjiēqì Gelenkhülse *f*

活泼金属 huópō jīnshǔ aktiviertes Metall

活塞 huósāi Kolben *m*; Verdrängerskolben *m*; Dampfkolben *m*; Tauchkolben *m*; Piston *n*

活塞泵 huósāibèng Kolbenpumpe *f*; Hubkolbenpumpe *f*; Kolbenmaßpumpe *f*

活塞承受余压 huósāi chéngshòu yúyā Kolbenüberdruck *m*

活塞冲程 huósāi chōngchéng Kolbenhub *m*

活塞阀 huósāifá Kolbenventil *n*

活塞杆 huósāigān Kolbenstange *f*

活塞环 huósāihuán Kolbenring *m*

活塞裙 huósāiqún Kolbenunterteil *m/n*

活塞式发动机 huósāishì fādòngjī Kolbentriebwerk *n*

活塞式空气压缩机 huósāishì kōngqì yāsuōjī Kolbenkompressor *m*

活塞式蒸汽机 huósāishì zhēngqìjī Kolbendampfmaschine *f*

活塞死点 huósāi sǐdiǎn Kolbenpunkt *m*

活塞头 huósāitóu Kolbenkopf *m*

活塞行程 huósāi xíngchéng Hub des Kolbens

活塞行程变换 huósāi xíngchéng biànhuàn Kolbenumkehr *m*

活塞压力 huósāi yālì Kolbendruck *m*

活塞周长 huósāi zhōucháng Kolbenumfang *m*

活销 huóxiāo Haltestück *n*

活性 huóxìng Aktivität *f*; Lebhaftigkeit *f*

活性材料 huóxìng cáiliào aktives Material; aktiver Stoff

活性的 huóxìngde aktiv; lebendig

活性氢 huóxìngqīng aktiver Wasserstoff; aktivierter Wasserstoff

活性染料 huóxìng rǎnliào Reaktivfarbstoff *m*

活性水 huóxìngshuǐ Aktivwasser *n*

活性炭 huóxìngtàn Aktivkohle *f*; Absorptionskohle *f*; aktive Kohle

活性氧 huóxìngyǎng Ozon *n*; aktivierter Sauerstoff; aktiver Sauerstoff

活血 huóxuè Blutkreislauf aktivieren

活爪 huózhuǎ Klappdaumen *m*

火 huǒ Feuer *n*

火车 huǒchē Eisenbahnzug *m*

火车车速 huǒchē chēsù Zuggeschwindigkeit *f*

火车司机 huǒchē sījī Lokomotivführer *m*; Lokführer *m*

火车头 huǒchētóu Lokomotive *f*

火成岩 huǒchéngyán Eruptivgestein *n*; Auswurfgestein *n*; plutonisches Gestein; pyrogenes Gestein

火电站 huǒdiànzhàn Kohlekraftwerk *n*; Wärmekraftwerk *n*

火花 huǒhuā Funke *m*

火花发生器 huǒhuā fāshēngqì Funkenerzeuger *m*

火花放电 huǒhuā fàngdiàn Funkenentladung *f*

火花塞 huǒhuāsāi Zündfinger *m*; Kerzenzünder *m*; Zündkerze *f*; Kerze *f*; Abreißkerze *f*

火花塞插头 huǒhuāsāi chātóu Kerzenstecker *m*

火花塞电极 huǒhuāsāi diànjí Kerzenelektrode *f*

火花试验 huǒhuā shìyàn Funkenprobe *f*; Funkenprüfung *f*

火碱 huǒjiǎn kaustische Soda

火碱溶液 huǒjiǎn róngyè Natronlauge *f*

火箭 huǒjiàn Rakete *f*

火箭发动机 huǒjiàn fādòngjī Raketenmotor *m*; Raketentriebwerke *pl*

火箭发射场 huǒjiàn fāshèchǎng Raketenstation *f*; Raketenabschussbasis *f*

火箭发射架 huǒjiàn fāshèjià Abschussrampe *f*

火箭发射台 huǒjiàn fāshètái Raketenabfeuergerüst *n*; Abschussbock *m*; Raketenabschussrampe *f*

火箭飞行技术 huǒjiàn fēixíng jìshù Raketenflugtechnik *f*

火箭基地 huǒjiàn jīdì Raketenabschussbasis *f*

火箭技术 huǒjiàn jìshù Raketentechnik *f*

火箭炮 huǒjiànpào Raketengeschütz *n*

火箭燃料 huǒjiàn ránliào Raketenbrennstoff *m*

火箭运载工具 huǒjiàn yùnzài gōngjù Raketenträger *m*

火酒 huǒjiǔ Weingeist *m*

火口湖 huǒkǒuhú Kratersee *m*

火炮 huǒpào Geschütz *n*

火球 huǒqiú Feuerball *m*

火山 huǒshān Vulkan *m*

火山爆发 huǒshān bàofā Vulkanausbruch *m*

火山尘雨 huǒshān chényǔ Aschenregen *m*

火山带 huǒshāndài Vulkanzone *f*

火山地震 huǒshān dìzhèn Ausbruchsbeben *n*; vulkanisches Erdbeben; vulkanisches Beben

火山湖 huǒshānhú Kratersee *m*

火山灰层 huǒshānhuīcéng Aschenlage *f*

火山口 huǒshānkǒu Krater *m*; Ausbruchskrater *m*; Vent *m*

火山口底 huǒshānkǒudǐ Kraterboden *m*

火山泥流 huǒshān níliú Lavamurgang *m*

火山喷发 huǒshān pēnfā Ausbruch des Vulkans

火山喷口 huǒshān pēnkǒu Eruptionskrater *m*

火山丘 huǒshānqiū Quellkuppe *f*

火山区 huǒshānqū Eruptionsgebiet *n*; Vulkanengebiet *n*

火山岩 huǒshānyán Pumicit *m*; Eruptivgestein *n*

火山源 huǒshānyuán vulkanischer Herd

火山云 huǒshānyún Eruptionswolke *f*

火星 huǒxīng Funke *m*; 〈天〉 Mars *m*

火焰 huǒyàn Flamme *f*

火焰分析 huǒyàn fēnxī Flammenanalyse *f*

火焰切割 huǒyàn qiēgē Brennschneiden *n*

火焰切割机 huǒyàn qiēgējī Schneidbrenner *m*

火药 huǒyào Schießpulver *n*

火种 huǒzhǒng Anzündmaterial *n*; Anmachholz *n*; Kien *m*; Kienspäne *pl*; Zunder *m*

"或"电路 huòdiànlù ODER- Schaltung *f*

"或非"电路 huòfēi diànlù ODER-

NICHT-Schaltung *f*

"或非"门 huòfēimén NOR-Gatter *n*

"或"门 huòmén ODER-Gatter *n*

"或"门元件 huòmén yuánjiàn ODER-Element *n*; ODER-Glied *n*

"或"门组件 huòmén zǔjiàn ODER-Baustein *m*

"或"组件 huòzǔjiàn ODER-Vorsatz *m*

货币 huòbì Geld *n*; Währung *f*

货币流通 huòbì liútōng Banknotenumlauf *m*; Geldumlauf *m*

货币升值 huòbì shēngzhí Revalvation *f*

货币指数 huòbì zhǐshù Indexwährung *f*

货舱 huòcāng Laderaum *m*; Frachtraum *m*

货场 huòchǎng Frachthof *m*; Güterhof *m*

货车 huòchē Lastwagen *m*; Güterzug *m*; Güterwagen *m*; Lastkraftwagen *m*

货船 huòchuán Frachtschiff *n*; Frachtdampfer *m*; Frachter *n*

货单 huòdān Warenliste *f*; Ladeliste *f*; Frachtliste *f*; Ladungsverzeichnis *n*; Frachtbrief *m*; Manifest *n*; Ladungsmanifest *n*

货轮 huòlún Frachtdampfer *m*

货物 huòwù Fracht *f*; Waren *pl*; Güter *pl*

货源 huòyuán Belieferungsquelle *f*

货运 huòyùn Gütertransport *m*; Güterverkehr *m*; Frachtverkehr *m*

货运量 huòyùnliàng Frachtvolumen *n*

货运列车 huòyùn lièchē Güterzug *m*

获得 huòdé gewinnen; erwerben; Gewinnung *f*

获悉 huòxī erfahren

霍耳常数 huò'ěr chángshù Hallkoeffizient *m*

霍耳电极 huò'ěr diànjí Hall-Elektrode *f*

霍耳电压 huò'ěr diànyā Hall-Spannung *f*

霍耳元件 huò'ěr yuánjiàn Hall-Element *n*

霍尔调制器 huò'ěr tiáozhìqì Hallmodulator *m*

霍尔效应 huò'ěr xiàoyìng Hall-Effekt *m*

霍尔效应发生器 huò'ěr xiàoyìng fāshēngqì Hallgenerator *m*

霍乱 huòluàn Cholera *f*; akute Gastroenteritis

J

几率 jīlǜ Wahrscheinlichkeit *f*

几率的 jīlǜde wahrscheinlich

几率律 jīlǜlǜ Wahrscheinlichkeitsgesetz *n*

击穿 jīchuān durchstoßen; durchschlagen; Durchschlag *m*

击穿场强 jīchuān chǎngqiáng Durchbruchfeldstärke *f*

击穿电位 jīchuān diànwèi Durchbruchpotential *n*

击穿电压 jīchuān diànyā Durchbruchspannung *f*; Durchschlagsspannung *f*

击穿力 jīchuānlì Durchschlagskraft *f*

击穿强度 jīchuān qiángdù Spannungsfestigkeit *f*

击穿试验 jīchuān shìyàn Durchschlagsprobe *f*

击打 jīdǎ zuschlagen

击中 jīzhòng auftreffen; Ziel treffen

机舱 jīcāng Maschinenraum *m*; Kabine *f*

机场 jīchǎng Flughafen *m*; Flugplatz *m*; Flugfeld *n*

机车 jīchē Lokomotive *f*

机车组 jīchēzǔ Bedienungsmannschaft einer Lokomotive

机床 jīchuáng Werkzeugmaschine *f*; Maschinenbank *f*; Maschine *f*; Bank *f*; Maschinenwerkzeug *n*

机床厂 jīchuángchǎng Werkzeugmaschinenbaufabrik *f*

机动的 jīdòngde motorisiert; mit Motorantrieb; beweglich; flexibel; in Reserve; mobil

机动车 jīdòngchē Kraftfahrzeug *n*; Motorfahrzeug *n*; Triebwagen *m*; Kraftwagen *m*; Reservewagen *m*

机动车道 jīdòngchēdào Fahrbahn für Motorfahrzeuge

机动车牌照 jīdòngchē páizhào Kraftfahrzeugkennzeichen *n*

机动车事故责任保险 jīdòngchē shìgù zérèn bǎoxiǎn Kraftfahrzeughaftpflichtversicherung *f*

机动车税 jīdòngchēshuì Kraftfahrzeugsteuer *f*

机动剪断机 jīdòng jiǎnduànjī Maschinenschere *f*

机房 jīfáng Maschinenhaus *n*; Maschinenraum *m*; Maschinenkammer *f*; Apparatesaal *m*

机构 jīgòu Mechanismus *m*; Maschinerie *f*; Apparatur *f*; Organisation *f*; Institution *f*; Organ *n*

机架 jījià Maschinengestell *m*; Maschinenständer *m*; Maschinenbett *n*; Rahmen *m*

机架和齿轮驱动 jījià hé chǐlún qūdòng Zahnstangenantrieb *m*

机件 jījiàn Maschinenteil *m*; Teilstück *n*

机脚 jījiǎo Fahrgestell *n*

机井 jījǐng maschinell betriebener Brunnen; mechanischer Brunnen; Wasserpumpe *f*

机壳 jīké Metallaufbau *m*

机壳盖 jīkégài Gehäusedeckel *m*

机壳孔 jīkékǒng Gehäusebohrung *f*

机密 jīmì Geheimnis *n*

J

机能 jīnéng Funktion *f*; Wirksamkeit *f*; Fähigkeit *f*

机排车间 jīpái chējiān Maschinensetzerei *f*

机器 jīqì Maschine *f*

机器部件 jīqì bùjiàn Maschinenteil *m/n*

机器的 jīqìde maschinell

机器可读数据 jīqì kědú shùjù maschinenlesbare Daten

机器零件 jīqì língjiàn Maschinenteil *m/n*

机器人 jīqìrén Roboter *m*; Maschinenmensch *m*; Industrieroboter *m*

机器噪声 jīqì zàoshēng Lärm der Maschine

机器指令 jīqì zhǐlìng Maschineninstruktion *f*; Maschinenbefehl *m*

机器制造 jīqì zhìzào Maschinenbau *m*

机枪 jīqiāng Maschinengewehr *n*

机身 jīshēn Rumpf *m*

机体 jītǐ〈生〉Organismus *m*;〈航〉Flugzeugspant *n*

机头 jītóu Flugzeugnase *f*; Bug *m*

机尾 jīwěi Heck *n*

机务段 jīwùduàn Bahn-Wartungsabschnitt *m*

机务人员 jīwù rényuán Wartungspersonal für einen Eisenbahnabschnitt

机箱 jīxiāng Gehäuse *n*

机械 jīxiè Maschine *f*; Maschinerie *f*; Mechanismus *m*

机械摆 jīxièbǎi mechanisches Pendel

机械传动 jīxiè chuándòng Maschinenantrieb *m*; mechanischer Antrieb

机械传动装置 jīxiè chuándòng zhuāngzhì Kraftantrieb *m*

机械当量 jīxiè dāngliàng mechanisches Äquivalent

机械的 jīxiède mechanisch; maschinell

机械电视 jīxiè diànshì mechanisches Fernsehen

机械工程师 jīxiè gōngchéngshī Maschinenbauingenieur *m*

机械工程系 jīxiè gōngchéngxì Abteilung für Maschinenbau

机械工程学 jīxiè gōngchéngxué Maschinenbau *m*; Maschinenkunde *f*

机械工业 jīxiè gōngyè Maschinenbauindustrie *f*

机械工艺学 jīxiè gōngyìxué Maschinenlehre *f*

机械功 jīxiègōng mechanische Arbeit

机械功率 jīxiè gōnglù mechanische Leistung

机械化 jīxièhuà maschinisieren; Mechanisierung *f*; Motorisierung *f*

机械回复 jīxiè huífù mechanische Erholung

机械混合物 jīxiè hùnhéwù mechanisches Gemenge

机械继电器 jīxiè jìdiànqì mechanisches Relais

机械加工 jīxiè jiāgōng maschinelle Verarbeitung; mechanische Bearbeitung

机械加速泵 jīxiè jiāsùbèng mechanische Beschleunigungspumpe

机械结构 jīxiè jiégòu mechanischer Aufbau

机械控制 jīxiè kòngzhì mechanische Steuerung

机械力 jīxièlì mechanische Kraft

机械疗法 jīxiè liáofǎ Mechanotherapie *f*

机械零件 jīxiè língjiàn Maschinenelement n; Maschinenteil m/n

机械论 jīxièlùn Mechanismus m

机械技师 jīxiè jìshī Maschinentechniker m

机械磨损 jīxiè mósǔn mechanischer Verschleiß

机械能 jīxiènéng mechanische Energie

机械强度 jīxiè qiángdù mechanische Festigkeit

机械师 jīxièshī Mechaniker m; Maschinist m; Maschinenmeister m

机械试验 jīxiè shìyàn mechanische Prüfung

机械手 jīxièshǒu Manipulator m; Greifarm m; mechanische Hand; Industrieroboter m

机械损耗 jīxiè sǔnhào mechanischer Verlust

机械调谐 jīxiè tiáoxié mechanische Abstimmung

机械性能 jīxiè xìngnéng mechanisches Verhalten

机械性能试验 jīxiè xìngnéng shìyàn mechanische Prüfung

机械学 jīxièxué Mechanik f

机械油 jīxièyóu Maschinenöl n

机械振荡 jīxiè zhèndàng mechanische Schwingung; Pendelschwingung f

机械整流器 jīxiè zhěngliúqì mechanischer Gleichrichter

机械制品 jīxiè zhìpǐn Maschinenarbeit f

机械制图 jīxiè zhìtú Maschinenzeichnung f

机械制造 jīxiè zhìzào Maschinenbau m

机械制造工艺 jīxiè zhìzào gōngyì Technologie des Maschinenbaus

机械装置 jīxiè zhuāngzhì Mechanismus m

机型 jīxíng Flugzeugtyp m; Typbezeichnung einer Maschine

机翼 jīyì Flugzeugflügel m; Flügel m; Tragflügel m; Tragfläche f

机油 jīyóu Maschinenöl n; Maschinenfett n; Motoröl n

机油泵 jīyóubèng Ölpumpe f

机油箱 jīyóuxiāng Ölbehälter m

机载计算机 jīzài jìsuànjī Bordcomputer m

机制 jīzhì maschinell herstellen; Mechanismus m

机制纸 jīzhìzhǐ Maschinenpapier n

机组 jīzǔ Aggregat n; Maschinensatz m; 〈航〉Flugzeugbesatzung f

机组功率 jīzǔ gōnglǜ Aggregatleistung f

机座 jīzuò Gestell n; Maschinenbock m; Maschinenbett n

肌肤 jīfū Haut f

肌腱 jījiàn Sehne f

肌腱损伤 jījiàn sǔnshāng Verletzung der Sehnen

肌瘤 jīliú Muskelgeschwulst f; Myom n

肌肉 jīròu Muskel m

肌肉组织 jīròu zǔzhī Muskelgewebe n

肌体 jītǐ Organismus m

奇偶校验 jī'ǒu jiàoyàn Paritätskontrolle f; Gerade-Ungerade-Prüfung f

奇偶校验位 jī'ǒu jiàoyànwèi Paritätsbit n

奇偶校验误差 jī'ǒu jiàoyàn wùchā Paritätsfehler m

奇偶性 jī'ǒuxìng Parität f

奇数 jīshù ungerade Zahl

奇数的 jīshùde ungeradzahlig; ungerade

奇数地址 jīshù dìzhǐ ungerade Adresse

奇蹄类 jītílèi Perissodakeyles *pl*; Unpaarhufer *pl*; Einhufer *pl*

积 jī Produkt *n*

积分 jīfēn integrieren; Integral *n*

积分常数 jīfēn chángshù Integrationskonstante *f*

积分的 jīfēnde integral; integriert

积分电路 jīfēn diànlù Integrierkreis *m*; Integrierschaltung *f*

积分法 jīfēnfǎ Integration *f*

积分放大器 jīfēn fàngdàqì summierender Verstärker; Integrationsverstärker *m*

积分器 jīfēnqì Integriergerät *n*

积分项 jīfēnxiàng Integrationsglied *n*

积分效应 jīfēn xiàoyìng integraler Effekt

积分学 jīfēnxué Integralrechnung *f*

积分值 jīfēnzhí Integralwert *m*

积极的 jījíde aktiv

积累 jīlěi akkumulieren; sammeln; anhäufen; Akkumulation *f*; Häufung *f*; Anhäufung *f*

积累基金 jīlěi jījīn Akkumulationsfonds *m*; Kapital akkumulieren

积水 jīshuǐ angestautes Wasser; Pfütze *f*; Gewässer *n*

积蓄 jīxù speichern; ersparen; Ersparnis *f*

积雨云 jīyǔyún Kumulonimbus *m*

基 jī Gruppe *f*; Radikal *n*; Grundlage *f*; Basis *f*; Fundament *n*

基本编码 jīběn biānmǎ Codebasis *f*

基本材料 jīběn cáiliào Grundstoff *m*

基本成分 jīběn chéngfèn Grundbestandteil *m*

基本词义 jīběn cíyì Hauptbedeutung *f*; Grundbedeutung *f*

基本单位 jīběn dānwèi Grundeinheit *f*

基本的 jīběnde grundlegend; fundamental; wesentlich; basisch; kapital

基本电荷 jīběn diànhè Elementarladung *f*

基本电路 jīběn diànlù wirkliche Leitung; Grundschaltung *f*

基本定律 jīběn dìnglǜ Grundgesetz *n*; fundamentales Gesetz

基本负荷 jīběn fùhè Grundlast *f*; Beanspruchung *f*; Hauptkräfte *pl*

基本负载 jīběn fùzài Grundbelastung *f*

基本概念 jīběn gàiniàn Grundbegriff *m*; Grundvorstellung *f*

基本规则 jīběn guīzé Hauptregel *f*

基本函数 jīběn hánshù Grundfunktion *f*; elementare Funktion

基本粒子 jīběn lìzǐ Elementarteilchen *n*; Grundteilchen *n*; Urteilchen *n*; Atomteilchen *n*

基本数据 jīběn shùjù Hauptdaten *pl*; Grunddaten *pl*

基本顺序存取法 jīběn shùnxù cúnqǔfǎ BSAM

基本条件 jīběn tiáojiàn Grundbedingung *f*

基本形式 jīběn xíngshì Grundform *f*

基本语句 jīběn yǔjù Basisstatement *n*

基本语言 jīběn yǔyán Basissprache *f*

基本原理 jīběn yuánlǐ Grundprinzip *n*

基本原因 jīběn yuányīn Grundursache *f*

基本装备 jīběn zhuāngbèi Grundausrüstung *f*

基本状态 jīběn zhuàngtài Grundzustand *m*

基波 jībō Grundwelle *f*

基础 jīchǔ Basis *f*; Fundament *n*; Grundlage *f*; Grundmauer *f*; Grund *m*; Unterlage *f*; Gründung *f*; Unterbau *m*; Grundfeste *f*; Auflagerung *f*

基础的 jīchǔde fundamental; basisch

基础科学 jīchǔ kēxué Basiswissenschaft *f*; Grundwissenschaft *f*

基础科学研究 jīchǔ kēxué yánjiū Grundlagenforschung *f*

基础理论 jīchǔ lǐlùn Grundtheorie *f*; Grundlagetheorie *f*

基础螺栓 jīchǔ luóshuān Fundamentschraube *f*

基础医学 jīchǔ yīxué Allgemeinmedizin *f*

基础知识 jīchǔ zhīshi Grundkenntnisse *pl*; Elementarwissen *n*; Grundwissen *n*

基地 jīdì Basis *f*; Stützpunkt *m*

基极 jījí Basiselektrode *f*; Basis *f*

基极电流 jījí diànliú Basisstrom *m*

基极电压 jījí diànyā Basisspannung *f*

基极晶体管 jījí jīngtǐguǎn Basistransistor *m*

基价 jījià Basispreis *m*; Grundpreis *m*

基建 jījiàn Infrasfruktur *f*; Investbau *m*

基脚 jījiǎo Fundament *n*; Gründung *f*; Fußgestell *n*; Sockel *m*

基金 jījīn Fonds *m*

基孔 jīkǒng Einheitsbohrung *f*

基面 jīmiàn Grundfläche *f*; Basisfläche *f*; Nullebene *f*; Bezugs-

fläche *f*; Auflagerfläche *f*

基区 jīqū Basisgebiet *n*

基区饱和电流 jīqū bǎohé diànliú Basissättigungsstrom *m*

基区电阻 jīqū diànzǔ Basiswiderstand *m*

基区厚度 jīqū hòudù Basisdicke *f*

基区宽度 jīqū kuāndù Basisweite *f*

基石 jīshí Grundstein *m*; Auflagerstein *m*; Fundament *n*

基数 jīshù Grundzahl *f*; Kardinalzahl *f*

基线 jīxiàn Grundlinie *f*; Basislinie *f*; Nulllinie *f*; Standlinie *f*; Bezugslinie *f*

基线测量仪 jīxiàn cèliángyí Basismessgerät *n*

基性岩 jīxìngyán Basit *m*

基岩 jīyán Grundgestein *n*; Muttergestein *n*; Felsenstein *m*; Grundgebirge *n*; Kernfels *m*

基因 jīyīn Gen *n*; Erbfaktor *m*

基因突变 jīyīn tūbiàn Genmutation *f*; Genovariation *f*; Punktmutation *f*

基因型 jīyīnxíng Genotyp *m*; Erbtyp *m*; Erbbild *n*; Genotypus *m*

基址寄存器 jīzhǐ jìcúnqì Register der Basisadresse

基质 jīzhì Substrat *n*

基轴 jīzhóu Einheitswelle *f*; Bezugsachse *f*

基轴制 jīzhóuzhì Einheitswellensystem *n*

基准地址 jīzhǔn dìzhǐ 〈计〉 Basisadresse *f*

基准点 jīzhǔndiǎn Normalnullpunkt *m*; Normalpunkt *m*; Auflagerpunkt *m*; Bezugspunkt *m*; Normalfixpunkt *m*; Vergleichsziel *n*

基准电源 jīzhǔn diànyuán Referenz-

J

spannungsquelle *f*

基准脉冲 jīzhǔn màichōng Bezugsimpuls *m*

基准面 jīzhǔnmiàn Bezugsniveau *n*; Bezugsfläche *f*; Bezugsebene *f*

基准频率 jīzhǔn pínlǜ Referenzfrequenz *f*; Bezugsfrequenz *f*

基准线 jīzhǔnxiàn Bezugslinie *f*; Standlinie *f*; Nulllinie *f*; Virgula *f*

基座 jīzuò Sockel *m*; Basis *f*; Fundament *n*; Fuß *m*

畸变 jībiàn verzerren; Verzerrung; Distorsion *f*

畸变计 jībiànjì Verzerrungsmesser *m*

畸变透镜 jībiàn tòujìng Zerrlinse *f*

畸变信息 jībiàn xìnxī verstümmelte Information

畸形 jīxíng Missbildung *f*; Anomalie *f*; Abnormität *f*; Verunstaltung *f*

畸形足 jīxíngzú Knickfuß *m*; Klumpfuß *m*

激波 jībō Verdichtungswelle *f*; Stoßwelle *f*; Schockwelle *f*

激磁 jīcí erregen; magnetisieren; Erregung *f*; Magnetisierung *f*

激磁电路 jīcí diànlù Magnetisierungsstrom *m*; Erregungsstrom *m*

激发 jīfā erregen; anregen; Anregung *f*; Erregung *f*

激发原子 jīfā yuánzǐ angeregtes Atom

激光 jīguāng Laser *m*

激光棒 jīguāngbàng Laserstab *m*

激光测距仪 jīguāng cèjùyí Laserentfernungsmesser *m*; Laserentfernungsmessgerät *n*

激光唱机 jīguāng chàngjī CD-Player *m*; CD-Spieler *m*

激光唱片 jīguāng chàngpiàn CD-Platte *f*; CD *f*; Compact Disc *f* (Compact Disk *f*)

激光存储器 jīguāng cúnchǔqì Laserspeicher *m*

激光打印机 jīguāng dǎyìnjī Laserdrucker *m*

激光发射机 jīguāng fāshèjī Lasersender *m*

激光反射器 jīguāng fǎnshèqì Laserreflektor *m*; Laserspiegel *m*

激光放电管 jīguāng fàngdiànguǎn Laserrohr *n*

激光辐射 jīguāng fúshè Laserstrahlung *f*; Laseremission *f*

激光光谱 jīguāng guāngpǔ Laserspektrum *n*

激光光束 jīguāng guāngshù Laserstrahl *m*

激光技术 jīguāng jìshù Lasertechnik *f*

激光雷达 jīguāng léidá Laserradar *n*

激光脉冲 jīguāng màichōng Laserimpuls *m*

激光器 jīguāngqì Lasergerät *n*; Laser *m*; optischer Maser

激光器功率 jīguāngqì gōnglǜ Laserleistung *f*

激光设备 jīguāng shèbèi Laseranlage *f*

激光射线 jīguāng shèxiàn Laserstrahl *m*

激光束 jīguāngshù Laserstrahl *m*

激光通信 jīguāng tōngxìn Laser-(nachrichten)verbindung *f*

激光物理学 jīguāng wùlǐxué Laserphysik *f*

激光武器 jīguāng wǔqì Lasergewehr *n*

激光系统 jīguāng xìtǒng Lasersystem *n*

激光仪器 jīguāng yíqì Lasergerät *n*

激弧管 jīhúguǎn Excitron *n*

激励电流 jīlì diànliú Erregerstrom

m; Erregungsstrom m

激励电压 jīlì diànyā Erregerspannung f; Steuerspannung f

激励器 jīlìqì Erreger m; Treiber m; Erregermaschine f; Aktivator m

激励线圈 jīlì xiànquān Treiberwicklung f

激冷 jīlěng abschrecken

激冷时效 jīlěng shíxiào Abschreckalterung f

激射光束 jīshè guāngshù Laserlichtstrahl m

激素 jīsù Hormon n

激素的 jīsùde hormonal

激增 jīzēng sprunghaft ansteigen; rapides Wachstum

激子 jīzǐ Exciton n; Exziton n; Baryon n

吉普车 jípǔchē Jeep m

即插即用 jíchājíyòng Plug and play n

即插即用功能 jíchājíyòng gōngnéng Plug-and-play-Funktion f

汲水 jíshuǐ Wasserschöpfung f

级 jí Grad m; Stufe f

级联 jílián〈电〉Kaskade f

级联放大器 jílián fàngdàqì Kaskadenverstärker m

级联控制 jílián kòngzhì Kaskadensteuerung f

级联限幅器 jílián xiànfúqì Kaskadenbegrenzer m

级数 jíshù Reihe f; Reihenansatz m; Progression f; Serie f

极 jí Pol m; Erdpol m

极板 jíbǎn Elektrodenblech n; Platte f

极地冰 jídìbīng Polareis n

极地冰冠 jídì bīngguàn Polkappen pl; polare Eiskappen

极端 jíduān Extrem n

极光 jíguāng Polarlicht n; Aurora f

极弧 jíhú Polbogen m

极化电池 jíhuà diànchí Polarisationsbatterie f

极化度 jíhuàdù Polarisierbarkeit f

极化角 jíhuàjiǎo Polarisationswinkel m

极化率 jíhuàlǜ Polarisierbarkeit f

极化平面 jíhuà píngmiàn Polarisationsebene f

极化曲线 jíhuà qūxiàn Polarisationskurve f

极化性 jíhuàxìng Polarität f; Polarisierbarkeit f

极化作用 jíhuà zuòyòng Polarisierung f

极角 jíjiǎo〈数〉Anomalie f

极距 jíjù Polabstand m

极壳 jíké Polschuh m

极圈 jíquān Polarkreis m

极数 jíshù Polzahl f

极限 jíxiàn Grenze f; Grenzwert m; Extrem n; Limit n

极限波 jíxiànbō Grenzwelle f

极限尺寸 jíxiàn chǐcùn Grenzmaß n

极限的 jíxiànde extrem

极限电流 jíxiàn diànliú Grenzstrom m

极限电流强度 jíxiàn diànliú qiángdù Grenzstromstärke f

极限负载 jíxiàn fùzài Grenzbelastung f; Grenzlast f

极限功率 jíxiàn gōnglǜ Grenzleistung f

极限力矩 jíxiàn lìjǔ Grenzmoment n

极限频率 jíxiàn pínlǜ Grenzfrequenz f

极限情况 jíxiàn qíngkuàng Grenzfall m

极限湿度 jíxiàn shīdù Grenznässe f

极限速度 jíxiàn sùdù Grenzge-

J

schwindigkeit *f*

极限温度 jíxiàn wēndù Grenztemperatur *f*

极限形变 jíxiàn xíngbiàn Grenzverformung *f*

极限压力 jíxiàn yālì Grenzdruck *m*

极限应力 jíxiàn yìnglì Grenzbeanspruchung *f*; Grenzspannung *f*

极限真空 jíxiàn zhēnkōng Grenzvakuum *n*

极限值 jíxiànzhí Grenzwert *m*; Grenzzahl *f*; Extremwert *m*; Extrem *n*

极限转数 jíxiàn zhuǎnshù Grenzdrehzahl *f*

极小的 jíxiǎode minimal

极性 jíxìng Polarität *f*; Polung *f*

极性的 jíxìngde polig

极性指示器 jíxìng zhǐshìqì Polsucher *m*

极值 jízhí Extremwert *m*; Grenzwert *m*; Grenzzahl *f*; Extrem *n*

极座标 jízuòbiāo Polarkoordinate *f*

急救 jíjiù Nothilfe *f*; Notversorgung *f*; Notbehandlung *f*; Erste Hilfe leisten

急救箱 jíjiùxiāng Rettungskoffer *m*; Erste-Hilfe-Ausrüstung *f*; Verbandskasten *m*

急救站 jíjiùzhàn Erste-Hilfe-Station *f*

急刹车 jíshāchē scharf bremsen

急速 jísù sich beeilen

急速的 jísùde flink; schnell; rapide

急速行驶 jísù xíngshǐ im schnellsten Tempo rennen/laufen

急性病 jíxìngbìng akute Krankheit

急性的 jíxìngde akut

急诊室 jízhěnshì Zimmer für Notfall- und Intensivbehandlung

疾病 jíbìng Krankheit *f*

疾病防治 jíbìng fángzhì Krankheitsvorbeugung und ärztliche Behandlung

集尘器 jíchénqì Staubsammler *m*; Staubfänger *m*

集成 jíchéng integrieren

集成的 jíchéngde integriert; integral

集成电路 jíchéng diànlù integrierte Schaltung; integrierter Schaltkreis（IC, IS）

集成电路工艺 jíchéng diànlù gōngyì Technologie des integrierten Schaltsystems

集成逻辑电路 jíchéng luójí diànlù integrierte Logik

集电 jídiàn Stromabnahme *f*

集电弓 jídiàngōng Stromabnehmer *m*

集电极 jídiànjí Kollektorelektrode *f*; Kollektor *m*; Collector *m*; Auffangelektrode *f*; Sammelelektrode *f*; Stromwender *m*; Abnehmeelektrode *f*

集电极电压 jídiànjí diànyā Kollektorspannung *f*

集电极反向电流 jídiànjí fǎnxiàng diànliú Kollektorsperrstrom *m*

集电器 jídiànqì Kollektor *m*; Stromabnehmer *m*

集肤电流 jífū diànliú Wandstrom *m*

集肤效应 jífū xiàoyìng Skineffekt *m*; Oberflächeneffekt *m*

集合 jíhé Aggregation *f*; Menge *f*

集合论 jíhélùn Mengenlehre *f*

集合体 jíhétǐ Aggregat *n*; Gehäufe *n*

集极电流 jíjí diànliú Kollektorstrom *m*

集块岩 jíkuàiyán Agglomerat *n*

集流环 jíliúhuán Kommutatorring *m*

集流器 jíliúqì Abgreifer *m*; Sammelkasten *m*; Kollektor *m*

集论 jílùn Mengenlehre f

集气器 jíqìqì Gassammelgefäß n; Gasfang m; Gassammler m

集水池 jíshuǐchí Sammelteich m; Sammelbecken n; Sammelbassin n

集水地区 jíshuǐ dìqū Wasserfassungsgelände n

集水工程 jíshuǐ gōngchéng Wasserfang m

集水管 jíshuǐguǎn Sammelrohr n

集水装置 jíshuǐ zhuāngzhì Wasserfassungsanlage f

集团 jítuán Block m; Clique f; Gruppe f

集油槽 jíyóucáo Ölfangnut f; Ölfangrille f

集油器 jíyóuqì Auffangbecher m; Ölfangbehälter m; Ölfänger m

集中 jízhōng konzentrieren; zentralisieren; sammeln; anhäufen; Konzentration f; Zentralisierung f

集中的 jízhōngde konzentrisch

集装箱 jízhuāngxiāng Container m

集装箱挂车 jízhuāngxiāng guàchē Containeranhänger m

集装箱火车 jízhuāngxiāng huǒchē Containerzug m

集装箱运输 jízhuāngxiāng yùnshū Containerverkehr m

集装箱转运 jízhuāngxiāng zhuǎnyùn Containerumschlag m

集资 jízī Geld sammeln; Kapital beschaffen; Fonds gründen

棘轮 jílún Ratsche f; Stoßrad n; Schaltrad n

棘轮掣子 jílún chèzǐ Ratschenklinke f

棘轮传动机构 jílún chuándòng jīgòu Ratschengetriebe n

棘轮制动器 jílún zhìdòngqì Ratschenbremse f

棘轮轴 jílúnzhóu Schalträderwelle f

棘皮动物 jípí dòngwù Stachelhäuter pl

棘爪 jízhuǎ Ritzel n; Sperrklinke f; Sperrhacken m; Absperrklaue f

棘爪式制动器 jízhuǎshì zhìdòngqì Klinkenbremse f

几何 jǐhé Geometrie f

几何的 jǐhéde geometrisch

几何符号 jǐhé fúhào geometrische Zeichen

几何级数 jǐhé jíshù geometrische Reihe / Folge / Progression

几何面积 jǐhé miànjī geometrische Fläche

几何声学 jǐhé shēngxué geometrische Akustik

几何失真 jǐhé shīzhēn geometrische Verzeichnung; geometrische Verzerrung

几何数据处理 jǐhé shùjù chǔlǐ geometrische Datenverarbeitung

几何衰减 jǐhé shuāijiǎn geometrische Dämpfung

几何投影 jǐhé tóuyǐng geometrische Projektion

几何相似 jǐhé xiāngsì geometrische Ähnlichkeit

几何形状的 jǐhé xíngzhuàngde geometrisch

几何学 jǐhéxué Geometrie f

几何学的 jǐhéxuéde geometrisch

挤 jǐ pressen; ausdrücken; auspressen

挤出 jǐchū herausdrücken

挤奶器 jǐnǎiqì Melkmaschine f

挤入 jǐrù eindrängen

挤压 jǐyā drücken; Strangpressen n; Pressen n

挤压机 jǐyājī Abpressmaschine f; Presswerk n; Auspressmaschine f

J

挤压螺纹 jǐyā luówén　gedrucktes Gewinde

给矿机 jǐkuàngjī Aufschütter *m*

给料机 jǐliàojī Aufschütter *m*; Zuteiler *m*

给水 jǐshuǐ Wasserversorgung *f*; Wasserzufuhr *f*

给水泵 jǐshuǐbèng Wasserversorgungspumpe *f*

给水工程 jǐshuǐ gōngchéng Leitwasserwerk *n*; Wasserversorgungsanlage *f*

给水管道 jǐshuǐ guǎndào Wasserversorgungsleitung *f*; Wasserzuleitungsrohr *n*; Wasserleitung *f*

给水设备 jǐshuǐ shèbèi Wasserversorgungsanlage *f*

给水输送 jǐshuǐ shūsòng Speisewasserförderung *f*

给水隧洞 jǐshuǐ suìdòng Wasserversorgungsstollen *m*

给水系统 jǐshuǐ xìtǒng Wasserversorgungssystem *n*

给水装置 jǐshuǐ zhuāngzhì Speisewasserblock *m*

脊背 jǐbèi Rücken *m*

脊肌 jǐjī Rückenmuskel *m*

脊梁 jǐliáng Rückgrat *m*

脊梁骨 jǐliánggǔ Rückgratgrube *f*

脊神经 jǐshénjīng Spinalnerv *m*

脊髓 jǐsuǐ Rückenmark *m*

脊髓灰质炎 jǐsuǐ huīzhìyán spinale Kinderlähmung

脊柱 jǐzhù Wirbelsäule *f*; Rückgrat *n*

脊椎 jǐzhuī Wirbel *m*; Vertebra *f*

脊椎动物 jǐzhuī dòngwù Wirbeltier *n*; Vertebraten *pl*

计程表 jìchéngbiǎo Kilometerzähler *m*

计程车 jìchéngchē Wagen mit einem Taxometer; Taxi mit einem Taxometer

计划 jìhuà planen; Plan *m*; Projekt *n*; Programmation *f*; Planung *f*

计划检修 jìhuà jiǎnxiū planmäßige Instandhaltung

计划年度 jìhuà niándù Planjahr *n*

计件 jìjiàn nach der Stückzahl berechnen

计件工作 jìjiàn gōngzuò Akkord *m*; Akkordarbeit *f*; Stückarbeit *f*

计量 jìliáng messen; Messung *f*

计量单位 jìliáng dānwèi Maßeinheit *f*; Maß *n*

计量器 jìliángqì Messer *m*; Messgerät *n*

计量学 jìliángxué Metrologie *f*; Maßkunde *f*

计入 jìrù einbegreifen; einbeziehen

计入的 jìrùde einbegriffen; einbezogen

计时 jìshí Zeiteinstellung *f*; nach Zeit berechnen

计时器 jìshíqì Zeitmesser *m*; Zeitgeber *m*; Zeitschreiber *m*

计示大气压 jìshì dàqìyā Atmosphärenüberdruck *m*

计示压力 jìshì yālì Atmosphärenüberdruck *m*

计数 jìshù zählen; nummerieren; Zählung *f*; Ablesung *f*

计数的 jìshùde digital

计数电路 jìshù diànlù Zählerschaltung *f*

计数管 jìshùguǎn Zählrohr *n*

计数结果 jìshù jiéguǒ Zählerergebnis *n*

计数链 jìshùliàn Zählkette *f*

计数脉冲 jìshù màichōng Zählimpuls *m*

计数频率 jìshù pínlǜ 〈计〉 Zählfrequenz *f*

计数器 jìshùqì Zähler *m*; Zählwerk *n*; Zählvorrichtung *f*; Abzählgerät *n*; Zählgerät *n*; Zählapparat *m*; Zählschaltung *f*

计数器内容 jìshùqì nèiróng Zählerinhalt *m*

计数器容量 jìshùqì róngliàng Zählerkapazität *f*

计算 jìsuàn rechnen; berechnen; ausrechnen; zählen; kalkulieren; errechnen; auswerten; Rechnen *n*; Kalkulieren *n*; Berechnung *f*; Rechnung *f*; Kalkulation *f*; Ausrechnung *f*

计算表 jìsuànbiǎo Rechentafel *f*; Berechnungstafel *f*

计算程序 jìsuàn chéngxù Berechnungsgang *m*; Berechnungsprogramm *n*

计算尺 jìsuànchǐ Rechenschieber *m*

计算出 jìsuànchū ausrechnen

计算的 jìsuànde kalkulatorisch

计算方法 jìsuàn fāngfǎ Berechnungsmethode *f*; Berechnungsverfahren *n*; Berechnungsweise *f*

计算公式 jìsuàn gōngshì Berechnungsformel *f*; Rechenformel *f*

计算机 jìsuànjī Rechenmaschine *f*; Computer *m*; Rechner *m*; Zähler *m*; Berechner *m*; Rechenautomat *m*; Berechnungsmaschine *f*; Rechenanlage *f*

计算机病毒 jìsuànjī bìngdú Computervirus *m/n*; Computerwurm *m*

计算机游戏 jìsuànjī yóuxì Computerspiel *n*

计算机语言 jìsuànjī yǔyán Computersprache *f*

计算机语言学 jìsuànjī yǔyánxué Computerlinguistik *f*

计算机侦缉 jìsuànjī zhēnjī Computerfahndung *f*; Rasterfahndung *f*

计算机诊断法 jìsuànjī zhěnduànfǎ Computerdiagnostik *f*

计算机指令 jìsuànjī zhǐlìng Computerbefehl *m*

计算机制图 jìsuànjī zhìtú Computergrafik *f*

计算机系统性故障 jìsuànjī xìtǒngxìng gùzhàng Computerabsturz *m*

计算机资源 jìsuànjī zīyuán Computerressourcen *pl*

计算基本原理 jìsuàn jīběn yuánlǐ Berechnungsgrundlage *f*

计算级 jìsuànjí Zählstufe *f*

计算理论 jìsuàn lǐlùn Theorie der Computation

计算量 jìsuànliàng Berechnungsgröße *f*

计算器 jìsuànqì Rechengerät *n*; Zähler *m*; Kalkulator *m*

计算软件 jìsuàn ruǎnjiàn Kalkulationsprogramm *n*

计算室 jìsuànshì Zählkammer *f*

计算数据 jìsuàn shùjù Berechnungsunterlage *f*

计算图 jìsuàntú Rechentafel *f*

计算误差 jìsuàn wùchā Rechenfehler *m*

计算效率 jìsuàn xiàolǜ errechneter Wirkungsgrad

计算元件 jìsuàn yuánjiàn Rechenelement *n*

计算值 jìsuànzhí Berechnungswert *m*; Rechenwert *m*; Rechnungswert *m*; Auslegungsgröße *f*

计算指令 jìsuàn zhǐlìng Rechenaufgabe *f*

计算转向语句 jìsuàn zhuǎnxiàng yǔjù berechnete Sprunganweisung; Anweisung für berechneten Sprung

记波法 jìbōfǎ Kymografie *f*

J

记步器 jìbùqì Pedometer *n*; Schrittzähler *m*

记号 jìhào Anzeichen *n*; Kennzeichen *n*; Merkzeichen *n*; Markierung *f*; Marke *f*; Kennung *f*

记录 jìlù aufschreiben; registrieren; protokollieren; aufzeichnen; Aufzeichnung *f*; Protokoll *n*

记录磁头 jìlù cítóu Schreibkopf *m*

记录器 jìlùqì Register *n*; Schreiber *m*; Registriergerät *n*; Kodiermaschine *f*

记录数据 jìlù shùjù registrieren

记录仪器 jìlù yíqì aufzeichnendes Instrument

记录员 jìlùyuán Registrator *m*

记时器 jìshíqì Zeitschreiber *m*; Zeitgeber *m*; Chronograf *m*

记性 jìxìng Gedächtnis *n*; Erinnerungsvermögen *n*

记忆 jìyì sich erinnern; sich etw. ins Gedächtnis rufen; Erinnerung *f*; Gedächtnis *n*

记忆磁化 jìyì cíhuà eingeprägte Magnetisierung

记忆管 jìyìguǎn Speicherröhre *f*

记忆力 jìyìlì Gedächtnis *n*; Erinnerungskraft *f*; Retention *f*

记忆性 jìyìxìng Gedächtnis *n*

技能 jìnéng Kunst *f*; Geschicklichkeit *f*; technische Fähigkeit; Befähigung *f*; Qualifikation *f*

技巧 jìqiǎo Kunstfertigkeit *f*; handwerkliches Können; handwerkliches Geschick

技师 jìshī Techniker *m*; qualifizierte technische Fachkraft

技术 jìshù Technik *f*; Technologie *f*

技术标准 jìshù biāozhǔn technischer Maßstab; technischer Standard

技术的 jìshùde technisch

技术管理 jìshù guǎnlǐ technische Verwaltung

技术监督 jìshù jiāndū technische Kontrolle

技术密集型产业 jìshù mìjíxíng chǎnyè technikintensive Betriebe

技术数据 jìshù shùjù technishe Daten

技术说明 jìshù shuōmíng technische Beschreibung

技术员 jìshùyuán Techniker *m*

系 jì zubinden; wnwickeln; festbinden

系上安全带 jìshàng ānquándài angurten

迹线 jìxiàn Spurlinie *f*

季 jì Jahreszeit *f*; Saison *f*; Jahresviertel *n*; Quartal *n*

季度 jìdù Vierteljahr *n*; Quartal *n*

季风 jìfēng Monsun *m*

剂量 jìliàng Dosis *f*; Dose *f*

剂量计 jìliàngjì Dosimeter *n*; Dosismesser *m*

继电器 jìdiànqì Relais *n*; Gerät, das mit der ihm zugeleiteten geringen Energie einen starken ortlichen Stromkreis einschaltet

继电器簧片 jìdiànqì huángpiàn Ankerblatt *n*

继电器控制 jìdiànqì kòngzhì Relaissteuerung *f*

继续 jìxù fortsetzen; weiterführen; fortdauern; Fortsetzung *f*

继续的 jìxùde fortlaufend; fortdauernd; weiter; ständig

继续起动信号 jìxù qǐdòng xìnhào Weiterstartsignal *n*

寄存器 jìcúnqì Register *n*; Speicher *m*; Speicherzelle *f*; Akkumulator *m*

寄存器存储器 jìcúnqì cúnchǔqì Registerspeicher *m*

寄存器地址 jìcúnqì dìzhǐ 〈计〉 Registeradresse *f*

寄存器脉冲步 jìcúnqì màichōngbù Registerschritt *m*

寄存器内容保存 jìcúnqì nèiróng bǎocún Registeraufbewahrung *f*

寄存器增量 jìcúnqì zēngliàng Registerinkrement *n*

寄发 jìfā senden; schicken; 〈经〉 spendieren

寄生 jìshēng Schmarotzertum *n*; Parasitismus *m*

寄生波 jìshēngbō Störwelle *f*

寄生虫 jìshēngchóng Schmarotzer *m*; Parasit *m*

寄生电流 jìshēng diànliú Streustrom *m*

寄生动物 jìshēng dòngwù Parasiten *pl*

寄生频率 jìshēng pínlǜ Störfrequenz *f*

寄送 jìsòng senden; schicken

加 jiā plus; zusammenzählen; addieren; Addition *f*; Addieren *n*

加倍 jiābèi verzweifachen; verdoppeln; duplizieren; duplieren

加倍的 jiābèide doppelt; verdoppelt

加插销 jiāchāxiāo verbolzen

加大 jiādà vergrößern; 〈建〉 ausbauen

加法 jiāfǎ Addition *f*

加法电路 jiāfǎ diànlù Additionsschaltung *f*

加法计数器 jiāfǎ jìshùqì Additionszähler *m*

加法器 jiāfǎqì Addierer *m*; Addiermaschine *f*; Addiereinrichtung *f*; Addierwerk *n*; Adder *m*

加法语句 jiāfǎ yǔjù 〈计〉 Additionsanweisung *f*

加法元件 jiāfǎ yuánjiàn Addierelement *n*

加负载 jiāfùzài belasten

加感 jiāgǎn Pupinisierung *f*

加感电缆 jiāgǎn diànlǎn Pupinkabel *n*

加感线圈 jiāgǎn xiànquān Pupinspule *f*

加感元件 jiāgǎn yuánjiàn Spulenfeld *n*

加高 jiāgāo erhöhen; Erhöhung *f*

加工 jiāgōng bearbeiten; verarbeiten; verformen; Bearbeitung *f*; Verarbeitung *f*; Behandlung *f*; Arbeitsablauf *m*

加工程序 jiāgōng chéngxù Verarbeitungsgang *m*

加工技术 jiāgōng jìshù Bearbeitungstechnik *f*

加工面 jiāgōngmiàn bearbeitete Fläche

加工损耗 jiāgōng sǔnhào Bearbeitungsverlust *m*

加工余量 jiāgōng yúliàng Bearbeitungszugabe *f*

加固 jiāgù befestigen; bestärken; verstärken; festigen; konsolidieren; Verstärkung *f*; Sicherung *f*

加号 jiāhào Pluszeichen *n*; Additionszeichen *n*; Plus *n*

加厚 jiāhòu verstärken; verdicken; dicker machen

加减器 jiājiǎnqì Addierer-Subtrahierer *m*; Adder-Subtraktor *m*

加筋 jiājīn berippen; Berippung *f*

加进 jiājìn einarbeiten; hinzufügen; beigeben

加聚作用 jiājù zuòyòng Polyaddition *f*

加快 jiākuài beschleunigen; beflügeln；akzelerieren

加宽 jiākuān verbreitern；erweitern；breiten；ausweiten；Erweiterung *f*

加肋条 jiālèitiáo berippen；Berippung *f*

加料 jiāliào Beladung *f*

加料系统 jiāliào xìtǒng Tankanlage *f*；Beschickungsanlage *f*；Speisevorrichtung *f*

加硫 jiāliú schwefeln

加仑 jiālún Gallon *n*；Gallone *f*

加满 jiāmǎn voll tanken

加浓管 jiānóngguǎn Anreicherungsrohr *n*

加浓装置 jiānóng zhuāngzhì Anreicherungseinrichtung *f*

加铅汽油 jiāqiān qìyóu Bleibenzin *n*

加强 jiāqiáng verstärken；bestärken；festigen；Verstärkung *f*

加氢过程 jiāqīng guòchéng Hydrierprozess *m*

加热 jiārè erhitzen；erwärmen；heizen；anheizen；aufwärmen；aufheizen；hitzen；warmlaufen；Beheizen *n*；Erhitzung *f*；Heizung *f*；Heizen *n*；Erwärmung *f*

加热材料 jiārè cáiliào Heizmaterial *n*

加热电路 jiārè diànlù Heizkreis *m*

加热方式 jiārè fāngshì Beheizungsart *f*

加热柜 jiārèguì Wärmeschrank *m*

加热剂 jiārèjì Beheizungsmittel *n*

加热器 jiārèqì Wärmer *m*；Heizapparat *m*；Heizkörper *m*；Erwärmer *m*；Erhitzer *m*；Heizgerät *n*；Heizelement *n*

加热强度 jiārè qiángdù Beheizungsintensität *f*

加热设备 jiārè shèbèi Heizapparat *m*；Heizanlage *f*

加热室 jiārèshì Erhitzungskammer *f*；Wärmeraum *m*

加热箱 jiārèxiāng Wärmeschrank *m*

加热元件 jiārè yuánjiàn Heizelement *n*；Heizkörper *m*

加入剂 jiārùjì Additionsprodukt *n*

加深 jiāshēn vertiefen

加湿 jiāshī Befeuchtung *f*

加数 jiāshù Addend *m*；Summand *m*

加数器寄存器 jiāshùqì jìcúnqì Addendenregister *n*

加速 jiāsù beschleunigen；akzelerieren；forcieren；Beschleunigung *f*；Beflügeln *n*

加速泵 jiāsùbèng Beschleunigerpumpe *f*

加速场 jiāsùchǎng Beschleunigungsfeld *n*

加速的 jiāsùde beschleunigt

加速电极 jiāsù diànjí Beschleunigungselektrode *f*

加速度 jiāsùdù Beschleunigung *f*；Akzeleration *f*

加速度测定器 jiāsùdù cèdìngqì Beschleunigungsmesser *m*

加速杆 jiāsùgān Gashebel *m*

加速功 jiāsùgōng Beschleunigungsarbeit *f*

加速功率 jiāsù gōnglǜ Beschleunigungsleistung *f*

加速剂 jiāsùjì Akzelerator *m*；Accelerator *m*

加速继电器 jiāsù jìdiànqì Anlasswächter *m*

加速力 jiāsùlì Beschleunigungskraft *f*；beschleunigende Kraft

加速器 jiāsùqì Beschleuniger *m*；Förderer *m*；Beschleunigungsmittel *n*；Akzelerator *m*；Accelerator *m*

加速踏板 jiāsù tàbǎn Accelerator *m*；Beschleunigungspedal *n*；Ak-

zeleratorpedal *n*; Gaspedal *n*;
Fahrfußhebel m

加速系统 jiāsù xìtǒng Beschleuni-
gungssystem *n*

加速运动 jiāsù yùndòng beschleu-
nigte Bewegung

加速周期 jiāsù zhōuqī Beschleuni-
gungsperiode *f*

加速装置 jiāsù zhuāngzhì Beschleu-
nigungsanlage *f*

加糖 jiātáng zuckern; süßen; Süßen
n

加添 jiātiān hinzufügen; ergänzen;
Addition *f*

加温 jiāwēn erwärmen; erhitzen

加压 jiāyā abpressen; druckfest ma-
chen; unter Druck setzen; Druck-
belastung *f*; Druckbeaufschlagung
f; Kompression *f*

加盐 jiāyán salzen

加油 jiāyóu ölen; schmieren; tanken;
Betankung *f*

加油泵 jiāyóubèng Abfüllpumpe *f*

加油飞机 jiāyóu fēijī Tankflugzeug
n; Lufttanker m

加油管 jiāyóuguǎn Betankungslei-
tung *f*

加油孔 jiāyóukǒng Betankungsöff-
nung *f*; Ölbohrung *f*; Schmier-
loch *n*

加油口 jiāyóukǒu Betankungsstutzen
m

加油连接管 jiāyóu liánjiēguǎn Be-
tankungsstutzen m

加油器 jiāyóuqì Öler m; Schmierapp-
parat m

加油站 jiāyóuzhàn Tankstelle *f*;
Tankstation *f*

加载 jiāzài belasten; beladen; auf-
laden

加载天线 jiāzài tiānxiàn belastete

Antenne

夹板 jiābǎn Klemmplatte *f*; Klemm-
brett *n*; Klampe *f*; 〈医〉Schiene
f

夹角 jiājiǎo 〈数〉eingeschlossener
Winkel

夹紧 jiājǐn einspannen; einklem-
men; Klemmen *n*; Klemmung *f*

夹紧杆 jiājǐngān Klemmhebel m

夹紧环 jiājǐnhuán Befestigungsring
m; Spannring m; Klemmring m

夹紧力 jiājǐnlì Spannkraft *f*; Klemm-
kraft *f*

夹紧联轴节 jiājǐn liánzhóujié Klemm-
kupplung *f*

夹紧装置 jiājǐn zhuāngzhì Aufspann-
vorrichtung *f*; Klemmvorrichtung *f*

夹具 jiājù Klemmvorrichtung *f*;
Spannvorrichtung *f*; Einspannvor-
richtung *f*; Aufspannvorrichtung *f*;
Aufspannanlage *f*; Spannschlüs-
sel m; Klemmer m; Stahlhat-
ter m; Halter m; Klemme *f*;
Spanner m

夹盘 jiāpán Klemmfutter *n*; Spann-
futter *n*; Futter *n*

夹钳 jiāqián Kneifzange *f*; Beiß-
zange *f*; Greifzange *f*; Greifbacken
m; Spange *f*; Kluppe *f*; Zangen-
biss m

夹头 jiātóu Fassung *f*; Spannkopf m

夹杂 jiāzá durchsetzen; vermischen

夹杂的 jiāzáde zusammengemischt;
durcheinandergemischt

夹住 jiāzhù festklemmen; klemmen;
klammern

家畜 jiāchù Haustier *n*

家(用)电(器) jiā(yòng) diàn(qì)
elektrische Geräte für Familien-
gebrauch

家庭护理员 jiātíng hùlǐyuán Hauspfleger *m*

颊 jiá Wange *f*; Backe *f*

甲板 jiǎbǎn Bord *m*; Deck *n*

甲苯 jiǎběn Toluol *n*; Metylbenzol *n*

甲醇 jiǎchún Methylalkohol *m*; Methanol *n*; Karbinol *n*; Carbinol *n*

甲酚 jiǎfēn Kresol *n*

甲沟炎 jiǎgōuyán Paronychie *f*; Nagelwallentzündung *f*

甲基 jiǎjī Methyl *n*

甲壳类 jiǎkélèi Krebstier *n*; Krustentier *n*

甲醛 jiǎquán Formaldehyd *n*; Methanal *n*; Methylaldehyd *n*

甲酸 jiǎsuān Ameisensäure *f*; Methansäure *f*

甲酮 jiǎtóng Keton *n*

甲烷 jiǎwán Methan *n*; Grubengas *n*; Torfgas *n*; Sumpfgas *n*

甲状腺 jiǎzhuàngxiàn 〈生理〉 Schilddrüse *f*

甲状腺功能 jiǎzhuàngxiàn gōngnéng Schilddrüsen-Funktion *f*

甲状腺机能减退 jiǎzhuàngxiàn jīnéng jiǎntuì Hypothyroidismus *m*; Hypothyreosis *f*; Hypothyreose *f*

甲状腺机能亢进 jiǎzhuàngxiàn jīnéng kàngjìn Hyperthyroidismus *m*; Hyperthyreosis *f*; Schilddrüsenüberfunktion *f*; Hyperthyreose *f*

甲状腺炎 jiǎzhuàngxiànyán Schilddrüsenentzündung *f*; Thyroiditis *f*

甲状腺肿 jiǎzhuàngxiànzhǒng Kropf *m*; Struma *f*

钾 jiǎ Kalium *n*

钾肥 jiǎféi Kaliumdünger *m*; Kalidünger *m*

钾碱 jiǎjiǎn Pottasche *f*; Kaliumkarbonat *n*

钾盐 jiǎyán Sylvin *n*; Kaliumchlorid *n*; Kalisalz *n*; Kali *n*

假保险丝 jiǎbǎoxiǎnsī Blindsicherung *f*

假的 jiǎde falsch; künstlich

假定 jiǎdìng annehmen; Annahme *f*; Hypothese *f*

假定的 jiǎdìngde hypothetisch; angenommen; vorausgesetzt; fiktiv

假分数 jiǎfēnshù unechter Bruch

假负载 jiǎfùzài künstliche Last

假晶 jiǎjīng Pseudomorphose *f*

假晶的 jiǎjīngde paramorph

假名 jiǎmíng Alias *n*; Pseudonym *n*;

假设 jiǎshè annehmen; voraussetzen; Annahme *f*; Hypothese *f*

假设的 jiǎshède hypothetisch; angenommen; vorausgesetzt

假说 jiǎshuō Hypothese *f*

假想的 jiǎxiǎngde hypothetisch; imaginär

价 jià Valenz *f*; Wertigkeit *f*

价电子 jiàdiànzǐ Valenzelektron *n*; Wertigkeitselektron *n*

价键 jiàjiàn Wertigkeitsbindung *f*

价值 jiàzhí Wert *m*; Geltung *f*; Bedeutung *f*

价值规律 jiàzhí guīlǜ Wertgesetz *n*

价值形式 jiàzhí xíngshì Wertform *f*

驾驶 jiàshǐ lenken; führen; fahren; steuern; Steuerung *f*

驾驶舱 jiàshǐcāng Pilotenraum *m*; Pilotenkabine *f*; Pilotenkanzel *f*; Cockpit *n*; Besatzungsraum *m*

驾驶杆 jiàshǐgān Lenkstange *f*; Steuerknüppel *m*

驾驶盘 jiàshǐpán Steuerrad *n*

驾驶室 jiàshǐshì Führerhaus *n*; Fahrerhaus *n*; Fahrerkabine *f*

驾驶员 jiàshǐyuán Fahrer *m*; Pilot *m*

驾驶员门 jiàshǐyuánmén Fahrertür *f*

驾驶员座位 jiàshǐyuán zuòwèi Fahrersitz *m*; Fahrerplatz *m*

驾驶执照 jiàshǐ zhízhào Führerschein *m*; Fahrerlaubnis *f*

架 jià Rahmen *m*; Gestell *n*; Gerüst *n*; Fach *n*

架空电缆 jiàkōng diànlǎn Luftkabel *n*; Hochleitung *f*; oberirdisches Kabel

架空电线 jiàkōng diànxiàn Freileitung *f*; Fahrleitung *f*

架空索道 jiàkōng suǒdào Hängebahn *f*; Drahtseilbahn *f*; Schwebebahn *f*; Kabelbahn *f*

架空天线 jiàkōng tiānxiàn oberirdische Antenne; Hochantenne *f*

架空线 jiàkōngxiàn Hochleitung *f*; Freileitung *f*

架桥 jiàqiáo Brücke bauen; Brückenbau *m*; Brückenschlag *m*

架设 jiàshè anlegen; aufstellen; Auslegung *f*

架设线路 jiàshè xiànlù trassieren; Trassierung *f*; Leitungsverlegung *f*

架线 jiàxiàn Verdrahtung *f*; Leitungsverlegung *f*

架子 jiàzi Regal *n*; Ständer *m*; Gestell *n*; Gerüst *n*; Zarge *f*

嫁接 jiàjiē okulieren; durch Pfropfung veredeln; anpfropfen; anschäften

尖端 jiānduān Spitze *f*; am höchsten entwickelt

尖端放电 jiānduān fàngdiàn Spitzenentladung *f*

尖端技术 jiānduān jìshù Extremtechnik *f*; Spitzentechnik *f*; Spitzenleistung der Technik

尖端科学 jiānduān kēxué höchstentwickelte Wissenschaft; Spitzenwissenschaften *pl*

尖角 jiānjiǎo Zacke *f*

尖角状的 jiānjiǎozhuàngde zackenförmig

尖括号 jiānkuòhào spitze Klammer

尖头 jiāntóu Zacke *f*; Spitze *f*

尖头车刀 jiāntóu chēdāo Spitzstahl *m*; eckig geschliffener Drehstahl

尖头信号 jiāntóu xìnhào Zacke *f*

艰巨 jiānjù Schwierigkeit *f*; Problematik *f*

艰巨的 jiānjùde mühsam; herkulisch; schwierig

艰难 jiānnán Beschwer *n*; Beschwerde *f*; Drangsal *f*; Schwierigkeit *f*

艰难的 jiānnánde schwer; schwierig; dornig

坚固 jiāngù Festigkeit *f*; Haltbarkeit *f*

坚固的 jiāngùde fest; solid; hart; stark; stabil

坚固性 jiāngùxìng Festigkeit *f*; Haltbarkeit *f*; Festigkeitsgrad *m*

坚韧的 jiānrènde zäh; beharrlich

坚实的 jiānshíde solid; fest; massiv

坚硬的 jiānyìngde hart

间距 jiānjù Intervall *n*; Abstand *m*; Zwischenweite *f*

肩 jiān Schulter *f*

肩胛骨 jiānjiǎgǔ Schulterblatt *n*

兼容的 jiānróngde kompatibel

兼容软件 jiānróng ruǎnjiàn kompatible Software

兼容性 jiānróngxìng Kompatibilität *f*

兼容硬件 jiānróng yìngjiàn kompatible Hardware

监测器 jiāncèqì Kontrollgerät *n*; Kontrollmonitor *m*; Suchgerät *n*

监督 jiāndū kontrollieren; überwachen; beaufsichtigen; Kontrolle *f*; Aufsicht *f*

监控器 jiānkòngqì Monitor *m*; Kontrollmonitor *m*

监控仪 jiānkòngyí Kontrollmonitor *m*; Prüfgerät *n*

监视 jiānshì überwachen; beaufsichtigen; Überwachung *f*

监视器 jiānshìqì Wachhund *m*; Wächter *m*; Monitor *m*; Überwachungsinstrument *n*; Ablaufüberwachungseinheit *f*

拣选 jiǎnxuǎn wählen; auslesen; Auslese *f*

拣选筛 jiǎnxuǎnshāi Sortiersieb *n*

捡石机 jiǎnshíjī Steinsammler *m*

检波 jiǎnbō Detektion *f*; Demodulation von Schwingungen

检波电流 jiǎnbō diànliú Demodulationsstrom *m*

检波二极管 jiǎnbō èrjíguǎn Demodulatordiode *f*

检波管 jiǎnbōguǎn Ventilröhre *f*; Gleichrichterröhre *f*; Detektorröhre *f*

检波器 jiǎnbōqì Gleichrichter *m*; Wellenanzeiger *m*; Demodulator *m*; Detektor *m*

检波作用 jiǎnbō zuòyòng Detektorwirkung *f*

检测 jiǎncè Überwachung *f*

检测 jiǎncè testen

检测装置 jiǎncè zhuāngzhì Überwachungseinrichtung *f*

检查 jiǎnchá prüfen; untersuchen; überprüfen; nachprüfen; kontrollieren; Kontrolle *f*; Inspektion *f*; Durchsicht *f*; Revision *f*

检查孔 jiǎnchákǒng Schauloch *n*

检定 jiǎndìng eichen; Eiche *f*

检定器 jiǎndìngqì Komparator *m*

检流计 jiǎnliújì Galvanometer *n*

检流器 jiǎnliúqì Detektor *m*; Stromprüfer *m*; Galvanoskop *n*

检漏 jiǎnlòu Leckstrom suchen

检漏器 jiǎnlòuqì Lecksucher *m*

检索 jiǎnsuǒ abfragen; durchsuchen; suchen; Abfrage *f*; Suche *f*

检修 jiǎnxiū überprüfen und reparieren; Überholung und Reparatur

检验 jiǎnyàn testen; erproben; ausprobieren; überprüfen; prüfen; nachprüfen; proben; Probe *f*; Kontrolle *f*; Prüfung *f*; Untersuchung *f*; Durchsicht *f*; Inspektion *f*

检验报告 jiǎnyàn bàogào Prüfbericht *m*

检验标准 jiǎnyàn biāozhǔn Kontrollnorm *f*

检验程序 jiǎnyàn chéngxù Testprogramm *n*

检验量规 jiǎnyàn liàngguī Prüflehre *f*; Abnahmelehre *f*; Kontrolllehre *f*

检验器 jiǎnyànqì Prober *m*

检验室 jiǎnyànshì Prüfraum *m*; Prüfanstalt *f*

检验台 jiǎnyàntái Probentisch *m*

检验台试验 jiǎnyàntái shìyàn Prüfstandversuch *m*

检验物 jiǎnyànwù Prüfling *m*

检验系统 jiǎnyàn xìtǒng Kontrollsystem *n*

检验证明书 jiǎnyàn zhèngmíngshū Prüfschein *m*; Prüfungszeugnis *n*

检疫 jiǎnyì Quarantäne *f*

检疫站 jiǎnyìzhàn Quarantänestation *f*

减 jiǎn minus; subtrahieren; abziehen; Subtraktion *f*

减除 jiǎnchú subtrahieren

减低 jiǎndī herabsetzen; ermäßigen; verringern

减法 jiǎnfǎ Subtraktion *f*

减法电路 jiǎnfǎ diànlù Subtraktionsschaltung *f*

减法语句 jiǎnfǎ yǔjù 〈计〉 Subtraktionsanweisung *f*

减幅率 jiǎnfúlǜ Dekrement *n*

减号 jiǎnhào Minuszeichen *n*

减缓 jiǎnhuǎn verlangsamen; drosseln

减摩 jiǎnmó Antifriktion *f*

减摩滚子 jiǎnmó gǔnzi Antifrikationsrolle *f*

减摩合金 jiǎnmó héjīn Antifriktionslegierung *f*

减摩轴承 jiǎnmó zhóuchéng Antifrikationslager *n*

减轻 jiǎnqīng mildern; nachlassen; erleichtern; Remission *f*; Erleichterung *f*

减去 jiǎnqù abziehen; subtrahieren; abzüglich

减弱 jiǎnruò schwächen; nachlassen; schwächer werden; abschwächen; abspannen

减少 jiǎnshǎo mindern; verringern; reduzieren; abkürzen; vermindern; abnehmen; erniedrigen; Abstrich *m*; Minderung *f*

减声 jiǎnshēng Schalldämmung *f*

减声器 jiǎnshēngqì Schalldämpfer *m*

减湿器 jiǎnshīqì Entfeuchter *m*

减数 jiǎnshù Subtrahend *m*

减速 jiǎnsù abbremsen; verlangsamen; moderieren; Reduktion *f*; Geschwindigkeitsabnahme *f*; Abbremsung *f*; Retardation *f*; Reduzierung *f*; Geschwindigkeit herabsetzen; Geschwindigkeit verringern

减速板 jiǎnsùbǎn Bremsklappe *f*

减速场 jiǎnsùchǎng Bremsfeld *n*

减速齿轮 jiǎnsù chǐlún Getriebe *n*; Untersetzer *m*; Untersetzungsge-

triebe *n*

减速的 jiǎnsùde untersetzt

减速电场管 jiǎnsù diànchǎngguǎn Bremsfeldröhre *f*

减速度 jiǎnsùdù Verlangsamung *f*; Verzögerung *f*; Retardation *f*; negative Beschleunigung; reduzierte Geschwindigkeit

减速火箭 jiǎnsù huǒjiàn Bremsrakete *f*

减速剂 jiǎnsùjì Bremsmittel *n*; Moderator *m*; Bremssubstanz *f*; Bremsstoff *m*

减速器 jiǎnsùqì Verzögerer *m*; Untersetzer *m*; Untersetzungsgetriebe *n*; Drehzahlminderer *m*

减速器比 jiǎnsùqìbǐ Untersetzungsverhältnis *n*

减速系数 jiǎnsù xìshù Bremsverhältnis *n*

减速箱 jiǎnsùxiāng Rädergetriebekasten *m*

减速运动 jiǎnsù yùndòng abnehmende Bewegung

减缩 jiǎnsuō vermindern; kürzen

减退 jiǎntuì nachlassen; zurückgehen

减小 jiǎnxiǎo verkleinern

减压 jiǎnyā abspannen; dekomprimieren; Druckminderung *f*; Druckverminderung *f*; Druckabsenkung *f*; Druckausgleich *m*

减压阀 jiǎnyāfá Schnarchventil *n*; Reduktionsventil *n*; Minderungsventil *n*; Druckminderer *m*; Druckverminderungsventil *n*; Reduzierventil *n*; Öldruckreduzierventil *n*; Dekompressionsventil *n*; Druckminderventil *n*

减压器 jiǎnyāqì Entspanner *m*; Dekompressor *m*; Druckminderer

J

m; Druckminderapparat *m*

减压蒸汽 jiǎnyā zhēngqì gedrosselter Dampf

减压装置 jiǎnyā zhuāngzhì Entspannungsorgan *n*

减震 jiǎnzhèn abpuffern; Stoßdämpfung *f*

减震器 jiǎnzhènqì Dämpfer *m*; Katarakt *m*; Stoßdämpfer *m*; Verzögerer *m*; Dämpfungseinrichtung *f*; Dämpfungspuffer *m*; Vibrationsdämpfer *m*; Dämpfungsvorrichtung *f*; Schwingungsdämpfer *m*; Absorber *m*; Prellvorrichtung *f*; Puffervorrichtung *f*; Abpuffer *m*; Stoßdämpfer *m*; Erdbebendämpfer *m*; Schwingungspuffer *m*; Puffergestell *n*; Puffer *m*

剪边机 jiǎnbiānjī Kantenbeschneider *m*

剪裁 jiǎncái zuschneiden

剪除 jiǎnchú ausrotten; vernichten; beseitigen

剪床 jiǎnchuáng Schermaschine *f*

剪刀 jiǎndāo Schere *f*

剪断 jiǎnduàn scheren; abscheren; durchschneiden; Abscherung *f*

剪飞边机 jiǎnfēibiānjī Abgratschere *f*

剪接 jiǎnjiē Schnitt *m*; Filmschnitt *m*

剪力 jiǎnlì Scherkraft *f*

剪钳 jiǎnqián Schneidezange *f*

剪切 jiǎnqiē abscheren; verschneiden; scheren; ausschneiden; Scherung *f*; Abscherung *f*

剪切变形 jiǎnqiē biànxíng Schubumformung *f*

剪切机 jiǎnqiējī Schermaschine *f*; Schere *f*

剪切力 jiǎnqiēlì Abscherkraft *f*

剪切力矩 jiǎnqiē lìjǔ Schubmoment *n*; Ausschaltdrehmoment *n*

剪切面 jiǎnqiēmiàn Scherfläche *f*; Schubfläche *f*; Abscherfläche *f*; Scherebene *f*

剪切模数 jiǎnqiē móshù Scherungsmodul *m*; Schubelastizitätsmodul *m*

剪切试验 jiǎnqiē shìyàn Scherversuch *m*; Scherprüfung *f*

剪切特性 jiǎnqiē tèxìng Schubeigenschaft *f*

剪切系数 jiǎnqiē xìshù Schubbeiwert *m*

剪切仪 jiǎnqiēyí Schergerät *n*

剪贴板 jiǎntiēbǎn Zwischenablage *f*

剪应力 jiǎnyìnglì Scherspannung *f*; Scherkraft *f*; Scherbeanspruchung *f*; Schubkraft *f*; Scherdruck *m*

简便的 jiǎnbiànde einfach; handlich

简称 jiǎnchēng Abkürzung *f*; abgekürzte Bezeichnung *f*

简单的 jiǎndānde simpel; einfach

简短的 jiǎnduǎnde kurz und bündig

简化 jiǎnhuà vereinfachen; reduzieren; Reduzierung *f*

简化图 jiǎnhuàtú vereinfachtes Schema

简介 jiǎnjiè kurzer Hinweis; Kurzinformation *f*

简略的 jiǎnlüède kurz und einfach; nicht ausführlich

简图 jiǎntú Schema *n*; Diagramm *n*; Konzept *n*

简谐振动 jiǎnxié zhèndòng lineare harmonische Schwingung

碱 jiǎn Alkali *n*; Soda *f*; Base *f*

碱饱和 jiǎnbǎohé Basensättigung *f*

碱饱和的 jiǎnbǎohéde alkaliplet

碱厂 jiǎnchǎng Sodafabrik *f*

碱的 jiǎnde basisch

碱度 jiǎndù Alkalität *f*; Alkalinität *f*; Alkaleszenz *f*; Basenstärke *f*

碱度测定 jiǎndù cèdìng Alkalinitätsbestimmung *f*

碱化 jiǎnhuà alkalisieren; Alkalisierung *f*

碱金属 jiǎnjīnshǔ Alkalimetall *n*

碱式盐 jiǎnshìyán basisches Salz

碱水 jiǎnshuǐ Sodalauge *f*; alkalisches Wasser

碱土金属 jiǎntǔ jīnshǔ alkalische Erdmetalle

碱土元素 jiǎntǔ yuánsù Alkalierdelement *n*

碱性 jiǎnxìng Alkalinität *f*; Alkalität *f*; Alkaleszenz *f*; Basizität *f*; Alkalizität *f*; basischer Zustand

碱性的 jiǎnxìngde basisch; alkalisch; alkalihaltig; alkalibetont

碱性反应 jiǎnxìng fǎnyìng alkalische Reaktion; basische Reaktion

碱性化合物 jiǎnxìng huàhéwù basische Verbindung

碱性矿石 jiǎnxìng kuàngshí basisches Erz

碱性土 jiǎnxìngtǔ Alkaliboden *m*; alkalihaltiger Boden

碱性蓄电池 jiǎnxìng xùdiànchí alkalischer Akkumulator; Alkalibatterie *f*

碱性岩 jiǎnxìngyán Alkaligestein *n*

碱性转炉 jiǎnxìng zhuànlú Thomasbirne *f*

碱液 jiǎnyè Alkalilauge *f*; Lauge *f*; alkalische Flüssigkeit

见解 jiànjiě Anschauung *f*; Idee *f*

见效 jiànxiào Wirkung zeigen; gewünschten Effekt haben

件 jiàn Stück *n*

间断 jiànduàn unterbrechen

间断函数 jiànduàn hánshù unstetige Funktion

间断性 jiànduànxìng Diskontinuität *f*

间隔 jiàngé Abstand *m*; Distanz *f*; Entfernung *f*

间隔衬套 jiàngé chèntào Abstandsbüchse *f*

间隔垫圈 jiàngé diànquān Distanzscheibe *f*

间隔焊 jiàngéhàn sprungweise Schweißung

间隔件 jiàngéjiàn Distanzstück *n*

间行扫描 jiànháng sǎomiáo sprungweise Abtastung

间接传动 jiànjiē chuándòng indirekter Antrieb

间接传输 jiànjiē chuánshū indirekte Übertragung

间接的 jiànjiēde indirekt; mittelbar

间接地址 jiànjiē dìzhǐ indirekte Adresse *f*

间接函数 jiànjiē hánshù Unterfunktion *f*

间接耦合 jiànjiē ǒuhé indirekte Kopplung

间苗 jiànmiáo junge Pflanzen auslichten

间苗机 jiànmiáojī Ausdünner *m*; Auslichtungsmaschine *f*

间隙 jiànxì Spielraum *m*; Spiel *n*

间隙配合 jiànxì pèihé Spielpassung *f*; Spielsitz *m*

间歇放电 jiànxiē fàngdiàn intermittierende Entladung

间种 jiànzhòng Mischkultur *f*; Zwischenreihensaat *f*

建立 jiànlì aufbauen; aufrichten; errichten; etablieren; gründen; Aufstellung *f*; Gründung *f*; Einrichtung *f*

建立网上账户 jiànlì wǎngshàng

zhànghù das Internetkonto einrichten

建立自己的网页 jiànlì zìjǐde wǎngyè eigene Webseiten erstellen

建设 jiànshè aufbauen; Aufbau *m*

建造 jiànzào bauen; aufbauen; errichten; Konstruktion *f*; Bau *m*; Anlage *f*

建筑 jiànzhù bauen; aufbauen; errichten; Bau *m*; Gebäude *n*; Konstruktion *f*; Bauwerk *n*

建筑材料 jiànzhù cáiliào Baustoff *m*; Baurohstoff *m*

建筑风格 jiànzhù fēnggé Baustil *m*

建筑钢材 jiànzhù gāngcái Baustahl *m*

建筑工程系 jiànzhù gōngchéngxì Abteilung für Bauwesen

建筑工地 jiànzhù gōngdì Baugelände *n*; Baustelle *f*; Bauplatz *m*

建筑计划 jiànzhù jìhuà Bauplan *m*

建筑结构 jiànzhù jiégòu architektonische Konstruktion

建筑模型 jiànzhù móxíng Architekturmodell *n*

建筑木材 jiànzhù mùcái Bauholz *n*

建筑设计 jiànzhù shèjì Bauentwurf *m*

建筑声学 jiànzhù shēngxué Bauakustik *f*

建筑师 jiànzhùshī Architekt *m*; Baumeister *m*

建筑图样 jiànzhù túyàng Bauzeichnung *f*

建筑物 jiànzhùwù Bauwerk *n*; Gebäude *n*; Bau *m*

建筑学 jiànzhùxué Baukunst *f*; Architektur *f*

建筑业 jiànzhùyè Bauwesen *n*

建筑预制构件 jiànzhù yùzhì gòujiàn Fertigteil *m/n*; Fertigelement *n*;

Hochbauelement *n*

建筑制图 jiànzhù zhìtú Architekturzeichnung *f*

建筑砖石 jiànzhù zhuānshí Baustein *m*

健全 jiànquán vervollkommen; vervollständigen

健全的 jiànquánde gesund; perfekt

健胃的 jiànwèide magenstärkend

渐变 jiànbiàn sich allmählich ändern

渐次的 jiàncìde allmählich; schrittweise

渐进 jiànjìn sich allmählich entwickeln

渐近平面 jiànjìn píngmiàn Asymptotenebene *f*

渐近锥面 jiànjìn zhuīmiàn Asymptotenkegel *m*

渐开线 jiànkāixiàn Evolute *f*

渐开线齿轮 jiànkāixiàn chǐlún Evolventenzahnrad *n*

渐开线齿形 jiànkāixiàn chǐxíng Evolventenzahnform *f*; Evolventenprofil *n*

渐开线啮合 jiànkāixiàn nièhé Evolventenverzahnung *f*

渐缩管 jiànsuōguǎn Reduzierstück *n*

渐显 jiànxiǎn 〈摄〉 Blende öffnen; aufblenden; einblenden; Aufblendung *f*

渐隐 jiànyǐn abblenden; ausblenden; Blende schließen; Abbelendung *f*

腱 jiàn Sehne *f*; Tendo *m*

腱鞘炎 jiànqiàoyán Sehnenscheidenentzündung *f*

鉴别 jiànbié unterscheiden; differenzieren; auseinanderhalten; Erkennung *f*

鉴别器 jiànbiéqì Diskriminator *m*

鉴定 jiàndìng begutachten；identifizieren；Gutachten n；Befund m；Identifikation f；Beurteilung f；Beschauzeichen n

鉴定书 jiàndìngshū Expertise f

鉴频器 jiànpínqì Diskriminator m

键 jiàn Taste f；Keil m；Schlüssel m；Bindung f；Schake f

键槽 jiàncáo Keilweg m；Keilnut f；Schlüsselschlitz m

键槽铣刀 jiàncáo xǐdāo Keilnutenfräser m

键合 jiànhé Schake f

键空 jiànkōng Tastfrequenzung f

键控 jiànkòng tasten；abtasten

键控的 jiànkòngde tastengesteuert

键控电路 jiànkòng diànlù Tastkreis m；Tastschaltung f

键控管 jiànkòngguǎn Taströhre f

键控继电器 jiànkòng jìdiànqì Tastrelais n

键控频率 jiànkòng pínlǜ Tastfrequenz f

键控器 jiànkòngqì Tastgerät n；Taster m

键控相位 jiànkòng xiàngwèi Tastphase f

键控周期 jiànkòng zhōuqī Tastperiode f

键盘 jiànpán Tastatur f；Taster m；Klaviatur f

键盘打字机 jiànpán dǎzìjī Konsolschreibmaschine f

键盘输入 jiànpán shūrù über Tastatur eingeben

键入 jiànrù eingeben

键式开关 jiànshì kāiguān Tastschalter m

江河 jiānghé Fluss m；Strom m

将 Windows 98 升级到 Windows XP jiāng Windows 98 shēngjídào Windows XP von Windows 98 auf Windows XP aktualisieren

将当前窗口分成两个框架 jiāng dāngqián chuāngkǒu fēnchéng liǎnggè kuāngjià aktuelles Fenster in zwei Ausschnitte teilen

将计算机连接到网络 jiāng jìsuànjī liánjiēdào wǎngluò Herstellung einer Verbindung zu einem Netzwerk

将计算机联网 jiāng jìsuànjī liánwǎng Computer mit einem Netzwerk verbinden

将老版本升级 jiāng lǎobǎnběn shēngjí frühere Version aktualisieren

将网页用作墙纸 jiāng wǎngyè yòngzuò qiángzhǐ Webseite als Hintergrund verwenden

浆果 jiāngguǒ Beere f；Beerenfrucht f

浆纱 jiāngshā Steifen n；Schlichten n

浆纱机 jiāngshājī Schlichtmaschine f

浆洗 jiāngxǐ waschen und stärken

浆液 jiāngyè Schlichte f

浆纸机 jiāngzhǐjī Streichmaschine f；Streichanlage f

僵化 jiānghuà starr werden；steif werden；erstarren；verknöchern

僵硬 jiāngyìng erstarren；versteinern

僵硬的 jiāngyìngde starr；steif；erstarrt；versteinert

讲解 jiǎngjiě erklären；erläutern

讲师 jiǎngshī Dozent m

讲授 jiǎngshòu lehren；unterrichten；Vorlesungen halten

讲学 jiǎngxué wissenschaftlichen Vortrag halten

讲座 jiǎngzuò Vorlesung f；Kurs m

降低 jiàngdī herabsetzen；reduzieren; senken; sinken; erniedrigen; vermindern; heruntersetzen; Herabsetzung *f*; Abstieg *m*; Reduktion *f*; Erniederung *f*

降低电压 jiàngdī diànyā Abspannung *f*

降落 jiàngluò fallen; landen; Landung *f*; Senkung *f*; Abfall *m*; Gefälle *n*

降落角 jiàngluòjiǎo Landewinkel *m*; Standwinkel *m*

降落伞 jiàngluòsǎn Fallschirm *m*; Bremsschirm *m*

降水 jiàngshuǐ Niederschlag *m*

降水量 jiàngshuǐliàng Niederschlagsmenge *f*

降水少的 jiàngshuǐshǎode niederschlagsarm

降温 jiàngwēn Temperatur senken; Temperatursturz *m*

降雪 jiàngxuě schneien; Schneefall *m*

降压变电站 jiàngyā biàndiànzhàn Unterspannungsstation *f*

降压变压器 jiàngyā biànyāqì spannungserniedrigender Transformator

降雨 jiàngyǔ regnen; Regenfall *m*; Regen *m*

降雨分布图 jiàngyǔ fēnbùtú Regenkarte *f*

降雨量 jiàngyǔliàng Niederschlagsmenge *f*

降雨区 jiàngyǔqū Regengebiet *n*; Niederschlagsgebiet *n*

交变场 jiāobiànchǎng Wechselfeld *n*

交变存储周期 jiāobiàn cúnchǔ zhōuqī Wechselzyklus *m*

交变电流 jiāobiàn diànliú Wechselstrom *m*

交变电压 jiāobiàn diànyā Wechselspannung *f*

交变量 jiāobiànliàng Wechselgröße *f*

交变数 jiāobiànshù Wechselzahl *f*

交变通量 jiāobiàn tōngliàng Wechselfluss *m*

交变应力 jiāobiàn yìnglì Wechselspannung *f*

交叉 jiāochā sich kreuzen; sich überschneiden; Durchschnitt *m*; Kreuz *n*

交叉地 jiāochāde kreuzweise; quer

交叉点 jiāochādiǎn Kreuzung *f*; Kreuzpunkt *m*; Kreuzungspunkt *m*; Schnittpunkt *m*; Kreuzungsstelle *f*

交叉角 jiāochājiǎo Kreuzwinkel *m*

交叉调制 jiāochā tiáozhì Kreuzmodulation *f*

交叉线 jiāochāxiàn Kreuzlinie *f*

交叉遗传 jiāochā yíchuán Überkreuzvererbung *f*

交点 jiāodiǎn Schnittpunkt *m*; Knoten *m*; Durchschnittspunkt *m*

交付 jiāofù übergeben; abliefern; bezahlen; Abgabe *f*

交感神经 jiāogǎn shénjīng Sympathikus *m*

交互的 jiāohùde interaktiv

交换 jiāohuàn austauschen; wechseln; vertauschen; Austausch *m*; Wechsel *m*

交换程序 jiāohuàn chéngxù Wandelprogramm *n*

交换方式 jiāohuàn fāngshì Austauschweise *f*

交换机 jiāohuànjī Kommutator *m*

交换剂 jiāohuànjì Austauscher *m*

交换律 jiāohuànlǜ Kommutativgesetz *n*

交换器 jiāohuànqì Wechsler *m*

交换性 jiāohuànxìng Austauschfähigkeit *f*

交角 jiāojiǎo Schnittwinkel *m*

交截线 jiāojiéxiàn Schnittlinie *f*

交流安培表 jiāoliú ānpéibiǎo Amperemeter für Wechselstrom

交流电 jiāoliúdiàn Wechselstrom *m*

交流电动机 jiāoliú diàndòngjī Wechselstrommmotor *m*; Wechselstrommaschine *f*

交流电发动机 jiāoliúdiàn fādòngjī Wechselmotor *m*

交流电流 jiāoliú diànliú Netzstrom *m*

交流电压 jiāoliú diànyā Wechselspannung *f*; veränderliche Spannung

交流电阻 jiāoliú diànzǔ Wechselstromwiderstand *m*

交流发电机 jiāoliú fādiànjī Wechselstromdynamo *m*; Wechselstromgenerator *m*; Wechselstromerzeuger *m*

交流放大器 jiāoliú fàngdàqì Wechselspannungsverstärker *m*; Wechselstromverstärker *m*

交流机 jiāoliújī Umformer *m*

交流整流器 jiāoliú zhěngliúqì Ladegleichrichter *m*

交配 jiāopèi Dockung *f*; Paarung *f*; Kopulation *f*

交替放电 jiāotì fàngdiàn alternierende Entladung

交通 jiāotōng Verkehrswesen *n*

交通工具 jiāotōng gōngjù Fahrzeug *n*; Fuhrwerk *n*; Verkehrsmittel *n*

交通功效 jiāotōng gōngxiào Verkehrsleistung *f*

交通管理 jiāotōng guǎnlǐ Verkehrsregelung *f*

交通流量 jiāotōng liúliàng Verkehrsdurchfluss *m*

交通图 jiāotōngtú Verkehrskarte *f*

交通网 jiāotōngwǎng Verkehrsnetz *n*

交通信号 jiāotōng xìnhào Verkehrssignal *n*

交通信号灯 jiāotōng xìnhàodēng Signalampel *f*

交直流电 jiāozhíliúdiàn Allstrom *m*

交直流电动机 jiāozhíliú diàndòngjī Allstrommotor *m*

交直流发电机 jiāozhíliú fādiànjī Doppelstrommaschine *f*; Allstrommotor *m*; Doppelstromgenerator *m*

交直流接收机 jiāozhíliú jiēshōujī Allstromempfänger *m*

交易 jiāoyì handeln

浇灌混凝土 jiāoguàn hùnníngtǔ betonieren

浇口 jiāokǒu Eingussloch *n*

浇铸 jiāozhù vergießen; ausgießen; begießen; Guss *m*; Ausguss *m*; Einguss *m*; Anguss *m*; Abguss *m*

浇铸的 jiāozhùde vergossen

浇铸法 jiāozhùfǎ Abgießverfahren *n*

浇铸废料 jiāozhù fèiliào Absatz *m*

浇筑 jiāozhù Einfüllung *f*; Einbauen

胶 jiāo Leim *m*

胶版 jiāobǎn Offsetplatte *f*

胶版印刷 jiāobǎn yìnshuā Offsetdruck *m*

胶布 jiāobù gummierter Stoff; Heftpflaster *n*; Isolierband *n*

胶合 jiāohé zusammenkleben; zukleben; verleimen; verkitten; zukitten; zusammenleimen; furnieren

胶合板 jiāohébǎn Sperrholz *n*; Sperrholzplatte *f*; Furnierplatte *f*

胶合剂 jiāohéjì Kitt *m*; Leim *m*

胶卷 jiāojuǎn Film *m*; Rollfilm *m*

胶卷暗盒 jiāojuǎn ànhé Kassette *f*

胶木 jiāomù Bakelit *n*

胶黏剂 jiāoniánjì Kleber *m*; Klebstoff *m*; Bindemittel *n*; Haftmittel *n*

胶轮车 jiāolúnchē Wagen mit Gummireifen-Rädern; Wagen mit Gummibereifung

胶凝剂 jiāoníngjì Gelatinierungsmittel *n*

胶片 jiāopiàn Film *m*; Filmmaterial *n*

胶片卷 jiāopiànjuǎn Rollfilm *m*

胶溶 jiāoróng Peptisierung *f*

胶溶剂 jiāoróngjì Peptisotor *m*

胶塞 jiāosāi zukitten

胶水 jiāoshuǐ Kleber *m*; Leim *m*; Leimflüssigkeit *f*

胶体 jiāotǐ Kolloid *n*

胶体的 jiāotǐde kolloidal; kolloid

胶体化学 jiāotǐ huàxué Kolloidchemie *f*

胶印 jiāoyìn Offsetdruck *m*

胶印机 jiāoyìnjī Offsetmaschine *f*; Offsetdruckmaschine *f*; Offset *n*

胶质 jiāozhì Kolloid *n*

胶质的 jiāozhìde kolloid

胶状的 jiāozhuàngde gummiartig; leimartig; gelatineartig; gelartig

焦比 jiāobǐ Kokssatz *m*; Koksverbrauch *m*

焦点 jiāodiǎn Brennpunkt *m*; Feuerpunkt *m*; Fokus *m*

焦耳 jiāo'ěr Joule *n*

焦耳定律 jiāo'ěr dìnglǜ Joulesches Gesetz

焦耳效应 jiāo'ěr xiàoyìng Joulescher Effekt

焦化 jiāohuà verkoken; karbonisieren; Verkokung *f*

焦距 jiāojù Fokaldistanz *f*; Brennweite *f*

焦距计 jiāojùjì Fokometer *m/n*

焦炭 jiāotàn Koks *m*

焦油 jiāoyóu Teeröl *n*; Pechöl *n*; Teer *m*

焦轴 jiāozhóu Brennachse *f*

礁石 jiāoshí Klippe *f*

角 jiǎo Ecke *f*; Winkel *m*; Kante *f*

角尺 jiǎochǐ Winkelmaß *n*

角的 jiǎode winkelig

角点 jiǎodiǎn Winkelpunkt *m*; Ecke *f*

角顶 jiǎodǐng Winkelpunkt *m*

角动量 jiǎodòngliàng Drehimpuls *m*; Winkelimpuls *m*

角动量定律 jiǎodòngliàng dìnglǜ Drallgesetz *n*

角度 jiǎodù Winkel *m*; Gesichtspunkt *m*; Blickwinkel *m*

角度测量 jiǎodù cèliáng Winkelmessung *f*

角度值 jiǎodùzhí Winkelwert *m*

角分 jiǎofēn Winkelminute *f*

角钢 jiǎogāng Eckeisen *n*; Winkelprofil *n*; Winkelstahl *m*; Winkeleisen *n*

角规 jiǎoguī Winkelmesser *m*; Winkel *m*

角函数 jiǎohánshù goniometrische Funktion

角棱镜 jiǎoléngjìng Winkelprisma *n*

角膜 jiǎomó Cornea *f*; Hornhaut *f*

角膜炎 jiǎomóyán Hornhautentzündung *f*

角频率 jiǎopínlǜ Winkelfrequenz *f*; Kreisfrequenz *f*

角平分线 jiǎopíngfēnxiàn Winkelhalbierende *f*; Mittellinie *f*

角速度 jiǎosùdù Winkelgeschwindigkeit *f*

角铁 jiǎotiě Winkeleisen *n*; Eckeisen *n*

角位传感器 jiǎowèi chuángǎnqì Winkelgeber *m*

角位移 jiǎowèiyí Winkelverschiebung f

角型材 jiǎoxíngcái Winkelprofil n

角形的 jiǎoxíngde winkelig

角质 jiǎozhì Cutin n

角质层 jiǎozhìcéng Kutikula f

角柱体 jiǎozhùtǐ Prisma n

角椎体 jiǎozhuītǐ Pyramide f

绞车 jiǎochē Winde f; Haspel f; Ankerwinde f; Seilwinde f

绞刀 jiǎodāo Reibahle f

绞合 jiǎohé verdrillen; Verdrillung f

绞接 jiǎojiē spleißen; Spleißung f; Spliss m

绞盘 jiǎopán Seilbahnwinde f; Ankerwinde f; Göpel m; Erdwinde f; Seilrangwinde f; Schachtwinde f; Spill n; Gangspill n

绞纱 jiǎoshā Haspelgarn n

绞痛 jiǎotòng Kolik f; Grimmen n

铰刀 jiǎodāo Aufreiber m; Räumer m

铰接 jiǎojiē klappen; anlenken

铰接的 jiǎojiēde klappbar

铰接点 jiǎojiēdiǎn Anlenkpunkt m

铰接杆 jiǎojiēgān Anlenkpleuel m

铰接式装载机 jiǎojiēshì zhuāngzàijī Knicklader m

铰接支座 jiǎojiē zhīzuò Knickstütze f

铰孔 jiǎokǒng aufreiben

铰孔机 jiǎokǒngjī Aufreibemaschine f

铰链 jiǎoliàn Scharnier n; Gelenk n; Gliederung f; Haspe f; Scharnierband n; Wellengelenk n

铰链连合 jiǎoliàn liánhé Gelenkverbindung f

铰链式边门 jiǎoliànshì biānmén die seitliche Klapptür

铰链轴承 jiǎoliàn zhóuchéng Kipp-lager n

矫顽力 jiǎowánlì Koerzitivkraft f; Koerzitivfeldstärke f

矫正 jiǎozhèng korrigieren; berichtigen; verbessern; Entzerrung f; Rektifikation f

矫正机 jiǎozhèngjī Ausrichtmaschine f

搅拌 jiǎobàn mischen; vermengen; umrühren; durchrühren; einrühren; aufrühren; anrühren; aufmischen; vermischen

搅拌棒 jiǎobànbàng Rührstab m

搅拌分解槽 jiǎobàn fēnjiěcáo Ausrührbehälter m

搅拌机 jiǎobànjī Mischmaschine f; Rührmaschine f; Anrührmaschine f; Kneter m

搅拌器 jiǎobànqì Rührgerät n; Rührvorrichtung f; Rührer m; Rührwerk n

搅拌容器 jiǎobàn róngqì Rührgefäß n

搅拌设备 jiǎobàn shèbèi Schüttelapparat m

搅拌速度 jiǎobàn sùdù Rührgeschwindigkeit f

搅拌台 jiǎobàntái Rührstativ n

搅拌装置 jiǎobàn zhuāngzhì Rühreinrichtung f; Rührwerk n

搅炼炉 jiǎoliànlú Puddelofen m

脚 jiǎo Fuß m

脚本文件 jiǎoběn wénjiàn Skriptdatei f

脚控制杆 jiǎokòngzhìgān Fußhebel m

脚面 jiǎomiàn Fußrücken m

脚手架 jiǎoshǒujià Gerüst n; Baugerüst n

脚踏变光开关 jiǎotà biànguāng kāiguān Abblendfußschalter m

J

脚踏开关 jiǎotà kāiguān Fußdruck-
schalter *m*

脚踏起动机 jiǎotà qǐdòngjī Fußan-
lasser *m*; Fußstarter *m*

脚踏制动器 jiǎotà zhìdòngqì Fuß-
bremse *f*; Fußtrittbremse *f*

脚腕 jiǎowàn Fußgelenk *n*

脚掌 jiǎozhǎng Fußsohle *f*

脚趾 jiǎozhǐ Zehe *f*

脚注 jiǎozhù Fußnote *f*; Index *m*

校测 jiàocè Überwachung *f*

校测仪表 jiàocè yíbiǎo Überwa-
chungsinstrument *n*

校对 jiàoduì prüfen; adjustieren;
eichen; Eichung *f*; Korrektur *f*;
Durchsicht *f*

校对符号 jiàoduì fúhào Korrektur-
zeichen *n*

校时 jiàoshí Zeiteinstellung *f*

校样 jiàoyàng Korrekturfahne *f*;
Korrekturabzug *m*; Korrkturbogen
m

校正 jiàozhèng berichtigen; korri-
gieren; richtigstellen; justieren;
entzerren; Berichtigung *f*; Ei-
chung *f*; Korrektur *f*; Entzerrung *f*

校正电流 jiàozhèng diànliú Korrek-
turstorm *m*

校正电路 jiàozhèng diànlù Korrek-
turschaltung *f*; Kompensations-
kreis *m*

校正电压 jiàozhèng diànyā Korrek-
turspannung *f*

校正阀 jiàozhèngfá Angleichventil *n*

校正螺丝 jiàozhèng luósī Justier-
schraube *f*

校正器 jiàozhèngqì Entzerrer *m*;
Angleicher *m*

校正曲线 jiàozhèng qūxiàn Korrek-
tionskurve *f*

校正误差 jiàozhèng wùchā Justier-

fehler *m*

校正线圈 jiàozhèng xiànquān Kor-
rekturspule *f*

校正行程 jiàozhèng xíngchéng An-
gleichweg *m*

校正装置 jiàozhèng zhuāngzhì Ab-
richtvorrichtung *f*; Justiervorrich-
tung *f*

校准 jiàozhǔn justieren; justifizieren;
adjustieren; abrichten; ein-
stellen; ausrichten; nachstellen;
eichen; kalibrieren; Abstimmung
f; Einstellung *f*; Korrektion *f*; Ei-
chung *f*; Kalibrierung *f*

校准度盘 jiàozhǔn dùpán Einstell-
skala *f*

校准工具 jiàozhǔn gōngjù Ausricht-
mittel *n*

校准精度 jiàozhǔn jīngdù Eichge-
nauigkeit *f*

校准角 jiàozhǔnjiǎo Einstellwinkel
m

校准值 jiàozhǔnzhí Eichwert *m*

校准仪表 jiàozhǔn yíbiǎo Eichgerät
n

轿车 jiàochē geschlossenes Fahr-
zeug; Personenkraftwagen *m*;
PKW *m*; Personenautomobil *n*;
Personenkraftfahrzeug *n*; Auto *n*;
Kleinwagen *m*

教材 jiàocái Lehrstoff *m*; Unter-
richtsmaterial *n*

教程 jiàochéng Kurs *m*; Studien-
kurs *m*; Lehrgang *m*

教科书 jiàokēshū Lehrbuch *n*; Lehr-
werk *n*

教授 jiàoshòu lehren; unterrichten;
Professor *m*

教学法 jiàoxuéfǎ Didaktik *f*

教学机 jiàoxuéjī Lernmaschine *f*

教育 jiàoyù lehren; erziehen; aufklären；belehren；Ausbildung *f*；Erziehung *f*

教育学 jiàoyùxué Pädagogik *f*

教员 jiàoyuán Lehrer *m*

酵母 jiàomǔ Hefe *f*

酵素 jiàosù Gärstoff *m*；Ferment *n*

阶段 jiēduàn Etappe *f*；Phase *f*；Stufe *f*

阶段的 jiēduànde gestaffelt

阶梯光栅 jiētī guāngshān Stufengitter *n*

阶梯函数 jiētī hánshù Treppenfunktion *f*

阶跃函数 jiēyuè hánshù Treppenfunktion *f*

阶跃响应 jiēyuè xiǎngyìng Anstiegsantwort *f*

接触 jiēchù berühren；Berührung *f*；Kontakt *m*

接触点 jiēchùdiǎn Kontaktpunkt *m*；Tangentialpunkt *m*

接触电线 jiēchù diànxiàn Schleifdraht *m*

接触电阻 jiēchù diànzǔ Übergangswiderstand *m*；Kontaktwiderstand *m*

接触法 jiēchùfǎ Kontaktverfahren *n*

接触(电)极 jiēchù (diàn)jí Kontaktpotenzial *n*

接触角 jiēchùjiǎo Randschärfewinkel *m*

接触面 jiēchùmiàn Grenzfläche *f*；Kontaktfläche *f*；Anlagerfläche *f*；Berührungsebene *f*

接触器 jiēchùqì Kontaktgeber *m*；Schütz *n*

接触桥形接片 jiēchù qiáoxíng jiēpiàn Kontaktbrücke *f*

接触式调节器 jiēchùshì tiáojiéqì Kontaktregler *m*

接触性皮炎 jiēchùxìng píyán anste-

ckende Hautentzündung

接地 jiēdì Erdleitung *f*；Erder *m*；Erdanschluss *m*；Erdverbindung *f*

接地导线 jiēdì dǎoxiàn Erdungsdraht *m*；Erdungsleiter *m*；Erdungsleitung *f*

接地电流 jiēdì diànliú Erdschlussstrom *m*

接地螺栓 jiēdì luóshuān Erdschraube *f*

接地体 jiēdìtǐ geerdetes Objekt

接地线 jiēdìxiàn Erdleiter *m*；Erdleitungskabel *n*

接点 jiēdiǎn Kontakt *m*；Anschaltstelle *f*

接缝 jiēfèng fugen

接合 jiēhé fugen；einkuppeln；fügen；Kupplung *f*；Fuge *f*；Bindung *f*；Gefüge *n*；Einführung *f*；Ankopplung *f*；Konnexion *f*

接合面 jiēhémiàn Teilungsebene *f*

接合器 jiēhéqì Kupplung *f*；Kontaktapparat *m*；Anschlussstück *n*

接近 jiējìn näherkommen；sich nähern；Annäherung *f*

接近的 jiējìnde annähernd

接口 jiēkǒu Schnittstelle *f*；Interface *f*

接收 jiēshōu empfangen；übernehmen；Empfang *m*；Abnahme *f*

接收波 jiēshōubō Empfangswelle *f*

接收电缆 jiēshōu diànlǎn Empfangskabel *n*

接收机 jiēshōujī Empfänger *m*；Aufnahmegerät *n*

接收机电子管 jiēshōujī diànzǐguǎn Empfängerröhre *f*

接收机调谐 jiēshōujī tiáoxié Empfängerabstimmung *f*

接收脉冲 jiēshōu màichōng Übernahmetakt *m*

J

接收频率 jiēshōu pínlǜ Empfangsfrequenz f

接收器 jiēshōuqì Auffänger m; Übernehmer m; Rezeptor m; Akzeptor m; Aufnahmeorgan n

接收天线 jiēshōu tiānxiàn Empfangsantenne f

接收图像 jiēshōu túxiàng Empfangsbild n

接受 jiēshòu abnehmen; aufnehmen; akzeptieren; Annahme f; Aufnahme f

接受放大器 jiēshòu fàngdàqì Empfangsverstärker m

接受数据 jiēshòu shùjù Datenempfang m

接受总线 jiēshòu zǒngxiàn Empfangsschiene f

接索 jiēsuǒ Kommissur f

接通 jiētōng aktiv; durchschleifen; zuschalten; einschalten; durchschalten; anschließen; verbinden; zuschalten; Anschluss m; Einschaltung f

接通电流 jiētōng diànliú Einschaltstrom m

接通电流脉冲 jiētōng diànliú màichōng Einschaltstromstoß m

接通杆 jiētōnggān Einrückhebel m

接头 jiētóu Kroten m; Gelenk n; Anschluss m; Einsatz m

接头凸缘 jiētóu tūyuán Flansch m; Gelenkflansch m

接线 jiēxiàn Verdrahtung f; Anschluss m; Leitungsdraht m; Verbindungsdraht m

接线板 jiēxiànbǎn Anschlussblock m; Anschlussbrett n

接线插口 jiēxiàn chākǒu Anschlussdose f

接线插头 jiēxiàn chātóu Verbindungsstecker m

接线点 jiēxiàndiǎn Anschlussstelle f

接线电压 jiēxiàn diànyā Anschlussspannung f

接线盒 jiēxiànhé Klemmenkasten m; Verbindungsdose f; Anschlussdose f; Dose f; Beikasten m; Steckdose f

接线夹 jiēxiànjiā Klemmbügel m

接线图 jiēxiàntú Stromlaufschaltplan m; Schaltplan m; Schaltskizze f

接线柱 jiēxiànzhù Anschlusssäule f; Klemme f; Klemmschraube f; Anschlussklemme f

接种 jiēzhòng〈医〉impfen; Impfung f

揭开 jiēkāi eröffnen; aufdecken

揭示 jiēshì aufzeigen; ankündigen; ansagen

节距 jiéjù Ganghöhe f; Teilung f

节流 jiéliú Verdrosselung f

节流板 jiéliúbǎn Drosselblech n

节流阀 jiéliúfá Drehschieber m; Drosselventil n

节流环 jiéliúhuán Drosselring m

节流孔 jiéliúkǒng Druckausgleichloch n

节流系数 jiéliú xìshù Drosselzahl f

节流锥体 jiéliú zhuītǐ Drosselkegel m

节拍 jiépāi Zeitmaß n; Takt m

节拍信号 jiépāi xìnhào Taktzeichen n

节气阀 jiéqìfá Drosselventil n

节气门 jiéqìmén Lufttrichterklappe f; Drosselklappe f

节省 jiéshěng sparen; ersparen; Einsparung f

节省的 jiéshěngde sparsam; ökonomisch

节温器 jiéwēnqì Thermostat m

节育 jiéyù Geburtenbeschränkung *f*; Geburtenkontrolle *f*

节肢动物 jiézhī dòngwù Gliedertiere *pl*

节制 jiézhì beschränken; kontrollieren; Einschränkung *f*

节制闸 jiézhìzhá Bewässerungsschleuse *f*

结冰 jiébīng gefrieren; einfrieren

结肠 jiécháng Grimmdarm *m*; Colon *n*

结肠炎 jiéchángyán Grimmdarmentzündung *f*

结缔组织 jiédì zǔzhī Bindegewebe *n*

结构 jiégòu Struktur *f*; Konstruktion *f*; Gestaltung *f*; Gefüge *n*; Bau *m*; Aufbau *m*

结构尺寸 jiégòu chǐcùn Aufbaumaß *n*

结构的 jiégòude konstruktiv; strukturell

结构钢板 jiégòu gāngbǎn Baublech *n*

结构力学 jiégòu lìxué Baumechanik *f*; Theorie der Baukonstruktion

结构式 jiégòushì Formelbild *n*

结构图 jiégòutú Konstruktionsplan *m*

结构系统 jiégòu xìtǒng Aufbausystem *n*

结构形式 jiégòu xíngshì Bauart *f*

结构元件 jiégòu yuánjiàn Aufbauelement *n*

结构原理 jiégòu yuánlǐ Aufbauprinzip *n*

结构组件 jiégòu zǔjiàn Baustein *m*

结果 jiéguǒ Resultat *n*; Ergebnis *n*; Folge *f*

结果寄存器 jiéguǒ jìcúnqì Ergebnisregister *n*

结果模块 jiéguǒ mókuài Objektmodul *m*

结果输出端 jiéguǒ shūchūduān Erfolgausgang *m*

结果语言 jiéguǒ yǔyán Objektsprache *f*

结果指示符 jiéguǒ zhǐshìfú Ergebnisanzeiger *m*

结果指示器 jiéguǒ zhǐshìqì Ergebnisanzeiger *m*

结合 jiéhé kombinieren; vereinigen; verbinden; binden; verknüpfen; integrieren; Kombination *f*; Verbindung *f*; Teilfuge *f*

结合代数 jiéhé dàishù Hyperkomplex *m*

结合的 jiéhéde gebunden

结合剂 jiéhéjì Bindemittel *n*

结合力 jiéhélì Bindefähigkeit *f*; Bindigkeit *f*; Bindekraft *f*; bindende Kraft

结合能 jiéhénéng Bindungsenergie *f*

结核 jiéhé Tuberkulose *f*

结核病患者 jiéhébìng huànzhě Tuberkulosekranke *m*

结核病疗养院 jiéhébìng liáoyǎngyuàn Tuberkulose-Sanatorium *n*

结棱杆菌 jiéjiē gǎnjūn Tuberkelbazillen *pl*

结晶 jiéjīng kristallisieren; Kristallisation *f*; Auskristallisation *f*; Kristallabscheidung *f*; Kristall *m*

结晶的 jiéjīngde kristallisch; kristallin

结晶度 jiéjīngdù Kristallinität *f*

结晶几何学 jiéjīng jǐhéxué Kristallgeometrie *f*

结晶剂 jiéjīngjì Kristallisator *m*

结晶皿 jiéjīngmǐn Kristallisierschale *f*

结晶器 jiéjīngqì Kristallisator *m*

结晶水 jiéjīngshuǐ Kristallisations-

J

wasser *n*; Kristallwasser *n*; Hydratwasser n

结晶体 jiéjīngtǐ Kristall *m*

结晶学 jiéjīngxué Kristallgrafie *f*; Kristallkunde *f*

结晶状的 jiéjīngzhuàngde kristallin

结晶作用 jiéjīng zuòyòng Kristallisation *f*

结块 jiékuài Agglomerat *m*; Koagulation *f*

结蜡 jiélà Paraffinausscheidung *f*

结论 jiélùn folgern; Folgerung *f*; Schlussfolgerung *f*; Urteil *n*; Zusammenfassung *f*

结膜 jiémó Bindehaut *f*; Konjunktiva *f*

结膜炎 jiémóyán Augenbindehautentzündung *f*; Konjunktivitis *f*

结石 jiéshí 〈医〉 Calculus *m*; Konkrement *n*; Stein *m*

结束 jiéshù abschließen; beenden; zu Ende sein; Abschluss *m*; Ende *n*

结算 jiésuàn abrechnen; Abrechnung *f*; Verrechnung *f*

结算方法 jiésuàn fāngfǎ Abrechnungsverfahren *n*

结扎 jiézā Ligatur *f*; Unterbindung *f*

结扎血管 jiézā xuèguǎn Blutgefäß unterbinden

结账 jiézhàng bilanzieren; abrechnen; Kassenabschluss *m*

截板机 jiébǎnjī Blechbeschneidemaschine *f*

截槽 jiécáo Schlitz *m*

截点 jiédiǎn Schnittpunkt *m*

截断 jiéduàn absperren; abschneiden; zerschneiden; unterbrechen; eindämmen; Durchschnitt *m*

截断阀 jiéduànfá Aufstoßventil *n*

截断水流 jiéduàn shuǐliú Abhalten des Wassers

截击导弹 jiéjī dǎodàn Antirakete *f*; Abfangrakete *f*

截击机 jiéjījī Abfangjäger *m*; Interzeptor *m*

截流 jiéliú Absperrung des Durchflusses

截面 jiémiàn Schnitt *m*; Querschnitt *m*; Durchschnitt *m*; Einschnitt *m*; Abschnitt *m*; Ausschnitt *m*

截面图 jiémiàntú Schnittzeichnung *f*

截球体 jiéqiútǐ Kugelsegment *n*

截取 jiéqǔ ausschneiden

截听器 jiétīngqì Horchgerät *n*

截瘫 jiétān Paraplegie *f*; Paraplexie *f*; Querschnittslähmung *f*

截肢 jiézhī Amputation *f*; ein Glied absetzen

截止 jiézhǐ Anschnitt *m*

截止阀 jiézhǐfá Abfangventil *n*; Absperrklappe *f*; Schließventil *n*

解除 jiěchú aufheben; annulieren; beheben; loswerden

解答 jiědá lösen; antworten; beantworten; erklären; erläutern

解冻 jiědòng auftauen; Auftauen *n*

解毒 jiědú entgiften; Entzündung oder Fieber beseitigen; Entgiftung *f*

解法 jiěfǎ Lösung *f*

解方程式 jiě fāngchéngshì Gleichung auflösen; Gleichung ausrechnen

解雇 jiěgù kündigen; entlassen

解决 jiějué erledigen; lösen; schlichten; Lösung *f*; Erledigung *f*

解开 jiěkāi lösen; aufknoten; aufknöpfen

解开的 jiěkāide gelöst

解码 jiěmǎ entziffern; entschlüsseln

解剖 jiěpōu sezieren; Sektion *f*;

Zergliederung f

解剖系 jiěpōuxì Abteilung für Anatomie

解剖学 jiěpōuxué Anatomie f

解剖学家 jiěpōuxuéjiā Anatom m

解释 jiěshì erklären; erläutern; darlegen; exponieren; interpretieren; Erklärung f; Erläuterung f; Darlegung f

解释的 jiěshìde interpretiv

解调 jiětiáo Demodulation f

解调器 jiětiáoqì Demodulator m

解析 jiěxī analysieren; Analyse f

解析的 jiěxīde analytisch

解析函数 jiěxī hánshù analytische Funktion

解析几何 jiěxī jǐhé analytische Geometrie

解析几何学 jiěxī jǐhéxué analytische Geometrie

解析曲线 jiěxī qūxiàn analytische Kurve

解析学 jiěxīxué Analytik f

解约 jiěyuē kündigen; Vertrag lösen

介电强度 jièdiàn qiángdù dielektrische Stärke

介电损耗 jièdiàn sǔnhào Dielektrizitätsverlust m; dielektrischer Verlust

介绍 jièshào vorstellen; Vorstellung f

介质 jièzhì Medium n; Träger m

介子 jièzǐ Meson n; Mesotrom n

介子场 jièzǐchǎng Mesonenfeld n

介子束 jièzǐshù Mesonenstrahl m

介子质量 jièzǐ zhìliàng Mesonenmasse f

界面 jièmiàn Grenzfläche f; Oberfläche f

界限 jièxiàn Grenze f; Begrenzung f; Limit n; Terminus m; Trennungsstrich m

金 jīn Gold n

金币 jīnbì Goldmünze f

金箔 jīnbó Blattgold n; Goldblatt n; Goldblättchen n; Rauschmetall n

金锭 jīndìng Goldbarren m

金刚刀 jīngāngdāo Schneiddiamant m

金刚砂 jīngāngshā Schmirgel m; Korund m; Karborund m; Silit n

金刚砂纸 jīngāng shāzhǐ Schmirgelpapier n

金刚石 jīngāngshí Diamant m; Demant m; Raute f

金刚石结构 jīngāngshí jiégòu Diamantstruktur f

金刚钻 jīngāngzuàn Brillant m; Diamant m

金刚钻切割 jīngāngzuàn qiēgē Diamanttrennen n

金工 jīngōng Metallbearbeitung f

金矿 jīnkuàng Goldwerk n; Golderz n

金矿床 jīnkuàngchuáng Golderzlager n

金矿山 jīnkuàngshān Goldgrube f

金融 jīnróng Finanz f; Bankwesen n

金属 jīnshǔ Metall n

金属板 jīnshǔbǎn Plattenmetall n

金属板加工 jīnshǔbǎn jiāgōng Blechbearbeitung f

金属板外套 jīnshǔbǎn wàitào Außenblechmantel m

金属棒 jīnshǔbàng Metallstange f; Stab m

金属箔 jīnshǔbó Lahn m

金属箔纸电容器 jīnshǔ bózhǐ diànróngqì Metallpapier-Kondensator m

金属薄板 jīnshǔ bóbǎn Blech n

金属部件 jīnshǔ bùjiàn Metallstück n

J

金属导体 jīnshǔ dǎotǐ metallisch leitender Werkstoff

金属导线 jīnshǔ dǎoxiàn metallischer Leiter; Ableitmetall *n*

金属垫板 jīnshǔ diànbǎn Bodenblech *n*

金属分析 jīnshǔ fēnxī Analyse von Metallen

金属粉末 jīnshǔ fěnmò Metallpulver *n*

金属管 jīnshǔguǎn Metallrohr *n*; Metallröhre *f*

金属合金 jīnshǔ héjīn Metalllegierung *f*

金属化合物 jīnshǔ huàhéwù Metallverbindung *f*

金属化学 jīnshǔ huàxué Metallchemie *f*

金属还原剂 jīnshǔ huányuánjì Reduktionsmetall *n*

金属加工 jīnshǔ jiāgōng Metallbearbeitung *f*

金属加工的 jīnshǔ jiāgōngde metallverarbeitend

金属块 jīnshǔkuài Blockmetall *n*; Regulus *m*

金属矿 jīnshǔkuàng Erzmetall *n*; Metallerz *n*; Erzberg *m*; Erzbergwerk *n*; metallhaltiges Mineral; Erzbergbau *m*

金属矿带 jīnshǔ kuàngdài Metallzone *f*

金属矿山 jīnshǔ kuàngshān Metallbergwerk *n*; Metallerzgrube *f*

金属矿石 jīnshǔ kuàngshí Metallerz *n*

金属离子 jīnshǔ lízǐ Metallion *n*

金属钠 jīnshǔnà Natriummetall *n*

金属黏结剂 jīnshǔ niánjiéjì Bindemetall *n*

金属片 jīnshǔpiàn Metallplatte *f*; Blech *n*; Plattenmetall *n*

金属屏蔽 jīnshǔ píngbì Metallschirm *m*

金属铅 jīnshǔqiān Bleimetall *n*

金属丝 jīnshǔsī Metalldraht *m*; Draht *m*

金属丝网 jīnshǔsīwǎng Maschendraht *m*

金属索 jīnshǔsuǒ Drahtseil *n*

金属碳化物 jīnshǔ tànhuàwù Metallkarbide *n*

金属陶瓷 jīnshǔ táocí Metallkeramik *f*

金属陶瓷材料 jīnshǔ táocí cáiliào metallkeramischer Werkstoff

金属体 jīnshǔtǐ metallischer Körper

金属外壳 jīnshǔ wàiké Metallgehäuse *n*

金属网 jīnshǔwǎng Drahtgaze *f*

金属物理学 jīnshǔ wùlǐxué Metallphysik *f*

金属氧化物 jīnshǔ yǎnghuàwù metallisches Oxid

金属元素 jīnshǔ yuánsù metallisches Element

金属原子 jīnshǔ yuánzǐ Metallatom *n*

金属铸型 jīnshǔ zhùxíng Kokille *f*

金属铸造 jīnshǔ zhùzào Metallguss *m*

金相鉴定 jīnxiàng jiàndìng Gefügebeurteilung *f*

金相显微镜 jīnxiàng xiǎnwēijìng Metallmikroskop *n*

金相学 jīnxiàngxué Metallografie *f*; Metallkunde *f*

金星 jīnxīng Venus *f*; Abendstern *m*

金银矿 jīnyínkuàng Cüsterit *m*

紧固槽 jǐngùcáo Aufspannschlitz *m*

紧固夹 jǐngùjiā Befestigungsklemme *f*

紧固件 jǐngùjiàn Aufnahmestück n; Befestigungsstück n

紧固角铁 jǐngù jiǎotiě Aufspannwinkel m

紧固螺钉 jǐngù luódīng Aufspannschraube f

紧固螺母 jǐngù luómǔ Abdrückmutter f

紧固螺栓 jǐngù luóshuān Schlossschraube f

紧固扭矩 jǐngù niǔjǔ Anzugsdrehmoment m

紧急 jǐnjí Not f; Notfall m

紧急开关 jǐnjí kāiguān Notausschalter m

紧急情况 jǐnjí qíngkuàng Notfall m

紧急制动器 jǐnjí zhìdòngqì Notbremse f

紧密的 jǐnmìde dicht; kompress; eng

紧密性 jǐnmìxìng Dichte f

紧锁螺母 jǐnsuǒ luómǔ Schlossmutter f

紧压环 jǐnyāhuán Druckring m

进步 jìnbù Fortschritt m

进步的 jìnbùde fortschrittlich; fortgeschritten

进步式 jìnbùshì Hubbalken m

进程 jìnchéng Verlauf m; Lauf m; Gang m; Progression f

进出口 jìnchūkǒu Im- und Export m; Ein- und Ausfuhr f

进刀 jìndāo Vorschub m; Vorlauf m

进刀装置 jìndāo zhuāngzhì Zapfer m; Vorschubapparat m; Vorschubmechanismus m; Vorschubvorrichtung f

进风口 jìnfēngkǒu Lufteinlauf m

进攻导弹 jìngōng dǎodàn Angriffsrakete f; Offensivrakete f

进化 jìnhuà Evolution f

进化的 jìnhuàde genetisch

进化论 jìnhuàlùn Abstammungslehre f; Evolutionstheorie f; Evolutionismus m; Darwinismus m; Entwicklungslehre f

进口 jìnkǒu importieren; Import m; Einfuhr f; Eintritt m; Eingang m; Einlass m; Zugang m

进口商 jìnkǒushāng Importeur m

进口限制 jìnkǒu xiànzhì Einfuhrbeschränkung f; Einfuhrrestriktion f; Importbeschränkung f

进矿槽 jìnkuàngcáo Einflussrinne f

进料泵 jìnliàobèng Speisepumpe f

进料管 jìnliàoguǎn Zuführungsrohr n

进料器 jìnliàoqì Zapfer m

进气操纵阀 jìnqì cāozòngfá gesteuertes Einlassventil

进气冲程 jìnqì chōngchéng Einlasstakt m

进气道 jìnqìdào Lufteinlass m

进气阀 jìnqìfá Einlassventil n; Saugventil n

进气口 jìnqìkǒu Lufteinlauf m; Lufteintritt m; Lufteinlassschlitz m; Lufteintrittsöffnung f; Lufteinlassöffnung f

进气消声器 jìnqì xiāoshēngqì Ansaugdämpfer m; Ansaugschalldämpfer m

进气消音器 jìnqì xiāoyīnqì Ansauggeräuschdämpfer m; Ansaugschalldämpfer m

进气行程 jìnqì xíngchéng Einlasshub m; Einsaughub m

进气压力 jìnqì yālì Ansaugdruck m

进入 jìnrù eindringen; eintreten

进入管 jìnrùguǎn Einlassröhre f

进入(系统) jìnrù (xìtǒng) sich einloggen

J

进水阀 jìnshuǐfá Einlassventil *n*; Einlassklappe *f*

进水管 jìnshuǐguǎn Einlassrohr *n*; Einlassleitung *f*; Einlaufrohr *n*

进水口 jìnshuǐkǒu Einlassöffnung *f*; Einlauf *m*

进位 jìnwèi übertragen; Übertrag *m*; Carry *n*

进行 jìnxíng führen; durchführen; verlaufen

进行数据处理 jìnxíng shùjù chǔlǐ datamieren

进油孔 jìnyóukǒng Kraftstoffeintritt *m*; Kraftstoffzulauf *m*

进油口 jìnyóukǒu Kraftstoffeintritt *m*; Kraftstoffzulauf *m*

进展 jìnzhǎn Fortgang *m*; Verlauf *m*; Fortschritt *m*

近程导弹 jìnchéngdǎodàn Kurzstreckenrakete *f*

近地点 jìndìdiǎn Erdnähe *f*; Perigäum *n*

近点的 jìndiǎnde anomalistisch

近点角 jìndiǎnjiǎo Anomalie *f*

近东 jìndōng Naher Osten; Nahost *m*; Vorderer Orient

近光 jìnguāng Abblendlicht *n*

近光灯 jìnguāngdēng Abblendlicht *n*; Abblendscheinwerfer *m*

近日点 jìnrìdiǎn Perihelium *n*; Perihel *n*; Sonnennähe *f*

近视 jìnshì Kurzsichtigkeit *f*; Myopie *f*; Brachymetropie *f*

近视的 jìnshìde Kurzsichtig

近似 jìnsì Ähnlichkeit *f*; Approximation *f*; Näherung *f*

近似的 jìnsìde ähnlich; annähernd; approximativ; angenähert; überschlägig

近似定理 jìnsì dìnglǐ Ähnlichkeitssatz *m*

近似读数 jìnsì dúshù rohe Ablesung

近似度 jìnsìdù Annäherungsgrad *m*

近似分析 jìnsì fēnxī Richtanalyse *f*

近似公式 jìnsì gōngshì Näherungsformel *f*; Annäherungsformel *f*; Überschlagsformel *f*

近似计算 jìnsì jìsuàn Näherungs(be)-rechnung *f*; angenäherte Berechnung; ungefähre Kalkulation; überschlägige Berechnung

近似值 jìnsìzhí Näherungswert *m*; Annäherungswert *m*; Annäherung *f*; Approximation *f*; angenäherter Wert

近星点 jìnxīngdiǎn Periastron *n*; Sternnähe *f*

浸剂 jìnjì Infus *n*; Infusion *n*; Aufguss *m*

浸没 jìnmò eintauchen; Immersion *f*

浸泡 jìnpào eintauchen; wässern; einwässern; tränken; einweichen

浸入 jìnrù eintauchen; einwässern

浸入深度 jìnrù shēndù Tauchtiefe *f*

浸润 jìnrùn einweichen; einsickern; infiltrieren; Einwässerung *f*; Infiltration *f*

浸湿 jìnshī durchnässen; einfeuchten; durchfeuchten

浸蚀 jìnshí einätzen

浸水 jìnshuǐ einwässern; Einwässerung *f*

浸透 jìntòu durchnässen; durchtränken

浸析 jìnxī Ablaugung *f*

浸液 jìnyè Lauge *f*

浸液试验 jìnyè shìyàn Tauchprobe *f*

浸种 jìnzhǒng Saat einwässern; Sämlinge befeuchten

浸渍 jìnzì durchtränken; wässern; rösten; mazerieren; Mazeration *f*

浸渍设备 jìnzì shèbèi Tauchanlage *f*

禁止 jìnzhǐ verbieten; untersagen; Verbot n

禁止脉冲 jìnzhǐ màichōng Verhinderungsimpuls m

禁止行驶 jìnzhǐ xíngshǐ Fahrverbot n

茎 jīng Stengel m; Stamm m; Stiel m; Halm m

经典的 jīngdiǎnde klassisch

经度 jīngdù Längengrad m; geografische Länge; Meridiangrad m; Länge f

经度的 jīngdùde longitudinal

经度圈 jīngdùquān Längenkreis m

经过 jīngguò verlaufen; passieren; Verlauf m; Lauf m

经济 jīngjì Wirtschaft f; Ökonomie f

经济的 jīngjìde wirtschaftlich; ökonomisch; finanziell

经济顾问 jīngjì gùwèn Wirtschaftsberater m

经济结构 jīngjì jiégòu Wirtschaftsstruktur f

经济林 jīngjìlín Wirtschaftswald m

经济效益 jīngjì xiàoyì wirtschaftliche Effektivität

经济学 jīngjìxué Wirtschaftswissenschaft f; Ökonomie f

经济学家 jīngjìxuéjiā Ökonom m; Wirtschaftswissenschaftler m

经济学院 jīngjì xuéyuàn Institut für Wirtschaft

经济一体化 jīngjì yītǐhuà Wirtschaftsintegration f

经久性 jīngjiǔxìng Haltbarkeit f

经理 jīnglǐ führen; verwalten; Direktor m; Manager m

经历 jīnglì erleben; erfahren; Erlebnis n; Erfahrung f

经流 jīngliú abströmen

经受 jīngshòu erleben; überstehen; bestehen; aushalten

经纬仪 jīngwěiyí Theodolit m; Transit m

经线 jīngxiàn 〈纺〉 Längsfaden m; Kettfaden m; 〈地〉Meridian m; Längenlinie f

经向心力 jīngxiàngxīnlì Radialkraft f

经验 jīngyàn Erfahrung f

经验公式 jīngyàn gōngshì Erfahrungsformel f; Faustformel f

晶胞 jīngbāo Basiszelle f; Zelle f

晶带 jīngdài Spurengruppe f

晶格 jīnggé Kristallgitter n; Gitter n

晶格排列 jīnggé páiliè Gitteranordnung f

晶间的 jīngjiānde interkristallin

晶界腐蚀 jīngjiè fǔshí Korngrenzenätzung f

晶界线 jīngjièxiàn Kristallgrenzlinie f

晶粒 jīnglì kristallinisches Korn; Kristallkörnchen n; Kristallkorn n; Korn n

晶面 jīngmiàn kristallografische Ebene

晶群 jīngqún Kristallgruppe f

晶石 jīngshí Spat m

晶态 jīngtài kristalliner Zustand

晶体 jīngtǐ Kristall m; Festkörper m

晶体表面 jīngtǐ biǎomiàn Kristalloberfläche f

晶体的 jīngtǐde kristallinisch; kristallin

晶体二极管 jīngtǐ èrjíguǎn Kristalldiode f

晶体放大器 jīngtǐ fàngdàqì Kristallverstärker m

晶体分析 jīngtǐ fēnxī Kristallanalyse f

晶体各向异性 jīngtǐ gèxiàngyìxìng Kristallanisotropie f

晶体管 jīngtǐguǎn Transistor *m*; Transistorröhre *f*

晶体光电管 jīngtǐ guāngdiànguǎn Kristallzelle *f*

晶体光学 jīngtǐ guāngxué Kristalloptik *f*

晶体化学 jīngtǐ huàxué Kristallchemie *f*

晶体检波器 jīngtǐ jiǎnbōqì Kristalldetektor *m*

晶体结构 jīngtǐ jiégòu Kristallstruktur *f*; Kristallaufbau *m*; kristallinisches Gebilde; Struktur eines Kristalls

晶体面 jīngtǐmiàn Kristallfläche *f*

晶体物理学 jīngtǐ wùlǐxué Kristallphysik *f*

晶体析出 jīngtǐ xīchū Kristallabscheidung *f*

晶体纤维 jīngtǐ xiānwéi Kristallfaser *f*

晶体原子 jīngtǐ yuánzǐ Gitteratom *n*

晶体整流器 jīngtǐ zhěngliúqì Kristallgleichrichter *m*

晶体状 jīngtǐzhuàng Kristallform *f*

晶轴 jīngzhóu Kristallachse *f*

晶状的 jīngzhuàngde kristallinisch; kristallisch; kristallin; kristallen

晶状体 jīngzhuàngtǐ Augenlinse *f*; Linse *f*

精车 jīngchē Nachdrehen *n*

精车刀 jīngchēdāo Schlichtstahl *m*

精度 jīngdù Genauigkeit *f*; Präzision *f*; Schärfe *f*

精度等级 jīngdù děngjí Genauigkeitsklasse *f*

精度极限 jīngdù jíxiàn Präzisionsgrenze *f*

精度指标 jīngdù zhǐbiāo Präzisionsindex *m*

精加工 jīngjiāgōng Überarbeitung *f*; Fertigbearbeitung *f*; Präzisionsarbeit *f*; Schlichtarbeit *f*; Feinbearbeitung *f*

精加工车床 jīngjiāgōng chēchuáng Schlichtmaschine *f*; Nachdrehmaschine *f*

精加工余量 jīngjiāgōng yúliàng Schlichtzugabe *f*

精矿 jīngkuàng Anreicherungskonzentrat *n*; Feinerz *n*; Konzentrat *n*

精炼 jīngliàn raffinieren; läutern; frischen; affinieren; verfeinern; veredeln; pauschen; feinbrennen; feinen; Raffination *f*; Affination *f*; Affinierung *f*; Frischen *n*; Sublimierung *f*

精炼法 jīngliànfǎ Affinierungsprozess *m*; Raffinationsverfahren *n*

精炼炉 jīngliànlú Feinherd *m*; Raffinationsofen *m*

精馏 jīngliú rektifizieren; Rektifikation *f*

精馏塔 jīngliútǎ Rektifikationskolonne *f*; Rektifikationsturm *m*; Rektifikationssäule *f*

精美的 jīngměide hochfein; fein; vorzüglich; ausgezeichnet

精密 jīngmì Präzision *f*; Exaktheit *f*

精密操作 jīngmì cāozuò Präzisionsarbeit *f*

精密测量 jīngmì cèliáng abzirkeln; Präzisionsmessung *f*; Feinmessung *f*

精密测量器 jīngmì cèliángqì Feinmessapparat *m*; Präzisionsmessgerät *n*; Präzisionsmessinstrument *n*

精密测量仪器 jīngmì cèliáng yíqì Feinmessgerät *n*; Präzisionsmessinstrument *n*

精密车床 jīngmì chēchuáng Präzisionsdrehbank *f*; Feinstdrehma schine *f*; Feindrehbank *f*; Qualitätsdrehbank *f*

精密的 jīngmìde genau; präzis; fein; exakt

精密电位计 jīngmì diànwèijì Feinpotentiometer *n*; Präzisionspotentiometer *n*

精密读数 jīngmì dúshù Feinablesung *f*

精密度 jīngmìdù Präzision *f*; Genauigkeit *f*

精密锻锤 jīngmì duànchuí Präzisionsschmiedehammer *m*

精密锻件 jīngmì duànjiàn Genauschmiedestück *n*

精密锻造 jīngmì duànzào Feinschmieden *n*; Präzisionsschmieden *n*; Genauigkeitsschmieden *n*

精密机床 jīngmì jīchuáng Präzisionswerkzeugmaschine *f*; Genauigkeitsmaschine *f*

精密机械 jīngmì jīxiè Feinmechanik *f*; präziser Mechanismus

精密计算 jīngmì jìsuàn Präzisionsrechnung *f*

精密加工 jīngmì jiāgōng Feinstbearbeitung *f*; Feinstarbeitung *f*; Feinbearbeitung *f*

精密卡盘 jīngmì kǎpán Präzisionsfutter *n*

精密刻度 jīngmì kèdù Feinskala *f*

精密量规 jīngmì liángguī Feinmesslehre *f*

精密量角器 jīngmì liángjiǎoqì Präzisionswinkelmesser *m*

精密磨床 jīngmì móchuáng Feinschleifmaschine *f*; Präzisionsschleifmaschine *f*; Präzisschleifer *m*

精密扫描 jīngmì sǎomiáo feine Abtastung

精密试验 jīngmì shìyàn Feinprobe *f*

精密数据 jīngmì shùjù Feindaten *pl*

精密调节 jīngmì tiáojié Präzisionsregelung *f*; Feinregulierung *f*

精密调节器 jīngmì tiáojiéqì Präzisionsregler *m*; Feinregler *m*

精密铣床 jīngmì xǐchuáng Präzisionsfräsmaschine *f*

精密仪器 jīngmì yíqì Präzisionsinstrument *n*

精密铸件 jīngmì zhùjiàn Präzisionsguss *m*; Genaugussteil *m*

精密铸造 jīngmì zhùzào Präzisionsguss *m*; Genauguss *m*; Genaugießen *n*

精密钻床 jīngmì zuànchuáng Feinstbohrmaschine *f*; Präzisionsbohrer *m*

精磨 jīngmó feinschleifen; verreiben; Präzisionsschleifen *n*

精确测定 jīngquè cèdìng Präzisionsbestimmung *f*

精确的 jīngquède präzis; exakt; genau

精确度 jīngquèdù Genauigkeitsgrad *m*; Genauigkeit *f*; Präzision *f*

精确分析 jīngquè fēnxī Feinanalyse *f*

精确性 jīngquèxìng Präzision *f*; Genauigkeit *f*

精确值 jīngquèzhí genauer Wert

精神 jīngshén Geist *m*; Lebenskraft *f*; Lebensfrische *f*

精神病患者 jīngshénbìng huànzhě Geisteskranke *m*; Irrenhäusler *m*

精神病科医生 jīngshénbìngkē yīshēng Psychiater *m*; Facharzt für Geisteskrankheiten

精神病院 jīngshénbìngyuàn Irrenhaus *n*; Irrenheilanstalt *f*; Irren-

J

精髓 jīngsuǐ Mark *n*; Kern *m*; Quintessenz *f*

精调螺丝 jīngtiáo luósī Feinstellschraube *f*

精调天线 jīngtiáo tiānxiàn feine Antenne

精铣刀 jīngxǐdāo Nachfräser *m*

精铣铣刀 jīngxǐ xǐdāo Schlichtfräser *m*

精细的 jīngxìde hochfein; übergenau; fein

精细结构 jīngxì jiégòu Feinstruktur *f*

精轧 jīngzhá fertigschlichten; Fertigwalzen *n*

精轧道次 jīngzhá dàocì Schlichtstich *m*

精轧机 jīngzhájī Fertigwalzwerk *n*; Fertigwalzgerüst *n*

精轧轧辊 jīngzhá zhágǔn Schlichtwalze *f*

精制 jīngzhì affinieren; veredeln; verfeinern; raffinieren; Vered(e)-lung *f*; Affination *f*

精制品 jīngzhìpǐn Kaffinat *n*; extra feine Ware

精钻钻头 jīngzuàn zuàntóu Schlichtbohrer *m*

鲸类 jīnglèi Waltiere *pl*

鲸油 jīngyóu Walfischtran *m*

鲸鱼 jīngyú Wal *m*; Walfisch *m*

井壁 jǐngbì Brunnenwand *f*; Bohrwand *f*

井底 jǐngdǐ Schachtsohle *f*

井灌 jǐngguàn Brunnenbewässerung *f*

井架 jǐngjià Bohrturm *m*

井孔 jǐngkǒng Schacht *m*

井口 jǐngkǒu Öffnung eines Brunnens; 〈矿〉 Schachtfenster *n*; Schachtkopf *m*; Bohrlochkopf *m*

井喷 jǐngpēn Eruption aus der Bohrung; Sondenausbruch *m*; Erdöleruption *f*

井深 jǐngshēn Schachttiefe *f*

井筒 jǐngtǒng Schachtanlage *f*; Schacht *m*

井下采矿 jǐngxià cǎikuàng Untertage-Erzgewinnung *f*

井下矿槽 jǐngxià kuàngcáo Unterflurbunker *m*

颈 jǐng Hals *m*

颈椎 jǐngzhuī Halswirbel *m*

警报 jǐngbào Alarm *m*; Warnsignal *n*

警报器 jǐngbàoqì Melder *m*; Alarmgerät *n*; Sirene *f*

警报信号灯 jǐngbào xìnhàodēng Alarmlampe *f*

警报(信号)装置 jǐngbào (xìnhào) zhuāngzhì Alarmeinrichtung *f*

警告 jǐnggào warnen; ermahnen; Verwarnung *f*; Verweis *m*

警告信号 jǐnggào xìnhào Warnzeichen *n*; Warnsignal *n*

警钟 jǐngzhōng Alarmglocke *f*; Feuermelder *m*

径迹 jìngjì Spur *f*; Laufbahn *f*; Bahn *f*

径流 jìngliú Abfluss *m*; Ablauf *m*; Wasserlauf *m*

径流河槽 jìngliú hécáo Abflussgerinne *n*

径流量 jìngliúliàng Abflussmenge *f*; Abflussquantum *n*

径流面积 jìngliú miànjī Abflussfläche *f*

径流区域 jìngliú qūyù Abflussgebiet *n*

径流深度 jìngliú shēndù Abflusshöhe *f*

径流速度 jìngliú sùdù Abflussgeschwindigkeit *f*

径流损失 jìngliú sǔnshī Abflussverlust *m*

径流系数 jìngliú xìshù Abflussverhältnis *n*; Abflusszahl *f*; Abflusskoeffizient *m*

径向场 jìngxiàngchǎng Radialfeld *n*

径向的 jìngxiàngde radial

径向肋条 jìngxiàng lèitiáo Radialrippe *f*

径向力 jìngxiànglì Radialkraft *f*

径向流 jìngxiàngliú Radialfluss *m*

径向密封 jìngxiàng mìfēng Radialdichtung *f*

径向速度 jìngxiàng sùdù Radialgeschwindigkeit *f*

径向跳动 jìngxiàng tiàodòng Radialschlag *m*; Rundlaufabweichung *f*

径向压力 jìngxiàng yālì Radialdruck *m*

径向振摆 jìngxiàng zhènbǎi Rundlauf *m*; Rundlaufabweichung *f*; Radialschlag *m*

径向轴承 jìngxiàng zhóuchéng Radiallager *n*

净化 jìnghuà reinigen; klären; verfeinern; veredeln; Klärung *f*; Purifikation *f*; Reinigung *f*; Verfeinerung *f*

净化处理 jìnghuà chǔlǐ Unschädlichmachen *n*; Reinigung *f*

净化法 jìnghuàfǎ Reinigungsverfahren *n*

净化空气 jìnghuà kōngqì Luft klären; Luftreinigung *f*

净化气体 jìnghuà qìtǐ Klärgas *n*

净化器 jìnghuàqì Reiniger *m*; Abklärmaschine *f*; Kläranlage *f*

净化设备 jìnghuà shèbèi Reinigungsanlage *f*; Kläranlage *f*

净化塔 jìnghuàtǎ Reinigungsturm *m*; Klärturm *m*

净利 jìnglì Nettoertrag *m*; Reingewinn *m*

净模 jìngmú Formenreinigung *f*

净热值 jìngrèzhí unterer Heizwert

净水管 jìngshuǐguǎn Reinwasserleitung *f*

净水流量 jìngshuǐ liúliàng Reinwasserablauf *m*

净水器 jìngshuǐqì Wasserreiniger *m*

净水站 jìngshuǐzhàn Wasserfilterstation *f*; Wasserreinigungsstation *f*

净载重 jìngzàizhòng Nutzlastgewicht *n*

净值 jìngzhí Nettowert *m*

净重 jìngzhòng Netto *n*; Nettogewicht *n*; Reingewicht *n*; Eigengewicht *n*; Eigenmasse *f*

静电 jìngdiàn statische Elektrizität; Reibungselektrizität *f*

静电变压器 jìngdiàn biànyāqì elektrostatischer Transformator; statischer Transformator

静电场 jìngdiànchǎng elektrostatisches Feld; Kondensatorfeld *n*

静电充电 jìngdiàn chōngdiàn elektrostatische Aufladung

静电单位 jìngdiàn dānwèi elektrostatische Einheit

静电的 jìngdiànde elektrostatisch

静电副本 jìngdiàn fùběn Xerokopie *f*

静电复印 jìngdiàn fùyìn Xerografie *f*; Fotokopie *f*

静电干扰 jìngdiàn gānrǎo Influenzstörung *f*

静电感应 jìngdiàn gǎnyìng elektro-

J

statische Induktion; elektrostatische Influenz

静电荷 jìngdiànhè statische Ladung

静电计 jìngdiànjì Elektrometer *n*; Elektromesser *m*; Statometer *n*

静电继电器 jìngdiàn jìdiànqì elektrostatisches Relais

静电力 jìngdiànlì elektrostatische Kraft

静电屏蔽 jìngdiàn píngbì elektrostatische Abschirmung

静电吸引 jìngdiàn xīyǐn elektrostatische Anziehung

静电学 jìngdiànxué Elektrostatik *f*

静电压 jìngdiànyā elektrostatischer Druck; elektrostatische Spannung

静电引力 jìngdiàn yǐnlì elektrostatische Anziehungskraft

静定的 jìngdìngde statisch bestimmt

静浮力 jìngfúlì statischer Auftrieb

静负荷 jìngfùhè Ruhelast *f*; Beanspruchung durch ruhende Last

静负载 jìngfùzài statische Belastung; totes Gewicht; Eigengewicht *n*

静荷重 jìnghèzhòng Schwergewicht *n*; Eigengewicht *n*; totes Gewicht

静力 jìnglì statische Kraft

静力的 jìnglìde statisch

静力平衡 jìnglì pínghéng statisches Gleichgewicht

静力学 jìnglìxué Statik *f*; Gleichgewichtslehre *f*

静力学的 jìnglìxuéde statisch

静力学家 jìnglìxuéjiā Statiker *m*

静脉 jìngmài Blutader *f*; Vene *f*

静脉切开 jìngmài qiēkāi Phlebotomie *f*

静脉输液 jìngmài shūyè intravenöse Tropfeninfusion

静脉炎 jìngmàiyán Phlebitis *f*;
Venenentzündung *f*

静脉注射 jìngmài zhùshè intravenöse Injektion

静平衡 jìngpínghéng statische Auswuchtung; statisches Gleichgewicht

静热学 jìngrèxué Thermostatik *f*

静水压力 jìngshuǐ yālì Druck der ruhenden Flüssigkeit; statischer Wasserdruck

静态存储器 jìngtài cúnchǔqì nichtflüchtiger Speicher

静态电容 jìngtài diànróng statische Kapazität

静态回复 jìngtài huífù statische Erholung

静态平衡 jìngtài pínghéng statisches Gleichgewicht

静态误差 jìngtài wùchā statischer Fehler

静推力 jìngtuīlì Standschub *m*

静压的 jìngyāde hydrostatisch

静压力 jìngyālì statischer Druck

静载荷 jìngzàihè Totlast *f*; statische Belastung

静止 jìngzhǐ Ruhe *f*; Stillstand *m*

静止波 jìngzhǐbō Ruhewelle *f*

静止的 jìngzhǐde statisch; ruhig

静止点 jìngzhǐdiǎn Ruhepunkt *m*

静止功率 jìngzhǐ gōnglǜ Ruheleistung *f*

静止接点 jìngzhǐ jiēdiǎn Ruhekontakt *m*

静止图 jìngzhǐtú ruhendes Diagramm

静止图像 jìngzhǐ túxiàng stehendes Bild

静止位置 jìngzhǐ wèizhì Ruhestellung *f*; Nullstellung *f*; Ruhezustand *m*; statischer Zustand

静重 jìngzhòng Schwergewicht *n*

镜 jìng Spiegel *m*; optisches Glas

镜面抛光 jìngmiàn pāoguāng Spiegelschliff m

镜片 jìngpiàn Linse f

镜频 jìngpín Spiegelwelle f

镜铁 jìngtiě Spiegeleisen n

镜头 jìngtóu Objektiv n

镜像 jìngxiàng Spiegelbild n

酒精 jiǔjīng Alkohol m; Weingeist m; Sprit m; Spiritus m

酒精灯 jiǔjīngdēng Alkohollampe f; Alkoholbrenner m; Weingeistlampe f; Spirituslampe f

酒精炉 jiǔjīnglú Spirituskocher m

酒糟 jiǔzāo Treber pl; Trester pl

臼齿 jiùchǐ Molar m; Backenzahn m; Mahlzahn m

旧的 jiùde gebraucht; alt

旧石器时代 jiùshíqì shídài Altsteinzeit f; Paläolithikum n

旧式的 jiùshìde altmodisch

救护车 jiùhùchē Ambulanz f; Krankenwagen m; Ambulanzwagen m; Sanitätswagen m

局部 júbù Teil m/n; Einzelne n

局部淬火 júbù cuìhuǒ partielles Härten

局部的 júbùde lokal; partiell; örtlich

局部麻醉 júbù mázuì örtliche Betäubung; Lokalanästhesie f

局部偏差 júbù piānchā lokale Abweichung

局部真空 júbù zhēnkōng Teilvakuum n

局部增压 júbù zēngyā Teilaufladung f

局限性 júxiànxìng Begrenztheit f; Beschränktheit f

局域网 júyùwǎng lokales Netzwerk (LAN)

矩臂 jǔbì Kraftarm m; Hebelarm m

矩形 jǔxíng Rechteck n; Orthogon n

矩形波 jǔxíngbō rechteckige Welle

矩形波发生器 jǔxíngbō fāshēngqì Rechteckwellengenerator m

矩形的 jǔxíngde rechtwinklig; rechteckig

矩形电流脉冲 jǔxíng diànliú màichōng Rechteckstromimpuls m

矩形电压 jǔxíng diànyā Rechteckspannung f

矩形信号 jǔxíng xìnhào Rechtecksignal n

矩阵管理 jǔzhèn guǎnlǐ Matrixmanagement n

矩阵寻址 jǔzhèn xúnzhǐ Matrixadressierung f

J

巨大的 jùdàde gewaltig; riesig; groß; ungeheuer

巨额 jù'é Riesensumme f; gigantische Summe; kolossale Summe

巨流 jùliú gewaltiger Strom; reißender Strom

巨轮 jùlún großes Rad; Riesenschiff n; Riesendampfer m

巨星 jùxīng 〈天〉 Gigant m

巨型计算机 jùxíng jìsuànjī Großcomputer m

巨型运输机 jùxíng yùnshūjī Großraumtransporter m

巨猿 jùyuán Gigantopithecus m

句法分析 jùfǎ fēnxī Syntaxanalyse f

具备 jùbèi besitzen; vorhanden sein

具体的 jùtǐde konkret; einzeln; detailliert

具有 jùyǒu besitzen; haben; aufweisen

距离 jùlí Abstand m; Strecke f; Entfernung f; Distanz f; Abschnitt m

锯 jù Säge f

锯齿 jùchǐ Sägezahn m; Zacken m; Zacke f; Zahn m

锯齿波 jùchǐbō Sägezahnwelle *f*

锯齿形 jùchǐxíng Zickzack *m*; Zahnschnitt *m*

锯齿形的 jùchǐxíngde zackig; zackenförmig; sägenartig; gezackt

锯齿形曲线 jùchǐxíng qūxiàn Sägezahnkurve *f*; Sägezahnverlauf *m*

锯齿状 jùchǐzhuàng Zahnung *f*

锯床 jùchuáng Sägemaschine *f*; Bügelsägemaschine *f*

锯锉 jùcuò Sägefeile *f*

锯掉 jùdiào absägen

锯开 jùkāi durchsägen

锯切 jùqiē Sägen *n*

锯条 jùtiáo Sägeblatt *n*; Sägeklinge *f*; Bügelsägeblatt *n*

锯条钢 jùtiáogāng Sägenstahl *m*

锯屑 jùxiè Sägespan *m*

聚氨酯 jù'ānzhǐ Polyurethan *n*

聚苯乙烯 jùběnyǐxī Polystyrol *n*

聚变 jùbiàn Fusion *f*; Verschmelzung *f*

聚变能 jùbiànnéng Fusionsenergie *f*

聚丙烯 jùbǐngxī Polypropylen *n*

聚光灯 jùguāngdēng Scheinwerfer *m*

聚光镜 jùguāngjìng Kollektor *m*; Kondensor *m*; Kondensator *m*; Konoskop *n*

聚光器 jùguāngqì Kondensor *m*; Kondensatorlinse *f*

聚光透镜 jùguāng tòujìng Sammellinse *f*; Kondensor *m*

聚合 jùhé polymerisieren; Polymerisation *f*; Kombination *f*; Polymerie *f*; Aggregation *f*

聚合的 jùhéde polymer

聚合活化剂 jùhé huóhuàjì Polymerisationsaktivator *m*

聚合力 jùhélì Kohäsion *f*

聚合物 jùhéwù Polymer *n*; Polymerisat *n*

聚合作用 jùhé zuòyòng Polymerisation *f*

聚集 jùjí aggregieren; massieren; versammeln; anhäufen; aufspeichern; Häufung *f*; Ansammlung *f*

聚集体 jùjítǐ Aggregat *n*; Zusammenballung *f*

聚甲醛 jùjiǎquán Polyformaldehyd *n*

聚焦 jùjiāo konvergieren; optieren; Konvergenz *f*; Scharfeinstellung *f*; Schärferegelung *f*; Schärfe *f*; Optierung *f*

聚焦器 jùjiāoqì Fokalisator *m*

聚焦透镜 jùjiāo tòujìng Kondensatorlinse *f*; Kondenlinse *f*

聚氯乙烯 jùlǜyǐxī Polyvinylchlorid *n*

聚醛树脂 jùquán shùzhī Aldehydharz *n*

聚烯烃 jùxītīng Polyolefin *n*

聚乙烯 jùyǐxī Polyäthylen *n*; Polyethen *n*; Polyethylen *n*

聚乙烯醇 jùyǐxīchún Polyvinylalkohol *m*

聚酯 jùzhǐ Polyester *m*

聚酯塑料 jùzhǐ sùliào Polyesterplastik *f*

卷板机 juǎnbǎnjī Blechhaspel *f*; Blechbördelmaschine *f*

卷包 juǎnbāo Wickel *m*; Wicklung *f*

卷边机 juǎnbiānjī Sickenmaschine *f*

卷材 juǎncái Bandwerkstoff *m*

卷尺 juǎnchǐ Maßband *n*; Messband *n*; Bandmaß *n*; Taschenmessband *n*; Rollmessband *n*

卷毛云 juǎnmáoyún Schäfchenwolke *f*; Wolkenschäfchen *pl*

卷绕 juǎnrào wickeln; bewickeln;

winden

卷绕的 juǎnràode gewickelt

卷筒 juǎntǒng Rolle *pl*; Spule *f*; Haspel *f*

卷线机 juǎnxiànjī Spulmaschine *f*

卷线轴 juǎnxiànzhóu Haspel *f*

卷扬机 juǎnyángjī Aufzug *m*; Fördermachine *f*; Haspel *f*; Förderwerk *n*; Förderhaspel *f*; Göpel *m*; Seilwinde *f*

卷云 juǎnyún Zirrus *m*; Federwolke *f*; Faserwolke *f*

卷轴 juànzhóu Haspel *f*; Rodel *m*; Rolle *f*; Spule *f*

卷轴云 juànzhóuyún walzenförmige Wolke

决口 juékǒu Dammbruch *m*; Dammriss *m*; Deichbruch *m*

决口水流 juékǒu shuǐliú Durchbruch des Wassers; Wasserdurchbruch *m*

决议 juéyì Beschluss *m*; Resolution *f*

绝对 juéduì durchaus

绝对变形 juéduì biànxíng Absolutverformung *f*

绝对标度 juéduì biāodù absolute Skala

绝对常数 juéduì chángshù Absolutkonstante *f*

绝对长度 juéduì chángdù absolute Länge

绝对尺寸 juéduì chǐcùn Absolutmaß *n*

绝对代码 juéduì dàimǎ absoluter Code

绝对单位 juéduì dānwèi absolute Einheit

绝对的 juéduìde absolut; unbedingt

绝对等式 juéduì děngshì Absolutgleichung *f*

绝对地址 juéduì dìzhǐ absolute Adresse ; Adressabsolutierung *f*; bestimmte Adresse ; echte Adresse

绝对定址 juéduì dìngzhǐ absolute Adressierung

绝对高度 juéduì gāodù absolute Höhe

绝对航高 juéduì hánggāo absolute Flughöhe

绝对精度 juéduì jīngdù Absolutgenauigkeit *f*

绝对空间 juéduì kōngjiān Absolutraum *m*

绝对空气湿度 juéduì kōngqì shīdù absolute Luftfeuchte; absolute Luftfeuchtigkeit

绝对亮度 juéduì liàngdù absolute Helligkeit

绝对灵敏度 juéduì língmǐndù absolute Empfindlichkeit

绝对零度 juéduì língdù Absolutnull *f*; absoluter Nullpunkt; absolute Nulltemperatur

绝对零线 juéduì língxiàn Absolutnulllinie *f*

绝对黏度 juéduì niándù Absolutzähigkeit *f*; absolute Zähigkeit; absolute Viskosität

绝对气压 juéduì qìyā absolute Atmosphäre

绝对强度 juéduì qiángdù absolute Festigkeit

绝对湿度 juéduì shīdù absolute Feuchtigkeit; absolute Feuchte

绝对速度 juéduì sùdù Absolutgeschwindigkeit *f*; absolute Geschwindigkeit

绝对温度 juéduì wēndù absolute Temperatur; Kelvintemperatur *f*

绝对误差 juéduì wùchā absoluter

J

Fehler

绝对寻址 juéduì xúnzhǐ absolute Adressierung

绝对压力 juéduì yālì Absolutdruck *m*; absoluter Druck

绝对值 juéduìzhí Absolutwert *m*; absoluter Wert; Absolutbetrag *m*

绝热 juérè isolieren; Wärmeisolierung *f*; Wärmedämmung *f*; Wärmeeinschließung *f*; Isolierung *f*; Isolation *f*

绝热材料 juérè cáiliào Wärmeisolierstoff *m*; Wärmeisolationsstoff *m*; Wärmedämmstoff *m*; Wärmeschutzmaterial *n*

绝热层 juérècéng Wärmedämmschicht *f*

绝热的 juérède wärmedämmend; adiabatisch; adiabat

绝热方程式 juérè fāngchéngshì Adiabatengleichung *f*

绝热过程 juérè guòchéng adiabatischer Prozess

绝热膨胀 juérè péngzhàng adiabatische Expansion

绝热曲线 juérè qūxiàn Adiabate *f*

绝热体 juérètǐ Wärmeisolator *m*

绝热物质 juérè wùzhì Wärmeisoliermasse *f*

绝育 juéyù sterilisieren; Sterilisierung *f*; Sterilisation *f*

绝育手术 juéyù shǒushù Sterilisationseingriff *m*

绝缘 juéyuán isolieren; Isolation *f*; Isolierung *f*

绝缘板 juéyuánbǎn Isolierplatte *f*; Dämmplatte *f*

绝缘包皮 juéyuán bāopí Isolationshülle *f*

绝缘变压器 juéyuán biànyāqì Isoliertransformator *m*

绝缘部分 juéyuán bùfen Wandungsteil *m/n*

绝缘材料 juéyuán cáiliào Isolierstoff *m*; Isoliermaterial *n*; isolierendes Material; isolierender Stoff; Dämmstoff *m*

绝缘层 juéyuáncéng Isolierschicht *f*; Sperrschicht *f*

绝缘带 juéyuándài Isolierband *n*

绝缘导体 juéyuán dǎotǐ isolierter Leiter

绝缘导线 juéyuán dǎoxiàn isolierter Leiter

绝缘的 juéyuánde nichtleitend; isoliert; isolierend

绝缘电缆 juéyuán diànlǎn isoliertes Kabel

绝缘垫圈 juéyuán diànquān Isolationsscheibe *f*

绝缘电阻 juéyuán diànzǔ Isolationswiderstand *m*

绝缘管 juéyuánguǎn Isolationsrohr *n*

绝缘胶布 juéyuán jiāobù Isolierband *n*

绝缘漆 juéyuánqī Isolierlack *m*

绝缘强度 juéyuán qiángdù Isolationsfestigkeit *f*; Durchschlagsfestigkeit *f*

绝缘容器 juéyuán róngqì Isolierbehälter *m*

绝缘套管 juéyuán tàoguǎn Metallschutzschlauch *m*; Rüschschlauch *m*

绝缘体 juéyuántǐ Isolator *m*; Isolierkörper *m*; Nichtleiter *m*; Isolation *f*; Isolierstoff *m*

绝缘线 juéyuánxiàn isolierter Draht

绝缘值 juéyuánzhí Isolationswert *m*

绝缘状态 juéyuán zhuàngtài Isolierzustand *m*

J

绝种 juézhǒng aussterben; erlöschen

掘进 juéjìn Vortrieb m; Absinken n

掘进机 juéjìnjī Vortriebmaschine f

掘进机组 juéjìn jīzǔ Vortriebsaggregat n

掘进作业 juéjìn zuòyè Vortriebsarbeit f

掘土机 juétǔjī Bagger m; Löffelbagger m; Exkavator m

蕨类植物 juélèi zhíwù Pteridophyta pl; Farnpflanzen pl; Gefäßsporenpflanzen pl; Farnartige Pflanzen

军车 jūnchē Militärfahrzeug n

军舰 jūnjiàn Kriegsschiff n

军事 jūnshì Militärangelegenheiten pl

军械 jūnxiè Kriegsgerät n; Kriegsausrüstung f

军械库 jūnxièkù Zeughaus n; Waffenkammer f; Waffendepot n

均布载荷 jūnbù zàihè gleichförmig verteilte Belastung

均等 jūnděng Gleichheit f

均方根差 jūnfānggēnchā Standardabweichung f

均衡 jūnhéng Ausgewogenheit f; Gleichmaß n; Gleichgewicht n; Balance f; Ausgleich m; Begleichung f

均衡的 jūnhéngde proportioniert; ausgewogen; ausgeglichen

均衡机 jūnhéngjī Auswuchtmaschine f

均衡脉冲 jūnhéng màichōng Trabant m

均衡器 jūnhéngqì Balancier m

均衡深度 jūnhéng shēndù Ausgleichstiefe f

均热 jūnrè durcherhitzen; Durchwärmung f

均相 jūnxiàng homogene Phase

均压阀 jūnyāfá Druckausgleichventil n

均压管 jūnyāguǎn Druckausgleichleitung f

均压罐 jūnyāguàn Druckausgleichgefäß n

均压器 jūnyāqì Druckausgleicher m

均匀 jūnyún Gleichmaß n

均匀变形 jūnyún biànxíng gleichmäßige Formänderung; homogene Formänderung

均匀标度 jūnyún biāodù egalisierte Skala

均匀的 jūnyúnde gleichmäßig; homogen; gleichförmig symmetrisch

均匀度 jūnyúndù Gleichförmigkeitsgrad m; Gleichförmigkeit f

均匀分布 jūnyún fēnbù sich gleichmäßig verteilen; gleichmäßige Verteilung

均匀伸长 jūnyún shēncháng gleichmäßige Dehnung

均匀性 jūnyúnxìng Gleichmäßigkeit f; Gleichförmigkeit f; Homogenität f; Einigkeit f

均匀照明 jūnyún zhàomíng gleichförmige Beleuchtung

均质的 jūnzhìde homogen

均质铸造法 jūnzhì zhùzàofǎ Homogengießerei f

菌 jūn Pilze pl; Bakterie f; Spaltpilz m; Bakterium n

菌肥 jūnféi Bakteriendünger m

菌类学 jūnlèixué Mykologie f

菌苗 jūnmiáo Impfstoff m; Vakzin n

菌丝 jūnsī Myzel n; Myzelium n; Pilzfaden m; Hyphe f

菌原性的 jūnyuánxìngde bakteriell

J

菌藻植物 jūnzǎo zhíwù Pilzen und Algen

浚泥船 jùnníchuán Baggerboot *n*

竣工 jùngōng fertigstellen

K

咖啡因 kāfēiyīn Koffein *n*; Kaffein *n*

卡 kǎ Kalorie *f*

卡车 kǎchē Lastkraftwagen *m*; Lastauto *n*; Laster *m*

卡尺 kǎchǐ Messschieber *m*; Schieblehre *f*; Lehre *f*

卡齿 kǎchǐ Daumen *m*

卡规 kǎguī Rachenlehre *f*; Lehre *f*

卡计 kǎjì Kaloriemeter *n*; Wärmemesser *m*

卡口接头 kǎkǒu jiētóu Bajonettverschluss *m*

卡路里 kǎlùlǐ Kalorie *f*

卡盘 kǎpán Klemmfutter *n*; Spannfutter *n*; Futter *n*; Patrone *f*

卡片穿孔机 kǎpiàn chuānkǒngjī Kartenlocher *m*

卡片堵塞 kǎpiàn dǔsè Kartenstau *m*

卡片计算机 kǎpiàn jìsuànjī Kartencomputer *m*

卡片馈送机构 kǎpiàn kuìsòng jīgòu Kartenzufuhrmechanismus *m*

卡片索引 kǎpiàn suǒyǐn Karteiindex *m*; Kartei *f*

卡片调整器 kǎpiàn tiáozhěngqì Kartenglätter *m*; Kartenbügler *m*

卡片文件 kǎpiàn wénjiàn Kartendatei *f*

卡片阅读器 kǎpiàn yuèdúqì Kartenleser *m*

卡钳 kǎqián Greifzirkel *m*; Tastzirkel *m*; Dickenmesser *m*

卡值 kǎzhí Kalorienwert *m*; Heizwert *m*

咯血 kǎxiě Blutsturz *m*; Blutbrechen *n*; Hämatemesis *f*

开采 kāicǎi abbauen; fördern; ausbeuten; erschließen; ausfördern; verbauen; hauen; Abbau *m*; Verbau *m*; Aushub *m*; Ausbeutung *f*; Aufschließen *n*

开采层 kāicǎicéng Abbausohle *f*; Bausohle *f*

开采法 kāicǎifǎ Abbaumethode *f*

开采价值 kāicǎi jiàzhí Bauwürdigkeit *f*

开采量 kāicǎiliàng Förderungsmenge *f*

开采面积 kāicǎi miànjī Abbaufläche *f*

开采石油 kāicǎi shíyóu Erdöl fördern; Erdölgewinnung *f*

开槽 kāicáo schlitzen

开槽机 kāicáojī Nutmaschine *f*

开车 kāichē abfahren; Abfahrt *f*; am Steuer sitzen

开车送 kāichēsòng chauffieren

开车轧过 kāichē yàguò überfahren

开车者 kāichēzhě Fahrer *m*

开大灯 kāidàdēng aufblenden

开刀 kāidāo Operation durchführen; operieren

开的 kāide eingeschaltet

开动 kāidòng treiben; auslösen; anlassen; anschalten; ankurbeln; Anlassen *n*; Auslösung *f*; Inbetriebnahme *f*; Inbetriebsetzung *f*

开尔文电桥 kāi'ěrwén diànqiáo Doppelbrücke *f*

K

开发 kāifā erschließen; ausbeuten

开方 kāifāng radizieren; Wurzel ziehen; Wurzelziehen *n*; Radizieren *n*; Evolution *f*; Radikation *f*

开放电路 kāifàng diànlù offener Kreis

开工 kāigōng Inbetriebnahme *f*; in Betrieb setzen

开沟机 kāigōujī Grabenbagger *m*; Grabenfräse *f*

开关 kāiguān Schalter *m*

开关按钮 kāiguān ànniǔ Schaltknopf *m*

开关板 kāiguānbǎn Schaltbrett *n*; Schalttafel *f*; Apparatetafel *f*

开关变量 kāiguān biànliàng Schaltvariable *f*

开关触点 kāiguān chùdiǎn Schaltkontakt *m*

开关磁心 kāiguān cíxīn Schaltkern *m*

开关电极 kāiguān diànjí Schaltelektrode *f*

开关电路 kāiguān diànlù Schaltkreis *m*; logische Schaltung

开关电压 kāiguān diànyā Schaltspannung *f*

开关二极管 kāiguān èrjíguǎn Schaltdiode *f*

开关盖 kāiguāngài Schalterdeckel *m*

开关杆 kāiguāngān Schalthebel *m*

开关柜 kāiguānguì Schaltschrank *m*

开关函数 kāiguān hánshù 〈计〉 Schaltfunktion *f*

开关盒 kāiguānhé Schalterdose *f*

开关继电器 kāiguān jìdiànqì Umschaltrelais *n*

开关控制 kāiguān kòngzhì Ein-Aus-Regelung *f*

开关设备 kāiguān shèbèi Schalteinrichtung *f*

开关信号 kāiguān xìnhào Schaltsignal *n*

开关元件 kāiguān yuánjiàn Schaltelement *n*; Schaltglied *n*

开环 kāihuán offener Regelkreis

开环操作 kāihuán cāozuò Open-Loop-Betrieb *m*

开机 kāijī einschalten; starten; Anlassen *n*; Einschalten *n*; Anfahren *n*

开卷机 kāijuǎnjī Ablaufbock *m*

开掘 kāijué ausgraben; graben; ausheben; Abbruch *m*

开掘深度 kāijué shēndù Schürftiefe *f*

开垦 kāikěn kultivieren; urbar machen; Boden pflügbar machen

开口宽度 kāikǒu kuāndù Maulweite *f*

开口链条 kāikǒu liàntiáo Schakenkette *f*

开口销 kāikǒuxiāo Splint *m*

开口销连接 kāikǒuxiāo liánjiē Splintverbindung *f*

开矿 kāikuàng eine Grube abbauen; Bodenschätze ausbeuten

开炉 kāilú anfeuern

开路电枢 kāilù diànshū mit offener Wicklung

开路电压 kāilù diànyā Leerlaufspannung *f*

开辟 kāipì erschließen; Erschließung *f*

开启 kāiqǐ öffen; Aufschluss *m*

开启装置 kāiqǐ zhuāngzhì Öffner *m*

开设 kāishè gründen; errichten; eröffnen

开始 kāishǐ beginnen; anfangen; Anfang *m*; Beginn *m*; Initiieren *n*

开始菜单 kāishǐ càidān Startemenü *n*

开始指令 kāishǐ zhǐlìng Anfangsbefehl *m*

开氏温度 kāishì wēndù Kelvintemperatur *f*

开式喷油嘴 kāishì pēnyóuzuǐ offene Düse

开拓 kāituò urbar machen; erschließen; Erschließung *f*; Aufschließen *n*

开挖 kāiwā ausgraben; ausschachten; ausheben; abtragen; Aushub *m*; Baggern *n*; Abtrag *m*; Abschachtung *f*

开挖面 kāiwāmiàn Aushubwand *f*

开尾销 kāiwěixiāo Splint *m*

开胃的 kāiwèide appetitanregend

开型程序 kāixíng chéngxù 〈计〉 offenes Programm

开型子程序 kāixíng zǐchéngxù 〈计〉 offenes Unterprogramm

开夜车 kāiyèchē tief in die Nacht (hindurch) arbeiten

开凿 kāizáo graben; ausheben; Vortrieb *m*

开展 kāizhǎn entfalten; entwickeln

开绽 kāizhàn aufgehen; aufspringen

开钻 kāizuàn Bohrer ansetzen

刊登 kāndēng veröffentlichen; abdrucken

刊登广告 kāndēng guǎnggào inserieren; Inserate aufgeben; Anzeigen aufgeben

刊物 kānwù Zeitschrift *f*; Magazin *n*

刊印 kānyìn drucken; publizieren; herausgeben; veröffentlichen

勘测 kāncè untersuchen und vermessen; erkunden; Erkundung *f*

勘查 kānchá prospektieren; Rekognoszierung *f*; Erforschung *f*

勘察 kānchá erkunden; Erkundung *f*; Rekognoszierung *f*

勘探 kāntàn schürfen; aufsuchen; Schürfung *f*; Aufsuchen *n*

勘探地带 kāntàn dìdài Prospektierungsgelände *n*

勘探方法 kāntàn fāngfǎ Schürfverfahren *n*; Suchmethode *f*

勘探方向 kāntàn fāngxiàng Schürfrichtung *f*

勘探技术 kāntàn jìshù Schürftechnik *f*

勘探仪器 kāntàn yíqì Prospektionsapparatur *f*

勘探者 kāntànzhě Schürfer *m*

勘探钻井 kāntàn zuànjǐng Untersuchungsloch *n*; Schürfloch *n*

勘探钻孔 kāntàn zuànkǒng Profilbohrung *f*

砍断 kǎnduàn abhauen; abschneiden; abschlagen

砍伐 kǎnfá fällen

砍下 kǎnxià abhauen

康复 kāngfù Genesung *f*; (völlig) wiederhergestellt sein

康铜 kāngtóng Konstantan *n*

抗爆剂 kàngbàojì Antiklopfmittel *n*

抗爆强度 kàngbào qiángdù Sprengfestigkeit *f*

抗变形性 kàngbiànxíngxìng Standfestigkeit *f*

抗病的 kàngbìngde refraktär; widerstandsfähig; gegen Krankheiten resistent

抗病毒软件 kàngbìngdú ruǎnjiàn Antivirenprogramm *n*

抗病品种 kàngbìng pǐnzhǒng krankheitsimmune Sorten; krankheitsbeständige Sorten

抗病性 kàngbìngxìng Krankheitsimmunität *f*; Widerstandsfähigkeit gegen Krankheiten

K

抗磁的 kàngcíde diamagnetisch

抗磁极性 kàngcíjíxìng diamagnetischer Pol

抗磁力 kàngcílì Koerzitivkraft *f*

抗磁体 kàngcítǐ diamagnetischer Körper

抗磁性 kàngcíxìng Diamagnetismus *m*

抗磁性的 kàngcíxìngde antimagnetisch; diamagnetisch

抗毒素 kàngdúsù Antitoxin *n*

抗断强度 kàngduàn qiángdù Bruchfestigkeit *f*; Bruchwiderstand *m*; Reißfestigkeit *f*

抗干扰器 kànggānrǎoqì Entstörer *m*

抗干扰天线 kànggānrǎo tiānxiàn geräuscharme Antenne

抗旱 kànghàn Dürre bekämpfen; Trocken bekämpfen

抗旱品种 kànghàn pǐnzhǒng dürrebeständige Sorten

抗旱作物 kànghàn zuòwù dürrebeständige Gewächse

抗洪 kànghóng Überschwemmung bekämpfen; Hochwasser bekämpfen

抗碱的 kàngjiǎnde alkalibeständig

抗剪强度 kàngjiǎn qiángdù Scherfestigkeit *f*; Abscherfestigkeit *f*; Schubfestigkeit *f*; Schubwiderstand *m*

抗菌的 kàngjùnde antibakteriell; antibiotisch

抗菌剂 kàngjùnjì Antiseptikum *n*

抗菌素 kàngjùnsù Antibiotikum *n*

抗拉极限 kànglā jíxiàn Zerreißgrenze *f*

抗拉强度 kànglā qiángdù Zugfestigkeit *f*; Bruchfestigkeit *f*; Zerreißfestigkeit *f*; Streckfestigkeit *f*; Abstreiffestigkeit *f*

抗老剂 kànglǎojì Alterungsschutzmittel *n*

抗力 kànglì Widerstand *m*

抗裂强度 kàngliè qiángdù Einreißfestigkeit *f*

抗流圈 kàngliúquān Drossel *f*

抗脉冲的 kàngmàichōngde stoßfest

抗磨的 kàngmóde unverschleißbar; verschleißbeständig

抗磨强度 kàngmó qiángdù Abschleiffestigkeit *f*

抗凝血剂 kàngníngxuèjì Antikoagulin *n*

抗扭强度 kàngniǔ qiángdù Drehfestigkeit *f*; Torsionsfestigkeit *f*

抗切强度 kàngqiē qiángdù Schubfestigkeit *f*

抗切削强度 kàngqiēxiāo qiángdù Zerspanungsfestigkeit *f*

抗蠕变性 kàngrúbiànxìng Standfestigkeit *f*; Kriechwiderstand *m*

抗渗的 kàngshènde undurchdringlich; undurchlässig

抗生的 kàngshēngde antibiotisch

抗生菌肥料 kàngshēngjūn féiliào antibiotischer Dünger

抗生素 kàngshēngsù Antibiotikum *n*

抗霜的 kàngshuāngde frostbeständig

抗酸的 kàngsuānde säurefest; antisäuerisch

抗体 kàngtǐ Antikörper *m*

抗弯强度 kàngwān qiángdù Biegefestigkeit *f*; Biegungsfestigkeit *f*

抗锈 kàngxiù Eisenschutz *m*

抗压强度 kàngyā qiángdù Druckfestigkeit *f*

抗压屈服极限 kàngyā qūfú jíxiàn Quetschgrenze *f*

抗药性 kàngyàoxìng Arzneimittelfestigkeit *f*; Arzneimittelresistenz *f*

抗原 kàngyuán Antigen n

抗灾 kàngzāi Naturkatastrophen be-kämpfen

抗张程度 kàngzhāng chéngdù Zug-festigkeit f; Reißfestigkeit f

抗振强度 kàngzhèn qiángdù Schüt-telfestigkeit f

抗振性 kàngzhènxìng Vibrationsfes-tigkeit f

抗震的 kàngzhènde klopffest; erd-bebenfest; antiseismisch

抗震动的 kàngzhèndòngde schlag-fest

抗震剂 kàngzhènjì Antiklopfmittel n

抗震结构 kàngzhèn jiégòu antiseis-mische Struktur

抗震试验 kàngzhèn shìyàn Schwin-gungsversuch m

抗震性 kàngzhènxìng Klopffestig-keit f

抗阻力的 kàngzǔlìde widerstands-fähig

考查 kǎochá kontrollieren; über-prüfen; examinieren

考察 kǎochá erforschen; Erfor-schung f; Überprüfung f

考察者 kǎocházhě Erforscher m

考古学 kǎogǔxué Archäologie f; Altertumsforschung f; Altertums-kunde f

考核 kǎohé überprüfen; untersu-chen

考据 kǎojù Textkritik f

考虑 kǎolǜ überlegen; erwägen

考试 kǎoshì examinieren; Prüfung f; Examen n

考题 kǎotí Prüfungsaufgabe f; Exa-mensaufgabe f

考证 kǎozhèng Textkritik f; Text-untersuchung f

拷贝 kǎobèi Kopie f

拷花 kǎohuā 〈纺〉 Gaufrieren n; Prägen n

烤 kǎo braten

科 kē Abteilung f; Familie f; Dis-ziplin f; Fach n

科技 kējì Naturwissenschaft und Technik

科教片 kējiàopiān populärwissen-schaftlicher Film

科目 kēmù Lehrfach n; Lehrgang m; Disziplin f; Überschrift f

科普的 kēpǔde populärwissen-schaftlich

科学 kēxué Wissenschaft f

科学的 kēxuéde wissenschaftlich

科学工作者 kēxué gōngzuòzhě Wissenschaftler m

科学家 kēxuéjiā Wissenschaftler m

科学理论 kēxué lǐlùn Wissenschafts-theorie f

科学性 kēxuéxìng Wissenschaftlich-keit f

科学院 kēxuéyuàn Akademie f; Akademie der Wissenschaften

科学知识 kēxué zhīshi Erkenntnisse der Wissenschaft

科研 kēyán wissenschaftliche For-schung

苛性的 kēxìngde scharf; kaustisch

苛性钾 kēxìngjiǎ Ätzkali n; Ka-liumhydroxid n; kaustische Pot-tasche

苛性碱 kēxìngjiǎn Ätzalkali n; scharfe Lauge; Kaustik f

苛性钠 kēxìngnà Ätznatron n; Na-triumhydroxid n; kaustische Soda

颗粒 kēlì Korn n

颗粒的 kēlìde körnig

咳嗽 késòu husten; Husten m

可编程序的 kěbiān chéngxùde pro-grammierbar

K

可编程序计算器 kěbiān chéngxù jìsuànqì programmierbarer Rechner

可编程序只读存储器 kěbiān chéngxù zhǐdú cúnchǔqì programmierbares ROM; PROM n

可变的 kěbiànde variabel; flexibel

可变地址 kěbiàn dìzhǐ veränderliche Adresse

可变电感 kěbiàn diàngǎn veränderliche Induktivität

可变电容 kěbiàn diànróng variable Kapazität; veränderliche Kapazität

可变电容器 kěbiàn diànróngqì Wechselkondensator m; veränderlicher Kondensator; Drehkondensator m

可变电压 kěbiàn diànyā veränderliche Spannung; variable Spannung

可变电阻 kěbiàn diànzǔ regelbarer Widerstand; varialber Widerstand; varänderlicher Widerstand; Regelwiderstand m; Varistor m

可变负载 kěbiàn fùzài veränderliche Belastung

可变函数发生器 kěbiàn hánshù fāshēngqì Geber für variable Funktion

可变换的 kěbiànhuànde konvertierbar; austauschbar

可变形的 kěbiànxíngde verformbar

可变性 kěbiànxìng Veränderlichkeit f; Variabilität f

可变指令 kěbiàn zhǐlìng änderungsbedürftiger Befehl

可变阻尼系统 kěbiàn zǔní xìtǒng Dämpfung f

可擦存储器 kěcā cúnchǔqì löschbarer Speicher

可擦可编程序只读存储器 kěcā kěbiān chéngxù zhǐdú cúnchǔqì

EPROM n; löschbarer programmierbarer Nur-Lese-Speicher

可擦写光盘 kěcāxiě guāngpán CD-RW f; wiederbeschreibbare Compact Disc

可采矿层 kěcǎi kuàngcéng abbaubare Schicht

可采石油储量 kěcǎi shíyóu chǔliàng förderbare Erdölreserven

可操纵的 kěcāozòngde lenkbar

可测的 kěcède messbar

可拆除的 kěchāichúde abnehmbar; abtrennbar; demontierbar

可拆式飞轮 kěchāishì fēilún geteiltes Schwungrad

可拆式火花塞 kěchāishì huǒhuāsāi zerlegbare Zündkerze

可成型的 kěchéngxíngde formbar

可淬火的 kěcuìhuǒde härtbar

可淬性 kěcuìxìng Härtbarkeit f

可点燃的 kědiǎnránde entzündbar

可电离的 kědiànlíde ionisierbar

可动的 kědòngde bewegbar; beweglich

可动衔铁 kědòng xiántiě beweglicher Anker

可锻的 kěduànde hämmerbar; schmiedbar

可锻性 kěduànxìng Hämmerbarkeit f; Dehnbarkeit f; Schmiedbarkeit f; Streckbarkeit f; Verschmiedbarkeit f

可锻铸铁 kěduàn zhùtiě Temperguss m

可分的 kěfēnde abtrennbar

可分解性 kěfēnjiěxìng Zersetzbarkeit f

可分离的 kěfēnlíde zerlegbar; trennbar; scheidbar; abscheidbar; einteilbar

可分离性 kěfēnlíxìng Abscheidbarkeit *f*; Trennbarkeit *f*

可耕地 kěgēngdì pflügbares Land; kultivierbares Land; landwirtschaftlich nutzbarer Boden

可更换的 kěgēnghuànde auswechselbar

可关闭的 kěguānbìde abschaltbar

可观的 kěguānde beträchtlich

可灌溉的 kěguàngàide bewässerbar

可滚压的 kěgǔnyāde walzbar

可过滤的 kěguòlǜde filtrierbar

可焊接的 kěhànjiēde schweißbar

可焊性 kěhànxìng Schweißbarkeit *f*

可划分的 kěhuàfēnde einteilbar

可还原的 kěhuányuánde reduzierbar

可换式车厢 kěhuànshì chēxiāng Wechselpritsche *f*

可换式磁盘 kěhuànshì cípán Wechselplatte *f*

可换式磁盘存储器 kěhuànshì cípán cúnchǔqì Wechselplattenspeicher *m*

可回收的 kěhuíshōude wiedergewinnbar

可计算的 kějìsuànde berechenbar; zählbar

可加工的 kějiāgōngde verarbeitungsfähig

可加工性 kějiāgōngxìng Verarbeitungsfähigkeit *f*

可见的 kějiànde sichtbar; ersichtlich; visuell

可见度 kějiàndù Sichtbarkeit *f*

可见光 kějiànguāng sichtbares Licht

可见性 kějiànxìng Sichtbarkeit *f*

可交换性 kějiāohuànxìng Austauschbarkeit *f*

可浇注的 kějiāozhùde gussfähig

可浇铸的 kějiāozhùde vergießbar

可浇铸性 kějiāozhùxìng Vergießbar-

keit *f*

可校准的 kějiàozhǔnde einstellbar; nachstellbar

可解性 kějiěxìng Lösbarkeit *f*

可卡因 kěkǎyīn Kokain *n*

可靠的 kěkàode zuverlässig

可靠度 kěkàodù Sicherheitsgrad *m*

可靠性 kěkàoxìng Zuverlässigkeit *f*; Sicherheit *f*

可控硅 kěkòngguī Thyristor *m*; steuerbare Siliziumzelle

可控硅元件 kěkòngguī yuánjiàn regelbares Siliziumbauelement

可控硅整流器 kěkòngguī zhěngliúqì gesteuerter Siliziumgleichrichter

可控性 kěkòngxìng Lenkbarkeit *f*; Steuerbarkeit *f*

可控式整流器 kěkòngshì zhěngliúqì gesteuerter Gleichrichter

可控制的 kěkòngzhìde regelbar; steuerbar

可矿化的 kěkuànghuàde vererzbar

可拉性 kělāxìng Ziehfähigkeit *f*

可冷凝的 kělěngníngde kondensierbar

可理解的 kělǐjiěde begrifflich; verständlich

可裂变的 kělièbiànde spaltbar

可流动的 kěliúdòngde fließbar

可能的 kěnéngde wahrscheinlich; möglich

可能性 kěnéngxìng Möglichkeit *f*; Wahrscheinlichkeit *f*

可逆的 kěnìde umkehrbar; reversibel; reversierbar

可逆电池 kěnì diànchí umkehrbares Element; versibles Element

可逆电动机 kěnì diàndòngjī Reversiermotor *m*

可逆反应 kěnì fǎnyìng reversible Reaktion; Wechselreaktion *f*

K

可逆感应 kěnì gǎnyìng reversible Induktion

可逆过程 kěnì guòchéng umkehrbarer Prozess

可逆计数器 kěnì jìshùqì Reversierzähler m; Vor- und Rückwärtszähler m

可逆平衡 kěnì pínghéng reversibles Gleichgewicht

可逆式轧机 kěnìshì zhájī Reversierwalze f

可逆性 kěnìxìng Umkehrbarkeit f; Reversibilität f; Reziprozität f

可逆循环 kěnì xúnhuán umkehrbarer Kreisprozess; umkehrbarer Kreislauf

可逆蒸汽机 kěnì zhēngqìjī umsteuerbare Dampfmaschine

可抛弃的 kěpāoqìde abwerfbar

可汽化的 kěqìhuàde vergasbar; verdampfbar

可切断的 kěqiēduànde abschaltbar

可燃成分 kěrán chéngfèn brennbare Bestandteile

可燃的 kěránde entzündbar; brennbar; abbrennbar

可燃气 kěránqì brennbare Luft

可燃气体 kěrán qìtǐ brennbares Gas

可燃性 kěránxìng Brennbarkeit f; Entflammbarkeit f; Entzündbarkeit f; Verbrennbarkeit f; Abbrennbarkeit f; Zündbarkeit f; Flammbarkeit f

可热锻性 kěrèduànxìng Warmbildsamkeit f

可热延的 kěrèyánde warmdehnbar

可溶的 kěróngde solubel; löslich; schmelzbar

可溶解的 kěróngjiěde löslich; lösbar; auslösbar

可溶解性 kěróngjiěxìng Ablöslichkeit f; Löslichkeit f

可溶性 kěróngxìng Löslichkeit f; Lösbarkeit f; Auflösbarkeit f

可熔性 kěróngxìng Schmelzbarkeit f

可渗透的 kěshèntòude wasserdurchlässig

可识别性 kěshíbiéxìng Erkennbarkeit f

可视电话 kěshì diànhuà Bildtelefon n

可数的 kěshǔde zählbar

可水解的 kěshuǐjiěde hydrolysierbar

可塑的 kěsùde plastisch; formbar; verformbar

可塑性 kěsùxìng Plastizität f; Verformbarkeit f; Formbarkeit f

可探索的 kětànsuǒde erforschbar

可调变压器 kětiáo biànyāqì variabler Transformator; Stelltransformator m

可调电容器 kětiáo diànróngqì regelbarer Kondensator

可调光源 kětiáo guāngyuán steuerbare Lichtquelle

可调节的 kětiáojiéde einstellbar; regelbar; regulierbar; nachstellbar; verstellbar; justierbar

可调喷嘴 kětiáo pēnzuǐ regelbare Düse

可调式头枕 kětiáoshì tóuzhěn die verstellbare Kopfstütze

可调整的 kětiáozhěngde regulierbar; regelbar

可调轴承 kětiáo zhóuchéng Einstelllager n; nachstellbares Lager

可调钻头 kětiáo zuàntóu verstellbarer Bohrer

可听度 kětīngdù Hörbarkeit f

可通约的 kětōngyuēde kommensurabel

可透过的 kětòuguòde durchlässig

可推导的 kětuīdǎode ableitbar

可弯曲的 kěwānqūde verbiegbar

可弯性 kěwānxìng Biegbarkeit f; Biegsamkeit f

可析出性 kěxīchūxìng Abscheidbarkeit f

可吸附性 kěxīfùxìng Adsorbierbarkeit f

可吸收的 kěxīshōude aufnahmefähig

可下载的 kěxiàzàide herunterladbar

可携式蓄电池 kěxiéshì xùdiànchí tragbarer Akkumulator

可旋转的 kěxuánzhuǎnde drehbar; schwenkbar

可旋转性 kěxuánzhuǎnxìng Schwenkbarkeit f; Drehbarkeit f

可压缩的 kěyāsuōde kompressibel

可研究的 kěyánjiūde erforschbar

可氧化的 kěyǎnghuàde oxidationsfähig; oxidierbar

可氧化性 kěyǎnghuàxìng Oxidierbarkeit f

可移动的 kěyídòngde beweglich; verstellbar

可硬化的 kěyìnghuàde härtbar

可硬化性 kěyìnghuàxìng Härtbarkeit f

可用的 kěyòngde einsatzfähig

可轧制的 kězházhìde walzbar

可折的 kězhéde faltbar

可折叠的 kězhédiéde klappbar; faltbar

可折性 kězhéxìng Faltbarkeit f

可蒸发性 kězhēngfāxìng Verdampfbarkeit f

可知性 kězhīxìng Erkennbarkeit f

可直接编制存储器 kězhíjiē biānzhì cúnchǔqì direkt adressierbarer Speicher

可酯化的 kězhǐhuàde veresterbar

可转换的 kězhuǎnhuànde konvertierbar

克 kè Gramm n

克当量 kèdāngliàng Grammäquivalent n

克分子 kèfēnzǐ Grammmolekül n; Grammol n; Mol n; Molekül n

克分子量 kèfēnzǐliàng Molargewicht n; Grammmolekülgewicht n; Molekulargewicht n

克分子体积 kèfēnzǐ tǐjī Molarvolumen n; Grammmolekülvolumen n; Molekularvolumen n

克服死点 kèfú sǐdiǎn Totpunktüberwindung f

克卡 kèkǎ Grammkalorie f; kleine Kalorie

克离子 kèlízǐ Grammion n

克厘米 kèlímǐ Grammzentimeter n

克力 kèlì Pond n

克丝钳 kèsīqián Beißzange f

克原子 kèyuánzǐ Grammatom n; Atomgramm n

刻槽 kècáo furchen; Kerbe f; Raste f

刻度 kèdù Skala f; Gradeinteilung f; Graduierung f; Skaleneinteilung f; Division f

刻度板 kèdùbǎn Skalenplatte f; Teilplatte f

刻度杯 kèdùbēi Passglas n

刻度表 kèdùbiǎo Skala f

刻度尺 kèdùchǐ Messlineal n; Skala f; Skalalineal n

刻度读数 kèdù dúshù Skalenablesung f

刻度范围 kèdù fànwéi Skalabereich m; Skalenbereich m

刻度管 kèdùguǎn Messbürette f

刻度盘 kèdùpán Skala f; Skalenscheibe f; Skalenblatt n; Skala-

K

scheibe *f*; Teilkreis *m*; Teilscheibe *f*; Nummernscheibe *f*; Anzeige-scheibe *f*; Einstellskala *f*; Ziffer-blatt *n*

刻度盘读数 kèdùpán dúshù Skalen-anzeige *f*; Skalenablesung *f*

刻度直尺 kèdù zhíchǐ Messschiene *f*

刻录 kèlù brennen; Brennen *n*

刻录机 kèlùjī Brenner *m*

刻纹 kèwén gravieren

刻印 kèyìn Prägung *f*

客车 kèchē Personenzug *m*; Perso-nenwagen *m*; Omnibus *m*; Bus *m*

客观的 kèguānde objektiv

客户机 kèhùjī Clientcomputer *m*

客户机软件 kèhùjī ruǎnjiàn Client-software *f*

客货两用车 kèhuò liǎngyòngchē Kombiwagen *m*; Kombifahrzeug *n*; Kombinationskraftwagen *m*

客机 kèjī Fahrgastflugzeug *n*; Passa-gierflugzeug *n*; Personenflug-zeug *n*

客运 kèyùn Personenbeförderung *f*; Personenverkehr *m*

课程 kèchéng Lehrgang *m*; Kursus *m*; Fach *n*

课题 kètí Aufgabe *f*; Thema einer Studie

氪 kè Krypton *n*

肯定 kěndìng bejahen; bestätigen; gutheißen; anerkennen; Gewiss-heit *f*

肯定的 kěndìngde sicher; zweifel-los; positiv

坑木 kēngmù Grubenholz *n*

空肠 kōngcháng Leerdarm *m*

空车重量 kōngchē zhòngliàng Leergewicht *n*

空档 kōngdǎng Leerlaufgang *m*

空的 kōngde leer

空对地导弹 kōngduìdì dǎodàn Luft-Boden-Rakete *f*

空对空导弹 kōngduìkōng dǎodàn Luft-Luft-Rakete *f*

空防 kōngfáng Luftabwehr *f*; Flug-abwehr *f*; Luftverteidigung *f*

空间 kōngjiān Raum *m*; Luftraum *m*

空间波 kōngjiānbō Raumwelle *f*; Höhenwelle *f*

空间的 kōngjiānde räumlich

空间点阵 kōngjiān diǎnzhèn 〈数〉 Raumgitter *n*

空间分布 kōngjiān fēnbù räumliche Verteilung

空间化学 kōngjiān huàxué Raum-chemie *f*

空间结构 kōngjiān jiégòu Raum-struktur *f*

空间模拟器 kōngjiān mónǐqì Raum-simulator *m*; Weltraumsimulator *m*

空间曲率 kōngjiān qūlǜ Krümmung des Raumes

空间系统 kōngjiān xìtǒng Raumsys-tem *n*

空间效应 kōngjiān xiàoyìng Raum-effekt *m*

空间性 kōngjiānxìng Räumlichkeit *f*

空间坐标 kōngjiān zuòbiāo Raum-koordinate *f*

空键 kōngjiàn Leertaste *f*

空结果 kōngjiéguǒ 〈计〉 Ergebnis ohne Aussage

空冷淬火 kōnglěng cuìhuǒ Trocken-kühlung *f*

空气 kōngqì Luft *f*

空气泵 kōngqìbèng Luftpumpe *f*; Luftpresser *m*

空气锤 kōngqìchuí Luftdruckham-mer *m*; Lufthammer *m*

空气的 kōngqìde luftig

空气动力学 kōngqì dònglìxué Aerodynamik *f*

空气阀 kōngqìfá Luftklappe *f*; Luftschieber *m*; Luftventil *n*

空气分离器 kōngqì fēnlíqì Luftabscheider *m*

空气干燥 kōngqì gānzào Windtrocknung *f*

空气干燥法 kōngqì gānzàofǎ Windtrocknungsverfahren *n*

空气过滤器 kōngqì guòlǜqì Luftfilter *m*; Luftreiniger *m*; Staubfilter *n*

空气环流 kōngqì huánliú Luftabfluss *m*

空气加热器 kōngqì jiārèqì Luftheizapparat *m*

空气减压阀 kōngqì jiǎnyāfá Luftabblaseventil *n*

空气间隙 kōngqì jiànxì Laftspalt *m*

空气校正量孔 kōngqì jiàozhèng liángkǒng Luftkorrekturdüse *f*

空气节流 kōngqì jiéliú Luftdrosselung *f*

空气洁净剂 kōngqì jiéjìngjì Airfresh *n*

空气净化 kōngqì jìnghuà Luftreinigung *f*

空气净化装置 kōngqì jìnghuà zhuāngzhì Luftreiniger *m*

空气静力学 kōngqì jìnglìxué Aerostatik *f*

空气绝对湿度 kōngqì juéduì shīdù absolute Luftfeuchtigkeit

空气冷凝器 kōngqì lěngníngqì Luftkondensator *m*; luftgekühlter Kondensator

空气冷却器 kōngqì lěngquèqì Luftkühler *m*

空气力学 kōngqì lìxué Pneumatik *f*; Aeromechanik *f*

空气流 kōngqìliú Luftstrom *m*

空气流量 kōngqì liúliàng Luftdurchfluss *m*

空气流量计 kōngqì liúliàngjì Luftdurchflussmesser *m*

空气炉 kōngqìlú Windofen *m*

空气滤清器 kōngqì lǜqīngqì Luftfilter *m/n*

空气密度 kōngqì mìdù Luftdichte *f*

空气配气阀 kōngqì pèiqìfá Luftsteuerventil *n*

空气湿度 kōngqì shīdù Luftfeuchtigkeit *f*; Luftfeuchte *f*

空气室式发动机 kōngqìshìshì fādòngjī Luftspeichermotor *m*

空气调节 kōngqì tiáojié klimatisieren; Lufteinstellung *f*; Klimatisierung *f*

空气调节工程 kōngqì tiáojié gōngchéng Luftkonditionierung *f*;

空气调节器 kōngqì tiáojiéqì Klimaanlage *f*

空气调节装置 kōngqì tiáojié zhuāngzhì Klimaanlage *f*

空气调整螺钉 kōngqì tiáozhěng luódīng Luftregelschraube *f*

空气涡流 kōngqì wōliú Luftdrall *m*; Luftwirbel *m*

空气污染 kōngqì wūrǎn Luftverpestung *f*; Luftverschmutzung *f*

空气相对湿度 kōngqì xiāngduì shīdù relative Luftfeuchtigkeit

空气循环 kōngqì xúnhuán Luftumlauf *m*; Luftzirkulation *f*

空气压缩机 kōngqì yāsuōjī Luftkompressor *m*; Luftverdichter *m*; Kompressor *m*; Druckluftpumpe *f*; Pressluftanlage *f*; Presslufterzeuger *m*

空气液化 kōngqì yèhuà Luftverflüssigung *f*

空气预热器 kōngqì yùrèqì Luftvor-

K

wärmer *m*; Windrekuperator *m*; Heißlufterhitzer *m*; Rekuperator *m*

空气轴承 kōngqì zhóuchéng Luftlager *n*

空气阻力 kōngqì zǔlì Luftwiderstand *m*

空腔 kōngqiāng Hohlraum *m*; Hohlform *f*

空调 kōngtiáo klimatisieren; Klimaanlage *f*; Airconditioner *m*

空吸系统 kōngxī xìtǒng Ansaugsystem *n*

空心导体 kōngxīn dǎotǐ Hohlleiter *m*

空心导线 kōngxīn dǎoxiàn hohler Leiter

空心的 kōngxīnde hohl

空心电极 kōngxīn diànjí Hohlelektrode *f*

空心电缆 kōngxīn diànlǎn Hohlseil *n*

空心杆 kōngxīngān Hohlstößel *m*

空心管 kōngxīnguǎn Hohlrohr *n*

空心铆钉 kōngxīn mǎodīng Hohlniet *m*

空心球 kōngxīnqiú Hohlkugel *f*

空心体 kōngxīntǐ Hohlkörper *m*

空心线圈 kōngxīn xiànquān eisenfreie Spule

空心销 kōngxīnxiāo Hohlbolzen *m*

空心轴 kōngxīnzhóu Hohlachse *f*; Hohlachswelle *f*; Hohlspindel *f*; Hohlwelle *f*

空心铸件 kōngxīn zhùjiàn Hohlguss *m*

空心砖 kōngxīnzhuān Hohlziegel *m*

空行程 kōngxíngchéng Leerweg *m*; Leerhub *m*; Leerlauf *m*

空穴导电 kōngxué dǎodiàn Defektleitung *f*; Defektelektronenleitung *f*

空穴导电半导体 kōngxué dǎodiàn bàndǎotǐ Defekthalbleiter *m*

空穴电流 kōngxué diànliú Defektelektronenstrom *m*

空语句 kōngyǔjù Leeranweisung *f*

空域 kōngyù Luftraum *m*

空运 kōngyùn Lufttransport *m*; Luftfracht *f*; Beförderung auf dem Luftweg

空运转 kōngyùnzhuǎn Leerlauf *m*; Leerfahrt *f*

空载电流 kōngzài diànliú Leerlaufstrom *m*

空轧道次 kōngzhá dàocì Blindstich *m*; verlorener Stich

空战 kōngzhàn Luftkrieg *m*; Luftkampf *m*

空指令 kōngzhǐlìng Leerbefehl *m*

空中导航 kōngzhōng dǎoháng Luftnavigation *f*

空中发射 kōngzhōng fāshè Luftstart *m*

空中加油 kōngzhōng jiāyóu Auftanken in der Luft

空中加油机 kōngzhōng jiāyóujī Lufttanker *m*

空转 kōngzhuàn leerlaufen; Leerlauf *m*; Freilauf *m*; Leerlaufbetrieb *m*; Leergang *m*

空转轮 kōngzhuànlún Losscheibe *f*

空转时间 kōngzhuàn shíjiān Totlastzeit *f*

空转试验 kōngzhuàn shìyàn Leerlauferprobe *f*; Leerlaufversuch *m*

空转速度 kōngzhuàn sùdù Leerlaufdrehzahl *f*

空转转数 kōngzhuàn zhuànshù Leerdrehzahl *f*

空转装置 kōngzhuàn zhuāngzhì Leerlaufeinrichtung *f*

孔 kǒng Loch *n*; Öffnung *f*; Kaliber *n*; Höhlung *f*; Höhle *f*; Luftloch *n*

孔径 kǒngjìng Öffnung *f*; Apertur *f*; Bohrlochweite *f*; Bohrungsdiameter *m*

孔隙 kǒngxì kleine Öffnung; Loch *n*

孔隙度 kǒngxìdù Porosität *f*

孔型 kǒngxíng Kaliber *n*

恐龙 kǒnglóng Dinosaurier *m*; Dinosaurus *m*

空白 kòngbái leere Stelle; leerer Raum

空额 kòng'é freie Stelle; freie Arbeitsstelle; unbesetzter Platz; unbesetzter Posten

空格 kònggé Zwischenraum *m*

空格键 kònggéjiàn 〈计〉 Zwischenraumtaste *f*

空隙 kòngxì Zwischenraum *m*; Zwischenzeit *f*; Abstand *m*; Hohlraum *m*; Abstandslücke *f*

空隙检验 kòngxì jiǎnyàn Leerspaltenkontrolle *f*

控时器 kòngshíqì Zeitregler *m*

控制 kòngzhì kontrollieren; lenken; aussteuern; beherrschen; Kontrolle *f*; Steuerung *f*

控制按钮 kòngzhì ànniǔ Steuerschaltfläche *f*; Betätigungsknopf *m*

控制板 kòngzhìbǎn Schaltbrett *n*; Tafelfeld *n*

控制菜单栏 kòngzhì càidānlán Systemmenüfeld *n*

控制触发器 kòngzhì chùfāqì Steuer-Flip-Flop *n*

控制单元 kòngzhì dānyuán 〈计〉 Kommandowerk *n*

控制电波 kòngzhì diànbō Steuerwelle *f*

控制电流 kòngzhì diànliú Stellstrom *m*; Steuerstrom *m*

控制电路 kòngzhì diànlù Steuerschaltung *f*; Regelkreis *m*; Steuerkreis *m*; Kontrollkreis *m*

控制电压 kòngzhì diànyā Steuerspannung *f*

控制符号 kòngzhì fúhào 〈计〉 Steuerzeichen *n*

控制杆 kòngzhìgān Steuerstange *f*; Steuerungsstange *f*

控制杆轴 kòngzhìgānzhóu Achse des Hebels

控制功能 kòngzhì gōngnéng Befehlsfunktion *f*

控制回路 kòngzhì huílù Steuerkreis *m*

控制机构 kòngzhì jīgòu Steuerorgan *n*; Steuerwerk *n*; Steller *m*

控制寄存器 kòngzhì jìcúnqì Steuerspeicher *m*

控制继电器 kòngzhì jìdiànqì Kontrollrelais *n*; Steuerrelais *n*; Halterelais *n*; Betätigungsrelais *n*

控制计算机 kòngzhì jìsuànjī Kontrollrechner *m*

控制键 kòngzhìjiàn Steuertaste *f*; Strg (Ctrl) *f*

控制开关 kòngzhì kāiguān Steuerschalter *m*

控制量 kòngzhìliàng Stellenzahl *f*

控制论 kòngzhìlùn Kybernetik *f*

控制面板 kòngzhì miànbǎn Systemsteuerung *f*

控制盘 kòngzhìpán Überwachungstafel *f*; Steuerungstafel *f*; Betätigungstafel *f*

控制器 kòngzhìqì Regler *m*; Steuerschalter *m*; Kommandogeber *m*; Kontroller *m*; Kontrollapparat *m*; Wächter *m*; Manipulator *m*

控制栅极 kòngzhì shānjí Steuergitter *n*

K

控制设备 kòngzhì shèbèi Steueranlage *f*; Steuerapparat *m*; Steuerwerk *n*; Lenkeinrichtung *f*

控制台 kòngzhìtái Steuerpult *n*;, Kontrollpult *n*; Bedienungspult *n*; Regiepult *n*; Pult *n*; Steuerstand *m*; Schaltpult *n*; Fahrstand *m*

控制系统 kòngzhì xìtǒng Steuersystem *n*; Ansteuersystem *n*

控制线 kòngzhìxiàn Stützlinie *f*

控制信号 kòngzhì xìnhào 〈计〉 Steuersignal *n*; Ansteuersignal *n*

控制语句 kòngzhì yǔjù 〈计〉 Steueranweisung *f*; Steuerungsaussage *f*

控制指令 kòngzhì zhǐlìng Steuerbefehl *m*; Regiebefehl *m*

控制指令装置 kòngzhì zhǐlìng zhuāngzhì Kommandoanlage *f*

控制中断 kòngzhì zhōngduàn Unterbrechung des Programmverlaufs

控制装置 kòngzhì zhuāngzhì Steuerwerk *n*; Steuereinrichtung *f*; Schaltvorrichtung *f*; Überwachungseinrichtung *f*; Wächter *m*; Befehlsanlage *f*

COBOL-编译程序 kōubō-biānyì chéngxù COBOL-Übersetzer *m*

口径 kǒujìng Öffnungsweite *f*; Öffnung *f*; Apertur *f*; Kaliber *n*

口令 kǒulìng Kennwort *n*

口令验证 kǒulìng yànzhèng Kennwort-Authentifizierung *f*

口腔 kǒuqiāng Mundhöhle *f*

口腔科 kǒuqiāngkē Abteilung für Mundhöhlenerkrankungen; Abteilung für Zahn- und Mundhöhlenbehandlung

口腔溃疡 kǒuqiāng kuìyáng Mundulzeration *f*

枯水流量 kūshuǐ liúliàng Abflussmenge bei Niedrigwasser; Niedrigwassermenge *f*

枯萎 kūwěi hinwelken; einschrumpfen; eindorren

枯萎的 kūwěide abständig; welk; verwelkt; dürr

库藏 kùcáng lagern; Lagerbestand *m*

库存 kùcún Lagerbestand *m*; Reserve *f*; Vorrat *m*

库存的 kùcúnde vorrätig

库房 kùfáng Lagerraum *m*; Depot *n*

库仑 kùlún 〈电〉 Coulomb *n*

库仑定律 kùlún dìnglǜ Coulombsches Gesetz

库容 kùróng Stauraum *m*; Stauseekapazität *f*; Speicherraum *m*; Speichermöglichkeit *f*

夸克 kuākè 〈物〉 Quark *n*

夸脱 kuātuō 〈计〉 Quart *n*

胯 kuà Hüfte *f*

跨度 kuàdù Spannweite *f*; Spanne *f*; Stützweite *f*

跨国公司 kuàguó gōngsī multinationaler Konzern

跨距 kuàjù Spannfeld *n*

跨学科 kuàxuékē Interdisplinarität *f*

跨学科的 kuàxuékēde interdisziplinär; fachübergreifend

跨专业的 kuàzhuānyède interfakultativ

会计计算机 kuàijì jìsuànjī Abrechnungsmaschine *f*

会计审计 kuàijì shěnjì Audit *n*; Rechungsprüfung *f*

块 kuài Stück *n*; Klotz *m*; Klumpen *m*

块矿 kuàikuàng Stückerz *n*; Stuferz *n*

块煤 kuàiméi Stückkohle *f*; Grobkohle *f*

块状的 kuàizhuàngde blockig

快车 kuàichē Schnellzug *m*; Schnellbus *m*

快捷方式 kuàijié fāngshì Schnellstart *m*

快捷方式菜单 kuàijié fāngshì càidān Kontextmenü *n*

快门 kuàimén Verschluss *m*

快门开关 kuàimén kāiguān Verschlussauslöser *m*

快凝水泥 kuàiníng shuǐní Schnellbinder *m*; schnellhärtender Zement

快速测定 kuàisù cèdìng Schnellbestimmung *f*

快速充电 kuàisù chōngdiàn Eilladung *f*; Schnelladung *f*; Schnelllaufladung *f*

快速存储器 kuàisù cúnchǔqì Kurzzeitspeicher *m*; Schnellspeicher *m*

快速点燃 kuàisù diǎnrán Schnellzündung *f*

快速电解 kuàisù diànjiě Schnellelektrolyse *f*

快速吊车 kuàisù diàochē Schnelllaufzug *m*

快速断路器 kuàisù duànlùqì Schnellausschalter *m*

快速干燥 kuàisù gānzào Schnelltrocknung *f*

快速干燥器 kuàisù gānzàoqì Schnelltrockner *m*

快速焊接 kuàisù hànjiē Schnellschweißung *f*

快速加工 kuàisù jiāgōng Schnellbearbeitung *f*

快速冷冻装置 kuàisù lěngdòng zhuāngzhì Schnellgefrieranlage *f*

快速冷却 kuàisù lěngquè Schnellkühlung *f*

快速启动 kuàisù qǐdòng Schnellstart *m*

快速切断 kuàisù qiēduàn Schnellauslösung *f*

快速扫描 kuàisù sǎomiáo Schnellabtastung *f*; rasche Abtastung

快速试验 kuàisù shìyàn Kurzversuch *m*; Schnellprobe *f*; Schnellprüfung *f*

快速调节器 kuàisù tiáojiéqì Eilregler *m*; Schnellregler *m*

快速调谐 kuàisù tiáoxié Schnellabstimmung *f*

快速退火 kuàisù tuìhuǒ Kurzzeittemperung *f*

快速显影剂 kuàisù xiǎnyǐngjì Schnellentwickler *m*

快速阅读机 kuàisù yuèdújī Schnellleser *m*

快速运转 kuàisù yùnzhuàn schneller Lauf; Schnelllauf *m*

快速振动器 kuàisù zhèndòngqì Schnellschütter *m*

快速制动 kuàisù zhìdòng Schnellbremsung *f*

快速制动器 kuàisù zhìdòngqì Schnellbremse *f*; schnellschließende Bremse

快速装配 kuàisù zhuāngpèi Schnellmontage *f*

宽带 kuāndài Bandbreite *f*

宽带钢 kuāndàigāng Breitbandstahl *m*

宽带连接 kuāndài liánjiē ADSL-Anschluss *m*

宽带天线 kuāndài tiānxiàn Breitbandantenne *f*

宽带网 kuāndàiwǎng breitbandiger Netze

宽带终端负载 kuāndài zhōngduān fùzài breitbandiger Abschluss

宽度 kuāndù Breite *f*; Weite *f*

宽角的 kuānjiǎode weitwinklig

宽角物镜 kuānjiǎo wùjìng Weitwin-

K

kelobjektiv *n*

宽角相机 kuānjiǎo xiàngjī Weitwinkelkamera *f*

宽频带 kuānpíndài Breitband *n*

宽频带电缆 kuānpíndài diànlǎn Breitbandkabel *n*

宽频带天线 kuānpíndài tiānxiàn breitbandige Antenne

宽照大灯 kuānzhào dàdēng Breitstrahler *m*

宽照近光灯 kuānzhào jìnguāngdēng Breitstrahler *m*

旷费 kuàngfèi versäumen; vernachlässigen

旷野 kuàngyě weit ausgedehntes Land

矿藏 kuàngcáng Bodenschätze *pl*; Erzvorkommen *n*

矿层 kuàngcéng Lagerstätte *f*; Flöz *n*; Erzschicht *f*; Erzflöz *n*; Minerallager *n*; Rohstoffkörper *m*

矿层构造 kuàngcéng gòuzào Schichtenaufbau *m*

矿层厚度 kuàngcéng hòudù Flözstärke *f*; Schichtdicke *f*; Lagermächtigkeit *f*; Bankstärke *f*

矿层回采 kuàngcéng huícǎi Schichtenabbau *m*

矿层倾斜 kuàngcéng qīngxié Einfallen einer Schicht

矿层图 kuàngcéngtú Flözkarte *f*; Massenkarte *f*

矿层走向 kuàngcéng zǒuxiàng Schichtenstreichen *n*

矿产 kuàngchǎn Bodenvorkommen *pl*; Erze *pl*; Mineralien *pl*; Berggut *n*

矿产开采 kuàngchǎn kāicǎi Mineralbergbau *m*

矿场 kuàngchǎng Zechenplatz *m*

矿车 kuàngchē Förderwagen *m*;

Kohlenwagen *m*; Grubenwagen *m*; Laufkarren *m*

矿尘 kuàngchén Grubenstaub *m*; Mineralstaub *m*; mineralischer Staub

矿尘污染 kuàngchén wūrǎn Staubbelästigung *f*

矿床 kuàngchuáng Lagerstätte *f*; Erzvorkommen *n*; Erzlager *n*; Erzlagerstätte *f*; Erzbank *f*

矿床储量 kuàngchuáng chǔliàng Lagerstätteninhalt *m*

矿床开采 kuàngchuáng kāicǎi Lagerstättengewinnung *f*

矿床勘探 kuàngchuáng kāntàn Lagerstättenforschung *f*; Lagerstättenprospektion *f*

矿床学 kuàngchuángxué Lagerstättenkunde *f*; Lagerstättenlehre *f*

矿带 kuàngdài Erzzone *f*; Bergzone *f*

矿灯 kuàngdēng Berglicht *n*; Berglampe *f*; Grubenlampe *f*; Sicherheitslampe *f*

矿工 kuànggōng Bergmann *m*; Kumpel *m*; Grubenarbeiter *m*

矿化 kuànghuà Mineralisierung *f*; Mineralisieren *n*; Mineralisation *f*; Vererzung *f*

矿化水 kuànghuàshuǐ mineralisiertes Wasser

矿浆 kuàngjiāng Erztrübe *f*; Erzschlemme *f*; Wascherz *n*; Pulpe *f*

矿浆流 kuàngjiāngliú Trübefluss *m*; Trübestrom *m*

矿浆浓度 kuàngjiāng nóngdù Trübedichte *f*

矿井 kuàngjǐng Erzmine *f*; Mine *f*; Zeche *f*; Grube *f*; Schacht *m*

矿井发电站 kuàngjǐng fādiànzhàn Zechenkraftwerk *n*

矿井火灾 kuàngjǐng huǒzāi Gruben-
brand *m*

矿井水 kuàngjǐngshuǐ Schachtwasser
n

矿井水管 kuàngjǐng shuǐguǎn
Schachtwasserleitung *f*

矿井提升机 kuàngjǐng tíshēngjī
Schachtfördermaschine *f*

矿井通风 kuàngjǐng tōngfēng
Grubenbewetterung *f*

矿量 kuàngliàng Erzreserve *f*

矿脉 kuàngmài Erzader *f*; Erzgang
m; edle Kluft; Spaltengang *m*;
aderförmige Lagerstätte

矿脉开采 kuàngmài kāicǎi Gang-
bergbau *m*

矿棉 kuàngmián Schlackenwolle *f*;
Mineralwolle *f*; Steinwolle *f*;
Gesteinswolle *f*

矿泥 kuàngní Pochschlamm *m*;
Bohrmehl *n*; Kot *m*

矿区 kuàngqū Bergbaubezirk *m*;
Erzbezirk *m*; Grubenfeld *n*;
Grubenrevier *n*; Zechenplatz *m*;
Erzfeld *n*; Grubengelände *n*;
Zechengelände *n*

矿泉 kuàngquán Mineraquelle *f*;
Heilquelle *f*; Heilbrunnen *m*; al-
kalische Quelle

矿泉水 kuàngquánshuǐ Mineralwas-
ser *n*

矿山 kuàngshān Bergwerk *n*; Mine
f; Zeche *f*

矿山测量 kuàngshān cèliáng Gru-
benvermessung *f*; markscheideri-
sche Messung; Markscheideauf-
nahme *f*

矿山测量学 kuàngshān cèliángxué
Markscheidekunde *f*

矿山地质的 kuàngshān dìzhìde
montangeologisch

矿山地质学 kuàngshān dìzhìxué
Grubengeologie *f*; Montangeologie
f

矿山开采 kuàngshān kāicǎi Berg-
werk ausbeuten

矿山机械 kuàngshān jīxiè Bergbau-
maschine *f*; Grubenmaschine *f*;
Bergmaschine *f*; Bergmaschinen-
wesen *n*

矿山经济 kuàngshān jīngjì Bergwirt-
schaft *f*

矿山设备 kuàngshān shèbèi Berg-
bauausrüstung *f*

矿石 kuàngshí Erz *n*; Erzgestein *n*

矿石储量 kuàngshí chǔliàng Erzvor-
räte *pl*; Erzreserven *pl*

矿石处理 kuàngshí chǔlǐ Umwand-
lung des Erzes

矿石含量 kuàngshí hánliàng Erzge-
halt *m*

矿石加工 kuàngshí jiāgōng Um-
wandlung des Erzes

矿石种类 kuàngshí zhǒnglèi Erzart *f*

矿体 kuàngtǐ Erzkörper *m*; Erz-
massiv *n*

矿物 kuàngwù Erz *n*; Mineral *n*;
Erdmineral *n*; Grubengut *n*

矿物成分 kuàngwù chéngfèn Mi-
neralaufbau *m*

矿物分析 kuàngwù fēnxī Mineral-
analyse *f*

矿物化学 kuàngwù huàxué Mine-
ralchemie *f*

矿物开采 kuàngwù kāicǎi Mineral-
bergbau *m*

矿物学 kuàngwùxué Mineralogie *f*;
Mineralkunde *f*

矿物油 kuàngwùyóu Mineralöl *n*

矿物质分解 kuàngwùzhì fēnjiě Zer-
setzung der Mineralstoffe

矿物质含量 kuàngwùzhì hánliàng

K

Mineralstoffgehalt *m*

矿物资源 kuàngwù zīyuán Bodenschätze *pl*

矿相学 kuàngxiàngxué Mineralgrafie *f*; Auflichtmikroskopie *f*

矿屑 kuàngxiè Abfallerz *n*

矿业 kuàngyè Bergwerksindustrie *f*; Bergbau *m*; Bergwesen *n*; Montanwesen *n*.

矿业学院 kuàngyè xuéyuàn Institut für Bergbau

矿业专科 kuàngyè zhuānkē Bergfach *n*

矿渣 kuàngzhā Schlacke *f*; Gekrätz *n*; Abstrich *m*

矿渣水泥 kuàngzhā shuǐní Schlackenzement *m*

矿渣砖 kuàngzhāzhuān Schlackenstein *m*; Schlackenziegel *m*

矿脂 kuàngzhī Vaselin *n*; Petrolatum *n*

矿质土壤 kuàngzhì tǔrǎng Mineralboden *m*

框 kuàng Rahmen *m*; Einfassung *f*; Zarge *f*

框架 kuàngjià Gerippe *n*; Rahmen *m*; Einfassung *f*; Zarge *f*; Karkasse *f*; Gestell *n*

框锯 kuàngjù Gattersäge *f*

奎宁 kuíníng 〈药〉 Chinin *n*

馈电 kuìdiàn einspeisen; Strom einspeisen; Speisung *f*

馈电变压器 kuìdiàn biànyāqì Speisetransformator *m*

馈电电流 kuìdiàn diànliú Speisestrom *m*

馈电电路 kuìdiàn diànlù Speisestromkreis *m*

馈电线 kuìdiànxiàn Speiseleitung *f*; Speiser *m*; Zuleitung *f*; Zuleitungsdraht *m*

馈给 kuìgěi speisen

溃疡 kuìyáng Geschwür *n*; Ulkus *n*; Fresser *m*

溃疡的 kuìyángde geschwürig

昆虫类 kūnchónglèi Insekten *pl*

昆虫学 kūnchóngxué Insektenkunde *f*; Entomologie *f*

扩充内存规格 kuòchōng nèicún guīgé EMS(英, = Expanded Memory Specification); die Spezifikation des Erweiterungsspeichers

扩充内存规格标准 kuòchōng nèicún guīgé biāozhǔn EMS-Standard *m*

扩大 kuòdà vergrößern; ausdehnen; erweitern; ausbreiten; Vergrößerung *f*; Ausdehnung *f*

扩建 kuòjiàn ausbauen; anbauen; Ausbau *m*; Anbau *m*; Erweiterungsbau *m*

扩孔 kuòkǒng aufreiben; Öffnung weiten; Aufreiben *n*

扩孔器 kuòkǒngqì Aufreiber *m*

扩孔钻 kuòkǒngzuàn Ausreiber *m*; Versenker *m*

扩散 kuòsàn sich ausbreiten; sich verbreiten; diffundieren; Diffusion *f*

扩散层 kuòsàncéng Diffusionsschicht *f*

扩散的 kuòsànde divergent; gestreut

扩散反射 kuòsàn fǎnshè diffuse Reflexion; gestreute Reflexion

扩散晶体管 kuòsàn jīngtǐguǎn Diffusionstransistor *m*

扩散流 kuòsànliú Diffusionsfluss *m*

扩散率 kuòsànlǜ Diffusität *f*

扩散器 kuòsànqì Diffusor *m*

扩散效应 kuòsàn xiàoyìng Diffusoreffekt *m*

扩散装置 kuòsàn zhuāngzhì Diffusionsanlage *f*

扩音机 kuòyīnjī Tonverstärker *m*

扩音器 kuòyīnqì Megafon *n*; Tonverstärker *m*; Schallverstärker *m*; Lautverstärker *m*; Lautsprecher *m*

扩展 kuòzhǎn ausweiten; erweitern; entwickeln; ausdehnen; Ausbreitung *f*; Ausdehnung *f*

扩展的 kuòzhǎnde erweitert; ausgedehnt

扩展模块 kuòzhǎn mókuài Erweiterungsmodul *m*

扩张 kuòzhāng expandieren; ausdehnen; Erweiterung *f*; Ausweitung *f*; Expansion *f*

扩张形喷嘴 kuòzhāngxíng pēnzuǐ erweiterte Düse

括号 kuòhào Klammer *f*

括弧 kuòhú Klammer *f*

L

拉长 lācháng strecken; verlängern; Verlängerung *f*

拉长的 lāchángde gestreckt; verlängert

拉齿 lāchǐ Zahnradräumen *n*

拉床 lāchuáng Ziehbank *f*; Schiebebank *f*; Räummaschine *f*

拉刀 lādāo Räumwerkzeug *n*

拉断 lāduàn zerreißen; Zerreißung *f*

拉断试验 lāduàn shìyàn Zerreißversuch *m*

拉杆 lāgān Stange *f*; Gestänge *n*; Spannschloss *n*; Lenkstange *f*; Zugstange *f*; Ziehstange *f*

拉簧 lāhuáng Zugfeder *f*

拉紧 lājǐn spannen; festziehen

拉力 lālì Zugkraft *f*; Anspannung *f*; Spannkraft *f*; Zug *m*; Zugbeanspruchung *f*

拉力变形 lālì biànxíng Zugverformung *f*

拉力计 lālìjì Dehnungsmesser *m*

拉力试棒 lālì shìbàng Zerreißstab *m*

拉力试验 lālì shìyàn Zerreißprobe *f*; Zugprobe *f*

拉力试样 lālì shìyàng Zugprobe *f*

拉力弹簧 lālì tánhuáng Zugfeder *f*

拉门 lāmén Schiebetür *f*

拉伸 lāshēn strecken; Ziehen *n*; Auszug *m*; Reckung *f*

拉伸机 lāshēnjī Spannmaschine *f*; Ziehbank *f*

拉伸力 lāshēnlì Zugkraft *f*

拉伸设备 lāshēn shèbèi Zugvorrichtung *f*

拉伸试棒 lāshēn shìbàng Zugstab *m*

拉伸试验 lāshēn shìyàn Reckprobe *f*; Reckversuch *m*; Streckversuch *m*; Zugversuch *m*; Ziehprobe *f*

拉伸试样 lāshēn shìyàng Reckprobe *f*;

拉伸性 lāshēnxìng Ziehfähigkeit *f*;

拉伸压力机 lāshēn yālìjī Ziehpresse *f*

拉手 lāshǒu Griff *m*

拉丝 lāsī Drahtziehen *n*

拉丝机 lāsījī Drahtziehbank *f*

拉丝模 lāsīmú Ziehmatrize *f*

拉丝设备 lāsī shèbèi Ziehanlage *f*

拉削 lāxiāo räumen; Räumen *n*

拉应力 lāyìnglì Zugspannung *f*

垃圾 lājī Müll *m*; Kehricht *m*; Dreck *m*

垃圾邮件 lājī yóujiàn Spammail *f*; Spam-Mail *f*; Spam *n*

垃圾邮件过滤器 lājī yóujiàn guòlǜqì Spamfilter *m*

垃圾填埋场 lājī tiánmáichǎng Mülldeponie *f*

喇叭 lǎba Lautsprecher *m*; Hupe *f*; Trompete *f*

喇叭按钮 lǎba ànniǔ Horndruckknopf *m*; Hupenknopf *m*; Hupknopf *m*

喇叭管 lǎbaguǎn Tube *f*

喇叭筒 lǎbatǒng Lautsprecher *m*; Sprachrohr *n*

喇叭形天线 lǎbaxíng tiānxiàn hornartige Antenne

蜡 là Wachs *n*

蜡防印花法 làfáng yìnhuāfǎ Batikdruckverfahren n; Batik m
蜡染 làrǎn Wachsreservedruck m
蜡制的 làzhìde wächsern
来源 láiyuán Quelle f
拦河坝 lánhébà Staumauer f; Sperrmauer f; Talsperre f; Staudamm m; Flusswehr n; Stauwehr n
拦蓄水 lánxùshuǐ Stauwasser n
拦住 lánzhù Aufstauung f
蓝宝石 lánbǎoshí Saphir m
蓝本 lánběn Muster m; Urbild n; Originalfassung f; Prototyp m
蓝脆性 láncuìxìng Blaubruch m; Blaubrüchigkeit f
蓝矾 lánfán Kupfervitriol n; Kupfersulfat n; blaues Vitriol
阑尾 lánwěi〈医〉Wurmfortsatz m; Blinddarm m
阑尾炎 lánwěiyán Blinddarmentzündung f
缆车 lǎnchē Seilbahn f; Drahtseilbahn f; Kabinenbahn f
缆道 lǎndào Drahtseilbahn f
缆索 lǎnsuǒ Kabel n; Trosse f; Drahtseil n
滥用 lànyòng missbrauchen; Missbrauch m
浪蚀岸 làngshí'àn Abrasionsküste f
劳动 láodòng Arbeit f; berufliche Tätigkeit
劳动保护 láodòng bǎohù Arbeitsschutz m
劳动力 láodònglì Arbeitskraft f; Arbeitsfähigkeit f
劳动强度 láodòng qiángdù Arbeitsintensität f
劳动卫生 láodòng wèishēng Arbeitshygiene f
牢固的 láogùde haltbar
老化 lǎohuà altern; Alterung f; Altern n

老化时间 lǎohuà shíjiān Alterungsdauer f
老化试验 lǎohuà shìyàn Alterungsprüfung f; Alterungsversuch m; Alterungstest m
老年保健 lǎonián bǎojiàn Gesundheitspflege von alten Menschen; Alters-/Altenmedizin f
老年病学 lǎoniánbìngxué Geriatrie f
老年医学 lǎonián yīxué Altersheilkunde f
烙铁 làotiě Löteisen n
勒克司 lèkèsī Lux n
雷 léi Donner m
雷达 léidá Radar m/n; Radargerät n; Funkmessgerät n
雷达测距仪 léidá cèjùyí Radarentfernungsmesser m
雷达导航 léidá dǎoháng Radarnavigation f
雷达定位 léidá dìngwèi Radiolokation f
雷达脉冲 léidá màichōng Radarimpuls m
雷达目标 léidá mùbiāo Radarziel n
雷达气象学 léidá qìxiàngxué Radarmeteorologie f
雷达设备 léidá shèbèi Radar m/n; Radaranlage f
雷达射区 léidá shèqū radarerfasster Raum
雷达天文学 léidá tiānwénxué Radarastronomie f
雷达天线 léidá tiānxiàn Radarantenne f
雷达图 léidátú Schirmbild n
雷达系统 léidá xìtǒng Radarsystem n
雷达显像管 léidá xiǎnxiàngguǎn Radarbildröhre f

L

雷达站 léidázhàn Radarstation *f*

雷电 léidiàn Gewitter *n*; Blitz und Donner

雷管 léiguǎn Zündladungskapsel *f*; Zündersatz *m*; Zünder *m*; Sprengzünder *m*; Kapsel *f*; Amorce *f*

雷击 léijī Donnerschlag *m*; Blitzschlag *m*

雷鸣 léimíng Donnerknall *m*

雷诺数 léinuòshù Reynoldsche Kennzahl

雷声 léishēng Donnerknall *m*; Donnergetöse *n*; Donnergrollen *n*

雷霆 léitíng heftiger Donnerschlag; wütender Zorn; Wut *f*

雷雨 léiyǔ Gewitter *n*

雷阵雨 léizhènyǔ Gewitterschauer *m*

镭 léi Radium *n*

镭矿 léikuàng Radiumerz *n*

累积误差 lěijī wùchā anhäufender Fehler

累加 lěijiā Akku *f*

累加计数器 lěijiā jìshùqì Additionszähler *m*

累加寄存器 lěijiā jìcúnqì Additionsregister *n*; akkumulatives Register; Akkumulatorregister *n*

累加器 lěijiāqì Akkumulator *m*; Akku *f*

肋骨 lèigǔ Rippe *f*

肋膜 lèimó 〈生〉 Rippenfell *n*; Pleura *f*

泪管 lèiguǎn Tränenkanal *m*

泪囊 lèináng Tränensack *m*

泪囊炎 lèinángyán Tränensackentzündung *f*

泪腺 lèixiàn Tränendrüse *f*

泪腺炎 lèixiànyán Tränendrüsenentzündung *f*

类比法 lèibǐfǎ Analogie *f*

类地行星 lèidì xíngxīng erdähnlicher (od. terrestrischer) Planet

类毒素 lèidúsù Toxoid *n*

类木行星 lèimù xíngxīng jupiterähnlicher Planet; Riesenplanet *m*

类人猿 lèirényuán Anthropus *m*; Anthropoid *m*; Menschenaffe *m*

类似 lèisì ähneln; Analogie *f*

类似的 lèisìde homolog; analog; ähnlich

类似浏览器的窗口 lèisì liúlǎnqìde chuāngkǒu browserähnliches Fenster

类推 lèituī Analogieschluss ziehen; analogschließen

类型 lèixíng Typus *m*; Typ *m*; Gattung *f*

类星体 lèixīngtǐ Quasar *m*

棱 léng Rand *m*

棱边 léngbiān Kante *f*; Grat *m*

棱角 léngjiǎo Ecke *f*; Fase *f*; Kante *f*

棱镜 léngjìng Prisma *n*

棱镜仪 léngjìngyí Prismeninstrument *n*

棱面 léngmiàn Prismenfläche *f*

棱柱 léngzhù Prisma *n*

棱柱体 léngzhùtǐ Prisma *n*

棱锥体 léngzhuītǐ Pyramide *f*

棱锥体的 léngzhuītǐde pyramidisch

棱锥形的 léngzhuīxíngde pyramidal

冷 lěng Kälte *f*

冷拔机 lěngbájī Kaltziehbank *f*

冷变形 lěngbiànxíng Kaltverformung *f*; Kaltformen *n*

冷藏 lěngcáng einkühlen; Kaltlagerung *f*; Einfrierung *f*

冷藏车 lěngcángchē Kühlfahrzeug *n*; Kühlwagen *m*

冷藏库 lěngcángkù Kühlhaus *n*; Kaltlagerhaus *n*; Frosterei *f*

冷藏食物 lěngcáng shíwù Frostkonserve f

冷藏室 lěngcángshì Kühllagerraum m; Abkühlungszimmer n

冷藏箱 lěngcángxiāng Gefriertruhe f

冷藏运输船 lěngcáng yùnshūchuán Kühlschiff n

冷床 lěngchuáng Kühlbett n; kaltes Frühbeet; Frühbeetrahmen m; Frühbeetkasten m

冷冲模 lěngchòngmú Schlagmatrize f

冷冲压 lěngchòngyā kaltpressen; Kaltstanzen n

冷处理 lěngchǔlǐ Kaltbehandlung f; Kaltverarbeitung f

冷脆裂 lěngcuìliè Kaltbruch m

冷脆性 lěngcuìxìng Kaltsprödigkeit f

冷的 lěngde kalt

冷电极 lěngdiànjí kalte Elektrode

冷冻 lěngdòng frieren; gefrieren; refrigerieren; Gefrieren n; Einfrieren n; Refrigeration f

冷冻机 lěngdòngjī Gefrieranlage f; Refrigerator m; Kältemaschine f; Gefriermaschine f; Kühler m

冷冻技术 lěngdòng jìshù Kältetechnik f

冷冻器 lěngdòngqì Abkühler m

冷冻箱 lěngdòngxiāng Kühltruhe f

冷冻装置 lěngdòng zhuāngzhì Kälteanlage f

冷锻 lěngduàn Kalthämmern n; Kaltschmieden n

冷锻的 lěngduànde kaltgeschmiedet

冷锋 lěngfēng Kaltfront f

冷敷 lěngfū kalte Packung

冷焊 lěnghàn Kaltschweißung f

冷挤压 lěngjǐyā Kaltfließpressen n

冷加工 lěngjiāgōng Kaltbearbeitung f; Kaltverarbeitung f

冷空气 lěngkōngqì kalte Luft

冷拉伸 lěnglāshēn Kaltstrecken n

冷凝 lěngníng frieren; kondensieren; gefrieren; verdichten; Frieren n; Kondensation f; Gefrieren n; Refrigeration f

冷凝泵 lěngníngbèng Kryopumpe f

冷凝的 lěngníngde kryogen

冷凝点 lěngníngdiǎn Kondensationspunkt m

冷凝度 lěngníngdù Verdichtungsgrad m

冷凝管 lěngníngguǎn Kondensrohr n; Kondensationsrohr n

冷凝机 lěngníngjī Verdichter m

冷凝器 lěngníngqì Kondensator m; Kondensor m; Verflüssiger m; Kühler m

冷凝器冷却 lěngníngqì lěngquè Kondensatorkühlung f

冷凝热 lěngníngrè Verdichtungswärme f

冷凝设备 lěngníng shèbèi Kondensationsanlage f

冷凝水 lěngníngshuǐ Kondenswasser n

冷凝水泵 lěngníngshuǐbèng Kondensatorpumpe f

冷凝塔 lěngníngtǎ Kondensturm m; Kondensationssäule f; Kondensationsturm m

冷凝物 lěngníngwù Kondensat n; Niederschlag m

冷凝装置 lěngníng zhuāngzhì Kondensationsapparat m

冷暖锋相遇 lěngnuǎnfēng xiāngyù Okklusion f

冷启动 lěngqǐdòng Kaltstart m

冷气 lěngqì Klimatisierung f; Klimaregelung f

冷泉 lěngquán Akratopege f

L

冷却 lěngquè kühlen; auskühlen; abkühlen; refrigerieren; erkalten; Kühlung *f*; Auskühlung *f*; Abkühlung *f*; Refrigeration *f*

冷却槽 lěngquècáo Kühlwanne *f*

冷却的 lěngquède kryogen

冷却风扇 lěngquè fēngshàn Kühlventilator *m*

冷却过程 lěngquè guòchéng Abkühlvorgang *m*

冷却环 lěngquèhuán Kühlring *m*

冷却剂 lěngquèjì Abkühlmittel *n*; Kältestoff *m*; Kühlmedium *n*; Kühlmittel *n*; Abkühlungsmittel *n*

冷却空气 lěngquè kōngqì Kühlluft *f*

冷却空气温度 lěngquè kōngqì wēndù Kühllufttemperatur *f*

冷却肋片 lěngquèlèipiàn Kühlrippe *f*

冷却面 lěngquèmiàn Abkühlungsfläche *f*; Abkühlungsoberfläche *f*

冷却片 lěngquèpiàn Kühllamelle *f*

冷却器 lěngquèqì Kälteapparat *m*; Kühler *m*; Kühlapparat *m*; Abkühler *m*

冷却蛇管 lěngquè shéguǎn Kühlschlange *f*

冷却设备 lěngquè shèbèi Kühlanlage *f*

冷却时间 lěngquè shíjiān Abkühlungszeit *f*; Abkühlzeit *f*

冷却室 lěngquèshì Abkühlungsraum *m*; Abkühlkammer *f*

冷却式压缩机 lěngquèshì yāsuōjī gekühlter Kompressor; gekühlter Verdichter

冷却试验 lěngquè shìyàn Abkühlversuch *m*

冷却水 lěngquèshuǐ Kühlwasser *n*

冷却水泵 lěngquè shuǐbèng Kühlwasserpumpe *f*

冷却水箱 lěngquè shuǐxiāng Wasserkühlkasten *m*

冷却塔 lěngquètǎ Kühlturm *m*

冷却套 lěngquètào Kühlmantel *m*

冷却通风机 lěngquè tōngfēngjī Kühlluftgebläse *n*

冷却温度 lěngquè wēndù Kühltemperatur *f*

冷却循环 lěngquè xúnhuán Kühlumlauf *m*; Kühlkreis *m*

冷却液 lěngquèyè Kühlflüssigkeit *f*

冷却装置 lěngquè zhuāngzhì Kälteanlage *f*; Abkühlvorrichtung *f*; Kühlwerk *n*

冷却状态 lěngquè zhuàngtài unterkühlter Zustand

冷态电阻 lěngtài diànzǔ Kaltwiderstand *m*

冷态屈服曲线 lěngtài qūfú qūxiàn Kaltfließkurve *f*

冷血动物 lěngxuè dòngwù Wechselwarmblüter *pl*; Kaltblüter *m*

冷压法 lěngyāfǎ Kaltpressverfahren *n*

冷压焊接 lěngyā hànjiē Kaltpressschweißen *n*

冷阴极 lěngyīnjí Kaltkathode *f*; kalte Kathode

冷阴极管 lěngyīnjíguǎn Strobotron *n*

冷硬化 lěngyìnghuà Kalthärtung *f*

冷硬铸造 lěngyìng zhùzào Hartguss *m*

冷源 lěngyuán Kältequelle *f*

冷轧 lěngzhá kaltwalzen

冷轧的 lěngzháde kaltgewalzt

冷轧钢 lěngzhágāng Kaltwalzstahl *m*; Kaltprofil *n*

冷轧钢板 lěngzhá gāngbǎn kaltgewalztes Blech

冷轧机 lěngzhájī Kaltwalzwerk *n*

冷子管 lěngzǐguǎn Kryotron *n*

L

冷子管存储器 lěngzǐguǎn cúnchǔqì Kryotronspeicher *m*

冷轧型材 lěngzhá xíngcái kaltgewalztes Profil

离合器 líhéqì Klaue *f*; Muffe *f*; Kupplung *f*

离合器壳 líhéqìké Kupplungskorb *m*

离合器摩擦片 líhéqì mócāpiàn Kupplungsbelag *m*

离合器踏板 líhéqì tàbǎn Kupplungspedal *n*

离合器拉杆 líhéqì lāgān Kupplungsstange *f*

离合器压盘 líhéqì yāpán Kupplungsdruckscheibe *f*

离合器轴 líhéqìzhóu Kupplungswelle *f*

离合制动器 líhé zhìdòngqì Kupplungsbremse *f*

离化器 líhuàqì Ionisator *m*

离解 líjiě dissoziieren; Zersetzung *f*; Zerfall *m*; Dissoziation *f*

离解常数 líjiě chángshù Zerfallskonstante *f*

离开 líkāi Abgang *m*

离散数据 lísàn shùjù diskrete Daten

离析 líxī abspalten; abscheiden; abtrennen; vereinzeln; separieren; Abspaltung *f*; Scheidung *f*; Segregation *f*

离析电势 líxī diànshì Abscheidungspotential *n*

离析器 líxīqì Abscheider *m*; Separator *m*; Scheider *m*

离析物 líxīwù Edukt *n*

离线操作 líxiàn cāozuò Off-line-Operation *f*

离心 líxīn abschleudern

离心泵 líxīnbèng Zentrifugalpumpe *f*; Kreiselpumpe *f*; Schleuderpumpe *f*

离心的 líxīnde zentrifugal

离心分离器 líxīn fēnlíqì Schleuder *f*; Zentrifugalsichter *m*; Zentrifugalsichtmaschine *f*; Zentrifugalscheider *m*; Fliehkraftabscheider *m*

离心机 líxīnjī Abschleudermaschine *f*; Abschleuder *f*; Schleudermaschine *f*; Kreiselmaschine *f*; Zentrifuge *f*; Zentrifugalmaschine *f*

离心机叶轮 líxīnjī yèlún Schleuderrad *n*

离心空气泵 líxīn kōngqìbèng Kreiselluftpumpe *f*

离心力 líxīnlì Fliehkraft *f*; Zentrifugalkraft *f*; Schleuderkraft *f*; Entfernungskraft *f*; Schwungkraft *f*

离心力矩 líxīn lìjǔ Zentrifugalmoment *n*

离心力试验 líxīnlì shìyàn Schleuderprobe *f*

离心率 líxīnlǜ Exzentrizität *f*

离心配重 líxīn pèizhòng Fliehgewicht *n*

离心器 líxīnqì Zentrifuge *f*

离心球磨机 líxīn qiúmójī Zentrifugalschwingmühle *f*; Kreiselkugelmühle *f*

离心式限速器 líxīnshì xiànsùqì Fliehkraftbegrenzer *m*

离心调节器 líxīn tiáojiéqì Zentrifugalregler *m*

离心选矿机 líxīn xuǎnkuàngjī Zentrifugalseparator *m*

离心压缩机 líxīn yāsuōjī Radialkompressor *m*; Radialverdichter *m*; Kreisverdichter *m*

离心运动 líxīn yùndòng Zentrifugalbewegung *f*

离心制动器 líxīn zhìdòngqì Zentrifugalbremse *f*

L

离心作用 líxīn zuòyòng Zentrifugalwirkung *f*; Abschleuderung *f*

离子 lízǐ Ion *n*

离子半径 lízǐ bànjìng Ionenradius *m*

离子层 lízǐcéng Ionenschicht *f*

离子导电性 lízǐ dǎodiànxìng Ionenleitfähigkeit *f*

离子导体 lízǐ dǎotǐ Ionenleiter *m*

离子的 lízǐde ionisch

离子电荷 lízǐ diànhè Ionenladung *f*

离子发射 lízǐ fāshè Ionenemission *f*

离子含量 lízǐ hánliàng Ionengehalt *m*

离子化 lízǐhuà Ionisation *f*

离子计数器 lízǐ jìshùqì Ionenzähler *m*

离子加速器 lízǐ jiāsùqì Ionenbeschleunigungsanlage *f*; Ionenbeschleuniger *m*

离子键 lízǐjiàn Ionenbindung *f*

离子交换 lízǐ jiāohuàn Ionenaustausch *m*

离子交换膜 lízǐ jiāohuànmó Ionenaustauschmembran *f*

离子交换器 lízǐ jiāohuànqì Ionenaustauscher *m*

离子晶体 lízǐ jīngtǐ Ionenkristall *m*

离子密度 lízǐ mìdù Ionendichte *f*

离子平衡 lízǐ pínghéng Ionengleichgewicht *n*

离子强度 lízǐ qiángdù Ionenstärke *f*

离子束 lízǐshù Ionenstrahl *m*; Ionenbündel *n*

离子团 lízǐtuán Ionennest *m*

离子云 lízǐyún Ionennebel *m*

离子源 lízǐyuán Ionenquelle *f*

厘克 líkè Zentigramm *n*

厘米 límǐ Zentimeter *n*

厘升 líshēng Zentiliter *m*

犁 lí umpflügen; Pflügen; Pflug *m*

里程表 lǐchéngbiǎo Meilenzeiger *m*; Tacho *m*; Tachometer *n*

里程计 lǐchéngjì Wegmesser *m*; Entfernungsmesser *m*; Kilozähler *m*

里面 lǐmiàn innen

锂 lǐ Lithium *n*

理工科大学 lǐgōngkē dàxué Hochschule für Naturwissenschaften und Ingenieurwesen; Technische Universität; naturwissenschaftliche und technische Universität

理解 lǐjiě erfassen verstehen; begreifen; Erkenntnis *f*; Verstand *m*

理解力 lǐjiělì Verstand *m*; Fassungskraft *f*; Denkvermögen *n*; Auffassungsgabe *f*

理科 lǐkē Naturwissenschaften *pl*

理疗 lǐliáo Physiotherapie *f*

理疗科 lǐliáokē Abteilung für physikalische Therapie

理疗学家 lǐliáoxuéjiā Physiater *m*

理论 lǐlùn Theorie *f*; Lehre *f*

理论的 lǐlùnde theoretisch

理论化学 lǐlùn huàxué theoretische Chemie

理论力学 lǐlùn lìxué theoretische Mechanik

理论误差 lǐlùn wùchā theoretischer Fehler

理论物理 lǐlùn wùlǐ theoretische Physik

理论压缩比 lǐlùn yāsuōbǐ theoretisches Kompressionsverhältnis

理论值 lǐlùnzhí Sollwert *m*

理论重量 lǐlùn zhòngliàng Sollgewicht *n*

理事 lǐshì Vorstandsmitglied *n*

理由 lǐyóu Argument *n*; Grund *m*

力 lì Kraft *f*

力臂 lìbì Kraftarm *m*; Lastarm *m*; Hebelarm *m*

力单位 lìdānwèi Krafteinheit *f*

力的传递 lìde chuándì Kraftübertragung *f*

力的传动 lìde chuándòng Kraftübertragung *f*

力的分解 lìde fēnjiě Kräftezerlegung *f*; Dekomposition der Kräfte

力的合成 lìde héchéng Kräftezusammensetzung *f*; Komposition der Kräfte

力的平衡 lìde pínghéng Kräfteausgleich *m*; Kräftegleichgewicht *n*

力的效应 lìde xiàoyìng Kraftwirkung *f*

力点 lìdiǎn Stützpunkt *m*

力多边形 lì duōbiānxíng Krafteck *n*

力矩 lìjǔ Kraftmoment *n*; Kräftemoment *n*; Moment *n*

力偶 lì'ǒu Drehpaar *n*; Kraftpaar *n*

力线 lìxiàn Kraftlinie *f*; Feldlinie *f*

力线通量 lìxiàn tōngliàng Kraftfluss *m*

力学 lìxué Mechanik *f*; Dynamik *f*

力学的 lìxuéde mechanisch

力阻 lìzǔ mechanischer Widerstand

立刨床 lìbàochuáng Vertikalhobelmaschine *f*

立春 lìchūn Frühlingsanfang *m*

立冬 lìdōng Winteranfang *m*

立方 lìfāng Kubikzahl *f*; dritte Potenz *f*; Würfel *m*

立方程式 lìfāngchéngshì Gleichung aufstellen

立方的 lìfāngde kubisch

立方根 lìfānggēn Kubikwurzel *f*; dritte Wurzel

立方米 lìfāngmǐ Raummeter *m/n*; Kubikmeter *m/n*

立方数 lìfāngshù Kubikzahl *f*

立方体 lìfāngtǐ Würfel *m*; Kubus *m*

立方体的 lìfāngtǐde würfelig; kubisch

立方形 lìfāngxíng Würfel *m*

立方形的 lìfāngxíngde würfelförmig

立架 lìjià Ständer *m*

立秋 lìqiū Herbstanfang *m*

立式刨床 lìshì bàochuáng Vertikalhobelmaschine *f*; Senkrechthobel *m*; Senkrechthobelmaschine *f*

立式泵 lìshìbèng stehende Pumpe

立式车床 lìshì chēchuáng Karuselldrehmaschine *f*; Senkrechtdrehmaschine *f*; Vertikaldrehbank *f*

立式锅炉 lìshì guōlú stehender Dampfkessel

立式拉床 lìshì lāchuáng Senkrechträummaschine *f*

立式龙门铣床 lìshì lóngmén xǐchuáng Senkrechtlangfräsmaschine *f*

立式汽缸 lìshì qìgāng stehender Zylinder

立式镗床 lìshì tángchuáng Karuselldrehbank *f*

立式铣床 lìshì xǐchuáng Senkrechtfräsmasehine *f*

立式铣刀 lìshì xǐdāo Zapfenfräser *m*

立式研磨机 lìshì yánmójī Senkrechtläppmaschine *f*

立式蒸汽泵 lìshì zhēngqìbèng stehende Dampfpumpe

立式蒸汽机 lìshì zhēngqìjī stehende Dampfmaschine

立式制表机 lìshì zhìbiǎojī Vertikaltabulator *m*

立式钻床 lìshì zuànchuáng Vertikalbohrmaschine *f*; Senkrechtbohrmaschine *f*

立体 lìtǐ kubischer Körper

立体的 lìtǐde stereoskopisch; räumlich; kubisch

立体电视 lìtǐ diànshì Stereofernse-

L

hen *n*；dreidimensionales Fernsehen

立体感 lìtǐgǎn Räumlichkeit *f*

立体光学 lìtǐ guāngxué Stereooptik *f*

立体化学 lìtǐ huàxué Stereochemie *f*

立体角 lìtǐjiǎo Raumwinkel *m*；räumlicher Winkel

立体几何 lìtǐ jǐhé Stereometrie *f*；Geometrie des Raumes；Raumlehre *f*

立体结构 lìtǐ jiégòu Raumtragwerk *n*

立体镜 lìtǐjìng Stereoskop *n*

立体摄影 lìtǐ shèyǐng Stereofotografie *f*；Stereobild *n*；Stereoaufnahme *f*

立体摄影机 lìtǐ shèyǐngjī Stereokamera *f*

立体摄影术 lìtǐ shèyǐngshù Stereofotografie *f*

立体声 lìtǐshēng Stereoton *m*；Raumton *m*

立体声波道 lìtǐshēng bōdào Stereokanal *m*

立体声唱片 lìtǐshēng chàngpiàn Stereoschallplatte *f*

立体声喇叭 lìtǐshēng lǎba Stereolautsprecher *m*

立体声学 lìtǐshēngxué Raumakustik *f*

立体声学的 lìtǐshēngxuéde stereofon

立体声音箱 lìtǐshēng yīnxiāng Stereobox *f*

立体投影 lìtǐ tóuyǐng perspektivische Projektion

立体图 lìtǐtú Stereobild *n*；Raumbild *n*；Kartenblock *m*

立体显微镜 lìtǐ xiǎnwēijìng Stereomikroskop *n*

立体效应 lìtǐ xiàoyìng Stereoeffekt *m*；stereoskopischer Effekt

立夏 lìxià Sommeranfang *m*

立轴 lìzhóu stehende Welle；senkrechte Welle；Hochachse *f*

利眠宁 lìmiánníng〈药〉Chlordiazepoxid *n*；Methaminodiazepoxid *n*；Librium *n*

利尿的 lìniàode harntreibend

利润 lìrùn Gewinn *m*

利益 lìyì Interesse *n*；Vorteil *m*；Nutzen *m*；Gewinn *m*

利用 lìyòng benutzen；verwerten；Gebrauch *m*；Ausnutzung *f*

利用系数 lìyòng xìshù Ausnutzungszahl *f*；Gebrauchskoeffizient *m*；Gebrauchsfaktor *m*；Nutzungsfaktor *m*

沥青 lìqīng Asphalt *m*；Pech *n*；Bitumen *n*；Bitumenstoff *m*；Erdpech *n*；Teer *m*

沥青路 lìqīnglù Asphaltstraße *f*

沥青漆 lìqīngqī Asphaltfarbe *f*

励磁场 lìcíchǎng Erregerfeld *n*

励磁电流 lìcí diànliú Erregerstrom *m*

励磁电路 lìcí diànlù Erregerkreis *m*

励磁电压 lìcí diànyā Erregerspannung *f*；Feldspannung *f*

励磁机 lìcíjī Erreger *m*；Erregergenerator *m*

励磁器 lìcíqì Erreger *m*

励磁绕组 lìcí ràozǔ Erregerwicklung *f*

励磁线圈 lìcí xiànquān Erregerspule *f*；Ansprechspule *f*；Erregerwicklung *f*；Magnetspule *f*

励磁阳极 lìcí yángjí Erreganode *f*

例如 lìrú beispielsweise；zum Beispiel

例外 lìwài Ausnahme *f*

粒化 lìhuà verkörnen

粒状的 lìzhuàngde graupig；körnig

粒状构造 lìzhuàng gòuzào körnige

Struktur

粒状渗碳体 lìzhuàng shèntàntǐ körniger Zementit

粒状物 lìzhuàngwù Granulat *n*

粒子 lìzǐ Teilchen *n*; Partikel *f*; Korpuskel *n*; Massenteilchen *n*

粒子场 lìzǐchǎng Partikelfeld *n*

粒子电荷 lìzǐ diànhè Teilchenladung *f*

粒子的 lìzǐde korpuskular

粒子轨道 lìzǐ guǐdào Teilchenbahn *f*

粒子加速器 lìzǐ jiāsùqì Korpuskel-Beschleuniger *m*; Teilchenbeschleuniger *m*; Kosmotron *n*

粒子流 lìzǐliú Teilchenstrom *m*

粒子密度 lìzǐ mìdù Partikeldichte *f*

粒子能 lìzǐnéng Teilchenenergie *f*

粒子速度 lìzǐ sùdù Teilchengeschwindigkeit *f*

粒子云 lìzǐyún Teilchenwolke *f*

连杆 liángān Koppel *f*; Pleuel *n*; Kulisse *f*; Lenkstange *f*; Triebstange *f*; Kolbenstange *f*; Kurbelstange *f*; Schubstange *f*; Pleuelstange *f*

连杆长度 liángān chángdù Pleuellänge *f*

连杆螺栓 liángān luóshuān Kolbenstangenschraube *f*

连杆体 liángāntǐ Kolbenstangenschaft *m*

连杆头 liángāntóu Kurbelstangenkopf *m*

连杆头螺栓 liángāntóu luóshuān Kreuzkopfbolzen *m*

连杆轴承 liángān zhóuchéng Pleuellager *n*; Kolbenstangenlager *n*; Pleuelstangenlager *n*

连杆轴瓦 liángān zhóuwǎ Pleuel-(stangen)lagerschale *f*

连拱坝 liángǒngbà Vielbogensperre

f; Gewölbereihenmauer *f*; Bogenpfeilermauer *f*; Pfeilergewölbemauer *f*

连钩 liángōu Schäkel *m*

连接 liánjiē zusammenhängen; verknüpfen; verbinden; verkuppeln; anschließen; verkoppeln; koppeln; fügen; schalten; einkuppeln; Anschluss *m*; Kopplung *f*; Ankopplung *f*; Bindung *f*; Verbindung *f*; Einschaltung *f*; Anbau *m*; Anpassungseinheit *f*

连接板 liánjiēbǎn Anschlussblech *n*

连接插件 liánjiē chājiàn Kupplungsstecker *m*

连接到因特网 liánjiēdào yīntèwǎng Zugang zum Internet; Verbindung mit dem Internet

连接电路 liánjiē diànlù Anschlusskreis *m*

连接电路图 liánjiē diànlùtú Anschlussschaltbild *n*

连接杆 liánjiēgān Anschlussstange *f*; Kuppelstange *f*

连接管 liánjiēguǎn Anschlussrohr *n*

连接盒 liánjiēhé Anschlussdose *f*

连接件 liánjiējiàn Kuppelteil *m/n*

连接链 liánjiēliàn Bindekette *f*

连接面 liánjiēmiàn Anschlussfläche *f*

连接配件 liánjiē pèijiàn Verbundstück *n*

连接器 liánjiēqì Anschlusskupplung *f*

连接线 liánjiēxiàn Verbindungslinie *f*

连接装置 liánjiē zhuāngzhì Anschlussanlage *f*; Anschlussvorrichtung *f*

连锁反应 liánsuǒ fǎnyìng Kettenreaktion *f*; Folgereaktion *f*

L

连通 liántōng Einschalten *n*

连通阀 liántōngfá Schalthahn *m*

连续 liánxù Fortsetzung *f*

连续打印纸 liánxù dǎyìnzhǐ Endlospapier *n*

连续的 liánxùde fortdauernd; ununterbrochen; aufeinanderfolgend; kontinuierlich; durchlaufend

连续电极 liánxù diànjí Dauerbrand-Elektrode *f*

连续方程 liánxù fāngchéng Raumgleichung *f*

连续负载 liánxù fùzài dauernde Belastung; stetige Belastung

连续函数 liánxù hánshù stetige Funktion

连续启动发生器 liánxù qǐdòng fāshēngqì Dauerstartgenerator *m*

连续扫描 liánxù sǎomiáo stetige Abtastung; ununterbrochene Abtastung

连续顺序计算机 liánxù shùnxù jìsuànjī starr fortlaufend organisierter Computer

连续通道控制 liánxù tōngdào kòngzhì Stetigbahnsteuerung *f*

连续误差 liánxù wùchā fortschreitender Fehler

连续信号 liánxù xìnhào Dauersignal *n*

连续性 liánxùxìng Kontinuierlichkeit *f*; Kontinuität *f*

连续蒸馏 liánxù zhēngliú stetige Destillation

连续轴 liánxùzhóu Verbindungsachse *f*

联动轮 liándònglún Vorgelegerad *n*

联动装置 liándòng zhuāngzhì Getriebe *n*

联杆 liángān Gelenk *n*

联合 liánhé vereinigen; Kombination *f*

联合采煤机 liánhé cǎiméijī Kohlenkombine *f*

联合的 liánhéde kombinatorisch

联合电网 liánhé diànwǎng elektrisches Verbundnetz

联合供电系统 liánhé gòngdiàn xìtǒng elektrisches Verbundsystem

联机 liánjī online

联机服务 liánjī fúwù Onlinedienst *m*

联机设备 liánjī shèbèi festangeschlossene Geräte

联机通信 liánjī tōngxìn Onlinekommunikation *f*

联机疑难解答者 liánjī yínán jiědázhě Onlineratgeber *m*

联机银行业务 liánjī yínháng yèwù Onlinebanking *n*

联机支持 liánjī zhīchí Support-Online-Website *f*

联接 liánjiē Kupplung *f*

联接部件 liánjiē bùjiàn Ankopplungsglied *n*

联结 liánjié verbinden; verknüpfen; verkoppeln; zusammenbinden; fügen; Verbindung *f*; Kupplung *f*

联结杆 liánjiégān Kuppelstange *f*

联结管道 liánjié guǎndào Verbindungsleitung *f*

联结轴 liánjiézhóu gekuppelte Achse; Kupplungswelle *f*

联节轴 liánjiézhóu Gelenkwelle *f*

联锁 liánsuǒ ineinandergreifen

联锁电路 liánsuǒ diànlù Verriegelungsschaltung *f*

联体婴儿 liántǐ yīng'ér siamesische Zwillinge

联网 liánwǎng Networking *n*; Computervernetzung *f*

联网计算机 liánwǎng jìsuànjī der

vernetzte Computer

联系 liánxì Verbindung *f*; Relation *f*; Zusammenhang *m*

联运 liányùn kombinierter Verkehr

联轴节 liánzhóujié Kopplung *f*; Wellenkupplung *f*; Muffe *f*

镰刀 liándāo Sichel *f*

炼钢 liàngāng stählen; Stahlschmelzen *n*

炼焦 liànjiāo verkoken; Verkokung *f*

炼焦厂 liànjiāochǎng Kokerei *f*

炼焦炉 liànjiāolú Entgasungsofen *m*; Koksbrennofen *m*

炼焦煤 liànjiāoméi Kokskohle *f*

炼金术 liànjīnshù Alchemie *f*

炼乳 liànrǔ Kondensmilch *f*

炼铁 liàntiě Eisenschmelze *f*

炼油工业 liànyóu gōngyè Ölraffinerungsindustrie *f*

炼油塔 liànyóutǎ Raffinerieturm *n*

链斗铲 liàndǒuchǎn Eimerkettenbagger *m*

链环 liànhuán Verbindungsglied *n*; Kettenglied *n*; Schake *f*

链接 liànjiē Link *m/n*

链节 liànjié Schake *f*

链轮 liànlún Nuss *f*; Kettenrad *n*; Zahntrommel *f*

链盘 liànpán Kettenrad *n*

链式反应 liànshì fǎnyìng Kettenreaktion *f*

链式输送机 liànshì shūsòngjī Kettenkonveyer *m*; Kettenförderer *m*

链条 liàntiáo Kette *f*; Gliederreihe *f*

链罩 liànzhào Kettenverkleidung *f*

链状化合物 liànzhuàng huàhéwù Kettenverbindung *f*

良田 liángtián fruchtbarer Boden

良性的 liángxìngde gutartig

良性肿瘤 liángxìng zhǒngliú gutartige Geschwulst

良种 liángzhǒng veredeltes Saatgut; gute Saatsorten

凉 liáng Kühle *f*

凉的 liángde kühl

梁 liáng Träger *m*

量 liáng messen

量杯 liángbēi Messglas *n*; Mensur *f*; Messkrug *m*

量程开关 liángchéng kāiguān Wählschalter *m*

量齿规 liángchǐguī Zahnmaßlehre *f*

量齿器 liángchǐqì Zahnmesser *m*

量出 liángchū ausmessen

量度 liángdù Vermessung *f*; Messung *f*

量管 liángguǎn Messbürette *f*; Bürette *f*

量规 liángguī Lehre *f*

量角器 liángjiǎoqì Winkelmesser *m*; Transporteur *m*; Messwinkel *m*; Goniometer *n/m*; Gradbogen *m*

量角仪 liángjiǎoyí Winkelmesser *m*; Transporteur *m*

量具 liángjù Messwerkzeug *n*; Messgerät *n*; Messapparat *m*; Lehre *f*

量具钢 liángjùgāng Messwerkzeugstahl *m*

量块 liángkuài Lehrstück *n*

量热 liángrè Wärmemessung *f*

量热计 liángrèjì Wärmemesser *m*; Kalorimeter *m/n*; Wärmemengenzähler *m*

量热器 liángrèqì Wärmezeiger *m*; Kalorimeter *n*; Heizeffektmesser *m*

量日仪 liángrìyí Heliometer *n*

量湿器 liángshīqì Hygroskop *n*

量水表 liángshuǐbiǎo Wasserzähler *m*

量水标志 liángshuǐ biāozhì Eichmarke *f*

量水管 liángshuǐguǎn Eichleitung *f*

L

量筒 liángtǒng Messzylinder *m*

粮仓 liángcāng Getreidespeicher *m*; Kornkammer *f*

粮草 liángcǎo Armeeproviant *m*; Lebensmittel und Futter

两半式飞轮 liǎngbànshì fēilún zweiteiliges Schwungrad

两倍的 liǎngbèide zweifach

两侧 liǎngcè beiderseits

两重性 liǎngchóngxìng Dualität *f*; Doppelheit *f*; Zweiheit *f*

两极 liǎngjí Nord- und Südpol; Kathode und Anode; Pole *pl*

两极的 liǎngjíde polar

两极推力发动机 liǎngjí tuīlì fādòngjī Doppelschub-Triebwerk *n*

两年生的 liǎngniánshēngde zweijährig

两栖的 liǎngqīde amphibisch

两栖纲 liǎngqīgāng Amphibie *f*

两栖类 liǎngqīlèi Lurchen *pl*; Amphibien *pl*

两栖爬行动物 liǎngqī páxíng dòngwù amphibische Reptile

两栖坦克 liǎngqī tǎnkè Amphibientank *m*; Schwimmpanzer *m*

两相短路 liǎngxiàng duǎnlù zweiphasiger Kurzschluss

两性 liǎngxìng beide Geschlechter; männlich und weiblich

两性的 liǎngxìngde 〈化〉amphoter; amphoterisch

两性电解质 liǎngxìng diànjiězhì amphoterer Elektrolyt

两性人 liǎngxìngrén Zwitter *m*

两用电路 liǎngyòng diànlù Doppelschaltung *f*

两种的 liǎngzhǒngde zweierlei

亮点 liàngdiǎn Leuchtpunkt *m*

亮度 liàngdù Helle *f*; Beleuchtung *f*; Leuchtdichte *f*; Helligkeit *f*; Helligkeitsgrad *m*

亮度计 liàngdùjì Helligkeitsmesser *m*

亮度控制 liàngdù kòngzhì Helligkeitssteuerung *f*

亮度调节 liàngdù tiáojié Helligkeitseinregelung *f*; Helligkeitseinstellung *f*

亮度调制 liàngdù tiáozhì Helligkeitsmodulation *f*

亮度信号 liàngdù xìnhào Helligkeitssignal *n*

量变 liàngbiàn quantitative Veränderung

量的 liàngde quantitativ; mengenmäßig

量纲 liànggāng Dimension *f*

量子 liàngzǐ Quantum *n*; Quant *n*

量子波 liàngzǐbō Mikrostrahl *m*

量子场 liàngzǐchǎng Quantenplatz *m*; Quantumfeld *n*

量子电子学 liàngzǐ diànzǐxué Quantenelektronik *f*

量子辐射 liàngzǐ fúshè Quantenemission *f*

量子光学 liàngzǐ guāngxué Quantenoptik *f*

量子化 liàngzǐhuà quantisieren; Quantelung *f*; Quantisierung *f*

量子化学 liàngzǐ huàxué Quantenchemie *f*

量子理论 liàngzǐ lǐlùn Quantentheorie *f*

量子力学 liàngzǐ lìxué Quantenmechanik *f*

量子论 liàngzǐlùn Quantentheorie *f*

量子能 liàngzǐnéng Quantenenergie *f*

量子生物学 liàngzǐ shēngwùxué Quantenbiologie *f*

量子输出 liàngzǐ shūchū Quanten-

L

ertrag *m*

量子数 liàngzǐshù Quantenzahl *f*

量子态 liàngzǐtài Quantenzustand *m*

量子物理 liàngzǐ wùlǐ Quantenphysik *f*; Physik der Quanter

量子效率 liàngzǐ xiàolǜ Quantenausbeute *f*; Quanteneffizienz *f*; Fluoreszenzausbeute *f*

量子值 liàngzǐzhí Quantenwert *m*

量子吸收 liàngzǐ xīshōu Quantabsorption *f*

量子效应 liàngzǐ xiàoyìng Quanteneffekt *m*

量子跃迁 liàngzǐ yuèqiān Quantensprung *m*

疗程 liáochéng Heilverfahren *n*; Phase einer Heilkur

疗法 liáofǎ Heilmethode *f*; Behandlungsweise *f*

疗养院 liáoyǎngyuàn Sanatorium *n*; Heilstätte *f*; Genesungsheim *n*

疗效 liáoxiào Heilerfolg *m*

瞭望台 liàowàngtái Warte *f*

料仓 liàocāng Silo *m/n*

料车卷扬机 liàochē juǎnyángjī Skipwinde *f*

料车输送 liàochē shūsòng Skipförderung *f*

料车装料 liàochē zhuāngliào Skipbegichtung *f*

料斗车 liàodǒuchē Katze *f*

料钟 liàozhōng Begichtungsglocke *f*

料柱 liàozhù Beschickungssäule *f*

劣质 lièzhì minderwertige Qualität

列 liè Reihe *f*

列车 lièchē Zug *m*; Eisenbahnzug *m*

列出 lièchū herausstellen; aufstellen

列举 lièjǔ herzählen

列线图 lièxiàntú Rechentafel *f*

烈性炸药 lièxìng zhàyào brisanter Sprengstoff; zerlegender Spreng-

stoff; hochexplosiver Sprengstoff

裂变 lièbiàn Spaltung *f*; Spallation *f*; Zertrümmerung *f*; Zerspaltung *f*

裂变产物 lièbiàn chǎnwù Spaltprodukt *n*; Spaltungsprodukt *n*

裂变的 lièbiànde zerklüftet

裂变过程 lièbiàn guòchéng Spaltprozess *m*; Zerfallsprozess *m*

裂变物质 lièbiàn wùzhì Spaltmaterial *n*

裂缝 lièfèng Öffnung *f*; Sprung *m*; Fuge *f*; Ritze *f*; Riss *m*; Spalte *f*

裂痕 lièhén Bruchriss *m*; Riss *m*; Sprung *m*; Spalte *f*

裂化 lièhuà Kracken *n*; Krackung *f*

裂化气 lièhuàqì Krackgas *n*; Spaltgas *n*

裂化蒸馏 lièhuà zhēngliú Krackdestillation *f*

裂化装置 lièhuà zhuāngzhì Krackanlage *f*

裂化作用 lièhuà zuòyòng Cracken *n*

裂解 lièjiě Spaltung *f*

裂解作用 lièjiě zuòyòng Cracken *n*

裂开 lièkāi spalten; aufplatzen; aufspringen; aufreißen; Fission *f*; Spaltung *f*

裂口 lièkǒu Schlitz *m*; Durchbruch *m*; Riss *m*; Spalte *f*

裂面 lièmiàn Bruchfläche *f*

裂片 lièpiàn Absplitterung *f*

裂纹 lièwén Anriss *m*

邻海 línhǎi Hoheitsgewässer *n*; Territorialgewässer *n*

邻角 línjiǎo Nebenwinkel *m*

林产品 línchǎnpǐn Forstprodukte *pl*

林场 línchǎng Forstfarm *f*

林带 líndài Waldgürtel *m*; Waldstreifen *m*

林龄 línlíng Alter eines Waldbestandes

I

林区 línqū Forstrevier n ; Forstzone f

林学的 línxuéde forstkundlich

林学院 línxuéyuàn Institut für Forstwirtschaft

林业 línyè Forstwirtschaft f

林业的 línyède forstlich

临床的 línchuángde klinisch

临床医生 línchuáng yīshēng Kliniker m

临床症状 línchuáng zhèngzhuàng klinisches Symptom; bettlägerische Symptom

临界层 línjiècéng Grenzschicht f

临界的 línjiède kritisch

临界点 línjièdiǎn Umwandlungspunkt m ; kritischer Punkt; Haltepunkt m

临界电流 línjiè diànliú kritischer Strom

临界电压 línjiè diànyā kritische Spannung

临界距离 línjiè jùlí kritischer Abstand

临界密度 línjiè mìdù Grenzdichte f

临界黏度 línjiè niándù Endviskosität f

临界坡度 línjiè pōdù kritisches Gefälle

临界衰减 línjiè shuāijiǎn kritische Dämpfung

临界速度 línjiè sùdù kritische Geschwindigkeit

临界温度 línjiè wēndù kritische Temperatur

临界线 línjièxiàn Grenzlinie f

临界状态 línjiè zhuàngtài Grenzzustand m

临界转速 línjiè zhuànsù kritische Drehzahl

淋巴 línbā Lymphe f

淋巴的 línbāde lymphatisch

淋巴管 línbāguǎn Lymphgefäß n

淋巴结 línbājié Lymphknoten m

淋巴结炎 línbājiéyán Lymphknotenentzündung f

淋巴结肿大 línbājié zhǒngdà Lymphknotenvergrößerung f ; Lymphadenom n

淋巴瘤 línbāliú Lymphom n

淋巴腺 línbāxiàn Lymphdrüse f

淋巴腺结核 línbāxiàn jiéhé lymphadenoide Tuberkulose

淋巴腺炎 línbāxiànyán Lymphdrüsenentzündung f ; Lymphadenitis f

淋巴液 línbāyè Lymphe f

淋病 línbìng Tripper m ; Gonorrhö f

磷 lín Phosphor n

磷肥 línféi Phosphatdünger m ; Phosphatdüngemittel pl

磷光 línguāng Phosphoreszenz f

磷化处理 línhuà chǔlǐ Phosphatieren n

磷化物 línhuàwù Phosphid n

磷灰石 línhuīshí Augustit m

磷火 línhuǒ phosphoreszierendes Licht; Irrlicht n

磷钾石 línjiǎshí Archerit m

磷矿粉 línkuàngfěn Apatitmehl n

磷酸 línsuān Phosphorsäure f

磷酸铵 línsuān´ān Ammoniumphosphat n

磷酸盐 línsuānyán Phosphat n ; Phosphorsäuresalz n

磷酸盐处理 línsuānyán chǔlǐ Phosphatbehandlung f

磷铜矿 líntóngkuàng Phosphorkupfererz n

鳞 lín Schuppe f

赁金 lìnjīn Pacht f

灵活编址 línghuó biānzhǐ 〈计〉 flexible Adressierung

灵活的 línghuóde flink; geschickt;

navigation"灵菱零领溜浏流 307 líng–liú

beweglich

灵敏的 língmǐnde empfindlich；sensibel；scharf；fein；sensitiv

灵敏度 língmǐndù Sensibilität *f*；Empfindlichkeit *f*；Feinfühligkeit *f*

灵敏度调节器 língmǐndù tiáojiéqì Empfindlichkeitsregler *m*

灵敏性 língmǐnxìng Sensibilisierung *f*

灵长类 língzhǎnglèi Primaten *pl*

菱面体 língmiàntǐ Rhomboeder *n*

菱形 língxíng Rhombus *m*；Raute *f*；Karo *n*；Karree *n*

菱形的 língxíngde rhombisch

零点 língdiǎn Nullpunkt *m*

零点接地 língdiǎn jiēdì Nullpunkterdung *f*

零点灵敏度 língdiǎn língmǐndù Nullpunktempfindlichkeit *f*

零电势 língdiànshì Nullpotential *n*

零电位 língdiànwèi Nullpotential *n*

零度 língdù Nullgrad *m*

零价的 língjiàde nullwertig

零件 língjiàn Einzelteil *m*；Bauteil *m*；Ersatzteil *m*；Teil *m*；Beiwerk *n*；Teilstück *n*

零件图 língjiàntú Einzelteilzeichnung *f*

零输出信号 língshūchū xìnhào Nullausgangssignal *n*

零水位 língshuǐwèi Nullebene des Wassers

零位 língwèi Nullstellung *f*

零位校正 língwèi jiàozhèng〈计〉Ohne-Korrektur *f*

零位线 língwèixiàn Nulllinie *f*

零位移相器 língwèi yíxiàngqì Nullphasenschieber *m*

零位指示器 língwèi zhǐshìqì Nullanzeigegerät *n*

零指数 língzhǐshù Null-Exponent *m*

零状态 língzhuàngtài Nullzustand *m*

领航 lǐngháng navigieren

领会 lǐnghuì verstehen；begreifen；erfassen；erkennen

领先 lǐngxiān Vorrang *m*

领域 lǐngyù Territorium *n*；Hoheitsgebiet *n*；Gebiet *n*；Bereich *m*；Sektor *m*

溜槽 liūcáo Nut *f*

溜矿槽 liūkuàngcáo Rollenfahre des Erzes

浏览 liúlǎn browsen；navigieren；Browsen *n*；Browsing *n*；Internetsurfen *n*

浏览栏 liúlǎnlán Explorerleiste *f*

浏览器 liúlǎnqì Browser *m*；Webbrowser *m*

浏览者 liúlǎnzhě Besucher *m*

流播（指音像文件等的）liúbō（zhǐ yīnxiàng wénjiàndèngde）Streaming *n*

流产 liúchǎn Fehlgeburt *f*

流程图 liúchéngtú Laufkarte *f*；Stammtafel *f*；Flussdiagramm *n*；Flussbild *n*；Fließschema *f*；Stromabgabebild *n*；Ablaufplan *m*；Ablaufdiagramm *n*；Ablaufschaubild *n*

流出 liúchū ausfließen；auslaufen；fortströmen；abströmen；ausfluten；Abfluss *m*；Ausfluss *m*；Ablauf *m*；Ablassung *f*

流出口 liúchūkǒu Ablassöffnung *f*；Auslass *m*；Ausströmöffnung *f*

流出水量 liúchū shuǐliàng Auslaufwassermenge *f*

流滴试验 liúdī shìyàn Tropfprobe *f*

流动 liúdòng fließen；strömen；Fließen *n*；Fluss *m*；Strömung *f*；Fließbewegung *f*

流动的 liúdòngde beweglich

L

流动平衡定律 liúdòng pínghéng dìnglǜ Gesetz des mobilen Gleichgewichtes

流动速度 liúdòng sùdù Abströmgeschwindigkeit f

流动性 liúdòngxìng Fließbarkeit f; Liquidität f; Flüssigkeit f; Flüssigkeitsgrad m; Mobilität f; Fluidität f

流度 liúdù Fließbarkeit f

流钢槽 liúgāngcáo Ablaufblech n; Ablaufrinne f

流轨 liúguǐ Wurfbahn f

流过 liúguò durchströmen

流进 liújìn einströmen

流量 liúliàng Ausflussmenge f; Durchflussmenge f; Durchfluss m; Ausfluss m; Abflussquantum n; Flussmenge f; Abflussmenge f

流量测定 liúliàng cèdìng Abflussmengenmessung f

流量计 liúliàngjì Flussmesser m; Abflussmesser m; Durchflussmesser m; Abflussgerät n; Registriergerät n; Abflussmengenmesser m; Durchflussanzeiger m; Durchflussmengenanzeiger m; Durchflussmesser m; Abfluss-Registriergerät n

流量体积 liúliàng tǐjī Durchflussvolumen n

流量减少 liúliàng jiǎnshǎo Abflussverminderung f

流量曲线 liúliàng qūxiàn Abflussmengenkurve f; Abflusskurve f

流量调节 liúliàng tiáojié Abflussregelung f

流量调节器 liúliàng tiáojiéqì Abflussregler m; Zuflussregler m

流量系数 liúliàng xìshù Abflussmengenquotient m; Abflusskoeffi-zient m; Abflussmengenbeiwert m; Ausflusskoeffizient m; Ausflussziffer f; Ausflussbeiwert m

流入 liúrù einfließen; einströmen; einmünden; Einströmung f

流入口 liúrùkǒu Zulauf m

流入速度 liúrù sùdù Einströmgeschwindigkeit f

流砂 liúshā Schwimmsand m; Triebsand m; Schleichsand m; Flugsand m

流失 liúshī Ausströmverlust m; Auslauf m; Abfluss m; Ausfluss m

流逝 liúshì vergehen

流束 liúshù Ausflussstrahl m; Abflussstrahl m; Wasserfaden m; Bündel von Wasserfäden

流水线 liúshuǐxiàn Fließband n

流水线装配 liúshuǐxiàn zhuāngpèi Fließbandmontage f; Fließmontage f

流水作业 liúshuǐ zuòyè Fließbetrieb m; Fließarbeit f

流速 liúsù Strömungsschnelligkeit f; Strömungsgeschwindigkeit f; Fließgeschwindigkeit f; Stromgeschwindigkeit f

流速计 liúsùjì Tacho n; Tachometer n; Hahnmesser m; Fließmesser m; Strömungsmesser m

流速图 liúsùtú Tachogramm n

流速仪 liúsùyí Wassermessflügel m

流态 liútài strömender Zustand; fluider Zustand; Fließzustand m

流体 liútǐ Flüssigkeit f; Fluidum n; Fluid n

流体的 liútǐde fluid; hydraulisch

流体动力的 liútǐ dònglìde hydrodynamisch

流体动力学 liútǐ dònglìxué Flüssigkeitsdynamik f; Hydrodynamik f

流体分离 liútǐ fēnlí Ablösung der Strömung; Strömungsablösung *f*

流体静力学 liútǐ jìnglìxué Hydrostatik *f*

流体静力学的 liútǐ jìnglìxuéde hydrostatisch

流体力学 liútǐ lìxué Hydromechanik *f*; Strömungsmechanik *f*; Strömungsmechanismus *m*; Strömungslehre *f*; Hydraulik *f*; Mechanik der Flüssigkeiten

流体力学的 liútǐ lìxuéde strömungsdynamisch

流体涡旋 liútǐ wōxuán Drall des Stromes

流体阻力 liútǐ zǔlì Flüssigkeitswiderstand *m*

流通 liútōng zirkulieren; Zirkulation *f*

流线体 liúxiàntǐ flüssige Karosserie

流线型的 liúxiànxíngde stromlinienförmig; windschnittig; flüssig

流线型后背车身 liúxiànxíng hòubèi chēshēn Fließheck *n*

流向 liúxiàng Fließrichtung *f*; Anströmrichtung *f*

流泻 liúxiè Abfluss *m*

流星 liúxīng Meteor *n*; Asteroid *m*; Sternschnuppe *f*

流星的 liúxīngde meteorisch

流星群 liúxīngqún Sternschnuppenschwärme *pl*; Sternschnuppenregen *m*

流行病 liúxíngbìng Epidemie *f*; Seuche *f*

流行的 liúxíngde gängig; üblich; populär; weit verbreitet

流行性的 liúxíngxìngde epidemisch

流行性感冒 liúxíngxìng gǎnmào Grippe *f*; Influenza *f*

流域 liúyù Flussgebiet *n*; Einzugsgebiet *n*; Einzugsgebiet eines Flusses; Sammelgebiet *n*; Stromgebiet *n*

流质的 liúzhìde flüssig; fluid

流阻系数 liúzǔ xìshù Widerstandszahl *f*

留声机 liúshēngjī Grammofon *n*; Plattenspieler *m*

留心的 liúxīnde aufmerksam

硫 liú Schwefel *m*

硫分 liúfēn Schwefelgehalt *m*

硫化 liúhuà schwefeln; sulfidieren; Schwefelung *f*; Sulfurierung *f*

硫化机 liúhuàjī Vulkanisierpresse *f*

硫化器 liúhuàqì Vulkanisator *m*

硫化氢 liúhuàqīng Wasserstoffsulfid *n*; Schwefelwasserstoff *m*

硫化设备 liúhuà shèbèi Vulkanisierapparat *m*

硫化时间 liúhuà shíjiān Vulkanisationsdauer *f*

硫化酸 liúhuàsuān Thioplastsäure *f*

硫化碳 liúhuàtàn Schwefelkohlenstoff *m*

硫化物 liúhuàwù Schwefelverbindung *f*; Sulfid *n*

硫化锌 liúhuàxīn Zinksulfid *n*

硫化亚铁 liúhuàyàtiě Schwefeleisen *n*

硫磺 liúhuáng Schwefel *m*

硫矿 liúkuàng Schwefelbergwerk *n*

硫锰矿 liúměngkuàng Braunsteinblende *f*

硫酸 liúsuān Sulfonsäure *f*; Schwefelsäure *f*; Vitriolsäure *f*

硫酸铵 liúsuān´ān Amoniumsulfat *n*

硫酸钡 liúsuānbèi Bariumsulfat *n*

硫酸厂 liúsuānchǎng Schwefelsäurefabrik *f*

硫酸化 liúsuānhuà Sulfatierung *f*

硫酸钾 liúsuānjiǎ Kaliumsulfat *n*

L

硫酸铝 liúsuānlǚ Aluminiumsulfat n

硫酸镁 liúsuānměi Magnesiumsulfat n

硫酸铁 liúsuāntiě schwefelsaures Eisenoxid

硫酸盐 liúsuānyán Schwefelsalz n; Sulfat n; schwefelsaures Salz

硫锡矿 liúxīkuàng Herzenbergit m

馏出 liúchū abdestillieren

馏出物 liúchūwù Fraktion f

六倍的 liùbèide sechsfach

六边的 liùbiānde sechsseitig

六边形 liùbiānxíng Hexagon n; Sexagon n; Sechseck n

六边形的 liùbiānxíngde sechsseitig; sechseckig

六次的 liùcìde sechsmal

六分仪 liùfēnyí Sextant m

六分之一 liùfēnzhīyī Sechstel n

六极管 liùjíguǎn Hexode f

六价的 liùjiàde sechswertig

六角车床 liùjiǎo chēchuáng Revolverdrehbank f

六角刀架 liùjiǎo dāojià Revolver m

六角形 liùjiǎoxíng Sechseck n

六角星形 liùjiǎoxīngxíng Hexagramm n; Sechsstern m

六面体 liùmiàntǐ Hexaeder n; Würfel m

六面体的 liùmiàntǐde sechsflächig

龙卷风 lóngjuǎnfēng Tornado m

龙门刨床 lóngmén bàochuáng Planhobelmaschine f

龙门架 lóngménjià Krangerüst n

龙门起重机 lóngmén qǐzhòngjī Postalkran m; Bockkran m; Krangerüst n

龙门铣床 lóngmén xǐchuáng Planfräsmaschine f

龙头 lóngtóu Hahn m

聋哑 lóngyǎ Taubstummheit f

漏磁 lòucí magnetische Streuung

漏磁损失 lòucí sǔnshī magnetischer Streuungsverlust

漏磁通 lòucítōng Streukraftfluss m

漏磁系数 lòucí xìshù magnetischer Streufaktor

漏出 lòuchū ausfließen

漏电 lòudiàn streuen; Ableitung f

漏电损失 lòudiàn sǔnshī Streuungsverlust m

漏斗 lòudǒu Trichter m

漏斗形物 lòudǒuxíngwù Tüte f; Trichter m

漏模板 lòumúbǎn Durchzugplatte f

漏泄磁场 lòuxiè cíchǎng Streufeld n

漏泄范围 lòuxiè fànwéi Streubereich m

漏泄损失 lòuxiè sǔnshī Leckverlust m

漏油量 lòuyóuliàng Leckageölmenge f

炉板 lúbǎn Ofenplatte f

炉衬 lúchèn Ofenfutter n

炉床 lúchuáng Ofenherd m; Ofensohle f; Backherd m

炉底 lúdǐ Ofenboden m; Ofenherd m; Sohle f

炉顶 lúdǐng Ofenabdeckung f; Gicht f; Oberteil eines Hochofens; Ofendecke f

炉况 lúkuàng Wärmezustand m

炉料 lúliào Ofengut n

炉龄 lúlíng Schmelzreise f; Ofenreise f

炉内压力 lúnèi yālì Ofendruck m

炉期 lúqī Hüttenreise f

炉身 lúshēn Ofenschacht m

炉台 lútái Herdplatte f; Ofenplatte f

炉膛 lútáng Innenraum des Ofens; Ofenkammer f

炉温 lúwēn Ofentemperatur f

炉灶 lúzào Herd *m*

炉渣 lúzhā Schlacke *f*

炉渣水泥 lúzhā shuǐní Schlackenzement *m*

炉罩 lúzhào Ofenhut *m*

颅骨 lúgǔ Schädel *m*

卤化物 lǔhuàwù Halogenid *n*

卤化物的 lǔhuàwùde halogen

卤素 lǔsù Halogen *n*

陆地交通 lùdì jiāotōng Landverkehr *m*

陆地水文 lùdì shuǐwén Gewässerkunde *f*

陆界 lùjiè Geosphäre *f*

陆桥 lùqiáo Brückenkontinent *m*

陆相沉积 lùxiàng chénjī Kontinentalablagerung *f*; kontinentale Fazies

录波器 lùbōqì Wellenschreiber *m*

录像 lùxiàng Video *n*; Videoaufzeichnung *f*; Bildaufzeichnung *f*; Bildspeicherung *f*

录像带 lùxiàngdài Videoband *n*; Videokassette *f*

录像机 lùxiàngjī Videorekorder *m*; Magnetaufzeichnungsgerät *n*; Videogerät *n*; Videobandgerät *n*

录像技术 lùxiàng jìshù Videotechnik *f*; Audiovision *f*

录像机频道 lùxiàngjī píndào Videokannel *m*

录音 lùyīn Tonaufnahme machen; Tonaufzeichnung *f*

录音磁带 lùyīn cídài Magnettonband *n*; Tonband *n*

录音带 lùyīndài Tonaufnahmeband *n*

录音带盒 lùyīndàihé Kassette *f*

录音电流 lùyīn diànliú Aufsprechstrom *m*

录音放大器 lùyīn fàngdàqì Aufnahmeverstärker *m*; Aufsprechverstärker *m*

录音机 lùyīnjī Tonbandgerät *n*; Rekorder *m*; Aufnahmegerät *n*

录音技术 lùyīn jìshù Aufzeichnungstechnik *f*

录音头 lùyīntóu Aufsprechkopf *m*

录音质量 lùyīn zhìliàng Aufzeichnungsqualität *f*

录音装置 lùyīn zhuāngzhì Aufnahmevorrichtung *f*

录制 lùzhì aufnehmen; Aufnahme *f*

路程 lùchéng Reise *f*; Fahrt *f*; Wegstrecke *f*

路程长度 lùchéng chángdù Weglänge *f*

路程计 lùchéngjì Hodometer *n*

路堤 lùdī Bahndamm *m*; Damm *m*

路段 lùduàn Wegstrecke *f*; Eisenbahnstrecke *f*

路基 lùjī Bahnkörper *m*; Straßenkörper *m*; Straßenbettung *f*; Bettung *f*; Gleisbettung *f*

路径 lùjìng Pfad *m*; Leitweg *m*; Route *f*

路面 lùmiàn Fahrbahndecke *f*; Straßenbelag *m*; Straßenpflaster *n*

路面摩擦 lùmiàn mócā Straßenreibung *f*

路体 lùtǐ Straßenkörper *m*

路线 lùxiàn Route *f*

露 lù Tau *m*

露点 lùdiǎn Taupunkt *m*

露点湿度计 lùdiǎn shīdùjì Taupunkthygrometer *n*

露量计 lùliángjì Taumesser *m*

露天开采 lùtiān kāicǎi Tagebau *m*; offener Abbau; Abbau im Tagebau; Tageabbau *m*; Übertagebau *m*; Förderung im Tagebau

露天矿 lùtiānkuàng Tagebau *m*; Tagebauwerk *n*; Tagebaubergwerk *n*; Tagebaugrube *f*

L

露天作业 lùtiān zuòyè Tagebaubetrieb *m*

旅游双层客车 lǚyóu shuāngcéng kèchē Reise-Doppeldecker *m*

铝 lǚ Aluminium *n*

铝板 lǚbǎn Aluminiumplatte *f*

铝箔 lǚbó Aluminiumfolie *f*

铝导体 lǚdǎotǐ Aluminiumleiter *m*

铝锭 lǚdìng Aluminiumbarren *m*

铝合金 lǚhéjīn Aluminiumlegierung *f*; Alulegierung *f*

铝化盐 lǚhuàyán Aluminat *n*

铝镍钢 lǚnièaāng Alni-Stahl *m*

铝皮 lǚpí Aluminiumblech *n*

铝青铜 lǚqīngtóng Aluminiumbronze *f*; Aluminiumrotguss *m*

铝热剂 lǚrèjì Thermit *n*

铝酸盐 lǚsuānyán Aluminat *n*

铝铁土 lǚtiětǔ Allit *m*

铝土矿 lǚtǔkuàng Boxit *m*; Bauxit *m*

铝土矿床 lǚtǔ kuàngchuáng Bauxit- lagerstätte *f*

铝芯电缆 lǚxīn diànlǎn aluminium- leites Kabel

铝氧土 lǚyǎngtǔ Tonerde *f*

铝制散热片 lǚzhì sànrèpiàn Alumi- niumrippe *f*

铝铸件 lǚzhùjiàn Aluminiumguss *m*

铝族 lǚzú Aluminiumgruppe *f*

履带式挖掘机 lǚdàishì wājuéjī Ket- tengreifer *m*

履带式推进器 lǚdàishì tuījìnqì Gleiskettenantrieb *m*

履带式推土机 lǚdàishì tuītǔjī Pla- nierraupe *f*

绿肥 lǜféi Gründünger *m*

绿化 lǜhuà aufforsten; Grünanlagen pflanzen; Aufforstung *f*; grün ma- chen; Grünflächen schaffen

绿色 lǜsè Grüne *f*

绿色植物 lǜsè zhíwù chlorophyll- haltige Pflanzen; grüne Pflanzen

绿洲 lǜzhōu Oase *f*

率 lǜ Grad *m*; Rate *f*; Quote *f*; Pro- portion *f*

滤板 lǜbǎn Filterplatte *f*

滤波 lǜbō filtern; Filterung *f*

滤波能力 lǜbō nénglì Siebfähigkeit *f*

滤波器 lǜbōqì Wellensieb *n*; Fre- quenzbandfilter *n*; Frequenzsieb *n*; Frequenzfilter *m*/*n*; Wellenfil- ter *m*/*n*; Filter *n*/*m*; Sieb *n*

滤布 lǜbù Filtertuch *n*; Seiher *m*

滤层 lǜcéng Dränschicht *f*; Filter- schicht *f*

滤尘器 lǜchénqì Staubfilter *n*

滤掉 lǜdiào aussieben; Abfiltern *n*

滤幅器 lǜfúqì Amplitudensieb *n*

滤管 lǜguǎn Filterglas *n*; Filterrohr *n*

滤光玻璃 lǜguāng bōlí Filterglas *n*

滤光镜 lǜguāngjìng Glasfilter *m*/*n*; Farbenfilter *m*/*n*

滤光器 lǜguāngqì Lichtfilter *m*/*n*; Filter *m*/*n*

滤净 lǜjìng abseihen

滤膜 lǜmó Filterdiaphragma *n*

滤器 lǜqì Filter *m*/*n*; Seiher *m*; Seihe *f*

滤清 lǜqīng abfiltern; abklären; fil- tern

滤清器 lǜqīngqì Filter *m*/*n*

滤去 lǜqù abfiltern; Abfiltern *n*

滤色镜 lǜsèjìng Farbfilter *m*/*n*; Fil- ter *m*

滤色片 lǜsèpiàn Farbfilter *m*/*n*

滤声器 lǜshēngqì Schallfilter *m*; akustisches Filter

滤液 lǜyè Filtrat *n*

滤油器 lǜyóuqì Brennstofffilter *m*/ *n*; Brennölreiniger *m*

滤渣 lǜzhā Residuum *n*

滤纸 lǜzhǐ Filterpapier *n*; Filtrierpapier *n*

滤质 lǜzhì Filtermasse *f*; Filtermaterial *n*

氯 lǜ Chlor *n*

氯化 lǜhuà chlorieren; Verchlorung *f*

氯化钡 lǜhuàbèi Bariumchlorid *n*

氯化钙 lǜhuàgài Chlorkalzium *n*

氯化钾 lǜhuàjiǎ Chlorkali *n*; Chlorkalium *n*; Kaliumchlorid *n*

氯化钠 lǜhuànà Natriumchlorid *n*

氯化氢 lǜhuàqīng Chlorwasserstoff *m*

氯化铁 lǜhuàtiě Eisenchlorid *n*

氯化物 lǜhuàwù Chlorverbindung *f*; Chlorid *n*

氯化亚铁 lǜhuàyàtiě Eisen (Ⅱ)-Chlorid *n*

氯化银 lǜhuàyín Silberchlorid *n*

氯化作用 lǜhuà zuòyòng Chloration *f*

氯磺酸 lǜhuángsuān Chlorschwefelsäure *f*

氯离子 lǜlízǐ Chlorion *n*

氯霉素 lǜméisù Chloramphenicol *n*; Chloromycetin *n*

氯气 lǜqì Chlorgas *n*

氯铅矿 lǜqiānkuàng Clorblei *n*; Cotunnit *m*

氯酸盐 lǜsuānyán Chlorat *n*

卵 luǎn Ei *n*

卵巢 luǎncháo Eierstock *m*; Ovarium *n*

卵巢妊娠 luǎncháo rènshēn Eierstockschwangerschaft *f*; Ovarialschwangerschaft *f*

卵巢肿瘤 luǎncháo zhǒngliú Ovarialgeschwulst *f*

卵生动物 luǎnshēng dòngwù ovipare Tiere; eierlegende Tiere

卵细胞 luǎnxìbāo Eizelle *f*; Ovam *n*

卵子 luǎnzǐ Ei *n*; Eizelle *f*

略图 lüètú Kontur *f*; Kroki *n*; Skizze *f*; Abriss *m*

伦琴射线 lúnqín shèxiàn Röntgenstrahlen *pl*; X-Strahlen *pl*

伦琴射线管 lúnqín shèxiànguǎn Röntgenröhre *f*

轮 lún Rad *n*

轮齿 lúnchǐ Zahn *m*; Kamm *m*; Zacken *m*; Zacke *f*

轮齿隙 lúnchǐxì Spielraum *m*

轮船 lúnchuán Dampfschiff *n*; Dampfer *m*

轮斗挖掘机 lúndǒu wājuéjī Schaufelradbagger *m*

轮独立悬挂 lúndúlì xuánguà achslose Radaufhängung

轮渡 lúndù Fähre *f*

轮辐 lúnfú Speiche *f*; Radarm *m*; Radspeiche *f*

轮箍镗床 lúngū tángchuáng Bandagenbohrmaschine *f*

轮箍弯曲机 lúngū wānqūjī Bandagenbiegemaschine *f*

轮毂 lúngǔ Nabe *f*; Radnabe *f*

轮毂孔 lúngǔkǒng Nabenloch *n*

轮毂套筒 lúngǔ tàotǒng Nabenhülse *f*

轮距 lúnjù Radabstand *m*; Spurweite *f*

轮廓 lúnkuò Kontur *f*; Umriss *m*; Fasson *f*; Gestalt *f*

轮廓图 lúnkuòtú Profilansicht *f*

轮胎 lúntāi Reifen *m*; Radreifen *m*

轮胎撒气 lúntāi sāqì einen Platten haben

轮辋 lúnwǎng Felge *f*; Radkranz *m*

轮辋密封圈 lúnwǎng mìfēngquān Felgen-Dichtring *m*

L

轮辋型式 lúnwǎng xíngshì Felgenart *f*

轮辋制动器 lúnwǎng zhìdòngqì Felgenbremse *f*

轮椅 lúnyǐ Krankenstuhl *m*; Rollstuhl *m*

轮缘 lúnyuán Radkranz *m*; Flansch *m*

轮轴 lúnzhóu Radachse *f*; Radwelle *f*; Rad und Achse

轮子 lúnzi Rad *n*

论据 lùnjù Argument *n*; Beweis *m*

论述 lùnshù behandeln

论坛 lùntán Forum *n*

论题 lùntí These *f*

论文 lùnwén Aufsatz *m*; Abhandlung *f*

论证 lùnzhèng begründen; demonstrieren; Demonstration *f*; Argument *n*

论证的 lùnzhèngde demonstrativ

罗马数字 luómǎ shùzì römische Ziffer; römische Zahlzeichen

罗盘 luópán Kompass *m*

罗盘针 luópánzhēn Nadel eines Kompasses; Kompassnadel *f*

逻辑 luójí Logistik *f*; Logik *f*

逻辑的 luójíde logisch

逻辑电路 luójí diànlù logische Schaltung

逻辑函数 luójí hánshù logische Funktion

逻辑流程图 luójí liúchéngtú logisches Flussdiagramm

逻辑数据处理 luójí shùjù chǔlǐ logische Datenverarbeitung

逻辑图 luójítú logisches Diagramm

逻辑微型电路 luójí wēixíng diànlù Mikrologik *f*

逻辑线路 luójí xiànlù Logikkarte *f*

逻辑运算计算机 luójí yùnsuàn jìsuànjī der logische Computer

逻辑指令 luójí zhǐlìng Boolescher Befehl

螺钉 luódīng Schraube *f*

螺杆 luógān Schnecke *f*

螺距 luójù Spiralsteigung *f*; Schneckengang *m*; Gewindesteigung *f*; Ganghöhe *f*; Schritt *m*

螺距测量 luójù cèliáng Steigungsmessung *f*

螺距误差 luójù wùchā Steigungsfehler *m*

螺帽 luómào Schraubenmutter *f*; Mutter *f*

螺母 luómǔ Schraubenmutter *f*; Mutter *f*

螺栓 luóshuān Bolzen *m*; Schraubenbolzen *m*; Gewindebolzen *m*

螺栓孔 luóshuānkǒng Bolzenloch *n*

螺栓拉紧 luóshuān lājǐn Verbolzung *f*

螺栓强度 luóshuān qiángdù Bolzenfestigkeit *f*

螺栓轴心 luóshuān zhóuxīn Schraubenachse *f*

螺丝 luósī Schraube *f*; Gewinde *n*

螺丝板 luósībǎn Schneidbacke *f*

螺丝刀 luósīdāo Schraubenzieher *m*

螺丝钉 luósīdīng Schraube *f*

螺纹 luówén Schraubengewinde *n*; Gewinde *n*; Windung *f*

螺纹车床 luówén chēchuáng Gewindedrehbank *f*

螺纹车刀 luówén chēdāo Gewindemeißel *m*

螺纹槽 luówéncáo Gewindenut *f*

螺纹管 luówénguǎn Gewinderohr *n*

螺纹规 luówénguī Lehrschraube *f*; Gewindelehre *f*

螺纹卡规 luówén kǎguī Außengewindelehre *f*

螺纹孔 luówénkǒng Gewindebohrung *f*

螺纹套管 luówén tàoguǎn Gewindemuffe *f*

螺线 luóxiàn Schnecke *f*

螺线管 luóxiànguǎn Solenoid *n*

螺旋 luóxuán Spirale *f*; Schraubenlinie *f*; Schraube *f*; Schnecke *f*; Wurm *m*; Wendel *f*; Volute *f*

螺旋槽 luóxuáncáo Drallnut *f*; Spiralnut *f*

螺旋齿轮 luóxuán chǐlún Schraubenrad *n*; Schraubenzahnrad *n*

螺旋导线 luóxuán dǎoxiàn Spiraldraht *m*

螺旋道 luóxuándào Windung *f*

螺旋的 luóxuánde spiral; spiralförmig

螺旋盖 luóxuángài Schraubdeckel *m*

螺旋管 luóxuánguǎn Spirale *f*

螺旋桨 luóxuánjiǎng Schraubenflügel *m*; Propeller *m*; Luftschraube *f*; Schiffsschraube *f*; Flugzeugpropeller *m*

螺旋桨飞机 luóxuánjiǎng fēijī Propellerflugzeug *n*

螺旋面 luóxuánmiàn Schraubenfläche *f*

螺旋丝 luóxuánsī Spirallinie *f*

螺旋弹簧 luóxuán tánhuáng Schraubenfeder *f*

螺旋梯 luóxuántī Spindeltreppe *f*

螺旋体 luóxuántǐ Spirochäte *f*

螺旋体病 luóxuántǐbìng Spirochätose *f*

螺旋线 luóxuánxiàn Schneckenlinie *f*; Schneckengewinde *n*; Wendel *f*

螺旋形的 luóxuánxíngde schraubenförmig; spiralförmig; wendelförmig; wurmähnlich

螺旋形熔断保险丝 luóxuánxíng róngduàn bǎoxiǎnsī Hitzdrahtspulensicherung *f*

螺旋运动 luóxuán yùndòng spiralartige Bewegung

螺旋转动装置 luóxuán zhuǎndòng zhuāngzhì Wurmgetriebe *n*

螺旋状管道 luóxuánzhuàng guǎndào Drallkanal *m*

螺旋钻 luóxuánzuàn Spiralbohrer *m*

裸线 luǒxiàn blanker Leiter; nackter Draht

裸子植物 luǒzǐ zhíwù Gymnospermen *pl*; Nacktsamer *pl*

落差 luòchā Gefälle *n*; Falltiefe *f*; Fallhöhe *f*

落潮 luòcháo Ebbtide *f*; Ebbe *f*

落潮流量 luòcháo liúliàng Ebbewassermenge *f*

落锤 luòchuí Fallhammer *m*; Fallbär *m*; Schlagbär *m*; Ramme *f*

落地车床 luòdì chēchuáng Plandrehbank *f*

落料模 luòliàomú Formschnitt *m*

落水波 luòshuǐbō Senkwelle *f*; Senkungswelle *f*

L

M

麻点 mádiǎn Pitting *n*

麻风医院 máfēng yīyuàn Krankenhaus für Leprakranke; Leprosorium *n*

麻花钻头 máhuā zuàntóu Spiralbohrer *m*

麻绳 máshéng Seil aus Hanf; ein Seil aus Jute; Jute *f*

麻疹 mázhěn Masern *pl*

麻织品 mázhīpǐn Leinengewebe *n*

麻醉 mázuì betäuben; anästhesieren; narkotisieren; Betäubung *f*; Anästhesie *f*; Narkose *f*

麻醉的 mázuìde narkotisch

麻醉剂 mázuìjì Betäubungsmittel *n*; Narkotikum *n*

麻醉品 mázuìpǐn Rauschgift *n*; Droge *f*

麻醉师 mázuìshī Narkosefacharzt *m*; Anästhesist *m*; Narkotiseur *m*

麻醉药 mázuìyào Narkotikum *n*; Betäubungsmittel *n*; Narkosemittel *n*; Anästhesiemittel *n*

马达 mǎdá Motor *m*

马力 mǎlì Pferdestärke *f*; Pferdekraft *f*

马铃薯 mǎlíngshǔ Kartoffel *f*

马氏体组织 mǎshìtǐ zǔzhī Martensitgefüge *n*

马蹄钩 mǎtígōu Schäkel *m*

马尾松 mǎwěisōng 〈植〉 Massonkiefer *f*

吗啡 mǎfēi 〈药〉 Morphium *n*; Morphin *n*

玛瑙 mǎnǎo Achat *m*

码 mǎ Yard *n*

码头 mǎtóu Kai *m*; Pier *m*; Ladeplatz *m*; Anlegeplatz *m*; Hafen *m*; Landebrücke *f*

埋头螺钉 máitóu luódīng versenkte Schraube

埋头螺丝 máitóu luósī Senkschraube *f*

埋头销钉 máitóu xiāodīng Senkstift *m*

买卖 mǎimài handeln; Kauf und Verkauf; Geschäfte *pl*; Handel *m*; geschäftliche Transaktion

买主 mǎizhǔ Käufer *m*; Kunde *m*

麦杆 màigǎn Halm *m*

麦克风 màikèfēng Mikrofon *n*

麦片 màipiàn Haferflocken *pl*

麦穗 màisuì Weizenähre *f*

麦芽 màiyá Malz *n*

麦子 màizi Weizen *m*

脉搏 màibó Pulsschlag *m*; Puls *m*; Aderschlag *m*

脉冲 màichōng Puls *m*; Impuls *m*; Pulsation *f*; Stoß *m*; Takt *m*; Anstoß *m*

脉冲变压器 màichōng biànyāqì Impulstransformator *m*

脉冲波 màichōngbō Stoßwelle *f*

脉冲波长 màichōng bōcháng Impulslaufweg *m*

脉冲波形 màichōng bōxíng Impulsform *f*

脉冲传感器 màichōng chuángǎnqì Impulsgeber *m*

脉冲存储器 màichōng cúnchǔqì

Impulsspeicher *m*

脉冲的 màichōngde impulsartig

脉冲电路 màichōng diànlù Impulsleitung *f*; Impulsnetzwerk *n*; Taktschaltung *f*; Impulsschaltung *f*

脉冲电压 màichōng diànyā Impulsspannung *f*

脉冲发射管 màichōng fāshèguǎn Impulssenderöhre *f*

脉冲发射机 màichōng fāshèjī Impulssender *m*

脉冲发生器 màichōng fāshēngqì Impulserzeuger *m*; Pulsgenerator *m*; Impulsmaschine *f*; Impulsgeber *m*

脉冲发送器 màichōng fāsòngqì Impulsgeber *m*

脉冲放大管 màichōng fàngdàguǎn Impulsverstärkerröhre *f*

脉冲放大器 màichōng fàngdàqì Pulsverstärker *m*; Impulsverstärker *m*

脉冲放电 màichōng fàngdiàn Stoßentladung *f*

脉冲功率 màichōng gōnglǜ Pulsleistung *f*; Impulsleistung *f*

脉冲功能 màichōng gōngnéng Taktfunktion *f*

脉冲焊接 màichōng hànjiē Stoßschweißung *f*

脉冲计数器 màichōng jìshùqì Impulszähler *m*

脉冲技术 màichōng jìshù Impulstechnik *f*

脉冲继电器 màichōng jìdiànqì Impulsrelais *n*; impulsives Relais

脉冲开关 màichōng kāiguān Impulsschalter *m*

脉冲宽度 màichōng kuāndù Impulsbreite *f*; Pulsbreite *f*

脉冲宽度编码 màichōng kuāndù biānmǎ Impulsbreitecode *m*

脉冲频率 màichōng pínlǜ Impulsfrequenz *f*; Pulsfrequenz *f*

脉冲群 màichōngqún Impulsgruppe *f*

脉冲调节器 màichōng tiáojiéqì Impulsregler *m*

脉冲调制 màichōng tiáozhì Impulsmodulation *f*

脉冲图 màichōngtú Impulsbild *n*

脉冲信号 màichōng xìnhào Impulssignal *n*; Impulszeichen *n*; gepulstes Signal

脉冲元件 màichōng yuánjiàn Impulsglied *n*; Impulselement *f*; Pulszelle *f*

脉冲再生 màichōng zàishēng Impulsregenerierung *f*

脉冲振幅 màichōng zhènfú Impulsamplitude *f*; Impulshöhe *f*

脉冲整形器 màichōng zhěngxíngqì Impulsformer *m*

脉冲值 màichōngzhí Impluswert *m*; Impulsgröße *f*

脉冲指令 màichōng zhǐlìng Impulsbefehl *m*

脉动 màidòng pulsieren; Pulsation *f*; Pulsierung *f*; Puls *m*; Schwebung *f*; Schwankung *f*

脉动的 màidòngde stoßweise; wellig

脉动电流 màidòng diànliú Brummspannung *f*

脉动计 màidòngjì Pulsometer *n*

脉动载荷 màidòng zàihè pulsierende Belastung

脉管 màiguǎn Ader *f*

脉矿石 màikuàngshí Gangerz *n*

脉率 màilǜ Pulsfrequenz *f*

脉岩 màiyán Gestein *n*

脉诊 màizhěn 〈医〉 Diagnose durch Pulsfühlen

M

脉振计 màizhènjì Pulsometer n

脉状的 màizhuàngde aderig

满负荷电压 mǎnfùhè diànyā Volllastspannung f

满负荷流量 mǎnfùhè liúliàng Volllastdurchfluss m

满负荷运转 mǎnfùhè yùnzhuǎn Volllastbetrieb m; Volllastlauf m

满负载电流 mǎnfùzài diànliú Volllaststrom m

满月 mǎnyuè 〈天〉Vollmond m

满载的 mǎnzàide vollbelastet

满载功率 mǎnzài gōnglǜ Volllastleistung f

漫反射 mànfǎnshè zerstreute Reflexion; diffuse Reflexion

漫灌 mànguàn Flutbewässerung f; Flutirrigation f; Bewässerung durch Unterwassersetzen

漫射 mànshè diffundieren; Lichtzerstreuung f; Diffusion f

漫射光 mànshèguāng Streulicht n; zerstreutes Licht; diffuses Licht

漫射体 mànshètǐ Diffusor m; lichtstreuender Körper

漫射照明 mànshè zhàomíng diffuse Beleuchtung

漫游 mànyóu（电信）Roaming n

慢车 mànchē Personenzug m; Bummelzug m

慢车道 mànchēdào ① Fahrbahn für Nichtmotorfahrzeuge ② Langsamspur f; Kriechspur f

慢凝水泥 mànníng shuǐní Langsambinder m

慢速运转 mànsù yùnzhuǎn langsamer Lauf

慢性病 mànxìngbìng chronische Krankheit

慢性的 mànxìngde chronisch

蔓延 mànyán sich ausbreiten

盲肠 mángcháng Blinddarm m; Zäkum n

盲孔 mángkǒng Sackloch n

毛 máo Haar n

毛玻璃 máobōli Mattglas n

毛刺 máocì Grat m

毛虫 máochóng Raupe f

毛发 máofà Haar n; Körperhaar n; Körperbehaarung f

毛孔 máokǒng Pore f

毛囊 máonáng Haarbalg m; Haarsack m

毛囊炎 máonángyán Haarsackentzündung f; Follikulitis f

毛坯 máopī Halbzeug n; Halbfabrikat n; Formling m; rohes Formstück

毛坯尺寸 máopī chǐcùn Rohmaß n

毛皮 máopí Haarkleid n; Pelz m

毛细管 máoxìguǎn Kapillare f; Kapillarrohr n; Haarrohr n; Haarröhrchen n

毛细管作用 máoxìguǎn zuòyòng Kapillarität f

毛细吸管 máoxì xīguǎn Absaugkapillare f

毛细现象 máoxì xiànxiàng Kapillarität f

毛细血管 máoxì xuèguǎn Blutkapillaren pl; Haargefäße pl; Kapillaren pl

毛细作用 máoxì zuòyòng Kapillarwirkung f

毛毡 máozhān Filz m

毛毡垫片 máozhān diànpiàn Filzscheibe f

毛织品 máozhīpǐn Wollgewebe n; Wollstoff m; Wollware f

毛重 máozhòng brutto; Bruttogewicht n; Grobgewicht n; Gesamtgewicht n

矛盾 máodùn Widerspruch *m*; Gegensatz *m*

锚 máo Anker *m*

铆钉 mǎodīng Niet *m*; Nietnagel *m*; Nietstift *m*

铆钉机 mǎodīngjī Nietmaschine *f*

铆钉栓 mǎodīngshuān Nietkeil *m*

铆合 mǎohé zusammennieten

铆合的 mǎohéde genietet

铆接 mǎojiē nieten; vernieten; annieten; zusammennieten; einnieten; Vernietung *f*; Nietverbindung *f*

铆接的 mǎojiēde genietet; vernietet; festgekeilt

冒火 màohuǒ ausflammen; Ausflammen *n*

冒口缩孔 màokǒu suōkǒng Trichterlunker *m*

冒烟 màoyān rauchen

玫瑰 méiguì Rose *f*

眉脊 méijǐ Augenwulst *f*

眉睫 méijié Augenbrauen und Wimpern

眉毛 méimáo Augenbraue *f*

梅毒 méidú Syphilis *f*; Lues *f*

镅 méi Americium *n*

煤 méi Kohle *f*; Steinkohle *f*

煤壁 méibì Kohlenstoß *m*

煤层 méicéng Kohlenschicht *f*; Kohlenflöz *n*; Kohlenlager *n*; Kohlenablagerung *f*; Kohlenbank *f*; Steinkohlenschicht *f*; Steinkohlenflöz *n*

煤层断层 méicéng duàncéng Kohlenverwerfung *f*; Kohlensprung *m*

煤尘 méichén Kohlenstaub *m*

煤粉 méifěn Kohlenpulver *n*; Kohlenstaub *m*

煤粉爆炸 méifěn bàozhà Kohlenstaubexplosion *f*

煤焦油 méijiāoyóu Kohlenteer *m*; Steinkohlenteer *m*; Pechöl *n*; Teeröl *n*

煤矿 méikuàng Kohlenwerk *n*; Kohlenmine *f*; Kohlengrube *f*; Kohlenbergwerk *n*; Steinkohlengrube *f*; Steinkohlenwerk *n*; Steinkohlenbergbau *m*

煤矿床 méikuàngchuáng Kohlenablagerung *f*

煤流 méiliú Kohlenfluss *m*

煤气 méiqì Kohlengas *n*; Gas *n*

煤气表 méiqìbiǎo Gasmesser *m*

煤气厂 méiqìchǎng Gaswerk *n*

煤气点火器 méiqì diǎnhuǒqì Gasanzünder *m*

煤气管 méiqìguǎn Gasleitung *f*; Gasrohr *n*

煤气罐 méiqìguàn Gastank *m*

煤气炉 méiqìlú Gasofen *m*

煤气热值 méiqì rèzhí Gasheizwert *m*

煤气中毒 méiqì zhòngdú Gasvergiftung *f*

煤气贮气器 méiqì zhùqìqì Gasbehälter *m*

煤气装置 méiqì zhuāngzhì Gasanlage *f*

煤区 méiqū Kohlengebiet *n*; Kohlenrevier *n*; Kohlendistrikt *m*

煤炭 méitàn Kohle *f*

煤炭储量 méitàn chǔliàng Kohlenvorrat *m*

煤田 méitián Kohlenrevier *n*; Kohlengebiet *n*; Kohlenfeld *n*; Steinkohlengebiet *n*

煤田地质学 méitián dìzhìxué Kohlengeologie *f*

煤质 méizhì Kohlenqualität *f*

煤砖 méizhuān Brikett *n*

媒介 méijiè Vermittler *m*; Medium *n*; Zwischenträger *m*

M

媒介质 méijièzhì Vermittler *m*

媒质 méizhì Medium *n*

酶 méi Ferment *n*; Enzym *n*

霉病 méibìng Brand *m*; Mehltau *m*

霉菌 méijūn Schimmelpilz *m*

霉菌的 méijūnde mykologisch

霉烂 méilàn verschimmeln; modern; verfaulen

每马力小时消耗量 měi mǎlì xiǎoshí xiāohàoliàng für die PS-Stunde; pro PS-Stunde

美洲 měizhōu Amerika

镁 měi Magnesium *n*

镁光 měiguāng Magnesiumlicht *n*; Blitzlicht *n*

闷热 mēnrè schwül; Schwüle *f*; feuchte Hitze

门把手 ménbǎshǒu Klinke *f*

门齿 ménchǐ Inzisiv *m*; Beißzahn *m*; Schneidezahn *m*

门电路 méndiànlù Gatterschaltung *f*; Torschaltung *f*

门户网站 ménhù wǎngzhàn Internetportal *n*

门户站点 ménhù zhàndiǎn Portal *n*

门脉冲 ménmàichōng Gatterimpuls *m*; Torimpuls *m*

门诊部 ménzhěnbù Poliklinik *f*; Ambulanz *f*; Ambulatorium *n*; Abteilung für ambulante Kranke

萌芽 méngyá keimen; sprießen; sprossen; Keim *m*

锰 měng Mangan *n*

锰钢 měnggāng Manganstahl *m*

锰铅矿 měngqiānkuàng Coronadit *m*

梦游症 mèngyóuzhèng Nachtwandeln *n*; Mondsucht *f*; Somnambulismus *m*

迷宫式密封 mígōngshì mìfēng Labyrinthdichtung *f*

迷宫式润滑油槽 mígōngshì rùnhuáyóucáo Labyrinthnuten *pl*

弥补 míbǔ wiedergutmachen; ersetzen; Wiedergutmachung *f*

弥猴桃 míhóutáo 〈植〉 Kiwifrucht *f*; chinesische Stachelbeere

醚 mí Äther *m*

米制标度 mǐzhì biāodù metrische Skala

泌尿科 mìniàokē urologische Abteilung; Abteilung für Urologie

泌尿器官 mìniào qìguān Harnorgane *pl*

泌尿系统 mìniào xìtǒng System der Harnorgane

秘密 mìmì Geheimnis *n*

密闭的 mìbìde hermetisch; luftdicht; abgeschlossen

密度 mìdù Dichte *f*; Dichtheit *f*; Densität *f*; spezifische Masse; Dichtigkeit *f*

密度测定 mìdù cèdìng Dichtebestimmung *f*; Dichtemessung *f*

密度分布 mìdù fēnbù Dichteverteilung *f*

密度计 mìdùjì Dichtemesser *m*; Densitometer *n*; Densometer *n*; Densitoskop *n*; Dichtigkeitsmesser *m*

密度曲线 mìdù qūxiàn Dichteverlauf *m*

密度试验法 mìdù shìyànfǎ Dichteverfahren *n*

密封 mìfēng abdichten; verdichten; abschließen; verschließen; versiegeln; Abdichtung *f*; Dichtung *f*; Abschluss *m*; Einschmelzteil *m*

密封板 mìfēngbǎn Dichtungsblech *n*

密封材料 mìfēng cáiliào Verpackungsmittel *n*

密封层 mìfēngcéng Dichtungs-schicht *f*; Dichtungsbelag *m*

密封带 mìfēngdài Dichtungsband *n*

密封的 mìfēngde dicht; luftdicht; gedichtet; hermetisch; verschlossen; zugeschmolzen

密封垫 mìfēngdiàn Abdichtungslage *f*

密封环 mìfēnghuán Abdichtungs-ring *m*; Liderungsring *m*

密封机 mìfēngjī Verdichter *m*

密封剂 mìfēngjì Abdichtungsmittel *n*

密封件 mìfēngjiàn Abdichtung *f*

密封面 mìfēngmiàn Abdichtfläche *f*; Dichtfläche *f*

密封铅 mìfēngqiān Dichtungsblei *n*

密封圈 mìfēngquān Dichtungsring *m*; Simmerring *m*

密封水 mìfēngshuǐ Dichtungswasser *n*

密封套 mìfēngtào Dichtungsansatz *m*

密封系统 mìfēng xìtǒng Abdicht-system *n*

密封压力 mìfēng yālì Dichtungs-druck *m*

密封毡 mìfēngzhān Abdichtungsfilz *m*

密封装置 mìfēng zhuāngzhì Abdichtvorrichtung *f*

密集的 mìjíde dicht; hochkonzentriert; massiv

密码 mìmǎ Geheimschrift *f*; Kode *m*; Telegrammschlüssel *m*; Code *m*; Kryptogramm *n*; Kennwort *n*; Chiffre *f*; Chiffreschrift *f*

密码机 mìmǎjī Chiffriermaschine *f*; Kryptograf *m*; Geheimschriftgerät *n*

密码系统 mìmǎ xìtǒng Chiffriersys-tem *n*

密码学 mìmǎxué Kryptografie *f*

密码验证 mìmǎ yànzhèng Kennwort-Authentifizierung *f*

密配螺栓 mìpèi luóshuān Anpassschraube *f*

密植 mìzhí Dichtpflanzen *n*; Dichtsäen *n*; Engpflanzung *f*

幂 mì Potenz *f*; Potenzexponent *m*; Exponent *m*; Stufenzahl *f*

幂级数 mìjíshù Potenzreihe *f*

幂指数 mìzhǐshù Hochzahl *f*

蜜蜂 mìfēng Biene *f*

棉布 miánbù Baumwollstoff *m*

棉纺 miánfǎng Baumwollspinnen *n*

棉花 miánhuā Baumwolle *f*

棉纱 miánshā Baumwollgarn *n*; Garn *n*

棉桃 miántáo Baumwollkapsel *f*

棉田 miántián Baumwollfeld *n*

棉蚜虫 miányáchóng schwarze Blattlaus; Baumwollstrauch-Blattlaus *f*

棉织品 miánzhīpǐn Baumwollwaren *pl*; Baumwolltextilien *pl*

棉籽 miánzǐ Baumwollsamen *m*

免费车票 miǎnfèi chēpiào Freifahrkarte *f*

免费乘车 miǎnfèi chéngchē Freifahrt *f*

免税物资 miǎnshuì wùzī zollfreie Güter

免疫 miǎnyì Immunität *f*; Immunisierung *f*

免疫反应 miǎnyì fǎnyìng Immunreaktion *f*

免疫化学 miǎnyì huàxué Immunochemie *f*

免疫生物学 miǎnyì shēngwùxué Immunbiologie *f*

免疫性 miǎnyìxìng Immunität *f*

M

免疫学 miǎnyìxué Immunologie *f*
面 miàn Fläche *f*
面板 miànbǎn Frontplatte *f*; Planscheibe *f*
面包车 miànbāochē Kleinbus *m*
面部神经 miànbù shénjīng Gesichtsnerv *m*; Fazialis *m*
面层土 miàncéngtǔ Auflagerung *f*
面积 miànjī Fläche *f*
面结型晶体管 miànjiéxíng jīngtǐguǎn Flächenkontakttransistor *m*
面轮廓度 miànlúnkuòdù Flächenform *f*
面貌 miànmào Gesicht *n*
苗圃 miáopǔ Forstgarten *m*; Zuchtgarten *m*; Pflanzgarten *m*; Pflanzstätte *f*; Baumschule *f*
描绘 miáohuì beschreiben; darstellen; Darstellung *f*
描图 miáotú durchpausen; durchzeichnen; Pauszeichnung *f*
描图纸 miáotúzhǐ Pauspapier *n*; Kalkierpapier *n*
瞄准 miáozhǔn visieren; zielen; anvisieren
瞄准镜 miáozhǔnjìng Zielfernrohr *n*
瞄准器 miáozhǔnqì Visier *n*; Visiergerät *n*; Visierinstrument *n*; Diopter *m*; Zielgerät *n*; Zielvorrichtung *f*
瞄准线 miáozhǔnxiàn Visierlinie *f*
瞄准装置 miáozhǔn zhuāngzhì Visiervorrichtung *f*; Zielvorrichtung *f*
秒 miǎo Sekunde *f*
秒表 miǎobiǎo Sekundenuhr *f*; Stoppuhr *f*
秒差距 miǎochājù 〈天〉 Parsec *n*; Parsek *f*; Parallaxensekunde *f*
秒立方米 miǎolìfāngmǐ Kubimeter pro Sekunde
秒针 miǎozhēn Sekundenzeiger *m*

灭草剂 miècǎojì Herbizid *n*
灭虫剂 mièchóngjì Biozid *n*
灭弧器 mièhúqì Funkenlöscher *m*
灭火 mièhuǒ Feuer löschen
灭火机 mièhuǒjī Feuerlöscher *m*
灭火器 mièhuǒqì Feuerlöscher *m*; Feuerlöschapparat *m*; Löscher *m*; Auslöscher *m*
灭绝 mièjué aussterben; etw. restlos vernichten; ausrotten
民航 mínháng Zivilluftfahrt *f*
民航机 mínhángjī Zivilflugzeug *n*; Verkehrsflugzeug *n*
民用航空 mínyòng hángkōng Zivilflugwesen *n*
民用建筑 mínyòng jiànzhù Zivilbau *m*
敏感 mǐngǎn Sensibilität *f*
敏感的 mǐngǎnde sensibel; sensitiv; feinfühlig
敏感性 mǐngǎnxìng Sensibilität *f*; Sensibilisierung *f*; Empfindlichkeit *f*
敏化剂 mǐnhuàjì Sensibilisator *m*
名义尺寸 míngyì chǐcùn Nennmaß *n*
名优产品 míngyōu chǎnpǐn Qualitäts- und Marktwaren *pl*
名著 míngzhù berühmtes Werk
明矾 míngfán Alumen *n*; Alaun *m*
明矾石 míngfánshí Alaunstein *m*; Alaunspat *m*; Alunit *m*; Bergalaun *m*
明矾土 míngfántǔ Alaunerde *f*
明矾岩 míngfányán Alaunfels *m*
明码 míngmǎ offener Kode ; einfacher Depeschenschlüssel ; einfacher Telegrafenschlüssel
明确的 míngquède eindeutig
明显的 míngxiǎnde deutlich; anschaulich; sichtbar
明显度 míngxiǎndù Sichtbarkeit *f*

冥王星 míngwángxīng Pluto *m*

命令 mìnglìng Befehl *m*

命脉 mìngmài Lebensader *f*; Lebenslinie *f*; Lebensnerv *m*; Lebenselement *n*

命题 mìngtí These *f*

谬论 miùlùn Unsinn *m*; absurde Behauptung; Absurdität *f*

摸 mō anrühren

摸索 mōsuǒ tappen; tasten; nach etw. suchen; etw. ausfindig machen

摹本 móběn Faksimile *n*; Kopie *f*

膜 mó Membran *f*; Folie *f*; Film *m*; Belag *m*

膜片 mópiàn Membran(e) *f*

膜片弹簧 mópiàn tánhuáng Membranfeder *f*

模锻 móduàn Formschmieden *n*; Schmieden *n*; Gesenkschmieden *n*

模仿 mófǎng nachahmen; imitieren; nachformen; simulieren; Imitation *f*

模仿的 mófǎngde imitatorisch

模糊 móhu verschwommen; unklar sein; verwechseln; verwischen

模件 mójiàn Modul *m*

模件配置 mójiàn pèizhì Modulbelegung *f*

模块 mókuài Modul *m*

模量 móliàng Modul *m*

模拟 mónǐ simulieren; nachahmen; imitieren; Nachbildung *f*; Simulation *f*; Imitation *f*; Analogie *f*

模拟比较器 mónǐ bǐjiàoqì Analog-Komparator *m*

模拟测试 mónǐ cèshì Simulationsprüfung *f*

模拟乘法器 mónǐ chéngfǎqì Analogvervielfacher *m*

模拟程序 mónǐ chéngxù Simulationsprogramm *n*

模拟存储器 mónǐ cúnchǔqì Analogspeicher *m*

模拟的 mónǐde simuliert; analog

模拟电路 mónǐ diànlù Phantomkreis *m*; Analogschaltung *f*

模拟电子计算机电路 mónǐ diànzǐ jìsuànjī diànlù analoge elektrische Rechen-Schaltung

模拟机 mónǐjī Analogiemaschine *f*

模拟计算机 mónǐ jìsuànjī Analogrechner *m*; Analogrechenmaschine *f*

模拟计算机逻辑元件 mónǐ jìsuànjī luójí yuánjiàn logische Elemente der Analogrechenmaschine

模拟计算装置 mónǐ jìsuàn zhuāngzhì Analogrecheneinrichtung *f*

模拟开关 mónǐ kāiguān Analogschalter *m*

模拟量 mónǐliàng analoge Größe

模拟器 mónǐqì Simulator *m*; Nachbilder *m*

模拟入口 mónǐ rùkǒu Analogeingang *m*

模拟设备 mónǐ shèbèi Simulator *m*

模拟试验 mónǐ shìyàn Simulationsprüfung *f*; Simulationstest *m*

模拟输出 mónǐ shūchū Analogausgabe *f*; Analogausgang *m*

模拟输出端 mónǐ shūchūduān Analogausgang *m*

模拟输入 mónǐ shūrù Analogeingabe *f*

模拟数字转换 mónǐ shùzì zhuǎnhuàn Analog-Digital-Umwandlung *f*

模拟数字转换器 mónǐ shùzì zhuǎnhuànqì Analog-Digital-Umwandler *m*

模拟显像器 mónǐ xiǎnxiàngqì Analogsichtgerät *n*

M

模拟信号 mónǐ xìnhào analoges Signal；Analogsignal *n*

模拟指示器 mónǐ zhǐshìqì Analoganzeiger *m*

模拟自动计算机 mónǐ zìdòng jìsuànjī Analogrechenautomat *m*

模式自动识别 móshì zìdòng shíbié automatisches Erkennen von Mustern

模数 móshù Modul *m*

模数转换器 móshù zhuǎnhuànqì Analog-Digital-Umsetzer *m*；Analog-Digitalkonverter *m*

模铣 móxǐ Nachformfräsen *n*；Kopierfräsen *n*

模型 móxíng Modell *n*；Muster *n*；Form *f*；Gussform *f*；Fasson *f*；Schema *n*

模型的 móxíngde schematisch

模型锻造 móxíng duànzào Formschmieden *n*

模型试验 móxíng shìyàn Modellversuch *m*

模压 móyá formpressen；stanzen；pressen；abprägen；aushauen；ausmünzen；Formpressung *f*；Abpragen *n*；Pressen *n*

模压机 móyájī Stanzmaschine *f*；Formpresse *f*

模压制动带 móyá zhìdòngdài geformtes Bremsband

摩擦 mócā reiben；Reibung *f*；Friktion *f*；Reiberei *f*

摩擦传动 mócā chuándòng Reibantrieb *m*

摩擦电 mócādiàn Reibungselektrizität *f*

摩擦副 mócāfù Reibpaarung *f*

摩擦功 mócāgōng Reibungsleistung *f*

摩擦继电器 mócā jìdiànqì Reibungsrelais *n*

摩擦离合器 mócā líhéqì Reibungskupplung *f*；Friktionskupplung *f*；Reibkupplung *f*

摩擦力 mócālì Reibungskraft *f*；Reibungswiderstand *m*；Friktion *f*

摩擦联轴节 mócā liánzhóujié Friktionskupplung *f*

摩擦片式制动器 mócāpiànshì zhìdòngqì Belagbremse *f*

摩擦轮 mócālún Reibrad *n*

摩擦面 mócāmiàn Reibfläche *f*；Reibungsfläche *f*；Lauffläche *f*

摩擦片 mócāpiàn Reiblamelle *f*

摩擦驱动 mócā qūdòng Reibantrieb *m*；Reibungsantrieb *m*

摩擦生电 mócā shēngdiàn Trennen elektrischer Ladungen durch Reibung

摩擦损耗 mócā sǔnhào Reibungsverlust *m*

摩擦体 mócātǐ Reibungskörper *m*

摩擦系数 mócā xìshù Reibungskoeffizient *m*；Reibungsbeiwert *m*；Reibfaktor *m*；Reibungsziffer *f*；Reibungswert *m*

摩擦止动器 mócā zhǐdòngqì Reibbremse *f*

摩擦制动器 mócā zhìdòngqì Friktionsbremse *f*；Reibbremse *f*

摩擦阻力 mócā zǔlì Reibungswiderstand *m*

摩擦作用 mócā zuòyòng Reibungswirkung *f*

摩托 mótuō Motor *m*

摩托车 mótuōchē Motorrad *n*；Moped *n*

摩托车跨斗 mótuōchē kuàdǒu Gespannwagen *m*

摩托车运动 mótuōchē yùndòng Motorsport *m*

磨齿机 móchǐjī Zahnflankenschleif-
maschine f

磨床 móchuáng Schleifmaschine f;
Schleifbock m; Reibmaschine f

磨刀石 módāoshí Wetzstein m;
Schleifstein m

磨掉 módiào abreiben; abschlei-
fen; Abscheuerung f

磨光 móguāng glätten; polieren;
schleifen; verschleifen; Glättung
f; Abschmirgeln n; Schliff m; Po-
lieren n

磨光的 móguāngde abgeschliffen;
glänzend; geschliffen

磨光度 móguāngdù Abgeschliffen-
heit f

磨光机 móguāngjī Abschleifmaschi-
ne f

磨合 móhé einläppen; Einläppen n

磨矿机 mókuàngjī Erzmühle f

磨料 móliào Schleifklotzstoff m;
Schleifmittel n

磨轮 mólún Schleifscheibe f;
Schleifrad n

磨配 mópèi einläppen; Einläppen n

磨平 mópíng schlichten

磨汽缸 móqìgāng Zylinderaus-
schleifen n

磨石 móshí Wetzstein m

磨蚀 móshí verschleißen; Ver-
schleiß m; Abrosten n; Abrasion
f; Abscheuerung f

磨蚀性 móshíxìng Abrasivität f;
Abreibbarkeit f

磨碎 mósuì vermahlen; schroten;
pulverisieren; Aufmahlung f

磨碎机 mósuìjī Mühle f; Schlag-
mühle f

磨损 mósǔn abreiben; verschlei-
ßen; Abreibung f; Abrieb m;
Ausreibung f; Abschliff m; Abrei-

bungsverlust m; Zermürbung f;
Verschleiß m; Abnutzung f

磨损程度 mósǔn chéngdù Ver-
schleißgrad m

磨损面 mósǔnmiàn Abnutzungs-
fläche f

磨损试验 mósǔn shìyàn Abschleif-
versuch m

磨损系数 mósǔn xìshù Abnutzungs-
koeffizient m; Abnutzungsgröße f

磨洗 móxǐ läppen

磨削 móxiāo schleifen; Schleifen n

磨制螺纹 mózhì luówén geschnit-
tenes Gewinde

抹平 mǒpíng ausstreichen; Ausstrei-
chen n

抹音磁头 mǒyīn cítóu Auslösch-
magnet m

末端 mòduān Ende n

末端的 mòduānde terminal

末梢神经 mòshāo shénjīng peri-
phere Nerven; Nervenende n

茉莉 mòlì〈植〉Jasmin m

默认设置 mòrèn shèzhì Standard-
einstellung f

模板 múbǎn Schalplatte f; Schalung
f; Betonschalung f; Lehrmutter f;
Formbrett n; Modellplatte f; Ver-
schalung f; Schablonierblatt n

模板图 múbǎntú Schalungsplan m

模具 mújù Gießform f; Matrize f;
Gesenk n

模子 múzi Form f; Matrize f

母板 mǔbǎn Mutterblech n; Mo-
therboard n; Grundplatine f

母机 mǔjī Werkzeugmaschine f;
Mutterflugzeug n

母舰 mǔjiàn Mutterschiff n

母体 mǔtǐ〈动〉mütterlicher Körper;
weiblicher Elter

母细胞 mǔxìbāo Mutterzelle f

母线 mǔxiàn Mantellinie *f*; Stromschiene *f*; Sammelschiene *f*; Generatrix *f*; Erzeugende *f*

母线地址 mǔxiàn dìzhǐ 〈计〉 Bus-Adresse *f*

母线放大器 mǔxiàn fàngdàqì Bus-Verstärker *m*

母线接口 mǔxiàn jiēkǒu 〈计〉 Bus-Schnittstelle *f*

母线占用 mǔxiàn zhànyòng Bus-Belegung *f*

母线终端 mǔxiàn zhōngduān Bus-Abschluss *m*

母液 mǔyè 〈化〉 Mutterlösung *f*

母株 mǔzhū 〈植〉 Mutterpflanze *f*

牡丹 mǔdān 〈植〉 Strauch-Päonie *f*; Päonie *f*

拇指 mǔzhǐ Daumen *m*; große Zehe

木 mù Holz *n*

木本植物 mùběn zhíwù Holzgewächse *pl*; Holzpflanzen *pl*

木材 mùcái Holz *n*; Bauholz *n*; Nutzholz *n*

木材蒸馏 mùcái zhēngliú Holzdestillation *f*

木材蒸馏装置 mùcái zhēngliú zhuāngzhì Holzdestillieranlage *f*

木柴 mùchái Brennholz *n*

木锤 mùchuí Holzhammer *m*; Holzschlägel *m*

木钉 mùdīng Dübel *m*

木耳 mù'ěr Judasohr *n*

木筏 mùfá Floß *n*; Holzfloß *n*

木工车床 mùgōng chēchuáng Holzdrehbank *f*

木工 mùgōng Tischlerhandwerk *n*; Tischler *m*; Schreiner *m*; Zimmermann *m*

木工刨台 mùgōng bàotái Hobelbank *f*

木匠 mùjiàng Tischler *m*

木结构 mùjiégòu Holzstruktur *f*; Holzkonstruktion *f*

木刻 mùkè Holzschnitt *m*; Holzstich *m*

木块 mùkuài Holzblock *m*

木料 mùliào Holz *n*; Nutzholz *n*

木螺钉 mùluódīng Holzschraube *f*

木模 mùmó Holzmodell *n*

木栓 mùshuān Pflock *m*; Korkgewebe *n*; Phellem *n*; Kork *m*; Zapfen *m*

木炭 mùtàn Holzkohle *f*

木头 mùtóu Holz *n*; Holzklotz *m*; Holzblock *m*

木纹 mùwén Fladerung *f*

木星 mùxīng Jupiter *m*

木支柱 mùzhīzhù Holzstempel *m*

木制的 mùzhìde hölzern

木质的 mùzhìde holzig

木质护板 mùzhì hùbǎn Holzbekleidung *f*

木质纤维 mùzhì xiānwéi Holzfaser *f*

木桩 mùzhuāng Holzpfahl *m*

目标 mùbiāo Objekt *n*; Ziel *n*

目标程序文件 mùbiāo chéngxù wénjiàn 〈计〉 Objektprogrammdatei *f*

目标信号 mùbiāo xìnhào Zielzeichen *n*

目标语言 mùbiāo yǔyán 〈计〉 Objektsprache *f*

目测 mùcè Entfernungsschätzen *n*

目的 mùdì Ziel *n*; Zweck *m*; Absicht *f*

目镜 mùjìng Okular *n*; Einblicklinse *f*; Augenlinse *f*

目录 mùlù Katalog *m*; Register *n*; Index *m*; Verzeichnis *n*; Liste *f*

目录服务 mùlù fúwù Verzeichnisdienst *m*

目录卡 mùlùkǎ Registerkarte *f*

目前 mùqián Gegenwart *f*
目前的 mùqiánde gegenwärtig
钼 mù Molybdän *n*

钼钢 mùgāng Molybdänstahl *m*
钼铅矿 mùqiānkuàng Carinthit *m*
钼酸 mùsuān Molybdänsäure *f*

M

N

钠 nà Natrium n

钠盐 nàyán Sodalaugesalz n; Natriumsalz n; Natronsalz n

氖 nǎi Neon n

氖灯 nǎidēng Neonlampe f; Neonlicht n

氖管 nǎiguǎn Glimmröhre f; Glimmlampe f; Neonröhre f; Leuchtröhre f

氖光灯 nǎiguāngdēng Neonlicht n; Neonlampe f

氖气 nǎiqì Neongas n

奶酪 nǎilào Käse m

奶油 nǎiyóu Butter f; Creme f; Sahne f; Rahm m

耐冲击的 nàichōngjīde stoßsicher

耐腐蚀的 nàifǔshíde korrosionsbeständig

耐高温的 nàigāowēnde hitzebeständig

耐高温合金 nàigāowēn héjīn hochwarmfeste Legierung

耐高压的 nàigāoyāde hochspannungssicher

耐寒的 nàihánde frostbeständig; kältebeständig

耐旱植物 nàihàn zhíwù dürreresistente Pflanzen

耐火材料 nàihuǒ cáiliào feuerfestes Material; feuerfester Stoff

耐火的 nàihuǒde feuersicher; feuerfest; feuerbeständig; brandfest; refraktär; hitzebeständig; hitzefest

耐火土 nàihuǒtǔ feuerfester Ton

耐火线 nàihuǒxiàn feuersicherer Draht

耐火性能 nàihuǒ xìngnéng Feuerbeständigkeit f

耐火颜料 nàihuǒ yánliào feuersichere Farbe

耐火砖 nàihuǒzhuān Feuerziegel m; feuerfester Ziegel; Schamottestein m; Ofenziegel m; Brennziegel m; Brandziegel m; Feuerfeststein m

耐碱的 nàijiǎnde alkalibeständig

耐碱性 nàijiǎnxìng Beständigkeit gegen Lauge

耐久的 nàijiǔde haltbar; dauerhaft; strapazierfähig

耐久试验 nàijiǔ shìyàn Dauerprobung f

耐久性 nàijiǔxìng Haltbarkeit f; Beständigkeit f; Dauerfestigkeit f

耐磨的 nàimóde verschleißbeständig; verschleißfest

耐磨合金 nàimó héjīn Antifriktationslegierung f

耐磨强度 nàimó qiángdù Verschleißfestigkeit f; Abnutzungsfestigkeit f

耐磨试验 nàimó shìyàn Abreibungsprüfung f; Verschleißprobe f; Abreibungsversuch m

耐磨损的 nàimósǔnde verschleißfest

耐磨损性 nàimósǔnxìng Verschleißfestigkeit f

耐磨性 nàimóxìng Verschleißfestigkeit f; Scheuerfestigkeit f; Abreibungsfestigkeit f; Abnutzungsbeständigkeit *f*; Abriebbeständigkeit *f*; Abnutzbarkeit *f*; Reibungsfestigkeit *f*; Abreibfestigkeit *f*; Abschleiffestigkeit *f*

耐磨硬度 nàimó yìngdù Verschleißhärte *f*

耐磨轴承合金 nàimó zhóuchéng héjīn Friktionslagermetall *n*

耐汽油性 nàiqìyóuxìng Benzinfestigkeit *f*

耐铅火花塞 nàiqiān huǒhuāsāi bleifeste Zündkerze

耐侵蚀的 nàiqīnshíde unkorrodierbar

耐热材料 nàirè cáiliào schmelzbarer Werkstoff

耐热的 nàirède hitzebeständig; wärmebeständig; thermostabil; hitzefest; warmfest

耐热强度 nàirè qiángdù Wärmefestigkeit *f*

耐热涂层 nàirè túcéng hitzebeständiger Überzug

耐热性 nàirèxìng Wärmefestigkeit *f*; Thermostabilität *f*; Wärmebeständigkeit *f*; thermische Beständigkeit

耐熔的 nàiróngde refraktär

耐蚀的 nàishíde korrosionsbeständig; korrosionsfest; nichtkorrosiv

耐蚀性 nàishíxìng Korrosionsfestigkeit *f*

耐受电压 nàishòu diànyā Stehspannung *f*

耐水性 nàishuǐxìng Feuchtbeständigkeit *f*; Wasserbeständigkeit *f*

耐酸的 nàisuānde säurefest; säurebeständig

耐酸性 nàisuānxìng Säurebeständigkeit *f*; Beständigkeit gegen Säure

耐压强度 nàiyā qiángdù Druckfestigkeit *f*; Spannungsfestigkeit *f*; Durchschlagsfestigkeit *f*

耐压试验 nàiyā shìyàn Druckprüfung *f*; Druckprobe *f*; Verdichtungsprobe *f*

耐用 nàiyòng Fortdauer *f*; haltbar im Gebrauch

耐用性 nàiyòngxìng Haltbarkeit *f*

耐油性 nàiyóuxìng Beständigkeit gegen Öl

耐折性 nàizhéxìng Falzfestigkeit *f*

耐振的 nàizhènde schwingungssicher; schüttelfest

耐振强度 nàizhèn qiángdù Schüttelfestigkeit *f*

耐震性 nàizhènxìng Erschütterungsfestigkeit *f*

男性更年期 nánxìng gēngniánqī Andropause *f*

男性医学 nánxìng yīxué Andrologie *f*

南半球 nánbànqiú südliche Halbkugel

南部 nánbù Süden *m*

南磁极 náncíjí magnetischer Südpol

南方 nánfāng Süden *m*; südliches Gebiet

南回归线 nánhuíguīxiàn südlicher Wendekreis; Wendekreis des Steinbocks

南极 nánjí Südpol *m*; antarktischer Pol

南极光 nánjíguāng Südpolarlicht *n*; Südlicht *n*

南极区 nánjíqū Antarktis *f*

南极圈 nánjíquān südlicher Polarkreis

南极洲 nánjízhōu Antarktika *f*; Südpolarkontinent *m*

南美洲 nánměizhōu Südamerika

南纬 nánwěi südliche Breiten

N

南温带 nánwēndài südliche gemäßigte Zone

难产 nánchǎn schwere Geburt; Dystokie *f*

难溶的 nánróngde schwerlöslich

楠木 nánmù Nanmu *m*; Nanmu-Hartholz *n*

囊肿 nángzhǒng Zyste *f*; Zystom *n*

挠度 náodù Einbiegung *f*; Biegung *f*; Durchbiegung *f*

挠度计 náodùjì Biegungsmessgerät *n*; Biegepfeilmesser *m*

挠曲 náoqū verbiegen; durchbiegen; Verbiegung *f*; Durchbiegung *f*

挠曲性 náoqūxìng Biegbarkeit *f*

挠性 náoxìng Biegsamkeit *f*; Flexibilität *f*; Schmiegsamkeit *f*

挠性传动装置 náoxìng chuándòng zhuāngzhì Gelenkantrieb *m*

脑 nǎo Gehirn *n*; Hirn *n*

脑充血 nǎochōngxuè Encephalohämie *f*

脑垂体 nǎochuítǐ Hirnanhang *m*; Hirnanhangdrüse *f*; Hypophyse *f*

脑垂体病 nǎochuítǐbìng Hirnanhangkrankheit *f*; Hypophysekrankheit *f*

脑袋 nǎodài Kopf *m*

脑电波 nǎodiànbō Hirnwelle *f*

脑电图 nǎodiàntú Elektroenzephalogramm *n*; Elektroenzephalografie *f*

脑电图机 nǎodiàntújī Elektroenzephalograf *m*

脑干 nǎogàn Hirnstamm *m*

脑积水 nǎojīshuǐ Wasserkopf *m*; Hydrozephalus *m*

脑脊髓的 nǎojǐsuǐde zerebrospinal

脑脊液 nǎojǐyè Zerebrospinalflüssigkeit *f*; Liquorcerebrospinalis *m*

脑浆 nǎojiāng Gehirnmasse *f*

脑壳 nǎoké Schädel *m*

脑力劳动 nǎolì láodòng Kopfarbeit *f*; geistige Arbeit *f*

脑膜 nǎomó Hirnhaut *f*

脑膜炎 nǎomóyán Hirnhautentzündung *f*; Meningitis *f*

脑皮质 nǎopízhì Hirnrinde *f*

脑贫血 nǎopínxuè Gehirnanämie *f*; Hirnanämie *f*

脑容量 nǎoróngliàng Schädelkapazität *f*

脑神经 nǎoshénjīng Hirnnerv *m*

脑髓 nǎosuǐ Gehirn *n*; Gehirnsubstanz *f*

脑外科 nǎowàikē Abteilung für Cerebrochirurgie

脑血管硬化症 nǎoxuèguǎn yìnghuàzhèng Hirnarteriesklerose *f*

脑血管造影 nǎoxuèguǎn zàoyǐng Hirnangiografie *f*; Gehirnvasografie *f*

脑炎 nǎoyán Enzephalitis *f*; Gehirnentzündung *f*

脑溢血 nǎoyìxuè Hirnblutung *f*; Enzephalorrhagie *f*; Gehirnblutfluss *m*

脑震荡 nǎozhèndàng Gehirnerschütterung *f*

脑子 nǎozi Gehirn *n*; Hirn *n*; Denkvermögen *n*; Gedächtnis *n*

内半径 nèibànjìng Innenradius *m*

内表面 nèibiǎomiàn Innenseite *f*; Innenwandung *f*; Innenwand *f*

内部 nèibù Innere *n*

内部程序中断 nèibù chéngxù zhōngduàn interne Programmunterbrechung

内部的 nèibùde intern

内部地址 nèibù dìzhǐ innere Adresse

内部供电 nèibù gòngdiàn Versorgung intern

内部运算速度 nèibù yùnsuàn sùdù interne Operationsgeschwindigkeit

内层电子 nèicéng diànzǐ Innenelektron *n*; inneres Elektron

内插法 nèichāfǎ Interpolation *f*

内插器 nèichāqì Interpolator *m*

内齿轮 nèichǐlún Innenrad *n*

内出血 nèichūxuè innere Blutung

内存 nèicún Arbeitsspeicher *m*

内存操作 nèicún cāozuò Arbeitsspeicheroperation *f*

内存尺寸 nèicún chǐcùn Kernspeichergröße *f*

内存储器 nèicúnchǔqì interner Speicher

内存储信息图示 nèicúnchǔ xìnxī túshì Topogramm *n*

内存存储单位 nèicún cúnchǔ dānwèi Arbeitsspeicherzelle *f*

内存单元 nèicún dānyuán Kernspeicherzelle *f*

内存地址 nèicún dìzhǐ Arbeitsspeicheadresse *f*

内存扩展 nèicún kuòzhǎn Arbeitsspeichererweiterung *f*

内存模块 nèicún mókuài Arbeitsspeichermodul *m*

内存容量 nèicún róngliàng Arbeitsspeicherplatz *m*

内错角 nèicuòjiǎo innerer Wechselwinkel

内导体 nèidǎotǐ Innenleiter *m*; Achsleiter *m*

内电阻 nèidiànzǔ innerer Widerstand

内耳 nèi'ér inneres Ohr; Innen-Ohr *n*

内分泌 nèifēnmì innere Absonderung; innere Sekretion; Inkretion

内分泌物 nèifēnmìwù Inkret *n*

内分泌系统 nèifēnmì xìtǒng System der inneren Sekretion; endokrines System

内缝焊接 nèifèng hànjiē Innenschweißen *n*

内服药 nèifúyào Arznei zum Einnehmen; Arznei zum innerlichen Gebrauch

内功率 nèigōnglǜ Innenleistung *f*

内海 nèihǎi Binnenmeer *n*

内河航线 nèihé hángxiàn Binnenwasserstraße *f*

内河航运 nèihé hángyùn Binnenfahrt *f*

内河水道网 nèihé shuǐdàowǎng Binnenwasserstraßennetz *n*

内河水电站 nèihé shuǐdiànzhàn Binnenwasserkraftanlage *f*

内河水库 nèihé shuǐkù Binnenstauraum *m*

内河水位 nèihé shuǐwèi Binnenwasserstand *m*

内花键拉削 nèihuājiàn lāxiāo Räumen von Keilnaben

内角 nèijiǎo Innenwinkel *m*; innerer Winkel

内接 nèijiē einschreiben

内径 nèijìng innerer Durchmesser; Innendurchmesser *m*; Kaliber *n*; Innenweite *f*

内径规 nèijìngguī Lochzirkel *m*; Bohrungslehre *f*; Lehrbolzen *m*; Stichloch *n*

内径千分表 nèijìng qiānfēnbiǎo Innenmessuhr *f*

内径千分尺 nèijìng qiānfēnchǐ Schraubtiefmaß *n*; Schraublehrenstichmaß *n*

内聚力 nèijùlì Kohäsion *f*; Binde-

N

kraft *f*

内卡规 nèikǎguī Lochzirkel *m*

内科 nèikē innere Abteilung; Abteilung für innere Krankheiten; Innere Medizin

内科医生 nèikē yīshēng Internist *m*; Facharzt für innere Krankheiten

内拉削机床 nèilāxiāo jīchuáng Innenräummaschine *f*

内联网 nèiliánwǎng Intranet *n*

内六角螺钉 nèiliùjiǎo luódīng Innensechskantschraube *f*

内陆 nèilù Binnenland *n*

内陆海湾 nèilù hǎiwān Binnenbusen *m*

内陆三角洲 nèilù sānjiǎozhōu Binnendelta *n*

内螺纹攻丝机 nèiluówén gōngsījī Innengewinde-Schneidmaschine *f*

内能 nèinéng Eigenenergie *f*; Innenenergie *f*; Energieinhalt *m*

内壳层 nèiqiàocéng Innenschale *f*

内切圆 nèiqiēyuán Inkreis *m*

内燃机 nèiránjī Brennkraftmaschine *f*; Verbrennungsmotor *m*; Verpuffungsmaschine *f*; Brennkraftmotor *m*; Verbrennungskraftmaschine *f*; Verbrennungsmaschine *f*; Verbrennungskraftmotor *m*

内燃机车 nèirán jīchē Diesellokomotive *f*; Dieseltriebwagen *m*; Motorlokomotive *f*; Diesellok *f*

内容 nèiróng Content *m*; Gehalt *m*; Inhalt *m*

内容列表 nèiróng lièbiǎo Inhaltsliste *f*

内胎 nèitāi Schlauch *m*; Reifenschlauch *m*

内透镜 nèitòujìng Innenlinse *f*

内销 nèixiāo Inlandverkauf *m*

内应力 nèiyìnglì innere Spannung;

Innenspannung *f*; Ursprungsbeanspruchung *f*

内圆磨床 nèiyuán móchuáng Innenschleifmaschine *f*

内圆无心磨削 nèiyuán wúxīn móxiāo Spitzenlos-Innenschleifen *n*

内脏 nèizàng innere Organe; Eingeweide *n*

内债 nèizhài inländische Schulden

内置程序 nèizhì chéngxù Plug-in *m/n*

内阻 nèizǔ Innenwiderstand *m*

内阻力 nèizǔlì Eigenwiderstand *m*

能 néng Energie *f*

能淬火的 néngcuìhuǒde aushärtbar

能级 néngjí Energieniveau *n*; Energiestufe *f*; Energiepegel *m*

能见度 néngjiàndù Sichtbarkeit *f*; Sicht *f*; Sichtigkeit *f*

能力 nénglì Fähigkeit *f*

能量 néngliàng Energie *f*

能量变换 néngliàng biànhuàn Energieumformung *f*; Energieumsatz *m*; Energieumsetzung *f*

能量传输 néngliàng chuánshū Energietransport *m*; Energieübertragung *f*

能量传递方程 néngliàng chuándì fāngchéng Energietransportgleichung *f*

能量短缺 néngliàng duǎnquē Energiedefizit *n*

能量分布 néngliàng fēnbù Energieverteilung *f*

能量过剩 néngliàng guòshèng Arbeitsüberschuss *m*; Energieüberschuss *m*

能量回收 néngliàng huíshōu Energierückgewinn *m*

能量亏损 néngliàng kuīsǔn Energielücke *f*

能量平衡 néngliàng pínghéng Energienivellierung *f*; Energiebilanz *f*

能量守恒 néngliàng shǒuhéng Erhaltung der Energie; Energieerhaltung *f*

能量守恒定律 néngliàng shǒuhéng dìnglǜ Energiesatz *m*; Energieprinzip *n*; Gesetz der Erhaltung der Energie

能量输出 néngliàng shūchū Energieausfuhr *f*

能量输入 néngliàng shūrù Energieeinfuhr *f*

能量衰减 néngliàng shuāijiǎn Energiedekrement *n*

能量损失 néngliàng sǔnshī Energieverlust *m*

能量吸收 néngliàng xīshōu Energieabsorption *f*

能量消耗 néngliàng xiāohào Energieaufwand *m*; Energieverbrauch *m*

能量循环 néngliàng xúnhuán Energiekreis *m*

能量转变 néngliàng zhuǎnbiàn Energieumwandlung *f*; Energieumbildung *f*

能量转换 néngliàng zhuǎnhuàn Energieumformung *f*; Energieumsetzung *f*

能量转换系数 néngliàng zhuǎnhuàn xìshù Energieumwandlungskoeffizient *m*

能使用互联网的 néngshǐyòng hùliánwǎngde internetfähig

能通量 néngtōngliàng Energiefluss *m*

能源 néngyuán Energiequelle *f*; Kraftquelle *f*; Energieträger *m*

能源政策 néngyuán zhèngcè Energiepolitik *f*

尼龙 nílóng Nylon *n*; Polyamid *n*

泥灰岩 níhuīyán Mergelerde *f*; Mergel *m*

泥火山 níhuǒshān Salse *f*; Schlammvulkan *m*; Schlammdiapir *m*

泥浆 níjiāng Lehmtrübe *f*; Trübe *f*; Schlamm *m*; Schlammtrübe *f*; Kot *m*

泥浆槽 níjiāngcáo Schlammfass *n*

泥浆池 níjiāngchí Schlammbehälter *m*; Schlammbassin *n*; Schlammbecken *n*

泥浆灌浆 níjiāng guànjiāng Schlamminjektion *f*

泥浆喷出 níjiāng pēnchū Schlammeruption *f*

泥流 níliú Schlammstrom *m*; Bodenfließen *n*

泥煤 níméi Torf *m*

泥煤层 níméicéng Torfschicht *f*; Torfbank *f*

N

泥煤粉 níméifěn Torfstaub *m*

泥煤开采 níméi kāicǎi Torfbetrieb *m*; Torfgewinnung *f*

泥煤田 níméitián Torfstecherei *f*; Torftisch *m*; Torfboden *m*

泥煤砖 níméizhuān Torfbrikett *n*

泥沙 níshā Schlamm *m*; Flussschlamm *m*; Treibsand *m*; Sedimente *pl*

泥沙沉淀 níshā chéndiàn Sedimentierung *f*

泥沙沉积 níshā chénjī Verlanden *n*; Sedimentation *f*

泥沙淤积 níshā yūjī Sedimentierung *f*; Aufschlickung *f*

泥石流 níshíliú Gebirgsstrom *m*; Schuttstrom *m*; Schlammstrom *m*; Gesteinstrom *m*

泥炭 nítàn Torf *m*

泥炭层 nítàncéng Torfbank *f*

泥炭的 nítànde torfartig

霓虹灯 níhóngdēng Neonlicht *n*; Neonlampe *f*

逆变换 nìbiànhuàn inverse Transformation

逆定理 nìdìnglǐ Wechselsatz *m*

逆反应 nìfǎnyìng umgekehrte Reaktion

逆光 nìguāng Gegenlicht *n*

逆计数 nìjìshù rückläufiges Zählen

逆流 nìliú Stromauf; gegen den Strom; Gegenstrom *m*; Gegenströmung *f*; Rückströmung *f*; Gegenlauf *m*

逆流的 nìliúde gegenläufig

逆流阀 nìliúfá Rückflussverhinderer *m*; Rückflussventil *n*

逆流路径 nìliú lùjìng Rückgang *m*; Rücklauf *m*

逆温 nìwēn Inversion *f*; Temperaturumkehrung *f*

逆向传动 nìxiàng chuándòng Umsteuergetriebe *n*

逆向反应 nìxiàng fǎnyìng umgekehrte Reaktion

逆行 nìxíng Rückgang *m*

逆行开车者 nìxíng kāichēzhě Geisterfahrer *m*

逆循环 nìxúnhuán umgekehrter Kreisprozess

逆转 nìzhuǎn reversieren; invertieren; Inversion *f*; Reversion *f*

溺水 nìshuǐ ertrinken; Ertrinken *n*

年 nián Jahr *n*

年产量 niánchǎnliàng Jahreserzeugung *f*; Jahresausbeute *f*

年代 niándài Alter *n*

年代学 niándàixué Chronologie *f*

年度报告 niándù bàogào Jahresbericht *m*

年度费用 niándù fèiyòng Jahreskos-

ten *pl*

年鉴 niánjiàn Jahrbuch *n*; Almanach *m*; Zeitbuch *n*

年降水量 niánjiàngshuǐliàng jährlicher Niederschlag

年历 niánlì Kalender *m*

年龄测定 niánlíng cèdìng Altersberechnung *f*

年流量 niánliúliàng jährliche Abflusssumme

年轮 niánlún Jahresring *m*; Flader *f*

年运输量 niányùnshūliàng Beförderungsleistung pro Jahr

年终 niánzhōng Jahresabschluss *m*

年终结算 niánzhōng jiésuàn Jahresabschluss *m*

黏稠的 niánchóude dickflüssig; sirupartig

黏的 niánde klebrig

黏度 niándù Zähigkeit *f*; Viskosität *f*; Zähflüssigkeit *f*; Dickflüssigkeit *f*; Flüssigkeitsgrad *m*; Zähe *f*; Klebrigkeit *f*

黏度测定 niándù cèdìng Viskositätsbestimmung *f*; Zähigkeitsmaß *n*

黏度单位 niándù dānwèi Zähigkeitseinheit *f*

黏度计 niándùjì Viskosimeter *n*; Viskositätsmesser *m*; Zähigkeitsmesser *m*; Flüssigkeitsgradmesser *m*; Zähflüssigkeitsmesser *m*

黏度试验 niándù shìyàn Zähigkeitsprobe *f*

黏度系数 niándù xìshù Zähigkeitsbeiwert *m*; Zähegrad *m*

黏度值 niándùzhí Viskositätswert *m*; Zähigkeitszahl *f*

黏度指数 niándù zhǐshù Viskositätsindex *m*; Zähigkeitsziffer *f*; Zähigkeitsindex *m*

N

黏附 niánfù anhaften; heften; Adhäsion *f*; Haft *m*

黏附力 niánfùlì Haftkraft *f*; Adhäsionskraft *f*

黏附强度 niánfù qiángdù Haftintensität *f*; Haftfestigkeit *f*

黏附试验 niánfù shìyàn Haftprüfung *f*

黏附性 niánfùxìng Haftfähigkeit *f*

黏合 niánhé kleben; ankleben; zusammenkleben; verleimen; zusammenleimen; Klebebindung *f*; Zementierung *f*

黏合剂 niánhéjì Bindemittel *n*; Kleber *m*; Klebstoff *m*

黏合面 niánhémiàn Anlagefläche *f*

黏合物质 niánhé wùzhì adstringierender Stoff; Klebstoff *m*; Bindemittel *n*

黏胶 niánjiāo Viskose *f*

黏胶剂 niánjiāojì Klebstoff *m*

黏结 niánjié verkitten; kohärieren; abbinden; Abbindung *f*; Abbinden *n*; Kohäsion *f*; Zusammenhalt *m*; Agglutination *f*

黏结材料 niánjié cáiliào Klebematerial *n*

黏结剂 niánjiéjì Klebemittel *n*; Kitt *m*

黏结力 niánjiélì Klebekraft *f*

黏结性 niánjiéxìng Kohäsion *f*; Backfähigkeit *f*

黏贴 niántiē haften

黏土 niántǔ Klei *m*; Ton *m*; Tonerde *f*; Lehm *m*; Lehmboden *m*; lehmhaltiger Boden

黏土层 niántǔcéng Tonunterlage *f*; Tonlager *n*; Tonlage *f*; Tonschicht *f*

黏土灌浆 niántǔ guànjiāng Toninjektion *f*

黏土浆 niántǔjiāng Tonschlamm *m*; Tonschlick *m*

黏土土壤 niántǔ tǔrǎng Tonboden *m*

黏土质的 niántǔzhìde tonhaltig

黏性 niánxìng Klebrigkeit *f*; Viskosität *f*; Zähigkeit *f*; Schleimigkeit *f*; Plastizität *f*

黏性的 niánxìngde leimig; zäh

黏性流体 niánxìng liútǐ Zähflüssigkeit *f*

黏性液体 niánxìng yètǐ zähe Flüssigkeit

黏液 niányè Schleim *m*; Mucus *m*

黏液的 niányède zähflüssig

黏液瘤 niányèliú Myxom *n*

黏滞的 niánzhìde viskos

黏滞力 niánzhìlì Zähigkeitskraft *f*

黏滞流 niánzhìliú Zähigkeitsströmung *f*

黏滞水流 niánzhì shuǐliú Reibungsströmung *f*

黏滞系数 niánzhì xìshù Viskositätsbeiwert *m*

黏滞性 niánzhìxìng Zähflüssigkeit *f*; Zähigkeit *f*

黏着 niánzhuó anhaften

黏着性 niánzhuóxìng Haftfähigkeit *f*

碾轮 niǎnlún Läufer *m*

碾磨机 niǎnmójī Mühle *f*; Kollergang *m*

碾平 niǎnpíng plätten; walzen

碾碎 niǎnsuì zerreiben; Zerreiben *n*

碾碎机 niǎnsuìjī Kollergang *m*

碾压机 niǎnyājī Streckwerk *n*

碾子 niǎnzi Walze *f*; Steinwalze *f*

酿造 niàngzào gären; brauen; keltern

鸟瞰图 niǎokàntú Vogelperspektive *f*

鸟类学 niǎolèixué Vogelkunde *f*;

N

Ornithologie *f*

尿道 niàodào Harnröhre *f*; Urethra *f*

尿道炎 niàodàoyán Harnleiterentzündung *f*; Urethritis *f*; Harnröhrenentzündung *f*

尿毒症 niàodúzhèng Harnvergiftung *f*; Urämie *f*

尿频 niàopín häufige Harnentleerung; frequente Miktion

尿素 niàosù Harnstoff *m*; Urea *f*; Carbamid *n*

尿血 niàoxiě Blutharnen *n*; Hämaturie *f*

啮齿类 nièchǐlèi Nagetier *n*

啮合 nièhé fassen; ineinandergreifen; verzahnen; Eingriff *m*; Zahneingriff *m*; Verzahnung *f*

啮合齿 nièhéchǐ Eingriffszahn *m*

啮合角 nièhéjiǎo Eingriffswinkel *m*

镍 niè Nickel *n*

镍币 nièbì Nickelmünze *f*

镍钢 niègāng Nickelstahl *n*

镍合金 nièhéjīn Nickellegierung *f*

镍黄铁矿 nièhuángtiěkuàng Pentlandit *m*; Eisennickelkies *m*

颞骨 nièqǔ Schläfenbein *n*

镊子 nièzi Pinzette *f*

凝度计 níngdùjì Koagulationsmesser *m*

凝固 nínggù verfestigen; erstarren; koagulieren; abbinden; gerinnen; festfrieren; Erstarrung *f*; Abbinden *n*; Abbindung *f*; Koagulation *f*

凝固点 nínggùdiǎn Erstarrungspunkt *m*; Gefrierpunkt *m*; Frierpunkt *m*; Stockpunkt *m*; Eispunkt *m*

凝固度 nínggùdù Verfestigungsgrad *m*

凝固汽油 nínggù qìyóu Napalm *n*

凝固汽油剂 nínggù qìyóujì Napalm *n*

凝固热 nínggùrè Abbindewärme *f*; Erstarrungswärme *f*

凝固温度 nínggù wēndù Erstarrungstemperatur *f*

凝灰岩 nínghuīyán Tuff(stein) *m*

凝集 níngjí agglutinieren; Agglutinierung *f*

凝结 níngjié kondensieren; abbinden; agglutinieren; gerinnen; erstarren; verstarren; koagulieren; Kondensation *f*; Agglutination *f*; Koagulation *f*

凝结核 níngjiéhé Kondensationskern *m*

凝结热 níngjiérè Kondensationswärme *f*; Abbindewärme *f*

凝聚 níngjù gerinnen; agglutinieren; kondensieren; Kompression *f*; Aggregation *f*; Agglutinierung *f*; Kondensation *f*

凝聚点 níngjùdiǎn Kondensationspunkt *m*

凝聚性 níngjùxìng Kompressibilität *f*

凝聚物 níngjùwù Kondensat *n*

凝缩 níngsuō Kompression *f*

凝析油 níngxīyóu Kondensat *n*

凝血器 níngxuèqì Koagulationsgerät *n*

凝血药 níngxuèyào Koagulans *n*; Blutgerinnungsmittel *n*

拧紧 nǐngjǐn anschrauben; schrauben; spannen; festziehen; andrehen

拧开 nǐngkāi abschrauben; abdrehen; losdrehen

牛痘 niúdòu Kuhpocken *pl*; Pockenschutzserum *n*

牛郎星 niúlángxīng 〈天〉 Atair *m*; Altair *m*

牛皮纸 niúpízhǐ Hartpapier *n*; braunes Packpapier

扭 niǔ verdrillen

扭绞 niǔjiǎo verdrillen

扭矩 niǔjǔ Drehmoment n

扭矩计 niǔjǔjì Drehmomentmesser m

扭矩转速曲线 niǔjǔ zhuànsù qūxiàn Drehmoment-Drehzahlverlauf m

扭开 niǔkāi andrehen; losdrehen

扭力 niǔlì Torsion f; Torsionskraft f; Zerdrehung f

扭力扳手 niǔlì bānshǒu Drehmomentschlüssel m

扭力矩 niǔlìjǔ Verdrehungsmoment n

扭曲 niǔqū verkrümmen; krümmen; Verkrümmung f; Krümmung f; Torsion f

扭曲极限 niǔqū jíxiàn Verdrehungsgrenze f; Torsionsgrenze f

扭曲试验 niǔqū shìyàn Verdrehprobe f; Verdrehungsprobe f; Verdrehungsversuch m; Torsionsversuch m

扭曲试验机 niǔqū shìyànjī Verdrehungsprüfmaschine f

扭曲振动 niǔqū zhèndòng Verdrehungsschwingung f

扭伤 niǔshāng Verstauchung f; Distorsion f

扭歪 niǔwāi verdrehen; Zerdrehung f

扭弯 niǔwān einbiegen; Einbiegung f

扭振 niǔzhèn Drehschwingung f

扭振测量仪 niǔzhèn cèliángyí Drehschwingungsmessgerät n

扭振计算 niǔzhèn jìsuàn Drehschwingungsrechnung f

扭振减震器 niǔzhèn jiǎnzhènqì Torsionsschwingungsdämpfer m

扭振临界转速 niǔzhèn línjiè zhuànsù torsionskritische Drehzahl

扭振试验机 niǔzhèn shìyànjī Drehschwingungsprüfmaschine f

扭转 niǔzhuǎn verdrehen; sich umdrehen; sich wenden; verdrillen; Drillung f; Verdrehung f; Verdrillung f; Torsion f

扭转变形 niǔzhuǎn biànxíng Drillverformung f

扭转角 niǔzhuǎnjiǎo Drillwinkel m; Torsionswinkel m

扭转模数 niǔzhuǎn móshù Drillungsmodul m

扭转强度 niǔzhuǎn qiángdù Verdrehungsfestigkeit f

扭转弹簧 niǔzhuǎn tánhuáng Torsionsfeder f

扭转弹簧系数 niǔzhuǎn tánhuáng xìshù Torsionsfederkonstante f

扭转振动 niǔzhuǎn zhèndòng Drehschwingung f; Torsionsschwingung f

农田 nóngtián Ackerland n; Anbaufläche f; Feld n

农田灌溉 nóngtián guàngài Ackerbewässerung f

农田水利工程 nóngtián shuǐlì gōngchéng landwirtschaftlicher Wasserbau

农学 nóngxué Landwirtschaftswissenschaft f; Ackerbaukunde f; Agronomie f

农学家 nóngxuéjiā Agronom m

农药 nóngyào Pestizid n; landwirtschaftliches Schädlingsbekämpfungsmittel

农药杀虫剂 nóngyào shāchóngjì Pestizid n

农业 nóngyè Landwirtschaft f; Ackerbau m; Agrikultur f

农业化学 nóngyè huàxué Agrochemie f; Agrikulturchemie f

N

农业技术 nóngyè jìshù Agrotechnik *f*; Landwirtschaftstechnologie *f*

农业科学 nóngyè kēxué Ackerbaukunde *f*; Ackerbauwissenschaft *f*

农业气象学 nóngyè qìxiàngxué Agrarmeteorologie *f*

农业生物学 nóngyè shēngwùxué Agrarbiologie *f*

农业学 nóngyèxué Agronomie *f*

农业学的 nóngyèxuéde agronomisch

农艺 nóngyì Ackerwirtschaft *f*; Ackerbau *m*; Agronomie *f*

农艺师 nóngyìshī Agronom *m*

农艺学 nóngyìxué Agrotechnik *f*

农艺学的 nóngyìxuéde agronomisch

农作物 nóngzuòwù landwirtschaftliche Kulturpflanzen

浓差电流 nóngchā diànliú Konzentrationsstrom *m*

浓的 nóngde dicht; dick

浓度 nóngdù Konsistenz *f*; Konzentration *f*; Dichte *f*; Dichtheit *f*; Dichtigkeit *f*; Konzentrierung *f*

浓度梯度 nóngdù tīdù Konzentrationsgradient *m*

浓混合气 nónghùnhéqì angereichertes Gemisch

浓积云 nóngjīyún Kumulonimbus *m*; Kumuluswolke *f*; Haufenwolke *f*

浓密的 nóngmìde dicht

浓缩 nóngsuō komprimieren; einengen; verdicken; anreichern; konzentrieren; Konzentration *f*; Einengung *f*; Abdunsten *n*; Ein-

dickung *f*

浓缩度 nóngsuōdù Verdichtungsgrad *m*

浓缩机 nóngsuōjī Verdichter *m*

浓缩器 nóngsuōqì Eindicker *m*; Verdickungsbehälter *m*; Verdicker *m*

浓缩塔 nóngsuōtǎ Verstärkungskolonne *f*

浓缩物 nóngsuōwù Konzentrat *n*

浓缩铀反应堆 nóngsuōyóu fǎnyìngduī Reaktor mit angereichertem Uran

浓雾 nóngwù dichter Nebel; dicker Nebel

浓液 nóngyè dicke Flüssigkeit

脓肿 nóngzhǒng Eitergeschwür *f*; Abszess *m*; abszedieren

女博士 nǚbóshì Doktorin *f*

女大夫 nǚdàifu Doktorin *f*

女医生 nǚyīshēng Ärztin *f*

暖房 nuǎnfáng Treibhaus *n*; Gewächshaus *n*

暖风调节器 nuǎnfēng tiáojiéqì der Hebel für die Warmluftverteilung

暖锋 nuǎnfēng Warmfront *f*

暖空气 nuǎnkōngqì warmer Luftstrom

暖流 nuǎnliú warme Strömung

暖气 nuǎnqì Zentralheizung *f*

暖气片 nuǎnqìpiàn Heizkörper *m*; Radiator *m*

暖气设备 nuǎnqì shèbèi Heizung *f*

疟疾 nüèjí Malaria *f*; Wechselfieber *n*; Sumpffieber *n*

O

欧姆 ōumǔ Ohm n

欧姆表 ōumǔbiǎo Ohmmeter n; Widerstandsmesser m

欧姆的 ōumǔde ohmisch

欧姆电表 ōumǔ diànbiǎo Ohmmeter n

欧姆定律 ōumǔ dìnglǜ Ohmsches Gesetz

欧姆计 ōumǔjì Ohmmeter n

欧姆线圈 ōumǔ xiànquān Ohmwicklung f

欧亚大陆 ōuyà dàlù Eurasien n; europäisch-asiatischer Kontinent

欧洲 ōuzhōu Europa

呕吐 ǒutù sich erbrechen; sich übergeben; Erbrechen n; Vormitus m

呕血 ǒuxuè Blutsturz m; Blutbrechen n; Hämatemesis f

偶尔 ǒu'ěr gelegentlich; manchmal; ab und zu

偶发 ǒufā zufällig geschehen

偶极 ǒují Zweipol m

偶极子 ǒujízǐ Dipol m

偶联 ǒulián kuppeln

偶联器 ǒuliánqì Verbundstück n

偶然误差 ǒurán wùchā zufälliger Fehler

偶数 ǒushù gerade Zahl

偶数地址 ǒushù dìzhǐ 〈计〉 gerade Adresse

偶蹄目 ǒutímù Paarhufer m; Paarzeher m

耦合 ǒuhé zusammenkuppeln; einkuppeln; Kopplung f; Verkopplung f; Verkettung f; Zusammenhalt m

耦合的 ǒuhéde verkettet

耦合电路 ǒuhé diànlù gekoppelte Kreise; Kopplungsteil m

耦合电容 ǒuhé diànróng Kopplungskapazität f

耦合电容器 ǒuhé diànróngqì Ankopplungskondensator m

耦合电阻 ǒuhé diànzǔ Kopplungswiderstand m

耦合环 ǒuhéhuán Kopplungsbügel m

耦合节 ǒuhéjié Ankopplungsglied n; Kopplungsglied n

耦合系数 ǒuhé xìshù Kopplungskoeffizient m; Koppelfaktor m

耦合线圈 ǒuhé xiànquān Koppelspule f

耦合元件 ǒuhé yuánjiàn Kopplungselement n

P

爬虫类 páchónglèi Reptilien *pl*; Kriechtiere *pl*

爬坡系数 pápō xìshù Bergsteigkoeffizient *m*

爬坡性能 pápō xìngnéng Bergfreudigkeit *f*

爬行动物 páxíng dòngwù Kriechtier *n*; Reptil *n*

拍电报 pāidiànbào telegrafieren

拍摄 pāishè aufnehmen; filmen; fotografieren

拍照 pāizhào fotografieren; eine Aufnahme machen

拍子 pāizi Takt *m*

排版 páibǎn Setzen *n*; Schriftsetzen *n*

排斥 páichì ausschließen; abstoßen; verdrängen; verstoßen; Abstoßung *f*

排斥力 páichìlì Abstoßungskraft *f*

排出 páichū ablassen; auslassen; auspuffen; ableiten; ablegen; Auslauf *m*; Ausleerung *f*; Ablass *m*; Ablassung *f*; Ablauf *m*; Abstoßung *f*; Abgabe *f*

排出阀 páichūfá Ausschubventil *n*; Ablassventil *n*

排出管 páichūguǎn Abrohr *n*

排出口 páichūkǒu Ausguss *m*; Ablauf *m*

排出量 páichūliàng Ausgangsmasse *f*

排出器 páichūqì Verdränger *m*

排出水 páichūshuǐ Schusswasser *n*

排出速度 páichū sùdù Austrittsgeschwindigkeit *f*

排出压力 páichū yālì Ausschubdruck *m*

排除 páichú beseitigen; entfernen; fortschaffen; ausscheiden; ausschalten; eliminieren; Elimination *f*; Beseitigung *f*

排除废气 páichú fèiqì Abluftabführung *f*

排挡 páidǎng Gang *m* (eines Kraftfahrzeugs)

排放 páifàng Abzug *m*

排放气体 páifàng qìtǐ auspuffen

排放物极限值 páifàngwù jíxiànzhí Emissionsgrenzwert *m*

排放系统 páifàng xìtǒng Auslasssystem *n*

排灌 páiguàn bewässern und entwässern; Bewässerung und Entwässerung

排灌区 páiguànqū Abflussgebiet *n*

排灌站 páiguànzhàn Pumpstation *f*; Be- und Entwässerungsstation *f*

排挤 páijǐ verdrängen

排空 páikōng ablassen; entleeren; ausleeren; Ausleerung *f*

排矿槽 páikuàngcáo Abfallrinne *f*

排涝 páilào dränieren; überschüssiges Wasser von Feldern ableiten; Überschwemmungswasser ableiten

排雷 páiléi entminen; Minen wegräumen; Minenräumen *n*

排列 páiliè ordnen; einordnen; aufreihen; permutieren; reihen; Einordnung *f*; Permutation *f*

排列图标 páiliè túbiāo Symbole anordnen

排流管 páiliúguǎn Ablaufleitung *f*

排卵 páiluǎn Ei abstoßen; ovulieren; Ovulation *f*

排气 páiqì ausströmen; entlüften; Dampf anzapfen; Dampfabführung *f*; Luftabzug *m*; Auspuff *m*; Gasableitung *f*; Entlüflung *f*

排气冲程 páiqì chōngchéng Auslasshub *m*; Auslasstakt *m*; Ausschubhub *m*; Auspufftakt *m*

排气道 páiqìdào Schlot *m*

排气阀 páiqìfá Auslassventil *n*; Ausströmventil *n*; Abblaseventil *n*; Auspuffventil *n*

排气风扇 páiqì fēngshàn Abluftlüfter *m*; Entlüfter *m*

排气管 páiqìguǎn Auspuffrohr *n*; Abzugskanal *m*; Auspuffleitung *f*

排气管道 páiqì guǎndào Dampfableitung *f*

排气过滤器 páiqì guòlǜqì Absaugfilter *m*

排气活塞 páiqì huósāi Ausschubkolben *m*

排气机 páiqìjī Exhaustor *m*; Absauger *m*; Entlüfter *m*

排气结束 páiqì jiéshù Ausschubende *n*

排气口 páiqìkǒu Abzug *m*; Auspuff *m*; Abblaseöffnung *f*; Abluftöffnung *f*

排气门 páiqìmén Zylinderausblasehahn *m*

排气能量 páiqì néngliàng Auspuffenergie *f*

排气设备 páiqì shèbèi Abgasanlage *f*

排气系统 páiqì xìtǒng Auspuffanlage *f*; Abgasanlage *f*

排气消声器 páiqì xiāoshēngqì Auspuffschalldämpfer *m*; Auspufftopf *m*

排气行程 páiqì xíngchéng Ausschubperiode *f*

排气压力 páiqì yālì Abblasedruck *m*; Ausschubspannung *f*

排气罩 páiqìzhào Absaugehaube *f*; Ausschubspannung *f*

排气装置 páiqì zhuāngzhì Auspuffanlage *f*; Abgaseinrichtung *f*

排气总管 páiqì zǒngguǎn Auspuffsammelrohr *n*

排水 páishuǐ entwässern; Wasser ableiten; Entwässerung *f*; Wasserableitung *f*; Trockenlegung *f*; Wasserabführung *f*; Wasserverdrängung *f*; Abtrocknen *n*

排水泵 páishuǐbèng Abwasserpumpe *f*; Entwässerungspumpe *f*; Dränagepumpe *f*; Lenzpumpe *f*

排水泵站 páishuǐbèngzhàn Entwässerungspumpwerk *n*

排水槽 páishuǐcáo Wasserablaufrinne *f*; Auslaufrinne *f*; Abzugsgerinne *n*; Gefluder *n*; Ausgussrinne *f*

排水层 páishuǐcéng Entwässerungsschicht *f*; Dränageschicht *f*; Dränteppich *m*; Dränschicht *f*

排水道 páishuǐdào Wasserausleitung *f*

排水道出口 páishuǐdào chūkǒu Dränauslauf *m*

排水段 páishuǐduàn Wasserlösungsstrecke *f*

排水工程 páishuǐ gōngchéng Entwässerungsprojekt *n*; Entwässerungsarbeiten *pl*

排水沟 páishuǐgōu Abflussgraben

P

m; Ablassgraben *m*; Ablassgrube *f*; Drängraben *m*; Entwässerungsgraben *m*; Entwässerungskanal *m*; Entwässerungsrinne *f*; Ableitungsgraben *m*;

排水管 páishuǐguǎn Ablass *m*; Dränrohr *n*; Abflussrohr *n*; Auslassrohr *n*; Abfallrohr *n*; Entwässerungsrohr *n*; Wasserablaufrohr *n*; Wasserablassrohr *n*; Wasserableitungsrohr *n*; Entwässerungsleitung *f*

排水管道 páishuǐ guǎndào Entwässerungsrohrleitung *f*

排水管网 páishuǐguǎnwǎng Entwässerungsrohrnetz *n*; Dränagerohrnetz *n*

排水接管 páishuǐ jiēguǎn Entwässerungsanschluss *m*

排水结构 páishuǐ jiégòu Entwässerungsbauwerk *n*

排水井 páishuǐjǐng Entwässerungsschacht *m*; Entwässerungsgrube *f*

排水孔 páishuǐkǒng Dränloch *n*; Wasserlücke *f*; Entwässerungsloch *n*

排水口 páishuǐkǒu Entlastungsloch *n*; Wasserablauf *m*; Auslaufloch *n*; Abzugsöffnung *f*; Ablassöffnung *f*

排水量 páishuǐliàng Wasserverdrängung *f*; Abflussmenge *f*; Ableitungskapazität *f*

排水能力 páishuǐ nénglì Abfuhrvermögen *n*; Vorflutmöglichkeit *f*

排水区 páishuǐqū Entwässerungsgebiet *n*; Abwässerungsgebiet *n*

排水渠 páishuǐqú Entwässerungskanal *m*; Wasserableitungskanal *m*; Abflusskanal *m*; Auslasskanal *m*; Ableitungskanal *m*

排水设备 páishuǐ shèbèi Entwässerungsanlage *f*; Entwässerungsvorrichtung *f*; Entwässerungseinrichtung *f*; Dränage *f*

排水设施 páishuǐ shèshī Auslasswerk *n*; Dränanlage *f*

排水隧洞 páishuǐ suìdòng Vorflutstollen *m*; Lösungsstollen *m*

排水网 páishuǐwǎng Drainagenetz *n*; Dränagerohrnetz *n*; Drännetz *n*; Be- und Entwässerungsnetz *n*; Netz von Pumpstationen und Kanälen

排水系统 páishuǐ xìtǒng Entwässerungssystem *n*; Drainagesystem *n*; Lenzpumpensystem *n*; Kanalisationssystem *n*

排水障碍 páishuǐ zhàng'ài Vorflutbehinderung *f*

排水总管 páishuǐ zǒngguǎn Entwässerungssammler *m*

排他性 páitāxìng Exklusivität *f*

排土挖掘机 páitǔ wājuéjī Absetzer *m*

排污 páiwū abblasen; Abschlämmung *f*

排污水管 páiwū shuǐguǎn Entwässerungskanal *m*; Abwasserkanalisation *f*

排泄 páixiè ableiten; Ausscheidung *f*

排泄槽 páixiècáo Ablaufrinne *f*

排泄阀 páixièfá Auslassventil *n*; Abgangsventil *n*; Abzapfventil *n*; Ausgussventil *n*; Auslassklappe *f*; Wasserablasshahn *m*; Wasserablassventil *n*; Abzugsschleuse *f*; Auslaufschieber *m*

排泄管 páixièguǎn Ablassleitung *f*; Ablassrohr *n*

排泄口 páixièkǒu Ablassöffnung *f*

P

排泄总管 páixiè zǒngguǎn Ablasssammler *m*

排油管 páiyóuguǎn Leckölleitung *f*

排淤渠道 páiyū qúdào Schlammkanal *m*

排渣 páizhā abschlacken；Abschlacken *n*

排字 páizì Schrift setzen

排字机 páizìjī Setzkasten *m*

迫击炮 pǎijīpào Granatwerfer *m*；Mörser *m*

派生 pàishēng Ableitung *f*

攀缘植物 pānyuán zhíwù Schlingpflanze *f*；Liane *f*；Kletterpflanze *f*

盘簧 pánhuáng Keilfeder *f*；Tellerfeder *f*；gewickelte Feder；Spiralfeder *f*；Scheibenfeder *f*

盘式制动摩擦片 pánshì zhìdòng mócāpiàn Scheibenbremsbelag *m*

盘式制动器 pánshì zhìdòngqì Scheibenbremse *f*

盘形活塞 pánxíng huósāi Scheibenkolben *m*

盘旋 pánxuán kreiseln

盘状转子 pánzhuàng zhuànzǐ Scheibenläufer *m*

盘组 pánzǔ Stapel *m*

判别式 pànbiéshì Diskriminante *f*

判断 pànduàn urteilen；ermessen；beurteilen；Urteil *n*；Beurteilung *f*

判断力 pànduànlì Urteilskraft *f*；Urteilsvermögen *n*；Urteilsfähigkeit *f*

膀胱 pángguāng Harnblase *f*

膀胱结石 pángguāng jiéshí Blasenstein *m*

膀胱镜 pángguāngjìng Blasenspiegel *m*；Zystoskop *n*

旁路 pánglù übergehen；Nebenschluss *m*；Shunt *m*

旁切圆 pángqiēyuán Ankreis *m*

旁压 pángyā Seitendruck *m*

旁通阀 pángtōngfá Nebenschlussventil *n*；Beipassventil *n*；Umgehungsventil *n*；Überflussventil *n*

旁通管 pángtōngguǎn Beipassrohr *n*

旁通管路 pángtōng guǎnlù Nebenleitung *f*

旁通孔 pángtōngkǒng Beipass-Bohrung *f*

螃蟹 pángxiè Krabbe *f*；Wollhandkrabbe *f*

抛出 pāochū Auswurf *m*

抛光 pāoguāng polieren；aufpolieren；Anschliff *m*；Polieren *n*；Politur *f*

抛光钢板 pāoguāng gāngbǎn Hochglanzblech *n*

抛光膏 pāoguānggāo Polierpaste *f*

抛光机 pāoguāngjī Poliermaschine *f*；Schwabbelmaschine *f*

抛光机床 pāoguāng jīchuáng Polierbank *f*

抛光剂 pāoguāngjì Poliermittel *n*

抛光面 pāoguāngmiàn Polierfläche *f*

抛光纸 pāoguāngzhǐ Polierpapier *n*

抛锚 pāomáo ankern；Anker werfen；Panne haben；Autopanne haben；vor Anker gehen

抛射距离 pāoshè jùlí Wurfweite *f*

抛射力 pāoshèlì Wurfkraft *f*

抛体运动 pāotǐ yùndòng Wurfbewegung *f*

抛物面 pāowùmiàn Paraboloid *n*

抛物面镜 pāowùmiànjìng Parabolspiegel *m*；Paraboloidalspiegel *m*

抛物面天线 pāowùmiàn tiānxiàn Antennenschüssel *f*；Satellitenschüssel *f*；Parabolantenne *f*

抛物曲线 pāowù qūxiàn Parabel-

P

kurve *f*

抛物体 pāowùtǐ Paraboloid *n*; Wurfkörper *m*

抛物线 pāowùxiàn Wurflinie *f*; Parabel *f*; parabelartige Kurve

抛物线的 pāowùxiànde parabolisch

抛物线规律 pāowùxiàn guīlǜ parabolisches Gesetz

抛物线轨迹 pāowùxiàn guǐjī Parabelbahn *f*

抛物线凸轮 pāowùxiàn tūlún Parabelnocken *m*

刨煤机 páoméijī Kohlehobler *m*

刨削工序 páoxiāo gōngxù Hobelarbeit *f*

刨削面 páoxiāomiàn Hobelfläche *f*

跑出 pǎochū herauslaufen

泡沫 pàomò Schaum *m*; Blase *f*; Abschaum *m*

泡沫玻璃 pàomò bōli Schaumglas *n*

泡沫灭火器 pàomò mièhuǒqì Schaumlöschanlage *f*; Schaumlöscher *m*

泡沫塑料 pàomò sùliào Schaumstoff *m*; Plastikschaumstoff *m*; Schaumkunststoffe *pl*

泡沫橡胶 pàomò xiàngjiāo Schaumgummi *n*

炮 pào Kanone *f*; Geschütz *n*

炮兵 pàobīng Artillerie *f*; Artillerist *m*

炮弹 pàodàn Geschoss *n*

炮轰 pàohōng beschießen; etw. mit Artilleriefeuer belegen

炮火 pàohuǒ Artilleriefeuer *n*

炮击 pàojī etw. mit Artilleriefeuer belegen; unter Artilleriefeuer nehmen

炮舰 pàojiàn Kanonenboot *n*

炮声 pàoshēng Geschützschlag *m*; Kanonenschuss *m*

炮筒 pàotǒng Geschützrohr *n*; Geschützlauf *m*

炮位 pàowèi Geschützstellung *f*; Geschützstand *m*; Geschützpunkt *m*

炮眼 pàoyǎn Sprengloch *n*

炮眼爆破 pàoyǎn bàopò Absprengen der Bohrlöcher

疱疹 pàozhěn Bläschenausschlag *m*

胚盘 pēipán Hahnentritt *m*; Keimscheibe *f*; Blastodiskus *m*

胚胎 pēitāi Keim *m*; Embryo *m*; Ansatz *m*

胚胎的 pēitāide embryonal

胚胎形成 pēitāi xíngchéng Keimbildung *f*

胚胎学 pēitāixué Embryologie *f*

胚芽 pēiyá Sprossknospe *f*; Plumula *f*; Gemmula *f*

胚种的 pēizhǒngde germinal

胚轴 pēizhóu Sprossachse *f*

胚珠 pēizhū Samenanlage *f*

培土 péitǔ anhäufeln; Erde aufhäufen

培养基 péiyǎngjī Kulturmedien *pl*

培养瓶 péiyǎngpíng Kulturflasche *f*

培育 péiyù Züchterei *f*

培植 péizhí züchten heranziehen; aufziehen; kultivieren; Anzucht *f*

配备 pèibèi ausstatten; versehen; ausrüsten; Ausstattung *f*

配电 pèidiàn Verteilung *f*; Stromverteilung *f*; Verteilung des Stroms

配电板 pèidiànbǎn Schalttafel *f*; Schaltwand *f*

配电房 pèidiànfáng Schaltraum *m*

配电柜 pèidiànguì Stationsverteiler *m*

配电继电器 pèidiàn jìdiànqì Schaltrelais *n*

P

配电盘 pèidiànpán Verteiler *m*; Verteilerscheibe *f*; Apparatetafel *f*; Schaltpult *n*; Schalttafel *f*; Schaltbrett *n*; Distributionstafel *f*

配电器 pèidiànqì Stromverteiler *m*

配电设备 pèidiàn shèbèi Stromschaltanlage *f*

配电台 pèidiàntái Stromschaltpult *n*

配电图 pèidiàntú Stromabgabebild *n*

配电网 pèidiànwǎng Verteilungsnetz *n*

配电系统 pèidiàn xìtǒng Verteilersystem *n*

配电箱 pèidiànxiāng Schaltschrank *m*

配电站 pèidiànzhàn Kraftschaltstation *f*; Verteilerstelle *f*

配方 pèifāng Rezeptieren *n*; Rezeptur *f*; Anleitung zur Herstellung chemischer oder metallurgischer Produkte; Arznei bereiten; quadratische Ergänzung

配合 pèihé Passarbeit *f*; Passung *f*; Koordination *f*

配合尺寸 pèihé chǐcùn Passmass *n*

配合件 pèihéjiàn Passstück *n*

配合精度 pèihé jīngdù Passgenauigkeit *f*

配合力学 pèihé lìxué Passungsmechanik *f*

配合螺栓 pèihé luóshuān Passschraube *f*

配合套筒 pèihé tàotǒng Anpassbüchse *f*

配合误差 pèihé wùchā Anpassungsfehler *m*

配价 pèijià koordinierte Valenz

配件 pèijiàn Armatur *f*; Passstück *n*; Ergänzungselement *n*; Ersatzteil *n/m*; Reparaturteil *n/m*; Einzelteil *n/m*; Zubehör *n*; Einzelelement *n*

配件厂 pèijiànchǎng Ersatzteilwerk *n*

配料泵 pèiliàobèng Zuteilpumpe *f*

配料器 pèiliàoqì Dosieranlage *f*

配水 pèishuǐ Wasserverteilung *f*

配水管网 pèishuǐguǎnwǎng Verteilungsrohrnetz *n*

配水器 pèishuǐqì Zuteiler *m*

配水塔 pèishuǐtǎ Zapfständer *m*

配套 pèitào komplettieren

配位价 pèiwèijià koordinative Wertigkeit

配线板 pèixiànbǎn Rangierplatte *f*

配线盘 pèixiànpán Rangierfeld *n*

配置 pèizhì Anordnung *f*; Auslegung *f*

配置数据 pèizhì shùjù Konfigurationsdaten *pl*

配重 pèizhòng Schwergewicht *n*; Ausgleichsgewicht *n*; Kompensationsgewicht *n*

喷出 pēnchū herausspritzen

喷镀层 pēndùcéng Aufdampfschicht

喷发 pēnfā Ausbruch *m*

喷粉机 pēnfěnjī Motorstäuber *m*

喷管 pēnguǎn Düse *f*

喷灌 pēnguàn durch Sprühen bewässeren; berieseln; beregnen

喷火 pēnhuǒ ausflammen; Ausflammen *n*

喷火口 pēnhuǒkǒu Ausbruchsöffnung *f*

喷墨打印机 pēnmò dǎyìnjī Tintenstrahldrucker *m*

喷漆 pēnqī Lack aufspritzen

喷气发动机 pēnqì fādòngjī Düsentriebwerk *n*; Strahltriebwerk *n*; Düsenmotor *m*

喷气式 pēnqìshì düsengetrieben;

P

mit Düsenantrieb (od. Strahlantrieb) versehen

喷气式发动机 pēnqìshì fādòngjī Propulsionsmotor *m*

喷气式飞机 pēnqìshì fēijī Düsenflugzeug *n*; Staustrahlflugzeug *n*; Jet *m*

喷气推进 pēnqì tuījìn Strahlantrieb *m*; Düsenantrieb *m*

喷气推进器 pēnqì tuījìnqì Strahltriebwerk *n*

喷气涡轮机 pēnqì wōlúnjī Rückstoßturbine *f*

喷气织机 pēnqì zhījī Düsenwebmaschine *f*; Düsenwebstuhl *m*

喷枪 pēnqiāng Lanze *f*; Spritzpistole *f*

喷泉 pēnquán Springquell *m*; Fontäne *f*; Springbrunnen *m*; Laufbrunnen *m*

喷洒 pēnsǎ spritzen; bespritzen; sprengen; besprengen; berieseln

喷砂处理 pēnshā chǔlǐ Blankstrahlen *n*; Sandstrahl *m*

喷砂机 pēnshājī Sandgebläse *n*; Sandstrahlmaschine *f*

喷砂嘴 pēnshāzuǐ Sandblasdüse *f*

喷射 pēnshè abspritzen; bespritzen; einspritzen; besprühen; strahlen; sprühen; emittieren; Injektion *f*; Zerstäubung *f*

喷射泵 pēnshèbèng Strahlpumpe *f*; Einspritzpumpe *f*

喷射方法 pēnshè fāngfǎ Einspritzverfahren *n*

喷射管 pēnshèguǎn Strahlrohr *n*

喷射弧形段 pēnshè húxíngduàn Einspritzbogen *m*

喷射面 pēnshèmiàn Düsenfläche *f*

喷射器 pēnshèqì Ejektor *m*; Injektor *m*

喷射水 pēnshèshuǐ Einspritzwasser *n*

喷射压力 pēnshè yālì Abspritzdruck *m*

喷水压力 pēnshuǐ yālì artesischer Druck

喷嚏 pēntì niesen

喷丸硬化 pēnwán yìnghuà Kugelstrahlhärtung *f*

喷雾 pēnwù Zerstäubung *f*

喷雾淬火 pēnwù cuìhuǒ Nebelhärtung *f*

喷雾管 pēnwùguǎn Zerstäuberrohr *n*

喷雾剂 pēnwùjì Zerstäubungsmittel *n*

喷雾孔 pēnwùkǒng Zerstäubungsöffnung *f*

喷雾器 pēnwùqì Spritze *f*; Schädlingsspritze *f*; Spritzer *m*; Zerstäuber *m*; Spraygerät *n*; Verstäuber *m*; Atomiseur *m*

喷雾嘴 pēnwùzuǐ Zerstäubungsdüse *f*

喷洗 pēnxǐ abspritzen

喷油泵 pēnyóubèng Einspritzpumpe *f*; Brennstoffeinspritzpumpe *f*

喷油阀杠杆 pēnyóufá gànggǎn Brennstoffventilhebel *m*

喷油井 pēnyóujǐng Fördersonde *f*; Förderbrunnen *m*

喷油量 pēnyóuliàng Einspritzmenge *f*

喷油器体 pēnyóuqìtǐ Düsenhalter *m*

喷油烧嘴 pēnyóu shāozuǐ Ölbrenner *m*

喷油蓄压管 pēnyóu xùyāguǎn Speicher *m*

喷油针锥 pēnyóu zhēnzhuī Düsennadelkonus *m*

喷油针座 pēnyóu zhēnzuò Düsennadelsitz *m*

喷油嘴 pēnyóuzuǐ Einspritzdüse *f*; Brennstoffeinspritzdüse *f*; Tupfer *m*; Benzinzerstäuber *m*

喷油嘴体 pēnyóuzuǐtǐ Einspritzdüsenkörper *m*

喷油嘴油道 pēnyóuzuǐ yóudào Düsenkanal *m*

喷油嘴针阀座 pēnyóuzuǐ zhēnfázuò Düsennadelsitz *m*

喷嘴 pēnzuǐ Düse *f*; Brause *f*; Einspritzdüse *f*; Strahldüse *f*

喷嘴压力 pēnzuǐ yālì Mündungsdruck *m*

喷嘴中心线 pēnzuǐ zhōngxīnxiàn Düsenachse *f*

喷嘴轴线 pēnzuǐ zhóuxiàn Düsenachse *f*

盆地 péndì Becken *n*

硼 péng Bor *n*; Borium *n*

硼化物 pénghuàwù Boride *n*

硼铝合金 pénglǚ héjīn Boral *n*

硼酸 péngsuān Borsäure *f*

硼酸盐 péngsuānyán Borat *n*

膨胀 péngzhàng ausdehnen; blähen; schwellen; sich ausdehnen; sich ausbreiten; expandieren; Dilatanz *f*; Blähung *f*; Dilataton *f*; Expansion *f*; Ausdehnung *f*

膨胀的 péngzhàngde expansiv

膨胀度 péngzhàngdù Quellungsgrad *m*

膨胀管 péngzhàngguǎn Dilatationsrohr *n*

膨胀计 péngzhàngjì Dehnbarkeitsmesser *m*; Dehnungsmesser *m*; Ausdehnungsmesser *m*

膨胀力 péngzhànglì Spannkraft *f*; Ausdehnungskraft *f*

膨胀系数 péngzhàng xìshù Blähgrad *m*; Expansionszahl *f*; Ausdehnungskoeffizient *m*; Ausdehnungsverhältnis *n*; Ausdehnungsbeiwert *m*; Dehnungsfaktor *m*

膨胀行程 péngzhàng xíngchéng Ausdehnungshub *m*

膨胀性 péngzhàngxìng Dehnbarkeit *f*; Quellbarkeit *f*

碰撞 pèngzhuàng gegen etw. stoßen; anstoßen; zusammenstoßen; auf etwprallen; aufprallen; Anprall *m*; Stoß *m*; Zusammenstoß *m*; Kollision *f*

碰撞电子 pèngzhuàng diànzǐ Anstoßelektron *n*

碰撞模拟器 pèngzhuàng mónǐqì Aufprallsimulator *m*

碰撞区域 pèngzhuàng qūyù Aufprallzone *f*

碰撞试验 pèngzhuàng shìyàn Aufprallprüfung *f*; Aufprallversuch *m*

碰撞系数 pèngzhuàng xìshù Stoßzahl *f*; Stoßbeiwert *m*

批 pī Serie *f*

批量生产 pīliàng shēngchǎn Serienfertigung *f*

批准 pīzhǔn genehmigen; bewilligen; billigen; ratifizieren; Genehmigung *f*

坯件 pījiàn Rohling *m*; Formling *m*

霹雷 pīléi heftiger Donnerschlag

砒霜 pīshuāng Arsenik *n*

皮层 pícéng Rinde *f*; Kortex *m*; Hirnrinde *f*

皮尺 píchǐ Bandmaß *n*; Maßband *n*

皮带 pídài Ledergürtel *m*; Treibriemen *m*; Transmissionsriemem *m*; Riemem *m*

皮带传动 pídài chuándòng Bandtrieb *m*; Riemenantrieb *m*

皮带轮 pídàilún Riemenscheibe *f*

皮带运输机 pídài yùnshūjī Gurtförderer *m*; Gurttransporteur *m*

皮肤 pífū tragende Haut; Haut *f*

皮肤病 pífūbìng Hautkrankheit *f*; Dermatosis *f*

皮肤科 pífūkē Abteilung für Hautkrankheiten; dermatologische Abteilung

皮肤瘤 pífūliú Hautgeschwulst *f*

皮革 pígé Leder *n*

皮革制的 pígézhìde ledern

皮内注射 pínèi zhùshè subkutane Injektion

皮下出血 píxià chūxuè Blutunterlaufung *f*

皮下的 píxiàde hautnah; subkutan

皮下组织 píxià zǔzhī Unterhaut *f*

皮屑 píxiè Schuppe *f*

皮炎 píyán Hautentzündung *f*; Dermatitis *f*

皮疹 pízhěn Hautausschlag *m*; Exanthem *n*

铍 pí Beryllium *n*

疲劳测试 píláo cèshì Zermürbsversuch *m*

疲劳极限 píláo jíxiàn Ermüdungsgrenze *f*; Dauerfestigkeitsgrenze *f*

疲劳裂纹 píláo lièwén Daueranriss *m*

疲劳强度 píláo qiángdù Dauerfestigkeit *f*; Dauerhaltbarkeit *f*; Ermüdungsfestigkeit *f*; Wechselfestigkeit *f*; Zeitfestigkeit *f*

疲劳试验 píláo shìyàn Dauerprüfung *f*; Dauerbeanspruchungstest *m*; Dauerversuch *m*; Ermüdungsversuch *m*

疲劳试验机 píláo shìyànjī Dauerprüfmaschine *f*

疲劳损坏 píláo sǔnhuài Zermürbung *f*

脾 pí Milz *f*

脾破裂 pípòliè Milzriss *m*

脾肿大 pízhǒngdà Milzvergrößerung *f*; Splenomegalie *f*

匹配电路 pǐpèi diànlù Anpassungskreis *m*; Anpassungsschaltung *f*

匹配电阻 pǐpèi diànzǔ Anpassungswiderstand *m*

匹配滤波器 pǐpèi lǜbōqì Anpassungsfilter *m/n*

匹配模块 pǐpèi mókuài Anpassungsgruppe *f*

匹配衰减 pǐpèi shuāijiǎn Anpassungsdämpfung *f*

匹配系数 pǐpèi xìshù Anpassungsverhältnis *n*

匹配值 pǐpèizhí Anpassungswert *m*

匹配阻抗 pǐpèi zǔkàng Anpassungsimpedanz *f*

偏差 piānchā deviieren; deklinieren; Deklination *f*; Verwerfung *f*; Verschwenkung *f*; Verlauf *m*; Seitenabweichung *f*; Missweisung *f*; Ausschlag *m*; Ausweichung *f*; Abweichung *f*; Fehler *m*; Abtrift *f*; Abmaß *n*; Ablenkung *f*; Aberration *f*

偏差的 piānchāde missweisend

偏差范围 piānchā fànwéi Schwankung *f*; Abweichbereich *m*

偏差角 piānchājiǎo Abtrift *f*

偏差指示器 piānchā zhǐshìqì Abweichungsanzeiger *m*

偏磁场 piāncíchǎng Vormagnetisierungsfeld *n*

偏磁化 piāncíhuà Vormagnetisierung *f*

偏电压 piāndiànyā Verschiebungsspannung *f*

偏方 piānfāng volkstümliches Rezept; Hausmittel *n*

偏光 piānguāng polarisiertes Licht;

P

Auflicht n

偏光计 piānguāngjì Polarisationsmesser *m*

偏光镜 piānguāngjìng Polarisator *m*

偏航计 piānhángjì Wendezeiger *m*

偏航角 piānhángjiǎo Abdriftwinkel *m*

偏角 piānjiǎo Abweichungswinkel *m*; Inklination *f*; Verschwenkungswinkel *m*

偏角误差 piānjiǎo wùchā Verschwenkungsfehler *m*

偏离 piānlí weichen; abweichen; Abweichung *f*

偏离度 piānlídù Ausweichung *f*

偏流角 piānliújiǎo Verschwenkungswinkel *m*

偏钛酸 piāntàisuān Titansäure *f*

偏头痛 piāntóutòng Migräne *f*; Hemikranie *f*; Einseitenkopfschmerz *m*

偏位的 piānwèide nichtsymmetrisch

偏析 piānxī pauschen

偏向 piānxiàng abweichen; Abweichung *f*; Auslenkung *f*

偏斜 piānxié Ablenkung *f*; Deflektion *f*; Seitenabweichung *f*

偏心的 piānxīnde metazentrisch; exzentrisch

偏心度 piānxīndù Exzentrizität *f*

偏心环 piānxīnhuán Exzenterring *m*

偏心角 piānxīnjiǎo Exzentrizitätswinkel *m*; exzentrischer Winkel

偏心距 piānxīnjù Exzentrizität *f*

偏心率 piānxīnlǜ Exzentrizität *f*

偏心轮 piānxīnlún Exzenterrad *n*; Daumenrad *n*; Exzenter *m*

偏心频率 piānxīn pínlǜ Ausweichfrequenz *f*

偏心轴 piānxīnzhóu Exzenterwelle *f*

偏压 piānyā Vorspannung *f*

偏压电阻器 piānyā diànzǔqì Vorspannungswiderstand *m*

偏压线圈 piānyā xiànquān Vormagnetisierungsspule *f*

偏移 piānyí auslenken; verlagern; Versatz *m*; Abdrift *f*; Deklination *f*; Abweichung *f*; Verschiebung *f*

偏移频率 piānyí pínlǜ Ausweichfrequenz *f*

偏振 piānzhèn Polarisation *f*

偏振的 piānzhènde polarisiert

偏振光 piānzhènguāng polarisiertes Licht

偏振计 piānzhènjì Polarimeter *n*; Polarisationsmesser *m*

偏振角 piānzhènjiǎo Polarisationswinkel *m*

偏振镜 piānzhènjìng Polariskop *n*; Polarisationsapparat *m*

偏振仪 piānzhènyí Polarimeter *n*

偏振面 piānzhènmiàn Polarisationsebene *f*

偏振性 piānzhènxìng Polarisierbarkeit *f*

偏振装置 piānzhèn zhuāngzhì Polarisationsapparat *m*

偏转 piānzhuǎn ablenken; auslenken; aberrieren; Abbiegung *f*; Abweichung *f*; Auslenkung *f*; Ablenkung *f*; Ausschlag *m*; Deflektion *f*; Inflexion *f*

偏转电压 piānzhuǎn diànyā Ablenkspannung *f*

偏转角 piānzhuǎnjiǎo Abweichungswinkel *m*; Auslenkwinkel *m*; Verschwenkungswinkel *m*

偏转力 piānzhuǎnlì Ausschlagkraft *f*; Auslenkkraft *f*; ablenkende Kraft; Ablenkkraft *f*

偏转线圈 piānzhuǎn xiànquān Ablenkspule *f*

P

片式冷却器 piànshì lěngquèqì Lamellenkühler m

片状的 piànzhuàngde laminar; geschichtet; flockig; blattartig

片状散热器 piànzhuàng sànrèqì Lamellenkühler m

片状岩 piànzhuàngyán schiefriges Gestein

漂浮 piāofú schweben; Schwebung f

漂流 piāoliú Abdrift f; Driftströmung f

漂移 piāoyí 〈电〉Drift f; Abdrift f; 〈地〉Verschiebung f; Abwandern n

漂移电流 piāoyí diànliú Driftstrom m; Fließ n

漂移误差 piāoyí wùchā Driftfehler m

漂移性 piāoyíxìng Fließbarkeit f

漂白 piǎobái bleichen; entfärben; Bleiche f

漂白粉 piǎobáifěn Bleichkalk m; Chlorkalk m

漂白机 piǎobáijī Bleichmaschine f

漂白剂 piǎobáijì Bleichmittel n; Bleichpulver n

漂清 piǎoqīng nachspülen

票据 piàojù Gutschein m

撇渣器 piězhāqì Wischenwand f

拼接角钢 pīnjiē jiǎogāng Stoßwinkel m

贫化 pínhuà Verarmung f; Abfall m

贫矿 pínkuàng armes Erz; dürres Erz

贫硫的 pínliúde schwefelarm

贫铁矿石 píntiě kuàngshí eisenarmes Erz

贫血 pínxuè Blutarmut f; Anämie f

频差 pínchā Frequenzdifferenz f

频带 píndài Frequenzband n; Band n; Spurengruppe f

频带宽度 píndài kuāndù Frequenzbandbreite f; Bandbreite f

频道 píndào Frequenzkanal m; Kanal m

频道栏 píndàolán Channelleiste f

频繁的 pínfánde häufig

频率 pínlǜ Frequenz f; Periodenzahl f

频率变换器 pínlǜ biànhuànqì Frequenzumformer m

频率测量 pínlǜ cèliáng Frequenzmessung f

频率带 pínlǜdài Frequenzband n

频率单位 pínlǜ dānwèi Frequenzeinheit f

频率发送器 pínlǜ fāsòngqì Frequenzgeber m

频率范围 pínlǜ fànwéi Frequenzbereich m

频率计 pínlǜjì Frequenzmesser m; Frequenzanzeiger m; Frequenzmeter n/m; Kymograf m

频率继电器 pínlǜ jìdiànqì Frequenzrelais n

频率滤波器 pínlǜ lǜbōqì Frequenzfilter n/m

频率失真 pínlǜ shīzhēn Frequenzverzerrung f

频率调幅 pínlǜ tiáofú Frequenzmodulation f

频率调谐 pínlǜ tiáoxié Frequenzabstimmung f

频率调整器 pínlǜ tiáozhěngqì Abstimmeinrichtung f; Frequenzabgleicher m

频率调制 pínlǜ tiáozhì Frequenzmodulation f

频谱 pínpǔ Frequenzspektrum n; Spektrum n

频谱的 pínpǔde spektral

频谱分析仪 pínpǔ fēnxīyí Frequenzspektrometer n

频闪观测器 pínshǎn guāncèqì Stroboskop n

频闪脉冲 pínshǎn màichōng Strobimpuls m

品质 pǐnzhì Güte f; Qualität f

品种 pǐnzhǒng Sorte f; Art f; Rasse f

品种纯度 pǐnzhǒng chúndù Reinheit der Samen

平凹的 píng'āode plankonkav

平凹透镜 píng'āo tòujìng Plankonkavlinse f

平板 píngbǎn Platte f

平板玻璃 píngbǎn bōli Planglas n; Spiegelglas n; Tafelglas n

平板车 píngbǎnchē Pritschenwagen m

平板仪 píngbǎnyí Kippregel f

平板载货车 píngbǎn zàihuòchē Pritschenwagen m

平锉 píngcuò Flachfeile f

平的 píngde eben; platt; flach; glatt

平底锅 píngdǐguō Pfanne f

平地 píngdì Bodenplanierung f; Felder ebnen; ebener Boden; ebenes Gelände

平方 píngfāng quadrieren; Geviert n; Quadrat n; zweiter Potenz; hoch zwei

平方吋 píngfāngcùn Quadratzoll m

平方的 píngfāngde geviert

平方分米 píngfāng fēnmǐ Quadratdezimeter m/n

平方根 píngfānggēn Quadratwurzel f

平方毫米 píngfāng háomǐ Quadratmillimeter m/n

平方和 píngfānghé Quadratsumme f

平方米 píngfāngmǐ Quadratmeter $n/$ m

平方数 píngfāngshù gevierte Zahl; Quadratzahl f

平分 píngfēn etw. gleichmäßig verteilen; etw. in gleiche Teile teilen; halbieren; Zweiteilung f

平分法 píngfēnfǎ Zweiteilung f

平分线 píngfēnxiàn Bisektrix f; Halbierende f; Halbierungslinie f; Mittelslinie f

平光玻璃 píngguāng bōli Fensterglas n

平衡 pínghéng auswuchten; nivellieren; balancieren; ausgleichen; Abgleich m; Gleichförmigkeit f; Begleichung f; Gegengewicht n; Auswuchtung f; Gleichgewicht n; Ausgleich m; Balance f; Kompensation f

平衡臂 pínghéngbì Ausgleicharm m

平衡的 pínghéngde ausgeglichen

平衡点 pínghéngdiǎn Gleichgewichtspunkt m

平衡电路 pínghéng diànlù symmetrische Schaltung

平衡电桥 pínghéng diànqiáo abgeglichene Brücke

平衡电位器 pínghéng diànwèiqì Ausgleichspotentiometer n

平衡阀 pínghéngfá entlastetes Ventil

平衡方程式 pínghéng fāngchéngshì Gleichgewichtsgleichung f; Bilanzgleichung f

平衡杆 pínghénggān Schwinge f; Balancier m; Waagebalken m; Ausgleichhebel m

平衡机 pínghéngjī Auswuchtmaschine f; Balancemaschine f

平衡角 pínghéngjiǎo Trimmerwinkel m

P

平衡孔 pínghéngkǒng Ausgleichbohrung f

平衡力 pínghénglì Ausgleichkraft f; Mittelkraft f

平衡面 pínghéngmiàn Gleichgewichtsfläche f

平衡器 pínghéngqì Balance f; Schwinghebel m; Balancier m; Abgleicher m; Ausgleicher m; Ausgleichsvorrichtung f

平衡性 pínghéngxìng Ausgeglichenheit f

平衡仪 pínghéngyí Ausgleichanzeiger m

平衡值 pínghéngzhí Bilanzwert m

平衡指示器 pínghéng zhǐshìqì Abgleichanzeiger m

平衡重 pínghéngzhòng Ausgleich(s)-gewicht n; Kompensationsgewicht n

平衡装置 pínghéng zhuāngzhì Abgleicher m

平滑 pínghuá Glättung f

平滑的 pínghuáde eben und glatt; schlüpfrig; glatt

平滑电路 pínghuá diànlù Glättungskreis m

平滑肌 pínghuájī glatter Muskel

平价 píngjià Parität f; Paritätskurs m; Parikurs m

平价的 píngjiàde paritätisch

平均 píngjūn Durchschnitt m; im Durchschnitt

平均车速 píngjūn chēsù Durchschnittsgeschwindigkeit f

平均的 píngjūnde durchschnittlich; gleichmäßig

平均负荷 píngjūn fùhè Durchschnittslast f

平均功率 píngjūn gōnglǜ Durchschnittsleistung f; mittlere Leis-tung

平均距离 píngjūn jùlí mittlerer Abstand

平均亮度 píngjūn liàngdù mittlere Helligkeit

平均流量 píngjūn liúliàng mittlerer Durchfluss; mittlerer Abfluss; mittlere Abflussmenge; Abflussmenge bei Mittelwasser

平均流速 píngjūn liúsù Durchschnittsgeschwindigkeit f

平均偏差 píngjūn piānchā mittlere Abweichung

平均数 píngjūnshù Durchschnittszahl f

平均水位 píngjūn shuǐwèi Mittelwasserstand m; Mittelwasser n; Durchschnittsniveau n

平均速度 píngjūn sùdù Durchschnittsgeschwindigkeit f; mittlere Geschwindigkeit

平均维护时间 píngjūn wéihù shíjiān durchschnittliche Wartungszeit

平均温度 píngjūn wēndù mittlere Temperatur

平均误差 píngjūn wùchā durchschnittlicher Fehler; gemittelter Fehler

平均修理时间 píngjūn xiūlǐ shíjiān durchschnittliche Reparaturzeit

平均载荷 píngjūn zàihè durchschnittliche Belastung

平均值 píngjūnzhí Durchschnitt m; Durchschnittswert m; Durchschnittsgröße f; durchschnittlicher Wert; mittlere Größe

平均重量 píngjūn zhòngliàng Durchschnittsgewicht n

平流层 píngliúcéng Stratosphäre f

平炉 pínglú Herdofen m; Matinofen m; SM-Ofen m; Siemens-Martinofen *m*

平炉炼钢 pínglú liàngāng Herdfrischen *n*

平面 píngmiàn Ebene *f*; Fläche *f*; Spiegel *m*

平面刨床 píngmiàn bàochuáng Abrichthobelmaschine *f*

平面度 píngmiàndù Ebenheit *f*

平面对称 píngmiàn duìchèng Flächensymmetrie *f*

平面几何 píngmiàn jǐhé Planimetrie *f*; Geometrie der Ebene

平面几何的 píngmiàn jǐhéde planimetrisch

平面几何学 píngmiàn jǐhéxué ebene Geometrie; Planimetrie *f*

平面间距 píngmiàn jiānjù Ebenenabstand *m*

平面交叉 píngmiàn jiāochā Niveaukreuzung *f*; Plankreuzung *f*

平面镜 píngmiànjìng Planspiegel *m*; ebener Spiegel

平面量规 píngmiàn liángguī Flachlehre *f*

平面密封 píngmiàn mìfēng Flachdichtung *f*

平面磨床 píngmiàn móchuáng Flächenschleifmaschine *f*; Planschleifmaschine *f*

平面三角学 píngmiàn sānjiǎoxué ebene Trigonometrie

平面天线 píngmiàn tiānxiàn dachförmige Antenne

平面图 píngmiàntú Riss *m*; Lageplan *m*; Grundriss *m*; Plan *m*; Plankarte *f*

平面铣刀 píngmiàn xǐdāo Flächenfräser *m*

平面轧辊 píngmiàn zhágǔn glatte Walze

平年 píngnián gewöhnliches Jahr

平台 píngtái Hebebühne *f*

平台车 píngtáichē Gestellwagen *m*; Pritschenwagen *m*

平坦 píngtǎn Flachheit *f*; Glätte *f*

平坦的 píngtǎnde flach; eben

平头钉 píngtóudīng Stift *m*

平头汽车 píngtóu qìchē Frontlenker-Fahrzeug *n*

平头自卸汽车 píngtóu zìxiè qìchē Frontlenkerkipper *m*

平凸的 píngtūde plankonvex

平凸透镜 píngtū tòujìng plankonvexe Linse; Plankonvexlinse *f*

平土机 píngtǔjī Abgleichmaschine *f*

平行 píngxíng Parallelismus *m*

平行尺 píngxíngchǐ Parallellineal *n*

平行的 píngxíngde parallel

平行度 píngxíngdù Parallelität *f*

平行光束 píngxíng guāngshù Parallelstrahlenbündel *n*

平行矿层 píngxíng kuàngcéng Nebenflöz *n*; Parallelflöz *n*

平行流动 píngxíng liúdòng Parallelströme *pl*; Parallelströmung *f*

平行铆接 píngxíng mǎojiē Parallelnietung *f*

平行偏光 píngxíng piānguāng parallel-polarisiertes Licht

平行四边形 píngxíng sìbiānxíng Parallelogramm *n*

平行投影 píngxíng tóuyǐng Parallelprojektion *f*

平行位移 píngxíng wèiyí Parallelverschiebung *f*

平行线 píngxíngxiàn parallele Linien; Parallele *f*; gleichlaufende Linien; Paralleldraht *m*

平行性 píngxíngxìng Parallelität *f*

平原 píngyuán Ebene *f*; Tiefebene *f*

平装 píngzhuāng Broschur *f*

评定 píngdìng qualifizieren

P

评价 píngjià beurteilen; schätzen; einschätzen; auswerten; Auswertung *f*; Einschätzung *f*

评论 pínglùn kommentieren Kritisieren; besprechen

苹果树 píngguǒshù Apfelbaum *m*

瓶容量 píngróngliàng Flascheninhalt *m*

屏 píng Schirm *m*

屏蔽 píngbì abblenden; abschirmen; Scheidewand *f*; Schutzwand *f*; Abschirm *m*; Klarsichtscheibe *f*

屏蔽的 píngbìde abgeschirmt

屏蔽效应 píngbì xiàoyìng Abschirmungseffekt *m*

屏蔽罩 píngbìzhào Abschirmhaube *f*

屏蔽作用 píngbì zuòyòng Abschirmwirkung *f*

屏极 píngjí Anode *f*

屏极电压 píngjí diànyā Anodenspannung *f*

屏极扼流圈 píngjí èliúquān Anodendrossel *f*

屏极调制 píngjí tiáozhì Anodenmodulation *f*

屏极铜 píngjítóng Anodenkupfer *n*

屏幕 píngmù Bildschirm *m*; Schirm *m*; Bildwand *f*; Screen *m*

屏幕保护程序 píngmù bǎohù chéngxù Bildschirmschoner *m*; Screensaver *m*

屏幕放大器 píngmù fàngdàqì Bildschirmlupe *f*

屏幕分辨率 píngmù fēnbiànlǜ Bildschirmauflösung *f*

屏幕工作区 píngmù gōngzuòqū Bildschirmfläche *f*

屏幕镜头 píngmù jìngtóu Screenshot *m*

屏幕快照 píngmù kuàizhào Screenshot *m*

屏障 píngzhàng Schirm *m*

坡度 pōdù Abdachung *f*; Abböschung *f*; Gefälle *n*; Neigung *f*

破冰船 pòbīngchuán Eisbrecher *m*; Schollenbrecher *m*

破冰设备 pòbīng shèbèi Schollenbrecher *m*

破产 pòchǎn bankrottieren; Bankrott *m*; Konkurs *m*

破坏性地震 pòhuàixìng dìzhèn zerstörendes Beben

破裂 pòliè platzen; bersten; brechen; kracken; Bruch *m*; Absprengen *n*; Zerreißung *f*

破裂强度 pòliè qiángdù Berstfestigkeit *f*

破裂试验 pòliè shìyàn Berstprobe *f*

破伤风 pòshāngfēng Tetanus *m*; Wundstarrkrampf *m*

破碎 pòsuì absprengen *n*; Brechen

破碎带 pòsuìdài Auflockerungszone *f*

破碎的 pòsuìde gebrochen; kaputt

破碎机 pòsuìjī Quetsche *f*; Quetscher *m*; Brecher *m*; Schroter *m*

破损的 pòsǔnde beschädigt; kaputt; schadhaft

剖分外圈 pōufēn wàiquān geteilter Außenring

剖宫产 pōugōngchǎn Schnittentbindung *f*; Kaiserschnitt *m*

剖解 pōujiě auslegen; analysieren; zerlegen

剖面 pōumiàn Schnitt *m*; Profil *n*; Aufschnitt *m*; Durchschnitt *m*

剖面图 pōumiàntú Profilansicht *f*

剖面线 pōumiànxiàn Schnittlinie *f*

剖视图 pōushìtú Schnittansicht *f*; Schnittperspektive *f*

剖析 pōuxī analysieren; zergliedern; Zergliederung *f*

扑灭 pūmiè auslöschen; erstiken; vernichten; ausrotten

铺 pū belegen; ausbreiten; auflegen

铺轨 pūguǐ Gleise betten; Gleise legen; Gleisbau *m*; Schienenlegen *n*

铺上 pūshàng Auslegung *f*

铺设铁轨 pūshè tiěguǐ Schiene verlegen

葡萄 pútao Weintraube *f*

葡萄糖 pútaotáng Traubenzucker *m*; Glukose *f*

蒲公英 púgōngyīng Löwenzahn *m*

普遍的 pǔbiànde gewöhnlich

普遍性 pǔbiànxìng Allgemeinheit *f*

普遍有效的 pǔbiàn yǒuxiàode allgemeingültig

普及的 pǔjíde populär

普鲁卡因 pǔlǔkǎyīn Procain *n*

普通的 pǔtōngde gewöhnlich; allgemein

普通力学 pǔtōng lìxué allgemeine Mechanik

谱 pǔ Spektrum *n*

谱线 pǔxiàn Spektrallinie *f*; Resonanzlinie *f*

瀑布 pùbù Wasserfall *m*; Katarakt *m*; Wasserfall *m*; Wassersturz *m*

P

Q

七 qī sieben

七倍的 qībèide siebenfach

七边形 qībiānxíng Siebeneck *n*; Heptagon *n*; Septgon *n*

七分之一 qīfēnzhīyī Siebentel *n*

期货 qīhuò Terminwaren *pl*; Termingüter *pl*

期间 qījiān Zeit *f*; Periode *f*; Lauf *m*; Verlauf *m*

期限 qīxiàn Frist *f*; letzter Termin; Stichtag *m*

漆 qī Lack *m*

漆包线 qībāoxiàn Emailledraht *m*; Lackdraht *m*; Emaillelackdraht *m*; lackierter Draht; emaillierter Draht

齐次的 qícìde homogen

齐次函数 qícì hánshù homogene Funktion

齐次性 qícìxìng Homogenität *f*

齐明 qímíng Aplanatismus *m*

齐明成像 qímíng chéngxiàng aplanatische Bildentstehung

齐明的 qímíngde aplanatisch

齐纳二极管 qínà èrjíguǎn Zener-Diode *f*; Z-Diode *f*

齐全的 qíquánde komplett

其他的 qítāde andere

歧管 qíguǎn Verteilerstück *n*; Rohrverzweigung *f*

脐带 qídài Nabelschnur *f*; Nabelstrang *m*

企业 qǐyè Betrieb *m*; Unternehmen *n*; Unternehmung *f*

企业内部网 qǐyè nèibùwǎng Intra-
net *n*

启动 qǐdòng anschalten; anlaufen; in Gang setzen; anlassen; starten; aktivieren; anspringen; Aktivieren *n*

启动齿圈 qǐdòng chǐquān Anlasszahnkranz *m*

启动继电器 qǐdòng jìdiànqì Ansprechrelais *n*

启动开关 qǐdòng kāiguān Anlassschalter *m*

启动控制器 qǐdòng kòngzhìqì Einschaltsteuerung *f*

启动时间 qǐdòng shíjiān Einschaltdauer *f*

启动线圈 qǐdòng xiànquān Anlassspule *f*

启动选项 qǐdòng xuǎnxiàng Startoption *f*

启发 qǐfā inspirieren; erwecken; anregen; aufklären

启封 qǐfēng Brief entsiegeln; Kuvert öffnen

启航 qǐháng starten; abfahren; auslaufen

启蒙 qǐméng aufklären; Elementarkenntnisse vermitteln

启明星 qǐmíngxīng Venus *f*; Morgenstern *m*

起爆 qǐbào Anzünden *n*; Detonation *f*; Initiierung *f*

起爆管 qǐbàoguǎn Detonator *m*

起爆器 qǐbàoqì Zündapparat *m*

起草 qǐcǎo verfassen; abfassen; entwerfen; konzipieren; erarbeiten

起潮 qǐcháo Aufsteigen der Flut

起程 qǐchéng aufbrechen; sich auf den Weg machen; abreisen

起初的 qǐchūde anfänglich

起点 qǐdiǎn Ausgangspunkt *m*

起电 qǐdiàn Elektrisierung *f*

起钉器 qǐdīngqì Nagelauszieher *m*; Nagelzieher *m*; Nagelheber *m*

起动 qǐdòng starten; anlassen; anlaufen; anfahren; antreten; einschalten; in Betrieb setzen; etw. in Gang bringen; Anlauf *m*; Inbetriebnahme *f*; Inbetriebsetzung *f*; Anlassen *n*

起动按钮 qǐdòng ànniǔ Anlasstaste *f*; Startknopf *m*; Anfahrdruckknopf *m*; Anwurftaste *f*

起动泵 qǐdòngbèng Anfahrpumpe *f*

起动持续时间 qǐdòng chíxù shíjiān Anfahrdauer *f*

起动的平滑性 qǐdòngde pínghuáxìng Anfahrweichheit *f*

起动电动机 qǐdòng diàndòngjī Anwurfmotor *m*; Anlassmotor *m*; Anwerfmotor *m*

起动电键 qǐdòng diànjiàn Anwurftaste *f*

起动电流 qǐdòng diànliú Anfahrstrom *m*; Anlaufstrom *m*; Einschaltstrom *m*; Treiberstrom *m*

起动电路 qǐdòng diànlù Anfahrschaltung *f*; Anwurfkreis *m*

起动电压 qǐdòng diànyā Anfahrspannung *f*; Ansprechspannung *f*

起动电阻 qǐdòng diànzǔ Anlasswiderstand *m*; Losbrechmoment *n*

起动阀门 qǐdòng fámén Startventil *n*; Anfahrventil *n*

起动费用 qǐdòng fèiyòng Startkosten *m*

起动负载 qǐdòng fùzài Anlassbelastung *f*

起动杆 qǐdònggān Anlasser *m*; Anfahrgestänge *n*

起动功率 qǐdòng gōnglǜ Anlassleistung *f*

起动机 qǐdòngjī Starter *m*; Anlasser *m*; Anlassmaschine *f*; Startmaschine *f*; Andrehgerät *n*

起动机电缆 qǐdòngjī diànlǎn Anlasserkabel *n*

起动继电器 qǐdòng jìdiànqì Ansprechrelais *n*; Anlaufrelais *n*; Anwurfrelais *n*; Anlassrelais *n*; Anlasserschütz *n*

起动开关 qǐdòng kāiguān Startschalter *m*; Anfahrschalter *m*

起动空气分配器 qǐdòng kōngqì fēnpèiqì Anfahrluftverteiler *m*

起动空气瓶 qǐdòng kōngqìpíng Anfahrluftbehälter *m*

起动控制 qǐdòng kòngzhì Anfahrsteuerung *f*

起动力 qǐdònglì Triebkraft *f*

起动力矩 qǐdòng lìjǔ Anlaufmoment *n*; Anzugsmoment *n*

起动马达 qǐdòng mǎdá Anfahrmotor *m*

起动脉冲宽度 qǐdòng màichōng kuāndù Startimpulsbreite *f*

起动扭矩 qǐdòng niǔjǔ Anlassdrehmoment *n*

起动汽 qǐdòngqì Anfahrdampf *m*

起动器 qǐdòngqì Anlasser *m*; Anlassgerät *n*; Anlassvorrichtung *f*

起动器轴 qǐdòngqìzhóu Anlasserwelle *f*

起动绕组 qǐdòng ràozǔ Anlasswicklung *f*

起动时间 qǐdòng shíjiān Startzeit *f*; Anlasszeit *f*; Anlaufzeit *f*

起动手柄 qǐdòng shǒubǐng Einrück-

Q

hebel *m*

起动条件 qǐdòng tiáojiàn Anfahrbedingung *f*

起动线路 qǐdòng xiànlù Anlassschaltung *f*; Anlasskreis *m*

起动线圈 qǐdòng xiànquān Anlassspule *f*

起动信号 qǐdòng xìnhào Startzeichen *n*; Anfahrvorwarnung *f*

起动压力 qǐdòng yālì Anlassdruck *m*

起动压缩机 qǐdòng yāsuōjī Anlasskompressor *m*

起动爪 qǐdòngzhuǎ Anwerfklaue *f*

起动转矩 qǐdòng zhuànjǔ Anfahrdrehmoment *n*

起动转速 qǐdòng zhuànsù Anlassdrehzahl *f*

起动装置 qǐdòng zhuāngzhì Anlasser *m*; Anfahrvorrichtung *f*; Startvorrichtung *f*; Anlassvorrichtung *f*; Anlaufeinrichtung *f*

起飞 qǐfēi starten; abfliegen; abheben

起飞加速器 qǐfēi jiāsùqì Starthilfe *f*

起飞推力 qǐfēi tuīlì Startschub *m*

起飞助推器 qǐfēi zhùtuīqì Starthilfe *f*

起盖架 qǐgàijià Krangerüst *n*

起辉电压 qǐhuī diànyā Zündspannung *f*

起鳞 qǐlín verzundern; Delamination *f*

起落 qǐluò steigen und fallen; auf and ab

起落架 qǐluòjià Fahrwerk *n*; Fahrgestell *n*

起锚机 qǐmáojī Gangspill *n*; Bratspill *n*

起模装置 qǐmú zhuāngzhì Abhebevorrichtung *f*

起泡剂 qǐpàojì Schäumer *m*; Schaumbildner *m*

起泡沫 qǐpàomò schäumen

起泡能力 qǐpào nénglì Schaumfähigkeit *f*

起始电压 qǐshǐ diànyā Anfangsspannung *f*; Spannung am Anfang

起始负荷 qǐshǐ fùhè Anfangslast *f*; Anfangsbelastung *f*

起始功率 qǐshǐ gōnglǜ Anfangsleistung *f*

起始脉冲 qǐshǐ màichōng Vorimpuls *m*

起始面 qǐshǐmiàn Bezugsfläche *f*

起始偏转 qǐshǐ piānzhuǎn Anfangsauslenkung *f*

起始水位 qǐshǐ shuǐwèi Ausgangswasserstand *m*

起始温度 qǐshǐ wēndù Initialtemperatur *f*; Ausgangstemperatur *f*

起始信号 qǐshǐ xìnhào Anstoßsignal *n*

起始应力 qǐshǐ yìnglì Anfangsbeanspruchung *f*

起始状态 qǐshǐ zhuàngtài Anfangszustand *m*

起霜 qǐshuāng Ausblühung *f*

起算点 qǐsuàndiǎn Anfangspunkt *m*

起旋涡 qǐxuánwō wirbeln

起氧化皮 qǐyǎnghuàpí verzundern

起源 qǐyuán entspringen; stammen; Quelle *f*; Ursprung *m*

起(电)晕 qǐ(diàn)yùn Sprühen *n*

起重电机 qǐzhòng diànjī Hubmotor *m*

起重钢绳滑轮 qǐzhòng gāngshéng huálún Hubseilrolle *f*

起重功率 qǐzhòng gōnglǜ Höheleistung *f*

起重机 qǐzhòngjī Kran *m*; Hebezeug *n*

起重架 qǐzhòngjià Krangerüst n

起重绞车 qǐzhòng jiǎochē Bockwinde f

起重力 qǐzhònglì Hebelkraft f; Hubkraft f; Tragkraft f

起重能力 qǐzhòng nénglì Tragkraftvermögen n

起重器 qǐzhòngqì Hebel m; Hebebock m; Abstützheber m; Kraftheber m; Stützwinde f; Wagenheber m

起子 qǐzi Flaschenöffner m; Schraubenzieher m; Backpulver n

气泵 qìbèng Luftpumpe f; Exhaustor m

气表 qìbiǎo Gasmesser m

气喘 qìchuǎn Asthma n

气窗 qìchuāng Lüftungsfenster n

气锤 qìchuí Gashammer m; Presslufthammer m; pneumatischer Hammer; Dampfhammer m

气垫 qìdiàn Luftkissen n; Matratze f

气垫船 qìdiànchuán Schwebefahrzeug n; Luftkissenfahrzeug n; Hovercraft n

气垫火车 qìdiàn huǒchē Aerotrain m; Luftkissenzug m

气动 qìdòng Druckluftscheibenwischer m

气动传动 qìdòng chuándòng pneumatischer Antrieb

气动打桩机 qìdòng dǎzhuāngjī Druckluftramme f

气动的 qìdòngde pneumatisch

气动加速泵 qìdòng jiāsùbèng pneumatische Beschleunigerpumpe

气动控制 qìdòng kòngzhì pneumatische Steuerung

气动离合器 qìdòng líhéqì pneumatische Kupplung; Druckluftkupplung f

气动调节器 qìdòng tiáojiéqì Druckluftregler m; pneumatischer Regler

气动停油 qìdòng tíngyóu Bremsdüsekorrektur f

气动系统 qìdòng xìtǒng Pneumatik f

气动制动器 qìdòng zhìdòngqì pneumatische Bremse

气阀 qìfá Luftventil n; Windklappe f

气封 qìfēng Luftabschluss m; Gasdichtung f; Gasverschluss m

气封的 qìfēngde gasdicht

气缸 qìgāng Zylinder m

气缸套 qìgāngtào Zylinderbüchse f

气缸头 qìgāngtóu Zylinderkopf m

气割 qìgē Autogenschneiden n; Brennschneiden n; Gasbrennschnitt m

气管 qìguǎn Luftröhre f; Trachea f

气管炎 qìguǎnyán Luftröhrenentzündung f

气焊 qìhàn Sauerstoffschweißung f; Gasschweißen n; Autogenschweißung f

气焊的 qìhànde autogen; gasgeschweißt

气焊枪 qìhànqiāng Gasbrenner m; Gasschweißbrenner m

气焊切割 qìhàn qiēgē Gasbrennschnitt m; Gasbrennschneiden n

气焊嘴 qìhànzuǐ Schweißbrenner m

气候 qìhòu Witterung f; Klima n

气候的 qìhòude klimatisch

气候疗法 qìhòu liáofǎ Klimabehandlung f

气候条件 qìhòu tiáojiàn Witterungsverhältnis n; klimatische Bedingung

气候学 qìhòuxué Klimatotherapie f;

Klimakunde *f*; Klimalehre *f*; Klimatologie *f*

气化 qìhuà abdampfen; verdunsten; vergasen; Vergasung *f*; Gasbildung *f*

气化反应 qìhuà fǎnyìng Vergasungsreaktion *f*

气化剂 qìhuàjì Vergasungsmittel *n*

气化器 qìhuàqì Vergaser *m*; Gasifikator *m*; Vergaserkörper *m*

气化作用 qìhuà zuòyòng Pneumatolyse *f*; Vergasung *f*

气孔 qìkǒng Pore *f*; Spaltöffnung *f*; Stoma *n*; Galle *f*; Luftloch *n*; Gasblase *f*

气孔状熔岩 qìkǒngzhuàng róngyán Blasenlava *f*

气浪 qìlàng Druckwelle *f*

气冷 qìlěng Luftkühlung *f*

气流 qìliú Windstrom *m*; Luftstrom *m*; Luftströmung *f*; Windzug *m*; Luftzug *m*

气流计 qìliújì Anemomesser *n*; Anemometer *n*

气流调节器 qìliú tiáojiéqì Druckluftregler *m*

气门 qìmén Ventil *n*; Luftventil *n*; Luftklappe *f*; Trachee *f*; Stigma *n*; Atemloch *n*; Absperrschieber *m*

气门芯 qìménxīn Ventilschlauch *m*

气密的 qìmìde luftdicht; gasdicht

气密性 qìmìxìng Gasdichtigkeit *f*; Luftdichtigkeit *f*; Gasdichtheit *f*

气密装置 qìmì zhuāngzhì Luftabschluss *m*

气囊 qìnáng Luftsack *m*; Gassack *m*; Gaszelle *f*

气囊系统 qìnáng xìtǒng Airbag-System *n*; Luftsacksystem *n*

气泡 qìpào Blase *f*

气泡试验 qìpào shìyàn Luftblasentest *m*

气喷 qìpēn Gasausbruch *m*

气球 qìqiú Ballon *m*; Luftballon *m*

气球探针 qìqiú tànzhēn Sondierballon *m*

气蚀磨损 qìshí mósǔn Kavitationsabrasion *f*

气蚀作用 qìshí zuòyòng Kavitationsangriff *m*

气态 qìtài Gas *n*; Gasgestalt *f*; Gasphase *f*; gasförmiger Zustand

气态的 qìtàide gasartig; gasförmig; dampfförmig

气态氢 qìtàiqīng gasförmiger Wasserstoff

气体 qìtǐ Gas *n*; gasförmiger Stoff; gasförmiger Körper ; luftförmige Körper; Dunst *m*

气体饱和率 qìtǐ bǎohélǜ Gassättigung *f*

气体比重计 qìtǐ bǐzhòngjì Aerometer *n*; Aeromesser *m*; Luftdichtemessgerät *n*; Luftmesser *m*

气体的 qìtǐde gasig

气体动力学 qìtǐ dònglìxué Gasdynamik *f*; Aerodynamik *f*

气体方程式 qìtǐ fāngchéngshì Gasgleichung *f*

气体放电二极管 qìtǐ fàngdiàn èrjíguǎn Glimmdiode *f*

气体分离装置 qìtǐ fēnlí zhuāngzhì Gastrennungsanlage *f*

气体腐蚀 qìtǐ fǔshí Gasangriff *m*

气体含量 qìtǐ hánliàng Gasgehalt *m*

气体净化 qìtǐ jìnghuà Gasreinigung *f*

气体净化器 qìtǐ jìnghuàqì Gasreiniger *m*

气体静力学 qìtǐ jìnglìxué Aerostatik *f*

气体扩散 qìtǐ kuòsàn Gasdiffusion *f*

气体冷凝 qìtǐ lěngníng Gaskondensation *f*

气体力学 qìtǐ lìxué Pneumatik *f*; Aeromechanik *f*

气体密度 qìtǐ mìdù Gasdichte *f*

气体密度计 qìtǐ mìdùjì Gasdichtemesser *m*

气体密封 qìtǐ mìfēng Luftabschluss *m*

气体燃烧 qìtǐ ránshāo Gasverbrennung *f*

气体容量 qìtǐ róngliàng Gasgehalt *m*

气体渗碳 qìtǐ shèntàn Gasaufkohlen *n*

气体循环 qìtǐ xúnhuán Gasumlauf *m*

气体压力 qìtǐ yālì Gasdruckkräfte *pl*; Gasdruck *m*

气体预热器 qìtǐ yùrèqì Gasvorwärmer *m*

气筒 qìtǒng Luftpumpe *f*

气团 qìtuán Luftmasse *f*

气味 qìwèi Geruch *m*; Beigeschmack *m*; Beiklang *m*

气温 qìwēn Temperatur *f*; Lufttemperatur *f*

气相 qìxiàng gasförmige Phase

气相扩散 qìxiàng kuòsàn Gasphasendiffusion *f*

气相喷镀 qìxiàng pēndù Aufdampfen *n*; Bedampfen *f*

气象 qìxiàng meteorologische Phänomene; Wetterkunde *f*; Meteorologie *f*

气象的 qìxiàngde meteorologisch

气象工作 qìxiàng gōngzuò Wetterdienst *m*

气象观测 qìxiàng guāncè Wetterbeobachtung *f*

气象火箭 qìxiàng huǒjiàn Wetterrakete *f*; meteorologische Rakete

气象哨 qìxiàngshào kleine Wetterstation

气象台 qìxiàngtái meteorologisches Observatorium; Wetterwarte *f*; Wetterstation *f*; Wetterbeobachtungsstelle *f*

气象通报 qìxiàng tōngbào Wetternachricht *f*

气象卫星 qìxiàng wèixīng Wettersatellit *m*; meteorologischer Satellit

气象学 qìxiàngxué Aerologie *f*; Meteorologie *f*; Wetterkunde *f*; Witterungskunde *f*; Witterungslehre *f*

气象预报 qìxiàng yùbào Wettervoraussage *f*; Wettervorhersage *f*

气象站 qìxiàngzhàn Wetterdienststelle *f*; meteorologische Station

气象状态 qìxiàng zhuàngtài Witterungszustand *m*

气胸 qìxiōng Luftbrust *f*; Pneumothorax *m*

气虚 qìxū 〈医〉 Mangel an vitaler Energie

气旋 qìxuán Zyklon *m*; Luftwirbel *m*

气旋雨 qìxuányǔ zyklonartiger Regen

气压 qìyā Luftdruck *m*; Atmosphärendruck *m*; barometrischer Druck; atmosphärischer Druck

气压表 qìyābiǎo Manometer *n*; Barometer *n*; Aeromesser *m*; Luftdruckmesser *m*

气压层 qìyācéng Barosphäre *f*

气压传动 qìyā chuándòng Pressantrieb *m*; Pneumatikantrieb *m*

气压传动装置 qìyā chuándòng zhuāngzhì Pressantrieb *m*; Pneumatikaktor *m*

气压的 qìyāde barometrisch

Q

气压计 qìyājì Druckmesser *m*；Manometer *n*；Gasdruckmesser *m*；Luftdruckmesser *m*；Aeromesser *m*；Barometer *n*；Barograf *m*

气压计读数 qìyājì dúshù Barometerablesung *f*

气压开关 qìyā kāiguān Luftdruckschalter *m*；Gasdruckschalter *m*

气压起动器 qìyā qǐdòngqì Druckluftanlasser *m*；Druckluftanwerfer *m*

气压试验 qìyā shìyàn Abdrücken mit Luft

气压调节器 qìyā tiáojiéqì Gasdruckregulator *m*

气压图 qìyātú Barogramm *n*

气压效应 qìyā xiàoyìng Druckeffekt *m*

气压振动器 qìyā zhèndòngqì Druckluftrüttler *m*

气闸 qìzhá Luftbremse *f*

气状的 qìzhuàngde gasförmig

汽车 qìchē Auto *n*；Wagen *m*；Automobil *n*；Kraftwagen *m*；Kraftfahrzeug *n*（Kfz）

汽车差速器 qìchē chāsùqì Autodifferential *n*

汽车柴油机 qìchē cháiyóujī Kraftwagendiesel *m*

汽车车头灯 qìchē chētóudēng Kraftfahrzeugscheinwerfer *m/pl*；Kraftwagenlampe *f*

汽车挡泥板 qìchē dǎngníbǎn Kotflügel *m*

汽车底盘 qìchē dǐpán Kraftwagenchassis *n*；Fahrgestell *n*；Chassis *n*

汽车电缆 qìchē diànlǎn Kraftwagenkabel *n*

汽车电影场 qìchē diànyǐngchǎng Autokino *n*

汽车吊车 qìchē diàochē Autokran *m*

汽车定位系统 qìchē dìngwèi xìtǒng Autonavigationssystem *n*

汽车渡轮 qìchē dùlún Autofähre *f*

汽车发电机 qìchē fādiànjī Lichtmaschine *f*

汽车发动机 qìchē fādòngjī Wagenmotor *m*；Automobilmotor *m*

汽车方向盘 qìchē fāngxiàngpán Lenkrad *n*；Steuerrad *n*；Volant *m*

汽车附件 qìchē fùjiàn Autozubehör *n*

汽车覆盖件用薄板 qìchē fùgàijiànyòng báobǎn Karosserieblech *n*

汽车工程 qìchē gōngchéng Automobilbau *m*

汽车工业 qìchē gōngyè Fahrzeugindustrie *f*；Autoindustrie *f*

汽车工作者 qìchē gōngzuòzhě Automobilist *m*

汽车供暖装置 qìchē gōngnuǎn zhuāngzhì Wagenheizer *m*

汽车横轴 qìchē héngzhóu Fahrzeugquerachse *f*

汽车红尾灯 qìchē hóngwěidēng Katzenauge *n*

汽车后窗玻璃 qìchē hòuchuāng bōli Heckscheibe *f*

汽车后座 qìchē hòuzuò Fondsitz *m*；Fond *m*；Rücksitze *pl*

汽车驾驶学校 qìchē jiàshǐ xuéxiào Fahrschule *f*

汽车驾驶员 qìchē jiàshǐyuàn Autofahrer(in) *m(f)*

汽车驾驶证 qìchē jiàshǐzhèng Führerschein *m*

汽车间 qìchējiān Garage *f*；Einstellplatz *m*

汽车检查 qìchē jiǎnchá Fahrzeugkontrolle *f*

汽车交通图 qìchē jiāotōngtú Auto-
atlas *m*

汽车库 qìchēkù Fahrzeughalle *f*;
Garage *f*;（多层）Autosilo *m/n*

汽车喇叭 qìchē lǎba Hupe *f*

汽车零件 qìchē língjiàn Automobil-
teil *m*

汽车旅馆 qìchē lǚguǎn Motel *n*

汽车旅行 qìchē lǚxíng Autotour *f*

汽车轮胎 qìchē lúntāi Autoreifen
m; Automobilreifen *m*; Kraftfahr-
zeugreifen *m*

汽车内胎 qìchē nèitāi Automobil-
schlauch *m*; Kraftfahrzeug-
schlauch *m*

汽车牌照 qìchē páizhào Autokenn-
zeichen *n*;（Kraftfahrzeug-）Kenn-
zeichen *n*; Nummernschild *n*

汽车配件 qìchē pèijiàn Auto（mobil）-
teile *pl*

汽车碰车试验 qìchē pèngchē shìyàn
Crash-Untersuch *m*; Crash-Ver-
such *m*; Crash-Test *m*

汽车起动器 qìchē qǐdòngqì Kraft-
wagenanlasser *m*; Motoranlasser
m

汽车起重机 qìchē qǐzhòngjī Wagen-
lift *m*;Autokran *m*

汽车汽油 qìchē qìyóu Autobenzin *n*

汽车千斤顶 qìchē qiānjīndǐng Wa-
genheber *m*

汽车前灯 qìchē qiándēng Automo-
bilscheinwerfer *m*

汽车清洗 qìchē qīngxǐ Wagenwä-
sche *f*

汽车取暖装置 qìchē qǔnuǎn zhuāng-
zhì Wagenheizung *f*

汽车润滑油 qìchē rùnhuáyóu Wa-
genschmiere *f*

汽车散热器 qìchē sànrèqì Fahr-
zeugkühler *m*

汽车生产 qìchē shēngchǎn Kraft-
wagenbetrieb *m*

汽车收音机 qìchē shōuyīnjī Autora-
dio *n*;Autoempfänger *m*

汽车司机 qìchē sījī Chauffeur（in）*m*
（*f*）;Fahrer（in）*m*（*f*）

汽车天线 qìchē tiānxiàn mobile An-
tenne；Autoantenne *f*

汽车拖车 qìchē tuōchē Anhänger *m*

汽车外胎 qìchē wàitāi Autodecke
f; Automobildecke *f*; Autorei-
fendecke *f*

汽车尾部 qìchē wěibù Hecke *n*

汽车维修站 qìchē wéixiūzhàn Au-
toservicestation *f*

汽车紊流板 qìchē wěnliúbǎn Spoi-
ler *m*;Luftleitblech *n*

汽车行驶证 qìchē xíngshǐzhèng
Kraftfahrzeugschein *m*; Wagenpa-
piere *pl*

汽车修理 qìchē xiūlǐ Autoreparatur *f*

汽车修理厂 qìchē xiūlǐchǎng Kraft-
fahrzeugreparaturwerk *n*; Autore-
paraturwerkstatt *f*

汽车蓄电池 qìchē xùdiànchí Auto-
batterie *f*

汽车学 qìchēxué Kraftfahrwesen *n*

汽车油箱 qìchē yóuxiāng Automo-
biltank *m*

汽车越野赛 qìchē yuèyěsài Auto-
cross *n*

汽车载重量 qìchē zàizhòngliàng
Wagenladung *f*

汽车载重量等级 qìchē zàizhòngliàng
děngjí Nutzlastklasse *f*

汽车制造 qìchē zhìzào Automobil-
bau *m*

汽车制造厂 qìchē zhìzàochǎng Au-
towerk *n*

汽车转向机构 qìchē zhuǎnxiàng
jīgòu Autolenkwerk *n*

Q

汽车纵轴 qìchē zòngzhóu Fahrzeuglängsachse *f*

汽船 qìchuán kleiner Dampfer; kleines Dampfschiff

汽锤 qìchuí Dampfhammer *m*; Dampfaufschläger *m*

汽灯 qìdēng Gaslampe *f*; Gasglühlicht *n*

汽笛 qìdí Dampfpfeife *f*; Sirene *f*

汽缸 qìgāng Zylinder *m*; Dämpfungszylinder *m*; Dampfzylinder *m*

汽缸背面 qìgāng bèimiàn Zylinderdeckelseite *f*

汽缸壁 qìgāngbì Zylinderwand *f*; Zylinderwandung *f*

汽缸衬套 qìgāng chèntào Zylinderinhalt *m*

汽缸吹洗 qìgāng chuīxǐ Zylinderausspülung *f*

汽缸功率 qìgāng gōnglǜ Zylinderleistung *f*

汽缸工作容积 qìgāng gōngzuò róngjī Zylinderarbeitsraum *m*

汽缸活塞 qìgāng huósāi Zylinderkolben *m*

汽缸加强筋 qìgāng jiāqiángjīn Zylinderverrippung *f*

汽缸镜面 qìgāng jìngmiàn Zylinderlaufbahn *f*; Zylinderbahn *f*

汽缸密封 qìgāng mìfēng Zylinderdichtung *f*

汽缸面 qìgāngmiàn Zylinderfläche *f*

汽缸配置 qìgāng pèizhì Zylinderanordnung *f*

汽缸倾角 qìgāng qīngjiǎo Zylinderwinkel *m*

汽缸容积 qìgāng róngjī Zylinderraum *m*

汽缸润滑 qìgāng rùnhuá Zylinderschmierung *f*

汽缸镗床 qìgāng tángchuáng Zylin-derausbohrmaschine *f*

汽缸套 qìgāngtào Zylindermantel *m*

汽缸体积 qìgāng tǐjī Zylindervolumen *n*

汽缸外壳 qìgāng wàiké Zylinderbekleidung *f*

汽缸压力 qìgāng yālì Zylinderdruck *m*

汽缸油 qìgāngyóu Zylinderöl *n*

汽缸直径 qìgāng zhíjìng Zylinderdurchmesser *m*

汽缸轴 qìgāngzhóu Zylinderachse *f*

汽锅 qìguō Kessel *m*

汽化 qìhuà sieden; verdampfen; verdunsten; Verdampfung *f*; Verdunstung *f*; Vaporisation *f*; Karburation *f*

汽化的 qìhuàde vergast

汽化点 qìhuàdiǎn Verdampfungspunkt *m*

汽化计 qìhuàjì Dunstmesser *m*; Verdunstungsmesser *m*

汽化剂 qìhuàjì Dunstmittel *n*

汽化冷却 qìhuà lěngquè Verdunstungskühlung *f*

汽化率 qìhuàlǜ Verdampfungsziffer *f*

汽化能力 qìhuà nénglì Verdampfungsfähigkeit *f*

汽化器 qìhuàqì Vergaser *m*; Verdampfer *m*; Verdampfapparat *m*; Verdunstungsapparat *m*; Karburator *m*

汽化热 qìhuàrè Verdampfungswärme *f*; Ausdampfungswärme *f*

汽化系数 qìhuà xìshù Verdampfungsziffer *f*

汽化性 qìhuàxìng Verdampfbarkeit *f*

汽流计 qìliújì Dampfmesser *m*; Dampfuhr *f*

汽轮机 qìlúnjī Turbine *f*; Dampfturbine *f*

汽门控制 qìmén kòngzhì Ventilzug *m*

汽密性 qìmìxìng Dampfdichtung *f*

汽室 qìshì Dampfraum *m*

汽水 qìshuǐ　Sodalaugewasser　*n*; Brause *f*; Limonade *f*

汽艇 qìtǐng Motorboot *n*

汽压计 qìyājì Dampfmesser *m*

汽压图 qìyātú Dampfdruckbild *n*

汽油 qìyóu Benzin *n*; Gasolin *n*; Sprit *m*; Kraftstoff *m*

汽油泵 qìyóubèng Benzinpumpe *f*

汽油表　qìyóubiǎo　Benzinuhr　*f*; Benzinmesser *n*

汽油电动汽车 qìyóu diàndòng qìchē Benzinelektromobil *n*

汽油机汽车 qìyóujī qìchē　Benzintriebwagen *m*; Benzinautomobil *n*

汽油机 qìyóujī Benzinmotor *m*; Ottobenzinmotor *m*; Ottomotor *m*; Vergasermaschine *f*; Vergasermotor *m*

汽油机电力传动 qìyóujī diànlì chuándòng benzinelektrischer Antrieb

汽油计量表 qìyóu jìliàngbiǎo　Benzinmesser *n*; Benzinmessapparat *m*

汽油滤清器 qìyóu lǜqīngqì Benzinfilter *m/n*

汽油喷射 qìyóu pēnshè　Benzineinspritzung *f*

汽油喷射泵 qìyóu pēnshèbèng Benzineinspritzpumpe *f*

汽油喷射系统 qìyóu pēnshè xìtǒng Benzineinspritzsystem *n*

汽油喷雾器 qìyóu pēnwùqì Benzinvernebler *m*; Benzinzerstäuber *m*

汽油汽化器 qìyóu qìhuàqì　Benzinvergaser *m*

汽油燃烧器 qìyóu ránshāoqì　Benzinkocher *m*

汽油箱 qìyóuxiāng Benzintank *m*

汽油压力表 qìyóu yālìbiǎo　Benzin-manometer *n*

汽油油量表 qìyóu yóuliàngbiǎo Benzinuhr *f*

汽油油位指示器 qìyóu yóuwèi zhǐshìqì Benzinstandmesser *m*

器材 qìcái Geräte *pl*; Materialien *pl*

器官 qìguān Organ *n*; Apparat *m*

器官的 qìguānde organisch

器官移植 qìguān yízhí Transplantation von Organen

器件 qìjiàn　Ersatzteile　*pl*; Maschinenteile *pl*

器具 qìjù Geräte *pl*; Gegenstände *pl*; Apparat *m*

器皿 qìmǐn gebrauchte Gefäße und Behälter; Geschirr *n*

器械 qìxiè Geräte *pl*; Apparate *pl*; Instrumente *pl*

器械的 qìxiède instrumentell

卡盘 qiǎpán Fassung *f*; Futter *n*; Spannfutter *n*; Klemmfutter *n*

卡住 qiǎzhù klemmen

髂骨 qiàgǔ Darmbein *n*

千 qiān tausend; Tausend *n*

千安培 qiān´ānpéi Kiloampere *n*

千倍 qiānbèi tausendfachmal

千倍的 qiānbèide tausendfach

千次 qiāncì tausendmal

千达因 qiāndáyīn Kilodyn *n*

千电子伏 qiāndiànzǐfú　Kiloelektronenvolt *n*

千分比 qiānfēnbǐ Promille *n*

千分表 qiānfēnbiǎo Messuhr *f*

千分尺 qiānfēnchǐ Mikrometer *n*

千分卡规 qiānfēn kǎguī　Messbügel *m*

千分率 qiānfēnlǜ Promille *n*

千分数 qiānfēnshù Promille *n*

千分之一 qiānfēnzhīyī　Tausendstel *n*

千伏 qiānfú Kilovolt *n*

Q

千高斯 qiāngāosī Kilogauß *n*

千赫 qiānhè Kilohertz *n*

千焦耳 qiānjiāo´ěr Kilojoule *n*

千斤顶 qiānjīndǐng Hebebock *m*; Hebevorrichtung *f*; Wagenheber *m*; Abstützheber *m*; Kraftheber *m*

千居里 qiānjūlǐ Kilocurie *n*

千卡 qiānkǎ Kilokalorie *f*; große Kalorie; Kilogrammkalorie *f*; technische Kalorie

千克 qiānkè Kilo *n*; Kilogramm *n*

千克力 qiānkèlì Kilopond *n*

千克米 qiānkèmǐ Kilopondmeter *n*; Meterkilogramm *n*; Kilogrammeter *n*

千米 qiānmǐ Kilometer *n*

千米波 qiānmǐbō Kilometerwelle *f*

千欧姆 qiān´ōumǔ Kiloohm *n*

千瓦 qiānwǎ Kilowatt *n*

千瓦小时 qiānwǎ xiǎoshí Kilowattstunde *f*

千万 qiānwàn zehn Millionen

千兆字节 qiānzhào zìjié das Gigabyte（GB）

千周 qiānzhōu Kilohertz *n*

千字节 qiānzìjié das Kilobyte（KB）

迁移 qiānyí wandern; umsiedeln; umziehen; übersiedeln; Abwandern *n*

瓩 qiānwǎ Kilowatt *n*

瓩时 qiānwǎshí Kilowattstunde *f*

钎焊机 qiānhànjī Lötmaschine *f*

钎杆 qiāngān Bohrerschaft *m*

钎头 qiāntóu Bohrerschneide *f*

牵引 qiānyǐn ziehen; schleppen; Zug *m*

牵引车 qiānyǐnchē Zugwagen *m*; Zugfahrzeug *n*; Zugkraftwagen *m*

牵引电动机 qiānyǐn diàndòngjī Fahrmotor *m*

牵引电流 qiānyǐn diànliú Fahrstrom

m

牵引杆 qiānyǐngān Deichsel *f*

牵引杆套管 qiānyǐngān tàoguǎn Deichselgehäuse *n*

牵引功率 qiānyǐn gōnglǜ Triebleistung *f*

牵引机 qiānyǐnjī Zugmaschine *f*; Lokomobile *f*; Fahrmaschine *f*

牵引力 qiānyǐnlì Schleppkraft *f*; Zugkraft *f*; Ziehkraft *f*

牵引力计 qiānyǐnlìjì Zugmesser *m*

牵引术 qiānyǐnshù Extension *f*

牵引弹簧 qiānyǐn tánhuáng Zugfeder *f*

牵引装置 qiānyǐn zhuāngzhì Zugvorrichtung *f*; Abschleppgerät *n*

铅 qiān Blei *n*

铅板 qiānbǎn Bleiplatte *f*

铅板蓄电池 qiānbǎn xùdiànchí Bleiakkumulator *m*; Bleibatterie *f*; Bleisammler *m*

铅版 qiānbǎn Klischee *n*; Stereotypie *f*

铅箔 qiānbó Blattaluminium *n*

铅锤 qiānchuí Senkblei *n*; Bleilot *n*; Lot *n*; Schnurlot *n*; Senkel *m*

铅垂线 qiānchuíxiàn Lotlinie *f*; Senkschnur *f*; Lotschnur *f*; Senklotschnur *f*; Richtschnur *f*

铅锭 qiāndìng Bleibarren *m*

铅封 qiānfēng plombieren; Bleisiegel *n*; Bleiplombe *f*; Plombe *f*

铅浮渣 qiānfúzhā Armoxide *n*

铅管 qiānguǎn Bleirohr *n*

铅管轧机 qiānguǎn zhájī Bleiröhrenwalzwerk *n*

铅焊 qiānhàn Bleilötung *f*

铅矿 qiānkuàng Bleierz *n*

铅矿床 qiānkuàngchuáng Bleierzlager *n*

铅皮电缆 qiānpí diànlǎn Bleikabel *n*

铅丝 qiānsī verzinkter Draht；Blei-kabel *n*

铅屑 qiānxiè Bleispäne *pl*

铅心 qiānxīn Bleikern *m*

铅印 qiānyìn Buchdruck *m*

铅浴处理 qiānyù chǔlǐ Patentieren *n*

铅浴回火 qiānyù huíhuǒ Anlassen in Blei

铅浴退火 qiānyù tuìhuǒ Bleiglühen *n*

铅渣 qiānzhā Bleiabgang *m*

铅中毒 qiānzhòngdú Bleivergiftung *f*；Saturnismus *m*

铅字 qiānzì Letter *f*；Drucktype *f*

前叉 qiánchā Vorderradgabel *f*

前车门 qiánchēmén Vordertür *f*

前挡泥板 qiándǎngníbǎn der vordere Kotflügel

前额 qián´é Stirn *f*

前进 qiánjìn vorwärts

前进挡 qiánjìndǎng Vorwärtsgang *m*

前景 qiánjǐng Prospekt *m*

前景字符 qiánjǐng zìfú Vordergrund-zeichen *n*

前臼齿 qiánjiùchǐ Vormolar *m*；Prä-molar *m*；Vorbackenzahn *m*

前列腺 qiánlièxiàn Vorsteherdrüse *f*；Prostata *f*

前列腺炎 qiánliè xiànyán Vorsteher-drüsenentzündung *f*；Prostatitis *f*

前轮 qiánlún Vorderrad *n*；Bugrad *n*

前轮驱动 qiánlún qūdòng Vorder-radantrieb *m*

前轮制动器 qiánlún zhìdòngqì Vor-derradbremse *f*

前门 qiánmén vorderes Tor；Vorder-eingang *m*

前视图 qiánshìtú Vorderansicht *f*

前束 qiánshù Vorspur *f*

前台程序 qiántái chéngxù 〈计〉Vordergrundprogramm *n*

前台处理 qiántái chǔlǐ Vordergrund-verarbeitung *f*

前提 qiántí Bedingung *f*；Folgesatz *m*；Voraussetzung *f*；Vorbedin-gung *f*；Prämisse *f*

前雾灯 qiánwùdēng Nebelschein-werfer *m*

前言 qiányán Vorwort *n*；Einleitung *f*；Vorrede *f*；Prolog *m*

前沿符号 qiányán fúhào Vorlaufzei-chen *n*

前沿零点 qiányán língdiǎn Vorlauf-null *f*

前照灯 qiánzhàodēng Scheinwerfer *m*；Scheinwerferlampe *f*

前照灯灯架 qiánzhàodēng dēngjià Scheinwerferhalter *m*；Scheinwer-ferstütze *f*

前照灯对 qiánzhàodēngduì Schein-werferpaar *n*

前照灯反光罩 qiánzhàodēng fǎn-guāngzhào Scheinwerferreflektor *m*；Reflektor *m*

前照灯光 qiánzhàodēngguāng Scheinwerferlicht *n*

前照灯光线 qiánzhàodēng guāng-xiàn Scheinwerferstrahl *m*；

前照灯架 qiánzhàodēngjià Schein-werferhalter *m*；Scheinwerferstütze *f*

前照灯透光镜 qiánzhàodēng tòu-guāngjìng Scheinwerferlinse *f*

前照灯照明 qiánzhàodēng zhàomíng Scheinwerferbeleuchtung *f*

前置泵 qiánzhìbèng Vorpumpe *f*

前置放大 qiánzhì fàngdà Vorver-stärkung *f*

前置放大器 qiánzhì fàngdàqì Vor-verstärker *m*

前置驱动装置 qiánzhì qūdòng zhuāng-zhì Bugtriebwerk *n*

Q

前置式发动机 qiánzhìshì fādòngjī Bugmotor *m*

前置下标 qiánzhì xiàbiāo 〈计〉 Pre-index *m*

前轴 qiánzhóu Vorderachse *f*

前轴梁 qiánzhóuliáng Vorderachsträger *m*

前轴驱动 qiánzhóu qūdòng Vorderachseantrieb *m*

前转向指示灯 qiánzhuǎnxiàng zhǐshìdēng der vordere Blinker

前缀寄存器 qiánzhuì jìcúnqì Prefix-Register *n*

钱 qián Geld *n*

钱币 qiánbì Geldstück *n*

钳 qián Klemme *f*; Zange *f*

钳工 qiángōng Schlosser *m*

钳工车间 qiángōng chējiān Schlosserei *f*

钳住 qiánzhù kneifen

钳子 qiánzi Zange *f*

潜伏期 qiánfúqī Inkubationszeit *f*

潜流 qiánliú Unterströmung *f*; unterirdischer Fluss; tauchende Nappe

潜热 qiánrè latente Wärme; gebundene Wärme

潜入深度 qiánrù shēndù Tauchtiefe *f*

潜水 qiánshuǐ untertauchen; Bodenwasser *n*; Grundwasser *n*; Unterwasser *n*

潜水泵 qiánshuǐbèng Unterwasserpumpe *f*; Unterwassermotorpumpe *f*; Tauchpumpe *f*; Tauchmotorpumpe *f*; Senkpumpe *f*

潜水艇 qiánshuǐtǐng Tauchboot *n*; Unterseeboot *n*; U-Boot *n*

潜水箱 qiánshuǐxiāng Caisson *m*; Senkkasten *m*

潜水员 qiánshuǐyuán Taucher *m*; Froschmann *m*

潜艇导弹 qiántǐng dǎodàn U-Boot-Rakete *f*

潜望镜 qiánwàngjìng Periskop *n*; Sehrohr *n*

浅河滩 qiǎnhétān Sandriff *n*

浅灰色的 qiǎnhuīsède silbergrau

浅井泵 qiǎnjǐngbèng Flachbrunnenpumpe *f*

浅滩 qiǎntān Sandbank *f*; Untiefe *f*; Watt *n*; Kuhle *f*; Wattenmeer *n*

嵌接 qiànjiē Eingriff *m*

嵌入 qiànrù Beilage *f*

歉收 qiànshōu Missernte *f*

枪弹 qiāngdàn Gewehrkugel *f*; Geschoss *n*; Gewehrgeschoss *n*; Patrone *f*

枪把 qiāngbǎ Gewehrkolben *m*

枪口 qiāngkǒu Gewehrmündung *f*; Mündung *f*

枪炮 qiāngpào Schusswaffe *f*; Feuerwaffe *f*

枪膛 qiāngtáng Gewehrkammer *f*

枪托 qiāngtuō Kolben *m*; Gewehrkolben *m*

枪支 qiāngzhī Feuerwaffe *f*; Schusswaffe *f*

腔肠动物 qiāngcháng dòngwù Hohltier *n*

强磁场 qiángcíchǎng starkes Feld

强电流 qiángdiànliú Starkstrom *m*; Kraftstrom *m*; intensiver Strom

强电电缆 qiángdiàn diànlǎn Starkstromkabel *n*

强调 qiángdiào hervorheben; betonen

强度 qiángdù Härte *f*; Stärke *f*; Festigkeit *f*; Indensität *f*

强度极限 qiángdù jíxiàn Festigkeitsgrenze *f*

强度试验 qiángdù shìyàn Festigkeitsprüfung *f*; Kraftprobe *f*

强度性能 qiángdù xìngnéng Festigkeitseigenschaften *pl*

强光灯 qiángguāngdēng Starklichtlampe *f*

强光透镜 qiángguāng tòujìng lichtstarkes Objektiv

强化 qiánghuà intensivieren

强化的 qiánghuàde intensiv

强化剂 qiánghuàjì Verfestigungsmittel *n*

强碱液 qiángjiǎnyè Alkalilauge *f*

强力霉素 qiánglì méisù Doxycyclin *n*

强烈的 qiángliède heftig

强酸 qiángsuān starke Säure

强心剂 qiángxīnjì Herzmittel *n*; Cardiotonikum *n*; Herzstärkungsmittel *n*

强制变形 qiángzhì biànxíng Zwangsverformung *f*

强制对流 qiángzhì duìliú erzwungene Konvektion

强制结晶 qiángzhì jiéjīng Zwangskristallisation *f*

强制冷却 qiángzhì lěngquè Zwangslaufkühlung *f*

强制通风 qiángzhì tōngfēng erzwungene Lüftung

强制通风的 qiángzhì tōngfēngde zwangsbelüftet

强制通风装置 qiángzhì tōngfēng zhuāngzhì Zwangbelüftungsanlage *f*

强制循环 qiángzhì xúnhuán Zwangszirkulation *f*; Zwangdurchlauf *m*

强壮剂 qiángzhuàngjì Analeptikum *n*

锹 qiāo Spaten *m*; Schaufel *f*

敲打 qiāodǎ schlagen; hämmern

乔木 qiáomù Baum *m*; Waldbaum *m*

荞麦 qiáomài 〈植〉 Buchweizen *m*

桥洞 qiáodòng Brückenöffnung *f*; Brückenbogen *m*

桥墩 qiáodūn Brückenpfeiler *m*; Strompfeiler *m*; Pfeiler *m*

桥拱 qiáogǒng Brückenbogen *m*

桥涵 qiáohán Brücken und Durchlässe

桥基 qiáojī Fundament *n*

桥孔 qiáokǒng Brückenöffnung *f*; Brückenbogen *m*

桥梁 qiáoliáng Brücke *f*; Achskörper *m*

桥式电路 qiáoshì diànlù Brückenschaltung *f*

桥式整流器 qiáoshì zhěngliúqì Brückengleichrichter *m*

桥台 qiáotái Widerlager *n*

桥头 qiáotóu beide Enden einer Brücke

桥头堡 qiáotóubǎo Brückenkopf *m*; Brückenturm *m*

桥悬挂 qiáoxuánguà Achsaufhängung *f*

壳体 qiàotǐ Außenhaut *f*

峭壁 qiàobì Palisaden *f*; Bergwand *f*; Felsenwand *f*; steile Felswand

切 qiē Schnitt *m*

切边 qiēbiān Schneidkante *f*

切边机 qiēbiānjī Abscherpresse *f*; Besäummaschine *f*; Besäumschere *f*

切槽锉刀 qiēcáo cuòdāo Schlüsselfeile *f*

切草机 qiēcǎojī Häckselmaschine *f*

切齿机 qiēchǐjī Verzahnungsmaschine *f*

切除 qiēchú abnehmen

切除术 qiēchúshù Ektomie *f*

切刀 qiēdāo Schnittmesser *n*

切点 qiēdiǎn Tangentialpunkt *m*; Berührungspunkt *m*

Q

切断 qiēduàn abschalten; durchschneiden; abschneiden; Abschaltung *f*; Abschluss *m*; Durchschnitt *m*; Ausschaltung *f*

切断电源 qiēduàn diànyuán Strom abschalten

切断阀 qiēduànfá Schließventil *n*

切断机 qiēduànjī Schneider *m*; Schermaschine *f*

切断键 qiēduànjiàn Abstelltaste *f*

切断开关 qiēduàn kāiguān Abstellschalter *m*

切飞边 qiēfēibiān Abgratschnitt *m*

切割 qiēgē schneiden; abschneiden; Anschlagen *n*

切割点 qiēgēdiǎn Schnittstelle *f*

切割工具 qiēgē gōngjù Schneidewerkzeug *n*

切割火焰 qiēgē huǒyàn Schneidflamme *f*

切割机 qiēgējī Schneidemaschine *f*

切割角 qiēgējiǎo Schnittwinkel *m*

切割面 qiēgēmiàn Schnittfläche *f*; Schneidfläche *f*

切割钳子 qiēgē qiánzi Schneidezange *f*

切换 qiēhuàn wechseln

切换到其他窗口 qiēhuàndào qítā chuāngkǒu zu einem anderen Fenster wechseln

切换键 qiēhuànjiàn Shifttaste *f*

切开 qiēkāi Aufschneidung *f*

切口 qiēkǒu Schnitt *m* ; Schlitz *m*

切力 qiēlì Scherkraft *f*

切面 qiēmiàn Tangentialebene *f*; Berührungsebene *f*

切片 qiēpiàn Schnitte *f*; Span *m*

切片机 qiēpiànjī Schneidemaschine *f*

切入磨削 qiērù móxiāo Einstechschleifen *n*

切碎机 qiēsuìjī Zerhacker *m*

切线 qiēxiàn Tangente *f*; Berührungslinie *f*

切线车刀 qiēxiàn chēdāo Tangentialmeißel *m*

切线的 qiēxiànde tangential

切线方向 qiēxiàn fāngxiàng Umfangsrichtung *f*

切线力 qiēxiànlì Umfangskraft *f*;

切线应力 qiēxiàn yìnglì Tangentialspannung *f*; Randspannung *f*

切向惯性力 qiēxiàng guànxìnglì Tangentialmassenkraft *f*

切向力 qiēxiànglì Drehschub *m*; Tangentialkraft *f*; Tangentialspannung *f*

切向应力 qiēxiàng yìnglì Tangentialspannung *f*

切向运动 qiēxiàng yùndòng Tangentialbewegung *f*

切削 qiēxiāo abheben; Schneiden *n*; Spanabheben *n*; Schnitt *m*

切削刀 qiēxiāodāo Schneidkante *f*

切削刀具 qiēxiāo dāojù Drehstahl *m*; Schneidzeug *n*

切削的 qiēxiāode spanabhebend

切削点 qiēxiāodiǎn Schnittstelle *f*

切削钢 qiēxiāogāng Schneidstahl *m*

切削工具 qiēxiāo gōngjù Zerspanungswerkzeug *n*; Schneidewerkzeug *n*; spanabhebendes Werkzeug

切削功率 qiēxiāo gōnglù Spanleistung *f*

切削宽度 qiēxiāo kuāndù Schnittweite *f*

切削加工 qiēxiāo jiāgōng Zerspanung *f*; Spanabhebung *f*; spanende Bearbeitung; Schnittarbeit *f*; Schnittbearbeitung *f*

切削角 qiēxiāojiǎo Schneidewinkel *m*

切削角度 qiēxiāo jiǎodù Zerspanungswinkel *m*

切削面 qiēxiāomiàn Schnittfläche *f*

切削速度 qiēxiāo sùdù Schnittgeschwindigkeit *f*

切削硬度 qiēxiāo yìngdù Schnitthärte *f*

切屑 qiēxiè Span *m*

切屑余量 qiēxiè yúliàng Spanlücke *f*

切应力 qiēyìnglì Schubspannung *f*

切圆 qiēyuán Berührungskreis *m*

切诊 qièzhěn Puls fühlen und die inneren Organe abtasten

窃听器 qiètīngqì Horchgerät *n*

窃听哨 qiètīngshào Horchposten *m*

亲附性 qīnfùxìng Affinität *f*

亲合力 qīnhélì Affinität *f*; Kohäsion *f*; Verwandtschaft *f*; Wahlverwandtschaft *f*

亲合力平衡 qīnhélì pínghéng Affinitätsausgleich *m*

亲合能 qīnhénéng Affinität *f*

亲和势 qīnhéshì〈化〉Haftintensität *f*

亲合性 qīnhéxìng Affinität *f*

侵入岩 qīnrùyán Intrusivgestein *n*; Tiefengestein *n*

侵蚀 qīnshí beißen; anfressen; angreifen; korrodieren; verätzen; erodieren; Ausfressen *n*; Erosion *f*; Zersetzung *f*; Höhlung *f*; Auswaschung *f*; Korrosion *f*; Anfressung *f*

侵蚀的 qīnshíde erosiv

侵蚀范围 qīnshí fànwéi Abtragungsgebiet *n*

侵蚀抛光 qīnshí pāoguāng ätzpolieren

侵蚀性 qīnshíxìng Aggressivität *f*

侵蚀作用 qīnshí zuòyòng Destruktion *f*

轻苯 qīngběn Leichtbenzol *n*

轻便摩托车 qīngbiàn mótuōchē Kleinkraftrad *n*

轻工业 qīnggōngyè Leichtindustrie *f*

轻合金 qīnghéjīn Leichtlegierung *f*

轻机枪 qīngjīqiāng leichtes Maschinengewehr

轻金属 qīngjīnshǔ Leichtmetall *n*

轻气球 qīngqìqiú Aerostat *m*

轻汽油 qīngqìyóu Leichtbenzin *n*

轻燃料定向喷入 qīngránliào dìngxiàng pēnrù Benzindirekteinspritzung *f*

轻武器 qīngwǔqì leichte Waffen

轻型结构 qīngxíng jiégòu Leichtbau *m*

轻型运货汽车 qīngxíng yùnhuò qìchē Kleinlasttransporter *m*; Kleinlastkraftwagen *m*

轻油 qīngyóu Leichtöl *n*; dünnflüssiges Öl

轻原子 qīngyuánzǐ leichtes Atom

轻质材料 qīngzhì cáiliào Leichtstoff *m*

轻质汽油 qīngzhì qìyóu Benzin *n*

轻子 qīngzǐ Lepton *n*

氢 qīng Hydrogen *n*; Hydrogenium *n*; Wasserstoff *m*

氢弹 qīngdàn Wasserstoffbombe *f*; H-Bombe *f*

氢发生器 qīng fāshēngqì Wasserstoffentwickler *m*; Wasserstofferzeuger *m*

氢分子 qīngfēnzǐ Wasserstoffmolekül *n*

氢氟酸 qīngfúsuān Flusssäure *f*; Fluorwasserstoffsäure *f*

氢含量 qīnghánliàng Wasserstoffgehalt *m*

Q

氢核 qīnghé Proton *n*; Wasserstoffkern *m*

氢化 qīnghuà hydrieren; Hydrieren *n*

氢化物 qīnghuàwù Hydrid *n*; Wasserstoffverbindung *f*

氢键 qīngjiàn Wasserstoffbindung *f*

氢离子 qīnglízǐ H-Ionen *pl*; Wasserstoffion *n*; Wasserstoffexponent *m*

氢离子计 qīnglízǐjì pH-Messer *m*; pH-Messgerät *n*

氢偏析 qīngpiānxī Wasserstoffseigerung *f*

氢气 qīngqì Wasserstoff *m*; Hydrogenium *n*; Wasserstoffgas *n*

氢气瓶 qīngqìpíng Wasserstoffflasche *f*

氢气球 qīngqìqiú Wasserstoffballon *m*; Luftballon *m*; Aerostat *m*

氢焰 qīngyàn Wasserstoffflamme *f*

氢氧吹瓶 qīngyǎng chuīpíng Knallgasgebläse *n*

氢氧化钙 qīngyǎnghuàgài Kalkhydrat *n*; gelöschter Ätzkalk

氢氧化钾 qīngyǎnghuàjiǎ Kaliumhydroxid *n*

氢氧化钠 qīngyǎnghuànà Natriumhydroxid *n*; Ätznatron *n*; Natron *n*; kaustische Soda

氢氧化物 qīngyǎnghuàwù Hydrat *n*; Oxidhydrat *n*; Hydroxid *n*

氢氧化亚铁 qīngyǎnghuàyàtiě Eisenoxidulhydrat *n*

氢氧基 qīngyǎngjī Hydroxyl *n*; Hydroxygruppe *f*

青春期 qīngchūnqī Pubertät *f*

青光眼 qīngguāngyǎn grüner Star; Glaukom *n*

青霉素 qīngméisù Penicillin *n*

青天 qīngtiān blauer Himmel

青铜 qīngtóng Bronze *f*

青铜时代 qīngtóng shídài Bronzezeit *f*

青蛙 qīngwā Frosch *m*

倾差角 qīngchājiǎo Trimmerwinkel *m*

倾出 qīngchū Ausguss *m*; Ausstürzen *n*

倾倒 qīngdǎo kippen; abkippen

倾倒力 qīngdǎolì Kippkraft *f*

倾翻 qīngfān abkippen

倾翻车 qīngfānchē Eckwagen *m*

倾翻角度 qīngfān jiǎodù Abkippwinkel *m*

倾翻装置 qīngfān zhuāngzhì Abkippvorrichtung *f*

倾角 qīngjiǎo Inklination *f*; Fallwinkel *m*; Neigungswinkel *n*

倾向性 qīngxiàngxìng Hang *m*

倾斜 qīngxié krängen; neigen; abneigen; Böschung *f*; Abneigung *f*; Abdachung *f*; Absenkung *f*; Inklination *f*; Neigung *f*; Hang *m*; Gefälle *n*

倾斜的 qīngxiéde schräg; geneigt; schief

倾斜度 qīngxiédù Neigungsmaß *n*; Winkligkeit *f*; Gradient *m*; Abböschung *f*; Neigungsgrad *m*; Abdach *n*; Auswurftätigkeit *f*

倾斜河床 qīngxié héchuáng Hangbett *n*

倾斜角 qīngxiéjiǎo Fallwinkel *m*; Neigungswinkel *m*; Abdachungswinkel *m*; Hängewinkel *m*; Abschrägungswinkel *m*; Schrägungswinkel *m*

倾斜距离 qīngxié jùlí Schrägentfernung *f*

倾斜面 qīngxiémiàn Abdachungsebene *f*; schiefe Ebene; Schrägfläche f

倾斜式可调靠背 qīngxiéshì kětiáo kàobèi die umlegbare Rückenlehne

倾斜误差 qīngxié wùchā Kippfehler m

倾斜仪 qīngxiéyí Neigungsmesser m

倾斜轴 qīngxiézhóu Kippachse f

倾卸功率 qīngxiè gōnglǜ Kippleistung f

倾卸力 qīngxièlì Kippkraft f

倾心的 qīngxīnde metazentrisch

倾注 qīngzhù vergießen; angießen; abkippen; einfließen

清除 qīngchú beseitigen; aufräumen

清除数据 qīngchú shùjù Daten löschen

清除装置 qīngchú zhuāngzhì Freigabeeinrichtung f

清楚的 qīngchǔde deutlich

清沟机 qīnggōujī Grabenreiniger m

清垢 qīnggòu abschlämmen

清净器 qīngjìngqì Wäscher m

清空回收站 qīngkōng huíshōuzhàn den Papierkorb leeren

清零 qīnglíng zurückstellen

清漆树脂 qīngqī shùzhī Lackharz n

清晰程度 qīngxī chéngdù Sichtbarkeit f

清晰度 qīngxīdù Deutlichkeit f; Schärfe f

清渣 qīngzhā Ausschlacken n

氰 qíng Zyan n

氰化表面硬化 qínghuà biǎomiàn yìnghuà Zyaneinsatzhärtung f

氰化处理 qínghuà chǔlǐ Zyanidbehandlung f

氰化物 qínghuàwù Zyanid n

情报 qíngbào Bericht m; Kundschaft f; Information f; Nachricht f

情报室 qíngbàoshì Informationsbüro

n

情况 qíngkuàng Beschaffenheit f

晴空 qíngkōng heiterer Himmel; wolkenloser Himmel

晴朗的 qínglǎngde klar; heiter

晴天 qíngtiān heiterer Tag; sonniger Tag

晴雨计 qíngyǔjì Barometer n

请求信号 qǐngqiú xìnhào Anfragesignal n

丘陵 qiūlíng Hügel m; Hügelland n; Bühl m; Anhöhe f

丘脑 qiūnǎo Sehhügel m; Thalamus m

秋 qiū Herbst m

秋耕 qiūgēng Herbstbestellung f

秋季 qiūjì Herbst m

秋收 qiūshōu Herbsternte f

秋天 qiūtiān Herbst m

求根 qiúgēn 〈数〉 extrahieren; radizieren; eine Wurzel ziehen

求和 qiúhé addieren; Summation f; Summierung f; Addition f

求和检查 qiúhé jiǎnchá Summenkontrolle f

求和器 qiúhéqì Adder m

求积分 qiújīfēn integrieren; Quadratur f

求积仪 qiújīyí Flächenmesser m; Planimeter n

求面积 qiúmiànjī Quadratur f; Quadrierung f

求平方根 qiúpíngfānggēn Quadratwurzel suchen/ziehen

求值 qiúzhí auswerten; zahlenmäßig ermitteln

求值程序 qiúzhí chéngxù Auswerteprogramm n

球蛋白 qiúdànbái Globin n; Globulin n

球的 qiúde sphärisch

Q

球阀 qiúfá Ballventil *n*

球化渗碳体 qiúhuà shèntàntǐ kugeliger Zementit; globularer Zementit

球结膜 qiújiémó Conjunctiva *f* bulbi; Bulbusbindehaut *f*; Augapfelbindehaut *f*

球颈轴承 qiújǐng zhóuchéng Kugelzapfenlager *n*

球径仪 qiújìngyí Sphärometer *n*

球菌 qiújūn Kugelbakterie *f*; Kokkus *m*; Kokke *f*; Mikrokokkus *m*

球粒状的 qiúlìzhuàngde rundkörnig

球面 qiúmiàn Kugelfläche *f*

球面方位角 qiúmiàn fāngwèijiǎo sphärischer Azimut

球面积 qiúmiànjī Kugelfläche *f*

球面角 qiúmiànjiǎo Kugelwinkel *m*

球面镜 qiúmiànjìng sphärischer Spiegel; Kugelspiegel *m*

球面三角学 qiúmiàn sānjiǎoxué sphärische Trigonometrie

球面透镜 qiúmiàn tòujìng sphärische Linse; Kugellinse *f*

球面像差 qiúmiàn xiàngchā sphärische Aberration; sphärischer Abbildungsfehler

球面轴承 qiúmiàn zhóuchéng Tonnenlager *n*

球面坐标 qiúmiàn zuòbiāo sphärische Koordinate

球磨 qiúmó vermahlen

球磨机 qiúmójī Kugelmühle *f*

球体 qiútǐ Sphäre *f*; Kugel *f*

球心阀 qiúxīnfá Kugelventil *n*

球形 qiúxíng Rundung *f*

球形的 qiúxíngde kugelig; rund; kugelförmig

球形联轴节 qiúxíng liánzhóujié Kugelkupplung *f*

球形帽 qiúxíngmào Kugelkappe *f*

球轴承 qiúzhóuchéng Kugellager *n*

球状结构 qiúzhuàng jiégòu globulares Gefüge

球状的 qiúzhuàngde sphärisch; kugelig

区段位 qūduànwèi 〈计〉 Bereichsbit *n*

区分 qūfēn Division *f*

区间 qūjiān Intervall *n*

区时 qūshí Zonenzeit *f*; Normalzeit *f*

区选择 qūxuǎnzé Blockauswahl *f*

区域 qūyù Gebiet *n*; Zone *f*; Region *f*; Bereich *n/m*; Sektion *f*

区域地质学 qūyù dìzhìxué regionale Geologie

曲柄 qūbǐng Kröpfung *f*; Kurbel *f*; Zieharm *m*; Schenkel *m*

曲柄摆杆结构 qūbǐng bǎigān jiégòu Kurbelschwinge *f*

曲柄臂 qūbǐngbì Kurbelwange *f*; Kurbelarm *m*

曲柄机构 qūbǐng jīgòu Kurbelantrieb *m*

曲柄销 qūbǐngxiāo Kurbelzapfen *m*

曲柄转角 qūbǐng zhuǎnjiǎo Kurbeldrehwinkel *m*

曲柄转矩 qūbǐng zhuànjǔ Kurbeldrehmoment *n*

曲柄钻 qūbǐngzuàn Bohrwinde *f*

曲尺 qūchǐ Winkelmaß *n*; Winkeleisen *n*; Zimmermannswinkel *m*

曲度 qūdù Krümme *f*

曲度计 qūdùjì Biegepfeilmesser *m*

曲拐 qūguǎi Kurbel *f*

曲管 qūguǎn Beuge *f*

曲颈瓶 qūjǐngpíng Retorte *f*

曲流 qūliú 〈地〉 Mäander *m*; Flusskrümmung *f*

曲率 qūlǜ Krümmung *f*; Krümmungsgrad *m*; Kurvatur *f*

曲率半径 qūlǜ bànjìng Biegehalb-

Q

messer *m*；Biegeradius *m*；Kreisbogenradius *m*；Krümmungsradius *m*；Bogenradius *m*；Rundungshalbmesser *m*

曲率面 qūlùmiàn Biegungsfläche *f*

曲面 qūmiàn krumme Fläche；gekrümmte Fläche

曲面刨床 qūmiàn bàochuáng Bogenhobelmaschine *f*

曲线 qūxiàn Kurve *f*；krumme Linie；Bogen *m*；Kringel *m*；Bogenlinie *f*

曲线半径 qūxiàn bànjìng Bogenhalbmesser *m*

曲线齿 qūxiànchǐ Kurvenzahn *m*

曲线齿轮 qūxiàn chǐlún Kurvenzahnrad *n*

曲线量规 qūxiàn liángguī Kreisschablone *f*

曲线运动 qūxiàn yùndòng krummlinige Bewegung

曲线轴 qūxiànzhóu Kurvenachse *f*

曲线坐标 qūxiàn zuòbiāo krummlinige Koordinaten

曲折 qūzhé Beugung *f*

曲折反射 qūzhé fǎnshè Zickzackreflexion *f*

曲折天线 qūzhé tiānxiàn Zickzackantenne *f*

曲折形 qūzhéxíng Zickzack *m*

曲轴 qūzhóu Kurbelwelle *f*；gekröpfte Achse；Kurbelachse *f*；Kropfachse *f*

曲轴车床 qūzhóu chēchuáng Kurbelwellendrehbank *f*

曲轴颈 qūzhóujǐng Pleuel (stangen) - lagerstelle *f*

曲轴箱 qūzhóuxiāng Kurbelgehäuse *n*；Kurbelhaus *n*；Kurbelkammer *f*；Kurbelkasten *m*；Kurbelwellengehäuse *n*

曲轴箱压力 qūzhóuxiāng yālì Kurbelgehäusedruck *m*

曲轴轴承 qūzhóu zhóuchéng Kurbelwellenlager *n*

曲轴轴线 qūzhóu zhóuxiàn Kurbelwellenachse *f*

驱动 qūdòng treiben；veranlassen；antreiben；Trieb *m*；Antrieb *m*

驱动电流 qūdòng diànliú Ansteuerungsstrom *m*；Treibstrom *m*

驱动活塞 qūdòng huósāi Treiberkolben *m*

驱动力 qūdònglì Treiberkraft *f*

驱动力矩 qūdòng lìjǔ Antriebsmoment *n*

驱动轮 qūdònglún Treibrad *n*；Antriebsrolle *f*；Antriebscapstan *m*；Antriebsrad *n*；Treibrolle *f*

驱动马达 qūdòng mǎdá Antriebsmotor *m*

驱动器速度 qūdòngqì sùdù Laufwerkgeschwindigkeit *f*

驱动器转换 qūdòngqì zhuǎnhuàn Laufwerkkonvertierung *f*

驱动绕组 qūdòng ràozǔ Steuerwicklung *f*；Treiberwicklung *f*

驱动时间 qūdòng shíjiān Ansteuerungszeit *f*

驱动特性曲线 qūdòng tèxìng qūxiàn Antriebskennlinie *f*

驱动装置 qūdòng zhuāngzhì Trieberwerk *n*

驱动装置线路 qūdòng zhuāngzhì xiànlù Antriebsschaltung *f*

驱逐机 qūzhújī Jagdflugzeug *n*

驱逐舰 qūzhújiàn Zerstörer *m*

屈服点 qūfúdiǎn Fließgrenze *f*；Fließpunkt *m*；Streckgrenze *f*

屈服极限 qūfú jíxiàn Fließgrenze *f*

屈光度 qūguāngdù Dioptrie *f*

屈氏体 qūshìtǐ Troostit *m*

Q

躯干 qūgàn Rumpf *m*; Leib *m*

躯壳 qūqiào sterbliche Hülle; Körper *m*

躯体 qūtǐ Körper *m*

趋肤效应 qūfū xiàoyìng Skineffekt *m*; Hauteffekt *m*

趋势 qūshì Tendenz *f*

趋向 qūxiàng Richtung *f*

渠 qú Kanal *m*; Graben *m*; Gerinne *n*

渠道 qúdào Kanal *m*; Medium *n*; Weg *m*

取(数) qǔ(shù) abholen

取出 qǔchū herausnehmen; herausbekommen; Abruf *m*

取代 qǔdài ersetzen; Substitution *f*

取得 qǔdé erwerben

取暖 qǔnuǎn sich wärmen

取水 qǔshuǐ Wasserentnahme *f*

取水点 qǔshuǐdiǎn Entnahmepunkt *m*

取水井 qǔshuǐjǐng Entnahmebrunnen *m*

取水设备 qǔshuǐ shèbèi Wassergewinnungsanlage *f*; Wasserfassungsmaßnahme *f*

取水塔 qǔshuǐtǎ Entnahmeturm *m*

取水调节 qǔshuǐ tiáojié Entnahmeregulierung *f*; Entnahmeregelung *f*

取下 qǔxià abnehmen; abmachen; abschaffen

取消 qǔxiāo aufheben; abschaffen; Abrogation *f*

取消合同 qǔxiāo hétóng Kontrakt annullieren

取岩心 qǔyánxīn Kernbohrung *f*

取样 qǔyàng Musterziehung *f*; Probeentnahme *f*; Sample *f*; Sampling *n*; Bemusterung *f*; Probenahme *f*; Probenehmen *n*

取样机 qǔyàngjī Probenentnehmer *m*

龋齿 qǔchǐ Zahnfäule *f*; Knochenfraß *m*; Karies *f*

去磁 qùcí demagnetisieren; entmagnetisieren; Entmagnetisieren *n*; Entmagnetisierung *f*; Demagnetisation *f*; Abmagnetisierung *f*; Aberregung *f*

去磁器 qùcíqì Entmagnetisierer *m*

去磁性 qùcíxìng Abmagnetisierbarkeit *f*

去干扰电容器 qùgānrǎo diànróngqì Entstörkondensator *m*

去垢剂 qùgòujì Waschmittel *n*; Detergens *n*; Fleckenreiniger *m*; Reinigungsmittel *n*

去垢溶液 qùgòu róngyè Waschlösung *f*

去硫 qùliú entschwefeln

去能 qùnéng aberregen

去氢 qùqīng Wasserstoffabspaltung *f*

去色剂 qùsèjì Farbenabbeizmittel *n*

去污剂 qùwūjì Fleckenentferner *m*

去盐 qùyán entsalzen

去脂 qùzhī ausfetten; entfetten

圈 quān Kreis *m*; Ring *m*; Schelle *f*

圈环 quānhuán Schlinge *f*

权寄存器 quánjìcúnqì Gewichtsregister *n*

全波整流 quánbō zhěngliú Vollweggleichrichtung *f*

全波整流器 quánbō zhěngliúqì Vollweggleichrichter *m*; Zweiweggleichrichter *m*

全部车辆 quánbù chēliàng Fahrzeugpark *m*

全负荷驱动的 quánfùhè qūdòngde ausgesteuert

全机清除 quánjī qīngchú Anlage rücksetzen

全减法器 quánjiǎnfǎqì Vollsubtrahierer *m*

全部 quánbù Gesamtheit *f*

全部的 quánbùde ganz; sämtlich; gesamt; total

全程 quánchéng ganze Strecke

全等 quánděng kongruieren; Kongruenz *f*

全等的 quánděngde identisch; kongruent; deckungsgleich

全等三角形 quánděng sānjiǎoxíng kongruente Dreiecke

全电气化 quándiànqìhuà Vollelektrifizierung *f*

全对称 quánduìchèn Holosymmetrie *f*

全反射 quánfǎnshè totale Reflexion; Gesamtrückstrahlung *f*

全反射光 quánfǎnshèguāng total reflektiertes Licht

全负荷 quánfùhè Volllast *f*; gesamte Belastung

全负荷的 quánfùhède vollbelastet

全感应 quángǎnyìng vollständige Induktion

全加法器 quánjiāfǎqì Volladdierer *m*

全晶质的 quánjīngzhìde holokristallin

全局 quánjú Gesamtsituation *f*; Gesamtlage *f*

全局程序 quánjú chéngxù Globalprogramm *n*

全局的 quánjúde global

全局语句 quánjú yǔjù Global-Statement *n*

全绝缘 quánjuéyuán Vollisolation *f*; Vollisolierung *f*

全控制 quánkòngzhì Vollaussteuerung *f*

全轮驱动 quánlún qūdòng Allradantrieb *m*

全轮驱动的自动底盘 quánlún qūdòngde zìdòng dǐpán Allradgeräteträger *m*

全轮制动 quánlún zhìdòng Allradbremse *f*

全轮转舵装置 quánlún zhuǎnduò zhuāngzhì Allradlenkung *f*

全螺纹车床 quánluówén chēchuáng Totalgewinde-Drehbank *f*

全屏 quánpíng Vollbild *n*

全球的 quánqiúde global

全身麻醉 quánshēn mázuì Vollnarkose *f*; Totalanästhesis *f*; allgemeine Anästhesie

全速 quánsù volle Geschwindigkeit

全套的 quántàode komplett

全天候飞机 quántiānhòu fēijī Allwetterflugzeug *n*

全天候公路 quántiānhòu gōnglù Allwetterstraße *f*

全同步变速箱 quántóngbù biànsùxiāng Allsynchrongetrieb *n*

全图 quántú Ansicht *f*; allgemeine Ansicht

全网络的 quánwǎngluòde webweit

全息的 quánxīde holografisch

全息计算机 quánxī jìsuànjī der holografische Computer

全息摄影 quánxī shèyǐng Holografie *f*

全息数据存储器 quánxī shùjù cúnchǔqì holografischer Datenspeicher

全息图 quánxītú Hologramm *n*

全息照片 quánxī zhàopiàn Hologramm *n*; Holograf *m*

全息照相 quánxī zhàoxiàng holografische Aufnahme; Holografie *f*

全息照相术 quánxī zhàoxiàngshù Holografie *f*

Q

全相检验 quánxiàng jiǎnyàn metallografische Untersuchung

全选 quánxuǎn alles markieren

全循环 quánxúnhuán vollständiger Kreislauf

全自动的 quánzìdòngde vollautomatisch

全自动化 quánzìdònghuà Vollautomatisierung *f*

全自动化的 quánzìdònghuàde vollautomatisiert

全自动制冷机 quánzìdòng zhìlěngjī vollautomatische Kältemaschine

全自动装置 quánzìdòng zhuāngzhì Vollautomat *m*

泉 quán Brunnen *m*; Quelle *f*; Quellwasser *n*

泉水 quánshuǐ Quellwasser *n*

泉源 quányuán Quelle *f*; Wasserquelle *f*; Ursprung *m*

痊愈 quányù genesen; heilen; Genesung *f*

颧骨 quángǔ Jochbein *n*; Wangenbein *n*; Backenknochen *m*

醛 quán Aldehyd *m*

缺乏 quēfá ermangeln; mangeln; Mangel *m*; Ermang(e)lung *f*

缺乏的 quēfáde arm

缺口 quēkǒu Zahnschnitt *m*

缺口冲击韧性 quēkǒu chōngjī rèn-xìng Kerbschlagzähigkeit *f*

缺陷 quēxiàn Mangel *m*; Fehler *m*

确定 quèdìng bestimmen; festlegen; feststellen; Bestimmung *f*; Feststellung *f*

确定地址 quèdìng dìzhǐ Adressenfixierung *f*; Adressenzuweisung *f*

确定公差 quèdìng gōngchā Tolerierung *f*

确定位置 quèdìng wèizhì lokalisieren

确切的 quèqiède gewiss

确认 quèrèn bekräftigen; bestätigen

确实 quèshí allerdings

确实性 quèshíxìng Gewissheit *f*

确信的 quèxìnde gewiss

确凿的 quèzáode sicher; wahr; felsenfest; unbestreitbar

确诊 quèzhěn genaue Diagnose stellen; diagnostizieren

确证 quèzhèng Feststellung *f*

群 qún Gruppe *f*

群岛 qúndǎo Inselgruppe *f*; Archipel *m*

群集 qúnjí Zuordnungseinheit *f*

群居 qúnjū in Herden (Gemeinschaften) lebend

群体 qúntǐ Pflanzen- oder Tierkolonie *f*; Massensport *m*

R

燃点 rándiǎn Brennpunkt m; Zündpunkt m; Feuerpunkt m; Entzündungspunkt m; Entflammungspunkt m

燃点温度 rándiǎn wēndù Entzündungstemperatur f

燃耗 ránhào Abbrand m

燃料 ránliào Kraftstoff m; Brennmaterial n; Heizstoff m; Heizmaterial n; Triebstoff m; Brennstoff m; Kraftstoff m; Feuerungsmaterial n

燃料分配器 ránliào fēnpèiqì Brennstoffverteiler m

燃料供给 ránliào gōngjǐ Brennstoffversorgung f

燃料供给量 ránliào gōngjǐliàng Brennstoffliefermenge f

燃料利用系数 ránliào lìyòng xìshù Brennstoffnutzungsgrad m

燃料箱 ránliàoxiāng Treibstofftank m; Brennstoffzelle f

燃料消耗量 ránliào xiāohàoliàng Brennstoffverbrauch m

燃料油 ránliàoyóu Heizöl n; Treiböl n

燃气 ránqì Treibgas n; Gas n

燃气厂 ránqìchǎng Gaswerk n

燃气轮机 ránqì lúnjī Gasturbine f

燃气涡轮发电机组 ránqì wōlún fādiàn jīzǔ Gasturbinentriebwerk n

燃烧 ránshāo verbrennen; brennen; auflodern; abfackeln; flammen; Verbrennung f; Entflammung f; Inflammation f; Feuerung f; Entzündung f; Abbrand m; Brand m; Brennen n

燃烧冲程 ránshāo chōngchéng Verbrennungshub m

燃烧功能 ránshāo gōngnéng Verbrennungsleistung f

燃烧炉 ránshāolú Feuerkessel m; Verbrennungsofen m

燃烧面 ránshāomiàn brennende Oberfläche

燃烧能量 ránshāo néngliàng Verbrennungsenergie f

燃烧器 ránshāoqì Brenner m

燃烧强度 ránshāo qiángdù Feuerungsintensität f; Verbrennungsintensität f

燃烧热 ránshāorè Verbrennungswärme f

燃烧室 ránshāoshì Verbrennungskammer f

燃烧速度 ránshāo sùdù Abbrandgeschwindigkeit f; Abbrandtempo n

燃烧效率 ránshāo xiàolǜ Ausbrennwirkungsgrad m

燃素的 ránsùde phlogistisch

燃油粗滤器 rányóu cūlǜqì Vorfilter m/n

燃油防漏装置 rányóu fánglòu zhuāngzhì Leckölsperre f

燃油分配阀 rányóu fēnpèifá Brennstoffverteilerventil n

燃油量表 rányóu liángbiǎo Kraftstoffvorratsmesser m

燃油滤器 rányóu lǜqì Kraftstoff-

Feinfilter m/n

染料 rǎnliào Farbstoff m

染料化学 rǎnliào huàxué Farbenchemie f

染色 rǎnsè Färben n; Färbung f

染色机 rǎnsèjī Färbemaschine f

染色剂 rǎnsèjì Farbmittel n; Färbemittel n; färbender Stoff; Beize f

染色体 rǎnsètǐ Chromosom n

染色体病 rǎnsètǐbìng Chromosomkrankheit f

染色体数目 rǎnsètǐ shùmù Chromosomenzahl f

染色体组 rǎnsètǐzǔ Genom n

染色质 rǎnsèzhì 〈生〉 Chromatin n

桡动脉 ráodòngmài Speichenschlagader f

桡骨 ráogǔ Speiche f; Radius m

桡神经 ráoshénjīng Speichennerv m

扰动量 rǎodòngliàng Störgröße f

扰流板 rǎoliúbǎn Spoiler m

扰流器 rǎoliúqì Störklappe f

绕包机 ràobāojī Bandumwickelmaschine f

绕流 ràoliú befließen

绕射 ràoshè beugen; ablenken; Diffraktion f; Beugung f

绕线电阻 ràoxiàn diànzǔ Drahtwiderstand m

绕线机 ràoxiànjī Spulenmaschine f; Spulenwickelmaschine f

绕线连接 ràoxiàn liánjiē Drahtwickelverbindung f

绕转 ràozhuǎn kreisen; kreiseln; Kreisgang m

绕组 ràozǔ Wicklung f; Windung f

热 rè Wärme f; Hitze f

热变电阻 rèbiàn diànzǔ Thermistor m

热波 rèbō Hitzewelle f

热成形 rèchéngxíng Warmformgebung f

热处理 rèchǔlǐ thermisch behandeln; Hitzebehandlung f; Warmbehandlung f; Thermisation f; Wärmebehandlung f

热处理炉 rèchǔlǐlú Warmbehandlungsofen m

热传导 rèchuándǎo Wärmeableitung f; Wärmeleitung f; Wärmetransmission f; Wärmeüberführung f; Wärmeübergang f; Wärmeübertragung f; Wärmeüberleitung f; Wärmedurchgang m

热传递 rèchuándì Übertragung der Wärme

热磁的 rècíde thermomagnetisch

热磁学 rècíxué Thermomagnetismus m

热脆的 rècuìde warmbrüchig

热脆裂 rècuìliè Heißbruch m

热脆性 rècuìxìng Warmbrüchigkeit f

热淬火 rècuìhuǒ Thermalhärtung f

热带 rèdài Tropen pl; tropische Zone

热带的 rèdàide tropisch

热带气候 rèdài qìhòu tropisches Klima

热带雨林 rèdài yǔlín tropischer Regenwald

热带作物 rèdài zuòwù tropische Kulturen; tropische Gewächse

热当量 rèdāngliàng Wärmeäquivalent n; kalorisches Äquivalent

热导率 rèdǎolǜ Wärmeleitfähigkeit f

热导体 rèdǎotǐ Wärmeleiter m; Heizleiter m; Heißleiter m

热的 rède thermisch; heiß; warm

热电 rèdiàn Pyroelektrizität f; Wärmeelektrizität f; Thermoelektrizität f

热电变换器 rèdiàn biànhuànqì Thermoumformer *m*

热电厂 rèdiànchǎng Heizkraftwerk *n*; Dampfkraftwerk *n*; thermisches Kraftwerk

热电的 rèdiànde thermoelektrisch; wärmeelektrisch; pyroelektrisch

热电动势 rèdiàndòngshì Thermokraft *f*; Thermophysikspannung *f*; Thermospannung *f*

热电堆 rèdiànduī Thermophysiksäule *f*; Thermoelementbatterie *f*

热电流 rèdiànliú Thermostrom *m*; Thermostabilitätsstrom *m*

热电偶 rèdiàn´ǒu Thermoelektrizitätselement *n*; Wärmeelement *n*; Thermoelement *n*; Thermopaar *n*; Thermokette *f*; thermoelektrisches Paar

热电偶极脚 rèdiàn´ǒu jíjiǎo Thermoelementschenkel *m*

热电偶检流器 rèdiàn´ǒu jiǎnliúqì Thermoelektrizitätsgalvanometer *n*

热电效应 rèdiàn xiàoyìng glühelektrischer Effekt; thermoelektrischer Effekt; thermoelektrische Wirkung; pyroelektrische Effekte

热电学 rèdiànxué Thermoelektrizität *f*; Thermoelektrik *f*; Pyroelektrizität *f*

热电站 rèdiànzhàn Heizkraftwerk *n*; thermisches Kraftwerk

热电子 rèdiànzǐ Glühelektron *n*; Thermoelektron *n*

热电子发射 rèdiànzǐ fāshè glühelektrische Emission

热电阻 rèdiànzǔ warmer Widerstand

热度 rèdù Wärmegrad *m*; Temperatur *f*; Wärmemaß *n*

热发射 rèfāshè Thermoemission *f*

热放射 rèfàngshè Wärmeausstrahlung *f*

热分解 rèfēnjiě Hitzespaltung *f*; Wärmezersetzung *f*; Hitzezerlegung *f*; thermische Zersetzung; thermische Dissoziation

热分析 rèfēnxī Thermoanalyse *f*; thermische Analyse

热风管道 rèfēng guǎndào Heißwindleitung *f*

热风环管 rèfēng huánguǎn Heißwindring *m*

热风炉 rèfēnglú Heißwindofen *m*; Winderhitzer *m*

热辐射 rèfúshè Wärmeausstrahlung *f*; Wärmestrahlung *f*; Hitzestrahlung *f*

热辐射器 rèfúshèqì Wärmestrahler *m*

热辐射线 rèfúshèxiàn Wärmestrahl *m*

热负荷 rèfùhè Wärmebelastung *f*; thermische Belastung; thermische Beanspruchung

热负载 rèfùzài Wärmebeanspruchung *f*

热敷 rèfū bāhēn; heiße Kompresse; heißer Umschlag

热工技术 règōng jìshù Wärmetechnik *f*

热工学 règōngxué Wärmetechnik *f*

热工学的 règōngxuéde wärmetechnisch

热功当量 règōngdāngliàng Wärmewert *m*; mechanisches Wärmeäquivalent; Arbeitswert der Wärme

热功当量值 règōng dāngliàngzhí Arbeitswert der Wärmeeinheit

热固性 règùxìng Duroplast *m*; Thermofixierung *f*

热固性的 règùxìngde duroplastisch; wärme(aus)härtend

热固性塑料的 règùxìng sùliàode duroplastisch

R

热光谱 règuāngpǔ Wärmespektrum n

热含量 rèhánliàng Enthalpie f; Kaloriengehalt m

热函数 rèhánshù Wärmefunktion f

热核爆炸 rèhé bàozhà thermonukleare Detonation; thermonukleare Explosion

热核的 rèhéde thermonuklear

热核反应 rèhé fǎnyìng thermonukleare Reaktion

热核反应堆 rèhé fǎnyìngduī Fusionsreaktor m

热核聚变 rèhé jùbiàn thermonukleare Fusion

热化学 rèhuàxué Pyrochemie f; Thermochemie f; heiße Chemie; Thermoanalysechemie f

热化学的 rèhuàxuéde thermochemisch; pyrochemisch

热机 rèjī Wärmekraftmaschine f

热加工 rèjiāgōng Warmbearbeitung f

热降 rèjiàng Wärmegefälle n

热交换 rèjiāohuàn Wärmeaustausch m; Wärmeübergang m

热交换器 rèjiāohuànqì Wärmeaustauscher m; Wärmeaustauschapparat m; Wärmetauscher m; Wärmewechselgefäß n

热交换器元件 rèjiāohuànqì yuánjiàn Wärmeaustauscherelement n

热矫直机 rèjiǎozhíjī Warmrichtmaschine f

热结聚 rèjiéjù Agglomeration f

热解 rèjiě Pyrolyse f

热解作用 rèjiě zuòyòng Thermolyse f; Pyrolyse f

热绝缘 rèjuéyuán Wärmeschutz m; Heißisolation f

热绝缘体 rèjuéyuántǐ Wärmeisola-

tor m

热均衡 rèjūnhéng Hitzeausgleich m

热扩散 rèkuòsàn Thermodiffusion f; Wärmediffusion f

热浪 rèlàng Hitzewelle f

热离子 rèlízǐ Thermion n

热离子的 rèlízǐde thermionisch

热离子效应 rèlízǐ xiàoyìng thermionischer Effekt

热离子整流器 rèlízǐ zhěngliúqì thermionischer Gleichrichter

热力 rèlì Wärmekraft f; Heizkraft f

热力泵 rèlìbèng Wärmepumpe f

热力差 rèlìchā Wärmegefälle n

热力机 rèlìjī Wärmekraftmaschine f

热力计算 rèlì jìsuàn thermische Berechnung

热力图 rèlìtú thermisches Abbild

热力学 rèlìxué Wärmemechanik f; Thermodynamik f; Wärmedynamik f; Wärmelehre f

热力学定律 rèlìxué dìnglǜ Wärmesatz m

热量 rèliàng Wärme f; Wärmemenge f

热量传递 rèliàng chuándì Wärmefortleitung f

热量单位 rèliàng dānwèi Wärmeeinheit f; Wärmemaß n; Einheit der Wärme

热量的 rèliàngde kalorisch

热量计 rèliàngjì Wärmemesser n; Kaloriemeter n/m; Wärmemengenmesser m

热量损失 rèliàng sǔnshī Wärmeverlust m

热裂产物 rèliè chǎnwù Spaltprodukt n

热裂设备 rèliè shèbèi Krackanlage f

热裂稳定性 rèliè wěndìngxìng Warmrissbeständigkeit f

热裂性 rèlièxìng Warmrissigkeit f

热流量计 rèliúliàngjì Wärmefluss-messer m

热铆 rèmǎo Warmvernietung f

热敏的 rèmǐnde wärmeempfindlich

热敏电阻 rèmǐn diànzǔ Thermistor m; Heißleiter m

热能 rènéng Wärmeenergie f; thermische Energie

热能工程 rènéng gōngchéng Wärmetechnik f; industrielle Wärmetechnik

热能利用 rènéng lìyòng Wärmeausnutzung f

热能转换 rènéng zhuǎnhuàn Wärmetransformation f

热喷泉 rèpēnquán Geysir m

热膨胀 rèpéngzhàng Wärmeausdehnung f; thermische Ausdehnung; Wärmedehnung f; Thermalausdehnung f

热膨胀计 rèpéngzhàngjì Dilatometer n

热膨胀系数 rèpéngzhàng xìshù Wärmedehnzahl f

热膨胀性 rèpéngzhàngxìng Warmdehnbarkeit f

热平衡 rèpínghéng Wärmebilanz f; thermisches Gleichgewicht; Wärmeausgleich m

热平衡原理 rèpínghéng yuánlǐ Wärmeausgleichprinzip n

热屏蔽 rèpíngbì thermische Abschirmung

热启动 rèqǐdòng Warmstart m

热气 rèqì Dampf m; heiße Luft

热气化器 rèqìhuàqì Warmvergaser m

热气体 rèqìtǐ Heißgas n

热强度 rèqiángdù Wärmeintensität f

热切削 rèqiēxiāo Warmzerspanung f

热容 rèróng Wärmevermögen n; Wärmekapazität f

热容量 rèróngliàng Wärmevermögen n

热散发 rèsànfā Hitzeabgabe f

热散失 rèsànshī Wärmedispersion f

热射线 rèshèxiàn Wärmestrahl m

热时效 rèshíxiào thermische Alterung

热蚀 rèshí Heißätzen n

热水泵 rèshuǐbèng Heißwasserpumpe f; Warmwasserpumpe f

热水供暖 rèshuǐ gòngnuǎn Warmwasserheizung f; Wasserheizung f

热水排泄 rèshuǐ páixiè Warmwasserableitung f

热水器 rèshuǐqì Heißwasserbereiter m; Heißwassererzeuger m; Heißwasserapparat m

热塑材料 rèsù cáiliào thermoplastischer Stoff

热塑的 rèsùde thermoplastisch

热塑加工 rèsù jiāgōng Thermoplastverarbeitung f

热塑料的 rèsùliàode thermoplastisch

热塑塑料 rèsù sùliào thermoplastische Kunststoffe; Thermoplast m

热塑性 rèsùxìng Warmplastizität f; Thermoplastizität f; Warmbildsamkeit f

热塑性材料 rèsùxìng cáiliào Thermoplast m; thermoplastisches Material; thermoplastischer Werkstoff

热塑性的 rèsùxìngde thermoplastisch

热塑性塑料 rèsùxìng sùliào Thermoplast m

热塑性塑料的 rèsùxìng sùliàode thermoplastisch

热损失 rèsǔnshī Erhitzungsverlust

R

m; Erwärmungsverlust m

热弹性的 rètánxìngde thermoelastisch

热调谐 rètiáoxié thermische Abstimmung

热温差的 rèwēnchāde wärmeelektrisch

热稳定性 rèwěndìngxìng Thermostabilität f; Wärmebeständigkeit f

热物理学 rèwùlǐxué Thermophysik f

热吸收 rèxīshōu Wärmeabsorption f

热吸收量 rèxīshōuliàng Wärmekapazität f

热线圈 rèxiànquān Hitzdrahtspule f

热线式电流表 rèxiànshì diànliúbiǎo Hitzdrahtstrommesser m; Hitzdrahtamperemeter n

热线式电压表 rèxiànshì diànyābiǎo Hitzdrahtvoltmeter n

热线式继电器 rèxiànshì jìdiànqì Hitzdrahtrelais n

热线线圈 rèxiàn xiànquān Hitzdrahtspule f

热消耗 rèxiāohào Wärmeverlust m

热效应 rèxiàoyìng Heizeffekt m; thermischer Einfluss; thermischer Effekt; kalorischer Effekt; Heißwirkung f; Wärmewirkung f; Thermoeffekt m

热学 rèxué Thermik f; Wärmelehre f; Kalorik f

热压 rèyā Heißpressen n

热压配合 rèyā pèihé Schrumpfpassung f; Schrumpfsitz m; Aufschrumpfen n

热延性 rèyánxìng Warmdehnbarkeit f

热阴极 rèyīnjí Glühkathode f

热应力 rèyìnglì Wärmebelastung f; Wärmebeanspruchung f

热浴淬火 rèyù cuìhuǒ Warmbadhär-

ten n; Warmbadhärtung f

热浴调质 rèyù tiáozhì Warmbadvergütung f

热源 rèyuán Wärmequelle f; Hitzequelle f; Wärmezentrum n; Wärmespender m

热源的 rèyuánde pyrogen

热运动 rèyùndòng Wärmebewegung f

热轧 rèzhá Warmwalzen n

热轧钢 rèzhágāng warmgewalzter Stahl

热轧钢板 rèzhá gāngbǎn warmgewalztes Stahlblech

热轧辊 rèzhágǔn Heißwalze f

热轧机 rèzhájī Warmwalzwerk n

热展性 rèzhǎnxìng Warmdehnbarkeit f

热振动 rèzhèndòng Wärmebewegung f

热震 rèzhèn Wärmestoß m

热蒸气 rèzhēngqì Heißdampf m

热值 rèzhí Wärmewert m; Heizwert m; Erwärmungskraft f

热值系数 rèzhí xìshù Wärmezahl f

热中子 rèzhōngzǐ Thermoneutron n

热中子反应堆 rèzhōngzǐ fǎnyìngduī thermischer Reaktor

热状态 rèzhuàngtài Wärmezustand m

热阻力 rèzǔlì Wärmedurchgangswiderstand m

人才 réncái talentierte Person; Talent n; qualifiziertes Personal

人的 rénde menschlich

人工操作 réngōng cāozuò Handantrieb m; Handarbeit f

人工的 réngōngde manuell; handbetätigt; handbedient; künstlich; von Menschen gemacht

人工灌溉 réngōng guàngài künstliche Bewässerung

人工呼吸 réngōng hūxī künstliche Atmung

人工湖 réngōnghú künstlicher See; künstlich angelegter See

人工键控的 réngōng jiànkòngde handgetastet

人工控制 réngōng kòngzhì Handsteuerung f

人工林 réngōnglín künstlicher Wald; von Menschenhand geschaffener Wald

人工流产 réngōng liúchǎn Abtreibung f; künstlicher Abort; Interruption f

人工取样 réngōng qǔyàng Handprobe f

人工时效 réngōng shíxiào künstliche Alterung

人工授粉 réngōng shòufěn künstliche Bestäubung

人工授精 réngōng shòujīng künstliche Befruchtung; künstliche Insemination; künstlich besamen; Insemination f

人工调节 régōng tiáojié Handeinstellung f; künstliche Regelung

人工通风 réngōng tōngfēng künstlicher Wetterzug

人工移植外科学 réngōng yízhí wàikēxué Ersatzteil-Chirurgie f

人工运河 réngōng yùnhé künstlicher Wasserweg; künstliche Schifffahrtsstraße

人工照明 réngōng zhàomíng künstliche Beleuchtung

人工诊断 réngōng zhěnduàn Handdiagnose f

人工智能 réngōng zhìnéng künstliche Intelligenz

人工智能终端 réngōng zhìnéng zhōngduān intelligentes Terminal

人骨化石 réngǔ huàshí Anthropolith m

人机对话 rénjī duìhuà Verkettungsdialog m

人机对话程序系统 rénjī duìhuà chéngxù xìtǒng Korrespondenz-Programmsystem n

人机对话语言 rénjī duìhuà yǔyán 〈计〉 Korrespondenzsprache f

人口 rénkǒu Bevölkerung f

人口分布 rénkǒu fēnbù Bevölkerungsverteilung f

人口结构 rénkǒu jiégòu Bevölkerungsgliederung f

人口论 rénkǒulùn Bevölkerungsforschung f

人口下降 rénkǒu xiàjiàng Bevölkerungsrückgang m

人类化石 rénlèi huàshí Menschenfossil n

人类进化论 rénlèi jìnhuàlùn Anthropogenie f

人类起源论 rénlèi qǐyuánlùn Anthropogenese f

人类生态学 rénlèi shēngtàixué Humanökologie f

人类生物学 rénlèi shēngwùxué Humanökologie f; Humanbiologie f

人类学 rénlèixué Anthropologie f

人类遗传学 rénlèi yíchuánxué Humangenetik f

人力 rénlì Arbeitskraft f

人体 réntǐ menschlicher Körper; Menschenkörper m

人文科学 rénwén kēxué Geistwissenschaften pl

人造宝石 rénzào bǎoshí künstlicher Edelstein

人造磁铁 rénzào cítiě künstlicher

Magnet

人造的 rénzàode künstlich

人造肥料 rénzào féiliào Kunstdünger *m*

人造革 rénzàogé Kunstleder *n*

人造光源 rénzào guāngyuán künstliche Lichtquelle

人造湖 rénzàohú künstliches Rückhaltebecken; künstlicher See

人造气候 rénzào qìhòu Mikroklima *n*

人造汽油 rénzào qìyóu künstliches Benzin

人造石墨 rénzào shímò künstlicher Graphit

人造树脂 rénzào shùzhī Kunstharz *n*

人造卫星 rénzào wèixīng künstlicher Satellit; künstlich® Trabant

人造纤维 rénzào xiānwéi Kunstfaden *m*; Kunstfaser *f*; Chemiefaser *f*

人种学 rénzhǒngxué Ethnologie *f*

人字齿 rénzìchǐ Winkelzahn *m*

人字齿轮 rénzì chǐlún Pfeilzahnrad *n*

刃具 rènjù Drehstahl *m*; Schneidwerkzeug *n*

刃磨 rènmó schleifen; Schleifen *n*

刃磨机 rènmójī Schärfmaschine *f*

认定 rèndìng fest glauben; fest von etw. überzeugt sein; Erkennung *f*

认识 rènshi erkennen; kennen; kennenlernen; verstehen; Erkenntnis *f*; Erkennung *f*

认识论 rènshilùn Erkenntnistheorie *f*

认真的 rènzhēnde gewissenhaft; ernsthaft; fleißig und sorgfältig

任务 rènwù Aufgabe *f*; Auftrag *m*; Task *m*

任务调度程序 rènwù diàodù chéngxù Auftragsprogramm *n*

任务栏 rènwùlán Taskleiste *f*

任务语句 rènwù yǔjù 〈计〉 Auftragsanweisung *f*

任意常数 rènyì chángshù willkürliche Konstante

任意的 rènyìde beliebig; willkürlich

韧度 rèndù Tenazität *f*; Zähe *f*; Zähigkelt *f*; Haft *m*; Zähheit *f*

韧度测定 rèndù cèdìng Zähigkeitsmaß *n*

韧度试验 rèndù shìyàn Zähigkeitsprobe *f*

韧铁 rèntiě Zäheisen *n*

韧性 rènxìng Zähfestigkeit *f*; Haftfestigkeit *f*; Zähigkeit *f*; Tenazität *f*

韧性材料 rènxìng cáiliào duktiles Material; zähes Material

韧性的 rènxìngde zähfestig

韧性指数 rènxìng zhǐshù Zähigkeitsziffer *f*

韧性铸铁 rènxìng zhùtiě duktiles Gusseisen

妊娠 rènshēn Befruchtung *f*; Schwangerschaft *f*; Trächtigkeit *f*

妊娠的 rènshēnde gravid

妊娠中毒 rènshēn zhòngdú Schwangerschaftstoxikose *f*

日本海 rìběnhǎi Japanisches Meer

日常维护 rìcháng wéihù laufende Instandhaltung; Instandhaltung im Alltag

日光 rìguāng Sonnenlicht *n*; Sonnenstrahl *m*; Sonnenschein *m*

日光灯 rìguāngdēng Neonlampe *f*; Neonröhre *f*; Leuchtstofflampe *f*; Leuchtstoffröhre *f*

日光辐射计 rìguāng fúshèjì Aktinomefer *n*

日光仪 rìguāngyí Heliograf *m*

日光浴 rìguāngyù Sonnenbad *n*

日环食 rìhuánshí ringförmige Sonnenfinsternis; Ringfinsternis *f*

日里程表 rìlǐchéngbiǎo Tageskilometerzähler *m*

日历 rìlì Kalender *m*

日流量 rìliúliàng tägliche Abflusssumme

日冕 rìmiǎn Sonnenuhr *f*; Korona *f*; Sonnenkorona *f*

日期 rìqī Termin *m*; Zeitpunkt *m*; Datum *n*

日全食 rìquánshí totale Sonnenfinsternis

日射 rìshè Sonnenbestrahlung *f*; Insolation *f*

日蚀 rìshí Sonnenfinsternis *f*

日食 rìshí Sonnenfinsternis *f*

日行驶公里数 rìxíngshǐ gōnglǐshù Tageskilometerleistung *f*

日行驶里程 rìxíngshǐ lǐchéng Tagesfahrtleistung *f*

日晕 rìyùn Sonnenhalo *m*; Sonnenhof *m*

日照时数 rìzhào shíshù Sonnenscheindauer *f*

日照 rìzhào Sonnenscheindauer *f*; Besonnung *f*

容差 róngchā Toleranz *f*

容积 róngjī Volumen *n*; Inhalt *m*; Fassungsvermögen *n*; Rauminhalt *m*; Kapazität *f*; Kubikgehalt *m*; Raumgröße *f*; Fassungsraum *m*

容积比 róngjībǐ Volumenverhältnis *n*

容积单位 róngjī dānwèi Raumeinheit *f*

容抗 róngkàng Kapazitanz *f*; Kondensanz *f*; kapazitive Reaktanz

容量 róngliàng Gehalt *m*; Kubikmaß

n; Volumen *n*; Fassung *f*; Fassungsraum *m*; Kapazität *f*; Aufnahmefähigkeit *f*; Vermögen *n*; Fassungsvermögen *n*; Inhalt *m*

容量计 róngliàngjì Volumenmesser *m*

容纳 róngnà Aufnahme *f*; enthalten; fassen; aufnehmen

容器 róngqì Gefäß *n*; Behälter *m*; Bottich *m*; Container *m*

容器内衬 róngqì nèichèn Behälterfutter *n*

容限 róngxiàn Toleranz *f*

容许偏差 róngxǔ piānchā erlaubte Abweichung

溶洞 róngdòng Auslaugungstasche *f*

溶化 rónghuà auflösen; schmelzen; tauen; Schmelzung *f*; Zerteilung *f*

溶剂 róngjì Lösemittel *n*; Lösungsmittel *n*; Löser *m*; Solvens *n*; Auflöser *m*; Auflösungsmittel *n*

溶胶溶液 róngjiāo róngyè Sollösung *f*

溶解 róngjiě lösen; auslösen; resolvieren; Kolliquation *f*; Zerteilung *f*; Auslösung *f*; Auflösung *f*

溶解的 róngjiěde gelöst

溶解度 róngjiědù Löslichkeit *f*; Auflösbarkeit *f*

溶解器 róngjiěqì Auflöser *m*

溶解热 róngjiěrè Auflösungswärme *f*; Lösungswärme *f*; Schmelzwärme *f*

溶媒 róngméi Auflöser *m*; Lösungsmittel *n*

溶锈剂 róngxiùjì Rostlösungsmittel *n*

溶血性的 róngxuèxìngde hämolytisch

溶液 róngyè Lösung *f*; Flüssigkeit *f*; Liquor *m*

溶胀试验 róngzhàng shìyàn

R

Quellprüfung *f*

绒毛 róngmáo Flaum *m*; Flaumhaar *n*; Flor *m*; Flordecke *f*

熔 róng schmelzen; verschmelzen; zusammenschmelzen

熔点 róngdiǎn Flusspunkt *m*; Schmelzpunkt *m*; Fusionspunkt *m*

熔断 róngduàn durchschmelzen; Ausschmelzen *n*; Ausbrennen *n*

熔断保险丝 róngduàn bǎoxiǎnsī Abschmelzsicherung *f*

熔断片 róngduànpiàn Abschmelzstreifen *m*

熔锅 róngguō Tiegel *m*

熔焊 rónghàn schweißen; Schweißung *f*; Schmelzschweißung *f*; Abschmelzschweißung *f*

熔合 rónghé zuschmelzen; Fusion *f*

熔化 rónghuà schmelzen; abschmelzen; verschmelzen; ausschmelzen; einschmelzen; zuschmelzen; Einschmelzung *f*; Fusion *f*

熔化操作 rónghuà cāozuò Schmelzarbeit *f*

熔化区 rónghuàqū Übergangszone *f*

熔化热 rónghuàrè Schmelzwärme *f*; Verschmelzungswärme *f*

熔化速度 rónghuà sùdù Abschmelzgeschwindigkeit *f*

熔化温度 rónghuà wēndù Schmelztemperatur *f*

熔化系数 rónghuà xìshù Abschmelzkoeffizient *m*

熔剂 róngjì Schmelzmittel *n*; Schmelzfluss *m*

熔接弧 róngjiēhú Schweißbogen *m*

熔结 róngjié fritten; sintern; Frittung *f*; Sintern *n*

熔解 róngjiě schmelzen; ausschmelzen; Schmelzen *n*; Schmelzung *f*

熔炼 róngliàn verhütten; Verhüttung *f*

熔炼过程 róngliàn guòchéng Schmelzgang *m*

熔炼焊剂 róngliàn hànjì Schmelzpulver *n*

熔炼炉 róngliànlú Herdofen für Schmelzen

熔炼时间 róngliàn shíjiān Gangdauer des Schmelzens

熔炉 rónglú Schmelzofen *m*; Abschmelzofen *m*; Schmelzer *m*

熔模铸造 róngmó zhùzào Investment-Guss *m*

熔融 róngróng schmelzen; verflüssigen; abtauen; Verflüssigung *f*; Schmelzung *f*; Schmelzbarkeit *f*

熔蚀 róngshí abrosten; zerfressen; Abrosten *n*; Zerfressung *f*

熔蚀点 róngshídiǎn Schmorstelle *f*

熔析 róngxī abseigern; Seigerung *f*; Seigern *n*

熔析过程 róngxī guòchéng Seigerprozess *m*

熔析炉 róngxīlú Seigerherd *m*

熔析器 róngxīqì Seigerapparat *m*

熔析设备 róngxī shèbèi Seigerapparat *m*

熔岩 róngyán Lavagestein *n*; Lava *f*

熔岩湖 róngyánhú Lavasee *m*

融合 rónghé sich vermischen; ineinander verschmelzen; legiert werden

融化 rónghuà tauen; schmelzen; Abtauen *n*; Auftauen *n*

融解 róngjiě schmelzen; tauen; abschmelzen

融解热 róngjiěrè Schmelzwärme *f*

融雪 róngxuě Schneeschmelze *f*; Tauen *n*

融雪天气 róngxuě tiānqì Tauwetter *n*

冗余校验 rǒngyú jiàoyàn 〈计〉 Redundanzprüfung f

冗余码 rǒngyúmǎ 〈计〉 redundanter Code

冗余位 rǒngyúwèi 〈计〉 redundante Ziffer

柔化 róuhuà erweichen

肉瘤 ròuliú Bindegewebsgeschwulst f; Sarkom n

蠕变 rúbiàn kriechen; Wanderung f

蠕变裂缝 rúbiàn lièfèng Wanderungsanriss m

蠕变强度 rúbiàn qiángdù Kriechfestigkeit f; Dauerstandfestigkeit f

蠕变试验 rúbiàn shìyàn Standversuch m; Kriechfestigkeitsprüfung f; Kriechversuch m

蠕变速度 rúbiàn sùdù Kriechdehngeschwindigkeit f

蠕变性能 rúbiàn xìngnéng Dauerstandverhalten n

蠕虫 rúchóng Helminthe f

蠕虫学 rúchóngxué Helminthologie f

蠕形动物 rúxíng dòngwù Würmer pl

乳齿 rǔchǐ Milchzahn m

乳房 rǔfáng Brust f

乳房癌 rǔfáng'ái Brustdrüsenkrebs m; Mammakarzinom n

乳化 rǔhuà emulgieren; Emulgierung f; Emulsifizierung f

乳化剂 rǔhuàjì Dispersionsmittel n; Dispergierungsmittel n

乳化油淬火 rǔhuàyóu cuìhuǒ Emulsionsölhärtung f

乳剂 rǔjì Emulsion f

乳胶 rǔjiāo Emulsion f; Latex m

乳酪 rǔlào Käse m

乳胶膜 rǔjiāomó Latexhaut f

乳胶橡胶 rǔjiāo xiàngjiāo Latexgummi n; Latexkautschuk m

乳酸 rǔsuān Milchsäure f

乳头 rǔtóu Brustwarze f

乳腺 rǔxiàn Milchdrüse f; Brustdrüse f

乳腺炎 rǔxiànyán Brustdrüsenentzündung f; Mastitis f

乳脂 rǔzhī Butterfett n

乳状液 rǔzhuàngyè Emulsion f

入海口 rùhǎikǒu Mündung f; Flussmündung f

入口 rùkǒu Eingang m; Einfahrt f; Zuströmung f

入口阀 rùkǒufá Einlassventil n

入口总管 rùkǒu zǒngguǎn Eintrittsrohr n

入库水流 rùkù shuǐliú Beckenzufluss m

入流 rùliú Einstrom m; Anströmung f

入流角 rùliújiǎo Anströmwinkel m

入流速度 rùliú sùdù Anströmungsgeschwindigkeit f

入流图 rùliútú Eintrittsriss m

入射 rùshè einstrahlen; einfallen; Einstrahlung f; Einfall m; Eintritt m; Inzidenz f

入射点 rùshèdiǎn Einfallspunkt m

入射光 rùshèguāng einfallender Strahl; auffallendes Licht

入射光孔 rùshè guāngkǒng Eintrittsluke f

入射角 rùshèjiǎo Inzidenzwinkel m; Einfallswinkel m; einfallender Winkel

入射面 rùshèmiàn einfallende Ebene; Einfallsebene f

入射线 rùshèxiàn Einfallsstrahl m; einfallender Strahl

软磁盘存储器 ruǎncípán cúnchǔqì flexibler Plattenspeicher

R

软的 ruǎnde weich

软骨 ruǎngǔ Knorpel *m*

软骨症 ruǎngǔzhèng Osteomalazie *f*

软管 ruǎnguǎn Schlauch *m*; Tube *f*; biegsame Rohrleitung

软焊料 ruǎnhànliào Weichlot *n*; Schnelllot *n*

软合金 ruǎnhéjīn weiche Legierung

软化 ruǎnhuà weichen; erweichen; abschwächen; enthärten; anweichen; weich machen; besänftigen; beschwichtigen; Erweichung *f*; Enthärtung *f*; Abschwächung *f*

软化点 ruǎnhuàdiǎn Erweichungspunkt *m*

软化剂 ruǎnhuàjì Erweichungsmittel *n*; Weichmacher *m*; Erweicher *m*

软化水 ruǎnhuàshuǐ enthärtetes Wasser

软件 ruǎnjiàn Software *f*

软件包 ruǎnjiànbāo Software-Paket *n*

软件接口 ruǎnjiàn jiēkǒu 〈计〉 Software-Schnittstelle *f*

软件系统 ruǎnjiàn xìtǒng 〈计〉 Software-System *n*

软件源 ruǎnjiànyuán Software-Ressource *f*

软件组件 ruǎnjiàn zǔjiàn Software-komponente *f*

软金属 ruǎnjīnshǔ Weichmetall *n*

软拷贝 ruǎnkǎobèi Softcopy *f*

软科学 ruǎnkēxué sanfte Wissenschaft

软锰矿 ruǎnměngkuàng Pyrolusit *m*; Weichmanganerz *n*

软木 ruǎnmù Kork *m*

软木塞 ruǎnmùsāi Kork *m*

软盘 ruǎnpán Diskette *f*; Computerdiskette *f*; Computer-Speicherplatte *f*

软盘尺寸 ruǎnpán chǐcùn Diskettenformat *n*

软盘格式 ruǎnpán géshì Diskettenformat *n*

软(磁)盘机 ruǎn(cí)pánjī Diskettenlaufwerk *n*

软盘驱动器 ruǎnpán qūdòngqì Diskettenlaufwerk *n*

软片 ruǎnpiàn Film *m*

软片盒 ruǎnpiànhé Patrone *f*

软铅 ruǎnqiān Weichblei *n*

软驱 ruǎnqū Diskettenlaufwerk *n*

软设备 ruǎnshèbèi Software *f*

软食 ruǎnshí weiche Kost

软水 ruǎnshuǐ Weichwasser *n*; weiches Wasser

软体动物 ruǎntǐ dòngwù Mollusken *pl*; Weichtiere *pl*

软通货 ruǎntōnghuò weiche Währung

软线 ruǎnxiàn biegsamer Leiter

软性射线 ruǎnxìng shèxiàn weiche Strahlung

软质超导体 ruǎnzhì chāodǎotǐ Weichsupraleiter *m*

软质煤 ruǎnzhìméi Weichkohle *f*

软轴 ruǎnzhóu Biegewelle *f*

软着陆 ruǎnzhuólù weiche Landung

锐角 ruìjiǎo Spitzwinkel *m*; spitzer Winkel

锐角的 ruìjiǎode scharfwinklig; spitzwinklig

锐角三角形 ruìjiǎo sānjiǎoxíng spitzwinkliges Dreieck

锐利的 ruìlìde spitz; scharf

闰年 rùnnián Schaltjahr *n*

闰日 rùnrì 〈天〉 Schalttag *m*

闰月 rùnyuè Schaltmonat *m*

润发油 rùnfàyóu Pomade *f*

润滑 rùnhuá abschmieren; anfetten; Schmierung *f*; Abschmieren

n

润滑部位 rùnhuá bùwèi Schmier-stelle f

润滑剂 rùnhuájì Schmiermittel n; Schmierstoff m; Gleitmittel n

润滑坑 rùnhuákēng Abschmiergrube f

润滑器 rùnhuáqì Schmiergerät n; Schmierkopf m; Schmierbüchse f; Schmiervorrichtung f; Schmier-stelle f

润滑系统 rùnhuá xìtǒng Schmier-system n

润滑性能 rùnhuá xìngnéng Schmier-fähigkeit f

润滑油 rùnhuáyóu Schmieröl n; Schmiere f

润滑油槽 rùnhuá yóucáo Schmier-nut f

润滑油孔 rùnhuá yóukǒng Schmier-öffnumg f; Schmieröse f

润滑油冷却器 rùnhuáyóu lěngquèqì Schmierölkühler m

润滑油膜 rùnhuá yóumó Schmier-ölfilm m; Schmierölhaut f

润滑油箱 rùnhuá yóuxiāng Schmier-öltank m

润滑装置 rùnhuá zhuāngzhì Schmierstoffanlage f

弱磁场 ruòcíchǎng schwaches Feld

弱导电的 ruòdǎodiànde schwach-leitend

弱电电缆 ruòdiàn diànlǎn Schwach-stromkabel n

弱电技术 ruòdiàn jìshù Schwach-stromtechnik f

弱电流 ruòdiànliú Schwachstrom m

弱电用绝缘子 ruòdiànyòng juéyuán-zǐ Schwachstromisolator m

弱化带 ruòhuàdài Auflockerungs-zone f

弱酸 ruòsuān schwache Säure

R

S

撒播 sǎbō breitsäen; Breitsäen *n*

撒播机 sǎbōjī Breitsämaschine *f*

撒肥机 sǎféijī Düngerstreuer *m*

洒水器 sǎshuǐqì Sprinkler *m*

塞尺 sāichǐ Tastlehre *f*

塞子 sāizi Verschluss *m*; Stöpsel *m*; Korken *m*; Pfropfen *m*; Zapfen *m*

腮 sāi Backe *f*; Wange *f*

腮腺 sāixiàn Ohrspeicheldrüse *f*

腮腺炎 sāixiànyán Parotitis *f*

鳃 sāi Kieme *f*

赛车 sàichē Rennwagen *m*; Rennfahrzeug *n*; Rennsportwagen *m*

三边的 sānbiānde dreiseitig

三层的 sāncéngde dreistöckig

三叉神经痛 sānchà shénjīngtòng Gesichtsschmerz *m*; Trigeminusneuralgie *f*

三重二极管 sānchóng èrjíguǎn Dreifachdiode *f*

三重线 sānchóngxiàn Tripel *n*; Triplett *n*

三次的 sāncìde kubisch

三次方程 sāncì fāngchéng Gleichung dritten Grades; kubische Gleichung

三次方程式 sāncì fāngchéngshì kubische Gleichung; Gleichung dritten Grades

三次幂 sāncìmì Kubatur *f*

三点检波器 sāndiǎn jiǎnbōqì Dreifachdetektor *m*

三叠纪 sāndiéjì Trias *f*; triassische Periode

三耳凸缘 sān'ěr tūyuán Dreiarmflansch *m*

三废 sānfèi Abprodukte *pl*

三缸发动机 sāngāng fādòngjī Drillingsmotor *m*

三核苷酸 sānhégānsuān Trinukleotide *pl*

三合板 sānhébǎn dreischichtiges Sperrholz; dreilagiges Furnier

三合镜 sānhéjìng Triplett *m*

三级变速箱 sānjí biànsùxiāng Dreiganggetriebe *n*

三极插头 sānjí chātóu Dreifachstöpsel *m*

三极的 sānjíde dreipolig

三极管 sānjíguǎn Dreielektrodenrohr *n*; Triode *f*; Audion *n*; Dreipolröhre *f*

三价 sānjià Trivalenz *f*

三价的 sānjiàde trivalent; dreiwertig

三价基 sānjiàjī Triade *f*

三尖瓣 sānjiānbàn Trikuspidalklappe *f*

三角 sānjiǎo Dreieck *n*; Trigonometrie *f*; Trigon *n*

三角板 sānjiǎobǎn Dreiecksbrett *n*; Dreieckplatte *f*

三角测量 sānjiǎo cèliáng triangulieren; Dreiecksmessung *f*; Triangulation *f*

三角锉 sānjiǎocuò Dreikantfeile *f*; Eckfeile *f*

三角的 sānjiǎode dreieckig; trigonal

三角点 sānjiǎodiǎn Triangulationspunkt *m*

三角法的 sānjiǎofǎde trigonometrisch

三角函数 sānjiǎo hánshù trigonometrische Funktion; Winkelfunktion *f*

三角肌 sānjiǎojī Schultermuskel *m*

三角架 sānjiǎojià Stativ *n*

三角螺纹 sānjiǎo luówén Sägengewinde *n*

三角沙洲 sānjiǎo shāzhōu Hornbarre *f*

三角系的 sānjiǎoxìde trigoal

三角形 sānjiǎoxíng Dreieck *n*; Triangel *m*; Trigon *n*

三角形波 sānjiǎoxíngbō Dreieckwelle *f*

三角形的 sānjiǎoxíngde triangulär; trigonal

三角形面积 sānjiǎoxíng miànjī Dreieckfläche *f*

三角学 sānjiǎoxué Trigonometrie *f*

三角学的 sānjiǎoxuéde trigonometrisch

三角洲 sānjiǎozhōu Delta *n*; Deltaland *n*

三角锥 sānjiǎozhuī Pyramide *f*

三角坐标 sānjiǎo zuòbiāo Dreieckkoordinaten *pl*

三脚架 sānjiǎojià Dreifuß *m*; Stativ *n*

三晶的 sānjīngde trimorph

三孔插座 sānkǒng chāzuò Dreifachsteckdose *f*

三棱镜 sānléngjìng Prisma *n*

三棱柱 sānléngzhù dreiseitiges Prisma

三量孔汽化器 sānliángkǒng qìhuàqì Dreidüsenvergaser *m*

三路开关 sānlù kāiguān Dreiwegschalter *m*

三轮车 sānlúnchē Dreirad *n*

三轮辐轮毂 sānlúnfú lúngǔ Dreiarmnabe *f*

三面体 sānmiàntǐ Dreiflächner *m*

三绕组对称变压器 sānràozǔ duìchèn biànyāqì Symmertrischer Übertragen

32 位微处理机 sānshí'èrwèi wēichǔlǐqì 32-Bit-Mikroprozessor *m*

三态点 sāntàidiǎn Tripelpunkt *m*

三态门 sāntàimén Tri-State-Gatter *n*

三态元件 sāntài yuánjiàn Tri-State-Element *n*

三通插头 sāntōng chātóu Dreifachabzweigstecker *m*

三通阀 sāntōngfá Dreiwegeventil *n*; Wechselventil *n*; Wechselhahn *m*

三通管 sāntōngguǎn Dreiwegestück *n*

三凸耳法兰盘 sāntū'ěr fǎlánpán Dreiarmflansch *m*

三维的 sānwéide trimetrisch

三线聚点 sānxiàn jùdiǎn Tripel *n*

三向翻斗车 sānxiàng fāndǒuchē Dreiseitenkipper *m*

三向自卸卡车 sānxiàng zìxiè kǎchē Dreiseitenkipper *m*

三相变压器 sānxiàng biànyāqì Drehstromtransformator *m*; Dreiphasentransformator *m*; dreiphasiger Transformator

三相插头 sānxiàng chātóu dreiteiliger Stecker

三相的 sānxiàngde dreiphasig

三相点 sānxiàngdiǎn Tripelpunkt *m*

三相电动机 sānxiàng diàndòngjī Drehstrommotor *m*; Dreiphasenmotor *m*

S

三相电流 sānxiàng diànliú Drehstrom *m*

三相电流负载 sānxiàng diànliú fùzài Drehstromverbraucher *m*

三相电压 sānxiàng diànyā Drehspannung *f*

三相发电机 sānxiàng fādiànjī Dreiphasengenerator *m*; Drehstromgenerator *m*; Dreiphasendynamo *m*

三相交流电流 sānxiàng jiāoliú diànliú Drehstrom *m*; Dreiphasenstrom *m*

三相涡轮发电机 sānxiàng wōlún fādiànjī Drehstromturbogenerator *m*

三相异步电动机 sānxiàng yìbù diàndòngjī Drehstromasynchronmotor *m*

三相整流器 sānxiàng zhěngliúqì Dreiphasengleichrichter *m*

三项式 sānxiàngshì Trinom *n*; dreiteiliger Ausdruck

三硝基苯 sānxiāojīběn Trinitrobenzol *n*

三斜的 sānxiéde triklin

三芯电缆 sānxīn diànlǎn Dreileiterkabel *n*; Dreifachkabel *n*

三芯线 sānxīnxiàn Dreifachleitung *f*

三氧化二铁 sānyǎnghuà'èrtiě Eisenoxid *n*

三叶虫 sānyèchóng Trilobit *m*

三元的 sānyuánde ternär

三轴底盘 sānzhóu dǐpán Dreiachsfahrgestell *n*

三轴汽车 sānzhóu qìchē Dreiachser *m*; Dreiachsfahrzeug *n*; Dreiachswagen *m*

三爪卡盘 sānzhuǎ kǎpán Dreibackenfutter *n*

伞齿轮 sǎnchǐlún Kegelzahnrad *n*; Kegelgetriebe *n*; Kegelrad *n*

伞形天线 sǎnxíng tiānxiàn schirmförmige Antenne

散光 sǎnguāng Astigmatismus *m*; Stabsichtigkeit *f*

散光照明 sǎnguāng zhàomíng gestreute Beleuchtung

散剂 sǎnjì Pülverchen *n*

散件 sǎnjiàn Einzelteil *n*

散裂 sǎnliè Spallation *f*; absplittern

散射 sǎnshè streuen; abirren; Zerstreuung *f*; Streuung *f*; Lichtzerlegung *f*; Abirrung *f*; Diffusion *f*

散射波 sǎnshèbō Streuungswelle *f*

散射场 sǎnshèchǎng Streufeld *n*

散射点 sǎnshèdiǎn Zerstreuungspunkt *m*

散射范围 sǎnshè fànwéi Streubereich *m*

散射角 sǎnshèjiǎo Streuungswinkel *m*; Zerstreuungswinkel *m*

散射面 sǎnshèmiàn Zerstreuungsfläche *f*

散射损失 sǎnshè sǔnshī Streuungsverlust *m*

散射透镜 sǎnshè tòujìng Zerstreuungslinse *f*

散射图形 sǎnshè túxíng Zerstreuungsfigur *f*

散射系数 sǎnshè xìshù Streufaktor *m*

散装的 sǎnzhuāngde lose; in losem Haufen; unverpackt; offen

散装货物 sǎnzhuāng huòwù Schüttgut *n*

散热 sànrè Wärme ableiten; Wärmeabgabe *f*

散热片 sànrèpiàn Kühlfahne *f*; Kühlkörper *m*; Wärmeableitung *f*

散热器 sànrèqì Radiator *m*; Heizkörper *m*

散热器百叶窗 sànrèqì bǎiyèchuāng Kühlerjalousie *f*

散热器护栅 sànrèqì hùshān Kühler-grill m

散热体 sànrètǐ Heizkörper m

桑蚕 sāngcán Seidenraupe f

桑蚕丝 sāngcánsī Maulbeerseide f

桑树 sāngshù Maulbeerbaum m

扫描 sǎomiáo absuchen; scannen; einscannen; Abtasten n; Abtastung f; Scannen n; Scan m/n; Scanning n

扫描程序 sǎomiáo chéngxù gestrecktes Programm

扫描点 sǎomiáodiǎn Abtastfleck m

扫描电路 sǎomiáo diànlù Ablenkerschaltung f

扫描节拍 sǎomiáo jiépāi Abtasttakt m

扫描码 sǎomiáomǎ Scan-Code m

扫描频率 sǎomiáo pínlǜ Abtastungsfrequenz f; Ablenkerfrequenz f

扫描器 sǎomiáoqì Abtaster m; Abtastgerät n; Abtasteinrichtung f; Scanner m

扫描示波器 sǎomiáo shìbōqì Abtast-Oszillograf m; Ablenk-Oszillograf m

扫描速度 sǎomiáo sùdù Abtastgeschwindigkeit f

扫描系统 sǎomiáo xìtǒng Ablenksystem n

扫描仪 sǎomiáoyí Scanner m

扫描振荡器 sǎomiáo zhèndàngqì Ablenkoszillator m

扫频 sǎopín Taumelfrequenz f

色标 sèbiāo Farbbezeichnung f

色彩 sècǎi Farbe f; Färbung f; Tönung f; Schattierung f

色彩信号 sècǎi xìnhào Farbsignal n

色层分离法 sècéng fēnlífǎ Chromatografie f

色层分离谱 sècéng fēnlípǔ Chromatogramm n

色差 sèchā Farbenzerstreuung f; Chromasie f; Fehlfarbe f; Tonabweichung f; Verfärbung f; Farbenabweichung f; chromatische Aberration

色带 sèdài Farbband n; Streifen m

色调 sèdiào Farbton m; Nuance f; Kolorit n

色度 sèdù Farbigkeit f; Farbintensität f; Chromazität f

色度计 sèdùjì Kolorimeter n; Farbmessgerät n; Farbenmesser m

色度学 sèdùxué Kolorimetrie f

色盲 sèmáng Farbenblindheit f; Achromatopsie f; Achromasie f

色球 sèqiú Chromosphäre f

色散 sèsàn Dispersion f; chromatische Aberration

色素 sèsù Pigment n

色晕圈 sèyùnquān Hof m

铯 sè Zäsium n

森林 sēnlín Wald m; Forst m; Bewaldung f

森林保护 sēnlín bǎohù Waldschutz m

森林的 sēnlínde forstlich

森林防火 sēnlín fánghuǒ Verhütung der Waldbrände; Waldbrandschutz m

森林覆盖率 sēnlín fùgàilǜ Prozentsatz der aufgeforsteten Fläche

森林火灾 sēnlín huǒzāi Waldbrand m

森林学 sēnlínxué Forstkunde f

森林植被 sēnlín zhíbèi Baumvegetation f

杀虫粉 shāchóngfěn Insektenpulver n

杀虫剂 shāchóngjì Schädlingsbekämpfungsmittel n; Biozid n

S

杀虫药 shāchóngyào Insektenvertilgungsmittel *n*; Insektizid *n*

杀菌 shājūn Krankheitserreger vernichten; desinfizieren; sterilisieren; Desinfektion *f*

杀菌剂 shājūnjì Bakterientöter *m*

杀菌药 shājūnyào Antibiotika *pl*; Desinfektionsmittel *n*

沙地 shādì Sandboden *m*

沙漠 shāmò Wüste *f*; Sandwüste *f*

沙丘 shāqiū Düne *f*

沙滩 shātān Sandbank *f*; Sandstrand *m*

沙眼 shāyǎn Trachom *n*

沙洲 shāzhōu Furt *f*

纱包线 shābāoxiàn baumwollisolierter Draht

纱布 shābù Gaze *f*; Mull *m*

纱窗 shāchuāng Gazefenster *n*; Fliegenfenster *n*; Fliegengitter *n*

纱绽 shādìng Spindel *f*

纱线 shāxiàn Garn *n*

刹车 shāchē ① einen Wagen bremsen ② eine Maschine abstellen ③ abbremsen; Bremse *f*

刹车夹 shāchējiā Bremssattel *m*

刹车块 shāchēkuài Bremsklotz *m*

刹车摩擦片 shāchē mócāpiàn Bremsbelag *m*

刹车盘 shāchēpán Bremsscheibe *f*

砂坝 shābà Sanddamm *m*

砂钉 shādīng Formerstift *m*

砂浆 shājiāng Mörtel *m*

砂金石 shājīnshí Aventurin *m*

砂矿 shākuàng Erzseife *f*; Seifenerz *n*; Seifenlagerstätte *f*; Seifenwerk *n*; Sanderz *n*

砂矿场 shākuàngchǎng Seifenwerk *n*

砂矿床 shākuàngchuáng Sandlager *n*; Trümmerlagerstätte *f*

砂矿矿物 shākuàng kuàngwù Seifenmineralien *pl*

砂矿岩石 shākuàng yánshí Seifengebirge *n*

砂砾 shālì Kies *m*; Sand *m*

砂轮 shālún Schleifscheibe *f*; Schleifrad *n*; Schmirgelscheibe *f*; Schmirgelrad *n*; Scheibe *f*

砂轮片 shālúnpiàn Schmirgelscheibe *f*

砂模 shāmó Sandform *f*

砂石 shāshí Schwemmstein *m*

砂土 shātǔ Sand *m*; Sandboden *m*; Sanderde *f*; sandiger Lehm

砂型铸件 shāxíng zhùjiàn Sandgussstück *n*

砂岩 shāyán Sandstein *m*; Granding *n*

砂岩层 shāyáncéng Sandschmitz *m*

砂眼 shāyǎn Sandschale *f*

砂纸 shāzhǐ Sandpapier *n*; Schleifpapier *n*; Schmirgelpapier *n*

砂质岩 shāzhìyán Psammit *m*

筛分 shāifēn sichten; sieben; Siebung *f*; Auslese *f*; Sichte *f*; Raster *m/n*; Scheidung *f*

筛分机 shāifēnjī Sichter *m*; Siebmaschine *f*; Sortiermaschine *f*

筛分率 shāifēnlǜ Trennschärfe *f*

筛分性 shāifēnxìng Siebfähigkeit *f*

筛分装置 shāifēn zhuāngzhì Siebvorrichtung *f*

筛浆机 shāijiāngjī Siebmaschine *f*

筛选 shāixuǎn aussieben; auswählen

筛眼 shāiyǎn Masche *f*

晒图纸 shàitúzhǐ Fotokopierpapier *n*

山 shān Gebirge *n*

山坳 shān'ào von Bergen umgebene Ebene

山崩 shānbēng Bergabrutschung *f*;

Bergsturz *m*; Bergrutsch *m*

山川 shānchuān Gebirge und Flüsse; Landschaft *f*

山地 shāndì Bergland *n*

山地水渠 shāndì shuǐqú Hanggraben *m*; Hangkanal *m*

山顶 shāndǐng Bergspitze *f*; Gipfel *m*; Bergkuppe *f*; Bergspitze *f*

山洞 shāndòng Berghöhle *f*; Höhle *f*; Grotte *f*

山峰 shānfēng Berggipfel *m*

山冈 shāngāng kleiner Berg; Hügel *m*

山沟 shāngōu Bach *m*; Wasserrinne *f*; Wasserfurche *f*; Tal *n*; Schlucht *f*; Senke *f*

山谷 shāngǔ Gebirgstal *n*; Tal *n*; Gebirgskessel *m*; Bergtal *n*

山洪 shānhóng Gebirgshochwasser *n*; reißende Gebirgsströme

山脊 shānjǐ Bergrücken *m*; Bergkamm *m*; Berggrat *m*

山涧 shānjiàn Gebirgsbach *m*

山梁 shānliáng Bergkamn *m*; Gebirgskamm *m*

山路 shānlù Bergpfad *m*; Bergweg *m*; Gebirgsstraße *f*

山麓 shānlù Bergfuß *m*

山峦 shānluán Gebirgskette *f*; Gebirge *n*

山脉 shānmài Gebirge *n*; Gebirgskette *f*; Gebirgszug *m*; Berg *m*

山坡 shānpō Bergabhang *m*; Berghang *m*

山坡构造 shānpō gòuzào Gehängetektonik *f*

山区行车排档 shānqū xíngchē páidǎng Berggang *m*

山溪 shānxī Wildbach *m*

山崖 shānyá Klippe *f*; Felsenwand *f*

山腰 shānyāo halbe Höhe eines Berges

山雨 shānyǔ Regen im Gebirge

山庄 shānzhuāng Bergvilla *f*; Gebirgshof *m*

删除(程序等) shānchú (chéngxù děng) deinstallieren

删除键 shānchújiàn das Entfernen (Delete)

删掉 shāndiào herausstreichen

栅 shān Gitter *n*

栅极 shānjí Gitter *n*

栅极电场 shānjí diànchǎng Gitterfeld *n*

栅极电流 shānjí diànliú Gitterstrom *m*

栅极电路 shānjí diànlù Gitterkreis *m*

栅极功率 shānjí gōnglù Gitterleistung *f*

栅极管 shānjíguǎn Gitterröhre *f*

栅极截止电压 shānjí jiézhǐ diànyā Gittersperrspannung *f*

栅条 shāntiáo Gitter *n*

珊瑚 shānhú Korallen *pl*

珊瑚岛 shānhúdǎo Koralleninsel *f*

珊瑚海 shānhúhǎi Korallenmeer *n*

珊瑚化石 shānhú huàshí Korallenstein *m*

珊瑚礁 shānhújiāo Korallenriff *n*

扇风机 shānfēngjī Ventilator *m*

闪点试验 shǎndiǎn shìyàn Flammprobe *f*

闪电 shǎndiàn blitzen; Blitz *m*; Blitzstrahl *m*; Wetterleuchten *n*

闪光 shǎnguāng blinken; flimmern; flackern; aufblitzen; aufleuchten; blitzen; glänzen; schimmern; glänzen

闪光测频器 shǎnguāng cèpínqì Lichtblitzstroboskop *n*

闪光灯 shǎnguāngdēng Blitzleuchte

S

f; Blitzer m; Blitzlicht n; Blitzlampe f; Blitzlichtlampe f; Glimmlampe f

闪光灯控制杆 shǎnguāngdēng kòngzhìgān Blinkerhebel m

闪光管 shǎnguāngguǎn Blitzröhre f

闪光焊 shǎnguānghàn Abschmelzschweißung f

闪光继电器 shǎnguāng jìdiànqì Blinkrelais n

闪光器 shǎnguāngqì Blinkapparat m

闪光信号灯 shǎnguāng xìnhàodēng Blinklampe f

闪光信号器 shǎnguāng xìnhàoqì Blinker m

闪光信号仪 shǎnguāng xìnhàoyí Blinkgerät n

闪烁 shǎnshuò glimmen; Szintillation f

闪烁的 shǎnshuòde glänzend

闪烁发光器 shǎnshuò fāguāngqì Blinker m

闪烁计数器 shǎnshuò jìshùqì Szintillationszähler m; Scintillometer n

闪烁液 shǎnshuòyè Szintillationslösung f

闪锌矿 shǎnxīnkuàng Zinkblende f; Sphalerit m

闪耀 shǎnyào funkeln; glitzern; glänzen

疝 shàn Bruch m; Hernie f

疝气 shànqì Hernie f; Bruch m; Hodenbruch m

扇区 shànqū Sektor m

扇形 shànxíng Kreisausschnitt m; Segment n; Sektor m

扇形的 shànxíngde sektorförmig; fächerförmig

扇形结构 shànxíng jiégòu sektoriel-

ler Aufbau

扇形蜗轮 shànxíng wōlún Schneckenradsegment n

嬗变 shànbiàn Transmulation f; Elementumwandlung f; Evolution f

伤风 shāngfēng Schnupfen m; Koryza f

伤寒 shānghán Typhus m; Fleckfieber n

伤口发炎 shāngkǒu fāyán Wundbrand m

商 shāng Quotient m; Teilwert m

商标 shāngbiāo Marke f; Warenzeichen n; Handelsmarke f; Markenbezeichnung f; Trademark f

商船 shāngchuán Handelsschiff n

商店 shāngdiàn Handlung f; Laden m

商行 shāngháng Handelskammer f; Handelshaus n; Handelsfirma f

商号 shānghào Firma f

商会 shānghuì Handelskammer f; Handelsverein m

商品 shāngpǐn Handelsartikel pl; Ware f; Handelsgüter pl

商品物资 shāngpǐn wùzī Warengüter pl

商数 shāngshù Quotient m

商数寄存器 shāngshù jìcúnqì Quotientenregister n

商务 shāngwù Handelsangelegenheiten pl

商务计算机 shāngwù jìsuànjī kommerzieller Rechner

商业 shāngyè Handel m; Handelsverkehr m; Handlung f

熵 shāng Entropie f

熵平衡 shāngpínghéng Entropiebilanz f

熵曲线 shāngqūxiàn Entropiekurve

S

f

熵值 shāngzhí Entropiewert *m*

上臂 shàngbì Oberarm *m*

上层 shàngcéng Oberschicht *f*

上车 shàngchē Einstieg *m*

上车踏板 shàngchē tàbǎn Aufstiegtritt *m*

上传 shàngchuán uploaden; hochladen; Upload *m*

上等品 shàngděngpǐn Qualitätsware *f*

上颌 shànghé Oberkiefer *m*

上呼吸道感染 shànghūxīdào gǎnrǎn Katarrh der oberen Luftwege; Erkältungsinfekt *m*

上机程序 shàngjī chéngxù 〈计〉 verschlüsseltes Programm

上机时间 shàngjī shíjiān Benutzungszeit *f*

上胶 shàngjiāo leimen; Leimung *f*

上梁 shàngliáng Deckenbalken *m*

上模 shàngmú Oberstempel *m*

上皮组织 shàngpí zǔzhī Epithelgewebe *n*

上漆 shàngqī Anstrich *m*

上升 shàngshēng aufsteigen; ansteigen; Ansteigung *f*; Auftrieb *m*; Aufstieg *m*

上升的 shàngshēngde ansteigend

上升力 shàngshēnglì Auftrieb *m*

上升流 shàngshēngliú Auftriebsströmung *f*

上升气流 shàngshēng qìliú Aufwind *m*

上升速度 shàngshēng sùdù Anstiegsgeschwindigkeit *f*

上水道 shàngshuǐdào Wasserleitungsrohr *n*; Wasserversorgungsleitung *f*; Wasserversorgung *f*

上死点 shàngsǐdiǎn oberer Totpunkt (OT); Obertotpunkt *m*

上吐下泻 shàngtù xiàxiè Brechdurchfall *m*

上网 shàngwǎng Internetzugang *m*

上弦月 shàngxiányuè zunehmender Mond

上行运动 shàngxíng yùndòng aufsteigende Bewegung

上压 shàngyā Oberdruck *m*

上压力 shàngyālì Oberdruck *m*

上油 shàngyóu abschmieren

上游 shàngyóu Oberstrom *m*; Oberlauf *m*; Oberhaltung *f*

上游水库 shàngyóu shuǐkù Hochbecken *n*

上游水位 shàngyóu shuǐwèi Oberwasserhöhe *f*; Oberwasserspiegel *m*; Oberwasserstand *m*

上游沼泽 shàngyóu zhǎozé Heidemoor *n*

上釉 shàngyòu glasieren; lasieren; beglasen; emaillieren

上缘 shàngyuán Oberkante *f*

上载 shàngzài uploaden; hochladen; Upload *m*

上涨 shàngzhǎng Aufwärtsbewegung *f*

上肢神经 shàngzhī shénjīng Armgefecht *n*

烧杯 shāobēi Becherglas *n*; Becher *m*

烧掉 shāodiào abbrennen

烧坏的 shāohuàide verbrannt

烧毁 shāohuǐ abbrennen

烧碱 shāojiǎn Ätznatron *n*; Natriumhydroxid *n*; Laugenstein *m*

烧结 shāojié fritten; versintern; backen; agglomerieren; agglutinieren; Anvulkanisation *f*; Sintern *n*; Frittung *f*; Agglomeration *f*; Agglutination *f*

烧结的 shāojiéde backend

S

烧结合金 shāojié héjīn Sinterlegierung *f*

烧结矿 shāojiékuàng Agglomeratkuchen *m*

烧结炉 shāojiélú Agglomerierofen *m*

烧结设备 shāojié shèbèi Agglomerieranlage *f*

烧结轴承 shāojié zhóuchéng gesintertes Lager

烧尽速度 shāojìn sùdù Abbrandgeschwindigkeit *f*

烧裂 shāoliè Brandriss *m*

烧瓶 shāopíng Brandflasche *f*; Kolben *m*

烧伤 shāoshāng Verbrennungen *pl*; Brandwunde *f*

烧蚀 shāoshí Ausbrand *m*

烧损 shāosǔn Abbrandverlust *m*

烧透 shāotòu durchbrennen

烧油的 shāoyóude ölbeheizt

烧制 shāozhì brennen; abbrennen

烧砖窑 shāozhuānyáo Backsteinofen *m*

烧灼器 shāozhuóqì Brennapparat *m*

少量的 shǎoliàngde gering; wenig; bisschen

少雨的 shǎoyǔde niederschlagsarm

舌 shé Zunge *f*

舌簧继电器 shéhuáng jìdiànqì Zungenrelais *n*

舌弹簧继电器 shétánhuáng jìdiànqì Zungenrelais *f*

设备 shèbèi Apparat *m*; Anlage *f*; Einrichtung *f*; Ausstattung *f*; Apparatur *f*; Gerät *n*; Vorrichtung *f*; Ausrüstung *f*

设备及自动化 shèbèi jí zìdònghuà Maschinenanlagen und Automation

设备结构 shèbèi jiégòu Anlagenbau *m*

设备零件 shèbèi língjiàn Ausrüstungsteil *n*

设备驱动程序 shèbèi qūdòng chéngxù Gerätetreiber *m*

设备制造 shèbèi zhìzào Anlagenfertigstellung *f*

设备装置 shèbèi zhuāngzhì Anlage *f*

设计 shèjì planen; projektieren; konstruieren; entwerfen; gestalten; konzipieren; Gestaltung *f*; Projekt *n*; Plan *m*; Konstruktion *f*; Entwurf *m*; Planung *f*; Ausführung *f*

设计模型 shèjì móxíng Planungsmodell *n*

设计人员 shèjì rényuán Konstrukteur *m*; Entwerfer *m*; Planer *m*

设计室 shèjìshì Konstruktionsbüro *n*

设计数据 shèjì shùjù Auslegungsdaten *pl*

设计图 shèjìtú Konstruktion *f*; Entwurf *m*

设计图纸 shèjì túzhǐ Konstruktions zeichnung *f*; Planskizze *f*

设计原理 shèjì yuánlǐ Konstruktionsprinzip *n*

设计自动化 shèjì zìdònghuà Konstruktionsautomation *f*

设置 shèzhì einrichten

设置打印机 shèzhì dǎyìnjī Einrichten eines Druckers

设置屏幕保护 shèzhì píngmù bǎohù einen Bildschirmschoner einrichten

社会 shèhuì Gesellschaft *f*

社会消费 shèhuì xiāofèi gesellschaftliche Konsumtion

涉及 shèjí betreffen; in Bezug auf; sich auf … beziehen

涉及的 shèjíde bezüglich

射程 shèchéng Reichweite *f*;

Schussweite *f*; Schussbereich *m*; Tragweite *f*

射出 shèchū Austritt *m*

射弹运动 shèdàn yùndòng Wurfbewegung *f*

射电 shèdiàn Radio *n*

射电频率 shèdiàn pínlǜ Funkfrequenz *f*

射电天文学 shèdiàn tiānwénxué Radioastronomie *f*

射电望远镜 shèdiàn wàngyuǎnjìng Radioteleskop *n*

射电源 shèdiànyuán Radioquelle *f*

射击 shèjī schießen; abschießen; ausstrahlen; Abschuss *m*; Beschuss *m*

射击学 shèjīxué Wurflehre *f*

射流 shèliú Abfluss *m*; Strahl *m*; Nappe *f*; Austrittsstrahl *m*; Ausströmung *f*; Ausfluss *m*; Ausflussstrahl *m*; Abflussstrahl *m*; Fadenströmung *f*; Ausstrahlstrom *m*

射流技术 shèliú jìshù Fluidtechnik *f*

射流理论 shèliú lǐlùn Fadentheorie *f*

射频 shèpín Radiofrequenz *f*

射束电流 shèshù diànliú Strahlstrom *m*

射束散射 shèshù sǎnshè Strahlstreuung *f*

射水器 shèshuǐqì Wasserspritze *f*

射线 shèxiàn Strahl *m*; Strahlung *f*

射线密度 shèxiàn mìdù Strahldichte *f*

射线束 shèxiànshù Strahlbündel *n*; Strahlen *pl*

射线污染 shèxiàn wūrǎn Strahlenverseuchung *f*

射线形的 shèxiànxíngde strahlenförmig

摄谱学 shèpǔxué Spektrografie *f*

摄谱仪 shèpǔyí Spektrograf *m*

摄氏度 shèshìdù Celsius *n*

摄像管 shèxiàngguǎn Aufnahmeröhre *f*; Bildaufnahmeröhre *f*

摄像机 shèxiàngjī Bildnahmegerät *n*; Videokamera *f*

摄影 shèyǐng filmen; eine Aufnahme machen; Bild knipsen; Film drehen

摄影机 shèyǐngjī Bildaufnahmegerät *n*; Kamera *f*; Filmkamera *f*; Aufnahmeapparat *m*; Aufnahmegerät *n*

摄影设备 shèyǐng shèbèi fotografischer Apparat

摄影术 shèyǐngshù Fotografie *f*

摄影制图 shèyǐng zhìtú Fotokartografie *f*

摄制 shèzhì drehen

麝香 shèxiāng Moschus *m*

申报 shēnbào melden; deklarieren

伸长 shēncháng Verlängerung *f*; Elongation *f*

伸长的 shēnchángde gestreckt; länglich

伸长极限 shēncháng jíxiàn Dehnungsgrenze *f*

伸长屈服点 shēncháng qūfúdiǎn Dehngrenze *f*; Streckgrenze *f*

伸出臂 shēnchūbì Auslegerarm *m*

伸缩 shēnsuō sich ausdehnen und wieder zusammenziehen; etw. verlängern und wieder verkürzen

伸缩天线 shēnsuō tiānxiàn ausziehbare Antenne; abziehbare Antenne

伸展的 shēnzhǎnde ausgedehnt

伸张 shēnzhāng abduzieren

身体 shēntǐ Körper *m*

身体素质 shēntǐ sùzhì Körperkonstitution *f*

S

砷 shēn Arsen *n*

砷锑镍矿 shēndìnièkuàng Aarit *m*

砷铜矿 shēntóngkuàng Weißkupfer *n*

深层钻探 shēncéng zuāntàn Tiefschürfbohrung *f*

深成岩 shēnchéngyán Tiefengestein *n*; Plutonit *m*

深度 shēndù Tiefe *f*

深度计 shēndùjì Tiefenmesser *m*; Tiefenanzeiger *m*; Pegel *m*

深度烧伤 shēndù shāoshāng tiefe Verbrennungen *pl*

深沟 shēngōu Abgrund *m*

深谷 shēngǔ Schlucht *f*

深井泵 shēnjǐngbèng Pumpe für tiefe Brunnen

深孔探矿 shēnkǒng tànkuàng Tiefbohraufschluss *m*

深孔钻床 shēnkǒng zuànchuáng Tieflochbohrmaschine *f*

深矿井 shēnkuàngjǐng Tiefbaugrube *f*; Tiefbauschacht *m*; Tiefbauzeche *f*

深露天矿 shēnlùtiānkuàng Tieftagebau *m*

深入的 shēnrùde weitgehend

深色的 shēnsède dunkel

深水测探锤 shēnshuǐ cètànchuí Tiefseelot *n*

深渊 shēnyuān Abgrund *m*

深钻 shēnzuān tiefbohren; Tiefbaubohren *n*; Tiefbohren *n*

神经 shénjīng Nerv *m*

神经病科 shénjīngbìngkē Abteilung für Nervenkrankheiten

神经病学 shénjīngbìngxué Neurologie *f*

神经病学的 shénjīngbìngxuéde neurologisch

神经病学家 shénjīngbìngxuéjiā Neurologe *m*

神经病院 shénjīngbìngyuàn Nervenheilanstalt *f*

神经的 shénjīngde nervlich

神经官能症 shénjīng guānnéngzhèng Neurose *f*

神经疾病 shénjīng jíbìng Nervenkrankheit *f*; Neuropathie *f*

神经节 shénjīngjié Nervenknoten *m*; Ganglion *n*

神经科 shénjīngkē Neurologie *f*

神经瘤 shénjīngliú Neurom *n*

神经末梢 shénjīng mòshāo Nervenendigungen *pl*

神经生理学 shénjīng shēnglǐxué Neurophysiologie *f*

神经生物学 shénjīng shēngwùxué Neurobiologie *f*

神经衰弱 shénjīng shuāiruò Nervenschwäche *f*; Neurasthenie *f*

神经痛 shénjīngtòng Nervenschmerzen *pl*; Neuralgie *f*

神经外科 shénjīng wàikē Abteilung für Neurochirurgie

神经外科学 shénjīng wàikēxué Neurochirurgie *f*

神经系统 shénjīng xìtǒng Nervensystem *n*

神经性的 shénjīngxìngde neurogen

神经炎 shénjīngyán Nervenentzündung *f*; Neuritis *f*

神经原的 shénjīngyuánde neurogen

神经中枢 shénjīng zhōngshū Nervenzentrum *n*

神经组织 shénjīng zǔzhī Nervengewebe *n*

神志不清 shénzhìbùqīng bewusstlos

审查 shěnchá prüfen; untersuchen; nachschlagen

审核 shěnhé überprüfen; bestätigen; nachschlagen

审计 shěnjì Rechnungsprüfung vornehmen; Rechnungsprüfung *f*

审阅 shěnyuè Durchsicht *f*; Schriftstück durchlesen

肾 shèn Niere *f*

肾病 shènbìng Nephrose *f*

肾出血 shènchūxuè Nierenblutung *f*; Nephrorrhagie *f*

肾结核 shènjiéhé Nierentuberkulose *f*; Nephrophthisis *f*

肾结石 shènjiéshí Nierenstein *m*; Nierenstein-Erkrankung *f*; Nephrolithiasis *f*

肾上腺 shènshàngxiàn Nebenniere *f*; Adrenalorgan *n*

肾上腺病 shènshàngxiànbìng Adrenalinkrankheit *f*

肾下垂 shènxiàchuí Nierensenkung *f*; Senkniere *f*; Nephroptose *f*

肾小球肾炎 shènxiǎoqiú shènyán Glomerulonephritis *f*

肾炎 shènyán Nierenentzündung *f*; Nephritis *f*

肾盂肾炎 shènyú shènyán Nierenbeckenentzündung *f*; Pyelitis *f*; Pyelonephritis *f*

肾脏 shènzàng Niere *f*

肾脏病 shènzàngbìng Nierenbeschwerden *f*; Nierenkrankheit *f*; Nierenleiden *n*

渗出 shènchū herausdringen; ausschwitzen; schwitzen

渗氮 shèndàn Nitrierung *f*

渗氮层 shèndàncéng Nitrierschicht *f*

渗氮钢 shèndàngāng Nitrierstahl *m*

渗氮硬化 shèndàn yìnghuà Nitrierhärten *n*

渗铬钢 shèngègāng Inkromierungsstahl *m*

渗硅 shènguī silizieren; Aufsilizierung *f*; Silizieren *n*

渗漏 shènlòu versickern; lecken; durchsickern; Versickerung *f*; Undichtheit *f*

渗流 shènliú sickern; durchsickern; Durchsickerung *f*; Sickerung *f*; Sickerströmung *f*

渗流水 shènliúshuǐ Sickerwasser *n*

渗滤 shènlǜ absickern; seihen; durchseihen; Perkolation *f*; Durchseihung *f*; Verdrängung *f*

渗滤法 shènlǜfǎ Perkolation *f*

渗滤器 shènlǜqì Perkolator *m*; Verdränger *m*

渗入 shènrù eindringen; einsaugen; infiltrieren; Infiltration *f*; Einsaugung *f*

渗水的 shènshuǐde wasserdurchlässig

渗水井 shènshuǐjǐng Entwässerungsgrube *f*; Schluckbrunnen *m*

渗碳 shèntàn verkohlen; karbonisieren; auskohlen; Auskohlen *n*; Zementation *f*; Karbonisierung *f*; Zementierung *f*; Kohlung *f*

渗碳层 shèntàncéng Einsatzschicht *f*

渗碳法 shèntànfǎ Zementation *f*

渗碳钢 shèntàngāng Zementstahl *m*; Einsatzstahl *m*; Zementierstahl *m*; einsatzgehärteter Stahl

渗碳剂 shèntànjì Aufkohlungsmittel *n*; Einsatzmittel *n*

渗碳炉 shèntànlú Zementierofen *m*

渗碳深度 shèntàn shēndù Einsatztiefe *f*; Aufkohlungstiefe *f*

渗碳体 shèntàntǐ Zementit *m*; Eisenkarbid *n*

渗碳盐浴 shèntàn yányù Einsatzbad *n*

渗透 shèntòu sickern; durchsi-

S

ckern; absickern; durchlaufen; durchdringen; hindurchdringen; infiltrieren; osmosieren; Osmose *f*; Infiltration *f*; Sickerung *f*; Einsickerung *f*

渗透的 shèntòude penetrant

渗透率 shèntòulǜ Durchgriff *m*

渗透水 shèntòushuǐ infiltriertes Wasser; Sickerwasser *n*

渗透系数 shèntòu xìshù osmotischer Koeffizient

渗透性 shèntòuxìng Permeabilität *f*; Durchdringbarkeit *f*; Durchlässigkeit *f*

渗透作用 shèntòu zuòyòng Osmose *f*

升程 shēngchéng Hub *m*

升高 shēnggāo ansteigen; aufsteigen; Anstieg *m*; Aufstieg *m*

升华 shēnghuá sublimieren; Sublimation *f*

升华点 shēnghuádiǎn Sublimationspunkt *m*

升级版 shēngjíbǎn Upgrade *n*

升级版的安装 shēngjíbǎnde ānzhuāng Upgrade *n*

升降机 shēngjiàngjī Heber *m*; Hebewerk *n*; Fahrstuhl *m*; Aufzug *m*; Lift *m*; Fahrstuhl *m*; Elevator *m*; Hebezeug *n*

升降架 shēngjiàngjià Hebebühne *f*

升降台 shēngjiàngtái Hebetisch *m*

升降台式铣床 shēngjiàngtáishì xǐchuáng Konsolfräsmaschine *f*

升降舵 shēngjiàngduò Höhenruder *n*; Höhensteuer *n*

升力 shēnglì Auftrieb *m*; Auftriebskraft *f*

升力系数 shēnglì xìshù Auftriebsbeiwert *m*

升频 shēngpín Frequenzerhöhung *f*

升温极限 shēngwēn jíxiàn Erwärmungsgrenze *f*

升温曲线 shēngwēn qūxiàn Erwärmungskurve *f*

升压 shēngyā hochtransformieren; auf höhere Spannung transformieren; Drucksteigerung *f*

升压变压器 shēngyā biànyāqì Aufwärtstransformator *m*; spannungserhöhender Transformator

升压器 shēngyāqì Spannungssteigerer *m*

升液泵 shēngyèbèng Heberpumpe *f*

生产 shēngchǎn herstellen; produzieren; erzeugen; Herstellung *f*; Fabrikation *f*; Fertigung *f*; Produktion *f*; Betrieb *m*

生产程序 shēngchǎn chéngxù Produktionsgang *m*

生产的 shēngchǎnde produktiv

生产方式 shēngchǎn fāngshì Produktionsweise *f*

生产费用 shēngchǎn fèiyòng Produktionskosten *pl*

生产过剩 shēngchǎn guòshèng Überproduktion *f*

生产计划 shēngchǎn jìhuà Produktionsplan *m*

生产井 shēngchǎnjǐng Produzieren des Bohrloch; Förderloch *n*

生产力 shēngchǎnlì Produktivkraft *f*

生产率 shēngchǎnlǜ Produktionsleistung *f*; Produktivität *f*; Erzeugungsrate *f*; Leistung *f*

生产线 shēngchǎnxiàn Fließband *n*; Satz der Produktionsanlage; Fertigungsstraße *f*

生产消费 shēngchǎn xiāofèi produktive Konsumtion

生产性的 shēngchǎnxìngde produktiv

S

生产原料 shēngchǎn yuánliào Produktionsgrundstoff *m*

生产者 shēngchǎnzhě Hersteller *m*; Produzent *m*

生产指数 shēngchǎn zhǐshù Produktionsindex *m*

生产周期 shēngchǎn zhōuqī Produktionszyklus *m*

生产资本 shēngchǎn zīběn Produktivkapital *n*

生产资料 shēngchǎn zīliào Produktionsmittel *n*

生成 shēngchéng Formung *f*

生成反应 shēngchéngfǎnyìng Bildungsreaktion *f*

生成反应式 shēngchéng fǎnyìngshì Bildungsgleichung *f*

生成文件 shēngchéng wénjiàn Makefile *n*

生成物 shēngchéngwù Produkt *n*; Resultante *f*

生存 shēngcún existieren

生根 shēnggēn wurzeln

生活水平 shēnghuó shuǐpíng Lebensniveau *n*; Lebensstandard *m*

生理 shēnglǐ Physiologie *f*

生理病理 shēnglǐ bìnglǐ Physiologie und Pathologie

生理学 shēnglǐxué Physiologie *f*

生理学系 shēnglǐxuéxì Abteilung für Physiologie

生命 shēngmìng Geist *m*; Leben *n*

生命的 shēngmìngde biotisch

生命力 shēngmìnglì Lebenskraft *f*; Vitalität *f*

生命现象 shēngmìng xiànxiàng biologische Erscheinung

生泥炭 shēngnítàn Rohtorf *m*

生热 shēngrè Wärmeerzeugung *f*

生石灰 shēngshíhuī gebrannter Kalk; Branntkalk *m*; ätzender Kalk; gebrannter Ätzkalk; ungelöschter Kalk

生态 shēngtài Ökologie *f*

生态的 shēngtàide ökologisch

生态环境 shēngtài huánjìng Ökotop *n*

生态平衡 shēngtài pínghéng ökologisches Gleichgewicht

生态系统 shēngtài xìtǒng Ökosystem *n*

生态学 shēngtàixué Bionomie *f*; Standortslehre *f*; Ökologie *f*

生态学的 shēngtàixuéde ökologisch

生态学家 shēngtàixuéjiā Ökologe *m*

生铁 shēngtiě Roheisen *n*; Gusseisen *n*

生铁矿石 shēngtiě kuàngshí natürliche Eisenerze

生物 shēngwù Lebewesen *n*; Kreatur *f*; Organismus *m*

生物传感器 shēngwù chuángǎnqì Biosensor *m*

生物的 shēngwùde biotisch

生物地理学 shēngwù dìlǐxué Biogeografie *f*

生物化学 shēngwù huàxué Biochemie *f*; biologische Chemie

生物地质化学 shēngwù dìzhì huàxué Biogeochemie *f*

生物动力学 shēngwù dònglìxué Biodynamik *f*

生物工程 shēngwù gōngchéng Biotechnik *f*

生物工艺学 shēngwù gōngyìxué Biotechnologie *f*

生物合成 shēngwù héchéng Biosynthese *f*

生物碱 shēngwùjiǎn Alkaloid *n*

生物力学 shēngwù lìxué Biomechanik *f*

生物平衡 shēngwù pínghéng Bio-

S

balance *f*

生物圈 shēngwùquān Ökosphäre *f*

生物群落 shēngwù qúnluò Biozönose *f*

生物体 shēngwùtǐ Organismus *m*

生物武器 shēngwù wǔqì biologische Waffen

生物物理学 shēngwù wùlǐxué Biophysik *f*

生物显微镜 shēngwù xiǎnwēijìng biologisches Mikroskop

生物心理学 shēngwù xīnlǐxué Psychobiologie *f*

生物学 shēngwùxué Biologie *f*

生物学的 shēngwùxuéde biologisch

生物学家 shēngwùxuéjiā Biologe *m*

生效 shēngxiào wirken

生锈 shēngxiù rosten; verrosten; anrosten; einrosten; Rost ansetzen; zur Korrosion kommen; Abrosten *n*; Rostansatz *m*

生锈的 shēngxiùde verrostet; rostig

生育 shēngyù gebären; Geburt *f*

生长 shēngzhǎng wachsen; aufwachsen; heranwachsen; Wachstum *n*

生长的 shēngzhǎngde gewachsen

生长率 shēngzhǎnglǜ Wachstumsrate *f*; Wachstumsgeschwindigkeit *f*

生长期 shēngzhǎngqī Wachstumsperiode *f*; Vegetationsperiode *f*; Pflanzenwuchsperiode *f*

生殖 shēngzhí Fortpflanzung *f*; Reproduktion *f*

生殖的 shēngzhíde generativ

生殖能力 shēngzhí nénglì Potenz *f*

生殖器 shēngzhíqì Geschlechtsorgan *n*; Geschlechtsteil *n*; Genitale *n*

生殖系统 shēngzhí xìtǒng Fortpflanzungssystem *n*

声报警(信号) shēngbàojǐng (xìnhào) akustisches Warnzeichen

声波 shēngbō Schallwelle *f*; akustische Welle; Tonwelle *f*; Klangwelle *f*

声波定位仪 shēngbō dìngwèiyí Sonar *n*

声波波长 shēngbō bōcháng Schallwellenlänge *f*

声波分析器 shēngbō fēnxīqì Schallanalysator *m*

声波束 shēngbōshù Schallwellenbündel *n*

声波图 shēngbōtú Schallwellenbild *n*

声波显示仪 shēngbō xiǎnshìyí Schallsichtgerät *n*

声波振幅 shēngbō zhènfú Schallausschlag *m*

声场 shēngchǎng Schallfeld *n*

声带 shēngdài Stimmbänder *pl*; Tonspur *f*; Tonstreifen *m*

声的 shēngde akustisch

声调 shēngdiào Wortton *m*; Ton *m*; Stimme *f*; Klang *m*

声反射 shēngfǎnshè Schallreflexion *f*

声反射器 shēngfǎnshèqì Schallreflektor *m*

声辐射器 shēngfúshèqì Schallgeber *m*; Schallstrahler *m*

声干涉 shēnggānshè Schallinterferenz *f*

声工程学 shēnggōngchéngxué Tontechnik *f*

声功率 shēnggōnglǜ Schallleistung *f*

声光学 shēngguāngxué akustische Optik

声光指示器 shēngguāng zhǐshìqì akustische und optische Meldeeinrichtung

声迹 shēngjì Tonspur *f*

声卡 shēngkǎ Soundkarte *f*

声抗 shēngkàng akustische Reaktanz; akustischer Blindwiderstand/ Blindstandwert

声垒 shēnglěi Schallmauer *f*

声脉冲 shēngmàichōng Schallimpuls *m*

声纳 shēngnà Sonar *n*; Schallfänger *m*

声能 shēngnéng Schallenergie *f*

声能通量 shēngnéng tōngliàng Schallenergiefluss *m*

声偶极子 shēng'ǒujízǐ akustischer Dipol

声频 shēngpín Schallfrequenz *f*; Hörfrequenz *f*; Audiofrequenz *f*; Tonfrequenz *f*

声频的 shēngpínde hörfrequent

声频范围 shēngpín fànwéi Hörbereich *m*; akustischer Bereich

声谱 shēngpǔ Schallspektrum *n*; Tonspektrum *n*

声谱分析 shēngpǔ fēnxī Schallspektrografie *f*

声强 shēngqiáng Tonstärke *f*; Schallstärke *f*; Schallintensität *f*

声强度 shēngqiángdù Schallhärte *f*

声强计 shēngqiángjì Schallmesser *m*

声束 shēngshù Schallstrahl *m*

声衰减 shēngshuāijiǎn Schalldämpfung *f*; akustische Dämpfung

声速 shēngsù Schallgeschwindigkeit *f*

声探测器 shēng tàncèqì Schallsonde *f*

声吸收 shēngxīshōu Schallabsorption *f*; Schallschluckung *f*

声响 shēngxiǎng Laut *m*; Geräusch *n*

声信号 shēngxìnhào Schallsignal *n*; akustisches Signal

声学 shēngxué Akustik *f*; Schalllehre *f*

声学的 shēngxuéde akustisch

声学探测 shēngxué tàncè akustische Aufnahme; Schalllotung *f*; Messung mit Echolot

声压 shēngyā Schalldruck *m*

声压变换 shēngyā biànhuàn Drucktranformation *f*

声压测量仪 shēngyā cèliángyí Schalldruckindikator *m*

声压计 shēngyājì Schalldruckmesser *m*

声音 shēngyīn Klang *m*; Stimme *f*; Ton *m*; Laut *m*; Schall *m*

声音报警 shēngyīn bàojǐng akustische Anzeige/Alamierung

声音的 shēngyīnde phonisch

声音信号 shēngyīn xìnhào Tonzeichen *n*; Tonsignal *n*

声音应答系统 shēngyīn yìngdá xìtǒng akustisches Eingabe-Ausgabe-System

声源 shēngyuán Schallquelle *f*

声源定位 shēngyuán dìngwèi Schallortung *f*

声障 shēngzhàng Schallmauer *f*

声折射 shēngzhéshè Schallrefraktion *f*; Schallbrechung *f*

声柱 shēngzhù Tonsäule *f*

声阻抗 shēngzǔkàng Schallimpedanz *f*; akustische Impedanz

牲畜 shēngchù Haustier *n*

绳 shéng Seil *n*; Strick *m*; Tau *n*

绳索 shéngsuǒ Strick *m*; Seil *n*; Strang *m*; Schnur *f*

绳梯 shéngtī Strickleiter *f*

省略 shěnglüè auslassen; unterlassen; ersparen

S

省略号 shěnglüèhào Ellipse *f*; Apostroph *m*; Auslassungspunkte *pl*

剩磁 shèngcí Restmagnetismus *m*; Remanenz *f*; remanenter Magnetismus; rückständiger Magnetismus

剩余 shèngyú Überschuss *m*; Rest *m*

剩余价值 shèngyú jiàzhí Mehrwert *m*

剩余劳动 shèngyú láodòng Mehrarbeit *f*

剩余气体 shèngyú qìtǐ Restgas *n*

剩余射线 shèngyú shèxiàn Reststrahlen *pl*

剩余物 shèngyúwù Rest *m*

失败 shībài Niederlage erleiden; besiegt sein; misslingen

失步 shībù Gleichlauffehler *m*

失传 shīchuán in Vergessenheit geraten; verlorengegangen sein

失控 shīkòng außer Kontrolle geraten; unkontrolliert sein

失灵 shīlíng nicht mehr funktionieren

失眠 shīmián an Schlaflosigkeit leiden; schlaflos sein; versagen; Schlaflosigkeit *f*

失眠症 shīmiánzhèng Agrypnie *f*

失事 shīshì verunglücken; Unfall erleiden; Unglück *n*; Unfall *m*

失水 shīshuǐ Wasserverlust *m*

失速 shīsù überzogener Flug; Sackflug *m*

失调 shītiáo Unstimmigkeit *f*; Unausgeglichenheit *f*; Unausgewogenheit *f*; Missverhältnis *n*

失误 shīwù Fehler *m*; Patzer *m*

失效 shīxiào Wirksamkeit verlieren; nicht mehr wirksam sein; ungültig sein; außer Kraft sein

失谐 shīxié verstimmen

失血 shīxuè Blutverlust *m*

失业 shīyè Arbeitslosigkeit *f*; Erwerbslosigkeit *f*

失语症 shīyǔzhèng Aphasie *f*

失真 shīzhēn Verzeichnung *f*; Verzerrung *f*

失真分析器 shīzhēn fēnxīqì Verzerrungsmesser *m*

失真系数 shīzhēn xìshù Verzerrungsfaktor *m*

失重 shīzhòng Schwerelosigkeit *f*; Gewichtslosigkeit *f*

失重状态 shīzhòng zhuàngtài Zustand der Schwerelosigkeit

失踪的 shīzōngde abgängig

施底肥 shīdǐféi Grunddüngung *f*

施肥 shīféi düngen; Dünger streuen; Düngung *f*

施肥机 shīféijī Düngemaschine *f*

施工 shīgōng Ausführung *f*; Bau *m*; Bau ausführen

施工图 shīgōngtú Bauzeichnung *f*; Bauplan *m*; Werkzeichnung *f*

施加 shījiā ausüben

施胶 shījiāo leimen; Leimung *f*

施用 shīyòng anwenden; verwenden; benutzen; gebrauchen

湿的 shīde nass; feucht

湿度 shīdù Feuchte *f*; Feuchtigkeit *f*; Nässegehalt *m*; Feuchtigkeitsgrad *m*; Nässegrad *m*; Humidität *f*; Feuchtigkeitsgehalt *m*

湿度变化 shīdù biànhuà Feuchtigkeitswechsel *m*

湿度表 shīdùbiǎo Hygrometer *n*; Feuchtigkeitsmesser *m*

湿度测量 shīdù cèliáng Feuchtemessung *f*

湿度差 shīdùchā Feuchtigkeitsunterschied *m*

湿度计 shīdùjì Feuchtemesser *m*; Hygrometer *n*; Feuchtigkeitsmesser *m*; Psychrometer *n/m*; Hygrograf *m*; Feuchtigkeitsmessgerät *n*

湿度调节器 shīdù tiáojiéqì Feuchtigkeitsregler *m*

湿度仪 shīdùyí Hygroskop *n*

湿法选矿 shīfǎ xuǎnkuàng Waschung *f*; Nassaufbereitung *f*

湿法冶金学 shīfǎ yějīnxué Nassmetallurgie *f*

湿空气 shīkōngqì feuchte Luft

湿气 shīqì Feuchte *f*; Feuchtigkeit *f*

湿式除尘器 shīshì chúchénqì Nassstaubreiniger *m*

湿压机 shīyāji Nasspresse *f*

湿疹 shīzhěn Ekzem *n*

湿蒸汽 shīzhēngqì nasser Dampf

十 shí zehn; Zehn *f*

十倍 shíbèi zehnmal

十倍的 shíbèide zehnfach

十次 shícì zehnmal

十次的 shícìde zehnfach

十一二进制码 shí-èr jìnzhìmǎ Dezimal-Binär-Code *m*

十一二进制转换 shí-èr jìnzhì zhuǎnhuàn Dezimal-Binär-Konvertierung *f*; Dezimal-Binär-Umsetzung *f*

十一二进制转换器 shí-èr jìnzhì zhuǎnhuàqì Dezimal-Binär-Umwandler *m*; Dezimal-Dual-Umwandler *m*

十二指肠 shí'èrzhǐcháng Duodenum *n*; Zwölffingerdarm *m*

十分之一 shífēnzhīyī Zehntel *n*

十进位 shíjìnwèi Dekade *f*

十进位的 shíjìnwèide dekadisch

十进位计数 shíjìnwèi jìshù Zähldekade *f*

十进位计数管 shíjìnwèi jìshùguǎn Dekadenzählrohr *n*

十进位计数器 shíjìnwèi jìshùqì Dekadenzähler *m*

十进位数 shíjìnwèishù Dekade *f*

十进制 shíjìnzhì Dekade *f*; dezimales System; Zehnersystem *n*; Dezimalsystem *n*

十进制的 shíjìnzhìde dezimal

十进制等值 shíjìnzhì děngzhí Dezimaläquivalent *n*

十进制计数管 shíjìnzhì jìshùguǎn Dekadenzählgerät *n*

十进制计数器 shíjìnzhì jìshùqì Dekadenzählgerät *n*

十进制计算机 shíjìnzhì jìsuànjī Dekadencomputer *m*

十进制计数 shíjìnzhì jìshù Dezimalbezeichnung *f*

十进制加法器 shíjìnzhì jiāfǎqì Dekadenaddierer *m*

十进制开关 shíjìnzhì kāiguān Dekadenschalter *m*

十进制排列 shíjìnzhì páiliè Dezimalanordnung *f*

十进制数组 shíjìnzhì shùzǔ Zehnergruppe *f*

十进制算术 shíjìnzhì suànshù Dezimalarithmetik *f*

十六开 shíliùkāi Sedez *n*; Sedezformat *n*

十面体 shímiàntǐ Zehnflächner *m*; Zehnfach *n*

十位对数 shíwèi duìshù Zehnerlogarithmus *m*

十位数 shíwèishù Zehner *m*

十亿 shíyì Milliarde *f*

十字头销 shízìtóuxiāo Kreuzkopfbolzen *m*

十字形 shízìxíng Kreuz *n*

十字形槽 shízìxíngcáo Kreuzschlitz

S

m; Kreuznutzen *pl*

石坝 shíbà Steinsperre *f*

石板 shíbǎn Steinplatte *f*

石笔 shíbǐ Griffel *m*; Schieferstift *m*

石雕术 shídiāoshù Gemmoglyptik *f*

石方 shífāng ein Kubikmeter Stein

石膏 shígāo Gips *m*

石膏夹板 shígāo jiābǎn Gipsschiene *f*

石拱桥 shígǒngqiáo Bogenbrücke aus Stein

石化 shíhuà versteinern; Versteinerung *f*; Petrifikation *f*

石灰 shíhuī Kalk *m*

石灰化 shíhuīhuà Verkalkung *f*

石灰浆 shíhuījiāng Kalktünche *f*; Kalkbrei *m*

石灰砂浆 shíhuī shājiāng Kalkmörtel *m*

石灰石 shíhuīshí Kalkstein *m*

石灰水 shíhuīshuǐ Kalkwasser *n*

石灰岩 shíhuīyán Kalkstein *m*; Kalkfels *m*

石窟 shíkū Felsenhöhle *f*; Grotte *f*

石蜡 shílà Paraffin *n*; Paraffinwachs *n*

石蜡油 shílàyóu Paraffinöl *n*

石棉 shímián Asbest *m*; Amianthin *m*; Berghaar *n*; Berghaut *f*

石墨 shímò Graphit *m*; Reißblei *n*; Pottlot *n*

石墨电阻 shímò diànzǔ Graphitwiderstand *m*

石墨润滑脂 shímò rùnhuázhī Graphitfett *n*

石脑油 shínǎoyóu Leuchtöl *n*; Kerosin *n*; Naphtha *n/f*

石器 shíqì Steingeräte *pl*

石器时代 shíqì shídài Steinzeit *f*

石蕊 shíruǐ Lackmus *n*

石蕊试纸 shíruǐ shìzhǐ Lackmuspa-

pier *n*

石炭 shítàn Steinkohle *f*

石炭纪 shítànjì Karbon *n*; Steinkohlenzeit *f*

石炭酸 shítànsuān Karbolsäure *f*; Phenol *n*

石头 shítou Stein *m*

石英 shíyīng Quarz *m*; Kristallstein *m*; Kieselkristall *m*; Hyalit *m*

石英存储器容量 shíyīng cúnchǔqì róngliàng Quarzspeicherkapazität *f*

石英管 shíyīngguǎn Quarzrohr *n*

石英晶体 shíyīng jīngtǐ Quarzkristall *m*

石英压力传感器 shíyīng yālì chuángǎnqì Quarzdruckgeber *m*

石英岩 shíyīngyán Quarzit *m*; Quarzitgestein *n*

石英钟 shíyīngzhōng Quarzuhr *f*

石油 shíyóu Petroleum *n*; Erdöl *n*; Naphtha *n/f*; Steinöl *n*; Bergöl *n*

石油产品 shíyóu chǎnpǐn Erdölprodukte *pl*; Erdölerzeugnisse *pl*

石油地质学 shíyóu dìzhìxué Erdölgeologie *f*; Petroleumgeologie *f*

石油工业 shíyóu gōngyè Erdölindustrie *f*

石油化学 shíyóu huàxué Petrochemie *f*

石油焦 shíyóujiāo Petroleumkoks *m*; Erdölkoks *m*

石油开采 shíyóu kāicǎi Bergölgewinnung *f*; Erdölgewinnung *f*; Erdölförderung *f*

石油开采方法 shíyóu kāicǎi fāngfǎ Erdölförderverfahren *n*

石油勘探 shíyóu kāntàn Erdölexploration *f*; Erdölerkundung *f*; Ölsuche *f*

石油矿床 shíyóu kuàngchuáng Erdöllagerstätte *f*; Petroleumlagerstätte *f*

石油沥青 shíyóu lìqīng Petroleumasphalt *m*; Petrolpech *n*; Erdölpech *n*

石油气 shíyóuqì Petroleumgas *n*; Erdgas *n*

石油运输 shíyóu yùnshū Transport von Erdöl

石油资源 shíyóu zīyuán Ressourcen an Erdöl; Erdölreserven *pl*; Erdölquelle *f*

石油钻探 shíyóu zuāntàn Ölsonde *f*; Bohrung nach Erdöl; Ölbohrung *f*

石油钻塔 shíyóu zuāntǎ Erdölbohrturm *m*

石陨石 shíyǔnshí Steinmeteorit *m*

识别 shíbié erkennen; unterscheiden; Erkennung *f*

识别标记 shíbié biāojì Erkennungsmerkmal *n*

识别码 shíbiémǎ Erkennungscode *m*

识别信号 shíbié xìnhào Erkennungssignal *n*

识别仪 shíbiéyí Kenngerät *n*

时标因子 shíbiāo yīnzǐ Zeitmaßfaktor *m*

时差 shíchā Zeitdifferenz *f*; Zeitverschiebung *f*

时常 shícháng oft; häufig

时代 shídài Zeit *f*; Zeitalter *n*; Epoche *f*

时光 shíguāng Zeit *f*

时机 shíjī gute Gelegenheit; günstiger Moment

时基扫描 shíjī sǎomiáo Zeitablenkung *f*

时间 shíjiān Zeit *f*

时间标准 shíjiān biāozhǔn Zeitnormal *n*

时间表 shíjiānbiǎo Zeitplan *m*; Zeittafel *f*

时间测量 shíjiān cèliáng Zeitmessung *f*

时间单位 shíjiān dānwèi Zeiteinheit *f*

时间耗损 shíjiān hàosǔn Zeitverlust *m*

时间继电器 shíjiān jìdiànqì Zeitrelais *n*

时间控制 shíjiān kòngzhì Zeitsteuerung *f*

时间矢量 shíjiān shǐliàng Zeitzeiger *m*; Zeitvektor *m*

时间损失 shíjiān sǔnshī Zeitverlust *m*

时间误差 shíjiān wùchā Zeitfehler *m*

时间信号 shíjiān xìnhào Zeitsignal *n*; Zeitzeichen *n*

时间延迟 shíjiān yánchí Zeitverzug *m*

时节 shíjié Saison *f*; Zeit *f*

时刻 shíkè Zeitpunkt *m*; Zeit *f*; Moment *m*; Augenblick *m*

时刻表 shíkèbiǎo Fahrplan *m*

时控器 shíkòngqì Zeitregler *m*

时令 shílìng Saison *f*; Jahreszeit *f*

时期 shíqī Periode *f*; Zeitabschnitt *m*; Zeit *f*

时速 shísù Geschwindigkeit pro Stunde

时效处理 shíxiào chǔlǐ Vergütung *f*

时效钢 shíxiàogāng gealterter Stahl

时效时间 shíxiào shíjiān Alterungsdauer *f*

时效调质 shíxiào tiáozhì Alterungsvergütung *f*

时效硬化 shíxiào yìnghuà Altershärtung *f*; Aushärtung *f*; Alterungshärtung *f*

时序 shíxù Zeitfolge *f*

S

时序存储器 shíxù cúnchǔqì sequentieller Speicher

时序控制 shíxù kòngzhì sequentielle Steuerung

时针方向 shízhēn fāngxiàng Uhrzeigersinn *m*; Uhrzeigerrichtung *f*

时滞 shízhì Zeitverzug *m*; Zeitverzögerung *f*

时钟 shízhōng Uhr *f*; Zeituhr *f*

实变函数 shíbiàn hánshù reale Funktion

实测数值 shícè shùzhí Messwert *m*

实弹 shídàn scharfe Patrone

实地 shídì an Ort und Stelle

实地考察 shídì kǎochá Untersuchung an Ort und Stelle

实际 shíjì Praxis *f*; Realität *f*

实际尺寸 shíjì chǐcùn wahre Abmessung; Istmaß *n*

实际的 shíjìde real; realistisch; praktisch

实际地址 shíjì dìzhì tatsächliche Adresse; wirkliche Adresse

实际功率 shíjì gōnglǜ Istleistung *f*

实际温度 shíjì wēndù tatsächliche Temperatur

实际压缩比 shíjì yāsuōbǐ tatsächliches Kompressionsverhältnis

实际值 shíjìzhí Istwert *m*

实际重量 shíjì zhòngliàng Istgewicht *n*

实践 shíjiàn Praxis *f*

实践的 shíjiànde praktisch

实据 shíjù klarer Beweis; unwiderlegbarer Beweis; stichhaltiger Beweis

实况 shíkuàng Ereignisse an Ort und Stelle

实况报导 shíkuàng bàodǎo Live-Reportage *f*; Direktreportage *f*

实况摄像 shíkuàng shèxiàng Live-Fotografie *f*; Direktfotografie *f*

实况照片 shíkuàng zhàopiàn Live-Foto *n*; Direktfoto *n*

实况转播 shíkuàng zhuǎnbō Liveübertragung *f*; Direktübertragung *f*

实例 shílì lebendiges Beispiel

实施 shíshī durchführen; Durchführung *f*

实时 shíshí Echtzeit *f*; Echtzeitbetrieb *m*; Realtime *f*

实时操作系统 shíshí cāozuò xìtǒng Echtzeit-Betriebsystem *n*

实时计算机 shíshí jìsuànjī Echtzeitrechner *m*; Echtzeitcomputer *m*

实时输出 shíshí shūchū Echtzeitausgabe *f*

实数 shíshù wirkliche Menge; reelle Zahl; tatsächliche Zahl

实数的 shíshùde reell

实体 shítǐ Substanz *f*; Rechtsgebilde *n*; massiver Körper

实物 shíwù Naturalien *pl*; materieller Gegenstand; reale Dinge

实习 shíxí Praktikum *n*

实习生 shíxíshēng Praktikant *m*

实习医生 shíxí yīshēng medizinischer Praktikant; Medizinalpraktikant *m*; Famulus *m*

实现 shíxiàn realisieren; erfüllen; durchsetzen; verwirklichen; Verwirklichung *f*; Ausführung *f*; Erfüllung *f*

实像 shíxiàng unmittelbares Bild; reelles Bild

实效 shíxiào reale Wirkung; tatsächliches Ergebnis

实心导线 shíxīn dǎoxiàn massiver Leiter

实心的 shíxīnde massiv

实行 shíxíng durchführen; vollziehen; praktizieren; verrichten

实验 shíyàn experimentieren; Experiment *n*; Versuch *m*

实验材料 shíyàn cáiliào Versuchsmaterial *n*

实验场 shíyànchǎng Versuchsfeld *n*

实验程序 shíyàn chéngxù Versuchsanordnung *f*

实验的 shíyànde experimentell

实验方法 shíyàn fāngfǎ Versuchsmethode *f*

实验核物理 shíyàn héwùlǐ Experimentalkernphysik *f*; experimentelle Nuklearphysik

实验化学 shíyàn huàxué Experimentalchemie *f*

实验力学 shíyàn lìxué Experimentalmechanik *f*

实验设备 shíyàn shèbèi Versuchsanlage *f*

实验式 shíyànshì Analysenformel *f*; empirische Formel

实验室 shíyànshì Laboratorium *n*; Labor *n*

实验误差 shíyàn wùchā experimenteller Fehler

实验物理 shíyàn wùlǐ Experimentalphysik *f*

实验值 shíyànzhí empirischer Wert

实用程序 shíyòng chéngxù Utilityprogramm *n*; Utilityroutine *f*

实用的 shíyòngde praktisch; angewandt; anwendbar; verwendbar

实质 shízhì Wesen *n*; Kern *m*; Natur *f*

实轴 shízhóu reelle Achse

拾 shí zehn; Zehn *f*

拾音器 shíyīnqì Schalldose *f*; Tonabnehmer *m*; Adapter *m*; Pickup *m*; Abtastdose *f*

食草动物 shícǎo dòngwù Phytophage *m*; pflanzenfressendes Tier;

Pflanzenfresser *m*; Herbivore *m*

食草类 shícǎolèi Pflanzenfresser *pl*

食虫类 shíchónglèi Insektenfresser *pl*

食道 shídào Speiseröhre *f*; Ösophagus *m*

食道癌 shídào´ái Speiseröhrenkrebs *m*; Ösophaguscarcinom *n*

食管 shíguǎn Speiseröhre *f*; Ösophagus *m*

食管炎 shíguǎnyán Speiseröhrenentzündung *f*

食品 shípǐn Nahrungsmittel *pl*; Lebensmittel *pl*

食品化学 shípǐn huàxué Nahrungsmittelchemie *f*

食肉动物 shíròu dòngwù Fleischfresser *m*; karnivores Tier; Karnivore *m*

食肉类 shíròulèi Raubtiere *pl*; Karnivore *m*

食物 shíwù Nahrung *f*; Esswaren *pl*; Speise *f*

食物链 shíwùliàn Nahrungskette *f*

食物中毒 shíwù zhòngdú Nahrungsmittelvergiftung *f*

食盐 shíyán Salz *n*; Tafelsalz *n*; Natriumchlorid *n*; Kochsalz *n*

食油 shíyóu Speiseöl *n*

食欲不振 shíyù búzhèn appetitlos sein; Appetitlosigkeit *f*

食指 shízhǐ Zeigefinger *m*

蚀 shí Finsternis *f*; Eklipse *f*

蚀刻 shíkè Radierung *f*; Ätzkunst *f*; Radierkunst *f*; Kupferstecherei *f*

蚀去 shíqù wegätzen

矢径 shǐjìng Radiusvektor *m*

矢量 shǐliàng Zeiger *m*; Vektor *m*; Pfeil *m*

矢量场 shǐliàngchǎng Vektoranalysefeld *n*; Vektorfeld *n*

S

矢量的 shǐliàngde vektoriell

矢量方向 shǐliàng fāngxiàng Sinn des Vektors

矢量分析 shǐliàng fēnxī Vektoranalyse f

矢量和 shǐliànghé vektorielle Summe

矢量计 shǐliàngjì Vektormesser m

矢量图 shǐliàngtú Vektorbild n; Vektordiagramm n; Zeigerbild n; Vektorbild n; Zeigerdiagramm n

矢量值 shǐliàngzhí Vektorgröße f

使用 shǐyòng gebrauchen; benutzen; anwenden; verwenden; Verwendung f; Anwendung f; Verbrauch m; Gebrauch m

使用共享资源 shǐyòng gòngxiǎng zīyuán freigegebene Ressourcen verwenden

使用价值 shǐyòng jiàzhí Gebrauchswert m

使用年限 shǐyòng niánxiàn Nutzdauer f

使用期 shǐyòngqī Lebensdauer f

使用期限 shǐyòng qīxiàn Lebensdauer f; Betriebsdauer f

使用寿命 shǐyòng shòumìng Gebrauchsdauer f

使用说明 shǐyòng shuōmíng Gebrauchsanweisung f; Gebrauchsvorschrift f; Bedienungsanweisung f; Gebrauchsvorschriften pl; Gebrauchsanleitungen pl

使用万维网的 shǐyòng wànwéiwǎngde webbasiert

始祖鸟 shǐzǔniǎo Archäopteryx m/f; Urvogel pl

驶出 shǐchū Ausfahrt f

示波管 shìbōguǎn Oszillotron n; Oszillografenröhre f; Oszilloskopröhre f

示波器 shìbōqì Oszillograf m; Oszilloskop n; Wellenanzeiger m; Wellenschreiber m

示波图 shìbōtú Oszillogramm n

示波仪 shìbōyí Oszilloskop n

示范 shìfàn demonstrieren; veranschaulichen

示扭器 shìniǔqì Torsionsindikator m

示向器 shìxiàngqì Winker m

示意图 shìyìtú Kartenskizze f; Kroki n; schematische Zeichnung (Darstellung); Schaltdiagramm n

示值读数 shìzhí dúshù Anzeigeablesung f

示振器 shìzhènqì Vibrograf m

示踪检验 shìzōng jiǎnyàn Spurensuche f

示踪元件 shìzōng yuánjiàn Spurelement n

示踪元素 shìzōng yuánsù Spurelement n; Indikatorelement n

示踪原子 shìzōng yuánzǐ markiertes Atom; Indikatoratom n

市场 shìchǎng Markt m

市场分析 shìchǎng fēnxī Marktanalyse f

市场价格 shìchǎng jiàgé Marktpreis m

市场调节 shìchǎng tiáojié Regulierung durch den Markt

市电 shìdiàn Netzwerk n

世代 shìdài Generation f

世纪 shìjì Jahrhundert n

世界 shìjiè Welt f

世界时 shìjièshí Weltzeit f

世界时区 shìjiè shíqū Weltzeitzone f

世界市场 shìjiè shìchǎng Weltmarkt m

世域网 shìyùwǎng WWW n（英．＝ World Wide Web）

式样 shìyàng Typ m; Form f; Modell n; Muster n

试棒 shìbàng Stange *f*; Teststab *m*; Probestab *m*; Probestange *f*

试测 shìcè Abnahmemessung *f*

试车 shìchē Probefahrt *f*; Probelauf *m*; Fahrversuch *m*; Pilotbetrieb *m*

试电笔 shìdiànbǐ Spannungssucher *m*

试飞 shìfēi Probeflug *m*; Testflug *m*

试管 shìguǎn Probierrohr *n*; Reagenzglas *n*; Prüfglas *n*; Teströhr *f*; Probierglas *n*; Probierröhrchen *n*

试管婴儿 shìguǎn yīng'ér Retortenbaby *n*

试航 shìháng Probefahrt *f*; Probeflug *m*; Versuchsfahrt *f*

试剂 shìjì Agens *n*; Reagens *n*; Reagenz *f*

试件 shìjiàn Untersuchungsobjekt *n*; Testkörper *m*; Prüfstück *n*; Versuchsstück *n*

试金石 shìjīnshí Probierstein *m*; Probenstein *m*; Prüfstein *m*

试题 shìtí Prüfungsaufgabe *f*; Prüfungsthema *n*

试图 shìtú versuchen; beabsichtigen

试销 shìxiāo Probeverkauf *m*

试验 shìyàn prüfen; versuchen; probieren; ausprobieren; experimentieren; Versuch *m*; Experiment *n*; Probe *f*; Test *m*; Prüfung *f*

试验棒 shìyànbàng Prüfstab *m*; Probestab *n*

试验材料 shìyàn cáiliào Probenmaterial *n*

试验常数 shìyàn chángshù Versuchskonstante *f*

试验场 shìyànchǎng Prüffeld *n*; Versuchsgelände *n*

试验程序 shìyàn chéngxù Versuchsprogramm *n*

试验点 shìyàndiǎn Untersuchungsstelle *f*

试验发射 shìyàn fāshè Probesendung *f*

试验方法 shìyàn fāngfǎ Prüfverfahren *n*

试验规范 shìyàn guīfàn Laborvorschrift *f*; Prüfvorschrift *f*; Versuchsbedingung *f*

试验机 shìyànjī Prüfmaschine *f*; Prober *m*

试验架 shìyànjià Prüfstand *m*; Prüfbock *m*

试验结果 shìyàn jiéguǒ Prüfergebnis *n*; Versuchsergebnis *n*

试验频率 shìyàn pínlǜ Prüffrequenz *f*

试验品 shìyànpǐn Versuchsstück *n*

试验设备 shìyàn shèbèi Prüfanlage *f*; Prüfapparat *m*; Versuchseinrichtung *f*

试验室 shìyànshì Labor *n*; Laboratorium *n*; Prüfanstalt *f*

试验数据 shìyàn shùjù Versuchsdatum *n*

试验所 shìyànsuǒ Versuchsanstalt *f*

试验台 shìyàntái Prüfstand *m*; Prüftisch *m*; Prüfbett *n*; Probebank *f*; Versuchsstand *m*; Probestand *m*

试验条件 shìyàn tiáojiàn Prüfbedingung *f*

试验压力 shìyàn yālì Probedruck *m*

试验样品 shìyàn yàngpǐn Probemuster *n*; Versuchsprobe *f*

试验仪器 shìyàn yíqì Prüfgerät *n*

试验员 shìyànyuán Laborant *m*

试验站 shìyànzhàn Versuchsstation *f*; Prüffeld *n*; Versuchsanstalt *f*

试验值 shìyànzhí Versuchswert *m*

试验装置 shìyàn zhuāngzhì Prüf-

S

einrichtung *f*

试样 shìyàng Testkörper *m*; Probe *f*; Vorbild *n*; Prüfkörper *m*; Prüfling *m*; Prüfstück *n*; Probestück *n*; Versuchsstück *n*; Prüfmuster *n*; Versuchsmuster *n*; Reagenzmittel *n*; Untersuchungsobjekt *n*

试液 shìyè Testlösung *f*; Prüfungsflüssigkeit *f*; Probeflüssigkeit *f*

试运转 shìyùnzhuǎn Probelauf *m*

试纸 shìzhǐ Reagenzpapier *n*; Testpapier *n*; Prüfpapier *n*

试制 shìzhì etw. probeweise herstellen; versuchsweise herstellen; Probeproduktion *f*

试钻 shìzuàn Erkundungsbohrung *f*; Probebohrung *f*; Versuchsbohrung *f*

势 shì Potential *n*

势差 shìchā Potentialdifferenz *f*

势的 shìde potentiell

势能 shìnéng Potential *n*; potentielle Energie; Energie der Lage; Lageenergie *f*

视差 shìchā Parallaxe *f*; Sehfehler *m*

视察 shìchá besichtigen; inspizieren

视场 shìchǎng Sehfeld *n*

视程 shìchéng Sichtweite *f*

视窗系统更新 shìchuāng xìtǒng gēngxīn Windows-Update *n*

视窗系统加速器 shìchuāng xìtǒng jiāsùqì Windows-Beschleuniger *m*

视窗系统键 shìchuāng xìtǒngjiàn Windows-Taste *f*

视角 shìjiǎo Blickwinkel *m*

视界 shìjiè Blickfeld *n*; Sehfeld *n*; Sehweite *f*; Sicht *f*

视距 shìjù Sehweite *f*; Sichtweite *f*

视觉 shìjué Gesichtssinn *m*; Sehvermögen *n*

视孔 shìkǒng Schauöffnung *f*; Kontrollbohrung *f*

视力 shìlì Augenlicht *n*; Sicht *f*; Sehkraft *f*; Sehvermögen *n*; Sehschärfe *f*

视力表 shìlìbiǎo Schautafel *f*; Sehtafel *f*

视力减退 shìlì jiǎntuì Nachlassen der Sehkraft

视频 shìpín Video *n*; Bildfrequenz *f*; Videofrequenz *f*

视频变频器 shìpín biànpínqì Videokonverter *m*

视频电流 shìpín diànliú Videostrom *m*

视频电路 shìpín diànlù Videokanal *m*; Videoschaltung *f*

视频电压 shìpín diànyā Videospannung *f*

视频发生器 shìpín fāshēngqì Videofrequenzgenerator *m*

视频放大器 shìpín fàngdàqì Bildverstärker *m*; Videoverstärker *m*; Videofrequenzverstärker *m*

视频检波器 shìpín jiǎnbōqì Videodetektor *m*

视频剪辑 shìpín jiǎnjí Videoclip *m*

视频脉冲 shìpín màichōng Videoimpuls *m*

视频末级 shìpín mòjí Videoendstufe *f*

视频输入 shìpín shūrù Videoeingang *m*

视频信号 shìpín xìnhào Videosignal *n*

视频信号存储器 shìpín xìnhào cúnchǔqì Videosignalspeicher *m*

视锐度 shìruìdù Sehschärfe *f*

视神经 shìshénjīng Sehnerv *m*; Augennerv *m*

视听 shìtīng sehen und hören

视网膜 shìwǎngmó Netzhaut *f*; Retina *f*

视网膜炎 shìwǎngmóyán Netzhautentzündung *f*; Retinitis *f* Netzhaut

视线 shìxiàn Gesichtslinie *f*; Blick *m*; Sehlinie *f*; Sichtlinie *f*

视野 shìyě Gesichtsfeld *n*; Blickfeld *n*

视域 shìyù Sehweite *f*; Sichtbarkeitsschwelle *f*; Sichtbarkeitsgrenze *f*; Blickfeld *n*

视在导纳 shìzài dǎonà Scheinleitwert *m*

视在电阻 shìzài diànzǔ Scheinwiderstand *m*

视在功率 shìzài gōnglǜ Scheinleistung *f*; Scheinenergie *f*

视轴 shìzhóu Sehachse *f*

适当的 shìdàngde angemessen; passend; geeignet; gelegen

适度 shìdù angemessen; mäßig

适航性 shìhángxìng Flugfähigkeit *f*; Lufttüchtigkeit *f*; Seetüchtigkeit *f*

适合 shìhé eignen; geeignet sein; entsprechen; passen

适合的 shìhéde geeignet

适合计算机处理的 shìhé jìsuànjī chǔlǐde computergerecht

适配卡 shìpèikǎ Adapterkarte *f*

适配模块 shìpèi mókuài Adaptermodul *m*

适配器 shìpèiqì Adapter *m*

适时 shìshí rechtzeitig; zur rechten Zeit; zum passenden Zeitpunkt

适宜的 shìyíde geeignet; angebracht; passen

适应 shìyìng entsprechen; sich anpassen; sich umstellen

适应环境 shìyìng huánjìng Anpassung an der Umwelt

适用 shìyòng eignen; gelten; brauchbar; zweckmäßig; Brauchbarkeit *f*

适用的 shìyòngde gültig; praktisch; brauchbar; zweckmäßig; einsatzfähig

室内天线 shìnèi tiānxiàn Innenantenne *f*; Zimmerantenne *f*

室外天线 shìwài tiānxiàn Außenantenne *f*; Hochantenne *f*; offene Antenne

室温 shìwēn Raumtemperatur *f*

铈 shì Zer *n*; Cerium *n*

事故 shìgù Unfall *m*; Unglücksfall *m*

事故继电器 shìgù jìdiànqì Alarmrelais *n*

事故信号 shìgù xìnhào Notsignal *n*

事例 shìlì Beispiel *n*

事件 shìjiàn Fall *m*; Ereignis *n*

事件计数器 shìjiàn jìshùqì Ereigniszähler *m*

事情 shìqíng Angelegenheit *f*; Ereignis *n*; Sache *f*

事实 shìshí Tatsache *f*; in der Tat

事物 shìwù Ding *n*; Sache *f*

事先 shìxiān vorher; zuvor; im voraus

事项 shìxiàng Punkt *m*; Gegenstand *m*

释放 shìfàng freilassen; entlassen; auslösen; freisetzen; Freigabe *f*; Auslösung *f*; Freiwerden *n*

释放电流 shìfàng diànliú Abfallstrom *m*

释放器 shìfàngqì Auslöser *m*

释热 shìrè Wärmebildung *f*

嗜睡的 shìshuìde schlafsüchtig

收报机 shōubàojī Aufnehmer *m*; Rezeptor *m*; Telegrafieempfänger *m*

S

收藏夹 shōucángjiā Bookmark *n*/*m*; Favoriten-Liste *f*

收发报机 shōufābàojī Sende-Empfang-Gerät *n*; Sender-Empfänger *m*; Sende und Empfangsgerät *n*

收割 shōugē mähen; ernten

收割机 shōugējī Mähmaschine *f*

收话机 shōuhuàjī Empfangsapparat *m*

收集 shōují sammeln; ansammeln; zusammentragen

收集废铁 shōují fèitiě Schrott sammeln

收集器 shōujíqì Kollektor *m*; Auffänger *m*; Sammelbehälter *m*; Sammelvorrichtung *f*

收集情报 shōují qíngbào Informationen sammeln

收集资料 shōují zīliào Daten sammeln

收据簿 shōujùbù Quittungsbuch *n*

收敛剂 shōuliǎnjì Adstringens *n*; adstringierendes Mittel; zusammenziehendes Mittel

收录 shōulù einstellen; anstellen; einschließen; aufnehmen

收录机 shōulùjī Radio-Rekorder *m*

收录两用机 shōulù liǎngyòngjī Radiorekorder *m*

收盘 shōupán Schlussnotierung *f*

收盘汇率 shōupán huìlǜ Wechselkurs bei Börsenschluss

收盘价格 shōupán jiàgé Endkurs *m*; Schlusskurs *m*

收讫 shōuqì bezahlt werden; Zahlung erhalten

收入 shōurù Einkommen *n*; Einnahmen *pl*

收湿的 shōushīde hygroskopisch

收缩 shōusuō schrumpfen; schwinden; sich zusammenziehen; eingehen; einschrumpfen; Zusammenziehung *f*; Kontrakt *m*; Kontraktion *f*; Schwund *m*; Verkürzung *f*; Verengung *f*; Schrumpfung *f*

收缩变形 shōusuō biànxíng Schrumpfverformung *f*

收缩公差 shōusuō gōngchā Schrumpfmaß *n*

收缩孔穴 shōusuō kǒngxuè Kontraktionshohlraum *m*

收缩力 shōusuōlì Kontraktionskraft *f*

收缩量 shōusuōliàng Schrumpfmaß *n*; Schwindvermögen *n*

收缩裂纹 shōusuō lièwén Schrumpfriss *m*; Schwindungsriss *m*

收缩率 shōusuōlǜ Schwindmaß *n*; Schrumpfmaß *n*

收缩能力 shōusuō nénglì Schwindvermögen *n*

收缩期 shōusuōqī Systole *f*

收缩系数 shōusuō xìshù Kontraktionskoeffizient *m*

收缩型喷嘴 shōusuōxíng pēnzuǐ eingeschnürte Düse

收缩压 shōusuōyā systolischer (maximaler) Blutdruck

收缩应力 shōusuō yìnglì Schrumpfspannung *f*

收缩余量 shōusuō yúliàng Schwindmaß *n*; Schrumpfzugabe *f*; Schwindungszugabe *f*

收听 shōutīng empfangen; etw. im Radio hören

收音 shōuyīn Empfang *m*

收音机 shōuyīnjī Radio *n*; Tonempfänger *m*; Empfänger *m*; Radioempfänger *m*; Rundfunkempfänger *m*

手 shǒu Hand *f*

手背 shǒubèi Handrücken *m*

手臂 shǒubì Arm *m*

手表 shǒubiǎo Armbanduhr *f*

手柄 shǒubǐng Handgriff *m*; Klinke *f*

手操纵的 shǒucāozòngde handbedient

手册 shǒucè Handbuch *n*

手锉 shǒucuò Handfeile *f*

手电筒 shǒudiàntǒng Taschenlampe *f*; Taschenleuchte *f*

手电钻 shǒudiànzuàn elektrische Handbohrmaschine

手动 shǒudòng Handhabung *f*

手动泵 shǒudòngbèng Handpumpe *f*

手动的 shǒudòngde handbedient

手动阀 shǒudòngfá handbetätigtes Ventil

手动换挡杆 shǒudòng huàndǎnggān Handwechselhebel *m*

手动绞车 shǒudòng jiǎochē Handwinde *f*

手动控制 shǒudòng kòngzhì Betätigung mit Muskelkraft

手动起动器 shǒudòng qǐdòngqì Handanlasser *m*

手动制动器 shǒudòng zhìdòngqì handbetätigte Bremse *f*

手段 shǒuduàn Mittel *n*; Methode *f*; Weg *m*

手扶拖拉机 shǒufú tuōlājī Handtraktor *m*

手工操纵 shǒugōng cāozòng Handbedienung *f*

手工操作 shǒugōng cāozuò Handbetrieb *m*; Handbetätigung *f*

手工的 shǒugōngde handwerksmäßig

手工业 shǒugōngyè Handwerk *n*

手工业的 shǒugōngyède handwerklich

手工业工场 shǒugōngyè gōngchǎng Handwerksbetrieb *m*

手工艺 shǒugōngyì Kunsthandwerk *n*; Kunstgewerbe *n*; Handwerk *n*

手工业者 shǒugōngyèzhě Handwerker *m*

手工制动器 shǒugōng zhìdòngqì Handbremse *f*

手关节 shǒuguānjié Handgelenk *n*

手锯 shǒujù Handsäge *f*; Einmannsäge *f*

手轮 shǒulún Handrad *n*; Sternrad *n*; Kurbelrad *n*

手排车间 shǒupái chējiān Handsetzerei *f*

手钳 shǒuqián Drahtzange *f*; Zange *f*; Kneifzange *f*; Kloben *m*

手刹车 shǒushāchē Handbremse *f*

手术 shǒushù Operation *f*

手术刀 shǒushùdāo Operationsmesser *n*

手术室 shǒushùshì Operationssaal *m*

手术台 shǒushùtái Operationstisch *m*

手术医生 shǒushù yīshēng Chirurg *m*; Operateur *m*

手套 shǒutào Handschuh *m*

手提式打字机 shǒutíshì dǎzìjī Kofferschreibmaschine *f*

手提式收音机 shǒutíshì shōuyīnjī Kofferradio *n*

手推车 shǒutuīchē Handwagen *m*

手腕 shǒuwàn Handgelenk *n*; Handwurzel *f*

手续 shǒuxù Formalität *f*; Verfahren *n*; Prozedur *f*

手压泵 shǒuyābèng Handdruckpumpe *f*

手摇泵 shǒuyáobèng Handpumpe *f*

手摇钻 shǒuyáozuàn Handbohrer

S

m; Bohrknarre *f*

手艺 shǒuyì Handfertigkeit *f*; Gewerbe *n*; Kunstfertigkeit *f*; Handwerk *n*

手掌 shǒuzhǎng Handfläche *f*; Handteller *m*

手指 shǒuzhǐ Finger *m*

手制动杆 shǒuzhìdònggān Handbremshebel *m*

手制动器 shǒuzhìdòngqì Handbremse *f*

手钻 shǒuzuàn Handbohrmaschine *f*

守恒 shǒuhéng Erhaltung *f*

守恒定律 shǒuhéng dìnglǜ Erhaltungsgesetz *n*; Erhaltungssatz *m*

首创 shǒuchuàng einleiten; Initiative *f*

首位 shǒuwèi erster Platz; erste Stelle

首席 shǒuxí Ehrenplatz *m*

首要的 shǒuyàode erstrangig; hauptsächlich

首子午线 shǒuzǐwǔxiàn Ausgangsmeridian *m*

寿命 shòumìng Lebensdauer *f*

受潮 shòucháo feucht werden

受粉 shòufěn bestäubt werden

受话器 shòuhuàqì Hörer *m*; Telefonhörer *m*

受激发射 shòujī fāshè angeregte Emission

受计算机限制的 shòujìsuànjī xiànzhìde computerbegrenzt

受精 shòujīng besamen; befruchtet werden; Besamung *f*; Befruchtung *f*

受精卵 shòujīngluǎn Zygote *f*

受凉 shòuliáng sich erkälten; sich verkühlen

受迫振动 shòupò zhèndòng erzwun-

gene Schwingungen

受热面 shòurèmiàn Heizfläche *f*

受暑 shòushǔ Hitzschlag bekommen

受支配的 shòuzhīpèide verfügbar

受益 shòuyì Nutzen ziehen; Gewinn ziehen

受孕 shòuyùn schwanger werden; geschwängert werden

兽类 shòulèi Tiere *pl*

兽医 shòuyī Tierarzt *m*; Veterinär *m*

兽医站 shòuyīzhàn Veterinärstation *f*; Veterinärzentrum *n*

授粉 shòufěn Bestäubung *f*

授精 shòujīng Besamung *f*; Insemination *f*

授课 shòukè Unterricht geben; Unterricht erteilen

授权 shòuquán ermächtigen; autorisieren

授权证书 shòuquán zhèngshū Echtheitszertifikat *n*

瘦煤 shòuméi Magerkohle *f*

书报 shūbào Bücher und Zeitungen

书店 shūdiàn Buchhandlung *f*; Buchladen *m*

书刊 shūkān Bücher und Zeitschriften

书面的 shūmiànde schriftlich

书目 shūmù Buchkatalog *m*; Bücherverzeichnis *n*; Bibliografie *f*

书签 shūqiān Bookmark *n/m*; Lesezeichen *n*

枢纽 shūniǔ Knotenpunkt *m*; Schlüssel *m*; Schlüsselprojekt *n*

枢轴 shūzhóu Pivot *m/n*

梳棉机 shūmiánjī Krempelmaschine *f*

梳形继电器 shūxíng jìdiànqì Kammrelais *n*

舒展 shūzhǎn abduzieren; strecken; ausdehnen

舒张期 shūzhāngqī Diastole *f*

舒张压 shūzhāngyā diastolischer (minimaler) Blutdruck

疏浚 shūjùn ausbaggern; Baggerung *f*

疏浚河道 shūjùn hédào ausbaggern; Ausbau von Flüssen; Flussregulierung *f*

疏漏 shūlòu Versehen *n*; Versäumnis *n*

疏水的 shūshuǐde wasserabstoßend

疏松的 shūsōngde locker

疏松剂 shūsōngjì Auflockerungsmittel *n*

疏松性 shūsōngxìng Undichtheit *f*

输出 shūchū ausführen; exportieren; ausgeben Output *m*; Export *m*; Abgabe *f*; Ausgang *m*; Abtrieb *m*; Ausfuhr *f*; Ausführung *f*; Abgang *m*

输出表 shūchūbiǎo Ausgabeliste *f*

输出程序 shūchū chéngxù Ausgabeprogramm *n*

输出触发器 shūchū chùfāqì Ausgabe-Flipflop *n*

输出磁盘 shūchū cípán Ausgabeplatte *f*

输出存储器 shūchū cúnchǔqì Ausgabespeicher *m*; Ausgangsspeicher *m*

输出带 shūchūdài Ausgabestreifen *m*

输出代码 shūchū dàimǎ Ausgabecode *m*

输出单元 shūchū dānyuán Ausgabeeinheit *f*

输出电流 shūchū diànliú abgegebener Strom; abgehender Strom; Ausgangsstrom *m*; Ausgabestrom *m*

输出电路 shūchū diànlù Ausgangs-

stromkreis *m*; Ausgangsschaltung *f*

输出电压 shūchū diànyā abgehende Spannung; Ausgangsspannung *f*; Abgabespannung *f*

输出电阻 shūchū diànzǔ Ausgangsscheinwiderstand *m*

输出端 shūchūduān Ausgang *m*; Austritt *m*

输出方向 shūchū fāngxiàng Ausgaberichtung *f*

输出放大器 shūchū fàngdàqì Ausgabeverstärker *m*

输出负荷 shūchū fùhè Ausgabsbelastung *f*

输出格式 shūchū géshì Ausgabeform *f*

输出功 shūchūgōng Austrittsarbeit *f*

输出功率 shūchū gōnglǜ Ausgangsleistung *f*; Abgabeleistung *f*

输出功率计 shūchū gōnglǜjì Ausgangsleistungsmesser *m*

输出过程 shūchū guòchéng Ausgabeprozedur *f*; Ausgabevorgang *m*

输出宏指令 shūchū hóngzhǐlìng Ausgabe-Makro *f*

输出缓冲器 shūchū huǎnchōngqì Ausgabepuffer *m*

输出机 shūchūjī Ausgabeeinheit *f*

输出级 shūchūjí Ausgangsstufe *f*

输出计算机 shūchū jìsuànjī Ausgabemaschine *f*

输出逻辑 shūchū luójí Ausgangslogik *f*

输出码转换器 shūchūmǎ zhuǎnhuànqì Ausgabecodeumwandler *m*

输出脉冲 shūchū màichōng Ausgangsimpuls *m*; Ausgangsregister *n*

输出目标寄存器 shūchū mùbiāo jìcúnqì Ausgabezielregister *n*

S

输出能量 shūchū néngliàng Auslassenergie f

输出器 shūchūqì Ausgabegerät n

输出设备 shūchū shèbèi Ausgabegerät n; Ausgabebaustein m; Ausgabeeinrichtung f

输出时间 shūchū shíjiān Ausgabedauer f

输出数据 shūchū shùjù Ausgabedaten pl

输出速度 shūchū sùdù Ausgabegeschwindigkeit f; Auslieferegeschwindigkeit f; austreibende Drehzahl f

输出文件 shūchū wénjiàn Ausgabedatei f

输出线路 shūchū xiànlù Ausgabeschaltung f

输出信号 shūchū xìnhào Ausgangssignal n

输出源 shūchūyuán Ausgabequelle f

输出元件 shūchū yuánjiàn Ausgabeelement n

输出值 shūchūzhí Ausgangsgröße f

输出指令 shūchū zhǐlìng Ausgangsbefehl m

输出指示器 shūchū zhǐshìqì Ausgangsindikator m

输出轴 shūchūzhóu Ausgangswelle f; Austrittswelle f; Abtriebsachse f

输出专门优先数 shūchū zhuānmén yōuxiānshù Ausgangsspezialpriorität f

输出转换器 shūchū zhuǎnhuànqì Ausgabe-Umsetzer m

输出装置 shūchū zhuāngzhì A-Gerät n

输出组件 shūchū zǔjiàn Ausgabebaustein m

输电 shūdiàn Strom leiten; Stromübergabe f; Stromtransport m; Kraftübertragung f

输电网 shūdiànwǎng Übertragungsnetz n

输电线 shūdiànxiàn Zuführungsleitung f; Zuführungsdraht m

输电站 shūdiànzhàn Stromübergabestation f

输精管 shūjīngguǎn Samenleiter m

输卵管 shūluǎnguǎn Eileiter m

输尿管 shūniàoguǎn Harnleiter m; Ureter m

输热 shūrè Wärmezufuhr f

输入 shūrù zuführen; einführen; importieren; eingeben; Import m; Einfuhr f; Eingang m; Input m; Einführung f; Ankunft f

输入表 shūrùbiǎo Eingabeliste f

输入变压器 shūrù biànyāqì Eingangsübertrager m; Vorübertrager m

输入部分 shūrù bùfen Eingabeteil m

输入程序 shūrù chéngxù Ladeprogramm n; Inputprogramm n; Einleseroutine f; Leseprogramm n

输入存储器 shūrù cúnchǔqì Eingabespeicher m; Einlesespeicher m

输入电极 shūrù diànjí Eingangselektrode f

输入电流 shūrù diànliú ankommender Strom; Eingangsstrom m

输入电路 shūrù diànlù Eingangsstromkreis m; Eingangsschaltung f

输入电容 shūrù diànróng Eingangskapazität f

输入电压 shūrù diànyā ankommende Spannung; Eingangsspannung f

输入电阻 shūrù diànzǔ Vorschaltwiderstand m

S

输入读出器 shūrù dúchūqì Eingabeleser *m*

输入端 shūrùduān Eintritt *m*; Eingang *m*

输入端参数 shūrùduān cānshù Eingangsgröße *f*

输入放大器 shūrù fàngdàqì Eingangsverstärker *m*

输入功率 shūrù gōnglǜ Eingangsleistung *f*

输入管 shūrùguǎn Zufuhrleitung *f*

输入行 shūrùháng Einlesezeile *f*

输入缓冲器 shūrù huǎnchōngqì 〈计〉Eingabepuffer *m*

输入寄存器 shūrù jìcúnqì Eingaberegister *n*

输入接口 shūrù jiēkǒu Eingabe-Schnittstelle *f*

输入脉冲 shūrù màichōng Eingangsimpuls *m*

输入母线 shūrù mǔxiàn Eingabeschiene *f*

输入扭矩 shūrù niǔjǔ Eingangsdrehmoment *n*

输入频率 shūrù pínlǜ Eingangsfrequenz *f*

输入区 shūrùqū Eingabefeld *n*

输入绕组 shūrù ràozǔ Eingangswicklung *f*

输入设备 shūrù shèbèi Eingabegerät *n*; E-Gerät *n*; Eingabeeinrichtung *f*; Eingabeeinheit *f*

输入输出设备 shūrù shūchū shèbèi E/A-Gerät *n*

输入输出装置 shūrù shūchū zhuāngzhì Ein-/Ausgabegerät *n*

输入数据 shūrù shùjù Eingangsdaten *pl*; Daten eingeben

输入信号 shūrù xìnhào Eingangssignal *n*; Einfahrsignal *n*

输入信息 shūrù xìnxī Informationen eingeben

输入掩码 shūrù yǎnmǎ Eingabemaske *f*

输入元件 shūrù yuánjiàn Eingabeelement *n*; Eingabeglied *n*

输入值 shūrùzhí Eingangsgröße *f*

输入指令 shūrù zhǐlìng Befehlseingabe *f*

输入轴 shūrùzhóu Eingangswelle *f*

输入阻抗 shūrù zǔkàng Eingangsscheinwiderstand *m*; Eingangsimpedanz *f*

输水管道 shūshuǐ guǎndào Wasserleitung *f*

输送 shūsòng einspeisen; zuführen; fördern; befördern; transportieren; Transport *m*; Übertragung *f*; Anfuhr *f*; Zuleitung *f*

输送带 shūsòngdài Förderband *n*

输送管道 shūsòng guǎndào Zuführungsleitung *f*

输送机 shūsòngjī Förderer *m*; Fördermaschine *f*

输送调节器 shūsòng tiáojiéqì Zufuhrregler *m*

输送装置 shūsòng zhuāngzhì Förderanlage *f*

输血 shūxuè Blutübertragung *f*; Bluttransfusion *f*

输氧 shūyǎng jm. Sauerstoff zuführen; jn. mit Sauerstoff beatmen

输液 shūyè Infusion *f*

输油泵 shūyóubèng Förderpumpe *f*; Vorförderpumpe *f*

输油管 shūyóuguǎn Ölleitung *f*; Pipeline *f*; Ölfernleitung *f*

输注 shūzhù Infiltration *f*

熟练劳动 shúliàn láodòng qualifizierte Arbeit *f*

熟练技能 shúliàn jìnéng Geschicklichkeit *f*

S

熟练的 shúliànde gewandt; qualifiziert; geschickt; fachkundig

熟石灰 shúshíhuī gelöschter Ätzkalk; gelöschter Kalk; Löschkalk *m*

熟铁 shútiě Schmiedeeisen *n*; Schweißeisen *n*; Weicheisen *n*

属 shǔ Gattung *f*

属性 shǔxìng Eigenschaften *pl*

数清 shǔqīng abzählen

薯 shǔ Kartoffel *f*; Yamswurzel *f*

曙光 shǔguāng Morgenröte *f*; Aurora *f*

鼠 shǔ Maus *f*; Ratte *f*

鼠标 shǔbiāo Maus *f*

鼠标点击 shǔbiāo diǎnjī Mausklick *m*

鼠标垫 shǔbiāodiàn Mauspad *n*; Pad *n*

鼠标光标 shǔbiāo guāngbiāo Mauszeiger *m*

鼠标键 shǔbiāojiàn Maustaste *f*

鼠标驱动程序 shǔbiāo qūdòng chéngxù Maustreiber *m*

鼠标驱动器 shǔbiāo qūdòngqì Maustreiber *m*

鼠标指针 shǔbiāo zhǐzhēn Mauszeiger *m*

鼠笼结构 shǔlóng jiégòu Käfigstruktur *f*

鼠笼转子 shǔlóng zhuànzǐ Käfigläufer *m*

鼠疫 shǔyì Pest *f*; Pestilenz *f*

术语 shùyǔ Terminologie *f*; Fachausdruck *m*; Fachwort *n*

束 shù Gebinde *n*; Bündel *m/n*

束射管 shùshèguǎn Strahlröhre *f*

束状的 shùzhuàngde bündelförmig

树 shù Baum *m*

树干 shùgàn Baumstamm *m*

树胶 shùjiāo Gummi *m*; Pflanzen-gummi *m*; Kautschuk *m*

树皮 shùpí Rinde *f*

树枝 shùzhī Gerte *f*

树脂 shùzhī Harz *n*

树脂厂 shùzhīchǎng Harzfabrik *f*

树脂的 shùzhīde harzig

树脂酸 shùzhīsuān Harzsäure *f*

树脂酸盐 shùzhīsuānyán Resinat *n*

树脂油 shùzhīyóu Harzöl *n*

树状结构 shùzhuàng jiégòu Baumstruktur *f*

竖井 shùjǐng Schacht *m*; Vertikalschacht *m*

竖立 shùlì aufstellen; aufrichten

竖炉 shùlú Schachtofen *m*

竖窑 shùyáo Schachtofen *m*

竖轴 shùzhóu Hochachse *f*; stehende Welle

竖轴轴承 shùzhóu zhóuchéng Stützlager *n*

数 shù abzählen; Zahl *f*; Anzahl *f*

数额 shù´é Betrag *m*

数据 shùjù Daten *pl*; Zahlenangabe *f*

数据安全性 shùjù ānquánxìng Datensicherheit *f*

数据出口 shùjùchūkǒu Datenausgang *m*

数据储量 shùjù chǔliàng Datenbestand *m*

数据处理 shùjù chǔlǐ Datenverarbeitung *f*; Datenbehandlung *f*

数据处理单元 shùjù chǔlǐ dānyuán Datenpunkt *m*

数据处理的 shùjù chǔlǐde datenverarbeitend

数据处理机 shùjù chǔlǐjī Datenverarbeiter *m*

数据处理设备 shùjù chǔlǐ shèbèi Datenverarbeitungsanlage *f*

数据处理系统 shùjù chǔlǐ xìtǒng

DV-Anlage *f*

数据传输 shùjù chuánshū Datenübertragung *f*

数据传输设备 shùjù chuánshū shèbèi Datenübertragungseinrichtung *f*

数据传输系统 shùjù chuánshū xìtǒng Datenübertragungssystem *n*

数据存储器 shùjù cúnchǔqì Datenspeicher *m*; Datenträgerspeicher *m*

数据存储区 shùjù cúnchǔqū 〈计〉 Datenspeicherbereich *m*

数据存量 shùjù cúnliàng Datenbestand *m*

数据单元 shùjù dānyuán Datenelement *n*

数据导出 shùjù dǎochū Datenmittlung *f*

数据电缆 shùjù diànlǎn Datenkabel *n*

数据电路 shùjù diànlù Datenübertragungsstrecke *f*

数据调用 shùjù diàoyòng Datenaufruf *m*

数据管理 shùjù guǎnlǐ Datenverwaltung *f*

数据规模 shùjù guīmó Datenumfang *m*

数据缓冲存储 shùjù huǎnchōng cúnchǔ Datenpufferung *f*

数据缓冲器 shùjù huǎnchōngqì Datenpuffer *m*

数据基本项 shùjù jīběnxiàng Datenelement *n*

数据基本项说明 shùjù jīběnxiàng shuōmíng Datenelementerklärung *f*

数据寄存器 shùjù jìcúnqì Datenregister *n*

数据加工的 shùjù jiāgōngde datenverarbeitend

数据简化 shùjù jiǎnhuà Datenreduktion *f*

数据交换 shùjù jiāohuàn Datenaustausch *m*

数据交换机 shùjù jiāohuànjī Datex (英，= DATa EXcharge) *n*

数据交换系统 shùjù jiāohuàn xìtǒng Datenaustauschanlage *f*

数据结构 shùjù jiégòu Datenstruktur *f*

数据卡片 shùjù kǎpiàn Datenkarte *f*

数据库 shùjùkù Datenbank *f*; Datenbibliothek *f*; Informationsbank *f*; Datenbasis *f*

数据库软件 shùjùkù ruǎnjiàn Datenbankprogramm *n*

数据块 shùjùkuài Datenblock *m*; Bereichsdaten *f/pl*

数据联网 shùjù liánwǎng Datenverbund *m*

数据链 shùjùliàn Datenverkettung *f*

数据流 shùjùliú Datenstrom *m*

数据流程图 shùjù liúchéngtú Datenflussplan *m*

数据脉冲 shùjù màichōng Datenimpuls *m*

数据模型 shùjù móxíng Datenmodell *n*

数据识别 shùjù shíbié Datenerkennung *f*

数据收集寄存器 shùjù shōují jìcúnqì Datensammelregister *n*

数据收集系统 shùjù shōují xìtǒng Datensammelsystem *n*

数据收集总线 shùjù shōují zǒngxiàn Datensammelweg *m*

数据输出 shùjù shūchū Datenausgabe *f*

数据输入 shùjù shūrù Dateneingabe *f*

数据输入带 shùjù shūrùdài Dateneingabeband *n*

S

数据输入总线 shùjù shūrù zǒngxiàn Dateneingabebus *m*

数据通信计算机 shùjù tōngxìn jìsuànjī Datenkommunikationsrechner *m*

数据通信设备 shùjù tōngxìn shèbèi Dü-Einrichtung（Datenübertragungs-Einrichtung）*f*

数据通信网 shùjù tōngxìnwǎng Datenübertragungsnetz *n*

数据通信系统 shùjù tōngxìn xìtǒng Datenkommunikationssystem *n*

数据通信字组 shùjù tōngxìn zìzǔ Dü-Block（Datenübertragungs-Block）*m*

数据挖掘 shùjù wājué Datamining *n*；Data-Mining *n*

数据系统 shùjù xìtǒng Datensystem *n*

数据系统语言协会 shùjù xìtǒng yǔyán xiéhuì CODASYL（Conference on Data Systems Language）

数据显示器 shùjù xiǎnshìqì Datensichtgerät *n*

数据信号 shùjù xìnhào Datenton *m*

数据选择电路 shùjù xuǎnzé diànlù Datenauswahlschaltung *f*

数据选择控制器 shùjù xuǎnzé kòngzhìqì Datenauswahlsteuerung *f*

数据选择系统 shùjù xuǎnzé xìtǒng Datenauswahlsystem *n*

数据源 shùjùyuán〈计〉Datenquelle *f*；Datenursprung *m*

数据远距处理 shùjù yuǎnjù chǔlǐ Datenfernverarbeitung *f*

数据远距传输 shùjù yuǎnjù chuánshū Datenfernübertragung *f*

数据载体 shùjù zàitǐ Datenträger *m*

数据站计算机 shùjùzhàn jìsuànjī Datenstationsrechner *m*

数据整理 shùjù zhěnglǐ Aufbereiten der Daten

数据转储 shùjù zhuǎnchǔ Daten umspeichern

数据转换 shùjù zhuǎnhuàn Daten umsetzen；Datenumsetzung *f*；Datenumwandlung *f*

数据转换器 shùjù zhuǎnhuànqì Datenumwandler *m*；Datenumsetzer *m*

数据总线 shùjù zǒngxiàn Datensammelschiene *f*；Datanbusschiene *f*；Datenbusleitung *f*

数据组 shùjùzǔ Datengruppe *f*

数控 shùkòng numerische Steuerung

数理逻辑 shùlǐ luójí mathematische Logik

数量 shùliàng Zahl *f*；Anzahl *f*；Menge *f*；Quantität *f*

数量的 shùliàngde quantitativ

数量级 shùliàngjí Größenordnung *f*

数量上的 shùliàngshàngde mengenmäßig

数列 shùliè Zahlenreihe *f*；Zahlenfolge *f*

数论 shùlùn Zahlentheorie *f*

数码 shùmǎ Code *m*；Ziffer *f*；Zahl *f*；Zahlzeichen *n*

数码的 shùmǎde digital

数码照相机 shùmǎ zhàoxiàngjī Digitalkamera *f*

数目 shùmù Zahl *f*；Anzahl *f*；Summe *f*

数平面 shùpíngmiàn Zahlenebene *f*

数系 shùxì Zahlensystem *n*

数序 shùxù Zahlfolge *f*；Zahlenfolge *f*；Zählfolge *f*

数学 shùxué Mathematik *f*

数学的 shùxuéde mathematisch

数学摆 shùxuébǎi mathematisches Pendel

数学家 shùxuéjiā Mathematiker *m*

数学解析 shùxué jiěxī rechnerische

Analyse

数学式 shùxuéshì mathematischer Ausdruck

数学物理 shùxué wùlǐ mathematische Physik

数学系 shùxuéxì Fachbereich Mathematik; Abteilung für Mathematik

数值 shùzhí Zahl *f*; numerischer Wert; Betrag *m*; Zahlenwert *m*; Wert *m*; Größe *f*

数值逼近 shùzhí bījìn numerische Approximation

数值分散 shùzhí fēnsàn Streuung *f*

数制 shùzhì Zahlensystem *n*

数轴 shùzhóu Zahlenachse *f*

数字 shùzì Zahlzeichen *n*; Ziffer *f*; Zahl *f*

数字比例 shùzì bǐlì Zahlenverhältnis *n*

数字编码 shùzì biānmǎ digitale Kodierung

数字常数 shùzì chángshù Zahlenkonstante *f*

数字程序控制 shùzì chéngxù kòngzhì Computer-Steuerung *f*

数字传送 shùzì chuánsòng Zahlen übertragen

数字的 shùzìde zahlenmäßig; digital; numerisch

数字电码 shùzì diànmǎ Zahlengeber *m*; Zahlenkode *f*

数字电视 shùzì diànshì Digitalfernsehen *n*; Digital-TV *n*

数字发送器 shùzì fāsòngqì Digitalgeber *m*; Digitalsender *m*

数字范围 shùzì fànwéi Zahlenbereich *m*

数字方程 shùzì fāngchéng Zahlenwertgleichung *f*

数字分配器 shùzì fēnpèiqì 〈计〉

Zahlenverteiler *m*

数字符号 shùzì fúhào Ziffernzeichen *n*

数字化 shùzìhuà digital darstellen; digitalisieren; Digitalisierung *f*

数字化脉冲发生器 shùzìhuà màichōng fāshēngqì digitaler Taktgeber

数字绘图仪 shùzì huìtúyí Digitalplotter *m*

数字积分 shùzì jīfēn numerische Integration

数字机器 shùzì jīqì numerische Maschine

数字计数器 shùzì jìshùqì Digitalzähler *m*

数字计算机 shùzì jìsuànjī Zahlenrechenmaschine *f*; Digitalrechner *m*; digitaler Rechner; Ziffernrechner *m*; digitale Rechenanlage

数字技术 shùzì jìshù Digitaltechnik *f*

数字键盘 shùzì jiànpán numerische Tastatur

数字接收器 shùzì jiēshōuqì Digitalempfänger *m*

数字开关 shùzì kāiguān Ziffernschalter *m*

数字刻度 shùzì kèdù Ziffernskala *f*

数字控制 shùzì kòngzhì numerische Steuerung

数字逻辑 shùzì luójí Digitallogik *f*

数字模块 shùzì mókuài Modul für digitale Technik

数字模拟 shùzì mónǐ digitale Simulation

数字—模拟—数据转换 shùzì-mónǐ-shùjù zhuǎnhuàn Digital-Analog-Datenumwandlung *f*

数字模拟转换器 shùzì mónǐ zhuǎnhuànqì Digital-Analog-Umsetzer *m*

数字盘 shùzìpán Zifferblatt *n*

S

数字输入 shùzì shūrù Zahleneingabe *f*

数字输入端/输出端 shùzì shūrùduān/shūchūduān Digital-Ein-/Ausgang *m*

数字数据处理系统 shùzì shùjù chǔlǐ xìtǒng digitales Datenverarbeitungssystem

数字数据发送器 shùzì shùjù fāsòngqì digitaler Datensender *m*

数字数据网络 shùzì shùjù wǎngluò digitales Datennetz

数字数据转换器 shùzì shùjù zhuǎnhuànqì digitaler Datenumsetzer

数字说明 shùzì shuōmíng Zahlenangabe *f*

数字网络 shùzì wǎngluò Digitalnetz *n*

数字文字 shùzì wénzì numerisches Literal

数字显示 shùzì xiǎnshì Digitalanzeige *f*; Ziffernanzeige *f*

数字显示的 shùzì xiǎnshìde digital

数字显示器 shùzì xiǎnshìqì digitale Anzeiger

数字信号 shùzì xìnhào numerisches Signal; digitales Signal

数字元件 shùzì yuánjiàn Digital-Element *n*

数字转换器 shùzì zhuǎnhuànqì Digitalumsetzer *m*

数字字 shùzìzì numerisches Wort

数字自动计算机 shùzì zìdòng jìsuànjī Digitalrechenautomat *m*

数组代码 shùzǔ dàimǎ Satz-Schlüssel *m*

数组转换器 shùzǔ zhuǎnhuànqì digitales Schaltwerk

刷新 shuāxīn aktualisieren; Aktualisieren *n*

刷形放电 shuāxíng fàngdiàn Spritz-

entladung *f*

衰变 shuāibiàn Abnahme *f*; Zerfallen *n*; Zerfall *m*; Abklingen *n*

衰变常数 shuāibiàn chángshù Abklingkonstante *f*; Zerfallskonstante *f*

衰变电子 shuāibiàn diànzǐ Zerfallselektron *n*

衰变粒子 shuāibiàn lìzǐ Zerfallsteilchen *n*

衰变率 shuāibiànlǜ Schwundmaß *n*; Schwundhäufigkeit *f*

衰变能 shuāibiànnéng Zerfallsenergie *f*

衰变曲线 shuāibiàn qūxiàn Abklingkurve *f*; Zerfallskurve *f*

衰变时间 shuāibiàn shíjiān Abklingzeit *f*; Nachwirkzeit *f*

衰变时间常数 shuāibiàn shíjiān chángshù Abklingzeitkonstante *f*

衰变图 shuāibiàntú Zerfallsschema *n*

衰变作用 shuāibiàn zuòyòng Entartung *f*

衰化 shuāihuà abklingen

衰减 shuāijiǎn dämpfen; schwächen; schwinden; abfallen; Schwächung *f*; Ausschwingen *n*; Degenerierung *f*; Fading *n*; Dämpfung *f*; Abschwächung *f*; Abklingen *n*; Reduktion *f*; Degeneration *f*

衰减波 shuāijiǎnbō Dämpfungswelle *f*

衰减补偿器 shuāijiǎn bǔchángqì Dämpfungsausgleicher *m*

衰减度 shuāijiǎndù · Dämpfungsgrad *m*

衰减测量 shuāijiǎn cèliàng Dämpfungsmessung *f*

衰减范围 shuāijiǎn fànwéi Dämpfungsbereich *m/n*

衰减峰值 shuāijiǎn fēngzhí Dämpfungsspitze *f*

衰减过程 shuāijiǎn guòchéng gedämpfter Vorgang

衰减量 shuāijiǎnliàng Dämpfungsziffer *f*

衰减拍 shuāijiǎnpāi gedämpfte Schwebung

衰减器 shuāijiǎnqì Abschwächer *m*; Dämpfungsglied *n*

衰减失真 shuāijiǎn shīzhēn Dämpfungsverzerrung *f*

衰减速度 shuāijiǎn sùdù Zerfallsgeschwindigkeit *f*

衰减系数 shuāijiǎn xìshù Dämpfungskoeffizient *m*; Dämpfungsziffer *f*; Dämpfungsbeiwert *m*

衰竭 shuāijié abreichern; Ermattung *f*; Entkräftung *f*

衰老 shuāilǎo altersschwach sein; alt und hinfällig werden

衰落 shuāiluò herunterkommen; Schwund *m*; Verfall *m*

衰落周期 shuāiluò zhōuqī Schwundperiode *f*

衰弱 shuāiruò schwach; geschwächt; entkräftet

衰弱的 shuāiruòde hinfällig

衰退 shuāituì schwinden; Schwund *m*; Rückgang *m*; Abnahme *f*; Rezession *f*; Abnahme *f*

甩油环 shuǎiyóuhuán Abstreifring *m*

甩油盘 shuǎiyóupán Einspritzrad *n*

甩油器 shuǎiyóuqì Ölwerfer *m*

栓 shuān Zapfen *m*; Pfropfen *m*; Stöpsel *m*; Riegel *m*; Hahn *m*; Keil *m*

栓剂 shuānjì Zäpfchen *n*

双按钮 shuāng´ànniǔ Doppeltaste *f*

双凹的 shuāng´āode bikonkav

双凹透镜 shuāng´āo tòujìng Bikonkavlinse *f*; Doppelkonkavlinse *f*

双倍的 shuāngbèide doppelt

双泵 shuāngbèng Doppelpumpe *f*

双比电桥 shuāngbǐ diànqiáo Doppelbrücke *f*

双边贸易 shuāngbiān màoyì bilateraler Handel

双层 shuāngcéng Doppelschicht *f*; zwei Etagen; zwei Stockwerke

双层的 shuāngcéngde zweistöckig

双层玻璃窗 shuāngcéng bōlichuāng Doppelfenster *n*

双层床 shuāngcéngchuáng zwei übereinander angeordnete Betten; Etagenbett *n*

双层公共汽车 shuāngcéng gōnggòng qìchē Dobus *m*; Doppeldeckbus *m*; Doppeldeckomnibus *m*; Oberdeckomnibus *m*

双层火车 shuāngcéng huǒchē Doppeldeckerzug *m*

双层桥 shuāngcéngqiáo Doppeldeckerbrücke *f*

双层绕阻 shuāngcéng ràozǔ Zweischichtwicklung *f*

双差速器 shuāngchāsùqì Doppeldifferential *n*

双翅类 shuāngchìlèi Zweiflügler *pl*

双重的 shuāngchóngde doppelt

双重滤波器 shuāngchóng lǜbōqì Doppelfilter *m*

双重性 shuāngchóngxìng Duplizität *f*

双刀架车床 shuāngdāojià chēchuáng Duplexdrehbank *f*

双活塞环 shuānghuósāihuán Duplex-Kolbenring *m*

双刀开关 shuāngdāo kāiguān Doppelmesserschalter *m*; doppelpoliger Schalter

S

双导线天线 shuāngdǎoxiàn tiānxiàn Zweidrahtantenne *f*; Bifilarantenne *f*

双的 shuāngde doppelt; binär; duplex

双灯座 shuāngdēngzuò Doppelfassung *f*

双地址代码 shuāngdìzhǐ dàimǎ Zweiadressenkode *m*

双电极 shuāngdiànjí Doppelelektrode *f*

双电子层 shuāngdiànzǐcéng Zweierschale *f*

双二极管 shuāng´èrjíguǎn Doppeldiode *f*

双发动机的 shuāngfādòngjīde zweimotorig

双方向馈电 shuāngfāngxiàng kuìdiàn zweiseitige Speisung

双分解 shuāngfēnjiě Tauschzersetzung *f*

双份 shuāngfèn Doppel *n*

双幅 shuāngfú doppelte Breite

双光电管 shuāngguāngdiànguǎn Doppelfotozelle *f*

双轨 shuāngguǐ Doppelgleis *n*

双轨的 shuāngguǐde zweigleisig; doppelleisig

双轨铁路 shuāngguǐ tiělù doppelgleisige Eisenbahnlinie

双行铆接 shuānghángmǎojiē Doppelnietung *f*

双回路的 shuānghuílùde zweikreisig

双回路制动器 shuānghuílù zhì dòngqì Zweikreisbremse *f*

双回路制动系统 shuānghuílù zhìdòng xìtǒng Zweikreisbremssystem *n*

双击 shuāngjī Doppelklick *m*

双级泵 shuāngjíbèng zweistufige Pumpe; Zweietagenpumpe *f*

双极的 shuāngjíde doppelpolig;

zweipolig

双键 shuāngjiàn Doppelbindung *f*

双焦镜片 shuāngjiāo jìngpiàn Zweistärkenglas *n*

双脚规 shuāngjiǎoguī Taster mit zwei Schenkeln

双接点电键 shuāngjiēdiǎn diànjiàn Doppelkontakttaste *f*

双接线柱 shuāngjiēxiànzhù Doppelklemme *f*

双金属 shuāngjīnshǔ Bimetall *n*; Zweimetall *n*

双金属线 shuāngjīnshǔxiàn Doppelmetalldraht *m*

双晶 shuāngjīng Zwilling *m*

双开式边门 shuāngkāishì biānmén die seitliche Klapptür

双孔喷嘴 shuāngkǒng pēnzuǐ Zweilochdüse *f*

双联泵 shuāngliánbèng Zwillingspumpe *f*

双联齿轮 shuānglián chǐlún Doppelrad *n*

双联的 shuāngliánde duplex

双联电容器 shuānglián diànróngqì Doppelkondensator *m*

双量喷嘴 shuāngliàng pēnzuǐ Zweimengendüse *f*

双列式发动机 shuānglièshì fādòngjī Doppelreihenmotor *m*

双列向心球轴承 shuāngliè xiàngxīnqiú zhóuchéng zweireihiges Rillenkugellager

双列轴承 shuāngliè zhóuchéng zweireihiges Lager

双轮胎 shuānglúntāi Doppelreifen *m*

双门敞篷轿车 shuāngmén chǎngpéng jiàochē Roadster *m*

双门轿车 shuāngmén jiàochē Zweitürer *m*

双面焊 shuāngmiànhàn doppelseitiges Schweißen

双目的 shuāngmùde binokular

双目镜 shuāngmùjìng Binokular *n*

双目显微镜 shuāngmù xiǎnwēijìng binokulares Mikroskop

双偶极子 shuāng'ǒujízǐ Doppeldipol *m*

双排星形发动机 shuāngpái xīngxíng fādòngjī Doppelsternmotor *m*

双盘式制动器 shuāngpánshì zhìdòngqì Doppelscheibenbremse *f*

双喷嘴 shuāngpēnzuǐ Doppeldüse *f*

双频电动机 shuāngpín diàndòngjī Zweifrequenzmotor *m*

双频信号 shuāngpín xìnhào Zweifrequenzsignal *n*

双汽缸 shuāngqìgāng Doppelzylinder *m*

双前照灯 shuāngqiánzhàodēng Zweischeinwerfer *m*

双前照灯系统 shuāngqiánzhàodēng xìtǒng Zwei-Scheinwerfer-System *n*

双腔汽化器 shuāngqiāng qìhuàqì Doppelvergaser *m*

双球菌 shuāngqiújūn Diplokokus *m*

双曲面 shuāngqūmiàn Hyperboloid *n*

双曲线 shuāngqūxiàn Hyperbel *f*

双曲线的 shuāngqūxiànde hyperbolisch

双曲线定律 shuāngqūxiàn dìnglǜ Hyperbelgesetz *n*

双曲线函数 shuāngqūxiàn hánshù Hyperbelfunktion *f*

双曲线体 shuāngqūxiàntǐ Hyperboloid *n*

双曲线正弦 shuāngqūxiàn zhèngxián Hyperbelsinus *m*

双燃料发动机 shuāngránliào fādòngjī Zweistoffmotor *m*

双燃料化油器 shuāngránliào huàyóuqì Zweistoffvergaser *m*

双人锯 shuāngrénjù Zweimannsäge *f*; zweimännische Säge

双人字齿轮 shuāngrénzì chǐlún Doppelwinkelrad *n*

双刃钻头 shuāngrèn zuàntóu zweischneidiger Bohrer

双头滚刀 shuāngtóu gǔndāo zweigängiger Wälzfräser

双三极管 shuāngsānjíguǎn Doppeldreipolröhre *f*; Doppeltriode *f*

双射线管 shuāngshèxiànguǎn Zweistrahlröhre *f*

双数 shuāngshù Dual *m*

双速电动机 shuāngsù diàndòngjī Zweigangmotor *m*

双同轴线 shuāngtóngzhóuxiàn Doppelkoaxialleitung *f*

双筒耳机 shuāngtǒng ěrjī Doppelkopfhörer *m*

双筒望远镜 shuāngtǒng wàngyuǎnjìng Doppelfernrohr *n*; Doppelglas *n*

双头滚刀 shuāngtóu gǔndāo zweigängiger Wälzfräser

双透物镜 shuāngtòuwùjìng zweiteiliges Objektiv

双凸的 shuāngtūde bikonvex

双凸透镜 shuāngtūtòujìng Doppelkonvexlinse *f*; Bikonvexlinse *f*

双位调节器 shuāngwèi tiáojiéqì Zweipunktregler *m*

双稳态触发电路 shuāngwěntài chùfā diànlù bistabile Flipflopschaltung; bistabile Kippschaltung

双稳态存储器 shuāngwěntài cúnchǔqì bistabile Speicher; bistabile Speichereinheit

双稳态放大器 shuāngwěntài fàngdàqì bistabile Verstärker

S

双稳态输出级 shuāngwěntài shūchūjí bistabile Ausgangsstufe

双稳元件 shuāngwěn yuánjiàn bistabiles Element

双物镜 shuāngwùjìng Doppel-Objektiv n

双线的 shuāngxiànde bifilar

双线起始器 shuāngxiàn qǐshǐqì Zweidrahtinitiator m

双线天线 shuāngxiàn tiānxiàn zweidrähtige Antenne

双向电流脉冲 shuāngxiàng diànliú màichōng Doppelstromimpuls m

双向二极管 shuāngxiàng èrjíguǎn Zweirichtungsdiode f

双向寄存器 shuāngxiàng jìcúnqì 〈计〉Zweirichtungsregister n

双向计数器 shuāngxiàng jìshùqì Vor- und Rückwärtszähler m

双向开关 shuāngxiàng kāiguān Zweiwegschalter m

双向门 shuāngxiàngmén Umschaltegatter n

双向天线 shuāngxiàng tiānxiàn Zweiwegantenne f

双向行驶车 shuāngxiàng xíngshǐchē Zweirichtungswagen m

双向蒸汽机 shuāngxiàng zhēngqìjī doppeltwirkende Dampfmaschine

双像 shuāngxiàng Zweibild n

双像测图仪 shuāngxiàng cètúyí Zweibildapparat m

双像摄影机 shuāngxiàng shèyǐngjī Zweibildkamera f

双芯导线 shuāngxīn dǎoxiàn Doppelleiter m; Zweiaderleitung f

双芯电缆 shuāngxīn diànlǎn doppeladriges Kabel

双芯线 shuāngxīnxiàn Doppeldraht m

双星 shuāngxīng Doppelsterne pl

双行程的 shuāngxíngchéngde zweigängig

双循环的 shuāngxúnhuánde bizyklisch

双压力系统 shuāngyālì xìtǒng Zweidrucksystem n

双翼飞机 shuāngyì fēijī Doppeldeckerzug m; Zweideckerzug m

双油道喷嘴 shuāngyóudào pēnzuǐ Zweimengendüse f

双折叠式车门 shuāngzhédiéshì chēmén Doppelfalttür f

双整流子 shuāngzhěngliúzǐ Doppelkommutator m

双支座 shuāngzhīzuò Doppellagerung f

双直流发电机 shuāngzhíliú fādiànjī Doppelstromerzeuger m

双中子 shuāngzhōngzǐ Dineutron n

双周期的 shuāngzhōuqīde bizyklisch

双轴发动机 shuāngzhóu fādòngjī Zweiwellentriebwerk n; Zweiwellenmotor m

双轴机械 shuāngzhóu jīxiè Zweiwellenmaschine f

双轴结构 shuāngzhóu jiégòu Zweiwellenstruktur f; Zweiwellenanordnung f

双轴驱动 shuāngzhóu qūdòng Doppelachsantrieb m

双转子 shuāngzhuànzǐ Doppelläufer m

双转子电动机 shuāngzhuànzǐ diàndòngjī Doppelmotor m

双座阀 shuāngzuòfá Doppelsitzventil n

双座轿车 shuāngzuò jiàochē Zweiplätzer m; Zweisitzer m

双座位驾驶室 shuāngzuòwèi jiàshǐshì Zweimannkabine f

S

霜点 shuāngdiǎn Reifpunkt *m*

霜冻 shuāngdòng Frost *m*

霜期 shuāngqī Frostperiode *f*

水 shuǐ Wasser *n*; Gewässer *n*; Flüssigkeit *f*

水坝 shuǐbà Damm *m*; Staudamm *m*

水泵 shuǐbèng Pumpe *f*; Wasserpumpe *f*

水饱和的 shuǐbǎohéde wassersatt

水泵扬程 shuǐbèng yángchéng Förderhöhepumpe *f*; Pumpenförderhöhe *f*

水泵站 shuǐbèngzhàn Pumpstation *f*; Wasserpumpenwerk *n*; Wasserwerk *n*; Pumpanlage *f*; Pumpwerk *n*

水标 shuǐbiāo Wasserstandsanzeiger *m*

水表 shuǐbiǎo Wassermesser *m*; Wasserzähler *m*

水玻璃 shuǐbōli Wasserglas *n*

水采矿井 shuǐcǎi kuàngjǐng Hydrogrube *f*

水槽 shuǐcáo Zisterne *f*; Wässerungswanne *f*

水产业 shuǐchǎnyè Fischerei- und Wasserkulturenindustrie *f*

水车 shuǐchē Wasserrad *n*; Wasserwagen *m*

水成岩 shuǐchéngyán Ablagerungsgestein *n*; hydratogenes Gestein; neptunisches Gestein; aquatisches Sedimentgestein; Ablagerung aus Wasser

水池 shuǐchí Teich *m*; Wasserbecken *n*; Bassin *n*

水尺 shuǐchǐ Wasserstandsanzeiger *m*; Limnimeter *n*; Pegel *m*; Wassermesser *m*

水处理 shuǐchǔlǐ Wasseraufbereitung *f*; Wasservorbereitung *f*; Wasserbehandlung *f*

水处理装置 shuǐchǔlǐ zhuāngzhì Wasseraufbereitungsanlage *f*

水处理设备 shuǐchǔlǐ shèbèi Wasservorbereitungsanlage *f*

水淬火 shuǐcuìhuǒ Wasserhärtung *f*

水淬硬化 shuǐcuì yìnghuà Wasserhärtung *f*

水道 shuǐdào Wasserlauf *m*; Wasserstraße *f*; Wasserweg *m*; Schwimmbahn *f*; Fahrwasser *n*; Wassergang *m*

水道学 shuǐdàoxué Gewässerkunde *f*

水稻 shuǐdào Wasserreis *m*

水的硬度 shuǐde yìngdù Härte des Wassers

水堤 shuǐdī Wassermauer *f*

水底电缆 shuǐdǐ diànlǎn Unterwasserkabel *n*; Unterseekabel *n*; Tiefseekabel *n*; Flusskabel *n*

水底生物 shuǐdǐ shēngwù Benthos *n*

水电的 shuǐdiànde hydroelektrisch

水电电能 shuǐdiàn diànnéng hydroelektrische Energie

水电站 shuǐdiànzhàn Wasserkraftwerk *n*; Hydrokraftwerk *n*; hydraulisches Kraftwerk; hydroelektrisches Kraftwerk

水电站流量 shuǐdiànzhàn liúliàng Werkwassermenge *f*

水电站输水道 shuǐdiànzhàn shūshuǐdào Werkwasserleitung *f*

水电站水头 shuǐdiànzhàn shuǐtóu Stationsgefälle *n*

水电站压力输水管 shuǐdiànzhàn yālì shūshuǐguǎn Triebwasserrohrleitung *f*

水电站引水 shuǐdiànzhàn yǐnshuǐ Triebwassereinlass *m*

S

水电站引水管道 shuǐdiànzhàn yǐnshuǐ guǎndào Triebwasserleitung *f*

水貂 shuǐdiāo Mink *m*; amerikanischer Nerz

水痘 shuǐdòu Wasserpocken *pl*; Varizellen *pl*; Windpocken *pl*

水分 shuǐfèn Nässe *f*; Wassergehalt *m*; Feuchtigkeit *f*

水封 shuǐfēng Wasserverschluss *m*; Wasserabschluss *m*

水工学 shuǐgōngxué Wasserbautechnik *f*; Wasserwesen *n*; Wasserbau *m*

水沟 shuǐgōu Wassergraben *m*; Abzugsgraben *m*; Drain *m*

水管 shuǐguǎn Wasserleitung *f*; Wasserrohr *n*

水果 shuǐguǒ Frucht *f*; Obst *n*

水合物 shuǐhéwù Hydrat *n*

水合作用 shuǐhé zuòyòng Hydrierung *f*

水恒温器 shuǐhéngwēnqì Wasserthermostat *m*; Wassertemperaturregler *m*

水化的 shuǐhuàde hydratisch

水化物 shuǐhuàwù Hydrat *n*

水化学分析 shuǐhuàxué fēnxī hydrochemische Analyse

水化作用 shuǐhuà zuòyòng Hydratation *f*; Hydratisieren *n*; Hydratisierung *f*; Hydration *f*

水剂 shuǐjì flüssige Arznei

水胶 shuǐjiāo Gelatine *f*

水浇地 shuǐjiāodì bewässerte Felder

水解 shuǐjiě Hydrolyse *f*; hydrolytische Dissoziation *f*

水解的 shuǐjiěde hydrolytisch

水介质 shuǐjièzhì wässeriges Medium

水晶 shuǐjīng Kristallstein *m*; Kieselkristall *m*; Bergkristall *m*; Kristall *m*; Quarz *m*

水晶玻璃 shuǐjīng bōli Kristallglas *n*

水晶的 shuǐjīngde kristallen

水井 shuǐjǐng Brunnen *m*

水净化 shuǐjìnghuà Wasserreinigung *f*

水库 shuǐkù Staubecken *n*; Stausee *m*; Reservoir *n*; Speicherbecken *n*

水库堤坝 shuǐkù dībà Beckendamm *m*

水库容积 shuǐkù róngjī Stauvolumen *n*; Stauraum *m*; Beckeninhalt *m*; Speicherinhalt *m*

水库水位 shuǐkù shuǐwèi Beckenwasserstand *m*; Beckenniveau *n*

水库泄水 shuǐkù xièshuǐ Speicherentlastung *f*

水涝 shuǐlào Staunässe *f*

水涝地 shuǐlàodì überschwemmtes Land

水雷 shuǐléi Seemine *f*; Unterwassermine *f*

水冷变压器 shuǐlěng biànyāqì wassergekühlter Transformator

水冷却 shuǐlěngquè Wasserkühlung *f*

水冷却器 shuǐlěngquèqì Wasserkühler *m*

水冷设备 shuǐlěng shèbèi Wasserkühlanlage *f*

水力 shuǐlì Stromstärke *f*; Wasserkraft *f*; hydraulische Kraft

水力半径 shuǐlì bànjìng hydraulischer Radius; Strömungsradius *m*; Profilradius *m*

水力泵 shuǐlìbèng hydraulische Pumpe

水力采煤 shuǐlì cǎiméi hydromechanische Kohlengewinnung

水力冲填 shuǐlì chōngtián Zuspülung *f*

水力冲洗机 shuǐlì chōngxǐjī Spülanlage *f*

水力传动 shuǐlì chuándòng Wasserantrieb *m*

水力的 shuǐlìde hydraulisch

水力锻压机 shuǐlì duànyājī hydraulische Schmiedepresse

水力发电厂 shuǐlì fādiànchǎng Wasserkraftwerk *n*

水力发电机 shuǐlì fādiànjī Wasserkraftgenerator *m*; Wasserdynamo *n*; Wasserkraftstromerzeuger *m*; Hydrogenerator *m*

水力发电机组 shuǐlì fādiànjīzǔ Wasserkraft-Maschinensatz *m*

水力发电技术 shuǐlì fādiàn jìshù Wasserkrafttechnik *f*

水力发电站 shuǐlì fādiànzhàn Wasserkraftwerk *n*; hydraulisches Kraftwerk

水力发动机 shuǐlì fādòngjī Wassermotor *m*; Hydromotor *m*

水力阀 shuǐlìfá hydraulischer Abschluss

水力机械 shuǐlì jīxiè Wasserkraftmaschine *f*; Hydromaschine *f*; Wassermaschine *f*; Strömungsmaschine *f*; hydraulische Maschine

水力开采 shuǐlì kāicǎi Abspritzen mit Hydromonitoren; Hydrogewinnung *f*; Schwemmabbau *m*; hydraulische Gewinnung

水力开发 shuǐlì kāifā Wasserkraftnutzung *f*; Wasserkraftausbau *m*

水力控制 shuǐlì kòngzhì hydraulische Steuerung

水力磨机 shuǐlì mójī Wassermühle *f*

水力潜能 shuǐlì qiánnéng Wasserkraftpotential *n*

水力排泥 shuǐlì páiní Schlammwasseraustrag *m*

水力升降机 shuǐlì shēngjiàngjī

水力输送 shuǐlì shūsòng Druckwassertransport *m*

水力梯度 shuǐlì tīdù hydraulisches Gefälle; hydraulischer Gradient

水力条件 shuǐlì tiáojiàn Anströmungsverhältnisse *pl*

水力系统 shuǐlì xìtǒng Wasserkraftsystem *n*

水力效率 shuǐlì xiàolǜ hydraulischer Wirkungsgrad

水力蓄能 shuǐlì xùnéng aufgespeicherte Wasserenergie; hydraulische Speicherung; Speicherwasserkraft *f*

水力蓄压器 shuǐlì xùyāqì Druckwasserspeicher *m*

水力学 shuǐlìxué Hydraulik *f*; Strömungsmechanik *f*; Wasserkraftlehre *f*; Wasserdrucklehre *f*

水力学家 shuǐlìxuéjiā Hydrauliker *m*

水力有效系数 shuǐlì yǒuxiào xìshù hydraulischer Wirkungsgrad

水力资源 shuǐlì zīyuán Hydraulik-Energiequelle *f*; Wasserkraftressourcen *pl*; Wasserreichtum *m*; Wasservorrat *m*

水力资源开发 shuǐlì zīyuán kāifā Ausbau der Wasserkräfte

水利 shuǐlì Wasserbau *m*; Wasserwirtschaft *f*

水利的 shuǐlìde wasserwirtschaftlich

水利电力学院 shuǐlì diànlì xuéyuàn Institut für Wasserbau und Elektrizität

水利法 shuǐlìfǎ Wassergesetz *n*; Wassergesetzgebung *f*

水利工程 shuǐlì gōngchéng Wasserbau *m*; Wasserbauwesen *n*; Wasserbauprojekt *n*; Bewasserungsanlagen *pl*

S

水利工程师 shuǐlì gōngchéngshī Wasserbauingenieur *m*

水利工程学 shuǐlì gōngchéngxué Hydrotechnik *f*; Wasserwesen *n*; Wasserbautechnik *f*

水利规划 shuǐlì guīhuà Wasserfahrplan *m*; Bauplan *m*

水利技师 shuǐlì jìshī Wasserbaumeister *m*

水利开发 shuǐlì kāifā Wassererschließung *f*

水利设施 shuǐlì shèshī Wasserwirtschaftsanlage *f*

水利枢纽工程 shuǐlì shūniǔ gōngchéng Wasserbau-Schlüsselprojekt *n*; Schlüsselprojekt der Wasserregulierung

水利系 shuǐlìxì Fakultät für Wasserbau

水利学院 shuǐlì xuéyuàn Institut für Wasserbau

水利资源 shuǐlì zīyuán Wasserschätze *pl*; Wasserressourcen *pl*; Wasserhilfsquellen *pl*

水量 shuǐliàng Wassermenge *f*; Wassermasse *f*

水量计 shuǐliàngjì Raumwasserzähler *m*; Wassermesser *m*; Wasseruhr *f*; Hydrometer *n*

水疗法 shuǐliáofǎ Hydrotherapie *f*; Wasserkur *f*

水流 shuǐliú Wasserlauf *m*; Strom *m*; Strömung *f*; Gewässer *n*; Durchflussströmung *f*

水流表面 shuǐliú biǎomiàn Flussoberfläche *f*

水流断面 shuǐliú duànmiàn Abflussquerschnitt *m*

水流方向 shuǐliú fāngxiàng Fließrichtung *f*; Stromrichtung *f*

水流观测 shuǐliú guāncè Strombeobachtung *f*

水流路线 shuǐliú lùxiàn Strömungsbahn *f*

水流深度 shuǐliú shēndù Tiefe des Wasserlaufs

水流势能 shuǐliú shìnéng Strömungspotential *n*

水流稳定段 shuǐliú wěndìngduàn Beruhigungsstrecke des Wassers

水流压力 shuǐliú yālì Strömungspressung des Wassers

水流轴线 shuǐliú zhóuxiàn Flussachse *f*

水流阻力 shuǐliú zǔlì Durchflusswiderstand *m*; Strömungswiderstand *m*

水龙头 shuǐlóngtóu Wasserhahn *m*

水路 shuǐlù Wasserweg *m*; Wasserstraße *f*; Schifffahrtslinie *f*; Wasserzutritt *m*; Schifffahrtsrinne *f*; Wasserverkehrsstraße *f*; Schifffahrtsstraße *f*; Wasserweglinie *f*

水陆两用飞机 shuǐlù liǎngyòng fēijī Amphibienflugzeug *n*; Wasser-Land-Flugzeug *n*

水轮 shuǐlún Wasserrad *n*

水轮泵 shuǐlúnbèng Turbopumpe *f*

水轮机 shuǐlúnjī Wasserturbine *f*; Turbine *f*

水轮机设备 shuǐlúnjī shèbèi Turbinenanlage *f*

水轮机组 shuǐlúnjīzǔ Turbinensatz *m*

水煤气 shuǐméiqì Wassergas *n*

水煤气发生炉 shuǐméiqì fāshēnglú Wassergaserzeuger *m*; Wassergasgenerator *m*

水煤气装置 shuǐméiqì zhuāngzhì Wassergasapparat *m*

水镁石 shuǐměishí Brucit *m*

水锰矿 shuǐměngkuàng Manganit *m*

水面 shuǐmiàn Wasserspiegel *m*; Wasserhorizont *m*

水能 shuǐnéng Wasserkraft *f*; Wasserenergie *f*

水能储量 shuǐnéng chǔliàng Wasserkraftvorrat *m*; Wasserkraftschatz *m*

水能储备 shuǐnéng chǔbèi Wasserkraftreserve *f*

水能规划 shuǐnéng guīhuà Wasserkraftprojektierung *f*; Wasserkraftbewirtschaftungsplan *m*

水能利用 shuǐnéng lìyòng Wasserkraftausnutzung *f*; Wasserkraftausbau *m*

水能设计 shuǐnéng shèjì Wasserkraftprojekt *n*

水能资源 shuǐnéng zīyuán Wasserkraftquelle *f*

水泥 shuǐní Zement *m*

水泥薄浆 shuǐní bójiāng Zementmilch *f*

水泥管 shuǐníguǎn Zementrohr *n*

水泥灌浆 shuǐní guànjiāng Zementeinspritzung *f*; Zementeinpressung *f*; Zementation *f*; Zementinjektion *f*; Zementinjizieren *n*; Zementeinpressen *n*

水泥浆 shuǐníjiāng Zementmörtel *m*

水泥乳浆 shuǐní rǔjiāng Zementmilch *f*

水泥砂浆 shuǐní shājiāng Zementmörtel *m*

水平 shuǐpíng Niveau *n*

水平摆 shuǐpíngbǎi Horizontalpendel *n*

水平测量 shuǐpíng cèliáng Horizontalaufnahme *f*

水平的 shuǐpíngde waagerecht; horizontal

水平滚动条 shuǐpíng gǔndòngtiáo horizontale Bildlaufleiste

水平厚度 shuǐpíng hòudù horizontale Mächtigkeit; horizontale Dicke

水平角 shuǐpíngjiǎo Horizontalwinkel *m*

水平锯架 shuǐpíng jùjià Horizontalgatter *n*

水平距离 shuǐpíng jùlí söhliger Abstand

水平拉力 shuǐpíng lālì Horizontalzug *m*

水平面 shuǐpíngmiàn Horizontalfläche *f*; Niveaufläche *f*; Horizontalebene *f*; waagerechte Fläche; horizontale Ebene; Wasserspiegel *m*

水平偏转 shuǐpíng piānzhuǎn Horizontalauslenkung *f*; horizontale Ablenkung

水平剖面 shuǐpíng pōumiàn Horizontalprofil *m*

水平扫描 shuǐpíng sǎomiáo Horizontalabtastung *f*; horizontale Abtastung

水平投影 shuǐpíng tóuyǐng horizontale Projektion

水平位移 shuǐpíng wèiyí Horizontalverschiebung *f*

水平位置 shuǐpíng wèizhì Waagerechtstellung *f*

水平线 shuǐpíngxiàn Horizontale *f*; waagerechte Linie; Wasserstandslinie *f*; Horizontallinie *f*; Niveaulinie *f*

水平仪 shuǐpíngyí Setzwaage *f*; Libelle *f*; Wasserwaage *f*; Nivellierinstrument *n*; Nivelliergerät *n*; Prismenwaage *f*

水平移动 shuǐpíng yídòng horizontale Verschiebung

水平运动 shuǐpíng yùndòng Hori-

S

zontalbewegung *f*

水平轴 shuǐpíngzhóu Horizontalachse *f*; Kippachse *f*

水汽 shuǐqì Wasserdampf *m*

水汽化 shuǐqìhuà Wasserverdunstung *f*

水枪 shuǐqiāng Wasserpistole *f*; Wasserstrahlapparat *m*; Wasserspritzvorrichtung *f*; Hochdruckdüse *f*

水渠 shuǐqú Wasserrinne *f*; Kanal *m*

水溶性 shuǐróngxìng Wasserlöslichkeit *f*

水溶液 shuǐróngyè wässerige Lösung

水上飞机 shuǐshàng fēijī Schwimmerflugzeug *n*; Wasserflugzeug *n*; Seeflugzeug *n*

水上滑翔机 shuǐshàng huáxiángjī Wassersegelflugzeug *n*

水上交通 shuǐshàng jiāotōng Wasserverkehr *m*

水上运输 shuǐshàng yùnshū Wasserfracht *f*

水深 shuǐshēn Wassertiefe *f*; Fließtiefe *f*

水生动物 shuǐshēng dòngwù Wassertier *n*

水生生物 shuǐshēng shēngwù Hydrobionten *pl*; Wasserorganismen *pl*

水生物学 shuǐshēngwùxué Hydrobiologie *f*

水生植物 shuǐshēng zhíwù Wasserpflanze *f*; Wasserflora *f*; Hydrophyt *m*

水声测位仪 shuǐshēng cèwèiyí Sonar *n*

水声学 shuǐshēngxué Hydroakustik *f*

水试验器 shuǐshìyànqì Wasserprü-

fer *m*

水塔 shuǐtǎ Wasserturm *m*

水套 shuǐtào Wassermantel *m*

水头 shuǐtóu Wassergefälle *n*; Fallhöhe *f*; Förderhöhe *f*; Gefälle des Wassers

水土 shuǐtǔ Wasser und Boden

水土保持 shuǐtǔ bǎochí Bodenschutz *m*; Wasser- und Bodenerhaltung *f*

水工建筑 shuǐgōng jiànzhù hydrotechnisches Bauwesen

水土流失 shuǐtǔ liúshī Bodenerosion *f*; Wasser- und Bodenschwund *m*

水网 shuǐwǎng Flussnetz *n*; Netzwerk von Kanälen und Flüssen

水位 shuǐwèi Wasserspiegel *m*; Wasserstand *m*; Pegel *m*

水位变动 shuǐwèi biàndòng Wasserspiegelbewegung *f*

水位变化 shuǐwèi biànhuà Wasserschwankung *f*; Wasserstandsänderung *f*; Wasserstandsschwankung *f*; Wasserspiegelschwankung *f*

水位标 shuǐwèibiāo Wasserstandsmarke *f*

水位标志 shuǐwèi biāozhì Wassermarke *f*

水位测量 shuǐwèi cèliáng Wasserstandmessung *f*; Wasserspiegelaufnahme *f*

水位测量仪 shuǐwèi cèliángyí Wasserstandsprüfer *m*

水位差 shuǐwèichā Wasserspiegeldifferenz *f*; Wasserstandsunterschied *m*

水位尺 shuǐwèichǐ Wasserstandsanzeiger *m*; Wassermesser *m*

水位观测 shuǐwèi guāncè Wasserstandsbeobachtung *f*

水位观测站 shuǐwèi guāncèzhàn

Wasserstandsbeobachtungsstation *f*

水位计 shuǐwèijì Wasserstandsmesser *m*; Pegelmesser *m*; Wasserstandsanzeiger *m*; Flutmesser *m*

水位降落 shuǐwèi jiàngluò Wasserstandabfall *m*; Fall des Wassers

水位降落区 shuǐwèi jiàngluòqū Absenkungsgebiet *n*

水位升高 shuǐwèi shēnggāo Wasserstandserhöhung *f*; Anwuchs des Wassers

水位调节 shuǐwèi tiáojié Wasserstandsregelung *f*; Regulierung des Wasserspiegels

水位调节器 shuǐwèi tiáojiéqì Wasserstandsregler *m*

水位图 shuǐwèitú Pegeldiagramm *n*

水位下降 shuǐwèi xiàjiàng Absinken des Wassers; Senkung des Wasserstandes; Absenkung des Wasserspiegels

水位线 shuǐwèixiàn Wasserlinie *f*; Wasserstandslinie *f*

水位站 shuǐwèizhàn Pegelmessstelle *f*; Pegelstation *f*; Pegelhaus *n*

水位指示器 shuǐwèi zhǐshìqì Anzeigestab *m*; Wasserstandsanzeiger *m*

水温 shuǐwēn Wassertemperatur *f*

水温表 shuǐwēnbiǎo Wassertemperaturanzeiger *m*

水文 shuǐwén Hydrologie *f*; Gewässerkunde *f*; Wasserkunde *f*

水文测量 shuǐwén cèliáng Wassermessung *f*

水文测验 shuǐwén cèyàn Wassermessung *f*; hydrologische Untersuchungen; Wassermesswesen *n*

水文测验法 shuǐwén cèyànfǎ Wassermessverfahren *n*

水文测验技术 shuǐwén cèyàn jìshù Wassermesstechnik *f*

水文测验学 shuǐwén cèyànxué Wassermessungslehre *f*; Wassermessungskunst *f*

水文地理 shuǐwén dìlǐ Hydrografie *f*

水文地理测量 shuǐwén dìlǐ cèliáng hydrografische Vermessung

水文地质学 shuǐwén dìzhìxué Hydrogeologie *f*; Grundwasserkunde *f*

水文调查 shuǐwén diàochá hydrolische Untersuchung; hydrolische Erforschung

水文观察站 shuǐwén guāncházhàn Flussüberwachungsdienst *m*; hydrologischer Beobachtungsdienst

水文记录 shuǐwén jìlù hydrologische Aufzeichnung

水文气象学 shuǐwén qìxiàngxué Hydrometeorologie *f*

水文气象站 shuǐwén qìxiàngzhàn meteorologischer und hydrologischer Dienst; hydrometeorologischer Dienst

水文条件 shuǐwén tiáojiàn hydrologische Bedingungen

水文图 shuǐwéntú hydrologische Karte; Hydrograf *m*

水文拖测器 shuǐwén tuōcèqì hydrografisches Schleppnetz

水文现象 shuǐwén xiànxiàng hydrologisches Phänomen

水文学 shuǐwénxué Hydrologie *f*; Wasserkunde *f*; Gewässerkunde *f*; Hydrografie *f*

水文学的 shuǐwénxuéde hydrologisch

水文预报 shuǐwén yùbào hydrologische Vorhersage

水文站 shuǐwénzhàn hydrolische Station; Vermessungsdienst *m*; hydrologischer Dienst; Wassermessdienst *m*

S

水文资料 shuǐwén zīliào hydrologische Daten

水污染 shuǐwūrǎn Wasserverschmutzung *f*; Verschmutzung des Wassers

水系 shuǐxì Stromsystem *n*

水下测绘 shuǐxià cèhuì Unterwasseraufnahme *f*

水下测量 shuǐxià cèliáng Unterwassermessung *f*

水下传声器 shuǐxià chuánshēngqì Unterwassermikrofon *n*

水下地震 shuǐxià dìzhèn Seebeben *n*; submarines Erdbeben

水下电动机 shuǐxià diàndòngjī Unterwassermotor *m*

水下电视 shuǐxià diànshì Unterwasserfernsehen *n*

水下电视摄像机 shuǐxià diànshì shèxiàngjī Unterwasserfernsehkamera *f*

水下对空导弹 shuǐxià duìkōng dǎodàn Unterwasser-Luft-Lenkrakete *f*

水下核爆炸 shuǐxià hébàozhà Unterwasser-Nuklearexplosion *f*

水下切割 shuǐxià qiēgē Unterwasserschneiden *n*

水下摄影 shuǐxià shèyǐng Unterwasseraufnahme *f*

水下天线 shuǐxià tiānxiàn unterseeische Antenne; Unterwasserantenne *f*

水下通道 shuǐxià tōngdào Unterwasserkanal *m*

水下仪表 shuǐxià yíbiǎo Unterwassergerät *n*

水下照明 shuǐxià zhàomíng Unterwasserstrahlung *f*; Unterwasserbeleuchtung *f*

水下重力仪 shuǐxià zhònglìyí Unterwasser-Gravimeter *n*

水下钻探 shuǐxià zuāntàn Unterwasserbohrung *f*

水箱 shuǐxiāng Wassertank *m*; Wasserbehälter *m*

水星 shuǐxīng Merkur *m*

水循环 shuǐxúnhuán Wasserkreislauf *m*; Wasserzirkulation *f*; Wasserumlauf *m*

水循环冷却 shuǐxúnhuán lěngquè Wasserzirkulationskühlung *f*

水压 shuǐyā Flüssigkeitspressung *f*; Wasserdruck *m*

水压传动 shuǐyā chuándòng Presswasserantrieb *m*

水压锻造 shuǐyā duànzào Hydroschmieden *n*

水压放大器 shuǐyā fàngdàqì hydraulischer Verstärker

水压机 shuǐyājī Druckwasserpresse *f*; Wasserdruckpresse *f*; hydraulische Presse

水压力 shuǐyālì Wasserdruckkraft *f*; Wasserdruck *m*

水压力分布 shuǐyālì fēnbù Verteilung des Wasserdrucks

水压试验 shuǐyā shìyàn Abdrücken mit Wasser; Abdrückversuch *m*; Wasserdruckprobe *f*; Presswasserprobe *f*

水压调节器 shuǐyā tiáojiéqì Wasserdruckregler *m*

水压装置 shuǐyā zhuāngzhì Presswasseranlage *f*

水杨酸 shuǐyángsuān Salicylsäure *f*

水银 shuǐyín Merkur *m/n*; Quecksilber *n*

水银槽 shuǐyíncáo Quecksilberwanne *f*

水银灯 shuǐyíndēng Quecksilberlampe *f*

水银气压计 shuǐyín qìyājì Quecksilberluftdruckmesser *m*

水银中毒 shuǐyín zhòngdú Quecksilbervergiftung *f*; Merkurialismus *m*

水银柱 shuǐyínzhù Quecksilbersäule *f*

水域 shuǐyù Wassergebiet *n*; Wasserraum *m*; Gewässer *n*; Wasserwelt *f*; Bassin *n*

水域污染 shuǐyù wūrǎn Verunreinigung der Gewässer

水源 shuǐyuán Flussquelle *f*; Quellgebiet *n*; Wasserquelle *f*; Wasserressourcen *pl*; Quellenfluss *m*; Ursprung eines Flusses

水跃 shuǐyuè Wassersprung *m*

水运 shuǐyùn Wasserschifffahrt *f*; Wasserverkehr *m*; Wassertransport *m*

水运工具 shuǐyùn gōngjù Wasserverkehrsmittel *n*

水灾 shuǐzāi Überschwemmung *f*; Hochwasser *n*

水栽法 shuǐzāifǎ Hydroponik *f*

水藻 shuǐzǎo Algen *pl*

水闸 shuǐzhá Schleuse *f*

水闸板 shuǐzhábǎn Schütz *n*

水蒸发 shuǐzhēngfā Wasserverdampfung *f*

水蒸气 shuǐzhēngqì Dampf *m*; Wasserdunst *m*; Wasserdampf *m*; Dunst *m*

水质 shuǐzhì Wasserqualität *f*; Wasserbeschaffenheit *f*

水质保护 shuǐzhì bǎohù Schutz der Wasserqualität; Wasserschutz *m*

水质分析 shuǐzhì fēnxī Wasseruntersuchung *f*

水质污染 shuǐzhì wūrǎn Wasserverschmutzung *f*

水肿 shuǐzhǒng Ödem *n*; Wasser-

sucht *f*

水肿的 shuǐzhǒngde ödematös

水准 shuǐzhǔn Wasserstand *m*; Niveau *n*; Standard *m*; Pegel *m*

水准测量 shuǐzhǔn cèliáng nivellieren; Nivellement *n*

水准测量点 shuǐzhǔn cèliángdiǎn Fundamentalpunkt *m*

水准尺 shuǐzhǔnchǐ Nivellierlatte *f*

水准点 shuǐzhǔndiǎn Höhenfestpunkt *m*; Höhenmarke *f*; Nivellierzeichen *n*

水准计 shuǐzhǔnjì Pegelmesser *m*

水准器 shuǐzhǔnqì Libelle *f*; Wasserwaage *f*; Nivellierwaage *f*; Setzwaage *f*

水准仪 shuǐzhǔnyí Libelle *f*; Abwägungsinstrument *n*; Nivellierinstrument *n*; Abwägeinstrument *n*; Dosenlibelle *f*; Wasserwaage *f*; Nivellierwaage *f*

水准原点 shuǐzhǔn yuándiǎn Normalhöhenpunkt *m*

水资源 shuǐzīyuán Wasservorrat *m*; Wasserreserve *f*

水资源利用 shuǐzīyuán lìyòng Wasservorratswirtschaft *f*

税 shuì Steuer *f*; Steuerabgabe *f*

税额 shuì'é Steuerquote *f*; Steuerbetrag *m*

税率 shuìlǜ Steuersatz *m*

睡眠 shuìmián schlafen; Schlaf *m*

顺磁性 shùncíxìng Paramagnetismus *m*

顺磁的 shùncíde paramagnetisch

顺流 shùnliú Abwärtsströmung *f*; stromab

顺时针 shùnshízhēn Rechtslauf *m*

顺时针的 shùnshízhēnde rechtsdrehend

顺序 shùnxù Reihe *f*; Folge *f*;

S

Reihenfolge *f*; Serie *f*

瞬间放电 shùnjiān fàngdiàn augenblickliche Entladung

瞬时 shùnshí Zeitpunkt *m*; Augenblick *m*; Moment *m*

瞬时电流 shùnshí diànliú Momentanstrom *m*; Augenblicksstrom *m*; flüchtiger Strom

瞬时电位 shùnshí diànwèi Augenblickspotential *n*

瞬时电压 shùnshí diànyā Momentanspannung *f*; Augenblicksspannung *f*

瞬时反应 shùnshí fǎnyìng Übergangsfunktion *f*

瞬时放电 shùnshí fàngdiàn plötzliche Entladung

瞬时功率 shùnshí gōnglǜ momentane Leistung; Momentanleistung *f*; Augenblicksleistung *f*

瞬时开关 shùnshí kāiguān Sprungschalter *m*; Momentanschalter *m*

瞬时力 shùnshílì Momentankraft *f*

瞬时频率 shùnshí pínlǜ Momentanfrequenz *f*

瞬时速度 shùnshí sùdù Momentangeschwindigkeit *f*; augenblickliche Geschwindigkeit

瞬时压缩比 shùnshí yāsuōbǐ momentanes Kompressionsverhältnis

瞬息 shùnxī Augenblick *m*

说明 shuōmíng angeben; deuten; erklären; erläutern; darlegen; Angabe *f*; Darlegung *f*; Anweisung *f*; Erklärung *f*; Anmerkung *f*

说明书 shuōmíngshū Anweisung *f*; Spezifikation *f*; Anleitung *f*

说明图表 shuōmíng túbiǎo Kontenplan *m*

硕果 shuòguǒ reiche Früchte; große Erfolge

硕士 shuòshì Magister *m*

硕士学位 shuòshì xuéwèi akademischer Magister-Grad

司机 sījī Fahrer *m*; Kraftfahrer *m*

司机室 sījīshì Führerkorb *m*

司机座 sījīzuò Fahrersitz *m*

司炉 sīlú Heizer *m*

丝包线 sībāoxiàn seide-isolierter Draht; Seidendraht *m*

丝绸 sīchóu Seide *f*; Seidenstoff *m*

丝瓜 sīguā Luffa *f*; Schwammkürbis *m*

丝绵 sīmián Flockseide *f*; Seidenwatte *f*

丝绒 sīróng Samt *m*; Seidensamt *m*; Velours *m*; Plüsch *m*

丝炭 sītàn Faserkohle *f*; Fusit *m*

丝织品 sīzhīpǐn Seidenstoff *m*; Seidengewebe *n*; Strickwaren aus Seide; Seidenwirkwaren *pl*

丝锥 sīzhuī Schneidbohrer *m*

思维 sīwéi Denken *n*

思想 sīxiǎng Gedanke *m*; Idee *f*; Geist *m*; Ideologie *f*

撕开 sīkāi auseinanderreißen

撕碎 sīsuì reißen; Zerreißung *f*

死点 sǐdiǎn toter Punkt; Totpunkt *m*; Totlage *f*

死火山 sǐhuǒshān toter Vulkan

死机 sǐjī abstürzen; crashen; Computerabsturz *m*; Absturz *m*

死亡率 sǐwánglǜ Mortalität *f*

四边 sìbiān vier Seiten; ringsum; ringsherum

四边形 sìbiānxíng Vierseit *n*; Viereck *n*; Quadrangel *n*; Vierkant *m*

四冲程柴油机 sìchōngchéng cháiyóujī Viertakt-Dieselmotor *m*

四冲程发动机 sìchōngchéng fādòngjī Viertaktmotor *m*

四次方 sìcìfāng Biquadrat *n*

四端网络 sìduān wǎngluò Vierpol *m*; Viererkreis *m*

四方形 sìfāngxíng Geviert *n*

四极管 sìjíguǎn Tetrode *f*

四季 sìjì vier Jahreszeiten

四氯化合物 sìlǜhuàhéwù Tetrachlorid *n*

四氯化碳 sìlǜhuàtàn Tetrachloridchlorkohlenstoff *m*

四氯化物 sìlǜhuàwù Tetroxid *m*

四门轿车 sìmén jiàochē die viertürige Limousine

四面体 sìmiàntǐ Tetraeder *n*

四面体的 sìmiàntǐde tetraedral; tetraedrisch

四位寄存器 sìwèi jìcúnqì 4-Bit-Register *n*

四项式 sìxiàngshì Quadrinom *n*

四原子的 sìyuánzǐde tetraatomar; vieratomig

四肢 sìzhī Glieder *pl*; Gliedmaßen *pl*; Extremitäten *pl*

伺服 sìfú Servo-

伺服电动机 sìfú diàndòngjī Verstellmotor *m*; Anstellmotor *m*; Servomotor *m*

伺服阀 sìfúfá Folgeventil *n*; Servoventil *n*

伺服机构 sìfú jīgòu Nachlaufeinrichtung *f*; Folgeeinrichtung *f*

伺服控制 sìfú kòngzhì Servolenkung *f*

伺服系统 sìfú xìtǒng Servosystem *n*; Folgesteuerungssystem *n*

伺服制动鼓 sìfú zhìdònggǔ Servobremstrommel *f*

似圆柱体的 sìyuánzhùtǐde zylinderähnlich

松 sōng Kiefer *f*

松弛 sōngchí Entspannung *f*

松开 sōngkāi lösen; ablösen; lockern; ausspannen

松开鼠标键 sōngkāi shǔbiāojiàn die Maustaste loslassen

松散剂 sōngsǎnjì Auflockerungsmittel *n*

松散磨粒 sōngsǎn mólì loses Korn

松树 sōngshù Kiefer *f*; Fichte *f*; Föhre *f*

松土 sōngtǔ Erde auflockern; Boden auflockern

松油 sōngyóu Kienöl *n*

松脂油 sōngzhīyóu Harzöl *n*

送风 sòngfēng Luftzufuhr *f*

送风装置 sòngfēng zhuāngzhì Zuluftanlage *f*

搜集 sōují einsammeln

搜索 sōusuǒ suchen; durchsuchen; Suche *f*; Suchen *n*

搜索雷达 sōusuǒ léidá Suchradar *n*

搜索路径 sōusuǒ lùjìng Suchpfad *m*

搜索命令 sōusuǒ mìnglìng Suchbefehl *m*

搜索网 sōusuǒwǎng Suchkette *f*

搜索掩码 sōusuǒ yǎnmǎ Suchmaske *f*

搜索引擎 sōusuǒ yǐnqíng Suchmaschine *f*; Suchmodul *n*

搜寻 sōuxún nachsuchen

苏打 sūdá Soda *f*

苏打水 sūdáshuǐ Sodawasser *n*

苏醒 sūxǐng aus der Ohnmacht erwachen; zum Bewusstsein kommen

速比 sùbǐ Übersetzungsverhältnis *n*

速测的 sùcède tachymetrisch

速测仪 sùcèyí Tachymeter *m/n*; Schnellmesser *m*

速冻 sùdòng tiefkühlen

速度 sùdù Zeitmaß *m*; Tempo *n*; Geschwindigkeit *f*

速度场 sùdùchǎng Geschwindigkeitsfeld *n*

S

速度传感器 sùdù chuángǎnqì Geschwindigkeitsgeber *m*

速度等级 sùdù děngjí Geschwindigkeitsklasse *f*

速度图 sùdùtú Tachogramm *n*; Geschwindigkeitsschaubild *n*

速度限制 sùdù xiànzhì Geschwindigkeitsbeschränkung *f*; Geschwindigkeitsgrenze *f*

速率计传动装置 sùlùjì chuándòng zhuāngzhì Tachometerantrieb *m*

速凝剂 sùníngjì Alterungsmittel *n*

速凝水泥 sùníng shuǐní Raschbinderzement *m*

速热电炉 sùrè diànlú Schnellkochplatte *f*

素数 sùshù Primzahl *f*

素质 sùzhì Qualität *f*; Veranlagung *f*; Diathese *f*

塑度计 sùdùjì Plastometer *n*

塑胶 sùjiāo Pressmasse *f*

塑料 sùliào Kunststoff *m*; Plastik *f*; Plastwerkstoff *m*; Plast *m*

塑料薄膜 sùliào báomó Kunstoff-Folie *f*; Plastikfolie *f*; Folie *f*

塑料产品 sùliào chǎnpǐn Plasteerzeugnis *n*

塑料厂 sùliàochǎng Kunststofffabrik *f*

塑料袋 sùliàodài Plastikbeutel *m*

塑料的 sùliàode plastisch

塑料工业 sùliào gōngyè Kunststoffindustrie *f*

塑料管 sùliàoguǎn Plastikrohr *n*; Plastrohr *n*

塑料化学 sùliào huàxué Plastchemie *f*

塑料绝缘 sùliào juéyuán Kunststoffisolation *f*

塑料轴承 sùliào zhóuchéng Plastiklager *n*

塑像 sùxiàng Statue *f*; Standbild *n*

塑性变形 sùxìng biànxíng plastische Deformation *f*; plastische Formänderung

塑性的 sùxìngde plastisch

塑性合金 sùxìng héjīn Knetlegierung *f*

塑性曲线 sùxìng qūxiàn Plastizitätskurve *f*

塑造 sùzào gestalten; formen

酸 suān Säure *f*

酸处理 suānchǔlǐ Säurebehandlung *f*

酸的 suānde säurig; sauer

酸度 suāndù Säuregrad *m*; Acidität *f*

酸度计 suāndùjì Säuremesser *m*; Säureprüfer *m*; pH-Messer *m*

酸根 suāngēn Acidogen *n*; Säureradikal *n*; Säurerest *m*

酸化 suānhuà ansäuern; absäuern; einsäuern; Azidifikation *f*

酸浸抛光 suānjìn pāoguāng ätzpolieren

酸式盐 suānshìyán saures Salz; Hydrogensalz *n*

酸水 suānshuǐ säurehaltiges Wasser

酸味 suānwèi saurer Geschmack; säuerlicher Geruch

酸洗 suānxǐ abätzen; abbeizen; Beizen *n*; Beizbehandlung *f*

酸洗槽 suānxǐcáo Beizbad *n*; Beizgefäß *n*

酸洗机 suānxǐjī Beizmaschine *f*

酸洗剂 suānxǐjì Abbeizmittel *n*

酸洗设备 suānxǐ shèbèi Beizanlage *f*

酸洗液 suānxǐyè Ätzflüssigkeit *f*; Beizlösung *f*

酸性 suānxìng Acidität *f*; Azidität *f*; Säuregrad *m*; Säuregehalt *m*

酸性的 suānxìngde sauer

酸性反应 suānxìng fǎnyìng Säure-reaktion f; saure Reaktion

酸性矿石 suānxìng kuàngshí saures Erz

酸性土 suānxìngtǔ säurehaltiger Boden

酸性转炉钢 suānxìng zhuànlúgāng Bessemerstahl m

酸雨 suānyǔ Sauerregen m

酸值 suānzhí Säurezahl f

蒜 suàn Knoblauch m

算出 suànchū berechnen; errechnen

算法 suànfǎ Algorithmus m; Rechenverfahren n; Algorithmusmethode f; Berechnungsalgorithmus m

算法结构 suànfǎ jiégòu Algorithmenkonstruktion f

算法语言 suànfǎ yǔyán ALGOL (英, = algorithmic language); Algol-Sprache f

算符名称 suànfú míngchēng〈计〉Operator-Name m

算后检查程序 suànhòu jiǎnchá chéngxù Post-Mortem-Programm n

算清 suànqīng abrechnen

算入 suànrù einbegreifen

算术 suànshù Rechnen n; Arithmetik f

算术表达式 suànshù biǎodáshì arithmetischer Ausdruck

算术的 suànshùde arithmetisch

算术级数 suànshù jíshù arithmetische Reihe; arithmetische Folge

算术移位 suànshù yíwèi arithmetische Verschiebung

算数寄存器 suànshù jìcúnqì arithmetisches Register

算账 suànzhàng abrechnen

算子介入 suànzǐ jièrù Operator-Eingriff m

随动电动机 suídòng diàndòngjī Folgemotor m; Nachlaufmotor m

随动控制 suídòng kòngzhì sympathische Steuerung

随动调节器 suídòng tiáojiéqì Folgeregler m

随动系统 suídòng xìtǒng Folgeregler m; Nachlaufsystem n

随动装置 suídòng zhuāngzhì Folgeantrieb m

随机 suíjī Stochastik f

随机抽样 suíjī chōuyàng Zufallsstichprobe f

随机存储控制器 suíjī cúnchǔ kòngzhìqì Direktzugriffssteuerung f

随机存储器 suíjī cúnchǔqì Randomspeicher m

随机存取 suíjī cúnqǔ Random-Zugriff m; wahlfreier Zugriff

随机存取存储器 suíjī cúnqǔ cúnchǔqì Random-Access-Speicher m; zugriffszeitfreier Speicher; RAM n (英, = random access memory); der Speicher mit beliebigem Zugriff

随机存取时间 suíjī cúnqǔ shíjiān Random-Access-Zeit f

随机的 suíjīde zufällig; random; aleatorisch; stochastisch

随机读写 suíjī dúxiě Random-Zugriff m

随机访问存储器 suíjī fǎngwèn cúnchǔqì〈计〉Random-Access Speicher m; zugriffzeitfreier Speicher

随机数据处理 suíjī shùjù chǔlǐ wahlfreie Datenverarbeitung

随机误差 suíjī wùchā Zufallsfehler m

随遇平衡 suíyù pínghéng indiffe-

S

rentes Gleichgewicht

碎矿机 suìkuàngjī Erzbrecher *m*; Bergebrecher *m*

碎裂 suìliè absplittern; zersplittern; Abbröckelung *f*; Zersplitterung *f*; Bruch *m*

碎煤机 suìméijī Kohlenbrechapparat *m*; Kohlenzerkleinerer *m*; Kohlenhauer *m*

碎片 suìpiàn Brocken *m*; Fragment *n*; Spleiß *m*; Fetzen *m*

碎石 suìshí Schotter *m*; Bruchstein *n*

碎石机 suìshíjī Steinbrecher *m*; Felsbrecher *m*

碎屑 suìxiè Brocken *m*; Abfall *m*; Feinspan *m*; Krätze *f*

碎屑的 suìxiède klastisch

碎岩机 suìyánjī Gesteinsbrecher *m*

隧道 suìdào Tunnel *m*

隧道测量 suìdào cèliáng Tunnelmessung *f*

隧道二极管 suìdào èrjíguǎn Tunneldiode *f*; Esaki-Diode *f*

隧道掘进 suìdào juéjìn Tunnelvortrieb *m*; Tunnelbau *m*

隧道效应 suìdào xiàoyìng Tunneleffekt *m*

燧石 suìshí Flintstein *m*; Feuerstein *m*; Kiesel *m*

燧石子 suìshízǐ Flintsteinmahlkörper *m*

穗 suì Ähre *f*; Quaste *f*; Troddel *f*

笋 sǔn Bambussprosse *m*

损害 sǔnhài schaden; gefährden; lädieren; Schaden *m*

损耗 sǔnhào verbrauchen; verschleißen; abnutzen; Verlust *m*; Abnutzung *f*

损耗功率 sǔnhào gōnglǜ Verlustleistung *f*

损耗率 sǔnhàolǜ Verlustfaktor *m*; Verlustziffer *f*

损耗系数 sǔnhào xìshù Verlustziffer *f*; Verlustzahl *f*

损坏 sǔnhuài beschädigen

损伤 sǔnshāng beschädigen; verletzen; Verlust *m*; Verletzung *f*

损失 sǔnshī Verlust *m*

榫头 sǔntou Zapfen *m*

榫眼 sǔnyǎn Zapfenloch *n*

缩短 suōduǎn kürzen; abkürzen; verkürzen; Verkürzung *f*

缩放 suōfàng pantografieren

缩放图法 suōfàngtúfǎ Pantografie *f*

缩放仪 suōfàngyí Pantograf *m*

缩合 suōhé Kondensation *f*

缩合度 suōhédù Verdichtungsgrad *n*

缩合热 suōhérè Verdichtungswärme *f*

缩合物 suōhéwù Kondensat *n*

缩合作用 suōhé zuòyòng Kondensation *f*

缩回率 suōhuílǜ Verengung *f*

缩减 suōjiǎn verkürzen; schwinden; Reduktion *f*

缩颈部位 suōjǐng bùwèi Einschnürstelle *f*

缩聚作用 suōjù zuòyòng Polykondensation *f*

缩水性 suōshuǐxìng Krimpfähigkeit *f*

缩图 suōtú reduziertes Schema

缩微胶片 suōwēi jiāopiàn Mikrofilm *m*

缩小 suōxiǎo verkleinern; reduzieren; Kontrakt *m*; Abnahme *f*; Kontraktion *f*

缩小光圈 suōxiǎo guāngquān Abblendung *f*; Abblenden *n*

缩写 suōxiě abkürzen; Abkürzung *f*

缩影 suōyǐng Miniatur *f*

所需功率 suǒxū gōnglù Leistungs-
bedarf *m*

所有的 suǒyǒude gesamt; all

索 suǒ Seil *n*

索道 suǒdào Drahtseilbahn *f*

索具 suǒjù Takelwerk *n*

索氏体 suǒshìtǐ Sorbit *m*

索引 suǒyǐn Index *m*; Register *n*

索引卡 suǒyǐnkǎ Registerkarte *f*

锁 suǒ verschließen; zuschließen;
Schloss *n*

锁骨 suǒgǔ Schlüsselbein *n*

锁环 suǒhuán Druckring *m*

锁紧阀 suǒjǐnfá Halteventil *n*

锁紧螺钉 suǒjǐn luódīng Absperr-
schraube *f*

锁紧螺母 suǒjǐn luómǔ gesicherte
Mutter; Verschlussmutter *f*; Halte-
mutter *f*

锁链 suǒliàn Kette *f*; Fessel *f*

锁栓 suǒshuān Verschluss *m*

锁相振荡器 suǒxiàng zhèndàngqì
phasenstarrer Oszillator

S

T

他激电焊机 tājī diànhànjī Schweiß-maschine mit Fremderregung

塌方 tāfāng einstürzen; Erdrutsch m; Bruch m

塌陷 tāxiàn einsinken; einfallen; Zubruch m

塔式起重机 tǎshì qǐzhòngjī Turm-kran m

塔式旋臂起重机 tǎshì xuánbì qǐ-zhòngjī Turmdrehkran m

塔形天线 tǎxíng tiānxiàn Turman-tenne f

踏板 tàbǎn ① Fußbrett n; Tritt m ② Trittbrett n; Wagentritt m ③ Pedal n ④ Sprungbrett n; Trampolin n

踏板行程 tàbǎn xíngchéng Fußhe-belweg m

胎动 tāidòng Kindsbewegung f; Fötusbewegung f

胎儿 tāi'ér Fötus m; Fetus m; Embryo m/n; Leibesfrucht f

胎龄 tāilíng Fötusalter n

胎盘 tāipán Mutterkuchen m; Plazenta f

胎盘球蛋白 tāipán qiúdànbái plazentares Globulin

胎生 tāishēng Viviparie f

胎生动物 tāishēng dòngwù vivipare Tiere; lebendgebärende Tiere

胎位 tāiwèi Kindslage f

胎位异常 tāiwèi yìcháng anormale Kindslage

台风 táifēng Taifun m

台钳 táiqián Schraubstock f

台式车床 táishì chēchuáng Tisch-apparatdrehmaschine f

台式电话机 táishì diànhuàjī Tisch-apparat m

台式机床 táishì jīchuáng Bankwerk-zeugmaschine f

台式计算机 táishì jìsuànjī Tisch-rechner m

台式剪切机 táishì jiǎnqiējī Bock-schere f

台式接收机 táishì jiēshōujī Tisch-apparatempfanger m

台式钳 táishìqián Bankzange f

台式铣床 táishì xǐchuáng Tischfräs-maschine f

台式钻床 táishì zuànchuáng Tisch-bohrmaschine f; Bankbohrma-schine f

台钻 táizuàn Bankbohrmaschine f; Tischbohrmaschine f

苔藓植物 táixiǎn zhíwù Bryophyten pl; Moospflanzen pl

太古代 tàigǔdài Archaikum n; archäische Ära; Archäozoikum n; Archäikum n; archäisches Zeit-alter; Erdurzeit f

太空 tàikōng Firmament n; Weltall n; Weltraum m; Kosmos m

太空实验室 tàikōng shíyànshì Sky-lab n

太平间 tàipíngjiān Leichenkammer f

太平洋 tàipíngyáng Pazifik m; Pazi-fischer Ozean; Stiller Ozean

太平洋水域 tàipíngyáng shuǐyù Pa-zifisches Ozeangebiet

太阳 tàiyáng Sonne f

太阳常数 tàiyáng chángshù Solarkonstante f

太阳电池 tàiyáng diànchí Solarbatterie f

太阳辐射 tàiyáng fúshè Sonnenbestrahlung f; Sonnenstrahlung f

太阳光 tàiyángguāng Sonnenschein m

太阳光谱 tàiyáng guāngpǔ Sonnenspektrum m

太阳光线 tàiyáng guāngxiàn Sonnenlicht n; Sonnenschein m

太阳黑子 tàiyáng hēizǐ Sonnenfleck m

太阳活动 tàiyáng huódòng Sonnenaktivität f

太阳镜 tàiyángjìng Sonnenbrille f

太阳目视镜 tàiyáng mùshìjìng Helioskop n

太阳能 tàiyángnéng Sonnenenergie f; Solarenergie f

太阳能电池 tàiyángnéng diànchí Sonnenbatterie f; Solarzelle f; Solarbatterie f

太阳能电池供电的 tàiyángnéng diànchí gòngdiànde solarbatteriengespeist

太阳能动力 tàiyángnéng dònglì Solarantrieb m

太阳能发电站 tàiyángnéng fādiànzhàn Sonnenkraftwerk n

太阳热能 tàiyáng rènéng Sonnenwärme f

太阳望远镜 tàiyáng wàngyuǎnjìng Helioskop n

太阳系 tàiyángxì Sonnensystem n; Solarsystem n

太阳穴 tàiyángxué Schläfe f

太阳灶 tàiyángzào Solarherd m

太阴年 tàiyīnnián Mondjahr n

酞 tài Phthalein n

肽 tài Peptid n

钛 tài Titan n

钛白 tàibái Titandioxid n; Titanweiß n

钛酸盐 tàisuānyán Titanat n

钛铁矿 tàitiěkuàng Ilmenit m; Titaneisenerz n

泰山 tàishān Taishan-Berg

坍塌 tāntā abrutschen; einstürzen; Zusammenbruch m

痰 tán Sputum n; Auswurf m

弹簧 tánhuáng Feder f; Springfeder f; Schraubenfeder f; Quetschfeder f

弹簧板 tánhuángbǎn Federblatt n; Federplatte f

弹簧秤 tánhuángchèng Federwaage f; Federhebel m

弹簧挡块 tánhuáng dǎngkuài Federanschlag m

弹簧垫圈 tánhuáng diànquān Federdichtung f; Sprungring m; federnde Unterlagscheibe; Federring m

弹簧阀 tánhuángfá Federventil n; federbelastetes Ventil

弹簧钢 tánhuánggāng Federstahl m

弹簧钢板中心螺栓 tánhuáng gāngbǎn zhōngxīn luóshuān Herzbolzen m

弹簧环 tánhuánghuán Federring m

弹簧缓冲器 tánhuáng huǎnchōngqì Federpuffer m

弹簧继电器 tánhuáng jìdiànqì Federrelais n

弹簧夹 tánhuángjiā Klemmer m; Federklemmer m

弹簧夹头 tánhuáng jiātóu Spannzange f

弹簧开关 tánhuáng kāiguān Feder-

T

schalter *m*

弹簧片 tánhuángpiàn Federblatt *n*

弹簧卡盘 tánhuáng qiǎpán Spann-zangenfutter *n*

弹簧卡子 tánhuáng qiǎzi Federbride *f*

弹簧栓 tánhuángshuān Splint *m*

弹簧限制块 tánhuáng xiànzhìkuài Federanschlag *m*

弹簧压力 tánhuáng yālì Federdruck *m*

弹簧压力计 tánhuáng yālìjì Feder-druckmesser *m*; Federdruckmess-gerät *n*

弹簧载荷 tánhuáng zàihè Feder-belastung *f*

弹簧制动器 tánhuáng zhìdòngqì federbelastete Bremse *f*

弹簧座 tánhuángzuò Federauflage *f*

弹簧座垫 tánhuáng zuòdiàn Feder-sattel *m*

弹回 tánhuí zurückprallen; Prall *m*; Abprallung *f*; Abprall *m*

弹力 tánlì Elastizität *f*; Federungs-vermögen *n*; Federkraft *f*; Fede-rung *f*; Prallkraft *f*

弹射舱 tánshècāng Schleuderkapsel *f*

弹射座椅 tánshè zuòyǐ Schleuder-sitz *m*

弹性 tánxìng Elastizität *f*; Feder-kraft *f*; Sprungkraft *f*; Federung *f*

弹性变形 tánxìng biànxíng elasti-sche Formänderung; elastische Deformation; federnde Formände-rung

弹性材料 tánxìng cáiliào elastischer Stoff

弹性常数 tánxìng chángshù elasti-sche Konstante

弹性的 tánxìngde elastisch; nach-

giebig

弹性定律 tánxìng dìnglǜ Elastizi-tätsgesetz *n*

弹性范围 tánxìng fànwéi elastischer Bereich

弹性离合器片 tánxìng líhéqìpiàn E-Scheibe *f*

弹性力学 tánxìng lìxué Elastome-chanik *f*; Elastizitätslehre *f*

弹性联轴节 tánxìng liánzhóujié nachgiebige Kupplung; elastische Kupplung

弹性膨胀 tánxìng péngzhàng elas-tische Ausdehnung

弹性伸长 tánxìng shēncháng elas-tische Dehnung

弹性塑料 tánxìng sùliào Elaste *pl*

弹性体 tánxìngtǐ elastischer Körper; Elast *m*

弹性系数 tánxìng xìshù Elastizitäts-koeffizient *m*; Elastizitätsmodu-lus *m*

弹性限度 tánxìng xiàndù Elastizi-tätsgrenze *f*; Streckfestigkeitsgren-ze *f*

弹性性能 tánxìng xìngnéng elasto-mechanisches Verhalten

弹性悬挂 tánxìng xuánguà federnde Aufhängung

弹性应力 tánxìng yìnglì elastische Beanspruchung

弹性元件 tánxìng yuánjiàn Fede-rungskörper *m*

弹性滞后 tánxìng zhìhòu Elastizi-tätshysterese *f*

弹性轴 tánxìngzhóu Elastizitätsach-se *f*

弹性状态 tánxìng zhuàngtài elasti-scher Zustand

檀香 tánxiāng 〈植〉 Sandelholzbaum *m*

炭 tàn Holzkohle *f*; Steinhohle *f*

炭粉 tànfěn Gestübe *n*

炭烟含量 tànyān hánliàng Rußgehalt *m*

炭烟排出 tànyān páichū Rußemission *f*

炭质岩 tànzhìyán Carbonolit *m*

探测 tàncè sondieren; vermessen; Sondenmessung *f*; Abtasten *n*

探测器 tàncèqì Sonde *f*; Sucher *m*; Spürgerät *n*

探测头 tàncètóu Tastkopf *m*

探测仪 tàncèyí Defektometer *n*/*m*; Sonde *f*

探尺 tànchǐ Beschickungssonde *f*; Sonde *f*

探锤 tànchuí Spürgerät *n*

探井 tànjǐng Probegrube *f*

探空火箭 tànkōng huǒjiàn Höhenforschungsrakete *f*; Höhenrakete *f*

探矿 tànkuàng schürfen; nach Bodenschätzen suchen; nach Bodenschätzen schürfen; Prospektieren *n*; Schürfung *f*

探矿者 tànkuàngzhě Schürfer *m*

探雷器 tànléiqì Minensuchgerät *n*

探漏器 tànlòuqì Leckfinder *m*

探伤仪 tànshāngyí Defektoskop *n*; Fehleranzeigegerät *n*; Fehlerdetektor *m*; Fehlersuchgerät *n*

探深管 tànshēnguǎn Peilrohr *n*

探声器 tànshēngqì Schallfänger *m*

探索雷达 tànsuǒ léidá Suchradar *n*

探讨 tàntǎo untersuchen und diskutieren; forschen; erforschen; Diskussion *f*; Forschung *f*; Erforschung *f*

探头 tàntóu Sonde *f*; Schallkopf *m*; Prüfkopf *m*

探险 tànxiǎn eine (abenteuerliche) Expedition unternehmen; eine (gefährliche) Forschungsreise machen

探险队 tànxiǎnduì Expeditionskorps *n*

探险家 tànxiǎnjiā Forschungsreisende(r) *f*(*m*)

探向 tànxiàng Peilung *f*

探向开关 tànxiàng kāiguān Peilumschalter *m*

探向器 tànxiàngqì Peiler *m*; Peilanlage *f*

探向天线 tànxiàng tiānxiàn Peilantenne *f*; Antenne eindeutiger Peilung

探向仪 tànxiàngyí Peilgerät *n*; Richtfinder *m*

探向误差 tànxiàng wùchā Peilfehler *m*

探询 tànxún erkundigen; Erkundigung *f*

探照灯 tànzhàodēng Scheinwerfer *m*; Lichtwerferlampe *f*

探照灯灯光 tànzhàodēng dēngguāng Scheinwerferstrahl *m*

探针 tànzhēn Sonde *f*; Tastspitze *f*; Fühler *m*; Abtaster *m*; Tasterstift *m*; Spürgerät *n*

碳 tàn Kohlenstoff *m*; Karboneum *n*; Karbon *n*; Kohle *f*; Carbon *m*

碳化 tànhuà verkohlen karbonisieren; Verkohlung *f*; Karbonisation *f*; Kohlung *f*; Verkohlen *n*; Kohlen *n*; Auskohlen *n*

碳化的 tànhuàde karbonisch

碳化钙 tànhuàgài Kalziumkarbid *n*

碳化硅 tànhuàguī Karborund(um) *n*; Siliziumkarbid *n*

碳化铁体 tànhuà tiětǐ Zementit *m*

碳化钨 tànhuàwū Wolframkarbid *n*

碳化物 tànhuàwù Karbid *n*; Carbid *n*; Kohlenstoffverbindung *f*

T

碳化作用 tànhuà zuòyòng Karbonisation *f*

碳氢化合物 tànqīng huàhéwù Kohlenwasserstoff *m*; Kohlenwasserstoffverbindung *f*

碳刷握 tànshuāwò Kohlenbürstenhalter *m*

碳水化合物 tànshuǐ huàhéwù Kohlenhydrat *n*; Kohlenwasserstoffverbindung *f*

碳素钢 tànsùgāng Kohlenstahl *m*; Kohlenstoffstahl *m*

碳素工具钢 tànsù gōngjùgāng Kohlenstoffwerkzeugstahl *m*

碳酸 tànsuān Kohlensäure *f*

碳酸钙 tànsuāngài Kalziumkarbonat *n*

碳酸钾 tànsuānjiǎ Kaliumkarbonat *m*; Pottasche *f*

碳酸钠 tànsuānnà kohlensaures Natrium; Natriumkarbonat *n*; Soda *f*

碳酸氢钠 tànsuānqīngnà doppeltkohlensaueres Natron; Natriumbikarbonat *n*

碳酸盐 tànsuānyán Karbonat *n*; Kohlensäuresalz *n*

碳锌蓄电池 tànxīn xùdiànchí Kohlezinksammler *m*

碳氧化合物 tànyǎng huàhéwù Kohlenwasserstoff *m*

碳氧燃料电池 tànyǎng ránliào diànchí Kohlenstoffsauerstoffbrennstoffelement *n*

汤药 tāngyào Heilkräutertrank *m*

镗床 tángchuáng Bohrmaschine *f*; Bohrbank *f*; Bohrer *m*

镗床夹具 tángchuáng jiājù Ausbohrvorrichtung *f*

镗刀 tángdāo Ausbohrstahl *m*; Bohrmeißel *m*; Bohrmesser *n*

镗孔 tángkǒng Ausdrehung *f*; Bohrloch *n*

镗孔刀具 tángkǒng dāojù Ausbohrstahl *m*

糖化 tánghuà verzuckern

糖尿病 tángniàobìng Zuckerkrankheit *f*; Diabetes *m*; Zuckerharnruhr *f*

烫伤 tàngshāng Verbrühung *f*; Brandwunde *f*

桃树 táoshù Pfirsichbaum *m*

陶瓷 táocí Keramiken *pl*; Ton- und Porzellanwaren *pl*

陶瓷电容器 táocí diànróngqì Keramikkondensator *m*

陶瓷发动机 táocí fādòngjī Keramikmotor *m*

陶瓷体 táocítǐ Keramikkörper *m*

陶瓷涂层 táocí túcéng keramischer Überzug

陶器 táoqì Keramikgegenstände *pl*; Tonwaren *pl*; Keramik *f*; irdene Waren; Irdenware *f*; Tongut *n*

陶器的 táoqìde keramisch

陶器工场 táoqì gōngchǎng Hafnerei *f*

陶土 táotǔ Töpferton *m*; Porzellanerde *f*; Kaolin *n*; Backsteinton *m*; Ton *m*

陶制的 táozhìde irden

陶制滤器 táozhì lǜqì Tonerdefilter *n*

讨论 tǎolùn diskutieren; erörtern; beraten

套 tào Gehäuse *n*; Futteral *n*; Satz *m*; Serie *f*

套管 tàoguǎn Mantelrohr *n*; Stutzen *m*; Futterrohr *n*; Verrohrung *f*; Ansatzrohr *n*

套环 tàohuán Einbauschleife *f*

套口 tàokǒu Ansatz *m*

套丝板 tàosībǎn Gewindeschneidkluppe *f*

套筒 tàotǒng Hülse *f*; Buchse *f*; Muffe *f*; Stutzen *m*

套筒扳手 tàotǒng bānshǒu Aufsteckschlüssel *m*

套筒升程 tàotǒng shēngchéng Muffenhub *m*

套筒压力 tàotǒng yālì Muffendruck *m*

套印 tàoyìn 〈印〉 Mehrfarbendruck *m*; Chromatotypie *f*; Chromatografie *f*

套种 tàozhòng Mischkultur *f*; Zwischenfruchtbau *m*

套子 tàozi Mantel *m*; Hülle *f*; Gehäuse *n*

特别的 tèbiéde besonder

特别快车 tèbié kuàichē Expresszug *m*; FD-Zug *m*

特点 tèdiǎn Besonderheit *f*; Merkwürdigkeit *f*; Charakteristikum *n*; Eigenschaft *f*; Merkmal *n*

特定的 tèdìngde spezifisch; bestimmt; gewiss

特高频 tègāopín Höchstfrequenz *f*

特价 tèjià Sonderpreis *m*

特快 tèkuài express; Express *m*

特例 tèlì Sonderfall *m*

特色 tèsè Charakteristik *f*; Eigenheit *f*

特殊 tèshū Besonderheit *f*

特殊的 tèshūde speziell; eigenartig; eigentümlich; besonder

特殊地址 tèshū dìzhǐ spezielle Adresse

特殊合金 tèshū héjīn Sonderlegierung *f*

特殊结构 tèshū jiégòu Sonderbau *m*; Sonderbauwerk *n*

特殊类型 tèshū lèixíng Sonderbauart *f*

特殊型材 tèshū xíngcái Spezialpro-

fil *n*

特殊性 tèshūxìng Besonderheit *f*; Eigentümlichkeit *f*; Singularität *f*

特殊轧机 tèshū zhájī Spezialwalzwerk *n*

特殊组件 tèshū zǔjiàn Sonderbaustein *m*

特效 tèxiào spezielle Wirkung

特效药 tèxiàoyào besonders wirksames Mittel; Spezialmittel *n*; spezifisch wirksames Medikament

特性 tèxìng spezifische Eigenschaft; charakteristisches Merkmal; Besonderheit *f*; Eigenschaft *f*; Charakteristik *f*; Beschaffenheit *f*; Eigenart *f*

特性函数 tèxìng hánshù Kennfunktion *f*; Eigenfunktion *f*

特性黏度 tèxìng niándù intrinsische Viskosität

特性曲线 tèxìng qūxiàn Kennlinie *f*; Kennkurve *f*; charakterische Kurve; Kennbild *n*

特性曲线族 tèxìng qūxiànzú Kennfeld *n*

特性数据 tèxìng shùjù Kenndaten *n*

特性数值 tèxìng shùzhí Kennzahl *f*

特性值 tèxìngzhí Kennwert *m*

特性阻抗 tèxìng zǔkàng Wellenwiderstand *m*; Kennwiderstand *m*

特许指令 tèxǔ zhǐlìng 〈计〉 privilegierter Befehl

特有的 tèyǒude spezifisch; eigentümlich; absonderlich

特征 tèzhēng Merkmal *n*; Kennzeichen *n*; Charakterzug *m*; Besonderheit *f*; Charakteristik *f*

特征函数 tèzhēng hánshù Kennfunktion *f*

特征曲线 tèzhēng qūxiàn Kennlinie *f*

T

特征矢量 tèzhēng shǐliàng Eigenvektor *m*

特征数 tèzhēngshù Kennziffer *f*

特征值 tèzhēngzhí Kennwert *m*; Kenngröße *f*; Eigenwert *m*

特种灯 tèzhǒngdēng Sonderbrenner *m*

特种钢 tèzhǒnggāng Spezialstahl *m*; Edelstahl *m*

特种化学产品 tèzhǒng huàxué chǎnpǐn chemische Spezialerzeugnisse

特种机床 tèzhǒng jīchuáng Sondermaschine *f*

特种燃料 tèzhǒng ránliào Spezialkraftstoff *m*

特种铸造 tèzhǒng zhùzào Spezialgießerei *f*

T 字形梁 tīzìxíngliáng T-Träger *m*

锑 tī Antimon *n*; Stibium *n*

锑矿 tīkuàng Spießglanzerz *n*; Antimonerz *n*

梯度 tīdù Gradient *m*; Gefälle *n*

梯恩梯 tī'ēntī Trinitrotoluol *n*

梯形 tīxíng Trapez *n*; Paralleltrapez *n*

梯形槽 tīxíngcáo trapezförmige Nut; Schwalbenschwanznut *f*

梯形钢 tīxínggāng Trapezstahl *m*

梯形曲线 tīxíng qūxiàn Treppenkurve *f*; Trapezkurve *f*

蹄 tí Huf *m*

蹄式离合器 tíshì líhéqì Backenkupplung *f*

蹄式制动器 tíshì zhìdòngqì Backenbremse *f*

蹄形磁铁 tíxíng cítiě hufeisenförmiger Magnet; Hufeisenmagnet *m*

题目 tímù Thema *n*; Titel *m*

提出 tíchū aufstellen

提纯 tíchún veredeln; reinigen; läutern; purifizieren; raffinieren; verfeinern; klären; frischen; Raffination *f*; Klärung *f*; Veredlung *f*; Purifikation *f*; Affinierung *f*

提纯法 tíchúnfǎ Reinigungsverfahren *n*; Affinierungsprozess *m*

提纯器 tíchúnqì Reiniger *m*

提纯塔 tíchúntǎ Reinigungsturm *m*

提纲 tígāng Konzept *n*; Thesen *pl*

提高 tígāo erhöhen; Erhöhung *f*; Ansteigung *f*

提供 tígōng gewähren; liefern; anbieten; versorgen; Vorstellung *f*; Versorgung *f*

提货单 tíhuòdān Frachtschein *m*

提交 tíjiāo aufgeben

提炼 tíliàn raffinieren; extrahieren Abdestillation *f*

提炼出 tíliànchū gewinnen

提炼炉 tíliànlú Abwerofen *m*

提前点火调节曲线 tíqián diǎnhuǒ tiáojié qūxiàn Vorzündungsverstellkurve *f*

提前角 tíqiánjiǎo Voreilwinkel *m*; Vorhaltwinkel *m*

提前喷射角 tíqián pēnshèjiǎo Voreinspritzwinkel *m*

提取 tíqǔ abholen; abgewinnen

提取物 tíqǔwù Auszug *m*

提升 tíshēng heben; befördern; ausfördern

提升钢绳 tíshēng gāngshéng Hubseil *n*

提升高度 tíshēng gāodù Hubhöhe *f*

提升机 tíshēngjī Hebemaschine *f*; Elevator *m*

提升时间 tíshēng shíjiān Hubzeit *f*

提升装置 tíshēng zhuāngzhì Abhebevorrichtung *f*

提示 tíshì hinweisen; Hinweis *m*

提问 tíwèn fragen; Frage stellen

体格检查 tǐgé jiǎnchá körperliche

Untersuchung

体积 tǐjī Volumen *n*; Größe *f*; Dimension *f*; Kubikgehalt *m*; Rauminhalt *m*

体积百分数 tǐjī bǎifēnshù Volumenprozent *n*

体积单位 tǐjī dānwèi Raumeinheit *f*

体积计 tǐjījì Stereometer *m*; Volum(en)ometer *n*

体积密度 tǐjī mìdù Raumgewicht *n*; Volumendichte *f*

体积模数 tǐjī móshù Volumenmodul *m*

体力 tǐlì Körperkraft *f*

体力劳动 tǐlì láodòng physische (körperliche) Arbeit

体膨胀 tǐpéngzhàng Raumausdehnung *f*; kubische Ausdehnung

体视镜 tǐshìjìng Stereoskop *n*

体视图 tǐshìtú Raumbild *n*

体外受精 tǐwài shòujīng äußere Befruchtung

体外循环 tǐwài xúnhuán extrakorporaler Kreislauf

体温 tǐwēn Temperatur *f*; Körpertemperatur *f*

体温计 tǐwēnjì Thermometer *n*; Fieberthermometer *n*

体系 tǐxì System *n*

体质 tǐzhì Körperkonstitution *f*; Körperbau *m*; Körperbeschaffenheit *f*

体制 tǐzhì System *n*

体重 tǐzhòng Körpergewicht *n*

替换 tìhuàn Auswechselung *f*

天波 tiānbō Höhenwelle *f*; Raumwelle *f*

天才 tiāncái Genie *n*; Genialität *f*; Talent *n*; Geist *m*; Begabung *f*

天车 tiānchē Laufkran *m*

天地 tiāndì Himmel und Erde; Welt *f*; Arbeitsfeld *n*

天鹅 tiān´é Schwan *m*

天赋 tiānfù angeboren sein; natürliche Veranlagung; Begabung *f*; angeborenes Talent

天花 tiānhuā Pocken *pl*; Blattern *pl*; Variola *f*

天空 tiānkōng Himmel *m*; Himmelsgewölbe *n*

天狼星 tiānlángxīng Sirius *m*; Hundsstern *m*

天平 tiānpíng Waage *f*; Balkenwaage *f*

天平梁 tiānpíngliáng Waagebalken *m*

天平盘 tiānpíngpán Waagschale *f*

天气 tiānqì Wetter *n*; Witterung *f*

天气变化 tiānqì biànhuà Wetterwechsel *m*

天气趋势 tiānqì qūshì Wetterentwicklung *f*

天气图 tiānqìtú Wetterkarte *f*

天气形势预报 tiānqì xíngshì yùbào Witterungsprognose *f*; längerfristige Wetterprognose

天气学 tiānqìxué synoptische Meteorologie

天气预报 tiānqì yùbào Wettervoraussage *f*; Wettervorhersage *f*; Wettervoraussagung *f*; Wetterbericht *m*; Wetterprognose *f*

天堑 tiānqiàn riesiger Graben; tiefe Kluft

天桥 tiānqiáo Überführung *f*; Fußgängerüberführung *f*; Fußgängerbrücke *f*

天球 tiānqiú Himmelskugel *f*

天球仪 tiānqiúyí Himmelsglobus *m*

天然 tiānrán natürlich sein; Natur *f*

天然岸堤 tiānrán àndī natürlicher Deich; natürlicher Uferdamm

T

天然材料 tiānrán cáiliào natürlicher Werkstoff

天然磁铁 tiānrán cítiě natürlicher Magnet

天然的 tiānránde naturell；natürlich；naturhaft

天然航道 tiānrán hángdào natürliche Wasserstraße；natürlicher Wasserlauf

天然河床 tiānrán héchuáng Wildbett n

天然碱 tiānránjiǎn kohlensaures Natrium

天然林 tiānránlín Naturwald m

天然流量 tiānrán liúliàng natürliche Abflussmenge

天然排水 tiānrán páishuǐ natürliche Entwässerung

天然气 tiānránqì Erdgas n；Naturgas n；natürliches Gas

天然气超压 tiānránqì chāoyā Erdgasüberdruck m

天然气矿层 tiānránqì kuàngcéng Erdgaslager n

天然气井 tiānránqìjǐng Erdgasquelle f；Gasfördersonde f

天然水 tiānránshuǐ Naturwasser n；natürliches Wasser

天然纤维 tiānrán xiānwéi natürliche Faser

天然橡胶 tiānrán xiàngjiāo Naturgummi n；Rohgummi n

天体 tiāntǐ Himmelskörper m；Gestirn n；Sphäre f

天体测量 tiāntǐ cèliáng Astrometrie f

天体的 tiāntǐde astronomisch

天体动力学 tiāntǐ dònglìxué Astrodynamik f

天体光谱学 tiāntǐ guāngpǔxué Astrospektroskopie f

天体力学 tiāntǐ lìxué Himmelsmechanik f

天体望远镜 tiāntǐ wàngyuǎnjìng astronomisches Fernrohr

天体物理学 tiāntǐ wùlǐxué Astrophysik f

天体演化学 tiāntǐ yǎnhuàxué Kosmogonie f

天体仪 tiāntǐyí Himmelsglobus m

天体照相仪 tiāntǐ zhàoxiàngyí Astrograf m

天文 tiānwén Astronomie f；Sternkunde f

天文单位 tiānwén dānwèi astronomische Einheit

天文导航 tiānwén dǎoháng Astronavigation f

天文馆 tiānwénguǎn Planetarium n

天文罗盘仪 tiānwén luópányí Sternkompass m；Astrokompass m

天文台 tiānwéntái Observatorium n；Sternwarte f

天文望远镜 tiānwén wàngyuǎnjìng astronomisches Fernrohr

天文物理学 tiānwén wùlǐxué Astrophysik f

天文系 tiānwénxì Abteilung für Astronomie

天文学 tiānwénxué Astronomie f；Himmelskunde f；Sternkunde f

天文学家 tiānwénxuéjiā Astronom m

天文仪器 tiānwén yíqì astronomisches Instrument

天线 tiānxiàn Antenne f

天线杆 tiānxiàngān Antennengerüst n

天线设备 tiānxiàn shèbèi Antennengerät n

天线塔 tiānxiàntǎ Antennenfunkturm m

天线装置 tiānxiàn zhuāngzhì Antennenanlage *f*; Antennenanordnung *f*

天象 tiānxiàng astronomische Erscheinugen

天象仪 tiānxiàngyí Planetarium *n*; Planetariumprojektor *m*

天蝎座 tiānxiēzuò Skorpion *m*

天鹰座 tiānyīngzuò 〈天〉 Adler *m*

天灾 tiānzāi Naturkatastrophe *f*

天轴 tiānzhóu Laufwelle *f*; Transmissionsstrang *m*

天资 tiānzī natürliche Anlage; Begabung *f*

添补 tiānbǔ hinzufügen

添加 tiānjiā hinzukommen; hinzufügen; fügen; beilegen; Addition *f*

添加剂 tiānjiājì Zusatz *m*; Additiv *n*; Zusatzmittel *n*

添加物 tiānjiāwù Zusatzstoff *m*

添入 tiānrù einarbeiten; hinzufügen

田鼠 tiánshǔ Wühlmaus *f*

甜菜 tiáncài Zuckerrübe *f*

甜高粱 tiángāoliáng Zuckerhirse *f*

填补 tiánbǔ auffüllen; füllen

填充 tiánchōng füllen; anfüllen; Füllung *f*

填充剂 tiánchōngjì Ausfüllungsmasse *f*; Ausfüllstoff *m*; Ausgussmasse *f*; Füllung *f*; Ausfüllmasse *f*

填方 tiánfāng Schüttmasse *f*; Füllmaterialmenge *f*; Schüttungsmasse *f*

填积 tiánjī verfüllen; Verfüllung *f*; Anschüttung *f*

填料 tiánliào Füller *m*; Füllstoff *m*; Füllmittel *n*; Ausfüllungsmasse *f*; Abdichtungsstoff *m*; Dichtung *f*; Abdichtung *f*

填料函密封 tiánliàohán mìfēng Stopfbüchsendichtung *f*

填砌 tiánqì einmauern; Einmauerung *f*

填筑 tiánzhù verfüllen; Auffüllung *f*

填筑坝 tiánzhùbà Sperrdamm *m*; Staudamm *m*

挑选 tiāoxuǎn aussuchen; auswählen

条 tiáo Zain *m*; Zweig *m*; Streifen *m*; Riegel *m*

条播机 tiáobōjī Drillmaschine *f*

条带状的 tiáodàizhuàngde gestreift

条钢 tiáogāng Stabstahl *m*; Stangenstahl *m*; Walzstab *m*

条件 tiáojiàn Bedingung *f*

条件程序句 tiáojiàn chéngxùjù bedingter Programmsatz

条件反射 tiáojiàn fǎnshè bedingter Reflex

条件停机指令 tiáojiàn tíngjī zhǐlìng bedingter Haltbefehl

条件语句 tiáojiàn yǔjù bedingte Anweisung

条件转移语句 tiáojiàn zhuǎnyí yǔjù bedingte Sprunganweisung

条款 tiáokuǎn Artikel *m*; Klausel *f*

条形磁铁 tiáoxíng cítiě Stabmagnet *m*

条形码 tiáoxíngmǎ Streifencode *m*

条形码扫描器 tiáoxíngmǎ sǎomiáoqì Streifencodeleser *m*; Streifencodescanner *m*

调幅 tiáofú modulieren; Modulation *f*; Amplitudenmodulation *f*

调和的 tiáohéde harmonisch

调和漆 tiáohéqī flüssige Farbe

调焦 tiáojiāo fokussieren; optieren; Fokussieren *n*; Optierung *f*; Zoomen *n*; Scharfeinstellang *f*; Lichtpunkteinstellung *f*

调焦范围 tiáojiāo fànwéi Einstellbereich *m*; Fokussierungsbereich

T

m

调节 tiáojié einstellen; regulieren; regeln; verstellen; einregeln; nachstellen; Einstellung *f*; Verstellung *f*; Konditionieren *n*; Regelung *f*; Aussteuerung *f*

调节泵 tiáojiébèng Regelpumpe *f*; Verstellpumpe *f*

调节参数 tiáojié cānshù Stellgröße *f*

调节阀 tiáojiéfá Regulierventil *n*; Regelklappe *f*; Abstimmventil *n*

调节范围 tiáojié fànwéi Einstellbereich *m*; Aussteuerungsbereich *m*

调节杆 tiáojiégān Regulierstab *m*; Regulierhebel *m*; Zwischenhebel *m*; Betätigungshebel *m*; Betätigungskreis *m*

调节规 tiáojiéguī Einstelllehre *f*

调节环 tiáojiéhuán Einstellring *m*

调节活塞 tiáojié huósāi Regelkolben *m*

调节回路 tiáojié huílù Betätigungskreis *m*

调节机构 tiáojié jīgòu Verstellorgan *n*; Einstellwerk *n*

调节空气 tiáojié kōngqì konditionierte Luft

调节量 tiáojiéliàng Stellgröße *f*; Regelgröße *f*

调节流量 tiáojié liúliàng regulierte Abfluss menge

调节螺钉 tiáojié luódīng Einstellschraube *f*; Stellschraube *f*; Regelschraube *f*; Regulierschraube *f*

调节螺母 tiáojié luómǔ Nachstellmutter *f*

调节轮 tiáojiélún Einstellrad *n*

调节脉冲 tiáojié màichōng Stellimpuls *m*

调节盘 tiáojiépán Betätigungstafel *f*

调节器 tiáojiéqì Regler *m*; Regulator *m*; Einsteller *m*; Regelapparat *m*; Aktuator *m*; Betätigungsglied *n*; Einstellgerät *n*

调节气温设备 tiáojié qìwēn shèbèi Klimakammer *f*

调节弹簧 tiáojié tánhuáng Einstellfeder *f*; Stellfeder *f*

调节天平 tiáojié tiānpíng Justierwaage *f*

调节误差 tiáojié wùchā Regelfehler *m*

调节系统 tiáojié xìtǒng Regelsystem *n*

调节线圈 tiáojié xiànquān Justierspule *f*

调节装置 tiáojié zhuāngzhì Regelanlage *f*; Regelvorrichtung *f*; Regeleinrichtung *f*; Reguliervorrichtung *f*; Regelgerät *n*; Stelleinrichtung *f*; Regelanordnung *f*

调零信号 tiáolíng xìnhào Nullstellsignal *n*

调频 tiáopín Frequenzmodulation *f*

调频信号 tiáopín xìnhào frequenzmoduliertes Signal

调色板 tiáosèbǎn Palette *f*; Farbenbrett *n*

调试 tiáoshì Programmkorrektur *f*; Fehlerbeseitigung *f*; Ausprüfung *f*

调速器 tiáosùqì Regler *m*; Drehzahlregler *m*; Geschwindigkeitsregler *m*; Geschwindigkeitssteller *m*; Laufregelung *f*; Regulator *m*

调温 tiáowēn temperieren *n*; Temperaturregelung *f*

调温器 tiáowēnqì Wärmeregler *m*; Thermostat *m*

调相 tiáoxiàng in der Phase einstellen; Phaseneinstellung *f*

调相器 tiáoxiàngqì Phasendemodulator *m*

调谐 tiáoxié abstimmen; anstimmen; einstellen; nachstimmen; Abstimmung *f*; Einstellung *f*; Abstimmen *n*

调谐变压器 tiáoxié biànyāqì abgestimmter Transformator

调谐电路 tiáoxié diànlù Abstimmungskreis *m*; Abstimmkreis *m*

调谐电容器 tiáoxié diànróngqì Abstimmkondensator *m*

调谐范围 tiáoxié fànwéi Abstimmbereich *m*

调谐放大器 tiáoxié fàngdàqì Abstimmungsverstärker *m*

调谐器 tiáoxiéqì Abstimmaggregat *n*; Tuner *m*

调谐天线 tiáoxié tiānxiàn Abstimmungsantenne *f*; abgestimmte Antenne; gesonderte Antenne

调谐旋钮 tiáoxié xuánniǔ Abstimmknopf *m*; Abstimmgriff *m*; Abstimmungsknopf *m*

调谐选择器 tiáoxié xuǎnzéqì Abstimmwähler *m*

调谐指示管 tiáoxié zhǐshìguǎn Abstimmanzeigeröhre *f*

调谐指示器 tiáoxié zhǐshìqì Abstimmungsanzeiger *m*; Abstimmenzeigeröhre *f*

调谐装置 tiáoxié zhuāngzhì Abstimmapparat *m*; Abstimmvorrichtung *f*; Abstimmeinrichtung *f*; Abstimmungsaggregat *n*

调整 tiáozhěng regulieren; einrichten; regeln; nachstellen; ausrichten; justieren; justifizieren; Regelung *f*; Anstellung *f*; Verstellung *f*; Rektifikation *f*; Konditionieren *n*; Adjustage *f*

调整尺寸 tiáozhěng chǐcùn Einstell-

maß *n*

调整电流 tiáozhěng diànliú Einstellstrom *m*

调整阀 tiáozhěngfá Anstellventil *n*

调整范围 tiáozhěng fànwéi Verstellbereich *m*; Stellbereich *m*

调整杆 tiáozhěnggān Einstellhebel *m*

调整环 tiáozhěnghuán Stellring *m*; Passring *m*

调整角 tiáozhěngjiǎo Einstellwinkel *m*; Anstellwinkel *m*

调整精度 tiáozhěng jīngdù Einstellgenauigkeit *f*

调整螺钉 tiáozhěng luódīng Verstellschraube *f*; Stellschraube *f*; Justierschraube *f*; Regelschraube *f*; Regulierschraube *f*

调整螺母 tiáozhěng luómǔ Stellmutter *f*

调整螺栓 tiáozhěng luóshuān Einstellbolzen *m*

调整螺丝 tiáozhěng luósī Abgleichschraube *f*

调整盘 tiáozhěngpán Stellscheibe *f*

调整器 tiáozhěngqì Regulator *m*; Abgleicher *m*; Regelgerät *n*

调整速度 tiáozhěng sùdù Stellgeschwindigkeit *f*

调整台 tiáozhěngtái Justiertisch *m*

调整线圈 tiáozhěng xiànquān Abstimmspule *f*

调整旋钮 tiáozhěng xuánniǔ Einstellknopf *m*

调整装置 tiáozhěng zhuāngzhì Verstellvorrichtung *f*; Verstelleinrichtung *f*; Regeleinrichtung *f*; Justiereinrichtung *f*

调制 tiáozhì modulieren

调制波 tiáozhìbō Modulationswelle *f*

调制电压 tiáozhì diànyā aufmodu-

T

lierte Spannung; Modulationsspannung f

调制放大器 tiáozhì fàngdàqì modulierter Verstärker; Modulationsverstärker m

调制管 tiáozhìguǎn Steuerröhre f

调制解调器 tiáozhì jiětiáoqì Modulator-Demodulator m; Modem n

调制器 tiáozhìqì Modulator m

调质 tiáozhì Vergütung f; Verbesserung f

调质处理 tiáozhì chǔlǐ Vergütung f; Vergüten n

调质钢 tiáozhìgāng Vergütungsstahl m

调准 tiáozhǔn ausrichten; richten; anrichten; justifizieren; einregeln; Nachstellung f; Ausrichtung f

调准角 tiáozhǔnjiǎo Einstellwinkel m

调准器 tiáozhǔnqì Abrichter m; Regler m

跳动脉冲 tiàodòng màichōng Wobbelimpuls m

跳行符号 tiàoháng fúhào 〈计〉 Zeilensprungzeichen n

跳越码 tiàoyuèmǎ Sprung-Code m

跳越指令 tiàoyuè zhǐlìng Sprungbefehl m

跳转 tiàozhuǎn Anspringen n

贴附 tiēfù heften

铁 tiě Eisen n

铁板 tiěbǎn Eisenplatte f; Eisenblech n

铁道 tiědào Eisenbahn f; Bahn f

铁道学院 tiědào xuéyuàn Institut für Eisenbahnwesen

铁的 tiěde eisern

铁磁共振 tiěcí gòngzhèn Ferroresonanz f

铁磁性 tiěcíxìng Ferromagnetismus m

铁电现象 tiědiàn xiànxiàng Ferroelektrizität f

铁轨 tiěguǐ Schiene f; Eisenbahnschiene f; Gleis n

铁合金 tiěhéjīn Eisenlegierung f; Ferrolegierung f

铁壳 tiěké Eisenmantel m

铁矿 tiěkuàng Eisenerz n; Eisenbergwerk n

铁矿层 tiěkuàngcéng Eisenerzflöz n

铁矿藏 tiěkuàngcáng Eisenerzvorkommen n; Eisenerzablagerung f

铁矿粉 tiěkuàngfěn Eisenabrieb m

铁矿脉 tiěkuàngmài Eisenader f; Eisenerzgang m

铁矿山 tiěkuàngshān Eisenerzbergwerk n

铁矿石 tiěkuàngshí Eisenerz n

铁鳞 tiělín Eisensinter m

铁路 tiělù Eisenbahn f; Bahn f; Eisenbahnwesen n

铁路工程 tiělù gōngchéng Eisenbahnbau m

铁路交通 tiělù jiāotōng Eisenbahnverkehr m

铁路桥 tiělùqiáo Eisenbahnbrücke f

铁路网 tiělùwǎng Schienennetz n

铁路线 tiělùxiàn Eisenbahnlinie f; Bahnlinie f

铁路运输 tiělùyùnshū Eisenbahntransport m; Zugverkehr m; Schienentransport m; Eisenbahnbeförderung f

铁皮 tiěpí Eisenblech n

铁器 tiěqì Eisenwaren pl; Eisengeräte pl

铁砂 tiěshā eisenhaltiger Sand; Schrotkorn n; Schrotkugel f

铁丝 tiěsī Eisendraht m

铁丝网 tiěsīwǎng Eisendrahtnetz n; Maschendraht m

铁索 tiěsuǒ Drahtseil n; Eisenkette f; Eisenkabel n

铁素体 tiěsùtǐ Ferrit n

铁素体钢 tiěsùtǐgāng Ferritstahl m

铁屑 tiěxiè Eisenspäne pl; Eisendrehspäne pl; Eisenfeilspäne pl

铁心 tiěxīn Eisenkern m; Kern m

铁心线圈 tiěxīn xiànquān Eisenspule f

铁锌电池 tiěxīn diànchí Hawkins-Element n

铁锈 tiěxiù Eisenrost m

铁氧体 tiěyǎngtǐ Ferrit n

铁氧体磁心 tiěyǎngtǐ cíxīn Ferritkern m

铁氧体片 tiěyǎngtǐpiàn Ferritplatte f

铁氧体片存储器 tiěyǎngtǐpiàn cúnchǔqì Ferritplattenspeicher m

铁陨石 tiěyǔnshí Eisenmeteorit m; Siderolith m

铁制的 tiězhìde eisern

听觉 tīngjué Gehörsinn m; Gehör n; Hörvermögen n

听觉的 tīngjuéde auditiv

听觉器官 tīngjué qìguān Hörorgan n

听力 tīnglì Hörfähigkeit f; Hörvermögen n

听力计 tīnglìjì Audiometer m

听神经 tīngshénjīng Hörnerv m; Gehörnerv m

听筒 tīngtǒng Hörer m; Fernhörer m; Empfänger m

听诊 tīngzhěn Auskultation f

听诊器 tīngzhěnqì Stethoskop n; Hörrohr n; Hörenrohr n

烃 tīng Kohlenwasserstoff m

烃基 tīngjī Alkylradikal n; Alkylgruppe f

停泊 tíngbó ankern; vor Anker liegen; Anker werfen

停车 tíngchē anhalten

停车处 tíngchēchù Parkplatz m; Parken! (P)

停车灯 tíngchēdēng Standlicht n

停车路轨 tíngchē lùguǐ Abstellgleis n

停车时间 tíngchē shíjiān Totlastzeit f; Abschaltzeit f; Stillstandzeit f

停电 tíngdiàn Strom sperren; Netzausfall m

停机 tíngjī Abstellen einer Maschine; Außerbetriebsetzen n

停机指示 tíngjī zhǐshì Ausfallanzeige f

停油阀 tíngyóufá Aufstoßventil n

停止 tíngzhǐ stoppen; aufhören; halten; abstellen; absetzen; aussetzen; Stillstand m; Halt m; Anschlag m; Arretieren n

停止阀 tíngzhǐfá Abschaltklappe f

停止键 tíngzhǐjiàn Abstelltaste f

停止开关 tíngzhǐ kāiguān Abstellschalter m

停止信号 tíngzhǐ xìnhào Haltesignal n

停滞 tíngzhì stillstehen; stagnieren; stocken; Stagnation f

通常的 tōngchángde gewöhnlich; im allgemeinen

通道 tōngdào Gang m; Anfuhrweg m; Anfuhrstraße f; Durchgang m; Kanal m

通道地址字 tōngdào dìzhǐzì Kanaladresswort n

通道命令字 tōngdào mìnglìngzì Kanalbefehlswort n

通道状态字 tōngdào zhuàngtàizì Kanalstatuswort n

通地天线 tōngdì tiānxiàn geerdete Antenne

通电 tōngdiàn Stromkreis schlie-

T

ßen; elektrisieren; durchschalten

通电流的 tōngdiànliúde stromdurchflossen

通电线路图 tōngdiàn xiànlùtú Arbeitsstromschaltung *f*

通风 tōngfēng lüften; durchlüften; belüften; Durchlüftung *f*; Lüftung *f*; Belüftung *f*; Entlüftung *f*; Bewetterung *f*; Wetterzug *m*; Lüften *n*; Ventilation *f*

通风阀 tōngfēngfá Durchblaseventil *n*; Lüftungsventil *n*

通风管 tōngfēngguǎn Luftröhre *f*; Abzucht *f*; Lüftungsrohr *n*

通风机 tōngfēngjī Belüfter *m*; Frischluftgerät *n*; Gebläse *n*; das Luftgebläse für die Belüftung

通风孔 tōngfēngkǒng Luftloch *n*; Zugloch *n*; Abzug *m*

通风器 tōngfēngqì Lüfter *m*

通风设备 tōngfēng shèbèi Lüftungsanlage *f*; Belüftungsanlage *f*; Bewetterungsanlage *f*

通风调节器 tōngfēng tiáojiéqì der Hebel für die Frischluftregulierung

通风要求 tōngfēng yāoqiú Klimatisierungsanforderungen *pl*

通风装置 tōngfēng zhuāngzhì Lüftungsanlage *f*; Zuganlage *f*

通过 tōngguò durchgehen; durchfahren; durchziehen; durchfließen; durchdringen; Durchgang *m*; Durchlass *m*; Durchleitung *f*

通航 tōngháng in Schiffs- oder Luftverkehrsverbindung stehen

通航水位 tōngháng shuǐwèi Schifffahrtswasserstand *m*; schiffbarer Wasserstand

通航水域 tōngháng shuǐyù befahrbare (schiffbare) Gewässer

通航运河 tōngháng yùnhé Schiff-

fahrtskanal *m*

通航障碍 tōngháng zhàng'ài Schifffahrtsbehinderung *f*

通航支线 tōngháng zhīxiàn Schifffahrtsabzweig *m*

通量 tōngliàng Fluss *m*; Ablaufmenge *f*

通量线 tōngliàngxiàn Stromlinie *f*

通路 tōnglù Durchgang *m*; Durchgangsstraße *f*; Verbindungsweg *m*

通频带 tōngpíndài Durchlassband *n*; Durchlassfrequenzband *n*

通气 tōngqì durchlüften; Durchlüftung *f*

通气管 tōngqìguǎn Abzugskanal *m*

通信 tōngxìn Kommunikation *f*

通信处理机 tōngxìn chǔlǐjī Datenübertragungsprozessor *m*

通信地址 tōngxìn dìzhǐ Anschrift *f*

通信技术 tōngxìn jìshù Nachrichtentechnik *f*

通信控制器 tōngxìn kòngzhìqì Datenübertragungssteuerung *f*

通信软件 tōngxìn ruǎnjiàn Datenübertragungssoftware *f*

通信设备 tōngxìn shèbèi Nachrichtengerät *n*

通信卫星 tōngxìn wèixīng Nachrichtensatellit *m*; Fernmeldesatellit *m*

通信线路 tōngxìn xiànlù Verbindungslinie *f*; Nachrichtenlinie *f*

通讯 tōngxùn korrespondieren; Nachrichtenübertragung *f*; Übermittlung *f*; Korrespondenz *f*; Verbindung *f*

通讯科学 tōngxùn kēxué Kommunikationswissenschaft *f*

通讯软件 tōngxùn ruǎnjiàn Kommunikationsprogramm *n*

通讯设施 tōngxùn shèshī Fernmeldeanlage *f*

通讯网络 tōngxùn wǎngluò Kommunikationsnetz *n*; Kommunikationsnetzwerk *n*

通讯卫星 tōngxùn wèixīng Fernmeldsatellit *m*; Nachrichtensatellit *m*; Kommunikationssatellit *m*

通讯系统 tōngxùn xìtǒng Übertragungssystem *n*

通讯站 tōngxùnzhàn Verbindungsstelle *f*

通用串行总线 tōngyòng chuànháng zǒngxiàn USB *m*（英，= Universal Serial Bus）

通用串行总线接口 tōngyòng chuànháng zǒngxiàn jiēkǒu USB-Anschluss *m*

通用的 tōngyòngde universal

通用电流计 tōngyòng diànliújì Universalgalvanometer *n*

通用寄存器 tōngyòng jìcúnqì allgemeines Register

通用计算机 tōngyòng jìsuànjī Allzweckrechner *m*

通用机械 tōngyòng jīxiè Universalgerät *n*

通用商业语言 tōngyòng shāngyè yǔyán COBOL-Sprache *f*

通用仪表 tōngyòng yíbiǎo Vielfachgerät *n*

通用专线（通信） tōngyòng zhuānxiàn（tōngxìn）Universal-Anschluss *m*

通邮 tōngyóu postalisch erreichbar sein

同步 tóngbù Synchronismus *m*; Synchronisierung *f*; Gleichlauf *m*; Intrittkommen *n*; Synchronisation *f*

同步的 tóngbùde gleichlaufend; synchronisch; phasengleich; synchron

同步电动机 tóngbù diàndòngjī Synchronmotor *m*

同步电机 tóngbù diànjī Synchronmaschine *f*

同步电流 tóngbù diànliú synchroner Strom

同步电路 tóngbù diànlù Synchronisierungsschaltung *f*; Mitnahmeschaltung *f*

同步电位 tóngbù diànwèi Synchronisationspotential *n*

同步电压 tóngbù diànyā synchrone Spannung

同步发电机 tóngbù fādiànjī Synchrongenerator *m*; Synchronstromerzeuger *m*

同步功率 tóngbù gōnglǜ Synchronleistung *f*

同步计算机 tóngbù jìsuànjī Synchronrechner *m*

同步加速器 tóngbù jiāsùqì Synchrotron *n*

同步加速器辐射 tóngbù jiāsùqì fúshè Synchrotronstrahlung *f*

同步角 tóngbùjiǎo Gleichlaufwinkel *m*

同步检验 tóngbù jiǎnyàn Gleichlaufprüfung *f*

同步控制 tóngbù kòngzhì Gleichlaufsteuerung *f*

同步马达 tóngbù mǎdá Synchronmotor *m*

同步脉冲 tóngbù màichōng Synchronisierimpuls *m*; Synchronimpuls *m*

同步器 tóngbùqì Synchronisator *m*; Synchronisierapparat *m*

同步曲线 tóngbù qūxiàn synchrone Kurve

同步设备 tóngbù shèbèi Synchronisiereinrichtung *f*

同步调谐 tóngbù tiáoxié Gleichlaufabstimmung *f*

同步卫星 tóngbù wèixīng Synchronsatellit *m*; geostationärer Satellit

同步效应 tóngbù xiàoyìng Mitnahmeeffekt *m*

同步信号 tóngbù xìnhào Synchronsignal *n*; Synchronisierzeichen *n*; Gleichlaufsignal *n*; Gleichlaufzeichen *n*

同步性 tóngbùxìng Gleichzeitigkeit *f*; Synchronismus *m*

同步旋转 tóngbù xuánzhuǎn Synchronlauf *m*

同步仪 tóngbùyí Synchronskop *n*

同步振荡器 tóngbù zhèndàngqì Mitnahmeoszilator *m*

同步指示计 tóngbù zhǐshìjì Synchronanzeigemeter *n*

同步指示器 tóngbù zhǐshìqì Synchronanzeiger *m*; Gleichlaufanzeiger *m*; Gleichlaufzeiger *m*

同步轴 tóngbùzhóu Gleichlaufwelle *f*

同步转速 tóngbù zhuànsù synchrone Drehzahl *f*

同步装置 tóngbù zhuāngzhì Synchronisiervorrichtung *f*

同次的 tóngcìde homogen

同等的 tóngděngde gleichwertig; paritätisch

同方向的 tóngfāngxiàngde gleichsinnig

同化 tónghuà assimilieren; Assimilation *f*

同化作用 tónghuà zuòyòng Assimilation *f*

同化物 tónghuàwù Assimilat *n*

同极的 tóngjíde homopolar; gleichpolig

同晶 tóngjīng Isomorphie *f*

同晶型的 tóngjīngxíngde isomorph

同类的 tónglèide gleichartig

同期 tóngqī Gleichlauf *m*; Gleichtakt *m*

同期性 tóngqīxìng Synchronismus *m*

同色的 tóngsède homochrom; homochromatisch

同生矿床 tóngshēng kuàngchuáng Idiogenite *pl*

同声传译 tóngshēng chuányì Simultandolmetschen *n*

同声翻译器 tóngshēng fānyìqì Simultan-Übersetzungsanlage *f*

同时的 tóngshíde gleichzeitig

同时性 tóngshíxìng Gleichzeitigkeit *f*

同素的 tóngsùde isozyklisch; kollinear

同素现象 tóngsù xiànxiàng Kollinearität *f*

同素异性 tóngsù yìxìng Isomerie *f*

同素异性的 tóngsù yìxìngde isomer

同位的 tóngwèide paritätisch

同位角 tóngwèijiǎo Gegenwinkel *pl*; korrespondierende Winkel; Stufenwinkel *m*; gleichliegende Winkel

同位素 tóngwèisù Isotop *n*

同位素的 tóngwèisùde isotop

同位素分离 tóngwèisù fēnlí Isotopentrennung *f*

同位素分离器 tóngwèisù fēnlíqì Isotopentrennanlage *f*; Isotopenschleuse *f*; Isotopentrenner *m*

同位素分析器 tóngwèisù fēnxīqì Isotron *n*; Isotopenanalysator *m*

同位素化学 tóngwèisù huàxué Isotopenchemie *f*

同位素疗法 tóngwèisù liáofǎ Isotopentherapie *f*

同位素效应 tóngwèisù xiàoyìng Isotopeneffekt *m*; Isotopeneffekt *m*

同位素学 tóngwèisùxué Isotopie *f*

同位素研究 tóngwèisù yánjiù Isotopenforschung *f*

同位素诊断 tóngwèisù zhěnduàn Isotopendiagnostik *f*

同温层 tóngwēncéng Stratosphäre *f*

同系 tóngxì Gleichnamigkeit *f*

同系的 tóngxìde gleichnamig; homolog

同系列 tóngxìliè homologe Reihen

同系物 tóngxìwù Homologes *n*

同向传输 tóngxiàng chuánshū parallele Übertragung

同向的 tóngxiàngde gleichsinnig; gleichlaufend

同相电流 tóngxiàng diànliú gleichphasiger Strom

同相馈电 tóngxiàng kuìdiàn gleichphasige Speisung

同相位的 tóngxiàngwèide phasengleich

同心的 tóngxīnde mittig; konzentrisch; zentrisch

同心度 tóngxīndù Konzentrizität *f*

同心圆 tóngxīnyuán konzentrische Kreise

同样的 tóngyàngde gleichfalls; dasselbe

同样地 tóngyàngde genauso; ebenfalls; gleichermaßen; gleichfalls

同一的 tóngyīde identisch; gleich

同义名 tóngyìmíng Alias *n*

同源的 tóngyuánde homolog

同值线 tóngzhíxiàn Isolinie *f*

同质异象的 tóngzhìyìxiàngde paramorph

同种的 tóngzhǒngde gleichartig

同轴传输线 tóngzhóu chuánshūxiàn Koaxialleitung *f*；Koaxialkabel *n*

同轴的 tóngzhóude koaxial；konzentrisch；gleichachsig

同轴电缆 tóngzhóu diànlǎn koaxiales Kabel；konzentrisches Kabel；Koaxialkabel *n*；Hohlkabel *n*

同轴接插件 tóngzhóu jiēchājiàn Koaxialstecker *m*

同轴天线 tóngzhóu tiānxiàn koaxiale Antenne；Koaxialantenne *f*

同轴线对 tóngzhóu xiànduì Doppelkoaxialleitung *f*

同族的 tóngzúde homolog；verwandt

铜 tóng Kupfer *n*

铜版 tóngbǎn Kupferplatte *f*;

铜板 tóngbǎn Kupfermünze *f*；Kupferblech *n*

铜币 tóngbì Kupfermünze *f*

铜的 tóngde kupfern

铜锭 tóngdìng Kupferbarren *m*

铜镜 tóngjìng Bronzespiegel *m*

铜矿床 tóngkuàngchuáng Kupferlagerstätte *f*

铜绿 tónglǜ Grünspan *m*；Patina *f*

铜模 tóngmú Matrize *f*；Schriftmutter *f*

铜片 tóngpiàn Kupferblech *n*；Plattenkupfer *n*

铜器 tóngqì Bronze *f*；Messingwaren *pl*；Bronzewaren *pl*；Bronzegefäß *n*；Kupferwaren *pl*

铜丝 tóngsī Kupferdraht *m*

铜线 tóngxiàn Kupferdraht *m*

铜型材 tóngxíngcái Profilkupfer *n*

铜制的 tóngzhìde kupfern

酮 tóng Keton *n*

酮醇 tóngchún Ketonalkohol *m*

瞳孔 tóngkǒng Pupille *f*

瞳孔计 tóngkǒngjì Pupillometer *m*

统计 tǒngjì Statistik *f*

统计的 tǒngjìde statistisch

统计法 tǒngjìfǎ Statistik *f*

统计分析 tǒngjì fēnxī statistische Analyse

T

统计数字 tǒngjì shùzì statistische Angaben

统计图 tǒngjìtú Kartogramm *n*

统计物理学 tǒngjì wùlǐxué statistische Physik

统计学 tǒngjìxué Statistik *f*

统计学的 tǒngjìxuéde statistisch

统一 tǒngyī vereinigen ; Einigung *f*

桶形失真 tǒngxíng shīzhēn tonnenförmige Verzeichnung

痛风 tòngfēng Gicht *f*

头 tóu Kopf *m*

头部 tóubù Kopf *m*

头发 tóufa Haar *n*; Kopfhaar *n*

头骨 tóugǔ Schädel *m*; Kranium *n*

头颅 tóulú Schädel *m*; Kopf *m*

头脑 tóunǎo Gehirn *n*; Verstand *m*; Intelligenz *f*; Kopf *m*

头皮 tóupí Kopfhaut *f*; Kopfschuppen *pl*

头套 tóutào Perücke *f*

头痛 tóutòng Kopfschmerzen *pl*

头像 tóuxiàng Kopfbild *n*; Porträtbüste *f*

头晕 tóuyūn von Schwindel befallen; Schwindel *m*

头晕的 tóuyūnde schwindlig

头枕 tóuzhěn Kopfstütze *f*

头足类 tóuzúlèi Kopffüßer *m*; Zephalopode *m*

投标 tóubiāo sich an einer Ausschreibung beteiligen; bei einer Ausschreibung ein Lieferangebot machen

投产 tóuchǎn inbetriebsetzen; Inbetriebnahme *f*; Inbetriebsetzung *f*;

投射 tóushè Projektion *f*

投射角 tóushèjiǎo Fallwinkel *m*; Projektionswindel *m*

投射器 tóushèqì Scheinwerfer *m*; Projektionsapparat *m*; Wurfmaschine *f*

投影 tóuyǐng Projektion *f*; Abbildung *f*; Schatten werfen

投影灯 tóuyǐngdēng Projektionslampe *f*

投影光学 tóuyǐng guāngxué Abbildungsoptik *f*

投影几何 tóuyǐng jǐhé projektive Geometrie

投影面 tóuyǐngmiàn Projektionsebene *f*

投影平面 tóuyǐng píngmiàn Projektionsebene *f*

投影屏 tóuyǐngpíng Projektionsschirm *m*

投影图 tóuyǐngtú Projektionsbild *n*; Projektionsdiagramm *n*; Schattenbild *n*

投影仪 tóuyǐngyí Bildwerfer *m*; Projektionsgerät *n*

投影轴 tóuyǐngzhóu Projektionsachse *f*

投资 tóuzī investieren; Investition *f*

投资保护 tóuzī bǎohù Investitionsschutz *m*

透光的 tòuguāngde lichtdurchlässig; durchsichtig; diaphan

透过 tòuguò durchlassen

透镜 tòujìng Linse *f*

透明 tòumíng Durchsichtigkeit *f*

透明玻璃 tòumíng bōli Klarglas *n*

透明的 tòumíngde durchsichtig; lichtdurchlässig; diaphan

透明度 tòumíngdù Durchsichtigkeit *f*; Transparenz *f*

透明胶 tòumíngjiāo Gallert *n*

透明体 tòumíngtǐ transparenter Körper

透明性 tòumíngxìng Durchsichtigkeit *f*; Transparenz *f*; Klarheit *f*

透明纸 tòumíngzhǐ durchsichtiges

Papier; Zellophan *n*; Pauspapier *n*; Klarsichtfolie *f*

透平 tòupíng Turbine *f*

透气 tòuqì lüften; Luft bekommen

透气的 tòuqìde luftig

透气率 tòuqìlǜ Gasdurchlässigkeit *f*

透气性 tòuqìxìng Gasdurchlässigkeit *f*

透热的 tòurède diatherman

透热性 tòurèxìng Wärmedurchlässigkeit *f*; Diathermanität *f*; Diathermanisie *f*

透射 tòushè durchleuchten; Durchstrahlung *f*; Transmission *f*

透射光 tòushèguāng durchfallendes Licht

透视 tòushì durchleuchten; Perspektive *f*; Durchleuchtung *f*; Durchstrahlung *f*

透视的 tòushìde perspektivisch

透视室 tòushìshì Durchleuchtungszimmer *n*

透视图 tòushìtú perspektivische Ansicht

透视投影 tòushì tóuyǐng perspektivische Projektion

透视性 tòushìxìng Perspektivität *f*

透视仪 tòushìyí Durchleuchtungsgerät *n*

透水层 tòushuǐcéng wasserdurchlassende Schicht; wasserdurchlässige Schicht; durchlässiger Boden

透水的 tòushuǐde wasserdurchlässig

透水性 tòushuǐxìng Wasserdurchlässigkeit *f*

凸凹透镜 tū'āo tòujìng Konvexkonkavlinse *f*

凸版 tūbǎn Hochdruckplatte *f*

凸的 tūde konvex

凸度 tūdù Konvexität *f*

凸极发电机 tūjí fādiànjī Außenpol-generator *m*

凸肩 tūjiān Ansatz *m*; Nase *f*; Schulter *f*

凸镜 tūjìng erhabener Spiegel; Wölbspiegel *m*

凸瘤 tūliú Warze *f*

凸轮 tūlún Klaue *f*; Nocken *m*; Nockenrad *n*; Daumen *m*; Exzenter *m*; Tatze *f*; Kamm *m*

凸轮臂 tūlúnbì Nockenhebel *m*

凸轮传动 tūlún chuándòng Nockengetriebe *n*

凸轮盘 tūlúnpán Nockenscheibe *f*

凸轮行程 tūlún xíngchéng Nockenhub *m*

凸轮制动器 tūlún zhìdòngqì Nockenbremse *f*

凸轮轴 tūlúnzhóu Nockenwelle *f*; Kurvenachse *f*

凸轮轴轴承 tūlúnzhóu zhóuchéng Nockenwellenlager *n*

凸面 tūmiàn Wölbung *f*; Konvexfläche *f*

凸面的 tūmiànde konvex

凸面镜 tūmiànjìng Konvexspiegel *m*

凸模 tūmú Stempel *m*

凸台 tūtái Schulter *f*

凸透镜 tūtòujìng Konvexlinse *f*

凸圆的 tūyuánde hochrund

凸缘 tūyuán Flansch *m*; Bördel *m*; Warze *f*; Lappen *m*; Kragen *m*

突变 tūbiàn Mutation *f*

图 tú Diagramm *n*; Zeichnung *f*

图案 tú'àn Design *n*; Muster *n*

图板 túbǎn Zeichenbrett *n*

图标编辑器 túbiāo biānjíqì Symbol-Editor *m*

图表 túbiǎo Kurvenbild *n*; grafische Darstellung; Diagramm *n*; Schaubild *n*; Schema *n*; Ablaufplan *m*

T

图表的 túbiǎode schematisch

图表曲线 túbiǎo qūxiàn Diagrammkurve *f*

图表式的 túbiǎoshìde tabellarisch

图钉 túdīng Reißnagel *m*; Heftzwecke *f*; Zwecke *f*

图解 tújiě illustrieren; schematisieren; Illustration *f*; Diagramm *n*; grafische Darstellung; grafische Lösung

图解的 tújiěde grafisch; schematisch; zeichnerisch; bildlich; figürlich

图解法 tújiěfǎ grafisches Verfahren; grapfische Methode

图解分析 tújiě fēnxī grafische Analyse

图解数据 tújiě shùjù grafische Daten *pl*

图例 túlì Zeichenerklärung *f*; Legende *f*

图面 túmiàn Bildfläche *f*

图片 túpiàn Bild *n*; Foto *n*

图示 túshì grafische Darstellung

图示的 túshìde grafisch; schematisch; bildlich

图书馆 túshūguǎn Bibliothek *f*

图书馆学 túshūguǎnxué Bibliothekskunde *f*

图像 túxiàng Bild *n*; Abbild *n*; Abbildung *f*; Gebilde *n*

图像保真度 túxiàng bǎozhēndù Abbildungstreue *f*

图像变换 túxiàng biànhuàn Bildumwandlung *f*

图像大小 túxiàng dàxiǎo Abbildungsgröße *f*

图像发射 túxiàng fāshè Abbildungsstrahlung *f*

图像发射机 túxiàng fāshèjī Bildsender *m*

图像发送 túxiàng fāsòng Bildübertragung *f*

图像放大器 túxiàng fàngdàqì Bildverstärker *m*

图像复制 túxiàng fùzhì Bildkopierung *f*

图像合成 túxiàng héchéng Bildaufbau *m*

图像清晰 túxiàng qīngxī Abbildungsschärfe *f*

图像清晰度 túxiàng qīngxīdù Bildschärfe *f*; Abbildungsschärfe *f*

图像扫描 túxiàng sǎomiáo Bildabtastung *f*; Bildzerlegung *f*

图像扫描器 túxiàng sǎomiáoqì Bildabtaster *m*; Bildzerleger *m*

图像位移 túxiàng wèiyí Bildverschiebung *f*

图像文件 túxiàng wénjiàn Video-Datei *f*

图像稳定性 túxiàng wěndìngxìng Bildbeständigkeit *f*

图像显示 túxiàng xiǎnshì abbilden; grafische Darstellung; Bilddarstellung *f*; Bildwiedergabe *f*

图像显示器 túxiàng xiǎnshìqì Bildwiedergabegerät *n*

图像显示组件 túxiàng xiǎnshì zǔjiàn Abbildungsbaustein *m*

图像信号 túxiàng xìnhào Bildsignal *n*

图像再现 túxiàng zàixiàn Bildwiedergabe *f*

图像质量 túxiàng zhìliàng Abbildungsgüte *f*

图像贮存器 túxiàng zhùcúnqì Bildspeicher *m*

图形 túxíng Zeichnung *f*; Figur *f*

图形符号 túxíng fúhào grafisches Zeichen

图形加工 túxíng jiāgōng Zeichenverarbeitung *f*

图形软件 túxíng ruǎnjiàn Grafikprogramm *n*

图形显示卡 túxíng xiǎnshìkǎ Grafikkarte *f*

图形用户界面 túxíng yònghù jièmiàn grafische Benutzeroberfläche

图序 túxù Bildfolge *f*

图样 túyàng Muster *n*; Entwurf *m*; Aufzeichnung *f*; Aufriss *m*

图纸 túzhǐ Blaupause *f*; Plan *m*; Zeichnung *f*; Abriss *m*

涂层 túcéng Überzug *m*; Aufstrich *m*; Belag *m*; Belegung *f*

涂胶 tújiāo beleimen; gummieren; Gummierung *f*

涂胶机 tújiāojī Leimauftragmaschine *f*; Gummiermaschine *f*

涂蜡 túlà wachsen; Wachsanstrich *m*

涂料 túliào Anstrich *m*; Überzug *m*; Tünche *f*

涂抹 túmǒ bestreichen; überstreichen; einschmieren; ausschmieren; Ausstreichen *n*

涂漆 túqī lacken; lackieren; Lackanstrich *m*

涂色 túsè malen; Farben *n*

涂油 túyóu einölen; ölen

途径 tújìng Weg *m*

土堤 tǔdī Erddamm *m*; Erddeich *m*; Damm *m*

土地 tǔdì Land *n*; Boden *m*; Feld *n*; Territorium *n*

土豆 tǔdòu Kartoffel *f*

土方工程 tǔfāng gōngchéng Erdarbeiten *pl*; Grabarbeit *f*; Erdbauwerk *n*

土金属 tǔjīnshǔ Erdmetall *n*

土块压碎机 tǔkuài yāsuìjī Schollenbrecher *m*

土霉素 tǔméisù Terramycin *n*; Oxytetracyclin *n*

土木 tǔmù Bauwerk *n*; Bautätigkeit *f*

土木工程师 tǔmù gōngchéngshī Bauingenieur *m*; Baumeister *m*

土壤 tǔrǎng Boden *m*; Erdboden *m*; Erdreich *n*

土壤测试 tǔrǎng cèshì Bodentest *m*

土壤测试仪 tǔrǎng cèshìyí Bodenprüfer *m*

土壤成分 tǔrǎng chéngfèn Bodenzusammensetzung *f*

土壤带 tǔrǎngdài Bodenzone *f*

土壤冻结 tǔrǎng dòngjié Bodenfrost *m*

土壤防水 tǔrǎng fángshuǐ Bodenabdichtung *f*

土壤肥力 tǔrǎng féilì Ergiebigkeit des Ackerbodens; Bodenfruchtbarkeit *f*

土壤分析 tǔrǎng fēnxī Bodenanalyse *f*

土壤风化 tǔrǎng fēnghuà Bodenverwitterung *f*

土壤改良 tǔrǎng gǎiliáng Bodenmelioration *f*

土壤过滤层 tǔrǎng guòlǜcéng Bodenfilter *m*

土壤化学 tǔrǎng huàxué Bodenchemie *f*

土壤结构 tǔrǎng jiégòu Bodenstruktur *f*; Bodentextur *f*; Bodengefüge *n*

土壤颗粒 tǔrǎng kēlì Bodenteilchen *n*

土壤类型 tǔrǎng lèixíng Bodenart *f*

土壤力学 tǔrǎng lìxué Bodenmechanik *f*

土壤剖面 tǔrǎng pōumiàn Bodenprofil *n*

T

土壤渗透性 tǔrǎng shèntòuxìng Bodendurchlässigkeit f

土壤衰竭 tǔrǎng shuāijié Bodenmüdigkeit f

土壤水 tǔrǎngshuǐ Bodenwasser n

土壤水分 tǔrǎng shuǐfèn Bodenfeuchtigkeit f

土壤水力学 tǔrǎng shuǐlìxué Bodenhydraulik f

土壤酸度 tǔrǎng suāndù Bodenazidität f

土壤通气性 tǔrǎng tōngqìxìng Bodenlüftung f

土壤学 tǔrǎngxué Pedologie f; Bodenkunde f; Bodenlehre f

土温 tǔwēn Bodentemperatur f

土星 tǔxīng Saturn m

土星光环 tǔxīng guānghuán Saturnring m

土质 tǔzhì Bodenbeschaffenheit f; Bodentextur f

土族元素 tǔzú yuánsù Erdelement n

钍 tǔ Thorium n

钍矿石 tǔkuàngshí Thoriumerz n

吐穗 tǔsuì〈农〉Ährenschießen n

吐血 tùxiě Blutbrechen n; Hämatemesis f

湍流 tuānliú Turbulenz f; Wirbelströmung f; Verwirbelung f

推测 tuīcè hinzudenken; vermuten; annehmen; Spekulation f; Vermutung f

推迟 tuīchí verschieben

推斥 tuīchì Repulsion f; Abstoßung f

推动 tuīdòng fortbewegen; anschieben; betreiben; fördern; Fortbewegung f; Schub m; Anstoß m; Schwung m

推动力 tuīdònglì Triebkraft f; Trieb m

推动器 tuīdòngqì Treiber m

推断 tuīduàn folgern; schlussfolgern; Folgerung f

推杆 tuīgān Drücker m; Schubstange f; Anhubstange f; Schwengel m

推进 tuījìn treiben; vorantreiben; Treiben n

推进功率 tuījìn gōnglǜ Schubleistung f

推进剂 tuījìnjì Treibstoff m; Treibmittel n

推进器 tuījìnqì Treiber m; Propeller m; Vortriebsorgan n

推进系统 tuījìn xìtǒng Antriebssystem n

推开 tuīkāi abstoßen; aufschieben; Abstoßen n; Abstoßung f

推力 tuīlì Schubkraft f; Schub m; Vortriebskraft f

推力球轴承 tuīlìqiú zhóuchéng Axialkugellager n

推力轴承 tuīlì zhóuchéng Axiallager n; Längslager n

推料机 tuīliàojī Stößel m; Einstoßer m

推论 tuīlùn folgern; deduzieren; Folgerung f; Deduktion f

推入 tuīrù hineintreiben

推算 tuīsuàn kalkulieren; berechnen; hochrechnen; Hochrechnung f

推土机 tuītǔjī Bulldozer m; Planierraupe f

推挽电路 tuīwǎn diànlù Gegentaktschaltung f

推挽放大器 tuīwǎn fàngdàqì Gegentaktverstärker m

推挽调制 tuīwǎn tiáozhì Gegentaktmodulation f

推挽振荡器 tuīwǎn zhèndàngqì Gegentaktoszillator *m*

推延 tuīyán verzögern; aufschieben; schieben; hinausschieben; verschieben

腿 tuǐ Bein *n*

腿肚 tuǐdù Wade *f*

退潮 tuìcháo abebben; Ebbe *f*

退磁 tuìcí demagnetisieren; Demagnetisation *f*; Entmagnetisierung *f*; Abmagnetisierung *f*

退出 tuìchū austreten; abtreten

退出键 tuìchūjiàn Unterbrechen *n* (Esc)

退刀槽 tuìdāocáo Freistich *m*; Halsausdrehung *f*

退格键 tuìgéjiàn Rücktaste *f* (Backspace); Rückstelltaste *f*

退化 tuìhuà degenerieren; zurücktreten; ausarten; missarten; Degeneration *f*; Entartung *f*; Degenerierung *f*; Regression *f*

退化的 tuìhuàde rückgebildet; entartet

退化作用 tuìhuà zuòyòng Entartung *f*; Degeneration *f*

退火 tuìhuǒ nachlassen; enthärten; tempern; Tempern *n*; Enthärtung *f*

退火脆性 tuìhuǒ cuìxìng Glühsprödigkeit *f*

退火炉 tuìhuǒlú Temperofen *m*; Glühofen *m*

退火作用 tuìhuǒ zuòyòng Temperofenwirkung *f*

退耦 tuì'ǒu entkoppeln; Entkopplung *f*

退色 tuìsè verbleichen; verblassen; Abziehen der Farbe

退烧 tuìshāo Lysis *f*; Fieber senken

退楔 tuìxiē abkeilen; auskeilen

蜕变 tuìbiàn Zerfall *m*; Umwandlung erfahren; Abklingen *n*

蜕变常数 tuìbiàn chángshù Zerfallskonstante *f*

蜕化 tuìhuà missarten; degenerieren; verkommen; Degeneration *f*

蜕皮 tuìpí sich häuten; Häutung *f*; die Haut abwerfen

臀部 túnbù Hüftgegend *f*

托 tuō Torr *n*

托架 tuōjià Gestell *n*; Konsole *f*; Träger *m*; Halter *m*; Gabel *f*; Stützung *f*; Kragarm *m*

托轮 tuōlún Tragrolle *f*

托盘 tuōpán Tablett *n*; Planscheibe *f*

托圈 tuōquān Stützring *m*

托座 tuōzuò Halterung *f*; Stützarm *m*

拖车 tuōchē Anhänger *m*; angehängtes Fahrzeug; Beiwagen *m*

拖车服务 tuōchē fúwù Abschleppdienst *m*

拖船 tuōchuán Schleppschiff *n*; Schleppdampfer *m*

拖钩 tuōgōu Anhänger-Zughaken *m*; Schlepphaken *m*

拖挂 tuōguà anhängen

拖拉机 tuōlājī Traktor *m*; Schlepper *m*; Zugmaschine *f*; Ackerschlepper *m*

拖轮 tuōlún Schleppdampfer *m*; Bugsierdampfer *m*; Schlepper *m*; Bugsierer *m*

拖网 tuōwǎng Schleppnetz *n*

拖网作业 tuōwǎng zuòyè Schleppnetzfischerei betreiben

拖延 tuōyán verzögern; Verzug *m*

拖拽 tuōzhuài bugsieren

拖座 tuōzuò Fassung *f*

脱醇 tuōchún Entalkoholierung *f*

T

脱锭 tuōdìng strippen

脱钙 tuōgài entkalken

脱灰 tuōhuī Entaschung f

脱机的 tuōjīde off-line

脱机工作 tuōjī gōngzuò Off-line-Betrieb m; indirekter Betrieb

脱机阅读 Web 内容 tuōjī yuèdú Web nèiróng Webinhalte offline lesen

脱接器 tuōjiēqì Ausrücker m

脱臼 tuōjiù Verrenkung f; Ausrenkung f; Luxation f

脱开 tuōkāi Auslösung f

脱开速度 tuōkāi sùdù Auskuppelgeschwindigkeit f

脱壳机 tuōkéjī Schälmaschine f; Enthülser m

脱扣 tuōkòu abkuppeln

脱扣电磁铁 tuōkòu diàncítiě Auflösemagnet m

脱蜡 tuōlà Entwachsen n; Dewachsierung f

脱离 tuōlí austreten; ausscheiden; entbinden

脱粒 tuōlì dreschen; Dreschen n; Enthülsen n

脱粒机 tuōlìjī Dreschmaschine f; Dreschkasten m

脱磷 tuōlín Entphosphorung f

脱硫 tuōliú entschwefeln; Entschwefelung f; Desulfurierung f

脱硫塔 tuōliútǎ Entschwefelungsturm m

脱落 tuōluò abspalten; abfallen; abschießen; Ausfall m

脱模 tuōmú entformen; strippen

脱气 tuōqì Entgasung f

脱氢 tuōqīng dehydrieren; Wasserstoffabspaltung f

脱色 tuōsè entfärben; dekolorieren

脱水 tuōshuǐ entwässern; dehydrieren; enthydratisieren; Abdampfen n; Flüssigkeitsverluste pl; Wasserentziehung f; Dehydration f; Wasserentzug m; Entwässerung f

脱水的 tuōshuǐde wasserleer; wasserentziehend

脱水机 tuōshuǐjī Abschleudermaschine f; Wasserabscheider m; Trockenschleuder m

脱水器 tuōshuǐqì Wasserabscheider m; Abschleuder f; Wasserentzieher m; Wasserabweiser m

脱碳 tuōtàn entkohlen; Entkohlung f

脱碳层 tuōtàncéng Entkohlungsschicht f

脱碳退火 tuōtàn tuìhuǒ Entkohlungsglühung f

脱氧 tuōyǎng desoxigenieren; Desoxidation f

脱氧钢 tuōyǎnggāng Desoxidationsstahl m

脱氧剂 tuōyǎngjì Reduktionsmittel n; Desoxidationsmittel n

脱氧血 tuōyǎngxiě desoxigeniertes Blut

脱油 tuōyóu entölen

脱油机 tuōyóujī Entfettungsmaschine f

脱脂 tuōzhī entfetten; ausfetten; Entfettung f

脱脂的 tuōzhīde fettfrei

脱脂剂 tuōzhījì Entfettungsmittel n

陀螺仪 tuóluóyí Gyroskop n; Kreisel m

驼 tuó Kamel n

鸵鸟 tuóniǎo Strauß m

椭圆 tuǒyuán Ellipse f; Oval n

椭圆的 tuǒyuánde elliptisch

椭圆规 tuǒyuánguī Ellipsenzirkel m; Ellipsograf m

椭圆轨道 tuǒyuán guǐdào Ellipsenbahn *f*

椭圆函数 tuǒyuán hánshù elliptische Funktion

椭圆抛物面 tuǒyuán pāowùmiàn elliptisches Paraboloid

椭圆体 tuǒyuántǐ Ellipsoid *n*; Sphäroid *n*

椭圆体加工车床 tuǒyuántǐ jiāgōng chēchuáng Ovaldrehbank *f*

椭圆形槽 tuǒyuánxíngcáo ovale Nut

椭圆形的 tuǒyuánxíngde ovalförmig

椭圆形轨道 tuǒyuánxíng guǐdào Ellipsenbahn *f*

椭圆坐标 tuǒyuán zuòbiāo elliptische Koordinate

拓扑学 tuòpūxué Topologie *f*; Geometrie der Lage

拓扑学的 tuòpūxuéde topologisch; lagemäßig

唾液 tuòyè Speichel *m*

唾液腺 tuòyèxiàn Speicheldrüse *f*

T

W

洼地 wādì Depression *f*; Landsenke *f*; tiefliegendes Land

挖采深度 wācǎi shēndù Abbautiefe *f*

挖方 wāfāng Aushub *m*; Aushubmasse *f*; Aushubbetrieb *m*; Kubikinhalt des Aushubs

挖沟机 wāgōujī Grabenbagger *m*

挖掘 wājué ausgraben; ausschachten; graben; abgraben; Abgrabung *f*; Ausbaggerung *f*; Baggerei *f*; Abtrag *m*

挖掘费用 wājué fèiyòng Abbaukosten *pl*

挖掘机 wājuéjī Abtraggerät *n*; Exkavator *m*; Bagger *m*; Grabenmaschine *f*; Aushöhler *m*; Trockenbagger *m*

挖掘机械 wājué jīxiè Abbaumaschine *f*

挖掘深度 wājué shēndù Abbautiefe *f*

挖泥船 wāníchuán Baggerschiff *n*; Nassbagger *m*

挖泥机 wāníjī Schlammbagger *m*; Bagger *m*

挖土 wātǔ graben; Aushubbetrieb *m*

挖土槽 wātǔcáo Baggerschlitz *m*

挖土机 wātǔjī Bagger *m*; Baggergerät *n*

挖土机铲斗 wātǔjī chǎndǒu Baggergefäß *n*; Baggerhaken *m*

挖土机挖斗 wātǔjī wādǒu Baggerhaken *m*

挖土机抓斗 wātǔjī zhuādǒu Baggergreifer *m*

挖土深度 wātǔ shēndù Abtrag(s)-höhe *f*; Abbautiefe *f*

瓦 wǎ Watt *n*

瓦匠 wǎjiàng Maurer *m*

瓦时 wǎshí Wattstunde *f*

瓦时表 wǎshíbiǎo Wattstundenzähler *m*

瓦斯 wǎsī Gas *n*; Grubengas *n*

瓦斯爆炸 wǎsī bàozhà Gasexplosion *f*; Schlagwetterexplosion *f*

瓦斯喷出 wǎsī pēnchū Gasausbruch *m*

瓦特 wǎtè Watt *n*

瓦特计 wǎtèjì Wattmesser *m*; Wattmeter *n*; Leistungsmesser *m*

瓦特数 wǎtèshù Wattzahl *f*; Leistung in Watt

外摆线 wàibǎixiàn Aufradlinie *f*; Epizykloide *f*

外板 wàibǎn Außenplatte *f*

外半径 wàibànjìng Außenradius *m*

外边缘 wàibiānyuán Außenrund *n*

外表 wàibiǎo Äußere *n*; Aussehen *n*

外表的 wàibiǎode formal; äußerlich

外表面 wàibiǎomiàn Außenfläche *f*; Außenhaut *f*

外部的 wàibùde außen; äußerlich; extern

外部冷却 wàibù lěngquè Außenkühlung *f*

外部设备 wàibù shèbèi die externen Geräte

外部温度 wàibù wēndù Außentemperatur *f*

外部循环 wàibù xúnhuán äußerliche Zirkulation

外部压力 wàibù yālì Außendruck *m*

外层 wàicéng Außenschicht *f*; Außenbelag *m*; Aufstrich *m*

外层电子 wàicéng diànzǐ Außenelektron *n*; äußeres Elektron; kernfernes Elektron

外层空间 wàicéng kōngjiān Weltraum *m*; Weltall *n*; Exosphäre *f*

外差干扰 wàichā gānrǎo Überlagerungsstörung *f*

外差频率 wàichā pínlǜ Überlagerungsfrequenz *f*

外差式接收 wàichāshì jiēshōu Heterodyneempfang *m*

外出血 wàichūxiě äußere Blutung

外存储 wàicúnchǔ Ausspeicherung *f*

外存储器 wàicúnchǔqì Externspeicher *m*; Außenspeicher *m*; Fremdspeicher *m*; externer Speicher

外存盘 wàicúnpán Ablageplatte *f*

外大气层 wàidàqìcéng Exosphäre *f*

外导体 wàidǎotǐ Außenleiter *m*

外导线 wàidǎoxiàn Außenleitung *f*

外电流 wàidiànliú Außenstrom *m*

外电路 wàidiànlù Außenstromkreis *m*; Außenkreis *m*

外电阻 wàidiànzǔ äußerer Widerstand; Außenwiderstand *m*

外耳道 wài'ěrdào äußerer Gehörgang

外观 wàiguān Aussehen *n*; Äußere *n*

外管 wàiguǎn Außenrohr *n*

外环 wàihuán Außenring *f*

外汇 wàihuì Devisen *pl*

外汇储备 wàihuì chǔbèi Devisenreserven *pl*

外汇短缺 wàihuì duǎnquē Devisennot *f*; Devisenknappheit *f*

外汇管理 wàihuì guǎnlǐ Devisenkontrolle *f*

外汇市场 wàihuì shìchǎng Devisenmarkt *m*

外加电流 wàijiā diànliú eingeprägter Strom

外加电压 wàijiā diànyā angelegte Spannung; aufgedrückte Spannung; zugeführte Spannung; eingeprägter Spannung

外浇口 wàijiāokǒu Gießtümpel *m*

外角 wàijiǎo Außenwinkel *m*

外接的 wàijiēde zirkumskript

外接电源 wàijiē diànyuán Fremdanschluss *m*

外接圆 wàijiēyuán Umkreis *m*

外径 wàijìng Außendurchmesser *m*; äußerer Durchmesser

外径规 wàijìngguī Rachenlehre *f*

外卡钳 wàikǎqián Außentaster *m*

外开式车门 wàikāishì chēmén Außenschwingtür *f*

外科 wàikē chirurgische Abteilung; Chirurgie *f*; Abteilung für Chirurgie

外科病房 wàikē bìngfáng Station der chirurgischen Abteilung; Krankenzimmer der chirurgischen Abteilung; chirurgische Station

外科器械 wàikē qìxiè chirurgische Instrumente

外科学 wàikēxué Chirurgie *f*

外科医生 wàikē yīshēng Chirurg *m*

外壳 wàiké Außenhülle *f*; Schutzhülle *f*; Verschalung *f*; Außenkörper *m*; Mantel *m*; Hülle *f*; Gehäuse *n*; Außenplatte *f*; Ummantelung *f*; Kapsel *f*; Umhüllung

W

f; Außenmantel *m*; Käfig *m*

外壳面积 wàiké miànjī Mantelfläche *f*

外控电子管 wàikòng diànzǐguǎn Außensteuerröhre *f*

外来的 wàiláide fremd; von außen; von auswärts kommen

外棱 wàiléng Außenkante *f*

外力 wàilì Außenkraft *f*; exogene Kraft

外螺纹 wàiluówén Außengewinde *n*

外螺纹量规 wàiluówén liángguī Außengewindelehre *f*

外螺旋角 wàiluóxuánjiǎo Außenschrägungswinkel *m*

外轮胎 wàilúntāi Außenreifen *m*

外啮合 wàinièhé Außenverzahnung *f*

外切的 wàiqiēde zirkumskript; umschrieben

外圈 wàiquān Außenring *m*

外伤 wàishāng durch äußere Gewalteinwirkung entstandene Verletzung; Trauma *n*

外商独资企业 wàishāng dúzī qǐyè Unternehmen mit ausschließlich ausländischem Kapital

外缩孔 wàisuōkǒng Außenlunker *m*

外胎 wàitāi Reifen *m*; Laufdecke *f*; Reifenhülle *f*

外通风式电动机 wàitōngfēngshì diàndòngjī außenbelüfteter Motor

外围存储器 wàiwéi cúnchǔqì Anschlussspeicher *m*; peripherer Speicher

外围存取 wàiwéi cúnqǔ Peripheriezugriff *n*

外围设备 wàiwéi shèbèi Peripheriegerät *n*; Anlagenperipherie *f*; Anschlusseinheit *f*; Anschlussgerät *n*

外形 wàixíng Gestalt *f*; Gestaltung *f*; Aussehen *n*; Umriss *m*; Äußere *n*; Kontur *f*; äußere Erscheinung; äußere Form

外延 wàiyán Abduktion *f*; Umfang *m*; äußerer Umstand

外因延迟 wàiyīn yánchí Verlustzeit durch äußere Umstände

外用药 wàiyòngyào Arznei zur äußerlichen Anwendung (zum äußerlichen Gebrauch)

外圆 wàiyuán Ankreis *m*

外圆磨床 wàiyuán móchuáng Außenrundschleifmaschine *f*

外展 wàizhǎn Abduktion *f*

外展肌 wàizhǎnjī Abzieher *m*; Abduktor *m*; Abduktion bewirkender Muskel; Abspreizer (muskel) *m*; Abziehmuskel *m*; Abduktionsmuskel *m*

外罩 wàizhào Deckel *m*; Decke *f*; Haube *f*; Schale *f*; Ummantelung *f*

外阻抗 wàizǔkàng Außenwiderstand *m*

弯管 wānguǎn Kniestück *n*; Knierohr *n*; Krümmer *m*; Rohrkrümmung *f*; Schenkel *m*; Bogenrohr *n*

弯管机 wānguǎnjī Rohrmaschine *f*; Rohrbiegenmaschine *f*

弯角机 wānjiǎojī Eckenbiegenmaschine *f*

弯曲 wānqū verbiegen; verkrümmen; abbiegen; durchbiegen; bombieren; Biegung *f*; Krümmung *f*; Verkrümmung *f*; Abbiegung *f*; Verbiegung *f*; Krümme *f*; Beuge *f*; Biegen *n*

弯曲半径 wānqū bànjìng Biegehalbmesser *m*; Biegeradius *m*

弯曲冲头 wānqū chòngtóu Biegestempel *m*

弯曲的 wānqūde krumm; gekrümmt; gebogen; verbogen

弯曲点 wānqūdiǎn Einbiegungspunkt *m*; Biegestelle *f*

弯曲负荷 wānqū fùhè Biegebelastung *f*

弯曲机 wānqūjī Abbiegemaschine *f*; Schmiegemaschine *f*

弯曲疲劳试验 wānqū píláo shìyàn Biegedauerversuch *m*

弯曲试验机 wānqū shìyànjī Biegeprüfungsmaschine *f*

弯曲应力 wānqū yìnglì Biegespannung *f*

弯头 wāntóu Krümmer *m*; Knie *n*; Knierohr *n*; Kniestück *n*

弯头车刀 wāntóu chēdāo gebogener Drehmeißel

弯形 wānxíng Bogen *m*

豌豆 wāndòu Erbse *f*

顽磁 wáncí magnetische Remanenz; remanenter Magnetismus

顽磁性 wáncíxìng Remanenz *f*

顽症 wánzhèng hartnäckige chronische Krankheit

完成 wánchéng erledigen; beenden; vollenden; ausführen; erreichen; erfüllen; durchsetzen; Erledigung *f*

完全 wánquán durchaus; ganz; rein; ganz und gar

完全的 wánquánde voll; vollständig; völlig; vollkommen

完全燃烧 wánquán ránshāo vollkommene Verbrennung

完整的 wánzhěngde ganz; komplett; vollkommen; integral; integriert; vollständig

丸药 wányào Pille *f*; Arzneikugel *f*

烷 wán Alkan *n*

烷化 wánhuà Alkylieren *n*

烷化汽油 wánhuà qìyóu Alkylatbenzin *n*

烷基 wánjī Alkylradikal *n*; Alkyl *n*; Alkylgruppe *f*

烷基胺 wánjī'ān Alkylamin *n*

晚熟品种 wǎnshú pǐnzhǒng spätreifende Sorten; Spätsorte *f*

晚熟作物 wǎnshú zuòwù spätreife Ernte; spätreife Gewächse

晚育 wǎnyù verschobene erste Geburt

万能表 wànnéngbiǎo Universalmesser *m*; Universalmessgerät *n*; Universalmessinstrument *n*; Universalinstrument *n*

万能车床 wànnéng chēchuáng Mehrzweckdrehbank *f*; Universaldrebank *f*

万能的 wànnéngde universal

万能灯 wànnéngdēng Allgebrauchslampe *f*

万能电子管 wànnéng diànzǐguǎn Universalröhre *f*

万能机床 wànnéng jīchuáng Mehrzweckmaschine *f*

万能剪切机 wànnéng jiǎnqiējī Universalschere *f*

万能胶 wànnéngjiāo Universalklebstoff *m*; Alleskleber *m*

万能铰链 wànnéng jiǎoliàn hookesches Gelenk

万能联轴节 wànnéng liánzhóujié Universalgelenk *n*; Universalkupplung *f*

万能量具 wànnéng liángjù Universalinstrument *n*

万能磨床 wànnéng móchuáng Universalschleifmaschine *f*

万能钳 wànnéngqián Universalzange *f*

W

万能试验台 wànnéng shìyàntái Universalprüfstand *m*

万能投影仪 wànnéng tóuyǐngyí Universalprojektor *m*

万能铣床 wànnéng xǐchuáng Universalfräsmaschine *f*

万能仪表 wànnéng yíbiǎo Vielfachgerät *n*; Allzweckgerät *n*

万能轧机 wànnéng zhájī Universalwalzwerk *n*

万能钻床 wànnéng zuànchuáng Universalbohrmaschine *f*

万维网 wànwéiwǎng Web *n* (World Wide Web 的简称)

万向传动 wànxiàng chuándòng Kardanantrieb *m*

万向接头 wànxiàng jiētóu Kreuzgelenk *n*; Kardan *n*; Kardankreuz *n*; Kardangelenk *n*; Wellengelenk *n*; Universalgelenk *n*

万向节 wànxiàngjié Kardangelenk *n*

万向联轴节 wànxiàng liánzhóujié Universalgelenk *n*

万向十字轴 wànxiàng shízìzhóu Kardankreuz *n*

万向悬挂支架 wànxiàng xuánguà zhījià kardanische Aufhängung

万向支架 wànxiàng zhījià Kardanaufhängung *f*; Kardanring *m*

万向轴 wànxiàngzhóu Kardanwelle *f*; Kardangelenkwelle *f*; Kardanachse *f*; Gelenkwelle *f*; Wellengelenk *n*

万用表 wànyòngbiǎo Multimeter *n*; Vielfachinstrument *n*; Universalprüfer *m*

万用电表 wànyòng diànbiǎo Vielfachmesser *m*; Universalmesser *m*; Vielfachinstrument *n*

万有引力 wànyǒu yǐnlì Gravitation *f*; universale Gravitation

万有引力常数 wànyǒu yǐnlì chángshù Gravitationskonstante *f*

万有引力场 wànyǒu yǐnlìchǎng Gravitationsfeld *n*

万有引力的 wànyǒu yǐnlìde gravitationell

万有引力定律 wànyǒu yǐnlì dìnglù Gravitationsgesetz *n*

腕 wàn Handwurzel *f*; Handgelenk *n*

腕骨 wàngǔ Handwurzelknochen *m*

王水 wángshuǐ Königswasser *n*; Goldscheidewasser *n*; Aquaregia *n*; Königssäure *f*

网吧 wǎngbā Internetcafé *n*

网虫 wǎngchóng Nerd *m*; Internet-Fan *m*

网点 wǎngdiǎn Website *f*

网管员 wǎngguǎnyuán Webmaster *m*; Seitenverwalter *m*; Webseitenverantwortlicher *m*; Webseitenverwalter *m*

网际协议 wǎngjì xiéyì IP (英 , = Internet Protocol)

网际协议地址 wǎngjì xiéyì dìzhǐ IP-Adresse *f*

网卡 wǎngkǎ Netzwerkkarte *f*

网络 wǎngluò Netz *n*; Netzwerk *n*; Leitungsnetz *n*

网络版 wǎngluòbǎn Internetausgabe *f*

网络报纸 wǎngluò bàozhǐ Online-Zeitung *f*

网络打印机 wǎngluò dǎyìnjī Netzwerkdrucker *m*

网络电话 wǎngluò diànhuà Internettelefonie *f*; IP-Fon *m*

网络电缆 wǎngluò diànlǎn Netzwerkkabel *n*

网络电压 wǎngluò diànyā Netzspannung *f*

W

网络分析器 wǎngluò fēnxīqì Netzwerkanalysator *m*; Rechner für Netzberechnungen

网络服务器 wǎngluò fúwùqì Netzwerkserver *m*

网络公司 wǎngluò gōngsī Internetfirma *f*

网络管理员 wǎngluò guǎnlǐyuán Netzwerkadministrator *m*; Netzverwalter *m*

网络化 wǎngluòhuà Networking *n*; Vernetzung *f*; Netzwerkbildung *f*

网络会议 wǎngluò huìyì Netmeeting *f*

网络结构 wǎngluò jiégòu Netzgestaltung *f*; Netzwerkstruktur *f*

网络客户 wǎngluò kèhù Netzwerkclient *m*

网络空间 wǎngluò kōngjiān Cyberspace *m*; künstlicher Raum

网络聊天 wǎngluò liáotiān chatten; Chat *m*

网络聊天室 wǎngluò liáotiānshì Chatraum *m*; Chatroom *m*

网络聊天组 wǎngluò liáotiānzǔ Chatgroup *f*

网络频率 wǎngluò pínlǜ Netzfrequenz *f*

网络驱动器 wǎngluò qūdòngqì Netzlaufwerk *n*

网络日志 wǎngluò rìzhì Weblog *n/m*; Netztagebuch *n*

网络摄像头 wǎngluò shèxiàngtóu Webcam *f*; Netzkamera *f*

网络适配器 wǎngluò shìpèiqì Netzwerkadapter *m*

网络搜索引擎 wǎngluò sōusuǒ yǐngqíng Internetsuchmaschine *f*

网络图 wǎngluòtú Netztafel *f*

网络文学 wǎngluò wénxué Webliteratur *f*

网络用户 wǎngluò yònghù Cybernaut *m*

网络主机 wǎngluò zhǔjī der Hostrechner eines Netzwerks

网迷 wǎngmí Nerd *m*; Internet-Fan *m*

网民 wǎngmín Internetnutzer *m*; Internetuser *m*

网膜 wǎngmó Netzhaut *f*

网筛 wǎngshāi Seiher *m*

网上报刊 wǎngshàng bàokān Online-Zeitung *f*

网上冲浪 wǎngshàng chōnglàng surfen; Internetsurfen *n*

网上发表 wǎngshàng fābiǎo Online-Publishing *n*

网上服务 wǎngshàng fúwù Onlinedienst *m*; Internet-Service *m/n*

网上购物 wǎngshàng gòuwù Onlineshopping *n*; Internet-Shopping *n*; Einkaufen übers Internet

网上交易 wǎngshàng jiāoyì Internethandel *m*

网上聊天者 wǎngshàng liáotiānzhě Chatter *m*; Chatterin *f* (指女性)

网上邻居 wǎngshàng línjū Netzwerkumgebung *f*

网上拍卖 wǎngshàng pāimài Internetauktion *f*

网上商店 wǎngshàng shāngdiàn Onlineshop *m*; Webshop *m*

网上信息块 wǎngshàng xìnxīkuài Cookie *m/n*

网上银行业务 wǎngshàng yínháng yèwù Internetbanking *n*

网页 wǎngyè Webseite *f*; Internetseite *f*

W

网页设计 wǎngyè shèjì Webdesign *n*

网页设计者 wǎngyè shèjìzhě Webdesigner *m*

网友 wǎngyǒu Netzfreund *m*

网站 wǎngzhàn Website *f*; Internet-auftritt *m*

网站管理者 wǎngzhàn guǎnlǐzhě Webmaster *m*

网址 wǎngzhǐ Internetadresse *f*; Webadresse *f*

网状的 wǎngzhuàngde netzförmig

网状矿脉 wǎngzhuàng kuàngmài Netzgang *m*

网状物 wǎngzhuàngwù Netzwerk *n*

往复 wǎngfù reziprok; hin und her; sich hin- und herbewegen

往复泵 wǎngfùbèng Kolbenpumpe *f*

往复式发动机 wǎngfùshì fādòngjī Kolbenmotor *m*; Kolbenmaschine *f*

往复运动 wǎngfù yùndòng Hin- und Herbewegung *f*

望远镜 wàngyuǎnjìng Fernrohr *n*; Teleskop *n*; Fernglas *n*; Visier-fernrohr *n*; Tubus *m*

望远镜的 wàngyuǎnjìngde telesko-pisch

望远物镜 wàngyuǎn wùjìng Tele-objektiv *n*

微安 wēi'ān 〈电〉Mikroampere *n*

微波 wēibō Mikrowelle *f*

微波激射器 wēibō jīshèqì Maser *m*

微波技术 wēibō jìshù Mikrowellen-technik *f*

微波炉 wēibōlú Mikrowellenherd *m*

微波遥感器 wēibō yáogǎnqì Mi-krowellen-Sensor *m*

微程序 wēichéngxù Mikroprogramm *n*

微处理机 wēichǔlǐjī Mikroprozessor *m*

微电子学 wēidiànzǐxué Mikroelek-tronik *f*

微法拉 wēifǎlā Mikrofarad *n*

微分 wēifēn differenzieren; Diffe-rential *n*

微分的 wēifēnde differential; diffe-rentiell

微分法 wēifēnfǎ Differentiation *f*; Differentialmethode *f*

微分方程 wēifēn fāngchéng Diffe-rentialgleichung *f*

微分公式 wēifēn gōngshì Differen-tialformel *f*

微分级数 wēifēn jíshù Differential-reihe *f*

微分器 wēifēnqì Differentiator *m*

微分曲线 wēifēn qūxiàn Differen-tialkurve *f*

微分式 wēifēnshì Differentialaus-druck *m*

微分系数 wēifēn xìshù Differential-koeffizient *m*

微分效应 wēifēn xiàoyìng differen-tieller Effekt

微分学 wēifēnxué Differentialrech-nung *f*

微积分 wēijīfēn Infinitesimalrech-nung *f*

微晶体 wēijīngtǐ Mikrokristall *m*

微克 wēikè Mikrogramm *n*

微粒 wēilì Teilchen *n*; Partikel *f*; Korpuskel *n*; Mikropartikel *f*

微粒波 wēilìbō Korpuskularwelle *f*

微粒的 wēilìde korpuskular; fein-körnig

微粒辐射 wēilì fúshè Partikelstrah-lung *f*

微粒结构 wēilì jiégòu feines Gefüge

微量 wēiliàng sehr geringe Menge

微量分析 wēiliàng fēnxī Mikroana-lyse *f*; mikroskopische Analyse

微量化学 wēiliàng huàxué Mikro-chemie *f*

微量元素 wēiliàng yuánsù Oligoele-ment *n*; Spurenelement *n*

微逻辑电路 wēiluójí diànlù Mikrologikschaltung f

微米 wēimǐ Mikron n; Mikrometer n

微秒 wēimiǎo Mikrosekunde f

微模 wēimó Mikromodul m

微商 wēishāng Differentialquotient m

微生物 wēishēngwù Mikroorganismus m; Kleinlebewesen n; Mikrobe f

微生物学 wēishēngwùxué Mikrobiologie f

微声器 wēishēngqì Schallempfänger m

微缩胶卷 wēisuō jiāojuǎn Mikrofilm m

微调 wēitiáo nachstimmen; feinstellen Feinregelung f; Feineinstellung f; Trimmen n; Feinabstimmung f; Nachabgleich m

微调电动机 wēitiáo diàndòngjī Nachstimmmotor m

微调电容器 wēitiáo diànróngqì Feinabstimmkondensator m; Trimmer m; Trimm(er)kondensator m; Fein(ein)stellkondensator m

微调螺丝 wēitiáo luósī Feinstellschraube f

微调器 wēitiáoqì Feinregler m; Feinstimmkondensator m; Feinsteller m; Trimmer m; Feinstimmregler m

微调线圈 wēitiáo xiànquān Trimmerspule f; Trimmspule f

微温的 wēiwēnde lauwarm

微小的 wēixiǎode gering; klein; winzig; geringfügig

微型电动机 wēixíng diàndòngjī Kleinstmotor m; Mikromotor m

微型电路 wēixíng diànlù Mikroschaltung f; Mikrominiaturschaltung f

微型电子计算机 wēixíng diànzǐ jìsuànjī Mikrocomputer m

微型电阻 wēixíng diànzǔ Kleinstwiderstand m

微型管 wēixíngguǎn Miniaturröhre f; Zwergröhre f; Kleinströhre f

微型计算机 wēixíng jìsuànjī Minicomputer m; Minirechner m; Mikrocomputer m

微型轿车 wēixíng jiàochē Kleinstauto n

微型开关 wēixíng kāiguān Mikroschalter m

微型客车 wēixíng kèchē Kleinstautobus m

微型汽车 wēixíng qìchē Kleinstauto n; Kleinstkraftwagen m; Miniauto n; Kleinstwagen m; Kleinstfahrzeug n

微型窃听器 wēixíng qiètīngqì Minispion m; Miniwanze f

微型赛车 wēixíng sàichē Kleinstrennwagen m

微型照相机 wēixíng zhàoxiàngjī Kleinstbildkamera f

微血管 wēixuèguǎn Kapillaren pl; Haargefäße pl

微指令 wēizhǐlìng Mikrobefehl m

微指令操作 wēizhǐlìng cāozuò Mikrobefehl-Operation f

微子 wēizǐ Korpuskel n

危机 wēijī Krise f

危险 wēixiǎn Gefahr f

危险的 wēixiǎnde gefährlich

危险点 wēixiǎndiǎn Gefahrenpunkt m

危险系数 wēixiǎn xìshù Gefahrenkoeffizient m

危险性 wēixiǎnxìng Gefährlichkeit f

W

韦伯 wéibó Weber n

维护 wéihù instandhalten; erhalten; wahren; Wartung f; Pflege f

维护费用 wéihù fèiyòng Instandhaltungskosten pl

维护面板 wéihù miànbǎn Wartungsfeld n

维护向导 wéihù xiàngdǎo Wartungs-Assistent m

维生素 wéishēngsù Vitamin n

维生素缺乏症 wéishēngsù quēfázhèng Avitaminose f

维氏硬度计 wéishì yìngdùjì Vickershärteprüfgerät n

维氏硬度试验 wéishì yìngdù shìyàn Vickershärteprüfung f

维修 wéixiū instandhalten; Instandhaltung f; Wartung f; Reparatur f; Instandhaltungsarbeiten pl

维修费用 wéixiū fèiyòng Wartungskosten

维修和保养 wéixiū hé bǎoyǎng Wartung und Pflege

维修设备 wéixiū shèbèi Anlagen für Reparatur und Wartung

唯一的 wéiyīde allein; einzig

唯一性 wéiyīxìng Eindeutigkeit f

围堤 wéidī Deich m; Deichdamm m; Abschlussdamm m; eindämmen

围风管 wéifēngguǎn Windring m

围堰 wéiyàn Fangdamm m; Ummauer f; Kastendamm m; Umwallung f

伪程序 wěichéngxù Pseudoprogramm n

伪地址 wěidìzhǐ Pseudoadresse f; Scheinadresse f

伪语句 wěiyǔjù Pseudoanweisung f

伪指令 wěizhǐlìng Pseudobefehl m; symbolischer Befehl

尾部车门 wěibù chēmén Hecktür f

尾锤 wěichuí Schwanzhammer m

尾灯 wěidēng Schlusslicht n; Rücklicht n; Rückstrahler m; Heckleuchte f; Schlussleuchte f

尾骨 wěigǔ Steißbein n; Schwanzbein n

尾架 wěijià Reitstock m

尾矿 wěikuàng Erzabfälle pl

尾矿场 wěikuàngchǎng Schuttabladestelle f

尾轮 wěilún Schwanzrad n

尾气 wěiqì Abgas n; Auspuff(gase) m(pl)

尾数 wěishù Mantisse f; Restziffer einer mehrstelligen Zahl; letztstellige Ziffern einer Zahl

尾水渠 wěishuǐqú Unterkanal m

尾翼 wěiyì Schwanz m; Schwanzblech n; Leitwerk n; Leitwerkflügel m; Leitwerksfläche f

伟晶岩 wěijīngyán Pegmatit m

纬度 wěidù Breitengrad m; geografische Breite

纬度圈 wěidùquān Breitenkreis m

萎病 wěibìng Verwelken n

萎缩 wěisuō verdorren; austrocknen; schrumpfen; zurückgehen; verwelken; verdorren; Schwund m; Atrophie f; Schrumpfung f; Dürre f

萎缩的 wěisuōde dürr; rückgebildet

委托 wěituō beauftragen; Auftrag m

未饱和的 wèibǎohéde ungesättigt

未定系数 wèidìng xìshù unbestimmter Koeffizient

未加工的 wèijiāgōngde rau; unbearbeitet

未尽真空 wèijìn zhēnkōng Teilvakuum n

未净化的 wèijìnghuàde ungereinigt

未开采的 wèikāicǎide unbebaut; unbenutzt; unberührt

未勘探的 wèikāntànde unerforscht; unverhauen; unverschroten

未来的 wèiláide künftig

未来学 wèiláixué Futurologie *f*; Zukunftsforschung *f*

未来学家 wèiláixuéjiā Futurologe *m*

未溶解的 wèiróngjiěde ungelöst

未知数 wèizhīshù unbekannte Zahl; gesuchte Größe; Ungewissheit *f*

卫生 wèishēng Hygiene *f*; Gesundheitspflege *f*

卫生系 wèishēngxì Abteilung für Gesundheitswesen

卫生学 wèishēngxué Hygiene *f*

卫生员 wèishēngyuán Sanitäter *m*; Krankenpfleger *m*; Krankenwärter *m*

卫生站 wèishēngzhàn Hygienestation *f*; Sanitätsstation *f*

卫星 wèixīng Satellit *m*; Trabant *m*; künstlicher Satellit; Begleitstern *m*

卫星地面站 wèixīng dìmiànzhàn Satellitenbodenstation *f*; Bodenstation *f*

卫星转播 wèixīng zhuǎnbō Satellitenübertragung *f*

位 wèi Stelle *f*; Potential *n*; Bit *n*

位错 wèicuò verlagern; Verlagerung *f*; Dislokation *f*

位脉冲 wèimàichōng Stellenimpuls *m*

位能 wèinéng Potential *n*; Lageenergie *f*; potentielle Energie

位片 wèipiàn Bit-Scheibe *f*; Bit-Slice *f*

位片式微处理器 wèipiànshì wēichǔlǐqì Bit-Slice-Mikroprozessor *m*

位势梯度 wèishì tīdù Gradient des Potentials; Potentialgradient *m*

位速率 wèisùlǜ Bitrate *f*

位移 wèiyí Schub *m*; Verschiebung *f*; Verlagerung *f*; Ableitung *f*; Verrückung *f*; Versetzung *f*; Ortsveränderung *f*

位移传感器 wèiyí chuángǎnqì Weggeber *m*; Verschiebungsgeber *m*

位移电流 wèiyí diànliú Verschiebungsstrom *m*

位移电压 wèiyí diànyā Verschiebungsspannung *f*

位移方向 wèiyí fāngxiàng Verschiebungsrichtung *f*; Bewegungssinn *m*

位移角 wèiyíjiǎo Verstellwinkel *m*; Verschiebungswinkel *m*

位移面 wèiyímiàn Verschiebungsebene *f*; Verschiebungsbahn *f*

位移速度 wèiyí sùdù Verstellgeschwindigkeit *f*

位运算 wèiyùnsuàn Bitoperation *f*

位值 wèizhí Stellenwert *m*

位置 wèizhì Stelle *f*; Lage *f*; Standort *m*; Stand *m*; Sitz *m*; Stellung *f*; Position *f*; Platz *m*

位置传感器 wèizhì chuángǎnqì Lagemesseinrichtung *f*

位置度 wèizhìdù Position *f*; Lage *f*

位置公差 wèizhì gōngchā Lagetoleranz *f*

位置误差 wèizhì wùchā Situationsfehler *m*; Lagefehler *m*

位置座标 wèizhì zuòbiāo Ortskoordinate *f*

位组 wèizǔ Byte *n*

味精 wèijīng Glutamat *n*

味觉 wèijué Geschmackssinn *m*

味蕾 wèilěi Geschmacksknospe *f*; Schmeckbecher *m*

胃 wèi Magen *m*

胃癌 wèi'ái Magenkrebs *m*; Magen-

W

karzinom *n*

胃病 wèibìng Magenkrankheit *f*; Magenleiden *n*

胃肠炎 wèichángyán Magen-Darm-Entzündung *f*; Gastroenteritis *f*

胃出血 wèichūxuè Magenblutung *f*

胃穿孔 wèichuānkǒng Magendurchlöcherung *f*

胃大弯 wèidàwān große Kurvatur

胃镜 wèijìng Magenspiegel *m*; Gastroskop *n*

胃口 wèikǒu Appetit *m*; Geschmack *m*; Interesse *n*

胃溃疡 wèikuìyáng Magengeschwür *n*

胃扩张 wèikuòzhāng Magenerweiterung *f*; Gastrektasie *f*

胃膜炎 wèimóyán Magenschleimhautentzündung *f*; Magenkatarrh *m*; Gastritis *f*

胃切除 wèiqiēchú Gastrektomie *f*

胃酸 wèisuān Magensäure *f*; Magensalzsäure *f*

胃痛 wèitòng Kardialgie *f*; Gastralgie *f*; Magenschmerzen *pl*; Magenweh *n*

胃下垂 wèixiàchuí Magensenkung *f*; Gastroptose *f*

胃小弯 wèixiǎowān kleine Kurvatur

胃炎 wèiyán Magenentzündung *f*

胃液 wèiyè Magensaft *m*

温（度）差 wēn(dù)chā Temperaturdifferenz *f*; Temperaturunterschied *m*

温差电 wēnchādiàn Wärmeelektrizität *f*; Thermoelektrizität *f*

温差电堆 wēnchā diànduī Thermosäule *f*

温差电流 wēnchā diànliú Thermostrom *m*

温差电偶 wēnchā diàn'ǒu thermo-

elektrisches Paar; Thermoelement *n*

温带 wēndài gemäßigte Zone; warme Zone

温带气候 wēndài qìhòu gemäßigtes Klima

温度 wēndù Temperatur *f*

温度变化 wēndù biànhuà Wärmeänderung *f*; Temperaturschwankung *f*

温度表 wēndùbiǎo Thermometer *n*

温度补偿热敏电阻 wēndù bǔcháng rèmǐn diànzǔ Kompensationsheißleiter *m*

温度的 wēndùde thermometrisch

温度计 wēndùjì Thermometer *n*; Wärmegradmesser *m*; Hygrometer *n*; Temperaturanzeiger *m*; Temperaturmesser *m*

温度计的 wēndùjìde thermometrisch

温度记录器 wēndù jìlùqì Wärmeschreiber *m*; Thermograf *m*

温度平衡 wēndù pínghéng Temperaturausgleich *m*

温度气压计 wēndù qìyājì Thermobarometer *n*

温度升高 wēndù shēnggāo Temperaturanstieg *m*

温度调节器 wēndù tiáojiéqì Wärmeregulator *m*; Thermoregulator *m*; Thermoregler *m*; Temperaturregler *m*

温度系数 wēndù xìshù Wärmezahl *f*; Temperaturkoeffizient *m*; Temperaturbeiwert *m*

温度值 wēndùzhí Temperaturwert *m*

温泉 wēnquán heiße Quelle; Therme *f*; Thermalquelle *f*

温室 wēnshì Treibhaus *n*; Gewächshaus *n*

W

温室效应 wēnshì xiàoyìng Treibhauseffekt *m*

瘟疫 wēnyì Seuche *f*; Epidemie *f*

文档 wéndàng Dokument *n*

文件 wénjiàn Dokument *n*; Akte *f*; Schrift *f*; Papier *n*; Datei *f*

文件备份 wénjiàn bèifèn das Sichern von Dateien

文件标识符 wénjiàn biāozhìfú Dateikennsatz *m*

文件标志 wénjiàn biāozhì Filemarke *f*

文件处理 wénjiàn chǔlǐ Dateiverarbeitung *f*

文件存储器 wénjiàn cúnchǔqì 〈计〉 Dateispeicher *m*

文件大小 wénjiàn dàxiǎo Dateigröße *f*

文件定义名 wénjiàn dìngyìmíng Datei-Definitionsname *m*

文件分类机 wénjiàn fēnlèijī Belegsortiermaschine *f*

文件分配表 wénjiàn fēnpèibiǎo Dateizuordnungstabelle *f*

文件附件 wénjiàn fùjiàn Datei-Anhang *m*

文件复制 wénjiàn fùzhì Dateidoppel *m*

文件更新 wénjiàn gēngxīn Dateierneuerung *f*

文件管理 wénjiàn guǎnlǐ Dateiverwaltung *f*

文件管理系统 wénjiàn guǎnlǐ xìtǒng 〈计〉 Dateiverwaltungssystem *n*

文件夹 wénjiànjiā Ordner *m*

文件结构 wénjiàn jiégòu Dateistruktur *f*

文件控制 wénjiàn kòngzhì Dateisteuerung *f*

文件扩展名 wénjiàn kuòzhǎnmíng Dateinamenserweiterung *f*

文件名 wénjiànmíng Dateiname *m*

文件索引 wénjiàn suǒyǐn Dateiindex *m*

文件索引名 wénjiàn suǒyǐnmíng Dateinamenindex *m*

文件阅读器 wénjiàn yuèdúqì Belegleser *m*

文件转换 wénjiàn zhuǎnhuàn Dateiumsetzung *f*

文盲 wénmáng Analphabet *m*; Analphabetentum *n*

文献 wénxiàn Dokument *n*; Literatur *f*; Schrifttum *n*

文献索引 wénxiàn suǒyǐn Literaturverzeichnis *n*

文章 wénzhāng Aufsatz *m*; Artikel *m*

文字处理 wénzì chǔlǐ Textverarbeitung *f*

文字处理机 wénzì chǔlǐjī Textverarbeitungsgerät *n*

文字处理软件 wénzì chǔlǐ ruǎnjiàn Textverarbeitungsprogramm *n*

文字处理文件 wénzì chǔlǐ wénjiàn Textverarbeitungsdatei *f*

文字符号 wénzì fúhào Textzeichen *n*

稳定 wěndìng stabilisieren; Konstanthaltung *f*; Stabilität *f*

稳定的 wěndìngde stabil; standfest; stationär; haltbar

稳定功率 wěndìng gōnglǜ Beharrungsleistung *f*

稳定剂 wěndìngjì Stabilisator *m*

稳定力矩 wěndìng lìjǔ Beharrungsmoment *n*

稳定器 wěndìngqì Gleichhalter *m*; Stabilisator *m*; Stabilisierer *m*

稳定水位 wěndìng shuǐwèi Beharrungsspiegel *n*; Baharrungswasserstand *m*

稳定性 wěndìngxìng Konstanz f;
　Stabilität f; Stabilisation f; Halt-
　barkeit f; Beständigkeit f; Beharr-
　lichkeit f; Festigkeit f

稳定旋转 wěndìng xuánzhuǎn Be-
　harrungslauf m

稳定值 wěndìngzhí Beharrungswert
　m

稳定值电流 wěndìngzhí diànliú
　konstanter Strom

稳定转数 wěndìng zhuǎnshù statio-
　näre Drehzahl

稳定状态 wěndìng zhuàngtài Behar-
　rungsstellung f; Beharrungszu-
　stand m; stabiler Zustand

稳流电阻 wěnliú diànzǔ Vorwider-
　stand m

稳流段 wěnliúduàn Beruhigungs-
　strecke des Flusses

稳流器 wěnliúqì Gleichhalter m

稳压 wěnyā Stabilvolt n; Span-
　nungsstabilisierung f; Spannungs-
　konstanthaltung f

稳压变压器 wěnyā biànyāqì Stabi-
　lisiertransformator m

稳压管 wěnyāguǎn Stabilisator m;
　Stabilisatorröhre f

稳压罐 wěnyāguàn Druckausgleich-
　gefäß n

稳压器 wěnyāqì Spannungskonstant-
　halter m; Gleichhalter m; Span-
　nungsstabilisator m; Druckaus-
　gleicher m; Spannungsgleichhalter
　m; Stabilisator m; Potentiostat m;
　Spannungsregler m

紊流 wěnliú Turbulenz f

紊流导热系数 wěnliú dǎorè xìshù
　Turbulenzwärmeleitzahl f

紊流的 wěnliúde turbulent

紊流二极管 wěnliú èrjíguǎn Turbu-
　lenzdiode f

涡流 wōliú Turbulenz f; Neerströ-
　mung f; Wirbel m; Neer f;
　Strudel m; Wirbelstrom m;
　Durchwirbelung f

涡流泵 wōliúbèng Wirbelstrompum-
　pe f

涡流的 wōliúde wirbelartig; turbu-
　lent

涡流分离器 wōliú fēnlíqì Wirbel-
　stromscheider m

涡流干燥器 wōliú gānzàoqì Wirbel-
　stromtrockner m

涡流区 wōliúqū Wirbelzone f;
　Schraubenraum m

涡流矢量 wōliú shǐliàng Wirbelvek-
　tor m

涡流损失 wōliú sǔnshī Wirbelver-
　lust m

涡流效应 wōliú xiàoyìng Wirbelwir-
　kung f

涡轮 wōlún Turbine f; Laufrad n;
　Turbinenrad n; Flügelrad n;
　Kreiselrad n

涡轮泵 wōlúnbèng Turbinenpumpe
　f

涡轮发电机 wōlún fādiànjī Turbo-
　generator m; Turbinendynamo m

涡轮飞机 wōlún fēijī Turbinenflug-
　zeug n

涡轮机 wōlúnjī Turbine f

涡轮机轴 wōlúnjīzhóu Turbinenwel-
　le f

涡轮机组 wōlúnjīzǔ Turbosatz m;
　Turbinensatz m; Turbogenerator-
　satz m

涡轮搅拌机 wōlún jiǎobànjī Turbo-
　rührer m

涡轮壳 wōlúnké Turbinengehäuse n

涡轮喷气发动机 wōlún pēnqì fā-
　dòngjī Turbostrahltriebwerk n;
　Turbinen-Luftstrahltriebwerk n;

TL-Triebwerk *n*

涡轮叶片 wōlún yèpiàn Turbinenschaufel *f*

涡轮转子 wōlún zhuànzǐ Turbogeneratorlaüfer *m*

涡旋 wōxuán wirbeln; Wirbel *m*

涡旋定律 wōxuán dìnglǜ Drallgesetz *n*

涡状星云 wōzhuàng xīngyún Spiralnebel *m*; extragalaktischer Nebel

蜗杆 wōgān Wurm *m*; Schnecke *f*

蜗杆传动轴 wōgān chuándòngzhóu Schneckenantriebswelle *f*

蜗杆螺纹 wōgān luówén Schneckengewinde *n*

蜗杆轴 wōgānzhóu Schneckenachse *f*

蜗杆轴传动 wōgānzhóu chuándòng Schneckenachsegetriebe *n*

蜗轮 wōlún Schneckenrad *n*; Wurmrad *n*

蜗轮传动 wōlún chuándòng Schneckenradantrieb *m*

蜗轮副 wōlúnfù Schneckenradsatz *m*

蜗轮蜗杆传动装置 wōlún wōgān chuándòng zhuāngzhì Schneckengetriebe *n*

蜗轮轴 wōlúnzhóu Schneckenradachse *f*

卧式刨床 wòshì bàochuáng Horizontalhobelmaschine *f*; Waagerechthobelmaschine *f*

卧式泵 wòshìbèng liegende Pumpe

卧式插床 wòshì chāchuáng Horizontalstoßmaschine *f*

卧式气缸 wòshì qìgāng liegender Zylinder

卧式铣床 wòshì xǐchuáng Horizontalfräsmaschine *f*; Waagerechtfräsmaschine *f*

卧式蒸汽泵 wòshì zhēngqìbèng liegende Dampfpumpe

卧式蒸汽机 wòshì zhēngqìjī liegende Dampfmaschine

卧式钻床 wòshì zuànchuáng Horizontalbohrmaschine *f*

握力 wòlì Greifkraft *f*

乌煤 wūméi Fusit *m*

乌云 wūyún dunkle Wolken

污斑 wūbān Klecks *m*; Fleck *m*

污垢 wūgòu Abschaum *m*; Schmutz *m*; Dreck *m*

污泥 wūní Mud *m*; Schlamm *m*

污染 wūrǎn verschmutzen; Verunreinigung *f*; Verschmutzung *f*

污染监测器 wūrǎn jiāncèqì Verschmutzungsmessgerät *m*

污水 wūshuǐ Schmutzwasser *n*; Abwasser *n*

污水泵 wūshuǐbèng Schmutzwasserpumpe *f*

污水槽 wūshuǐcáo Gefluderrinne *f*

污水池 wūshuǐchí Schmutzwasserbehälter *m*; Pfuhl *m*

污水处理 wūshuǐ chǔlǐ Abwasserbeseitigung *f*; Abwasserreinigung *f*; Unschädlichmachen der Abwässer; Abwasserbehandlung *f*

污水沟 wūshuǐgōu Unterdrän *m*; Abwasserungskanal *m*

污水灌溉 wūshuǐ guàngài Abwasser vergießen; Abwasserbewässerung *f*; Abwasserverrieselung *f*

污水回收 wūshuǐ huíshōu Abwasserrücknahme *f*

污水净化 wūshuǐ jìnghuà Abwasserreinigung *f*; Abwasserklärung *f*

污水净化装置 wūshuǐ jìnghuà zhuāngzhì Abwasserkläranlage *f*

污水利用 wūshuǐ lìyòng Abwasserbewirtschaftung *f*; Abwasserver-

W

wertung *f*

污水渠 wūshuǐqú Vorfluter *m*; Abwasserkanal *m*

污物 wūwù Kot *m*

屋顶 wūdǐng Dach *n*; Hausdach *n*

屋顶天线 wūdǐng tiānxiàn Dachantenne *f*

屋脊 wūjǐ Dachfirst *m*

屋架 wūjià Dachstuhl *m*; Dachkonstruktion *f*; Dachgebinde *n*

屋面 wūmiàn Dachdeckung *f*; Dachbelag *m*; Überdachung *f*

钨 wū Wolfram *n*

钨钢 wūgāng Wolframstahl *m*

钨矿床 wūkuàngchuáng W-Lagerstätte *f*

钨锰矿 wūměngkuàng Hübnerit *m*

钨丝 wūsī Wolf-ramdraht *m*; Wolframfaden *m*; Wolframheizfaden *m*

钨丝灯 wūsīdēng Wolframdrahtlampe *f*; Wolframfadenlampe *f*

无传动轴 wúchuándòngzhóu antrieblose Achse

无地址指令 wúdìzhǐ zhǐlìng 〈计〉 Befehl ohne Adresse; adressenfreier Befehl

无电阻的 wúdiànzǔde widerstandslos

无定向性 wúdìngxiàngxìng Astasie *f*

无定形的 wúdìngxíngde amorph; amorphisch

无阀的 wúfáde ventillos

无符号数 wúfúhàoshù Zahl ohne Verzeichen

无负载运转 wúfùzài yùnzhuǎn Leerlauf *m*

无感电阻 wúgǎn diànzǔ induktionsfreier Widerstand

无格式的 wúgéshìde formatungebunden

无功的 wúgōngde wattlos; blind

无功电流 wúgōng diànliú Blindstrom *m*

无功电压 wúgōng diànyā Blindspannung *f*

无功功率 wúgōng gōnglǜ Blindleistung *f*

无光泽的 wúguāngzéde trübe; glanzlos

无规则的 wúguīzéde regellos

无硅的 wúguīde siliziumfrei

无轨的 wúguǐde gleislos

无轨电车 wúguǐ diànchē Trolleybus *m*; Oberleitungsomnibus *m*; O-Bus *m*

无缝的 wúfèngde nahtlos

无缝钢管 wúfèng gāngguǎn nahtloses Stahlrohr

无缝管 wúfèngguǎn nahtloses Rohr; nahtlos gezogenes Rohr

无害的 wúhàide unschädlich; harmlos

无核区 wúhéqū kernwaffenfreie Zone

无核细胞 wúhé xìbāo Zytode *f*

无机的 wújīde anorganisch; unorganisch

无机肥料 wújī féiliào anorganischer Dünger

无机护层 wújī hùcéng anorganische Schutzschicht

无机化合物 wújī huàhéwù anorganische Verbindung

无机化学 wújī huàxué anorganische Chemie

无机酸 wújīsuān anorganische Säure

无机物 wújīwù anorganische Substanz

无机岩 wújīyán Anorganolith *m*; minerogene Bildungen

无机盐 wújīyán Mineralsalz *n*; anorganisches Salz

无级变扭器 wújí biànniǔqì stufenloser Drehmomentwandler

无脊椎动物 wújǐzhuī dòngwù Invertebrat *m*; wirbellose Tiere; Evertebrat *m*

无间断的 wújiànduànde durchlaufend; ununterbrochen

无静差电流计 wújìngchā diànliújì astatisches Galvanometer

无静差线圈 wújìngchā xiànquān astatische Spule

无菌的 wújūnde bazillenfrei

无孔法兰盘 wúkǒng fǎlánpán Blindflansch *m*

无矿的 wúkuàngde unartig; taub

无矿岩脉 wúkuàng yánmài dürre Kluft; taube Kluft

无理函数 wúlǐ hánshù irrationale Funktion

无理数 wúlǐshù irrationale Zahl

无气味的 wúqìwèide geruchlos

无铅汽油 wúqiān qìyóu bleifreies Benzin

无穷 wúqióng Unendlichkeit *f*

无穷大 wúqióngdà Infinitum *n*

无穷大的 wúqióngdàde unendlich groß

无穷的 wúqióngde grenzenlos; unbegrenzt; unendlich; unerschöpflich; endlos

无穷级数 wúqióng jíshù unendliche Reihe

无穷小 wúqióngxiǎo Infinitesimal *n*

无穷小的 wúqióngxiǎode unendlich klein

无色的 wúsède farblos

无声的 wúshēngde klanglos

无生代 wúshēngdài Azoikum *n*; azoische Ära

无生命的 wúshēngmìngde abiotisch

无生物 wúshēngwù leblose Materie; unbelebte Materie

无生物的 wúshēngwùde abiotisch

无数的 wúshùde zahllos; unzählig

无水的 wúshuǐde wasserfrei

无损耗的 wúsǔnhàode verlustlos

无梭织机 wúsuō zhījī schützenloser Webstuhl; schiffchenloser Webstuhl

无条件语句 wútiáojiàn yǔjù unbedingte Anweisung

无痛 wútòng Analgesie *f*

无味的 wúwèide geschmacklos; geruchlos

无限 wúxiàn Unendlichkeit *f*

无限的 wúxiànde grenzenlos; unbegrenzt; unendlich; unermesslich; außerordentlich

无限制的 wúxiànzhìde unbeschränkt

无线的 wúxiànde drahtlos

无线电 wúxiàndiàn Radio *n*; Funk *m*; Rundfunk *m*

无线电报 wúxiàn diànbào Radiogramm *n*; drahtloses Telegramm

无线电波 wúxiàn diànbō Radiowelle *f*; Rundfunkwelle *f*; Funkwelle *f*

无线电测量 wúxiàndiàn cèliáng Funkmessung *f*

无线电测量仪 wúxiàndiàn cèliángyí Funkmessgerät *n*

无线电测向器 wúxiàndiàn cèxiàngqì Radiopeiler *m*; Funkpeilgerät *n*; Peilfunkgerät *n*; Radiogoniometer *n*; Funkpeiler *m*

无线电传真 wúxiàndiàn chuánzhēn Bildfunk *m*; Funkbildübertragung *f*; Radiofotografie *f*; Fernfotografie *f*

无线电传真照片 wúxiàndiàn chuán-

W

zhēn zhàopiàn Funkbild *n*

无线电导航 wúxiàndiàn dǎoháng Radionavigation *f*; Funknavigation *f*

无线电的 wúxiàndiànde funkisch

无线电发射机 wúxiàndiàn fāshèjī Funksender *m*

无线电发射台 wúxiàndiàn fāshètái Funksendestelle *f*

无线电干扰 wúxiàndiàn gānrǎo Radiostörung *f*; Funkstörung *f*

无线电工业 wúxiàndiàn gōngyè Rundfunkindustrie *f*

无线电广播 wúxiàndiàn guǎngbō Rundfunksendung *f*

无线电广播发射机 wúxiàndiàn guǎngbō fāshèjī Rundfunksender *m*

无线电话 wúxiàn diànhuà Radiofon *n*; Radiofonie *f*; Funktelefon *n*; Funksprechen *n*; Funkfernsprechgerät *n*; Mobiltelefon *n*

无线电话机 wúxiàn diànhuàjī Funksprecher *m*; Funksprechgerät *n*

无线电接收机 wúxiàndiàn jiēshōujī Funkempfänger *m*

无线电截听 wúxiàndiàn jiétīng Horchfunk *m*

无线电控制 wúxiàndiàn kòngzhì drahtlose Steuerung

无线电罗盘 wúxiàndiàn luópán Radiokompass *m*; Zielfluggerät *n*; Funkkompass *m*

无线电脉冲 wúxiàndiàn màichōng Funkimpuls *m*

无线电频道 wúxiàndiàn píndào Rundfunkkanal *m*

无线电频率 wúxiàndiàn pínlǜ Funkfrequenz *f*

无线电气象学 wúxiàndiàn qìxiàngxué Radiometeorologie *f*

无线电窃听 wúxiàndiàn qiètīng Horchfunk *m*

无线电设备 wúxiàndiàn shèbèi Funkausrüstung *f*; Radioanlage *f*; Funkanlage *f*; Radiogerät *n*

无线电台 wúxiàn diàntái Funkstation *f*; Funkanlage *f*; Funkstelle *f*; Radiostation *f*

无线电探测 wúxiàndiàn tàncè Funkaufklärung *f*

无线电探测仪 wúxiàndiàn tàncèyí Funkmessgerät *n*

无线电探空仪 wúxiàndiàn tànkōngyí Radiosonde *f*

无线电探向 wúxiàndiàn tànxiàng Peilfunk *m*; Funkpeilung *f*; Radiopeilung *f*

无线电天文学 wúxiàndiàn tiānwénxué Radioastronomie *f*

无线电通信 wúxiàndiàn tōngxìn Funknachricht *f*; Telekommunikation *f*; Funkverbindung *f*

无线电系 wúxiàndiànxì Abteilung für Radiotechnik

无线电信号 wúxiàndiàn xìnhào Funksignal *n*

无线电遥测 wúxiàndiàn yáocè Funkfernmessung *f*

无线电遥控 wúxiàndiàn yáokòng Funkfernsteuerung *f*; Funkfernlenkung *f*; drahtlose Fernsteuerung

无线电元件 wúxiàndiàn yuánjiàn Radiobauelement *n*

无线电转播 wúxiàndiàn zhuǎnbō Radioübertragung *f*

无线电装置 wúxiàndiàn zhuāngzhì Funkanlage *f*

无线局域网 wúxiàn júyùwǎng drahtloses Netz; drahtloses LAN; Funk-LAN *n*; Wireless LAN *n*

无线上网 wúxiàn shàngwǎng

drahtloses Internet

无向量 wúxiàngliàng Skalar *m*; skalare Größe; Skalargröße *f*

无效 wúxiào Ungültigkeit *f*; Nutzlosigkeit *f*

无效的 wúxiàode ungültig; unnütz

无效功率 wúxiào gōnglǜ reaktive Leistung

无心磨床 wúxīn móchuáng spitzenlose Schleifmaschine

无心磨削 wúxīn móxiāo spitzenlos schleifen

无信号区 wúxìnhàoqū Totraum *m*

无形的 wúxíngde unsichtbar

无性生殖 wúxìng shēngzhí ungeschlechtliche Fortpflanzung; asexuelle Fortpflanzung

无性杂交 wúxìng zájiāo ungeschlechtliche Hybridisierung; asexuelle Hybridisierung

无嗅的 wúxiùde geruchlos

无烟工业 wúyān gōngyè Touristenindustrie *f*

无烟煤 wúyānméi Anthrazit *m*; Anthrazitkohle *f*; anthrazitische Steinkohle

无烟煤层 wúyānméicéng Anthrazitflöz *n*

无烟煤的 wúyānméide anthrazitisch

无烟煤粉 wúyānméifěn Feinanthrazit *m*

无液气压计 wúyè qìyājì Aneroidbarometer *n*

无疑的 wúyíde gewiss; zweifellos

无源的 wúyuánde passiv

无源电路 wúyuán diànlù passive Schaltung

无源反射器 wúyuán fǎnshèqì passiver Reflektor

无源辐射器 wúyuán fúshèqì passiver Strahler

无云 wúyún wolkenlos

无载电路 wúzài diànlù unbelasteter Stromkreis

无噪声运转 wúzàoshēng yùnzhuǎn geräuschloser Lauf

无址指令 wúzhǐ zhǐlìng adresse (n) freier Befehl; adresse (n) loser Befehl

无振荡的 wúzhèndàngde schwingungsfrei

无周期的 wúzhōuqīde aperiodisch

无轴的 wúzhóude achsenlos

无阻力的 wúzǔlìde widerstandslos

无阻尼的 wúzǔníde ungedämpft

梧桐 wútóng Platanenblättrige Sterkulie; Chinesischer Parasolbaum

午夜 wǔyè Mitternacht *f*; mitternachts

五 wǔ fünf

五边形 wǔbiānxíng Fünfeck *n*; Pentagon *n*

五档变速器 wǔdǎng biànsùqì Fünfganggetriebe *n*

五官 wǔguān die fünf Sinnesorgane (Ohr, Auge, Mund, Nase, Zunge)

五角星形 wǔjiǎoxīngxíng Pentagramm *n*

五角形 wǔjiǎoxíng Fünfeck *n*; Pentagon *n*

五脚管座 wǔjiǎo guǎnzuò fünfpoliger Sockel

五金 wǔjīn die fünf Metalle (Gold, Silber, Kupfer, Eisen, Zinn); Metall *n*; Metallwaren *pl*

五孔喷嘴 wǔkǒng pēnzuǐ Fünflochdüse *f*

五棱形 wǔléngxíng Pentaeder *n*

五面体 wǔmiàntǐ Pentaeder *n*

武器 wǔqì Waffe *f*

武装 wǔzhuāng bewaffnen; Bewaff-

W

nung *f*; Rüstung *f*

物产 wùchǎn Produkte *pl*; Erzeugnisse *pl*

物点 wùdiǎn Objektivpunkt *m*

物候学 wùhòuxué Phänologie *f*; Bioklimatologie *f*

物件 wùjiàn Sache *f*; Gegenstand *m*; Ding *n*

物镜 wùjìng Objektivglas *n*; Objektiv *n*; Objektivlinse *f*; Periskop *n*

物镜光阑 wùjìng guānglán Objektivblende *f*

物镜焦点 wùjìng jiāodiǎn Objektivbrennpunkt *m*

物镜焦距 wùjìng jiāojù Objektivbrennweite *f*

物距 wùjù Dingweite *f*; Objektivabstand *m*

物理 wùlǐ Physik *f*

物理大气压力 wùlǐ dàqì yālì physikalische Atmosphäre

物理的 wùlǐde physikalisch

物理化学 wùlǐ huàxué physikalische Chemie

物理化学的 wùlǐ huàxuéde physikochemisch

物理结构 wùlǐ jiégòu physikalischer Aufbau

物理疗法 wùlǐ liáofǎ Physiotherapie *f*

物理热力学 wùlǐ rèlìxué physikalische Thermodynamik

物理试验 wùlǐ shìyàn physikalische Prüfung

物理性能 wùlǐ xìngnéng physikalische Eigenschaft

物理系 wùlǐxì Fachbereich Physik; Abteilung für Physik

物理学 wùlǐxué Physik *f*

物理学家 wùlǐxuéjiā Physiker *m*

物联网 wùliánwǎng Internet der Dinge

物品 wùpǐn Gegenstand *m*; Sache *f*

物态 wùtài Aggregatzustand *m*

物态图 wùtàitú Zustandsschaubild *n*; Zustandsdiagramm *n*

物体 wùtǐ Gegenstand *m*; Objekt *n*; Körper *m*; Ding *n*

物体的 wùtǐde körperlich; gegenständlich

物相分析 wùxiàng fēnxī Phasenanalyse *f*

物质 wùzhì Masse *f*; Stoff *m*; Substanz *f*; Material *n*; Materie *f*

物质不灭 wùzhì búmiè Massenerhaltung *f*; Erhaltung der Materie

物质的 wùzhìde materiell; stofflich; substantiell

物质性 wùzhìxìng Materialität *f*; Stofflichkeit *f*; Körperlichkeit *f*

物种 wùzhǒng Art *f*; Spezies *f*; Rasse *f*

物资 wùzī Güter und Materialien

误差 wùchā Fehler *m*; Abweichung *f*

误差补偿 wùchā bǔcháng Fehlerausgleichung *f*

误差的 wùchāde verfehlt; fehlerhaft

误差极限 wùchā jíxiàn Fehlergrenze *f*

误差系数 wùchā xìshù Unsicherheitsfaktor *m*

误差值 wùchāzhí Fehlergröße *f*; Fehlwert *m*; Fehlbetrag *m*; Abweichungswert *m*

误差指示器 wùchā zhǐshìqì Fehleranzeiger *m*; Abweichungsanzeiger *m*

误差总量 wùchā zǒngliàng Abweichungssumme *f*

雾 wù Nebel *m*; Dunst *m*; feine Wassertröpfchen

W

雾灯 wùdēng Nebellicht *n*; Nebel-
lampe *f*; Nebelleuchte *f*

雾化 wùhuà Zerstäubung *f*; Ver-
nebelung *f*; Verstäubung *f*

雾化器 wùhuàqì Zerstäuber *m*;
Vernebler *m*

雾化汽油 wùhuà qìyóu zerstäubtes
Benzin; verdampftes Benzin

雾化室 wùhuàshì Zerstäubungsraum
m

雾化装置 wùhuà zhuāngzhì Zerstäu-
bergerät *n*

雾气 wùqì Dunst *m*; Nebel *m*;
Dampf *m*

雾室 wùshì Nebelkammer *f*

W

X

西 xī Westen *m*

西半球 xībànqiú westliche Hemisphäre

西北 xīběi Nordwesten *m*

西方 xīfāng Westen *m*

西经 xījīng westliche Länge

西南 xīnán Südwesten *m*

西洋参 xīyángshēn Fünfblättriger Ginseng; Amerikanischer Ginseng

西药 xīyào westliche Medikamente; westliche Arznei

西医 xīyī westliche Medizin

吸 xī saugen; einsaugen; absorbieren; aufsaugen; Einsaugung *f*

吸泵 xībèng Saugpumpe *f*

吸潮器 xīcháoqì Nasslöscher *m*

吸尘 xīchén entstauben

吸尘车 xīchénchē Kehrmaschine *f*

吸尘器 xīchénqì Staubsammler *m*; Staubabscheider *m*; Staubfänger *m*; Staubsauger *m*; Entstauber *m*; Absauger *m*; Absaugeeinrichtung *f*; Absaugegerät *n*; Kehrmaschine *f*; Absaugekopf *m*

吸尘装置 xīchén zhuāngzhì Absaugeeinrichtung *f*

吸持电流 xīchí diànliú Haltestrom *m*

吸持电路 xīchí diànlù Haltestromkreis *m*; Halteschaltung *f*; Halteschaltkreis *m*

吸持联锁 xīchí liánsuǒ Haltesperre *f*

吸持线圈 xīchí xiànquān Haltespule *f*

吸出式扇风机 xīchūshì shānfēngjī Absaugegebläse *n*

吸动电流 xīdòng diànliú Ansprechstrom *m*

吸动时间 xīdòng shíjiān Ansprechzeit *f*

吸附 xīfù Sorption *f*; Adsorption *f*

吸附沉淀 xīfù chéndiàn Adsorptionsfällung *f*

吸附分析 xīfù fēnxī Adsorptionsanalyse *f*

吸附剂 xīfùjì Adsorbens *n*; Adsorptionsmittel *n*; Adsorber *m*; Absorptiv *n*; Adsorptionsstoff *m*

吸附力 xīfùlì Adsorptionskraft *f*

吸附能力 xīfù nénglì Adsorptionsfähigkeit *f*; Schluckfähigkeit *f*

吸附物 xīfùwù Adsorbat *n*

吸附原子 xīfù yuánzǐ adsorbiertes Atom

吸附作用 xīfù zuòyòng Adsorption *f*; Sorbieren *n*; Adsorbieren *n*; Adsorbierung *f*

吸管 xīguǎn Ansaugrohr *n*; Saugrohr *n*; Strohhalm *m*; Trinkhalm *m*

吸光 xīguāng Extinktion *f*

吸合电压 xīhé diànyā Ansprechspannung *f*

吸力 xīlì Sogkraft *f*; Ziehkraft *f*; Anziehungskraft *f*; Gravitation *f*

吸力计 xīlìjì Zugmesser *m*

吸量管 xīliàngguǎn Stechheber *m*; Messpipette *f*

吸滤器 xīlǜqì Saugfilter *m/n*

吸盘 xīpán Saugnapf *m*

吸气 xīqì einatmen; Atem holen

吸气冲程 xīqì chōngchéng Einsaughub *m*; Saughub *m*

吸气机 xīqìjī Luftsauger *m*

吸气滤清器 xīqì lùqīngqì Ansaugfilter *m*

吸气麻醉 xīqì mázuì Inhalationsnarkose *f*

吸气器 xīqìqì Saugapparat *m*

吸气消声器 xīqì xiāoshēngqì Ansauggeräuschdämpfer *m*; Ansaugschalldämpfer *m*

吸热 xīrè Wärmeabsorption *f*; Wärmeaufnahme *f*

吸热的 xīrède wärmeaufnehmend; endotherm

吸热反应 xīrè fǎnyìng endotherme Reaktion; endothermische Reaktion

吸热装置 xīrè zhuāngzhì Wärmeableitung *f*

吸入 xīrù einsaugen; ansaugen; resorbieren; saugen; einziehen; hineinpumpen

吸入阀 xīrùfá Ansaugventil *n*

吸入高度 xīrù gāodù Saughöhe *f*

吸入水 xīrùshuǐ Saugwasser *n*

吸入装置 xīrù zhuāngzhì Sauger *m*; Inhalationsgerät *n*

吸声的 xīshēngde schallschluckend

吸湿 xīshī Feuchtigkeitsaufnahme *f*

吸湿的 xīshīde hygroskopisch

吸湿性 xīshīxìng Hygroskopizität *f*; Feuchtigkeitsaufnahmevermögen *n*; Feuchtigkeitsaufnahmefähigkeit *f*

吸收 xīshōu einsaugen; absorbieren; resorbieren; einziehen; Absorption *f*; Aufnahme *f*; Einfang *m*; Absorben *n*

吸收常数 xīshōu chángshù Absorptionskonstante *f*

吸收带 xīshōudài Absorptionsband *n*

吸收光谱 xīshōu guāngpǔ Absorptionsspektrum *n*

吸收过程 xīshōu guòchéng Absorptionsvorgang *m*

吸收剂 xīshōujì Absorptionsmittel *n*; Absorbens *n*; Aufsaugmittel *n*

吸收力 xīshōulì Rezeptivität *f*; Absorptionskraft *f*

吸收面 xīshōumiàn Schluckfläche *f*

吸收能力 xīshōu nénglì Absorptionsvermögen *n*; Absorptionsfähigkeit *f*; Aufnahmefähigkeit *f*; Schluckfähigkeit *f*

吸收器 xīshōuqì Absorber *m*; Absorptor *m*; Auffänger *m*; Absorptionsgefäß *n*

吸收强度 xīshōu qiángdù Absorptionsstärke *f*

吸收设备 xīshōu shèbèi Absorptionsanlage *f*; Absorptionsapparat *m*

吸收式消音器 xīshōushì xiāoyīnqì Absorptionsdämpfer *m*

吸收衰减 xīshōu shuāijiǎn Absorptionsdämpfung *f*

吸收损耗 xīshōu sǔnhào Absorptionsverlust *m*

吸收体 xīshōutǐ Absorbent *m*

吸收调制 xīshōu tiáozhì Schwingungskreismodulation *f*

吸收系统 xīshōu xìtǒng Absorptionssystem *m*

吸收阻尼 xīshōu zǔní Absorptionsdämpfung *f*

吸水 xīshuǐ Wassersog *m*; Wasseraufnahme *f*

吸水池 xīshuǐchí Saugbecken *n*

吸水的 xīshuǐde hygroskopisch; wasseranziehend

X

吸水管 xīshuǐguǎn Saugrohr *n*；Ansaugrohr *n*；Einsaugrohr *n*

吸水能力 xīshuǐ nénglì Wasseraufnahmefähigkeit *f*；Aufnahmekapazität *f*；Wasserabsorptionsvermögen *n*

吸水性 xīshuǐxìng Hygroskopizität *f*；Wasserabsorptionsvermögen *n*

吸水性的 xīshuǐxìngde hydrophil；hygroskopisch；wasseranziehend

吸铁石 xītiěshí Magnet *m*

吸移管 xīyíguǎn Abfüllpipette *f*；Stechheber *m*

吸音板 xīyīnbǎn Akustikplatte *f*

吸音材料 xīyīn cáiliào Schallschluckmaterial *n*；Lärmschlucker *m*

吸音器 xīyīnqì Schallschlucker *m*

吸引 xīyǐn anziehen；ziehen；fesseln；faszinieren；hinziehen；Anziehung *f*

吸引力 xīyǐnlì Anziehungskraft *f*；Anzugskraft *f*

吸油泵 xīyóubèng Abölpumpe *f*

析出 xīchū ausscheiden；aussondern；abscheiden；heraussetzen；Ausscheiden *n*；Ausscheidung *f*；Absonderung *f*；Auslösung *f*

析像管 xīxiàngguǎn Bildsondenröhre *f*；Blendenröhre *f*；Elektronenbildzerleger *m*

析像器 xīxiàngqì Video-Analysator *m*；Zerleger *m*

矽肺 xīfèi Silikose *f*；Steinstaublunge *f*；Staublunge *f*

矽钢 xīgāng Siliziumstahl *m*

硒 xī Selen *n*

硒铁矿 xītiěkuàng Achavalit *m*；Selenerz *n*

稀薄的 xībóde verdünnt；dünn；spärlich

稀混合气 xīhùnhéqì abgemagertes Gemisch

稀释 xīshì verdünnen；verflüssigen；Verdünnung *f*；Verflüssigung *f*；Verflüssigen *n*；Schwächung *f*；Abschwächung *f*

稀释度 xīshìdù Verdünnungsgrad *m*

稀释剂 xīshìjì Verdünnungsmittel *n*；Verdünner *m*

稀释气体 xīshì qìtǐ Verdünnungsgas *n*

稀释溶液 xīshì róngyè verdünnte Lösung

稀释水 xīshìshuǐ Verdünnungswasser *n*

稀疏的 xīshūde dünn；licht

稀疏气体 xīshū qìtǐ verdünntes Gas；Verdünnungsgas *n*

稀土 xītǔ Edelerde *f*；seltene Erde

稀土金属 xītǔ jīnshǔ Seltenerdmetalle *pl*；Metall der selten Erden；seltene Erdmetalle

稀土元素 xītǔ yuánsù Edelerde *f*；seltene Erde；seltene Edelelemente

稀有的 xīyǒude selten；rar

稀有金属 xīyǒu jīnshǔ seltenes Metall

稀有气体 xīyǒu qìtǐ Edelgas *n*

稀有元素 xīyǒu yuánsù seltenes Element

锡 xī Zinn *n*

锡板 xībǎn Blechzinn *n*；Zinnblech *n*

锡箔 xībó Zinnfolie *f*；Stanniol *n*；Silberpapier *n*；Stanniolpapier *n*

锡管 xīguǎn Zinntube *f*

锡焊料 xīhànliào Weichlot *n*

锡片 xīpiàn Zinnblech *n*

锡纸 xīzhǐ Silberpapier *n*；Stanniolpapier *n*；Zinnfolie *f*；Stanniol *n*

溪谷 xīgǔ Gesenk *n*

X

溪流 xīliú Bach *m*; Flüsschen *n*

熄火 xīhuǒ ablöschen; löschen; erlöschen; auslöschen; Ablöschen *n*; Brennschluss *m*

熄火器 xīhuǒqì Feuerlöscher *m*; Löscher *m*

熄灭 xīmiè erlöschen; verlöschen; ausgehen

熄灭脉冲 xīmiè màichōng Ausblendimpuls *m*; Austastimpuls *m*

蜥蜴 xīyì Eidechse *f*

膝 xī Knie *n*

膝盖 xīgài Knie *n*

膝关节 xīguānjié Kniegelenk *n*

膝关节炎 xīguānjiéyán Kniegelenkentzündung *f*; Gonarthritis *f*

洗涤 xǐdí waschen; reinigen; Abwasch *m*; Auswaschen *n*; Durchspülung *f*

洗涤车间 xǐdí chējiān Wäscherei *f*

洗涤机 xǐdíjī Wäscher *m*; Skrubber *m*

洗涤剂 xǐdíjì Waschmittel *n*; Reiniger *m*

洗涤溶液 xǐdí róngyè Waschlösung *f*

洗涤设备 xǐdí shèbèi Waschanlage *f*

洗涤塔 xǐdítǎ Waschkolone *f*; Waschturm *m*

洗净 xǐjìng Auswaschen *n*

洗净器 xǐjìngqì Absüßkessel *m*

洗矿 xǐkuàng Schlämmung des Erzes; Abschlämmen *n*

洗矿槽 xǐkuàngcáo Waschschüssel des Erzes; Waschrinne *f*; Waschgerinne *n*; Waschherd *m*

洗矿池 xǐkuàngchí Waschbad des Erzes

洗矿机 xǐkuàngjī Wäscher *m*; Waschapparat *m*; Waschwerk *n*

洗矿设备 xǐkuàng shèbèi Waschanlage des Erzes; Wascheinrichtung *f*; Läutereinrichtung *f*

洗胃 xǐwèi Magenspülung *f*

洗选 xǐxuǎn durchspülen; waschen; Wäscherei *f*

洗选车间 xǐxuǎn chējiān Wäscherei *f*

洗衣机 xǐyījī Waschmaschine *f*

铣 xǐ fräsen

铣齿刀 xǐchǐdāo Verzahnungsfräser *m*

铣床 xǐchuáng Fräsmaschine *f*; Fräsbank *f*

铣刀 xǐdāo Fräser *m*; Fräswerkzeug *n*; Fräse *f*

铣工 xǐgōng Fräser *m*; Fräsarbeiter *m*

铣键槽 xǐjiàncáo Keilnutenfräsen *n*

铣削 xǐxiāo abfräsen; einfräsen; Fräsen *n*; Einfräsung *f*

系列 xìliè Reihe *f*; Serie *f*; Folge *f*

系数 xìshù Koeffizient *m*; Wertziffer *f*; Kennziffer *f*; Quotient *m*; Modul *m*

系统 xìtǒng System *n*; Komplex *m*

系统被破坏 xìtǒng bèipòhuài Systemabsturz *m*

系统崩溃 xìtǒng bēngkuì Systemabsturz *m*

系统程序 xìtǒng chéngxù Systemprogramm *n*

系统错误 xìtǒng cuòwù Systemfehler *m*

系统的 xìtǒngde systematisch

系统发育 xìtǒng fāyù Phylogenese *f*

系统工程 xìtǒng gōngchéng Systemtechnik *f*

系统管理员 xìtǒng guǎnlǐyuán Systemadministrator *m*

系统化 xìtǒnghuà systematisieren; Systematisierung *f*

系统软件 xìtǒng ruǎnjiàn Systemsoftware *f*

X

系统软件包 xìtǒng ruǎnjiànbāo Anlagensoftwarepaket *n*

系统设置 xìtǒng shèzhì Systemeinstellung *f*

系统性故障 xìtǒngxìng gùzhàng Systemabsturz *m*

系统资源 xìtǒng zīyuán Betriebsmittel *n*

细胞 xìbāo Zelle *f*; Organelle *f*

细胞壁 xìbāobì Zellwand *f*

细胞病理学 xìbāo bìnglǐxué Zellularpathologie *f*

细胞的 xìbāode zellig

细胞发生的 xìbāo fāshēngde zytogen

细胞分裂 xìbāo fēnliè Zellteilung *f*; Zellenteilung *f*

细胞核 xìbāohé Zellkern *m*

细胞结构 xìbāo jiégòu Zellaufbau *m*

细胞生物学 xìbāo shēngwùxué Zellbiologie *f*

细胞学 xìbāoxué Zytologie *f*; Zellenlehre *f*

细胞液 xìbāoyè Zellsaft *m*

细胞遗传学 xìbāo yíchuánxué Zellenvererbungslehre *f*; Zytogenetik *f*

细胞杂交 xìbāo zájiāo Zellenkreuzung *f*

细胞增殖 xìbāo zēngzhí Zellvermehrung *f*

细胞质 xìbāozhì Zytoplasma *n*; Zellplasma *n*; Zellsubstanz *f*

细胞组织 xìbāo zǔzhī Zellgewebe *n*

细刨 xìbào Schlichthobel *m*

细锉 xìcuò Schlichtfeile *f*; Abziehfeile *f*

细菌 xìjūn Bakterie *f*; Bazille *f*

细菌弹 xìjūndàn Bakterienbombe *f*

细菌肥料 xìjūn féiliào Bakteriendünger *m*

细菌武器 xìjūn wǔqì bakteriologische Waffen

细菌性痢疾 xìjūnxìng lìjí Bazillenruhr *f*; bazilläre Dysentrie

细菌学 xìjūnxué Bakteriologie *f*

细孔 xìkǒng Pore *f*

细粒 xìlì Feinkorn *n*

细粒的 xìlìde feinkörnig

细粒尾矿 xìlì wěikuàng Feinabfall *m*

细磨 xìmó feinschleifen

细目文件 xìmù wénjiàn 〈计〉 Vorgangsdatei *f*

细砂岩 xìshāyán Feinsandstein *n*

细弹簧 xìtánhuáng Haarfeder *n*

细纤维 xìxiānwéi Haarfaser *f*

细线材 xìxiàncái Feindraht *m*; Haardraht *m*

细小的 xìxiǎode gering; fein; klein; winzig

细雨 xìyǔ Sprühregen *m*; Rieselregen *m*; Staubregen *m*

匣 xiá Box *f*; Dose *f*; Futteral *n*

峡谷 xiágǔ Schlucht *f*; Bergschlucht *f*; Klamm *f*

峡谷坝 xiágǔbà Schluchtenstaumauer *f*

狭义 xiáyì im engeren Sinn; der engere Sinn

下臂 xiàbì Unterarm *m*

下沉 xiàchén sinken; Absinken *n*; Einsenkung *f*; Absetzbewegung *f*

下沉带 xiàchéndài Absenkungsgebiet *n*

下垂 xiàchuí herabhängen; herabsinken; Senkung *f*

下端 xiàduān Fußende *n*

下腹痛 xiàfùtòng Unterleibschmerz *m*

下古生代 xiàgǔshēngdài früh-paläozoische Ära

下颌骨 xiàhégǔ Unterkieferbein *n*; Unterkiefer *m*

下滑 xiàhuá herunterrutschen; heruntergleiten

下降 xiàjiàng niedergehen; sinken; untergehen; sich senken; fallen; absteigen; Absenkung *f*; Absetzen *n*; Abstieg *m*; Fall *m*; Fällung *f*

下降流 xiàjiàngliú Tiefenströmung *f*

下拉菜单 xiàlā càidān Pull-down-Menü *n*; Drop-down-Menü *n*

下拉箭头 xiàlā jiàntóu Dropdownpfeil *m*

下拉式选项单 xiàlāshì xuǎnxiàngdān Drop-down-Menü *n*; Pull-down-Menü *n*

下落 xiàluò fallen; herunterfallen

下霜 xiàshuāng reifen

下水道 xiàshuǐdào Entwässerungskanal *m*; Entwässerungsröhre *f*; Abwassersystem *n*; Kanalisation *f*; Abwasserkanal *m*; Siel *n/m*

下水道系统 xiàshuǐdào xìtǒng Abwassersystem *m*; Sielwerk *n*

下水道网 xiàshuǐdàowǎng Abwassernetz *n*

下死点 xiàsǐdiǎn unterer Totpunkt; Untertotpunkt *m*

下雾 xiàwù nebeln

下吸式化油器 xiàxīshì huàyóuqì Fallstromvergaser *m*

下弦 xiàxián letztes Viertel

下弦月 xiàxiányuè abnehmender Mond im letzten Viertel

下限 xiàxiàn vorgeschriebenes Minimum; Untergrenze *f*

下限公差 xiàxiàn gōngchā untere Toleranzgrenze

下行行程 xiàxíng xíngchéng Abwärtshub *m*; Abwärtstakt *m*; Abwärtsgang *m*

下行运动 xiàxíng yùndòng absteigende Bewegung

下雪 xiàxuě schneien

下压 xiàyā Unterdruck *m*

下游 xiàyóu Unterlauf *m*

下雨 xiàyǔ regnen

下雨的 xiàyǔde regnerisch

下载 xiàzài herunterladen; downloaden; Download *m/n*

下肢 xiàzhī untere Gliedmaßen; Beine *pl*

夏 xià Sommer *m*

夏季 xiàjì Sommer *m*

夏收 xiàshōu Sommerernte *f*

夏至 xiàzhì Sommersonnenwende *f*

仙鹤 xiānhè Mandschurenkranich *m*

仙鹤草 xiānhècǎo Weichhaariger Ordermennig; Ackermennig *m*

仙后座 xiānhòuzuò Kassiopeia *f*

仙女座 xiānnǚzuò Andromeda *f*

仙人掌 xiānrénzhǎng Kaktus *m*; Feigenkaktus *m*

仙王座 xiānwángzuò Kepheus *m*

先进的 xiānjìnde fortschrittlich

先期 xiānqī vorher; früher; zuvor

先天的 xiāntiānde angeboren; kongenital

先天性畸形 xiāntiānxìng jīxíng kongenitale Missbildung

纤毛 xiānmáo Wimper *f*; Flimmerhaar *n*

纤巧的 xiānqiǎode fein

纤维 xiānwéi Faser *f*; Fibrom *n*; Fiber *f*; Faserstoff *m*

纤维材料 xiānwéi cáiliào Faserstoff *m*

纤维的 xiānwéide faserig

纤维含量 xiānwéi hánliàng Fasergehalt *m*

纤维结构 xiānwéi jiégòu Fasergefüge *n*

纤维绝缘 xiānwéi juéyuán Faserisolation *f*; Faserisolierung *f*; Faserstoffisolation *f*

纤维绝缘材料 xiānwéi juéyuán cáiliào Faserisolierstoff *m*

纤维瘤 xiānwéiliú Fasergeschwulst *f*; Fibrom *n*

纤维素 xiānwéisù Zellulose *f*; Cellulose *f*; Fibrin *n*; Zellfaser *f*

纤维状的 xiānwéizhuàngde faserartig

纤维作物 xiānwéi zuòwù Bastgewächse *pl*; Faserpflanzen *pl*

鲜果 xiānguǒ Frischobst *n*

弦 xián Sehne *f*

弦音计 xiányīnjì Sonometer *m/n*

衔接 xiánjiē verbinden; zusammenkoppeln

衔接器 xiánjiēqì Adapter *m*; Vorsatzgerät *n*

衔铁 xiántiě Armatur *f*

舷边 xiánbiān Schandeck *n*; Schandeckel *m*

舷窗 xiánchuāng Bullauge *n*

舷梯 xiántī Gangway *f*; fahrbare Lauftreppe; Fallreep *n*; Laufbrücke *f*

显出 xiǎnchū aufweisen

显花植物 xiǎnhuā zhíwù Phanerogamen *pl*; Samenpflanzen *pl*; Blütenpflanzen *pl*

显然的 xiǎnránde offenbar; offensichtlich; sichtbar; ganz klar

显示 xiǎnshì zeigen; demonstrieren; manifestieren; anzeigen; Anzeige *f*; Anzeichen *n*

显示分辨率 xiǎnshì fēnbiànlǜ Auflösung *f*

显示继电器 xiǎnshì jìdiànqì Anzeigerelais *n*

显示屏 xiǎnshìpíng Bildschirmgerät *n*; Screen *m*; Anzeigeschirm *m*

显示器 xiǎnshìqì Sichtgerät *n*; Anzeiger *m*; Monitor *m*; Anzeigeapparat *m*; Zeiger *m*

显示器灵敏度 xiǎnshìqì língmǐndù Anzeigeempfindlichkeit *f*

显示适配器 xiǎnshì shìpèiqì Bildschirmadapter *m*

显示速度 xiǎnshì sùdù Anzeigerate *f*

显微分析 xiǎnwēi fēnxī Mikroanalyse *f*

显微光学 xiǎnwēi guāngxué Mikroskopie *f*

显微胶片 xiǎnwēi jiāopiàn Mikrofilm *m*

显微镜 xiǎnwēijìng Mikroskop *n*

显微术 xiǎnwēishù Mikroskopie *f*; Mikrotechnik *f*

显微硬度 xiǎnwēi yìngdù Mikrohärte *f*

显微照片 xiǎnwēi zhàopiàn Mikrobild *n*; Mikrofotograf *n*

显微照相 xiǎnwēi zhàoxiàng Mikrografie *f*

显微照相术 xiǎnwēi zhàoxiàngshù Mikrofotografie *f*; Mikrografie *f*

显微组织 xiǎnwēi zǔzhī Feinstruktur *f*; Feingefüge *n*

显现 xiǎnxiàn auftreten; auftauchen

显像 xiǎnxiàng wiedergeben; Wiedergabe *f*

显像管(电视) xiǎnxiàngguǎn(diànshì) Kineskop *n*; Fernsehbildröhre *f*; Bildröhre *f*; Anzeigeröhre *f*

显像区 xiǎnxiàngqū Anzeigefeld *n*

显像装置 xiǎnxiàng zhuāngzhì Anzeigegerät *n*; Darbietungsgerät *n*

显形 xiǎnxíng wahre Natur offenbaren; wahres Gesicht zeigen; Visualisierung *f*; Sichtbarmachung *f*

显性 xiǎnxìng Dominanz *f*

显性基因 xiǎnxìng jīyīn dominantes Gen

显影 xiǎnyǐng entwickeln; abbilden; Entwicklung *f*

显影剂 xiǎnyǐngjì Entwickler *m*

显影液 xiǎnyǐngyè Entwickler *m*

显著的 xiǎnzhùde beachtlich; beträchtlich; deutlich; ersichtlich; sichtbar; bemerkbar

现场 xiànchǎng Tatort *m*; Platz *m*; Stelle *f*; Ort und Stelle

现场流播 xiànchǎng liúbō Live-Streaming *n*

现场直播 xiànchǎng zhíbō Live-Sendung *f*

现存的 xiàncúnde vorhanden

现代的 xiàndàide modern

现代化 xiàndàihuà modernisieren; Modernisierung *f*

现代科学 xiàndài kēxué moderne Wissenschaft

现代数据通信过程记录 xiàndài shùjù tōngxìn guòchéng jìlù ADC-CP-Protokoll *n*

现货 xiànhuò sofort lieferbare Ware; vorrätige Ware; Lokoware *f*

现金 xiànjīn Bargeld *n*

现象 xiànxiàng Erscheinung *f*; Phänomen *n*; Anschein *m*

限波器 xiànbōqì Chopper *m*

限动螺钉 xiàndòng luódīng Arretierschraube *f*; Anschlagschraube *f*

限动销 xiàndòngxiāo Anschlagfinger *m*; Arretierbolzen *m*

限度 xiàndù Grenze *f*; Limit *n*; Begrenzung *f*; Schranke *f*; Spielraum *m*; Limitation *f*

限额 xiàn´é festgesetzte Quote; Limit *n*

限幅 xiànfú Amplitudenbegrenzung *f*

限幅器 xiànfúqì Amplitudensieb *n*; Begrenzer *m*

限量 xiànliàng Menge begrenzen; Grenze setzen

限期 xiànqī Frist *f*; festgesetzter Termin; innerhalb eines festgesetzten Zeitraums

限期的 xiànqīde befristet; fristgemäß

限位螺母 xiànwèi luómǔ Begrenzungsmutter *f*

限压阀 xiànyāfá Druckbegrenzungsventil *n*

限压器 xiànyāqì Spannungsbegrenzer *m*

限制 xiànzhì beschränken; einschränken; begrenzen; limitieren; Limit *n*; Limitation *f*; Einschränkung *f*; Begrenzung *f*; Begrenze *f*; Begrenztheit *f*

限制器 xiànzhìqì Begrenzer *m*; Drossel *f*

限制线 xiànzhìxiàn Begrenzungslinie *f*

线 xiàn Linie *f*; Gerade *f*; Schnur *f*; Faden *m*; Draht *m*; Garn *n*; Zwirn *m*; Zuleitung *f*

线材 xiàncái Walzdraht *m*; Drahtstoff *m*; Draht *m*

线材卷 xiàncáijuǎn Walzdrahtrolle *f*

线材轧机 xiàncái zhájī Drahtwerk *n*

线材轧制 xiàncái zházhì Drahtwalzung *f*; Drahtwalzen *n*

线电压 xiàndiànyā Leiterspannung *f*; Leitungsspannung *f*; Netzspannung *f*

线段 xiànduàn Strecke *f*

线规 xiànguī 〈机〉 Drahtlehre *f*

线解图 xiànjiětú Rechentafel *f*; Schaubild *n*

线路 xiànlù Leitung *f*; Stromkreis

X

m; Linie *f*; Route *f*; Schaltung *f*;
Spurlinie *f*; Verdrahtung *f*; Bahn *f*

线路电压 xiànlù diànyā Netzspannung *f*

线路图 xiànlùtú Schaltplan *m*;
Schaltungsbild *n*; Verdrahtungsplan *m*; Schema *n*

线描 xiànmiáo Federzeichnung *f*;
Strichzeichnung *f*

线路元件 xiànlù yuánjiàn Schaltelement *n*

线盘 xiànpán Trommel *f*

线膨胀 xiànpéngzhàng lineare Ausdehnung

线圈 xiànquān Drahtspule *f*; Spule
f; Windung *f*; Wicklung *f*; Wickel *m*; Gewinde *n*

线圈磁场 xiànquān cíchǎng Spulenfeld *n*

线圈电流 xiànquān diànliú Spulenstrom *m*

线圈架 xiànquānjià Spulenträger *m*

线圈绝缘 xiànquān juéyuán Spulenisolation *f*

线圈绕组 xiànquān ràozǔ Spulenwicklung *f*

线圈匝数 xiànquān zāshù Spulenwindungszahl *f*

线圈组 xiànquānzǔ Spulensatz *m*

线绕电阻 xiànrào diànzǔ Drahtwiderstand *m*

线绳 xiànshéng Baumwollschnur *f*;
Schnur *f*

线束 xiànshù Fitze *f*; Leiterbündel
n

线速度 xiànsùdù lineare Geschwindigkeit

线条 xiàntiáo Linie *f*; Strich *m*

线形动物 xiànxíng dòngwù Rundwürmer *pl*

线性 xiànxìng Linearität *f*

线性标度 xiànxìng biāodù lineare
Skala

线性常数 xiànxìng chángshù lineare Konstante

线性代数 xiànxìng dàishù lineare
Algebra

线性导体 xiànxìng dǎotǐ linearer
Leiter

线性的 xiànxìngde linear

线性方程 xiànxìng fāngchéng lineare Gleichung

线性关系 xiànxìng guānxì lineare
Abhängigkeit

线性规划 xiànxìng guīhuà Linearplanung *f*

线性函数 xiànxìng hánshù gerade
Funktion; lineare Funktion

线性加速器 xiànxìng jiāsùqì linearer Beschleuniger

线性失真 xiànxìng shīzhēn lineare
Verzerrung

线性系数 xiànxìng xìshù linearer
Koeffizient

线性信号 xiànxìng xìnhào lineares
Signal

线性压力 xiànxìng yālì linearer
Druck

线性元件 xiànxìng yuánjiàn lineares
Element; lineares Glied

线性阻抗 xiànxìng zǔkàng lineare
Impedanz

陷波器 xiànbōqì Sperrkreis *m*;
Sperrtopf *m*; Wellenschlucker *m*

陷落 xiànluò sinken; einsinken;
Absetzen *n*; Zubruch *m*

陷入 xiànrù geraten; hineingeraten;
verfallen

献血 xiànxiě Blutspende *f*; Blut
spenden

腺 xiàn Drüse *f*

腺癌 xiàn'ái Adenokarzinom *n*

腺瘤 xiànliú Adenom *n*; Drüsenge-
schwulst *n*

霰 xiàn Graupel *f*; Winterhagel *m*

相比 xiāngbǐ vergleichen; messen

相差 xiāngchà sich unterscheiden;
verschieden sein

相长干涉 xiāngcháng gānshè kon-
struktive Interferenz

相称 xiāngchèn passen; harmonie-
ren; entsprechen

相乘 xiāngchéng malnehmen; mul-
tiplizieren

相等 xiāngděng gleichen; egalisie-
ren; Gleichheit *f*; Aqualität *f*

相等的 xiāngděngde gleich; iden-
tisch; gleichförmig; paritätisch;
äqual

相等性 xiāngděngxìng Gleichheit *f*

相等于 xiāngděngyú äqual

相对 xiāngduì sich gegenüberliegen;
sich gegenüberstehen;

相对编码 xiāngduì biānmǎ relative
Codierung

相对的 xiāngduìde relativ; ver-
hältnismäßig

相对地址 xiāngduì dìzhǐ ⟨计⟩ Rela-
tivadresse *f*; relative Adresse;
bezogene Adresse

相对高度 xiāngduì gāodù relative
Höhe

相对加速度 xiāngduì jiāsùdù Rela-
tivbeschleunigung *f*

相对精度 xiāngduì jīngdù Relativge-
nauigkeit *f*

相对距离 xiāngduì jùlí relativer Ab-
stand

相对空气湿度 xiāngduì kōngqì shīdù
relative Luftfeuchte; relative Luft-
feuchtigkeit

相对孔径 xiāngduì kǒngjìng relative
Apertur

相对口径 xiāngduì kǒujìng relative
Apertur

相对论 xiāngduìlùn Relativitätstheo-
rie *f*; Relativität *f*

相对湿度 xiāngduì shīdù Relativ-
feuchte *f*; relative Feuchte; rela-
tive Feuchtigkeit

相对速度 xiāngduì sùdù Relativge-
schwindigkeit *f*; relative Ge-
schwindigkeit; bezogene Geschwin-
digkeit

相对位移 xiāngduì wèiyí Relativver-
schiebung *f*

相对误差 xiāngduì wùchā relativer
Fehler

相对性 xiāngduìxìng Relativität *f*

相对压力 xiāngduì yālì Relativdruck
m; relativer Druck

相对运动 xiāngduì yùndòng Rela-
tivbewegung *f*

相反 xiāngfǎn Gegensatz *m*; Ge-
genteil *n*; im Gegenteil; entgegen-
gesetzt sein zu

相反的 xiāngfǎnde invers; umge-
kehrt

相仿的 xiāngfǎngde im großen und
ganzen gleich; ähnlich

相符 xiāngfú entsprechen; überein-
stimmen

相关 xiāngguān zusammenhängen;
in gegenseitiger Beziehung stehen;
Korrelation *f*

相关函数 xiāngguān hánshù Korre-
lationsfunktion *f*

相关曲线 xiāngguān qūxiàn Korre-
lationskurve *f*

相关系数 xiāngguān xìshù Korrela-
tionskoeffizient *m*

相关因数 xiāngguān yīnshù Korre-
lationsfaktor *m*

相关指数 xiāngguān zhǐshù Korrelationsindex *m*

相互接近 xiānghù jiējìn sich einander nähern; Konvergenz *f*;

相互密封平面 xiānghù mìfēng píngmiàn Gegendichtfläche *f*

相互性 xiānghùxìng Gegenseitigkeit *f*

相互作用 xiānghù zuòyòng interagieren; Interaktion *f*; Wechselwirkung *f*

相加 xiāngjiā addieren; summieren; Addition *f*

相加的 xiāngjiāde additiv

相间的 xiāngjiànde wechselnd; abwechselnd

相交 xiāngjiāo sich schneiden; Kreuzung *f*

相接 xiāngjiē zusammenstoßen

相近的 xiāngjìnde nahe; anliegend

相距 xiāngjù entfernt sein

相邻地址 xiānglín dìzhǐ benachbarte Adresse

相切 xiāngqiē berühren; sich schneiden; überschneiden

相容性 xiāngróngxìng Kompatibilität *f*; Verträglichkeit *f*

相似 xiāngshì ähneln; gleichen; Analogie *f*; Ähnlichkeit *f*

相似的 xiāngsìde ähnlich

相似点 xiāngsìdiǎn Ähnlichkeit *f*

相似定理 xiāngsì dìnglǐ Ähnlichkeitsgesetz *n*

相似三角形 xiāngsì sānjiǎoxíng ähnliche Dreiecke

相似性 xiāngsìxìng Ähnlichkeit *f*

相似原理 xiāngsì yuánlǐ Ähnlichkeitsprinzip *n*

相同 xiāngtóng egalisieren; gleichen; dergleichen; Gleichheit *f*

相同的 xiāngtóngde gleich; identisch

相同性 xiāngtóngxìng Gleichheit *f*

相消干涉 xiāngxiāo gānshè destruktive Interferenz

相应的 xiāngyìngde entsprechend; angemessen; passend; homolog

香蕉水 xiāngjiāoshuǐ Amylazetat *n*; Birnenöl *n*

香精 xiāngjīng Essenz *f*; Aroma *n*

香料 xiāngliào Aromastoff *m*

厢式汽车 xiāngshì qìchē Kastenfahrzeug *n*; Kastenwagen *m*

厢式载货车 xiāngshì zàihuòchē Kastenwagen *m*

厢式自卸车 xiāngshì zìxièchē Kastenkipper *m*

镶板 xiāngbǎn Paneel *n*; Täfelung *f*

镶嵌 xiāngqiàn einsetzen; einfassen; einlegen

镶牙 xiāngyá künstlichen Zahn einsetzen; Zahnprothese einsetzen

详尽的 xiángjìnde ausführlich; detailliert; genau; hinlänglich

详情 xiángqíng Einzelheiten *pl*; genaue Information

详实的 xiángshíde ausführlich und korrekt

详图 xiángtú Detailzeichnung *f*

详细的 xiángxìde ausführlich; detailliert; genau; minuziös

详细资料 xiángxì zīliào Details *pl*

响度 xiǎngdù Tonstärke *f*; Lautstärke *f*; Lautheit *f*; Schallintensität *f*

响度级 xiǎngdùjí Lautstärkegrad *m*; Lautstärkepegel *m*

响应时间 xiǎngyìng shíjiān Antwortzeit *f*; Ansprechdauer *f*

响应系数 xiǎngyìng xìshù Ansprechwert *m*

想法 xiǎngfǎ Idee *f*; Gedanke *m*; Einfall *m*

想象 xiǎngxiàng sich vorstellen; sich einbilden

向光性 xiàngguāngxìng Phototropismus *m*

向量 xiàngliàng Vektor *m*; Pfeil *m*; vektorielle Größe

向量值 xiàngliàngzhí Zeigergröße *f*

向日性 xiàngrìxìng Heiliotropismus *m*

向上冲程 xiàngshàng chōngchéng aufwärtsgehender Hub

向上行程 xiàngshàng xíngchéng Aufwärtshub *m*; Aufwärtsgang *m*

向水性 xiàngshuǐxìng Hydrotropismus *m*

向外扩散 xiàngwài kuòsàn herausdiffundieren

向外旋转 xiàngwài xuánzhuàn herausdrehen

向位角 xiàngwèijiǎo Peilwinkel *m*

向下冲程 xiàngxià chōngchéng abwärtsgehender Hub

向下的 xiàngxiàde niedergehend

向下兼容性 xiàngxià jiānróngxìng Abwärtskompatibilität *f*

向下调节 xiàngxià tiáojié Abwärtsregelung *f*

向心的 xiàngxīnde zentripetal

向心滚子轴承 xiàngxīn gǔnzi zhóuchéng Radialrollenlager *n*

向心力 xiàngxīnlì Zentripetalkraft *f*; Annäherungskraft *f*

向心球轴承 xiàngxīnqiú zhóuchéng Rillenkugellager *n*

向心运动 xiàngxīn yùndòng Zentripetalbbewegung *f*

相差 xiàngchā Phasendifferenz *f*

相电流 xiàngdiànliú Phasenstrom *m*

相积分 xiàngjīfēn Phasenintegral *n*

相图 xiàngtú Zustandsdiagramm *n*

相位 xiàngwèi Phase *f*

相位差 xiàngwèichā Phasendifferenz *f*

相位常数 xiàngwèi chángshù Phasenkonstante *f*

相位分析 xiàngwèi fēnxī Phasenanalyse *f*

相位恒量 xiàngwèi héngliàng Phasenkonstante *f*

相位计 xiàngwèijì Phasometer *n*; Phasenmesser *m*

相位角 xiàngwèijiǎo Phasenwinkel *m*

相位调制 xiàngwèi tiáozhì Phasenmodulation *f*

相位图 xiàngwèitú Phasenbild *n*

相位移 xiàngwèiyí Phasenverschiebung *f*

相线 xiàngxiàn Außenleiter *m*

相移常数 xiàngyí chángshù Winkelmaß *n*

象素 xiàngsù Rasterpunkt *m*

象限 xiàngxiàn Quadrant *m*; Viertelkreis *m*

象限仪 xiàngxiànyí Quadrant *m*

象征 xiàngzhēng Symbol *n*; Sinnbild *n*; Indiz *n*; Zeichen *n*

像 xiàng Bild *n*

像差 xiàngchā Abbildungsfehler *n*; Aberration *f*; Abirrung *f*

像场 xiàngchǎng Abbildungsfeld *n*

像幅 xiàngfú Bildformat *n*

像散 xiàngsàn Astigmatismus *m*; Punktlosigkeit *f*; Entpunktung *f*

像散透镜 xiàngsàn tòujìng astigmatische Linse

像素 xiàngsù Pixel *n* Bildelement *n*

橡浆 xiàngjiāng Kautschuklatex *m*; Kautschukmilch *f*

橡胶 xiàngjiāo Kautschuk *m*; Gummi *m*

橡胶草 xiàngjiāocǎo Kuhblume *f*

X

橡胶防滑链 xiàngjiāo fánghuáliàn Gummigleitschutzkette *f*

橡胶绝缘 xiàngjiāo juéyuán Gummiisolierung *f*

橡胶绝缘带 xiàngjiāo juéyuándài Gummiisolierband *n*

橡胶绝缘管 xiàngjiāo juéyuánguǎn Gummiisolierrohr *n*

橡胶绝缘子 xiàngjiāo juéyuánzǐ Gummiisolator *m*

橡胶零件 xiàngjiāo língjiàn Gummikörper *m*

橡胶密封环 xiàngjiāo mìfēnghuán Gummidichtring *m*

橡胶密封圈 xiàngjiāo mìfēngquān Gummidichtring *m*

橡胶软管 xiàngjiāo ruǎnguǎn Kautschukschlauch *m*

橡胶树 xiàngjiāoshù Kautschukbaum *m*

橡胶制品 xiàngjiāo zhìpǐn Gummiprodukt *n*

橡皮 xiàngpí Gummi *m*

橡皮船 xiàngpíchuán Schlauchboot *n*

橡皮防滑链 xiàngpí fánghuáliàn Gummigleitschutzkette *f*

橡皮刮雨器 xiàngpí guāyǔqì Gummifensterwischer *m*

橡皮绝缘 xiàngpí juéyuán Gummiisolation *f*

橡皮绝缘线 xiàngpí juéyuánxiàn gummi-isolierter Draht

橡皮轮胎 xiàngpí lúntāi Gummireifen *m*

橡皮软管 xiàngpí ruǎnguǎn Gummischlauch *m*

橡皮艇 xiàngpítǐng Schlauchboot *n*; Gummiboot *n*

橡树 xiàngshù Eiche *f*; Eichbaum *m*

肖氏硬度计 xiāoshì yìngdùjì Shoregerät *n*; Shorehärtemesser *m*

肖氏硬度试验 xiāoshì yìngdù shìyàn Shore-Fallprobe *f*; Shore-Härteprüfung *f*

消沉 xiāochén hinwelken

消磁 xiāocí entmagnetisieren

消除 xiāochú eliminieren; beseitigen; ausschalten; ausscheiden; Elimination *f*

消除干扰 xiāochú gānrǎo entstören; Entstörung *f*

消毒 xiāodú desinfizieren; sterilisieren; entseuchen; entgiften; Sterilisierung *f*; Desinfektion *f*; Sterilisation *f*

消毒器 xiāodúqì Sterilisator *m*

消毒装置 xiāodú zhuāngzhì Entgiftungsanlage *f*

消防 xiāofáng Feuerbekämpfung *f*; Brandbekämpfung *f*

消防队 xiāofángduì Feuerwehr *f*

消防栓 xiāofángshuān Hydrant *m*

消费 xiāofèi verbrauchen; konsumieren; Konsum *m*; Verbrauch *m*

消费者 xiāofèizhě Konsument *m*; Verbraucher *m*; Abnehmer *m*

消光 xiāoguāng Extinktion *f*

消光光度计 xiāoguāng guāngdùjì Extinktionsfotometer *n*

消光剂 xiāoguāngjì Mattierungsmittel *n*

消光系数 xiāoguāng xìshù Extinktionsmodul *m*

消耗 xiāohào verbrauchen; verschwenden; erschöpfen; zermürben; hinschwinden; aufzehren; Verbrauch *m*; Dissipation *f*; Aufwand *m*

消耗功率 xiāohào gōnglǜ entziehbare Leistung; Leistungsaufnahme f

消化 xiāohuà verdauen; Verdauung f

消化不良 xiāohuà bùliáng die Verdauung stören; Dyspepsie f; Verdauungsstörung f; Magenverstimmung f; Indigestion f

消化系统 xiāohuà xìtǒng Verdauungssystem n

消化系统疾病 xiāohuà xìtǒng jíbìng Krankheiten vom Verdauungssystem

消化腺 xiāohuàxiàn Verdauungsdrüse f

消火栓 xiāohuǒshuān Hydrant m

消火塔 xiāohuǒtǎ Löschturm m

消沫剂 xiāomòjì Antischaummittel n

消热 xiāorè Lysis f

消融 xiāoróng schmelzen; tauen

消散 xiāosàn sich zerstreuen und verschwinden; verfliegen

消色差 xiāosèchā Achromasie f

消色差透镜 xiāosèchā tòujìng achromatische Linse; Achromat m

消声滤清器 xiāoshēng lǜqīngqì Dämpferfilter m/n

消声器 xiāoshēngqì Schalldämpfer m; Puffervorrichtung f; Geräuschdämpfer m

消失 xiāoshī verschwinden; vergehen

消损 xiāosǔn Abnutzung f; Verschleiß m

消退 xiāotuì abklingen

消亡 xiāowáng untergehen; verschwinden; absterben

消炎 xiāoyán Entzündung beseitigen; Entzündung hemmen

消炎剂 xiāoyánjì Antiphlogistikum n; entzündungshemmendes Mittel

消音器 xiāoyīnqì Schallschlucker

m; Schalldämpfer m

消隐脉冲 xiāoyǐn màichōng Dunkelimpuls m

消肿 xiāozhǒng Abschwellung f; Detumeszenz f

硝 xiāo Salpeter m

硝化 xiāohuà nitrieren

硝化甘油 xiāohuà gānyóu Nitroglyzerin n; Sprengöl n

硝基苯 xiāojīběn Nitrobenzol n

硝基染料 xiāojī rǎnliào Nitrofarbstoffe pl

硝基烷 xiāojīwán Nitroalkan n

硝镪水 xiāoqiángshuǐ Salpetersäure f

硝石 xiāoshí Salpeter m

硝酸 xiāosuān Salpetersäure f; Ätzwasser n

硝酸铵 xiāosuān'ān salpetersaures Ammonium; Ammoniumnitrat n

硝酸厂 xiāosuānchǎng Salpetersäurewerk n

硝酸钙 xiāosuāngài Kalziumnitrat n

硝酸钾 xiāosuānjiǎ Kaliumnitrat n; Kalisalpeter m; Salpeter m

硝酸盐 xiāosuānyán Salpetersäuresalz n; Nitrat n

硝酸银 xiāosuānyín Ätzsilber n; Silbernitrat n

销 xiāo aufheben; annullieren; Keil m; Bolzen m; Riegel m; Pflock m

销钉 xiāodīng Bolzen m; Stift m

销钉孔 xiāodīngkǒng Dübelloch n

销售 xiāoshòu verkaufen; Absatz m; Verkauf m

销售调研 xiāoshòu diàoyáo Absatzforschung f

销轴 xiāozhóu Stift m

销子 xiāozi Bolzen m; Warze f; Zapfen m

小餐室 xiǎocānshì Essnische f

X

小槽 xiǎocáo Furche *f*; Schlitz *m*

小肠 xiǎocháng Dünndarm *m*

小潮 xiǎocháo Nippflut *f*; Nippzeit *f*; Nipptide *f*

小齿轮 xiǎochǐlún Kleinrad *n*; Triebrad *n*; Ritzel *n*; Trjeb *m*

小齿轮轴 xiǎochǐlúnzhóu Ritzelachse *f*; Ritzelwelle *f*

小充电器 xiǎochōngdiànqì Kleinlader *m*

小儿病 xiǎo´érbìng Kinderkrankheit *f*

小儿发育不全 xiǎo´ér fāyù bùquán Infantilismus *m*

小儿科 xiǎo´érkē Pädiatrie *f*; Abteilung für Säuglings- und Kinderkrankheiten; Abteilung für Kinderkrankheiten

小儿科医生 xiǎo´érkē yīshēng Kinderarzt *m*; Pädiater *m*

小儿麻痹症 xiǎo´ér mábìzhèng spinale Kinderlähmung; Poliomyelitis *f*; Kinderlähmung *f*

小方块 xiǎofāngkuài Würfel *m*

小负荷硬度计 xiǎofùhè yìngdùjì Kleinlasthärteprüfer *m*

小功率 xiǎogōnglǜ Kleinleistung *f*

小功率发电机 xiǎogōnglǜ fādiànjī Kleindynamomaschine *f*

小河支流 xiǎohé zhīliú Seitenbach *m*

小轿车 xiǎojiàochē Kabriolett *n*

小卡 xiǎokǎ kleine Kalorie

小脑 xiǎonǎo Kleinhirn *n*; Zerebellum *n*

小汽车 xiǎoqìchē Auto *n*; Automobil *n*

小数 xiǎoshù Dezimalbruch *m*; Dezimale *f*

小数的 xiǎoshùde fraktionär

小数点 xiǎoshùdiǎn Komma *n*

小数位 xiǎoshùwèi Dezimalstelle *f*

小腿 xiǎotuǐ Unterschenkel *m*

小五金 xiǎowǔjīn Metallwaren *pl*; Eisenwaren *pl*

小溪 xiǎoxī Bächlein *n*; Wässerchen *n*; Rinnsal *n*

小行星 xiǎoxíngxīng Planetoid *m*; Asteroid *m*

小型 xiǎoxíng in kleinem Maßstab; in geringem Ausmaß; kleiner Typ

小型泵 xiǎoxíngbèng Kleinpumpe *f*

小型电冰箱 xiǎoxíng diànbīngxiāng Kühlbox *f*; kleiner Kühlschrank

小型电动机 xiǎoxíng diàndòngjī Kleinmotor *m*; Kleinelektromotor *m*

小型公共汽车 xiǎoxíng gōnggòng qìchē Kleinbus *m*

小型计算机 xiǎoxíng jìsuànjī Kleinrechner *m*; Minicomputer *m*

小型客车 xiǎoxíng kèchē Kleinomnibus *m*; Kleinbus *m*

小型载货车 xiǎoxíngzàihuòchē Kleinlastkraftwagen *m*; Kleinlastwagen *m*

小型转炉 xiǎoxíng zhuànlú Kleinbirne *f*

小修 xiǎoxiū laufende Instandhaltung; kleine Ausbesserung; vorläufige Reparatur

小循环 xiǎoxúnhuán Lungenkreislauf *m*; kleiner Blutkreislauf

小于 xiǎoyú kleiner als

小雨 xiǎoyǔ leichter Regen

小指 xiǎozhǐ kleiner Finger; kleine Zehe

小主动齿轮 xiǎozhǔdòng chǐlún Ritzel *n*

效果 xiàoguǒ Effekt *m*; Wirkung *f*; Resultat *n*

效力 xiàolì Effekt *m*; Gültigkeit *f*;

X

Wirkungskraft *f*; wirksam sein

效率 xiàolǜ Leistungsfähigkeit *f*; Leistung *f*; Nutzeffekt *m*; Wirkungsgrad *m*; Effektivität *f*

效能 xiàonéng Wirksamkeit *f*; Brauchbarkeit *f*; Nützlichkeit *f*

效益 xiàoyì Nutzeffekt *m*; Effizienz *f*

效应 xiàoyìng Wirkung *f*; Effekt *m*; Einfluss *m*

效用 xiàoyòng Wirksamkeit *f*; Wirkung *f*; Nützlichkeit *f*

哮喘 xiàochuǎn Asthma *n*

楔角 xiējiǎo Keilwinkel *m*

楔形键 xiēxíngjiàn Keilstift *m*; Einlegekeil *m*

楔轴 xiēzhóu Achse des Keils

协定 xiédìng Abkommen *n*; Übereinkommen *n*; Vertrag *n*; Vereinbarung *f*

协会 xiéhuì Verein *m*; Gesellschaft *f*; Verband *m*

协调 xiétiáo koordinieren; Ausgleich *m*; Koordination *f*

协议 xiéyì Protokoll *n*

协作 xiézuò zusammenwirken; Kooperation *f*; Koordination *f*

斜岸 xié'àn Abdachung *f*; Vorland *n*

斜边 xiébiān Hypotenuse *f*; Schrägkante *f*; gebrochene Kante

斜齿齿轮 xiéchǐ chǐlún Schrägzahnrad *n*

斜齿齿圈 xiéchǐ chǐquān Schrägzahnungskranz *m*

斜齿齿条 xiéchǐ chǐtiáo Schrägzahnstange *f*

斜齿轮 xiéchǐlún Spiralrad *n*

斜齿圆柱齿轮 xiéchǐ yuánzhù chǐlún Schrägzahnstirnrad *n*

斜的 xiéde Schräg; schief; geneigt

斜堤 xiédī Ablenkungsdamm *m*

斜度 xiédù Neigung *f*; Steilheit *f*

斜度角 xiédùjiǎo Böschungswinkel *m*

斜杠 xiégàng Schrägstrich *m*

斜高 xiégāo Schräghöhe *f*; Seitenhöhe *f*

斜角 xiéjiǎo Neigungswinkel *m*; schiefer Winkel; Schrägwinkel *m*

斜角的 xiéjiǎode loxogonal; schiefwinklig

斜角规 xiéjiǎoguī Schmiege *f*; Schrägemaß *n*

斜井 xiéjǐng Tonnlage *f*; Schrägschacht *m*; Tonnlagerschacht *m*

斜棱 xiéléng Schrägkante *f*

斜率 xiélǜ Gefälle *f*; Richtungskoeffizient *m*

斜面 xiémiàn Neigung *f*; schiefe Ebene; Abschrägung *f*; Hang *m*; geneigte Ebene; Schiefe *f*; Rampe *f*; Abhauen *n*; Abdachung *f*

斜面台 xiémiàntái Pult *n*

斜坡 xiépō Hang *m*; Abdachung *f*; Abhang *m*; Gefälle *n*; Neigung *f*

斜视 xiéshì seitwärts blicken; Schielen *n*; Strabismus *m*

斜纹 xiéwén Köper *m*; Twill *m*; Köperbindung *f*

斜线 xiéxiàn Schräglinie *f*; schräge Linie

斜线符号 xiéxiàn fúhào Schrägstrich *m*

斜圆锥 xiéyuánzhuī schiefer Kegel

斜轴线 xiézhóuxiàn Schrägachse *f*

谐波 xiébō Harmonische *f*; Nebenwelle *f*; Oberwelle *f*; Oberschwingung *f*

谐波发生器 xiébō fāshēngqì Oberwellengenerator *m*

谐波分析器 xiébō fēnxīqì harmonischer Analysator; Fourier-Analy-

X

sator *m*

谐波失真 xiébō shīzhēn harmonische Verzerrung；Oberwellenverzerrung *f*

谐波振荡 xiébō zhèndàng harmonische Schwingung

谐波振荡器 xiébō zhèndàngqì harmonischer Oszillator

谐和 xiéhé Harmonie *f*

谐音 xiéyīn Teiltöne *pl*；Partialtöne *pl*

谐音的 xiéyīnde gleichklingend；gleichlautend

谐振 xiézhèn resonieren；Resonanz *f*

谐振动 xiézhèndòng harmonische Schwingungen

谐振频率 xiézhèn pínlǜ Resonanzfrequenz *f*

谐振器 xiézhènqì Resonator *m*

写入保护 xiěrù bǎohù Schreibschutz *m*

写入保护的 xiěrù bǎohùde schreibgeschützt

写入封锁 xiěrù fēngsuǒ Schreibsperre *f*

写入语句 xiěrù yǔjù Schreibanweisung *f*

泄出 xièchū ausströmen；Abgabe *f*

泄洪 xièhóng Hochwasserabfluss *m*；Hochwasserableiten *n*；Hochwasserentlastung *f*；Hochwasserdurchlass *m*；Hochwasserabführung *f*；Hochwasserableitung *f*

泄洪孔 xièhóngkǒng Hochwasseröffnung *f*

泄洪量 xièhóngliàng Hochwasserabfluss m

泄洪隧洞 xièhóng suìdòng Hochwasserentlastungstunnel *m*；Hochwasserentlastungsstollen *m*；Ablei-

tungstunnel *m*

泄降区 xièjiàngqū Absenkzone *f*

泄流面 xièliúmiàn Abflussseite *f*

泄漏 xièlòu Abgang *m*

泄漏电流 xièlòu diànliú Ableitungsstrom *m*；Kriechstrom *m*；Fehlerstrom *m*

泄水槽 xièshuǐcáo Abschussrinne *f*；Sturzrinne *f*

泄水道 xièshuǐdào Schleusenkanal *m*；Gefluder *n*

泄水阀 xièshuǐfá Ablassventil *n*；Ausströmventil *n*；Auslassverschlussorgan *n*；Auslassschieber *m*

泄水管 xièshuǐguǎn Rohrsiel *n*；Ablassleitung *f*；Entleerungsleitung *f*

泄水涵洞 xièshuǐhándòng Ablassdurchlass *m*

泄水建筑物 xièshuǐ jiànzhùwù Entlastungsbauwerk *n*

泄水孔 xièshuǐkǒng Abflussöffnung *f*；Ausflussöffnung *f*；Entlastungsablass *m*；Auslauföffnung *f*；Austrittsöffnung *f*；Sielzug *m*

泄水龙头 xièshuǐ lóngtóu Ablasshahn *m*；Entleerungshahn *m*

泄水能力 xièshuǐ nénglì Fortleitungsvermögen *n*；Fortleitungsfähigkeit *f*

泄水渠 xièshuǐqú Ableitungsgraben *m*；Ableitungsgerinne *n*；Ableitungskanal *m*；Ablassgraben *m*；Auslaufkanal *m*

泄水设备 xièshuǐ shèbèi Entlastungsanlage *f*；Leerschussanlage *f*；Entlastungsauslass *m*；Wasserablass *m*

泄水隧洞 xièshuǐ suìdòng Ablassstollen *m*；Entlastungsstollen *m*；Entwässerungsstollen *m*

泄水旋塞 xièshuǐ xuánsāi Abfluss-

X

hahn *m*

泄水闸 xièshuǐzhá Freischleuse *f*; Schleuse *f*; Schleusentor *n*; Auslassschleuse *f*

泄压阀 xièyāfá Druckablassventil *n*

泻肚 xièdù Durchfall haben; Durchfall *m*; Diarrhö *f*

泻流 xièliú Effusion *f*

泻药 xièyào Abführmittel *n*

卸车 xièchē Wagen ausladen; Wagen abladen; Wagen entladen

卸出 xièchū Ausstürzen *n*; Abwurf *m*

卸荷 xièhè entladen

卸货 xièhuò Ausladung *f*; Ladung löschen; Waren abladen; Waren ausladen

卸料车 xièliàochē Abwurfwagen *m*

卸料滚筒 xièliào gǔntǒng Abwurfrolle *f*

卸料条筛 xièliào tiáoshāi Abwurfrost *m*

卸载 xièzài entladen; austragen; Abladen *n*; Abladung *f*

卸载机 xièzàijī Abhebemaschine *f*; Entlader *m*

卸装 xièzhuāng deinstallieren

屑片 xièpiàn Flocke *f*; Schichtstück *n*

心包 xīnbāo Herzbeutel *m*

心壁 xīnbì Herzwand *f*

心电图 xīndiàntú Elektrokardiogramm *n*; Elektrokardiografie; Kardiogramm *n*

心电图机 xīndiàntújī Elektrokardiograf *m*

心电仪 xīndiànyí Elektrokardiograf *m*

心房 xīnfáng Herzvorhof *m*; Atrium *n*

心肌 xīnjī Herzmuskel *m*

心肌梗死 xīnjī gěngsǐ Herzinfarkt *m*

心肌炎 xīnjīyán Herzmuskelentzündung *f*; Myokarditis *f*

心肌组织 xīnjī zǔzhī Herzmuskelgewebe *n*

心悸 xīnjì Herzklopfen *n*; Palpitation *f*

心绞痛 xīnjiǎotòng Herzkrampf *m*; Angina pectoris *f*; Kardialgie *f*

心理 xīnlǐ Psyche *f*; psychische Verfassung; seelischer Zustand

心理变化 xīnlǐ biànhuà psychische Veränderung

心理学 xīnlǐxué Psychologie *f*

心力衰竭 xīnlì shuāijié Herzinsuffizienz *f*; Herzschwäche *f*

心律 xīnlǜ Herzrhythmus *m*; Herzfrequenz *f*

心律不齐 xīnlǜ bùqí unregelmäßige Herzschlagfolge; Arrhythmie *f*

心律失常 xīnlǜ shīcháng Arrhythmie *f*

心律正常 xīnlǜ zhèngcháng Eurhythmie *f*

心囊 xīnnáng Herzbeutel *m*

心区 xīnqū Herzgegend *f*

心身发育 xīnshēn fāyù psychische und physische Entwicklung; seelische und körperliche Entwicklung

心室 xīnshì Herzkammer *f*; Herzventrikel *m*

心跳 xīntiào Herzklopfen *n*

心血管 xīnxuèguǎn Herzgefäß *n*

心血管病 xīnxièguǎnbìng Herz- und Gefäßkrankheiten *pl*

心音 xīnyīn Herzton *m*

心脏 xīnzàng Herz *n*

心脏瓣膜 xīnzàng bànmó Herzklappe *f*

心脏病 xīnzàngbìng Herzkrankheit *f*; Herzklaps *m*; Herzbeschwerden *pl*

X

心脏肥大 xīnzàng féidà Herzhypertrophie *f*

心脏扩大 xīnzàng kuòdà Herzerweiterung *f*; Herzdilatation *f*

心脏扩张 xīnzàng kuòzhāng Herzerweiterung *f*

心脏麻痹 xīnzàng mábì Kardioplegie *f*

心脏起搏器 xīnzàng qǐbóqì Herzschrittmacher *m*; Schrittmacher *m*

心脏神经官能症 xīnzàng shénjīng guānnéngzhèng Herzneurose *f*

心脏外科 xīnzàng wàikē Abteilung für Kardiochirurgie

心脏杂音 xīnzàng záyīn Herzgeräusch *n*

心轴 xīnzhóu Dorn *m*; Docke *f*; Spindel *f*

芯棒 xīnbàng Dorn *m*

芯片 xīnpiàn Chip *m*; Kernstück *n*

芯片半导体元件 xīnpiàn bàndǎotǐ yuánjiàn Chip-Halbleiterbauelement *n*

芯片释放输入端 xīnpiàn shìfàng shūrùduān Chip-Freigabe-Eingang *m*

芯片选择信号 xīnpiàn xuǎnzé xìnhào Chip-Selekt-Signal *n*

芯子 xīnzi Kern *m*

辛烷值测定 xīnwánzhí cèdìng Oktanzahlbestimmung *f*

锌 xīn Zink *n*

锌锭 xīndìng Barrenzink *n*

锌矾 xīnfán Zinkvitriol *m*

锌粉 xīnfěn Zinkmehl *n*; Zinkpulver *n*; Zinkstaub *m*

锌条 xīntiáo Barrenzink *n*

新陈代谢 xīnchén dàixiè Metabolismus *m*; Stoffwechsel *m*

新纪元 xīnjìyuán neue Epoche; neue Ära

新生代 xīnshēngdài Känozoikum *n*; Neuzoikum *n*

新生儿 xīnshēng'ér Neugeborene *n*; neugeborenes Kind

新闻组 xīnwénzǔ Newsgroup *f*

新星 xīnxīng Nova *f*; neuer Stern

新月 xīnyuè Neumond *m*; Mondsichel *f*; junger Mond

信标灯 xìnbiāodēng Leuchtboje *f*; Leuchtbake *f*

信贷 xìndài Kredit *m*

信号 xìnhào Signal *n*; Zeichen *n*

信号保真度 xìnhào bǎozhēndù Verzerrungsfreiheit eines Signals

信号逼真度 xìnhào bīzhēndù Verzerrungsfreiheit eines Signals

信号变换 xìnhào biànhuàn Signalumwandlung *f*

信号变换器 xìnhào biànhuànqì Signalumformer *m*; Signalumsetzer *m*

信号存储器 xìnhào cúnchǔqì Meldespeicher *m*; Signalspeicher *m*

信号灯 xìnhàodēng Signallampe *f*; Meldelampe *f*; Meldeleuchte *f*

信号笛 xìnhàodí Sirene *f*

信号电平 xìnhào diànpíng Signalpegel *m*

信号电压 xìnhào diànyā Signalspannung *f*

信号发生器 xìnhào fāshēngqì Wechselgeber *m*

信号发送器 xìnhào fāsòngqì Zeichengeber *m*; Signalgeber *m*

信号放大 xìnhào fàngdà Signalverstärkung *f*

信号放大器 xìnhào fàngdàqì Signalverstärker *m*

信号分频器 xìnhào fēnpínqì Signaluntersetzer *m*

信号机 xìnhàojī Semaphor *n*

信号技术 xìnhào jìshù Signaltech-

X

nik *f*

信号铃 xìnhàolíng Alarmglocke *f*

信号盘 xìnhàopán Signaltafel *f*; Signalscheibe *f*

信号匹配 xìnhào pǐpèi Signalanpassung *f*

信号频率 xìnhào pínlǜ Zeichenfrequenz *f*; Signalfrequenz *f*

信号设备 xìnhào shèbèi Signalanlage *f*; Signalvorrichtung *f*

信号输出 xìnhào shūchū Signalgabe *f*

信号损失 xìnhào sǔnshī Signalausfall *m*

信号系统 xìnhào xìtǒng Signalsystem *n*

信号线 xìnhàoxiàn Signalleiter *m*

信号消失 xìnhào xiāoshī Ausbleiben eines Signals

信号延迟 xìnhào yánchí 〈计〉 Signalverzögerung *f*

信号延迟器 xìnhào yánchíqì Signalverzögerungsglied *n*

信号值 xìnhàozhí Signalwert *m*

信号装置 xìnhào zhuāngzhì Signalanlage *f*; Warnanlage *f*

信号组合 xìnhào zǔhé Signalkombination *f*

信路 xìnlù Kanal *m*

信息 xìnxī Information *f*; Nachricht *f*; Botschaft *f*

信息保护 xìnxī bǎohù Informationsschutz *m*

信息储存 xìnxī chǔcún Informationsspeicherung *f*

信息处理 xìnxī chǔlǐ Informationsverarbeitung *f*; Signalverarbeitung *f*

信息处理机 xìnxī chǔlǐjī Informationsverarbeitungseinheit *f*

信息传递 xìnxī chuándì Nachrichtenübermittlung *f*

信息传输 xìnxī chuánshū Informationsübertragung *f*

信息存储器 xìnxī cúnchǔqì Informationsspeicher *m*; Nachrichtenspeicher *m*

信息道 xìnxīdào Informationskanal *m*

信息读出时间 xìnxī dúchū shíjiān Informationsauslesezeit *f*

信息反馈 xìnxī fǎnkuì Informationsrückfluss *m*

信息高速公路 xìnxī gāosù gōnglù Datenautobahn *f*; Datenhighway *m*

信息管理 xìnxī guǎnlǐ Informationswartung *f*

信息检索 xìnxī jiǎnsuǒ Informationssuche *f*; Wiederauffinden von Informationen

信息检索系统 xìnxī jiǎnsuǒ xìtǒng Informationsarchiv-System *n*; Informationsauswahlsystem *n*

信息交换 xìnxī jiāohuàn Datenaustausch *m*; Informationsaustausch *m*

信息科学 xìnxī kēxué Informationswissenschaft *f*

信息控制系统 xìnxī kòngzhì xìtǒng Informationskontrollsystem *n*

信息库 xìnxīkù Informationsbank *f*

信息块 xìnxīkuài Informationsblock *m*

信息来源 xìnxī láiyuán Informationsquelle *f*

信息量 xìnxīliàng Informationsmenge *f*; Informationsquantität *f*; Informationsvolumen *n*

信息流 xìnxīliú Informationsfluss *m*

信息论 xìnxīlùn Informationstheorie *f*

信息扫描 xìnxī sǎomiáo Informa-

X

信息扫描系统 xìnxī sǎomiáo xìtǒng Informationsabtastsystem *n*

信息输出 xìnxī shūchū Informationsausgabe *f*

信息输入 xìnxī shūrù Informationseingabe *f*

信息通道 xìnxī tōngdào Informationskanal *m*; Nachrichtenkanal *m*

信息位 xìnxīwèi Informationsbit *n*; Informationsinhalter *m*

信息系统 xìnxī xìtǒng Informationssystem *n*

信息线 xìnxīxiàn Informationsdraht *m*

信息学 xìnxīxué Informatik *f*

信息源 xìnxīyuán Informationsquelle *f*

信噪比 xìnzàobǐ Nutz-Störverhältnis *n*; Nutz-Störleistungsverhältnis *n*

兴奋剂 xìngfènjì Reizmittel *n*; Stimulans *n*; Anregungsmittel *n*; Analeptikum *n*; Exzitans *n*

兴奋期 xìngfènqī Erregungsstadium *n*

星 xīng Stern *m*

星斗 xīngdǒu Sterne *pl*

星号 xīnghào Sternchen *n*

星际的 xīngjìde interstellar; interplanetarisch

星际飞行 xīngjì fēixíng interplanetarer Flug

星际火箭 xīngjì huǒjiàn kosmische Rakete; interplanetarische Rakete

星期 xīngqī Woche *f*

星球 xīngqiú Himmelskörper *m*; Gestirn *n*; Sphäre *f*

星体 xīngtǐ Himmelskörper *m*

星图 xīngtú Sternkarte *f*; Sternatlas *m*

星团 xīngtuán Sternhaufen *m*

星系 xīngxì Sternsystem *n*; Galaxis *f*

星象 xīngxiàng Horoskop *n*

星星 xīngxing Sterne *pl*

星形齿轮 xīngxíng chǐlún Sternrad *n*; Rollenstern *m*

星形发动机 xīngxíng fādòngjī Sternmotor *m*

星形接法 xīngxíng jiēfǎ Sternschaltung *f*

星形连接 xīngxíng liánjiē Sternschaltung *f*; Y-Schaltung *f*

星形轮 xīngxínglún Sternrad *n*; Spinne *f*

星夜 xīngyè sternklare Nacht; bei Nacht

星云 xīngyún Nebelfleck *m*; Nebel *m*; Sternwolke *f*

星占 xīngzhān jm das Horoskop stellen

星占学 xīngzhānxué Astrologie *f*

星占学家 xīngzhānxuéjiā Astrologe *m*

星状的 xīngzhuàngde astral

星座 xīngzuò Sternbild *n*; Konstellation *f*; Gestirn *n*

行车 xíngchē ein Kraftfahrzeug führen; Fahrt *f*

行车强度 xíngchē qiángdù Verkehrsdichtigkeit *f*

行车实验 xíngchē shíyàn Straßenprüfung *f*

行程 xíngchéng Weglänge *f*; Weg *m*; Hub *m*; Bewegung *f*; Fahrt *f*; Durchgang *m*; Reiseweg *m*; Kilometerzahl einer Reise

行程缸径比 xíngchéng gāngjìngbǐ Hub-Bohrungsverhältnis *n*

行动 xíngdòng Aktion *f*; Tat *f*

行驶 xíngshǐ verkehren; fahren; Fahrt *f*

行驶计时器 xíngshǐ jìshíqì Fahrdiagraf m; Fahrzeitmesser m

行驶试验 xíngshǐ shìyàn Fahrprüfung f

行驶性能 xíngshǐ xìngnéng Fahreigenschaften pl

行驶证 xíngshǐzhèng Fahrzeugschein m

行星 xíngxīng Planet m

行星齿轮 xíngxīng chǐlún Planetenrad n

行星齿轮箱 xíngxīng chǐlúnxiāng Planetengetriebe n

行星轨道 xíngxīng guǐdào Planetenbahn f

行星系 xíngxīngxì Planetensystem n

行医 xíngyī (als Arzt) praktizieren; als Arzt tätig sein

形变 xíngbiàn Deformation f; Verformung f

形变常数 xíngbiàn chángshù Deformationskonstante f

形变热处理 xíngbiàn rèchǔlǐ Ausforming f; Austenitformhärten n

形成 xíngchéng formen; bilden; ausbilden; entwickeln; Formung f; Bildung f; Formierung f; Formation f; Entstehung f; Geburt f; Gebilde n

形成机制 xíngchéng jīzhì Bildungsmechanismus m

形式 xíngshì Form f

形式的 xíngshìde formal

形式逻辑 xíngshì luójí formale Logik

形态 xíngtài Form f; Gestalt f; Morphologie f; Statur f

形体 xíngtǐ Körperbau m; Körperbeschaffenheit f; Physis f; Form und Struktur; Gebilde n

形象 xíngxiàng Figur f; Gestalt f; Gebilde n

形象的 xíngxiàngde bildlich; anschaulich

形状 xíngzhuàng Form f; Gestalt f; Gestaltung f; Format n

形状公差 xíngzhuàng gōngchā Formtoleranz f

型 xíng Form f; Typ m; Art f

型钢 xínggāng Profilstahl m; Profileisen n; Formeisen n; Sorteneisen n; Fassonstahl m; Fassoneisen n; Formprofileisen n

型号 xínghào Modell n; Typ m; Typenbezeichnung f; Größe f

型箱 xíngxiāng Formkasten m

型芯 xíngxīn Formkern m

型芯孔 xíngxīnkǒng Kernöffnung f

型芯孔螺栓 xíngxīnkǒng luóshuān Kernlochschraube f

型芯塞 xíngxīnsāi Kernstopfen m

型压 xíngyā profilieren; umformen

性别 xìngbié Geschlecht n; Sexus m; Geschlechtsunterschied m

性病 xìngbìng Geschlechtskrankheit f; venerische Krankheit

性激素 xìngjīsù Geschlechtshormon n; Sexualhormon n

性能 xìngnéng Funktion f; Leistung f; Funktionsfähigkeit f

性细胞 xìngxìbāo Geschlechtszelle f

性腺 xìngxiàn Gonaden pl; Geschlechtsdrüse f; Keimdrüse f

性质 xìngzhì Wesen n; Beschaffenheit f; Grundeigenschaft f

性质的 xìngzhìde qualitativ

胸 xiōng Brust f; Busen m

胸大肌 xiōngdàjī großer Brustmuskel

胸骨 xiōnggǔ Brustbein n; Sternum n

胸襟 xiōngjīn geistiger Horizont

胸闷 xiōngmèn Brustbeklemmung f;

X

Brustenge *f*

胸膜 xiōngmó Brustfell *n*; Pleura *f*; Rippenfell *n*

胸膜炎 xiōngmóyán Brustfellentzündung *f*; Rippenfellentzündung *f*; Pleuritis *f*

胸腔 xiōngqiāng Brustkorb *m*; Brusthöhle *f*; Brustraum *m*; Thorax *m*

胸腔外科 xiōngqiāng wàikē Abteilung für Thoraxchirurgie

胸膛 xiōngtáng Brust *f*

胸痛 xiōngtòng Brustschmerz *m*

胸围 xiōngwéi Brustumfang *m*; Brustweite *f*

胸椎 xiōngzhuī Brustwirbel *m*

雄花 xiónghuā männliche Blume; Staubblüte *f*

雄蕊 xióngruǐ Staubblatt *n*; Staubgefäß *n*

雄性激素 xióngxìng jīsù Androgen *n*

休耕地 xiūgēngdì Brachfeld (Brachland) *n*; brachliegende Felder; Brache *f*

休克 xiūkè schockieren; schocken; Schock *m*

休眠 xiūmián Schlaf *m*; Ruhe *f*

休养所 xiūyǎngsuǒ Erholungsheim *n*; Kurhaus *n*; Sanatorium *n*

修补 xiūbǔ reparieren; flicken; Reparatur *f*; Flickarbeit *f*

修订 xiūdìng revidieren; verbessern; bearbeiten; Bearbeitung *f*

修改 xiūgǎi ändern; verbessern; korrigieren; berichtigen; abändern

修剪 xiūjiǎn stutzen; beschneiden

修剪机 xiūjiǎnjī Beschneidemaschine *f*

修理 xiūlǐ reparieren; Reparatur *f*; Instandsetzung *f*; Ausbesserung *f*

修配车间 xiūpèi chējiān Reparaturwerkstatt *f*

修缮 xiūshàn renovieren; Instandsetzung *f*

修正 xiūzhèng korrigieren; berichtigen; verbessern; entzerren; revidieren; entstellen; Entzerrung *f*; Wiedergutmachung *f*

修正器 xiūzhèngqì Entzerrer *m*; Verzerrer *m*

修筑 xiūzhù bauen; anlegen

袖珍电子计算器 xiùzhēn diànzǐ jìshuànqì Taschenrechner *m*

锈落 xiùluò abrosten

锈蚀 xiùshí verrosten; Abrosten *n*

锈蚀的 xiùshíde verrostet

锈蚀扩散 xiùshí kuòsàn Rostausbreitung *f*

锈脱 xiùtuō abrosten

溴 xiù Brom *n*

溴化物 xiùhuàwù Bromid *n*

溴化银 xiùhuàyín Bromsilber *n*

溴酸 xiùsuān Bromsäure *f*

溴银矿 xiùyínkuàng Bromit *m*

嗅觉 xiùjué Geruchssinn *m*; Geruchsempfindung *f*

嗅神经 xiùshénjīng Riechnerv *m*; Geruchsnerv *m*

虚根 xūgēn imaginäre Wurzel

虚构 xūgòu erdichten; erfinden

虚焦点 xūjiāodiǎn virtueller Brennpunkt; Zerstreuungspunkt *m*

虚拟存储器 xūnǐ cúnchǔqì scheinbarer Speicher; der virtuelle Speicher

虚拟的 xūnǐde cyber; virtuell

虚拟地址 xūnǐ dìzhǐ vermutliche Adresse

虚拟空间 xūnǐ kōngjiān Cyberspace *m*; künstlicher Raum; Cyberraum *m*

X

虚拟世界 xūnǐ shìjiè Cyberspace *m*；
virtuelle Welt；Kunstwelt *f*

虚拟误差 xūnǐ wùchā　　fingierter
Fehler

虚数 xūshù imaginäre Zahl；imaginäre Größe

虚数的 xūshùde imaginär

虚线 xūxiàn punktierte Linie；gestrichelte Linie；Strichlinie *f*

虚像 xūxiàng virtuelles Bild；Zerstreuungsbild *n*

需要 xūyào brauchen； bedürfen；
fordern；Bedürfnis *n*；Bedarf *m*

许可 xǔkě genehmigen； billigen；
einwilligen； zustimmen； erlauben；zulassen；gestatten；Erlaubnis *f*；Genehmigung *f*；Zulass *m*

序列 xùliè Folge *f*；Reihe *f*；Ablauf
m

序数 xùshù Ordnungszahl *f*；Ordinalzahl *f*；Ordinale *n*

序言 xùyán Vorwort *n*；Prolog *m*

叙述 xùshù darstellen； schildern；
erzählen；Darstellung *f*；Darlegung *f*

畜牧 xùmù Viehzucht *f*；Haustier- und Geflügelhaltung *f*

畜牧系 xùmùxì Abteilung für Viehwirtschaft

蓄电池 xùdiànchí Akkumulator *m*；
Akku *m*； Akkumulatorzelle *f*；
Sammlerzelle *f*；Stromspeicher *m*

蓄电池保护继电器 jìdiànchí bǎohù
jìdiànqì Batterieschutzrelais *f*

蓄电池充电器 xùdiànchí chōngdiàn-
qì Batterieladegerät *n*；Batterie-
Ladegerät *n*

蓄电池电力机车　　xùdiànchí diànlì
jīchē Akkulok *f*

蓄电池电源设备 xùdiànchí diànyuán
shèbèi Batterieanschlussgerät *n*

蓄电池极板 xùdiànchí jíbǎn　Akku-
mulator(en) platte *f*

蓄电池铅板 xùdiànchí qiānbǎn Ak-
kumulatorbleiplatte *f*

蓄电池箱 xùdiànchíxiāng Akkukas-
ten *m*

蓄电池组 xùdiànchízǔ Akkumulator-
batterie *f*；Sammlerbatterie *f*；La-
dungssäule *f*

蓄洪 xùhóng　　　　Hochwasserspeiche-
rung *f*；Flutwasser speichern

蓄积水 xùjīshuǐ Stauwasser *n*

蓄能 xùnéng Energiespeicherung *f*

蓄热 xùrè Wärmespeicherung *f*

蓄热器 xùrèqì Wärmespeicher *m*；
Wärmesammler *m*；Wärmebehälter
m

蓄水 xùshuǐ Wasserspeicherung *f*；
Akkumulierung *f*；Wasserrückhalt
m

蓄水坝 xùshuǐbà　　Staudamm　　*m*；
Speicherdamm *m*；Speichersperre
f；Sperrmauer *f*

蓄水池 xùshuǐchí　　Wasserspeicher
m；Stausee *m*；Sammelbecken *n*；
Staubecken *n*；Reservoir *n*；Spei-
cherbecken *n*；Sammelbehälter *m*；
Speicherbehälter　　　*m*；　　Sparbe-
cken *n*；Brunnenbecken *n*；Was-
serraum *m*；Teich *m*

蓄水工程 xùshuǐ gōngchéng　Stau-
seeprojekt *n*；Wasserspeicherpro-
jekt *n*；Speicherungsprojekt *n*

蓄水库 xùshuǐkù　　Wasserraumspei-
cher *m*；Speichersee *m*；Stausee
m

蓄水能力 xùshuǐ nénglì Speicherfä-
higkeit *f*；Speichervermögen *n*

蓄水容积 xùshuǐ róngjī Speichervor-
rat *m*；Speicherraum *m*

蓄压管喷油系统 xùyāguǎn pēnyóu

X

xìtǒng Speicherspritzsystem *n*

蓄压器 xùyāqì Druckakkumulator *m*; Druckspeicher *m*

续编 xùbiān Fortsetzung *f*; Folge *f*

续航力 xùhánglì Maximalflugzeit *f*; Maximalfahrtzeit *f*

玄武岩 xuánwǔyán Basalt *m*

悬 xuán Achsschenkelhalter *m*

悬臂 xuánbì Auslegerarm *m*; Tragarm *m*; Konsole *f*; Ausleger *m*; Kragarm *m*

悬臂架 xuánbìjià Bockgestell *n*

悬臂梁 xuánbìliáng Auslegerbalken *m*; Konsolträger *m*

悬臂起重机 xuánbì qǐzhòngjī Auslegerkran *m*; Konsolkran *m*

悬臂式起重机 xuánbìshì qǐzhòngjī Konsolkran *m*

悬臂轴承 xuánbì zhóuchéng Konsollager *n*

悬浮 xuánfú aufschlämmen; Aufschwemmung *f*; Suspension *f*

悬浮粒子 xuánfú lìzǐ Schwebeteilchen *n*

悬浮列车 xuánfú lièchē Aerotrain *m*; Luftkissenzug *m*; Schwebebahn *f*

悬浮能力 xuánfú nénglì Schwebefähigkeit *f*

悬浮体 xuánfútǐ Schwebekörper *m*; Schwebeteilchen *n*; suspendierte Substanz

悬浮物 xuánfúwù Schwebestoff *m*; Aufschlämmung *f*

悬浮物质 xuánfú wùzhì Schwimmstoff *m*; Schwebestoff *m*

悬浮液 xuánfúyè Trübe *f*; Suspension *f*

悬杆 xuángān Hängestange *f*

悬挂 xuánguà anhängen; überhängen; hängen; Aufhängung *f*

悬挂柔度 xuánguà róudù Federweichheit *f*

悬空 xuánkōng in der Luft hängen

悬空脚手架 xuánkōng jiǎoshǒujià Hängegerüst *n*; Hängerüstung *f*

悬梁 xuánliáng sich aufhängen

悬式电动机 xuánshì diàndòngjī Hängemotor *m*

悬式结构 xuánshì jiégòu Hängebauart *f*

悬崖 xuányá Überhang *m*; Vorsprung *m*; Rand eines Abgrunds

悬置点 xuánzhìdiǎn Aufhängepunkt *m*

旋臂起重机 xuánbì qǐzhòngjī Drehkran *m*; Baudrehkran *m*

旋臂钻床 xuánbì zuànchuáng Radialbohrmaschine *f*

旋管 xuánguǎn Rohrschlange *f*; Rohrspirale *f*; Spiralrohr *n*

旋光仪 xuánguāngyí Polarimeter *n*

旋光性 xuánguāngxìng optische Rotation; optische Drehung

旋角 xuánjiǎo Verdrehungswinkel *m*

旋紧 xuánjǐn schrauben

旋开 xuánkāi losdrehen; herausschrauben

旋量 xuánliàng Spinor *m*

旋流器 xuánliúqì Wirbler *m*

旋钮 xuánniǔ Drehknopf *m*; Knopf *m*

旋塞 xuánsāi Hahn *m*; Schraubverschluss *m*

旋速计 xuánsùjì Tourenzähler *m*

旋涡 xuánwō Strudel *m*; Wirbel *m*

旋涡的 xuánwōde wirbelartig; wirbelnd

旋下 xuánxià abschrauben

旋转 xuánzhuǎn rotieren; kreisen; kreiseln; drehen; umlaufen; schwenken; ausdrehen; Rotation *f*;

Umdrehung f; Kreislauf m; Umlauf m; Drehung f; Verdrehung f; Wirbel m; Drall m; Gyration f; Tour f; Umschwung m; Kreisbewegung f

旋转泵 xuánzhuǎnbèng Rotationspumpe f; Würgelpumpe f; Kreiselpumpe f

旋转场变压器 xuánzhuǎnchǎng biànyāqì Drehfeldtransformator m

旋转磁场 xuánzhuǎn cíchǎng Drehfeld n; magnetisches Drehfeld

旋转磁场感应电压 xuánzhuǎn cíchǎng gǎnyìng diànyā Drehfeldspannung f

旋转淬火 xuánzhuǎn cuìhuǒ Abrollungshärtung f; Umlaufhärten n

旋转的 xuánzhuǎnde drehend

旋转电枢 xuánzhuǎn diànshū rotierender Anker; Drehanker m

旋转对称 xuánzhuǎn duìchèn Rotationssymmetrie f

旋转惯性 xuánzhuǎn guànxìng Rotationsträgheit f

旋转角 xuánzhuǎnjiǎo Umdrehungswinkel m; Verdrehungswinkel m

旋转开关 xuánzhuǎn kāiguān Drehschalter m

旋转力 xuánzhuǎnlì Drehkraft f

旋转面 xuánzhuànmiàn Drehungsebene f; Rotationsfläche f; Umdrehungsebene f

旋转摩擦 xuánzhuǎn mócā drehende Reibung

旋转式活塞 xuánzhuǎnshì huósāi Rotationskolben m

旋转速度 xuánzhuǎn sùdù Drehgeschwindigkeit f; Laufgeschwindigkeit f

旋转体 xuánzhuǎntǐ Rotationskörper m; Drehkörper m; Umdrehungsfigur f; Umdrehungskörper m

旋转椭圆体 xuánzhuǎn tuǒyuántǐ Umdrehungsellipsoid n; Rotationsellipsoid n

旋转线圈 xuánzhuǎn xiànquān rotierende Spule

旋转运动 xuánzhuǎn yùndòng Umdrehungsbewegung f; rotierende Bewegung; kreisende Bewegung

旋转轴 xuánzhuǎnzhóu Rotationsachse f; Drehachse f; Umdrehungsachse f; Wirbelspindel f; Bewegungsachse f; Wendeachse f; Schwenkachse f

选定频率 xuǎndìng pínlǜ Verfügungsfrequenz f

选幅器 xuǎnfúqì Amplitudenselektor m

选购 xuǎngòu auswählen und kaufen

选矿 xuǎnkuàng Erzaufbereitung f

选矿法 xuǎnkuàngfǎ Anreicherungsverfahren n; Aufbereitungsverfahren n

选矿机 xuǎnkuàngjī Anreicherungsmaschine f; Aufbereitungsmaschine f

选矿设备 xuǎnkuàng shèbèi Aufbereitungsgerät n; Aufbereitungsanlage f

选频放大器 xuǎnpín fàngdàqì frequenzselektiver Verstärker

选通脉冲 xuǎntōng màichōng Ausblendimpuls m

选通脉冲时间 xuǎntōng màichōng shíjiān Strobe-Zeit f

选通脉冲信号 xuǎntōng màichōng xìnhào Strobe-Signal n

选项卡 xuǎnxiàngkǎ Registerkarte f

选样 xuǎnyàng Bemusterung f; Bemustern n

X

选择 xuǎnzé auswählen; wählen; Auswahl *f*; Auslese *f*

选择存取 xuǎnzé cúnqǔ wahlweiser Zugriff

选择的 xuǎnzéde selektiv

选择电路 xuǎnzé diànlù Wählschaltung *f*; Selektivkreis *m*

选择继电器 xuǎnzé jìdiànqì Selektivrelais *n*

选择开关 xuǎnzé kāiguān Auswahlschalter *m*; Wählschalter *m*

选择器 xuǎnzéqì Wähler *m*; Selektor *m*; Wählschalter *m*

选择性 xuǎnzéxìng Selektivität *f*; Trennschärfe *f*

选择字 xuǎnzézì Wahlwort *n*

选种 xuǎnzhǒng Samenauslese *f*; Saatgutauslese *f*; Saat auswählen; Saatgut aussortieren

眩晕 xuànyùn Schwindel *m*

旋床 xuànchuáng Drehbank *f*

旋风 xuànfēng Wirbelwind *m*; Zyklon *m*; Wirbelsturm *m*

削波器 xuēbōqì Chopper *m*

削波原理 xuēbō yuánlǐ Chopper-Prinzip *n*

削减 xuējiǎn reduzieren; verringern; herabsetzen; heruntersetzen; Abstrich *m*

削平 xuēpíng abebnen; Abflachung *f*

削弱 xuēruò schwächen; abschwächen

学分 xuéfēn Leistungspunkt *m*

学风 xuéfēng Arbeitsstil in der Schulung; Schulungsmethode *f*

学会 xuéhuì ① erlernen; beherrschen ② wissenschaftlicher Verein; Akademie *f*

学籍 xuéjí Schulzugehörigkeit *f*; Schülerstatus *m*; Studentenstatus *m*

学科 xuékē wissenschaftliches Fach; Wissenschaftszweig *m*; Studienfach *n*; Disziplin *f*

学历 xuélì Bildungsgang *m*

学龄 xuélíng schulpflichtiges Alter

学年 xuénián Schuljahr *n*; Studienjahr *n*

学派 xuépài wissenschaftliche Richtung; Schule *f*

学识 xuéshí Wissen *n*; Kenntnisse *pl*

学术 xuéshù Wissenschaft *f*; Gelehrsamkeit *f*

学术座谈 xuéshù zuòtán Kolloquium *n*; Symposium *n*

学说 xuéshuō Theorie *f*; Lehre *f*; Doktrin *f*

学位 xuéwèi akademischer Grad (od. Titel)

学位委员会 xuéwèi wěiyuánhuì Kommission für die Verleihung akademischer Titel

学问 xuéwèn Wissen *n*; Kenntnisse *pl*

学习 xuéxí lernen; studieren; Studium *n*

学衔 xuéxián akademischer Rang; Dienstbezeichnung *f*

学校 xuéxiào Schule *f*; Lehranstalt *f*

学校服务器 xuéxiào fúwùqì Schulserver *m*

学业 xuéyè Lernen *n*; Studium *n*

学员 xuéyuán Student *m*; Teilnehmer eines Studienkurses

学院 xuéyuàn Institut *n*; Hochschule *f*

学者 xuézhě Gelehrte(r) *f*(*m*)

学制 xuézhì Schulsystem *n*; Studiendauer *f*; Ausbildungsdauer *f*

穴 xué Höhle *f*; Nest *n*; Loch *n*

穴位 xuéwèi Akupunkturpunkt *m*;

Akupunkturstelle *f*

雪 xuě Schnee *m*

雪暴 xuěbào Schneesturm *m*

雪豹 xuěbào Schneeleopard *m*; Irbis *m*

雪崩 xuěbēng Lawine *f*; Schneerutsch *m*

雪崩击穿 xuěbēng jīchuān Lawinendurchschlag *m*

雪崩晶体管 xuěbēng jīngtǐguǎn Lawinentransistor *m*

雪花 xuěhuā Schneeflocke *f*; Flocke *f*

雪松 xuěsōng Himalaya-Zeder *f*; Deodara-Zeder *f*

血癌 xuè´ái Leukämie *f*

血沉 xuèchén Blutsenkung *f*; Blutkörperchensenkungsgeschwindigkeit *f*

血管 xuèguǎn Blutgefäß *n*; Ader *f*; Vene *f*

血管瘤 xuèguǎnliú Angiom *n*; Gefäßgeschwulst *f*

血管收缩 xuèguǎn shōusuō Gefäßverengung *f*

血管肿瘤 xuèguǎn zhǒngliú Gefäßgeschwulst *f*; Angiom *n*

血红蛋白 xuèhóngdànbái Hämoglobin *n*

血浆 xuèjiāng Blutplasma *n*; Plasma *n*

血库 xuèkù Blutbank *f*; Blutzentrale *f*

血脉 xuèmài Blutkreislauf *m*; Blutader *f*; Blutsverwandtschaft *f*

血尿 xuèniào Blutharnen *n*; Hämaturie *f*

血清 xuèqīng Blutserum *n*; Blutwasser *n*; Serum *n*

血清病 xuèqīngbìng Serumkrankheit *f*; Anaphylaxie *f*

血清的 xuèqīngde serös

血色素 xuèsèsù Hämoglobin *n*; Farbstoff der roten Blutkörperchen

血栓 xuèshuān Embolus *m*; Thrombus *m*; Blutpfropf *m*; Embolie *f*

血痰 xuètán blutiger Auswurf; blutige Sputa

血统 xuètǒng Blutsverwandtschaft *f*; Blutsbindung *f*

血吸虫 xuèxīchóng Adernegel *m*; Schistosoma *n*

血吸虫病 xuèxīchóngbìng Schistosomiasis *f*

血象 xuèxiàng Blutbild *n*; Hämogramm *n*

血小板 xuèxiǎobǎn Blutplättchen *n*; Thrombozyt *m*

血型 xuèxíng Blutgruppe *f*

血循环 xuèxúnhuán Blutzirkulation *f*; Blutkreislauf *m*

血压 xuèyā Blutdruck *m*

血压表 xuèyābiǎo Blutdruckmesser *m*; Hämodynamometer *n*; Sphygmomanometer *n*

血压偏高 xuèyā piāngāo erhöhter Blutdruck

血液 xuèyè Blut *n*; Geblüt *n*

血液的 xuèyède hämatogen

血液系统 xuèyè xìtǒng Blutsystem *n*

血液学 xuèyèxué Hämatologie *f*

血液循环 xuèyè xúnhuán Blutkreislauf *m*; Blutzirkulation *f*

血友病 xuèyǒubìng Bluterkrankheit *f*; Hämophilie *f*

血缘 xuèyuán Blutsverwandtschaft *f*

血肿 xuèzhǒng Bluterguss *m*; Blutbeule *f*; Hämatom *n*

寻号器 xúnhàoqì Nummersucher *m*

寻找 xúnzhǎo aufsuchen; suchen

寻址 xúnzhǐ adressieren; Adressierung *f*

寻址方式 xúnzhǐ fāngshì Adressierungsart *f*

巡航导弹 xúnháng dǎodàn Cruise-Missile *n*；Marschflugkörper *m*

巡洋舰 xúnyángjiàn Kreuzer *m*

询问 xúnwèn fragen；erkundigen

询问键盘 xúnwèn jiànpán Abfragetaste *f*

询问系统 xúnwèn xìtŏng Anfragesystem *n*；Abfragesystem *n*

询问指令 xúnwèn zhǐlìng〈计〉Abfragebefehl *m*

循环 xúnhuán zirkulieren；umlaufen；Zyklus *m*；Zirkulation *f*；Kreislauf *m*；Umlauf *m*；Kreisprozess *m*；Turnus *m*；Pendelung *f*

循环泵 xúnhuánbèng Zirkulationspumpe *f*；Umlaufpumpe *f*；Umwälzpumpe *f*

循环次数 xúnhuán cìshù Zyklusindex *m*；Zykluszahl *f*

循环存储器 xúnhuán cúnchǔqì periodischer Speicher

循环的 xúnhuánde zirkulatorisch；zyklisch；periodisch；kreisläufig；umlaufend

循环复位 xúnhuán fùwèi Zykluszählerrückstellung *f*；Zyklusrücksetzung *f*

循环管 xúnhuánguǎn Umlaufrohr *n*；Zirkulationsrohr *n*

循环管路 xúnhuán guǎnlù Umlaufleitung *f*；Umwälzleitung *f*

循环计数器 xúnhuán jìshùqì Zykluszähler *m*；Umlaufzähler *m*

循环交换 xúnhuán jiāohuàn zyklische Vertauschung

循环空气 xúnhuán kōngqì Kreislaufluft *f*；Umlaufluft *f*

循环冷凝水 xúnhuán lěngníngshuǐ

Rückkühlwasser *n*

循环冷却 xúnhuán lěngquè Kreislaufkühlung *f*；Zirkulationskühlung *f*；Umlaufkühlung *f*；Regenerativkühlung *f*

循环冷却器 xúnhuán lěngquèqì Kreislaufkühler *m*

循环冷却水 xúnhuán lěngquèshuǐ Umlaufkühlwasser *n*

循环冷却系统 xúnhuán lěngquè xìtŏng Umlaufkühlsystem *n*

循环冷却装置 xúnhuán lěngquè zhuāngzhì Umlaufkühler *m*

循环链 xúnhuánliàn Paternoster *m*

循环流动 xúnhuán liúdòng Stromkreis *m*

循环码 xúnhuánmǎ zyklischer Code

循环气体 xúnhuán qìtǐ Umwälzgas *n*；Spülgas *n*

循环润滑油 xúnhuán rùnhuáyóu Kreislauföl *n*

循环时间 xúnhuán shíjiān Zykluszeit *f*；Kreislaufzeit *f*；Umlaufzeit *f*

循环水 xúnhuánshuǐ Zirkulationswasser *n*；Kreislaufwasser *n*

循环水泵 xúnhuán shuǐbèng Zirkulationspumpe *f*

循环系统 xúnhuán xìtŏng Kreislaufsystem *n*

循环系统疾病 xúnhuán xìtŏng jíbìng Krankheiten vom Kreislaufsystem

循环线路 xúnhuán xiànlù Zirkulationskreis *m*；Umlaufschaltung *f*

循环小数 xúnhuán xiǎoshù periodischer Dezimalbruch

循环性 xúnhuánxìng Periodizität *f*

循环移位 xúnhuán yíwèi zyklische Verschiebung

循环障碍 xúnhuán zhàng'ài Kreislaufstörung *f*；Zirkulationsstörung *f*

循环蒸汽 xúnhuán zhēngqì Umwälzdampf *m*

驯养 xùnyǎng domestizieren; Domestikation *f*

汛期 xùnqī Hochwassersaison *f*;
Hochwasserzeit *f*

迅速的 xùnsùde geschwind; rapid; schnell

X

Y

压 yā pressen; drücken; niederhalten; andrücken

压板 yābǎn Klemmplatte *f*

压扁 yābiǎn Abflachung *f*

压差 yāchā Druckdifferenz *f*; Druckabfall *m*; Druckgradient *m*; Differenzdruck *m*

压差计 yāchājì Differentialdruckmesser *m*

压出 yāchū herauspressen; ausdrücken

压出器 yāchūqì Verdränger *m*

压磁性 yācíxìng Piezomagnetismus *m*

压电 yādiàn Druckelektrizität *f*

压电晶体 yādiàn jīngtǐ Piezokristall *m*; Piezoquarz *m*; piezoelektrischer Quarz

压电模数 yādiàn móshù Piezomodul *m*

压电石英 yādiàn shíyīng Piezoquarz *m*; piezoelektrischer Quarz

压电陶瓷 yādiàn táocí Piezokeramik *f*

压电现象 yādiàn xiànxiàng Druckelektrizität *f*; Piezoelektrizität *f*

压电效应 yādiàn xiàoyìng piezoelektrischer Effekt; Piezoeffekt *m*

压电学 yādiànxué Piezoelektrizität *f*

压锻 yāduàn Pressschmieden *n*

压杆 yāgān Druckstab *m*; Druckstange *f*; Andruckhebel *m*

压辊 yāgǔn Andruckrolle *f*

压痕 yāhén Eindruck *m*; Einbeulung *f*

压花 yāhuā prägen; Prägung *f*

压花的 yāhuāde gerändelt

压花钢 yāhuāgāng Prägestahl *m*

压簧 yāhuáng Druckfeder *f*

压机 yājī Presse *f*

压紧板 yājǐnbǎn Andruckplatte *f*

压紧带 yājǐndài Andruckband *n*

压紧轮 yājǐnlún Andruckrolle *f*

压紧螺钉 yājǐn luódīng Abdrückschraube *f*

压紧螺母 yājǐn luómǔ Abdrückmutter *f*; Druckmutter *f*

压紧螺栓 yājǐn luóshuān Anpressschraube *f*; Druckschraube *f*; Druckbolzen *m*

压紧弹簧 yājǐn tánhuáng Anpressfeder *f*; Andruckfeder *f*

压进 yājìn einpressen

压力 yālì Druck *m*; Druckkraft *f*; Spannung *f*; Pression *f*; Zwang *m*; Nötigung *f*

压力倍增器 yālì bèizēngqì Druckumformer *m*

压力泵 yālìbèng Druckpumpe *f*; Abdrückpumpe *f*; Ladepumpe *f*

压力比 yālìbǐ Druckverhältnis *n*

压力表 yālìbiǎo Druckmesser *m*; Manometer *n*; Druckanzeiger *m*

压力波 yālìbō Druckwelle *f*

压力差 yālìchā Druckunterschied *m*; Druckdifferenz *f*

压力传动 yālì chuándòng Druckluftbetätigung *f*; Druckbetrieb *m*

压力传感器 yālì chuángǎnqì Druckgeber *m*

压力阀 yālìfá Druckventil n; Pressventil n

压力方程式 yālì fāngchéngshì Druckgleichung f

压力分布 yālì fēnbù Druckaufteilung f; Druckverteilung f

压力罐 yālìguàn Druckbehälter m; Druckfass n

压力焊接 yālì hànjiē Druckschweißen n

压力机 yālìjī Druckpresse f; Druckanlage f; Presse f

压力极限 yālì jíxiàn Druckgrenze f

压力计 yālìjì Druckanzeiger m; Druckmessgerät n; Druckmesser m; Manometer n; Piezometer n; Tensimeter n

压力继电器 yālì jìdiànqì Druckrelais n

压力降 yālìjiàng Druckabfall m

压力角 yālìjiǎo Eingriffswinkel m; Pressungswinkel m

压力平衡 yālì pínghéng Druckausgleich m

压力试验 yālì shìyàn Abpressversuch m; Druckprüfung f

压力室 yālìshì Druckraum m

压力水 yālìshuǐ Druckwasser n; Presswasser n

压力水槽 yālì shuǐcáo Druckbehälter m

压力水池 yālì shuǐchí Druckbehälter m; Hochbehälter m

压力水管 yālì shuǐguǎn Druckwasserrohr n; Presswasserleitung f

压力水流 yālì shuǐliú Druckwasserstrahl m

压力损失 yālì sǔnshī Druckfall m; Druckverlust m

压力水位 yālì shuǐwèi Druckwasserspiegel m

压力弹簧 yālì tánhuáng Druckfeder f

压力梯度 yālì tīdù Druckgradient m; Druckgefälle n; Druckabstufung f

压力调节器 yālì tiáojiéqì Druckregler m

压力透平机 yālì tòupíngjī Druckturbine f

压力系数 yālì xìshù Druckkoeffizient m

压力指示器 yālì zhǐshìqì Druckindikator m; Druckmelder m

压力铸造 yālì zhùzào Druckguss m; Pressguss m

压力铸造机 yālì zhùzàojī Pressgussmaschine f

压力转换器 yālì zhuǎnhuànqì Druckwandler m

压路机 yālùjī Straßenwalze f

压滤机 yālùjī Pressfilter m; Filtrierpresse f

压滤器 yālùqì Filtrierpresse f

压敏电阻 yāmǐn diànzǔ Varistor m; spannungsabhängiger Widerstand

压模 yāmú Mönch m; Pressform f; Prägeform f; Pressengesenk n; Quetschform f

压配合 yāpèihé Presspassung f; Presssitz m

压片 yāpiàn tablettieren

压平 yāpíng abplatten; Abplattung f

压气机 yāqìjī Lader m; Kompressor m; Luftverdichter m; Luftpresser m

压强 yāqiáng Druckstärke f; spezifischer Druck

压强计 yāqiángjì Piezometer n; Druckmesser m; Manometer n

压热锅 yārèguō Autoklav m; Druckkessel m

压入 yārù eindrücken; eindrängen

Y

压入配合 yārù pèihé Passsitz *m*;
Presssitz *m*

压入套筒 yārù tàotǒng Einpress-
hülse *f*

压入衬套 yārù chèntào Einpress-
hülse *f*

压水装置 yāshuǐ zhuāngzhì Druck-
wasseranlage *f*

压碎 yāsuì zerdrücken; Walzen *n*

压缩 yāsuō zusammendrücken;
komprimieren; zusammenpressen;
verdichten; drücken; Kompression
f; Verdichtung *f*; Pressung *f*;
Einengung *f*

压缩泵 yāsuōbèng Komprimierpum-
pe *f*

压缩比 yāsuōbǐ Kompressionsver-
hältnis *n*; Kompressionsgrad *m*;
Verdichtungsverhältnis *n*

压缩波 yāsuōbō Verdichtungswelle
f

压缩程序 yāsuō chéngxù Kompri-
mierungsprogramm *n*

压缩代理 yāsuō dàilǐ Komprimie-
rungsdienst *m*

压缩的 yāsuōde kompress; Kom-
primiert; gepresst

压缩度 yāsuōdù Verdichtungsgrad
m

压缩环 yāsuōhuán Kompressions-
ring *m*

压缩机 yāsuōjī Verdichtungsma-
schine *f*; Druckerzeuger *f*; Kom-
pressor *m*; Verdichter *m*

压缩机功率 yāsuōjī gōnglǜ Ver-
dichterleistung *f*

压缩空气 yāsuō kōngqì Kompres-
sionsluft *f*; Druckluft *f*; Press-
luft *f*; komprimierte Luft

压缩空气泵 yāsuō kōngqìbèng
Druckluftpumpe *f*

压缩空气传动 yāsuō kōngqì chuán-
dòng Druckluftantrieb *m*

压缩空气阀 yāsuō kōngqìfá Press-
lufthahn *m*; Pressluftventil *n*

压缩空气管道 yāsuō kōngqì guǎn-
dào Druckluftleitung *f*; Druck-
luftrohr *n*

压缩空气开关 yāsuō kōngqì kāiguān
Druckluftschalter *m*

压缩空气箱 yāsuō kōngqìxiāng
Druckluftkasten *m*

压缩率 yāsuōlǜ Kompressionsver-
hältnis *n*

压缩模数 yāsuō móshù Druckmo-
dul *m*

压缩气缸 yāsuō qìgāng Pressventil-
zylinder *m*; Presszylinder *m*

压缩气体 yāsuō qìtǐ Pressgas *n*;
Druckgas *n*; komprimiertes Gas

压缩热 yāsuōrè Verdichtungswärme
f

压缩试验 yāsuō shìyàn Druckprobe
f; Druckversuch *m*

压缩式制冷机 yāsuōshì zhìlěngjī
Kältemaschine mit Verdichter

压缩弹簧 yāsuō tánhuáng Ab-
drückfeder *f*

压缩行程 yāsuō xíngchéng Druck-
hub *m*

压缩性 yāsuōxìng Kompressibilität *f*

压缩液体 yāsuō yètǐ gepresste Flüs-
sigkeit

压缩蒸汽 yāsuō zhēngqì kompri-
mierter Dampf

压头损失 yātóu sǔnshī Druckhö-
henverlust *m*

压弯机 yāwānjī Anbiegepresse *f*;
Biegepresse *f*; Biegemaschine *f*

压延机 yāyánjī Kalander *m*; Presse
f; Ausreckmaschine *f*

压油机 yāyóujī Schmierpresse *f*;

Fettpresse *f*

压印 yāyìn ausprägen；Prägung *f*

压铸 yāzhù Druckpressen *n*；Spritzguss *m*；Druckguss *m*

压铸黄铜 yāzhù huángtóng Druckgussmessing *n*

压铸机 yāzhùjī Druckgießmaschine *f*；Spritzgießmaschine *f*；Spritzgusspresse *f*

压铸件 yāzhùjiàn Druckgussstück *n*；Spritzgussstück *n*

压铸模 yāzhùmú Druckgussform *f*；Spritzgussform *f*

牙齿 yáchǐ Zahn *m*

牙床 yáchuáng Zahnbett *n*

牙科 yákē Odontologie *f*；Zahnheilkunde *f*；Abteilung für Zahnbehandlung；Abteilung für Odontologie

牙科医生 yákē yīshēng Zahnarzt *m*

牙科医院 yákē yīyuàn Zahnklinik *f*

牙脓肿 yánóngzhǒng Zahnabszess *m*

牙神经 yáshénjīng Zahnnerv *m*

牙髓炎 yásuǐyán Zahnpulpaentzündung *f*；Pulpitis *f*；Zahnmarkentzündung *f*

牙痛 yátòng Zahnschmerzen *pl*；Zahnweh *n*

牙医 yáyī Zahnarzt *m*

牙龈 yáyín Zahnfleisch *n*

牙龈炎 yáyínyán Zahnfleischentzündung *f*；Gingivitis *f*

牙周病 yázhōubìng Paradentopathie *f*；Paradentose *f*；Alveolyse *f*

牙周膜 yázhōumó Wurzelhaut *f*；Periodontium *n*

牙周炎 yázhōuyán Zahnwurzelhautentzündung *f*；Paradentitis *f*；Periodontitis *f*

哑变量 yǎbiànliàng Formalparameter *m*

亚共晶铸铁 yàgòngjīng zhùtiě untereutektisches Gusseisen

亚硫的 yàliúdē schweflig

亚硫酸 yàliúsuān Sulfinsäure *f*；schweflige Säure

亚麻 yàmá Lein *m*；Flachs *m*

亚热带 yàrèdài Subtropen *pl*；subtropische Zone

亚热带气候 yàrèdài qìhòu subtropisches Klima

亚声 yàshēng Infraschall *m*

亚铁盐 yàtiěyán Eisenoxydulsalz *n*

亚音速 yàyīnsù Unterschallgeschwindigkeit *f*

亚音速的 yàyīnsùde subsonisch；Unterschall-

轧板 yàbǎn Blechwalzen *n*

轧板机 yàbǎnjī Blechwalzemaschine *f*

轧花机 yàhuājī Egreniermaschine *f*

轧棉机 yàmiánjī Egreniermaschine *f*

砑光 yàguāng satinieren；kalandern

咽 yān Rachen *m*；Pharynx *m*

咽喉 yānhóu Kehlkopf und Rachen；Engpass *m*；Flaschenhals *m*

咽峡炎 yānxiáyán Angina *f*

咽炎 yānyán Rachenentzündung *f*；Pharyngitis *f*

烟囱 yāncōng Schornstein *m*；Kamin *m*

烟煤 yānméi bituminöse Kohle；Weichkohle *f*

烟幕弹 yānmùdàn Nebelgeschoss *n*；Nebelgranate *f*；Vernebelungsaktion *f*；Täuschungsmanöver *n*

烟雾 yānwù Nebelrauch *m*；Nebel *m*；Rauch *m*；Dampf *m*；Dunst *m*

烟雨 yānyǔ Sprühregen *m*；Rieselregen *m*；Staubregen *m*

淹灌 yānguàn Staufiltration *f*；Feld-

Y

bewässerung *f*

淹没 yānmò überfluten; überschwemmen; Überströmung *f*; Überschwemmung *f*; Überfluten *n*

淹没区 yānmòqū Überschwemmungszone *f*

湮没 yānmò Zerstrahlung *f*

延长 yáncháng verlängern; Verlängerung *f*

延长部分 yáncháng bùfèn Ansatz *m*

延长线 yánchángxiàn verlängerte Linie; Verlängerung einer Linie

延迟电容器 yánchí diànróngqì Verzögerungskondensator *m*

延迟电路 yánchí diànlù Verzögerungsschaltkreis *m*; Verzögerungsschaltung *f*

延迟电压 yánchí diànyā Verzögerungsspannung *f*

延迟放大器 yánchí fàngdàqì Verstärker mit Verzögerungsleitung

延迟角 yánchíjiǎo Verzögerungswinkel *m*

延迟时间 yánchí shíjiān Totlastzeit *f*; Verzögerungszeit *f*

延迟元件 yánchí yuánjiàn Verzögerungseinheit *f*; Verzögerungselement *n*

延缓 yánhuǎn verzögern; verlangsamen

延期 yánqī verlängern

延伸 yánshēn ausdehnen; Dehnung *f*; Ausdehnung *f*

延伸度 yánshēndù Reckgrad *m*

延伸率 yánshēnlǜ Dehnungsgröße *f*; Dehnungsprozentsatz *m*

延时 yánshí Zeitverzug *m*

延时继电器 yánshí jìdiànqì Verzögerungsrelais *n*

延时开关 yánshí kāiguān Zeitschalter *m*; Zeitauslöser *m*

延时机构 yánshí jīgòu Zeitwerk *n*

延时器 yánshíqì Zeitwerk *n*

延髓 yánsuǐ verlängertes Rückenmark

延性 yánxìng Ziehbarkeit *f*; Dehnbarkeit *f*; Streckbarkeit *f*

延性试验 yánxìng shìyàn Dehnbarkeitsprüfung *f*; Ziehprobe *f*

延性铸铁 yánxìng zhùtiě Dehnbarkeitsgusseisen *n*

延续 yánxù dauern; andauern; fortdauern; Fortdauer *f*

延续时间 yánxù shíjiān Dauer *f*; Taktzeit *f*; Zeitdauer *f*

延续性 yánxùxìng Kontinuität *f*

延展性 yánzhǎnxìng Hämmerbarkeit *f*; Dehnbarkeit *f*

炎症 yánzhèng Entzündung *f*; Inflammation *f*

严格的 yángédé streng; strikt; rigoros

研究 yánjiū forschen; nachforschen; erforschen; studieren; untersuchen; Forschung *f*; Erforschung *f*; Untersuchung *f*; Studium *n*

研究报告 yánjiū bàogào Forschungsbericht *m*

研究人员 yánjiū rényuán Forscher *m*

研究生 yánjiūshēng Aspirant *m*; Postgraduierte(r) *f(m)*; Forschungsstudent *m*

研究所 yánjiūsuǒ Institut *n*; Forschungsinstitut *n*; Forschungsanstalt *f*

研究员 yánjiūyuán Wissenschaftsrat *m*

研究者 yánjiūzhě Forscher *m*; Erforscher *m*

研磨 yánmó anreiben; aufpolieren; mörsern; pulverisieren; läppen;

vermahlen; schleifen; verschleifen; Abrasion *f*; Schleifen *n*; Reibung *f*

研磨表面 yánmó biǎomiàn Läppfläche *f*

研磨粉 yánmófěn Schleifpulver *n*; Schleifmehl *n*

研磨钢 yánmógāng Wetzstahl *m*

研磨工艺 yánmó gōngyì Schleiftechnik *f*; Schleiftechnologie *f*

研磨机 yánmójī Läppmaschine *f*; Schleifer *m*; Schleifmaschine *f*; Reibmaschine *f*; Reibmühle *f*

研磨剂 yánmójì Läppmittel *n*; Schleifmittel *n*

研磨面 yánmómiàn Reibfläche *f*; Schleiffläche *f*

研磨球 yánmóqiú Mahlkugel *f*; Schleifkugeln *pl*

研磨芯棒 yánmó xīnbàng Läppdorn *m*

研磨液 yánmóyè Läppflüssigkeit *f*

研磨余量 yánmó yúliàng Schleifzugabe *f*; Läppzugabe *f*

研讨 yántǎo diskutieren; beraten; Exploration *f*

研制 yánzhì entwickeln; forschen und herstellen

岩崩 yánbēng Bergfall *m*; Felssturz *m*

岩层 yáncéng Gesteinsschicht *f*; Schicht *f*; Flöz *n*; Gesteinslager *n*; Lager *n*

岩层截面 yáncéng jiémiàn Schichtenschnitt *m*

岩洞 yándòng Höhle *f*; Kaverne *f*; Felsenhöhle *f*; Grotte *f*; Berghöhle *f*

岩粉 yánfěn Gesteinsstaub *m*; Bohrstaub *m*

岩粉土 yáfěntǔ Alphitit *m*

岩浆 yánjiāng Magma *n*

岩浆喷发 yánjiāng pēnfā magmatischer Ausbruch

岩浆岩 yánjiāngyán Magmatit *m*; magmatisches Gestein; Eruptivgestein *n*; Auswurfgestein *n*

岩浆源 yánjiāngyuán Magmenherd *m*

岩浆作用 yánjiāng zuòyòng Pyrogenese *f*; Magmatismus *m*

岩块 yánkuài Massenstück *n*; Batzen *m*; Block *m*; Felsblock *m*

岩类学 yánlèixué Petrografie *f*

岩溶 yánróng Karst *m*

岩石 yánshí Gestein *n*; Fels *m*

岩石的 yánshíde felsig; steinern

岩石裂隙 yánshí lièxì Felsenspalte *f*; Kluft *f*; Felsenritze *f*

岩石种类 yánshí zhǒnglèi Gesteinsart *f*

岩体 yántǐ Gesteinskörper *m*; Gesteinsmasse *f*; Gesteinsböden *pl*; Bergdicke *f*

岩相 yánxiàng Lithofazies *f*

岩相图 yánxiàngtú Lithofazieskarte *f*; lithofazielle Karte

岩相学 yánxiàngxué Petrografie *f*

岩心 yánxīn Gesteinskern *m*; Bohrkern *m*; Kern *m*; Bohrwurst *f*

岩心样品 yánxīn yàngpǐn Bohrkernprobe *f*; Kernprobe *f*; Bohrprobe *f*

岩盐 yányán Bergsalz *n*; Steinsalz *n*; Halit *m*

颜料 yánliào Farbe *f*; Farbstoff *m*; Malerfarbe *f*; Pigment *n*

颜色 yánsè Farbe *f*

盐层 yáncéng Salzlager *n*

盐场 yánchǎng Salzfeld *n*; Saline *f*

盐湖 yánhú Salzsee *m*

盐碱地 yánjiǎndì Salz-Alkali-Boden *m*; versalzter Boden

Y

盐矿 yánkuàng Salzgrube *f*; Salzbergwerk *n*; Salzberg *m*

盐矿层 yánkuàngcéng Salinar *n*

盐矿床 yánkuàngchuáng Salzlagerstätte *f*

盐矿床地质学 yánkuàngchuáng dìzhìxué Salzgeologie *f*

盐矿脉 yánkuàngmài Salzader *f*

盐矿体 yánkuàngtǐ Salzlager *n*

盐卤 yánlǔ Salzmutterlauge *f*; Salzlauge *f*

盐溶液 yánróngyè Salzlösung *f*

盐水 yánshuǐ Salzwasser *n*; Sole *f*; Salzlösung *f*

盐酸 yánsuān Salzsäure *f*; Chlorwasserstoffsäure *f*

盐酸盐 yánsuānyán Salzsäuresalz *n*

盐析 yánxī Aussalzen *n*

盐岩 yányán Salzgestein *n*

盐液 yányè Sole *f*; Salzsole *f*

盐浴 yányù Salzbad *n*

盐浴淬火炉 yányù cuìhuǒlú Salzbadhärteofen *m*; Salzbadofen *m*

盐渍化 yánzìhuà Versalzung *f*

掩蔽体 yǎnbìtǐ Schutzbunker *m*

衍变 yǎnbiàn entwickeln; entfalten

衍出 yǎnchū Derivation *f*

衍射 yǎnshè Lichtbeugung *f*; Diffraktion *f*; Beugung *f*

衍射波 yǎnshèbō Beugungswelle *f*

衍射角 yǎnshèjiǎo Beugungswinkel *m*

衍射谱 yǎnshèpǔ Beugungsspektrum *n*

衍射仪 yǎnshèyí Beugungsgerät *n*

衍生 yǎnshēng ableiten; Ableitung *f*; Derivation *f*

衍生物 yǎnshēngwù Derivat *n*; Abkömmling *m*

眼 yǎn Auge *n*

眼病 yǎnbìng Augenkrankheit *f*; Augenleiden *n*

眼底出血 yǎndǐ chūxuè retinale Blutung; Netzhautblutung *f*

眼房 yǎnfáng Augenkammer *f*

眼睑 yǎnjiǎn Augenlid *n*

眼角 yǎnjiǎo Augenwinkel *m*

眼睫 yǎnjié Augenwimper *f*

眼睫毛 yǎnjiémáo Augenwimper *f*; Wimper *f*

眼睛 yǎnjīng Auge *n*

眼镜 yǎnjìng Brille *f*

眼科 yǎnkē Abteilung für Augenerkrankungen; Abteilung für Augenkrankheiten; ophthalmologische Abteilung

眼科疾病 yǎnkē jíbìng Augenkrankheit *f*

眼泪 yǎnlèi Träne *f*

眼力 yǎnlì Sehkraft *f*; Sehfähigkeit *f*

眼帘 yǎnlián Augenlid *n*; Augen *pl*

眼球 yǎnqiú Augapfel *m*; Bulbusoculi *m*

眼药 yǎnyào Augenarznei *f*; Augenmittel *n*

眼药膏 yǎnyàogāo Augensalbe *f*

眼药水 yǎnyàoshuǐ Augentropfen *pl*

眼轴 yǎnzhóu Augenachse *f*

眼珠 yǎnzhū Augapfel *m*; Bulbusoculi *m*

演变 yǎnbiàn Evolution *f*; Entwicklung *f*

演化 yǎnhuà Evolution *f*

演示 yǎnshì demonstrieren; Demonstration *f*

演示程序 yǎnshì chéngxù Präsentationsprogramm *n*

演示软件 yǎnshì ruǎnjiàn Präsentationsprogramm *n*

演算 yǎnsuàn Rechnung *f*; mathematische Aufgaben lösen

演绎 yǎnyì deduzieren; Deduktion *f*

Y

演绎的 yǎnyìde deduktiv

演绎法 yǎnyìfǎ Deduktion f; deduktive Methode

验潮器 yàncháoqì Flutmesser m

验电器 yàndiànqì Elektroskop n; Elektrizitätszeiger m

验电器的 yàndiànqìde elektroskopisch

验关 yànguān Zollkontrolle f

验光 yànguāng Sehkraftmessung f; Sehweitemessung f; Optometrie f

验明 yànmíng identifizieren; Identifikation f

验奶器 yànnǎiqì Milchprüfgerät n

验平仪 yànpíngyí Oberflächenrauheitsmesser m

验气计 yànqìjì Gasprüfer m

验色计 yànsèjì Chromoskop n

验湿器 yànshīqì Feuchtigkeitsanzeiger m

验收 yànshōu Abnahmeprüfung f; Abnahme f; etw. nach einer Überprüfung annehmen; etw. überprüfen und abnehmen

验收检查 yànshōu jiǎnchá Abnahmekontrolle f

验收试验 yànshōu shìyàn Abnahmeprüfung f; Abnahmeversuch m

验收规范 yànshōu guīfàn Abnahmevorschrift f

验算 yànsuàn Probe f; Ergebniskontrolle f

验温器 yànwēnqì Thermoskop n

验血 yànxuè Blutprobe f; eine Blutprobe machen

验震器 yànzhènqì Seismoskop n; Seismometer n

验证 yànzhèng etw. nachprüfen und beständigen; Authentifizierung f

燕尾槽 yànwěicáo Schwalbenschwanznut f

燕尾导轨 yànwěi dǎoguǐ Schwalbenschwanzführung f

燕窝 yànwō Salanganennest n; Schwalbennester pl

焰色分析 yànsè fēnxī Flammenanalyse f

堰 yàn Wehr n; Überfall m

堰堤 yàndī Wehrdamm m

厌食 yànshí Anorexie f; Fressunlust f; Appetitlosigkeit f

厌食症 yànshízhèng Cibophobie f

秧苗 yāngmiáo Schössling m; Setzling m; Sprössling m; Reisschössling m

阳电 yángdiàn positive Elektrizität; Glaselektrizität f

阳电的 yángdiànde elektrisch positiv; elektropositiv

阳电荷 yángdiànhè positive Ladung

阳电极 yángdiànjí Anode f

阳电子 yángdiànzǐ Positron n; positives Elektron

阳光 yángguāng Sonnenlicht n; Sonnenstrahl m; Sonnenschein m

阳极 yángjí positiver Pol; Anode f; positive Elektrode; Pluspol m

阳极板 yángjíbǎn Plusplatte f; positive Platte

阳极的 yángjíde anodisch

阳极电抗器 yángjí diànkàngqì Anodendrossel f

阳极电流 yángjí diànliú Anodenstrom m

阳极电路 yángjí diànlù Anodenkreis m

阳极电压 yángjí diànyā Anodenspannung f

阳极跟随器 yángjí gēnsuíqì Anodenfolger m

阳极射线 yángjí shèxiàn Positivstrahl m; Anodenstrahl m

Y

阳极铜 yángjítóng Anodenkupfer *n*

阳极效应 yángjí xiàoyìng Anodeneffekt *m*

阳极(电)压降(落) yángjí (diàn-) yāijiàng(luò) Anodenfall *m*

阳螺纹 yángluówén Außengewinde *n*

阳离子 yánglízǐ positives Ion; Kation *n*

阳离子交换 yánglízǐ jiāohuàn Kationenaustausch *m*

阳离子交换剂 yánglízǐ jiāohuànjì Kationit *n*; Kationenaustauscher *m*

阳模 yángmú Gussmatrize *f*; Gegenpunzen *m*; Patrize *f*; Oberstempel *m*

阳起石 yángqǐshí Aktinolith *m*; Strahlstein *m*

阳瓦 yángwǎ Mönch *m*

洋槐 yánghuái Robinie *f*

洋流 yángliú Meeresströmung *f*

扬程 yángchéng Wasserstrahlhöhe *f*

扬声器 yángshēngqì Lautsprecher *m*; Schalltrichter *m*; Schallsender *m*

扬声器组 yángshēngqìzǔ Klanggruppe *f*

扬水 yángshuǐ fortpumpen

扬水泵 yángshuǐbèng Hebepumpe *f*; Spritzpumpe *f*

扬水站 yángshuǐzhàn Pumpstation *f*

扬水装置 yángshuǐ zhuāngzhì Wasserhebewerk *n*

仰角 yǎngjiǎo Erhöhungswinkel *m*; Elevationswinkel *m*; Steigungswinkel *m*; Höhenwinkel *m*; Stellungswinkel *m*; Erhebungswinkel *m*

养殖 yǎngzhí in Kulturen züchten

氧 yǎng Sauerstoff *m*; Oxigen *n*

氧电极 yǎngdiànjí Sauerstoffelektrode *f*

氧含量 yǎnghánliàng Sauerstoffanteil *m*

氧化 yǎnghuà oxidieren; Oxidation *f*

氧化钡 yǎnghuàbèi Bariumoxid *n*

氧化表面 yǎnghuà biǎomiàn Oxidationsfläche *f*

氧化测定 yǎnghuà cèdìng Oxidimetrie *f*

氧化层 yǎnghuàcéng Oxidbeschlag *m*; Oxidschicht *f*; Oxidhaut *f*

氧化处理 yǎnghuà chǔlǐ brünieren; Oxidationsbehandlung *f*

氧化钙 yǎnghuàgài Kalziumoxid *n*; Calciumoxyd *n*; gebrannter Ätzkalk

氧化硅 yǎnghuàguī Siliziumoxid *n*

氧化过程 yǎnghuà guòchéng Oxidationsvorgang *m*

氧化还原反应 yǎnghuà huányuán fǎnyìng Redoxreaktion *f*; Reduktions Oxidations Reaktion *f*; Oxidoreduktion *f*

氧化剂 yǎnghuàjì Oxidationsmittel *n*; Oxidiermittel *n*; Oxidans *n*; oxidierendes Agens; Oxidator *m*

氧化钾 yǎnghuàjiǎ Kali *n*; Kaliumoxid *n*

氧化铝 yǎnghuàlǚ Alumina *n*; Tonerde *f*; Aluminiumoxid *n*

氧化酶 yǎnghuàméi Oxidase *f*

氧化镁 yǎnghuàměi Magnesiumoxid *n*; Magnesia *f*

氧化锰 yǎnghuàměng Manganoxid *n*

氧化膜 yǎnghuàmó Oxidfilm *m*; Oxidhaut *f*; Lufthaut *f*

氧化铍 yǎnghuàpí Süßerde *f*; Berylliumoxid *n*

氧化铁 yǎnghuàtiě Eisenoxid *n*

氧化铁皮 yǎnghuà tiěpí Eisensinter

Y

m

氧化物 yǎnghuàwù Oxid *n*

氧化锌 yǎnghuàxīn Zinkweiß *n*; Zinkoxid *n*

氧化作用 yǎnghuà zuòyòng Oxidation *f*; Oxidationswirkung *f*; Oxidierung *f*

氧离子 yǎnglízǐ Sauerstoffion *n*

氧气 yǎngqì Sauerstoff *m*; Oxigen *n*

氧气发生器 yǎngqì fāshēngqì Sauerstofferzeuger *m*

氧气阀 yǎngqìfá Sauerstoffventil *n*

氧气瓶 yǎngqìpíng Sauerstoffflasche *f*

氧气切割 yǎngqì qiēgē Sauerstoffschneiden *n*; Sauerstoffbrennschneiden *n*

氧气切割器 yǎngqì qiēgēqì Sauerstoffbrenner *m*

氧气压缩机 yǎngqì yāsuōjī Sauerstoffverdichter *m*

氧炔焊接 yǎngquē hànjiē Acetylensauerstoffschweißung *f*

氧原子 yǎngyuánzǐ Sauerstoffatom *n*

样板 yàngbǎn Musterplatte *f*; Schablone *f*; Modell *n*; Muster *n*; Prototyp *m*; Schema *n*

样本 yàngběn Prospekt *m*; Exemplar *n*; Muster *n*

样机 yàngjī Prototyp *m*; Maschinenprototyp *m*

样品 yàngpǐn Muster *n*; Musterprodukt *n*; Probestück *n*; Probe *f*; Probemasse *f*; Baumuster *n*; Vorbild *n*

腰 yāo Taille *f*; Hüfte *f*; Bund *m*; Mitte *f*; Lende *f*

腰椎 yāozhuī Lendenwirbel *m*

腰子 yāozi Niere *f*

摇摆 yáobǎi schwanken; schwingen

摇臂 yáobì Schwinghebel *m*; Kipp-

hebel *m*; Schwengel *m*; Kulisse *f*; Schwinge *f*

摇臂轴 yáobìzhóu Kipphebelwelle *f*; Waagebalken *m*

摇臂钻床 yáobì zuànchuáng Radialbohrmaschine *f*

摇动 yáodòng schwenken; schütteln; rütteln; schwanken; erschüttern; wobbeln; Erschütterung *f*

摇动器 yáodòngqì Schüttelapparat *m*

摇杆 yáogǎn Schwengel *m*; Schwenkhebel *m*; Hebel *m*

摇频发生器 yáopín fāshēngqì Wobbeloszillator *m*

遥测 yáocè fernmessen; Fernmessung *f*; Telemetrieren *n*; Telemetrie *f*

遥测技术 yáocè jìshù Fernmesstechnik *f*; Telemetrie *f*

遥测系统 yáocè xìtǒng Fernmesssystem *n*

遥测仪器 yáocè yíqì Fernmesser *m*; Telemeter *n/m*

遥测仪学 yáocèyíxué Telemetrie *f*

遥测装置 yáocè zhuāngzhì Fernmessanlage *f*; Fernmessgerät *n*

遥感 yáogǎn Fernabtasten *n*

遥控 yáokòng fernsteuern; fernbetätigen; Fernsteuerung *f*; Fernkontrolle *f*; Fernlenkung *f*; Fernüberwachung *f*; Fernwirkung *f*; Fernbedienung *f*; Abstandssteuerung *f*

遥控的 yáokòngde ferngelenkt; ferngesteuert; fernwirkend

遥控防护 yáokòng fánghù Fernschutz *m*

遥控火箭 yáokòng huǒjiàn Fernlenkrakete *f*

遥控继电器 yáokòng jìdiànqì fern-

Y

gesteuertes Relais

遥控技术 yáokòng jìshù Telemechanik f

遥控开关 yáokòng kāiguān fernbetätigter Schalter; Fernschalter m

遥控软件 yáokòng ruǎnjiàn Remoter-Control-Software f

遥控设备 yáokòng shèbèi Fernsteueranlage f

遥控射击 yáokòng shèjī Fernbeschuss m

遥控坦克 yáokòng tǎnkè ferngesteuerter Panzer

遥控仪 yáokòngyí Telemeter n/m; Leitfunkgerät n

遥控仪器 yáokòng yíqì Fernsteuergerät n

遥控装置 yáokòng zhuāngzhì Fernsteuerungsanlage f; Fernwirkanlage f; Ferntriebwerk n

遥望 yáowàng etw. aus weiter Ferne sehen

咬合力学 yǎohé lìxué Gnathodynamik f

咬合器 yǎohéqì Artikulator m; Okkluder m

咬入角 yǎorùjiǎo Angriffswinkel m; Eintrittswinkel m; Einzugwinkel m

要点 yàodiǎn Hauptpunkt m; Hauptinhalt m; Grundzug m

要素 yàosù Bestandteil m; wesentlicher Faktor; wichtiges Element

药 yào Heilmittel n

药材 yàocái Droge f; Grundstoffe für die Herstellung von Arznei

药店 yàodiàn Apotheke f

药方 yàofāng Rezept n

药房 yàofáng Apotheke f

药膏 yàogāo Salbe f; Paste f; Heilsalbe f

药剂 yàojì Arznei f; Medikament n

药剂师 yàojìshī Apotheker m; Pharmazeut m

药剂学 yàojìxué Pharmazie f

药理学 yàolǐxué Pharmakologie f

药理学的 yàolǐxuéde pharmakologisch

药棉 yàomián Watte f

药片 yàopiàn Tablette f; Pille f

药品 yàopǐn Arzneimittel pl; Medikamente pl; Heilmittel pl

药水 yàoshuǐ flüssige Arznei

药丸 yàowán Pille f; Tablette f

药物 yàowù Arzneimittel n; Arznei f; Medizin f

药物反应 yàowù fǎnyìng Drogenkrankheit f; Arzneiallergie f

药物化学 yàowù huàxué pharmazeutische Chemie

药物心理学 yàowù xīnlǐxué Pharmakopsychologie f

药物学 yàowùxué Pharmazeutik f; Arzneimittelkunde f; Heilmittellehre f

药学系 yàoxuéxì Fachbereich Pharmazie; Abteilung für Pharmazie

耀斑 yàobān Sonneneruption f; Fackeln pl; Sonnenfackeln pl; Eruptionsfilament n

冶金 yějīn Metallurgie f

冶金厂 yějīnchǎng Hütte f; Hüttenwerk n

冶金工业 yějīn gōngyè Hüttenindustrie f; Hüttenwesen n; Metallindustrie f

冶金工艺学 yějīn gōngyìxué Prozessmetallurgie f

冶金化学 yějīn huàxué Eisenhüttenchemie f; Hüttenchemie f

冶金矿山机械 yějīn kuàngshān jīxiè Maschinen für Metallbergbau

Y

冶金设备 yějīn shèbèi Verhüttungsaggregat n

冶金学 yějīnxué Metallurgie f; Hüttenkunde f; Hüttenwesen n

冶金炉 yějīnlú Verhüttungsofen m

冶炼 yěliàn verhütten; schmelzen; Verschmelzung f; Abschmelzen n

冶炼厂 yěliànchǎng Hüttenwerk n; Schmelzhütte f

冶炼产品 yěliàn chǎnpǐn Hüttenerzeugnis n

业务 yèwù Geschäft n; Berufsarbeit f

叶 yè Blatt n; Laub n

叶尖 yèjiān Blattspitze f

叶绿素 yèlùsù Blattgrün n; Chlorophyll n

叶轮 yèlún Laufrad n; Flügelrad n; Flügel m; Schaufelrad n

叶轮机 yèlúnjī Turbine f

叶脉 yèmài Blattrippe f; Blattnerv m; Blattader f

叶面 yèmiàn Blattfläche f

叶片 yèpiàn Flügel m; Schaufel f

叶片凹度 yèpiàn āodù Schaufelmulde f

叶片凹面 yèpiàn āomiàn Schaufelhohlseite f

叶片泵 yèpiànbèng Flügelzellenpumpe f

叶片后缘 yèpiàn hòuyuán Schaufelabströmkante f

叶片前缘 yèpiàn qiányuán Schaufeleintrittskante f; Schaufelanströmkante f

叶片凸面 yèpiàn tūmiàn Schaufelbrust f

叶片速度 yèpiàn sùdù Schaufelschwindigkeit f

叶栅 yèshān Schaufelgitter n

叶纤维 yèxiānwéi Blattfaser f

叶形 yèxíng Blattform f

叶序 yèxù Blattstellung f

页面打印预览 yèmiàn dǎyìn yùlǎn Seitenansicht f

页面视图 yèmiàn shìtú Seitenansicht f

液动控制电路 yèdòng kòngzhì diànlù hydraulische Schaltung

液动装置 yèdòng zhuāngzhì Hydraulik f; Hydraulikaggregat n

液封 yèfēng Flüssigkeitsverschluss m; Tauchverschluss m

液化 yèhuà verflüssigen; kondensieren; Verflüssigung f; Kondensation f; Flüssigmachung f

液化的 yèhuàde verflüssigt

液化点 yèhuàdiǎn Verflüssigungspunkt m

液化剂 yèhuàjì Verflüssigungsmittel n

液化空气 yèhuà kōngqì Flüssigluft f

液化气 yèhuàqì flüssiges Ölgas; Flüssiggas n; verflüssigtes Gas

液化器 yèhuàqì Verflüssiger m

液化气体 yèhuà qìtǐ Flüssiggas n; verflüssigtes Gas; verdichtetes Gas

液化燃料 yèhuà ránliào verflüssigter Brennstoff

液化石油气 yèhuà shíyóuqì verflüssigtes Erdgas; Flüssiggas n

液化天然气 yèhuà tiānránqì Erdgasflüssigkeit f; verflüssigtes Erdgas

液化装置 yèhuà zhuāngzhì Verflüssigungsanlage f

液晶 yèjīng flüssiger Kristall; Flüssigkristall m

液晶显示 yèjīng xiǎnshì Flüssigkristallanzeige f; LCD n（英，= liquid crystal display）

液晶显示器 yèjīng xiǎnshìqì LCD n;

Y

LCD-Bildschirm *m*

液面 yèmiàn Flüssigheitsspiegel *m*; Flüssigkeitsoberfläche *f*

液态 yètài flüssiger Zustand; fluider Zustand; Fluid *n*

液态的 yètàide flüssig; fluid; liquid

液态气体 yètài qìtǐ Flüssiggas *n*; flüssiges Gas

液态岩浆 yètài yánjiāng Liquidmagma *n*

液态氧 yètàiyǎng flüssiger Sauerstoff

液体 yètǐ Flüssigkeit *f*; flüssiger Körper; Fluid *n*

液体比重计 yètǐ bǐzhòngjì Hydrometer *n/m*; Aräometer *n*; Senkwaage *f*; Tauchwaage *f*

液体的 yètǐde flüssig; liquid

液体动力学 yètǐ dònglìxué Hydrodynamik *f*

液体分离器 yètǐ fēnlíqì Flüssigkeitsabscheider *m*

液体金属 yètǐ jīnshǔ Flussmetall *n*

液体密度 yètǐ mìdù Flüssigkeitsdichte *f*

液体燃料 yètǐ ránliào Flüssigbrennstoff *m*; Flüssigkraftstoff *m*; Fließbrennstoff *m*; flüssiger Brennstoff

液体渗氮 yètǐ shèndàn Badnitrieren *n*

液体循环 yètǐ xúnhuán Flüssigkeitskreisprozess *m*

液位 yèwèi Flüssigkeitsspiegel *m*; Flüssigkeitsstand *m*

液位差 yèwèichā Spiegelgefälle *n*

液位指针 yèwèi zhǐzhēn Vorratsanzeiger *m*; Standanzeiger *m*

液相 yèxiàng Flüssigkeitsphase *f*; flüssige Phase

液压 yèyā Flüssigkeitsdruck *m*; hydraulischer Druck; Flüssigkeitspressung *f*

液压泵 yèyābèng Presspumpe *f*; hydraulische Pumpe; Hydraulikpumpe *f*

液压传动 yèyā chuándòng hydraulischer Antrieb; Flüssigkeitsantrieb *m*; Flüssigkeitsgetriebe *n*; hydraulische Betätigung; Flüssigkeitsübertragung *f*; hydraulische Übertragung

液压传动装置 yèyā chuándòng zhuāngzhì Ölantrieb *m*; hydraulisches Getriebe

液压的 yèyāde hydraulisch

液压电机 yèyā diànjī Hydromotor *m*; Flüssigkeitsmotor *m*

液压缸 yèyāgāng Druckwasserzylinder *m*; Hydraulikzylinder *m*

液压缓冲器 yèyā huǎnchōngqì Flüssigkeitspuffer *m*

液压机 yèyājī hydraulische Presse; Fließdruckpresse *f*

液压计 yèyājì Manometer *m/n*; Wasserdruckmesser *m*; Flüssigkeitsdruckmesser *m*

液压控制 yèyā kòngzhì hydraulische Steuerung

液压马达 yèyā mǎdá Hydromotor *m*

液压平衡 yèyā pínghéng hydraulischer Ausgleich

液压起动 yèyā qǐdòng hydraulisches Anlassen

液压千斤顶 yèyā qiānjīndǐng Druckflüssigkeitsheber *m*; Druckwasserhebebock *m*; hydraulischer Heber

液压设备 yèyā shèbèi Hydraulikanlage *f*; Hydro-Anlage *f*

液压试验 yèyā shìyàn hydraulische Prüfung; Abdrücken mit Flüssig-

Y

keit

液压调节 yèyā tiáojié Flüssigkeitsregelung *f*

液压调节器 yèyā tiáojiéqì hydraulischer Regler

液压系统 yèyā xìtǒng Hydrauliksystem *n*

液压蓄压器 yèyā xùyāqì Druckwasserspeicher *m*

液压元件 yèyā yuánjiàn Hydraument *n*; Hydraulikbauteil *n*

液压制动器 yèyā zhìdòngqì Hydraulikbremse *f*; hydraulische Bremse

液压装置 yèyā zhuāngzhì Druckölantrieb *m*; Hydraulikantrieb *m*

液氧 yèyǎng Flüssigsauerstoff *m*

腋 yè Achsel *f*

腋窝 yèwō Achselhöhle *f*

一般的 yībānde allgemein; gewöhnlich

一半 yībàn Hälfte *f*; halb

一步成像照像机 yībù chéngxiàng zhàoxiàngjī Polaroidkamera *f*

一次性包装 yīcìxìng bāozhuāng Einwegpackung *f*

一次性复写纸 yīcìxìng fùxiězhǐ Einwegkohlepapier *n*

一次性器皿 yīcìxìng qìmǐn Einwegbehälter *m*

一次性用杯 yīcìxìng yòngbēi Einwegglas *n*

一次性用瓶 yīcìxìng yòngpíng Einwegflasche *f*; Einmalflasche *f*

一次性注射针头 yīcìxìng zhùshè zhēntóu Einwegspritze *f*

一定程度 yīdìng chéngdù gewissermaßen

一定的 yīdìngde gewiss; bestimmt

一价的 yījiàde einwertig

一起乘车去 yīqǐ chéngchēqù mitfahren

一维的 yīwéide eindimensional

一氧化氮 yīyǎnghuàdàn Stickstoffmonoxid *n*; Stickoxid *n*

一氧化铅 yīyǎnghuàqiān Bleimonoxid *n*

一氧化碳 yīyǎnghuàtàn Kohlenmonoxid *n*

一因次的 yīyīncìde eindimensional

一元的 yīyuánde einbasisch; einbasig; unitär

一元二次方程式 yīyuán'èrcì fāngchéngshì Gleichung zweiten Grades mit einer Unbekannten

一元一次方程式 yīyuányīcì fāngchéngshì Gleichung ersten Grades mit einer Unbekannten

一致 yīzhì übereinstimmen; Gleichheit *f*; Übereinstimmung *f*; Einigung *f*

一致的 yīzhìde identisch; einstimmig

一致性 yīzhìxìng Einigkeit *f*

医科 yīkē medizinische Fachgebiete; Medizin *f*

医科大学 yīkē dàxué medizinische Hochschule

医疗 yīliáo ärztliche Behandlung; Heilung *f*

医疗按摩 yīliáo ànmó Heilmassage *f*

医疗机构 yīliáo jīgòu medizinische Einrichtungen

医疗事故 yīliáo shìgù Fehler ärztlicher Behandlung; ärztlicher Kunstfehler

医生 yīshēng Arzt *m*; Doktor *m*

医师 yīshī Arzt *m*

医士 yīshì Heilpraktiker *m*; Gesundheitspfleger *m*

医术 yīshù ärztliches Können; Heilkunst *f*

Y

医学 yīxué Medizin *f*; Heilkunde *f*; Medizinische Wissenschaft

医学博士 yīxué bóshì Doktor der Medizin

医学的 yīxuéde medizinisch

医学系 yīxuéxì medizinische Fakultät; Fachbereich Medizin

医学院 yīxuéyuàn Institut für Medizin

医药 yīyào Medikament *n*; Arznei *f*; Medizin *f*

医院 yīyuàn Krankenhaus *n*; Hospital *n*; Klinik *f*; Heilanstalt *f*

医治 yīzhì heilen; kurieren

医嘱 yīzhǔ ärztlicher Rat; ärztlicher Anordnung

依次 yīcì der Reihe nach; nacheinander; hintereinander

依据 yījù gemäß; zufolge; nach; aufgrund; Basis *f*; Grundlage *f*; Anhaltspunkt *m*

依赖性 yīlàixìng Abhängigkeit *f*

依照 yīzhào gemäß

铱 yī Iridium *n*

仪表 yíbiǎo Messinstrument *n*; Instrument *n*; Gerät *n*; Anzeigegerät *n*; Apparatur *f*

仪表板 yíbiǎobǎn Armaturenbrett *n*; Geräteplatte *f*

仪表盘 yíbiǎopán Instrumenttafel *f*; Armaturenbrett *n*; Apparatebrett *n*; Apparatetafel *f*; Armaturentafel *f*

仪器 yíqì Instrument *n*; Gerät *n*; Apparat *m*

仪器的 yíqìde instrumental; instrumentell

仪器构造 yíqì gòuzào Apparatebau *m*

仪器精度 yíqì jīngdù Genauigkeit des Messgerätes

仪器制造 yíqì zhìzào Apparatebau *m*

夷平 yípíng abebnen

移动 yídòng bewegen; fortbewegen; verstellen; Bewegung *f*; Fortbewegung *f*; Translation *f*

移动场 yídòngchǎng Wanderfeld *n*; Bewegungsfeld *n*

移动淬火 yídòng cuìhuǒ Härten im Vorschub

移动回波 yídòng huíbō mobiles Echo

移动机构 yídòng jīgòu Fahrwerk *m*

移动式泵 yídòngshìbèng tragbare Pumpe

移动式起重机 yídòngshì qǐzhòngjī Fahrkran *m*; fahrbarer Kran; Laufkran *m*

移动式压缩机 yídòngshì yāsuōjī fahrbarer Verdichter

移动轴 yídòngzhóu verschiebbare Achse

移动装置 yídòng zhuāngzhì Fahrwerk *n*; Fahrantrieb *m*

移动钻探岛 yídòng zuāntàndǎo mobile Bohrinsel

移开 yíkāi abrücken; ausrücken

移交 yíjiāo übergeben

移去 yíqù entfernen; abnehmen

移位 yíwèi Umstellung *f*; Übertrag *m*; Schieben *n*

移位计数器 yíwèi jìshùqì Schiebezähler *m*; Schiftzähler *m*; Schrittzähler

移位寄存器 yíwèi jìcúnqì 〈计〉 Verschieberegister *n*; Schieberegister *n*

移位脉冲 yíwèi màichōng Schiebeimpuls *m*

移位器 yíwèiqì Verschiebeeinheit *f*; Verschiebeeinrichtung *f*

Y

移位绕组 yíwèi ràozǔ　Verschiebe-wicklung *f*

移位指令 yíwèi zhǐlìng　Verschiebe-befehl *m*

移项 yíxiàng transponieren；hinüber-führen；Umstellung *f*

移像器 yíxiàngqì Bildwandler *m*

移栽 yízāi verpflanzen；umpflanzen；umsetzen；pikieren

移植 yízhí verpflanzen；umpflanzen；transplantieren；Transplantation *f*；Deplantation *f*

移转负荷 yízhuǎn fùhè　bewegliche Belastung

遗产 yíchǎn Erbe *n*；Erbgut *n*

遗传 yíchuán vererben；Erblichkeit *f*；Vererbung *f*；Heredität *f*

遗传病 yíchuánbìng Erbkrankheit *f*；Heredopathie *f*

遗传的 yíchuánde genetisch

遗传的变异性 yíchuánde biànyìxìng Varietät der Vererbung；Genmuta-tion *f*

遗传工程 yíchuán gōngchéng　Gen-technik *f*

遗传工程学 yíchuán gōngchéngxué Gentechnik *f*

遗传密码 yíchuán mìmǎ genetischer Kode

遗传特征 yíchuán tèzhēng erbliche Merkmale *pl*；vererbte Anlagen；Erbmasse *f*

遗传信息 yíchuán xìnxī　genetische Information

遗传性 yíchuánxìng Heredität *f*

遗传性的 yíchuánxìngde erblich

遗传学 yíchuánxué Genetik *f*；Ver-erbungslehre *f*

遗传学的 yíchuánxuéde genetisch

遗传学家 yíchuánxuéjiā　Genetiker *m*

遗传因子 yíchuán yīnzǐ　genetischer Faktor；Erbfaktor *m*；Gen *n*

遗精 yíjīng Pollution *f*；Spermatorrhö *f*；Samenfluss *m*

遗尿 yíniào Bettnässen *n*；Enurese *f*；Harninkontinenz *f*；Harnträufeln *n*

胰岛 yídǎo Langerhans-Insel *f*

胰岛素 yídǎosù Insulin *n*

胰腺 yíxiàn　Bauchspeicheldrüse *f*；Pankreas *n*

胰腺癌 yíxiàn´ái Pankreaskrebs *m*

胰腺炎 yíxiànyán Banchspeicheldrü-senentzündung *f*；Pankreatitis *f*

疑问 yíwèn Zweifel *m*

乙醇 yǐchún Äthanol *n*；Alkohol *m*；Äthylalkohol　*m*；　Spiritus　*m*；Weingeist *m*

乙基 yǐjī Äthyl *n*

乙基汽油 yǐjī qìyóu Bleibenzin *n*

乙醚 yǐmí Äther *m*

乙醛 yǐquán Azetaldehyd *m*；Ätha-nal *n*

乙炔 yǐquē Azetylen *n*；Acetylen *n*；Carbidgas *n*

乙炔发生器 yǐquē fāshēngqì Azety-lenentwickler *m*

乙炔焊 yǐquēhàn autogene Schwei-ßung；Azetylenschweißen *n*

乙炔焊枪 yǐquē hànqiāng Azetylen-brenner *m*

乙烷 yǐwán Äthan *n*

乙烯 yǐxī Äthylen *n*

已知的 yǐzhīde bekannt；gegeben

已知数 yǐzhīshù bekannte Zahl

艺术 yìshù Kunst *f*

艺术家 yìshùjiā Künstler *m*

异步电动机 yìbù diàndòngjī　Asyn-chronmotor *m*；Asynchrongenera-tor *m*

异步数据处理 yìbù shùjù chǔlǐ

Y

asynchrone Datenverarbeitung

异步数据交换 yìbù shùjù jiāohuàn asynchroner Datenaustausch

异常 yìcháng Anomalie *f*; Abnormalität *f*

异常的 yìchángde ungewöhnlich

异常性 yìchángxìng Abnormalität *f*

异地河流 yìdì héliú Fremdlingsfluss *m*

异电位的 yìdiànwèide heterostatisch

异花授粉 yìhuā shòufěn Fremdbestäubung *f*; Kreuzbestäubung *f*; Allogamie *f*

异化 yìhuà Dissimilation *f*; Entfremdung *f*

异化作用 yìhuà zuòyòng Dissimilation *f*

异极的 yìjíde heteropolar

异体 yìtǐ Fremdkörper *m*

异物 yìwù Fremdkörper *m*; Fremdstoff *m*

异象的 yìxiàngde heteromorph

异形的 yìxíngde heteromorph

异形槽钢 yìxíng cáogāng Belagstahl *m*

异形钢材 yìxíng gāngcái besonders geformter Stahl

异形钢梁 yìxíng gāngliáng Profilstahlträger *m*

异形管 yìxíngguǎn Profilrohr *n*; Sonderröhre *f*

异形砖 yìxíngzhuān Profilstein *m*

异源多倍体 yìyuán duōbèitǐ Allopolyploidie *f*

异质同晶 yìzhì tóngjīng Allomerismus *m*; Allomerie *f*

抑制 yìzhì moderieren; abbremsen; Hemmung *f*

抑制剂 yìzhìjì Sparbeize *f*; Inhibitor *m*; Verzögerer *m*; Hemmkörper *m*

抑制栅 yìzhìshān Bremsgitter *n*

译码 yìmǎ decodieren; dechiffrieren; entschlüsseln; Codeübersetzung *f*; Entschlüsselung *f*

译码器 yìmǎqì Übersetzer *m*; Entschlüssler *m*; Translator *m*; Verschlüssler *m*

译员 yìyuán Dolmetscher *m*

译制 yìzhì synchronisieren

疫苗 yìmiáo Impfstoff *m*; Vakzine *f*

易爆炸的 yìbàozhàde explosiv

易变的 yìbiànde inkonstant; labil; unbeständig; veränderlich

易变性 yìbiànxìng Labilität *f*; Unbeständigkeit *f*

易断的 yìduànde zerbrechlich

易腐性 yìfǔxìng Korrosionsempfindlichkeit *f*

易挥发的 yìhuīfāde leichtflüchtig

易挥发性 yìhuīfāxìng Leichtflüchtigkeit *f*

易燃材料 yìrán cáiliào Leichtbrennstoff *m*

易燃的 yìránde leichtverbrennlich; feuergefährlich

易燃气体 yìrán qìtǐ entzündbares Gas

易燃燃料 yìrán ránliào leicht entzündlicher Brennstoff

易燃烧的 yìránshāode inflammbel; brennbar

易燃物 yìránwù leicht entzündliches (brennbares) Material; feuergefährliche Stoffe

易燃性 yìránxìng Abbrennbarkeit *f*; Zündempfindlichkeit *f*; Inflammabilität *f*

易熔的 yìróngde leichtschmelzend; schmelzbar

易溶的 yìróngde leichtlöslich

易熔合金 yìróng héjīn niedrigschmelzende Legierung; schmelzbare

Legierung

易蚀的 yìshíde korrosionsempfindlich

易碎的 yìsuìde brechbar; brüchig; spröde

易碎性 yìsuìxìng Verletzbarkeit f; Sprödigkeit f

易弯曲性 yìwānqūxìng Geschmeidigkeit f

意见 yìjiàn Idee f; Meinung f

意图 yìtú Absicht f; Intention f

意义 yìyì Sinn m; Bedeutung f

溢出 yìchū überfließen; überlaufen; auslaufen; ausfließen; abströmen; Auslauf m; Ausfluss m; Überlauf m; Vergießung f

溢洪道 yìhóngdào Hochwasserentlastung f; Hochwasserentlastungsanlage f; Hochwasserablass m; Abflusskanal m; Hochwasserüberlauf m

溢流 yìliú überlaufen; überströmen; Überwasser n; Überströmung f; Überfall m

溢流板 yìliúbǎn Abschlussdecke f

溢流坝 yìliúbà Überlaufdamm m; überfallsperre f; Überfallmauer f; Schusswehr n; Überfallstaumauer f

溢流槽 yìliúcáo Überlaufrinne f

溢流阀 yìliúfá Überflussventil n

溢流式水电站 yìliúshì shuǐdiànzhàn Wehrschwellenkraftwerk n

溢流水 yìliúshuǐ Wasserüberlauf m

溢流速度 yìliú sùdù Ausflugeschwindigkeit f

溢水口 yìshuǐkǒu Steiger m

翼 yì Flügel m; Fächer m

翼梁 yìliáng Holm m; Flügelholm m

翼形螺钉 yìxíng luódīng Flügelschraube f

因变数 yīnbiànshù Abhängige f

因次的 yīncìde dimensional

因式分解 yīnshì fēnjiě Faktorenzerlegung f; Zerlegung in Faktoren

因数 yīnshù Faktor m; Wertziffer f; Mehrer m

因素 yīnsù Faktor m

因特网 yīntèwǎng Internet n

因特网服务 yīntèwǎng fúwù Onlinedienst m; Internet-Service m/n

因特网接口 yīntèwǎng jiēkǒu Internetanschluss m

因特网连接向导 yīntèwǎng liánjiē xiàngdǎo der Assistent für den Internetzugang

因子 yīnzǐ Faktor m; Teiler m; Wertziffer f

因子分解 yīnzǐ fēnjiě Faktorenzerlegung f; Faktorenanalyse f

阴电 yīndiàn negative Elektrizität

阴电的 yīndiànde elektrisch negativ

阴电极 yīndiànjí Kathode f

阴电子 yīndiànzǐ Negatron n; negatives Elektron

阴极 yīnjí Kathode f; negativer pol; negative Elektrode

阴极的 yīnjíde kathodisch

阴极电解液 yīnjí diànjiěyè Katholyt m; Kathodenlösung f

阴极电阻 yīnjí diànzǔ Kathodenwiderstand m

阴极管 yīnjíguǎn Kathodenröhre f

阴极射线 yīnjí shèxiàn Kathodenstrahl m

阴极射线管 yīnjí shèxiànguǎn Kathodenstrahlröhre f

阴离子 yīnlízǐ Anion n; negatives Ion

阴模 yīnmú Gegenform f; Matrize f

阴影面 yīnyǐngmiàn Schattenseite f

阴影图 yīnyǐngtú Schattenbild n

音波 yīnbō Tonwelle f; Schallwelle f

Y

音叉 yīnchā Stimmgabel *f*; Tongabel *f*

音调 yīndiào Tonlage *f*; Klang *m*; Tonfall *m*

音调高度 yīndiào gāodù Tonlage *f*

音调控制 yīndiào kòngzhì Tonkontrolle *f*

音调调节器 yīndiào tiáojiéqì Tonblende *f*; Klangregler *m*

音量 yīnliàng Lautstärke *f*; Klangfülle *f*

音量放大器 yīnliàng fàngdàqì Lautverstärker *m*

音量计 yīnliàngjì Lautstärkemesser *m*

音量控制 yīnliàng kòngzhì Lautstärkeregelung *f*; Schwundausgleich *m*

音量调节器 yīnliàng tiáojiéqì Lautstärkeregler *m*

音频 yīnpín Hörfrequenz *f*; Tonfrequenz *f*; Audiofrequenz *f*; Schallfrequenz *f*

音频变压器 yīnpín biànyāqì Tonfrequenzübertrager *m*

音频电路 yīnpín diànlù Tonkreis *m*

音频发生器 yīnpín fāshēngqì Tonfrequenzmaschine *f*; Schallerzeuger *m*

音频范围 yīnpín fànwéi Tonfrequenzbereich *m*

音频放大 yīnpín fàngdà Tonfrequenzverstärkung *f*

音频放大器 yīnpín fàngdàqì Audiofrequenzverstärker *m*; Tonfrequenzverstärker *m*

音频检波器 yīnpín jiǎnbōqì Tonfrequenzgleichrichter *m*

音频滤波 yīnpín lǜbō Tonsieb *n*

音频滤波器 yīnpín lǜbōqì Tonfrequenzfilter *n/m*

音频频率计 yīnpín pínlǜjì Tonfrequenzinstrument *n*

音频信号 yīnpín xìnhào Tonsignal *n*; Audiosignal *n*

音频振铃 yīnpín zhènlíng Tonfrequenzruf *m*

音频振荡器 yīnpín zhèndàngqì Tonfrequenzgenerator *m*; Tonfrequenzoszillator *m*

音腔 yīnqiāng Tonzelle *f*

音强 yīnqiáng Lautstärke *f*

音强度计 yīnqiángdùjì Phonometer *n*

音色 yīnsè Tönung *f*; Klangfarbe *f*; Timbre *n*

音速 yīnsù Schallgeschwindigkeit *f*

音响 yīnxiǎng Laut *m*; Schall *m*; Klang *m*; Akustik *f*

音响报警 yīnxiǎng bàojǐng akustische Anzeige

音响报警器 yīnxiǎng bàojǐngqì akustischer Alarm

音响存储器 yīnxiǎng cúnchǔqì akustischer Speicher

音响电桥 yīnxiǎng diànqiáo akustische Brücke; Schustersche Brücke

音响警报装置 yīnxiǎng jǐngbào zhuāngzhì Klangmeldeeinrichtung *f*

音响水雷 yīnxiǎng shuǐléi Geräuschmine *f*; Schallmine *f*; akustische Mine

音响试验 yīnxiǎng shìyàn Klangprobe *f*

音响探测器 yīnxiǎng tàncèqì Horchgerät *n*

音响效果 yīnxiǎng xiàoguǒ akustische Effekte; Klangwirkung *f*

音响信号 yīnxiǎng xìnhào akustisches Signal; Läutesignal *n*; Läutwerk *n*

音响信号装置 yīnxiǎng xìnhào

zhuāngzhì Klangmeldeeinrichtung *f*

音响学 yīnxiǎngxué Akustik *f*

音响装置 yīnxiǎng zhuāngzhì Stereoanlage *f*

铟 yīn Indium *n*

殷钢 yīngāng Invar *n*

银 yín Silber *n*; Argentum *n*

银币 yínbì Silbermünze *f*

银的 yínde silbern; silbrig

银行 yínháng Bank *f*

银行家 yínhángjiā Banker *m*

银行资本 yínháng zīběn Bankkapital *n*

银河 yínhé Milchstraße *f*; Galaxis *f*

银河系 yínhéxì Milchstraßensystem *n*; galaktisches System

银河系的 yínhéxìde galaktisch

银矿床 yínkuàngchuáng Silberlagerstätte *f*

银矿石 yínkuàngshí Silbererz *n*

银幕 yínmù Leinwand *f*; Filmleinwand *f*; Bildwand *f*; Bildfläche *f*

银器 yínqì Silberwaren *pl*; Silberartikel *m*

银钱 yínqián Geld *n*

银色的 yínsède silbern; silberfarbig

银浴 yínyù Silberbad *n*

引爆 yǐnbào detonieren; Initierung *f*

引爆线 yǐnbàoxiàn Zündschnur *f*; Schießleitung *f*

引潮力 yǐncháolì fluterzeugende Kraft

引出 yǐnchū ableiten; fortleiten

引导 yǐndǎo führen; leiten; anführen

引导指令 yǐndǎozhǐlìng Anfangsbefehl *m*

引导指令卡 yǐndǎo zhǐlìngkǎ Einziehkarte *f*

引导轴 yǐndǎozhóu Lenkachse *f*

引火剂 yǐnhuǒjì Zündstoff *m*

引进技术 yǐnjìn jìshù neue Technik einführen

引力 yǐnlì Gravitation *f*; Gravitationskraft *f*; Anziehungskraft *f*; Anziehung *f*; Massenanziehung *f*; Schwerkraft *f*; Zugkraft *f*; Attraktionskraft *f*

引力常数 yǐnlì chángshù Gravitationskonstante *f*

引力场 yǐnlìchǎng Anziehungsfeld *n*; Schwerefeld *n*; Gravitationsfeld *n*

引力范围 yǐnlì fànwéi Anziehungsbereich *m*; Anziehungskreis *m*

引流管 yǐnliúguǎn Drain *m*

引起 yǐnqǐ verursachen; veranlassen; hervorrufen; hervorbringen; bewirken

引擎 yǐnqíng Motor *m*

引取电流 yǐnqǔ diànliú Stromabnahme *f*

引燃 yǐnrán Entzündung *f*

引燃管 yǐnránguǎn Verpuffungsröhre *f*; Ignitron *n*

引燃过程 yǐnrán guòchéng Entzündungsvorgang *m*

引入 yǐnrù einführen; Einführung *f*

引入电缆 yǐnrù diànlǎn Zuleitungskabel *n*

引水 yǐnshuǐ Wasserzuleitung *f*; Fassung *f*; Benässerung *f*

引水坝 yǐnshuǐbà Aufstauungsdamm *m*; Entnahmesperre *f*; Einlasswehr *n*; Entnahmewehr *n*; Fassungswehr *n*

引水槽 yǐnshuǐcáo Zuführungsrinne *f*

引水道 yǐnshuǐdào Wasserumleitung *f*

引水地点 yǐnshuǐ dìdiǎn Fassungsstelle *f*; Fassungsort *m*

引水地段 yǐnshuǐ dìduàn Entnahme-

Y

strecke *f*; Fassungsgelände *n*

引水方向 yǐnshuǐ fāngxiàng Fassungsrichtung *f*

引水工程 yǐnshuǐ gōngchéng Fassungsarbeiten *pl*; Wasserzuleitungsprojekt *n*

引水干渠 yǐnshuǐ gànqú Hauptzuflusskanal *m*

引水管 yǐnshuǐguǎn Fassungsrohr *n*; Zuführungsrohr *n*; Zubringerleitung *f*

引水管道 yǐnshuǐ guǎndào Zuführungsleitung *f*; Zuführungsrohrleitung *f*

引水口 yǐnshuǐkǒu Entnahmemündung *f*

引水量 yǐnshuǐliàng Entnahmemenge *f*

引水流量 yǐnshuǐ liúliàng Fassungsmenge *f*

引水渠 yǐnshuǐqú Wasserzulaufkanal *m*; Zufuhrkanal *m*; Abzugskanal *m*; Fassungskanal *m*; Zubringerkanal *m*; Zuleitungskanal *m*; Zuführungskanal *m*; Umleitungskanal *m*; Zulaufgerinne *n*

引水设备 yǐnshuǐ shèbèi Fassungsanlage *f*

引水水面 yǐnshuǐ shuǐmiàn Fassungsspiegel *m*

引水隧洞 yǐnshuǐ suìdòng Fassungsstollen *m*; Entnahmestollen *m*; Zuleitungsstollen *m*; Entnahmetunnel *m*

引水支管 yǐnshuǐ zhīguǎn Fassungsflügel *m*

引水装置 yǐnshuǐ zhuāngzhì Zuführungsorgan *n*

引向 yǐnxiàng heranführen

引信 yǐnxìn Zünder *m*; Sprengzünder *m*; Brandröhre *f*; Detonator *m*; Detonationskapsel *f*

引言 yǐnyán Einführung *f*; Einleitung *f*; Vorwort *n*

饮食限制 yǐnshí xiànzhì diätische Beschränkung

饮食学 yǐnshíxué Diätetik *f*

隐花植物 yǐnhuā zhíwù Kryptogame *f*

隐晶岩 yǐnjīngyán Aphanide *m*

隐静脉 yǐnjìngmài Rosenader *f*

隐形眼镜 yǐnxíng yǎnjìng Kontaktlinse *f*

隐性遗传 yǐnxìng yíchuán potenzielle Erbkrankheit

印花 yìnhuā Stoffdruck *m*; Steuermarke *f*; Gebührenmarke *f*

印花机 yìnhuājī Druckmaschine *f*

印花棉布 yìnhuā miánbù bedruckter Baumwollstoff

印染 yìnrǎn Drucken und Färben von Textilien

印上 yìnshàng bedrucken

印刷 yìnshuā drucken; abdrucken; Druck *m*; Abdruck *m*

印刷机 yìnshuājī Druckmaschine *f*; Presse *f*

印刷机驱动轮中轴 yìnshuājī qūdònglún zhōngzhóu Achse des Kartenkopfantriebrades

印刷品 yìnshuāpǐn Drucksache *f*

印刷器 yìnshuāqì Druckwerk *n*

印刷设备 yìnshuā shèbèi Druckapparat *m*

印刷术 yìnshuāshù Typografie *f*

印相纸 yìnxiàngzhǐ Kopierpapier *n*; Fotopapier *n*

英尺 yīngchǐ Fuß *m*(= 0.3048m)

英寸 yīngcùn Zoll *m*; Inch *m/n*(= 2.54cm)

英里 yīnglǐ Meile *f* (= 1.609km)

英制螺纹 yīngzhì luówén Zollgewinde n

应有尺寸 yīngyǒu chǐcùn Sollmaß n

迎角 yíngjiǎo Angriffswinkel m; Anstellwinkel m

荧光 yíngguāng Fluoreszenz f; Fluoreszenzlicht n; Phosphoreszenz f; Lumineszenz f

荧光灯 yíngguāngdēng Leuchtlampe f; Leuchtstoffflampe f

荧光管 yíngguāngguǎn Leuchtröhre f; Leuchtrohr n

荧光屏 yíngguāngpíng Leuchtschirm m; Bildschirm m; Fluoreszenzschirm m; Schirm m

荧光屏尺寸 yíngguāngpíng chǐcùn Bildschirmgröße f

荧光素 yíngguāngsù Fluoreszein n; Luziferin n

荧光物质 yíngguāng wùzhì Leuchtstoff m; Fluoreszenzstoff m

萤火虫 yínghuǒchóng Leuchtkäfer m; Glühwürmchen n

营养 yíngyǎng Ernährung f

营养不良 yíngyǎng bùliáng Fehlernährung f; Dystrophie f

营养品 yíngyǎngpǐn Nährstoff m

营养生理学 yíngyǎng shēnglǐxué Ernährungsphysiologie f

营养咨询 yíngyǎng zīxún Ernährungsberatung f

营养学 yíngyǎngxué Diätetik f; Ernährungswissenschaft f

营造 yíngzào bauen; aufforsten

影响 yǐngxiǎng beeinflussen; beeinträchtigen; influenzieren; Einfluss m; Influenz f; Auswirkung f; Effekt m; Wirkung f; Einwirkung f

影响范围 yǐngxiǎng fànwéi Einflussbereich m

影音文件播放器(rm 格式的) yǐng-

yīn wénjiàn bōfàngqì(rm géshìde) Realplayer m

影印 yǐngyìn fotografisches Kopierverfahren; Fotolithografie f; Fotodruck m

影子 yǐngzi Schatten m

应变力 yìngbiànlì Verformungskraft f

应答信号 yìngdáxìnhào Quittungssignal n

应急泵 yìngjíbèng Notpumpe f

应急驱动机构 yìngjí qūdòng jīgòu Notantriebsmittel n

应急天线 yìngjí tiānxiàn Behelfsantenne f

应力 yìnglì Spannung f; Belastung f; Beanspruchung f; Anspannung f; Inanspruchnahme f

应力场 yìnglìchǎng Spannungsfeld n

应力断裂试验 yìnglì duànliè shìyàn Standversuch m

应力极限 yìnglì jíxiàn Beanspruchungsgrenze f

应力计 yìnglìjì Spannungsanzeiger m

应力强度 yìnglì qiángdù Beanspruchungsgrad m

应力调质 yìnglì tiáozhì Spannungsvergütung f

应力状况 yìnglì zhuàngkuàng Beanspruchungszustand m; Spannungszustand m

应线圈 yìngxiànquān Induktionsstrom m

应用 yìngyòng gebrauchen; anwenden; verwenden; Anwendung f; Verwendung f; Gebrauch m

应用的 yìngyòngde angewandt

应用程序 yìngyòng chéngxù Utilityprogramm n; Utilityroutine f; Anwendungsprogramm n

应用存储器 yìngyòng cúnchǔqì Anwenderspeicher m

Y

应用范围 yìngyòng fànwéi Anwendungsbereich *m*

应用化学 yìngyòng huàxué angewandte Chemie

应用科学 yìngyòng kēxué angewandte Wissenschaft

应用软件 yìngyòng ruǎnjiàn Anwendungsprogramm *n*; Anwendungssoftware *n*; Benutzersoftware *f*

应用数学 yìngyòng shùxué angewandte Mathematik

映射 yìngshè bescheinen; anstrahlen

映像 yìngxiàng Spiegelbild *n*; Spiegelung *f*; Projektionsbild *n*

映照 yìngzhào bescheinen; anstrahlen

硬的 yìngde hart

硬度 yìngdù Härte *f*; Härtegrad *m*

硬度测量仪 yìngdù cèliángyí Härteprüfgerät *n*

硬度差 yìngdùchā Härteunterschied *m*

硬度等级表 yìngdù děngjíbiǎo Härteskala *f*

硬度分布 yìngdù fēnbù Härteverteilung *f*

硬度级 yìngdùjí Härtegrad *m*

硬度计 yìngdùjì Härtemesser *m*; Härteprüfer *m*; Durokavimeter *n*; Durometer *n/m*; Sklerometer *n*

硬度检验 yìngdù jiǎnyàn Härteprüfung *f*

硬度量度 yìngdù liángdù Härtemaß *n*

硬度曲线 yìngdù qūxiàn Härtekurve *f*

硬度蠕变曲线 yìngdù rúbiàn qūxiàn Härtekriechkurve *f*

硬度试验计 yìngdù shìyànjì Härteprüfer *m*

硬度值 yìngdùzhí Härtewert *m*; Härtezahl *f*

硬钢丝 yìnggāngsī Hartdraht *m*

硬焊 yìnghàn Hartlöten *n*

硬化 yìnghuà härten; verhärten; abhärten; erhärten; verstarren; verfestigen; Härtung *f*; Abhärtung *f*; Erhärtung *f*; Sklerose *f*

硬化剂 yìnghuàjì Erhärtungsmittel *n*; Versteifer *m*

硬化炉 yìnghuàlú Härteofen *m*

硬件 yìngjiàn Hardware *f*

硬件部分 yìngjiàn bùfen Hardwareteil *m*

硬件配置 yìngjiàn pèizhì Hardware-Konfiguration *f*; Geräteanordnung *f*; Gerätekonfiguration *f*

硬件驱动程序 yìngjiàn qūdòng chéngxù Hardwaretreiber *m*

硬件信息 yìngjiàn xìnxī Hardware-Information *f*

硬件组件 yìngjiàn zǔjiàn Hardwarekomponente *f*

硬煤 yìngméi Anthrazit *m*; harte Steinkohle

硬锰矿 yìngměngkuàng Psilomelan *m*

硬模 yìngmó Kokille *f*; Kokillendauerform *f*

硬木 yìngmù Hartholz *n*

硬盘 yìngpán Festplatte *f*; Harddisk *f*; Hard Disk *f*

硬盘分区 yìngpán fēnqū die Festplatte partitionieren

硬盘空间 yìngpán kōngjiān Speicherplatz auf der Festplatte

硬盘驱动器 yìngpán qūdòngqì Festplattenlaufwerk *n*

硬盘碎片整理 yìngpán suìpiàn zhěnglǐ Festplattendefragmentierung *f*

硬盘性能 yìngpán xìngnéng Festplattenleistung *f*

硬石膏 yìngshígāo Anhydrit *m*

硬水 yìngshuǐ hartes Wasser

硬通货 yìngtōnghuò harte Währung

硬橡胶 yìngxiàngjiāo Hartgummi *n*; Ebonit *n*

硬性 yìngxìng Härte *f*

硬脂 yìngzhī Hartfett *n*; Stearin *n*; Tristearin *n*

硬质材料 yìngzhì cáiliào Hartstoff *m*

硬质合金 yìngzhì héjīn Hartmetall *n*; harte Legierung

硬质胶 yìngzhìjiāo Hartgummi *n*

硬质纤维板 yìngzhì xiānwéibǎn Hartfaserplatte *f*

痈 yōng Karbunkel *m*

永磁的 yǒngcíde dauermagnetisch; permanentmagnetisch

永冻土 yǒngdòngtǔ ewiger Bodenfrost; beständiger Bodenfrost

永久变形 yǒngjiǔ biànxíng bleibende Formänderung; bleibende Deformation

永久磁铁 yǒngjiǔ cítiě Dauermagnet *m*; Permanentmagnet *m*; permanenter Magnet

永久磁性 yǒngjiǔ cíxìng permanenter Magnetismus; bleibender Magnetismus; Permanent-Magnetismus *m*; Dauermagnetismus *m*

永久的 yǒngjiǔde ständig; ewig

永久冻土 yǒngjiǔ dòngtǔ Pergelisol *m*; Dauerfrostboden *m*; Eisboden *m*

永久删除文件 yǒngjiǔ shānchú wénjiàn die dauerhaft gelöschte Datei

永久性 yǒngjiǔxìng Permanenz *f*

涌起 yǒngqǐ aufquellen; hervorquellen

蛹 yǒng Puppe *f*

用播客播放 yòngbōkè bōfàng podcasten; Podcasting *n*

用户 yònghù Abnehmer *m*; Kunde *f*; Nutzer *m*; User *m*; Benutzer *m*

用户标识符 yònghù biāozhìfú Benutzerkennung *f*

用户定义的 yònghù dìngyìde benutzerdefiniert

用户服务 yònghù fúwù Benutzerservice *n*

用户服务器模块 yònghù fúwùqì mókuài Client-Server-Modell *n*

用户服务网络 yònghù fúwù wǎngluò Client-Server-Netzwerk *n*

用户级 yònghùjí Benutzerebene *f*

用户接口 yònghù jiēkǒu Benutzeroberfläche *f*; Anwenderschnittstelle *f*

用户界面 yònghù jièmiàn Benutzeroberfläche *f*

用户名 yònghùmíng Benutzername *m*

用户模块 yònghùmókuài Anwenderbaustein *m*

用户页面 yònghù yèmiàn Benutzerschnittstelle *f*

用机时间 yòngjī shíjiān Benutzungszeit *f*

用尽 yòngjìng erschöpfen

用具 yòngjù Gerät *n*; Werkzeug *n*; Gebrauchsgegenstand *m*

用量计 yòngliàngjì Verbrauchszähler *m*

用鼠标拖动文件 yòngshǔbiāo tuōdòng wénjiàn Dateien mit dem Maus ziehen

用鼠标右键点击文件夹 yòngshǔbiāoyòujiàn diǎnjī wénjiànjiā mit der rechten Maustaste auf eine

Y

Ordner klicken

用水设备 yòngshuǐ shèbèi Wassernutzungsanlage *f*

佣金 yòngjīn Provision *f*; Maklergebühr *f*; Vermittlungsgebühr *f*

U 形管 yōuxíngguǎn U-Rohr *n*

U 形铁 yōuxíngtiě U-Eisen *n*

优点 yōudiǎn Vorzug *m*; Vorteil *m*

优化系统 yōuhuà xìtǒng System optimieren

优良品种 yōuliáng pǐnzhǒng gute Rasse; Sortensaatgut *n*

优生 yōushēng optimale Geburt; Eugenik *f*

优生学 yōushēngxué Eugenik *f*; Eugenetik *f*

优生学的 yōushēngxuéde eugenetisch

优势 yōushì Übermacht *f*; Oberhand *f*; Überlegenheit *f*

优先程序 yōuxiān chéngxù Vorrangprogramm *n*

优先处理 yōuxiān chǔlǐ Vorrangverarbeitung *f*

优先的 yōuxiānde bevorzugt; vorrangig

优先级 yōuxiānjí Vorrangstufe *f*

优先寄存器 yōuxiān jìcúnqì Prioritätsregister *n*

优先监视 yōuxiān jiānshì Prioritätsüberwachung *f*

优先控制 yōuxiān kòngzhì Vorrangsteuerung *f*

优先逻辑 yōuxiān luójí Prioritätslogik *f*

优先权 yōuxiānquán Priorität *f*

优先指示符 yōuxiān zhǐshìfú Vorranganzeiger *m*

优选法 yōuxuǎnfǎ Methode zur Bestimmung des Optimums; Optimierung *f*; Optimalisierung *f*

优异的 yōuyìde ausgezeichnet; hervorragend; besonders gut

优越的 yōuyuède vorteilhaft; günstig

优质 yōuzhì gute Qualität

优质薄板 yōuzhì báobǎn Qualitätsfeinblech *n*

优质钢 yōuzhìgāng Edelstahl *m*; Qualitätsstahl *m*

优质铸件 yōuzhì zhùjiàn Qualitätsguss *m*

幽门 yōumén Pförtner *m*; Magenausgang *m*

邮电 yóudiàn Post- und Fernmeldewesen *n*

邮政 yóuzhèng Postwesen *n*; Postverkehr *m*

邮政编码 yóuzhèng biānmǎ Postleitzahl *f*

油泵 yóubèng Ölpumpe *f*; Ölluftpumpe *f*; Schmierpumpe *f*; Hydropumpe *f*; Treibölpumpe *f*; Einspritzpumpe *f*

油标 yóubiāo Ölstandsmarke *f*; Tropfenzeiger *m*; Ölstandsanzeiger *m*

油表 yóubiǎo Tropfenzeiger *m*; Brennstoffmesser *m*

油布 yóubù Öltuch *n*; Ölhaut *f*

油藏量 yóucángliàng Erdölvorräte *pl*; Erdölvorkommen *n*

油槽 yóucáo Ölbad *n*

油槽车 yóucáochē Brennstofftankwagen *m*

油层 yóucéng Ölschicht *f*; Ölhorizont *m*; Öllagerstätte *f*; Erdöllager *n*

油层压力 yóucéng yālì Schichtendruck *m*; Druck auf die verschiedenen Ölhorizonte

油车 yóuchē Tankauto *n*; Tankwa-

油 549 yóu

gen *m*

油池 yóuchí Ölgefäß *n*; Ölsumpf *m*

油船 yóuchuán Öltankschiff *n*; Tankdampfer *m*; Tanker *m*; Tankschiff *n*

油分离器 yóufēnlíqì Ölabscheider *m*

油封 yóufēng Ölabdichtung *f*; Öldichtung *f*

油港 yóugǎng Ölhafen *m*

油管 yóuguǎn Ölleitung *f*; Ölpipeline *f*; Ölrohr *n*

油罐 yóuguàn Öltank *m*; Ölbehälter *m*

油罐车 yóuguànchē Tankwagen *m*; Kesselwagen *m*

油过滤器 yóuguòlùqì Ölfilter *m*

油耗曲线 yóuhào qūxiàn Brennstoffverbrauchskurve *f*

油灰 yóuhuī Kitt *m*

油回火 yóuhuíhuǒ Anlassen in Öl; Ölanlassen *n*

油浸电容器 yóujìn diànróngqì Ölkondensator *m*

油井 yóujǐng Ölschacht *m*; Ölbrunnen *m*; Ölbohrloch *n*; Erdölsonde *f*

油净化 yóujìnghuà Ölreinigung *f*

油开关 yóukāiguān Ölschalter *m*

油库 yóukù Öldepot *n*; Ölbunker *m*; Tanklager *n*

油矿 yóukuàng Erdölbergwerk *n*; Erdölschacht *m*

油量 yóuliàng Ölmenge *f*

油量表 yóuliàngbiǎo Betriebsstoffmesser *m*; Kraftstoffmessuhr *f*; Benzinuhr *f*

油料作物 yóuliào zuòwù Ölpflanzen *pl*; ölhaltige Pflanzen

油毛毡 yóumáozhān Asphaltpappe *f*; Teerpappe *f*

油门操纵 yóumén cāozòng Drossel-

klappenbetätigung *f*

油门踏板 yóumén tàbǎn Gaspedal *n*; Fußgashebel *m*

油密封环 yóumìfēnghuán Ölabdichtungsring *m*; Öldichtungsring *m*

油膜厚度 yóumó hòudù Kraftstoff-Filmdicke *f*

油母页岩 yóumǔyèyán Brandschiefer *m*; Ölschiefer *m*

油漆 yóuqī streichen; anstreichen; lackieren; Lack *m*; Anstrichfarbe *f*

油气 yóuqì Ölgas *n*

油气分离器 yóuqì fēnlíqì Gasabscheider *m*

油枪 yóuqiāng Ölspritze *f*

油燃烧器 yóuránshāoqì Ölbrenner *m*

油田 yóutián Ölfeld *n*; Petroleumfeld *n*

油调质 yóutiáozhì Ölvergütung *f*

油位表 yóuwèibiǎo Ölstandmesser *m*

油位计 yóuwèijì Ölstandsmessgerät *n*

油位指示器 yóuwèi zhǐshìqì Ölstandsanzeiger *m*

油位视孔 yóuwèi shìkǒng Ölstandsfenster *n*

油温表 yóuwēnbiǎo Öltemperaturanzeiger *m*; Ölthermometer *n*

油雾化器 yóuwùhuàqì Ölzerstäuber *m*; Ölvernebler *m*

油箱 yóuxiāng Benzintank *m*; Kraftstoffbehälter *m*; Tank *m*; Ölbehälter *m*

油箱阀门 yóuxiāng fámén Tankventil *n*

油芯润滑器 yóuxīn rùnhuáqì Dochtöler *m*; Dochtschmierer *m*

油芯式汽化器 yóuxīnshì qìhuàqì Dochtverdampfer *m*; Dochtverga-

Y

ser *m*

油压 yóuyā Öldruck *m*

油压表 yóuyābiǎo Öldruckanzeiger *m*; Öldruckmesser *m*; Ölmanometer *n*; Kraftstoffdruckmesser *m*

油压机 yóuyājī Ölpresse *f*; Öldruckpresse *f*

油压计 yóuyājì Öldruckmesser *m*

油压控制灯 yóuyā kòngzhìdēng Öldruckkontrollleuchte *f*

油压系统 yóuyā xìtǒng Öldrucksystem *n*; Druckölsystem *n*

油页岩 yóuyèyán Ölschiefer *m*; ölführendes Gestein; Closterit *m*

油枕 yóuzhěn Konservator *m*

油脂 yóuzhī Öl *n*; Fett *n*

油质的 yóuzhìde ölig

油质涂料 yóuzhì túliào Schmiere *f*

油轴承 yóuzhóuchéng Öllager *n*

铀 yóu Uran *n*

铀反应堆 yóufǎnyìngduī Uranreaktor *m*; Uranbrenner *m*

铀核 yóuhé Urankern *m*

铀后元素 yóuhòuyuánsù Transuran *n*

铀酸 yóusuān Uransäure *f*

游标 yóubiāo Nonius *m*

游标板 yóubiāobǎn Noniusplatte *f*

游标分度 yóubiāo fēndù Noniuseinteilung *f*

游标卡尺 yóubiāo kǎchǐ Messschieber *m*; Schublehre *f*

游标刻度 yóubiāo kèdù Noniusteilung *f*

游标零点 yóubiāo língdiǎn Noniusnullpunkt *m*

游离 yóulí freimachen; loslösen; abrücken; entbinden; Freiwerden *n*

游离出 yóulíchū sich abscheiden

游离渗碳体 yóulí shèntàntǐ freier Zementit

游轮 yóulún Losscheibe *f*

游丝 yóusī Haarfeder *f*; Unruhfeder *f*

有成效的 yǒuchéngxiàode erfolgreich

有毒的 yǒudúde giftig; toxisch

有感地震 yǒugǎn dìzhèn mit den Sinnen wahrnehmbares Beben (Erdbeben)

有感电阻 yǒugǎn diànzǔ induktiver Widerstand

有功电流 yǒugōng diànliú Wirkstrom *m*; Nutzstrom *m*

有功电压 yǒugōng diànyā Wirkspannung *f*

有功电阻 yǒugōng diànzǔ Nutzwiderstand *m*

有关的 yǒuguānde betreffend

有规律的 yǒuguīlǜde regelmäßig; gleichmäßig

有规则的 yǒuguīzéde regelmäßig; gesetzmäßig; regulär

有轨电车 yǒuguǐ diànchē Straßenbahn *f*

有轨起重机 yǒuguǐ qǐzhòngjī gleisfahrbarer Kran

有害成分 yǒuhài chéngfèn schädliche Bestandteile

有害的 yǒuhàide nachteilig; schädlich

有害气体 yǒuhài qìtǐ schädliche Dünste; Schadgas *n*; Schädliches Gas

有机玻璃 yǒujī bōli Plexiglas *n*

有机的 yǒujīde organisch

有机电解质 yǒujī diànjiězhì organischer Elektrolyt

有机肥料 yǒujī féiliào organischer Dünger

有机护层 yǒujī hùcéng organische

Schutzschicht

有机化合物 yǒujī huàhéwù organische Verbindungen

有机化学 yǒujī huàxué organische Chemie

有机基 yǒujījī organische Gruppe

有机碱 yǒujījiǎn organische Base

有机酸 yǒujīsuān organische Säure

有机体 yǒujītǐ Organismus m

有机物 yǒujīwù organische Substanz

有机物质 yǒujī wùzhì organischer Stoff

有技能的 yǒujìnéngde qualifiziert

有价值的 yǒujiàzhíde wert

有尖角的 yǒujiānjiǎode zackig

有节拍的 yǒujiépāide taktmäßig

有菌的 yǒujūnde bazillenhaltig

有棱角的 yǒuléngjiǎode eckig

有理函数 yǒulǐ hánshù rationale Funktion

有理数 yǒulǐshù rationale Zahl

有理数的 yǒulǐshùde reell

有利的 yǒulìde günstig

有疗效的 yǒuliáoxiàode heilkräftig

有裂纹的 yǒulièwénde rissig

有能力的 yǒunénglìde fähig

有黏性的 yǒuniánxìngde klebrig

有色的 yǒusède farbig

有色金属 yǒusè jīnshǔ Buntmetall n; Nichteisenmetall n; NE-Metall n

有色金属板 yǒusè jīnshǔbǎn NE-Metallblech n

有色金属学 yǒusè jīnshǔxué Buntmetallkunde f

有损耗的 yǒusǔnhàode verlustbehaftet

有弹性的 yǒutánxìngde elastisch

有特征的 yǒutèzhēngde bezeichnend

有条纹的 yǒutiáowénde gestreift

有雾的 yǒuwùde neblig

有线传输 yǒuxiàn chuánshū drahtgebundene Übertragung; leitungsgebundene Übertragung

有线电视 yǒuxiàn diànshì Kabelfernsehen n; Kabelvision f

有线广播 yǒuxiàn guǎngbō Drahtfunk m

有限的 yǒuxiànde endlich; begrenzt; beschränkt

有限级数 yǒuxiàn jíshù endliche Reihe

有限速度 yǒuxiàn sùdù endliche Geschwindigkeit

有限值 yǒuxiànzhí endlicher Wert

有效 yǒuxiào gelten; Gültigkeit f

有效半径 yǒuxiào bànjìng Wirkungsradius m

有效长度 yǒuxiào chángdù wirksame Länge

有效的 yǒuxiàode gültig; effektiv; wirksam; effektvoll; wirkungsvoll

有效地址 yǒuxiào dìzhǐ effektive Adresse

有效电流 yǒuxiào diànliú Wirkstrom m; Nutzstrom m; effektiver Strom; Effektivstrom m

有效电压 yǒuxiào diànyā Effektivspannung f; Wirkspannung f; Nutzspannung f; aktive Spannung; effektive Spannung; Echtspannung f

有效电阻 yǒuxiào diànzǔ Wirkwiderstand m; wirksamer Widerstand; effektiver Widerstand; aktiver Widerstand; Echtwiderstand m

有效范围 yǒuxiào fànwéi Wirkungsbereich m

有效负荷 yǒuxiào fùhè Nutzlast f

有效辐射 yǒuxiào fúshè effektive

Y

Ausstrahlung

有效负载 yǒuxiào fùzài Wattbelastung *f*

有效高度 yǒuxiào gāodù Effektivhöhe *f*

有效工作容积 yǒuxiào gōngzuò róngjī Nutzhubraum *m*

有效功 yǒuxiàogōng effektive Arbeit

有效功率 yǒuxiào gōnglǜ Nutzleistung *f*; Effektivleistung *f*; Wirkleistung *f*; nutzbare Leistung; effektive Leistung; aktive Leistung ; Nutzkraft *f*

有效核电荷 yǒuxiào hédiànhè effektive Kernladung *f*

有效厚度 yǒuxiào hòudù Effektivdicke *f*

有效间距 yǒuxiào jiānjù lichter (effektiver) Abstand

有效截面 yǒuxiào jiémiàn Wirkungsquerschnitt *m*

有效口径 yǒuxiào kǒujìng nutzbare Apertur

有效库容 yǒuxiào kùróng Beckennutzraum *m*; Nutzspeicherung *f*; entleerbarer Stauraum; Nutzinhalt *m*

有效力 yǒuxiàolì Wirkungskraft *f*

有效力的 yǒuxiàolìde wirksam

有效利用 yǒuxiào lìyòng Nutzanwendung *f*

有效量子 yǒuxiào liàngzǐ Wirkungsquantum *n*

有效流量 yǒuxiào liúliàng effektiver Flussmenge

有效马力 yǒuxiào mǎlì effektive Pferdestärke

有效能量 yǒuxiào néngliàng Wirkenergie *f*

有效期 yǒuxiàoqī Geltungsdauer *f*; Gültigkeitsdauer *f*; Laufzeit *f*

有效热 yǒuxiàorè Nutzwärme *f*

有效升程 yǒuxiào shēngchéng Effektivhub *m*

有效时间 yǒuxiào shíjiān Wirkzeit *f*; Geltungsdauer *f*

有效输出功率 yǒuxiào shūchū gōnglǜ effektive Ausgangsleistung

有效速度 yǒuxiào sùdù wirksame Geschwindigkeit

有效性 yǒuxiàoxìng Wirksamkeit *f*

有效压力 yǒuxiào yālì Effektivdruck *m*; effektiver Druck

有效应力 yǒuxiào yìnglì wirksame Spannung

有效值 yǒuxiàozhí Effektivwert *m*; Istwert *m*; Wirkwert *m*; Wirkungswert *m*; Stellenwert *m*; effektiver Wert

有效指令 yǒuxiào zhǐlìng Effektivbefehl *m*

有效阻抗 yǒuxiào zǔkàng effektive Impedanz

有心力场 yǒuxīn lìchǎng Zentralkraftfeld *n*

有芯梭 yǒuxīnsuō Spindelschützen *m*

有性生殖 yǒuxìng shēngzhí geschlechtliche Fortpflanzung; sexuelle Fortpflanzung

有性杂交 yǒuxìng zájiāo geschlechtliche Hybridisierung

有源的 yǒuyuánde aktiv

有源电路 yǒuyuán diànlù aktive elektische Schaltung

有源网络 yǒuyuán wǎngluò aktives Netzwerk

有源元件 yǒuyuán yuánjiàn aktives Element; Aktivelement *n*

有用的 yǒuyòngde brauchbar

有用功率 yǒuyòng gōnglǜ Wirkleistung *f*

右侧后视镜 yòucè hòushìjìng der rechte Außenspiegel

右读数 yòudúshù Ablesung rechts

右手定则 yòushǒu dìngzé Rechtehandregel *f*

右鼠标键 yòushǔbiāojiàn rechte Maustaste *f*

右旋 yòuxuán Rechtsdrehung *f*

右旋的 yòuxuánde rechtsdrehend

右旋滚刀 yòuxuán gǔndāo rechtsspiraliger Wälzfräser

右旋铣刀 yòuxuán xǐdāo rechtsdrehender Fräser

右旋螺纹 yòuxuàn luówén Rechtsdrall *m*; rechtes (rechtsgängiges) Gewinde

幼虫 yòuchóng Larve *f*

幼林 yòulín Jungholz *n*; Jungbestand *m*

幼芽 yòuyá Keim *m*; junger Schössling

幼芽的 yòuyáde germinal

釉 yòu Glasur *f*; Schmelz *m*

釉面砖 yòumiànzhuān glasierte Platte; glasierte Fliese

釉陶 yòutáo glasierte Tonware

淤积 yūjī ablagern; verschlammen; anschwemmen; sich absetzen; sedimentieren; anlagern; anschlämmen; Sedimentation *f*; Ansandung *f*; Ablagerung *f*; Sedimentierung *f*

淤积层 yūjīcéng Alluvium *n*; Anreicherungshorizont *m*

淤积的 yūjīde alluvial; abgelagert; angeschlämmt; angeschwemmt

淤泥 yūní Schlick *m*; Schlamm *m*

淤泥槽 yūnícáo Schlammrinne *f*

淤泥沉积 yūní chénjī Schlammablagerung *f*

淤泥土 yūnítǔ Schlickboden *m*

淤塞 yūsè Überschlammung *f*; Aufschlickung *f*; Zuschlämmen *n*

淤血 yūxiě Extravasation *f*; Extravasat *n*; Blutstauung *f*; Blutstockung *f*

迂回水道 yúhuí shuǐdào Wasserumleitung *f*

余割 yúgē Kosekans *m*; Kosekante *f*

余角 yújiǎo Komplementwinkel *m*; Komplement *n*

余量 yúliàng Zugabe *f*; Aufmaß *n*

余汽回收 yúqì huíshōu Brüdenrückführung *f*

余切 yúqiē Kotangens *m*; Kotangente *f*; Cotangente *f*

余热 yúrè Abwärme *f*; Restwärme *f*; überschüssige Wärme

余热利用 yúrè lìyòng Rekuperation *f*; Abwärmeverwertung *f*

余数 yúshù Rest *m*; Überbleibsel *n*; Überzähligkeit *f*

余隙 yúxī Spielraum *m*; Spiel *n*

余弦 yúxián Kosinus *m*; Cosinus *m*

余弦定理 yúxián dìnglǐ Cosinussatz *m*; Kosinussatz *m*

余弦函数 yúxián hánshù Kosinus-Funktion *f*

余弦曲线 yúxián qūxiàn Kasinuskurve *f*

余音 yúyīn Nachklang *m*; Nachhall *m*

余渣 yúzhā Abfall *m*

余震 yúzhèn Nachbeben *n*

鱼 yú Fisch *m*

鱼雷 yúléi Torpedo *m*

鱼雷快艇 yúléi kuàitǐng Torpedoboot *n*

鱼类学 yúlèixué Fischkunde *f*; Ichthyologie *f*

鱼鳞 yúlín Fischschuppe *f*; Schuppe

Y

f

鱼尾板连接 yúwěibǎn liánjiē Laschenverbindung *f*

鱼尾板螺钉 yúwěibǎn luódīng Laschenschraube *f*

鱼汛 yúxùn Fischsaison *f*

渔场 yúchǎng Fischgrund *m*; Fischereigebiet *n*

渔港 yúgǎng Fischereihafen *m*

渔业 yúyè Fischerei *f*; Fischereiwesen *n*

"与"电路 yǔdiànlù UND-Schaltung *f*

"与非"电路 yǔfēi diànlù NAND-Schaltung *f*; JEDOCH-NICHT-Schaltung *f*; NAND-Kreis *m*

"与非"逻辑 yǔfēi luójí NAND-Logik *f*

"与非"门 yǔfēimén NAND-Gatter *n*; JEDOCH-NICHT-Tor *n*

"与非"元件 yǔfēi yuánjiàn NAND-Element *n*

"与或"二极管门电路 yǔhuò èrjíguǎn méndiànlù UND-ODER-Dioden-Gatter *n*

"与"门 yǔmén UND-Gatter *n*

"与"条件 yǔtiáojiàn UND-Bedingung *f*

宇航 yǔháng Raumfahrt *f*

宇航火箭 yǔháng huǒjiàn Kosmosrakete *f*

宇航技术 yǔháng jìshù Raumfahrttechnik *f*

宇航学 yǔhángxué Kosmonautik *f*; Astonautik *f*

宇航员 yǔhángyuán Kosmonaut *m*; Astronaut *m*; Raumfahrer *m*

宇宙 yǔzhòu Weltraum *m*; Weltall *n*; Kosmos *m*; Universum *n*; Makrokosmos *m*

宇宙尘埃 yǔzhòu chén´āi Mikrome-

teorit *m*; kosmischer Staub

宇宙的 yǔzhòude kosmisch

宇宙飞船 yǔzhòu fēichuán Raumschiff *n*; Weltraumschiff *m*

宇宙飞行 yǔzhòu fēixíng Raumfahrt *f*; Raumflug *m*; Kosmosflug *m*; Weltraumflug *m*

宇宙飞行器 yǔzhòu fēixíngqì Raumfahrzeug *n*

宇宙飞行员 yǔzhòu fēixíngyuán Raumfahrer *m*; Kosmonaut *m*; Astronaut *m*

宇宙服 yǔzhòufú Raumanzug *m*; Weltraumanzug *m*

宇宙辐射 yǔzhòu fúshè Ultrastrahlung *f*; Höhenstrahlung *f*; kosmische Strahlung

宇宙工业 yǔzhù gōngyè Weltraumindustrie *f*

宇宙轨道飞行器 yǔzhòu guǐdào fēixíngqì Raumfähre *f*; Weltraumfähre *f*

宇宙航行 yǔzhòu hángxíng Raumfahrt *f*; Weltraumfahrt *f*; Raumflug *m*; Weltraumflug *m*

宇宙航行学 yǔzhòu hángxíngxué Kosmonautik *f*; Astronautik *f*

宇宙航行员 yǔzhòu hángxíngyuán Raumfahrer *m*; Astronaut *m*; Kosmonaut *m*

宇宙化学 yǔzhòu huàxué Kosmochemie *f*

宇宙火箭 yǔzhòu huǒjiàn Weltraumrakete *f*

宇宙介质 yǔzhòu jièzhì kosmisches Medium

宇宙空间 yǔzhòu kōngjiān Weltraum *m*; Kosmos *m*

宇宙空间试验 yǔzhù kōngjiān shìyàn Weltraumexperiment *n*

宇宙空间站 yǔzhòu kōngjiānzhàn

Raumstation *f*; Raumlaboratorium *n*; Weltraumstation *f*

宇宙论 yǔzhòulùn Kosmologie *f*

宇宙密封舱 yǔzhòu mìfēngcāng Raumkapsel *f*; Raumkabine *f*

宇宙射线 yǔzhòu shèxiàn Höhenstrahl *m*; Höhenstrahlung *f*; Raumstrahl *m*; kosmische Strahlen; kosmische Strahlung; Ultrastrahlung *f*

宇宙生物学 yǔzhòu shēngwùxué Weltraumbiologie *f*; Kosmobiologie *f*; Bioastronautik *f*

宇宙探测器 yǔzhòu tàncèqì Raumsonde *f*; Weltraumsonde *f*

宇宙线 yǔzhòuxiàn kosmischer Strahl; Weltraumstrahlen *pl*

宇宙学 yǔzhòuxué Kosmologie *f*

宇宙医学 yǔzhòu yīxué Raumfahrtmedizin *f*

宇宙专家 yǔzhù zhuānjiā Kosmoskenner *m*

羽 yǔ Federn *pl*

羽毛 yǔmáo Feder *f*; Gefieder *n*

羽绒 yǔróng Flaum *m*

雨 yǔ Regen *m*; Niederschlag *m*

雨层云 yǔcéngyún Nimbostratus *m*; Regenschichtwolke *f*

雨季 yǔjì Regenzeit *f*; Regensaison *f*

雨量 yǔliàng Niederschlag *m*; Niederschlagsmenge *f*

雨量计 yǔliàngjì Regenmesser *m*; Pluviometer *n*; Pluviograf *m*; Hyetometer *n*; Ombrograf *m*

雨量记录器 yǔliàng jìlùqì Regenschreiber *m*; Pluviograf *m*

雨水径流 yǔshuǐ jìngliú Regenabfluss *m*

雨量器 yǔliàngqì Pluviometer *n*

雨量仪 yǔliàngyí Ombrograph *m*

雨量站 yǔliàngzhàn Regenmessstelle *f*; Regenmessstation *f*

雨刷杆 yǔshuāgān Wischerhebel *m*; Wischerstange *f*

雨水 yǔshuǐ Regenwasser *n*

雨云 yǔyún Nimbus *m*; Regenwolke *f*

语言翻译程序 yǔyán fānyì chéngxù Sprachübersetzungsprogramm *n*

语音的 yǔyīnde phonisch; phonetisch

语音学 yǔyīnxué Phonetik *f*

语音邮件 yǔyīn yóujiàn Voicemail *f*

育苗 yùmiáo Jungpflanzenanzucht *f*; junge Anzucht; Fortpflanzen ziehen; Forstpflanzenzüchtung *f*

育秧 yùyāng Setzlinge ziehen; Stecklinge züchten

育种 yùzhǒng Saatzucht *f*; Züchterei *f*

预报 yùbào Voraussage *f*; Vorhersage *f*; Vorwarnung *f*

预备 yùbèi Bereitschaft *f*

预测 yùcè etw. im voraus schätzen; ausrechnen; prognostizieren; Hochrechnung *f*

预产期 yùchǎnqī errechnete Geburtstermin

预磁化 yùcíhuà Vormagnetisierung *f*

预磁化场 yùcíhuàchǎng Vormagnetisierungsfeld *n*

预磁化电流 yùcíhuà diànliú Vormagnetisierungsstrom *m*

预处理 yùchǔlǐ Vorbehandlung *f*

预订 yùdìng bestellen; vorbestellen; reservieren; Bestellung *f*

预防 yùfáng vorbeugen; verhüten; Vorbeugung *f*; Verhütung *f*

预防接种 yùfáng jiēzhòng impfen; Schutzimpfung *f*; Impfung *f*

预防医学 yùfáng xīxué Präventivmedizin *f*

Y

预加工 yùjiāgōng vorarbeiten; vorbehandeln; vorbearbeiten

预加速器 yùjiāsùqì Vorbeschleuniger m

预警飞机 yùjǐng fēijī Frühwarnflugzeug n

预警时间 yùjǐng shíjiān Vorwarnzeit f

预警雷达 yùjǐng léidá Vorwarnradar n

预警系统 yùjǐng xìtǒng Frühwarnsystem n

预览 yùlǎn Voransicht f; Vorschau f

预冷 yùlěng Vorkühlung f

预冷器 yùlěngqì Vorkühler m

预抛光 yùpāoguāng Vorpolieren n

预喷射 yùpēnshè Voreinspritzung f

预期 yùqī erwarten; erhoffen; Erwartung f

预燃 yùrán Vorverbrennung f

预燃室喷嘴 yùránshì pēnzuǐ Vorkammerdüse f

预热 yùrè vorwärmen; anwärmen; aufheizen; Vorerhitzung f; Vorerwärmung f; Anwärmung f; Anwärmen n

预热的 yùrède vorgewärmt

预热管 yùrèguǎn Vorwärmerohr n

预热炉 yùrèlú Vorwärmofen m

预热期 yùrèqī Anheizperiode f; Anwärmeperiode f

预热器 yùrèqì Vorwärmer m; Vorerhitzer m; Anwärmer m; Erwärmer m; Anwärmvorrichtung f

预热器加热面 yùrèqì jiārèmiàn Vorwärmerheizfläche f

预热器蛇形管 yùrèqì shéxíngguǎn Vorwärmerschlange f

预热室 yùrèshì Vorwärmkammer f

预热装置 yùrè zhuāngzhì Anwärmeeinrichtung f

预乳化 yùrǔhuà Vorzerschäumung f

预示 yùshì andeuten; anzeigen; verkünden

预算 yùsuàn Haushalt m; Budget n; Etat m

预算草案 yùsuàn cǎo'àn Etatentwurf m

预算赤字 yùsuàn chìzì Budgetdefizit n; Haushaltsdefizit n

预雾化 yùwùhuà Vorzerstäubung f

预先支付 yùxiān zhīfù pränumerieren; Vorauszahlung f

预压制 yùyāzhì Vorpressung f

预应力 yùyìnglì Vorspannung f; Anfangsbeanspruchung f; Vorbeanspruchung f; Vorspannkraft f; Anfangsbeanspruchung f

预真空泵 yùzhēnkōngbèng Vorvakuumpumpe f

预制板 yùzhìbǎn Bauplatte f; vorgefertigte Platte

预制构件 yùzhì gòujiàn Fertigteile pl; vorgefertigte Bauteile

预置计数器 yùzhì jìshùqì Voreinstellzähler m; Vorgabezähler m

预置指令 yùzhì zhǐlìng Vorbereitungsbefehl m

域 yù Domäne f

域名 yùmíng Domain f; Domänename m

域名服务 yùmíng fúwù DNS（英, = domain name service）

域名服务器 yùmíng fúwùqì Domänenamenserver m

域名服务器地址 yùmíng fúwùqì dìzhǐ DNS-Adresse f

阈电压 yùdiànyā Schwellenspannung f

阈系数 yùxìshù Schwellzahl f

阈值 yùzhí Schwellwert m

愈合 yùhé zuheilen; Zusammenwachsen n; Heilung f

元 yuán Term m; Dimension f; Einheit f

元宝螺栓 yuánbǎo luóshuān Flügelschraube f

元古代 yuángǔdài Proterozoikum n; proterozoische Ära; Algonkium n; Erdfrühzeit f

元件 yuánjiàn Element n; Bauelement n; Teilchen n; Glied n ; Einzelheit f

元素 yuánsù Element n; Urstoff m; Grundstoff m; Grundbestandteil m/n; Grundteil m/n

元素周期表 yuánsù zhōuqībiǎo periodische Tafel; Periodensystem der chemischen Elemente

元素周期律 yuánsù zhōuqīlǜ periodisches Gesetz

园地 yuándì Gartenland n; Betätigungsfeld n

园艺 yuányì Gartenbau m; Gartengestaltung f

原材料 yuáncáiliào Rohmaterialien pl; Ausgangsprodukt n; Urstoff m

原材料费用 yuáncáiliào fèiyòng Material- und Rohstoffkosten pl

原点 yuándiǎn Nullpunkt m; Ausgangspunkt m; Ursprung m

原点计算机 yuándiǎn jìsuànjī Ursprungscomputer m

原电池组 yuándiànchízǔ Primärbatterie f

原动机 yuándòngjī Kraftmaschine f

原动轴 yuándòngzhóu Triebachse f

原发性的 yuánfāxìngde primär

原矿 yuánkuàng Roherz n

原矿体 yuánkuàngtǐ Rohstoffkörper m

原来的 yuánláide ursprünglich

原来的地址 yuánláide dìzhǐ ursprüngliche Adresse

原理 yuánlǐ Grundsatz m; Prinzip n; Ursatz m

原理图 yuánlǐtú Prinzipskizze f

原料 yuánliào Rohstoff m; Rohmaterial n; Grundstoff m; Naturalien pl

原煤 yuánméi Rohkohle f; Abraumkohle f

原色 yuánsè Basisfarbe f

原生的 yuánshēngde protogen

原生矿物 yuánshēng kuàngwù Primärmineral n; primäres Mineral

原生动物 yuánshēng dòngwù Protozoon n; Urtierchen n; Urtiere pl

原生生物 yuánshēng shēngwù Protist m; Einzeller m

原生植物 yuánshēng zhíwù Protophyte f; einzellige Pflanze

原生质 yuánshēngzhì Protoplasma n; Plasma n

原始病灶 yuánshǐ bìngzào Primärherd m

原始的 yuánshǐde primär; original; ursprünglich; primitiv

原始森林 yuánshǐ sēnlín Urwald m

原始数据 yuánshǐ shùjù Originaldaten pl; Ursprungsdaten pl

原始数值 yuánshǐ shùzhí Ausgangswert m

原始土层 yuánshǐ tǔcéng Primitivböden pl

原始值 yuánshǐzhí Anfangswert m; Bezugsgröße f

原始文件 yuánshǐ wénjiàn 〈计〉 Originaldokument n; Ursprungsdokument n

原始资料 yuánshǐ zīliào Rohangabe f; Ausgangsmaterial n

原位 yuánwèi Rückstellung f

Y

原形 yuánxíng Grundform *f*
原因 yuányīn Ursache *f*
原油 yuányóu Rohöl *n*; Roherdöl *n*; rohes Öl
原则 yuánzé Grundsatz *m*; Prinzip *n*; Lehrsatz *m*
原则上的 yuánzéshàngde grundsätzlich
原子 yuánzǐ Atom *n*
原子爆炸 yuánzǐ bàozhà Atomexplosion *f*
原子错位 yuánzǐ cuòwèi atomische Versetzung
原子弹 yuánzǐdàn Atombombe *f*
原子弹爆炸 yuánzǐdàn bàozhà Atombombenexplosion *f*
原子的 yuánzǐde atomisch; atomar
原子地雷 yuánzǐ dìléi Atommine *f*
原子堆 yuánzǐduī Atomreaktor *m*
原子发电站 yuánzǐ fādiànzhàn Atomkraftwerk *n*
原子反应堆 yuánzǐ fǎnyìngduī Atomreaktor *m*; Atombrenner *m*; Atommeiler *m*; atomischer Reaktor
原子符号 yuánzǐ fúhào Atomsymbol *n*
原子辐射 yuánzǐ fúshè Atomstrahlung *f*
原子辐射损伤 yuánzǐ fúshè sǔnshāng Atomschaden *m*
原子核 yuánzǐhé Atomkern *m*; Nukleus *m*
原子核的 yuánzǐhéde nuklear
原子核反应堆 yuánzǐhé fǎnyìngduī Kernreaktor *m*
原子核分裂 yuánzǐhé fēnliè Kernzerfall *m*
原子核裂变 yuánzǐhé lièbiàn Atomkernspaltung *f*; Atomkernzertrümmerung *f*
原子激发 yuánzǐ jīfā Atomerregung *f*
原子技术 yuánzǐ jìshù Atomtechnik *f*
原子价 yuánzǐjià Atomigkeit *f*; Valenz *f*; Wertigkeit *f*; Atomizität *f*; Atomwert *m*
原子间距 yuánzǐ jiānjù Atomabstand *m*
原子键 yuánzǐjiàn Atomverband *m*
原子结构 yuánzǐ jiégòu Atomstruktur *f*; Atombau *m*
原子晶格 yuánzǐ jīnggé Atomgitter *n*
原子理论 yuánzǐ lǐlùn Atomtheorie *f*
原子链 yuánzǐliàn Atomkette *f*
原子量 yuánzǐliàng Atomgewicht *n*
原子量表 yuánzǐliàngbiǎo Atomgewichtstafel *f*
原子论 yuánzǐlùn Atomistik *f*
原子模型 yuánzǐ móxíng Atommodell *n*
原子能 yuánzǐnéng Atomenergie *f*; Kernenergie *f*; Atomkraft *f*; atomische Energie
原子能的 yuánzǐnéngde atomar
原子能发动机 yuánzǐnéng fādòngjī Atomgenerator *m*; Atommotor *m*
原子能破冰船 yuánzǐnéng pòbīngchuán Atomeisbrecher *m*
原子能应用 yuánzǐnéng yìngyòng Atompraxis *f*
原子排列 yuánzǐ páiliè Atomanordnung *f*
原子燃料 yuánzǐ ránliào Atomtreibstoff *m*
原子束 yuánzǐshù Atomstrahlen *pl*
原子团 yuánzǐtuán Radikal *n*
原子蜕变 yuánzǐ tuìbiàn Atomzerfall *m*; Atomzersetzung *f*
原子物理学 yuánzǐ wùlǐxué Atomphysik *f*
原子序数 yuánzǐ xùshù Atomzahl *f*;

Y

Atomnummer *f*; Ordnungszahl *f*

原子钟 yuánzǐzhōng Atomuhr *f*

原子撞击 yuánzǐ zhuàngjī Atombeschießung *f*

圆 yuán Kreis *m*; Rundung *f*

圆材轧机 yuáncái zhájī Rundwalzwerk *n*

圆锉 yuáncuò Rundfeile *f*

圆锉刀 yuáncuòdāo Rundfeile *f*

圆的直径 yuánde zhíjìng Kreisdurchmesser *n*

圆度 yuándù Rundheit *f*

圆钢 yuángāng Rundstahl *m*; Rundprofil *n*; Rundeisen *n*

圆钢条 yuángāngtiáo Rundstahlstange *f*

圆管 yuánguǎn Kreisrohr *n*; Tubus *m*

圆规 yuánguī Zirkel *m*

圆轨道 yuánguǐdào Kreisbahn *f*

圆滚线 yuángǔnxiàn Radlinie *f*

圆弧 yuánhú Kreisbogen *m*; Zirkelbogen *m*; Bogen *m*

圆弧凸轮 yuánhú tūlún Kreisbogennocken *m*

圆环 yuánhuán Kreisring *m*

圆截面 yuánjiémiàn Kreisquerschnitt *m*

圆锯 yuánjù Rundsäge *f*; Kreissäge *f*; Kreistrennsäge *f*

圆孔 yuánkǒng zylindrische Bohrung

圆粒状的 yuánlìzhuàngde rundkörnig

圆面积 yuánmiànjī Kreisfläche *f*

圆盘 yuánpán Kreisscheibe *f*; Rundscheibe *f*

圆盘式车轮 yuánpánshì chēlún Scheibenrad *n*; Autorad *n*; Wagenrad *n*

圆盘铣刀 yuánpán xǐdāo Scheibenfräser *m*

圆盘状的 yuánpánzhuàngde scheibenförmig

圆偏振计 yuánpiānzhèngjì Kreispolarimeter *n*

圆形轨道 yuánxíng guǐdào Kreisbahn *f*; Kreisumlaufbahn *f*

圆筒 yuántǒng Zylinder *m*

圆筒拱坝 yuántǒng gǒngbà Zylindermauer *f*

圆头车刀 yuántóu chēdāo rundgeschliffener Drehstahl *m*

圆头螺钉 yuántóu luódīng Rundkopfschraube *f*

圆头铆钉 yuántóu mǎodīng Kopfniet *m*; Rundkopfniet *m*

圆外旋轮线 yuánwài xuánlúnxiàn Aufradlinie *f*; Epizykloide *f*

圆心 yuánxīn Mittelpunkt des Kreises; Kreismittelpunkt *m*; Mittelpunkt *m*

圆心角 yuánxīnjiǎo Zentriwinkel *m*; Umfassungswinkel *m*

圆形的 yuánxíngde rund; zirkular; kreisförmig; kugelförmig; kreisrund; kreisläufig

圆形轨道 yuánxíng guǐdào Kreisbahn *f*; kreisförmige Bahn

圆周 yuánzhōu Kreisumfang *m*; Umfang *m*; Umkreis *m*; Kreis *m*; Peripherie *f*; Ankreis *m*

圆周齿距 yuánzhōu chǐjù Umfangsteilung *f*

圆周角 yuánzhōujiǎo Peripheriewinkel *m*

圆周力 yuánzhōulì Umfangskraft *f*

圆周率 yuánzhōulǜ Kreiszahl *f*; Pi *n*

圆周频率 yuánzhōu pínlǜ Kreisfrequenz *f*

圆周速度 yuánzhōu sùdù Umfangs-

圆周应力 yuánzhōu yìnglì Umfangsspannung f

圆周运动 yuánzhōu yùndòng Kreisbewegung f; kreisläufige Bewegung; kreisförmige Bewegung; Drehbewegung f

圆柱 yuánzhù Zylinder m; Rundsäule f

圆柱齿轮 yuánzhù chǐlún Stirnzahnrad n; Zylinderrad n; Stirnrad n

圆柱齿轮副 yuánzhù chǐlúnfù Stirnradpaar n; Zylinderradpaar n

圆柱度 yuánzhùdù Zylinderform f

圆柱函数 yuánzhù hánshù Zylinderfunktion f

圆柱面 yuánzhùmiàn Zylinderfläche f

圆柱塞规 yuánzhù sāiguī Kaliberbolzen m; Kaliberdorn m

圆柱体 yuánzhùtǐ Kreiszylinder m; Zylinder m; Walze f

圆柱铣刀 yuánzhù xǐdāo Walzenfräser m

圆柱形的 yuánzhùxíngde zylindrisch; walzenförmig

圆柱形外壳 yuánzhùxíng wàiké Zylindermantel m

圆柱状的 yuánzhùzhuàngde zylinderartig

圆锥角 yuánzhuījiǎo Kegelwinkel m; Konuswinkel m

圆锥面 yuánzhuīmiàn Kegelfläche f

圆锥曲面 yuánzhuī qūmiàn Kegelmantel m

圆锥截面 yuánzhuī jiémiàn Kegelschnitt m

圆锥体 yuánzhuītǐ Kegel m; Konus m

圆锥形的 yuánzhuīxíngde kegelförmig

缘 yuán Bord m; Rand m; Kante f

缘板 yuánbǎn Leiste f

缘刨床 yuánbàochuáng Leistenhobelmaschine f

源程序 yuánchéngxù Quellenprogramm n

源泉 yuánquán Quelle f

源语言 yuányǔyán Quellsprache f

源语言语句 yuányǔyán yǔjù Anweisung in Primärsprache

源中子 yuánzhōngzǐ Quellneutron n

源阻抗 yuánzǔkàng Quellwiderstand m

猿猴 yuánhóu Affen pl

猿人 yuánrén Affenmensch m

远程作业输入 yuǎnchéng zuòyè shūrù Job-Ferneingabe f

远程大炮 yuǎnchéng dàpào Ferngeschütz n

远程导弹 yuǎnchéng dǎodàn Langstreckenrakete f; Fernrakete f; Ferngechoss n

远程的 yuǎnchéngde weittragend; weitreichend; Remote-

远程飞机 yuǎnchéng fēijī Langstreckenflugzeug n

远程飞行 yuǎnchéng fēixíng Langstreckenflug m

远程轰炸机 yuǎnchéng hōngzhàjī Langstreckenbomber m

远程火箭 yuǎnchéng huǒjiàn Langstreckenrakete f; Fernrakete f

远程控制 yuǎnchéng kòngzhì Fernüberwachung f; Fernbedienung f

远程雷达 yuǎnchéng léidá Fernradargerät n

远程配电网 yuǎnchéng pèidiànwǎng Überlandnetz n

远程输电线 yuǎnchéng shūdiànxiàn Überlandleitung f

远程数据处理系统 yuǎnchéng shùjù chǔlǐ xìtǒng Datenfernverarbeitungssystem *n*

远程用户 yuǎnchéng yònghù Remote-Benutzer *m*

远程运输线 yuǎnchéng yùnshūxiàn Überlandleitung *f*

远程运载火箭 yuǎnchéng yùnzài huǒjiàn Langstreckenträgerrakete *f*

远地点 yuǎndìdiǎn Erdferne *f*; Apogäum *n*

远点 yuǎndiǎn Fernpunkt *m*

远光 yuǎnguāng Fernlicht *n*

远光灯 yuǎnguāngdēng Fernlichtscheinwerfer *m*; Fernleuchte *f*

远光指示灯 yuǎnguāng zhǐshìdēng Fernlichtkontrolllampe *f*; Fernlicht-Anzeigeleuchte *f*; Fernlichtanzeige *f*

远距传输 yuǎnjù chuánshū Weitstreckenübertragung *f*

远距离航行 yuǎnjùlí hángxíng Fernfahrt *f*; Langstreckennavigation *f*

远日点 yuǎnrìdiǎn Sonnenferne *f*; Aphel *n*; Aphelium *n*

远射程火箭 yuǎnshèchéng huǒjiàn Fernrakete *f*

远射程炮 yuǎnshèchéngpào Ferngeschütz *n*; Fernkampfgeschütz *n*; weittragendes Geschütz

远视 yuǎnshì Weitsichtigkeit *f*; Hypermetropie *f*; Fernsichtigkeit *f*

远视的 yuǎnshìde weitsichtig; fernsichtig

远洋 yuǎnyáng Ozean *n*; Hochsee *f*

远洋轮船 yuǎnyáng lúnchuán Ozeandampfer *m*

院士 yuànshì Akademiemitglied *n*

约 yuē rund; etwa; ungefähr

约分 yuēfēn einen Bruch kürzen; Bruchkürzung *f*

约简 yuējiǎn reduzieren; Kürzen *n*; Reduktion *f*

约数 yuēshù Teiler *m*; Divisor *m*; runde Zahl

月 yuè Monat *m*

月潮 yuècháo Mondflut *f*; Mondtide *f*

月潮期 yuècháoqī Mondflutintervall *n*

月经不调 yuèjīng bùtiáo anormale (anomale) Regelblutung

月亮 yuèliang Mond *m*

月偏蚀 yuèpiānshí partielle Mondfinsternis

月球 yuèqiú Mond *m*

月球车 yuèqiúchē Mondauto *n*

月球轨道 yuèqiú guǐdào Mondbahn *f*; Mondumlaufbahn *f*

月球探测器 yuèqiú tàncèqì Mondsonde *f*

月全蚀 yuèquánshí totale Mondfinsternis

月食 yuèshí Mondfinsternis *f*

月相 yuèxiàng Mondphase *f*

月牙 yuèyá Mondsichel *f*; Möndchen *n*

月牙凹 yuèyá´āo Hohlkehle *f*; Kolk *m*

月牙凹深度 yuèyá´āo shēndù Kolktiefe *f*

月牙板 yuèyábǎn Kulisse *f*

月牙键 yuèyájiàn Scheibenkeil *m*

月牙形 yuèyáxíng Kreiszweieck *n*; Mondsichel *f*

月牙形的 yuèyáxíngde sichelförmig

月晕 yuèyùn Mondhalo *m*; Mondhof *m*

跃变 yuèbiàn Sprung *m*

跃变电压 yuèbiàn diànyā Sprungspannung *f*

跃迁 yuèqiān Übergang *m*

跃迁效应 yuèqiān xiàoyìng Übergangseffekt m

越冬作物 yuèdōng zuòwù überwinternde Feldfrüchte

越野花纹轮胎 yuèyě huāwén lúntāi Geländeprofilreifen m

越野轮胎 yuèyě lúntāi Geländereifen m

越野汽车 yuèyě qìchē Geländekraftfahrzeug n; Geländewagen m

越野载货车 yuèyě zàihuòchē Geländelastwagen m

云 yún Wolke f

云层 yúncéng Wolkenschicht f; Wolkenbank f; Gewölk n

云量 yúnliàng Bewölkung f

云母 yúnmǔ Glimmer m; Mika f

云母箔 yúnmǔbó Mikafolie f; Glimmerfolie f

云母电容器 yúnmǔ diànróngqì Glimmerkondensator m

云母绝缘 yúnmǔ juéyuán Glimmerisolation f

云母片 yúnmǔpiàn Glimmerscheibe f; Glimmerplättchen n

云母片岩 yúnmǔpiànyán Glimmerschiefer m

云母岩 yúnmǔyán Glimmerit m

云母状的 yúnmǔzhuàngde glimmerartig

云图 yúntú Wolkenkarte f

云团 yúntuán Wolkenhaufen m; Wolkenmasse f

云雾 yúnwù Wolken und Nebel; Dunst m

云雨 yúnyǔ Wolken und Regen

匀称 yúnchèn Gleichmaß n

匀称的 yúnchènde proportioniert; wohlgestaltet; ebenmäßig

匀速 yúnsù konstante Geschwindigkeit

匀速运动 yúnsù yùndòng gleichmäßige Bewegung

允许 yǔnxǔ Zulassung f

允许的 yǔnxǔde zulässig

允许负荷 yǔnxǔ fùhè zulässige Belastung

允许值 yǔnxǔzhí zulässiger Wert

陨落 yǔnluò vom Himmel fallen

陨石 yǔnshí Meteorstein m; Steinmeteorit m; Aerolith m; Meteorit m; Luftstein m

陨石学 yǔnshíxué Astrolithologie f

陨石雨 yǔnshíyǔ Meteoritenregen m

陨铁 yǔntiě Meteoreisen n

陨星 yǔnxīng Meteorit m; Meteor n; Sternschnuppe f

孕期 yùnqī Schwangerschaft f; Schwangerschaftsdauer f; Gravidität f

运筹学 yùnchóuxué Operationsresearch f; Unternehmungsforschung f; Operationsforschung f; Ökonometrie f; Planungsforschung f

运动 yùndòng Bewegung f

运动轨道 yùndòng guǐdào Bewegungsbahn f

运动轨迹 yùndòng guǐjī Bewegungsbahn f

运动黏度 yùndòng niándù kinematische Viskosität; kinematische Zähigkeit

运动平面 yùndòng píngmiàn bewegte Ebene f

运动系统 yùndòng xìtǒng Bewegungssystem n

运动学 yùndòngxué Kinematik f; Phoronomie f

运动学的 yùndòngxuéde kinematisch

运动状态 yùndòng zhuàngtài Bewegungszustand *m*

运动阻力 yùndòng zǔlì Fahrwiderstand *m*; Bewegungswiderstand *m*

运费 yùnfèi Frachtgeld *n*; Speditionsgebühren *pl*; Beförderungskosten *pl*

运河 yùnhé Kanal *m*; Gracht *f*

运货 yùnhuò verfrachten; Fracht *f*

运货单 yùnhuòdān Ladeschein *m*; Frachtkarte *f*

运输 yùnshū befördern; transportieren; fördern; Transport *m*; Beförderung *f*

运输带 yùnshūdài Transportband *n*

运输方式 yùnshū fāngshì Beförderungsart *f*

运输工具 yùnshū gōngjù Transportmittel *n*; Beförderungsmittel *n*

运输工具用冷藏装置 yùnshū gōngjùyòng lěngcáng zhuāngzhì Fahrzeugkälteanlage *f*

运输机 yùnshūjī Transportflugzeug *n*; Ladeband *n*; Förderer *m*; Förderanlage *f*; Transporteur *m*; Transportband *n*

运输路线 yùnshū lùxiàn Beförderungsweg *m*; Förderbahn *f*

运输设备 yùnshū shèbèi Transportvorrichtung *f*; Beförderungsanlage *f*

运输速度 yùnshū sùdù Fördergeschwindigkeit *f*

运输系统 yùnshū xìtǒng Übertragungssystem *n*

运输业 yùnshūyè Transportmittelwesen *n*

运输装置 yùnshū zhuāngzhì Förderanlage *f*; Transportvorrichtung *f*

运送 yùnsòng befördern; versenden; verfrachten; transportieren; austragen; Fracht *f*

运送物资 yùnsòng wùzī Speditionsgüter *pl*

运算 yùnsuàn rechnen; Rechnung *f*; Rechenart *f*; Rechenoperation *f*; Operation *f*; Rechnen *n*; Arithmetik *f*

运算处理 yùnsuàn chǔlǐ Grundoperation *f*

运算单元 yùnsuàn dānyuán Recheneinheit *f*

运算地址寄存器 yùnsuàn dìzhǐ jìcúnqì A-Adressregister *n* (arithmetisches Adressregister)

运算放大器 yùnsuàn fàngdàqì Operationsverstärker *m*

运算后变址 yùnsuànhòu biànzhǐ Postindex *m*; Post-Indizierung *f*

运算码 yùnsuànmǎ Operationskode *m*

运算前变址 yùnsuànqián biànzhǐ Preindex *m*; Pre-Indizierung *f*

运算指令 yùnsuàn zhǐlìng Operationsbefehl *m*

运算装置 yùnsuàn zhuāngzhì Rechenwerk *n*

运算子 yùnsuànzǐ Operator *m*

运行 yùnxíng sich bewegen; laufen; ablaufen; Ablauf *m*

运行参数 yùnxíng cānshù Ablaufparameter *m*

运行的 yùnxíngde laufend; betrieblich

运行峰值 yùnxíng fēngzhí Betriebsspitze *f*

运行机制 yùnxíng jīzhì Betriebsmechanismus *m*

运行结束 yùnxíng jiéshù Ablaufende *n*

运行控制指令 yùnxíng kòngzhì zhǐlìng Ablaufbefehl *m*

运行模块 yùnxíng mókuài Ablaufmodul *m*

运行时间模块 yùnxíng shíjiān mó-
kuài Ablaufzeitmodul *m*

运行速度 yùnxíng sùdù Laufge-
schwindigkeit *f*

运行特性 yùnxíng tèxìng Betriebs-
merkmale *pl*; Betriebsverhalten *n*

运行图 yùnxíngtú Fahrbild *n*

运行状况 yùnxíng zhuàngkuàng Be-
triebszustand *m*

运用 yùnyòng gebrauchen; anwen-
den; verwenden; Anwendung *f*

运载火箭 yùnzài huǒjiàn Trägerra-
kete *f*

运载技术 yùnzài jìshù Beförderungs-
technik *f*

运转 yùnzhuǎn laufen; kreisen; Be-
trieb *m*; Lauf *m*; Fortbewegung *f*;
sich im Kreis drehen; in Betrieb
sein

运转的 yùnzhuǎnde laufend

运转励磁 yùnzhuǎn lìcí Betrieberre-
gung *f*

运转时间 yùnzhuǎn shíjiān Laufzeit
f; Arbeitszeit *f*

晕车 yùnchē Autokrankheit *f*; Ei-
senbahnkrankheit *f*

晕船 yùnchuán Seekrankheit *f*

晕船的 yùnchuánde seekrank

晕机 yùnjī Luftkrankheit *f*

酝酿 yùnniàng sich zusammen-
brauen; Gärung *f*

蕴藏 yùncáng enthalten; in sich
bergen

蕴藏量 yùncángliàng Reserven *pl*;
Vorräte *pl*

Y

Z

扎 zā binden；Gebinde *n*

匝 zā Windung *f*

匝数 zāshù Windungszahl *f*

匝数比 zāshùbǐ Windungsverhältnis *n*

杂交 zájiāo bastardieren；Bastardierung *f*；Rassenkreuzung *f*；Hybridisierung *f*

杂交品种 zájiāo pǐnzhǒng Hybride *f*；Bastard *m*

杂交试验 zájiāo shìyàn Kreuzungsexperiment *n*

杂交水稻 zájiāo shuǐdào Hybridreis *m*

杂交育种 zájiāo yùzhǒng Kreuzungszüchtung *f*

杂交体 zájiāotǐ Kreuzung *f*

杂散波 zásǎnbō Streuwelle *f*

杂散电流 zásǎn diànliú Streustrom *m*；Vagabundströme *pl*

杂散的 zásǎnde vagabundierend；streuend

杂散电子 zásǎn diànzǐ Streuelektron *n*

杂物箱 záwùxiāng Handschuhfach *n*；Handschuhkasten *m*

杂物箱盖 záwùxiānggài Handschuhkastendeckel *m*

杂物箱锁 záwùxiāngsuǒ Handschuhkastenverschluss *m*；Handschuhkastenschloss *n*

杂音 záyīn Geräusch *n*；Rauschen *n*

杂质 zázhì Fremdstoff *m*；Fremdsubstanz *f*；Verunreinigung *f*；Beimischung *f*；Begleitstoff *m*；Fremdbestandteil *m*；Fremdkörper *m*

杂质半导体 zázhì bàndǎotǐ Störhalbleiter *m*

杂种 zázhǒng Kreuzung *f*

栽培 zāipéi anbauen；züchten；ziehen；pflanzen；einpflanzen；Anbau *m*；Züchterei *f*；Anzucht *f*

栽种 zāizhòng anpflanzen；pflanzen；züchten

在线 zàixiàn online

在线操作 zàixiàn cāozuò On-line-Betrieb *m*

在线计算机 zàixiàn jìsuànjī On-line-Rechner *m*

在线学习软件 zàixiàn xuéxí ruǎnjiàn Onlinelernprogramm *n*

在因特网上 zài yīntèwǎngshàng online；im Internet

再次 zàicì erneut；wieder

再加热 zàijiārè wiedererhitzen

再结晶 zàijiéjīng wiederkristallisieren；umkristallisieren；Umkristallisation *f*

再熔 zàiróng wiederschmelzen

再熔化 zàirónghuà wiedereinschmelzen

再生 zàishēng regenerieren；wiederbeleben；Regeneration *f*；Rückbildung *f*；Reaktivierung *f*；Erholung *f*

再生的 zàishēngde regenerativ；wiedergeboren

再生磁道 zàishēng cídào regenerative Spur

再生存储器 zàishēng cúnchǔqì regenerativer Speicher

再生检波器 zàishēng jiǎnbōqì rückgekoppelter Detektor; Rückkopplungsgleichrichter *m*

再生金属 zàishēng jīnshǔ regeneriertes Metall

再生器 zàishēngqì Regenerator *m*

再生气体 zàishēng qìtǐ Regenerationsgas *n*

再生式制冷机 zàishēngshì zhìlěngjī Kältemaschine mit Regeneration; Regenerativ-Kältemaschine *f*

再生物 zàishēngwù Regenerat *n*

再生岩 zàishēngyán regeneriertes Gestein

再现性 zàixiànxìng Häufigkeit *f*; Wiederholbarkeit *f*

再循环 zàixúnhuán Rezirkulation *f*

再造的 zàizàode authineomorph

载波 zàibō Trägerwelle *f*

载波波段 zàibō bōduàn trägerfrequenter Bereich

载波频率 zàibō pínlǜ Sendefrequenz *f*; Trägerfrequenz *f*

载荷 zàihè Ladung *f*; Last *f*; Belastung *f*; Beladung *f*

载荷量 zàihèliàng Beladungsmenge *f*

载货 zàihuò Frachtgut befördern

载货车 zàihuòchē Lastkraftwagen *m*; LKW *m*

载货车平板 zǎihuòchē píngbǎn Ladepritsche *f*

载货电梯 zàihuò diàntī Lastenaufzug *m*

载冷体 zàilěngtǐ Kälteträger *m*

载流线 zàiliúxiàn Stromleiter *m*

载流子 zàiliúzǐ Ladungsträger *m*; Träger *m*

载能体 zàinéngtǐ Energieträger *m*

载频 zàipín Trägerfrequenz *f*; Träger *m*

载热剂 zàirèjì Wärmeträger *m*

载热介质 zàirè jièzhì Wärmeträger *m*

载热体 zàirètǐ Wärmeträger *m*

载人的 zàirénde bemannt

载人飞行 zàirén fēixíng bemannter Flug

载人飞行器 zàirén fēixíngqì bemanntes Fluggerät

载人卫星 zàirén wèixīng bemannter Satellit

载色剂 zàisèjì Träger in Farbstoffen

载色体 zàisètǐ Chromatophor *n*

载声体 zàishēngtǐ Tonträger *m*

载体 zàitǐ Träger *m*; Carrier *m*

载运 zàiyùn frachten; Fracht *f*

载重 zàizhòng Tragvermögen *n*; Belastung *f*; Ladung *f*

载重大卡车 zàizhòng dàkǎchē Brummi *m*

载重力 zàizhònglì Tragkraft *f*

载重量 zàizhòngliàng Belastungsfähigkeit *f*; Belastbarkeit *f*

载重能力 zàizhòng nénglì Tragfähigkeit *f*; Tragvermögen *n*

载重汽车 zàizhòng qìchē Lastauto *n*; Lastkraftwagen *m*; LKW *m*

暂时硬度 zànshí yìngdù vorübergehende Härte; temporäre Härte

暂时磁铁 zànshí cítiě temporärer Magnet

暂停屏幕显示键 zàntíng píngmù xiǎnshìjiàn Pause *f*; Pause-Taste *f*

暂停语句 zàntíng yǔjù PAUSE-Anweisung *f*

暂行标准 zànxíng biāozhǔn vorläufige Norm

遭受 zāoshòu erleiden; davontragen

凿穿 záochuān aushöhlen; abschroten

凿井 záojǐng Schachtabteufen *n*

Z

凿岩 záoyán abbohren； Abbohren n； Abbohrung f； Gesteinsbohren n

凿岩机 záoyánjī Abbohrer m； Gesteinbohrmaschine f； Bohrhammer m； Steinbohrer m

凿子 záozi Meißel m； Stechbeitel m； Stemmeisen n

早产 zǎochǎn Frühgeburt f

早产儿 zǎochǎn´ér Frühgeborene n； Frühgeburt f； Frühchen n

早期警报 zǎoqī jǐngbào Frühwarnung f

早期症状 zǎoqī zhèngzhuàng Frühsymptom n

早熟品种 zǎoshú pǐnzhǒng schnellreifende Sorte； Frühsorte f

早熟作物 zǎoshú zuòwù frühreife Ernte； frühreife Gewächse

藻类 zǎolèi Algen pl

藻类学 zǎolèixué Algologie f

灶式炉 zàoshìlú Kammerofen m

皂化 zàohuà verseifen； Verseifung f； Saponifikation f

造成 zàochéng formen； schaffen； ausbilden； verursachen

造船 zàochuán Schiffbau m

造价 zàojià Baukosten pl； Herstellungskosten pl

造林 zàolín aufforsten； bewalden； Bewaldung f

造陆运动 zàolù yùndòng Epirogenese f

造山运动 zàoshān yùndòng Gebirgsbildung f； Tektogenese f； Orogenese f

造型 zàoxíng gestalten； figurieren； formieren； formen； Formung f； Formgebung f； Gestaltung f； Formierung f

造型的 zàoxíngde plastisch； formativ

造血的 zàoxiěde hämatogen

造影 zàoyǐng Röntgenografie f； Radiografie f

造纸 zàozhǐ Papierherstellung f； Papierfabrikation f

造纸厂 zàozhǐchǎng Papierfabrik f； Papiermühle f

造纸工业 zàozhǐ gōngyè Papierindustrie f

噪声 zàoshēng Lärm m； Geräusch n

噪声测量 zàoshēng cèliáng Lärmmessung f

噪声测量仪 zàoshēng cèliángyí Rauschgerät n； Rauschmesser m

噪声电平 zàoshēng diànpíng Geräuschpegel m； Geräuschniveau m

噪声干扰 zàoshēng gānrǎo Rauschstörung f

噪声计 zàoshēngjì Geräuschmesser m； Geräuschmessgerät n； Rauschmesser m

噪声强度 zàoshēng qiángdù Lärmintensität f； Geräuschstärke f

噪声衰减 zàoshēng shuāijiǎn Lärmdämmung f； Lärmdämpfung f

噪声系数 zàoshēng xìshù Rauschfaktor m； Geräuschfaktor m

噪声效应 zàoshēng xiàoyìng Rauscheffekt m

噪声信号 zàoshēng xìnhào Rauschsignal n

噪音 zàoyīn Geräusch n； Rausch m

噪音测量仪 zàoyīn cèliángyí Geräuschmessgerät n； Rauschgerät n

噪音污染 zàoyīn wūrǎn Lärmbelästigung f

增白剂 zēngbáijì Aufheller m； Weißtöner m

增变基因 zēngbiàn jīyīn Mutator m；

Z

Mutatorgen *n*

增大 zēngdà vergrößern; verstärken; Verstärkung *f*; Augmentation *f*

增加 zēngjiā anwachsen; vergrößern; vermehren; erhöhen; Zunahme *f*

增量测试法 zēngliàng cèshìfǎ Inkrementmessverfahren *n*

增量计算机 zēngliàng jìsuànjī Inkrementalrechner *m*

增量模型 zēngliàng móxíng Inkrementalmodell *n*

增敏剂 zēngmǐnjì Sensibilisator *m*

增强 zēngqiáng verstärken; erhöhen; steigern

增生 zēngshēng Hyperplasie *f*

增塑 zēngsù plastizieren

增塑剂 zēngsùjì Plastifikator *m*; Erweicher *m*; Weichmacher *m*; Extender *m*; Plastizierer *m*; Plastifikationsmittel *n*

增速泵 zēngsùbèng Beschleunigungspumpe *f*

增速传动 zēngsù chuándòng Schnellgang *m*; Spargang *m*

增速传动变速箱 zēngsù chuándòng biànsùxiāng Schnellganggetriebe *n*; Sparganggetriebe *n*

增碳 zēngtàn Aufkohlen *n*

增碳剂 zēngtànjì Aufkohlungsmittel *n*

增压 zēngyā Druckbeaufschlagung *f*; Beschwerung *f*

增压泵 zēngyābèng Zusatzpumpe *f*; Druckerhöhungspumpe *f*; Vorpumpe *f*

增压比 zēngyābǐ Druckverhältnis *n*

增压舱 zēngyācāng Überdruckkabine *f*

增压柴油机 zēngyā cháiyóujī aufgeladener Dieselmotor

增压发动机 zēngyā fādòngjī aufgeladener Motor

增压机 zēngyājī Ladergebläse *n*; Lader *m*

增压机叶轮 zēngyājī yèlún Laderlaufrad *n*

增压计 zēngyājì Ladedruckmesser *m*

增压器 zēngyāqì Druckerzeuger *f*

增压区 zēngyāqū Druckanstieggebiet *n*

增压水泵 zēngyā shuǐbèng Druckwasserpumpe *f*

增益 zēngyì Gewinn *m*; Ausbeute *f*

增益测量 zēngyì cèliáng Verstärkungsmessung *f*

增益控制 zēngyì kòngzhì Schwundausgleich *m*; Verstärkungsregelung *f*

增益调整 zēngyì tiáozhěng Schwundregelung *f*

增益微调器 zēngyì wēitiáoqì Verstärkungsfeinregler *m*

增音机 zēngyīnjī Verstärker *m*; Übertragersatz *m*

增长 zēngzhǎng steigen; wachsen; ansteigen; zunehmen; anwachsen; Anstieg *m*; Inkrement *n*

增长率 zēngzhǎnglǜ Zuwachsrate *f*; Zuwachsquote *f*

增长速度 zēngzhǎng sùdù Wachstumstempo *n*

增值 zēngzhí aufwerten; Inkrement *n*; Aufwertung *f*; Wertzuwachs *m*

增殖 zēngzhí Propagation *f*; Proliferation *f*; Wucherung *f*

渣 zhā Abstrich *m*; Abschaum *m*; Schlacke *f*; Grus *m*; Krümel *m*

渣状的 zhāzhuàngde schlackig; schlackenartig

渣蚀作用 zhāshí zuòyòng Schlackenangriff *m*

轧材 zhácái Walzstahl *m*; Walzgut *n*; Walzmaterial *n*

轧槽机 zhácáojī Walzendurchmaschine *f*

轧钢 zhágāng Stahl walzen

轧钢厂 zhágāngchǎng Walzhütte *f*; Walzwerk *n*

轧钢机 zhágāngjī Walzwerk *n*; Walzstraße *f*

轧管 zháguǎn Rohrwalzen *n*

轧辊 zhágǔn Walze *f*

轧辊安装 zhágǔn ānzhuāng Walzeneinbau *m*

轧辊半径 zhágǔn bànjìng Walzenradius *m*

轧辊车床 zhágǔn chēchuáng Walzendrehbank *f*

轧辊传动轴 zhágǔn chuándòngzhóu Walzenantriebsspindel *f*

轧辊磨床 zhágǔn móchuáng Walzenreibmaschine *f*; Walzenschleifmaschine *f*

轧辊强度 zhágǔn qiángdù Walzenfestigkeit *f*

轧辊调整 zhágǔn tiáozhěng Walzeneinstellung *f*

轧辊直径 zhágǔn zhíjìng Walzendurchmesser *m*

轧辊转矩 zhágǔn zhuànjǔ Walzendrehmoment *n*

轧辊转数 zhágǔn zhuànshù Walzendrehzahl *f*

轧机 zhájī Walzwerk *n*; Walzstraße *f*

轧机机架 zhájī jījià Walzwerksgerüst *n*

轧机设备 zhájī shèbèi Walzwerksanlage *f*

轧件 zhájiàn Walzgut *n*; Walzstück *n*; Walzware *f*

轧件厚度 zhájiàn hòudù Walzguthöhe *f*

轧制 zházhì walzen; auswalzen; abwalzen

轧制的 zházhìde gewalzt

轧制表面 zházhì biǎomiàn Walzungsfläche *f*

轧制材料 zházhì cáiliào Walzgut *n*

轧制车间 zházhì chējiān Walzerei *f*

轧制法 zházhìfǎ Walzverfahren *n*

轧制钢 zházhìgāng Walzeisen *n*; Walzstahl *m*

轧制钢材 zházhì gāngcái Walzeisen *n*

轧制钢坯 zházhì gāngpī Walzbarren *m*

轧制各向异性 zházhì gèxiàng yìxìng Walzanisotropie *f*

轧制工序 zházhì gōngxù Walzengang *m*

轧制公差 zházhì gōngchā Walztoleranz *f*

轧制过程 zházhì guòchéng Walzvorgang *m*

轧制宽度 zházhì kuāndù Walzbreite *f*

轧制铝 zházhìlǚ Walzaluminium *n*

轧制坯 zházhìpī Walzknüppel *m*

轧制铅材 zházhì qiāncái Walzblei *n*

轧制设备 zházhì shèbèi Walzenpark *m*; Walzenvorrichtung *f*

轧制线 zházhìxiàn gewalzter Draht *m*

轧制线材 zházhì xiàncái Walzdraht *m*

轧制压力 zházhì yālì Walzendruck *m*

轧制应力 zházhì yìnglì Walzspannung *f*

闸 zhá Bremse *f*; Schleuse *f*; Zaum *m*; Schütze *m*

Z

闸板 zhábǎn Absetzschieber *m*

闸刀开关 zhádāo kāiguān Messerschalter *m*

闸阀 zháfá Absetzschieber *m*; Bremsventil *n*

闸流管 zháliúguǎn Thyratron *n*; Stromtor *n*

闸轮 zhálún Stoßrad *n*

闸门 zhámén Schütz *n*; Schleusentor *n*; Drosselventil *n*; Drosselklappe *f*; Schleuse *f*; Schütze *f*; Schieber *m*; Schutzbrett *n*; Schützenwehr *n*; Schutzgitter *n*

闸门式坝 zháménshìbà Schleusenwehr *n*

闸式阀 zháshìfá Schleusenventil *n*

闸瓦 zháwǎ Bremsbacke *f*

闸瓦制动器 zháwǎ zhìdòngqì Backenbremse *f*

铡草机 zhácǎojī Häckselmaschine *f*

铡刀 zhádāo Häckselmesser *n*

栅 zhà Gitter *n*; Gatter *n*; Zaun *m*

栅栏 zhàlán Gitter *n*; Gatter *n*; Sperre *f*

炸弹 zhàdàn Bombe *f*; Sprengkörper *m*

炸毁 zhàhuǐ zerbomben

炸药 zhàyào Dynamit *n*; Bombe *f*; Sprengstoff *m*; Sprengpulver *n*

炸药包 zhàyàobāo Sprengladung *f*; Sprengstoffpackung *f*

榨油机 zhàyóujī Ölpresse *f*

摘抄 zhāichāo exzerpieren; herausschreiben; Auszug *m*

摘除 zhāichú operativ entfernen; herausschneiden; exstirpieren; Resektion *f*

摘除术 zhāichúshù Exstirpation *f*; Resektion *f*

摘记 zhāijì Wesentliches notieren; Notiz *f*; Auszug *m*; Vermerk *m*; kurze Aufzeichnung

摘录 zhāilù exzerpieren; Notiz machen; Auszug *m*; Notiz *f*; Exzerpt *n*

摘棉机 zhāimiánjī Baumwollpflückmaschine *f*

摘要 zhāiyào Resümee *n*; Epitome *f*

摘引 zhāiyǐn zitieren; Zitat *n*

毡垫环 zhāndiànhuán Filzring *m*; Filzdichtungsring *m*

毡垫圈 zhāndiànquān Filzring *m*; Filzunterlegscheibe *f*

毡滤器 zhānlùqì Filzfilter *n/m*

毡密封 zhānmìfēng Filzdichtung *f*

粘补 zhānbǔ kleben

粘附 zhānfù Adhäsion *f*; Haft *m*

粘附强度 zhānfù qiángdù Haftfestigkeit *f*

粘糊 zhānhú pappen

粘贴 zhāntiē ankleben; einfügen; anschlagen; kleben; Einfügen *n*

粘贴板 zhāntiēbǎn Zwischenablage *f*

粘住 zhānzhù pappen

展出 zhǎnchū ausstellen; Schau *f*; Ausstellung *f*

展开 zhǎnkāi entfalten; ausbreiten; ausführen; aufmachen; entrollen; Abwicklung *f*

展开长度 zhǎnkāi chángdù Abwicklungslänge *f*

展开图 zhǎnkāitú abgerolltes Schema; Abwicklungskurve *f*

展览 zhǎnlǎn ausstellen; zur Ansicht auslegen; Ausstellung *f*; Schau *f*

展览馆 zhǎnlǎnguǎn Ausstellungshalle *f*; Ausstellungssaal *m*

展览会 zhǎnlǎnhuì Ausstellung *f*

展览品 zhǎnlǎnpǐn Ausstellungsstück *n*; Ausstellungsgegenstand *m*

Z

展品 zhǎnpǐn Exponat *n*; Ausstellungsstück *n*

展期 zhǎnqī vertagen; Frist hinausschieben; Ausstellungszeit *f*

展示 zhǎnshì zeigen; darstellen; Darstellung *f*

展性 zhǎnxìng Ausdehnbarkeit *f*; Dehnbarkeit *f*; Duktilität *f*

占有 zhànyǒu besitzen; sich aneignen

栈道 zhàndào an eine Felswand gebauter Holzsteg

战车 zhànchē Kampfwagen *m*; Panzerwagen *m*

战列舰 zhànlièjiàn Schlachtschiff *n*

战略防御导弹 zhànlüè fángyù dǎodàn strategische Abwehrrakete

战略火箭 zhànlüè huǒjiàn strategische Raketen

战术 zhànshù Taktik *f*

战术火箭 zhànshù huǒjiàn taktische Raketen

张紧 zhāngjǐn spannen; anspannen

张开 zhāngkāi ausspannen; spreizen; Ausspannung *f*

张力 zhānglì Anspannung *f*; Spannkraft *f*; Tension *f*; Spannung *f*; Zugkraft *f*; Inanspruchnahme *f*

张力场 zhānglìchǎng Spannungsfeld *n*

张力环 zhānglìhuán Spannring *m*

张力带 zhānglìdài Spannband *n*

张力计 zhānglìjì Dehnungsmesser *m*; Tensiometer *n*

张力区 zhānglìqū Zerrungsgebiet *n*

张力弹簧 zhānglì tánhuáng Zugfeder *f*

张力效应 zhānglì xiàoyìng Zerrungseffekt *m*

张力试验 zhānglì shìyàn Zugversuch *m*

张应力 zhāngyìnglì Zugspannung *f*; Zugbeanspruchung *f*; Belastungsspannung *f*

章程 zhāngchéng Regeln *pl*; Satzung *f*; Statut *n*; Ausweg *m*

章节 zhāngjié Kapitel und Abschnitte

涨潮 zhǎngcháo fluten; Flut *f*; Steigen der Flut

涨高 zhǎnggāo ansteigen; Ansteigung *f*

涨水 zhǎngshuǐ anschwellen; anwachsen; Auftriebswasser *n*; Anschwellen des Wasser; Anstauung *f*

掌握 zhǎngwò meistern; beherrschen; aneignen

障碍 zhàng`ài Hindernis *n*; Hemmnis *n*; Barriere *f*

招标 zhāobiāo einen Auftrag öffentlich ausschreiben

招致 zhāozhì bewirken; verursachen; hervorrufen

沼气 zhǎoqì Sumpfgas *n*; Methan *n*; Biogas *n*; Faulgas *n*

沼泽 zhǎozé Luch *f/n*; Sumpf *m*; Moor *n*; Morast *m*

沼泽地 zhǎozédì Moorboden *m*; Sumpfland *n*

兆赫 zhàohè Megahertz *n*

兆欧 zhào´ōu Megohm *n*

兆像素 zhàoxiàngsù Megapixel *n*

兆兆(T／万亿／1012)字节 zhàozhào（T/wànyì/1012）zìjié das Terabyte（TB）

兆周 zhàozhōu Megahertz *n*

兆字节 zhàozìjié das Megabyte（MB）

罩 zhào Deckel *m*; Kapsel *f*; Futter *n*; Futteral *n*; Schirm *m*; Gehäuse *n*; Kappe *f*; Schutzhülle *f*; Ummantelung *f*; Decke *f*; Haube *f*;

Z

Abdeckung *f*

照度 zhàodù Beleuchtungsstärke *f*; Illumination *f*

照度计 zhàodùjì Luxmeter *n*; Beleuchtungsmesser *m*; Beleuchtungsmeter *n*

照后镜 zhàohòujìng Beobachterspiegel *m*

照亮 zhàoliàng erleuchten; erhellen; Erleuchtung *f*

照明 zhàomíng beleuchten; bestrahlen; erhellen; aufleuchten; Erleuchtung *f*; Beleuchtung *f*

照明灯 zhàomíngdēng Aufleuchte *f*

照明电路 zhàomíng diànlù Beleuchtungskreis *m*

照明工程 zhàomíng gōngchéng Beleuchtungstechnik *f*

照明技术 zhàomíng jìshù Beleuchtungstechnik *f*

照明技术的 zhàomíng jìshùde beleuchtungstechnisch

照明强度 zhàomíng qiángdù Leuchtstärke *f*

照明设备 zhàomíng shèbèi Lichtanlage *f*; Beleuchtungsanlage *f*; Beleuchtungsausrüstung *f*; Beleuchtungseinrichtung *f*

照明线路 zhàomíng xiànlù Lichtnetz *n*

照明效果 zhàomíng xiàoguǒ Beleuchtungswirkung *f*

照明装置 zhàomíng zhuāngzhì Bestrahlungsanlage *f*; Beleuchtungsvorrichtung *f*

照片 zhàopiàn Foto *n*; Lichtbild *n*; Fotografie *f*; Aufnahme *f*; Bild *n*

照射 zhàoshè durchleuchten; strahlen; bestrahlen; belichten; anscheinen; anstrahlen; Anstrahlung *f*; Strahlung *f*; Irradiation *f*

照射密度 zhàoshè mìdù Bestrahlungsdichte *f*

照射面 zhàoshèmiàn Einstrahlfläche *f*

照射器 zhàoshèqì Bestrahlungsapparat *m*

照射强度 zhàoshè qiángdù Strahlstärke *f*; Beleuchtungsstärke *f*

照相 zhàoxiàng Aufnahme machen; fotografieren; Fotoaufnahme *f*

照相复印 zhàoxiàng fùyìn fotokopieren

照相机 zhàoxiàngjī Fotoapparat *m*; Kamera *f*

照相排版 zhàoxiàng páibǎn Fotosatz *m*; Lichtsatz *m*

照相排版机 zhàoxiàng páibǎnjī Fotosetzmaschine *f*; Lichtsetzmaschine *f*

照相制版 zhàoxiàng zhìbǎn Fotoreproduktion *f*

照准线 zhàozhǔnxiàn Sichtlinie *f*

遮盖 zhēgài bedecken; zudecken; eindecken; überziehen; Deckung *f*; Eindeckung *f*

遮光 zhēguāng abblenden

遮光板 zhēguāngbǎn Abblendklappe *f*; Blendschirm *m*

遮光罩 zhēguāngzhào Blendschirm *m*; Abblendhaube *f*; Abblendkappe *f*

折板结构 zhébǎn jiégòu Plattenfaltwerkstruktur *f*; Plattenfaltwerk *n*; Faltwerk *n*

折尺 zhéchǐ Gelenkmaßstab *m*; Faltemaßstab *m*; Schmiege *f*

折点 zhédiǎn Faltpunkt *m*

折叠 zhédié falten; zusammenlegen; Faltung *f*

折叠的 zhédiéde faltig

折叠机 zhédiéjī Falzmaschine *f*

Z

折叠门 zhédiémén Falttür *f*

折叠式后座 zhédiéshì hòuzuò die umlegbare Rücksitzbank

折叠式天窗 zhédiéshì tiānchuāng Faltschiebdach *n*

折断 zhéduàn brechen; Bruch *m*; Brechung *f*

折光度 zhéguāngdù Dioptrie *f*; Refraktion *f*

折光仪 zhéguāngyí Refraktometer *n/m*

折光率 zhéguānglǜ Brechungsindex *m*

折光望远镜 zhéguāng wàngyuǎnjìng Refraktor *m*; Linsenrohr *n*

折射 zhéshè brechen; Brechung *f*; Refraktion *f*; Lichtbrechung *f*; Strahlenbrechung *f*

折射点 zhéshèdiǎn Brechpunkt *m*; brechender Punkt

折射定律 zhéshè dìnglǜ Brechungsgesetz *n*

折射计 zhéshèjì Refraktometer *n/m*

折射角 zhéshèjiǎo Refraktionswinkel *m*; Brechungswinkel *m*; brechender Winkel; Brechungswinkel *m*

折射律 zhéshèlǜ Brechungsgesetz *n*

折射率 zhéshèlǜ Brechungsindex *m*; Brechungsquotient *m*; Refraktionsindex *m*

折射面 zhéshèmiàn Brechungsebene *f*; Brechfläche *f*; brechende Fläche

折射系数 zhéshè xìshù Brechungskoeffizient *m*

折套管 zhétàoguǎn Knickschutztülle *f*

折线 zhéxiàn gebrochene Linie

锗 zhě Germanium *n*

锗二极管 zhě'èrjíguǎn Germaniumdiode *f*

锗晶体管 zhějīngtǐguǎn Germaniumtransistor *m*

针刺 zhēncì Akupunktur *f*

针刺疗法 zhēncì liáofǎ Akupunkturtherapie *f*; Nadeltherapie *f*; Akupunktur *f*; Akupunkturbehandlung *f*

针刺麻醉 zhēncì mázuì Akupunkturanästhesie *f*; Nadelanästhesie *f*

针阀 zhēnfá Nadelventil *n*; Nadelschieber *m*; Nadel *f*

针阀座 zhēnfázuò Nadelventilsitz *m*

针灸 zhēnjiǔ Akupunktur- und Moxenbehandlung *pl*; Akupunktur und Moxibustion

针式打印机 zhēnshì dǎyìnjī Nadeldrucker *m*

针形阀 zhēnxíngfá Nadelventil *n*; Tipper *m*

针织 zhēnzhī Stricken *n*; Wirken *n*

针织品 zhēnzhīpǐn Wirkwaren *pl*; Strickwaren *pl*

针状组织 zhēnzhuàng zǔzhī nadelförmiges Gefüge

侦察卫星 zhēnchá wèixīng Aufklärungssatellit *m*; Erkundungssatellit *m*

真比重 zhēnbǐzhòng wahre Dichte

真分数 zhēnfēnshù echter Bruch

真菌 zhēnjūn Fungus *m*; Myzet *m*; Epiphyt *m*; Pilz *m*

真空 zhēnkōng Leere *f*; Vakuum *n*; Unterdruck *m*

真空泵 zhēnkōngbèng Sogpumpe *f*; Absaugepumpe *f*; Luftverdünnungspumpe *f*; Vakuumpumpe *f*; Unterdruckpumpe *f*; Saugluftpumpe *f*

真空测试 zhēnkōng cèshì Luftleerprüfung *f*; Vakuummessung *f*

Z

真空抽气泵 zhēnkōng chōuqìbèng Vakuumluftpumpe *f*

真空的 zhēnkōngde luftleer

真空电子流 zhēnkōng diànzǐliú Vakuumstrom *m*

真空度 zhēnkōngdù Unterdruck *m*

真空阀 zhēnkōngfá Vakuumventil *n*

真空干燥器 zhēnkōng gānzàoqì Vakuum-Trockner *m*; Vakuumexsikkator *m*

真空管 zhēnkōngguǎn Vakuumröhre *f*

真空过滤器 zhēnkōng guòlǜqì Vakuumfilter *n/m*

真空计 zhēnkōngjì Luftleermesser *m*; Saugmesser *m*; Unterdruckmesser *m*; Vakuummesser *m*; Vakuummeter *n/m*; Vakuumanzeiger *m*

真空继电器 zhēnkōng jìdiànqì Vakuum-Relais *n*

真空技术 zhēnkōng jìshù Vakuumtechnik *f*

真空浇注 zhēnkōng jiāozhù Vakuumguss *m*; Vakuumgießen *n*

真空阱 zhēnkōngjǐng Vakuumbehälter *m*

真空滤器 zhēnkōng lǜqì Vakuumfilter *m*

真空密封 zhēnkōng mìfēng Vakuumdichtung *f*

真空密封的 zhēnkōng mìfēngde vakuumdicht

真空热处理 zhēnkōng rèchǔlǐ Unterdruck-Wärmebehandlung *f*; Vakuum-Wärmebehandlung *f*

真空三极管 zhēnkōng sānjíguǎn Vakuumtriode *f*

真空刹车 zhēnkōng shāchē Vakuumbremse *f*

真空设备 zhēnkōng shèbèi Absaugevorrichtung *f*; Vakuumapparatur *f*

真空试验 zhēnkōng shìyàn Unterdruckprüfung *f*; Vakuumversuch *m*

真空调节阀 zhēnkōng tiáojiéfá Vakuumreglerventil *n*

真空调节器 zhēnkōng tiáojiéqì Vakuumregler *m*

真空预热器 zhēnkōng yùrèqì Vakuumvorwärmer *m*

真空箱 zhēnkōngxiāng Vakuumbehälter *m*

真空压力计 zhēnkōng yālìjì Vakuummanometer *m*

真空蒸发 zhēnkōng zhēngfā Vakuumbedampfung *f*

真空蒸馏 zhēnkōng zhēngliú Vakuumdestillation *f*

真空制动 zhēnkōng zhìdòng Vakuumbremse *f*

真空铸件 zhēnkōng zhùjiàn Vakuumguss *m*

真空装置 zhēnkōng zhuāngzhì Vakuumsanlage *f*

真理 zhēnlǐ Wahrheit *f*

真实 zhēnshí Wirklichkeit *f*

真实的 zhēnshíde wirklich

真实性 zhēnshíxìng Echtheit *f*; Authentizität *f*

真数 zhēnshù Numerus *m*

真丝 zhēnsī echte Seide

真正的 zhēnzhèngde wahr; echt

真值 zhēnzhí wahrer Wert; Wahrheitswert *m*

真值表 zhēnzhíbiǎo Wahrheitstabelle *f*; Wahrheitstafel *f*; Funktionstabelle *f*

针织 zhēnzhī Stricken *n*

珍珠 zhēnzhū Perle *f*

珍珠贝 zhēnzhūbèi Perlmuschel *f*

Z

珍珠岩 zhēnzhūyán Perlit *m*; Perlstein *m*

斟酌 zhēnzhuó erwägen; etw. reiflich bedenken; Erwägung *f*

诊断 zhěnduàn Krankheitsfeststellung *f*; Diagnose *f*

诊断程序 zhěnduàn chéngxù Fehlersuchprogramm *n*; Diagnoseprogramm *n*

诊断程序存储器 zhěnduàn chéngxù cúnchǔqì Diagnoseprogrammspeicher *m*

诊断工具 zhěnduàn gōngjù Diagnosetool *n*

诊断技术 zhěnduàn jìshù Diagnostik *f*

诊断系统 zhěnduàn xìtǒng Diagnosesystem *n*

诊断仪器 zhěnduàn yíqì Diagnosegerät *n*

诊疗所 zhěnliáosuǒ Ambulatorium *n*; Klinik *f*

诊室 zhěnshì Sprechzimmer *n*; Untersuchungskabinett *n*; Konsultationszimmer *n*

诊治 zhěnzhì diagnostizieren und behandeln; ärztliche Behandlung

枕骨 zhěngǔ Hinterhauptbein *n*

枕肌 zhěnjī Hinterhauptmuskel *m*

枕木 zhěnmù Eisenbahnschwelle *f*

枕形失真 zhěnxíng shīzhēn kissenförmige Verzeichnung; Kissenverzeichnung *f*

阵风 zhènfēng Windstoß *m*

阵雨 zhènyǔ Schauer *m*; Regenschauer *m*

振荡 zhèndàng pendeln; schwingen; oszillieren; Oszillation *f*; Schwenkung *f*; Vibration *f*; schwingende Bewegung; Schwingung *f*; Pendelung *f*

振荡的 zhèndàngde schwingend; oszillierend

振荡电路 zhèndàng diànlù Schwingkreis *m*; Schwingungskreis *m*

振荡电子 zhèndàng diànzǐ Pendelelektron *n*

振荡管 zhèndàngguǎn Schwingröhre *f*; Oszillatorröhre *f*

振荡回路调制 zhèndàng huílù tiáozhì Schwingungskreismodulation *f*

振荡级 zhèndàngjí Schwingstufe *f*

振荡界限 zhèndàng jièxiàn Schwinggrenze *f*

振荡能 zhèndàngnéng Schwingungsenergie *f*

振荡频率 zhèndàng pínlǜ Schwingungsfrequenz *f*; Oszillationsfrequenz *f*

振荡器 zhèndàngqì Oszillator *m*; Schwinger *m*

振荡时间 zhèndàng shíjiān Schwingungsdauer *f*

振荡周期 zhèndàng zhōuqī Schwingungsperiode *f*

振捣器 zhèndǎoqì Vibrator *m*; Rüttler *m*

振动 zhèndòng oszillieren; vibrieren; schwingen; schütteln; schlottern; pendeln; Oszillation *f*; Vibration *f*; Erschütterung *f*; Schwingung *f*

振动槽 zhèndòngcáo Schüttelrutsche *f*

振动冲击 zhèndòng chōngjī Rüttelschlag *m*; Rüttelstoß *m*

振动捣实机 zhèndòng dǎoshíjī Vibrostampfer *m*

振动电机 zhèndòng diànjī Rüttelmotor *m*

振动的 zhèndòngde oszillierend; vibrierend; schwingend

Z

振动阀 zhèndòngfá Rüttelventil *n*

振动范围 zhèndòng fànwéi Schwankungsbereich *m*

振动机 zhèndòngjī Rüttler *m*; Rüttelmaschine *f*; Vibrometer *n*

振动计 zhèndòngjì Vibrometer *n*

振动继电器 zhèndòng jìdiànqì Vibrationsrelais *n*; Schwingungsrelais *n*

振动浇铸 zhèndòng jiāozhù Rüttelguss *m*

振动角 zhèndòngjiǎo Schwingungswinkel *m*

振动频率 zhèndòng pínlǜ Schwingungsfrequenz *f*

振动破碎机 zhèndòng pòsuìjī Prallbrecher *m*

振动器 zhèndòngqì Vibrator *m*; Schüttelapparat *m*; Rüttelapparat *m*; Vibrorüttler *m*; Schwinger *m*; Wechselrichter *m*

振动筛 zhèndòngshāi Schüttelsieb *n*; Vibrationssieb *n*; Rüttelsieb *n*

振动时间 zhèndòng shíjiān Schwingungsdauer *f*

振动试验 zhèndòng shìyàn Schwingungsversuch *m*; Rüttelprobe *f*; Schüttelprüfung *f*; Vibrationsprobe *f*; Vibrationstest *m*; Vibrationsversuch *m*

振动数 zhèndòngshù Schwingungszahl *f*

振动台 zhèndòngtái Rütteltisch *m*; Vibriertisch *m*

振动周期 zhèndòng zhōuqī Schwingungsperiode *f*

振动装置 zhèndòng zhuāngzhì Schüttelvorrichtung *f*

振动轴 zhèndòngzhóu Schwingungsachse *f*

振动铸造 zhèndòng zhùzào Rüttelguss *m*

振动子 zhèndòngzǐ Ticker *m*; Oszillator *m*

振动钻进 zhèndòng zuànjìn rüttelndes Bohren

振幅 zhènfú Ausschlag *m*; Schwingungsamplitude *f*; Schwingungsweite *f*; Amplitude *f*; Ausschlagweite *f*

振幅比 zhènfúbǐ Amplitudenverhältnis *n*

振幅递减 zhènfú dìjiǎn Amplitudenabschwächung *f*

振幅范围 zhènfú fànwéi Amplitudenbereich *m/n*

振幅畸变 zhènfú jībiàn Amplitudenverzerrung *f*

振幅衰减 zhènfú shuāijiǎn Amplitudenabschwächung *f*

振幅调节器 zhènfú tiáojiéqì Amplitudenregler *m*

振幅选择器 zhènfú xuǎnzéqì Amplitudenselektor *m*

振频 zhènpín Schwingungsfrequenz *f*

振子 zhènzǐ Vibrator *m*; Oszillator *m*; Schwinger *m*; Strahler *m*

震波 zhènbō Erdbebenwelle *f*

震波图 zhènbōtú Seismogramm *n*

震动 zhèndòng erschüttern; beben

震级 zhènjí Erdbebenskala *f*; Magnitude *f*; Stufe *f*

震源 zhènyuán Erdbebenherd *m*; Hypozentrum *n*

震源区 zhènyuánqū Herdgebiet *n*

震中 zhènzhōng Epizentrum *n*

震中距 zhènzhōngjù Epizentralentfernung *f*

震中区 zhènzhōngqū Epizentralgegend *f*

镇定的 zhèndìngde gleichmütig; gefasst; gelassen

Z

镇静剂 zhènjìngjì Sedativum *n*; Beruhigungsmittel *n*

镇流管 zhènliúguǎn Widerstandsröhre *f*

镇流器 zhènliúqì Ballast *m*

镇痛 zhèntòng Schmerz lindern; Schmerzlinderung *f*; Analgesie *f*; Schmerzbekampfung *f*

镇痛药 zhèntòngyào schmerzstillendes Mittel; Analgetikum *n*

争辩 zhēngbiàn streiten; debattieren

争论 zhēnglùn Kontroverse *f*; Disput *m*; Streit *m*; Wortgefecht *n*

蒸镀 zhēngdù Aufdampfen *n*

蒸发 zhēngfā dampfen; aufdampfen; verdampfen; dunsten; evaporieren; verflüchtigen; verdunsten; Verdampfung *f*; Verdunstung *f*; Evaporation *f*; Abdampfen *n*

蒸发的 zhēngfāde verdampfbar

蒸发点 zhēngfādiǎn Verdampfungspunkt *m*

蒸发锅 zhēngfāguō Abdampfpfanne *f*

蒸发计 zhēngfājì Atmometer *n*; Evaporimeter *n*; Verdunstungsmesser *m*

蒸发冷却 zhēngfā lěngquè Verdunstungskühlung *f*

蒸发皿 zhēngfāmǐn Verdunstungsschale *f*; Verdunstungskessel *m*

蒸发能力 zhēngfā nénglì Verdampfungsfähigkeit *f*

蒸发器 zhēngfāqì Evaporator *m*; Ausdämpfer *m*; Aufdampfanlage *f*; Aufdampfapparatur *f*; Verdampfer *m*; Verdampfapparat *m*

蒸发热 zhēngfārè Verdampfungswärme *f*

蒸发系数 zhēngfā xìshù Verdamp-

fungsziffer *f*

蒸锅 zhēngguō Dämpfer *m*; Dampfkochtopf *m*; Dampfkessel *m*

蒸馏 zhēngliú sieden; destillieren; Abdestillieren *n*; Destillation *f*; Abdestillation *f*

蒸馏出 zhēngliúchū herausdestillieren

蒸馏罐 zhēngliúguàn Retorte *f*

蒸馏瓶 zhēngliúpíng Destillationskolben *m*

蒸馏器 zhēngliúqì Destillationsblase *f*; Retorte *f*; Destillationsgefäß *n*; Destillierapparat *m*

蒸馏水 zhēngliúshuǐ destilliertes Wasser

蒸馏塔 zhēngliútǎ Destillationskolonne *f*; Destillierturm *m*

蒸馏装置 zhēngliú zhuāngzhì Destillierapparat *m*; Destillationsapparat *m*; Destillationsanlage *f*

蒸汽 zhēngqì Dampf *m*; Dunst *m*

蒸汽泵 zhēngqìbèng Dampfpumpe *f*

蒸汽发电机 zhēngqì fādiànjī Dampfdynamo *m*; Dampfdynamomaschine *f*; Dampfkraftmaschine *f*

蒸汽发生器 zhēngqì fāshēngqì Dampferzeuger *m*

蒸汽阀 zhēngqìfá Dampfventil *n*

蒸汽锅炉 zhēngqì guōlú Dampfkessel *m*

蒸汽过热器 zhēngqì guòrèqì Dampfüberhitzer *m*

蒸汽机 zhēngqìjī Lokomobile *f*; Dampfmaschine *f*

蒸汽机车 zhēngqì jīchē Dampflokomotive *f*; Tenderlokomotive *f*; Dampflok *f*

蒸汽减压阀 zhēngqì jiǎnyāfá Dampfreduzierventil *n*

蒸汽冷却器 zhēngqì lěngquèqì

Z

Dampfkühler *m*

蒸汽密度 zhēngqì mìdù Dampfdichte *f*

蒸汽喷嘴 zhēngqì pēnzuǐ Dampfdüse *f*

蒸汽汽缸 zhēngqì qìgāng Dampfzylinder *m*

蒸汽损失 zhēngqì sǔnshī Dampfverlust *m*

蒸汽调节器 zhēngqì tiáojiéqì Dampfregler *m*; Dampfregulator *m*

蒸汽涡轮机 zhēngqì wōlúnjī Dampfturbine *f*

蒸汽旋管 zhēngqì xuánguǎn Dampfspule *f*

蒸汽循环 zhēngqì xúnhuán Dampfumwälzung *f*; Dampfzirkulation *f*; Dampfumlauf *m*

蒸汽压力 zhēngqì yālì Wasserdampfspannung *f*; Dampfdruck *m*; Dampfspannung *f*

蒸汽压力机 zhēngqì yālìjī Dampfpresse *f*

蒸汽压缩机 zhēngqì yāsuōjī Dampfkompressor *m*

蒸汽浴 zhēngqìyù Dampfbad *n*

蒸汽装置 zhēngqì zhuāngzhì Dampfapparat *m*

蒸球 zhēngqiú Kugelkocher *m*

蒸煮锅 zhēngzhǔguō Dampfkessel *m*

整步器 zhěngbùqì Synchronisator *m*

整除 zhěngchú Division ohne Rest

整顿 zhěngdùn konsolidieren; herrichten; reorganisieren; ausrichten

整个的 zhěnggède integral; ganz; gesamt

整函数 zhěnghánshù ganze Funktion

整理 zhěnglǐ ordnen; anordnen; einrichten; aufräumen; Ordnung schaffen; Ordnung *f*; Anordnung *f*

整理碎片 zhěnglǐ suìpiàn defragmentieren; Defragmentierung *f*

整理碎片程序 zhěnglǐ suìpiàn chéngxù Defragmentierprogramm *n*

整流 zhěngliú umformen; rektifizieren; kommutieren; Detektion *f*; Gleichrichten *n*; Kommutierung *f*; Kommutation *f*; Gleichrichtung *f*; Rektifikation *f*

整流电桥 zhěngliú diànqiáo Gleichrichterbrücke *f*

整流电压 zhěngliú diànyā gleichgerichtete Spannung

整流管 zhěngliúguǎn Ventilröhre *f*; Gleichrichterröhre *f*

整流片 zhěngliúpiàn Gleichrichterelement *n*

整流器 zhěngliúqì Ventil *n*; Stromrichter *m*; Gleichrichter *m*; Rektifizierer *m*; Rektifikator *m*; Stromgleichrichter *m*

整流器反向电流 zhěngliúqì fǎnxiàng diànliú Gleichrichtersperrstrom *m*

整流设备 zhěngliú shèbèi Gleichrichteranlage *f*; Komutatoranlage *f*

整流系数 zhěngliú xìshù Gleichrichtungsfaktor *m*

整流线圈 zhěngliú xiànquān Kommutatorwicklung *f*; Kommutationsspule *f*

整流子 zhěngliúzǐ Stromwender *m*; Kommutator *m*; Kollektor *m*

整流子电动机 zhěngliúzǐ diàndòngjī Universalmotor *m*

整流子环 zhěngliúzǐhuán Kommutatorring *m*

整流子绝缘 zhěngliúzǐ juéyuán Kommutatorisolation *f*

Z

整流子体 zhěngliúzǐtǐ Kommutatorkörper m

整流作用 zhěngliú zuòyòng Detektorwirkung f; Gleichrichterwirkung f

整数 zhěngshù Integral n; ganze Zahl; runde Zahl

整数的 zhěngshùde ganzzahlig

整体 zhěngtǐ Ganzheit f; Gesamtheit f; Totalität f; Ganze n

整体的 zhěngtǐde integral

整体桥 zhěngtǐqiáo Starrachse f

整体式保险杠 zhěngtǐshì bǎoxiǎngàng die intergrierte Stoßstange

整体式车桥 zhěngtǐshì chēqiáo Banjoachse f

整体式飞轮 zhěngtǐshì fēilún einteiliges Schwungrad

整体式驱动桥 zhěngtǐshì qūdòngqiáo angetriebene Starrachse

整体式头枕 zhěngtǐshì tóuzhěn die intergrierte Kopfstütze

整体外圈 zhěngtǐ wàiquān ungeteilter Außenring

整体轴承 zhěngtǐ zhóuchéng einteiliges Lager; geschlossenes Lager; Vollager n

整形 zhěngxíng Plastik f

整形手术 zhěngxíng shǒushù plastische Operation

整形外科 zhěngxíng wàikē Abteilung für plastische Chirurgie; Plastik f; plastische Chirurgie

整形外科医生 zhěngxíng wàikē yīshēng Orthopäde m

整治工程 zhěngzhì gōngchéng Regelungsarbeiten pl

正 zhèng plus; positiv

正比 zhèngbǐ direktes Verhältnis

正比例 zhèngbǐlì direktes Verhältnis; direkte Proportion

正常的 zhèngchángde ordentlich; normal; regulär; regelrecht; gewöhnlich

正常速度 zhèngcháng sùdù normale Geschwindigkeit

正齿轮 zhèngchǐlún Stirnrad n; Stirnzahnrad n

正的 zhèngde positiv

正电 zhèngdiàn positive Elektrizität

正电的 zhèngdiànde elektisch positiv

正电荷 zhèngdiànhè positive Elektrizität; positive Ladung

正电刷 zhèngdiànshuā positive Bürste

正电子 zhèngdiànzǐ Positron n; positives Elektron

正多边形 zhèngduōbiānxíng reguläres Polygon; regelmäßiges Vieleck

正方波 zhèngfāngbō Rechteckwelle f

正方体 zhèngfāngtǐ Würfel m

正方形 zhèngfāngxíng Quadrat n; Geviert n

正方形的 zhèngfāngxíngde quadratisch; vierkantig

正割 zhènggē Sekans m; Sekante f

正规的 zhèngguīde ordentlich; normal; regulär

正号 zhènghào Pluszeichen n

正火 zhènghuǒ Normalisierung f; Normalglühung f

正极 zhèngjí positive Elektrode; Anode f; positiver Pol; Pluspol m

正极板 zhèngjíbǎn Plusplatte f; positive Platte

正极的 zhèngjíde anodisch

正计数 zhèngjìshù Pluszählung f

正交的 zhèngjiāode perpendikular; orthogonal

正交应力 zhèngjiāo yìnglì Normalspannung *f*

正离子 zhènglízǐ Kation *n*; positives Ion

正梁 zhèngliáng Scheitelpfette *f*; Firstpfette *f*

正面 zhèngmiàn Vorderseite *f*; Oberseite *f*; Stirnseite *f*; rechte Seite; Fassade *f*

正面的 zhèngmiànde positiv

正面图 zhèngmiàntú Aufriss *m*; Frontansicht *f*; Stirnansicht *f*

正切 zhèngqiē Tangente *f*; Tangens *m*

正切电流计 zhèngqiē diànliújì Tangentenbussole *f*

正切定律 zhèngqiē dìnglǜ Tangentensatz *m*

正确的 zhèngquède richtig; genau; korrekt; fehlerfrei

正确性 zhèngquèxìng Richtigkeit *f*; Korrektheit *f*

正式的 zhèngshìde amtlich; offiziell

正视图 zhèngshìtú Aufriss *m*; Vorderansicht *f*; Stirnansicht *f*

正数 zhèngshù positive Zahl

正态分布 zhèngtài fēnbù Normalverteilung *f*

正温度系数热敏电阻 zhèngwēndù xìshù rèmǐn diànzǔ PTC-Thermistor *m*; PTC-Widerstand *m*

正弦 zhèngxián Sinus *m*

正弦波 zhèngxiánbō Sinuswelle *f*

正弦电压 zhèngxián diànyā Sinusspannung *f*

正弦定律 zhèngxián dìnglǜ Sinussatz *m*; Sinusgesetz *n*

正弦函数 zhèngxián hánshù Sinusfunktion *f*

正弦级数 zhèngxián jíshù Sinusreihe *f*

正弦角 zhèngxiánjiǎo Sinuswinkel *m*

正弦曲线 zhèngxián qūxiàn Sinuskurve *f*

正向电导 zhèngxiàng diàndǎo Durchlassleitwert *m*

正向电流 zhèngxiàng diànliú Vorwärtsstrom *m*; Durchlassstrom *m*

正向电压 zhèngxiàng diànyā Durchlassspannung *f*

正效应 zhèngxiàoyìng direkter Effekt; positiver Effekt

证词 zhèngcí Zeugenaussage *f*

证件 zhèngjiàn Papier *n*; Ausweis *m*; Bescheinigung *f*

证件照 zhèngjiànzhào Lichtbild *n*

证据 zhèngjù Beweis *m*; Beweisstück *n*; Beweismittel *n*

证明 zhèngmíng bestätigen; beweisen; Beweis *m*

证明书 zhèngmíngshū Bescheinigung *f*; Ausweis *m*; Zeugnis *n*; Urkunde *f*; Zertifikat *n*

证券 zhèngquàn Inhaberpapier *n*; Wertpapier *n*

证实 zhèngshí bestätigen; beweisen; nachweisen; sich ausweisen; feststellen; Identifizierung *f*; Authentifikation *f*; Authentifizierung *f*

证书 zhèngshū Zertifikat *n*; Urkunde *f*; Zeugnis *n*

证验 zhèngyàn bestätigen; bezeugen; beglaubigen; Wirksamkeit *f*; wirkliche Ergebnisse

帧频 zhèngpín Bildwechselfrequenz *f*; Bildwechselzahl *f*

帧扫描频率 zhèngsǎomiáo pínlǜ Bildkippfrequenz *f*

帧扫描周期 zhèngsǎomiáo zhōuqī Bildabtastperiode *f*

症状 zhèngzhuàng Symptom *n*;

Krankheitszeichen *n*

支撑 zhīchēng stützen; unterstützen; abstützen; Stützung *f*; Stützbalken *m*; Halterung *f*; Stütze *f*

支撑圈 zhīchēngquān Stoßring *m*

支撑物 zhīchēngwù Anhalt *m*

支承 zhīchéng tragen; stützen; Stützen *n*; Tragen *n*

支承板 zhīchéngbǎn Auflageblech *n*; Auflageplatte *f*

支承导轨 zhīchéng dǎoguǐ Auflagebahn *f*; Auflageschiene *f*

支承点 zhīchéngdiǎn Stützpunkt *m*; Haltepunkt *m*; Auflagepunkt *m*

支承杆 zhīchénggān Haltestange *f*

支承辊 zhīchénggǔn Tragrolle *f*

支承架 zhīchéngjià Auflagerahmen *m*; Haltesäule *f*

支承结构 zhīchéng jiégòu Tragwerk *n*

支承力 zhīchénglì Tragkraft *f*; Stützkraft *f*; Auflagerkraft *f*

支承梁 zhīchéngliáng Haltestange *f*; Auflagebalken *m*; Tragbalken *m*

支承面 zhīchéngmiàn Tragfläche *f*; Stützfläche; Anlagefläche *f*; Sitzfläche *f*

支承弹簧 zhīchéng tánhuáng Tragfeder *f*

支承轴颈 zhīchéng zhóujǐng Tragzapfen *m*

支承柱 zhīchéngzhù Haltestange *f*; Stützsäule *f*; Stützpfeiler *m*

支持面 zhīchímiàn Auflagefläche *f*

支持弹簧 zhīchí tánhuáng Stützfeder *f*

支出 zhīchū ausgeben; zahlen; bezahlen; Ausgabe *f*

支点 zhīdiǎn Stützpunkt *m*; Drehpunkt *m*; Ruhepunkt *m*; Festpunkt *m*; Hebepunkt *m*

支墩 zhīdūn Strebepfeiler *m*; Wandbock *m*; Widerlager *n*

支路电阻 zhīlù diànzǔ Abzweigungswiderstand *m*

支架 zhījià Stütze *f*; Ständer *m*; Halter *m*; Auflager *n*; Gestell *n*; Gerüst *n*; Untersatz *m*; Halterung *f*; Stativ *n*; Bock *m*

支架梁 zhījiàliáng Tragbalken *m*

支流 zhīliú Nebenströmung *f*; Nebenfluss *m*; Flussarm *m*; Zweigstrom *m*; Abzweig *m*

支路 zhīlù Verzweigung *f*; Abzweig *m*

支路电阻 zhīlù diànzǔ Abzweigwiderstand *m*

支脉 zhīmài Nebenader *f*; Ausläufer *m*

支配 zhīpèi verfügen; verwalten; herrschen; einteilen; Verfügung *f*; Verwaltung *f*

支气管 zhīqìguǎn Bronchien *pl*; Bronchus *f*

支气管肺炎 zhīqìguǎn fèiyán Bronchopneumonie *f*

支气管扩张 zhīqìguǎn kuòzhāng Bronchiektasie *f*

支气管狭窄 zhīqìguǎn xiázhǎi Bronchostenose *f*

支气管哮喘 zhīqìguǎn xiàochuǎn Bronchialasthma *n*

支气管炎 zhīqìguǎnyán Bronchitis *f*; Bronchialkatarrh *m*

支渠 zhīqú Zweigkanal *m*; Transportiergraben *m*; Zweigbewässerungskanal *m*; Abzweigkanal *m*

支线 zhīxiàn Abzweig *m*; Nebenlinie *f*; Zweiglinie *f*

支柱 zhīzhù Auflager *n*; Unterlager *m*; Säule *f*; Stütze *f*; Stützbalken *m*; Haltestab *m*; Pfeiler *m*;

Z

Stützung *f*; Träger *m*

支座 zhīzuò Auflage *f*; Auflager *n*; Träger *m*; Widerlager *n*

知觉 zhījué Gefühl *n*; Bewusstsein *n*; Perzeption *f*; Wahrnehmung *f*

知识 zhīshi Kenntnis *f*; Erkenntnis *f*; Wissen *n*

知识爆炸 zhīshi bàozhà Wissensexplosion *f*

知识界 zhīshijiè Intelligenz *f*; intellektuelle Kreise

肢体 zhītǐ Glieder *pl*; Gliedmaßen *pl*; Glieder und Rumpf; Extremität *f*

织布 zhībù weben

织布机 zhībùjī Webstuhl *m*; Webmaschine *f*

织物 zhīwù Gewebe *n*

脂肪 zhīfáng Fett *n*; Speck *m*

脂肪的 zhīfángde fett

脂肪肝 zhīfánggān Fettleber *f*

脂肪瘤 zhīfángliú Fettgeschwulst *f*; Lipom *n*

脂肪酸 zhīfángsuān Fettsäure *f*

脂肪组织 zhīfáng zǔzhī Fettgewebe *n*

脂瘤 zhīliú Fettgeschwulst *f*

脂质 zhīzhì Lipid *n*

执行 zhíxíng exekutieren; ausführen; ablaufen; Durchführung *f*; Ausführung *f*

执行单元 zhíxíng dānyuán Ausführungseinheit *f*

执行控制 zhíxíng kòngzhì Ausführungssteuerung *f*

执行控制系统 zhíxíng kòngzhì xìtǒng Ausführungssteuersystem *n*

执行命令 zhíxíng mìnglìng Befehl ausführen

执行模块 zhíxíng mókuài Ablaufmodul *m*

执行语句 zhíxíng yǔjù Ausführungsanweisung *f*

执行元件 zhíxíng yuánjiàn Ausführungselement *n*

执行指令 zhíxíng zhǐlìng Ausführungsbefehl *m*; Kommandoausführung *f*

直肠 zhícháng Enddarm *m*; Rektum *n*; Mastdarm *m*

直肠镜检查 zhíchángjìng jiǎnchá Rektoskopie *f*

直尺 zhíchǐ Lehrlatte *f*; Lineal *n*

直齿 zhíchǐ Geradzahn *m*

直齿插齿刀 zhíchǐ chāchǐdāo Schneidrad mit geraden Zähnen

直齿轮 zhíchǐlún Geradzahnrad *n*; Geradstirnrad *n*

直齿伞齿轮 zhíchǐ sǎnchǐlún Stirnkegelrad *n*

直翅目 zhíchìmù Geradflügler *pl*

直的 zhíde gerade

直观 zhíguān direkte Anschauung

直观的 zhíguānde anschaulich; visuell

直角 zhíjiǎo rechter Winkel; Rechtwinkel *m*

直角边 zhíjiǎobiān Kathete *f*

直角的 zhíjiǎode orthogonal; rechtwinklig; rektangulär

直角三角形 zhíjiǎo sānjiǎoxíng rechtwinkliges Dreieck

直角相移程序 zhíjiǎo xiàngyí chéngxù Quadraturprogramm *n*

直角仪 zhíjiǎoyí Spiegelkreuz *n*

直角坐标 zhíjiǎo zuòbiāo rechtwinklige Koordinate

直角坐标系 zhíjiǎo zuòbiāoxì Achsenkreuz *n*; rechtwinkliges Koordinatensystem

直接传输 zhíjiē chuánshū direkte Übertragung

Z

直接传动 zhíjiē chuándòng direkter Antrieb

直接淬火法 zhíjiē cuìhuǒfǎ Direkthärtenverfahren n

直接档联接 zhíjiēdàng liánjiē Direktgangkupplung f

直接的 zhíjiēde direkt; immediat; unmittelbar

直接地址 zhíjiē dìzhǐ direkte Adresse

直接读数 zhíjiē dúshù direkte Ablesung

直接耦合 zhíjiē ǒuhé direkte Kopplung

直接耦合放大器 zhíjiē ǒuhé fàngdàqì direktgekoppelter Verstärker

直接数字控制计算机 zhíjiē shùzì kòngzhì jìsuànjī DNC-Rechner m (digital numerical control)

直接照明 zhíjiē zhàomíng direkte Beleuchtung; unmittelbare Beleuchtung

直径 zhíjìng Durchmesser m; Diameter m

直径比 zhíjìngbǐ Durchmesserverhältnis n

直觉 zhíjué Intuition f; Instinkt m

直觉的 zhíjuéde intuitiv

直立 zhílì aufrecht stehen

直列式泵 zhílièshìbèng Reihenpumpe f

直列式发动机 zhílièshì fādòngjī Reihenmotor m

直列式喷射泵 zhílièshì pēnshèbèng Reiheneinspritzpumpe f

直流 zhíliú Gleichstrom m

直流安培表 zhíliú ānpéibiǎo Gleichstromamperemeter n; Amperemeter für Gleichstrom

直流变压器 zhíliú biànyāqì Gleichspannungswandler m; Gleichstrom-

transformator m

直流电 zhíliúdiàn Gleichstrom m

直流电动机 zhíliú diàndòngjī Gleichstrommotor m

直流电桥 zhíliú diànqiáo Gleichstrombrücke f

直流电压 zhíliú diànyā Gleichspannung f

直流电压放大器 zhíliú diànyā fàngdàqì Gleichspannungsverstärker m

直流电源 zhíliú diànyuán Gleichstromversorgungseinheit f

直流发电机 zhíliú fādiànjī Gleichstromerzeuger m; Gleichstromgenerator m

直流放大器 zhíliú fàngdàqì Gleichstromverstärker m

直射光 zhíshèguāng direktes Licht

直升机 zhíshēngjī Hubschrauber m; Helikopter m

直升机机场 zhíshēngjī jīchǎng Heliport m; Hubschrauberlandeplatz m

直视探向 zhíshì tànxiàng Sichtpeilung f

直通的 zhítōngde durchlaufend

直通阀 zhítōngfá Durchgangsventil n

直通孔 zhítōngkǒng Durchgangsbohrung f

直头车刀 zhítóu chēdāo gerader Drehmeißel

直线 zhíxiàn gerade Linie; Gerade f

直线的 zhíxiànde geradlinig; gerade; linear

直线电容式可变电容器 zhíxiàn diànróngshì kěbiàn diànróngqì kapazitätsgleicher Drehkondensator

直线度 zhíxiàndù Geradheit f

直线扫描 zhíxiàn sǎomiáo lineare

Abtastung

直线性 zhíxiànxìng Linealität f

直线运动 zhíxiàn yùndòng geradlinige Bewegung

值班医生 zhíbān yīshēng Arzt vom Dienst; diensthabender Arzt

职务 zhíwù Amt n; Pflicht f; Amtspflicht f

职业 zhíyè Beruf m; Profession f

职业病 zhíyèbìng Berufskrankheit f

职责 zhízé Amtspflicht f; Verpflichtung f

植被 zhíbèi Vegetation f; Pflanzendecke f; Bewuchs m

植皮 zhípí Hautübertragung f; Hauttransplantation f; Hautplastik f; Hautverpflanzung f

植树 zhíshù Bäume pflanzen

植物 zhíwù Pflanze f; Flora f

植物保护 zhíwù bǎohù Pflanzenschutz m

植物标本 zhíwù biāoběn Herbarium n; getrocknete Pflanze

植物病理学 zhíwù bìnglǐxué Phytopathologie f; Pflanzenpathologie f

植物地理学 zhíwù dìlǐxué Florengeografie f; Phytogeografie f; Geobotanik f

植物分类学 zhíwù fēnlèixué Toxonomie f; Pflanzensystematik f; systematische Biologie

植物化石 zhíwù huàshí Pflanzenfossil n

植物解剖学 zhíwù jiěpōuxué Phytotomie f; Pflanzenanatomie f

植物生理学 zhíwù shēnglǐxué Pflanzenphysiologie f

植物生态学 zhíwù shēngtàixué Pflanzenökologie f

植物纤维 zhíwù xiānwéi Pflanzenfaser f

植物形态学 zhíwù xíngtàixué Pflanzenmorphologie f

植物性神经系统 zhíwùxìng shénjīng xìtǒng vegetatives Nervensystem

植物学 zhíwùxué Botanik f; Pflanzenkunde f; Pflanzenlehre f

植物学家 zhíwùxuéjiā Botaniker m

植物油 zhíwùyóu Pflanzenöl n

植物园 zhíwùyuán botanischer Garten

植物脂肪 zhíwù zhīfáng pflanzliches Fett; Pflanzenfett n

止冲器 zhǐchōngqì Prellbock m

止动按钮 zhǐdòng ànniǔ Arretierknopf m

止动垫片 zhǐdòng diànpiàn Arretierscheibe f

止动杆 zhǐdònggān Stopphebel m

止动螺钉 zhǐdòng luódīng Absperrschraube f; Hemmschraube f

止动螺栓 zhǐdòng luóshuān Absperrbolzen m

止动器 zhǐdòngqì Haltestück n; Hemmklotz m; Abbremsklotz m

止动弹簧 zhǐdòng tánhuáng Arretierfeder f

止动销 zhǐdòngxiāo Arretierstift m

止动爪 zhǐdòngzhuǎ Sperrklinke f

止回阀 zhǐhuífá Rückströmventil n; Rückschlagventil n; Abschaltventil n

止咳的 zhǐkéde hustenmildernd; hustenstillend; antitussiv

止咳糖浆 zhǐké tángjiāng Hustensirup m; Hustensaft m

止咳药 zhǐkéyào Antitussivum n; Hustenmittel n; Hustenarznei f; Hustenmedizin f

止水剂 zhǐshuǐjì Abdichtungsmittel n

止痛 zhǐtòng Schmerz stillen

Z

止痛药 zhǐtòngyào Analgetikum *n*; Anodynum *n*; Schmerzmittel *n*; schmerzstillendes Mittel

止推环 zhǐtuīhuán Druckring *m*

止推轴承 zhǐtuī zhóuchéng Druck-kugellager *n*; Schublager *n*; Pass-lager *n*; Stützlager *n*

止推轴套 zhǐtuī zhóutào Abstands-büchse *f*

止泻药 zhǐxièyào Arzneimittel gegen Durchfall; Antidiarrhoikum *n*

止血 zhǐxuè Blut stillen; Blutstil-lung *f*; Hämostase *f*

止血的 zhǐxuède blutstillend

止血药 zhǐxuèyào blutstillendes Mittel; Hämostatikum *n*

只读存储范围 zhǐdú cúnchǔ fànwéi Dauerspeicherbereich *m*

只读存储器 zhǐdú cúnchǔqì Nur-Lese-Speicher *m*; Auslesespei-cher *m*; ROM *n*(英, = read only memory); Dauerspeicher *m*; Lesespeicher *m*; Festwertspeicher *m*

只读存储容量 zhǐdú cúnchǔ róng-liàng Festwertspeicherkapazität *f*

纸带机 zhǐdàijī Bandanlage *f*; Band-gerät *n*

纸浆 zhǐjiāng Pulpe *f*; Papierbrei *m*

纸介电容器 zhǐjiè diànróngqì Pa-pierkondensator *m*

纸型 zhǐxíng Papiermatrize *f*

纸张尺寸 zhǐzhāng chǐcùn Papier-größe *f*

纸张规格 zhǐzhāng guīgé Papierfor-mat *n*

指北针 zhǐběizhēn Kompass *m*

指标 zhǐbiāo Kennziffer *f*; Norm *f*; Planziffer *f*; Soll *n*; Index *m*; Zeiger *m*

指出 zhǐchū aufzeigen

指定 zhǐdìng bestimmen; anweisen; zuweisen; festlegen

指定频率 zhǐdìng pínlǜ Verfügungs-frequenz *f*

指骨 zhǐgǔ Fingerbein *n*; Finger-knochen *m*; Phalanx *f*

指令 zhǐlìng instruieren; Kommando *n*; Befehl *m*; Instruktion *f*; Anord-nung *f*; Verordnung erlassen; Verordnungen *pl*

指令表 zhǐlìngbiǎo Befehlsliste *f*

指令撤销 zhǐlìng chèxiāo Befehlauf-hebung *f*

指令传送器 zhǐlìng chuánsòngqì Befehlsübermittler *m*

指令串 zhǐlìngchuàn Instruktions-string

指令存储器 zhǐlìng cúnchǔqì Be-fehlsspeicher *m*

指令地址 zhǐlìng dìzhǐ Befehladresse *f*

指令发送器 zhǐlìng fāsòngqì Be-fehlsgeber *m*

指令发送机 zhǐlìng fāsòngjī Kom-mandogeber *m*

指令格式 zhǐlìng géshì Befehlsfor-mat *n*

指令格式错误 zhǐlìng géshì cuòwù Befehlsformat falsch

指令计数器 zhǐlìng jìshùqì Befehls-zähler *m*

指令记录 zhǐlìng jìlù Befehlsnotation *f*

指令寄存器 zhǐlìng jìcúnqì Befehls-register *n*

指令结构 zhǐlìng jiégòu Befehlsauf-bau *m*

指令码 zhǐlìngmǎ Befehlscode *m*; Kommandocode *m*; Befehlskode *m*

指令脉冲 zhǐlìng màichōng Befehls-

Z

impuls *n*; Kommandoimpuls *m*

指令调入寄存器 zhǐlìng diàorù jìcúnqì Befehlaufrufregister *n*

指令系统 zhǐlìng xìtǒng Befehlssystem *n*

指令序列 zhǐlìng xùliè Befehlsreihe *f*; Ablauf *m*

指令译码 zhǐlìng yìmǎ Befehlsdekodierung *f*

指令装置 zhǐlìng zhuāngzhì Befehlsgerät *n*; Befehlsanlage *f*; Befehlseinrichtung *f*

指令字 zhǐlìngzì Befehlswort *n*

指明 zhǐmíng weisen; aufklären; hinweisen

指南 zhǐnán Anleitung *f*; Führer *m*; Richtschnur *f*; Richtlinie *f*; Vademekum *n*; Handbuch *n*

指南针 zhǐnánzhēn Kompass *m*

指示 zhǐshì hinweisen; anzeigen; indizieren; angeben; zeigen; weisen; Hinweis; Anweisung *f*; Instruktion *f*

指示灯 zhǐshìdēng Anzeigelampe *f*; Kontrolllampe *f*; Überwachungslampe *f*; Indikatorlampe *f*

指示剂 zhǐshìjì Indikator *m*

指示继电器 zhǐshì jìdiànqì Blinkerelais *n*

指示寄存器 zhǐshì jìcúnqì Anzeigeregister *n*

指示灵敏度 zhǐshì língmǐndù Anzeigeempfindlichkeit *f*

指示盘 zhǐshìpán Anzeigescheibe *f*

指示器 zhǐshìqì Zeiger *m*; Anzeiger *m*; Pfeil *m*; Weiser *m*; Meldeanlage *f*; Indikator *m*; Anzeigevorrichtung *f*; Sichtgerät *n*; Meldeeinrichtung *f*

指示线 zhǐshìxiàn Indikatrix *f*

指示仪 zhǐshìyí Zeigerapparat *m*; Anzeigevorrichtung *f*

指示仪表 zhǐshì yíbiǎo Anzeigeinstrument *n*

指数 zhǐshù Index *m*; Indexziffer *f*; Exponent *m*; Zeiger *m*; Kennzahl *f*; Kennziffer *f*; Potenz *f*; Hochzahl *f*; Potenzexponent *m*; Schlüsselzahl *f*

指数衰减 zhǐshù shuāijiǎn exponentielle Dämpfung *f*

指纹 zhǐwén Hautlinien an den Fingerbeeren; Fingerabdruck *m*

指纹学 zhǐwénxué Daktyloskopie *f*

指针 zhǐzhēn Anzeiger *m*; Zeiger *m*; Indikator *m*; Nadel *f*; Richtlinie *f*; Richtschnur *f*; Merkzeiger *m*; Pfeil *m*; Indexzeiger *m*; Pointer *m*; Anzeigenadel *f*

指数级数 zhǐshù jíshù Potenzreihe *f*

指针读数 zhǐzhēn dúshù Zeigerablesung *f*

指针偏转 zhǐzhēn piānzhuǎn Zeigerausschlag *m*

指针装置 zhǐzhēn zhuāngzhì Zeigervorrichtung *f*

趾骨 zhǐgǔ Zehenbein *n*

酯 zhǐ Ester *m*

酯化 zhǐhuà verestern; esterifizieren; Veresterung *f*; Esterifikation *f*

治河 zhìhé Flussausbau *m*; Flusskorrektion *f*; Flussveredelung *f*; Flussregelung *f*; Stromregulierung *f*; Flussverbesserung *f*; Flussregulierung *f*; Flüsse regulieren

治河工程 zhìhé gōngchéng Stromregulierungsarbeiten *pl*

治疗 zhìliáo kurieren; behandeln; Behandlung *f*; Therapie *f*

治疗室 zhìliáoshì Behandlungszimmer *n*

治水 zhìshuǐ Flüsse regulieren; Wasserbauten anlegen

治愈 zhìyù heilen; Heilung *f*

制 zhì System *n*

制版 zhìbǎn Druckplattenherstellung *f*; Druckformherstellung *f*

制表键 zhìbiǎojiàn Tabulator *m* (Tab)

制成品 zhìchéngpǐn Fertigwaren *pl*; Fertigprodukte *pl*

制导 zhìdǎo Lenkung *f*; Steuerung *f*;

制导系统 zhìdǎo xìtǒng Lenkungssystem *n*

制订 zhìdìng formulieren; ausarbeiten; erarbeiten; festlegen

制定 zhìdìng festlegen; formulieren; konstituieren; ausarbeiten

制动 zhìdòng bremsen; abbremsen; Abbremsung *f*; Anbremsen *n*; Arretierung *f*

制动臂 zhìdòngbì Bremsarm *m*

制动掣子 zhìdòng chèzǐ Bremssperrklinke *f*; Bremszunge *f*

制动带 zhìdòngdài Bremsband *n*

制动电磁铁 zhìdòng diàncítiě Bremsmagnet *m*

制动电动机 zhìdòng diàndòngjī Bremsmotor *m*

制动垫 zhìdòngdiàn Bremsfutter *n*

制动垫圈 zhìdòng diànquān Arretierscheibe *f*

制动阀 zhìdòngfá Bremsventil *n*; Sperrventil *n*

制动杆 zhìdònggān Bremshebel *m*

制动钢绳 zhìdòng gāngshéng Hemmseil *n*

制动功率 zhìdòng gōnglǜ Bremspferdestärke *f*; Bremsleistung *f*

制动钩 zhìdònggōu Sperrklinke *f*

制动鼓 zhìdònggǔ Bremstrommel *f*

制动轨道 zhìdòng guǐdào Bremsorbit *m*

制动缓冲器 zhìdòng huǎnchōngqì Bremsdämpfer *m*

制动火箭 zhìdòng huǒjiàn Bremsrakete *f*

制动棘轮 zhìdòng jílún Bremssperre *f*

制动夹 zhìdòngjiā Bremssattel *m*

制动块 zhìdòngkuài Bremsbackenklotz *m*; Bremsbacke *f*; Bremsklotz *m*

制动块闸 zhìdòngkuàizhá Backenbremse *f*

制动力 zhìdònglì Bremskraft *f*

制动力传动比 zhìdònglì chuándòngbǐ Bremsübersetzungszahl *f*

制动链 zhìdòngliàn Sperrkette *f*

制动轮 zhìdònglún Bremsrad *n*; Steigrad *n*; Stoßrad *n*

制动螺帽 zhìdòng luómào Sicherungsmutter *f*; Spannmutter *f*

制动能力 zhìdòng nénglì Abbremsfähigkeit *f*

制动盘 zhìdòngpán Bremsscheibe *f*; Scheibenbremse *f*

制动皮圈 zhìdòng píquān Bremsmanschette *f*

制动皮碗 zhìdòng píwǎn Bremsmanschette *f*

制动器 zhìdòngqì Bremse *f*; Bremsanlage *f*; Haltestück *n*; Zaum *m*; Prellvorrichtung *f*; Fahrbremse *f*; Anschlag *m*; Abreißenbremse *f*

制动器踏板 zhìdòngqì tàbǎn Bremspedal *n*

制动钳 zhìdòngqián Bremssattel *m*

制动踏板 zhìdòng tàbǎn Bremspedal *n*; Bremsfußtritt *m*

制动蹄 zhìdòngtí Bremsbacke *f*

制动蹄限止块 zhìdòngtí xiànzhǐkuài

Z

Bremsbackenanschlag *m*

制动同步轮 zhìdòng tóngbùlún Arretierrad *n*

制动凸轮 zhìdòng tūlún Bremsnocken *m*; Bremsdaumen *m*

制动系统 zhìdòng xìtǒng Bremssystem *n*; Bremsverhältnis *n*

制动信号灯 zhìdòng xìnhàodēng Bremslichtlampe *f*

制动液罐 zhìdòng yèguàn Bremsflüssigkeitsbehälter *m*

制动液容器 zhìdòngyè róngqì Bremsflüssigkeitsbehälter *m*

制动周期 zhìdòng zhōuqī Bremsdauer *f*

制动爪 zhìdòngzhuǎ Bremssperrklinke *f*; Klemmklinke *f*; Feststellklinke *f*

制动轴 zhìdòngzhóu Bremsspindel *f*; Bremswelle *f*

制动装置 zhìdòng zhuāngzhì Bremsanlage *f*

制动状态 zhìdòng zhuàngtài Bremsbetrieb *m*

制剂 zhìjì Präparat *n*

制冷 zhìlěng Kälteerzeugung *f*; Kühlung *f*; Kälte erzeugen

制冷机 zhìlěngjī Kältemaschine *f*

制冷装置 zhìlěng zhuāngzhì Kältemaschinenanlage *f*

制模 zhìmú formen; Formierung *f*

制模板 zhìmúbǎn einschalen

制模机 zhìmújī Formmaschine *f*

制片 zhìpiàn tablettieren

制品 zhìpǐn Erzeugnis *n*; Fertigware *f*; Fabrikat *n*

制图 zhìtú Zeichnen *n*; Aufzeichnung *f*; Karten zeichnen

制图板 zhìtúbǎn Zeichenbrett *n*

制图笔 zhìtúbǐ Zeichenfeder *f*

制图机 zhìtújī Zeichenmaschine *f*

制图学 zhìtúxué Kartografie *f*

制图仪器 zhìtú yíqì Zeichengerät *n*

制氧 zhìyǎng Sauerstofferzeugung *f*

制造 zhìzào fabrizieren; produzieren; erzeugen; herstellen; schaffen; anfertigen; Fertigung *f*; Darstellung *f*; Produktion *f*; Herstellung *f*

制造图 zhìzàotú Werkzeichnung *f*

制造者 zhìzàozhě Fabrikant *m*; Hersteller *m*

制作 zhìzuò produzieren; anfertigen; herstellen; machen; fabrizieren

制作播客 zhìzuò bōkè podcasten

质变 zhìbiàn qualitative Veränderung

质地 zhìdì Qualität von Materialien; Beschaffenheit *f*

质点 zhìdiǎn Teilchen *n*; Partikel *f*

质点速度 zhìdiǎn sùdù Teilchengeschwindigkeit *f*

质量 zhìliàng Masse *f*; Qualität *f*; Güte *f*

质量的 zhìliàngde qualitativ

质量等级 zhìliàng děngjí Gütegrad *m*; Güteklasse *f*

质量检查 zhìliàng jiǎnchá Qualitätskontrolle *f*

质量评审 zhìliàng píngshěn auditieren; Audit *n*; Auditieren *n*

质量评审分值 zhìliàng píngshěn fēnzhí Auditnote *f*; Auditwert *m*

质量评审员 zhìliàng píngshěnyuán Auditor *m*

质量守恒 zhìliàng shǒuhéng Massenerhaltung *f*

质料 zhìliào Material *n*; Stoff *m*

质数 zhìshù Primzahl *f*

质子 zhìzǐ Proton *n*

质子电荷 zhìzǐ diànhè Teilchenladung *f*

质子束 zhìzǐshù Protonenstrahl *m*

质子数 zhìzǐshù Protonenzahl *f*

致断负荷 zhìduàn fùhè Bruchlast *f*

致冷 zhìlěng abkühlen; Kälteerzeugung *f*; Kühlung *f*; Kälte erzeugen

致冷剂 zhìlěngjì Kältemittel *n*

致冷技术 zhìlěng jìshù Kältetechnik *f*

致热的 zhìrède pyrogen

窒息 zhìxī ersticken

滞后 zhìhòu Nacheilung *f*; Verzug *m*; Hysterese *f*; Hypothenuse *f*

滞后的 zhìhòude hysteretisch

滞后角 zhìhòujiǎo Nacheilungswinkel *m*; Verzögerungswinkel *m*

滞后曲线 zhìhòu qūxiàn Hysteresiskurve *f*

滞后现象 zhìhòu xiànxiàng Hystereseerscheinung *f*

滞流 zhìliú Abflussverzögerung *f*; Schichtenströmung *f*

滞流点 zhìliúdiǎn Staupunkt *m*

滞塞点 zhìsāidiǎn Stockpunkt *m*

智力 zhìlì Verstand *m*; Auffassungsgabe *f*; Hirnschmalz *n*; geistige Fähigkeit; Intelligenz *f*

智商 zhìshāng Intelligenzquotient *m*

置换 zhìhuàn Permutation *f*; Substitution *f*; Austausch *m*; Verdrängung *f*; Ersetzung *f*

置换反应 zhìhuàn fǎnyìng Austauschreaktion *f*

置换字符 zhìhuàn zìfú Austauschzeichen *n*

置换作用 zhìhuàn zuòyòng Verdrängung *f*; Ersetzung *f*

置零 zhìlíng nullen; Nullsetzung *f*; Nullstellung *f*

置"0"脉冲 zhìlíng màichōng Lösch-

impuls *m*

置位时间 zhìwèi shíjiān Setzzeit *f*

中板轧机 zhōngbǎn zhájī Mittelbandwalzwerk *n*

中波 zhōngbō Mittelwelle *f*

中草药 zhōngcǎoyào chinesische Heilpflanzen

中长石 zhōngchángshí Andesin *m*

中程导弹 zhōngchéng dǎodàn Mittelstreckenrakete *f*; Lenkrakete von mittlerer Reichweite

中垂线 zhōngchuíxiàn Mittelsenkrechte *f*

中等的 zhōngděngde mittler; mittelgroß

中断 zhōngduàn unterbrechen; abbrechen; stocken; aussetzen; abreißen; Abbruch *m*; Unterbrechung *f*; Absatz *m*; Stocken *n*

中断存储器 zhōngduàn cúnchǔqì Interruptspeicher *m*

中断线 zhōngduànxiàn Amtsleitung *f*

中断信号 zhōngduàn xìnhào Interrupt-Signal *n*

中耳 zhōng´ěr Mittelohr *n*

中耳炎 zhōng´ěryán Mittelohrentzündung *f*

中和 zhōnghé neutralisieren; Neutralisieren *n*; Neutralisation *f*; Neutralität *f*

中和的 zhōnghéde neutral

中和电压 zhōnghé diànyā Neutralisationsspannung *f*

中和反应 zhōnghé fǎnyìng Neutralisationsreaktion *f*

中和作用 zhōnghé zuòyòng Neutralisierung *f*

中继传输 zhōngjì chuánshū weiterleiten

中继电缆 zhōngjì diànlǎn Abzweig-

Z

kabel *n*；Überwurfkabel *n*

中继港 zhōngjìgǎng Zwischenhafen *m*

中继继电器 zhōngjì jìdiànqì Zwischenträger *m*

中继系统 zhōngjì xìtǒng Übertragungssystem *n*

中继线路 zhōngjì xiànlù Relaisstrecke *f*

中继站 zhōngjìzhàn Relais *n*；Relaisstation *f*；Relaisfunkstelle *f*；Verbundamt *n*

中间 zhōngjiān mitten

中间变形 zhōngjiān biànxíng Zwischenformung *f*

中间变压器 zhōngjiān biànyāqì Zwischenübertrager *m*；Zwischentransformator *m*

中间层 zhōngjiāncéng Zwischenschicht *f*；Zwischenlagerung *f*；Trennschicht *f*

中间产品 zhōngjiān chǎnpǐn Halbfabrikat *n*；Zwischenerzeugnis *n*

中间存储器 zhōngjiān cúnchǔqì Zwischenspeicher *m*

中间的 zhōngjiānde mittler

中间电路 zhōngjiān diànlù Zwischenkreis *m*

中间电压 zhōngjiān diànyā Mittelspannung *f*；Zwischenspannung *f*

中间反应 zhōngjiān fǎnyìng Zwischenreaktion *f*

中间放大器 zhōngjiān fàngdàqì Zwischenverstärker *m*

中间互感器 zhōngjiān hùgǎnqì Zwischenwandler *m*

中间化合物 zhōngjiān huàhéwù Zwischenverbindung *f*

中间环节 zhōngjiān huánjié Zwischenglied *n*

中间继电器 zhōngjiān jìdiànqì Zwi-

schenrelais *n*

中间加热 zhōngjiān jiārè Zwischenwärmung *f*；Zwischenerhitzung *f*

中间加热炉 zhōngjiān jiārèlú Zwischenwärmofen *m*

中间加热器 zhōngjiān jiārèqì Zwischenerhitzer *m*

中间冷却 zhōngjiān lěngquè Zwischenkühlung *f*

中间冷却器 zhōngjiān lěngquèqì Zwischenkühler *m*

中间轮 zhōngjiānlún Zwischenrad *n*

中间配线架 zhōngjiān pèixiànjià Zwischenverteiler *m*

中间区 zhōngjiānqū Zwischenzone *f*

中间试验 zhōngjiān shìyàn Zwischenprüfung *f*

中间水泵站 zhōngjiān shuǐbèngzhàn Zwischenpumpenstation *f*

中间水库 zhōngjiān shuǐkù Zwischenspeicher *m*

中间水位 zhōngjiān shuǐwèi Zwischenwasserstand *m*

中间位置 zhōngjiān wèizhì Zwischenstellung

中间温度 zhōngjiān wēndù Zwischentemperatur *f*

中间信号 zhōngjiān xìnhào Zwischensignal *n*

中间压力 zhōngjiān yālì Zwischendruck *m*

中间站 zhōngjiānzhàn Verbundamt *n*

中间值 zhōngjiānzhí Zwischengröße *f*；Zwischenwert *m*

中间轴 zhōngjiānzhóu Zwischenwelle *f*；Vorgelegewelle *f*

中介子 zhōngjièzǐ Neutretto *n*；neutrales Meson

中空 zhōngkōng Hohlheit *f*

中空体 zhōngkōngtǐ hohler Körper；

Hohlkörper *m*

中空轴 zhōngkōngzhóu durchgehende Welle; Hohlwelle *f*

中美洲 zhōngměizhōu Mittelamerika; Zentralamerika

中脑 zhōngnǎo Zwischenhirn *n*

中频 zhōngpín mittlere Frequenz; Mittelfrequenz *f*; Zwischenfrequenz *f*

中频变压器 zhōngpín biànyāqì Mittelfrequenztransformator *m*

中生代 zhōngshēngdài Erdmittelalter *n*; Mesozoikum *n*; mesozoische Ära

中枢 zhōngshū Zentrum *n*; Mitte *f*

中枢神经系统 zhōngshū shénjīng xìtǒng Zentralnervensystem *n*

中微子 zhōngwēizǐ Neutrino *n*

中纬度 zhōngwěidù gemäßigte Breiten

中线 zhōngxiàn Mittellinie *f*; Mediane *f*; Nulleiter

中线电流 zhōngxiàn diànliú Nullleiterstrom *m*

中心 zhōngxīn Zentrale *f*; Zentrum *n*; Mitte *f*; Kern *m*; Mittelpunkt *m*

中心车床 zhōngxīn chēchuáng Spitzendrehbank *f*

中心齿轮 zhōngxīn chǐlún Sonnenrad *n*

中心的 zhōngxīnde mittig; zentral

中心点 zhōngxīndiǎn Hauptpunkt *m*; Mittelpunkt *m*

中心角 zhōngxīnjiǎo Zentriwinkel *m*; Mittelpunktwinkel *m*

中心距 zhōngxīnjù Mittenabstand *m*; Achsabstand *m*; Kernabstand *m*

中心孔 zhōngxīnkǒng Zentrierbohrung *f*; Mittenbohrung *f*

中心力场 zhōngxīn lìchǎng Zentralkraftfeld *n*

中心投影 zhōngxīn tóuyǐng Zentralprojektion *f*

中心线 zhōngxīnxiàn Mittellinie *f*; Spitzenmitte *f*; Zentrallinie *f*

中心销 zhōngxīnxiāo Pinne *f*; Mittelstift *m*

中心轴 zhōngxīnzhóu Zentralachse *f*; Königswelle *f*

中心轴颈 zhōngxīnzhóujǐng Königszapfen *m*

中心钻 zhōngxīnzuàn Zentrumbohrer *m*; Kernbohrer *m*

中心钻头 zhōngxīn zuàntóu Zentrierbohrer *m*; Spindelbohrer *m*

中型轧机 zhōngxíng zhájī mittelschweres Walzwerk

中型轧材 zhōngxíng zhácái mittelschweres Walzgut

中性 zhōngxìng Neutralität *f*

中性电极 zhōngxìng diànjí neutrale Elektrode

中性的 zhōngxìngde neutral

中性反应 zhōngxìng fǎnyìng Neutralreaktion *f*

中性母线 zhōngxìng mǔxiàn Nullleiterschiene *f*

中性溶液 zhōngxìng róngyè neutrale Lösung; Pufferlösung *f*

中性线 zhōngxìngxiàn neutraler Draht; Bezugsleitung *f*; Nulllinie *f*

中性氧化物 zhōngxìng yǎnghuàwù neutrales Oxid

中性原子 zhōngxìng yuánzǐ Neutralatom *n*

中央 zhōngyāng Zentrum *n*

中央的 zhōngyāngde zentral

中央处理单元 zhōngyāng chǔlǐ dānyuán Zentrale Verarbeitungseinheit;

Z

ALUTKOL

中央处理机 zhōngyāng chǔlǐjī CPU（英，= central processing unit）；Zentraleinheit f

中央处理机体系结构 zhōngyāng chǔlǐjī tǐxì jiégòu CPU-Architektur f

中央处理器 zhōngyāng chùlǐqì Zentraleinheit f; CPU（英，= central process unit）

中央处理器总线系统 zhōngyāng chǔlǐqì zǒngxiàn xìtǒng CPU-Bussystem n

中央存储器 zhōngyāng cúnchǔqì〈计〉Zentralspeicher m

中央计算机 zhōngyāng jìsuànjī Zentralrechner m

中央寄存器 zhōngyāng jìcúnqì〈计〉Zentralregister n

中央控制 zhōngyāng kòngzhì Zentralsteuerung f

中央控制单元 zhōngyāng kòngzhì dānyuán Zentrale Steuereinheit

中央控制器 zhōngyāng kòngzhìqì zentrales Leitwerk; Zentralsteuereinheit f

中央数据处理机 zhōngyāng shùjù chǔlǐjī Zentraleinheit einer Datenverarbeitungsanlage

中央银行 zhōngyāng yínháng Zentralbank f

中央制冷装置 zhōngyāng zhìlěng zhuāngzhì zentrale Kältemaschinenanlage

中医 zhōngyī traditionelle chinesische Medizin

中医科 zhōngyīkē Abteilung für chinesische Medizin

中游 zhōngyóu Mittellauf m

中止 zhōngzhǐ unterbrechen; abbrechen; stocken; aussetzen; unterdrücken; Aussetzen n

中轴 zhōngzhóu Mittelachse f

中转站 zhōngzhuǎnzhàn Anschlussstation f; Umsteigebahnhof m

中子 zhōngzǐ Neutron n

中子弹 zhōngzǐdàn Neutronenbombe f; Neutronenwaffe f

中子辐射 zhōngzǐ fúshè Neutronenstrahlung f

中子轰击 zhōngzǐ hōngjī Neutronenbeschuss m

中子密度 zhōngzǐ mìdù Neutronendichte f

中子散射 zhōngzǐ sǎnshè Neutronendiffusion f

中子束 zhōngzǐshù Neutronenbündel n; Neutronenstrahl m

中子星 zhōngzǐxīng Neutronenstern m

中子衍射 zhōngzǐ yǎnshè Neutronenbeugung f

中子源 zhōngzǐyuán Neutronenquelle f

终点 zhōngdiǎn Endpunkt m; Endziel n; Endstation f

终点站 zhōngdiǎnzhàn Endhaltestelle f

终端 zhōngduān Terminal n; Ende n; Endlage f

终端窗口 zhōngduān chuāngkǒu Terminalfenster n

终端打印机 zhōngduān dǎyìnjī Terminaldrucker m

终端地址 zhōngduān dìzhǐ Endadresse f

终端电容器 zhōngduān diànróngqì Abschlusskondensator m

终端电阻 zhōngduān diànzǔ Abschlusswiderstand m

终端仿真 zhōngduān fǎngzhēn Terminal-Emulation f

Z

终端设备 zhōngduān shèbèi Endgerät n; Endeinrichtungen pl ; Terminal m/n

终端识别符号 zhōngduān shíbié fúhào Erkennungszeichen des Endgeräts

终端适配器 zhōngduān shìpèiqì Terminaladapter m

终端网络 zhōngduān wǎngluò Abschlussnetzwerk n

终馏点 zhōngliúdiǎn Siedeende n

终止 zhōngzhǐ abschließen; aufhören

钟摆运动 zhōngbǎi yùndòng Pendelbewegung f

钟表 zhōngbiǎo Uhren pl

钟盘 zhōngpán Zifferblatt n

钟形符号 zhōngxíng fúhào 〈计〉 Glockenzeichen n

钟形脉冲 zhōngxíng màichōng Glockenimpuls m

肿瘤 zhǒngliú Geschwulst f; Tumor m

肿瘤学 zhǒngliúxué Onkologie f

肿瘤学的 zhǒngliúxuéde onkologisch

肿瘤医生 zhǒngliú yīshēng Onkolog m

肿瘤医院 zhǒngliú yīyuàn Geschwulstkrankenhaus n; Tumorklinik f; onkologische Klinik

种 zhǒng Art f; Sorte f

种类 zhǒnglèi Art f; Sorte f; Sortiment n; Gattung f; Kategorie f

种子 zhǒngzi Saat f; Saatgut n; Samen m

种植 zhòngzhí pflanzen; anbauen; anpflanzen; einpflanzen

中暑 zhòngshǔ Hitzschlag f

重臂 zhòngbì Lastarm m

重柴油 zhòngcháiyóu Schwerdiesel-

öl n

重点 zhòngdiǎn Schwergewicht n; Schwerpunkt m; Hauptgewicht n

重电子 zhòngdiànzǐ schweres Elektron

重工业 zhònggōngyè Schwerindustrie f

重焊 zhònghàn umlöten

重金属 zhòngjīnshǔ Schwermetall n

重晶石 zhòngjīngshí Barytstein m; Baryt m; Schwerspat m; Baroselenit m

重力 zhònglì Schwerkraft f; Gravitation f; Gravitationskraft f; Attraktionskraft f; Massenanziehung f; Wucht f

重力坝 zhònglìbà Schwergewichtsperre f; Schwerkraftsperre f; Schwergewicht-Talsperre f; Schwermauer f; Schwerkraftmauer f; Schwergewichtmauer f

重力波 zhònglìbō Schwerewelle f

重力测量 zhònglì cèliáng Schweremessung f; Schwerkraftmessung f

重力场 zhònglìchǎng Gravitationsfeld n; Schwerfeld n

重力的 zhònglìde gravitationell

重力分析 zhònglì fēnxī gravimetrische Analyse

重力加速度 zhònglì jiāsùdù Schwerebeschleunigung f; Erdbeschleunigung f; Fallbeschleunigung f

重力勘探 zhònglì kāntàn gravimetrisches Prospektieren; Schwerkrafterkundung f; gravimetrische Untersuchung; gravimetrische Erkundung

重力系统 zhònglì xìtǒng Schwerkraftsystem n

重力效应 zhònglì xiàoyìng Schwereeinfluss m; Schwerkraftwirkung f

Z

重力选矿 zhònglì xuǎnkuàng Schwerkraftaufbereitung f

重力仪 zhònglìyí Schwermessapparat m; Gravimeter n

重力值 zhònglìzhí Schwerewert m

重量 zhòngliàng Gewicht n; Last f

重量单位 zhòngliàng dānwèi Gewichtseinheit f

重量分析 zhòngliàng fēnxī Gravimetrie f; Gewichtsanalyse f

重煤焦油混合物 zhòngméi jiāoyóu hùnhéwù Karbolineum n

重炮 zhòngpào schwere Artillerie; schwere Kanone; schweres Geschütz

重氢 zhòngqīng schwerer Wasserstoff; Deuterium n

重水 zhòngshuǐ Schwerwasser n; schweres Wasser; Deuteriumoxid n

重土 zhòngtǔ Schwererde f

重武器 zhòngwǔqì schwere Waffen

重心 zhòngxīn Schwerpunkt m; Anziehungspunkt m; Gleichgewichtspunkt m

重心轴 zhòngxīnzhóu Schwerachse f

重心轴线 zhòngxīn zhóuxiàn Schwerlinie f

重型 zhòngxíng schwerer Typ

重型的 zhòngxíngde hochbelastbar; schwer

重型挂车 zhòngxíng guàchē Schwerlastanhänger m

重型轰炸机 zhòngxíng hōngzhàjī Großbomber m; schweres Bombenflugzeug

重型货车 zhòngxíng huòchē Schwerlastkraftwagen m

重型卡车 zhòngxíng kǎchē Schwerlastkraftwagen m

重型平板车 zhòngxíng píngbǎnchē Schwerlastauflieger m

重型载货车 zhòngxíng zàihuòchē Schwerlastwagen m; Schwerwagen m

重型轧机 zhòngxíng zhájī Schwerwalzwerk n; schweres Walzwerk

重要的 zhòngyàode wichtig

重要性 zhòngyàoxìng Wichtigkeit f

重油 zhòngyóu Schweröl n; Masut n; dickes Öl; schwarzes Öl

重元素 zhòngyuánsù schweres Element

重子 zhòngzǐ Graviton n; Baryon n

周 zhōu Zyklus m; Woche f; Umkreis m; Zirkel m

周边 zhōubiān Peripherie f

周长 zhōucháng Umfang m; Umkreis m

周期 zhōuqī Periode f; Zyklus m

周期变化 zhōuqī biànhuà periodische Veränderung

周期表 zhōuqībiǎo Periodensystem n; Periodentabelle f

周期的 zhōuqīde periodisch; zyklisch

周期函数 zhōuqī hánshù periodische Funktion

周期律 zhōuqīlǜ Periodengesetz n

周期数 zhōuqīshù Wechselzahl f

周期性 zhōuqīxìng Periodizität f

周期性的 zhōuqīxìngde periodisch; zyklisch

周期运动 zhōuqī yùndòng abzeitweise Bewegung; periodische Bewegung

周数 zhōushù Tourenzahl f; Periodenzahl f; Umlaufzahl f

周围 zhōuwéi Umgebung f

周围的 zhōuwéide peripher; umgebend

洲 zhōu Kontinent m; Erdteil m

Z

洲际导弹 zhōujì dǎodàn Interkontinentalrakete f

洲际运载火箭 zhōujì yùnzài huǒjiàn Trägerrakete mit interkontinentaler Reichweite

轴 zhóu Achse f; Welle f; Spindel f; Achswelle f; Axe f

轴比 zhóubǐ Achsenverhältnis n

轴承 zhóuchéng Achsenlager n; Lager n; Wellenlager n; Traglager n

轴承盖 zhóuchénggài Lagerdeckel m; Lagerschild m

轴承架 zhóuchéngjià Lagerträger m

轴承间距 zhóuchéng jiānjù Lagerentfernung f

轴承面 zhóuchéngmiàn Lauffläche f; Auflagerfläche f

轴承配合 zhóuchéng pèihé Lagerpassung f

轴承润滑 zhóuchéng rùnhuá Lagerölung f; Lagerschmierung f

轴承套 zhóuchéngtào Lagerschale f; Lagerbüchse f

轴承体 zhóuchéngtǐ Lagerkörper m

轴承凸肩 zhóuchéng tūjiān Lagerbund m

轴承凸缘 zhóuchéng tūyuán Druckflansch m

轴承箱 zhóuchéngxiāng Lagergehäuse n

轴承压力 zhóuchéng yālì Lagerdruck m

轴承轴瓦 zhóuchéng zhóuwǎ Lagerschale f

轴承座 zhóuchéngzuò Lagerbock m; Lagerfuß m; Lagerträger m; Lagerunterlage f

轴传动 zhóuchuándòng Wellenantrieb m; Achsenantrieb m

轴的 zhóude achsig; axial

轴的比例 zhóude bǐlì Achsenverhältnis n

轴端功率 zhóuduān gōnglǜ Wellenleistung des Lagers

轴对称 zhóuduìchèn Achsensymmetrie f

轴对称的 zhóuduìchènde axialsymmetrisch

轴放大器 zhóufàngdàqì Achsenverstärker m

轴环 zhóuhuán Wellenbund m; Hülse f; Manschette f; Achsbund m

轴肩 zhóujiān Lagerschulter f

轴节 zhóujié Axialteilung f

轴颈 zhóujǐng Zapfen m; Zapfenkragen m; Lagerhals m; Wellenhals m; Wellenzapfen m; Schenkel m; Achszapfen m

轴颈轴承 zhóujǐng zhóuchéng Zapfenlager n

轴距 zhóujù Achsabstand m; Radstand m; Achsenentfernung f; Achsenabstand m; Achsstand m

轴流泵 zhóuliúbèng Axialpumpe f

轴面 zhóumiàn Axialebene f; Axialfläche f

轴桥 zhóuqiáo Achsbrücke f

轴套 zhóutào Achsbüchse f; Lagerbüchse f; Büchse f; Nippel m; Pfanne f; Spannhülse f

轴瓦 zhóuwǎ Lagerschale f

轴线 zhóuxiàn Achsenflucht f; Achse f; Mittellinie f; Spulenfaden m; Axenfaden m

轴线相交点 zhóuxiàn xiāngjiāodiǎn Achsenschnittpunkt m

轴箱体 zhóuxiāngtǐ Achsbuchsgehäuse n

轴向 zhóuxiàng Achsenrichtung f

轴向齿距 zhóuxiàng chǐjù Axialteilung f

Z

轴向的 zhóuxiàngde achsrecht；axial；achsig

轴向断层 zhóuxiàng duàncéng Axialverschiebung f

轴向负荷 zhóuxiàng fùhè Achsenlast f

轴向间隙 zhóuxiàng jiànxì Axialspiel n；Axialluft f

轴向节距 zhóuxiàng jiéjù Achsteilung f

轴向截面 zhóuxiàng jiémiàn Achsschnitt m

轴向进给 zhóuxiàng jìnjǐ Axialvorschub m

轴向孔 zhóuxiàngkǒng Axialbohrung f

轴向力 zhóuxiànglì Axialkraft f；Längskraft f

轴向模数 zhóuxiàng móshù Achsmodul m

轴向切面 zhóuxiàng qiēmiàn Axialschnitt m

轴向挠度 zhóuxiàng náodù Axialdurchbiegung f

轴向移动 zhóuxiàng yídòng Achsenverschiebung f

轴向位移 zhóuxiàng wèiyí Axialschub m；Längsschub m

轴向压力 zhóuxiàng yālì Achsendruck m；Achsdruck m；Axialdruck m；Achsialdruck m

轴向应力 zhóuxiàng yìnglì Axialspannung f；Axialbeanspruchung f

轴向振摆 zhóuxiàng zhènbǎi Planlaufabweichung f

轴向止推轴承 zhóuxiàng zhǐtuī zhóuchéng Axialdrucklager n

轴向轴承 zhóuxiàng zhóuchéng Axiallager n；Längslager n

轴向纵剖视图 zhóuxiàng zòngpōushìtú Achsenlängsschnitt m

轴心 zhóuxīn Achsenmitte f

轴压 zhóuyā Achsdruck m

轴直径 zhóuzhíjìng Achsdurchmesser m

肘 zhǒu Ellbogen m

肘阀 zhǒufá Knieventil n

肘管 zhǒuguǎn Kniestück n

肘管弯曲机 zhǒuguǎn wānqūjī Knierohrbiegemaschine f

骤加负荷 zhòujiā fùhè plötzliche Belastung

侏儒症 zhūrúzhèng Zwergwuchs m

珠光体 zhūguāngtǐ Perlit m

烛光 zhúguāng Candela f；Kerzenstärke f

逐行扫描 zhúháng sǎomiáo zeilenförmige Abtastung

逐渐的 zhújiànde allmählich

主板 zhǔbǎn Motherboard n；Grundplatine f

主变压器 zhǔbiànyāqì Haupttransformator m

主波 zhǔbō Hauptwelle f

主车架 zhǔchējià Fahrgestellrahmen m

主程序 zhǔchéngxù Hauptprogramm n；Masterprogramm n

主程序储存器 zhǔchéngxù chǔcúnqì Hauptprogrammteil m

主程序带 zhǔchéngxùdài Hauptband n

主储存地址 zhǔchǔcún dìzhǐ Arbeitsspeicheradresse f

主储存器 zhǔchǔcúnqì Arbeitsspeicher m；Hauptspeicher m

主传动 zhǔchuándòng Triebachsgetriebe n；Achsantrieb m；Achsgetriebe n

主传动传动比 zhǔchuándòng chuándòngbǐ Triebachsübersetzung f

主传动从动锥齿轮 zhǔchuándòng

cóngdòng zhuīchǐlún Tellerrad des Achsgetriebes n

主传动轴 zhǔchuándòngzhóu Haupttriebwerkswelle f

主传动装置 zhǔchuándòng zhuāngzhì Haupttriebwerk n

主存 zhǔcún Arbeitsspeicher m

主存储器 zhǔcúnchǔqì Hauptspeicher m

主堤 zhǔdī Hauptdeich m; Banndeich m

主地址 zhǔdìzhǐ Hauptadresse f

主电动机 zhǔdiàndòngjī Hauptmotor n

主电缆 zhǔdiànlǎn Stammkabel n

主电路 zhǔdiànlù Hauptstromkreis m

主电路电流 zhǔdiànlù diànliú Hauptstrom m

主电路断路器 zhǔdiànlù duànlùqì Haupttrennschalter m

主动齿轮 zhǔdòng chǐlún treibendes Zahnrad; Triebwerk n; Antriebszahnrad n; Triebel m

主动的 zhǔdòngde aktiv

主动花键轴 zhǔdòng huājiànzhóu Antriebskeilwelle f

主卡片 zhǔkǎpiàn Masterkarte f; Matrizenkarte f

主动轮 zhǔdònglún Treiberrad n; Antriebsrolle f; Capstan n; Triebrad n; Steigrad n

主动轮驱动电机 zhǔdònglún qūdòng diànjī Capstanmotor m

主动轮驱动器 zhǔdònglún qūdòngqì Capstanantrieb m

主动伞齿轮 zhǔdòng sǎnchǐlún Antriebskegelrad n

主动小齿轮 zhǔdòng xiǎochǐlún Antriebsritzel m

主动轴 zhǔdòngzhóu Triebachse f; Leitachse f; Triebwelle f; Capstan-

welle f; Getriebewelle f; Antriebswelle f

主动轴曲柄 zhǔdòngzhóu qūbǐng Triebachskurbel f

主动锥齿轮 zhǔdòngzhuī chǐlún Antriebskegelrad n

主发动机 zhǔfādòngjī Hauptantriebsmaschine f; Haupttriebwerk n

主发射机 zhǔfāshèjī Hauptsender m

主阀 zhǔfá Hauptventil n

主放大器 zhǔfàngdàqì Hauptverstärker m; Hauptverstärkeramt m

主辐射 zhǔfúshè Hauptstrahlung f

主干电缆 zhǔgàn diànlǎn Hauptkabel n

主构架 zhǔgòujià Hauptbinder m

主管道 zhǔguǎndào Stammrohrleitung f

主航道 zhǔhángdào Hauptschifffahrtrinne f; Hauptfahrwasser n

主河床道 zhǔhéchuángdào Hauptbett n

主机 zhǔjī Hauptmaschine f; Hauptmotor m; Host m; Hostrechner m

主机架 zhǔjījià Hauptgerüst n

主机用户 zhǔjī yònghù Hostuser m

主继电器 zhǔjìdiànqì Hauptrelais n

主继电器组 zhǔjìdiànqìzǔ Hauptrelaisgruppe f

主寄存器 zhǔjìcúnqì Hauptregister m

主键 zhǔjiàn Hauptbindung f

主空气流 zhǔkōngqìliú Hauptluftstrom m

主控扩充 zhǔkòng kuòchōng Ablauferweiterung f

主控脉冲 zhǔkòng màichōng Masterpuls m

主控制器 zhǔkòngzhìqì Masterkontroller m

主控制台 zhǔkòngzhìtái Hauptmoni-

Z

tor *m*

主冷却器 zhǔlěngquèqì Hauptkühler *m*

主离合器 zhǔlíhéqì Hauptkupplung *f*

主梁 zhǔliáng Hauptträger *m*

主量孔 zhǔliángkǒng Hauptdüse *f*

主螺母 zhǔluómǔ Schlossmutter *f*

主模块 zhǔmókuài Hauptmodul *m*

主目录 zhǔmùlù Stammverzeichnis *n*

主逆流管 zhǔnìliúguǎn Hauptgegenströmer *m*

主喷油嘴 zhǔpēnyóuzuǐ Hauptdüse *f*

主平面 zhǔpíngmiàn Hauptebene *f*

主渠 zhǔqú Hauptwasserlauf *m*; Hauptkanal *m*

主燃烧器 zhǔránshāoqì Hauptbrenner *m*

主燃油箱 zhǔrányóuxiāng Kraftstoff-Hauptbehälter *m*

主任医生 zhǔrèn yīshēng Chefarzt *m*

主输入端 zhǔshūrùduān Haupteingang *m*

主提升井 zhǔtíshēngjǐng Hauptförderschacht *m*

主体部分 zhǔtǐ bùfen Hauptteil *m*

主文件 zhǔwénjiàn Stammkartei *f*

主线 zhǔxiàn Stammlinie *f*

主线路 zhǔxiànlù Hauptlochband *n*

主谐振器 zhǔxiézhènqì Hauptresonator *m*

主泄水孔 zhǔxièshuǐkǒng Hauptablass *m*; Hauptsiel *n*

主星 zhǔxīng Zentralkörper *m*; Hauptkörper *m*

主信号 zhǔxìnhào Hauptsignal *n*

主循环 zhǔxúnhuán Hauptumlauf *m*

主要部件 zhǔyào bùjiàn Hauptglied *n*

主要成分 zhǔyào chéngfèn Hauptbestandteil *m*

主要的 zhǔyàode kapital; hauptsächlich

主要径流 zhǔyào jìngliú Hauptabfluss *m*

主要学科 zhǔyào xuékē Hauptfach *n*

主要症状 zhǔyào zhèngzhuàng Hauptsymptom *n*

主页 zhǔyè Homepage *f*; Leitseite *f*; Startseite *f*

主叶脉 zhǔyèmài Mittelrippe *f*; Blattrippe *f*

主应力 zhǔyìnglì Hauptspannung *f*

主油箱 zhǔyóuxiāng Hauptbehälter *m*

主振荡器 zhǔzhèndàngqì Hauptoszillator *m*

主振频率 zhǔzhèn pínlǜ Mutterfrequenz *f*

主支流 zhǔzhīliú Hauptnebenfluss *m*

主指令 zhǔzhǐlìng Hauptbefehl *m*

主治医生 zhǔzhì yīshēng Oberarzt *m*

主轴 zhǔzhóu Hauptachse *f*; Hauptwelle *f*; Primärachse *f*; Vertikalachse *f*; Antriebswelle *f*; Antriebsachse *f*

主轴部件 zhǔzhóu bùjiàn Spindelsystem *n*; Spindeleinheit *f*

主轴承 zhǔzhóuchéng Hauptlager *n*

主轴体 zhǔzhóutǐ Spindelblock *m*

主轴箱 zhǔzhóuxiāng Spindelkasten *m*; Spindelstock *m*

主轴轴承 zhǔzhóu zhóuchéng Spindellager *n*

主转动轴 zhǔzhuǎndòngzhóu Hauptantriebswelle *f*

煮沸 zhǔfèi sieden

助产医生 zhùchǎn yīshēng Geburtshelferin *f*; Hebamme *f*

助理医生 zhùlǐ yīshēng Assistenzarzt *m*

助燃 zhùrán Verbrennung unterstützen

助溶剂 zhùróngjì Zuschlag *m*; Schmelzmittel *n*; Flussmittel *n*; Flux *m*

助手 zhùshǒu Helfer *m*; Assistent *m*

助听器 zhùtīngqì Hörgerät *n*; Audifon *n*; Schwerhörigenapparat *m*; Hörhilfe *f*; Hörhilfegerät *n*; Hörapparat *m*; Otofon *n*;

注册 zhùcè eintragen; Eintragung *f*; Register *n*

注册 Windows 副本 zhùcè Windows fùběn Kopie von Windows registrieren

注册向导 zhùcè xiàngdǎo der Assistent für die Registrierung

注满 zhùmǎn füllen; erfüllen; Füllung *f*

注明 zhùmíng erläutern; anmerken; angeben

注模机 zhùmújī Spritzpresse *f*

注入 zhùrù einspritzen; einmünden; hineinfließen; eingießen; injizieren; Einspritzung *f*; Eingießung *f*; Ausguss *m*; Aufguss *m*

注入器 zhùrùqì Injektor *m*

注射 zhùshè injizieren; einspritzen; Injektion *f*

注射麻醉 zhùshè mázuì Leitungsanästhesie *f*

注射器 zhùshèqì Injektionsspritze *f*; Spritze *f*; Injektor *m*

注射室 zhùshèshì Einspritzungszimmer *n*; Injektionszimmer *n*

注视 zhùshì anstarren; verfolgen

注释 zhùshì erläutern; Anmerkung *f*; Erläuterung *f*; Kommentar *m*

注水 zhùshuǐ eingießen; Eingießung *f*; Fluten *n*

注水压力 zhùshuǐ yālì Förderdruck *m*

注销 zhùxiāo abmelden; Abmeldung *f*

注意的 zhùyìde aufmerksam

柱函数 zhùhánshù Zylinderfunktion *f*

柱面 zhùmiàn Prismenfläche *f*

柱面波 zhùmiànbō Zylinderwelle *f*

柱塞 zhùsāi Verdrängerkolben *m*

柱塞泵 zhùsāibèng Plungerpumpe *f*

柱塞柄部 zhùsāi bǐngbù Kolbenschaft *m*

柱塞式蒸汽泵 zhùsāishì zhēngqìbèng Dampfplungerpumpe *f*

柱塞套筒 zhùsāi tàotǒng Plungerbüchse *f*

柱身 zhùshēn Säulenschaft *m*

柱石 zhùshí Pfeiler *m*; Pfosten *m*; Säule *f*

柱式钻床 zhùshì zuànchuáng Ständerbohrmaschine *f*

柱状绕组 zhùzhuàng ràozǔ Zylinderwicklung *f*

柱座 zhùzuò Säulenfuß *m*

贮藏器 zhùcángqì Behälter *m*; Vorrat *m*

贮矿 zhùkuàng Vorrat *m*

贮矿场 zhùkuàngchǎng Stürze *f*

贮水槽 zhùshuǐcáo Sammelbecken *n*; Sammelbassin *n*

贮水池 zhùshuǐchí Wasservorlage *f*

贮压罐 zhùyāguàn Druckbehälter *m*; Druckfass *n*

贮液器 zhùyèqì Reservoir *n*

贮油器 zhùyóuqì Ölbehälter *m*

贮油库 zhùyóukù Erdöltanklager *n*

Z

驻波 zhùbō Stehwelle *f*

驻波比 zhùbōbǐ Stehwellenverhältnis *n*

驻波测量仪 zhùbō cèliángyí Stehwellenmesser *m*

驻留程序 zhùliú chéngxù residentes Programm

著作 zhùzuò Werk *n*

筑坝 zhùbà Bedeichung *f*; Bedeichen *n*; Abdämmung *f*; Sperrenbau *m*

筑路机械 zhùlù jīxiè Straßenbaumaschine *f*

筑堤 zhùdī abdämmen; dämmen; abdeichen; Deichung *f*; Abdämmung *f*; Abdeichung *f*; Bedeichung *f*; Bewallung *f*; Einpolderung *f*

铸板 zhùbǎn Gussplatte *f*

铸币 zhùbì Münze *f*; Hartgeld *n*; Metallgeld *n*

铸锭 zhùdìng Gussblock *m*

铸钢 zhùgāng Gussstahl *m*; gegossener Stahl; Walze aus Stahlguss

铸工 zhùgōng Gießer *m*; Gießarbeit *f*

铸件 zhùjiàn Guss *m*; Abguss *m*; Gussstück *n*

铸件数 zhùjiànshù Abgusszahl *f*

铸件的浇口 zhùjiànde jiāokǒu Anguss *m*

铸铝 zhùlǚ Aluminiumguss *m*

铸模 zhùmú Gießmutter *f*; Abform *f*; Gussform *f*; Eingussform *f*;

铸模树脂 zhùmó shùzhī Vergussharz *n*

铸上 zhùshàng einprägen

铸铁 zhùtiě Eisenguss *m*; Gusseisen *n*

铸铁件 zhùtiějiàn Eisenguss *m*

铸铜 zhùtóng Gusskupfer *n*

铸型 zhùxíng Gießform *f*; Modell *n*; Gussform *f*

铸型砂 zhùxíngshā Formensand *m*

铸造 zhùzào schmieden; vergießen; Gießen *n*; Guss *m*; Prägung *f*

铸造的 zhùzàode vergießbar; vergossen

铸造机 zhùzàojī Gießmaschine *f*

铸造模型 zhùzào móxíng Gussmodell *f*

铸字 zhùzì Schriftgießen *n*

铸字机 zhùzìjī Schriftgießmaschine *f*

抓臂 zhuābì Greifarm *m*

抓斗 zhuādǒu Greifer *m*

抓斗式起重机 zhuādǒushì qǐzhòngjī Greiferkran *m*

抓斗式挖掘机 zhuādǒushì wājuéjī Greiferbagger *m*

抓钩吊车 zhuāgōu diàochē Pratzenkran *m*

抓岩机 zhuāyánjī Greifer *m*

爪形联轴节 zhuǎxíng liánzhóujié Klauenkupplung *f*

专长 zhuāncháng Spezialität *f*

专长的 zhuānchángde fachkundig

专家 zhuānjiā Fachmann *m*; Experte *m*; Spezialist *m*

专家鉴定 zhuānjiā jiàndìng Expertise *f*

专科领域 zhuānkē lǐngyù Fachgebiet *n*

专科学校 zhuānkē xuéxiào Fachschule *f*

专科医生 zhuānkē yīshēng Facharzt *m*

专款 zhuānkuǎn spezieller Fonds; zweckgebundene Gelder

专利 zhuānlì Patent *n*; Lizenz *f*

专利的 zhuānlìde patentiert

专利局 zhuānlìjú Patentamt *n*

专利权 zhuānlìquán Lizenzrecht *n*;

Patent *n*; Patentrecht *n*

专利申请 zhuānlì shēnqǐng Patentanmeldung *f*

专利说明书 zhuānlì shuōmíngshū Patentschrift *f*

专门的 zhuānménde fachlich; speziell

专门学科 zhuānmén xuékē spezielles Fach; Fachwissenschaft *f*

专题 zhuāntí spezielles Subjekt; bestimmtes Thema

专题报告 zhuāntí bàogào Fachvortrag *m*

专题讨论 zhuāntí tǎolùn Fachdiskussion *f*

专用机床 zhuānyòng jīchuáng Sondermaschine *f*

专题研究 zhuāntí yánjiū Fachstudium *n*; Spezialforschung *f*; Forschung auf dem Spezialgebiet

专业 zhuānyè Fachrichtung *f*; Fachgebiet *n*; Fach *n*

专业的 zhuānyède fachlich; fachkundlich; speziell

专业化 zhuānyèhuà Spezialisierung *f*

专业名词 zhuānyè míngcí Fachsprache *f*

专业人员 zhuānyè rényuán Fachmann *m*; Fachkraft *f*

专业术语 zhuānyè shùyǔ Fachsprache *f*; Fachausdruck *m*

专业文献 zhuānyè wénxiàn Fachschrifttum *n*; Fachliteratur *f*

专业训练 zhuānyè xùnliàn Fachbildung *f*

专业杂志 zhuānyè zázhì Fachzeitschrift *f*

专业知识 zhuānyè zhīshi Fachkenntnisse *pl*

专业著作 zhuānyè zhùzuò Fach-

werk *n*

专用保险 zhuānyòng bǎoxiǎn Spezialsicherung *f*

专用车床 zhuānyòng chēchuáng Spezialdrehbank *f*

专用工具 zhuānyòng gōngjù Sonderwerkzeug *n*

专用计算机 zhuānyòng jìsuànjī spezieller Computer; Spezialrechenanlage *f*

专用设备 zhuānyòng shèbèi Sonderausrüstung *f*; Sonderausstattung *f*

专著 zhuānzhù Monografie *f*

砖 zhuān Ziegel *m*; Ziegelstein *m*; Mauerstein *m*

砖土 zhuāntǔ Ziegelerde *f*

转变 zhuǎnbiàn ändern; verwandeln; Wandel *m*

转变能力 zhuǎnbiàn nénglì Umwandlungsfähigkeit *f*

转播 zhuǎnbō übertragen; Weitergabe *f*; Übertragung *f*

转到 zhuǎndào zu etw. wechseln; zu etw. springen; Wechseln zu etw.

转化 zhuǎnhuà konvertieren; umsetzen; sich verwandeln; Konversion *f*; Umsetzung *f*; Inversion *f*

转化点 zhuǎnhuàdiǎn Umwandlungspunkt *m*

转化能力 zhuǎnhuà nénglì Umwandlungsfähigkeit *f*

转化器 zhuǎnhuàqì Konverter *m*

转化热 zhuǎnhuàrè Umwandlungswärme *f*

转化速度 zhuǎnhuà sùdù Umwandlungsgeschwindigkeit *f*

转化系数 zhuǎnhuà xìshù Übergangszahl *f*

转换 zhuǎnhuàn wechseln; ändern;

Z

umschalten; konvertieren; kommutieren; Inversion *f*; Umsetzung *f*; Konvertierung *f*

转换成 zhuǎnhuànchéng etw. zu etw. konvertieren; Konvertierung zu etw.

转换程序 zhuǎnhuàn chéngxù Konverter *m*

转换开关 zhuǎnhuàn kāiguān Umschalter *m*; Wendeschalter *m*

转换码 zhuǎnhuànmǎ Konvertierungscode *m*

转换脉冲 zhuǎnhuàn màichōng Schaltimpuls *m*

转换器 zhuǎnhuànqì Übersetzer *m*; Kommutator *m*; Konverter *m*; Translator *m*; Umsetzer *m*; Umschalter *m*; Wandler *m*

转换软件 zhuǎnhuàn ruǎnjiàn Konvertierungsprogramm *n*

转接器 zhuǎnjiēqì Adapter *m*; Vorsatzgerät *n*

转接线路 zhuǎnjiē xiànlù Anpassungsschaltung *f*

转矩 zhuǎnjǔ Drehmoment *n*

转送 zhuǎnsòng wiederholte Übertragung

转弯 zhuǎnwān abbiegen; umbiegen

转弯指标 zhuǎnwān zhǐbiāo Wendezeiger *m*

转向摆臂 zhuǎnxiàng bǎibì Lenkstockhebel *m*

转向臂 zhuǎnxiàngbì Spurstangenhebel *m*

转向传动机构 zhuǎnxiàng chuándòng jīgòu Lenkgetriebe *n*

转向灯 zhuǎnxiàngdēng Blinker *m*

转向横拉杆 zhuǎnxiàng hénglāgān Spurstange *f*

转向横拉杆头 zhuǎnxiàng hénglā

gāntóu Spurstangenkopf *m*

转向杆 zhuǎnxiànggān Lenkstange *f*

转向滚轮 zhuǎnxiàng gǔnlún Lenkrolle *f*

转向节 zhuǎnxiàngjié Achsschenkel *m*

转向节臂 zhuǎnxiàng jiébì Lenkungshebel *m*

转向节止推轴承 zhuǎnxiàngjié zhǐtuī zhóuchéng Achsschenkeldrucklager *m*

转向节转舵 zhuǎnxiàngjié zhuǎnduò Achsschenkellenkung *f*

转向拉杆臂 zhuǎnxiàng lāgānbì Spurstangenhebel *m*

转向轮 zhuǎnxiànglún Lenkrad *n*

转向轮轴 zhuǎnxiànglúnzhóu Lenkradachse *f*

转向盘辐条 zhuǎnxiàngpán fútiáo Lenkradspeiche *f*

转向器 zhuǎnxiàngqì Wender *m*; Wendegetriebe *n*; Fahrtwender *m*; Lenker *m*

转向指示器 zhuǎnxiàng zhǐshìqì Wendezeiger *m*

转向轴 zhuǎnxiàngzhóu Lenkachse *f*

转向主销倾斜 zhuǎnxiàng zhǔxiāo qīngxié Achsschenkelbolzensturz *m*

转向柱 zhuǎnxiàngzhù Lenksäule *f*

转向装置 zhuǎnxiàng zhuāngzhì Wendegetriebe *n*

转移程序 zhuǎnyí chéngxù Verzweigungsprogramm *n*

转移地址 zhuǎnyí dìzhǐ Verzweigungsadresse *f*

转移条件 zhuǎnyí tiáojiàn Verzweigungsbedingung *f*

转移指令 zhuǎnyí zhǐlìng Verzweigungsbefehl *m*; Umschaltbefehl *m*

转移子程序 zhuǎnyí zǐchéngxù

Zweigprogramm *n*

转运港 zhuǎnyùngǎng Umschlaghafen *m*

转折点 zhuǎnzhédiǎn Wendepunkt *m*

转折角 zhuǎnzhéjiǎo Verdrehungswinkel *m*

转差率 zhuànchālǜ Schlupf *m*

转差率监视 zhuànchālǜ jiānshì Schlupfüberwachung *f*

转动 zhuàndòng rotieren; drehen; kreisen; wenden; etw. in Bewegung setzen; Drehung *f*; Drehbewegung *f*; Rotation *f*; Tour *f*

转动惯量 zhuàndòng guànliàng Beharrungsmoment *n*; Trägheitsmoment *n*

转动开关 zhuàndòng kāiguān Drehschalter *m*

转动轮 zhuàndònglún Laufrad *n*

转动配合 zhuàndòng pèihé Laufsitz *m*

转动曲柄 zhuàndòng qūbǐng kurbeln

转动轴 zhuàndòngzhóu drehende Achse; laufende Achse

转炉 zhuànlú Karussellofen *m*; Konverter *m*

转炉钢 zhuànlúgāng Konverterstahl *m*

转轮 zhuànlún Schwungrad *n*; Laufrad *n*

转轮平衡台 zhuànlún pínghéngtái Radauswuchtmaschine *f*

转盘 zhuànpán Drehscheibe *f*; Plattenteller *m*; Teller *m*; Wendekreis *m*

转数 zhuànshù Laufzahl *f*; Tourenzahl *f*

转速 zhuànsù Drehzahl *f*; Umdrehungszahl *f*; Umdrehungsgeschwindigkeit *f*

转速比 zhuànsùbǐ Drehzahlverhältnis *n*

转速表 zhuànsùbiǎo Drehmesser *m*; Drehzahlmesser *m*; Drehzähler *m*; Drehzahlanzeiger *m*; Tourenzähler *m*; Tourenmesser *m*; Tacho *m*; Tachometer *n*; Umdrehungszähler *m*; Umdrehungsanzeiger *m*

转速传感器 zhuànsù chuángǎnqì Drehzahlgeber *m*; Drehzahlsensor *m*

转速计的 zhuànsùjìde tachometrisch

转速切换信号 zhuànsù qiēhuàn xìnhào Drehzahl-Schaltsignal *n*

转速调节 zhuànsù tiáojié Tourenregulierung *f*

转速调节器 zhuànsù tiáojiéqì Drehzahlregler *m*; Umlaufregler *m*

转速调整器 zhuànsù tiáozhěngqì Drehzahlregler *m*

转速图表 zhuànsù túbiǎo Tachograf *m*

转速稳定器 zhuànsù wěndìngqì Drehzahlstabilisator *m*

转速指示器 zhuànsù zhǐshìqì Rotationsindikator *m*

转塔 zhuàntǎ Revolver *m*

转塔车床 zhuàntǎ chēchuáng Revolverdrehbank *f*

转台式铣床 zhuàntáishì xǐchuáng Drehtischfräsmaschine *f*

转轴 zhuànzhóu Spindel *f*

转子 zhuànzǐ Läufer *m*; Rotor *m*; Rotator *m*; Wender *m*; Laufrad *n*; Turbinenwelle *f*

转子电流 zhuànzǐ diànliú Läuferstrom *m*

转子发动机 zhuànzǐ fādòngjī Wankelmotor *m*

转子绕组 zhuànzǐ ràozǔ Läuferwick-

Z

lung *f*

转子线圈 zhuànzǐ xiànquān Läufer-spule *f*; Rotorspule *f*

转子轴 zhuànzǐzhóu Rotorplatte *f*

撰写 zhuànxiě schreiben; verfas-sen; konzipieren

桩木 zhuāngmù Pfahl *m*

装备 zhuāngbèi ausrüsten; ausstat-ten; Ausrüstung *f*; Ausstattung *f*; Bestückung *f*

装车 zhuāngchē aufladen

装齿 zhuāngchǐ Zahnung *f*

装订 zhuāngdìng Buchbinden *n*; Heften *n*

装潢 zhuānghuáng verzieren; deko-rieren; Dekoration *f*

装机容量 zhuāngjī róngliàng instal-lierte Leistung; Anschlusswert *m*

装铰链 zhuāngjiǎoliàn scharnieren

装进 zhuāngjìn einbauen

装料 zhuāngliào begichten; spei-sen; Speisen *n*; Übersetzen *n*; Beschickung *f*; Begichtung *f*; Aufschüttung *f*

装料筐 zhuāngliàokuāng Chargier-korb *m*

装料漏斗 zhuāngliào lòudǒu Ein-fülltrichter *m*

装料设备 zhuāngliào shèbèi Begich-tungsanlage *f*

装轮胎 zhuānglúntāi bereifen

装满 zhuāngmǎn auffüllen; erfül-len; Füllung *f*

装模 zhuāngmú Formenladung *f*

装模高度 zhuāngmú gāodù Einbau-höhe *f*

装配 zhuāngpèi montieren; zusam-menbauen; aufrüsten; aufmontie-ren; zusammensetzen; Zusammen-bau *m*; Zusammenstellung *f*

装配尺寸 zhuāngpèi chǐcùn Einbau-abmessung *f*; Einbaumaß *n*

装配传送带 zhuāngpèi chuánsòng-dài Montageband *n*

装配工 zhuāngpèigōng Monteur *m*; Schlosser *m*

装配间隙 zhuāngpèi jiànxì Einbau-spiel *n*

装配说明 zhuāngpèi shuōmíng An-weisungen für Montage

装配图 zhuāngpèitú Einbauzeich-nung *f*

装配线 zhuāngpèixiàn Fließband *n*; Montageband *n*; Montagestraße *f*

装瓶机 zhuāngpíngjī Flaschenabfüll-lungsmaschine *f*

装入 zhuāngrù zum Einbau gelan-gen; Einbau *m*; Aufschüttung *f*

装塞机 zhuāngsāijī Naturkorken Ver-schließmaschine *f*

装上 zhuāngshàng anbringen

装上格栅 zhuāngshàng géshān ver-gittern

装饰 zhuāngshì dekorieren; schmü-cken; Ausschmückung *f*; Dekor *m/n*

装饰防晒膜 zhuāngshì fángshàimó Dekor-Sonnenschutzfolie *f*

装箱 zhuāngxiāng einschachteln

装卸设备 zhuāngxiè shèbèi Lade-einrichtung *f*

装有八汽缸发动机的汽车 zhuāng-yǒu bāqìgāng fādòngjīde qìchē Achtzylinder *m*

装载 zhuāngzài laden; beladen; einladen; Ladung *f*; Beladung *f*; Verladung *f*

装载机 zhuāngzàijī Lademaschine *f*

装置 zhuāngzhì einstellen; instal-lieren; einbauen; anbringen; bestücken; Anlage *f*; Einrichtung *f*; Vorrichtung *f*; Einbau *m*; Ein-

Z

stellung *f*; Apparat *m*; Apparatur *f*; Messplatz *m*

状况 zhuàngkuàng Bedingung *f*; Zustand *m*; Verhältnisse *pl*; Umstand *m*

状态 zhuàngtài Stand *m*; Umstand *m*; Zustand *m*; Befund *m*

状态参量 zhuàngtài cānliàng Zustandsgröße *f*

状态地址 zhuàngtài dìzhǐ Status-Adresse *f*

状态多路转换器 zhuàngtài duōlù zhuǎnhuànqì Status-Multiplexer *m*

状态返回 zhuàngtài fǎnhuí Status-Rückmeldung *f*; Zustandsrückmeldung *f*

状态方程式 zhuàngtài fāngchéngshì Zustandsgleichung *f*

状态过程控制 zhuàngtài guòchéng kòngzhì Zustand-Ablaufsteuerung *f*

状态函数 zhuàngtài hánshù Zustandsfunktion *f*

状态寄存器 zhuàngtài jìcúnqì Statusregister *n*

状态栏 zhuàngtàilán Statusleiste *f*; Statuszeile *f*

状态图 zhuàngtàitú Zustandsdiagramm *n*; Phasendiagramm *n*

状态显示 zhuàngtài xiǎnshì Statusanzeige *f*

状态信号 zhuàngtài xìnhào Zustandsmeldung *f*; Statussignal *n*

状态询问 zhuàngtài xúnwèn Zustandabfrage *f*

状态字 zhuàngtàizì Statuswort *n*; Zustandswort *n*

撞锤 zhuàngchuí Verdrängerkolben *m*

撞杆 zhuànggān Verdrängerkolben *m*; Verdränger *m*

撞击 zhuàngjī stoßen; schlagen; auf-

treffen; Beschuss *m*; Prall *m*

撞落 zhuàngluò abstoßen

撞针 zhuàngzhēn Schlagbolzen *m*

追肥 zhuīféi Kopfdüngung *f*; nachträgliche Düngung

追踪 zhuīzōng spüren

追踪装置 zhuīzōng zhuāngzhì Zielverfolgungsgerät *n*

椎骨 zhuīgǔ Wirbel *m*; Wirbelbein *n*; Vertebra *f*

锥齿轮 zhuīchǐlún Kegelrad *n*

锥顶点 zhuīdǐngdiǎn Kegelpunkt *m*

锥度量规 zhuīdù liángguī Konuslehre *f*; Kegellehre *f*

锥面 zhuīmiàn Kegel *m*; Konus *m*; Kegelfläche *f*

锥体 zhuītǐ Kegel *m*; Pyramide *f*

锥体配合 zhuītǐ pèihé Kegelpassung *f*

锥形齿轮铣刀 zhuīxíng chǐlún xǐdāo Kegelradfräser *m*

锥形的 zhuīxíngde konisch; kegelig

锥形阀 zhuīxíngfá Kegelventil *n*

锥形滚子 zhuīxíng gǔnzi Kegelrolle *f*

锥形铰刀 zhuīxíng jiǎodāo Kegelreibahle *f*

锥形配合面 zhuīxíng pèihémiàn Kegelsitz *m*

锥形塞 zhuīxíngsāi Kegelpfropfen *m*

锥子 zhuīzi Ahle *f*; Pfriem *m*

坠毁 zhuìhuǐ abstürzen

坠落 zhuìluò Fall *m*

准备 zhǔnbèi vorbereiten; Bereitschaft *f*

准备指令 zhǔnbèi zhǐlìng 〈计〉 Vorbereitungsbefehl *m*

准确 zhǔnquè Akkuratesse *f*; Exaktheit *f*

准确的 zhǔnquède genau; exakt; korrekt

Z

准确度 zhǔnquèdù Genauigkeit *f*; Präzision *f*; Genauigkeitsgrad *m*

准确性 zhǔnquèxìng Genauigkeit *f*; Richtigkeit *f*

准直 zhǔnzhí Kollimation *f*

准直透镜 zhǔnzhí tòujìng Kollimationslinse *f*

准数 zhǔnshù Kriterium *n*

准线 zhǔnxiàn Basislinie *f*; Direktrix *f*

准星 zhǔnxīng Zielkorn *n*; Korn *n*

准许 zhǔnxǔ gewähren; erlauben; gestatten; genehmigen

准则 zhǔnzé Norm *f*

准指令 zhǔnzhǐlìng Quasi-Instruktion *f*

桌面 zhuōmiàn Desktop *m*

桌面传统风格 zhuōmiàn chuántǒng fēnggé klassischer Stil des Desktops

桌面排版系统 zhuōmiàn páibǎn xìtǒng Desktoppublishing *n*

桌面配置 zhuōmiàn pèizhì Desktopkonfiguration *f*

桌面设置 zhuōmiàn shèzhì Desktopeinstellung *f*

桌面视图 zhuōmiàn shìtú Desktopansicht *f*

桌面图标 zhuōmiàn túbiāo Desktopsymbol *n*

桌面外观 zhuōmiàn wàiguān das Erscheinungsbild des Desktops

灼热 zhuórè glühen; Glut *f*

灼热的 zhuórède glühend; brennend heiß

灼烧 zhuóshāo durchglühen

浊度计 zhuódùjì Trübungsmesser *m*; Nephelometer *n*

卓越的 zhuóyuède ausgezeichnet; hervorragend

着陆角 zhuólùjiǎo Landewinkel *m*; Standwinkel *m*

着色 zhuósè färben

咨询 zīxún beraten

咨询服务 zīxún fúwù Beratungsdienst *m*

咨询中心 zīxún zhōngxīn Beratungsstelle *f*

资产 zīchǎn Aktiva *pl*

资金 zījīn Fonds *m*; Geldmittel *pl*; Investitionskapital *n*

资料 zīliào Material *n*; Mittel *pl*; Materialien *pl*; Daten *pl*; Schrifttum *n*; Zahlenmaterial *n*

资源 zīyuán Naturressourcen *pl*; Naturschätze *pl*

资助 zīzhù finanzieren; finanzielle Hilfe; Subsidien *pl*

姿态控制火箭 zītài kòngzhì huǒjiàn Lageregelungsrakete *f*

子程序 zǐchéngxù Teilprogramm *n*

子程序包 zǐchéngxùbāo Unterprogrammpaket *n*

子程序调用 zǐchéngxù diàoyòng Unterprogrammaufruf *m*

子弹 zǐdàn Geschoss *n*; Patrone *f*; Kugel *f*

子宫 zǐgōng Gebärmutter *f*; Uterus *m*

子宫出血 zǐgōng chūxuè Gebärmutterblutung *f*; Gebärmutterblutsturz *m*; Metrorrhagie *f*

子宫破裂 zǐgōng pòliè Gebärmutterriss *m*; Hysterorrhexis *f*; Metrorrhexis *f*; Uterusruptur *f*

子宫外孕 zǐgōngwàiyùn Extrauterinschwangerschaft *f*; Extrauteringravidität *f*; Bauchhöhlenträchtigkeit *f*

子宫炎 zǐgōngyán Gebärmutterentzündung *f*

子监视程序 zǐjiānshì chéngxù Submonitor *m*

子群 zǐqún Teilgruppe f

子午度 zǐwǔdù Meridiangrad m

子午圈 zǐwǔquān Meridiankreis m; Mittagskreis m; Meridian m; Längenkreis m

子午线 zǐwǔxiàn Mittagslinie f

子午线的 zǐwǔxiànde meridional

子午仪 zǐwǔyí Meridianoskop n; Meridianinstrument n; Passageinstrument n

子系统 zǐxìtǒng Subsystem n; Untersystem n; Teilsystem n

子系原子 zǐxì yuánzǐ Tochteratom n

子细胞 zǐxìbāo Tochterzelle f

紫色滤光镜 zǐsè lǜguāngjìng Violettfilter n/m

紫外光 zǐwàiguāng UV-Licht n

紫外线 zǐwàixiàn ultraviolette Strahlen; ultravioletter Strahl; UV-Strahl m; Ultraviolett n

紫外线的 zǐwàixiànde ultraviolett

紫外线灯 zǐwàixiàndēng Ultraviolettlampe f; Violettglaslampe f; Violettlampe f

紫外线辐射 zǐwàixiàn fúshè UV-Strahlung f

紫外线摄影 zǐwàixiàn shèyǐng Ultraviolettfotografie f

紫外线照射 zǐwàixiàn zhàoshè Ultraviolettbestrahlung f

字地址 zìdìzhǐ Wortadresse f

字地址格式 zìdìzhǐ géshì Wortadressformat n

字典 zìdiǎn Wörterbuch n

字典纸 zìdiǎnzhǐ Dünndruckpapier n; Bibeldruckpapier n

字读出时间 zìdúchū shíjiān Wort-Lesezeit f

字符 zìfú Zeichen n

字符串 zìfúchuàn Zeichenkette f; Zeichenreihe f

字符打印机 zìfú dǎyìnjī Zeichendrucker m

字符缓冲器 zìfú huǎnchōngqì Zeichenpuffer m

字符集 zìfújí Zeichenvorrat m

字符密度 zìfú mìdù Zeichendichte f

字符输出 zìfú shūchū Zeichenausgabe f

字符输入 zìfú shūrù Zeicheneingabe f

字符信号 zìfú xìnhào Zeichensignal n

字符阅读器 zìfú yuèdúqì Schriftzeichenlesegerät n; Zeichenleser m

字符子集 zìfú zǐjí Zeichen-Teilmenge f

字符组 zìfúzǔ Zeichenvorrat m; Zeichensatz m

字寄存器 zìjìcúnqì Wortregister n

字键 zìjiàn Buchstabenblanktaste f; Buchstabenweiß n

字节 zìjié Byte n

字链变量 zìliàn biànliàng Stringvariable f

字母编码 zìmǔ biānmǎ alphabetische Codierung

字母符号 zìmǔ fúhào alphabetisches Zeichen

字母数字存储器 zìmǔ shùzì cúnchǔqì alphanumerischer Speicher

字母数字代码 zìmǔ shùzì dàimǎ alphanumerischer Code

字母数字键盘 zìmǔ shùzì jiànpán alphanumerische Tastatur

字母字 zìmǔzì alphabetisches Wort

字盘 zìpán Setzkasten m; Schriftkasten m

字输入 zìshūrù Worteingabe f

字体 zìtǐ Schriftart f; Zeichensatz m

字线译码器 zìxiàn yìmǎqì Wortdraht-Dekodierung f

字信号 zìxìnhào Wortsignal n

Z

字选存储器 zìxuǎn cúnchǔqì Wortmaschine *f*; wortorganisierter Speicher

字选择 zìxuǎnzé Wortanwahl *f*

自测 zìcè Selbsttest *m*

自定义的 zìdìngyìde benutzerdefiniert

自动报警系统 zìdòng bàojǐng xìtǒng automatische Meldeanlage

自动编码 zìdòng biānmǎ automatische Codierung

自动变送器 zìdòng biànsòngqì Autotransduktor *m*

自动拨号设备 zìdòng bōhào shèbèi automatisches Einwahlgerät

自动操纵 zìdòng cāozòng selbsttätiger Antrieb; eigener Antrieb; Automatik *f*; automatischer Pilot

自动操纵装置 zìdòng cāozòng zhuāngzhì Selbststeuergerät *n*

自动测量装置 zìdòng cèliáng zhuāngzhì Messautomatik *f*

自动车床 zìdòng chēchuáng Drehautomat *m*

自动充气 zìdòng chōngqì selbsttätiges Aufpumpen

自动穿孔机 zìdòng chuānkǒngjī automatischer Stanzer

自动传送 zìdòng chuánsòng selbsttätige Weitergabe

自动的 zìdòngde automatisch

自动底盘支架 zìdòng dǐpán zhījià Geräteträger *m*

自动点火器 zìdòng diǎnhuǒqì Selbstzünder *m*

自动点火装置 zìdòng diǎnhuǒ zhuāngzhì automatischer Zünder

自动电话机 zìdòng diànhuàjī automatischer Telefonapparat

自动电平调整 zìdòng diànpíng tiáozhěng automatische Pegelregelung

自动堆放机 zìdòng duīfàngjī Selbstanleger *m*

自动阀 zìdòngfá automatisches Ventil

自动放大机 zìdòng fàngdàjī automatischer Vergrößerungsapparat

自动放电 zìdòng fàngdiàn Selbstentladung *f*

自动分析仪 zìdòng fēnxīyí Analysenautomat *m*

自动复位 zìdòng fùwèi automatische Nullstellung

自动固定 zìdòng gùdìng Selbstverriegelung *f*

自动关闭 zìdòng guānbì automatisch ausschalten

自动滚齿机 zìdòng gǔnchǐjī Abwälzfräsautomat *m*

自动化 zìdònghuà Automatisierung *f*; Automation *f*

自动化程序设计 zìdònghuà chéngxù shèjì automatisches Programmieren

自动化的 zìdònghuàde automatisch

自动化信息转换中心 zìdònghuà xìnxī zhuǎnhuàn zhōngxīn automatische Speichervermittlung

自动恢复程序 zìdòng huīfù chéngxù Erholungsprogramm *n*

自动机 zìdòngjī Automat *m*

自动计算机 zìdòng jìsuànjī automatische Rechenanlage; Rechenautomat *m*; Arithmograph *m*

自动记录 zìdòng jìlù selbsttätige Aufzeichnung; Selbstregistrierung *f*

自动记录器 zìdòng jìlùqì selbstschreibendes Instrument

自动记录计时器 zìdòng jìlù jìshíqì Zeitschreiber *m*

自动加热 zìdòng jiārè Selbsterwärmung *f*

自动驾驶仪 zìdòng jiàshǐyí automatischer Pilot；automatische Fahrzeugsteuerungsanlage；Autopilot *m*

自动检验装置 zìdòng jiǎnyàn zhuāngzhì automatisches Prüfgerät

自动开关 zìdòng kāiguān automatischer Schalter；Selbstschalter

自动控制 zìdòng kòngzhì Selbststeuerung *f*；Selbstregelung *f*；programmierte Steuerung；selbsttätige Steuerung；automatische Steuerung；automatische Betätigung；Automatik *f*

自动控制设备 zìdòng kòngzhì shèbèi Selbststeuereinrichtung *f*；Selbststeuervorrichtung *f*

自动控制系统 zìdòng kòngzhì xìtǒng automatisches Steuersystem

自动控制装置 zìdòng kòngzhì zhuāngzhì Selbststeueranlage *f*

自动冷凝 zìdòng lěngníng Autokondensation *f*

自动楼梯 zìdòng lóutī Rolltreppe *f*

自动起动 zìdòng qǐdòng Selbstanlauf *m*；Selbstanlaufen *n*；Selbstangehen *n*；Selbstanlass *m*；automatischer Anlauf

自动气割机 zìdòng qìgējī selbsttätige Schneidmaschine

自动器开关 zìdòngqì kāiguān Gerät der Pneumatik

自动润滑 zìdòng rùnhuá Selbstschmierung *f*

自动升降机 zìdòng shēngjiàngjī automatisches Hebezeug

自动识别 zìdòng shíbié automatisch erkennen

自动数据处理 zìdòng shùjù chǔlǐ automatische Datenverarbeitung

自动调焦 zìdòng tiáojiāo Selbstfokussierung *f*

自动调节 zìdòng tiáojié selbsttätige Regelung；Selbsteinstellung *f*；Selbststeuerung *f*

自动调节器 zìdòng tiáojiéqì automatischer Regler

自动调温电冰箱 zìdòng tiáowēn diànbīngxiāng Kühlautomat *m*

自动调谐 zìdòng tiáoxié Selbstabstimmung *f*；selbsttätige Abstimmung；automatische Abstimmung

自动调谐装置 zìdòng tiáoxié zhuāngzhì Abstimmautomatik *f*

自动调整 zìdòng tiáozhěng Selbsteinstellung *f*；Selbstverstellung *f*；Selbstregelung *f*；Selbstabgleich *m*；Selbstabgleichung *f*

自动微调 zìdòng wēitiáo Nachstimmsteuerung *f*

自动温度记录器 zìdòng wēndù jìlùqì automatischer Wärmeschreiber

自动武器 zìdòng wǔqì automatische Waffen

自动相关器 zìdòng xiāngguānqì Autokorrelator *m*

自动卸货车 zìdòng xièhuòchē Kippwagen *m*

自动信号 zìdòng xìnhào automatisches Signal

自动性 zìdòngxìng Selbsttätigkeit *f*

自动应答设备 zìdòng yìngdá shèbèi automatisches Antwortgerät

自动语言识别 zìdòng yǔyán shíbié automatische Spracherkennung

自动制动 zìdòng zhìdòng Selbstbremsung *f*

自动置"O" zìdòng zhìlíng automatische Nullstellung

自动装载机 zìdòng zhuāngzàijī Selbstauflader *m*

自动装置 zìdòng zhuāngzhì automa-

Z

tische Einrichtung; Automat *m*; Automatik *f*

自动作用 zìdòng zuòyòng Selbsttätigkeit *f*

自感 zìgǎn Selbstinduktivität *f*; Selbstinduktion *f*

自感量 zìgǎnliàng Selbstinduktivität *f*

自感系数 zìgǎn xìshù Koeffizient der Selbstinduktion; Selbstinduktivität *f*

自感应 zìgǎnyìng Eigenmagnetisierung *f*

自感应的 zìgǎnyīngde selbstinduktiv

自焊 zìhàn Selbstlötung *f*

自花传粉 zìhuā chuánfěn Selbstbestäubung *f*

自激 zìjī Selbsterregung *f*

自激的 zìjīde selbsterregend

自激电焊机 zìjī diànhànjī Schweißmaschine mit Selbsterregung

自激电机 zìjī diànjī selbsterregte Maschine

自激电路 zìjī diànlù Selbsterregungsschaltung *f*

自激公式 zìjī gōngshì Selbsterregungsformel *f*

自激振荡器 zìjī zhèndàngqì selbsterregter Oszillator

自控装置 zìkòng zhuāngzhì Steuerautomatik *f*

自来水 zìláishuǐ Leitungswasser *n*

自冷却型电动机 zìlěngquèxíng diàndòngjī Elektromotor mit Eigenlüftung *m*

自流供油箱 zìliú gòngyóuxiāng Fallkraftstoffbehälter *m*

自流灌溉 zìliú guàngài Bodenbewässerung im Schwergewichtfluss

自流式供油 zìliúshì gòngyóu Fallstromförderung *f*

自耦变压器 zì'ǒu biànyāqì Umspanner in Sparschaltung; Autotransformator *m*

自喷井 zìpēnjǐng natürlicher Ausfluss; fließende Sonde; Eruptiersonde *f*; Eruptivsonde *f*

自然 zìrán Natur *f*

自然保护 zìrán bǎohù Naturschutz *m*

自然保护区 zìrán bǎohùqū Naturschutzgebiet *n*; Naturreservat *n*; Landschaftsschutzgebiet *n*

自然的 zìránde natürlich; naturhaft

自然对数 zìrán duìshù hyperbolischer Logarithmus; natürlicher Logarithmus

自然法则 zìrán fǎzé Naturgesetz *n*

自然肥料 zìrán féiliào Naturdünger *m*

自然光源 zìrán guāngyuán Selbstleuchter *m*

自然科学 zìrán kēxué Naturwissenschaft *f*; Naturkunde *f*

自然科学家 zìrán kēxuéjiā Naturwissenschaftler *m*

自然磨损 zìrán mósǔn natürliche Abnutzung

自然时效 zìrán shíxiào natürliche Alterung

自然数 zìránshù natürliche Zahl

自然通风 zìrán tōngfēng natürlicher Wetterzug

自然现象 zìrán xiànxiàng Naturerscheinung *f*; Naturphänomen *n*

自然资源 zìrán zīyuán Naturschätze *pl*; Naturressourcen *pl*

自燃 zìrán Selbstzündung *f*; Spontanzündung *f*; Selbstentzünden *n*; Selbstentzündung *f*

自燃的 zìránde selbstentzündlich; hypergol

自燃式发动机 zìránshì fādòngjī Selbstzündungsmotor *m*

自燃物 zìránwù Selbstzünder *m*; Pyrophor *m*

自生的 zìshēngde autogenetisch

自适应系统 zìshìyìng xìtǒng adaptives System

自吸式柴油机 zìxīshì cháiyóujī Diesel-Saugmotoren *pl*

自吸式发动机 zìxīshì fādòngjī Saugmotor *m*

自吸收 zìxīshōu Selbstabsorption *f*

自卸 zìxiè Selbstentladung *f*

自卸车 zìxièchē Selbstentlader *m*; Selbstentladewagen *m*

自卸车底盘 zìxièchē dǐpán Kipppritschenboden *m*

自卸挂车 zìxiè guàchē Kippanhänger *m*

自卸汽车 zìxiè qìchē Autokipper *m*; Kippwagen *m*

自行车 zìxíngchē Fahrrad *n*

自行复位 zìxíng fùwèi automatische Rückstellung

自修 zìxiū Selbststudium *n*

自旋 zìxuán Spin *m*

自学 zìxué Selbststudium *n*

自压 zìyā Eigendruck *m*

自由尺寸 zìyóu chǐcùn Freimaß *n*

自由电荷 zìyóu diànhè Freiladung *f*

自由电子 zìyóu diànzǐ freies Elektron

自由港 zìyóugǎng Freihafen *m*

自由公差 zìyóu gōngchā Freimaßtoleranz *f*

自由落体 zìyóu luòtǐ freier Fall

自由落体加速度 zìyóu luòtǐ jiāsùdù Beschleunigung des freien Falls

自由轮轮毂 zìyóulún lúngǔ Freilaufnabe *f*

自由氢 zìyóuqīng disponibler Wasserstoff

自由振荡 zìyóu zhèndàng freie Schwingung

自由振荡器 zìyóu zhèndàngqì Freischwinger *m*

自诊断 zìzhěnduàn Eigendiagnose *f*

自振荡二极管 zìzhèndàng èrjíguǎn Freilaufdiode *f*

自重 zìzhòng Leergewicht *n*; Eigengewicht *n*; Totlast *f*; Eigenmasse *f*

自转 zìzhuàn Umdrehung *f*; Rotation *f*; Autorotation *f*; Spin *m*; Umdrehung um die eigene Achse

宗旨 zōngzhǐ Grundsatz *m*; Ziel *m*; Zielsetzung *f*

综合 zōnghé zusammenfassen; Synthese *f*

综合的 zōnghéde integriert; komplex; synthetisch; universal; umfassend

综合规划 zōnghé guīhuà einheitliche Planung

综合技术的 zōnghé jìshùde polytechnisch

综合利用 zōnghé lìyòng Mehrzwecknutzung *f*; Vielzwecknutzung *f*

综合网络 zōnghé wǎngluò Additionsglied *n*

综述 zōngshù Zusammenfassung *f*; zusammenfassende Darstellung

棕榈油 zōnglǘyóu Palmöl *n*; Palmfett *n*

总保险丝 zǒngbǎoxiǎnsī Hauptsicherung *f*

总泵站 zǒngbèngzhàn Hauptpumpenanlage *f*

总变电站 zǒngbiàndiànzhàn Hauptumspannwerk *n*; Hauptunterstation *f*

总裁 zǒngcái Generaldirektor *m*; Präsident einer Partei

Z

总产量 zǒngchǎnliàng Gesamtproduktion *f*; Gesamterzeugung *f*

总长 zǒngcháng Gesamtlänge *f*

总尺寸 zǒngchǐcùn Gesamtmaß *n*; Totalmaß *n*

总的 zǒngde total; gesamt

总电导率 zǒngdiàndǎolù Gesamtleitfähigkeit *f*

总电流 zǒngdiànliú Gesamtstrom *m*; Hauptstrom *m*; Summenstrom *m*

总电路 zǒngdiànlù Summenschaltung *f*; Hauptkreis *m*

总电容 zǒngdiànróng totale Kapazität

总电压 zǒngdiànyā Gesamtspannung *f*; Summenspannung *f*; Hauptspannung *f*

总电位 zǒngdiànwèi Gesamtpotential *n*

总电压表 zǒngdiànyābiǎo Hauptspannungsmesser *m*

总电阻 zǒngdiànzǔ Gesamtwiderstand *m*; Hauptwiderstand *m*; Gesamtresistanz *f*

总吨位 zǒngdūnwèi Gesamtfassungsvermögen *n*

总额 zǒng'é Gesamtsumme *f*; Gesamtbetrag *m*; Bruttobetrag *m*; Totalbetrag *m*; Summe *f*; Betrag *m*

总发电厂 zǒngfādiànchǎng Hauptwerk *n*

总阀 zǒngfá Hauptventil *n*

总阀门 zǒngfámén Hauptventil *n*

总辐射 zǒngfúshè Gesamtstrahlung *f*

总负荷 zǒngfùhè Gesamtlast *f*

总负载 zǒngfùzài Gesamtbelastung *f*

总纲 zǒnggāng allgemeines Programm; Hauptprogramm *n*

总功率 zǒnggōnglù Totalleistung *f*

总共 zǒnggòng zusammengerechnet; insgesamt; zusammengenommen

总共的 zǒnggòngde gesamt

总换向开关 zǒnghuànxiàng kāiguān Hauptwendeschalter *m*

总机 zǒngjī Fernsprechvermittlungsstelle *f*; Telefonzentrale *f*; Fernsprechzentrale *f*

总计 zǒngjì betragen; ausmachen; austragen; zusammenzählen; Endsumme *f*; Gesamtbetrag *m*; Betrag *m*; insgesamt

总接线图 zǒngjiēxiàntú Gesamtschaltbild *n*

总结 zǒngjié zusammenfassen; resümieren

总开关 zǒngkāiguān Zentralschalter *m*; Hauptschalter *m*; Summenschalter *m*

总控制 zǒngkòngzhì Gesamtsteuerung *f*

总宽度 zǒngkuāndù Gesamtbreite *f*

总括 zǒngkuò zusammenfassen; resümieren;

总拉力 zǒnglālì Bruttozugkraft *f*

总量 zǒngliàng Gesamtmenge *f*; Totalbetrag *m*; Pauschalquantum *n*

总灵敏度 zǒnglíngmǐndù Totalempfindlichkeit *f*

总流量 zǒngliúliàng Abflusssumme *f*; Gesamtabfluss *m*

总能量 zǒngnéngliàng Gesamtenergie *f*

总浓度 zǒngnóngdù Totalkonzentration *f*

总排气口 zǒngpáiqìkǒu Hauptgasauslass *m*

总排水沟 zǒngpáishuǐgōu Hauptsammler *m*

总配电盘 zǒngpèidiànpán Hauptschalttafel *f*

Z

总牵引力 zǒngqiānyǐnlì Gesamtzugkraft *f*; Gesamtzugstärke *f*

总强度 zǒngqiángdù Gesamtintensität *f*

总容积 zǒngróngjī Gesamtvolumen *n*; Gesamtinhalt *m*

总容量 zǒngróngliàng Gesamtvolumen *n*

总数 zǒngshù Gesamtbetrag *m*; Gesamtsumme *f*; Gesamtzahl *f*; Betrag *m*; Summe *f*; Fazit *n*; Totalbetrag *m*; Bruttobetrag *m*

总衰耗 zǒngshuāihào Gesamtdämpfung *f*

总损耗 zǒngsǔnhào Totalverlust *m*

总体 zǒngtǐ Gesamtheit *f*; Ganze *n*

总体的 zǒngtǐde sämtlich; total; gesamt

总体积 zǒngtǐjī Gesamtvolumen *n*; Gesamtinhalt *m*

总调节器 zǒngtiáojiéqì Hauptregler *m*

总线 zǒngxiàn Anschlusskabel *n*; Amtsleitung *f*

总线路 zǒngxiànlù Hauptschaltung *f*

总效率 zǒngxiàolǜ Bruttowirkungsgrad *m*; Totalnutzeffekt *m*; gesamter Wirkungsgrad

总效应 zǒngxiàoyìng Gesamteffekt *m*; Totaleffekt *m*

总压差 zǒngyāchā Gesamtdruckdifferenz *f*

总压力 zǒngyālì Gesamtdruck *m*; Totaldruck *m*; Gesamtpresskraft *f*; Gesamtpressdruck *m*; totaler Druck *m*

总硬度 zǒngyìngdù Gesamthärte *f*

总则 zǒngzé allgemeine Bestimmungen

总值 zǒngzhí Gesamtwert *m*; Bruttowert *m*

总重量 zǒngzhòngliàng Totalgewicht

n; Bruttogewicht *n*; Gesamtgewicht *n*

纵断面 zòngduànmiàn Vertikalschnitt *m*; Aufriss *m*

纵横比 zònghéngbǐ Seitenverhältnis *n*

纵横制插头 zònghéngzhì chātóu Kreuzschienenstecker *m*

纵拉杆 zònglāgān Längslenker *m*

纵梁 zòngliáng Längsbalken *m*

纵剖面 zòngpōumiàn Längsprofil *n*

纵剖面图 zòngpōumiàntú Längsschnitt *m*

纵视图 zòngshìtú Longitudinalsicht *f*; Längsansicht *f*

纵向 zòngxiàng Längsrichtung *f*

纵向波 zòngxiàngbō Longitudinalwelle *f*

纵向操纵 zòngxiàng cāozòng Höhensteuerung *f*

纵向传播 zòngxiàng chuánbō Längswellenausbreitung *f*

纵向电压 zòngxiàng diànyā Längsspannung *f*

纵向断层 zòngxiàng duàncéng Axialverschiebung *f*

纵向沟槽 zòngxiàng gōucáo Längsrille *f*

纵向横梁 zòngxiàng héngliáng Längstraverse *f*

纵向抗弯负荷 zòngxiàng kàngwān fùhè Knickbelastung *f*

纵向肋条 zòngxiàng lèitiáo Längsrippe *f*

纵向耦合 zòngxiàng ǒuhé Längskopplung *f*

纵向切面 zòngxiàng qiēmiàn Axialschnitt *m*

纵向弯曲 zòngxiàng wānqū Knickung *f*

纵向谐波 zòngxiàng xiébō Längs

Z

oberwelle *f*

纵向运动 zòngxiàng yùndòng Längsbewegung *f*

纵向轧制 zòngxiàng zházhì Längswalzen *n*; parallel zur Walzrichtung

纵向振动 zòngxiàng zhèndòng Longitudinalschwingung *f*

纵向轴承 zòngxiàng zhóuchéng Längslager *n*

纵向转向杆 zòngxiàng zhuǎnxiànggān Längslenker *m*

纵向阻抗 zòngxiàng zǔkàng Längswiderstand *m*

纵轴 zòngzhóu Längenachse *f*; Längswelle *f*; Längsachse *f*; vertikale Achse

纵坐标 zòngzuòbiāo Ordinate *f*; Ordinatenachse *f*; Einfallslot *n*

纵坐标值 zòngzuòbiāozhí Ordinatengröße *f*; Ordinatenwert *m*

纵坐标轴 zòngzuòbiāozhóu Y-Achse *f*; Ordinatenachse *f*

走刀 zǒudāo Vorschub *m*

走刀动作 zǒudāo dòngzuò Vorschubbewegung *f*

走纸符号 zǒuzhǐ fúhào Zeichen für Papiervorschub

租借 zūjiè mieten; pachten; vermieten; verpachten

租金 zūjīn Miete *f*; Mietzins *m*

租赁 zūlìn mieten; pachten; vermieten; verpachten; leihen

租用 zūyòng pachten

足够的 zúgòude hinreichend; ausreichend; genug

足痛风 zútòngfēng Podagra *n*; Fußgicht *f*

阻碍 zǔ'ài hindern; Hindernis *n*

阻风门 zǔfēngmén Starterklappe *f*

阻风门控制按钮 zǔfēngmén kòng-

zhì ànniǔ Starterklappenknopf *m*

阻化 zǔhuà Verzögerung *f*

阻化剂 zǔhuàjì Verhinderungsmittel *n*; Verzögerungsmittel *n*; Verzögerer *m*; Hemmstoffe *pl*; Sparbeize *f*

阻抗 zǔkàng Widerstand *m*; Scheinwiderstand *m*; Impedanz *f*

阻抗保护 zǔkàng bǎohù Impedanzschleife *m*

阻抗耦合 zǔkàng ǒuhé Widerstandskopplung *f*

阻抗相角 zǔkàng xiàngjiǎo Impedanzwinkel *m*

阻力 zǔlì Widerstand *m*; Resistenz *f*; Widerstandskraft *f*

阻力测定 zǔlì cèdìng Widerstandsmessung *f*

阻力系数 zǔlì xìshù Widerstandszahl *f*

阻流板 zǔliúbǎn Spoiler *m*

阻流板凸缘 zǔliúbǎn tūyuán Spoilerkante *f*

阻尼 zǔní Abklingen *n*; Dämpfung *f*; Schwächung *f*; Retardierung *f*; Beruhigung *f*

阻尼测量 zǔní cèliàng Dämpfungsmessung *f*

阻尼单元 zǔní dānyuán Dämpfungsglied *n*

阻尼电路 zǔní diànlù Beruhigungskreis *m*

阻尼器 zǔníqì Dämpfer *m*; Prellvorrichtung *f*; Verzögerer *m*; Puffergestell *n*

阻尼系数 zǔní xìshù Dämpfungskoeffizient *m*; Dämpfungsbeiwert *m*

阻尼线圈 zǔní xiànquān Dämpfungswicklung *f*

阻尼效应 zǔní xiàoyìng Dämpfungseffekt *m*

Z

阻尼振动 zǔní zhèndòng gedämpfte Schwingung

阻凝剂 zǔníngjì Antikoagulans *n*

阻容耦合 zǔróng ǒuhé Widerstands-Kapazitäts-Kopplung *f*

阻塞 zǔsè sperren; absperren

阻塞脉冲 zǔsè màichōng Verhinderungsimpuls *m*

阻蚀剂 zǔshíjì Korrosionshemmstoff *m*; Sparbeize *f*

阻水层 zǔshuǐcéng Aquitarde *f*

阻氧化剂 zǔyǎnghuàjì Konservator *m*

阻止 zǔzhǐ abdämpfen; anhalten; verhindern; hemmen; zurückhalten; Hemmung *f*

阻滞 zǔzhì Retardation *f*

阻滞剂 zǔzhìjì Verzögerungsmittel *n*

组 zǔ Gruppe *f*

组成 zǔchéng bilden; bestehen; zusammensetzen; Zusammensetzung *f*; Komposition *f*

组成部分 zǔchéng bùfen Bestandteil *m*

组合 zǔhé zusammensetzen; bilden; kombinieren; koppeln; Vereinigung *f*; Kombination *f*; Komplexion *f*

组合传动 zǔhé chuándòng Gruppenantrieb *m*

组合的 zǔhéde kombinatorisch; kombiniert

组合件 zǔhéjiàn Baustein *m*; Modul *m*

组合框 zǔhékuāng Kombinationsfeld *n*

组合论 zǔhélùn Kombinatorik *f*

组合频率 zǔhé pínlǜ Kombinationsfrequenz *f*

组合设备 zǔhé shèbèi Zusammenbauvorrichtung *f*

组合物 zǔhéwù Zusammensetzung *f*

组合仪表盘 zǔhé yíbiǎopán Cockpit *n*

组件 zǔjiàn Modul *m*; Baugruppe *f*

组织 zǔzhī organisieren; bilden; Organisation *f*; System *n*; Gefüge *n*; Gewebe *n*; Gebilde *n*

组织时效 zǔzhī shíxiào Gefügealterung *f*

组织照片 zǔzhī zhàopiàn Gefügeaufnahme *f*

组装方法 zǔzhuāng fāngfǎ Einbaumittel *n*

钻探 zuāntàn bohren; erbohren; anbohren; abbohren; Bohrung *f*; Abbohren *n*; Bohren *n*; Schürfung *f*; Schürfbohren *n*; Schürfbohrung *f*; Bohraufschluss *m*

钻探机 zuāntànjī Bohrmaschine *f*; Schürfbohrmaschine *f*

钻探孔 zuāntànkǒng Bohrloch *n*; Schürfbohrloch *n*

钻探设备 zuāntàn shèbèi Bohrausrüstung *f*; Schürfbohrmaschine *f*; Schürfbohrgerät *n*; Schürfbohranlage *f*

钻通 zuāntōng durchbohren

钻研 zuānyán intensiv studieren; sich etw. vertiefen

钻眼 zuānyǎn Abbohrloch *n*

钻 zuàn bohren; drillen; Bohren *n*

钻车 zuànchē Bohrwagen *m*

钻穿 zuànchuān durchbohren

钻床 zuànchuáng Bohrmaschine *f*; Perforiermaschine *f*

钻杆 zuàngān Bohrstange *f*; Bohrgestänge *n*; Zuggestänge *n*; Bohrerschaft *m*

钻机 zuànjī Bohrapparat *m*; Bohranlage *f*; Bohrmaschine *f*; Bohrvorrichtung *f*

Z

钻井 zuànjǐng Brunnenbohren *n*; Bohren eines Bohrloches; Schachtbohren *n*

钻井泵 zuànjǐngbèng Bohrpumpe *f*

钻井定位 zuànjǐng dìngwèi Festlegung der Position des Bohrloches

钻井队 zuànjǐngduì Bohrteam *n*; Bohrmannschaft *f*

钻井技术 zuànjǐng jìshù Bohrtechnik *f*

钻井深度 zuànjǐng shēndù Bohrtiefe *f*

钻井用管 zuànjǐng yòngguǎn Abteufrohr *n*

钻孔 zuànkǒng bohren; drillen; erbohren; abbohren; anbohren; Bohrung *f*; Bohrloch *n*; Abbohrloch *n*; Schürfbohrloch *n*

钻孔泵 zuànkǒngbèng Bohrpumpe *f*

钻孔机 zuànkǒngjī Bohrmaschine *f*; Perforiermaschine *f*

钻孔器 zuànkǒngqì Bohrer *m*

钻孔直径 zuànkǒng zhíjìng Bohrlochweite *f*

钻孔注浆 zuànkǒng zhùjiāng Abdichten der Bohrlöcher

钻石 zuànshí Diamant *m*

钻速 zuànsù Bohrgeschwindigkeit *f*

钻塔 zuàntǎ Bohrturm *m*; Bohranlagenmast *m*

钻台 zuàntái Plattform des Bohrgerüstes

钻头 zuàntóu Bohrkopf *m*; Bohrkrone *f*; Bohrmeißel *f*

钻子 zuànzi Bohrer *m*

最初的 zuìchūde original; ursprünglich

最大产量 zuìdà chǎnliàng Maximalausbeute *f*

最大的 zuìdàde maximal

最大电荷 zuìdà diànhè Höchstleistung *f*

最大电流 zuìdà diànliú Maximalstrom *m*; Höchststrom *m*

最大电压 zuìdà diànyā Maximalspannung *f*

最大读数 zuìdà dúshù Maximalanzeige *f*

最大负荷 zuìdà fùhè Höchstbelastung *f*; Maximalbelastung *f*; Grenzbelastung *f*; Höchstlast *f*

最大功率 zuìdà gōnglǜ Maximalleistung *f*; Höchstleistung *f*; maximale Arbeitsleistung; Leistungsspitze *f*

最大公约数 zuìdà gōngyuēshù größter gemeinsamer Divisor

最大化 zuìdàhuà maximieren

最大回收率 zuìdà huíshōulǜ Maximalausbeute *f*

最大流量 zuìdà liúliàng Maximaldurchfluss *m*

最大强度 zuìdà qiángdù Höchstfestigkeit *f*

最大数值 zuìdà shùzhí Höchstzahl *f*

最大速度 zuìdà sùdù größte Geschwindigkeit

最大误差 zuìdà wùchā Maximalfehler *m*

最大限度 zuìdà xiàndù Maximum *n*

最大限度的 zuìdà xiàndùde maximal

最大消耗 zuìdà xiāohào Spitzenverbrauch *m*

最大效能 zuìdà xiàonéng Spitzenleistung *f*

最大行程 zuìdà xíngchéng Fahrbereich *m*

最大需要量 zuìdà xūyàoliàng Höchstbedarf *m*

最大压力 zuìdà yālì Höchstdruck *m*; Maximaldruck *m*

最大应力 zuìdà yìnglì Höchstbeanspruchung f

最大振幅 zuìdà zhènfú Maximalamplitude f; Höchstausschlag m; maximale Amplitude

最大值 zuìdàzhí Maximalwert m; Höchstwert m; Maximalbetrag m; Maximum n; größter Wert

最大轴载荷 zuìdà zhóuzàihè Höchstachslast f

最低的 zuìdīde niedrigst; minimal; mindest-

最低水位 zuìdī shuǐwèi Niedrigstwasser n

最低温度 zuìdī wēndù Tiefsttemperatur f

最低压力 zuìdī yālì Mindestdruck m

最低值 zuìdīzhí Mindestwert m; Minimum n

最低转速 zuìdī zhuànsù kleinste Drehzahl f

最多 zuìduō am meisten; maximal

最多的 zuìduōde maximal

最高车速 zuìgāo chēsù Höchstgeschwindigkeit f

最高的 zuìgāode höchst; am höchsten; maximal

最高负荷 zuìgāo fùhè Belastungsspitze f

最高水位 zuìgāo shuǐwèi höchster Wasserstand; Höchststand m

最高速度 zuìgāo sùdù Höchstgeschwindigkeit f; Maximalgeschwindigkeit f; maximale Geschwindigkeit; höchste Geschwindigkeit

最高温度 zuìgāo wēndù Höchsttemperatur f

最高载荷 zuìgāo zàihè Spitzenbelastung f

最高值 zuìgāozhí Gipfelwert m

最后传输 zuìhòu chuánshū Abschlussphase f

最惠国 zuìhuìguó meistbegünstigter Staat

最佳程序 zuìjiā chéngxù optimales Programm

最佳程序设计 zuìjiā chéngxù shèjì optimales Programmieren

最佳的 zuìjiāde optimal

最佳输出功率 zuìjiā shūchū gōnglǜ optimale Ausgangsleistung

最佳值 zuìjiāzhí Bestgröße f; Optimalwert m; Optimum n

最小的 zuìxiǎode mindest; minimal

最小电容 zuìxiǎo diànróng Mindestkapazität f

最小读数 zuìxiǎo dúshù kleinste Ablesung

最小负载 zuìxiǎo fùzài Mindestbelastung f

最小公倍数 zuìxiǎo gōngbèishù kleinstes gemeinsames Vielfache

最小功率 zuìxiǎo gōnglǜ Mindestleistung f

最小化 zuìxiǎohuà minimieren

最小量 zuìxiǎoliàng Minimum n

最小流量 zuìxiǎo liúliàng Mindestabfluss m; Mindestdurchfluss m

最小强度 zuìxiǎo qiángdù Mindestfestigkeit f

最小限度 zuìxiǎo xiàndù Minimum n

最小振幅 zuìxiǎo zhènfú minimale Amplitude

最小值 zuìxiǎozhí Minimum n; Mindestwert m; kleinster Wert; Kleinstwert m

最终反应 zuìzhōng fǎnyìng Endreaktion f

最终结果 zuìzhōng jiéguǒ Endergebnis n

最终速度 zuìzhōng sùdù Endge-

Z

schwindigkeit *f*

左侧外后视镜 zuǒcè wàihòushìjìng der linke Außenspiegel

左轮 zuǒlún Revolver *m*

左鼠标键 zuǒshǔbiāojiàn linke Maustaste *f*

左舷 zuǒxián Backbord *m*; Backbordseite *f*

坐标 zuòbiāo Koordine *f*; Koordinate *f*; Gradnetz *n*

坐标变换 zuòbiāo biànhuàn Koordinatentransformation *f*

坐标点 zuòbiāodiǎn Koordinatenpunkt *m*

坐标误差 zuòbiāo wùchā Koordinationsfehler *m*

坐标铣床 zuòbiāo xǐchuáng Koordinatenfräsmaschine *f*

坐标系 zuòbiāoxì Achsenkreuzsystem *n*; Koordinatensystem *n*; Achsenkreuz *n*; Koordinate *f*

坐标仪 zuòbiāoyí Koordinatograf *m*

坐标原点 zuòbiāo yuándiǎn Koordinatenanfangspunkt *m*

坐标值 zuòbiāozhí Koordinatenwert *m*

坐标轴 zuòbiāozhóu Koordinatenachse *f*; Achsenkreuz *n*; Bezugsachse *f*

坐垫 zuòdiàn Sitzkissen *n*; Stuhlkissen *n*

坐骨 zuògǔ Sitzbein *n*

坐骨神经 zuògǔ shénjīng Hüftnerv *m*; Ischiasnerv *m*

坐骨神经痛 zuògǔ shénjīngtòng Ischias *f*; Hüftschmerzen *pl*

作废字符 zuòfèi zìfú Auslassungszeichen *n*

作业 zuòyè Arbeitselement *n*

作业管理 zuòyè guǎnlǐ Job-Verwaltung *f*

作业规划程序 zuòyè guīhuà chéngxù Job-Planungsprogramm *n*

作业控制 zuòyè kòngzhì Job-Kontrolle *f*

作业库 zuòyèkù Job-Bibliothek *f*

作业排队 zuòyè páiduì Job-Warteschlange *f*

作用 zuòyòng Wirkung *f*; Funktion *f*; Aktion *f*; Effekt *m*; Auswirkung *f*

作用半径 zuòyòng bànjìng Wirkungsradius *m*

作用范围 zuòyòng fànwéi Wirkungskreis *m*; Wirkungsbereich *m*

作用力 zuòyònglì Wirkungskraft *f*; treibende Kraft

作者 zuòzhě Verfasser *m*

座板 zuòbǎn Grundplatte *f*

座垫弹簧 zuòdiàn tánhuáng Kissenfeder *f*

座位靠背 zuòwèi kàobèi Rückenlehne *f*

Z

附　录

1. 汉德化学元素表

中文名称	德文名称	符号	原子序数	中文名称	德文名称	符号	原子序数
锕	Actinium	Ac	89	铈	Cer	Ce	58
铝	Aluminium	Al	13	氯	Chlor	Cl	17
镅	Americium	Am	95	铬	Chrom	Cr	24
锑	Antimon	Sb	51	锔	Curium	Cm	96
氩	Argon	Ar	18	镝	Dysprosium	Dy	66
砷	Arsen	As	33	锿	Einsteinium	Es	99
砹	Astat	At	85	铁	Eisen	Fe	26
钡	Barium	Ba	56	铒	Erbium	Er	68
锫	Berkelium	Bk	97	铕	Europium	Eu	63
铍	Beryllium	Be	4	镄	Fermium	Fm	100
铅	Blei	Pb	82	氟	Fluor	F	9
硼	Bor	B	5	钫	Francium	Fr	87
溴	Brom	Br	35	钆	Gadolinium	Gd	64
镉	Cadmium	Cd	48	镓	Gallium	Ga	31
钙	Calcium	Ca	20	锗	Germanium	Ge	32
锎	Californium	Cf	98	金	Gold	Au	79
铯	Cäsium	Cs	55	铪	Hafnium	Hf	72

续表

中文名称	德文名称	符号	原子序数	中文名称	德文名称	符号	原子序数
氦	Helium	He	2	镎	Neptunium	Np	93
钬	Holmium	Ho	67	镍	Nickel	Ni	28
铟	Indium	In	49	铌	Niob	Nb	41
铱	Iridium	Ir	77	锘	Nobelium	No	102
碘	Jod	I	53	锇	Osmium	Os	76
钾	Kalium	K	19	钯	Palladium	Pd	46
钴	Kobalt	Co	27	磷	Phosphor	P	15
碳	Kohlenstoff	C	6	铂	Platin	Pt	78
氪	Krypton	Kr	36	钚	Plutonium	Pu	94
铜	Kupfer	Cu	29	钋	Polonium	Po	84
镧	Lanthan	La	57	镨	Praseodym	Pr	59
铹	Lawrencium	Lr	103	钷	Promethium	Pm	61
锂	Lithium	Li	3	镤	Protactinium	Pa	91
镥	Lutetium	Lu	71	汞	Quecksilber	Hg	80
镁	Magnesium	Mg	12	镭	Radium	Ra	88
锰	Mangan	Mn	25	氡	Radon	Rn	86
钔	Mendelevium	Md	101	铼	Rhenium	Re	75
钼	Molybdän	Mo	42	铑	Rhodium	Rh	45
钠	Natrium	Na	11	铷	Rubidium	Rb	37
钕	Neodym	Nd	60	钌	Ruthenium	Ru	44
氖	Neon	Ne	10	钐	Samarium	Sm	62

续表

中文名称	德文名称	符号	原子序数	中文名称	德文名称	符号	原子序数
氧	Sauerstoff	O	8	铥	Thulium	Tm	69
钪	Scandium	Sc	21	钛	Titan	Ti	22
硫	Schwefel	S	16	铀	Uran	U	92
硒	Selen	Se	34	钒	Vanadium	V	23
银	Silber	Ag	47	氢	Wasserstoff	H	1
硅	Silicium	Si	14	铋	Bismut	Bi	83
氮	Stickstoff	N	7	钨	Wolfram	W	74
锶	Strontium	Sr	38	氙	Xenon	Xe	54
钽	Tantal	Ta	73	镱	Ytterbium	Yb	70
锝	Technetium	Tc	43	钇	Yttrium	Y	39
碲	Tellur	Te	52	锌	Zink	Zn	30
铽	Terbium	Tb	65	锡	Zinn	Sn	50
铊	Thallium	Tl	81	锆	Zirkonium	Zr	40
钍	Thorium	Th	90				

2. 国际单位制的导出单位表

量的名称		单位名称		单位代号	
中文	德文	中文	德文	中文	国际
频率	Frequenz	赫兹	Hertz	赫	Hz
力	Kraft	牛顿	Newton	牛	N

量的名称		单位名称		单位代号	
中文	德文	中文	德文	中文	国际
压力（压强）	Druck, mechanische Spannung	帕斯卡	Pascal	帕	Pa
能、功、热量	Energie, Arbeit, Wärmemenge	焦耳	Joule	焦	J
功率、热流	Leistung, Wärmestrom	瓦特	Watt	瓦	W
电量、电荷	Elektrizitätsmenge, elektrische Ladung	库仑	Coulomb	库	C
电容	elektrische Kapazität	法拉	Farad	法	F
电位、电压、电动势	elektrisches Potential, elektrische Spannung, elektromotorische Kraft	伏特	Volt	伏	V
电阻	elektrischer Widerstand	欧姆	Ohm	欧	Ω
电导	elektrischer Leitwert	西门子	Siemens	西	S
磁通（量）	magnetische Fluss	韦伯	Weber	韦	Wb
磁感应（强度），磁通密度	magnetische Induktion, magnetische Flussdichte	特斯拉	Tesla	特	T
电感	Induktivität	亨利	Henry	亨	H
光通（量）	Lichtstrom	流明	Lumen	流	lm
光照度	Beleuchtungsstärke	勒克斯	Lux	勒	lx
摄氏温度	Celsius-Temperatur	摄氏度	Grad, Celsius		℃
（放射性）活度	Aktivität einer radioaktiven Substanz	贝可勒尔	Becquerel	贝可	Bq
吸收剂量	Energiedosis	戈瑞	Gray	戈	Gy

3. 汉德对照公制计量单位表

类别	中文名称	德文名称	拉丁代号	对主单位的比
长度	微米	Mikronmeter	μm	百万分之一米（1/1000000 米）
	忽米	Zentimillimeter	cmm	十万分之一米（1/100000 米）
	丝米	Dezimillimeter	dmm	万分之一米（1/10000 米）
	毫米	Millimeter	mm	千分之一米（1/1000 米）
	厘米	Zentimeter	cm	百分之一米（1/100 米）
	分米	Dezimeter	dm	十分之一米（1/10 米）
	米	Meter	m	主单位
	十米	Dekameter	dam	米的十倍（10 米）
	百米	Hektometer	hm	米的百倍（100 米）
	公里（千米）	Kilometer	km	米的千倍（1000 米）
重量（质量单位名称同）	毫克	Milligramm	mg	百万分之一公斤（1/1000000 公斤）
	厘克	Zentigramm	cg	十万分之一公斤（1/100000 公斤）
	分克	Dezigramm	dg	万分之一公斤（1/10000 公斤）
	克	Gramm	g	千分之一公斤（1/1000 公斤）
	十克	Dekagramm	dag	百分之一公斤（1/100 公斤）
	百克	Hektogramm	hg	十分之一公斤（1/10 公斤）
	公斤（千克）	Kilogramm	kg	主单位
	公担	Quintal (Doppelzentner)	q	公斤的百倍（100 公斤）
	吨	Tonne	t	公斤的千倍（1000 公斤）
容量	毫升	Milliliter	ml	千分之一升（1/1000 升）
	厘升	Zentiliter	cl	百分之一升（1/100 升）
	分升	Deziliter	dl	十分之一升（1/10 升）
	升	Liter	l	主单位
	十升	Dekaliter	dal	升的十倍（10 升）
	百升	Hektoliter	hl	升的百倍（100 升）
	千升	Kiloliter	kl	升的千倍（1000 升）

4. 汉德科技常用略语表

埃	Å	（Ångström）	数目	Anz.	（Anzahl）
安培计	Am	（Amperemeter）	等价的	äq	（äquivalent）
安培	A	（Ampere）	当量的	äq	（äquivalent）
振幅	A	（Amplitude）	安（培）秒	As	（Amperesekunde）
原子量	A	（Atomgewicht）	原子	At	（Atom）
单位功	a	（spezifische Arbeit）	（工程）大气压	at	（technischer Atmosphären-druck）
同上	a. a. O	（am angeführten Ort）	绝对大气压	ata	（absolute Atmosphäre）
插图	Abb.	（Abbildung）	物理大气压	Atm	（physikalische Atmosphäre）
缩写	Abk.	（Abkürzung）			
绝对的	abs.	（absolut）	自动化的	autom.	（automatisch）
空气动力学	AD	（Aerodynamik）	外径	ä. W.	（äußere Weite）
公元	A. D. , a. D.	（Anno Domini）	碱值	AZ	（Alkalitätszahl）
安培小时	Ah	（Amperestunde）	碱性的	B	（basisch）
阳阴极	A－K	Anode－Kathode	总吨位	BRT.	（Brutto－Tonne）
蓄电池	Akku	（Akkumulator）	贝（尔）	b, B	（Bel）
普通的	allg.	（allgemein）	加速度	b	（Beschleunigung）
调幅	AM.	（Amplitudenmo-dulation）	宽度	B	（Breite）
分解的	anal.	（analytisch）	电纳	B	（Blindleitwert）
分析的	anal.	（analytisch）	微巴	bar	（barye）
天线	Ant.	（Antenne）	波特	Baud	（Baudot）

续表

波美	Be	（Baume）	立方厘米	ccm	（Kubikzentimeter）
混凝土	Be	（Beton）	烛光	cd	（Candela）
备注	Bem.	（Bemerkung）	参见	cf.	（confer）
总计	Betr.	（Betrag）	化学	ch(m).	（Chemie）
特别的	bes.	（besonders）	克劳	CI	（Clausius）
关于	betr.	（betreffend）	厘米	cm	（Zentimeter）
范围	Bez.	（Bezirk）	余弦	cos	（Kosinus）
涉及	bez.	（bezogen auf）	厚度	d	（Dicke）
无功瓩	BKW	（Blindkilowatt）	微分	D	（Differential）
请翻页	b. w.	（bitte wenden）	直径	D	（Durchmesser）
或	bzw.	（beziehungsweise）	分贝	db,dB	（dezibel）
摄氏	C	（Celsius）	差频（率）	DF	（Differenzfrequenz）
库仑	C	（Coulomb）	亦即	d. h.	（das heißt）
居里	Ci	（Curie）	即	d. i.	（das ist）
容量	C	（Kapazität）	压缩空气	DI.	（Druckluft）
浓度	C	（Konzentration）	分米	dm	（Dezimeter）
比热	c.	（spezifische Wärme）	直径	Dmr	（Durchmesser）
大约	ca.	（cirka,zirka）	博士	Dr.	（Doktor）
密度	D.	（Dichte）	平均的	durch-schn.	（durchschnittlich）
比重	D.	（Dichte）	数据处理	DV	（Datenverarbeitung）
流体	Fl	（Flüssigkeit）	操作规程	DV	（Dienstvorschrift）
液体	Fl	（Flüssigkeit）			
卡	cal	（Kalorie）			
立方米	cbm	（Kubikmeter）			

电子	e⁻	（Elektron）	图	Fig.	（Figur）
能量	E	（Energie）	无线电	Fk.	（Funk）
距离	e	（Entfernung）	航空工业	Flzg-Ind.	（Flugzeug-lndustrie）
凝固点	E	（Erstarrungspunkt）	电视	FS	（Fernsehen）
有效的	eff.	（effektiv）	高斯	G	（Gauß）
包括	einschl.	（einschließlich）	重量	G	（Gewicht）
电动势	EMK	（elektromotorische Kraft）	栅极	G	（Gitter）
相应的	entspr.	（entsprechend）	直流电	G	（Gleichstrom）
电子计算机	ER	（Elektronenrechner）	克	g	（Gramm）
尔格	erg	（Energieeinheit）	百分度	g	（Neugrad）
补充	Erg	（Ergänzung）	吉伯	Gb	（Gilbert）
等等	etc.	（et cetera）	含量	Geh.	（Gehalt）
电子伏（特）	eV	（Elektronenvolt）	简写的	gek.	（gekürzt）
或许	evtl.	（eventuell）	溶解了的	gel.	（gelöst）
实验的	exp.	（experimentell）	按照	gem.	（gemäß）
样本	Expl.	（Exemplar）	根据	gem.	（gemäß）
华氏	F	（Fahrenheit）	地质（学）的	geol.	（geologisch）
法拉	F	（Farad）	全部的	ges.	（gesamt）
面积	F	（Fläche）	速度	Geschw.	（Geschwindigkeit）
频率	f	（Frequenz）	重量	Gew.	（Gewicht）
以下的	f.	（folgende）	通常的	gew.	（gewöhnlich）
函数	f	（Funktion）	方程式	Gl.	（Gleichung）
待续	F. f.	（Fortsetzung folgt）	同时	glz.	（gleichzeitig）

续表

限度	Grz.	（Grenze）	短波	Kw.	（Kurzwelle）
硬度	H	（Härte）	千瓦小时	kWh, kWst	（Kilowattstunde）
热值	H	（Heizwert）	长度	L	（Länge）
亨利	H	（Henry）	左	l.	（links）
高度	H	（Höhe）	升	L	（Liter）
公顷	ha	（Hektar）	溶液	L	（Lösung）
卤素	Hal	（Halogen）	合金	Leg.	（Legierung）
高压	HD	（Hochdruck）	大气	Lft	（Luft）
高频	HF	（Hochfrequenz）	载重汽车	LKW	（Lastkraftwagen）
半导体	HL	（Halbleiter）	马赫数	M	（Machzahl）
高（电）压	HS	（Hochspannung）	质量	M	（Masse）
赫兹	Hz	（Hertz）	米	m	（Meter）
内径	I. D. , ID	（Innendurchmesser）	分钟	min	（Minute）
指数	Ind.	（Index）	分子量	M	（Molekulargewicht）
工程师	Ing.	（Ingenieur）	最大的	Max.	（Maximum）
特别	insb.	（insbesondere）	马赫单位	ME	（Mache-Einheit）
研究所	Inst.	（Institut）	机械的	mech.	（mechanisch）
焦耳	J	（Joule）	兆电子伏	MeV	（Megaelektronenvolt）
世纪	Jh.	（Jahrhundert）	中频	MF	（Mittelfrequenz）
卡	K	（Kalorie）	毫克	mg	（Milligramm）
浓度	Konz	（Konzentration）	分子量	MG	（Molekulargewicht）
千米	km	（Kilometer）	百万	Mill.	（Million）
千克	kg	（Kilogramm）			
沸点	Kp	（Kochpunkt）			

最小的	min.	（minimal）	氢离子浓度	pH	（Wasserstoffionkonzentration）
毫升	ml.	（Milliliter）	教授	Prof.	（Professor）
毫米	mm	（Millimeter）	百分数	Proz.	（Prozent）
磁通势	MMK	（magnetomotorische Kraft）	马力	PS	（Pferdestärke）
分子	Mol.	（Molekül）	元素周期系	PS	（Periodensystem）
最大	Mx.	（Maximum）	聚氯乙烯	PVC	（Polyvinylchlorid）
中性的	n	（neutral）	平方	q	（Quadrat）
中子	N	（Neutron）	平方米	qm	（Quadratmeter）
牛顿	N	（Newton）	水银柱	QS	（Quecksilbersäule）
北纬	n. Br.	（nördliche Breite）	定性的	qual.	（qualitativ）
低压	ND	（Niederdruck）	定量的	quant.	（quantitativ）
有色金属	NE-Metalle	（Nichteisenmetalle）	右	r.	（rechts）
低频	NF，nf	（Niederfrequenz）	伦琴	R	（Röntgen）
水平	Niv.	（Niveau）	弧度	Rad	（Radiant）
水准	Niv.	（Niveau）	大约	rd.	（rund）
序号	Nr.	（Nummer）	圆的	rd.	（rund）
上面	o	（oben）	广播	Rf.	（Rundfunk）
无	o	（ohne）	还原（作用）	Red.	（Reduktion）
或	od.	（oder）	原料	Ro.	（Rohstoff）
东经	ö. L.	（östliche Länge）	页	S.	（Seite）
光学	Opt.	（Optik）	秒	s	（Sekunde）
氧化	Oxid.	（Oxidation，Oxidieren）	参看	s.	（siehe）
磅	Pf.	（Pfund）	标准	S	（Standard）

南纬	s. Br.	（südliche Breite）	正切	tg	（Tangens）
总数	Sa.	（Summa）	技术的	techn.	（technisch）
熔点	Sch. p.	（Schmelzpunkt）	全部的	tot.	（total）
沸点	Sd.	（Siedepunkt）	晶体管	Tr.	（Transistor）
秒	Sek.	（Sekunde）	变压器	Trafo	（Transformator）
垂直的	senkr.	（senkrecht）	转数	U	（Umdrehung）
所谓的	s. g.	（sogenannt）	和	u.	（und）
比重	S. G.	（spezifisches Gewicht）	此外	u. a.	（unter anderem）
草图	Sk	（Skizze）	等等	u. a. m.	（und anderes mehr）
简图	Sk	（Skizze）	范围	Umfg., Umf.	（Umfang）
熔点	Sm.	（Schmelzpunkt）	圆周	Umfg., Umf	（Umfang）
米/秒	Sm.	（Sekundenmeter）	旋转	Uml.	（Umlauf）
电压	Sp.	（Spannung）	循环	Uml.	（Umlauf）
钢	St.	（Stahl）	大概	ung.	（ungefähr）
小时	St.	（Stunde）	等等	usw.	（und so weiter）
见下（面）	s. u.	（siehe unten）	而且	u. zw.	（und zwar）
酸值	SZ	（Säurezahl）	伏特	V	（Volt）
温度	T	（Temperatur）	容积	V	（Volumen）
千	T.	（Tausend）	体积	V	（Volumen）
吨	t	（Tonne）	真空	Vak	（Vakuum）
表格	Tab.	（Tabelle）	比例	Verh.	（Verhältnis）
图表	Taf.	（Tafel）	目录	Verz.	（Verzeichnis）
技术	Tech.	（Technik）	对照	vgl.	（vergleiche）
切线	tg	（Tangens）	规程	Vschr.	（Vorschrift）

续表

热	W	（Wärme）	水柱	Ws.，WS	（Wassersäule）
瓦（特）	W	（Watt）	数	Z.	（Zahl）
交流电	W	（Wechselstrom）	符号	Z.	（Zeichen）
电阻	W	（Widerstand）	时间	Z.	（Zeit）
阻抗	W	（Widerstand）	例如	z. B.	（zum Beispiel）
水	W.	（Wasser）	指数	Z.	（Ziffer）
韦伯	Wb	（Weber）	数字	Z.	（Ziffer）
科学的	wiss.	（wissenschaftlich）	部分地	z. T.	（zum Teil）
西经	w. L.	（westliche Länge）	目前	z. Z.	（zur Zeit）

图书在版编目(CIP)数据

汉德科技词典/翟永庚主编. — 上海:上海译文
出版社,2015.1
ISBN 978－7－5327－6126－5

Ⅰ. ①汉... Ⅱ. ①翟... Ⅲ. ①科技词典－汉、德
Ⅳ. ①N61

中国版本图书馆 CIP 数据核字(2013)第 161168 号

本书由上海文化发展基金会图书出版专项基金资助出版

汉德科技词典
翟永庚 主编
策划编辑／张宝发　责任编辑／庄　雯　装帧设计／吴建兴

上海世纪出版股份有限公司
译文出版社出版
网址:www. yiwen. com. cn
上海世纪出版股份有限公司发行中心发行
200001　上海福建中路 193 号 www. ewen. co
安徽新华印刷股份有限公司印刷

开本 787×1092　1/32　印张 20　插页 5　字数 777,000
2015 年 1 月第 1 版　2015 年 1 月第 1 次印刷
印数:0,001—3,000 册

ISBN 978－7－5327－6126－5/H・1106
定价:58.00 元